QUÍMICA INORGÂNICA

NÃO TÃO

CONCISA

Blucher

J. D. LEE
Professor da Universidade de Loughborough,
Inglaterra

QUÍMICA INORGÂNICA NÃO TÃO CONCISA

Tradução:
HENRIQUE E. TOMA
KOITI ARAKI
REGINALDO C. ROCHA
Professores e Pesquisadores do Instituto de Química
da Universidade de São Paulo

12ª reimpressão - 2018

Esta edição é publicada conforme acordo com a Blackwell Publishing Ltd, Oxford.

Traduzida pela Editora Edgard Blücher Ltda., a partir da edição em língua inglesa. A responsabilidade pela precisão da tradução é apenas da Editora Edgard Blücher Ltda., não tendo a Blackwell Publishing Ltd. responsabilidade pela mesma.

Blucher

Rua Pedroso Alvarenga, 1245, 4º andar
04531-934 - São Paulo - SP - Brasil
Tel.: 55 11 3078-5366
contato@blucher.com.br
www.blucher.com.br

FICHA CATALOGRÁFICA

Lee, J. D.

Química inorgânica não tão concisa / J. D. Lee; tradução da 5ª ed. Inglesa: Henrique E. Toma, Koiti Araki, Reginaldo C. Rocha - São Paulo: Blucher, 1999.

Título original: Concise inorganic chemistry
Bibliografia.
ISBN 978-85-212-0176-2

1. Química inorgânica 2. Química inorgânica - Experiências I. Título.

04-5238 CDD-546

Índices para catálogo sistemático:
1. Química inorgânica 546

PREFÁCIO DA 5ª EDIÇÃO

Já se passaram 32 anos desde a publicação da primeira edição do livro Química Inorgânica Concisa – um tempo relativamente longo para um livro. O tamanho foi gradualmente e inevitavelmente crescendo, e por isso fiquei satisfeito ao constatar que a quinta edição não era maior que a quarta. Robert Baden-Powell (o fundador do movimento dos escoteiros) disse: "Tanto para se fazer e tão pouco tempo!" Eu poderia parafrasear essa idéia dizendo: "Tanto para se escrever e tão poucas páginas!" Talvez o volume do livro tenha atingido seu máximo, e quem sabe na próxima edição seja menor.

Os objetivos da quinta edição são exatamente os mesmos da primeira edição, ou seja:

- um livro-texto moderno de química inorgânica, que seja extenso o suficiente para cobrir os tópicos essenciais, mas sucinto o suficiente para ser interessante;
- que tenha uma estrutura simples e lógica na qual os leitores possam encaixar seus conhecimentos e extrapolá-los de modo a prever fatos ainda desconhecidos;
- que preencha a lacuna entre os livros do 2º grau e os mais avançados;
- destinado principalmente aos alunos do 1º e 2º anos dos cursos de Química, mas que também seja útil para aqueles que estão fazendo cursos universitários nos quais a Química é uma disciplina secundária. Algumas partes do livro são úteis inclusive para estudantes em nível mais avançado.
- Acima de tudo, pretende ser um livro de fácil leitura e compreensão. Por isso, o texto é baseado em aspectos descritivos da Química, combinado-se algumas explicações a nível teórico.

A estrutura do livro não foi alterada, sendo constituída por seis partes: conceitos teóricos e o hidrogênio; elementos do bloco *s*, do bloco *p*, do bloco *d*, do bloco *f* e outros tópicos. Como nas edições anteriores, o índice remissivo é bastante completo, contendo uma tabela de conteúdos bastante detalhada. Todos os capítulos foram atualizados e os grupos foram numerados de 1 a 18, de acordo com a recomendação da IUPAC. O conteúdo descritivo é preponderante, mas foram feitas tentativas no sentido de mostrar, sempre que possível e utilizando explicações simples, os porques das estruturas, propriedades e reatividade dos compostos. A maioria dos capítulos traz uma seção de leituras complementares, onde são enumerados artigos de fácil compreensão (em revistas científicas tais como o *Journal of Chemical Education*, *Chemistry in Britain* e *Education in Chemistry*), referências em livros mais especializados, artigos de revisão (tais como no *Quarterly Reviews*, *Coordination Chemistry Reviews*, e artigos de conferências e simpósios especializados). As referências a artigos mais antigos foram restritas àquelas de interesse especial ou histórico. Por exemplo, os artigos originais sobre a utilização do diagrama de Ellingham, a teoria de Sidgwick-Powell da estrutura das moléculas e a descoberta do ferroceno e dos supercondutores quentes.

A Química sempre foi e continua sendo uma área de caráter aplicado. O provérbio "onde há detritos, há dinheiro" é particularmente válido no caso da indústria química. Se os produtos químicos não fossem necessários e utilizados em grandes quantidades, não haveria a necessidade de uma indústria química, nem de estudantes, de professores e de livros-textos de Química.

Um professor americano me disse que classificava os livros de Química Inorgânica em duas classes: teóricos e aplicados. Para classificar um dado livro, primeiro ele verificava se os métodos de extração dos dois metais mais produzidos (Fe e Al) eram adequadamente descritos: quais impurezas poderiam estar presentes e como os métodos foram adaptados para removê-los. Em segundo lugar, verificava se o autor se delongava mais na descrição das ligações nos compostos de xenônio e no ferroceno que na da descrição do método de produção de amônia. Finalmente, ele verificava se os métodos de produção e a utilização dos fosfatos estavam sendo descritos adequadamente. Este livro foi intencionalmente estruturado de forma que o meu amigo americano o classificasse como "aplicado". Durante muitos anos, tem havido uma tendência no sentido de tornar o ensino de química mais teórico. Sempre haverá o interesse teórico em algum outro estado de oxidação ou outro complexo incomum, mas o ponto de equilíbrio foi deslocado de modo a não excluir os produtos comuns e aqueles comercialmente importantes.

Acho importante que os estudantes saibam quais são os produtos comercialmente importantes, especialmente aqueles produzidos em larga escala. Da mesma forma é importante saber quais são suas aplicações, seus processos de produção e a origem da matéria-prima. Isso conecta a Química com o mundo real, mas infelizmente poucos livros chegam a apresentar esses detalhes. Os dados referentes à quantidade produzida de produtos químicos e os principais produtores das matérias-primas foram totalmente atualizados. Tais dados foram extraídos principalmente do *World Mineral Statistics*, publicado pela British Geological Survey; do *Industrial Statistics Yearbook*, publicado pelas Nações Unidas (Nova York); e os dados coletados junto a cerca de 250 empresas. Os valores, que tem variado muito pouco de ano para ano, ilustram a escala de produção/utilização e identificam os principais fornecedores de matéria-prima. Além de descrever em detalhes a produção de produtos básicos como H_2SO_4, NH_3, NaOH, Cl_2, O_2 e N_2, outros materiais importantes tais como cimento e aço, polietileno, silicones, teflon, sabão e detergentes, também foram contemplados.

A Química é interessante e está acontecendo em nossa volta. Muitas aplicações em pequena escala, mas fascinantes, também são descritas e explicadas. Dentre eles podem ser citados o fermento químico, a fotografia, os supercondutores, os transistores, as fotocopiadoras, o método de datação pelo carbono, a bomba atômica, as aplicações dos radioisótopos, etc.

Atualmente, existe uma maior consciência dos problemas ambientais. Assim, problemas relacionados com os freons e a camada de ozone, a substituição dos clorofluorocarbonos, o efeito estufa, a chuva ácida, a poluição por chumbo, os efeitos tóxicos do estanho, do mercúrio e do amianto, os problemas causados pelo uso excessivo de fosfatos e nitratos, e os efeitos tóxicos de vários materiais sobre a qualidade da água potável são discutidos no livro. Em outras seções, também, são discutidos o desenvolvimento da bomba atômica e o uso pacífico da energia nuclear.

Apesar da maior parte da Química Inorgânica estar consolidada, ela está viva, de modo que a forma corrente de se pensar e o encaminhamento dos trabalhos futuros estão sendo constantemente alterados. Em particular, nossa concepção de ligação química tem mudado. Até 1950, a Química Inorgânica era preponderantemente descritiva. A pesquisa e o desenvolvimento que culminaram na invenção da bomba atômica, em 1946, provavelmente foi o maior feito da Química no século. Seu momentum levou a descoberta de muitos elementos novos das séries dos lantanídios e actinídios. Essa era foi seguida por um período onde o interesse se voltou para os aspectos físicos da Química Inorgânica, no qual ao invés de apenas se observar o que estava acontecendo, passamos a nos perguntar por quê. A termodinâmica e a cinética foram utilizadas para explicar as reações químicas; as propriedades magnéticas e a espectroscopia uv-vis foram exploradas. Havia uma explosão de atividade quando foi descoberto que os gases nobres de fato formam compostos. A este se seguiu um período de extrema atividade no sentido de preparar e compreender a ligação nos compostos organometálicos, para muitos dos quais não havia uma explicação coerente com as teorias vigentes.

Os próximos avanços provavelmente ocorrerão em duas áreas: química bioinorgânica e novos materiais. Muitos trabalhos em química bioinorgânica vem sendo realizados com o objetivo de desvendar o mecanismo de atuação das enzimas e dos catalisadores, da hemoglobina e da clorofila, e como as bactérias conseguem fixar nitrogênio atmosférico tão facilmente enquanto para nós é tão difícil. Os trabalhos no campo dos novos materiais incluem os polímeros, as ligas, os supercondutores e semicondutores. Eu espero que este livro não ajude os estudantes somente a passar nas provas, mas que os façam compreender e os estimulem a estudar mais profundamente os assuntos envolvidos.

Este livro trata principalmente da Química dos Elementos, o qual é considerado do escopo da Química Inorgânica. Eu acho contra-producente os estudantes compartimentalizarem as informações, visto que os conceitos envolvidos na discussão de um determinado assunto podem ser os mesmos de um outro, de modo que os limites entre eles são parcialmente artificiais. O livro incorpora as informações sobre a Química dos Elementos sem se preocupar com a sua classificação nas diversas áreas. Assim, muitas vezes vamos cruzar os limites da química analítica, da bioquímica, da ciência dos materiais, da química nuclear, da química orgânica, da física e da química dos polímeros. É importante lembrar que em 1987 os trabalhos sobre complexos usando éteres-coroa e criptatos, com forte apelo biológico, recebeu o Prêmio Nobel de Química; e as descobertas no campo dos supercondutores quentes foram premiadas com o Nobel de Física. Ambos envolvem a Química. Alguém poderia questionar se os fullerenos são compostos inorgânicos ou orgânicos!

Torna-se inevitável num livro deste porte e complexidade que hajam eventuais erros. Todos são meus e me esforçarei para corrigi-los nas edições futuras; e sempre estarei aberto às contribuições dos leitores. O último parágrafo do prefácio da primeira edição é reproduzida abaixo:

Uma grande parte da Química é muito fácil, mas uma pequena parte é extremamente difícil. Eu não encontro uma maneira melhor de finalizar que citando o saudoso Prof. Silvanus P. Thompsom em seu livro *Calculus Made Easy* : "Eu gostaria de presentear meus colegas tolos com as partes que não são difíceis. Domine-as completamente e a compreensão das demais partes ocorrerá naturalmente. O que um tolo pode fazer outros também poderão".

J.D. Lee

Loughborough 1996

UNIDADES SI

As unidade SI foram adotadas neste livro, facilitando a comparação das propriedades termodinâmicas. As energias de ionização são apresentadas em $kJ \cdot mol^{-1}$ em vez de eV. Dados mais antigos de outras fontes estão em eV, mas podem ser convertidos em unidades SI (1 kcal = 4,184 kJ, e 1 eV = 23,06 × 4,184 $kJ \cdot mol^{-1}$).

A unidade SI para comprimento é o metro, mas os comprimentos de ligações são às vezes expressos em nanômetros ($1\ nm = 10^{-9}\ m$). Contudo, o ångström é uma unidade de comprimento permitida ($1\ Å = 10^{-10}\ m$), sendo amplamente utilizada por cristalógrafos, pois os comprimentos de ligação se encontram num intervalo bastante apropriado de valores. A maioria das ligações tem comprimentos entre 1 e 2 Å (0,1 a 0,2 nm). Assim, o ångström foi utilizado como unidade no caso dos comprimentos de ligação.

As posições dos picos de absorção nos espectros são indicadas em números de onda, cm^{-1}, porque os instrumentos são calibrados nessa unidade. Deve-se frisar que esta não é uma unidade do sistema SI, devendo ser multiplicada por 100 para ser convertido em unidades SI (m^{-1}), ou por 11,96 para se obter o resultado em $J \cdot mol^{-1}$.

A unidade SI para densidade é $kg \cdot m^{-3}$, fazendo com que a densidade da água seja igual a 1.000 $kg \cdot m^{-3}$. Essa convenção não é muito aceita. Assim, a unidade antiga, $g \cdot cm^{-3}$, foi mantida, de modo que a densidade da água seja igual a 1 $g \cdot cm^{-3}$.

Nos tópicos sobre magnetismo tanto as unidades do sistema SI como o Debye foram utilizados, e a relação entre elas foi explicada. Para um químico inorgânico que simplesmente deseja o número de elétrons desemparelhados num íon de um metal de transição, a unidade debye é muito mais conveniente.

A NOMENCLATURA NA TABELA PERIÓDICA

Durante muito tempo os químicos ordenaram os elementos da Tabela Periódica em grupos, de modo a relacionar as estruturas eletrônicas dos elementos com as suas propriedades, simplificando assim o seu estudo. Vários métodos de nomear os grupos têm aparecido.

Em diversos livros, os grupos dos elementos representativos e dos de transição são denominados subgrupos A e B, respectivamente, como na tabela periódica de Mendeleef de 50 anos atrás. Sua desvantagem está na supervalorização de pequenas similaridades entre os elementos dos subgrupos A e B, alem de haver um grande número de elementos no Grupo VIII.

Nas primeiras versões deste livro, os grupos dos elementos do bloco *s* e *p* foram numerados de I a VII e 0, dependendo do número de elétrons na camada de valência dos átomos. Por sua vez, os grupos dos elementos de transição foram tratados como se pertencessem a tríades, sendo os grupos denominados de acordo com o primeiro elemento de cada grupo.

A IUPAC (International Union of Pure and Applied Chemistry) recomendou que os grupos dos elementos representativos e de metais de transição fossem numerados de 1 a 18. O número de adeptos desse sistema está aumentando e por isso foi adotado neste livro.

I	II											III	IV	V	VI	VII	0
IA	IIA	IIIA	IVA	VA	VIA	VIIA	⟨…	VIII	…⟩	IB	IIB	IIIB	IVB	VB	VIB	VIIB	0
H																	He
Li	Be											B	C	N	O	F	Ne
Na	Mg											Al	Si	P	S	Cl	Ar
K	Ca	Sc	Ti	V	Cr	Mn	Fe	Co	Ni	Cu	Zn	Ga	Ge	As	Se	Br	Kr
Rb	Sr	Y	Zr	Nb	Mo	Tc	Ru	Rh	Pd	Ag	Cd	In	Sn	Sb	Te	I	Xe
Cs	Ba	La	Hf	Ta	W	Re	Os	Ir	Pt	Au	Hg	Tl	Pb	Bi	Po	At	Rn
1	2	3	4	5	6	7	8	9	10	11	12	13	14	15	16	17	18

CONTEÚDO

PARTE 4 — OS ELEMENTOS DO BLOCO *d*

PARTE 5 — OS ELEMENTOS DO BLOCO *f*

PARTE 6 — OUTROS TÓPICOS

APÊNDICES

PARTE I

CONCEITOS TEÓRICOS E HIDROGÊNIO

ESTRUTURA ATÔMICA E TABELA PERIÓDICA

O ÁTOMO COMO UM NÚCLEO COM ELÉTRONS CIRCUNDANTES

Todos os átomos são constituídos por um núcleo central rodeado por um ou mais elétrons circundantes. O núcleo sempre contém prótons e todos os núcleos mais pesados que o hidrogênio também contêm nêutrons. Juntos, os prótons e os nêutrons perfazem a maior parte da massa do átomo. Tanto os prótons como os nêutrons são partículas de massa unitária, mas o próton possui uma carga positiva e o nêutron é eletricamente neutro (isto é, não possui carga). Logo, o núcleo sempre é positivamente carregado. O número de cargas positivas no núcleo é exatamente equilibrado por um igual número de elétrons circundantes, cada um dos quais possui uma carga negativa. O elétron é relativamente leve — possui cerca de 1/1.836 da massa do próton. Os 103 elementos por enquanto conhecidos são todos constituídos pela simples combinação dessas três partículas fundamentais.

O hidrogênio é o primeiro e mais simples dos elementos. Ele é constituído por um núcleo que contém um próton e tem, portanto, uma carga positiva, a qual é contrabalançada por um elétron circundante contendo uma carga negativa. O segundo elemento é o hélio. Seu núcleo contém 2 prótons e tem, portanto, carga +2. A carga nuclear de +2 é contrabalançada por dois elétrons circundantes negativamente carregados. O núcleo também contém dois nêutrons que atenuam a repulsão entre os prótons no núcleo e aumentam a massa do átomo. Todos os núcleos mais pesados que o hidrogênio contêm nêutrons, mas seu número não pode ser previsto com precisão.

Esse esquema se repete para o restante dos elementos. O terceiro elemento, lítio, possui três prótons no núcleo (além de alguns nêutrons). A carga nuclear é +3 e é contrabalançada por 3 elétrons circundantes. O elemento 103, laurêncio, possui 103 prótons no núcleo (mais um certo número de nêutrons). A carga nuclear é +103 e é neutralizada por 103 elétrons circundantes. O número de cargas positivas no núcleo de um átomo é sempre igual ao número de elétrons circundantes, e é denominado o número atômico do elemento.

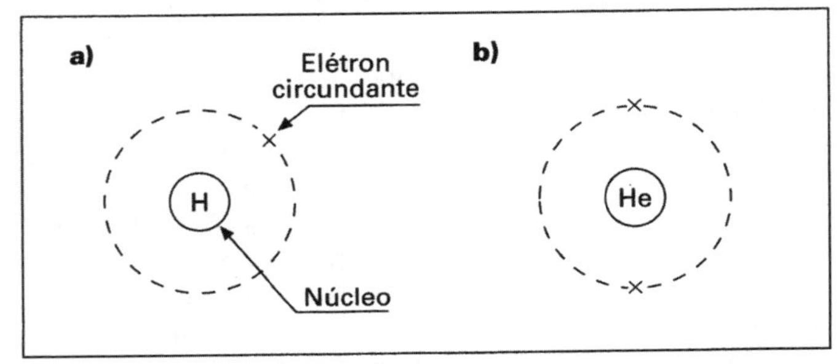

Figura 1.1 — As estruturas do a) hidrogênio, símbolo H, número atômico 1; e b) hélio, símbolo He, número atômico 2

No modelo planetário simples do átomo imaginamos que esses elétrons se movem em torno do núcleo em órbitas circulares, de modo semelhante ao movimento dos planetas em torno do sol. Assim, o hidrogênio e o hélio (Fig. 1.1) possuem um e dois elétrons, respectivamente, em sua primeira órbita. A primeira órbita estará então completa. Os oito átomos seguintes são o lítio, o berílio, o boro, o carbono, o nitrogênio, o oxigênio, o flúor e o neônio. Cada um deles possui no núcleo um próton a mais que o elemento anterior e os elétrons correspondentes vão para uma segunda órbita (Fig. 1.2). Assim a segunda órbita estará preenchida no neônio. Nos próximos oito elementos (com números atômicos de 11 a 18), os elétrons adicionais começam a preencher a terceira camada.

Os elétrons com carga negativa são atraídos pelo núcleo positivo por meio de forças de atração eletrostática. Um

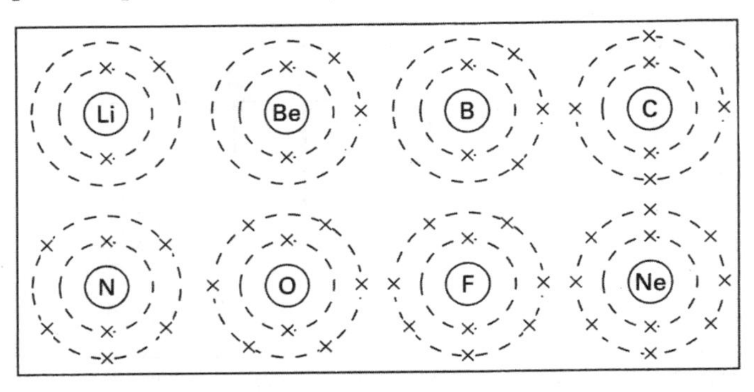

Figura 1.2 — As estruturas dos elementos lítio ao neônio

elétron próximo do núcleo é fortemente atraído por ele, possuindo uma baixa energia potencial. Um elétron distante do núcleo é atraído com menos intensidade e possui elevada energia potencial.

ESPECTROS ATÔMICOS DO HIDROGÊNIO E A TEORIA DE BOHR

Quando átomos são aquecidos ou submetidos a uma descarga elétrica, eles absorvem energia, que em seguida é emitida como radiação. Por exemplo, se o cloreto de sódio for aquecido na chama de um bico de Bunsen, serão produzidos átomos de sódio, que dão origem a uma coloração amarela característica na chama (há duas linhas no espectro de emissão do sódio, correspondentes aos comprimentos de onda de 589,0 nm e 589,6 nm). A espectroscopia se ocupa do estudo, tanto da radiação absorvida como da radiação emitida. A espectroscopia atômica é uma técnica importante para o estudo da energia e da disposição dos elétrons nos átomos.

Passando-se uma descarga elétrica através do gás hidrogênio (H_2) a baixa pressão, formam-se alguns átomos de hidrogênio (H), que emitem luz na região do visível. Essa luz pode ser estudada por um espectrômetro, verificando-se que ela é constituída por uma série de linhas com diferentes comprimentos de onda. Quatro linhas podem ser vistas a olho nu, mas muitas outras podem ser observadas fotograficamente na região do ultravioleta. Essas linhas se aproximam cada vez mais, à medida que o comprimento de onda (λ) diminui, até coalescerem e formarem um contínuo (Fig. 1.3). Os comprimentos de onda, em metros, relacionam-se com a freqüência, ν, em hertz (ciclos/segundo), através da equação:

$$\nu = \frac{c}{\lambda}$$

onde c é a velocidade da luz ($2{,}9979 \times 10^8$ m s^{-1}). Geralmente freqüências são expressas como números de onda $\bar{\nu}$ em espectroscopia, sendo $\bar{\nu} = 1/\lambda$ m^{-1}.

Em 1885, Balmer mostrou que o número de onda $\bar{\nu}$ de qualquer linha do espectro visível do hidrogênio atômico poderia ser obtido pela simples relação empírica:

$$\bar{\nu} = R\left(\frac{1}{2^2} - \frac{1}{n^2}\right)$$

onde R é a constante de Rydberg e n os números inteiros 3, 4, 5, ... Substituindo-se os valores de n, pode se obter uma série de linhas.

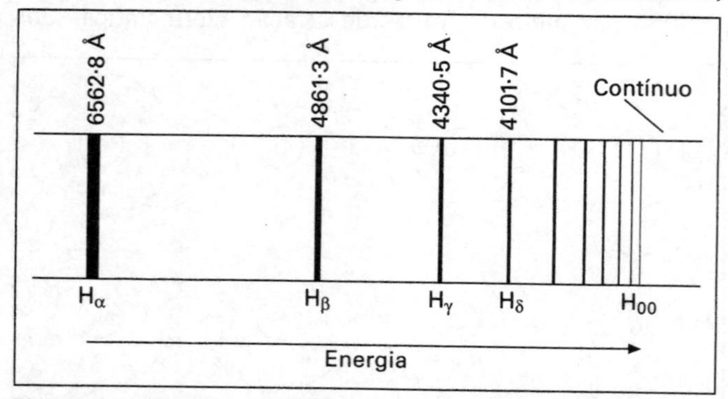

Figura 1.3 — O espectro do hidrogênio na região do visível (série de Balmer)

As linhas que se encontram na região do espectro visível constituem a série de Balmer, mas várias outras séries de linhas podem ser observadas em diferentes regiões do espectro (Tab. 1.1).

Foram encontradas equações semelhantes para as linhas que constituem as outras séries do espectro do hidrogênio:

Lyman $\quad \bar{\nu} = R\left(\frac{1}{1^2} - \frac{1}{n^2}\right) \quad n = 2,3,4,5\ldots$

Balmer $\quad \bar{\nu} = R\left(\frac{1}{2^2} - \frac{1}{n^2}\right) \quad n = 3,4,5,6\ldots$

Paschen $\quad \bar{\nu} = R\left(\frac{1}{3^2} - \frac{1}{n^2}\right) \quad n = 4,5,6,7\ldots$

Brackett $\quad \bar{\nu} = R\left(\frac{1}{4^2} - \frac{1}{n^2}\right) \quad n = 5,6,7,8\ldots$

Pfund $\quad \bar{\nu} = R\left(\frac{1}{5^2} - \frac{1}{n^2}\right) \quad n = 6,7,8,9\ldots$

No início deste século tentativas foram feitas para se obter uma imagem física do átomo, a partir dessa e de outras evidências. Thomson tinha mostrado, em 1896, que a aplicação de uma elevada diferença de potencial elétrico através de um gás fornece elétrons, sugerindo que estes estavam presentes no átomo. Rutherford sugeriu, a partir de experimentos de dispersão de partículas alfa, que um átomo é constituído por um núcleo pesado, positivamente carregado, rodeado por um número suficiente de elétrons para torná-lo eletricamente neutro. Em 1913, Niels Bohr combinou essas idéias e sugeriu que o núcleo do átomo era rodeado por elétrons movendo-se em órbitas, como planetas ao redor do sol. Ele recebeu o Prêmio Nobel de Física de 1922 pelo seu trabalho sobre a estrutura do átomo. Diversos problemas surgiram com esse conceito:

1. O movimento dos elétrons deveria tornar-se gradativamente mais lento.
2. Por que os elétrons deveriam mover-se numa órbita em torno do núcleo?
3. Como o núcleo e os elétrons apresentam cargas elétricas opostas, eles deveriam atrair-se mutuamente. Portanto, seria de se esperar um movimento em espiral dos elétrons, até colidirem com o núcleo.

Para explicar esses problemas, Bohr postulou o seguinte:

Tabela 1.1 — Séries espectrais do átomo de hidrogênio

	Região do espectro
Série de Lyman	ultravioleta
Série de Balmer	visível/ultravioleta
Série de Paschen	infravermelho
Série de Brackett	infravermelho
Série de Pfund	infravermelho
Série de Humphries	infravermelho

1. Um elétron não emite energia enquanto permanecer numa mesma órbita e, portanto, não deve sofrer desaceleração.
2. Quando um elétron passa de uma órbita a outra, irradiou ou absorveu energia. Se ele se moveu em direção ao núcleo, houve emissão de energia e, se ele se afastou do núcleo, houve absorção de energia.
3. Para que um elétron permaneça em sua órbita, a atração eletrostática entre o núcleo e o elétron, que tende a puxar o elétron em direção ao núcleo, deve ser igual à força centrífuga, que tende a afastar o elétron. Para um elétron de massa m, movendo-se com uma velocidade v numa órbita de raio r, temos que:

$$\text{força centrífuga} = \frac{mv^2}{r}$$

Se e for a carga do elétron, Z a carga do núcleo e ε_0 a permissividade no vácuo, então

$$\text{força de atração eletrostática} = \frac{Ze^2}{4\pi\varepsilon_0 r^2}$$

de modo que

$$\frac{mv^2}{r} = \frac{Ze^2}{4\pi\varepsilon_0 r^2} \qquad (1.1)$$

e portanto

$$v^2 = \frac{Ze^2}{4\pi\varepsilon_0 mr} \qquad (1.2)$$

De acordo com a teoria quântica de Planck, a energia não é contínua, mas discreta. Isso significa que a energia ocorre em "pacotes" denominados quanta, de magnitude $h/2\pi$, onde h é a constante de Planck. A energia de um elétron numa órbita, isto é, seu momento angular mvr, deve ser igual a um número inteiro n de quanta.

$$mvr = \frac{nh}{2\pi}$$

$$v = \frac{nh}{2\pi mr}$$

$$v^2 = \frac{n^2h^2}{4\pi^2m^2r^2}$$

Combinando-se essa equação com a equação (1.2), temos que:

$$\frac{Ze^2}{4\pi\varepsilon_0 mr} = \frac{n^2h^2}{4\pi^2m^2r^2}$$

e portanto

$$r = \frac{\varepsilon_0 n^2h^2}{\pi me^2Z} \qquad (1.3)$$

Para o hidrogênio a carga do núcleo é $Z = 1$, e se:

$n = 1$ teremos um valor de $r = 1^2 \times 0{,}0529$ nm;

$n = 2$ teremos um valor de $r = 2^2 \times 0{,}0529$ nm;

$n = 3$ teremos um valor de $r = 3^2 \times 0{,}0529$ nm.

Isso nos fornece uma imagem do átomo de hidrogênio em que um elétron se move em órbitas circulares de raios proporcionais a 1^2, 2^2, 3^2, ... O átomo emitirá ou absorverá energia somente ao passar de uma órbita para outra. A energia cinética de um elétron é $-1/2(mv^2)$. Rearranjando a equação (1.1):

$$E = -\tfrac{1}{2}mv^2 = -\frac{Ze^2}{8\pi\varepsilon_0 r}$$

Substituindo r pela expressão da equação (1.3):

$$E = -\frac{Z^2e^4m}{8\varepsilon_0^2n^2h^2}$$

Se um elétron saltar de uma órbita inicial i para uma órbita final f, a variação de energia ΔE é dada por:

$$\Delta E = \left(-\frac{Z^2e^4m}{8\varepsilon_0^2n_i^2h^2}\right) - \left(-\frac{Z^2e^4m}{8\varepsilon_0^2n_f^2h^2}\right)$$

$$= \frac{Z^2e^4m}{8\varepsilon_0^2h^2}\left(\frac{1}{n_f^2} - \frac{1}{n_i^2}\right)$$

A energia se relaciona com o comprimento de onda ($E = hc\bar{v}$), e esta equação tem a mesma forma da equação de Rydberg:

$$\bar{v} = \frac{Z^2e^4m}{8\varepsilon_0^2h^3c}\left(\frac{1}{n_f^2} - \frac{1}{n_i^2}\right) \qquad (1.4)$$

$$\bar{v} = R\left(\frac{1}{n_1^2} - \frac{1}{n_2^2}\right) \qquad \textit{(equação de Rydberg)}$$

Logo, a constante de Rydberg é igual a:

$$R = \frac{Z^2e^4m}{8\varepsilon_0^2h^3c}$$

O valor experimental de R é $1{,}097373 \times 10^7$ m^{-1}, em boa concordância com o valor teórico de $1{,}096776 \times 10^7$ m^{-1}. A teoria de Bohr fornece uma explicação para o espectro atômico do hidrogênio. As diferentes séries de linhas espectrais podem ser obtidas variando os valores de n_i e n_f na equação (1.4). Por exemplo, para $n_f = 1$ e $n_i = 2, 3, 4$ ... obteremos a série de Lyman na região do ultravioleta. Com $n_f = 2$ e $n_i = 3, 4, 5$ ... obteremos a série de Balmer no espectro visível. Analogamente, $n_f = 3$ e $n_i = 4, 5, 6$ ... fornecerá a série de Paschen, $n_f = 4$ e $n_i = 5, 6, 7$ ... fornecerá a série de Brackett, e $n_f = 6$ e $n_i = 7, 8, 9$ ... a série de Pfund. As várias transições possíveis entre as órbitas são mostradas na Fig. 1.4, na página seguinte.

REFINAMENTOS NA TEORIA DE BOHR

Foi suposto que o núcleo permanece estacionário, exceto por um movimento de rotação em torno do próprio eixo. Isso seria verdadeiro se a massa do núcleo fosse infinita, mas a relação entre as massas do elétron e do núcleo de hidrogênio é de 1/1.836. Na realidade, o núcleo oscila ligeiramente em torno do centro de gravidade, e, para se adequar a esta situação, substitui-se na equação (1.4) a massa do elétron m por sua massa reduzida μ:

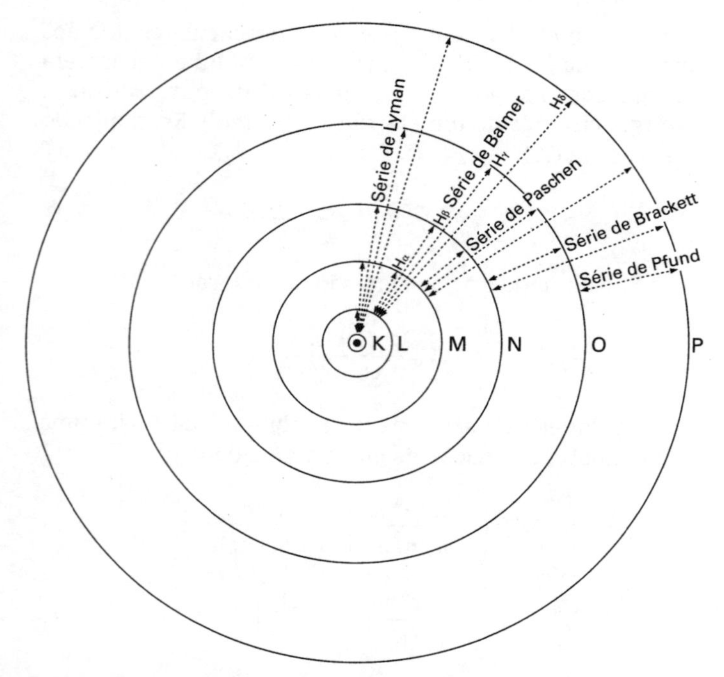

Figura 1.4 — As órbitas de Bohr para o átomo de hidrogênio e as diversas séries de linhas espectrais.

$$\mu = \frac{mM}{m+M}$$

onde M é a massa do núcleo. A inclusão da massa do núcleo explica porque diferentes isótopos de um mesmo elemento produzem linhas espectrais de comprimento de onda ligeiramente diferentes.

Freqüentemente as órbitas são designadas pelas letras K, L, M, N ... a partir do núcleo; e também podem ser designadas pelos números 1, 2, 3, 4 ... Esse número é denominado número quântico principal e é representado pela letra n. Assim, é possível definir qual das diferentes órbitas circulares está sendo considerada, especificando-se o número quântico principal.

Quando um elétron se move de uma órbita para outra, deve gerar uma única linha no espectro, que corresponde exatamente à diferença de energia entre as órbitas inicial e final. Contudo, se o espectro do hidrogênio for obtido com um espectrômetro de alta resolução, verifica-se que algumas das linhas apresentam uma "estrutura fina". Isso significa que uma linha é na realidade composta por várias linhas muito próximas. Sommerfeld explicou esse desdobramento das linhas supondo que algumas das órbitas são elípticas, e que ocorre um movimento de precessão no espaço em torno do núcleo. Para a órbita mais próxima do núcleo, o número quântico principal é $n = 1$ e a órbita é circular. Para a órbita seguinte, o número quântico principal é $n = 2$, sendo possíveis tanto órbitas circulares como elípticas. Para definir uma órbita elíptica, é necessário um segundo número quântico k. A forma da elipse é definida pela relação entre os comprimentos dos eixos principal e secundário. Assim,

$$\frac{\text{eixo principal}}{\text{eixo secundário}} = \frac{n}{k}$$

k é chamado de número quântico azimutal ou secundário, e pode ter valores de 1, 2 ... n. Assim, para $n = 2$, n/k pode ter os valores 2/2 (órbita circular) e 2/1 (órbita elíptica).

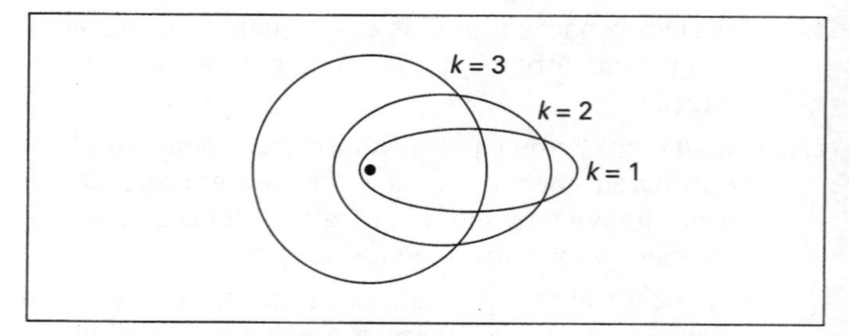

Figura 1.5 — As órbitas de Bohr-Sommerfeld para n = 3

Para o número quântico principal $n = 3$, n/k pode ter os valores 3/3 (circular), 3/2 (elíptica) e 3/1 (elíptica mais estreita).

A presença dessas órbitas adicionais, com energias ligeiramente diferentes uma das outras, explica o desdobramento das linhas no espectro de alta resolução. O número quântico original k foi substituído por um novo número quântico l, sendo $l = k - 1$. Tem-se pois que:

$n = 1$ $l = 0$
$n = 2$ $l = 0$ ou 1
$n = 3$ $l = 0$ ou 1 ou 2
$n = 4$ $l = 0$ ou 1 ou 2 ou 3

Isso explica porque algumas das linhas espectrais são desdobradas em duas, três, quatro ou mais linhas. Além disso, algumas linhas espectrais podem ser novamente desdobradas em duas linhas (um dublete). Esse fato pode ser explicado supondo-se que o elétron gira em torno de seu próprio eixo, ou no sentido horário ou no sentido anti-horário. A energia é quantizada, e o valor $m_s.h/2\pi$ foi inicialmente atribuído ao momento angular de spin, onde m_s é o número quântico do spin, cujos valores possíveis são $\pm$ 1/2 (a mecânica quântica mostrou, entrementes, que a expressão exata é $\sqrt{s(s+1)}\cdot h/2\pi$, onde s é o número quântico de spin ou a resultante da combinação de vários spins).

Zeeman mostrou que se os átomos forem expostos a um campo magnético forte, aparecem novas linhas no espectro. Isso se deve ao fato das órbitas elípticas poderem assumir apenas determinadas orientações em relação ao campo externo, e não sofrerem precessão aleatoriamente. Cada uma dessas orientações está associada a um quarto número quântico m, que pode ter valores iguais a l, $(l-1)$ ... 0 ... $(-l+1)$, $-l$.

Portanto uma única linha espectral aparece como $(2l+1)$ linhas, se aplicarmos um campo magnético.

Assim, são necessários quatro números quânticos para explicar o espectro do átomo de hidrogênio, como mostrado na Tab. 1.2. Os espectros dos outros átomos podem ser explicados de maneira semelhante.

Tabela 1.2 — Os quatro números quânticos

	Símbolo	Valores
Número quântico principal	n	1, 2, 3, ...
Número quântico azimutal ou secundário	l	0, 1, ..., $(n-1)$
Número quântico magnético	m	$-l$, ..., 0, ..., $+l$
Número quântico de spin	m_s	$\pm 1/2$

A NATUREZA DUAL DOS ELÉTRONS — PARTÍCULAS OU ONDAS

O modelo planetário do átomo proposta por Rutherford e Bohr descreve o átomo como um núcleo central rodeado por elétrons, situados em certas órbitas. O elétron é, pois, considerado como sendo uma partícula. Na década de 1920, foi demonstrado que partículas em movimento, como os elétrons, comportavam-se em alguns casos como ondas. Esse é um conceito importante para explicar a estrutura eletrônica dos átomos.

Por algum tempo a luz foi considerada como sendo uma partícula ou uma onda. Por exemplo, certos materiais como o potássio emitem elétrons quando irradiados com luz visível ou, no caso de alguns outros materiais, com luz ultravioleta. Esse fenômeno é denominado efeito fotoelétrico. Esse fenômeno é explicado imaginando a luz movendo-se na forma de partículas denominadas fótons. Se um fóton colidir com um elétron, ele pode transferir sua energia para o elétron. Se a energia do fóton for suficientemente elevada, ela pode remover o elétron da superfície do metal. Contudo, os fenômenos da difração e interferência da luz somente podem ser explicados supondo-se que a luz se comporta como uma onda. Em 1924, de Broglie postulou que os elétrons também devem apresentar o mesmo caráter dual — às vezes eles são considerados como sendo partículas, e em outras situações é mais conveniente considerá-los como sendo ondas. Uma evidência da natureza ondulatória do elétron foi obtida quando anéis de difração foram observados fotograficamente, após a passagem de um feixe de elétrons através de uma fina lâmina metálica. A difração de elétrons é atualmente uma importante ferramenta utilizada para elucidar a estrutura de moléculas, particularmente de gases. A mecânica ondulatória é um recurso que vem sendo utilizado para estudar a estrutura eletrônica dos átomos e a forma dos orbitais ocupados pelos elétrons.

O PRINCÍPIO DA INCERTEZA DE HEISENBERG

Os cálculos baseados no modelo atômico de Bohr requerem informações precisas sobre a posição e a velocidade de um elétron. É difícil medir com exatidão as duas quantidades simultaneamente. Um elétron é pequeno demais para ser visto, e só pode ser observado quando submetido a uma perturbação. Por exemplo, poderíamos atingir o elétron com outra partícula, tal como um fóton ou um elétron, ou poderíamos aplicar sobre o elétron uma força magnética ou elétrica. Isso inevitavelmente modificaria a posição do elétron, ou a velocidade e direção de seu movimento. Heisenberg formulou que quanto mais exatamente pudermos determinar a posição de um elétron, tanto menor será a exatidão com que poderemos estimar sua velocidade, ou vice-versa. Se Δx for a incerteza em relação a posição e Δv a incerteza em relação a velocidade, o princípio da incerteza pode ser expresso matematicamente como:

$$\Delta x \cdot \Delta v \geq \frac{h}{4\pi}$$

onde h = constante de Planck = $6{,}6262 \times 10^{-34}$ J s. Isso significa que é impossível conhecer exatamente a posição e a velocidade de um elétron simultaneamente.

O conceito de um elétron movimentando-se numa órbita definida, na qual podem ser calculados com exatidão sua posição e velocidade, deve portanto ser substituída pela probabilidade de se encontrar um elétron numa determinada posição ou num determinado volume do espaço. A equação de onda de Schrödinger proporciona uma descrição satisfatória do átomo nesse sentido. As soluções da equação de onda são denominadas funções de onda e são representadas pelo símbolo ψ. A probabilidade de se encontrar um elétron num ponto do espaço — cujas coordenadas são x, y e z — é $\psi^2(x, y, z)$.

A EQUAÇÃO DE ONDA DE SCHRÖDINGER

Para uma onda estacionária (como um corda em vibração) de comprimento de onda λ, cuja amplitude em qualquer ponto ao longo de x pode ser descrita pela função f(x), pode-se mostrar que

$$\frac{d^2 f(x)}{dx^2} = -\frac{4\pi^2}{\lambda_2} f(x)$$

Se um elétron for considerado como sendo uma onda movendo-se numa única dimensão x, então temos que

$$\frac{d^2\psi}{dx^2} = -\frac{4\pi^2}{\lambda_2}\psi$$

Todavia, um elétron pode mover-se nas direções x, y e z. Portanto, a equação anterior deve ser expressa como se segue:

$$\frac{\partial^2\psi}{\partial x^2} + \frac{\partial^2\psi}{\partial y^2} + \frac{\partial^2\psi}{\partial z^2} = -\frac{4\pi^2}{\lambda^2}\psi$$

Usando o símbolo Δ no lugar das três derivadas parciais, essa equação é simplificada para:

$$\Delta^2\psi = -\frac{4\pi^2}{\lambda^2}\psi$$

A relação de de Broglie estabelece que

$$\lambda = \frac{h}{mv}$$

(onde h é a constante de Planck, m a massa do elétron e v a sua velocidade); portanto:

$$\Delta^2\psi = -\frac{4\pi^2 m^2 v^2}{h^2}\psi$$

ou

$$\Delta^2\psi + \frac{4\pi^2 m^2 v^2}{h^2}\psi = 0 \qquad (1.5)$$

Contudo, a energia total do sistema E é a soma da energia cinética K e da energia potencial V

$$E = K + V$$

logo,

$$K = E - V$$

Mas a energia cinética = $^1/_2\, mv^2$, de modo que

$$^1/_2\, mv^2 = E - V$$

e

$$v^2 = \frac{2}{m}(E - V)$$

A substituição da expressão de v^2 na equação (1.5) leva à forma popular da equação de Schrödinger:

$$\Delta^2\psi + \frac{8\pi^2 m}{h^2}(E - V)\psi = 0$$

Soluções aceitáveis para a equação de onda, isto é, soluções que sejam fisicamente plausíveis, devem ter certas propriedades:

1. ψ deve ser contínua
2. ψ deve ser finita
3. ψ deve gerar um único resultado
4. A probabilidade de se encontrar o elétron em todo o espaço, de $+\infty$ até $-\infty$, deve ser igual a um.

A probabilidade de se encontrar um elétron num ponto x, y, z é ψ^2, de modo que

$$\int_{-\infty}^{+\infty} \psi^2 dx\, dy\, dz = 1$$

Diversas funções de onda, designadas como ψ_1, ψ_2, ψ_3 ..., poderão satisfazer as condições enumeradas acima e cada uma delas terá uma energia correspondente, designadas como E_1, E_2, E_3 ..., respectivamente. Cada uma dessas funções ψ_1, ψ_2, etc. representa um orbital, em analogia com as órbitas da teoria de Bohr. No átomo de hidrogênio, o único elétron presente normalmente ocupa o nível de energia mais baixo, E_1. Nesse caso o átomo encontra-se no estado fundamental. A correspondente função de onda ψ_1 descreve o orbital, ou seja, o volume do espaço no qual há uma grande probabilidade de se encontrar o elétron.

Para um dado tipo de átomo há várias soluções aceitáveis para a equação de onda, e cada orbital pode ser descrito inequivocamente por um conjunto de três números quânticos n, l e m, que são os mesmos números quânticos — principal, secundário ou azimutal e magnético — usados na teoria de Bohr.

O número quântico secundário l descreve a forma do orbital ocupado pelo elétron. l pode ser igual a 0, 1, 2 ou 3. Quando $l = 0$, o orbital é esférico e é designado orbital *s*; quando $l = 1$, o orbital tem a forma de haltere e é designado orbital *p*; quando $l = 2$, o orbital tem forma de haltere duplo e é denominado orbital *d*; e quando $l = 3$, um orbital *f* de forma mais complicada é obtido (ver Fig. 1.6). As letras *s*, *p*, *d* e *f* provêm dos termos espectroscópicos **s***harp*, **p***rincipal*, **d***ifuse* e **f***undamental*, que eram usados para descrever as linhas nos espectros atômicos.

Uma análise de todas as soluções permitidas para a equação de onda mostra que os orbitais se classificam em grupos.

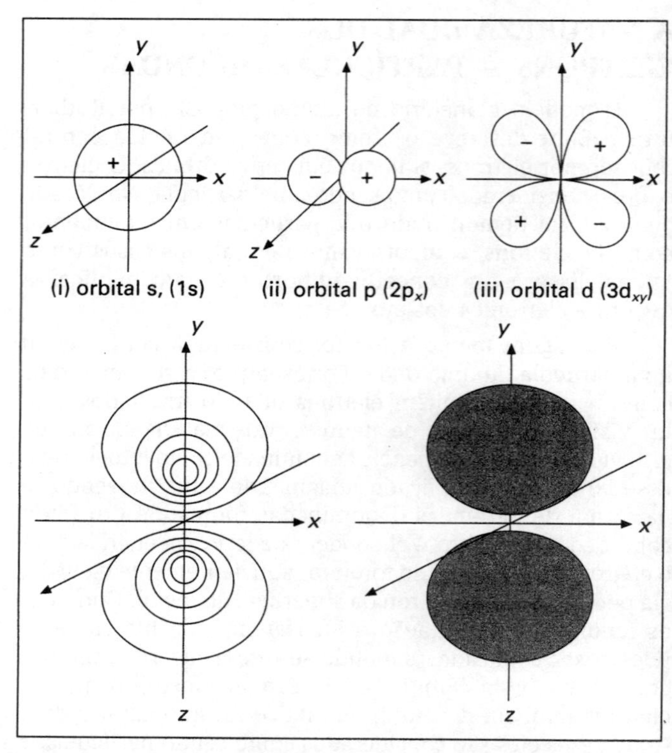

Figura 1.6 — a) Funções de onda ψ para orbitais atômicos s, p *e* d. *Lembre-se de que os sinais + e – se referem à simetria e não à carga. b) Diferentes maneiras de se representar ψ^2 para um orbital* 2p *(como um diagrama de contorno e como uma superfície limite correspondente a 90% de probabilidade de se encontrar o elétron)*

No primeiro grupo de soluções, o valor da função de onda ψ, e portanto, a probabilidade de se encontrar um elétron ψ^2, é igual em todas as direções, e depende somente da distância r ao núcleo.

$$\psi = f(r)$$

Esse fato leva a um orbital esférico, e ocorre quando o número quântico secundário l é igual a zero. Esses orbitais são chamados de orbitais *s*. Quando $l = 0$, o número quântico

Tabela 1.3 — Orbitais atômicos

Número quântico principal	Número quântico secundário	Número quântico magnético	Símbolo
n	*l*	*m*	
1	0	0	1*s* (um orbital)
2	0	0	2*s* (um orbital)
2	1	–1, 0, +1	2*p* (três orbitais)
3	0	0	3*s* (um orbital)
3	1	–1, 0, +1	3*p* (três orbitais)
3	2	–2, –1, 0, +1, +2	3*d* (cinco orbitais)
4	0	0	4*s* (um orbital)
4	1	–1, 0, +1	4*p* (três orbitais)
4	2	–2, –1, 0, +1, +2	4*d* (cinco orbitais)
4	3	–3, –2, –1, 0, +1, +2, +3	4*f* (sete orbitais)

magnético $m = 0$, de modo que só existe um orbital deste tipo para cada valor de n.

No segundo grupo de soluções da equação de onda, ψ depende tanto da distância ao núcleo como da direção no espaço (x, y ou z). Orbitais desse tipo ocorrem quando o número quântico secundário $l = 1$. Esses orbitais são denominados orbitais p e existem três valores possíveis para o número quântico magnético ($m = -1, 0, +1$). Existem, pois, três orbitais idênticos em energia, forma e tamanho, que diferem apenas em suas orientações relativas no espaço. Essas três soluções para a equação de onda podem ser expressas como se segue:

$$\psi_x = f(r) \cdot f(x)$$
$$\psi_y = f(r) \cdot f(y)$$
$$\psi_z = f(r) \cdot f(z)$$

Orbitais de mesma energia são chamados de degenerados, existindo pois três orbitais p degenerados para cada um dos valores de $n = 2, 3, 4 \ldots$.

O terceiro grupo de soluções da equação de onda depende da distância ao núcleo r e de duas direções no espaço, por exemplo:

$$\psi = f(r) \cdot f(x) \cdot f(y)$$

Tal grupo de orbitais possui $l = 2$, e são denominados orbitais d. Há cinco soluções correspondentes aos valores de $m = -2, -1, 0, +1$ e $+2$; e todas apresentam a mesma energia. Existem, portanto, cinco orbitais degenerados d para cada um dos valores de $n = 3, 4, 5 \ldots$.

Outra série de soluções aparece quando $l = 3$, sendo os orbitais em questão designados orbitais f. Existem sete valores de m: $-3, -2, -1, 0, +1, +2$ e $+3$. Logo, há sete orbitais f degenerados quando $n = 4, 5, 6 \ldots$

FUNÇÕES RADIAIS E ANGULARES

A equação de Schrödinger pode ser resolvida completamente para o átomo de hidrogênio, e para íons semelhantes que possuam apenas um elétron como He^+ e Li^{2+}. Para outros átomos, só podem ser obtidas soluções aproximadas. Na maioria dos cálculos, é mais simples resolver a equação se as coordenadas cartesianas x, y e z forem transformadas em coordenadas polares r, θ e ϕ. As coordenadas do ponto A, medidas a partir da origem, são x, y e z quando dadas em coordenadas cartesianas, e r, θ e ϕ em coordenadas polares. Pode-se notar, observando a figura 1.7, que os dois sistemas de coordenadas se relacionam através das seguintes expressões:

$$z = r\cos\theta$$
$$y = r \operatorname{sen}\theta \operatorname{sen}\phi$$
$$x = r \operatorname{sen}\theta \cos\phi$$

A equação de Schrödinger é usualmente escrita como se segue:

$$\Delta^2\psi + \frac{8\pi^2 m}{h^2}(E - V)\psi = 0$$

onde

$$\Delta^2\psi = \frac{\partial^2\psi}{\partial x^2} + \frac{\partial^2\psi}{\partial y^2} + \frac{\partial^2\psi}{\partial z^2}$$

Mudando para coordenadas polares, $\Delta^2\psi$ transforma-se em

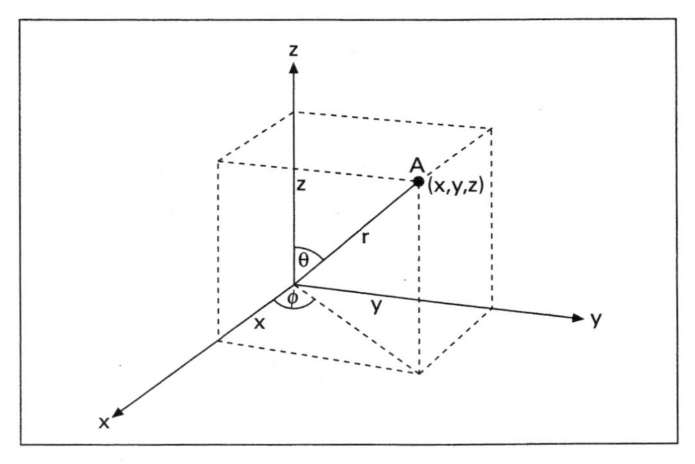

Figura 1.7 — *As relações entre coordenadas cartesianas e coordenadas polares*

$$\frac{1}{r^2}\frac{\partial}{\partial r}\left(r^2\frac{\partial\psi}{\partial r}\right) + \frac{1}{r^2 \operatorname{sen}^2\theta}\cdot\frac{\partial^2\psi}{\partial\phi^2} + \frac{1}{r^2 \operatorname{sen}\theta}\cdot\frac{\partial}{\partial\theta}\left(\operatorname{sen}\theta\frac{\partial\psi}{\partial\theta}\right)$$

A solução dessa equação tem a forma:

$$\psi = R(r)\,.\,\Theta(\theta)\,.\,\Phi(\phi) \qquad (1.6)$$

$R(r)$ é uma função que depende da distância do núcleo, que por sua vez depende dos números quânticos n e l

$\Theta(\theta)$ é uma função de θ, que depende dos números quânticos l e m

$\Phi(\phi)$ é uma função de ϕ, que depende somente do número quântico m

A equação (1.6) pode ser reescrita como

$$\psi = R(r)_{nl} \cdot A_{ml}$$

Desdobramos assim a equação de onda em duas partes, as quais podem ser resolvidas separadamente:

1. A função radial $R(r)$, que depende dos números quânticos n e l.
2. A função de onda angular total A_{ml}, que depende dos números quânticos m e l.

A função radial R não tem significado físico, mas R^2 nos dá a probabilidade de encontrar o elétron num pequeno volume dv próximo do ponto no qual R foi medido. Para um dado valor de r, a área da esfera é igual a $4\pi r^2$, de modo que a probabilidade de se encontrar o elétron a uma distância r do núcleo é $4\pi r^2 R^2$. E, a expressão $4\pi r^2 R^2$ é denominada função de distribuição radial. Gráficos da função de distribuição radial em função de r para o átomo de hidrogênio são mostrados na Fig. 1.8.

Esses gráficos mostram que a probabilidade é igual a zero no núcleo (pois $r = 0$). Examinando os gráficos para $1s$, $2s$ e $3s$, nota-se que a distância mais provável para se encontrar o elétron aumenta acentuadamente, à medida que aumenta o número quântico principal. Além disso, comparando os gráficos para $2s$ e $2p$, ou para $3s$, $3p$ e $3d$, observa-se que o raio mais provável decresce ligeiramente, à medida que o número quântico secundário aumenta. Todos os orbitais s, exceto o primeiro ($1s$), apresentam uma estrutura em camadas, semelhante a uma cebola, constituída por camadas concêntricas de densidade eletrônica. Analogamente, todos os orbitais, menos o primeiro orbital p ($2p$) e o primeiro orbital d ($3d$), possuem estrutura em camadas.

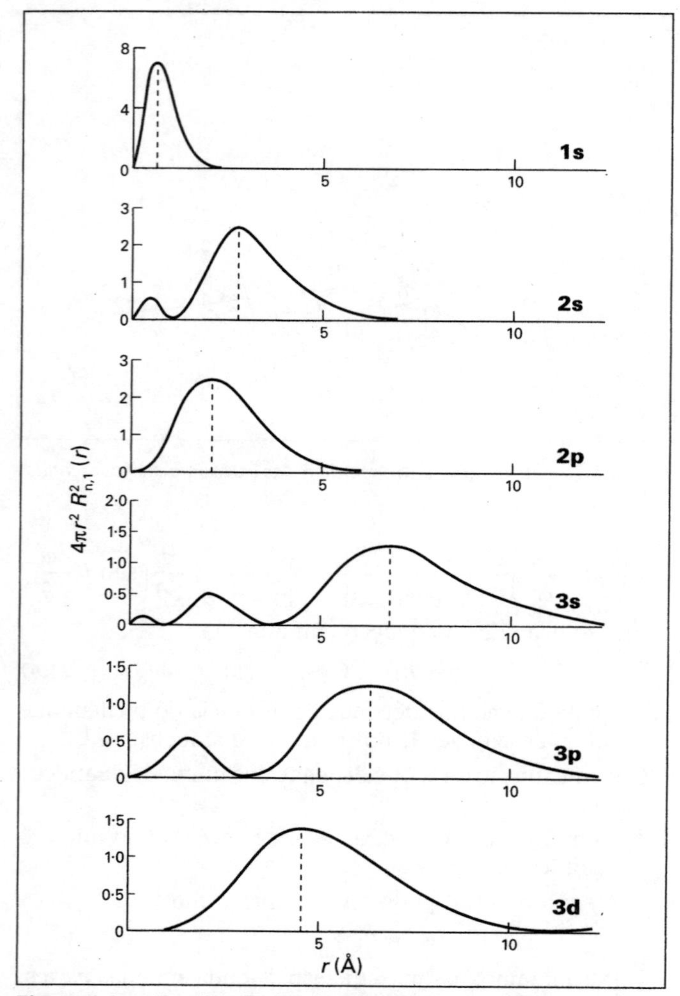

***Figura 1.8** — Funções de distribuição radial para vários orbitais no átomo de hidrogênio*

A função angular A depende somente da direção e é independente da distância (r) a partir do núcleo. Assim, A^2 é a probabilidade de se encontrar um elétron numa direção definida por θ e ϕ, a qualquer distância do núcleo até o infinito. As funções angulares A são mostradas na forma de gráficos em coordenadas polares na Fig. 1.9. Deve ser frisado que *esses diagramas polares **não** representam a função de onda total ψ*, mas somente a parte angular da mesma (a função de onda total é composta pelas funções radial e angular).

$$\psi = R(r) \cdot A$$

Por conseguinte, a probabilidade de se encontrar um elétron a uma distância r e numa dada direção θ, ϕ, é dada por:

$$\psi^2_{r,\theta,\phi} = R^2(r) \cdot A^2(\theta, \phi)$$

Diagramas em coordenadas polares, isto é, desenhos da parte angular da função de onda, são usados rotineiramente para ilustrar a sobreposição ("overlap") de orbitais, dando origem a ligações entre os átomos. Tais diagramas são adequados para esse propósito, já que contêm os sinais + e – relacionados com a simetria da função angular. Para que ocorra a formação de ligações, deve haver a sobreposição de funções de mesmo sinal. As formas são um pouco diferentes das formas da função de onda total. Há diversos aspectos a serem considerados acerca desses diagramas:

1. É difícil visualizar uma função de onda angular como uma equação matemática. É muito mais fácil visualizar uma superfície-limite, ou seja, uma forma sólida que contenha por exemplo 90% da densidade eletrônica. Para frisar que ψ é uma função contínua, na Fig. 1.9 as superfícies-limites foram estendidas até o núcleo. A densidade eletrônica é nula no núcleo no caso de orbitais p, de modo que alguns livros-textos mostram um orbital p como sendo duas esferas que não se tocam.
2. Esses desenhos mostram a simetria dos orbitais $1s$, $2p$ e $3d$. Contudo, nos caso dos orbitais $2s$, $3s$, $4s$ ... $3p$, $4p$, $5p$ ... $4d$, $5d$ ... o sinal (a simetria) muda dentro da superfície-limite do orbital. Esse fato pode ser facilmente

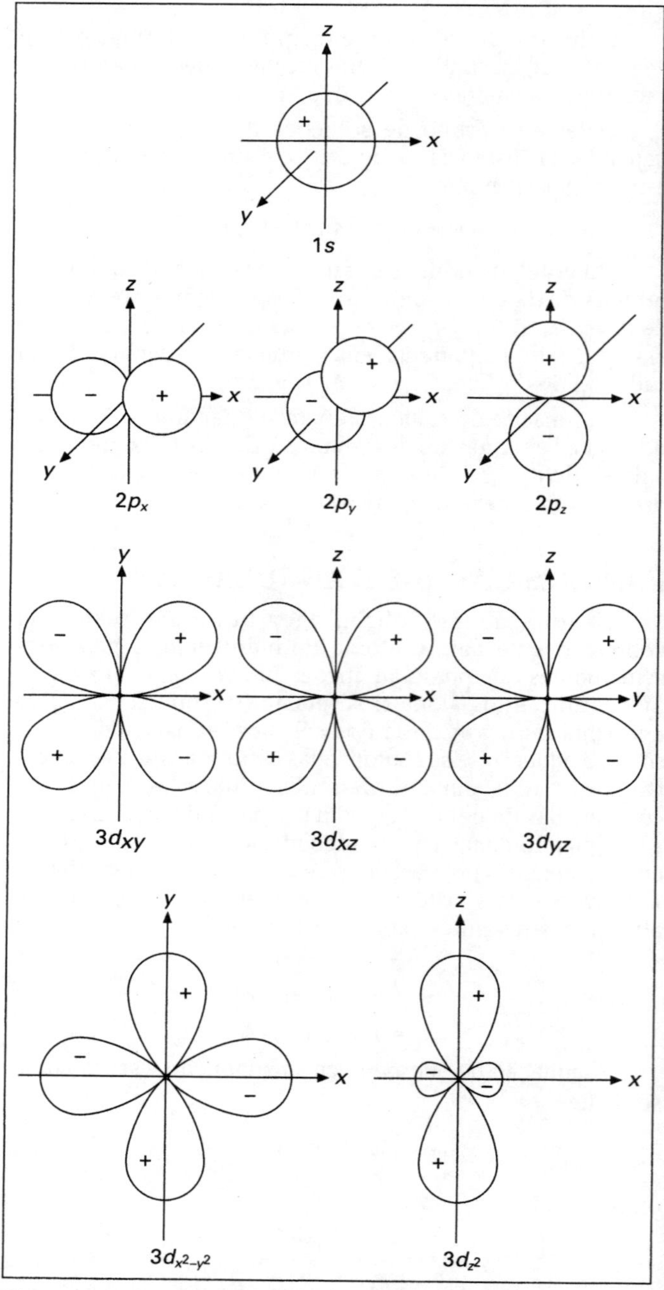

***Figura 1.9** — Superfície-limite para a parte angular da função de onda A(θ, ϕ) para os orbitais 2s, 2p e 3d num átomo de hidrogênio, mostradas como diagramas em coordenadas polares*

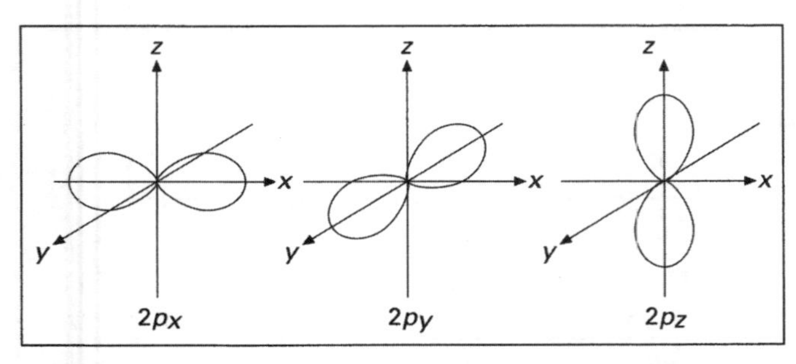

Figura 1.10 — A parte angular ao quadrado da função de onda, A^2 (θ, φ), para o orbital 2p de um átomo de hidrogênio

visualizado pelo aparecimento de nós nos gráficos das funções radiais (Fig. 1.8).

3. A probabilidade de se encontrar um elétron numa direção θ, φ é dada pelo quadrado da função de onda, A^2, ou, mais precisamente, $\psi_\theta^2\psi_\phi^2$. Os diagramas da Fig. 1.9 representam a parte angular A da função de onda, e não A^2. Elevar A ao quadrado não altera a forma de um orbital s, mas alonga os lóbulos dos orbitais p (Fig. 1.10). Alguns livros usam orbitais p alongados, mas neste caso eles não deveriam ter sinais, pois com a elevação ao quadrado remove-se qualquer sinal decorrente da simetria. Apesar disso, muitos autores desenham formas que se aproximam à distribuição de probabilidades, isto é, funções de onda ao quadrado, e colocam os sinais das funções de onda nos lóbulos, referindo-se tanto às formas quanto às funções de onda como orbitais.

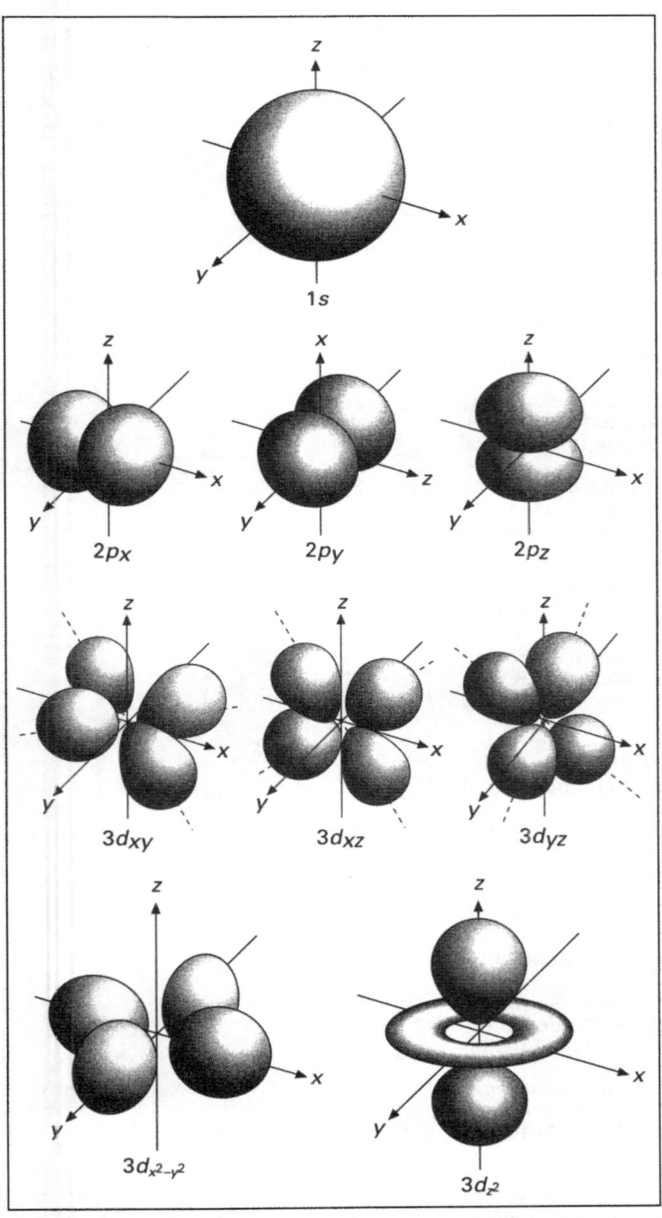

Figura 1.11 — Funções de onda total (orbitais) para o átomo de hidrogênio

4. A representação completa da probabilidade de se encontrar um elétron no espaço requer a determinação do quadrado da função de onda total, o qual inclui o quadrado da probabilidade radial e da probabilidade angular. Na realidade, precisamos de um modelo tridimensional para representar tais probabilidades e mostrar as formas dos orbitais. É difícil fazer isso num material bidimensional, como uma folha de papel, mas uma representação razoável é mostrada na Fig. 1.11. Os orbitais não estão representados em escala. Note que os orbitais p não são simplesmente duas esferas, mas elipsóides de revolução. Assim, o orbital $2p_x$ é esfericamente simétrico em torno do eixo x, mas não tem simetria esférica em outras direções. Analogamente, o orbital p_y apresenta simetria esférica em torno do eixo y, e tanto o orbital p_z como o orbital $3d_{z^2}$ são esfericamente simétricos em relação ao eixo z.

O PRINCÍPIO DE EXCLUSÃO DE PAULI

São necessários três números quânticos n, l e m para definir um orbital. Cada orbital pode conter até dois elétrons, desde que eles tenham spins opostos. Um número quântico adicional é necessário para definir o spin de um elétron no orbital. Portanto, são necessários quatro números quânticos para definir a energia de um elétron num átomo. O Princípio de Exclusão de Pauli diz que um elétron num átomo não pode ter os quatro números quânticos exatamente iguais a nenhum outro. Pela permutação dos números quânticos, é possível calcular o número máximo de elétrons que podem ser acomodados em cada um dos níveis energéticos principais (vide Fig. 1.12, na página seguinte).

A REGRA DE HUND E A CONSTRUÇÃO DOS ÁTOMOS

Quando os átomos se encontram em seus estados fundamentais, os elétrons ocupam os níveis de energia mais baixos possíveis.

O elemento mais simples, o hidrogênio, possui um elétron, que ocupa o nível 1s. Esse nível tem número quântico principal $n = 1$ e número quântico secundário $l = 0$.

O hélio possui dois elétrons. O segundo elétron também ocupa o orbital 1s. Isso é possível porque os dois elétrons apresentam spins opostos. O nível 1s está assim completo.

O elemento seguinte, o lítio, tem três elétrons. O terceiro elétron ocupa o próximo nível energético, que é o nível 2s. Possui número quântico principal $n = 2$ e número quântico secundário $l = 0$.

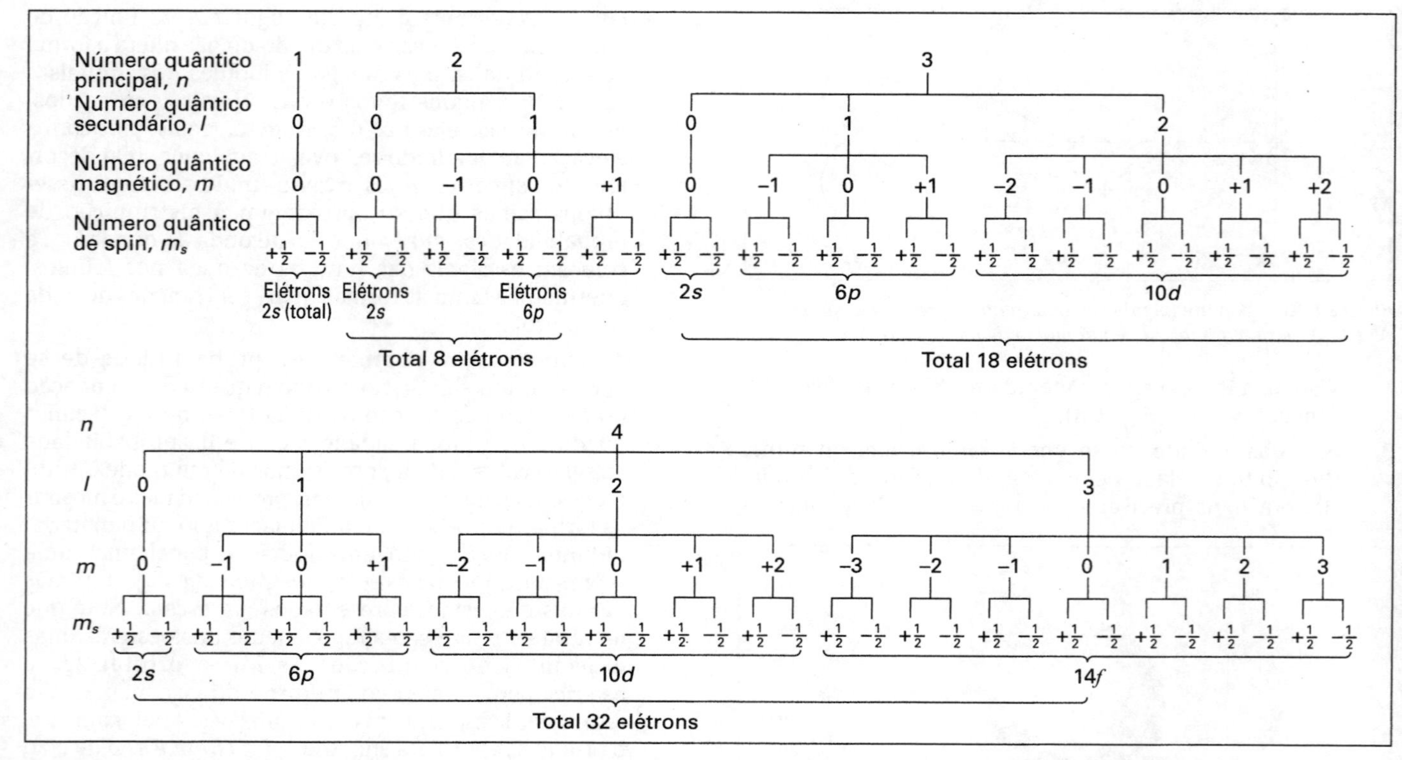

Figura 1.12 — Números quânticos, número máximo de elétrons para o preenchimento dos orbitais e forma da tabela periódica.

O quarto elétron do berílio também ocupa o nível 2*s*. O boro deve ter seu quinto elétron no nível 2*p*, pois o nível 2*s* já se encontra completamente preenchido. O sexto elétron do carbono também será encontrado no nível 2*p*. A regra de Hund estabelece que o número de elétrons não emparelhados num dado nível energético é máximo. Assim, os dois elétrons *p* do carbono estão desemparelhados, no estado fundamental. Eles ocupam orbitais *p* distintos e possuem spins paralelos. Analogamente, os três elétrons *p* do nitrogênio apresentam spins paralelos.

Para mostrar a posição dos elétrons num átomo, os símbolos 1*s*, 2*s*, 2*p*, etc. são utilizados para indicar os níveis energéticos principal e secundário. Um índice indica o número de elétrons em cada conjunto de orbitais. Por exemplo, o hidrogênio contém 1 elétron, sendo denotado por $1s^1$. No hélio, o nível 1*s* contém 2 elétrons, e sua representação é $1s^2$. As estruturas eletrônicas dos primeiros átomos da Tabela Periódica podem ser escritas como se segue:

H	$1s^1$			
He	$1s^2$			
Li	$1s^2$	$2s^1$		
Be	$1s^2$	$2s^2$		
B	$1s^2$	$2s^2$	$2p^1$	
C	$1s^2$	$2s^2$	$2p^2$	
N	$1s^2$	$2s^2$	$2p^3$	
O	$1s^2$	$2s^2$	$2p^4$	
F	$1s^2$	$2s^2$	$2p^5$	
Ne	$1s^2$	$2s^2$	$2p^6$	
Na	$1s^2$	$2s^2$	$2p^6$	$3s^1$

Uma maneira alternativa de representar a estrutura eletrônica de um átomo é representando os orbitais por quadrados e os elétrons por setas:

Estrutura eletrônica	1s	2s	2p	3s	3p
do átomo de H no estado fundamental	[↑]	[ ]	[ ][ ][ ]		
do átomo de He no estado fundamental	[↑↓]	[ ]	[ ][ ][ ]		
do átomo de Li no estado fundamental	[↑↓]	[↑]	[ ][ ][ ]		
do átomo de Be no estado fundamental	[↑↓]	[↑↓]	[ ][ ][ ]		
do átomo de B no estado fundamental	[↑↓]	[↑↓]	[↑][ ][ ]		
do átomo de C no estado fundamental	[↑↓]	[↑↓]	[↑][↑][ ]		
do átomo de N no estado fundamental	[↑↓]	[↑↓]	[↑][↑][↑]		
do átomo de O no estado fundamental	[↑↓]	[↑↓]	[↑↓][↑][↑]		
do átomo de F no estado fundamental	[↑↓]	[↑↓]	[↑↓][↑↓][↑]		
do átomo de Ne no estado fundamental	[↑↓]	[↑↓]	[↑↓][↑↓][↑↓]	[ ]	[ ][ ][ ]
do átomo de Na no estado fundamental	[↑↓]	[↑↓]	[↑↓][↑↓][↑↓]	[↑]	[ ][ ][ ]

O procedimento continua de maneira semelhante.

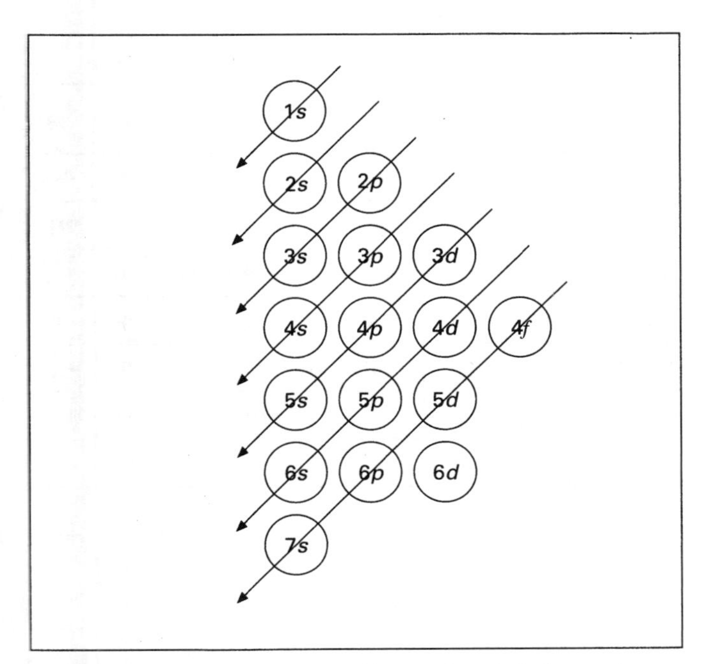

Figura 1.13 — Seqüência de preenchimento dos níveis de energia

SEQÜÊNCIA DE NÍVEIS ENERGÉTICOS

É importante conhecer a seqüência segundo a qual os níveis energéticos são preenchidos. A Fig. 1.13 ilustra uma ferramenta útil. Observa-se pela figura que a seqüência de preenchimento dos níveis energéticos é: 1*s*, 2*s*, 2*p*, 3*s*, 3*p*, 4*s*, 3*d*, 4*p*, 5*s*, 4*d*, 5*p*, 6*s*, 4*f*, 5*d*, 6*p*, 7*s*, etc.

Após o preenchimento dos níveis 1*s*, 2*s*, 2*p*, 3*s* e 3*p*, no elemento argônio, os elétrons seguintes vão para o nível 4*s*, levando à formação dos elementos potássio e cálcio. Uma vez preenchido o nível 4*s*, o próximo nível em ordem crescente de energia é o 3*d* e não o 4*p*. Assim, o nível 3*d* começa a ser preenchido com o elemento escândio. Os elementos que vão do escândio ao cobre possuem um nível 4*s* completo e um nível 3*d* incompleto, e quimicamente todos se comportam de maneira semelhante. Esse conjunto de átomos é conhecido como uma série de transição.

Uma segunda série de transição começa depois do preenchimento do orbital 5*s*, no elemento estrôncio, porque no elemento seguinte, o ítrio, começa o preenchimento do nível 4*d*. Uma terceira série de transição se inicia com o lantânio, elemento em que começa o preenchimento do nível 5*d*, após o preenchimento do nível 6*s*.

Uma nova complicação surge no elemento lantânio, porque depois desse elemento, que possui um elétron no nível 5*d*, começa o preenchimento do nível 4*f*, dando origem aos elementos que vão do cério ao lutécio e que possuem de 1 a 14 elétrons 4*f*. Eles são algumas vezes denominados elementos de transição interna, mas são mais conhecidos como lantanídios ou terras raras.

DISPOSIÇAO DOS GRUPOS DE ELEMENTOS NA TABELA PERIÓDICA

As propriedades químicas de um elemento são em grande parte determinadas pelo número de elétrons existentes no nível mais externo e sua distribuição nos orbitais. Se os elementos químicos forem dispostos em grupos com a mesma distribuição eletrônica no nível mais externo, então tais elementos devem apresentar propriedades químicas e físicas semelhantes. A grande vantagem que advém disso é o fato de não ser necessário estudar o comportamento de cada um dos elementos, mas apenas dos diferentes grupos.

Os elementos que contém 1 elétron no nível mais externo são denominados elementos do Grupo 1 (os metais alcalinos), e aqueles com dois elétrons no nível mais externo são denominados elementos do Grupo 2 (os metais alcalino terrosos). Esses dois grupos constituem os elementos do bloco *s*, porque suas propriedades são resultantes da presença de elétrons *s*.

Elementos com três elétrons no nível mais externo (2 elétrons *s* e 1 *p*) são denominados elementos do Grupo 13. Analogamente, os elementos do Grupo 14 possuem quatro elétrons no nível mais externo; os elementos do grupo 15 possuem cinco elétrons, os elementos do Grupo 16 seis e os elementos do Grupo 17 sete elétrons no nível mais externo. Os elementos do Grupo 18 possuem o nível mais externo completo. Os grupos 13, 14, 15, 16, 17 e 18 são constituídos por elementos que diferem no preenchimento dos orbitais *p*, e por isso são denominados elementos do bloco *p*.

De modo semelhante, elementos nos quais orbitais *d* estão sendo preenchidos pertencem ao bloco *d*; e são denominados elementos de transição. Note que os elétrons *d* vão sendo adicionados ao penúltimo nível. Por exemplo, o elemento escândio é o primeiro elemento de transição e sucede o cálcio, Ca, que pertence ao Grupo 2. A última camada do cálcio contém dois elétrons *s*. O escândio também possui dois elétrons *s*, mas tem um elétron *d* adicional na penúltima camada. Portanto, o escândio pertence ao Grupo 3. Analogamente, o titânio (Ti, o segundo elemento de transição) possui dois elétrons *s* e dois elétrons *d* na penúltima camada. Logo, o grupo do titânio é também designado Grupo 4. Seguindo esse mesmo raciocínio podemos adicionar até 10 elétrons aos orbitais *d*. Assim, os elementos de transição se encontram dispostos na Tabela Periódica formando os Grupos de 3 a 12.

Finalmente, elementos cujos orbitais *f* estão sendo preenchidos constituem o bloco *f*, e nesses casos os elétrons *f* vão sendo adicionados ao antepenúltimo nível (ou o segundo de fora para dentro).

Na Tabela Periódica (Tab. 1.4, na página seguinte), os elementos encontram-se dispostos segundo números atômicos crescentes, isto é, em ordem de carga nuclear crescente, ou de número de elétrons crescente. Assim, cada elemento contém um elétron a mais que o elemento precedente. Ao invés de colocar os 103 elementos numa longa lista, a Tabela Periódica os dispõem em uma série de fileiras horizontais ou períodos, de tal modo que cada período comece com um metal alcalino e termine com um gás nobre. A seqüência segundo a qual os vários níveis energéticos vão sendo preenchidos determina o número de elementos em cada período. Assim, a Tabela Periódica pode ser dividida em quatro regiões principais, conforme estejam sendo preenchidos os níveis *s*, *p*, *d* ou *f*.

Grupo / Período	Bloco *s*												Bloco *p*					
	1	2											13	14	15	16	17	18
1	^{1}H																^{1}H	^{2}He
2	^{3}Li	^{4}Be	Bloco *d*										^{5}B	^{6}C	^{7}N	^{8}O	^{9}F	^{10}Ne
3	^{11}Na	^{12}Mg	3	4	5	6	7	8	9	10	11	12	^{13}Al	^{14}Si	^{15}P	^{16}S	^{17}Cl	^{18}Ar
4	^{19}K	^{20}Ca	^{21}Sc	^{22}Ti	^{23}V	^{24}Cr	^{25}Mn	^{26}Fe	^{27}Co	^{28}Ni	^{29}Cu	^{30}Zn	^{31}Ga	^{32}Ge	^{33}As	^{34}Se	^{35}Br	^{36}Kr
5	^{37}Rb	^{38}Sr	^{39}Y	^{40}Zr	^{41}Nb	^{42}Mo	^{43}Tc	^{44}Ru	^{45}Rh	^{46}Pd	^{47}Ag	^{48}Cd	^{49}In	^{50}Sn	^{51}Sb	^{52}Te	^{53}I	^{54}Xe
6	^{55}Cs	^{56}Ba	^{57}La	^{72}Hf	^{73}Ta	^{74}W	^{75}Re	^{76}Os	^{77}Ir	^{78}Pt	^{79}Au	^{80}Hg	^{81}Tl	^{82}Pb	^{83}Bi	^{84}Po	^{85}At	^{86}Rn
7	^{87}Fr	^{88}Ra	^{89}Ac															
									Bloco *f*									
Lantanídios				^{58}Ce	^{59}Pr	^{60}Nd	^{61}Pm	^{62}Sm	^{63}Eu	^{64}Gd	^{65}Td	^{66}Dy	^{67}Ho	^{68}Er	^{69}Tm	^{70}Yb	^{71}Lu	
Actinídios				^{90}Th	^{91}Pa	^{92}U	^{93}Np	^{94}Pu	^{95}Am	^{96}Cm	^{97}Bk	^{98}Cf	^{99}Es	^{100}Fm	^{101}Md	^{102}No	^{103}Lr	

1.º período 1*s* 2 elementos no período
2.º período 2*s* 2*p* 8 elementos no período
3.º período 3*s* 3*p* 8 elementos no período
4.º período 4*s* 3*d* 4*p* 18 elementos no período
5.º período 5*s* 4*d* 6*s* 18 elementos no período
6.º período 6*s* 4*f* 5*d* 6*p* 32 elementos no período

Os metais alcalinos aparecem numa coluna vertical denominada Grupo 1, no qual todos os elementos apresentam um único elétron no nível mais externo, tendo portanto propriedades semelhantes. Assim, se um dos elementos do grupo reagir com um determinado reagente, os demais provavelmente reagirão de modo semelhante, formando compostos de fórmulas semelhantes. Dessa forma é possível prever reações de compostos desconhecidos, bem como suas fórmulas, por simples analogia com compostos já conhecidos. Analogamente, todos os gases nobres aparecem numa coluna vertical denominada Grupo 18, sendo que todos possuem o nível eletrônico mais externo completo. Essa é a chamada forma longa da Tabela Periódica. Ela apresenta muitas vantagens, sendo as mais importantes a ênfase na semelhança de propriedades dentro dos grupos e a relação entre o grupo e a configuração eletrônica. Os elementos do bloco *d* são denominados elementos de transição porque se situam entre os blocos *s* e *p*.

O hidrogênio e o hélio diferem dos demais elementos, porque neles não existem elétrons *p* no primeiro nível. O hélio obviamente pertence ao Grupo 18, dos gases nobres, que são quimicamente inertes, porque o nível eletrônico mais externo está completamente preenchido. O hidrogênio é mais difícil de ser classificado. Poderia ser incluído no Grupo 1, porque só possui um elétron *s* no nível mais externo, é monovalente e normalmente forma íons positivos monovalentes. Contudo, o hidrogênio não é um metal e é gasoso, ao passo que Li, Na, K, Rb e Cs são metais e são sólidos. Por outro lado, o hidrogênio poderia ser incluído no Grupo 17, porque falta um elétron no último nível; ou no grupo 14, porque o último nível está semi-preenchido. O hidrogênio não se assemelha nem aos metais alcalinos, nem aos halogênios e nem aos elementos do Grupo 14. Os átomos de hidrogênio são extremamente pequenos e apresentam muitas propriedades singulares. Seria, assim, o caso de se colocar o hidrogênio num grupo à parte.

LEITURAS COMPLEMENTARES

* Karplus, M. e Porter, R.N., "*Atoms and Molecules*", Benjamin, New York, 1971.

* Greenwood, N.N., "*Principles of Atomic Orbitals*", Royal Institute of Chemistry Monographs for Teachers No 8, 3a ed., Londres, 1980.

PROBLEMAS

1. Quais são os nomes dados às cinco primeiras séries de linhas espectrais que ocorrem no espectro atômico do hidrogênio? Indique as regiões do espectro eletromagnético em que essas séries aparecem e escreva uma equação geral que permita calcular os números de onda, que seja aplicável a todas essas séries.
2. Quais são os postulados em que se baseiam a teoria de Bohr, relativa à estrutura do átomo de hidrogênio?
3. Escreva a equação que explica as diferentes séries de linhas no espectro atômico do hidrogênio. Qual o nome da equação? Explique os diferentes termos envolvidos.
4. a) Calcule os raios das três primeiras órbitas de Bohr para o hidrogênio (constante de Planck h = $6{,}6262 \times 10^{-34}$ J s; massa do elétron $m = 9{,}1091 \times 10^{-31}$ kg; carga do elétron $e = 1{,}60210 \times 10^{-19}$ C; permissividade do vácuo $\varepsilon_0 = 8{,}854185 \times 10^{-12}$ kg^{-1} m^{-3} A^2).

   (Respostas: $0{,}529 \times 10^{-10}$ m (0,529 Å); $2{,}12 \times 10^{-10}$ m (2,12 Å) e $4{,}76 \times 10^{-10}$ m; (4,76 Å))

   b) Use os valores desses raios para calcular a velocidade do elétron em cada uma dessas órbitas.

   (Respostas: $2{,}19 \times 10^{6}$ m s^{-1}; $1{,}09 \times 10^{6}$ m s^{-1}; $7{,}29 \times 10^{5}$ m s^{-1})

5. A série de Balmer de linhas espectrais para o hidrogênio aparece na região da luz visível. Qual é o nível energético inferior de partida dessas transições, e a que transições correspondem às linhas espectrais que ocorrem em 379,0 nm e 430,0 nm, respectivamente?

6. Quais são o número de onda e o comprimento de onda da primeira transição nas séries de Lyman, Balmer e Paschen, no espectro do átomo de hidrogênio?

7. A quais das seguintes espécies aplica-se a teoria de Bohr? a) H, b) H^+, c) He, d) He^+, e) Li, f) Li^+, g) Li^{2+}, h) Be, i) Be^+, j) Be^{2+}, l) Be^{3+}.

8. No que a teoria de Bohr do átomo de hidrogênio difere da teoria de Schrödinger?

9. a) Escreva a forma geral da equação de Schrödinger e defina cada um dos termos que nela ocorrem.

   b) Soluções fisicamente possíveis da equação de onda devem apresentar quatro propriedades. Quais são elas?

10. O que é uma função de distribuição radial? Represente essa função para os orbitais $1s$, $2s$, $3s$, $2p$, $3p$ e $4p$ do átomo de hidrogênio.

11. Explique a) o Princípio de Exclusão de Pauli, e b) a Regra de Hund. Mostre como usar esses princípios para determinar a estrutura eletrônica dos primeiros 20 elementos da Tabela Periódica.

12. O que é um orbital? Desenhe as formas dos orbitais $1s$, $2s$, $2p_x$, $2p_y$, $2p_z$, $3d_{xy}$, $3d_{xz}$, $3d_{yz}$, $3d_{x^2-y^2}$ e $3d_{z^2}$.

13. Quais são os nomes e os símbolos dos quatro números quânticos necessários para definir a energia dos elétrons nos átomos? A que esses números quânticos se referem e que valores numéricos são possíveis para cada um deles? Mostre como a forma da Tabela Periódica está relacionada com esses números quânticos.

14. O primeiro nível energético pode conter até 2 elétrons, o segundo nível até 8, o terceiro nível até 18, e o quarto nível até 32. Explique essa distribuição em função dos números quânticos.

15. Escreva os valores dos quatro números quânticos para cada um dos elétron do átomo de a) oxigênio e b) escândio no estado fundamental. Use primeiro os valores positivos de m_l e m_s.

16. Determine a seqüência em que os níveis energéticos de um átomo são preenchidos com elétrons. Escreva a configuração eletrônica para os átomos de número atômico 6, 11, 17 e 25. Em seguida, verifique a que grupos da Tabela Periódica esses elementos pertencem.

17. Escreva o nome e o símbolo dos átomos que têm, no estado fundamental, as seguintes configurações eletrônicas no nível mais externo: a) $2s^2$, b) $3s^2\ 3p^5$, c) $3s^2\ 3p^6\ 4s^2$, d) $3s^2\ 3p^6\ 3d^6\ 4s^2$, e) $5s^2\ 5p^2$, f) $5s^2\ 5p^6$.

INTRODUÇÃO À LIGAÇÃO QUÍMICA

EM BUSCA DE UMA CONFIGURAÇÃO ESTÁVEL

De que maneira os átomos se combinam para formar moléculas, e por que os átomos formam ligações? Uma molécula será formada somente se esta for mais estável e tiver menor energia do que os átomos individuais.

Para compreendermos o que está acontecendo em termos de estrutura eletrônica, consideremos inicialmente os elementos do Grupo 18. Eles compreendem os gases nobres, o hélio, neônio, argônio, criptônio, xenônio e radônio, conhecidos por sua inércia química. Os átomos dos gases nobres geralmente não reagem com nenhum outro átomo, e suas moléculas são monoatômicas, isto é, contém apenas um átomo. A baixa reatividade decorre do fato de suas energias já serem baixas, e não poderem ser diminuídas ainda mais através da formação de compostos. A baixa energia dos gases está associada ao fato deles terem o nível eletrônico mais externo completamente preenchido. Essa estrutura é freqüentemente denominada estrutura de gás nobre, e se constitui num arranjo de elétrons particularmente estável.

A formação de ligações químicas envolve normalmente só os elétrons do nível mais externo do átomo e, através da formação de ligações, cada átomo adquire uma configuração eletrônica estável. O arranjo eletrônico mais estável é a estrutura de um gás nobre, e muitas moléculas possuem essa estrutura. Contudo, arranjos menos estáveis que a de gás nobre ocorrem regularmente nos elementos de transição.

TIPOS DE LIGAÇÕES

Os átomos podem adquirir uma configuração eletrônica estável por três maneiras: perdendo, recebendo ou compartilhando elétrons.

Os elementos podem ser classificados em:

1. Elementos eletropositivos, cujos átomos perdem um ou mais elétrons com relativa facilidade.
2. Elementos eletronegativos, que tendem a receber elétrons.
3. Elementos com reduzida tendência de perder ou receber elétrons.

Dependendo do caráter eletropositivo ou eletronegativo dos átomos envolvidos, três tipos de ligações químicas podem ser formadas.

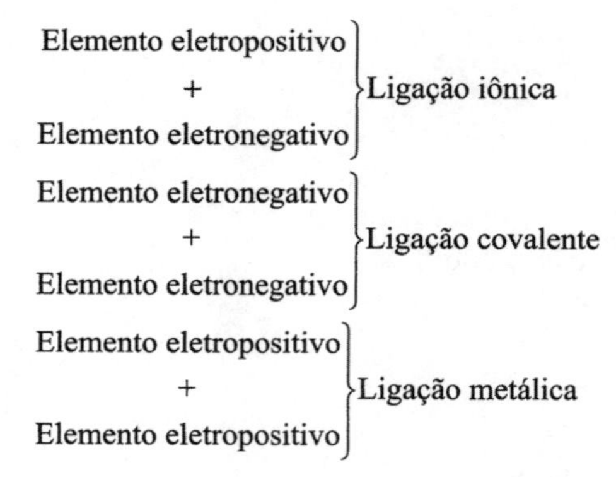

A ligação iônica envolve a transferência completa de um ou mais elétrons de um átomo para outro. A ligação covalente envolve o compartilhamento de um par de elétrons entre dois átomos, e na ligação metálica os elétrons de valência são livres para se moverem livremente através de todo o cristal.

Esses tipos de ligações são representações idealizadas. Embora um dos tipos de ligação geralmente predomine, na maioria das substâncias as ligações se encontram em algum ponto entre essas formas limites. Por exemplo, o cloreto de lítio é considerado um composto iônico, mas ele é solúvel em álcool, o que sugere um certo caráter de ligação covalente. Caso os três tipos limites de ligações sejam colocados nos vértices de um triângulo, os compostos com ligações que tendem a pertencer a um dos três tipos limites serão representados por pontos próximos dos vértices. Compostos com ligações intermediárias entre dois tipos, situar-se-ão ao longo dos lados do triângulo, enquanto que compostos apresentando algumas das características dos três tipos de ligação serão representados por pontos no interior do triângulo.

TRANSIÇÕES ENTRE OS PRINCIPAIS TIPOS DE LIGAÇÕES

Poucas ligações são totalmente iônicas, covalentes ou metálicas. A maioria das ligações são intermediárias entre esses três tipos e possuem algumas características de duas delas, às vezes das três.

Ligações iônicas

Formam-se ligações iônicas quando elementos eletropositivos reagem com elementos eletronegativos.

Considere o composto iônico cloreto de sódio. O átomo de sódio tem a configuração eletrônica $1s^2\ 2s^2\ 2p^6\ 3s^1$. O primeiro e o segundo níveis eletrônicos estão completamente preenchidos, mas o terceiro nível contém somente um elétron. Quando esse átomo reage, ele o faz de maneira a atingir uma configuração eletrônica mais estável. Os gases nobres apresentam um arranjo eletrônico estável, sendo o neônio o gás nobre mais próximo do sódio, cuja configuração é $1s^2\ 2s^2\ 2p^6$. Se o átomo de sódio perder o elétron de seu nível mais externo, ele atingirá uma configuração eletrônica estável, e assim fazendo o sódio adquire uma carga positiva +1, sendo denominado íon sódio, Na^+. A carga positiva surge porque o núcleo contém 11 prótons, cada qual com uma carga positiva, mas restam apenas 10 elétrons. Os átomos de sódio tendem a perder elétrons dessa maneira quando lhes é fornecida energia. Logo, o sódio é um elemento eletropositivo.

$$\underset{\text{átomo de sódio}}{Na} \rightarrow \underset{\text{íon de sódio}}{Na^+} + \text{elétron}$$

Átomos de cloro possuem a configuração eletrônica $1s^2\ 2s^2\ 2p^6\ 3s^2\ 3p^5$. Falta apenas um elétron para se chegar a estrutura estável do gás nobre argônio $1s^2\ 2s^2\ 2p^6\ 3s^2\ 3p^6$. Assim, quando os átomos de cloro reagem, recebem um elétron. O cloro é, portanto, um elemento eletronegativo.

$$\underset{\text{átomo de cloro}}{Cl} + \text{elétron} \rightarrow \underset{\text{íon cloreto}}{Cl^-}$$

Adquirindo um elétron, o átomo de cloro eletricamente neutro se transformará num íon cloreto, que possui uma carga negativa, Cl^-.

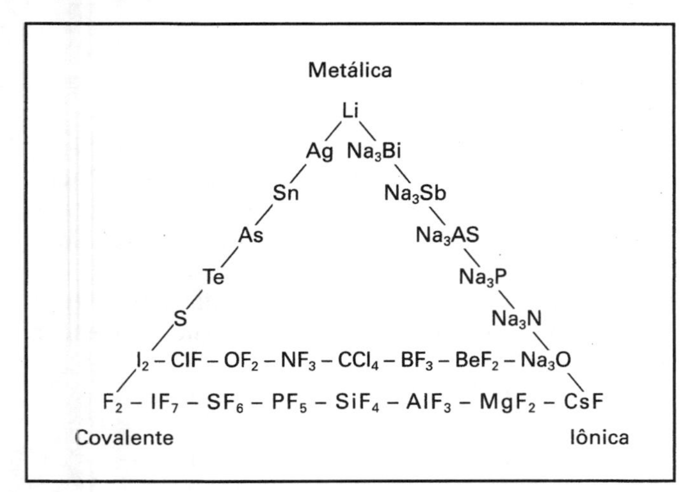

***Figura 2.1** — Triângulo ilustrando as transições entre ligações iônica, covalente e metálica (reproduzido de "Chemical Constitution" de J.A.A. Ketelaar, Elsevier)*

Quando sódio e cloro reagem entre si, o elétron no nível mais externo do átomo de sódio é transferido para o átomo de cloro, de modo a formar íons sódio, Na^+, e íons cloreto, Cl^-. Atração eletrostática entre os íons positivos e negativos os mantêm juntos num retículo cristalino. O processo é energeticamente favorecido, pois os dois tipos de átomos atingem a configuração eletrônica estável de gás nobre, tal que o cloreto de sódio, Na^+Cl^-, é facilmente formado. Isso pode ser ilustrado graficamente por meio de um diagrama de Lewis, no qual os elétrons externos são representados por pontos:

$$\underset{\text{átomo de sódio}}{Na\cdot} + \underset{\text{átomo de cloro}}{\cdot\ddot{\underset{..}{Cl}}:} \rightarrow \underset{\text{íon sódio}}{[Na]^+} + \underset{\text{íon cloreto}}{\left[:\ddot{\underset{..}{Cl}}:\right]^-}$$

A formação de cloreto de cálcio $CaCl_2$ pode ser explicada de maneira semelhante. Os átomos de cálcio possuem dois elétrons no nível mais externo. O Ca é um elemento eletropositivo, de modo que cada átomo de Ca perde dois elétrons para dois átomos de Cl, gerando um íon cálcio, Ca^{2+}, e dois íons cloreto, Cl^-. Considerando-se apenas os elétrons mais externos, a reação pode ser representada como se segue:

$$\underset{\text{átomo de cálcio}}{Ca:} + \underset{\text{átomos de cloro}}{\begin{matrix}\cdot\ddot{\underset{..}{Cl}}:\\ \cdot\ddot{\underset{..}{Cl}}:\end{matrix}} \rightarrow \underset{\text{íon cálcio}}{[Ca]^{2+}} + \underset{\text{íons cloreto}}{\begin{matrix}\left[:\ddot{\underset{..}{Cl}}:\right]^-\\ \left[:\ddot{\underset{..}{Cl}}:\right]^-\end{matrix}}$$

Ligações covalentes

Quando dois átomos eletronegativos reagem entre si, ambos têm a tendência de receber elétrons mas nenhum mostra tendência alguma de ceder elétrons. Nesses casos os átomos compartilham elétrons para atingir a configuração eletrônica de gás nobre.

Vamos inicialmente considerar o diagrama abaixo, que mostra como dois átomos de cloro Cl reagem para formar uma molécula de Cl_2 (estão sendo representados apenas os elétrons mais externos):

$$\underset{\text{átomos de cloro}}{:\ddot{\underset{..}{Cl}}\cdot + \cdot\ddot{\underset{..}{Cl}}:} \rightarrow \underset{\text{molécula de cloro}}{:\ddot{\underset{..}{Cl}}:\ddot{\underset{..}{Cl}}:}$$

Cada átomo de cloro compartilha um de seus elétrons com o outro átomo. Assim, um par de elétrons é compartilhado igualmente pelos dois átomos, de modo que cada átomo possui agora oito elétrons em seu nível mais externo (um octeto estável) — a estrutura de gás nobre do argônio. Na representação gráfica (estrutura de Lewis) o par de elétrons compartilhado é representado por dois pontos entre os átomos, Cl : Cl. Na representação por ligações de valência esses pontos são substituídos por uma linha que representa uma ligação, Cl-Cl.

Analogamente, uma molécula de tetraclorometano, CCl_4, é obtida a partir de um átomo de carbono e quatro átomos de cloro:

$$\cdot\dot{\underset{\cdot}{C}}\cdot + 4\left[\cdot\ddot{\underset{\cdot\cdot}{Cl}}:\right] \rightarrow Cl : \underset{Cl}{\overset{Cl}{\ddot{\underset{\cdot\cdot}{C}}}} : Cl$$

O átomo de carbono necessita de quatro elétrons para chegar à estrutura de gás nobre, de modo que ele formará quatro ligações. Os átomos de cloro precisam de um elétron para chegar à estrutura de gás nobre, e cada um deles formará uma ligação. Compartilhando elétrons dessa maneira, tanto o átomo de carbono como os quatro átomos de cloro atingem a estrutura de um gás nobre. Deve-se frisar, contudo, que embora seja possível obter moléculas dessa maneira e entender suas estruturas eletrônicas, não se pode concluir que os átomos envolvidos reajam diretamente. No presente caso, carbono e cloro não reagem diretamente entre si, sendo que o tetraclorometano é obtido por reações indiretas.

Uma molécula de amônia NH_3 é constituída por um átomo de nitrogênio e três de hidrogênio:

$$\cdot\ddot{\underset{\cdot}{N}}\cdot + 3[H\cdot] \rightarrow H : \underset{H}{\ddot{\underset{\cdot\cdot}{N}}} : H$$

O átomo de nitrogênio necessita de três elétrons para chegar à estrutura de um gás nobre, enquanto que os átomos de hidrogênio precisam receber um elétron para chegar à estrutura de um gás nobre. O átomo de nitrogênio forma três ligações, enquanto cada átomo de hidrogênio forma uma única ligação, para alcançar uma configuração estável. Um par de elétrons do átomo de nitrogênio não participa da formação de ligações, sendo denominado par isolado de elétrons.

A água (com duas ligações covalentes e dois pares isolados) e fluoreto de hidrogênio (uma ligação covalente e três pares isolados), são mais alguns exemplos de compostos com ligações covalentes.

$$H : \underset{H}{\ddot{\underset{\cdot\cdot}{O}}} : \qquad H : \ddot{\underset{\cdot\cdot}{F}} :$$

Números de oxidação

O número de oxidação de um elemento num composto covalente é calculado inicialmente considerando-se que os elétrons compartilhados pertencem ao elemento mais eletronegativo. A seguir determina-se a carga teórica remanescente em cada átomo (a eletronegatividade será discutida no capítulo 6). Um procedimento alternativo é "quebrar" (teoricamente) a molécula, removendo-se todos os átomos ligados na forma de íons e, em seguida, determinando a carga remanescente no átomo central. Deve-se frisar que as moléculas não são realmente destruídas, nem os elétrons são realmente removidos. Por exemplo, na água, H_2O, a retirada de dois íons H^+ deixa uma carga –2 no átomo de oxigênio, tal que o estado de oxidação do O na água é (–II). Analogamente, no H_2S o estado de oxidação do S é (–II); no F_2O o estado de oxidação do O é (+II); no SF_4 o estado de oxidação do S é (+IV), enquanto que no SF_6 o estado de oxidação do S é (+VI). O conceito de número de oxidação funciona igualmente bem no caso de compostos iônicos. Assim, no $CrCl_3$ o átomo de Cr tem estado de oxidação (+III) e forma íons Cr^{3+} e no caso do $CrCl_2$ o Cr se encontra no estado de oxidação (+II), ou seja na forma de íons Cr^{2+}.

Ligações coordenativas

Uma ligação covalente resulta do compartilhamento de um par de elétrons por dois átomos, sendo que cada um deles contribui com um elétron para a formação da ligação. É possível também ter ligações nos quais o par de elétrons provém de apenas um dos átomos, sendo que o outro não contribui com nenhum elétron. Essas ligações são denominadas ligações coordenativas ou dativas. Visto que nos compostos de coordenação um par de elétrons é compartilhado por dois átomos, a diferença em relação às ligações covalentes normais reside apenas na maneira em que as ligações são formadas. Uma vez formada, as ligações coordenativas são idênticas às ligações covalentes normais.

Embora a molécula de amônia tenha uma configuração eletrônica estável, ela pode fazer uso de seu par de elétrons isolados para se ligar a um íon H^+, formando o íon amônio, NH_4^+:

$$H : \underset{H}{\overset{H}{\ddot{\underset{\cdot\cdot}{N}}}} : + [H]^+ \rightarrow \left[H : \underset{H}{\overset{H}{\ddot{\underset{\cdot\cdot}{N}}}} : H\right]^+ \text{ ou } \left[H - \underset{\underset{H}{|}}{\overset{\overset{H}{|}}{N}} \rightarrow H\right]^+$$

Ligações covalentes normais são geralmente representadas por uma linha reta unindo os átomos envolvidos. Por sua vez, as ligações coordenativas são representadas por setas que indicam qual é o átomo que está doando os elétrons. Da mesma forma que no caso do íon NH_4^+, a amônia pode doar o par isolado para o trifluoreto de boro. Assim, o boro atinge a configuração estável de oito elétrons.

$$H : \underset{H}{\overset{H}{\ddot{\underset{\cdot\cdot}{N}}}} : + \underset{F}{\overset{F}{\ddot{\underset{\cdot\cdot}{B}}}} : F \rightarrow H - \underset{\underset{H}{|}}{\overset{\overset{H}{|}}{N}} \rightarrow \underset{\underset{F}{|}}{\overset{\overset{F}{|}}{B}} - F$$

Analogamente, uma molécula de BF_3 pode receber um par de elétrons de um íon F^- formando uma ligação dativa.

$$\left[:\ddot{\underset{..}{F}}: \right]^- + \begin{matrix} F \\ B : F \\ F \end{matrix} \rightarrow \left[\begin{matrix} & F & \\ & | & \\ F — & B & — F \\ & | & \\ & F & \end{matrix} \right]^-$$

Dentre os vários outros exemplos podemos citar:

$$PCl_5 + Cl^- \rightarrow [PCl_6]^-$$
$$SbF_5 + F^- \rightarrow [SbF_6]^-$$

Ligações duplas e triplas

Às vezes dois átomos compartilham mais de um par de elétrons. Se quatro elétrons são compartilhados, formam-se duas ligações, e esse arranjo é chamado de ligação dupla. Se seis elétrons são compartilhados, forma-se uma ligação tripla:

$$\begin{matrix} H & & H \\ & C \vdots C & \\ H & & H \end{matrix} \qquad \begin{matrix} H & & H \\ & C{=}C & \\ H & & H \end{matrix} \qquad \text{molécula de eteno (ligação dupla)}$$

$$H:C \vdots C:H \qquad H:C \equiv C:H \qquad \text{molécula de etino (ligação tripla)}$$

Ligações metálicas e estruturas metálicas

Os metais são formados por íons positivos empacotados, normalmente segundo um dos três arranjos:

1. Cúbico de empacotamento compacto (também chamado cúbico de face centrada).
2. Hexagonal compacto.
3. Cúbico de corpo centrado.

Os elétrons negativamente carregados mantêm esses íons unidos. O número de cargas positivas e negativas são exatamente iguais, visto que os elétrons se originam dos átomos neutros dos metais. As propriedades mais marcantes dos metais são suas condutividades elétrica e térmica extremamente elevadas. Ambas decorrem da mobilidade dos elétrons através do retículo.

Os arranjos dos átomos nessas três estruturas metálicas são mostrados na Fig. 2.2. Em dois desses arranjos (o cúbico compacto e o hexagonal compacto) os átomos se encontram o mais próximo possível uns dos outros. Nesses casos, supõe-se que os íons metálicos se comportem como se fossem esferas, dispostas de modo a preencher o espaço da maneira a mais efetiva possível, como mostrado na Fig. 2.3a. Assim, cada esfera toca seis outras esferas numa mesma camada.

Uma segunda camada de esferas se dispõe sobre essa primeira camada, de modo que as partes protuberantes dessa nova camada se encaixem nas concavidades da primeira,

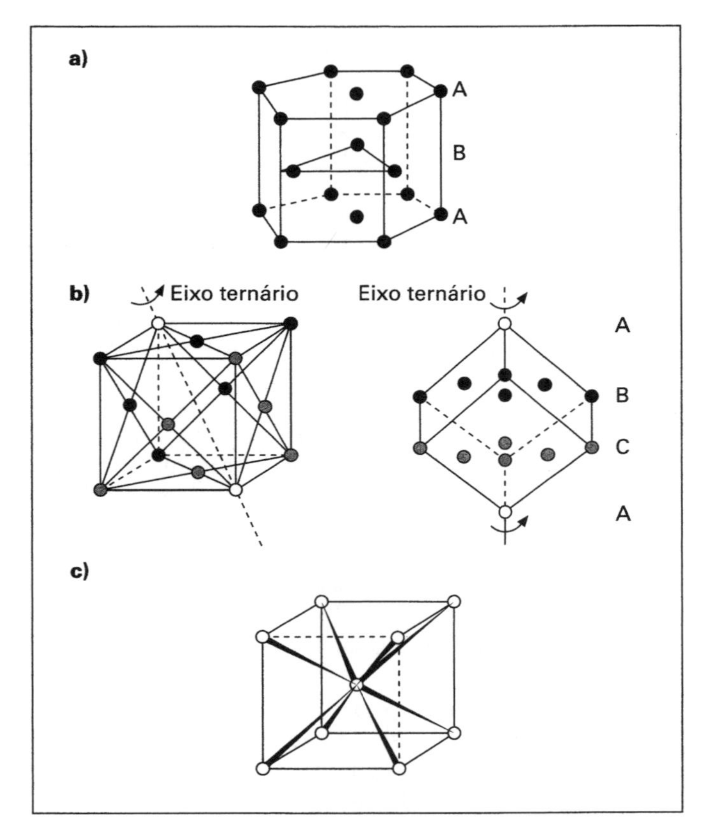

Figura 2.2 — As três estruturas metálicas. a) Estrutura hexagonal de empacotamento compacto mostrando a seqüência de camadas ABABAB... e os 12 vizinhos que circundam cada esfera. b) Estrutura cúbica de empacotamento compacto (o número de coordenação também é 12) mostrando camadas repetidas ABCABC. c) Estrutura cúbica de corpo centrado mostrando os 8 vizinhos que circundam cada esfera

como mostrado na Fig. 2.4a. Uma esfera da primeira camada toca três esferas da camada situada acima dela e três esferas da camada situada abaixo dela, além das seis esferas da própria camada, perfazendo assim um total de doze. Portanto, o número de coordenação, ou seja, o número de átomos ou íons em contato com um determinado átomo, é igual a doze num arranjo de empacotamento compacto. Nesse caso, as esferas ocupam 74% do espaço total.

Todavia, dois arranjos diferentes são possíveis quando se adiciona uma terceira camada de esferas, preservando cada uma delas o arranjo de empacotamento compacto.

Se a primeira esfera da terceira camada for colocada na depressão X mostrada na Fig. 2.4a, então esta esfera ficará exatamente acima de uma esfera da primeira camada. Portanto, todas as esferas da terceira camada estarão situadas exatamente acima de outra esfera da primeira camada, como mostrado na Fig. 2.2a. Se a primeira camada for representada por A e a segunda por B, o esquema de empacotamento compacto que se repete é ABABAB... Essa estrutura apresenta simetria hexagonal e por isso é designada estrutura hexagonal compacta.

Alternativamente, a primeira esfera da terceira camada pode ser colocada numa depressão, tal como mostrada na Fig. 2.4a. Nesse caso, essa esfera não estará exatamente acima de uma esfera da primeira camada. Logo todas as

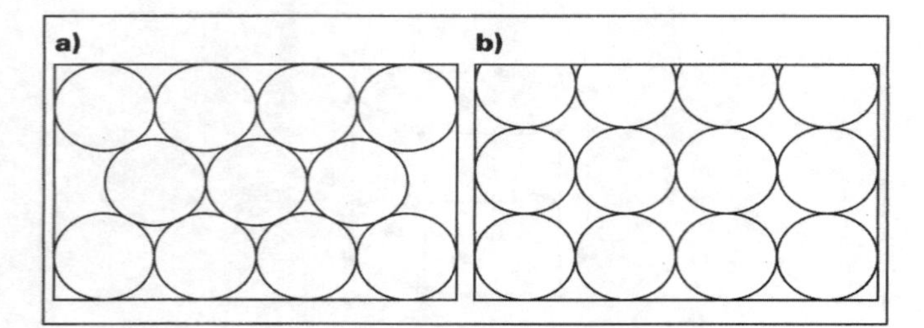

Figura 2.3 — *Diferentes possibilidades de empacotamento de esferas iguais em duas dimensões. a) empacotamento compacto (preenche 74% do espaço). b) cúbico de corpo centrado (ocupa 68% do espaço)*

esferas da terceira camada não estarão localizadas exatamente acima das esferas da primeira camada (Fig. 2.4b). Se cada uma das três camadas for representada por A, B e C, então o esquema de repetição das camadas será ABCABCABC... (Fig. 2.2b). Essa estrutura apresenta simetria cúbica e é denominada estrutura cúbica compacta. Um nome alternativo é estrutura cúbica de face centrada. A diferença entre os empacotamentos hexagonal e cúbico compactos está representada na Fig. 2.5.

Formas aleatórias de empacotamento, tais como ABABC ou ACBACB, são possíveis mas estes raramente ocorrem de fato. Todavia, os empacotamentos densos hexagonal ABABAB e cúbico ABCABC são muito comuns.

A terceira estrutura metálica comum é denominada estrutura cúbica de corpo centrado (Fig. 2.2c). As esferas se encontram empacotadas segundo camadas, como mostrado na Fig. 2.3b. As esferas da segunda camada ocupam as depressões da primeira camada e as esferas da terceira camada ocupam as depressões da segunda camada. Nesse caso, as esferas da terceira camada também se situam imediatamente acima das esferas da primeira camada. Contudo, essa forma de empacotamento é menos eficiente na ocupação do espaço que o empacotamento compacto (compare as Figs. 2.3a e b). Numa estrutura cúbica de corpo centrado, as esferas ocupam 68% do espaço total e apresentam número de coordenação 8, enquanto que na estrutura de empacotamento compacto 74% do espaço são ocupados e o número de coordenação é 12. Os metais sempre possuem estruturas com elevado número de coordenação.

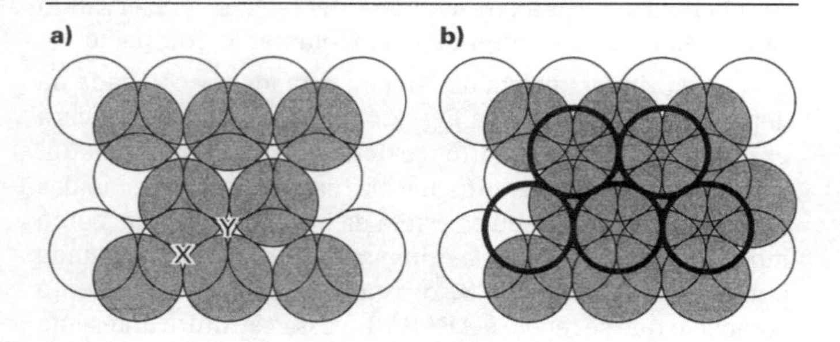

Figura 2.4 — *Camadas suporpostas de esferas de empacotamento compacto. a) duas camadas de esferas de empacotamento compacto (a segunda camada está sombreada). b) três camadas de esferas de empacotamento compacto (segunda camada sombreada, terceira camada, círculos pretos). Observe que a terceira camada não se situa acima da primeira; trata-se pois de um arranjo ABCABC... (cúbico de empacotamento compacto)*

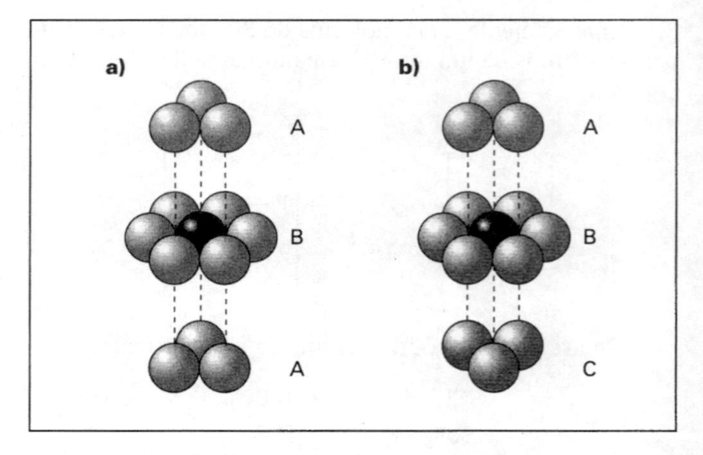

Figura 2.5 — *Disposição dos 12 vizinhos mais próximos, em estruturas hexagonal e cúbica de empacotamento compacto. (Observe que as camadas superior e central são iguais, mas na estrutura cúbica de empacotamento compacto a camada inferior sofre uma rotação de 60° em relação à estrutura hexagonal de empacotamento compacto). a) hexagonal de empacotamento compacto. b) cúbico de empacotamento compacto*

As teorias de ligação em metais e ligas metálicas serão descritas no Capítulo 5.

A ligação metálica não ocorre somente em metais e ligas, mas também em vários outros tipos de compostos:

1. Boretos, carbetos, nitretos e hidretos intersticiais formados pelos elementos de transição (e também por alguns dos lantanídios). Alguns haletos de metais de transição de baixo estado de oxidação também pertencem a esse grupo, pois os compostos apresentam condutividade elétrica e imagina-se que contenham elétrons livres localizadas em bandas de condução.
2. Compostos do tipo "cluster" dos metais de transição e compostos do tipo "cluster" do boro, nos quais as ligações covalentes se encontram deslocalizadas ao longo de vários átomos. Nesse caso, as ligações são equivalentes a uma forma restrita de ligação metálica.
3. Um grupo de compostos com ligação metal-metal, que inclui os carbonilmetálicos. Os compostos do tipo "cluster" (aglomerados) e os compostos com ligações metal-metal têm ajudado na compreensão do papel dos metais como catalisadores.

Pontos de fusão

Os compostos iônicos são geralmente sólidos, com elevados pontos de fusão e de ebulição. Ao contrário, os compostos covalentes são geralmente gases, líquidos ou sólidos de baixo ponto de fusão. Esses contrastes são decorrentes das diferenças nas ligações e na estrutura dos mesmos.

Os compostos iônicos são constituídos por íons positivos e negativos, dispostos de maneira regular num retículo cristalino. A atração entre os íons é de natureza eletrostática e não-direcional, estendendo-se igualmente em todas as direções. Fundir o composto significa romper o retículo. Isso requer uma energia considerável. Por isso, os pontos de fusão e de ebulição geralmente são elevados e os compostos são muito duros.

Compostos contendo ligações covalentes são, em geral, constituídos por moléculas discretas. As ligações são direcionais e fortes ligações covalentes mantêm os átomos unidos para formar uma molécula. No estado sólido, as moléculas são mantidas por forças de van der Waals fracas. Para fundir ou evaporar os compostos, precisamos apenas fornecer uma quantidade de energia suficiente para sobrepujar as forças de van der Waals. Conseqüentemente, compostos covalentes são geralmente gases, líquidos ou sólidos moles, com baixo ponto de fusão.

Em alguns casos, como no diamante e na sílica, SiO_2, todos os átomos estão ligados covalentemente formando um retículo gigante, ao invés de moléculas discretas. Nesses casos, existe um retículo tridimensional, apresentando ligações covalentes fortes em todas as direções. Uma grande quantidade de energia é necessária para romper esse retículo. Por isso o diamante, a sílica e outros materiais que possuem retículos tridimensionais gigantes são muito duros e apresentam elevados pontos de fusão.

Condutividade

Compostos iônicos conduzem a eletricidade quando fundidos ou em solução. A condução se deve aos íons que migram para os respectivos eletrodos sob a ação de um potencial elétrico. Se uma corrente elétrica for passada através de uma solução de cloreto de sódio, os íons Na^+ serão atraídos pelo eletrodo negativo (cátodo), onde eles recebem um elétron e formam átomos de sódio. Os íons Cl^- são atraídos pelo eletrodo positivo (ânodo), onde eles perdem um elétron e se transformam em átomos de cloro. Esse processo é designado eletrólise. As transformações ocorridas se devem à transferência de elétrons do cátodo para o ânodo, mas a condução ocorre por um mecanismo iônico envolvendo a migração dos íons positivos e negativos em direções opostas.

No estado sólido, os íons estão presos a lugares definidos no retículo cristalino. Como eles não podem migrar, são incapazes de conduzir eletricidade por aquele mecanismo. Contudo, é errado afirmar que sólidos iônicos não conduzem eletricidade, sem definir melhor o que queremos dizer. O cristal pode conduzir eletricidade em pequeno grau por semicondução, se ele contiver defeitos. Suponha que uma posição no retículo esteja desocupado e haja uma "vacância" nesse local. Um íon pode migrar de sua posição normal no retículo para essa posição desocupada. Ao fazer isso, cria uma vacância num outro local. A nova vacância pode ser preenchida por outro íon, e assim por diante. Assim, a vacância pode migrar através do cristal e uma carga seria transportada no sentido inverso. Evidentemente, a quantidade de corrente conduzida desse modo é muito pequena, mas mesmo assim, os semicondutores são de grande importância nos modernos dispositivos eletrônicos.

Os metais conduzem a eletricidade mais eficientemente que qualquer outro material, mas nesse caso a condução se deve ao movimento de elétrons e não de íons.

Compostos covalentes não contêm íons (em contraste com os compostos iônicos), nem elétrons móveis (ao contrário dos metais). Por isso, são incapazes de conduzir a corrente elétrica, tanto no estado gasoso como no líquido ou no sólido. Compostos covalentes são, portanto, isolantes.

Solubilidade

Se forem solúveis, os compostos iônicos serão dissolvidos preferencialmente em solventes polares. São solventes com elevada constante dielétrica, tais como água ou os ácidos minerais. Compostos covalentes normalmente não são solúveis nesses solventes, mas se forem solúveis dissolver-se-ão preferencialmente em solventes apolares (orgânicos) de baixa constante dielétrica, tais como benzeno ou tetraclorometano. A regra geral é formulada às vezes como "semelhante dissolve semelhante". Assim, os compostos iônicos geralmente são solúveis em solventes polares (iônicos) e compostos covalentes em solventes apolares (covalentes).

Velocidade das reações

Geralmente os compostos iônicos reagem muito rapidamente, ao passo que os compostos covalentes geralmente reagem lentamente. As espécies envolvidas nas reações iônicas são íons, e como estes já se encontram presentes no meio, basta que eles colidam com o outro íon. Por exemplo, durante o teste com nitrato de prata, para verificar a presença de íons cloreto numa solução, a precipitação de cloreto de prata é muito rápida.

$$Ag^+ + Cl^- \rightarrow AgCl$$

Nas reações envolvendo compostos covalentes, geralmente há quebra de uma ligação seguida da substituição ou adição de um outro grupo. Logo, é necessário fornecer energia para quebrar a ligação. Essa energia é denominada energia de ativação, e freqüentemente torna as reações lentas. As colisões entre as moléculas de reagentes só serão efetivas se as energias forem suficientes. Por exemplo, a redução de nitrobenzeno a anilina, em quantidades apreciáveis, leva várias horas. Analogamente, a reação de H_2 com Cl_2 é surpreendentemente lenta, a não ser quando a mistura é exposta diretamente à luz solar. Nesse caso pode haver uma explosão:

$$C_6H_5NO_2 + 6[H] \rightarrow C_6N_5NH_2 + 2H_2O$$

$$\begin{cases} H_2 \rightarrow 2H \\ Cl_2 \rightarrow 2Cl \\ H + Cl \rightarrow HCl \end{cases}$$

É importante lembrar que geralmente as ligações não são 100% covalentes ou iônicas e que existem ligações de caráter intermediário. Se uma molécula for constituída por dois átomos idênticos, ambos terão a mesma eletronegatividade e, portanto, a mesma tendência de atrair elétrons (ver capítulo 6). Numa molécula desse tipo, o par de elétrons que forma a ligação covalente é igualmente compartilhado pelos dois átomos. Temos, assim, uma ligação 100% covalente, às vezes denominada ligação covalente apolar.

É mais freqüente a formação de moléculas a partir de átomos diferentes, e as eletronegatividades dos dois átomos envolvidos serão distintas. Considere por exemplo as moléculas de ClF e HF. O flúor é o átomo mais eletronegativo, e quando ligado covalentemente atrai elétrons com mais força do que qualquer outro elemento. Os elétrons da ligação permanecem mais tempo ao redor do flúor do que junto ao outro átomo. Logo, o flúor adquire uma pequena carga negativa δ^- e o outro átomo (Cl ou H) uma pequena carga positiva δ^+.

$$\overset{\delta+}{Cl}—\overset{\delta-}{F} \qquad \overset{\delta+}{H}—\overset{\delta-}{F}$$

Embora essas ligações sejam essencialmente covalentes, elas possuem um certo caráter iônico e, às vezes, são designadas *ligações covalentes polares*. Nessas moléculas, uma carga positiva e uma carga negativa de mesmo módulo estão separadas por uma certa distância. Isso gera um momento de dipolo permanente na molécula.

O momento dipolar de uma molécula mede a tendência da molécula alinhar suas cargas, quando colocadas num campo elétrico. Moléculas polares apresentam elevadas constantes dielétricas, enquanto que moléculas não-polares possuem constantes dielétricas baixas. A constante dielétrica é a razão da capacitância de um capacitor com o material entre as placas à capacitância do mesmo capacitor com vácuo entre elas. Realizando tais medidas poderemos determinar a constante dielétrica e sua magnitude indicará se o material é polar ou apolar.

Nos próximos capítulos, as ligações iônicas, covalentes e metálicas serão discutidas mais detalhadamente.

A LIGAÇÃO IÔNICA

ESTRUTURAS DOS SÓLIDOS IÔNICOS

Os compostos iônicos incluem sais, óxidos, hidróxidos, sulfetos e a maioria dos compostos inorgânicos. Os sólidos iônicos são mantidos pela força de atração eletrostática entre os íons positivos e negativos. Evidentemente, haverá uma força de repulsão quando os íons adjacentes tiverem a mesma carga, e haverá uma força de atração se os íons positivos estiverem rodeados por íons negativos ou vice-versa. A força de atração será máxima quando cada íon for circundado pelo maior número possível de íons de carga oposta. O número de íons que circunda determinado íon é chamado de número de coordenação. Quando o composto for constituído por um mesmo número de íons positivos e negativos, como no NaCl, ambos terão o mesmo número de coordenação. Mas, quando o número de íons for diferente, como no $CaCl_2$, os números de coordenação para os íons positivos e negativos serão diferentes.

REGRAS SOBRE AS RELAÇÕES DE RAIOS

A estrutura de muitos sólidos iônicos pode ser explicada considerando-se os tamanhos relativos dos íons positivos e negativos, bem como seus números relativos. Cálculos geométricos simples permitem determinar quantos íons de um dado tamanho podem se arranjar em torno de um íon menor. Portanto, podemos prever o número de coordenação a partir dos tamanhos relativos dos íons.

Se o número de coordenação num composto iônico AX for três, teremos três íons X^- em contato com um íon A^+ (Fig. 3.1a). Uma situação limite ocorre quando os íons X^- também estão em contato entre si (Fig.3.1b). A partir de considerações geométricas podemos calcular a relação de raios (raio de A^+/raio de X^-) = 0,155. Esse é o limite inferior para o número de coordenação três. Caso a relação de raios seja menor que 0,155, o íon positivo não estará em contato com os íons negativos. Nesse caso, a estrutura resultante (Fig. 1.3c) é instável e o íon positivo "oscila" dentro da cavidade formada pelos íons negativos.

Se a relação de raios for maior que 0,155, será possível alojar três íons X^- em torno de cada íon A^+. À medida que o tamanho relativo do cátion aumenta, a relação de raios

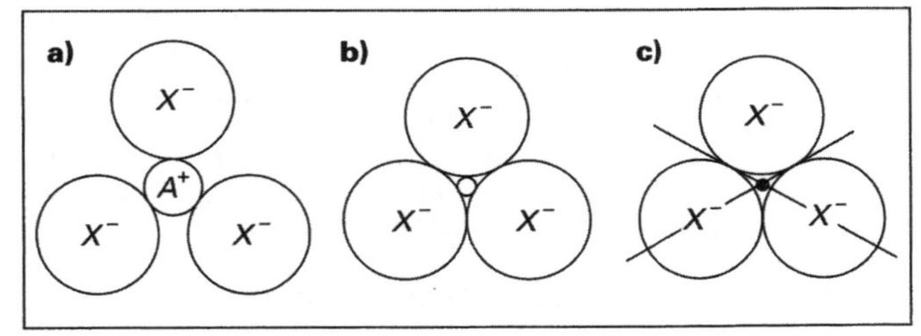

Figura 3.1 — Tamanhos dos íons para o número de coordenação 3

também aumenta. Assim, a partir de um dado ponto (quando a relação exceder 0,225) será possível alojar quatro íons em torno de um dado íon. O mesmo raciocínio pode ser empregado para o caso de seis íons em torno de um dado íon. Os números de coordenação 3, 4, 6 e 8 são comuns, e as correspondentes relações limite entre os raios podem ser determinadas as partir de considerações geométricas, como mostradas na Tab. 3.1.

Se os raios iônicos forem conhecidos, pode-se calcular a relação entre eles e prever o número de coordenação e a estrutura. Em muitos casos, esse procedimento simples é válido.

CÁLCULOS DE ALGUNS VALORES LIMITES DAS RELAÇÕES DE RAIOS

Esse item pode ser desconsiderado por aqueles que não estiverem interessados em conhecer a origem dos valores limites das relações de raios.

Tabela 3.1 — Relações de raios limitantes e estruturas

Relação de raios limitantes r^+/r^-	Número de coordenação	Forma
< 0,155	2	Linear
0,155 → 0,225	3	Trigonal planar
0,225 → 0,414	4	Tetraédrica
0,414 → 0,732	4	Quadrada planar
0,414 → 0,732	6	Octaédrica
0,732 → 0,999	8	Cúbica de corpo centrado

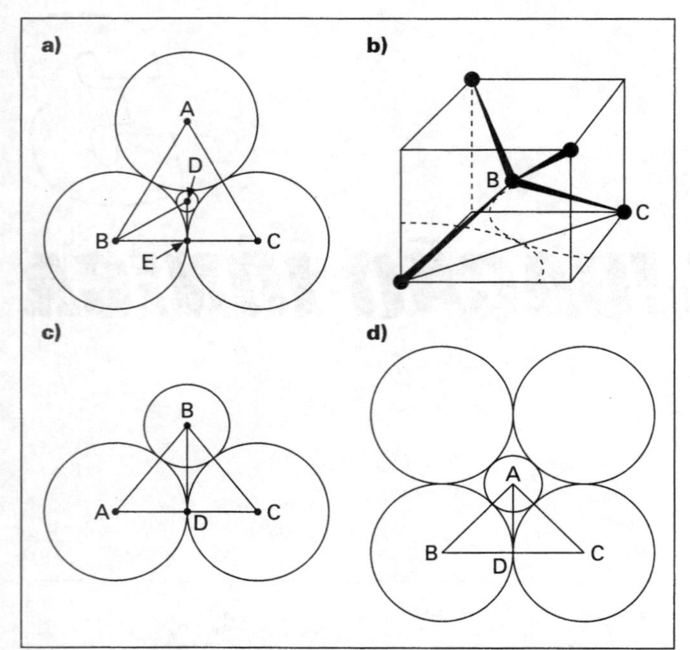

Figura 3.2 — *Relações de raios limitantes para os números de coordenação 3, 4 e 6. a) Seção transversal através de um triângulo plano; b) Tetraedro inscrito num cubo; c) Diagrama para o caso tetraédrico; d) Seção transversal através de um arranjo octaédrico*

Número de coordenação 3 (trigonal plana)

A Fig. 3.2a mostra um íon positivo pequeno de raio r^+, em contato com 3 íons negativos maiores de raio r^-. Obviamente, temos que AB = BC = AC = $2r^-$, BE = r^-, BD = $r^+ + r^-$. Além disso, o ângulo A–B–C e D–B–E são, respectivamente, iguais a 60 ° e 30 °. Segue da trigonometria que

$$\cos 30° = BE/BD$$

$$BD = BE/\cos 30°$$

$$r^+ + r^- = r^-/\cos 30° = r^-/0{,}866 = r^- \times 1{,}155$$

$$r^+ = (1{,}155r^-) - r^- = 0{,}155r^-$$

e portanto,

$$r^+/r^- = 0{,}155$$

Número de coordenação 4 (tetraédrico)

Na Fig. 3.2b é mostrado um tetraedro inscrito dentro de um cubo. Uma parte dessa estrutura tetraédrica é mostrada na Fig. 3.2c. Pode-se observar que o ângulo ABC corresponde ao ângulo de 109°28', característico do tetraedro. Logo o ângulo ABD corresponde à metade, ou seja, 54°44'. No triângulo ABD

$$\text{sen ABD} = 0{,}8164 = \frac{AD}{AB} = \frac{r^-}{r^+ + r^-}$$

Determinando-se o recíproco, temos que:

$$\frac{r^+ + r^-}{r^-} + \frac{1}{0{,}8164} + 1{,}225$$

Rearranjando,

$$\frac{r^+}{r^-} + 1 = 1{,}225$$

e, portanto,

$$r^+/r^- = 0{,}225$$

Número de coordenação 6 (octaédrico)

A seção transversal de um sítio octaédrico é mostrada na Fig. 3.2d, onde o íon positivo menor (de raio r^+) toca os seis íons negativos maiores (de raio r^-) (note que somente quatro dos íons negativos estão representados na figura, estando os demais íons negativos um acima e outro abaixo do plano do papel). É evidente que AB = $r^+ + r^-$, BD = r^- e o ângulo ABC é igual a 45°. Considerando-se o triângulo ABD:

$$\cos \text{ABD} = 0{,}7071 = \frac{BD}{AB} = \frac{r^-}{r^+ + r^-}$$

Determinando-se o recíproco, temos que

$$\frac{r^+ + r^-}{r^-} = \frac{1}{0{,}7071} = 1{,}414$$

Rearranjando,

$$\frac{r^+}{r^-} + 1 = 1{,}414$$

e, portanto,

$$r^+/r^- = 0{,}414$$

EMPACOTAMENTO COMPACTO

Muitas das estruturas cristalinas comumente encontradas são derivadas, ou podem ser descritas em termos, da estrutura hexagonal ou cúbica de empacotamento compacto. Por causa de sua forma, as esferas não podem preencher completamente o espaço.

Num arranjo de empacotamento compacto de esferas, apenas 74% do espaço estarão preenchidos. Assim, 26% do espaço estão desocupados e podem ser considerados como sendo "buracos" presentes no retículo cristalino. Ocorrem dois diferentes tipos de interstícios. Alguns são delimitados por quatro esferas e são denominados interstícios tetraédricos (marcados por T na Fig. 3.3a), e outros são delimitados por seis esferas e denominados interstícios octaédricos (marcados com O na Fig. 3.3a). Para cada esfera num arranjo de empacotamento compacto há um interstício octaédrico e dois tetraédricos. Os interstícios octaédricos são maiores que os tetraédricos.

Uma estrutura iônica é composta por íons de cargas opostas. Se os íons maiores se encontrarem num arranjo de empacotamento compacto, os íons menores ocuparão os interstícios octaédricos ou tetraédricos, dependendo do seu

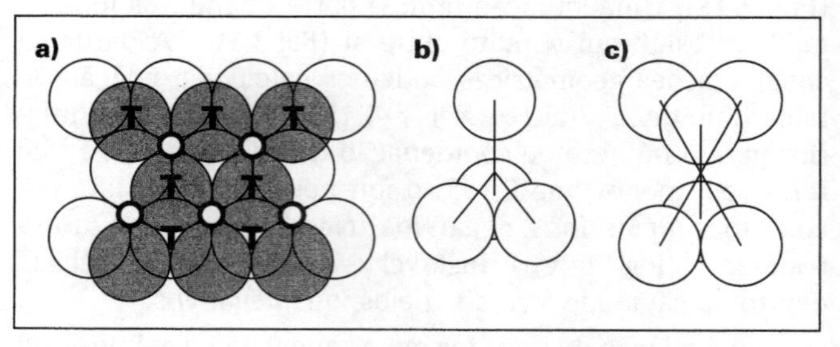

Figura 3.3 — *Interstícios tetraédricos e octaédricos: a) sítios tetraédicos e octaédricos num retículo de empacotamento compacto; b) sítio tetraédico; e c) sítio octaédrico*

Tabela 3.2 — Algumas estruturas baseadas em empacotamento compacto

Fórmula		Tipo de c	Tetraédrico	Octaédrico	Número de coordenação A : X
AX	NaCl	cc	Nenhuma	Todas	6 : 6
	NiAS	hc	Nenhuma	Todas	6 : 6
	ZnS blenda	cc	1/2	Nenhuma	4 : 4
	ZnS wurtzita	hc	1/2	Nenhuma	4 : 4
AX_2	CaF_2* fluorita	cc*	Todas	Nenhuma	8 : 4
	CdI_2	hc	Nenhuma	1/2	6 : 3
	$CdCl_2$	cc	Nenhuma	1/2	6 : 3
	β-$ZnCl_2$	hc	1/4	Nenhuma	4 : 2
	HgI_2	cc	1/4	Nenhuma	4 : 2
MX_3	BiI_3	hc	Nenhuma	1/3	6 : 2
	$CrCl_3$	cc	Nenhuma	1/3	6 : 2
MX_4	SnI_4	hc	1/8	Nenhuma	4 : 1
MX_6	α-WCl_6 e UCl_6	cc	Nenhuma	1/6	6 : 1
M_2X_3	α-Al_2O_3 corindo	hc	Nenhuma	2/3	6 : 4

* O íon metálico assume o arranjo cúbico de face centrada, que é exatamente igual ao cúbico compacto, a não ser pelo fato de os íons não se tocarem (observe que os íons densamente empacotados são os íons M^+, não os íons negativos, como nos outros exemplos).

tamanho. Geralmente, a relação de raios permite prever o tipo de interstício ocupado. Um íon que ocupa um interstício tetraédrico apresenta número de coordenação 4, enquanto que um íon ocupando um interstício octaédrico apresenta número de coordenação 6. Em alguns compostos, o tamanho relativo dos íons é tal que os íons menores são grandes demais para se encaixarem nos interstícios. Nesse caso, eles obrigam os íons maiores a se afastarem (estes deixam de estar em contato entre si) quebrando a estrutura de empacotamento compacto. Não obstante, as posições relativas dos íons permanecem inalteradas, sendo, portanto, conveniente manter a descrição da estrutura do sólido segundo o arranjo de empacotamento compacto.

CLASSIFICAÇÃO DAS ESTRUTURAS IÔNICAS

É conveniente classificar os compostos iônicos nos grupos AX, AX_2, AX_3, dependendo do número relativo de íons positivos e negativos.

COMPOSTOS IÔNICOS DO TIPO AX (ZnS, NaCl, CsCl)

Os três arranjos estruturais mais comumente encontrados são as estruturas do sulfeto de zinco, cloreto de sódio e do cloreto de césio.

Estruturas do sulfeto de zinco

No sulfeto de zinco a relação de raios de 0,40 sugere um arranjo tetraédrico. Cada íon Zn^{2+} é rodeado tetraedricamente por quatro íons S^{2-}, e cada íon S^{2-} é circundado tetraedricamente por quatro íons Zn^{2+}. O número de coordenação de ambos os íons é 4 e por isso é designado arranjo 4 : 4. Existem duas formas diferentes de sulfeto de zinco, a blenda e a wurtzita (Fig. 3.4). Ambas apresentam arranjos 4 : 4.

As duas estruturas podem ser consideradas como sendo arranjos de empacotamento compacto de íons S^{2-}. A estrutura da blenda está relacionada com a estrutura cúbica de empacotamento compacto, enquanto que a estrutura da wurtzita está relacionada com a estrutura hexagonal de empacotamento compacto. Em ambos os casos, os íons Zn^{2+} ocupam os interstícios tetraédricos do retículo. Como há duas vezes mais interstícios tetraédricos que íons S^{2-}, deduz-se que para satisfazer a estequiometria definida pela fórmula ZnS, somente metade dos interstícios tetraédricos deve ser ocupada por íons Zn^{2+} (isto é, sítios tetraédricos estão alternadamente desocupados).

Estrutura do cloreto de sódio

No cloreto de sódio, NaCl, a relação de raios é igual a 0,52 sugere um arranjo octaédrico. Cada íon Na^+ é rodeado por seis íons Cl^- dispostos nos vértices de um octaedro regular. Analogamente, cada íon Cl^- é rodeado por seis íons Na^+ (Fig. 3.5). A coordenação é, portanto, 6 : 6. Essa estrutura pode ser considerada como sendo resultante de uma estrutura

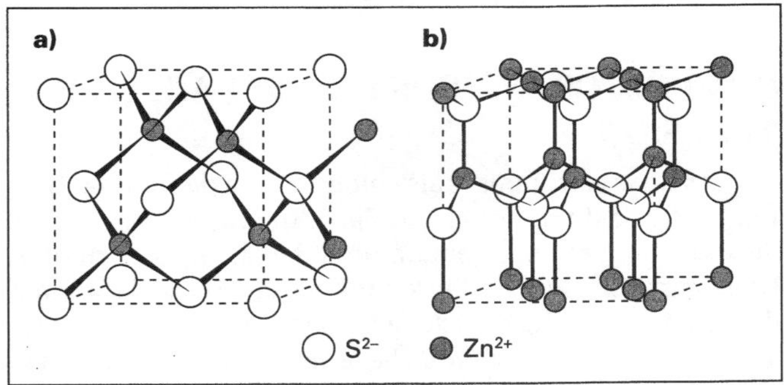

Figura 3.4 — Estrututras do ZnS; a) blenda e b) wurtzita. (Reproduzido com permissão de Wells, A.F. Structural Inorganic Chemistry, 5.ª ed., Oxford University Press, 1984)

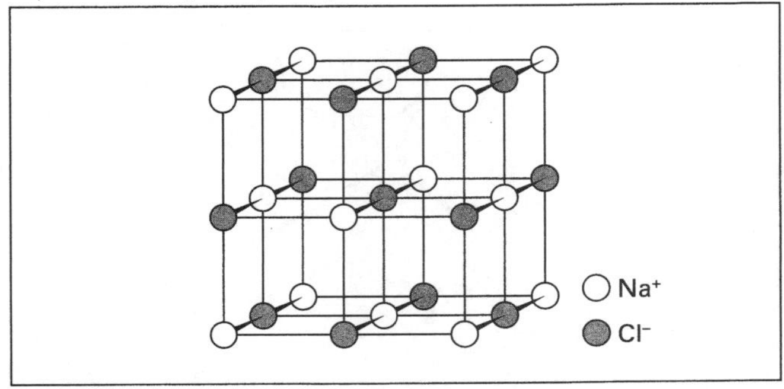

Figura 3.5 — Estrutura de cloreto de sódio (sal-gema, NaCl). (Reproduzido com permisão de Wells, A.F. Structural Inorganic Chemistry, 5.ª ed., Oxford University Press, 1984)

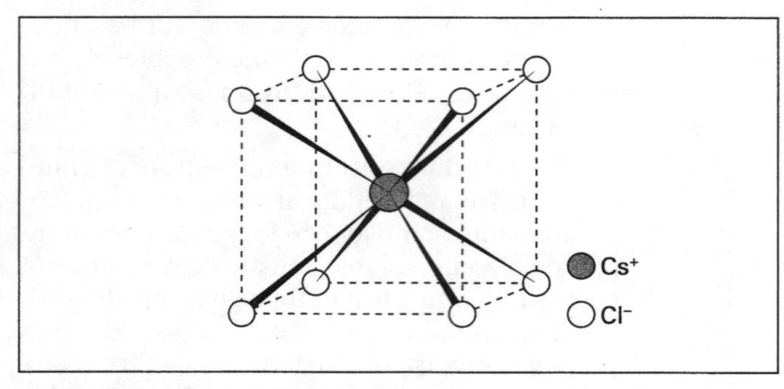

Figura 3.6 — *Estrutura do cloreto de césio (CsCl). (Reproduzido com permissão de Wells, A.F. Structural Inorganic Chemistry, 5.ª ed., Oxford University Press, 1984)*

cúbica compacta de íons Cl^-, no qual os íons Na^+ ocupam todos os interstícios octaédricos.

Estrutura do cloreto de césio

No cloreto de césio, CsCl, a relação de raios é igual a 0,93. Isso sugere um arranjo do tipo cúbico de corpo centrado, em que cada íon Cs^+ é rodeado por oito íons Cl^- e vice-versa (Fig. 3.6). A coordenação é, portanto, 8 : 8. Observe que essa estrutura não é de empacotamento compacto, e não é rigorosamente cúbica de corpo centrado.

Num arranjo cúbico de corpo centrado, o átomo situado no centro do cubo é idêntico àqueles situados nos vértices. Essa estrutura é encontrada em metais, mas, no CsCl, enquanto os íons situados nos vértices são íons Cl^-, o íon situado no centro deverá ser um íon Cs^+. Logo, o arranjo não é estritamente cúbico de corpo centrado. A estrutura do cloreto de césio deverá ser descrita como uma estrutura do *tipo cúbico de corpo centrado*.

COMPOSTOS IÔNICOS DO TIPO AX_2 (CaF_2, TiO_2, SiO_2)

As duas estruturas mais comuns são a da fluorita, CaF_2 (Fig. 3.7), e a do rutilo, TiO_2, (Fig. 3.8). Muitos difluoretos e dióxidos também apresentam uma dessas duas estruturas. Uma outra estrutura bastante comum é a de uma das formas do SiO_2 denominada β-cristobalita (Fig. 3.9). Essas estruturas são verdadeiramente iônicas. Se as ligações tiverem um grau apreciável de caráter covalente, formam-se estruturas em camadas.

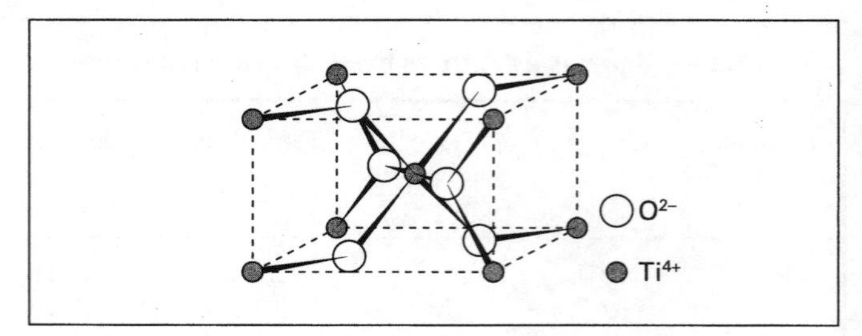

Figura 3.8 — *Estrutura do rutilo (TiO_2)*

Estrutura do fluoreto de cálcio (fluorita)

Na fluorita, cada íon Ca^{2+} é rodeado por oito íons F^-, formando um arranjo do tipo cúbico de corpo centrado de íons F^- em torno de cada íon Ca^{2+}. Dado que o número de íons F^- é o dobro do número de íons Ca^{2+}, o número de coordenação dos dois íons não é o mesmo, de modo que quatro íons Ca^{2+} se dispõem tetraedricamente em torno de cada íon F^-. Os números de coordenação são, pois, 8 e 4, e este é denominado arranjo 8 : 4. A estrutura da fluorita é encontrada quando a relação de raios for igual ou superior a 0,73.

Uma descrição alternativa dessa estrutura considera os íons Ca^{2+} formando um arranjo cúbico de face centrada. Os íons Ca^{2+} são pequenos demais para tocarem-se mutuamente e a estrutura não apresenta empacotamento compacto. Contudo, essa estrutura está relacionada com o arranjo encontrado numa estrutura de empacotamento compacto, visto que os íons Ca^{2+} ocupam exatamente as mesmas posições relativas encontradas nesse tipo de estrutura, e os íons F^- ocupam todos os interstícios tetraédricos.

Estruturas do rutilo

Existem três formas de TiO_2, denominadas anatase, brookita e rutilo. A estrutura do rutilo é encontrada em muitos cristais, onde a relação de raios se situa entre 0,41 e 0,73. Isso sugere um número o coordenação 6 para um dos íons e, a partir da fórmula, deduz-se que o número de coordenação do outro íon é 3. Esse é um arranjo 6 : 3. Cada íon Ti^{4+} é rodeado octaedricamente por seis íons O^{2-}. Por sua vez, cada íon O^{2-} é circundado por três íons Ti^{4+}, num arranjo trigonal plano.

A estrutura do rutilo não apresenta empacotamento compacto. A cela unitária, isto é, a unidade estrutural que

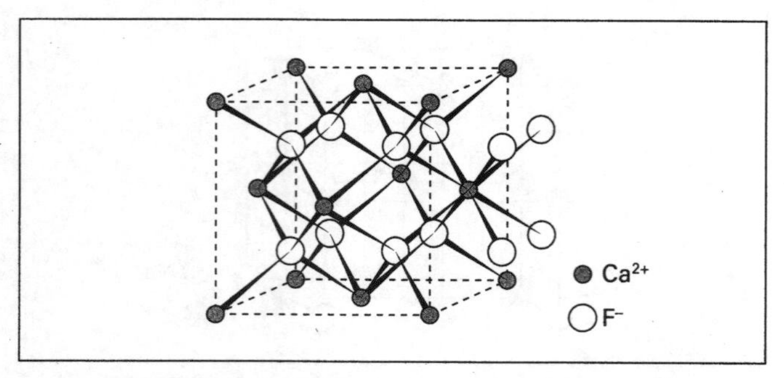

Figura 3.7 — *Estrutura da fluorita (CaF_2). (Reproduzido com permissão de Wells, A.F. Structural Inorganic Chemistry, 5.ª ed., Oxford University Press, 1984)*

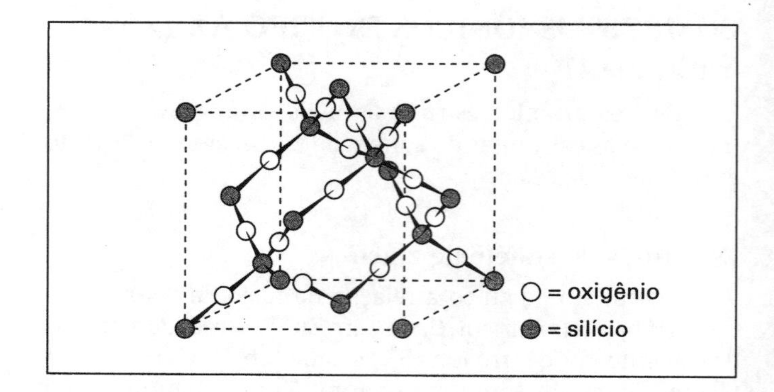

Figura 3.9 — *Estrutura da β-cristobalita*

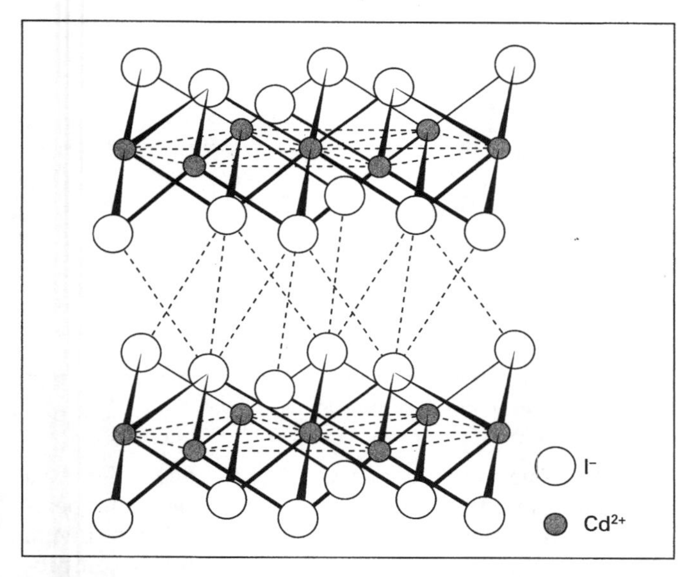

Figura 3.10 — Parte de duas camadas da estrutura de iodeto de cádmio (CdI_2)

se repete, não é um cubo, uma vez que um dos eixos é 30% mais curto que os outros dois. Por isso, é conveniente descrevê-la como um cubo consideravelmente distorcido (embora a distorção seja relativamente grande). Assim, a estrutura pode ser descrita como um retículo cúbico de corpo centrado de íons Ti^{4+} consideravelmente distorcido. Cada íon Ti^{4+} é rodeado octaedricamente por seis íons O^{2-}, e os íons O^{2-} estão em posição de número de coordenação três, ou seja, cada O^{2-} é rodeado por três íons Ti^{4+} situados nos vértices de um triângulo equilátero. O número de coordenação três não é comum em sólidos. Não há exemplos de compostos do tipo AX com número de coordenação três, mas há um outro exemplo em compostos do tipo AX_2, o CdI_2, embora nesse caso o arranjo não seja de um triângulo equilátero. A estrutura do $CaCl_2$ também é do tipo 6 : 3, semelhante à do CdI_2. Essas estruturas serão descritas mais adiante.

Existem apenas alguns poucos casos em que a relação de raios é inferior a 0,41. Podem ser citados como exemplos a sílica, SiO_2, e o fluoreto de berílio, BeF_2. Apresentam números de coordenação 4 e 2, mas as previsões a partir das relações de raios são imprecisas, devido ao elevado caráter covalente das ligações.

Estrutura da β-cristobalita (sílica)

Existem seis formas cristalinas diferentes de sílica [SiO_2]: o quartzo, a cristobalita e a tridimita, cada uma com uma forma α e uma forma β. A β-cristobalita tem uma estrutura semelhante a da blenda, em que dois retículos de empacotamento compacto se interpenetram. Num deles, os átomos de Si ocupam as posições do S^{2-}, no outro os átomos de Si ocupam as posições do Zn^{2+} (isto é, os interstícios tetraédricos do primeiro retículo). Os átomos de O se situam numa posição intermediária entre os átomos de Si, mas ligeiramente deslocados para fora da linha que os une. Logo, os ângulos Si–O–Si não são iguais a 180°. A relação de raios prevê um número de coordenação de 4, sendo esta uma estrutura do tipo 4 : 2.

ESTRUTURA EM CAMADAS (CdI_2, $CdCl_2$, [NiAs])

Estrutura do iodeto de cádmio

Muitos compostos AX_2 não são suficientemente iônicos para formar as estruturas perfeitamente regulares descritas acima. Muitos cloretos, brometos, iodetos e sulfetos cristalizam segundo estruturas muito diferentes daquelas descritas. O fluoreto de cádmio, CdF_2, forma um retículo iônico com a estrutura do CaF_2. Todavia, o iodeto de cádmio, CdI_2, é muito menos iônico e não assume a estrutura da fluorita. A relação de raios para o CdI_2 é 0,45, o que indica um número de coordenação 6 para o cádmio. Esse composto forma uma estrutura em camadas eletricamente neutras na qual uma camada de íons Cd^{2+} se encontra entre duas camadas de íons F^-, um em cada lado — como num sanduíche, em que a camada de Cd^{2+} é o recheio e as camadas de I^- são as fatias de pão. Essa é uma estrutura em camadas e não se trata de uma estrutura iônica completamente regular. Num sanduíche, a fatia do pão é separada da outra pelo recheio, mas numa pilha de sanduíches, uma fatia de pão acaba ficando sobre a do outro pão. Analogamente, no CdI_2, duas camadas de íons I^- são separadas por uma de Cd^{2+} num "sanduíche", mas entre um "sanduíche" e o seguinte duas camadas de I^- estão em contato. Embora exista uma forte atração eletrostática entre as camadas de Cd^{2+} e de I^-, as camadas adjacentes de íons I^- são mantidas apenas por forças fracas de van der Waals. Assim, o empacotamento das camadas na estrutura cristalina não é completamente regular — o sólido parece ser constituído por escamas e podem ser facilmente clivadas formando duas lâminas paralelas. Essa estrutura é adotada por muitos diiodetos de metais de transição (Ti, V, Mn, Fe, Co, Zn, Cd) e por alguns diiodetos e dibrometos de metais representativos (Mg, Ca, Ge e Pb). Muitos hidróxidos apresentam estruturas semelhantes, em camadas: $Mg(OH)_2$, $Ca(OH)_2$, $Fe(OH)_2$, $Co(OH)_2$, $Ni(OH)_2$ e $Cd(OH)_2$.

No iodeto de cádmio, os íons I^- da terceira camada se situam exatamente sobre os íons da primeira camada, de modo que o padrão de repetição é ABABAB... Pode-se considerar que os íons I^- formam um arranjo aproximadamente hexagonal de empacotamento compacto, onde os íons Cd^{2+} ocupam metade dos interstícios octaédricos. Entretanto, ao invés de preencher de maneira regular a metade dos interstícios octaédricos, os íons Cd^{2+} preenchem todos os interstícios octaédricos existentes entre duas camadas de I^- deixando desocupados todos os interstícios octaédricos entre as duas camadas seguintes. Continuando esse raciocínio, espera-se que os interstícios octaédricos existentes entre as próximas duas camadas adjacentes sejam novamente preenchidos, permanecendo vazios os interstícios entre as duas camadas seguintes, e assim por diante.

Estrutura do cloreto de cádmio

O cloreto de cádmio forma uma estrutura em camadas semelhante a do CdI_2, mas os íons cloreto ocorrem num arranjo aproximadamente cúbico de empacotamento compacto (ABCABC...).

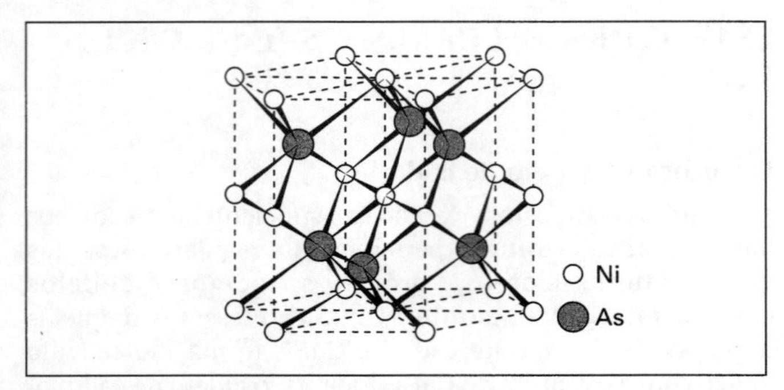

Figura 3.11 — Estrutura do arseneto de níquel

As estruturas em camada são intermediárias entre dois casos extremos:

1. Um cristal totalmente iônico, com arranjo regular de íons e fortes forças eletrostáticas em todas as direções, e
2. Um cristal formado por moléculas discretas pequenas, mantidas juntas por forças fracas tais como as forças de van der Waals e ligações de hidrogênio.

Estrutura do arseneto de níquel

A estrutura do arseneto de níquel, NiAs, é semelhante à estrutura do CdI_2. No NiAs (Fig. 3.11) os átomos de arsênio formam um retículo do tipo hexagonal compacto. Contudo, nesse caso os átomos de níquel ocupam todos os interstícios octaédricos entre todas as camadas de átomos de arsênio (no CdI_2 são preenchidos todos os interstícios octaédricos existentes entre metade das camadas, enquanto que no NiAs são preenchidos todos os interstícios octaédricos entre todas as camadas).

Na estrutura do arseneto de níquel cada átomo possui seis átomos vizinhos do outro tipo. Cada átomo de arsênio é rodeado por seis átomos de níquel nos vértices de um prisma trigonal. Cada átomo de níquel é rodeado octaedricamente por seis átomos de arsênio, mas com dois átomos de níquel adicionais suficientemente próximos para que possam estar ligados ao átomo de níquel em questão. Essa estrutura ocorre quando muitos dos elementos de transição formam ligas com um dos elementos mais pesados do bloco *p* (Sn, As, Sb, Bi, S, Se, Te). Estes são melhor classificados como fases intermetálicas do que como compostos químicos verdadeiros. Apresentam brilho metálico, e às vezes, composição variável.

Para maiores detalhes sobre outras estruturas iônicas, tais como perovskitas e espinélios, vide o capítulo 20 e as sugestões de leitura no final deste capítulo (Adams; Addison; Douglas, McDaniel e Alexander; Greenwood; Wells).

Estruturas formadas por íons poliatômicos

Existem muitos compostos iônicos dos tipos AX e AX_2, nos quais A ou X ou ambos são substituídos por íons complexos. Quando o íon complexo for razoavelmente esférico, poderá formar uma estrutura bastante simétrica. Íons tais como SO_4^{2-}, ClO_4^- e NH_4^+ são quase esféricos. Por exemplo, o complexo de metal de transição $[Co(NH_3)_6]I_2$ forma sólidos com a estrutura da fluorita, CaF_2. O complexo

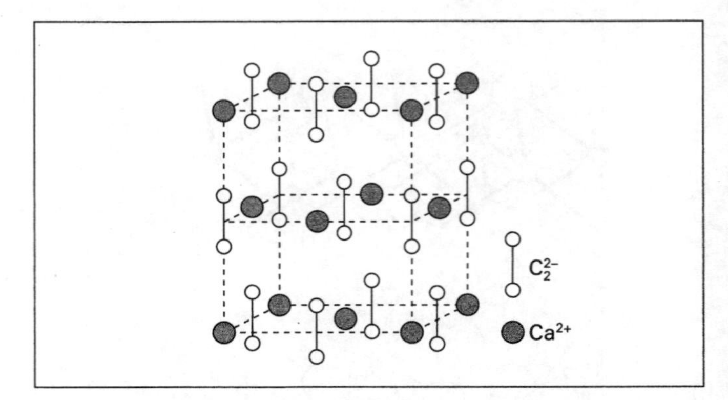

Figura 3.12 — Estrutura do carbeto de cálcio

$K_2[PtCl_6]$ adota a estrutura da anti-fluorita, que é idêntica à estrutura da fluorita, exceto que as posições ocupadas pelos íons positivos e negativos são trocadas. Os dois íons de um composto podem ser complexos — por exemplo, $[Ni(H_2O)_6][SnCl_6]$ forma cristais com a estrutura do CsCl, mas um pouco distorcida. Outros íons (CN^- e SH^-) às vezes adquirem simetria esférica por causa da livre rotação, ou devido a uma orientação aleatória. Como exemplos temos CsCN, TlCN e CsSH.

Algumas vezes a presença de íons não-esféricos simplesmente distorce o retículo. O carbeto de cálcio cristaliza segundo uma estrutura cúbica de face centrada, como o NaCl. Mas, os íons lineares C_2^{2-} estão todos orientados na mesma direção, ao longo de um dos eixos do retículo. Isso alonga a cela unitária nessa direção (Fig. 3.12). Analogamente, a calcita, $CaCO_3$, também possui uma estrutura semelhante a do NaCl, mas os íons trigonais planos CO_3^{2-} distorcem a cela unitária ao longo de um eixo de simetria ternária, e não ao longo de um dos eixos da cela unitária. Diversos carbonatos de metais divalentes, vários nitratos ($LiNO_3$, $NaNO_3$), e alguns boratos ($ScBO_3$, YBO_3, $InBO_3$), também apresentam a estrutura da calcita.

UMA VISÃO MAIS CRÍTICA DA RELAÇÃO DE RAIOS

Numa primeira aproximação, são os números e tamanhos relativos dos íons que determinam a estrutura de um cristal. As relações de raios dos haletos dos metais alcalinos e dos óxidos, sulfetos, selenetos e teluretos dos metais alcalino terrosos são mostrados na Tabela 3.3.

Todos os cristais que apresentam uma relação de raios compreendidas entre 0,41 e 0,73 (delimitada por linhas cheias na Tab. 3.3) deveriam ter a estrutura do cloreto de sódio. De fato, exceto por quatro dos compostos citados, todos apresentam a estrutura do NaCl, à temperatura ambiente. Assumem a estrutura do NaCl um número bem maior de compostos que o previsto. As exceções são o CsCl, CsBr e CsI, que têm a estrutura do cloreto de césio; e o MgTe que possui a estrutura do sulfeto de zinco. RbCl e RbBr são incomuns, pois eles assumem a estrutura de NaCl (número de coordenação 6) quando cristalizam à temperatura e pressão normais, mas a estrutura do CsCl (número de coordenação 8) quando cristalizam à pressão ou temperatura elevadas. O fato desses compostos poderem ter ambas as

Tabela 3.3 — Relações de raios dos haletos do Grupo 1 e óxidos do Grupo 2

	F^-	Cl^-	Br^-	I^-		O^{2-}	S^{2-}	Se^{2-}	Te^{2-}
Li^+	0,57	0,41	0,39	0,35	Be				
Na^+	0,77	0,55	0,52	0,46	Mg^{2+}	0,51	0,39	0,36	0,33
K^+	0,96*	0,75	0,70	0,63	Ca^{2+}	0,71	0,54	0,51	0,45
Rb^+	0,88*	0,83	0,78	0,69	Sr^{2+}	0,84	0,64	0,60	0,53
Cs^+	0,80*	0,91	0,85	0,76	Ba^{2+}	0,96	0,73	0,68	0,61

* Indica o valor recíproco r^-/r^+, pois o valor normal é maior que a unidade.

estruturas indica que a diferença de energia reticular entre as mesmas é pequena. Logo, a diferença de estabilidade dos referidos sais, que cristalizam segundo as estruturas do NaCl ou do CsCl, é pequena.

UM ALERTA SOBRE AS RELAÇÕES DE RAIOS

A relação de raios fornece uma indicação do que é provável, baseado na geometria, e também fornece uma primeira idéia a respeito da provável estrutura, mas há outros fatores envolvidos. O uso das relações de raios não leva a um método totalmente confiável para se prever qual será a estrutura cristalina real de um composto iônico.

Embora a relação de raios indique a estrutura correta em muitos casos, há um número significativo de exceções, onde a estrutura prevista é incorreta. Vale a pena, portanto, analisar as hipóteses sobre os quais se baseia o método das relações de raios, para verificar se eles são realmente válidos. Esses pressupostos são:

1. Os raios iônicos devem ser conhecidos com exatidão.
2. Os íons se comportam como esferas rígidas inelásticas.
3. Arranjos estáveis somente são possíveis quando os íons positivos e negativos se tocam.
4. Os íons apresentam forma esférica.
5. Os íons apresentam sempre o maior número de coordenação possível.
6. A ligação é 100% iônica.

Os valores para os raios iônicos não podem ser medidos de maneira absoluta e exata, mas são valores estimados. Esses valores não são totalmente exatos e confiáveis. Isso acontece porque embora seja possível medir a distância interatômica entre dois íons com muita exatidão por cristalografia de raios X, é difícil saber exatamente como a distância entre eles deve ser dividida para se obter os raios iônicos. Além disso, o raio de um íon não é constante, mas dependente de sua vizinhança. De fato, o raio iônico muda quando varia o número de coordenação. Os valores tabelados normalmente se referem aos íons com número de coordenação 6. Mas o raio efetivamente aumenta 3% quando o número de coordenação aumenta de 6 para 8, e decresce 6% quando o número de coordenação diminui de 6 para 4.

Os íons não são esferas rígidas inelásticas. Eles às vezes se encontram em interstícios que são um pouco menores, ou seja, os íons se encontram comprimidos e, em conseqüência, o retículo pode ser distorcido.

A suposição de que os íons se tocam é necessária para se calcular o limite inferior crítico para as relações de raios, compatíveis com as diversas estruturas cristalinas. Em princípio, os íons positivos e negativos devem se tocar para que estejam o mais próximo possível uns dos outros e se obtenha a atração eletrostática máxima (a energia de atração eletrostática é proporcional ao produto das cargas dos íons dividido pela distância entre eles). Teoricamente, estruturas em que o íon menor está "solto" em seu interstício (isto é, ele não está em contato com os íons negativos vizinhos) deveriam ser instáveis. Uma situação mais favorável poderia ser alcançada adotando-se um arranjo geométrico diferente com um número de coordenação menor, fazendo com que os íons se aproximem. Já vimos que alguns haletos alcalinos e óxidos dos metais alcalino-terrosos possuem estrutura do NaCl, com número de coordenação 6 : 6, mesmo que as estruturas previstas pelas relações de raios sejam diferentes. Portanto, uma vez que o íon menor não se encaixa perfeitamente no interstício, pode-se deduzir que ele ou está "solto" ou então comprimido.

Os íons são esféricos? É razoável considerar esféricos os íons com configuração eletrônica de gás nobre. Isso inclui a maioria dos íons formados pelos elementos dos grupos representativos. Há um pequeno número de exceções, em que os íons apresentam um par inerte (Ga^+, In^+, Tl^+, Sn^{2+}, Pb^{2+}, I^+, I^{3+}). Esses íons não possuem centro de simetria e as estruturas que eles formam geralmente apresentam alguma distorção, com o íon metálico ligeiramente deslocado de sua posição normal. Os íons dos metais de transição, com orbitais *d* parcialmente preenchidos, não são esféricos. Porém, ao contrário dos íons que apresentam distorção pela presença de um par inerte, os íons de metais de transição geralmente tem um centro de simetria. O arranjo dos elétrons nesses orbitais *d* dá origem à distorção de Jahn-Teller (ver Capítulo 28). Um elétron em orbital *d* parcialmente preenchido, que aponta em direção a um íon coordenado (ligante) sofrerá uma ação repulsiva. Um orbital *d* completamente preenchido sofrerá ainda maior repulsão. Com isso surge uma estrutura com algumas ligações longas e algumas curtas, dependendo tanto da configuração eletrônica como da estrutura cristalina, isto é, da posição relativa dos íons coordenantes.

É altamente improvável que uma ligação seja 100% iônica. A manutenção da estrutura do NaCl em muitos compostos, para os quais se esperaria uma estrutura de CsCl, deve-se à existência de uma pequena contribuição covalente para a ligação. Os três orbitais *p* se situam a 90° um do outro. Numa estrutura do tipo NaCl, eles apontam diretamente para os seis vizinhos mais próximos, tornando possível o recobrimento entre os orbitais e a ocorrência de interações covalentes. A disposição espacial dos íons na estrutura do NaCl é perfeita para que existam contribuições covalentes na ligação. Esse não é o caso na estrutura do CsCl.

Assim sendo, a relação de raios nos permite, grosseiramente, prever quais são as estruturas geometricamente possíveis. Muitas vezes é possível prever a estrutura correta baseando-se na relações de raios, mas nem sempre. Em última análise, uma determinada estrutura cristalina é formada porque é a que conduz a uma energia reticular mais favorável.

ENERGIA RETICULAR

A energia reticular (U) de um cristal é a energia liberada quando se forma uma molécula-grama do cristal a partir dos íons gasosos:

$$Na^{+}_{(g)} + Cl^{-}_{(g)} \rightarrow NaCl_{(cristal)} \qquad U = -782 \text{ kJ mol}^{-1}$$

As energias reticulares não podem ser medidas diretamente, mas valores experimentais podem ser obtidos a partir de dados termodinâmicos e o ciclo de Born-Haber (ver Capítulo 6).

É possível se determinar teoricamente os valores das energias reticulares. Considerando-se apenas um íon positivo e um negativo e supondo-se que se comportem como cargas puntuais, a energia de atração eletrostática, E, entre eles é:

$$E = -\frac{z^{+}z^{-}e^{2}}{r}$$

onde:

z^+ e z^- são as cargas dos íons positivo e negativo
e é a carga do elétron
r é a distância entre os íons.

No caso de um sistema com mais de dois íons, a energia eletrostática depende do número de íons e também do fator A, que depende da localização relativa dos íons no espaço. A energia de atração eletrostática para um mol do composto é dada por:

$$E = -\frac{N_0 A z^{+}z^{-}e^{2}}{r}$$

onde:

N_0 é a constante de Avogadro — o número de moléculas existentes em um mol, ou seja $6{,}023 \times 10^{23}$ mol^{-1}
A é a constante de Madelung, que depende da geometria do cristal.

Os valores das constantes de Madelung de todas as estruturas cristalinas comuns foram calculados somando-se as contribuições de todos os íons presentes num dado retículo cristalino. Alguns desses valores são mostrados na Tabela 3.4 (deve-se alertar que às vezes os valores tabelados podem ser diferentes daqueles aqui apresentados. Existem casos em que o termo z^+z^- é substituído por z^2, sendo z o maior fator comum nas cargas dos íons. A constante de Madelung é então reescrita como $M = Az^+z^-/z^2$. Esse procedimento não é recomendado).

Tabela 3.4 — Constantes de Madelung

Tipo de estrutura		A	M
Blenda	ZnS	1,63806	1,63806
Wurtzita	ZnS	1,64132	1,64132
Cloreto de sódio	NaCl	1,74756	1,74756
Cloreto de césio	CsCl	1,76267	1,76267
Rutilo	TiO_2	2,408	4,816
Fluorita	CaF_2	2,51939	5,03878
Corindo	Al_2O_3	4,17186	25,03116

Tabela 3.5 — Valores médios para o expoente de Born

Estrutura eletrônica do íon	n	Exemplos
He	5	Li^+, Be^{2+}
Ne	7	Na^+, Mg^{2+}, O^{2-}, F^-
Ar	9	K^+, Ca^{2+}, S^{2-}, Cl^-, Cu^+
Kr	10	Rb^+, Br^-, Ag^+
Xe	12	Cs^+, I^-, Au^+

Usam-se valores médios, por exemplo, no LiCl, $Li^+ = 5$, $Cl^- = 9$, portanto para o LiCl $n = (5 + 9)/2 = 7$.

A equação para as forças de atração entre os íons resulta num valor negativo de energia, isto é, há liberação de energia quando o cristal é formado. A distância interiônica aparece no denominador da equação. Portanto, quanto menor o valor de r maior será a quantidade de energia liberada quando o retículo cristalino for formado, e tanto mais estável será o cristal. Matematicamente, a equação sugere a liberação de uma quantidade infinita de energia quando a distância r for igual a zero. Na realidade não é bem assim. Quando a distância interiônica se torna pequena o suficiente para que os íons se toquem, eles começam a se repelir. Essa força de repulsão é resultante da repulsão mútua entre as nuvens eletrônicas dos dois átomos ou íons e aumenta rapidamente à medida que r diminui. A força de repulsão é dada por B/r^n, onde B é uma constante que depende da estrutura, e n é uma constante denominada expoente de Born. Para um molécula-grama, a força repulsiva total será igual a $(N_0B)/r^n$. O expoente de Born pode ser determinado a partir de experimentos de compressibilidade. Freqüentemente os químicos utilizam o valor 9, mas é preferível usar os valores próprios dos íons em questão.

A energia total que permite a formação do cristal é a energia reticular U, que é a soma das forças de atração e de repulsão eletrostática.

$$U = \underbrace{-\frac{N_0 A z^{+}z^{-}e^{2}}{r}}_{\text{energia de atração}} + \underbrace{\frac{N_0 B}{r^{n}}}_{\text{energia de repulsão}} \qquad (3.1)$$

(A é a constante de Madelung e B o coeficiente de repulsão, aproximadamente proporcional ao número de vizinhos adjacentes).

A distância de equilíbrio entre os íons é determinada pelo balanço entre os termos de atração e de repulsão. No equilíbrio, $dU/dr = 0$, e a distância de equilíbrio é $r = r_0$.

$$\frac{dU}{dr} = \frac{N_0 A z^{+}z^{-}e^{2}}{r_o^{2}} - \frac{nN_0 B}{r_o^{n+1}} = 0 \qquad (3.2)$$

Rearranjando esses termos, obteremos uma equação para o coeficiente de repulsão B.

$$B = \frac{Az^{+}z^{-}e^{2}r_o^{n-1}}{n} = 0 \qquad (3.3)$$

Substituindo-se a equação (3.3) na equação (3.1), temos que:

$$U = -\frac{N_0 A z^{+}z^{-}e^{2}}{r_o}\left(1 - \frac{1}{n}\right)$$

Essa equação é designada *equação de Born-Landé*. Ela permite calcular a energia reticular desde que se conheçam a geometria do cristal, a constante de Madelung, as cargas z^+ e z^- e a distância interiônica. Usando unidades SI, a equação toma a forma:

$$U = -\frac{N_0 A z^+ z^- e^2}{4\pi\varepsilon_0 r_o}\left(1-\frac{1}{n}\right) \qquad (3.4)$$

onde ε_0 é a permissividade no vácuo = $8{,}854 \times 10^{-12}$ F m^{-1}.

Essa equação fornece um valor calculado de $U = -778$ kJ mol^{-1} para a energia reticular do cloreto de sódio, ou seja, aproximadamente igual ao valor experimental de -775 kJ mol^{-1} a 25°C (obtido usando o ciclo de Born-Haber). Os valores experimentais e teóricos para os haletos dos metais alcalinos e os óxidos e haletos dos metais alcalino terrosos (exceto Be) concordam dentro de uma margem de erro de 3%.

Há outras expressões semelhantes, por exemplo, as equações de Born-Mayer e de Kapustinskii, mas estas estimam a contribuição de repulsão de maneira um pouco diferente. A concordância entre valores teóricos e experimentais é ainda melhor se considerarmos as forças de van der Waals e a energia do ponto zero.

Vários aspectos importantes decorrem da equação de Born-Landé:

1. O retículo torna-se mais forte (isto é, a energia reticular torna-se mais negativa) à medida que a distância interiônica r diminui. U é proporcional a $1/r$.

	r (Å)	U (kJ mol^{-1})
LiF	2,01	-1004
CsI	3,95	-527

2. A energia reticular depende do produto das cargas iônicas, e U é proporcional a $(z^+ \cdot z^-)$.

	r (Å)	$(z^+ \cdot z^-)$	U (kJ mol^{-1})
LiF	2,01	1	-1004
MgO	2,10	4	-3933

3. A excelente concordância entre as energias reticulares experimentais e aquelas calculadas pela equação de Born-Landé para os haletos dos metais alcalinos, não implica que a equação ou as suposições em que ela se baseia estejam corretas. Na equação existem compensações mútuas e ela tende a esconder erros. Há dois fatores opostos na equação. O aumento da distância interiônica r reduz a energia reticular. É quase impossível variar r sem afetar a estrutura, alterando-se com isto a constante de Madelung, A. O aumento de A eleva a energia reticular; portanto, os efeitos da variação de r e de A podem em grande parte cancelar-se mutuamente.

   Isso pode ser ilustrado considerando-se um valor constante de n na equação de Born-Landé. Torna-se, assim, possível calcular variações da distância interiônica em função tanto das variações no número de coordenação como na estrutura do retículo cristalino. Tomando-se um valor constante de $n = 9$, poderemos comparar as distâncias interiônicas para diferentes números de coordenação com aquela encontrada no caso da coordenação seis:

Número de coordenação			
12	8	6	4
Relação entre as distâncias interiônicas			
1,091	1,037	1,000	0,951

   Variando-se o número de coordenação de 6 (estrutura do NaCl) para 8 (estrutura do CsCl) a distância interiônica aumenta em 3,7% enquanto que a constante de Madelung (NaCl, A = 1,74756, e CsCl, A = 1,76267) varia apenas 0,9%. Portanto, uma mudança no número de coordenação de 6 para 8 resultaria numa redução da energia reticular, e teoricamente a estrutura do NaCl deveria ser sempre mais estável que a do CsCl. De modo análogo, a diminuição do número de coordenação de 6 para 4 faz com que r diminua 4,9%. O correspondente decréscimo de A é igual a 6,1 ou 6,3% (dependendo da estrutura resultante: blenda ou wurtzita). Percebe-se que em ambos os casos o decréscimo em A é superior ao efeito da variação em r; logo, teoricamente, o arranjo com número de coordenação 6 é mais estável que o arranjo com coordenação 4.

   Isso indica que não deveriam existir estruturas com números de coordenação 4 ou 8, visto que a estrutura do NaCl, com número de coordenação 6, é a mais estável. Obviamente, essa hipótese é incorreta, já que são conhecidos o ZnS (número de coordenação 4), e o CsCl, o CsBr e o CsI com número de coordenação 8. Logo, devemos procurar os erros nos pressupostos teóricos utilizados acima. Em primeiro lugar, o valor de n foi fixado em 9, quando na realidade ele pode variar de 5 a 12. Em segundo lugar, os íons foram considerados como cargas puntuais no cálculo da atração eletrostática. Finalmente, supôs-se que não houve diminuição da carga em função das interações (isto é, considerou-se que as ligações são 100% iônicas).

4. Cristais com energia reticular elevada geralmente fundem em temperaturas elevadas, e são muito duros. A dureza é medida de acordo com a escala de Mohs (vide Apêndice N). Elevadas energias reticulares são favorecidas por pequenas distâncias interiônicas e íons com cargas elevadas.

Vimos que diversos sais que deveriam ter a estrutura do CsCl, de acordo com considerações baseadas na relação

Tabela 3.6 — Distâncias interiônicas e cargas iônicas relacionadas ao P.F. e à dureza

	r (Å)	$(z^+ \cdot z^-)$	P.F. (°C)	Dureza
NaF	2,310	1	990	3,2
BeO	1,65	4	2530	9,0
MgO	2,106	4	2800	6,5
CaO	2,405	4	2580	4,5
SrO	2,580	4	2430	3,5
BaO	2,762	4	1923	3,3
TiC	2,159	16	3140	8–9

de raios, possuem na realidade a estrutura do NaCl. A constante de Madelung para o CsCl é maior que aquela para o NaCl, e levaria a uma energia reticular maior. Contudo, numa estrutura do tipo CsCl, a distância interiônica *r* será maior que numa estrutura do tipo NaCl, o que diminuiria a energia reticular. Esses dois fatores atuam em sentidos opostos e se cancelam parcialmente. Com isso, em alguns casos a energia reticular será mais favorável para um arranjo do tipo NaCl, mesmo que a estrutura do CsCl seja geometricamente a mais plausível. Considere o caso do RbBr em que a relação de raios está próxima do limite entre a coordenação 6 (estrutura do NaCl) e a coordenação 8 (estrutura do CsCl). Adotando a estrutura do CsCl, a constante de Madelung será maior que para a estrutura do NaCl, o que *aumenta a energia reticular em 0,86%*. Ao mesmo tempo a distância interiônica *r* na estrutura do CsCl aumenta em 3%, o que diminui a energia reticular em 3%. O RbBr prefere, obviamente, a estrutura do NaCl.

CARACTERÍSTICAS DOS SÓLIDOS

A característica fundamental dos sólidos cristalinos é o arranjo tridimensional totalmente regular das moléculas, átomos ou íons que o constituem. Os modelos construídos para mostrar a estrutura detalhada dos materiais cristalinos freqüentemente levam a interpretações errôneas, pois eles supõem um arranjo completamente estático. Como os átomos ou íons apresentam um grau considerável de vibração térmica, o estado cristalino não é estático, e o arranjo raramente é perfeito. Muitas das propriedades mais importantes dos sólidos estão relacionadas com as vibrações térmicas dos átomos, com a presença de impurezas e com a existência de defeitos.

DEFEITOS ESTEQUIOMÉTRICOS

Compostos estequiométricos são aqueles em que os diferentes tipos de átomos ou íons estão presentes exatamente nas quantidades indicadas pelas suas fórmulas. Eles obedecem à lei das proporções constantes: *um dado composto químico sempre contém os mesmos elementos com as mesmas proporções em massa.* Por um certo tempo, esses compostos foram denominados daltonetos; em contraste com os bertoletos ou compostos não-estequiométricos, cuja composição química não é constante, mas variável.

Dois tipos de defeitos, respectivamente, denominados defeitos Schottky e Frenkel, podem ser observados em compostos estequiométricos. No zero absoluto, os cristais tendem a um arranjo perfeitamente ordenado. À medida que a temperatura aumenta, aumenta a energia de vibração térmica dos íons em suas posições no retículo. Caso o deslocamento vibracional de um determinado íon tornar-se suficientemente grande, ele poderá sair de sua posição regular no retículo. Isso constitui um defeito pontual. Quanto maior a temperatura, maior será a probabilidade de termos posições reticulares desocupadas. Esses defeitos são muitas vezes designados como termodinâmicos, visto que seu número depende da temperatura.

Defeitos Schottky

Um defeito de Schottky é formado por um par de "vacâncias" no retículo cristalino. Estão ausentes um íon positivo e um íon negativo (ver Fig. 3.13). Esse tipo de defeito ocorre principalmente em compostos altamente iônicos, em que os íons positivos e negativos apresentem tamanhos semelhantes; com um número de coordenação elevado (geralmente 8 ou 6), por exemplo NaCl, CsCl, KCl e KBr.

O número de defeitos Schottky existentes por cm³ (n_s) é dado por

$$n_s = N \exp\left(-\frac{W_s}{2kT}\right)$$

onde *N* é o número de sítios do retículo, por cm³, que podem ficar desocupados; W_s é o trabalho necessário para formar um defeito Schottky; *k* é a constante dos gases e *T* a temperatura absoluta.

Defeitos Frenkel

Um defeito Frenkel é constituído por um sítio reticular desocupado (um "buraco" no retículo); estando o íon que deveria ocupar esse sítio localizado numa posição intersticial (ver Fig. 3.14).

Íons metálicos são geralmente menores que os ânions. Assim, é mais fácil forçar íons A^+ a ocupar posições intersticiais, e, em conseqüência, é mais comum encontrarmos íons positivos ocupando posições intersticiais. Esse tipo de defeito é favorecido quando há uma grande diferença de tamanho entre os íons positivo e negativo. Conseqüentemente, o número de coordenação é geralmente pequeno (4 ou 6). Visto que íons positivos pequenos são altamente polarizantes e íons negativos grandes altamente polarizáveis, esses compostos apresentam considerável caráter covalente. A distorção dos íons e a proximidade de

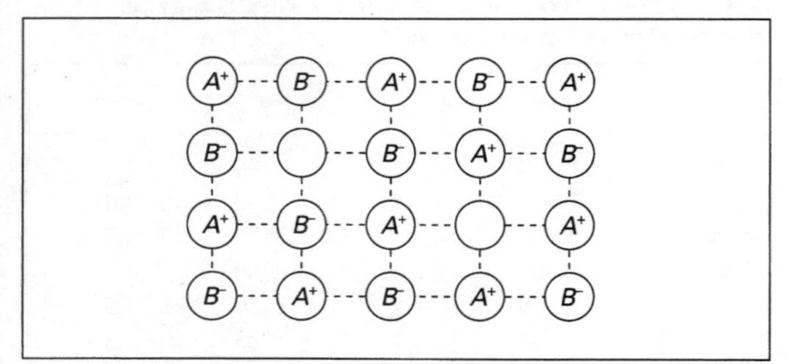

Figura 3.13 — *Defeito de Schottky*

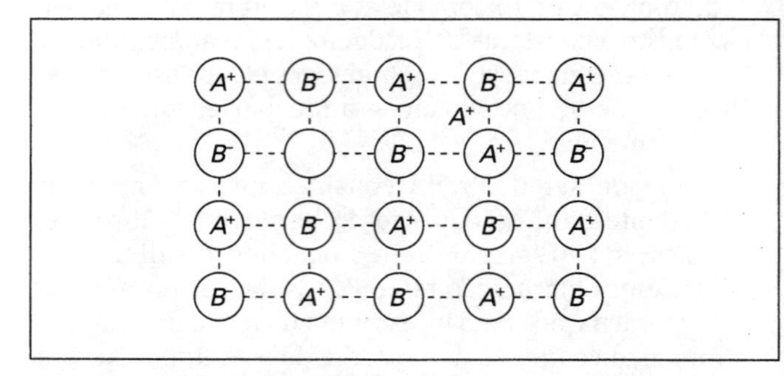

Figura 3.14 — *Defeito de Frenkel*

espécie com cargas iguais levam a materiais com elevadas constantes dielétricas. Esse tipo de defeito pode ser encontrado no ZnS, AgCl, AgBr e AgI.

O número de defeitos Frenkel existentes por cm^3 (n_f), é dado por

$$n_f = \sqrt{NN'} \exp\left(-\frac{W_f}{2kT}\right)$$

onde N é o número de sítios reticulares, por cm^3,que podem ser deixados desocupados; N' é o número de posições intersticiais alternativas por cm^3; W_f é o trabalho necessário para formar um defeito Frenkel; k é a constante dos gases e T a temperatura absoluta.

A energia necessária para formar um defeito Schottky ou Frenkel depende do trabalho envolvido e da temperatura. Para um dado composto um dos dois tipos de defeitos geralmente é predominante.

A energia necessária para formar um defeito de Schottky no NaCl é de aproximadamente 200 kJ mol^{-1}, comparada com uma energia reticular de cerca de 750 kJ mol^{-1}. Por conseguinte, é mais fácil formar um defeito que romper o retículo.

O número de defeitos formados é relativamente pequeno e, à temperatura ambiente, o NaCl apresenta somente um defeito para 10^{15} sítios reticulares. Esse valor aumenta para um defeito em 10^6 sítios a 500°C; e um defeito para 10^4 sítios a 800°C.

A presença desses defeitos pode fazer com que os sólidos cristalinos apresentem uma pequena condutividade elétrica. A condutividade elétrica num semicondutor estequiométrico quimicamente puro é denominado "*semicondutividade intrínseca*". Nos casos mencionados acima a semicondutividade intrínseca ocorre por um mecanismo iônico. Ou seja, se um íon se mover de sua posição reticular para ocupar um "interstício" ou "buraco", ele cria um novo "buraco". Caso esse processo seja repetido muitas vezes, um "buraco" pode migrar dentro do cristal, o que equivale à migração de uma carga na direção oposta (esse tipo de semicondutividade dos materiais é responsável pelo indesejável ruído de fundo que aparece nos transistores).

Cristais com defeito Frenkel apresentam somente um tipo de vacância, enquanto que cristais com defeito Schottky apresentam vacâncias provenientes da falta de íons tanto positivos quanto negativos. Portanto a condutividade pode ser decorrente da migração de um tipo ou outro de lacuna, ou ambos. A migração do íon menor (geralmente o íon positivo) para as lacunas correspondentes é favorecida a baixas temperaturas, pois a migração de um íon pequeno requer menos energia. Por outro lado, a altas temperaturas, ocorre a migração dos dois tipos de íons em direções opostas (usando os dois tipos de vacâncias). Por exemplo, a temperaturas abaixo de 500°C os haletos alcalinos conduzem por migração de cátions, mas a temperaturas mais elevadas tanto cátions como ânions podem migrar. Além disso, a condutividade aniônica aumenta com o aumento de temperatura, como mostrado na Tab. 3.7.

A densidade de um retículo defeituoso deve ser diferente da densidade de um retículo perfeito. A presença de "lacunas" deveria diminuir a densidade, mas, se houver muitas "lacunas" pode haver o colapso ou a distorção parcial do retículo cristalino — e nesse caso a variação de densidade é imprevisível. A presença de íons em posições intersticiais pode distorcer (expandir) o retículo e aumentar as dimensões da célula unitária.

Tabela 3.7 — Porcentagem de condução por cátions e ânions

Temp.	NaF		NaCl		NaBr	
(°C)	cátion %	ânion %	cátion %	ânion %	cátion %	ânion %
400	100	0	100	0	98	2
500	100	0	98	2	94	6
600	92	8	91	9	89	11

DEFEITOS NÃO-ESTEQUIOMÉTRICOS

Compostos não-estequiométricos ou bertoletos, podem existir numa faixa de composição química. A relação entre o número de átomos de um tipo e o número de átomos do outro tipo não é exatamente a relação de números inteiros expressa pela fórmula química. Esses compostos não obedecem à lei das proporções definidas. Há muitos exemplos desse tipo de compostos, particularmente entre os óxidos e sulfetos dos elementos de transição. Assim, nos compostos FeO, FeS ou CuS as proporções de Fe : O, Fe : S ou Cu : S diferem daquelas indicadas pelas suas respectivas fórmulas químicas ideais. Se a relação entre os átomos não for exatamente igual a 1 : 1, deve haver um excesso de íons metálicos ou uma deficiência de íons metálicos (por exemplo, $Fe_{0,84}O$ – $Fe_{0,94}O$, $Fe_{0,9}S$). A neutralidade elétrica é mantida ou através de elétrons adicionais na estrutura ou mudando a carga de alguns dos íons metálicos. Isso torna a estrutura irregular, isto é, ela contém defeitos adicionais que se somam aos defeitos termodinâmicos normais já descritos.

Excesso de metal

Esse excesso pode ocorrer de duas maneiras.

Centros-F

Íons negativos podem estar ausentes de seu sítio normal no retículo cristalino deixando "lacunas" que são ocupadas por elétrons. Dessa forma o equilíbrio de cargas elétricas é mantida (ver Fig. 3.15). Esse tipo de defeito é similar ao defeito Schottky, pois apresenta "lacunas" no

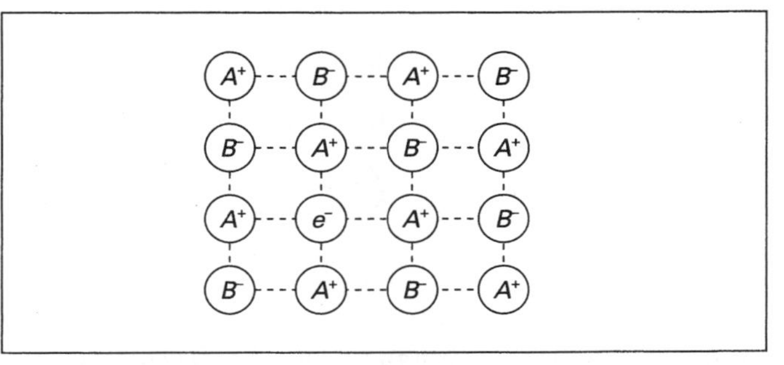

***Figura 3.15** — Defeito de excesso de metal por causa de ânion ausente*

retículo cristalino, mas, em contraste, o íon correspondente não está ocupando as posições intersticiais. Portanto, existem apenas as lacunas, estando o íon correspondente ausente na estrutura. Esse tipo de defeito ocorre em cristais para os quais seria de se esperar a formação de defeitos Schottky. Quando compostos como NaCl, KCl, LiH ou δ-TiO são aquecidos com um excesso do vapor do metal que os constitui, ou quando são tratados com radiação de alta energia, eles se tornam deficientes em íons negativos. Assim, suas fórmulas poderiam ser representadas por $AX_{1-\delta}$, onde δ é uma pequena fração do todo. A forma não-estequiométrica do NaCl é amarela e a forma não estequiométrica de KCl apresenta coloração azul-lilás. Note a semelhança com as cores da chama do Na e do K.

O retículo cristalino apresenta vacâncias deixadas pelos ânions, que são ocupadas por elétrons. Sítios aniônicos ocupados por elétrons são denominados centros-*F* (*F* é uma abreviatura de Farbe, palavra alemã que significa cor). Esses centros-*F* estão associados com a cor dos compostos, e quanto mais centros-*F* estiverem presentes maior será a intensidade da coloração. Sólidos que contêm centros-*F* são paramagnéticos, pois os elétrons que ocupam as vacâncias estão desemparelhados. Quando materiais contendo centros-*F* são irradiados com luz, eles se tornam fotocondutores. Isso ocorre como resultado da promoção dos elétrons nos centros-*F* para uma banda de condução, semelhante às bandas de condução existentes nos metais, quando absorvem fótons com energias suficientes (ou calor). Como a condutividade decorre da promoção de elétrons para a banda de condução do material, tem-se uma *semicondução do tipo n*.

Íons e elétrons intersticiais

Também ocorrem defeitos quando um excesso de íons positivos ocupam posições intersticiais do retículo e a neutralidade elétrica é mantida pela presença de elétrons intersticiais (ver Fig. 3.16). A composição desses compostos pode ser representada pela fórmula geral $A_{1+\delta}X$.

Esse tipo de defeito se assemelha ao defeito Frenkel, pois íons ocupam posições intersticiais, porém não existem vacâncias no retículo e também existem elétrons intersticiais. Esse tipo de defeito caracterizado pelo excesso de metal é muito mais freqüente que o anterior, e se forma em cristais nos quais se espera a ocorrência de defeitos Frenkel (isto é, os íons constituintes são de tamanhos bastante diferentes, números de coordenação baixos, e com algum caráter covalente). Os exemplos incluem ZnO, CdO, Fe_2O_3 e Cr_2O_3.

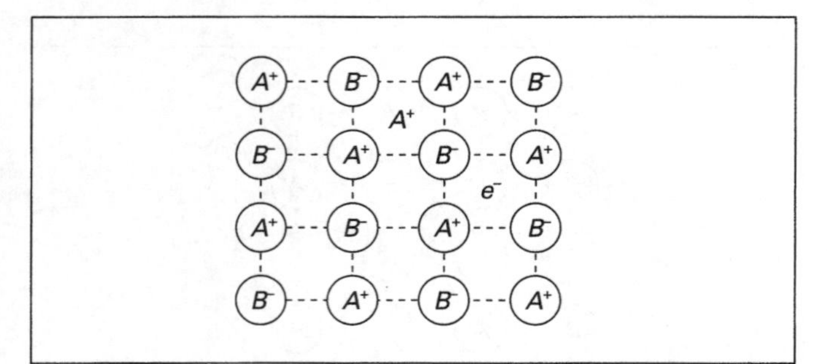

***Figura 3.16** — Defeitos de excesso de metal causado por cátions insterstíciais*

Se um óxido com esse tipo de defeito for aquecido na presença de oxigênio e em seguida resfriado até a temperatura ambiente, sua condutividade irá diminuir. Isso ocorre porque o oxigênio oxida alguns dos íons intersticiais, e estes, subseqüentemente, removem os elétrons intersticiais, diminuindo a condutividade.

Cristais com qualquer um dos tipos de defeito discutidos acima, caracterizados pelo excesso de metal, contêm elétrons livres que, ao migrarem, conduzem eletricidade. Como é pequeno o número de defeitos, há poucos elétrons livres que podem conduzir a eletricidade. Assim a magnitude da corrente conduzida é muito pequena quando comparada com a corrente conduzida pelos metais, por sais fundidos ou por sais em solução aquosa. Esse tipo de material contendo defeitos são designados semicondutores. Como o transporte de elétrons ocorre por um mecanismo de condução eletrônica normal, são denominados *semicondutores do tipo n*. Além disso, esses elétrons livres podem ser excitados para níveis energéticos superiores, provocando o aparecimento de bandas de absorção na região do visível. Logo, esses compostos são freqüentemente coloridos: NaCl não-estequiométrico é amarelo, KCl não-estequiométrico é lilás e ZnO é branco à temperatura ambiente mas torna-se amarelo quando aquecido.

Deficiência de metais

Compostos com deficiência de metal podem ser representados pela fórmula geral $A_{1-\delta}X$. Em princípio, a deficiência de metal pode ocorrer de duas maneiras. Ambas requerem metais com valências variáveis, sendo, portanto, esperadas nos compostos de metais de transição.

Deficiência de íons positivos

Caso um íon positivo não esteja presente em seu sítio reticular, a carga elétrica pode ser equilibrada pelos íons positivos adjacentes, desde que estes tenham cargas positivas adicionais (ver Fig. 3.17). Exemplos são o FeO, NiO, δ-TiO, FeS e CuI (se faltar um íon Fe^{2+} num retículo cristalino de FeO, deverá haver em algum lugar do retículo dois íons Fe^{3+} para equilibrar a carga elétrica. Analogamente, se faltar um íon Ni^{2+} num retículo de NiO, este deverá conter dois íons Ni^{3+}).

Cristais apresentando deficiência de metal são semicondutores. Suponha que o retículo contenha os íons A^+ e A^{2+}. Se um elétron "saltar" do íon A^+ para o sítio mais oxidado (ou seja, um íon A^{2+}), o íon A^+ inicial se

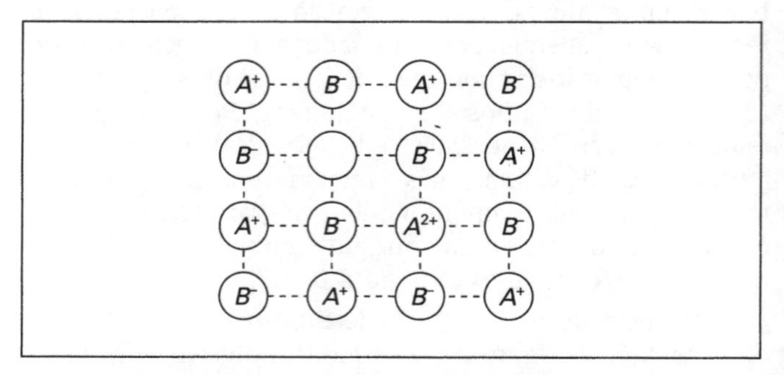

***Figura 3.17** — Deficiência de metal causada por íon positivo ausente*

transforma num novo íon A^{2+}. Logo, houve um movimento aparente de A^{2+}. Caso ocorra uma série de "saltos" semelhantes, um elétron poderá ser transportado numa direção dentro do retículo. Concomitantemente, o sítio oxidado (vacância) migrará na direção oposta ao do movimento do elétron. Isso é denominado *semicondução do tipo p*.

Se um óxido com esse tipo de defeito for aquecido na presença de oxigênio, sua condutividade à temperatura ambiente aumentará, pois o oxigênio oxidará alguns dos íons metálicos, aumentando o número de vacâncias.

Íons negativos adicionais intersticiais

Em princípio, deveria ser possível colocar um íon negativo adicional numa posição intersticial e equilibrar a carga elétrica aumentando a carga de um íon metálico adjacente (ver Fig. 3.18). Contudo, como os íons negativos são geralmente grandes, deve ser difícil acomodá-los nos interstícios. De fato, não se conhece nenhum cristal contendo íons intersticiais negativos até o momento.

SEMICONDUTORES E TRANSISTORES

Semicondutores são sólidos, nos quais a diferença de energia entre a banda de valência (preenchida) e a banda de condução é pequena. Essa diferença é denominada *intervalo entre bandas* (*band gap*). Caso sejam resfriados ao zero absoluto, os elétrons ocuparão os níveis energéticos mais baixos possíveis. A banda de condução estará completamente vazia e o material será um isolante perfeito. Entretanto, à temperatura ambiente, alguns elétrons podem ser termicamente excitados da banda de valência para a banda de condução e nessa condição o material pode conduzir eletricidade. A condutividade observada se situa entre a dos isolantes e a de um metal, e depende do número de elétrons na banda de condução.

Os exemplos comerciais mais importantes de semicondutores são o germânio e, principalmente, o silício. As estruturas cristalinas de ambos se assemelham àquela do diamante. Tanto os átomos de silício como os de germânio têm quatro elétrons no nível mais externo e formam quatro ligações covalentes com outros átomos. Em temperaturas muito baixas, tanto o Si e quanto o Ge apresentam sua banda de valência preenchida e banda de condução vazia. Nessas condições, ambos são isolantes e não podem conduzir corrente elétrica.

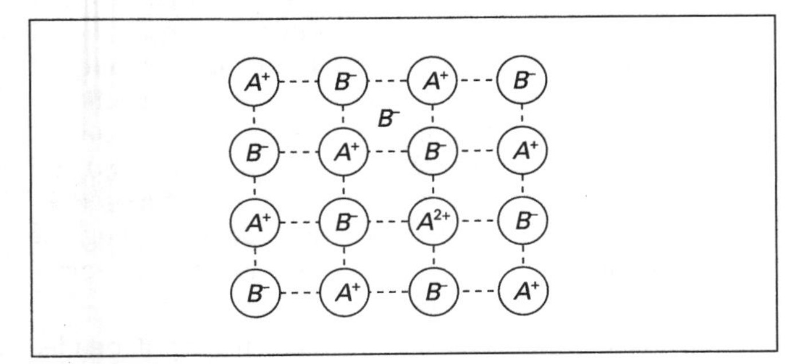

Figura 3.18 — Deficiência de metal causada por íons negativos intersticiais

Os intervalos entre bandas são de apenas 68 kJ mol^{-1} para o Ge e 106 kJ mol^{-1} para o Si. Por isso apenas alguns poucos elétrons de valência podem ganhar, da energia térmica vibracional dos átomos, uma quantidade de energia suficiente para serem promovidos à banda de condução, à temperatura ambiente. Se o cristal estiver conectado a um circuito elétrico, esses elétrons termicamente excitados conduzem uma pequena corrente elétrica e tornam o cristal de Si ou Ge ligeiramente condutor. Esse fenômeno é designado *semicondutividade intrínseca*. Em outras palavras, algumas ligações são rompidas e esses elétrons de valência podem migrar e conduzir a eletricidade.

À medida que se aumenta a temperatura, também aumenta a condutividade, isto é, diminui a resistência elétrica (o oposto da situação que ocorre com os metais). Acima de 100°C, são tantos os elétrons de valência promovidos à banda de condução que o cristal pode ser desintegrar. A temperatura máxima de operação de dispositivos de Si é de 150°C. Essa semicondução intrínseca é indesejável, e devem ser tomadas precauções para limitar a temperatura de funcionamento dos transistores.

O Si e o Ge puros podem se tornar semicondutores de uma maneira controlada, mediante a adição de impurezas que atuam como agentes portadores de carga. Inicialmente, Si e Ge devem ser obtidos num estado extremamente puro pelo processo de refinação por zona. Em seguida, átomos com cinco elétrons externos, tais como o arsênio, As, são adicionados deliberadamente ao cristal de silício. Esse processo, designado "dopagem" do cristal, consiste na substituição aleatória de uma fração extremamente pequena de átomos de Si por átomos de As, com cinco elétrons no nível mais externo. Somente quatro dos cinco elétrons do As são necessários para formar as ligações no retículo cristalino. No zero absoluto ou a baixas temperaturas, o quinto elétron estará localizado no átomo de As. Contudo, à temperatura ambiente, esses elétrons do As são excitados para a banda de condução, onde podem conduzir prontamente a corrente elétrica. Esse fenômeno é denominado *condução extrínseca* e aumenta a condutividade a um nível bem superior àquele permitido pela condução intrínseca. Visto que a corrente é conduzida pelo excesso de elétrons, trata-se de uma *semicondução do tipo n*.

Num procedimento alternativo, um cristal de Si puro pode ser "dopado" com alguns átomos contendo apenas três elétrons externos, tais como o índio [In]. Cada átomo de

Tabela 3.8 — Intervalos de banda de alguns semicondutores no zero absoluto

Composto	Intervalo de energia (kJ mol^{-1})	Composto	Intervalo de energia (kJ mol^{-1})
α-Sn	0	GaAs	145
PbTe	19	Cu_2O	212
Te	29	CdS	251
PbS	29	GaP	278
Ge	68	ZnO	328
Si	106	ZnS	376
InP	125	Diamante	579

índio utiliza seus três elétrons externos para formar três ligações no retículo, mas eles são incapazes de formar as quatro ligações necessárias para completar a estrutura covalente. Uma das ligações está incompleta, e o lugar normalmente ocupado pelo elétron que falta é designado "lacuna positiva". No zero absoluto ou a baixas temperaturas, as lacunas positivas se localizam nos átomos de índio. Contudo, à temperatura ambiente, um elétron de valência de um átomo de silício adjacente tem energia suficiente para se mover para essa lacuna. Assim se forma uma nova lacuna positiva no átomo de Si, que aparentemente se moveu em direção oposta a do elétron. Por meio de uma série de "saltos" a lacuna positiva pode migrar através do cristal. Isso equivale a uma migração do elétron na direção oposta, ocorrendo, assim, a condução da corrente elétrica. Como a corrente é conduzida pela migração de lacunas positivas, trata-se de uma *semicondução do tipo p*.

Antes de poder ser usado em semicondutores, o silício deve ser ultra-purificado. Inicialmente, silício impuro (98% de pureza) é obtido pela redução de SiO_2 com carbono, num forno elétrico a cerca de 1.900°C. O silício assim obtido sofre uma reação com HCl formando triclorossilano, $SiHCl_3$, que pode ser purificado por destilação. Após essa nova etapa de purificação, um silício metálico de maior pureza é obtido pela decomposição térmica do triclorossilano (reação inversa).

$$SiO_2 + C \rightarrow Si + CO_2$$

$$Si + 3HCl \xrightarrow{350°C} H_2 + SiHCl_3 \xrightarrow{\text{aquec. forte}} Si + 3HCl$$

A purificação final é feita pelo método de refino por zona, no qual uma barra de silício é fundida por um forno elétrico próximo de uma de suas extremidades. À medida que o forno é lentamente deslocado ao longo da barra, a estreita região da barra em fusão se move em direção a outra extremidade. As impurezas são mais solúveis na parte fundida que no sólido. Assim, elas se concentram na parte fundida e eventualmente se movem para a extremidade da barra. A extremidade impura é então removida, restando uma barra de Si ultra-purificada, com um nível de impurezas inferior a uma parte em 10^{10}. Cristais ultra-purificados de silício (ou de germânio) podem ser convertidos, em elevadas temperaturas, em semicondutores dos tipos *p* ou *n*, por difusão dos elementos "dopantes" apropriados, até uma concentração de 1 parte em 10^8. Em princípio, qualquer elemento do Grupo 13, boro, alumínio, gálio ou índio, poderia ser usado na preparação de semicondutores do tipo *p*. Porém, o índio é o mais usado por causa de seu baixo ponto de fusão. Analogamente, poderiam ser usados elementos do Grupo 15, tais como fósforo ou arsênio, na preparação de semicondutores do tipo *n*. Contudo, o arsênio é geralmente usado por causa de seu baixo ponto de fusão.

Se uma das extremidades de um cristal de silício for "dopado" com índio e a outra extremidade com arsênio, uma das extremidades será um semicondutor do tipo *p* e a outra um semicondutor do tipo *n*. Na região intermediária, haverá uma região interfacial onde as duas partes se encontram, constituindo uma junção *p-n*. Tais junções são os principais componentes dos dispositivos semicondutores modernos.

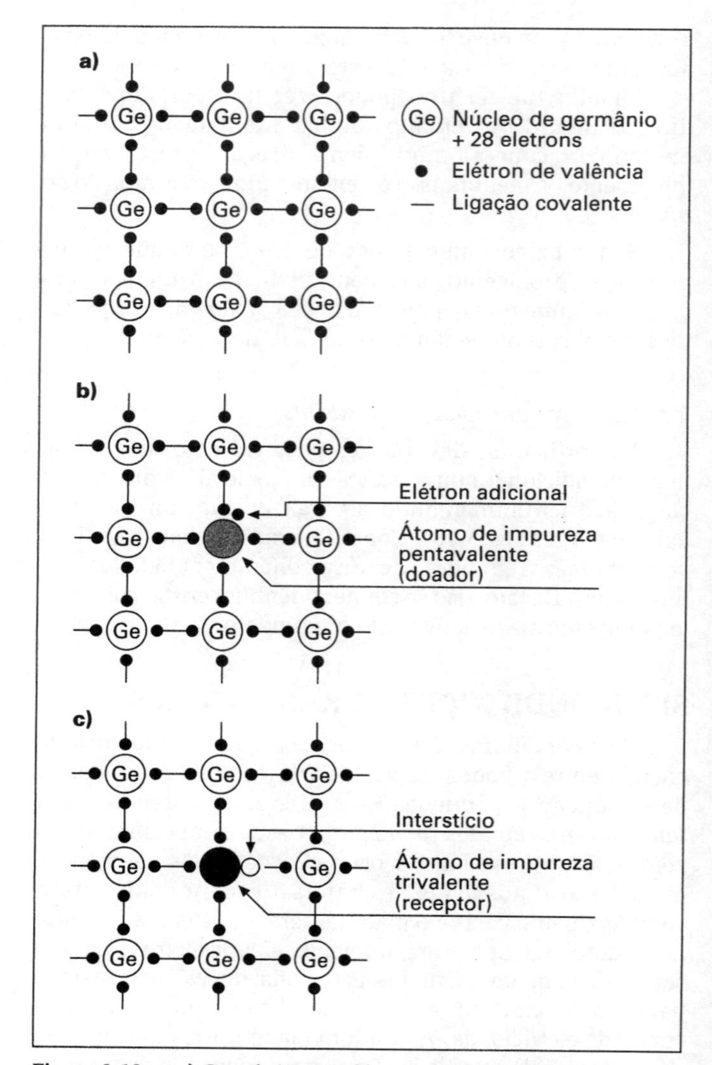

***Figura 3.19** — a) Germânio puro; b) Germânio do tipo n e c) Germânio do tipo p*

RETIFICADORES

Um retificador só permite a passagem de uma corrente externa numa única direção. Isso é imprescindível para a conversão de corrente alternada em corrente contínua, sendo comum a utilização de um quadrado constituído por quatro diodos num circuito para efetuar essa transformação. Um diodo é simplesmente um transistor com duas regiões, uma do tipo *p* e outra do tipo *n*, com uma junção *p-n* entre elas.

Suponha que uma voltagem positiva é aplicada à região de tipo *p* e uma voltagem negativa à região do tipo *n*. Nesse caso, lacunas positivas migrarão em direção à junção *p-n* na região do tipo *p*. Em contraste, elétrons migrarão em direção à junção na região do tipo *n*. Na junção, os dois se aniquilarão mutuamente. Ou seja, na junção os elétrons que migram da região do tipo *n* se combinarão com as lacunas na banda de valência da região do tipo *p*. A migração de elétrons e de lacunas positivas pode continuar indefinidamente. Logo, a corrente elétrica continuará fluindo enquanto um potencial externo estiver sendo aplicado.

Imagine o que acontecerá se invertermos a polaridade, de modo que a região do tipo *p* se torne negativa e a região do tipo *n* positiva. Na região do tipo *p* as lacunas positivas

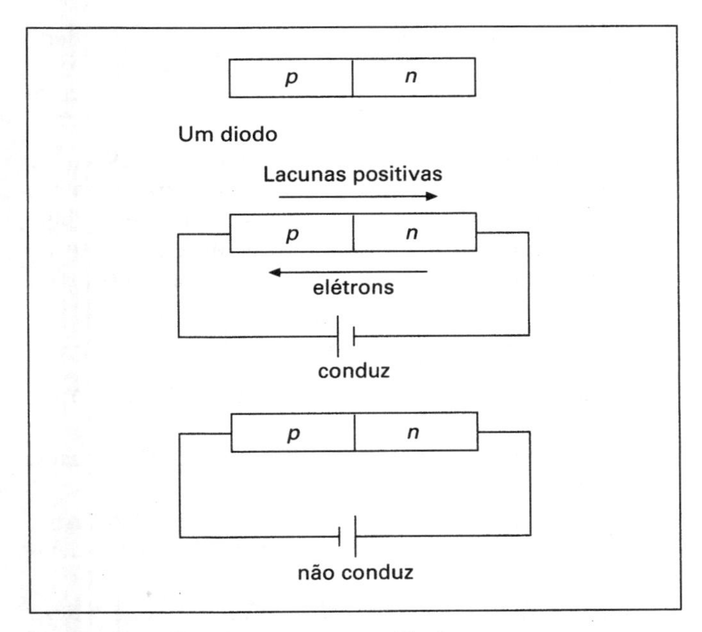

Figura 3.20 — Uma junta n-p *como retificador*

se afastarão da junção, e na região do tipo *n* os elétrons migrarão afastando-se da junção. Assim, na região da junção não haverá nem elétrons nem lacunas positivas para se combinarem e, portanto, não haverá passagem de corrente.

CÉLULA FOTOVOLTAICA

Se uma junção *p-n* for irradiada com luz, cujos fótons tenham energias que excedam a energia do intervalo entre bandas, haverá rompimento de algumas ligações com a formação de elétrons e lacunas positivas, e esses elétrons serão promovidos da banda de valência para a banda de condução. Os elétrons adicionais na banda de condução deixarão a região tipo *n* mais negativa, ao passo que os elétrons se recombinarão com as lacunas positivas na região *p*. Se as duas regiões forem conectadas através de um circuito externo, um fluxo de elétrons poderá fluir da região do tipo n para a região do tipo p, isto é, uma corrente flui da região do tipo *p* para a região do tipo *n*. Tal dispositivo atua como uma bateria, que pode gerar eletricidade a partir da luz. Muitos esforços estão sendo feitos para se construir dispositivos eficientes que permitam aproveitar a energia solar.

TRANSISTORES

Os transistores são geralmente cristais de silício "dopados" de modo a formar três zonas. Na Grã-Bretanha, os transistores são geralmente do tipo *p-n-p*, enquanto que nos Estados Unidos são do tipo *n-p-n*. Ambos apresentam muitos usos, por exemplo, como amplificadores e osciladores em circuitos de rádio, de televisão, circuitos de alta-fidelidade e em computadores. Eles são também usados como fototransistores, diodos-túnel, células solares, termistores, e na detecção de radiação ionizante.

Para fazer funcionar um transistor, é necessário aplicar tensões elétricas diferentes às suas três regiões. Os potenciais típicos a serem aplicados num transistor *p-n- p* são mostrados

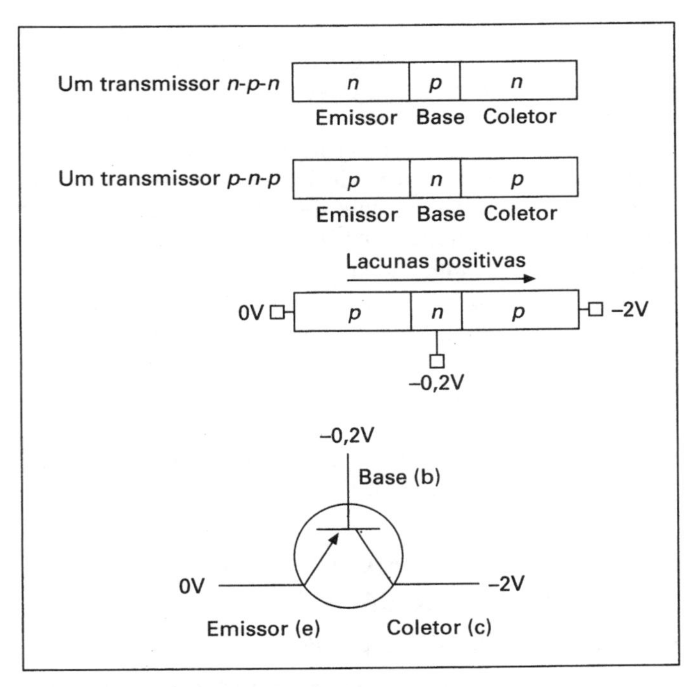

Figura 3.21 — Transistores n-p-n *e* p-np

na Fig. 3.21. Geralmente aplica-se –0,2 volt na base e a diferença de potencial entre o coletor e o emissor é de –2,0 volts. Os portadores de carga no emissor são lacunas positivas, e estas migram do emissor a 0 volt para a base a –0,2 volt. As lacunas positivas atravessam a junção *p-n* da interface emissor/base. Na região da base, do tipo *n*, algumas lacunas positivas se recombinam com elétrons e são aniquiladas. Logo, há um fluxo de elétrons no sentido inverso, da base para o emissor, dando origem a uma corrente elétrica de baixa intensidade. Porém, a base é muito fina e o coletor apresenta um potencial elétrico muito mais negativo, de modo que a maioria das lacunas positivas passa através da base em direção ao coletor, onde se combinam com os elétrons provenientes do circuito. Os elétrons deixam o semicondutor do tipo *p* e entram no circuito, gerando novas lacunas positivas. Geralmente, se a corrente do emissor for igual a 1 mA, então as correntes da base e do coletor serão iguais a 0,02 e 0,98 mA, respectivamente.

O método mais comum de se usar um transistor como amplificador é o circuito emissor comum ou aterrado (Fig. 3.22a). O emissor é comum aos circuitos da base e do coletor, e é às vezes aterrado. A corrente de base é o sinal de entrada e a corrente do coletor é o sinal de saída. Se a corrente da

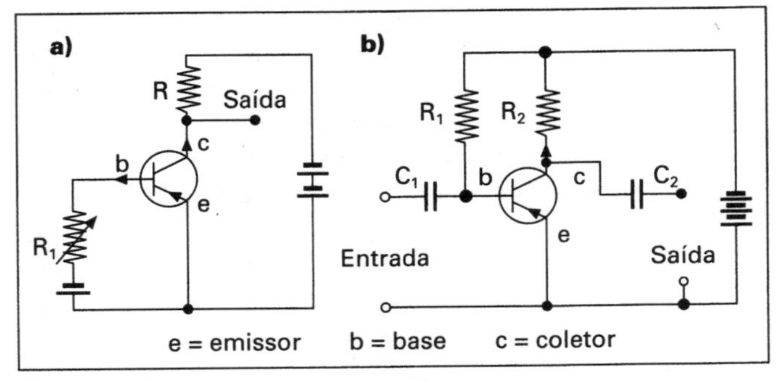

Figura 3.22 — Circuitos emissores comuns

base for diminuída, por exemplo, aumentando-se R_1, a base torna-se positivamente carregada, o que reduz o movimento das lacunas em direção ao coletor. Num transistor típico, uma variação na corrente da base pode provocar uma variação até 50 vezes maior na corrente do coletor, resultando num fator de amplificação de corrente igual a 50. Uma variação pequena na corrente de entrada na base produz uma variação muito maior na corrente do coletor, e o sinal original é amplificado.

Na prática, as diferenças de potencial entre a base e o coletor são freqüentemente geradas por uma bateria, conectando-se em série uma resistência R_1 muito maior que a resistência R_2 (vide Fig. 3.22b).

Os transistores *n-p-n* operam de maneira semelhante, só que as polaridades são invertidas: o coletor e a base são positivos em relação ao emissor.

DISPOSITIVOS SEMICONDUTORES MICROMINIATURIZADOS. CIRCUITOS INTEGRADOS

Atualmente é possível fabricar "chips" de computadores contendo muitos milhares de junções *p-n* simples, montados num pequeno pedaço de silício de alguns poucos milímetros (são facilmente encontrados "chips" de memória para computadores que armazenam 64K, 256K, 1 megabyte e mesmo 4 megabytes de informações num único "chip").

As etapas da fabricação de tais "chips" são as seguintes:

1. Um cristal razoavelmente grande de Si é "dopado" para convertê-lo num semicondutor do tipo *n*, sendo então cuidadosamente cortado em fatias delgadas.
2. Essas fatias são aquecidas na presença de ar para formar uma fina camada superficial de SiO_2.
3. A camada de óxido é a seguir revestida por um filme fotossensível, denominado fotorresiste.
4. Uma "máscara" é colocada sobre o filme de fotorresiste, e exposta à radiação ultravioleta. As partes do fotorresiste expostas à luz são quimicamente modificadas e removidas por um tratamento com ácido, enquanto que as partes não expostas permanecem protegidas pelo filme de fotorresiste insolúveis.
5. As fatias são então tratadas com HF, que remove a camada de SiO_2 das áreas expostas. Em seguida, o fotorresiste remanescente é removido.
6. A superfície é exposta a vapores de um elemento do Grupo 13. Algumas partes da superfície estão recobertas com uma película de SiO_2, enquanto que em outras partes o silício está exposto. As partes cobertas pela película de SiO_2 não são afetadas pelos vapores, mas, nas regiões em que o silício está exposto, alguns átomos de Si são aleatoriamente substituídos, gerando uma camada constituída por um semicondutor do tipo *p*.
7. As etapas de (2) a (5) são repetidas usando diferentes máscaras, e as áreas onde o Si está exposto são tratadas com vapor de um elemento do Grupo 15, para produzir camadas constituídas por um semicondutor do tipo *n*.
8. As etapas de (2) a (5) são repetidas com uma máscara adequada para produzir canais, onde será depositado um metal que conectará os vários dispositivos semicondutores assim produzidos, gerando um circuito integrado.
9. Finalmente o "chip" é encapsulado em plástico ou cerâmica, são soldados os pinos que possibilitam a montagem do "chip" nos soquetes da placa e o "chip" é testado. Alguns apresentarão defeitos e serão descartados, visto que não podem ser reparados.

LEITURAS COMPLEMENTARES

- Adams, D.M.; *Inorganic Solids*, Wiley-Interscience, New York, 1974.
- Addison, W.E.; *Structural Principles in Inorganic Compounds*, Longmans, London, 1961.
- Bamfield, P. (ed.); *Fine Chemicals for the Electronic Industry*, Royal Society of Chemistry, Special Publication, Nº 40, London, 1986.
- Burdett, J.K.; *New Ways to Look at Solids*, Acc. Chem. Res., 15, 34 (1982).
- Cartmell, E. e Fowles, G.W.A.; *Valency and Molecular Structure*, 4ª ed., Butterworths, London. 1982.
- Cox, P.A.; *The Electronic Structure and Chemistry of Solids*, Oxford University Press, 1987.
- Dasent, W.E.; *Inorganic Energetics*: An Introduction (Cambridge Texts in Chemistry and Biochemistry Series), Cambridge University Press, 1982.
- Douglas, B.; McDaniel, D.H. e Alexander, J.J., *Concept and Models in Inorganic Chemistry*, 2ª ed., Wiley, New York, 1983.
- Ebsworth, E.A.V.; Rankin, D.W.H. e Cradock, S.; *Structural Methods in Inroganic Chemistry*, Blackwell Scientific, Oxford, 1987.
- Galasso, F.S.; *Structure and Properties of Inorganic Solids*, Pergamon, Oxford, 1970. (Contém extensas tabelas).
- Galwey, A.K.; *Chemistry of Solids*, Chapman & Hall, London, 1967.
- Greenwood, N.N.; *Ionic Crystals, Lattice Defects and Non-Stoichiometry*, Butterworths, London, 1968. (Ainda é o melhor livro sobre o assunto)
- Ho, S.M. e Douglas, B.E.; *Structure of the Elements and the PTOT System*, J. Chem. Ed., 49, 74 (1972).
- Hyde. B.G. e Andersson, S.; *Inorganic Crystal Structures*, Wiley, New York, 1989.
- Jenkins, H.D.B.; *The Calculation of Lattice Energy: Some Problems and Some Solutions*, Revue de Chimie Minerale, 16, 134-150 (1979).
- Ladd, M.F.C.; *Structure and Bonding in Solid State Chemistry*, Wiley, London, 1974.
- Moss, S.J. e Ledwith, A. (eds.); *The Chemistry of Semiconductor Industry*, Blackie, 1987.
- Parish, R.V.; *The Metallic Elements*, Longmans, London, 1976.
- Rao, C.N.R. (ed.); *Solid State Chemistry*, Dekker, New York, 1974.
- Rao, C.N.R. e Gopalakrishnan, J.; *New Directions in Solid State Chemistry*, Cambridge University Press, Cambridge, 1986.
- Shannon, R.D.; *Revised Effective Ionic Radii*, Acta Cryst., A32,

751-767, 1976. (Valores de raios iônicos mais atuais e aceitos)

- Walton, A.; *Molecular and Crystal Structure Models*, Ellis Horwood, Chichester, 1978.
- Wells, A.F.; *Structural Inorganic Chemistry*, 5ª ed., Oxford University Press, Oxford, 1984. (Texto padrão com muitos diagramas)
- West, A.R.; *Solid State Chemistry and Its Applications*, Wiley, New York, 1984.

PROBLEMAS

1. Relacione a tendência dos átomos de perder ou receber elétrons com os tipos de ligações que eles formam.
2. Indique a condutividade dos seguintes compostos e mostre para cada caso o mecanismo de condução.
   a) NaCl (fundido)
   b) NaCl (solução aquosa)
   c) NaCl (sólido)
   d) Cu (sólido)
   e) CCl_4 (líquido)
3. Por que os compostos iônicos geralmente apresentam elevadas temperaturas de fusão, enquanto que a maioria dos compostos covalentes simples tem baixas temperaturas de fusão? Explique o elevado ponto de fusão do diamante.
4. Como os valores das relações de raios foram obtidos para os diversos números de coordenação, e quais são esses valores? Dê exemplos dos tipos de estrutura cristalina associados a cada um desses números de coordenação.
5. Mostre, com o auxílio de um diagrama e de um cálculo simples, o valor mínimo da relação r^+/r^- que permite a um sal cristalizar segundo a estrutura do cloreto de césio.
6. Dê os números de coordenação dos íons e descreva as estruturas cristalinas da blenda, da wurtzita e do cloreto de sódio em função do grau de empacotamento e da ocupação de interstícios tetraédricos e octaédricos.
7. O CsCl, CsI, TlCl e TlI apresentam a estrutura do cloreto de césio. As distâncias interiônicas são: Cs-Cl, 3,06 Å; Cs-I, 3,41 Å; Tl-Cl, 2,55 Å; e Tl-I, 2,90 Å. Supondo-se que os íons se comportem como esferas rígidas e que a relação de raios no TlI corresponda ao valor limite, calcule os raios iônicos do Cs^+, Tl^+, Cl^- e I^-, considerando-se o número de coordenação 8.
8. Escreva a equação de Born-Landé e defina cada um de seus termos. Use a equação para mostrar porque alguns compostos que deveriam apresentar número de coordenação 8, segundo o conceito da relação de raios, apresentam de fato número de coordenação 6.
9. Esquematize um ciclo de Born-Haber para a formação de um composto iônico MCl. Defina os termos empregados e mostre como estes podem ser determinados ou calculados. Como esses valores de entalpia variam ao longo da tabela periódica? Use essa tendência para prever as diferenças entre as propriedades do NaCl e do CuCl.
10. Explique a origem do termo correspondente à energia reticular num sólido iônico. Calcule a energia reticular do cloreto de césio usando os seguintes dados:

   $Cs(s) \rightarrow Cs(g)$ $\Delta H = +79{,}9$ kJ mol^{-1}

   $Cs(g) \rightarrow Cs^+(g)$ $\Delta H = +374{,}05$ kJ mol^{-1}

   $Cl_2(g) \rightarrow 2Cl(g)$ $\Delta H = +241{,}84$ kJ mol^{-1}

   $Cl(g) + e \rightarrow Cl^-(g)$ $\Delta H = -397{,}90$ kJ mol^{-1}

   $Cs(s) + {}^1/_2Cl_2 \rightarrow CsCl(s)$ $\Delta H = -623{,}00$ kJ mol^{-1}

11. a) Desenhe as estruturas do CsCl e do TiO_2 mostrando claramente o número de coordenação dos cátions e dos ânions. b) Mostre como o ciclo de Born-Haber pode ser usado para se determinar a entalpia da reação hipotética:

   $$Ca(s) + {}^1/_2Cl_2(g) \rightarrow CaCl(s)$$

   Explique porque o CaCl(s) nunca foi obtido, embora a entalpia para essa reação seja negativa.
12. As variações de entalpia padrão ΔH^o a 298 K para a reação

   $$MCl_2(s) + {}^1/_2Cl_2(g) \rightarrow MCl_3(s)$$

   são, para a primeira série de metais de transição, iguais a:

	Sc	Ti	V	Cr	Mn	Fe	Co	Ni	Cu
ΔH^o/kJ mol^{-1}	-339	-209	-138	-160	+22	-59	+131	+280	+357

   Utilize um ciclo de Born-Haber para explicar a variação de ΔH^o à medida que aumenta o número atômico do metal. Discuta as estabilidades relativas desses compostos quando os metais 3*d* se encontram nos estados de oxidação +II e +III.
13. Enumere os tipos de defeitos que podem ocorrer no estado sólido e dê um exemplo de cada um. Discuta em cada caso se o material é isolante ou condutor e explique qual é o mecanismo de condução.

A LIGAÇÃO COVALENTE

INTRODUÇÃO

Existem diversas teorias que explicam as estruturas eletrônicas e formas das moléculas conhecidas, bem como as tentativas de prever a forma de moléculas cujas estruturas ainda são desconhecidas. Todas essas teorias têm suas vantagens e seus defeitos. Nenhuma delas é rigorosa. As teorias podem mudar à medida que novos conhecimentos vão sendo incorporados. Se soubéssemos ou pudéssemos provar o que é uma ligação química, não teríamos necessidade de teorias. Assim, o valor de uma teoria reside mais na sua utilidade do que na sua veracidade. É importante sermos capazes de prever a estrutura de uma molécula. Na maioria, todas as teorias levam à resposta correta.

A TEORIA DE LEWIS

A regra do octeto

A teoria de Lewis foi a primeira explicação de uma ligação covalente, fundamentada no compartilhamento de elétrons, a ser amplamente aceita. O compartilhamento de dois elétrons entre dois átomos constitui uma ligação química que mantém os átomos unidos. A maioria dos átomos leves atinge uma configuração eletrônica estável quando estão rodeados por oito elétrons. Esse octeto pode ser formado por elétrons provenientes do próprio átomo e por elétrons "compartilhados" com outros átomos. Assim, os átomos continuam a formar ligações até completarem um octeto de elétrons. Essa tendência é conhecida como "regra do octeto". A regra do octeto explica as valências observadas em um grande número de casos. Há contudo exceções à regra do octeto; por exemplo, o hidrogênio torna-se estável com apenas dois elétrons. Outras exceções serão discutidas mais adiante. Um átomo de cloro possui sete elétrons em sua camada mais externa, de modo que se um desses elétrons for compartilhado com outro átomo de cloro, ambos completam os octetos e formam a molécula de cloro, Cl_2.

$$:\underset{\cdot\cdot}{\overset{\cdot\cdot}{Cl}}\cdot + \cdot\underset{\cdot\cdot}{\overset{\cdot\cdot}{Cl}}: \rightarrow :\underset{\cdot\cdot}{\overset{\cdot\cdot}{Cl}}:\underset{\cdot\cdot}{\overset{\cdot\cdot}{Cl}}:$$

Um átomo de carbono possui quatro elétrons na camada externa, de modo que ele completa o octeto no caso do CCl_4, compartilhando todos os quatro elétrons e formando quatro ligações.

$$\cdot\underset{\cdot}{\overset{\cdot}{C}}\cdot + 4\left[\cdot\underset{\cdot\cdot}{\overset{\cdot\cdot}{Cl}}:\right] \rightarrow Cl:\underset{\underset{Cl}{\cdot\cdot}}{\overset{\overset{Cl}{\cdot\cdot}}{C}}:Cl$$

De modo semelhante, um átomo de nitrogênio possui cinco elétrons externos, e no NH_3 ele compartilha três destes elétrons formando três ligações, alcançando desse modo o octeto. O hidrogênio possui apenas um elétron, porém compartilhando-o consegue atingir a estrutura estável de dois elétrons.

$$\cdot\underset{\cdot}{\overset{\cdot\cdot}{N}}\cdot + 3\left[H\cdot\right] \rightarrow H:\underset{\underset{H}{\cdot\cdot}}{\overset{\cdot\cdot}{N}}:H$$

Analogamente, o átomo de oxigênio completa o octeto compartilhando dois de seus elétrons, por exemplo, para formar a molécula de água (H_2O); e o átomo de flúor completa seu octeto compartilhando um de seus elétrons no HF.

$$H:\underset{\underset{H}{\cdot\cdot}}{\overset{\cdot\cdot}{O}}: \qquad H:\underset{\cdot\cdot}{\overset{\cdot\cdot}{F}}:$$

Ligações duplas são explicadas pelo compartilhamento de quatro elétrons entre dois átomos, e ligações triplas pelo compartilhamento de seis elétrons.

$$\cdot\underset{\cdot}{\overset{\cdot}{C}}\cdot + 2\left[\cdot\underset{\cdot}{\overset{\cdot\cdot}{O}}:\right] \rightarrow :\underset{\cdot\cdot}{O}::C::\underset{\cdot\cdot}{O}:$$

Exceções à regra do octeto

A regra do octeto não é observada em um número significativo de casos.

1. Por exemplo, no caso de átomos tais como Be e B que apresentam menos de quatro elétrons na última camada. Nesses casos, mesmo utilizando todos os elétrons externos para formar ligações, não é possível completar o octeto.

$$\cdot Be \cdot + 2\left[\cdot \underset{\cdot\cdot}{\overset{\cdot\cdot}{F}} :\right] \rightarrow : \underset{\cdot\cdot}{\overset{\cdot\cdot}{F}} : Be : \underset{\cdot\cdot}{\overset{\cdot\cdot}{F}} :$$

$$\cdot \overset{\cdot}{B} \cdot + 3\left[\cdot \underset{\cdot\cdot}{\overset{\cdot\cdot}{F}} :\right] \rightarrow : \underset{\cdot\cdot}{\overset{\cdot\cdot}{F}} : \overset{:\overset{\cdot\cdot}{F}:}{\overset{\cdot\cdot}{B}} : \underset{\cdot\cdot}{\overset{\cdot\cdot}{F}} :$$

2. A regra do octeto também não é obedecida quando os átomos apresentam um nível eletrônico adicional com energia próxima a do nível *p*, que pode receber elétrons e formar ligações. O PF_3 obedece à regra do octeto, mas o PF_5 não obedece. O PF_5 possui dez elétrons externos e utiliza um orbital 3*s*, três orbitais 3*p* e um orbital 3*d*. Qualquer composto com mais de quatro ligações covalentes estará em desacordo com a regra do octeto. Essas violações da regra se tornam cada vez mais freqüentes após os dois primeiros períodos de oito elementos da tabela periódica.
3. A regra do octeto não é válida no caso de moléculas com número ímpar de elétrons, como o NO e o ClO_2, nem explica por que o O_2 é paramagnético com dois elétrons desemparelhados.

   Apesar dessas exceções, a regra do octeto é surpreendentemente útil e explica satisfatoriamente o número de ligações formadas em moléculas simples. Contudo, ela não fornece nenhuma informação sobre a estrutura das moléculas.

A TEORIA DE SIDGWICK-POWELL

Em 1940, Sidgwick e Powell (vide Leituras complementares) fizeram uma revisão sobre as estruturas das moléculas conhecidas até então. Sugeriram que a geometria aproximada das moléculas poderia ser prevista utilizando-se o número de pares de elétrons na camada de valência do átomo central, no caso de íons e moléculas contendo somente ligações simples. A camada externa contém um ou mais pares de elétrons, mas também pode apresentar pares não-compartilhados de elétrons (pares de elétrons isolados). Consideram-se equivalentes os pares de elétrons compartilhados e isolados, já que ambos ocupam algum espaço e se repelem mutuamente. A repulsão entre os pares de elétrons será minimizada se eles estiverem situados o mais distante possível uns dos outros. Assim,

1. Se houver dois pares de elétrons no nível de valência do átomo central, os orbitais que os contém serão orientados a 180° um do outro. Conclui-se que se esses orbitais interagirem com os orbitais de outros átomos para formarem ligações, então a molécula formada será linear.
2. Se houver três pares de elétrons no átomo central, estes se situarão a 120° um dos outros, formando uma estrutura trigonal planar.
3. No caso de quatro pares de elétrons, o ângulo será de 109° 28' e a molécula será tetraédrica.
4. Para cinco pares de elétrons, a estrutura da molécula será a de uma bipirâmide trigonal.
5. Para seis pares de elétrons, os ângulos serão de 90° e a estrutura será octaédrica.

TEORIA DA REPULSÃO DOS PARES DE ELÉTRONS DA CAMADA DE VALÊNCIA

Em 1957, Gillespie e Nyholm (vide Leituras complementares) melhoraram a teoria de Sidgwick e Powell, possibilitando a previsão das estruturas moleculares e dos ângulos de ligação de forma mais exata. A teoria foi amplamente desenvolvida por Gillespie na "Teoria de repulsão dos pares de elétrons da camada de valência" (Valence Shell Electron Pair Repulsion Theory = VSEPR). Essa teoria pode ser resumida como segue:

1. A estrutura das moléculas é determinada pelas repulsões entre todos os pares de elétrons presentes na camada de valência (tal como na teoria de Sidgwick-Powell).
2. Um par isolado de elétrons ocupa mais espaço em torno do átomo central que um par de elétrons ligante, já que o par isolado é atraído por apenas um núcleo e o par ligante é compartilhado por dois núcleos. Pode-se inferir que a repulsão entre dois pares isolados é maior que a repulsão entre um par isolado e um par de elétrons ligantes, que por sua vez é maior que a repulsão entre dois pares de elétrons ligantes. Assim, a presença de

Tabela 4.1 — Formas moleculares previstas pela teoria de Sidgwick-Powell

Número de pares eletrônicos no nível externo	Forma da molécula	Ângulos da ligação
2	Linear	180°
3	Trigonal plana	120°
4	Tetraédrica	109° 28'
5	Bipirâmide trigonal	120° e 90°
6	Octaédrica	90°
7	Bipirâmide pentagonal	72° e 90°

pares de elétrons isolados provoca pequenas distorções nos ângulos de ligação da molécula. Se o ângulo entre o par isolado no átomo central e um par ligante aumentar, os ângulos de ligação observados entre os átomos devem diminuir.

3. A magnitude das repulsões entre os pares de elétrons ligantes depende da diferença de eletronegatividades entre o átomo central e os demais átomos.
4. Ligações duplas repelem-se mais intensamente que ligações simples, e ligações triplas provocam maior repulsão que ligações duplas.

Efeito de pares isolados

A estrutura de moléculas contendo quatro pares de elétrons na camada mais externa é baseada no tetraedro. No CH_4 há quatro pares eletrônicos ligantes na camada de valência do átomo de C, de modo que sua estrutura será tetraédrica com ângulos de ligação H–C–H de 109° 28'. No NH_3 o átomo de N apresenta quatro pares de elétrons na camada de valência: três pares ligantes e um par eletrônico isolado. Devido à presença do par isolado, o ângulo H–N–H diminui do valor teórico de 109° 28', no tetraedro regular, para 107° 48'. Na molécula de H_2O o átomo de O apresenta quatro pares de elétrons na camada de valência. A forma da molécula de H_2O se baseia num tetraedro, com dois dos vértices sendo ocupados por pares de elétrons ligantes e os outros dois vértices ocupados por pares isolados. A presença dos pares isolados reduz ainda mais o ângulo da ligação H–O–H para 104° 27'.

Analogamente, o SF_6 apresenta seis pares de elétrons ligantes na camada de valência, e sua estrutura é a de um octaedro regular com ângulos de ligações de exatamente 90°. No BrF_5, o Br também apresenta seis pares de elétrons na camada de valência, sendo cinco deles pares ligantes e um par isolado. A repulsão do par isolado reduz os ângulos de ligação para 84° 30'. Seria de se esperar que a presença de dois pares de elétrons isolados distorcesse ainda mais a molécula, mas no XeF_4 os ângulos são de 90°. Isso ocorre porque os dois pares isolados estão em posição *trans* um em relação ao outro no octaedro, fazendo com que os átomos tenham um arranjo quadrado planar.

Todas as moléculas com cinco pares de elétrons têm sua estrutura baseada numa bipirâmide trigonal. Como nos casos anteriores, pares isolados distorcem a estrutura. Os pares isolados sempre ocupam as posições equatoriais do triângulo em detrimento das posições apicais acima e abaixo do triângulo. Assim, no íon I_3^- o átomo central de I apresenta cinco pares de elétrons na camada de valência, dois dos quais pares ligantes e três pares isolados. Os três pares isolados ocupam as três posições equatoriais enquanto os três átomos de I ocupam os vértices superior e inferior e o centro da bipirâmide trigonal, formando um arranjo linear com ângulos de ligação de exatamente 180° (Tab. 4.2).

Efeito da eletronegatividade

O NH_3 e o NF_3 apresentam ambos estruturas baseadas no tetraedro, com um dos vértices ocupado por um par isolado. A elevada eletronegatividade do F faz com que os

Tabela 4.2 — Os efeitos de pares ligantes e pares isolados nos ângulos da ligação

	Orbitais no átomo central	Forma	Nº de pares ligantes	Nº de pares isolados	Ângulos da ligação
$BeCl_2$	2	Linear	2	0	180°
BF_3	3	Trigonal plana	3	0	120°
CH_4	4	Tetraédrica	4	0	109° 28'
NH_3	4	Tetraédrica	3	1	107° 48'
NF_3	4	Tetraédrica	3	1	102° 30'
H_2O	4	Tetraédrica	2	2	104° 27'
F_2O	4	Tetraédrica	2	2	102°
PCl_5	5	Bipirâmide trigonal	5	0	120° e 90°
SF_4	5	Bipirâmide trigonal	4	1	86° 33' e 101°36'
ClF_3	5	Bipirâmide trigonal	3	2	87° 40'
I_3^-	5	Bipirâmide trigonal	2	3	180°
SF_6	6	Octaédrica	6	0	90°
BrF_5	6	Octaédrica	5	1	84° 30'
XeF_4	6	Octaédrica	4	2	90°

elétrons do par ligante fiquem mais afastados do N, em comparação com o par ligante no NH_3. Assim, a repulsão entre os pares de elétrons ligantes é menor no NF_3 do que no NH_3. Por isso o par isolado do NF_3 provoca uma distorção maior do tetraedro e leva a ângulos de ligação F–N–F de 102° 30', comparado ao ângulo de 107° 48' no NH_3. O mesmo efeito é observado no H_2O (ângulo de ligação = 104° 27') e no F_2O (ângulo de ligação = 102°).

Princípio isoeletrônico

Espécies isoeletrônicas geralmente possuem a mesma estrutura. Esse princípio pode ser estendido a espécies com o mesmo número de elétrons de valência. Assim, BF_4^-, CH_4 e NH_4^+ são todos tetraédricos; CO_3^{2-}, NO_3^- e SO_3 são todos trigonais planos; e CO_2, N_3^- e NO_2^+ são todos lineares.

ALGUNS EXEMPLOS DE APLICAÇÃO DA "TEORIA DA REPULSÃO DOS PARES DE ELÉTRONS DA CAMADA DE VALÊNCIA" (VSEPR)

BF_3 e o íon $[BF_4]^-$

Considere inicialmente o BF_3. A teoria VSEPR requer apenas o conhecimento do número de pares de elétrons da camada mais externa do átomo central. Como o boro se situa no Grupo 13, ele apresenta três elétrons no nível de valência (a configuração eletrônica do B é $1s^2\ 2s^2\ 2p^1$, com três elétrons na camada de valência). Se os três elétrons de valência forem usados para formar ligações com os três átomos de F, o nível externo passa a ter 6 elétrons, ou seja, três pares de elétrons. A estrutura do BF_3 será, pois, trigonal planar. Embora a estrutura tenha sido corretamente predita, na realidade as ligações são mais curtas que as esperadas para ligações simples. Os motivos dessa diferença serão discutidos no tópico "Trihaletos" do Cap.12.

O íon $[BF_4]^-$ pode ser considerado como sendo formado pela adição de um íon F^- à molécula de BF_3, por meio de uma ligação coordenada. O átomo de B apresenta agora os três pares de elétrons do BF_3, mais o par de elétrons proveniente do íon F^-. Portanto, o íon $[BF_4]^-$ apresenta estrutura tetraédrica regular, pois possui quatro pares de elétrons na camada de valência.

Amônia, NH_3

O átomo central é o N. Ele se situa no Grupo 15 e tem cinco elétrons na camada de valência (a configuração eletrônica é $1s^2\ 2s^2\ 2p^3$). Três desses elétrons estão sendo utilizados para formar ligações com três átomos de H e dois elétrons não participam da ligação, formando um par isolado. Logo, a camada de valência tem oito elétrons, ou seja, três pares ligantes e um par isolado. Quatro pares eletrônicos dão origem a uma estrutura tetraédrica. Mas nesse caso três posições são ocupadas por átomos de H e a quarta posição é ocupada pelo par isolado (Fig. 4.1). A forma da molécula de NH_3 pode ser descrita como tetraédrica, com um dos vértices ocupado por um par isolado, ou como uma estrutura piramidal. A presença do par isolado provoca uma distorção do ângulo de 109° 28' para 107° 48'.

Água, H_2O

O átomo central é o O. Situa-se no Grupo 16, portanto, possui seis elétrons externos (sua configuração eletrônica é $1s^2\ 2s^2\ 2p^4$). Dois desses elétrons formam ligações com átomos de H, completando assim o octeto. Os outros quatro elétrons externos do O são não-ligantes. Assim, na água, o átomo de O possui oito elétrons externos (quatro pares eletrônicos) e a estrutura se baseia num tetraedro. Há dois pares ligantes e dois pares não-ligantes. A estrutura pode ser descrita como tetraédrica, com duas posições ocupadas por pares isolados. Os dois pares isolados distorcem o ângulo da ligação de 109° 28' para 104° 27' (Fig. 4.2).

Molécula triatômicas devem ser lineares, com ângulo de ligação de 180°, ou então angulares, ou seja, dobrada. A estrutura da molécula de H_2O se baseia na do tetraedro, e conseqüentemente é angular.

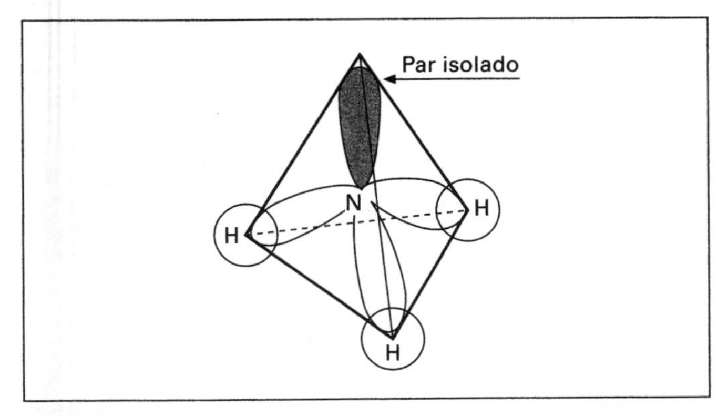

Figura 4.1 — *Estrutura do NH_3*

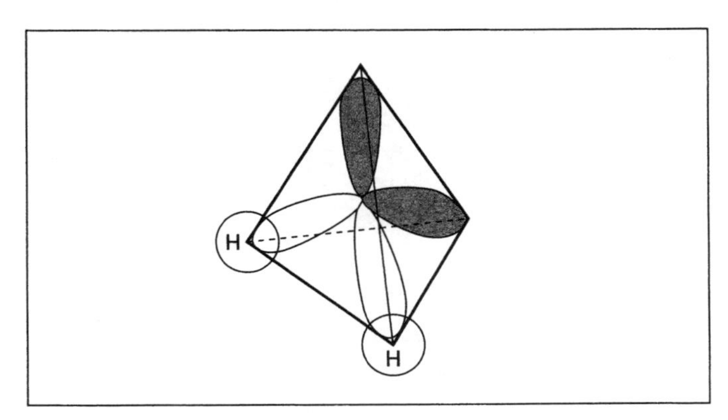

Figura 4.2 — *Estrutura do H_2O*

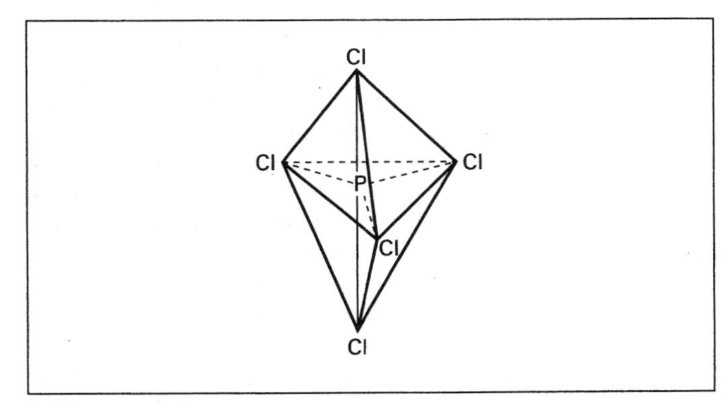

Figura 4.3 — *Estrutura da molécula de PCl_5*

Pentacloreto de fósforo, PCl_5

O PCl_5 gasoso é covalente. O átomo central P, pertence ao Grupo 15, tendo assim cinco elétrons no nível mais externo (sua configuração eletrônica é $1s^2\ 2s^2\ 2p^6\ 3s^2\ 3p^3$). Todos os cinco elétrons de valência estão sendo usados para formar ligações com os cinco átomos de Cl. Na molécula de PCl_5 o nível de valência do átomo de P contém cinco pares eletrônicos: a estrutura é a de uma bipirâmide trigonal. Não existem pares isolados, de modo que a estrutura não é distorcida. Contudo, uma bipirâmide trigonal não é uma estrutura completamente regular, pois alguns ângulos têm 90° e outros 120°. Estruturas simétricas geralmente são mais estáveis que estruturas assimétricas. Por causa disso, o PCl_5 é muito reativo, e no estado sólido se decompõe em $[PCl_4]^+$ e $[PCl_6]^-$, os quais tem estruturas tetraédrica e octaédrica, respectivamente.

Trifluoreto de cloro, ClF_3

O átomo de cloro se situa no centro da molécula e determina sua forma. O Cl se situa no Grupo 17, tendo pois sete elétrons de valência (a estrutura eletrônica do Cl é $1s^2\ 2s^2\ 2p^6\ 3s^2\ 3p^5$). Três elétrons formam ligações com átomos de F e quatro elétrons não participam de ligações. Assim, no ClF_3 o átomo de Cl apresenta cinco pares eletrônicos no nível mais externo: a estrutura, é, portanto, uma bipirâmide trigonal. Há três pares eletrônicos ligantes e dois pares isolados.

Citamos anteriormente que uma bipirâmide trigonal não é uma estrutura regular, pois os ângulo das ligações não são todos iguais. Portanto, os vértices não são todos equivalentes,

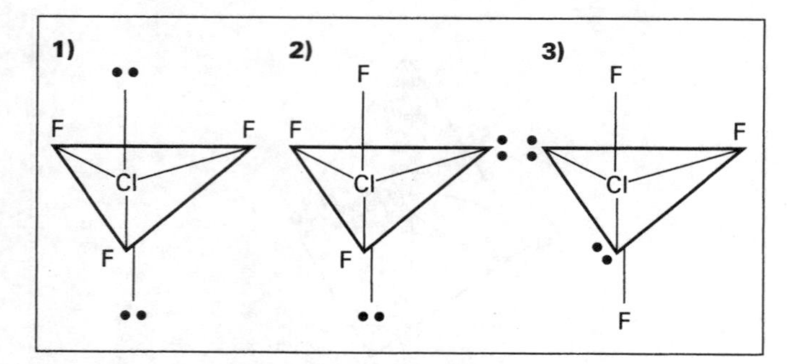

Figura 4.4 — A molécula de trifluoreto de cloro

sendo que dois deles devem ser ocupados por pares isolados e três por átomos de F. Nesse caso três arranjos diferentes são teoricamente possíveis, como mostra a Fig. 4.4.

A estrutura mais estável será a de menor energia, isto é, aquela que apresentar as menores repulsões entre os cinco orbitais. A maior repulsão é aquela entre dois pares isolados, seguido das repulsões entre pares isolados e pares ligantes. As repulsões mais fracas são aquelas entre pares ligantes. Grupos que se situam a 90° se repelem mais intensamente que aqueles situados a 120° um do outro.

A estrutura (1) é a mais simétrica, mas apresenta seis repulsões de 90° entre átomos e pares isolados. A estrutura (2) apresenta uma repulsão de 90° entre dois pares isolados, além de três repulsões de 90° entre pares isolados e átomos. A estrutura (3) apresenta quatro repulsões de 90° entre pares isolados e átomos. Essas considerações mostram que a estrutura (3) é a mais provável. Os ângulos observados são de 87° 40', muito próximo do valor teórico de 90°. Isso confirma que a estrutura correta é (3), e o pequeno desvio é explicado pela presença dos dois pares isolados.

Em geral, se existirem pares isolados numa bipirâmide trigonal eles se situarão em posições equatoriais (no plano do triângulo) e não nas posições apicais, uma vez que esse arranjo minimiza as forças repulsivas.

Tetrafluoreto de enxofre, SF_4

O S se situa no Grupo 16 e possui seis elétrons externos (sua configuração eletrônica é $1s^2\ 2s^2\ 2p^6\ 3s^2\ 3p^4$). Quatro dos elétrons de valência são utilizados para formar ligações com átomos de F, e dois elétrons são não-ligantes. Portanto, no SF_4 o enxofre apresenta cinco pares eletrônicos de valência, e sua estrutura é baseada na de uma bipirâmide trigonal. Há quatro pares ligantes e um par não-ligante. Para minimizar as forças de repulsão, o par isolado ocupa uma das posições equatoriais, e os átomos de F se situam nos vértices remanescentes, como mostrado na Fig. 4.5.

O íon triiodeto, I_3^-

Se iodo (I_2) for dissolvido numa solução aquosa de iodeto de potássio, é formado o íon triiodeto, I_3^-. Esse é um exemplo de um íon poli-haleto, que é estruturalmente semelhante ao íon $BrCl^-$ (vide Capítulo 15). O íon I_3^- (Fig. 4.6) é constituído por três átomos e pode ter estrutura linear ou angular. É conveniente considerar a estrutura numa série de etapas — inicialmente um átomo de I, depois uma molécula de I_2 e por fim o íon I_3^-, formado a partir da coordenação de um I^- a uma molécula de I_2.

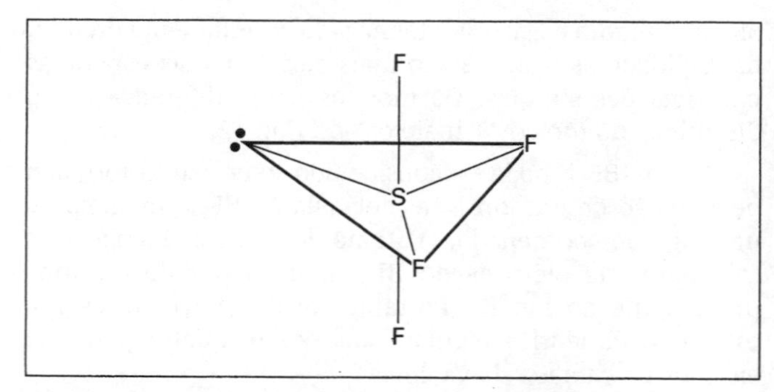

Figura 4.5 — A molécula de tetrafluoreto de enxofre

$$I_2 + I^- \rightarrow [I - I \leftarrow I]^-$$

O iodo se situa no Grupo 17 e possui sete elétrons de valência (sua configuração eletrônica é $1s^2\ 2s^2\ 2p^6\ 3s^2\ 3p^6\ 3d^{10}\ 4s^2\ 4p^6\ 4d^{10}\ 5s^2\ 5p^5$). Um dos elétrons de valência forma uma ligação com um outro átomo de I na molécula de I_2. Dessa forma os átomos de I passam a ter 8 elétrons na camada mais externa. Um dos átomos de I da molécula de I_2 pode receber um par isolado de um íon I^-, formando um íon I_3^-. O nível externo do átomo central de I contém agora dez elétrons, isto é, cinco pares de elétrons. Logo, sua estrutura baseia-se na de uma bipirâmide trigonal, mas dois dos pares de elétrons são ligantes e três são não-ligantes. Para minimizar as forças de repulsão, os três pares isolados devem ocupar as posições equatoriais, tal que os três átomos de I se localizam no centro e nas duas posições apicais. Portanto, o íon é linear, com um ângulo de ligação de exatamente 180°.

Hexafluoreto de enxofre, SF_6

O enxofre se situa no Grupo 16 e apresenta seis elétrons externos (sua estrutura eletrônica é $1s^2\ 2s^2\ 2p^6\ 3s^2\ 3p^4$). Todos os seis elétrons externos são utilizados para formar ligações com os átomos de F. Portanto, no SF_6 o S apresenta seis pares eletrônicos no nível mais externo; logo, a estrutura é octaédrica. Não existem pares isolados e a estrutura é totalmente regular, com ângulos de ligação de 90°.

Heptafluoreto de iodo, IF_7

Esse é o único exemplo de um elemento (que não é de transição) que usa sete orbitais para formar ligações, levando

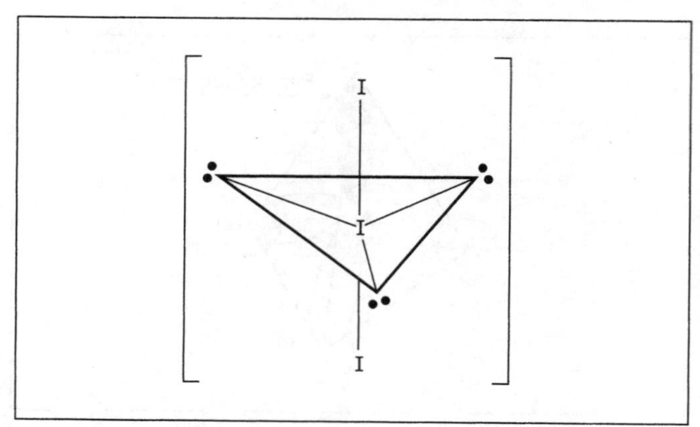

Figura 4.6 — O íon triiodeto

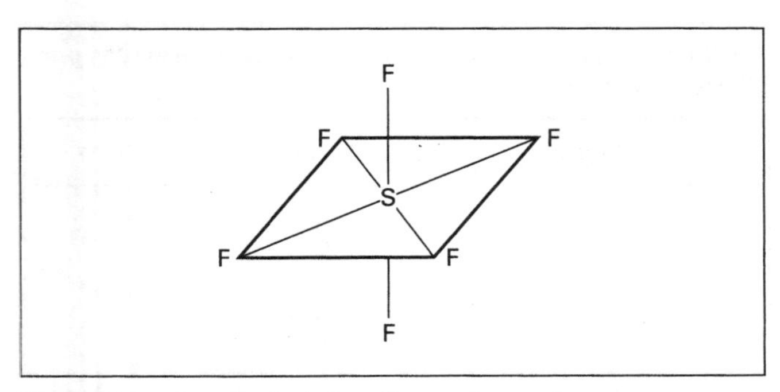

Figura 4.7 — A molécula de hexafluoreto de enxofre

a uma estrutura do tipo bipirâmide pentagonal (ver Capítulo 15).

A Tab. 4.1 relaciona o número total de orbitais externos, orbitais ligantes e pares isolados com as estruturas moleculares mais comumente encontradas.

A TEORIA DA LIGAÇÃO DE VALÊNCIA

Essa teoria foi proposta por Linus Pauling, que recebeu o Prêmio Nobel de Química de 1954. A teoria foi extensivamente usada no período de 1940 a 1960, mas foi sendo substituída por outras teorias. Atualmente é referida como "fora de moda". Contudo, ela continua sendo muito usada pelos químicos orgânicos, além de fornecer a base para a descrição simplificada de moléculas inorgânicas pequenas.

Átomos com elétrons desemparelhados tendem a combinar-se com outros átomos que também tenham elétrons desemparelhados. Dessa maneira os elétrons desemparelhados se combinam em pares e todos os átomos envolvidos atingem uma estrutura eletrônica estável, geralmente resultando no preenchimento do nível eletrônico (isto é, uma configuração de gás nobre). Dois elétrons compartilhados por dois átomos formam uma ligação. Geralmente o número de ligações formadas por um átomo é igual ao número de elétrons desemparelhados existentes no estado fundamental, isto é, no estado de menor energia. Contudo, em muitos casos os átomos podem formar mais ligações que as previstas dessa maneira. Isso ocorre através da excitação do átomo (isto é, fornecendo-lhe energia), quando elétrons emparelhados no estado fundamental são desemparelhados e tornados em orbitais vazios adequados. Com isso aumenta o número de elétrons desemparelhados e, conseqüentemente, o número possível de ligações.

A forma da molécula é determinada fundamentalmente pelas direções em que apontam os orbitais. Os elétrons no nível de valência do átomo original que permanecem emparelhados são denominados pares isolados.

Uma ligação covalente resulta do emparelhamento de elétrons (um de cada átomo). Os spins dos dois elétrons devem ser opostos (antiparalelos) em virtude do princípio de exclusão de Pauli, que estabelece que dois elétrons de um átomo não podem ter todos os quatro números quânticos iguais.

Considere a formação de algumas moléculas simples.

1. No HF o H possui um orbital *s* com um único elétron, que interage com um orbital 2*p* contendo um elétron isolado do átomo de F.
2. Na água, H_2O, o átomo de O possui dois orbitais *p* semipreenchidos, que podem interagir com os orbitais *s* semipreenchidos de dois átomos de H.
3. No NH_3 há três orbitais *p* semipreenchidos no átomo de N, que interagem com os orbitais *s* semipreenchidos de três átomos de H.
4. No CH_4 o átomo de C apresenta, no estado fundamental, a configuração eletrônica $1s^2\ 2s^2\ 2p_x^1\ 2p_y^1$, com apenas dois elétrons desemparelhados, podendo formar somente duas ligações. Se o átomo de C for excitado, os elétrons 2*s* podem ser desemparelhados, levando à configuração $1s^2\ 2s^1\ 2p_x^1\ 2p_y^1\ 2p_z^1$. Existem agora quatro elétrons desemparelhados, que podem formar quatro ligações por meio da interação com os orbitais *s* semipreenchidos de quatro átomos de H.

	1s	2s	2p ($2p_x$)	2p ($2p_y$)	2p ($2p_z$)
Estrutura eletrônica do C no estado fundamental	↑↓	↑↓	↑	↑	
Estrutura eletrônica do C no estado excitado	↑↓	↑	↑	↑	↑
Átomo de C que recebeu 4 elétrons de 4 átomos de H na molécula CH_4	↑↓	↑⇣	↑⇣	↑⇣	↑⇣

A estrutura da molécula de CH_4 não fica aparente de imediato. Os três orbitais *p* (p_x, p_y e p_z) são ortogonais entre si e o orbital *s* tem simetria esférica. Se os orbitais *p* forem utilizados nas ligações, então o ângulo de ligação na água deveria ser de 90°, e os ângulos de ligação no NH_3 também deveriam ser de 90°. Os ângulos de ligações encontrados experimentalmente diferem consideravelmente desse valor:

CH_4	H—C—H	=	109° 28'
NH_3	H—N—H	=	107° 48'
H_2O	H—O—H	=	104° 27'

Hibridização

As evidências químicas e físicas indicam que no metano, CH_4, há quatro ligações equivalentes. Se as quatro ligações forem equivalentes, as repulsões entre pares de elétrons serão minimizadas quando os quatro orbitais apontarem para os vértices de um tetraedro, o que resultaria no ângulo observado de 109° 28'.

Cada elétron pode ser descrito por sua função de onda ψ. Se as funções de onda dos quatro orbitais atômicos de valência do C forem descritos por ψ_{2s}, ψ_{2p_x}, ψ_{2p_y} e ψ_{2p_z}, então os orbitais tetraédricos serão funções de onda ψ_{sp^3}, obtidas pela combinação linear dessas quatro funções de onda.

$$\psi_{sp^3} = c_1\psi_{2s} + c_2\psi_{2p_x} + c_3\psi_{2p_y} + c_4\psi_{2p_z}$$

Há quatro combinações diferentes possíveis com constantes c_1, c_2, c_3 e c_4 diferentes.

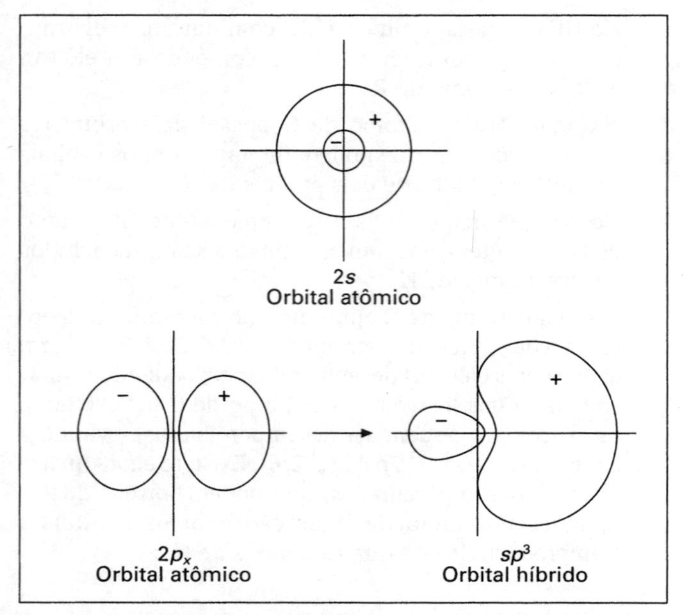

Figura 4.8 — Combinação de orbitais atômicos s *e* p *para formar um orbital híbrido* sp^3. *a) Orbital atômico* 2s; *b) Orbital atômico* $2p_x$; *c) Orbital híbrido* sp^3

$$\Psi_{sp^3}(1) = {}^1/_2\Psi_{2s} + {}^1/_2\Psi_{2p_x} + {}^1/_2\Psi_{2p_y} + {}^1/_2\Psi_{2p_z}$$
$$\Psi_{sp^3}(2) = {}^1/_2\Psi_{2s} + {}^1/_2\Psi_{2p_x} - {}^1/_2\Psi_{2p_y} - {}^1/_2\Psi_{2p_z}$$
$$\Psi_{sp^3}(3) = {}^1/_2\Psi_{2s} - {}^1/_2\Psi_{2p_x} + {}^1/_2\Psi_{2p_y} - {}^1/_2\Psi_{2p_z}$$
$$\Psi_{sp^3}(4) = {}^1/_2\Psi_{2s} - {}^1/_2\Psi_{2p_x} - {}^1/_2\Psi_{2p_y} + {}^1/_2\Psi_{2p_z}$$

A combinação linear ou mistura das funções de onda dos orbitais atômicos, como mostrado acima, é denominada hibridização. A combinação de um orbital *s* e três orbitais *p* leva a quatro orbitais híbridos sp^3. A Fig. 4.8 mostra a forma de um orbital sp^3. Como um dos lóbulos é expandido, ele pode interagir mais efetivamente com outros orbitais que um orbital *s* ou *p* puros. Assim, os orbitais híbridos sp^3 formam ligações mais fortes que os orbitais atômicos originais (ver Tab. 4.3).

São possíveis outras combinações de orbitais atômicos, de maneira semelhante à descrita acima. A estrutura da molécula de trifluoreto de boro, BF_3, é trigonal planar, com ângulos de ligação de 120°. O átomo de B é o átomo central, e ele deve ser excitado para se obter três elétrons não emparelhados, possibilitando a formação de três ligações covalentes.

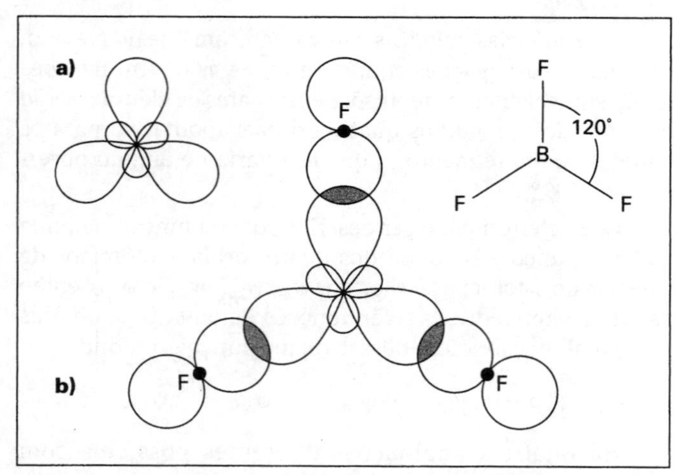

Figura 4.9 — a) Orbitais híbridos sp^2 *e b) molécula de* BF_3

Tabela 4.3 — Forças aproximadas de ligações formadas por diferentes orbitais

Orbital	Força relativa da ligação
s	1,00
p	1,73
sp	1,93
sp^2	1,99
sp^3	2,00

	1s	2s	2p
Boro — estado fundamental	↑↓	↑↓	↑
Boro — estado excitado	↑↓	↑	↑ ↑
Molécula de BF_3 onde o B recebeu três elétrons pela formação de ligações com três átomos de F	↑↓	↑↓	↑↓ ↑↓

Hibridização sp^2 de três orbitais de valência: estrutura trigonal-plana

Combinando as funções de onda dos orbitais atômicos 2*s*, $2p_x$ e $2p_y$, teremos três orbitais híbridos sp^2.

$$\Psi_{sp^2(1)} = \frac{1}{\sqrt{3}}\Psi_{2s} + \frac{2}{\sqrt{6}}\Psi_{2p_x}$$
$$\Psi_{sp^2(2)} = \frac{1}{\sqrt{3}}\Psi_{2s} + \frac{1}{\sqrt{6}}\Psi_{2p_x} + \frac{1}{\sqrt{2}}\Psi_{2p_y}$$
$$\Psi_{sp^2(3)} = \frac{1}{\sqrt{3}}\Psi_{2s} + \frac{1}{\sqrt{6}}\Psi_{2p_x} - \frac{1}{\sqrt{2}}\Psi_{2p_y}$$

Esses três orbitais são equivalentes e a repulsão entre eles será minimizada se forem dispostos a 120° um do outro, gerando uma estrutura trigonal planar. Nos orbitais híbridos um lóbulo é maior que o outro e pode interagir mais efetivamente com outros orbitais, formando ligações mais fortes que os orbitais atômicos de partida (vide Tab. 4.3). O recobrimento dos orbitais sp^2 com os orbitais *p* de átomos de F dá origem à molécula trigonal planar de BF_3, com ângulos de ligação de 120°. Embora esse tratamento permita a previsão da estrutura correta, as ligações são mais curtas do que se espera para ligações simples. O motivo será discutido no tópico "Tri-haletos" no Cap.12.

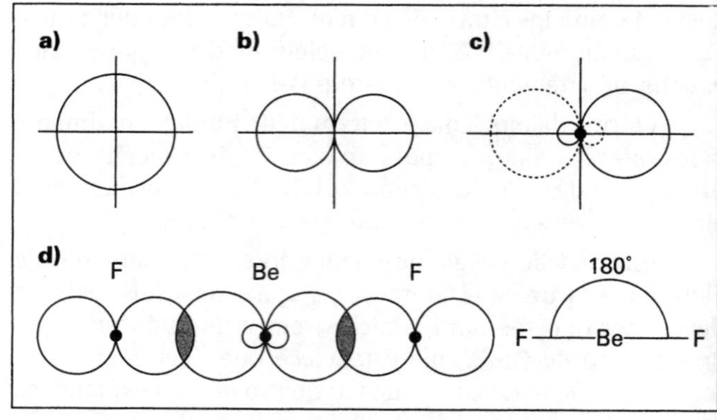

Figura 4.10 — a) Orbital s, *b) orbital* p, *c) formação de dois orbitais híbridos* sp, *d) seu emprego na formação do difluoreto de berílio*

A estrutura da molécula gasosa de fluoreto de berílio, BeF_2 é linear, F–Be–F. O Be é o átomo central da molécula e determina sua forma. A configuração eletrônica do Be no estado fundamental é $1s^2\ 2s^2$. Não há elétrons desemparelhados, e não pode haver formação de ligações. Se energia for fornecida à molécula, um elétron $2s$ pode ser promovido para um orbital $2p$ vazio, gerando um átomo no estado excitado com configuração eletrônica $1s^2\ 2s^1\ 2p_x^1$. Agora existem dois elétrons desemparelhados e o átomo poderá formar as duas ligações necessárias.

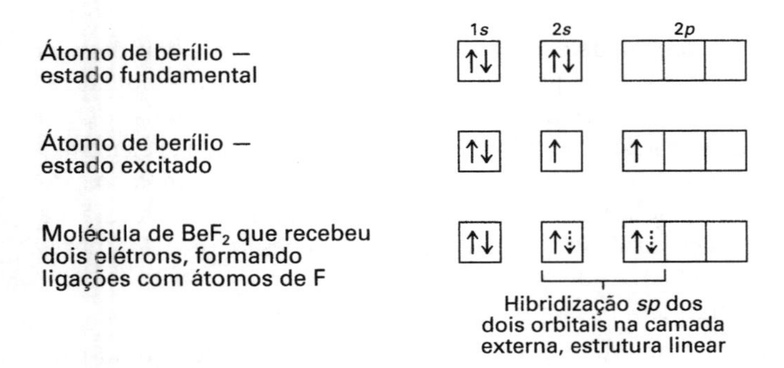

A hibridização dos orbitais atômicos $2s$ e $2p_x$ leva a formação de dois orbitais híbridos sp.

$$\Psi_{sp(1)} = \frac{1}{\sqrt{2}}\Psi_{2s} + \frac{1}{\sqrt{2}}\Psi_{2p_x}$$

$$\Psi_{sp(2)} = \frac{1}{\sqrt{2}}\Psi_{2s} - \frac{1}{\sqrt{2}}\Psi_{2p_x}$$

Por causa de sua forma, esses orbitais híbridos sp interagem mais efetivamente e levam a ligações mais fortes que os orbitais atômicos de partida. A repulsão será minimizada quando os orbitais estiverem dispostos a 180° um do outro. Quando esses orbitais híbridos se combinam com orbitais p dos átomos de F, obtém-se uma molécula linear de BeF_2.

Em princípio deveria ser possível calcular as forças de ligação relativas das ligações formadas a partir de orbitais s, p ou de seus vários orbitais híbridos. Contudo, a equação de onda só pode se resolvida exatamente para átomos que contém apenas um único elétron, ou seja átomos semelhantes ao hidrogênio, como H, He^+, Li^{2+}, Be^{3+} etc. Assim, as tentativas de se calcular as forças das ligações necessariamente envolvem aproximações, que podem ou não ser válidas. Tendo em vista tais considerações, os valores apresentados na Tab. 4.3 refletem as energias relativas das ligações formadas por orbitais s, p e seus orbitais híbridos.

A hibridização e a combinação de orbitais é um conceito ainda mais útil. A combinação de orbitais s e p é aceita sem reservas, mas o envolvimento de orbitais d na hibridização está sujeito a controvérsias, pois para haver uma combinação efetiva as energias dos orbitais envolvidos devem ser aproximadamente iguais.

É um engano comum admitir que a hibridização é a causa de uma determinada estrutura molecular. Não é esse o caso. A razão pela qual uma dada estrutura molecular é adotada é sua energia. Também é importante lembrar que a hibridização é uma etapa teórica que foi introduzida na passagem de um átomo para uma molécula. O estado

Tabela 4.4 — Número de orbitais e tipo de hibridização

Número de orbitais mais externos	Tipos de hibridização	Distribuição dos orbitais híbridos no espaço
2	sp	Linear
3	sp^2	Trigonal plana
4	sp^3	Tetraédrica
5	sp^3d	Bipirâmide trigonal
6	sp^3d^2	Octaédrica
7	sp^3d^3	Bipirâmide pentagonal
(4	dsp^2)	Quadrado planar

hibridizado não existe na realidade. Ele não pode ser detectado nem mesmo espectroscopicamente, de modo que as energias de orbitais híbridos não podem ser medidas; só podem ser estimadas teoricamente.

PARTICIPAÇÃO DO ORBITAL *d* NAS LIGAÇÕES EM MOLÉCULAS

As ligações no PCl_5 podem ser descritas usando orbitais híbridos formados pela combinação dos orbitais $3s$, $3p$ e $3d$ do P (veja a seguir). Entretanto, há dúvidas sobre a participação de orbitais d na hibridização, o que tem contribuído para o declínio dessa teoria.

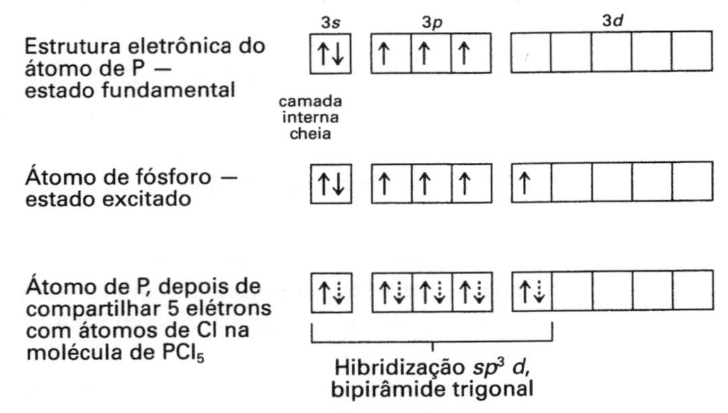

Geralmente, os orbitais d são muito volumosos e de energia muito elevada para permitir uma combinação efetiva com orbitais s e p. A diferença de tamanhos é ilustrada pelos valores da distância radial média dos elétrons nos diferentes orbitais do fósforo: $3s$ = 0,47 Å, $3p$ = 0,55 Å, e $3d$ = 2,4 Å. A energia de um orbital é proporcional à sua distância radial média, e como o orbital $3d$ é muito maior, sua energia será muito maior que a dos orbitais $3s$ e $3p$. Em princípio pode parecer improvável que uma hibridização envolvendo orbitais s, p e d realmente possa ocorrer.

Diversos fatores influenciam o tamanho dos orbitais. O mais importante é a carga do átomo. Se o átomo tiver uma carga formal positiva, todos os elétrons serão atraídos em direção ao núcleo. O efeito é muito maior no caso dos elétrons mais externos. Se o átomo de P estiver ligado a um elemento muito eletronegativo, como F, O ou Cl, esse elemento eletronegativo atrai mais fortemente os elétrons da ligação e adquire uma carga δ^-. Isso provoca o aparecimento de uma

Tabela 4.5 — Tamanhos de orbitais

Configuração sp^3d^2	Distância radial média (Å)		
	$3s$	$3p$	$3d$
Átomo de S (neutro, sem carga)	0,88	0,94	1,60
Átomo de S (carga +0,6)	0,87	0,93	1,40

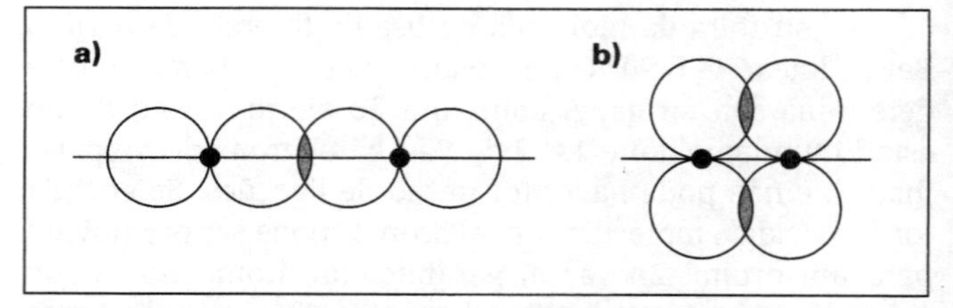

Figura 4.11 — Interações sigma e pi; a) interação sigma (os lóbulos apontam ao longo dos núcleos); b) interação pi (os lóbulos são ortogonais à linha que une os núcleos

carga δ^+ no átomo de P, que por sua vez provoca a contração dos orbitais. Como o orbital $3d$ sofre uma contração bem maior que os orbitais $3s$ e $3p$, as energias dos orbitais $3s$, $3p$ e $3d$ podem se tornar suficientemente próximas para permitir a ocorrência da hibridização no PCl_5. Átomos de H não são capazes de provocar uma contração tão acentuada, de modo que o PH_5 não existe.

A estrutura do SF_6 pode ser descrita de modo análogo, pela combinação de um orbital $3s$, três orbitais $3p$ e dois orbitais $3d$, ou seja, hibridização sp^3d^2.

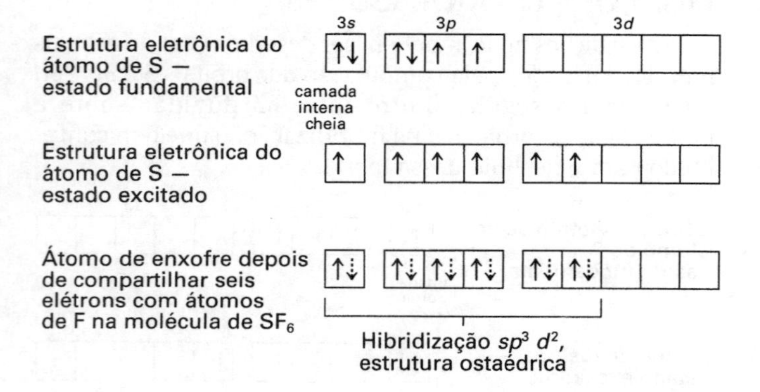

A presença de seis átomos de F muito eletronegativos provoca uma contração acentuada dos orbitais *d*, diminuindo suas energia e tornando possível a combinação com orbitais *s* e *p*.

Um segundo fator que influencia o tamanho de orbitais $3d$ é o número de orbitais *d* ocupados por elétrons. Se somente um dos orbitais *d* de um átomo de S estiver ocupado, a distância radial média é de 2,46 Å, mas se dois orbitais $3d$ estiverem ocupados esse valor diminui para 1,60 Å. O efeito da variação da carga sobre a distância radial média pode ser visto na Tab. 4.5.

Uma pequena contração adicional dos orbitais *d* pode surgir como conseqüência do acoplamento dos spins de elétrons ocupando orbitais diferentes.

Assim, parece provável que os orbitais *d* realmente participem das ligações nos casos em que ocorre uma contração significativa dos mesmos.

LIGAÇÕES σ E π

Todas as ligações formadas nos exemplos discutidos até o momento foram decorrentes da interação coaxial de orbitais e são denominadas ligações σ (sigma). Nas ligações σ a densidade eletrônica se concentra entre os dois átomos e sobre o eixo que une os dois átomos. Ligações duplas ou triplas decorrem da interação lateral dos orbitais, dando origem a ligações π (pi). Nas ligações π a densidade eletrônica também se concentra entre os átomos, mas de um lado e do outro sobre o eixo unindo os dois átomos. A forma da molécula é determinada pelas ligações σ (e pelos pares isolados), e **não** pelas ligações π. As ligações π simplesmente diminuem os comprimentos das ligações.

Considere a estrutura da molécula de dióxido de carbono, CO_2. Como o C é tetravalente e o O é divalente, a ligação poderia ser representada simplesmente por

$$O{=}C{=}O$$

Moléculas triatômicas podem ser lineares ou angulares. No CO_2 o átomo de C deve ser excitado para fornecer quatro elétrons desemparelhados, de modo a permitir a formação das quatro ligações na molécula.

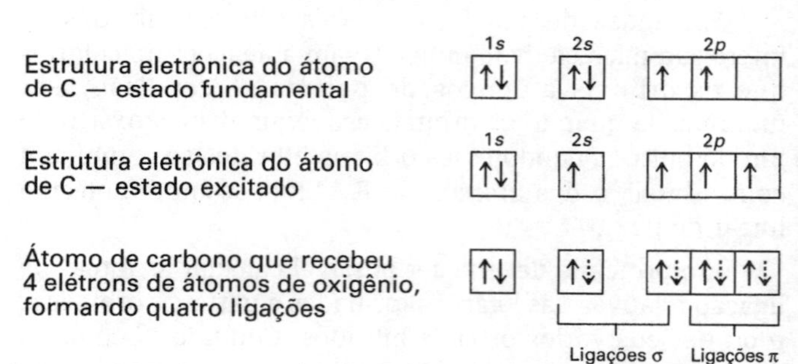

Há duas ligações σ e duas ligações π na molécula de CO_2. Os orbitais π são ignorados na determinação da estrutura da molécula. Os orbitais *s* e *p* remanescentes são usados na formação de ligações σ (esses orbitais podem estar hibridizados, de modo que os dois orbitais sp^2 estejam apontando em direções opostas. Segundo a teoria VSEPR, esses dois orbitais devem se orientar de modo a ficarem o mais afastados possíveis um do outro). Esses dois orbitais interagem com os orbitais *p* de dois átomos de oxigênio, formando uma molécula linear com um ângulo de ligação de 180°. Os orbitais $2p_y$ e $2p_z$ do C usados para formar as ligações π estão situados a 90° da ligação σ, e interagem lateralmente com os orbitais *p* dos átomos de O. A formação dessas ligações π diminui a distância C–O, mas não altera a estrutura da molécula.

A molécula de dióxido de enxofre, SO_2, pode ser tratada de maneira análoga. O enxofre pode ter números de oxidação (+II), (+IV) e (+VI), enquanto o oxigênio é divalente. A estrutura do SO_2 poderia ser representada como

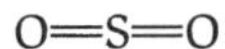

Moléculas triatômicas são lineares ou angulares. O átomo de S deve ser excitado para fornecer quatro elétrons desemparelhados.

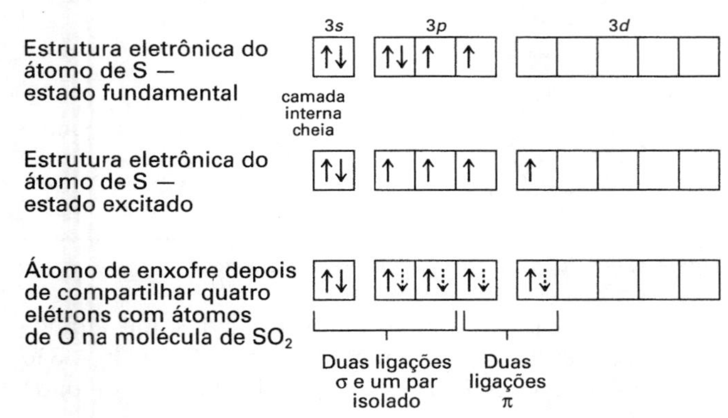

Os dois pares eletrônicos que formam as ligações π não alteram a geometria da molécula. Os três orbitais remanescentes apontam para os vértices de um triângulo, gerando uma estrutura trigonal planar para a molécula: dois vértices são ocupados por átomos de oxigênio e um vértice é ocupado por um par isolado. Portanto, a molécula de SO_2 é angular, isto é, tem a forma de um V (Fig. 4.12).

As ligações π não alteram a forma, mas diminuem os comprimentos das ligações. O ângulo da ligação é reduzido do valor teórico de 120° para 119° 30', por causa da maior repulsão provocada pelo par isolado. Os problemas aparecem quando se tenta verificar quais são exatamente os orbitais atômicos envolvidos na formação das ligações π. Caso as ligações σ estejam no plano xy, então as interações π podem ocorrer entre o orbital $3p_z$ do S e o orbital $2p_z$ de um dos átomos de oxigênio, formando uma das ligações π. A segunda ligação π envolve um orbital *d*. Embora o orbital $3d_{z^2}$ do átomo de S esteja na orientação correta para uma interação com o orbital $2p_z$ do outro átomo de O, a simetria do orbital $3d_{z^2}$ não é adequada (ambos os lóbulos apresentam sinal +), ao passo que num orbital *p* um lóbulo é + e outro é −. Assim, a interação desses dois orbitais não resulta numa ligação. O orbital $3d_{xz}$ do átomo de S tem orientação e simetria adequadas para interagir com o orbital $2p_z$ do segundo átomo de O, formando a segunda ligação π. É surpreendente que ligações π envolvendo orbitais *p* e *d* tenham ambas a mesma energia (e comprimento de ligação). Fica, assim, a dúvida se é correto tratar moléculas com duas ligações π como sendo moléculas com duas ligações π discretas. É mais adequado considerar as ligações π como estando deslocalizadas sobre vários átomos. Exemplos dessa abordagem serão vistos no final deste capítulo.

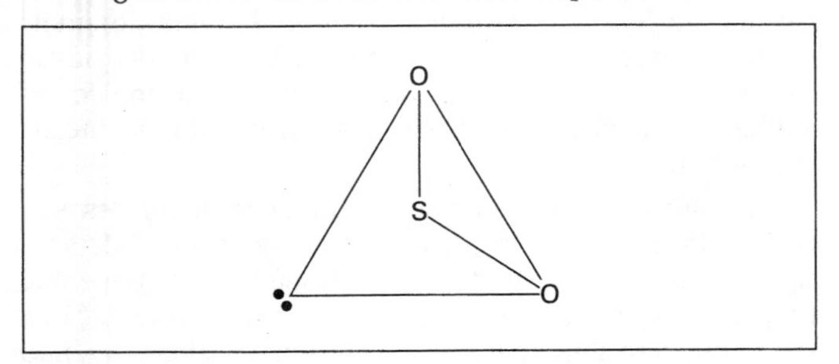

Figura 4.12 — A molécula de dióxido de enxofre

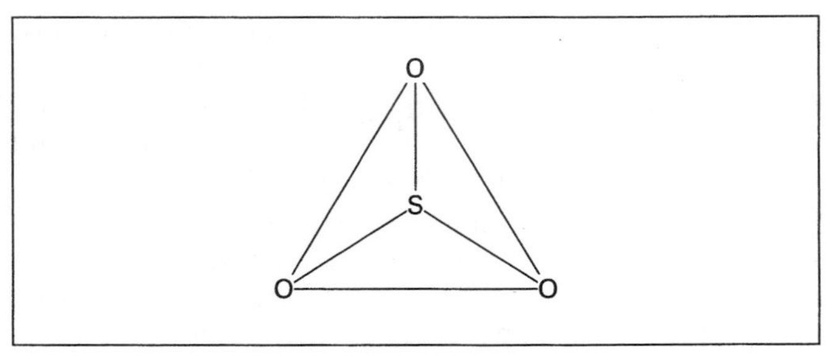

Figura 4.13 — A molécula de trióxido de enxofre

Na molécula de trióxido de enxofre, SO_3, a teoria da valência sugere a estrutura

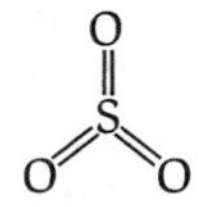

O átomo central de S deve ser excitado de modo a fornecer seis elétrons desemparelhados capazes de formar seis ligações.

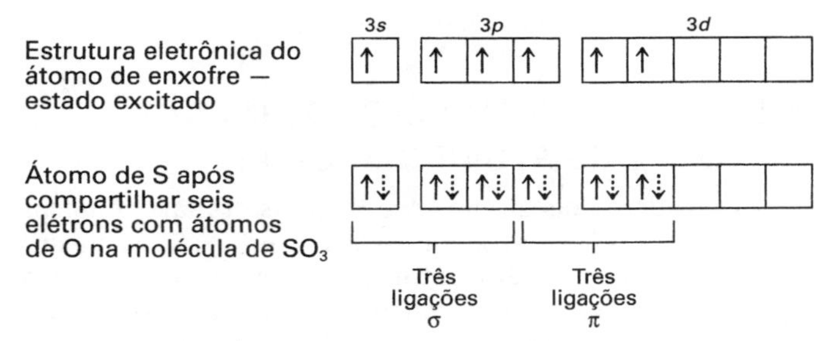

As três ligações π são ignoradas na determinação da geometria da molécula. Os três orbitais σ se dirigem para os vértices de um triângulo equilátero, e a molécula de SO_3 apresenta geometria trigonal planar regular (Fig. 4.13). As ligações π encurtam as ligações, mas não alteram a forma da molécula. Essa abordagem explica as ligações σ e a forma da molécula, mas a explicação dada para as ligações π é insatisfatória. Ela pressupõe que:

1. Um orbital 3*p* e dois orbitais 3*d* do átomo de enxofre tenham orientação adequada para interagirem lateralmente com os orbitais $2p_y$ ou $2p_z$ de três átomos de oxigênio diferentes, e
2. As ligações π formadas tenham todas a mesma força.

Isso nos faz questionar a abordagem das ligações π. Em moléculas contendo mais de uma ligação π ou em moléculas nas quais a ligação π pode estar em mais de uma posição, é melhor considerar as ligações π como estando deslocalizadas sobre diversos átomos ao invés de localizada sobre dois átomos. Essa abordagem será desenvolvida no final deste capítulo.

MÉTODO DOS ORBITAIS MOLECULARES

Na teoria da ligação de valência (dos pares eletrônicos) a molécula é considerada como sendo constituída por átomos, onde os elétrons estão ocupando orbitais atômicos. Esses podem ou não estar hibridizados. Se estiverem hibridizados, orbitais atômicos do *mesmo átomo* se combinam para formar orbitais híbridos, que podem interagir mais efetivamente com os orbitais de outros átomos, formando ligações mais fortes. Supõe-se, assim, que os orbitais atômicos (ou os orbitais híbridos) permaneçam inalterados, mesmo que o átomo esteja quimicamente combinado formando uma molécula.

Na teoria dos orbitais moleculares, os elétrons de valência são tratados como se estivessem associados a todos os núcleos da molécula. Portanto, os orbitais atômicos de *átomos diferentes* devem ser combinados para formar orbitais moleculares.

Os elétrons podem ser considerados como partículas ou como ondas. Um elétron num átomo pode, portanto, ser descrito como uma partícula ocupando um orbital atômico, ou por uma função de onda Ψ, que é uma das soluções da equação de Schrödinger. Os elétrons numa molécula ocupam orbitais moleculares. A função de onda que descreve um orbital molecular pode ser obtida através de um dos dois procedimentos:

1. Combinação linear de orbitais atômicos (CLOA) (Linear combination of atomic orbitals = LCAO).
2. Método do átomo unido.

MÉTODO DA COMBINAÇÃO LINEAR DE ORBITAIS ATÔMICOS (CLOA)

Considere dois átomos A e B, cujos orbitais atômicos são descritos pelas funções de onda $\Psi_{(A)}$ e $\Psi_{(B)}$. Se as nuvens eletrônicas desses dois átomos se recobrirem com a aproximação dos átomos, então a função de onda para a molécula (orbital molecular $\Psi_{(AB)}$) pode ser obtida por uma combinação linear dos orbitais atômicos $\Psi_{(A)}$ e $\Psi_{(B)}$:

$$\Psi_{(AB)} = N(c_1\Psi_{(A)} + c_2\Psi_{(B)})$$

onde N é uma constante de normalização que faz com que a probabilidade de se encontrar um elétron na totalidade do espaço seja unitária, e c_1 e c_2 são constantes que minimizam a energia de $\Psi_{(AB)}$. Se os átomos A e B forem semelhantes, então c_1 e c_2 terão valores semelhantes. Se os átomos A e B forem iguais, c_1 e c_2 serão iguais.

A probabilidade de se encontrar um elétron num volume dv é $\Psi^2 dv$, de modo que a densidade eletrônica, em termos de probabilidade, para a combinação de dois átomos será proporcional ao quadrado da função de onda:

$$\Psi^2_{(AB)} = (c_1{}^2\Psi^2{}_{(A)} + 2c_1c_2\Psi_{(A)}\Psi_{(B)} + c_2{}^2\Psi^2{}_{(B)})$$

No lado direito da equação, os primeiro e terceiro termos, $c_1{}^2\Psi^2{}_{(A)}$ e $c_2{}^2\Psi^2{}_{(B)}$, são as probabilidades de se encontrar um elétron nos átomos A e B, se estes fossem átomos isolados. O termo central se torna cada vez mais importante à medida que a sobreposição ("overlap") dos dois orbitais atômicos aumenta, sendo por isso denominado integral de recobrimento ou sobreposição. Esse termo é a principal diferença entre as nuvens eletrônicas nos átomos isolados e na molécula. Quanto maior for a contribuição desse termo mais forte será a ligação.

Combinação de orbitais *s* e *s*

Suponha que os átomos A e B sejam átomos de hidrogênio. Nesse caso os orbitais atômicos 1*s* dos dois átomos podem ser descritos pelas funções de onda $\Psi_{(A)}$ e $\Psi_{(B)}$. São possíveis duas combinações lineares das funções de onda $\Psi_{(A)}$ e $\Psi_{(B)}$:

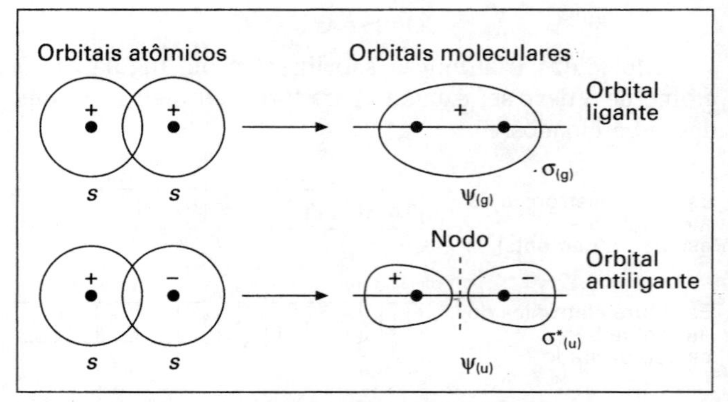

Figura 4.14 — Combinações s–s de orbitais atômicos

1. Aquela em que os sinais das duas funções de onda são iguais.
2. Aquela em que os sinais das duas funções de onda são diferentes.

(se uma das funções de onda $\Psi_{(A)}$ for arbitrariamente assinalada com o sinal +, a outra poderá ser + ou −). Funções de onda que têm o mesmo sinal podem ser consideradas como ondas que estão em fase, que se combinam dando origem a uma onda resultante maior. Analogamente, funções de onda com sinais contrários correspondem a ondas que estão completamente fora de fase e se cancelam mutuamente por interferência destrutiva (os sinais + e − se referem aos sinais da funções de onda que determinam suas simetria, e nada tem a ver com suas cargas elétricas). As duas combinações são:

$$\Psi_{(g)} = N\{\Psi_{(A)} + \Psi_{(B)}\}$$

e

$$\Psi_{(u)} = N\{\Psi_{(A)} + [-\Psi_{(B)}]\} \equiv N\{\Psi_{(A)} - \Psi_{(B)}\}$$

A última equação deve ser considerada como sendo a soma de duas funções de onda e não como sendo a diferença matemática entre elas.

Quando um par de orbitais atômicos $\Psi_{(A)}$ e $\Psi_{(B)}$ se combina, eles dão origem a um par de orbitais moleculares $\Psi_{(g)}$ e $\Psi_{(u)}$. O número de orbitais moleculares formados deve ser sempre igual ao número de orbitais atômicos utilizados. A função $\Psi_{(g)}$ provoca um aumento da densidade eletrônica entre os núcleos e, portanto, é um orbital molecular ligante. Ele possui uma energia menor que os orbitais atômicos de partida. Já $\Psi_{(u)}$ é constituída por dois lóbulos de sinais opostos, que se cancelam mutuamente e anulam a densidade eletrônica entre os núcleos. Esse é um orbital molecular antiligante, de energia mais elevada que os orbitais iniciais (Fig. 4.15).

As funções de onda dos orbitais moleculares são designadas por $\Psi_{(g)}$ e $\Psi_{(u)}$, onde g vem de *gerade* (alemão, significando par; pronuncia-se "guerrade") e u de ungerade (ímpar). g e u se referem à simetria do orbital em relação a seu centro. Se o sinal da função de onda não se alterar quando o orbital for invertido em relação a seu centro (isto é, quando

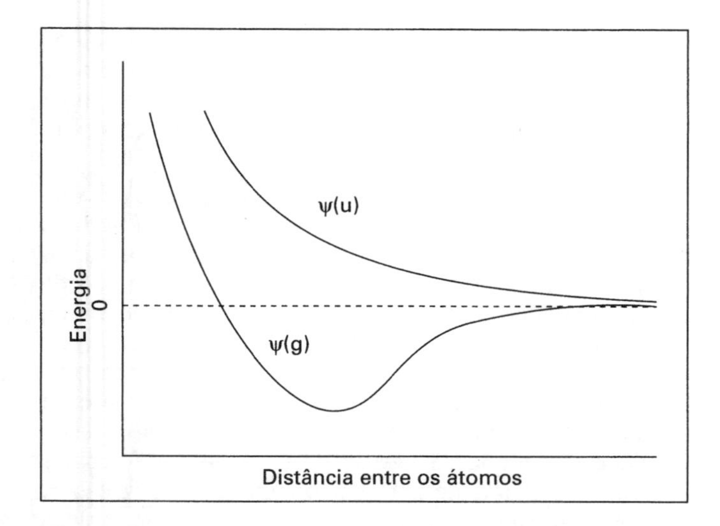

Figura 4.15 — Energia de orbitais moleculares $\psi_{(g)}$ e $\psi_{(u)}$

x, y e z se transformarem em $-x$, $-y$ e $-z$) o orbital será gerade. Um método alternativo para se determinar a simetria do orbital molecular consiste em girar o orbital em torno do eixo que une os dois núcleos e a seguir em torno de um eixo perpendicular ao primeiro. Se os sinais dos lóbulos permanecerem inalterados, o orbital será *gerade*; se houver troca de sinais, o orbital será *ungerade*.

A energia do orbital molecular ligante $\Psi_{(g)}$ passa por um mínimo (Fig. 4.15), e a distância entre os átomos nesse ponto corresponde à distância internuclear entre os dois átomos quando eles formarem uma ligação. Vamos examinar os níveis de energia dos dois orbitais atômicos 1s e do orbital ligante $\Psi_{(g)}$ e do antiligante $\Psi_{(u)}$ (Fig. 4.16).

A energia do orbital molecular ligante é menor que a do orbital atômico por um valor Δ, denominada energia de estabilização. Analogamente, a energia do orbital molecular antiligante aumentou de um valor correspondente a Δ. Orbitais atômicos podem conter até dois elétrons (desde que estes tenham "spins" opostos), e o mesmo se aplica para orbitais moleculares. No caso da combinação de dois átomos de hidrogênio, há apenas dois elétrons a serem considerados: um do orbital 1s do átomo A e um do orbital 1s do átomo B. Na molécula, os dois elétrons passam a ocupar o orbital molecular ligante $\Psi_{(g)}$. Isso resulta numa diminuição de energia equivalente a 2Δ, correspondente à energia da ligação. É somente por causa dessa estabilização do sistema que a ligação é formada.

Considere agora o caso hipotético da combinação de dois átomos de He. O orbital 1s de cada um dos átomos de He contém dois elétrons, perfazendo um total de quatro elétrons a serem distribuídos nos orbitais moleculares. Dois desses elétrons devem ocupar o orbital molecular ligante, enquanto os outros dois devem ocupar o orbital molecular antiligante. A energia de estabilização de 2Δ, proveniente do preenchimento do orbital molecular ligante, é cancelada pela energia de

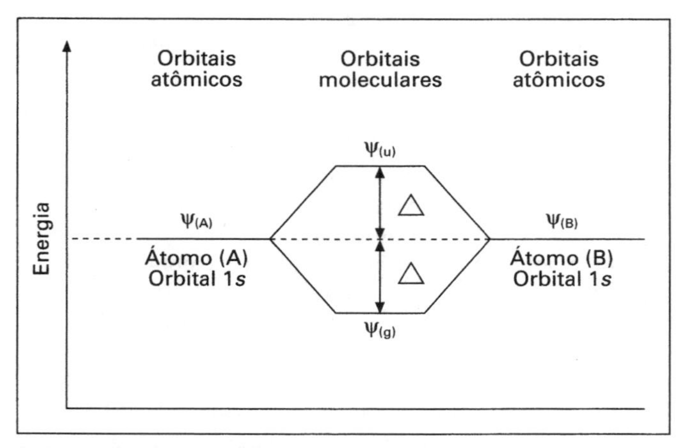

Figura 4.16 — Níveis energéticos de orbitais atômicos e orbitais moleculares

desestabilização 2Δ decorrente da ocupação do orbital molecular antiligante. Como no processo global não há nenhuma diminuição da energia do sistema, a molécula de He_2 não se forma, e essa situação corresponde a uma interação não-ligante.

Alguns outros símbolos são necessários para descrever a maneira como os orbitais atômicos se combinam. A sobreposição dos orbitais atômicos ao longo do eixo que une os núcleos produz os orbitais moleculares σ, enquanto que a sobreposição lateral de orbitais atômicos produz orbitais moleculares π.

Combinação de orbitais *s* e *p*

Um orbital *s* pode se combinar com um orbital *p*, desde que seus lóbulos estejam orientados ao longo do eixo que une os dois núcleos. Se os lóbulos que interagem tiverem o mesmo sinal, ocorre a formação de um orbital molecular (OM) que apresenta um aumento da densidade eletrônica entre os núcleos. Se os lóbulos tiverem sinais opostos, haverá a formação de um OM antiligante, com uma menor densidade eletrônica entre os núcleos (Fig. 4.17).

Combinação de orbitais *p* e *p*

Considere inicialmente a combinação de dois orbitais

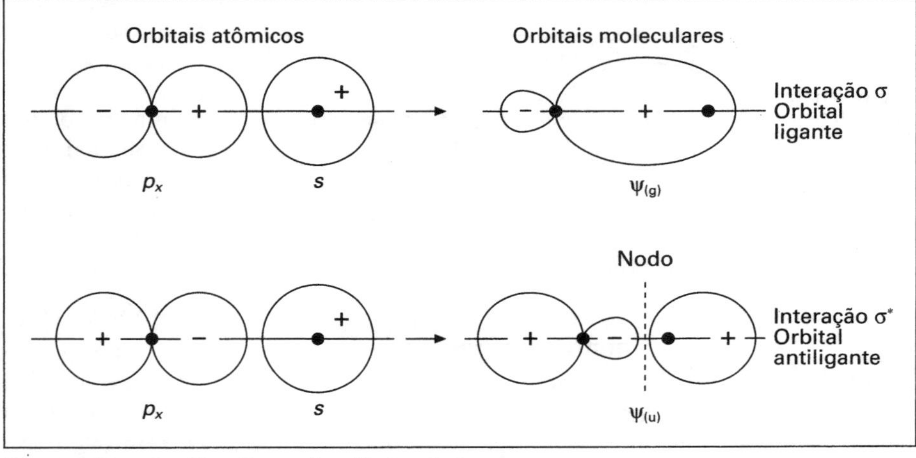

Figura 4.17 — Combinação s–p de orbitais atômicos

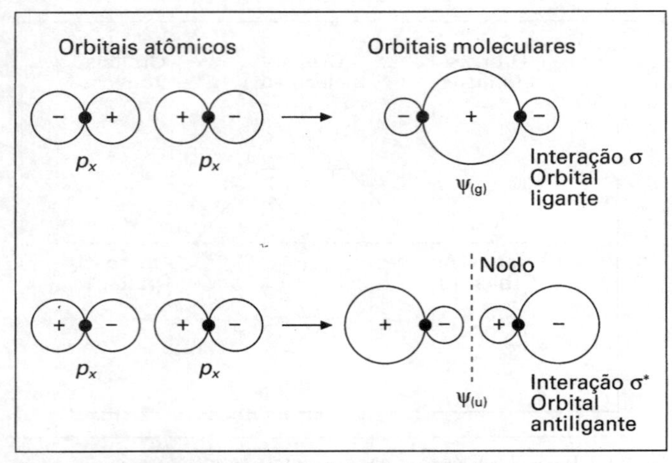

Figura 4.18 — Combinação p–p *de orbitais atômicos*

p cujos lóbulos estejam orientados ao longo do eixo que une os dois núcleos. Nesse caso serão formados tanto um OM ligante como um OM antiligante do tipo σ (Fig. 4.18).

Considere a seguir a combinação de dois orbitais p cujos os lóbulos estejam orientados perpendicularmente ao eixo que une os dois núcleos. Nesse caso pode ocorrer a sobreposição lateral dos orbitais com formação de um OM π ligante e um OM π* antiligante.

Há três diferenças entre esses orbitais moleculares e os orbitais moleculares σ descritos anteriormente:

1. Para ocorrer interação π, os lóbulos dos orbitais atômicos devem estar orientados perpendicularmente ao eixo internuclear, enquanto que na interação σ os lóbulos devem se encontrar ao longo do eixo.
2. Ψ é nula ao longo da linha internuclear no caso dos orbitais moleculares π e conseqüentemente a densidade eletrônica Ψ^2 será igual a zero, em contraste com os orbitais σ.
3. A simetria de orbitais moleculares π é diferente da simetria dos OMs σ. Se o OM π ligante for girado em torno do eixo internuclear, ocorrerá uma inversão dos sinais dos lóbulos. Os orbitais π ligantes são, portanto, *ungerade*, enquanto que todos os OMs σ ligantes são *gerade*. Já os OMs π antiligantes são *gerade* enquanto que os OM σ antiligantes são *ungerade*.

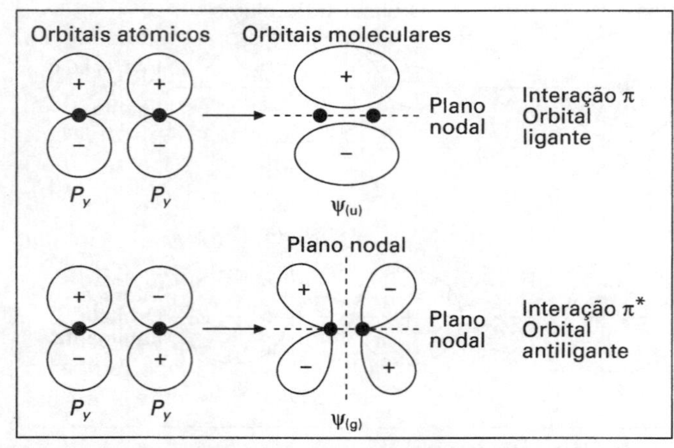

Figura 4.19 — Combinação p–p *com formação de ligação* π

A ligação π é importante em muitos compostos orgânicos tais como o eteno (no qual existe uma ligação σ e uma ligação π entre os átomos de carbono), o etino (uma ligação σ e duas ligações π) e o benzeno, bem como em diversos compostos inorgânicos tais como CO_2 e CN^-.

O eteno contém uma dupla ligação localizada que envolve somente dois átomos de carbono. Medidas experimentais mostram que os dois átomos de C e os quatro átomos de H são coplanares, com ângulos de ligação de aproximadamente 120°. Cada átomo de C utiliza seu orbital $2s$ e dois orbitais $2p$ para formar três orbitais híbridos sp^2, que formam uma ligação σ com o outro carbono e com dois átomos de hidrogênio. O orbital p remanescente em cada átomo de C é ortogonal ao plano das ligações σ assim formadas. Na teoria da ligação de valência esses orbitais interagem lateralmente para dar origem a uma ligação π. Essa sobreposição lateral não é tão efetiva quanto a interação coaxial na ligação σ, de modo que a ligação C=C, embora seja mais forte que a ligação C–C, não é duas vezes mais forte (346 kJ mol^{-1} no etano, 598 kJ mol^{-1} no eteno). A molécula pode girar em torno da ligação C–C no etano, mas não no eteno, pois isto reduziria a proporção da interação π. A explicação dada para a formação da ligação π utilizando a teoria dos orbitais moleculares é ligeiramente diferente. Os dois orbitais p envolvidos na formação da ligação π se combinam formando dois orbitais moleculares, um ligante e um antiligante. Como somente dois elétrons estão envolvidos, estes ocupam o OM π ligante, pois este tem menor energia. A explicação através da teoria dos orbitais moleculares se torna mais importante nos casos em que existem ligações π deslocalizadas, isto é, onde as ligações π abrangem diversos átomos, como no benzeno, NO_3^- e CO_3^{2-}.

No etino, cada átomo de C utiliza dois orbitais híbridos sp para formar ligações σ com o outro átomo de C e com um átomo de H. Esses quatro átomos formam uma molécula linear. Cada átomo de C apresenta dois orbitais p ortogonais entre si, que se sobrepõem lateralmente com os correspondentes orbitais p do outro átomo de C. Assim, são formadas duas ligações π. Ocorre dessa maneira a formação de uma ligação tripla C≡C, mais forte que a ligação dupla C=C (C≡C no etino, 813 kJ mol^{-1}).

A maioria das ligações π fortes ocorre entre elementos do primeiro período curto da tabela periódica, por exemplo, C≡C, C≡N, C≡O, C=C e C=O. Isso ocorre porque os átomos envolvidos são pequenos e os orbitais razoavelmente compactos, tornando possível uma sobreposição razoável dos orbitais. Há um pequeno número de casos em que ocorre a formação de ligações π entre tipos diferentes de orbitais, por exemplo entre orbitais $2p$ e $3d$. Embora esses orbitais sejam muito maiores, a presença de regiões nodais pode concentrar a densidade eletrônica em certas partes dos orbitais.

Combinação de orbitais *p* e *d*

Um orbital p de um átomo pode se sobrepor a um orbital d de outro átomo, dando origem a combinações ligante e antiligante. Como os orbitais não se encontram ao longo do eixo que une os dois núcleos, a interação deve ser do tipo π (Fig. 4.20). Esse tipo de ligação é responsável pelas

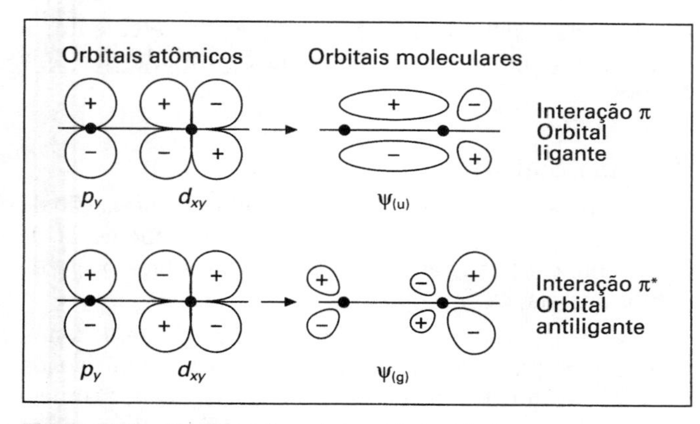

Figura 4.20 — Combinação p-d *de orbitais atômicos*

ligações curtas encontradas nos óxidos e oxoácidos de fósforo e de enxofre. Ocorre também em complexos de metais de transição, como os carbonil e os ciano complexos.

Combinações de orbitais *d* e *d*

Dois orbitais atômicos *d* podem ser combinados de modo a formar OMs ligante e antiligante, denominados respectivamente δ (Fig. 4.21) e δ*. Ao se girar esses orbitais em torno do eixo internuclear, os sinais dos lóbulos mudam quatro vezes, em contraste com as duas vezes no caso de orbitais π e nenhuma no caso de OMs σ.

Combinações não-ligantes de orbitais

Todas as combinações de orbitais atômicos vistos até o momento resultaram em um OM ligante de energia mais baixa e um OM antiligante de energia mais alta. Para obter um OM ligante com uma densidade eletrônica maior entre os núcleos, os sinais (simetria) dos lóbulos que interagem devem ser iguais. Para a formação de OMs antiligantes, os sinais dos lóbulos que interagem devem ser diferentes. Nas combinações mostradas na Fig. 4.22, qualquer estabilização decorrente da interação de + com + é desestabilizada por igual número de interações de + com –. Ou seja, não há variação da energia global do sistema, e essa combinação é denominada não-ligante. Deve-se notar que em todas essas interações não-ligantes as simetrias dos dois orbitais atômicos são diferentes, isto é, a rotação em torno do eixo internuclear altera o sinal de apenas um deles.

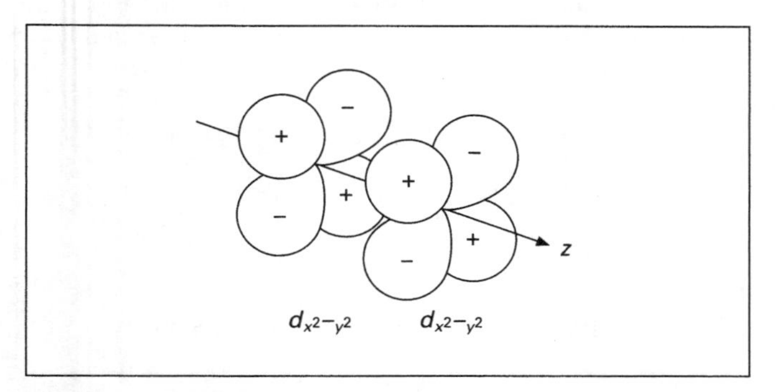

Figura 4.21 — Ligação d *a partir de dois orbitais* d *(interação lateral de dois orbitais* $d_{x^2-y^2}$

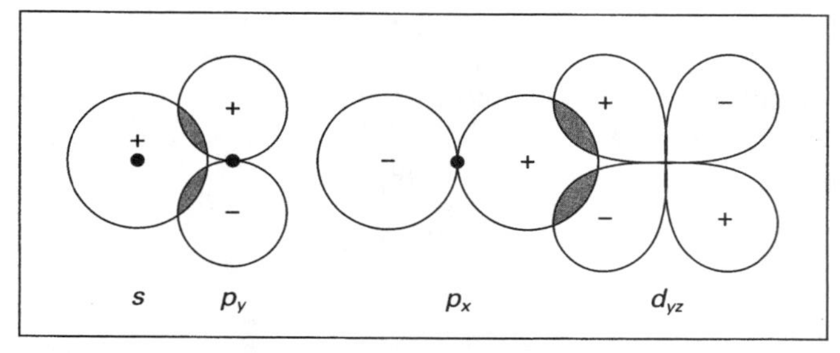

Figura 4.22 — Algumas combinações não-ligantes de orbitais atômicos

REGRAS PARA A COMBINAÇÃO LINEAR DE ORBITAIS ATÔMICOS

Para decidir quais são os orbitais atômicos que podem ser combinados para formar orbitais moleculares, três regras devem ser consideradas:

1. Os orbitais atômicos devem ter aproximadamente a mesma energia. Isso é importante ao se considerar a interação de dois tipos diferentes de átomos.
2. A sobreposição dos orbitais deve ser maximizada. Isso significa que os átomos devem estar suficientemente próximos para haver uma sobreposição efetiva e as funções de distribuição radial dos dois átomos devem ser semelhantes na distância considerada.
3. Para formar OMs ligantes e antiligantes, os dois orbitais atômicos devem permanecer inalterados ou se alterar de maneira equivalente, após uma rotação em torno do eixo internuclear.

Do mesmo modo que um orbital atômico possui uma determinada energia e é definido por um conjunto de quatro números quânticos, cada orbital molecular também apresenta uma energia definida e é definido por quatro números quânticos.

1. O número quântico principal *n* tem o mesmo significado que nos orbitais atômicos.
2. O número quântico secundário *l* também tem o mesmo significado que nos orbitais atômicos.
3. O número quântico magnético dos orbitais atômicos é substituído por um novo número quântico λ. Numa molécula diatômica a linha que une os dois núcleos é tomada como direção de referência, e λ representa a quantização do momento angular em unidades h/2π em relação a esse eixo. λ assume os mesmos valores que m nos átomos, isto é,

$$\lambda = -l, \ldots, -3, -2, -1, 0, +1, +2, +3, \ldots, +l$$

Quando λ = 0, os orbitais são simétricos em torno do eixo e são denominados orbitais σ. Quando λ = ± 1, eles são denominados orbitais π e, quando λ = ± 2, são chamados de orbitais δ.

4. O número quântico de spin é o mesmo dos orbitais atômicos e pode ter valores iguais a ± 1/2.

O princípio de exclusão de Pauli estabelece que *num átomo não podem haver dois elétrons com os quatro números quânticos iguais*. O princípio de Pauli também se aplica aos orbitais moleculares: *numa molécula não podem haver dois elétrons com os quatro números quânticos iguais*.

A ordem de energia dos orbitais moleculares foi determinada principalmente a partir de dados espectroscópicos. Em moléculas diatômicas homonucleares simples, a ordem é:

$$\sigma 1s,\ \sigma^* 1s, \sigma 2s, \sigma^* 2s, \sigma 2p_x, \begin{cases}\pi 2p_y, \\ \pi 2p_z,\end{cases} \begin{cases}\pi^* 2p_y, \sigma^* 2p_x \\ \pi^* 2p_z,\end{cases}$$

$\xrightarrow{\text{energia crescente}}$

Note que o orbital atômico $2p_y$ forma OMs π ligante e π^*antiligante; e o orbital atômico $2p_z$ também forma OMs π ligante e π^* antiligante. Os orbitais moleculares ligantes $\pi 2p_y$ e $\pi 2p_z$ têm exatamente a mesma energia e são duplamente degenerados. De modo análogo, os orbitais moleculares antiligantes $\pi^* 2p_y$ e $\pi^* 2p_z$ têm a mesma energia e são também duplamente degenerados.

Existe uma seqüência semelhante de orbitais moleculares do $\sigma 3s$ ao $\sigma^* 3p_x$, mas os valores das energias são conhecidos com menor exatidão.

As energias dos OMs $\sigma 2p$ e $\pi 2p$ são muito próximas. A ordem de OMs mostrada acima é correta para o oxigênio e os elementos mais pesados, mas para os elementos mais leves boro, carbono e nitrogênio, os orbitais $\pi 2p_y$ e $\pi 2p_z$ provavelmente possuem uma energia menor que $\sigma 2p_x$. Para esses átomos a seqüência é:

$$\sigma 1s, \sigma^* 1s, \sigma 2s, \sigma^* 2s, \begin{cases}\pi 2p_y, \\ \pi 2p_z,\end{cases} \sigma 2p_x, \sigma^* 2p_x, \begin{cases}\pi^* 2p_y \\ \pi^* 2p_z\end{cases}$$

$\xrightarrow{\text{energia crescente}}$

EXEMPLOS DA APLICAÇÃO DA TEORIA DE ORBITAIS MOLECULARES PARA MOLÉCULAS DIATÔMICAS HOMONUCLEARES

Os átomos podem ser teoricamente construídos, colocando-se o número correspondente de elétrons nos orbitais atômicos. Para tanto, utiliza-se o princípio de *Aufbau*:

1. Orbitais de energia menor são preenchidos primeiro.
2. Cada orbital pode conter dois elétrons, desde que eles tenham spins opostos.

A regra de Hund estabelece que no caso de termos diversos orbitais de mesma energia (isto é, degenerados), os elétrons serão distribuídos de modo a resultarem no maior número possível de spins desemparelhados.

No método dos orbitais moleculares considera-se a molécula como um todo e não os átomos que a constituem. Além disso, são utilizados orbitais moleculares em vez de orbitais atômicos. Na "construção" da molécula, o número total de elétrons provenientes de todos os átomos é distribuído pelos orbitais moleculares. O princípio de *Aufbau* e a regra de Hund devem ser obedecidas da mesma maneira que no caso de átomos.

Por questões de simplicidade, consideraremos inicialmente moléculas diatômicas homonucleares. Homonuclear significa que a molécula é constituida por apenas um tipo de núcleo, ou seja, de um único elemento; e diatômico significa que a molécula é formada por dois átomos.

O íon molécula H_2^+

Ele pode ser considerado como sendo a combinação do átomo de H com um íon H^+. Assim, o íon molécula de hidrogênio contém apenas um elétron, que ocupa o OM de menor energia, $\sigma 1s^1$.

O OM $\sigma 1s$ é um orbital ligante. A energia desse íon é, pois, menor que a do sistema constituído pelo átomo e o íon H^+ por uma quantidade Δ. Essa diferença de energia confere certa estabilidade ao $H_2{}^+$, mas é uma espécie pouco comum, pois o H_2 é muito mais estável. Contudo, o íon $H_2{}^+$ pode ser detectado espectroscopicamente, quando gás H_2 à pressão reduzida é submetido a uma descarga elétrica.

A molécula de H_2

Cada átomo de H possui um elétron, portanto existem dois elétrons na molécula. Eles ocupam o OM de menor energia $\sigma 1s^2$. Essa situação é mostrada na Fig. 4.23. O OM ligante $\sigma 1s$ está completamente preenchido, de modo que a energia de estabilização é igual a 2Δ. Forma-se uma ligação σ e a molécula de H_2 é estável e bem conhecida.

O íon molecular He_2^+

Ele pode ser considerado como sendo a combinação de um átomo de He e um íon He^+. Os três elétrons desse íon molecular estão distribuídos nos OMs como se segue: $\sigma 1s^2$, $\sigma^* 1s^1$.

O orbital molecular preenchido $\sigma 1s$ é um OM ligante e leva a uma estabilização igual a 2Δ, enquanto que o orbital semipreenchido $\sigma^* 1s$ leva a uma desestabilização igual a Δ. Logo, a energia de estabilização é igual a Δ. Apesar disso, o íon molécula de $He_2{}^+$ não é muito estável, mas foi observado espectroscopicamente.

A molécula de He_2

Cada átomo de He possui dois elétrons perfazendo um total de quatro na molécula. Esses elétrons estão distribuídos

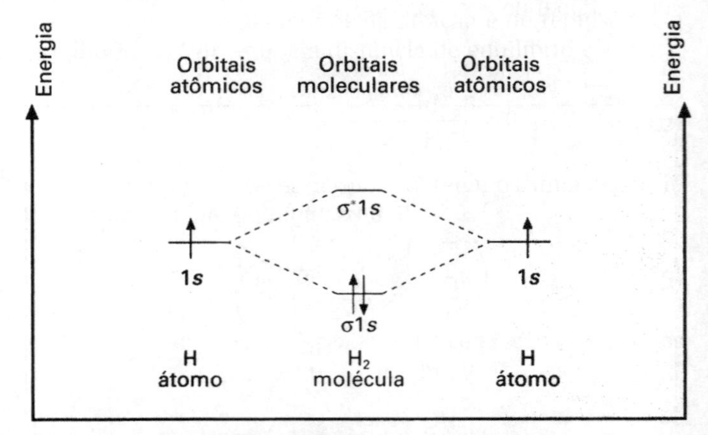

Figura 4.23 — Configuração eletrônica, orbitais atômicos e moleculares para o hidrogênio

nos OMs como se segue: $\sigma 1s^2$, $\sigma^* 1s^2$. Note que nesse caso a energia de estabilização 2Δ, decorrente do preenchimento do orbital $\sigma 2s$, é cancelada pela energia de desestabilização proveniente do preenchimento do OM $\sigma^* 1s$. Conseqüentemente, não há formação de ligações e essa molécula não deve existir.

Molécula de Li_2

Cada átomo de Li possui dois elétrons em seu nível interno e um elétron no nível externo, perfazendo um total de três elétrons. Logo, existem seis elétrons a serem distribuídos na molécula, e estes devem ser distribuídos nos OMs como se segue: $\sigma 1s^2$, $\sigma^* 1s^2$, $\sigma 2s^2$. Essa situação é mostrada graficamente na Fig. 4.24. A camada interna de OM $\sigma 1s$ não contribui para a formação de ligações, como no caso da molécula de He_2. Esses orbitais moleculares são muito similares aos orbitais atômicos de origem, de modo que a configuração eletrônica da molécula Li_2 pode ser escrita KK, $\sigma 2s^2$.

Uma ligação se forma devido ao preenchimento do nível $\sigma 2s$, e a molécula de Li_2 existe no estado de vapor. Porém, no estado sólido é mais vantajoso para o lítio formar uma estrutura metálica. Outros metais do Grupo 1 se comportam de maneira semelhante. Por exemplo, a estrutura eletrônica do Na_2 é KK, LL, $\sigma 3s^2$.

A molécula de Be_2

Um átomo de berílio possui dois elétrons no primeiro nível e mais dois elétrons no segundo nível. Logo, a molécula de Be_2 tem um total de oito elétrons. Eles se distribuem pelos OMs como se segue: $\sigma 1s^2$, $\sigma^* 1s^2$, $\sigma 2s^2$, $\sigma^* 2s^2$ ou KK, $\sigma 2s^2$, $\sigma^* 2s^2$.

Ignorando a camada interna como antes, verifica-se que os efeitos dos orbitais $\sigma 2s$ ligante e $\sigma^* 2s$ antiligante cancelam-se mutualmente. Portanto, não se espera observar a formação de moléculas de Be_2, visto que a energia de estabilização é igual a zero.

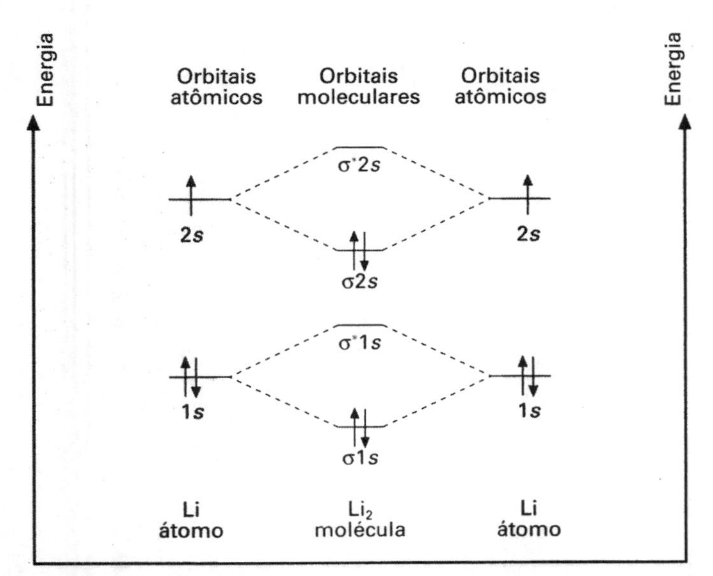

Figura 4.24 — Configuração eletrônica, orbitais atômicos e moleculares para o lítio

A molécula de B_2

Cada átomo de boro possui 2 + 3 elétrons. A molécula de B_2 contém, portanto, um total de dez elétrons, que se distribuem nos OMs como se segue:

$$\sigma 1s^2, \sigma^* 1s^2, \sigma 2s^2, \sigma^* 2s^2, \begin{cases} \pi 2p_y^1 \\ \pi 2p_z^1 \end{cases}$$

Essa configuração eletrônica é mostrada esquematicamente no diagrama da Fig. 4.25. Lembre-se de que o B é um átomo leve e que nesse caso a seqüência de energia dos OMs é diferente da seqüência "normal". Os orbitais $\pi 2p$ têm energia menor que os orbitais $\sigma 2p_x$. Como os orbitais $\pi 2p_y$ e $\pi 2p_z$ são degenerados (têm energias idênticas), cada orbital deve conter um único elétron, segundo a regra de Hund. A camada interna não participa da ligação. Os efeitos dos orbitais $\sigma 2s$ ligante e antiligante cancelam-se mutualmente. Contudo, o preenchimento dos orbitais $\pi 2p$ leva a uma situação energeticamente favorável e a formação de uma ligação.

A molécula de C_2

Um átomo de carbono possui 2 + 4 elétrons. Uma molécula C_2 deve conter um total de 12 elétrons que se distribuem pelos OMs como se segue:

$$\sigma 1s^2, \sigma^* 1s^2, \sigma 2s^2, \sigma^* 2s^2, \begin{cases} \pi 2p_y^2 \\ \pi 2p_z^2 \end{cases}$$

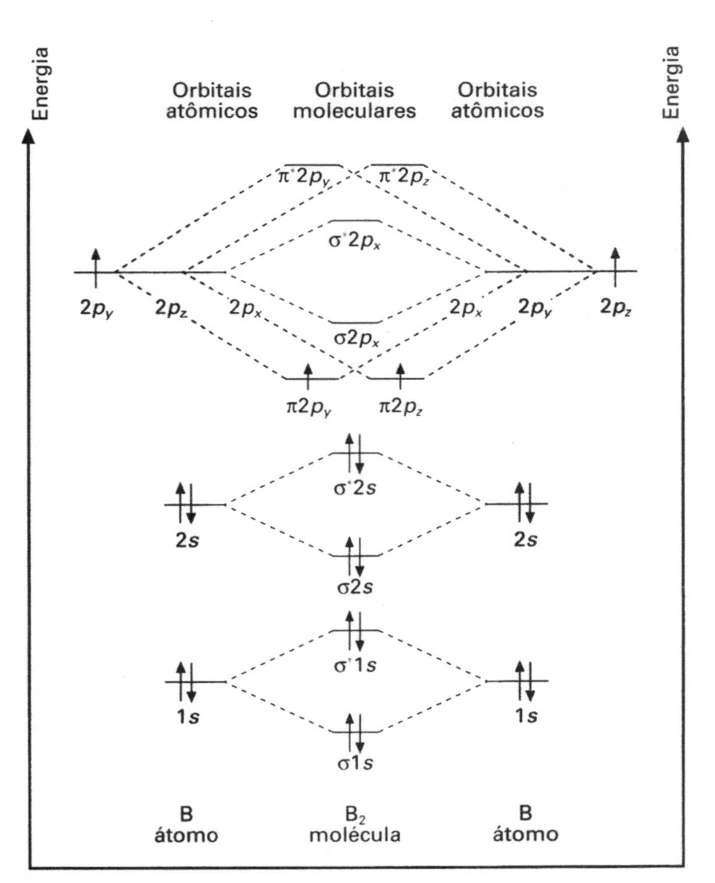

Figura 4.25 — Configuração eletrônica, orbitais atômicos e moleculares para o boro

Essa situação é mostrada esquematicamente na Fig. 4.26.

A molécula deve ser estável, já que dois orbitais ligantes $\pi 2p$ fornecem uma energia de estabilização de 4Δ, com formação de duas ligações. Na realidade, o carbono existe na forma de macromoléculas de grafite e diamante, pois estes se constituem em arranjos ainda mais estáveis (cada carbono forma quatro ligações). Por isso, o diamante e a grafita são formados em vez do C_2.

A molécula de N_2

Um átomo de nitrogênio possui 2 + 5 = 7 elétrons. Assim, a molécula de N_2 contém 14 elétrons que se distribuem nos OM como se segue:

$$\sigma 1s^2, \sigma^* 1s^2, \sigma 2s^2, \sigma^* 2s^2, \begin{cases} \pi 2p_y^2 \\ \pi 2p_z^2 \end{cases} \sigma 2p_x^2$$

Isso é mostrado esquematicamente na Fig. 4.27.

Supondo-se que a camada interna não participe da ligação e que a contribuição dos orbitais moleculares ligantes e antiligantes formados pela combinação dos orbitais $2s$ se cancele mutualmente, ainda restam uma ligação σ e duas ligações π perfazendo um total de 3 ligações. Esse fato está de acordo com a formulação N≡N da teoria de valência.

A molécula de O_2

Cada átomo de oxigênio possui 2 + 6 = 8 elétrons. A molécula de O_2 tem um total de 16 elétrons que se distribuem pelos OMs como se segue:

$$\sigma 1s^2, \sigma^* 1s^2, \sigma 2s^2, \sigma^* 2s^2, \sigma 2p_x^2 \begin{cases} \pi 2p_y^2, \\ \pi 2p_z^2, \end{cases} \begin{cases} \pi^* 2p_y^1 \\ \pi^* 2p_z^1 \end{cases}$$

Essa situação é mostrada esquematicamente na Fig. 4.28.

Os orbitais antiligantes π^*2p_y e π^*2p_z estão ocupados com um elétron cada, de acordo com a regra de Hund. A presença de elétrons desemparelhados implica na ocorrência de propriedades paramagnéticas. Assim, a existência dos dois elétrons desemparelhados com spins paralelos explica porque o oxigênio é paramagnético. Comparando essa abordagem com a teoria dos pares eletrônicos de Lewis ou com a teoria da ligação de valência, percebe-se que elas não prevêem a ocorrência de elétrons desemparelhados na molécula de O_2.

: O .+· O :→: O : O :

A previsão do paramagnetismo do O_2 foi o primeiro sucesso da teoria dos orbitais moleculares; fato sequer considerado pela teoria de valência, que representa a molécula como O = O.

Como nos exemplos anteriores, a camada interna não participa da ligação, pois as contribuições dos orbitais $2s$

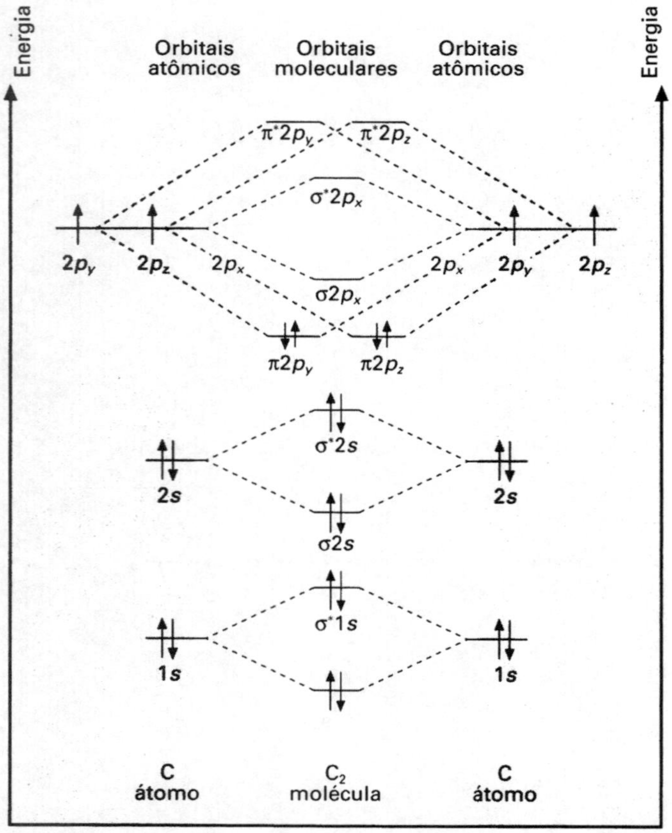

Figura 4.26 — Configuração eletrônica, orbitais atômicos e moleculares para o carbono

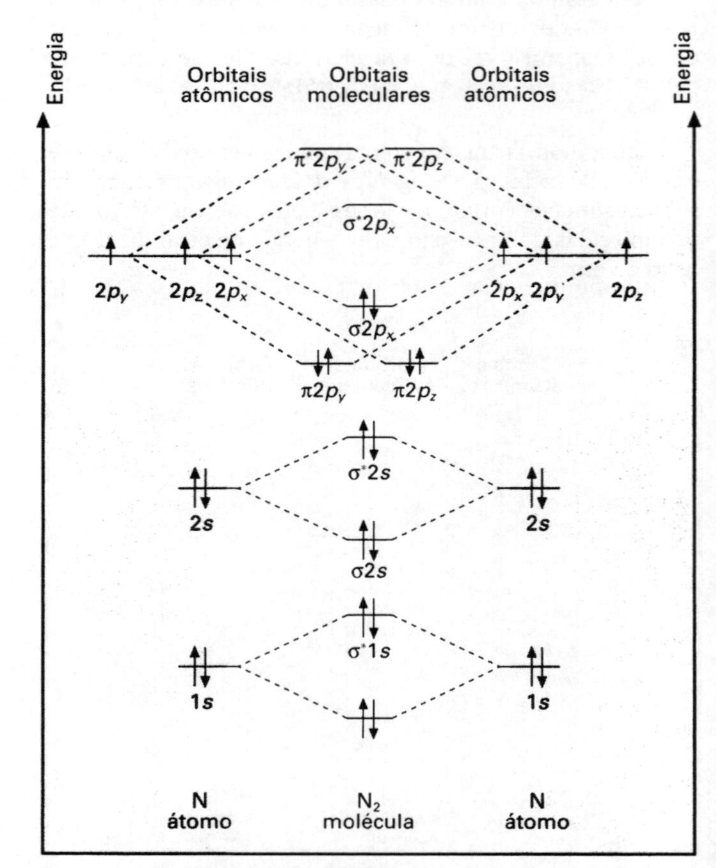

Figura 4.27 — Configuração eletrônica, orbitais atômicos e moleculares para o nitrogênio

ligante e antiligante se cancelam mutuamente. Do preenchimento do orbital $\sigma 2p_x^2$ resulta uma ligação σ. Como o orbital $\pi^* 2p_y^1$ está semipreenchido e cancela metade do efeito do orbital totalmente preenchido $\pi 2p_y^2$, ocorre a formação de meia ligação π. Analogamente, forma-se outra meia ligação π a partir de $\pi 2p_z^2$ e $\pi^* 2p_z^1$, dando um total de 1 + 1/2 + 1/2 = 2 ligações. Portanto, a ordem de ligação é igual a dois.

A ordem de ligação pode ser calculada como sendo a metade da diferença entre o número de elétrons ocupando orbitais ligantes e antiligantes, ao invés da determinação explícita do efeito do preenchimento de cada tipo de OMs da molécula:

$$\text{Ordem de ligação} = \frac{\left(\begin{array}{c}\text{n.° de elétrons ocupando}\\ \text{orbitais ligantes}\end{array}\right) - \left(\begin{array}{c}\text{n.° de elétrons ocupando}\\ \text{orbitais antiligantes}\end{array}\right)}{2}$$

No caso do O_2, a ordem de ligação assim calculada é (10–6)/2 = 2, o que corresponde a uma dupla ligação.

O íon O_2^-

O superóxido de potássio KO_2 contém o íon superóxido O_2^-. O íon O_2^- tem 17 elétrons, um a mais que a molécula de O_2. Esse elétron adicional ocupa o orbital $\pi^* 2p_y$ ou o orbital $\pi^* 2p_z$. Como os dois têm a mesma energia, é indiferente qual deles está realmente ocupado.

$$\sigma 1s^2, \sigma^* 1s^2, \sigma 2s^2, \sigma^* 2s^2, \sigma 2p_x^2, \begin{cases}\pi 2p_y^2 \\ \pi 2p_z^2\end{cases} \begin{cases}\pi 2p_y^2 \\ \pi 2p_z^1\end{cases}$$

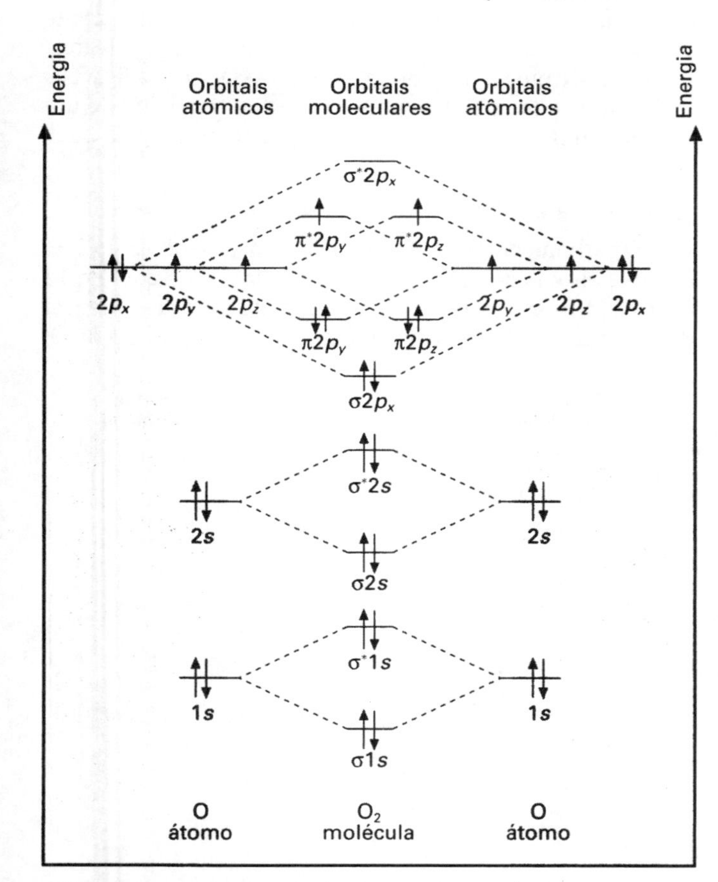

Figura 4.28 — Configuração eletrônica, orbitais atômicos e moleculares para o oxigênio

A camada interna de elétrons não participa da ligação. Os orbitais $\sigma 2s^2$ ligante e antiligante cancelam-se mutuamente. O orbital $\sigma 2p_x^2$ está preenchido e forma uma ligação σ. Os efeitos dos orbitais $\pi 2p_y^2$ ligante e $\pi 2p_y^2$ antiligante cancelam-se, mas apenas a metade da contribuição do orbital ligante preenchido $\pi 2p_z^2$ é cancelado pelo orbital antiligante semipreenchido $\pi 2p_z^1$, formando, assim, meia ligação π. A ordem de ligação é, portanto, 1 + 1/2 = $1^1/_2$. A ordem de ligação também pode ser calculada segundo a expressão (n° e^- ligantes – n° e^- antiligantes)/2, ou seja, (10 – 7)/2 = $1^1/_2$. Isso corresponde a uma ligação com comprimento intermediário entre o de uma ligação dupla e uma simples. O íon superóxido apresenta um elétron desemparelhado e é paramagnético (uma ordem de ligação $1^1/_2$ também ocorre no benzeno).

O íon O_2^{2-}

Analogamente, o peróxido de sódio, Na_2O_2, contém o íon O_2^{2-}. Esse íon possui 18 elétrons, distribuídos como segue:

$$\sigma 1s^2, \sigma^* 1s^2, \sigma 2s^2, \sigma^* 2s^2, \sigma 2p_x^2, \begin{cases}\pi 2p_y^2 \\ \pi 2p_z^2\end{cases} \begin{cases}\pi 2p_y^2 \\ \pi 2p_z^2\end{cases}$$

Novamente a camada interna não participa da ligação. Os orbitais 2*s* ligante e antiligante se cancelam mutualmente. O orbital preenchido $2p_x$ forma uma ligação σ. Os orbitais ligantes $2p_y$ e $2p_z$ são ambos cancelados pelo preenchimento dos correspondentes orbitais antiligantes. Assim, a ordem de ligação é um, isto é, há uma ligação simples. A ordem de ligação também pode ser calculada pela expres-são (n° e^- ligantes – n° e^- antiligantes)/2, ou seja, (10 – 8)/2 = 1.

A molécula de F_2

Átomos de flúor têm 2 + 7 elétrons, de modo que a molécula de F_2 contém 18 elétrons, que estão distribuídos como se segue:

$$\sigma 1s^2, \sigma^* 1s^2, \sigma 2s^2, \sigma^* 2s^2, \sigma 2p_x^2, \begin{cases}\pi 2p_y^2 \\ \pi 2p_z^2\end{cases} \begin{cases}\pi^* 2p_y^2 \\ \pi^* 2p_z^2\end{cases}$$

O preenchimento dos orbitais é mostrado esquematicamente na Fig. 4.29.

A camada interna é não-ligante, e os orbitais ligantes 2*s*, $2p_y$ e $2p_z$ são cancelados pelos correspondentes orbitais antiligantes. Isso leva a uma ligação σ proveniente do orbital preenchido $\sigma 2p_x^2$ e, portanto a uma ordem de ligação igual a um. A ordem de ligação também pode ser calculada pela expressão (n° de e^- ligantes – n° de e^- antiligantes)/2, ou seja, (10 – 8)/2 = 1.

Deve-se notar que Cl_2 e Br_2 apresentam estruturas eletrônicas semelhantes a do F_2, exceto pela presença de novas camadas internas preenchidas.

A ligação F–F é fraca (ver Capítulo 15), e este fato é atribuído ao reduzido tamanho dos átomos de flúor e à repulsão entre pares eletrônicos isolados de átomos adjacentes.

EXEMPLOS DA APLICAÇÃO DA TEORIA DOS ORBITAIS MOLECULARES PARA MOLÉCULAS DIATÔMICAS HETERONUCLEARES

Os mesmos princípios aplicados à combinação de átomos idênticos se aplicam na combinação de orbitais atômicos de dois átomos diferentes, ou seja:

1. Somente os orbitais atômicos de energia semelhante podem combinar-se efetivamente.
2. Eles devem apresentar sobreposição (overlap) máxima.
3. Eles devem apresentar a mesma simetria.

Visto que os dois átomos a combinar são diferentes, as energias de seus orbitais atômicos serão ligeiramente diferentes. Um diagrama mostrando como eles podem ser combinados para formar orbitais moleculares pode ser visto na Fig. 4.30.

Causa problemas o fato de não sabermos com exatidão, em muitos casos, a seqüência dos níveis de energia dos OMs. Por isso, veremos inicialmente alguns exemplos em que os dois átomos estão próximos na tabela periódica. Nesse caso é razoável supor que a ordem dos níveis de energias dos OMs seja idêntica àquela encontrada para moléculas homonucleares.

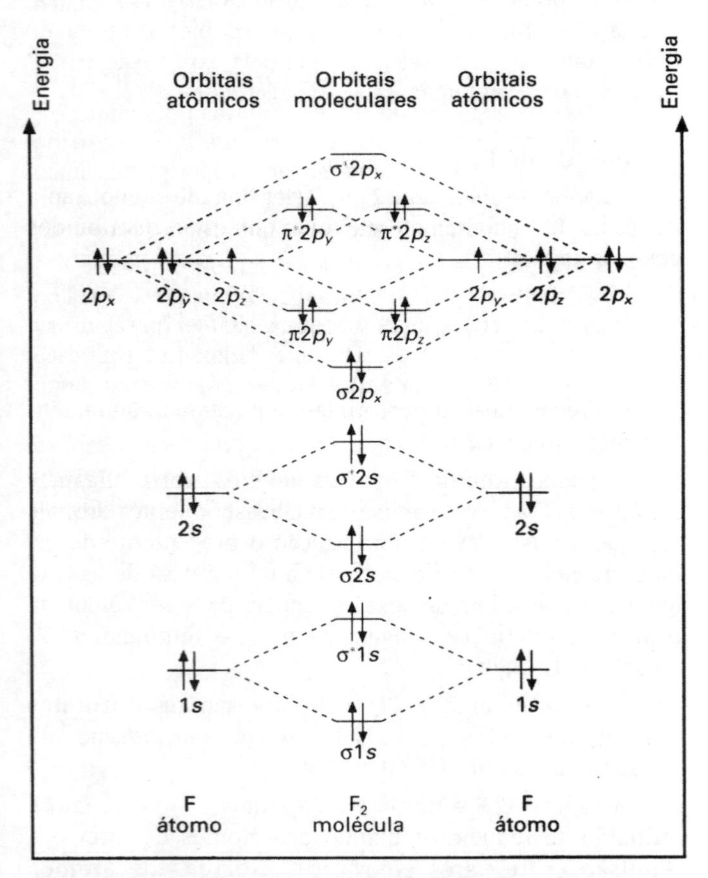

Figura 4.29 — Configuração eletrônica, orbitais atômicos e moleculares para o flúor

A molécula de NO

O átomo de nitrogênio possui 2 + 5 = 7 elétrons e o átomo de oxigênio tem 2 + 6 = 8 elétrons, perfazendo um total de 15 elétrons na molécula. A seqüência dos níveis de energia para os diferentes OMs é idêntica a das moléculas diatômicas homonucleares mais pesadas que C_2. Assim, sua estrutura eletrônica é:

$$\sigma 1s^2, \sigma^* 1s^2, \sigma 2s^2, \sigma^* 2s^2, \sigma 2p_x^2, \begin{cases} \pi 2p_y^2 \\ \pi 2p_z^2 \end{cases} \begin{cases} \pi^* 2p_y^1 \\ \pi^* 2p_z^0 \end{cases}$$

Essa configuração é mostrada esquematicamente na Fig. 4.31.

A camada interna é não-ligante. A contribuição dos orbitais 2*s* ligante e antiligante se cancelam, mas forma-se uma ligação σ pelo preenchimento do orbital $\sigma 2p_x^2$. O orbital preenchido $\pi 2p_z^2$ forma uma ligação π. O orbital semipreenchido $\pi^* 2p_y^1$, cancela pela metade o orbital preenchido $\pi 2p_y^2$, originando uma meia ligação. A ordem de ligação é, pois, $2^1/_2$, ou seja, intermediária entre uma ligação dupla e uma ligação tripla. Uma maneira alternativa de determinar a ordem de ligação é o cálculo (nº e^- ligantes – nº e^- antiligantes)/2, ou seja, (10 – 5)/2 = $2^1/_2$. A molécula é paramagnética, já que ela contém um elétron desemparelhado. No NO há uma diferença considerável de cerca de 250 kJ mol^{-1} nas energias dos OAs envolvidos, de modo que a combinação de OAs para formar OMs é menos efetiva que no caso do O_2 ou do N_2. As ligações são, portanto, mais fracas do que seria de se esperar. Apesar disso, o diagrama de orbitais moleculares (Fig. 4.31) é semelhante ao encontrado para moléculas diatômicas homonucleares. A retirada de um elétron formando o íon NO^+ leva a ligações mais curtas e mais fortes, pois o elétron é removido de um orbital antiligante e a ordem de ligação aumenta para 3.

A molécula de CO

O carbono possui 2 + 4 = 6 elétrons, e o oxigênio 2 + 6 = 8 elétrons, de modo que a molécula de CO contém 14 elétrons. Nesse caso temos menos certeza sobre a seqüência das energia dos OMs, pois é diferente daquelas do C e do O.

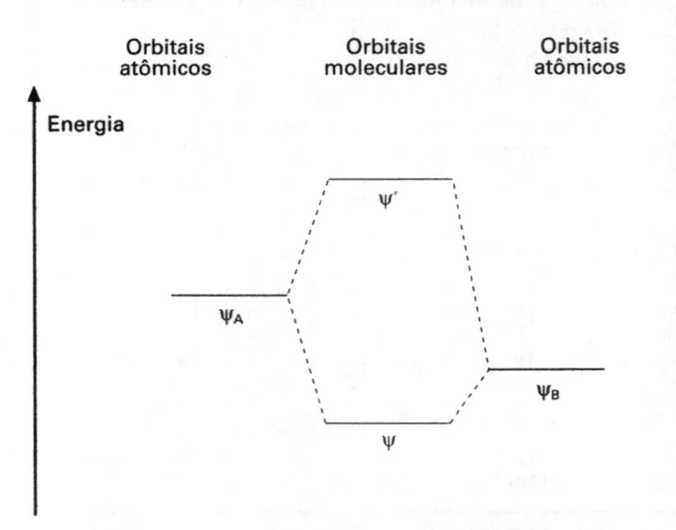

Figura 4.30 — Níveis de energia relativos para os orbitais atômicos e orbitais moleculares de uma molécula diatônica heteronuclear AB

Suponhamos inicialmente que a seqüência seja aquela encontrada para moléculas diatômicas de átomos leves como o C:

$$\sigma 1s^2, \sigma^* 1s^2, \sigma 2s^2, \sigma^* 2s^2, \begin{cases} \pi 2p_y^2 \\ \pi 2p_z^2 \end{cases} \sigma 2p_x^2$$

A distribuição dos elétrons nesse caso é mostrada esquematicamente na Fig.4.32.

A camada interna é não-ligante e a contribuição dos orbitais $2s$ ligante e antiligante se cancelam, mas ainda restam uma ligação σ e duas ligações π — portanto a ordem de ligação é igual a 3. A ordem de ligação pode ser calculada utilizando a fórmula (n° e^- ligantes - n° e^- antiligantes)/2, isto é, (10 - 4)/2 = 3. Porém, esse modelo simples não é adequado, pois quando o CO é ionizado a CO^+ pela retirada de um elétron do orbital $\sigma 2p_x$, espera-se que ocorra a diminuição da ordem de ligação para $2^1/_2$ e, conseqüentemente, um aumento no comprimento da ligação. De fato, o comprimento da ligação no CO é igual a 1,128 Å e no CO^+ é 1,115 Å. Essa diminuição do comprimento da ligação é um indício de que o elétron foi retirado de um orbital antiligante. O problema não se resolve, mesmo se considerarmos a seqüência de OMs análoga à observada para átomos mais pesados que o C, pois isto apenas inverte a posição dos orbitais $\sigma 2p_x$ e ($\pi 2p_y$ e $\pi 2p_z$). A explicação mais razoável para o encurtamento da ligação, observado quando se transforma CO em CO^+, é supor que os orbitais $\sigma 2s$ e $\sigma^* 2s$ apresentam uma diferença de energia maior que o indicado no gráfico. Isso implica que eles estão mais afastados, e que o OM $\sigma^* 2s$ tem energia maior que os OMs $\sigma 2p_x$, $\pi 2p_y$ e $\pi 2p_z$. Esse caso ilustra claramente que a seqüência das energias dos OMs para moléculas diatômicas homonucleares simples não se aplica automaticamente para moléculas heteronucleares. O modelo certamente não é válido para a molécula de CO.

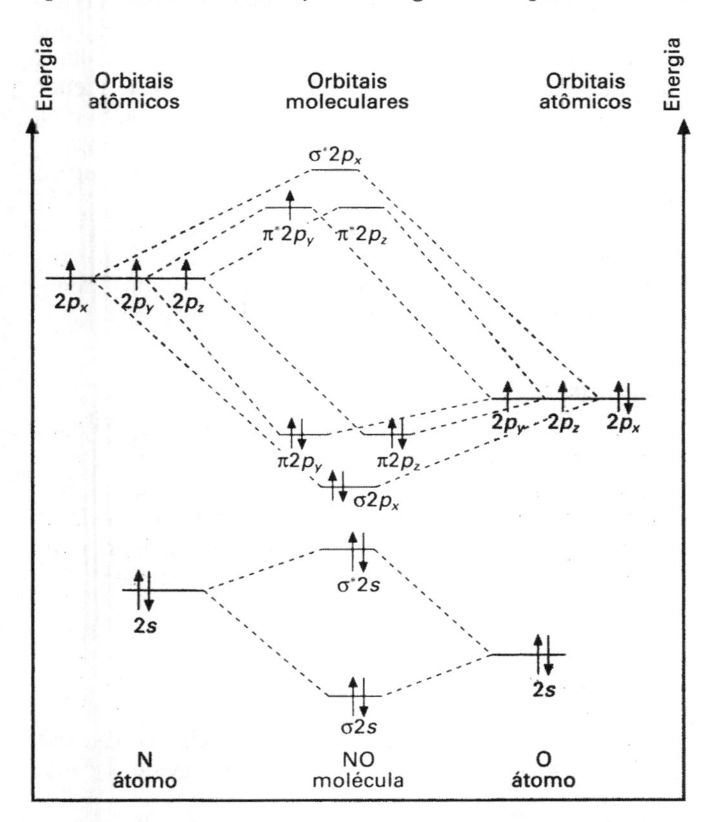

Figura 4.31 — Configuração eletrônica, orbitais atômicos e moleculares para o óxido nítrico (este diagrama é essencialmente o mesmo que aquele para moléculas diatônicas homonucleares tais como N_2,O_2 ou F_2. A diferença está nos níveis de energia dos orbitais atômicos de N e O, que não são os mesmos)

A molécula de HCl

No caso de átomos heteronucleares não é evidente quais OAs devem ser combinados para formar OMs, pelo método CLOA. Além disso, como as energias dos OAs dos dois átomos não são idênticas, os OMs terão uma contribuição maior de um dos átomos que do outro. Isso equivale a dizer que os OMs se concentram num dos átomos, ou que os elétrons do OM passam mais tempo em torno de um dos átomos que do outro. Portanto, há um certo grau de separação de cargas δ^+ e δ^- e a formação de um dipolo. Logo, uma ligação covalente pode conter uma contribuição iônica bastante significativa.

Considere a molécula de HCl. As combinações entre o OA $1s$ do hidrogênio e os orbitais $1s$, $2s$, $2p$ e $3s$ do cloro podem ser descartadas porque as energias daqueles orbitais do cloro são comparativamente muito baixas. As combinações com os orbitais $3p_y$ e $3p_z$ do cloro serão não-ligantes (vide Fig. 4.22), porque o lóbulo positivo do hidrogênio se sobrepõe igualmente com os lóbulos positivos e negativos dos orbitais do cloro. Portanto, a única interação efetiva ocorre com o orbital $3p_x$ do cloro. A combinação dos orbitais H $1s^1$ e Cl $3p_x{}^1$ forma um orbital ligante e um antiligante,

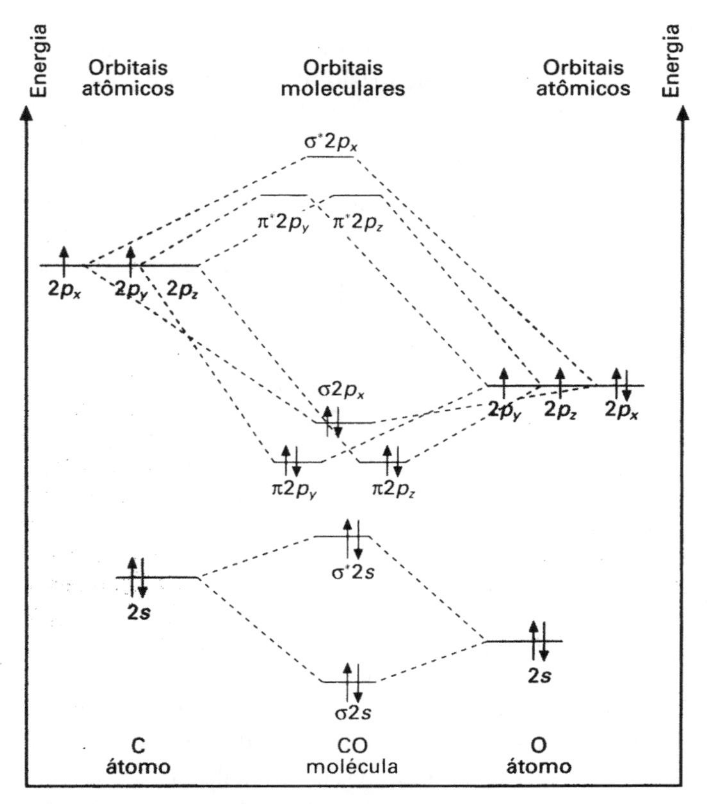

Figura 4.32 — Configuração eletrônica, orbitais atômicos e moleculares para o monóxido de carbono

sendo que os dois elétrons da ligação ocupam o OM ligante, deixando vazio o OM antiligante. Supõe-se que todos os OAs do cloro, exceto o $3p_x$ estão localizados no átomo de cloro e retém todas as características dos OAs. Os orbitais $3s$, $3p_y$ e $3p_z$ são considerados como sendo pares isolados não-ligantes.

Esse modelo simplificado ignora toda e qualquer contribuição iônica, como a que pode ser mostrada utilizando as estruturas de ressonância da teoria de valência H^+Cl^- e H^-Cl^+. Espera-se que a primeira estrutura contribua significativamente, gerando uma ligação mais forte.

EXEMPLOS DA APLICAÇÃO DA TEORIA DOS ORBITAIS MOLECULARES NO CASO DE LIGAÇÕES π DESLOCALIZADAS

O íon carbonato CO_3^{2-}

A estrutura do íon carbonato é trigonal planar, com ângulos de ligação de 120°. O átomo central de C utiliza orbitais híbridos sp^2 para formar as ligações. Os três átomos de oxigênio são equivalentes e as ligações C–O são mais curtas que as ligações simples. A estrutura mostrada abaixo (uma das estruturas de ressonância da teoria de valência) deveria apresentar ligações C–O com diferentes comprimentos e não descreve apropriadamente a estrutura da molécula.

O
C
-O O-

O problema decorre do fato de que o elétron não pode ser representado por um ponto ou um par de elétrons como uma linha (uma ligação). O quarto par de elétrons, que forma a dupla ligação, não está localizado em nenhuma das três posições, mas se encontra distribuído de alguma maneira sobre todas as três ligações, de modo que cada ligação tenha uma ordem de ligação igual a 1,33 .

Pauling adaptou a teoria da ligação de valência para representar estruturas em que os elétrons estão deslocalizados. Três estruturas diferentes podem ser esquematizadas para o íon carbonato:

O O- O-
C ↔ C ↔ C
-O O- -O O O O-

Essas estruturas não existem na realidade. O íon CO_3^{2-} não é constituído pela mistura dessas estruturas, nem há um equilíbrio entre elas. A estrutura verdadeira é algo intermediário, denominado *híbrido de ressonância*. A ressonância foi amplamente aceita nos anos 50, mas é atualmente considerada, na melhor das hipóteses, como inadequada e grosseira, e na pior como enganosa ou errônea.

Ligações π deslocalizadas são melhor descritas como ligações multicentradas envolvendo orbitais moleculares π. Tais orbitais podem ser obtidos procedendo-se como se segue:

1. Determine a estrutura básica da molécula ou do íon, seja experimentalmente ou seja através da teoria da repulsão dos pares de elétrons da camada de valência (VSEPR), utilizando o número de ligações σ e os pares de elétrons não-ligantes do átomo central.
2. Some o número total de elétrons na camada externa (de valência) de todos os átomos envolvidos e adicione ou subtraia o número de elétrons necessários para a formação de íons, se for o caso.
3. Calcule o número de elétrons usados nas ligações σ e pares não-ligantes. Então, determine o número de elétrons que irão participar de ligações π subtraindo esse valor do número total de elétrons.
4. Determine o número de orbitais atômicos que podem formar ligações π e combine-os para formar o mesmo número de orbitais moleculares deslocalizados sobre todos os átomos. Verifique quais OMs são ligantes, não-ligantes ou antiligantes, e preencha-os com o número apropriado de elétrons π (dois elétrons por OM). Os orbitais de menor energia são preenchidos primeiro. O número de ligações π pode ser determinado facilmente a partir dos OMs que foram preenchidos.

Vamos examinar a estrutura do CO_3^{2-} utilizando o procedimento acima. Há 24 elétrons na camada de valência (quatro do carbono, seis de cada um dos três átomos de oxigênio e mais dois devido à carga do íon).

Desses elétrons, seis são utilizados para formar as ligações σ entre o C e três átomos de O. Cada O possui quatro elétrons não-ligantes. Logo, restam seis elétrons para formar as ligações π.

Os orbitais atômicos disponíveis para formar as ligações π são os orbitais $2p_z$ do C e dos três átomos de O. A combinação desses quatro orbitais atômicos leva à formação de quatro orbitais moleculares π quadricentrados. Cada um deles abrange todos os quatro átomos do íon. O OM de menor energia é ligante, o de energia mais alta é antiligante e os dois intermediários são não-ligantes (são também degenerados, isto é, têm a mesma energia). Os seis elétrons π ocupam os OMs de menor energia. Dois elétrons preenchem o OM ligante, e os quatro restantes preenchem os dois OMs não-ligantes, havendo a formação de apenas uma ligação π na molécula. Assim, cada uma das ligações C–O possui uma ordem de ligação igual a $1\,^1/_3$, 1 da ligação σ e $^1/_3$ da ligação π.

O íon nitrato NO_3^-

A estrutura do íon nitrato é trigonal planar. O átomo central de N utiliza orbitais híbridos sp^2 para formar as ligações. Todos os três átomos de oxigênio são equivalentes e os comprimentos das ligações N–O são um pouco menores que o esperado para uma ligação simples. Isso não pode ser explicado por uma estrutura de ligações de valência:

O
N
O O-

Há 24 elétrons na camada de valência (cinco do N, seis de cada um dos três átomos de O e um devido à carga negativa do íon).

Seis desses elétrons são utilizados para formar as três ligações entre o N e os três átomos de O. Cada átomo de O possui quatro elétrons não-ligantes. Assim, restam seis elétrons para formar as ligações π.

Os orbitais atômicos usados nas ligações π são os orbitais $2p_z$ do N e dos três átomos de O. Quatro orbitais moleculares π quadricentrados são formados pela combinação desses quatro OAs. O de menor energia é ligante, o de maior energia é antiligante, e os dois restantes são degenerados (têm a mesma energia) e são não-ligantes. Os seis elétrons π preenchem o OM ligante e os dois OMs não-ligantes, contribuindo com uma ligação π para a molécula. Cada uma das ligações N–O tem ordem de ligação $1\ ^1/_3$, 1 da ligação σ e $^1/_3$ da ligação π.

Trióxido de enxofre, SO_3

A estrutura do SO_3 é trigonal planar. O átomo central de S utiliza orbitais sp^2 para formar as ligações σ. Os três átomos de oxigênio são equivalentes e as ligações S–O são muito mais curtas que ligações simples. A estrutura de ligação de valência é:

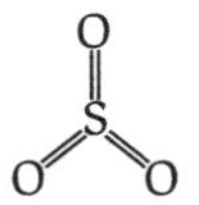

A explicação utilizando OMs π multicentrados é a seguinte: há 24 elétrons na camada de valência (seis do S e seis de cada um dos três átomos de O). Seis desses elétrons são utilizados para formar ligações σ entre o S e os três átomos de O. Cada O possui quatro elétrons não-ligantes. Restam, pois, seis elétrons para formar as ligações π.

SO_3 tem 24 elétrons de valência, como o NO_3^-. Se o SO_3 seguisse o mesmo esquema que o íon NO_3^- e utilizasse o OA $3p_z$ do S e os OAs $2p_z$ dos três átomos de O, haveria a formação de quatro OMs: um ligante, um antiligante e dois não-ligantes. Nesse caso os seis elétrons π ocupariam os OMs ligante e não-ligantes, ocorrendo a formação de apenas uma ligação π, a ordem da ligação S–O deveria ser igual a $1\ ^1/_3$. As ligações são na realidade muito mais curtas que o esperado nesse caso. Embora o SO_3 tenha o mesmo número de elétrons externos que o íon NO_3^-, os dois **não** são isoeletrônicos. O átomo de S possui três camadas de elétrons, havendo a possibilidade de se utilizar orbitais *d* para formar ligações.

Os seis orbitais atômicos disponíveis para formar as ligações π são os orbitais $2p_z$ dos três átomos de O e os orbitais $3p_z$, $3d_{xz}$ e $3d_{yz}$ do S. Dois OMs, um ligante e outro antiligante, são gerados pela combinação de um OA $2p_z$ com o $3p_z$. Analogamente, a combinação de outro OA $2p_z$ com o OA $3d_{xz}$ leva a um OM ligante e um antiligante. Combinando-se o terceiro OA $2p_z$ com o OA $3d_{yz}$ obtém-se mais um OM ligante e antiligante. Assim, foram obtidos três OMs ligantes e três antiligantes. Os seis elétrons disponíveis para as ligações π ocupam os três OMs ligantes, contribuindo com três ligações π para a molécula. Cada uma das ligações S–O tem ordem de ligação de aproximadamente 2:1 da ligação σ e aproximadamente 1 da ligação π. A ordem de ligação é aproximada porque o grau da participação dos orbitais *d* depende do número de elétrons, do tamanho e da energia dos orbitais envolvidos. Cálculos detalhados são necessários para se determinar o valor exato.

Ozônio, O_3

A molécula de ozônio, O_3, tem uma estrutura em forma de V. As duas ligações são equivalentes e têm comprimentos iguais a 1,278 Å. O ângulo da ligação é igual a 116° 48'. Supõe-se que o átomo central de oxigênio utiliza orbitais híbridos sp^2 para formar as ligações σ. A representação da estrutura por ligações de valência não é adequada, pois ela sugere que as duas ligações têm comprimentos diferentes. Como visto anteriormente, esse problema pode ser contornado utilizando-se um híbrido de ressonância.

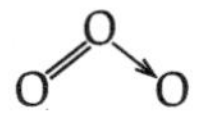

estrutura por ligações de valência

formas canônicas (estruturas que participam da formação do híbrido de ressonância)

A dupla ligação existente na molécula pode ser explicada mais satisfatoriamente por meio de ligações deslocalizadas tricêntricas. Há um total de 18 elétrons na camada de valência: seis de cada um dos três átomos de oxigênio. O átomo central de O forma uma ligação σ com cada um dos outros dois átomos de O, utilizando quatro daqueles elétrons. O átomo central usa orbitais sp^2, um dos quais é um par não-ligante. Se os átomos de O das "extremidades" também usarem orbitais híbridos sp^2, cada um deles terá dois pares de elétrons não-ligantes. Assim, os pares de elétrons isolados utilizam 10 elétrons. Logo, as ligações σ e os pares isolados respondem por 14 dos 18 elétrons, restando apenas quatro elétrons para formar as ligações π.

Os orbitais atômicos envolvidos na ligação π são os orbitais $2p_z$ sobre os três átomos de oxigênio. Eles dão origem a três orbitais moleculares π tricentrados. O orbital molecular de menor energia é ligante, o de maior energia é antiligante, e o intermediário é não-ligante. Como há quatro elétrons π, dois deles preenchem o OM ligante e dois o orbital não-ligante, formando uma ligação π na molécula. Logo a ordem das ligações O–O é igual a 1,5. O sistema é, pois, um sistema tricentrado com quatro elétrons.

O íon nitrito, NO_2^-

O íon nitrito, NO_2^-, tem uma estrutura em forma de V. Esta é baseada na estrutura trigonal planar, com o átomo de N no centro, tendo dois de seus vértices ocupados por átomos de O e o terceiro vértice ocupado por um par isolado de elétrons. A hibridização do átomo de N é, assim, uma hibridização aproximadamente sp^2.

O íon nitrito, NO_2^-, possui 18 elétrons na camada de valência: cinco provêm do N, seis de cada um dos dois átomos de O, e um da carga negativa do íon.

O átomo de N forma uma ligação σ com cada um dos átomos de O, o que consome quatro elétrons. Além disso, o átomo de N possui um par isolado de elétrons, o que corresponde a mais dois elétrons. Se os átomos de O também tiverem hibridização sp^2 (um orbital para o par ligante e dois para os pares não-ligantes), os pares isolados dos átomos de O responderão por mais 8 elétrons. Assim, já foram computados 14 elétrons, restando 4 elétrons para formar as ligações π.

Três orbitais atômicos estão envolvidos nas ligações π: os orbitais $2p_z$ do átomo de N e dos dois átomos de O. Esses três orbitais atômicos formam três orbitais moleculares π tricentrados. O de menor energia é ligante, o de maior energia é antiligante e o intermediário é não-ligante. Dois dos quatro elétrons π ocupam o OM ligante e os dois restantes preenchem o OM não-ligante, formando uma ligação π na molécula. Logo, a ordem das ligações N–O é 1,5, e o comprimento é intermediário entre o de uma ligação simples e uma dupla.

O dióxido de carbono, CO_2

A estrutura do CO_2 é linear, O–C–O, e o átomo de C utiliza orbitais híbridos *sp* para formar as ligações σ. As duas ligações C–O são idênticas, mas muito mais curtas que as ligações simples. A melhor explicação é aquela que usa ligações π deslocalizadas envolvendo orbitais moleculares π multicentrados. A molécula contém 16 elétrons externos: seis elétrons provenientes de cada um dos átomos de O mais quatro do átomo de C.

O átomo de C forma ligações σ com os dois átomos de O, o que corresponde a quatro elétrons. Não há pares isolados de elétrons no átomo de C. Se os átomos de O também utilizarem orbitais híbridos *sp*, haverá um par isolado de elétrons em cada átomo de O, respondendo por mais quatro elétrons. Foram utilizados até o momento 8 elétrons, restando oito elétrons para formar as ligações π.

Se as ligações σ e os pares isolados de elétrons ocuparem os orbitais atômicos $2s$ e $2p_x$ dos átomos de oxigênio, então os orbitais $2p_y$ e $2p_z$ poderão ser utilizados para formar ligações π. Portanto, há seis orbitais atômicos disponíveis para formar as ligações π. Os três orbitais atômicos $2p_y$ (um do C e dois dos átomos de O) formam três orbitais moleculares tricentrados que cobrem toda a molécula. O OM de menor energia é um orbital ligante. O OM de maior energia é um orbital antiligante, e o OM remanescente é não-ligante. De modo semelhante, os três orbitais $2p_z$ também formam orbitais moleculares π tricentrados ligante, antiligante e não-ligante. Cada um desses OMs envolve toda a molécula. Os oito elétrons π ocupam os OMs de menor energia; neste caso dois elétrons ocupam o OM ligante $2p_y$, dois o orbital ligante $2p_z$, dois elétrons o OM não-ligante $2p_y$ e dois elétrons o OM não-ligante $2p_z$. Há uma contribuição total de duas ligações π à molécula, além das ligações σ. A ordem de ligação das ligações C–O é, portanto, igual a dois.

O íon azoteto, N_3^-

O íon azoteto possui 16 elétrons externos (cinco de cada um dos átomos de nitrogênio mais um devido à carga negativa do íon). Ele é isoeletrônico e linear N–N–N como o CO_2. Supõe-se que o nitrogênio central utilize orbitais híbridos *sp* para formar as ligações σ, utilizando quatro elétrons. Cada um dos átomos terminais de nitrogênio apresenta um par não-ligante de elétrons, o que corresponde a mais quatro elétrons. Restam, assim, oito elétrons para formar as ligações π.

Tabela 4.6 — Estruturas com ligações multicentradas

Espécies	N.º de elétrons externos	Forma	Ordem de ligações
CO_2	16	Linear	2
N_3	16	Linear	2
O_3	18	Forma de V	1,5
NO_2^-	18	Forma de V	1,5
CO_3^{2-}	24	Trigonal plana	1,33
NO_3^-	24	Trigonal plana	1,33

Se supusermos que os orbitais ligantes e não-ligantes são formados utilizando os orbitais $2s$ e $2p_x$, restam seis orbitais atômicos para as ligações π, ou seja, três OAs $2p_y$ e três OAs $2p_z$. Os três orbitais $2p_y$ formam três orbitais π tricentrados. O de menor energia é ligante, o de maior energia é antiligante e o intermediário é não-ligante. Analogamente, os três orbitais atômicos $2p_z$ formam orbitais moleculares ligante, antiligante e não-ligante. Os oito elétrons preenchem os dois OMs ligantes e os dois não-ligantes. Formam-se, portanto, duas ligações σ e duas ligações π, resultando numa ordem de ligação igual a 2. As duas ligações N–N têm o mesmo comprimento de 1,16 Å.

SUMÁRIO SOBRE ESTRUTURAS COM LIGAÇÕES π MULTICENTRADAS

Espécies isoeletrônicas apresentam a mesma forma e a mesma ordem de ligação (Tab. 4.6).

MÉTODO DO ÁTOMO UNIDO

O método das CLOA já descrito equivale ao processo de trazer os átomos do infinito a suas posições de equilíbrio

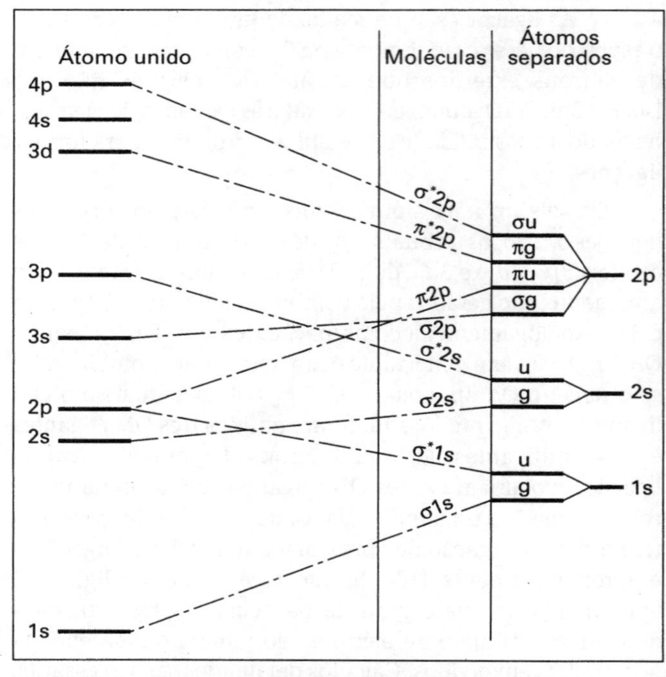

Figura 4.33 — Correlação de Mulliken para átomos iguais formando uma molécula diatômica

dentro da molécula. O método do átomo unido é uma abordagem alternativa em que os núcleos de um "átomo unido" hipotético (onde os núcleos estão superpostos), são posteriormente afastados para suas posições de equilíbrio. O átomo unido tem o mesmo número de orbitais que um átomo normal, mais os elétrons dos dois átomos que formam a ligação. Assim, no átomo unido alguns elétrons devem ser promovidos para níveis de energia mais elevados. Além disso, as energias dos orbitais do átomo unido diferem das energias dos orbitais atômicos convencionais, por causa da maior carga nuclear. Os orbitais moleculares situam-se, pois, numa posição intermediária entre a dos orbitais no átomo unido e as dos átomos separados. Desenhando-se linhas conectando as energias dos elétrons nos átomos separados e no átomo unido (isto é, um gráfico de energia interna contra a distância entre os núcleos para $r = 0$ a $r = \infty$), obtém-se um diagrama de correlação como o da Fig. 4.33.

LEITURAS COMPLEMENTARES

- Atkins, P.W. (1983) *Molecular Quantum Mechanics*, Oxford University Press, Oxford.
- Ballhausen, C.J. e Gray, H.B. (1964) *Molecular Orbital Theory*, Benjamin, Menlo Park, California.
- Ballhausen, C.J. e Gray, H.B. (1980) *Molecular Electronic Structures*, Benjamin-Cummings, Menlo-Park, California.
- Brown, I.D. (1978) *A simple structural model for inorganic chemistry*, Chem. Soc. Rev., 7, 359.
- Burdett, J.K. (1980) Molecular Shapes: *Theoretical Models for Inorganic Stereochemistry*, Wiley- Interscience, New York.
- Cartmell, E. e Fowles, G.W.A. (1977) *Valency and Molecular Structure*, 4.ª ed., Butterworths, London.
- Coulson, C.A. (1982) revisado por McWeeny, R., *The Shape and Structure of molecules*, 2.ª ed., Clarendon Press, Oxford.
- Coulson, C.A. (1979) revisado por McWeeny, R., *Valence*, 3a ed., Oxford University Press, Oxford. (Versão atualizada do livro de Coulson de 1969.)
- DeKock, R.L. e Bosma, W.B. (1988) *The three-center, two-electron chemical bond*, J. Chem. Ed., 65, 194-197.
- DeKock, R . L. e Gray, H.B. (1980) *Chemical Structure and Bonding*, Benjamin-Cummings, Menlo Park, California.
- Douglas, B., McDaniel, D.H. e Alexander J.J. (1983) *Concepts and Models in Inorganic Chemistry*, 2.ª ed., Wiley, New York,
- Ebsworth, E.A.V., Rankin, D.W.H. e Cradock, S. (1987) *Structural Methods in Inorganic Chemistry*, Blackwell Scientific , Oxford.
- Ferguson, J.E. (1974) *Stereochemistry and Bonding in Inorganic Chemistry*, Prentice Hall, Englewood Cliffs, N.J.
- Gillespie, R.J. (1972) *Molecular Geometry*, Van Nostrand Reinhold, London. (A mais recente publicação sobre a teoria VSEPR.)
- Gillespie, R.J. e Nyholm, R.S. (1957) *Q. Rev. Chem. Soc.*, 11, 339. (Desenvolve a teoria de Sidgwick-Powell à luz da moderna teoria VSEPR.)
- Karplus, M. e Porter, R.N. (1970) *Atoms and Molecules*, Benjamin, New York.
- Kettle, S.F.A. (1985) *Symmetry and Structure*, Wiley, London
- Kutzelnigg, W. (1984) *Chemical bonding in higher main group elements*, Angew. Chemie (International edition in English), 23, 272.
- Murrell, J.N., Kettle, S.F.A. e Tedder, J.M. (1985) *The Chemical Bond*, 2.ª ed., Wiley, London.
- O'Dwyer, M.F., Kent, J.E. e Brown, R.D. (1978) *Valency*, 2.ª ed., Springer (reimpresso em 1986).
- Pauling, L. (1961) *The Nature of the Chemical Bond*, 3a ed., Oxford University Press, Oxford. (Livro texto clássico sobre teoria de ligação.)
- Pauling, L. (1967) *The Chemical Bond*, Oxford University Press, Oxford. (Livro mais conciso e atualizado sobre ligação.)
- Sidgwick, N.V. e Powell H.M., (1940) *Proc. R. Soc.*, 176A, 153. (Artigo original sobre a teoria de repulsão dos pares eletrônicos de valência).
- Speakman, J.C. (1977) *Molecular structure: Its Study by Crystal Diffraction*, Royal Society of Chemistry, Monografia para professores n.º 30.
- Urch, D.S. (1970) *Orbitals and Symmetry*, Penguin.
- Wade, K. (1971) *Electron Deficient Compounds*, Nelson, London.
- Worral, J. e Worral, I.J. (1969) *Introduction to Valence Theory*, American Elsevier Publishing Co., New York.
- Comprimentos e ângulos de ligação de compostos moleculares no estado sólido e gasoso podem ser encontrados no The Chemical Society's Special Publication nº 11 (Distâncias Interatômicas) e Special Publication nº 18 (Suplemento sobre Distâncias Interatômicas).

PROBLEMAS

1. Mostre esquematicamente por meio de desenhos como os orbitais *s*, *p* ou *d* de um átomo podem interagir com os orbitais *s*, *p* ou *d* de um átomo adjacente.
2. Enumere três regras para a "Combinação linear de orbitais atômicos".
3. Mostre como os orbitais ligantes e antiligantes são gerados por meio do método da CLOA. Ilustre sua resposta dando três exemplos diferentes de moléculas diatômicas.
4. Utilize a teoria dos orbitais moleculares para explicar por que a ligação na molécula de N_2 á mais forte que a ligação na molécula de F_2.
5. Utilize a teoria dos orbitais moleculares para prever a ordem de ligação e o número de elétrons desemparelhados nas espécies O_2^{2-}, O_2^-, O_2, O_2^+, NO e CO.
6. Desenhe os diagramas de orbitais moleculares para C_2, O_2, e CO. Mostre quais orbitais estão ocupados e determine as ordens de ligação e as propriedades magnéticas dessas espécies.
7. Cite os três tipos de orbitais híbridos que podem ser formados por um átomo que possui apenas orbitais *s* e *p* na camada de valência. Desenhe as formas e a estereoquímica desses orbitais híbridos.
8. Quais são os arranjos geométricos dos orbitais híbridos sp^3d^2, sp^3d e dsp^2 ?
9. Prever a estrutura de cada uma das espécies seguintes, indicando se os ângulos de ligação sofrem ou não desvio dos valores teóricos, ou seja, sem considerar as diferenças entre as forças de repulsão entre os diversos tipos de elétrons. a) $BeCl_2$; b) BCl_3; c) $SiCl_4$; d) PCl_5 (vapor); e) PF_3; f) F_2O; g) SF_4; h) IF_5; i) SO_2; j) SF_6.
10. Como e por que as forças de coesão nos metais mudam de cima para baixo num grupo, ou ao passar de um grupo para outro ? Que propriedades físicas acompanham essas variações nas forças de coesão ?
11. Explique as diferenças entre condutores, isolantes e semicondutores valendo-se de diagramas de níveis de energia e da teoria de bandas.

LIGAÇÃO METÁLICA

PROPRIEDADES GERAIS DOS METAIS

Os metais apresentam propriedades físicas características, tais como:

1. São excelentes condutores de eletricidade e calor.
2. Apresentam um brilho metálico característico — são brilhantes, lustrosos e apresentam altos índices de reflexão.
3. São maleáveis e dúcteis.
4. Suas estruturas cristalinas são invariavelmente do tipo cúbico de empacotamento compacto, hexagonal compacto, ou cúbico de corpo centrado.
5. Formam ligas com facilidade.

Condutividade

Todos os metais são condutores de eletricidade e calor excepcionalmente eficientes. A condutividade elétrica decorre do movimento dos elétrons. Esse fato contrasta com o movimento de íons, responsável pela condução elétrica em soluções aquosas ou amostras fundidas de compostos iônicos como o cloreto de sódio, nos quais os íons sódio migram para o cátodo e os íons cloreto migram para o ânodo. No estado sólido, os compostos iônicos conduzem eletricidade em pequeno grau (semicondução), caso existam defeitos no retículo cristalino. Há uma enorme diferença na condutividade dos metais e dos demais tipos de sólidos (Tab. 5.1).

A maioria dos elementos situados à esquerda do carbono na tabela periódica são metais. O átomo de carbono possui quatro elétrons de valência. Se todos eles forem utilizados para formar quatro ligações, a camada de valência estará completa e não haverá elétrons livres para conduzir a eletricidade.

	2s	2p
Átomo de carbono – estado excitado	↑	↑ ↑ ↑
Átomo de carbono após compartilhar seus elétrons formando quatro ligações	↑↓	↑↓ ↑↓ ↑↓

Os elementos situados à esquerda do carbono tem menos elétrons e por isso devem ter orbitais não ocupados. Tanto o número de elétrons presentes no nível externo como a presença de orbitais desocupados na camada de valência são fatores importantes que explicam a condutividade e as ligações nos metais.

A condutividade dos metais decresce com o aumento da temperatura. Os metais exibem um certo grau de paramagnetismo, o que indica que eles possuem elétrons desemparelhados.

Brilho

Superfícies lisas de metais geralmente apresentam aspecto brilhante e lustroso. Todos os metais, exceto o ouro e o cobre, apresentam cor prateada (note que, quando finamente divididos, a maioria se mostra de tom cinza opaco ou preto). O brilho é característico e é observado segundo qualquer ângulo, em contraste com o brilho de alguns poucos elementos não-metálicos como o iodo e enxofre, que são brilhantes somente quando observados segundo ângulos de pequena magnitude. Os metais são usados como espelhos, porque eles refletem a luz incidente sob quaisquer ângulos. Isso se deve aos elétrons "livres" nos metais, que absorvem a energia da luz e a emitem quando o elétron retorna do estado excitado ao seu nível energético normal. Como a luz em todos os comprimentos de onda (cores) é absorvida e imediatamente reemitida, praticamente toda luz incidente

Tabela 5.1 — Condutividade elétrica de vários sólidos

Substância	Tipo de ligação	Condutividade ($ohm\ cm^{-1}$)
Prata	Metálica	$6{,}3 \times 10^5$
Cobre	Metálica	$6{,}0 \times 10^5$
Sódio	Metálica	$2{,}4 \times 10^5$
Zinco	Metálica	$1{,}7 \times 10^5$
Cloreto de sódio	Iônica	10^{-7}
Diamante	Molécula gigante covalente	10^{-14}
Quartzo	Molécula gigante covalente	10^{-14}

se reflete, conferindo o brilho. As cores avermelhada do cobre e dourada do ouro se devem à maior absorção de certas cores em relação às outras.

Muitos metais emitem elétrons quando expostos à luz - (efeito fotoelétrico). Alguns emitem elétrons quando irradiados com radiação de pequeno comprimento de onda e outros emitem elétrons quando aquecidos (emissão termoiônica).

Maleabilidade e força de coesão

Os metais apresentam propriedades mecânicas características como maleabilidade e ductibilidade. Isso indica que não há muita resistência à deformação da sua estrutura, mas mesmo assim existe uma intensa força de coesão que mantém os átomos unidos.

$$M_{cristal} \xrightarrow{\Delta H} M_{gás}$$

A força de coesão pode ser medida como calor de atomização. Alguns valores numéricos de $\Delta H°$, os calores de atomização a 25 °C, são mostrados na Tab. 5.2. Os calores de atomização (energias de coesão) decrescem de cima para baixo num grupo da tabela periódica (por exemplo, Li–Na–K–Rb–Cs), sugerindo que são inversamente proporcionais à distância internuclear.

A energia de coesão aumenta ao se passar do Grupo 1 ao Grupo 2 e Grupo 13, na tabela periódica. Isso sugere que a força da ligação metálica depende do número de elétrons de valência. Na série de metais de transição Sc-Ti-V, a energia de coesão aumenta à medida que aumenta o número de elétrons *d* desemparelhados. Continuando ao longo da série de transição, o número de elétrons envolvidos na ligação metálica eventualmente diminui à medida que os elétrons *d* são emparelhados, atingindo um mínimo no Zn.

Os pontos de fusão e, em grau ainda maior, os pontos de ebulição dos metais, acompanham as tendências da energia de coesão. As energias de coesão variam numa larga faixa de valores e podem se aproximar das magnitudes das energias reticulares que sustentam os cristais iônicos. Essas energias de coesão são muito maiores que as fracas forças de van der Waals, que mantêm unidas as moléculas covalentes discretas no estado sólido.

Há duas regras sobre a energia de coesão e a estrutura dos metais (ou ligas), que serão examinadas a seguir:

Regra 1: *A energia de ligação num metal depende do número médio de elétrons desemparelhados disponíveis para formar as ligações em cada átomo.*

Regra 2: *A estrutura cristalina adotada depende do número de orbitais* s e p *existentes em cada átomo envolvido na ligação.*

Consideremos a primeira regra — Metais do Grupo 1 têm configuração eletrônica externa ns^1, e assim possuem um elétron para formar as ligações. No estado fundamental (de energia mais baixa), os elementos do Grupo 2 possuem configuração eletrônica ns^2. Mas se o átomo for excitado, um elétron externo é promovido, levando à configuração $ns^1\ np^1$, com dois elétrons desemparelhados, que podem formar duas ligações. Analogamente, elementos do Grupo 13 apresentam no estado fundamental a configuração eletrônica $ns^2\ np^1$. Todavia, quando excitados, têm configuração $ns^1\ np^2$ e podem usar seus três elétrons para formar a ligação metálica.

A segunda regra tenta relacionar o número de elétrons *s* e *p* disponíveis para as ligações com a estrutura cristalina adotada (Tab. 5.3). Exceto pelos metais do Grupo 1, os átomos precisam ser excitados, e as estruturas adotadas são mostradas na Tab. 5.4.

Os metais do Grupo 1 adotam a estrutura cúbica de corpo centrado e seguem a regra. No Grupo 2, somente o Be e o Mg apresentam estrutura hexagonal compacta, e seguem estritamente a regra. No grupo 13, o Al adota a estrutura cúbica compacta, como esperado. Contudo, nem todas as previsões estão corretas. Não há nenhuma razão óbvia para que o Ca e Sr adotem estruturas cúbicas compactas. Mas, as

Tabela 5.2 — Entalpias de atomização ΔH° ($kJ\ mol^{-1}$) (medidas a 25° C, exceto Hg)

Metal	ΔH°	Ponto de fusão (°C)	Ponto de ebulição (°C)
Li	162	181	1331
Na	108	98	890
K	90	64	766
Rb	82	39	701
Cs	78	29	685
Be	324	1277	2477
Mg	146	650	1120
Ca	178	838	1492
Sr	163	768	1370
Ba	178	714	1638
B	565	2030	3927
Al	326	660	2447
Ga	272	30	2237
Sc	376	1539	2480
Ti	469	1668	3280
V	562	1900	3380
Cr	397	1875	2642
Mn	285	1245	2041
Fe	415	1537	2887
Co	428	1495	2887
Ni	430	1453	2837
Cu	339	1083	2582
Zn	130	420	908

Entalpias de atomização de Brewer, L., *Science*, 1968, **161**, 115, com alguns acréscimos.

Tabela 5.3 — Previsão de estruturas metálicas a partir do número de elétrons *s* e *p* envolvidos na ligação metálica

Nº de elétrons	Estrutura
Menos de 1,5	Cúbica de corpo centrado
1,7 — 2,1	Hexagonal de empacotamento compacto
2,5 — 3,2	Cúbica de empacotamento compacto
Aproximadamente 4	Estrutura do diamante — não metálica

estruturas do Ca e do Sr a altas temperaturas e a do Ba a baixas temperaturas são cúbicas de corpo centrado (como nos metais do Grupo 1), em vez da estrutura hexagonal compacta esperada. A provável explicação é a promoção do elétron *s* para um nível *d* em vez de um nível *p*. Assim, há apenas um elétron *s* ou *p* por átomo participando da ligação metálica. Isso também explica porque a primeira metade dos metais de transição também forma sólidos com estrutura cúbica de corpo centrado. Na segunda metade da série de transição, os elétrons adicionais podem ser colocados nos níveis *p* para impedir o emparelhamento dos elétrons *d*, permitindo, assim, a participação máxima de orbitais *d* na ligação metálica. Isso aumenta o número de elétrons *s* e *p* formando a ligação metálica. Por exemplo no Cu, no Ag e no Au o estado eletrônico excitado envolvido na ligação é, provavelmente, $d^8\ s^1\ p^2$, dando uma estrutura cúbica compacta e cinco ligações por átomo (dois elétrons *d*, um *s* e dois *p*). No Zn os orbitais *d* estão preenchidos, e o estado excitado empregado na ligação é $3d^{10}$, $4s^1$, $4p^1$, ocorrendo a formação de duas ligações por átomo e uma estrutura cúbica de corpo centrado. De uma maneira geral as entalpias de atomização concordam com essas idéias sobre as ligações metálicas.

Estrutura cristalina dos metais

Os elementos metálicos geralmente possuem estruturas de empacotamento compacto com número de coordenação igual a 12. Há dois tipos de empacotamento compacto, dependendo da disposição das camadas adjacentes na estrutura: empacotamento cúbico compacto ABCABC e empacotamento hexagonal compacto ABAB (vide Ligação metálica e estruturas metálicas no capítulo 2). Contudo, alguns metais apresentam uma estrutura do tipo cúbico de corpo centrado (que ocupa o espaço de maneira um pouco menos eficiente). Nesse caso, há oito vizinhos mais próximos e mais outros seis vizinhos a uma distância cerca de 15% maior. Caso essa pequena diferença entre os vizinhos mais próximos e os vizinhos seguintes seja desconsiderada, o número de coordenação na estrutura cúbica de corpo centrado é aproximadamente 14. As propriedades mecânicas de maleabilidade e ductibilidade dependem da facilidade com que camadas adjacentes de átomos podem deslizar uma sobre as outras, gerando um arranjo equivalente de esferas. Essas propriedades são também afetadas por imperfeições físicas, tais como: imperfeições nos grânulos e deslocamentos por defeitos pontuais no retículo cristalino, e pela presença de traços de impurezas no retículo. A possibilidade de ocorrer o deslizamento dos planos é maior nos materiais com estruturas cúbicas de empacotamento compacto, pois são altamente simétricas e apresentam planos de deslizamento das camadas densamente empacotadas em quatro direções (ao longo das diagonais do sólido). A estrutura de empacotamento hexagonal compacto possibilita o deslocamento em apenas uma daquelas direções. Isso explica porque os sólidos com empacotamento cúbico compacto são geralmente mais moles e mais facilmente deformáveis que materiais com estruturas cúbicas de corpo centrado ou hexagonais. Impurezas podem provocar deslocamentos em relação a posição normal dos átomos no retículo cristalino, e a ligação localizada aumenta a dureza. Alguns metais moles como o cobre tornam-se mais rígidos com o uso — é mais difícil dobrá-los pela segunda vez. Isso se deve aos deslocamentos provocados pela primeira dobra, que interrompem os planos de deslizamento. Outros metais como Sb e Bi são quebradiços. Esse fato se deve à formação de ligações direcionais, com camadas "encaixadas" que impedem o deslizamento de uma sobre as outras.

O tipo de empacotamento varia com a posição do elemento na tabela periódica (Tab. 5.4). Isso está relacionado com o número de elétrons *s* e *p* em cada átomo que podem participar da ligação metálica. Esse aspecto já foi descrito anteriormente.

Tabela 5.4 — Tipos de estruturas dos metais na tabela periódica

Li bcc	Be hcp											B	C	N	
Na bcc	Mg hcp											Al ccp	Si d	P	S
K bcc	Ca bcc ccp	Sc bcc hcp	Ti bcc hcp	V bcc	Cr bcc	Mn bcc ccp β χ	Fe bcc ccp bcc	Co ccp hcp	Ni ccp	Cu ccp	Zn hcp	Ga •	Ge d	As • α	Se
Rb bcc	Sr bcc hcp ccp	Y bcc hcp	Zr bcc hcp	Nb bcc	Mo bcc	Tc hcp	Ru hcp	Rh ccp	Pd ccp	Ag ccp	Cd hcp	In ccp*	Sn d	Sb • α	Te
Cs bcc	Ba bcc	La bcc ccp hcp	Hf bcc hcp	Ta bcc	W bcc	Re hcp	Os hcp	Ir ccp	Pt ccp	Au cpp	Hg	Tl bcc hcp	Pb ccp	Bi • α	Po

bcc = cúbico de corpo centrado
ccp = cúbico de empacotamento compacto
hcp = hexagonal de empacotamento compacto
d = estrutura do diamante
ccp* = cúbico de empacotamento compacto distorcido
χ = outra estrutura
• = caso especial (ver o grupo em questão)
α = estrutura romboédrica (lâminas pregueadas)

Tabela 5.5 — Distâncias interatômicas em moléculas M_2 e cristais metálicos

	Distância no metal (Å)	Distância na molécula M_2 (Å)
Li	3,04	2,67
Na	3,72	3,08
K	4,62	3,92
Rb	4,86	4,22
Cs	5,24	4,50

Os elementos metálicos comumente reagem com outros elementos metálicos, às vezes numa ampla faixa de composição, formando uma grande variedade de ligas. Estes se assemelham a metais e apresentam as propriedades dos metais.

Comprimentos de ligação

Se os elétrons de valência num metal estiverem distribuídos sobre um grande número de ligações, cada uma dessas ligações deveria ser mais fraca e, conseqüentemente, mais longa. Os metais alcalinos existem na forma de moléculas diatômicas no estado de vapor. Verificou-se que as distâncias interatômicas no cristal do metal são maiores que na molécula diatômica (Tab. 5.5).

Embora as ligações sejam mais longas e fracas, há um maior número dessas ligações no metal em comparação às existentes na molécula M_2. Por isso, a energia de ligação total é maior no metal cristalino. Isso pode ser notado comparando-se as entalpias de sublimação do metal e a entalpia de dissociação das moléculas M_2 (Tab. 5.6).

TEORIAS DE LIGAÇÃO NOS METAIS

As ligações em metais e ligas metálicas e suas estruturas não são tão bem compreendidas como aquelas existentes nos compostos iônicos e covalentes. Qualquer teoria adequada da ligação metálica deve explicar tanto a ligação entre um grande número de átomos idênticos num metal puro como a ligação entre átomos de metais (às vezes bem diferentes nas ligas metálicas). A teoria não pode ser baseada em ligações direcionais, pois muitas das propriedades metálicas permanecem mesmo quando o metal se encontra no estado líquido (por exemplo, mercúrio) ou quando dissolvido num solvente adequado (por exemplo, soluções de sódio em amônia líquida). Além disso, a teoria deve explicar a grande mobilidade dos elétrons.

Tabela 5.6 — Comparação entre entalpias de sublimação e dissociação

	Entalpia de sublimação do metal ($kJ\ mol^{-1}$)	1/2 entalpia de dissociação da molécula M_2 ($kJ\ mol^{-1}$)
Li	161	54
Na	108	38
K	90	26
Rb	82	24
Cs	78	21

Teoria dos elétrons livres

Já em 1900, Drude imaginou um metal como sendo um retículo onde os elétrons podem se mover livremente, de modo semelhante ao movimento das moléculas de um gás. Essa idéia foi aperfeiçoada por Lorentz em 1923, que sugeriu que os metais fossem constituídos por um retículo de esferas rígidas (íons positivos), "imersas" num "gás" de elétrons de valência que podiam se mover através dos interstícios existentes no retículo. Esse modelo explica o livre movimento dos elétrons, sendo que a força de coesão resulta da interação dos íons positivos com a nuvem eletrônica. Embora explique de uma maneira qualitativa porque um maior número de elétrons de valência leva a uma maior energia de coesão, os cálculos quantitativos geram resultados muito piores que os obtidos em cálculos semelhantes para as energias reticulares de compostos iônicos.

Teoria da ligação de valência

Considere um metal simples como o lítio, que possui estrutura cúbica de corpo centrado com oito vizinhos próximos e mais seis vizinhos no nível seguinte a uma distância um pouco maior. Um átomo de lítio tem um elétron na camada mais externa, que pode ser compartilhado com um de seus vizinhos formando uma ligação normal com dois elétrons. O átomo poderia combinar-se igualmente com qualquer um de seus oito vizinhos, de modo que muitos arranjos são possíveis, como os dois exemplos mostrados na Fig. 5.1 a e b.

O átomo de lítio pode formar duas ligações caso ele esteja ionizado, levando então a estruturas semelhantes às mostradas nas Fig. 5.1 c e d. Pauling sugeriu que a estrutura real é o resultado da mistura de todas as estruturas possíveis. Quanto maior o número de estruturas possíveis, menor será a energia. Isso significa que a energia de coesão que mantém os átomos unidos é grande. De fato, no lítio metálico a energia de coesão é três vezes maior que na molécula de Li_2. A energia de coesão aumenta do Grupo 1 para o Grupo 2 e deste para o Grupo 13. Isso pode ser explicado pela capacidade crescente dos átomos em formar ligações, dando um número ainda maior de estruturas possíveis. A presença de íons poderia explicar a condutividade elétrica, mas a teoria não é capaz de explicar a condução do calor nos sólidos;

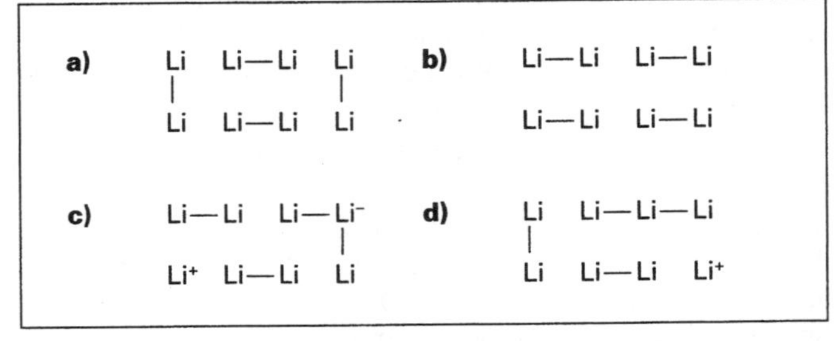

Figura 5.1 — Representações de algumas possibilidades de ligação no lítio

nem o brilho e nem a manutenção das propriedades metálicas no estado líquido ou em solução.

Teoria dos orbitais moleculares ou das bandas

A configuração eletrônica do átomo de lítio é

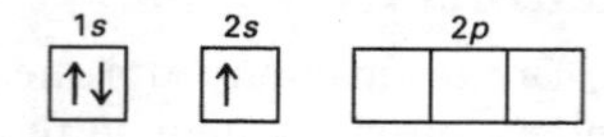

A molécula de Li_2 existe no estado de vapor, e a ligação é formada pela combinação dos orbitais atômicos 2s. Há três orbitais 2p vazios na camada de valência, e a presença de OAs vazios é um pré-requisito para a ocorrência de propriedades metálicas (carbono no estado excitado, nitrogênio, oxigênio, flúor e neônio não apresentam OAs vazios na camada de valência e todos são não-metais).

A camada de valência tem mais OAs que elétrons e, mesmo que todos os elétrons participem de ligações normais, o átomo não pode atingir a estrutura estável de gás nobre. Compostos desse tipo são chamados de "deficientes em elétrons" ou "elétron-deficientes".

Os OAs vazios podem ser usados para formar ligações adicionais de duas maneiras diferentes:

1. OAs vazios podem receber pares isolados de elétrons de outros átomos ou ligantes, formando ligações coordenadas.
2. Pode ocorrer a formação de compostos tipo "cluster" (aglomerado), em que cada átomo compartilha seus elétrons com diversos vizinhos, obtendo também uma participação nos elétrons destes. A formação de *clusters* ocorre em hidretos de boro e carboranos e é a característica preponderante dos metais.

A descrição da molécula de Li_2 pela teoria de orbitais moleculares se encontra no Capítulo 4, nos exemplos da teoria dos OMs. Seus seis elétrons estão dispostos nos orbitais moleculares como se segue:

$$\sigma 1s^2,\ \sigma^* 1s^2,\ \sigma 2s^2$$

Ocorre a formação de ligação porque o OM ligante $\sigma 2s$ está completo e o correspondente orbital antiligante está vazio. Ignorando todos os elétrons internos, os OAs 2s dos dois átomos de lítio de se combinam para formar dois OMs σ — um deles ligante e outro antiligante. Os elétrons de valência ocupam o OM ligante (Fig. 5.2a).

Suponha agora que existam três átomos de Li ligando-se para formar Li_3. Haveria a combinação de três OAs 2s para formar três OMs σ — um deles ligante, um não-ligante e outro antiligante. A energia do orbital não-ligante se situa entre a do orbital ligante e a do antiligante. Os três elétrons de valência dos três átomos ocupariam o OM ligante (dois elétrons) e o OM não-ligante (um elétron) (Fig. 5.2b).

No Li_4, os quatro OAs formam quatro OMs σ — dois ligantes e dois antiligantes. A presença de dois OM não-ligantes entre os orbitais ligante e antiligante diminui a diferença de energia entre os mesmos. Os quatro elétrons de valência devem ocupar os dois OMs de menor energia, ambos orbitais ligantes, como mostrado na Fig. 5.2c.

A diferença entre os níveis energéticos dos vários orbitais diminui ainda mais à medida que aumenta o número de elétrons no "cluster". E, quando o número de átomos se torna muito grande, os níveis energéticos dos orbitais estão situados tão próximos uns dos outros que quase formam um contínuo (ver Fig. 5.2d).

Por definição, o número de OAs deve ser igual ao número de OMs formados. Como existe apenas um elétron de valência por átomo de lítio e como um OM pode conter até dois elétrons, conclui-se que somente a metade dos OMs da banda de valência 2s será preenchida (isto é, os OMs ligantes). Assim, basta uma pequena quantidade de energia para promover um elétron para um OM desocupado.

Os OMs se estendem nas três dimensões sobre todos os átomos no cristal, fazendo com que os elétrons passem a ter um elevado grau de mobilidade. A mobilidade dos elétrons é responsável pela acentuada condutividade térmica e elétrica dos metais.

Quando uma das extremidades de uma peça de metal é aquecida, os elétrons situados nessa extremidade adquirem energia e se movem para um OM desocupado, onde podem migrar rapidamente para qualquer outra parte do metal. Isso

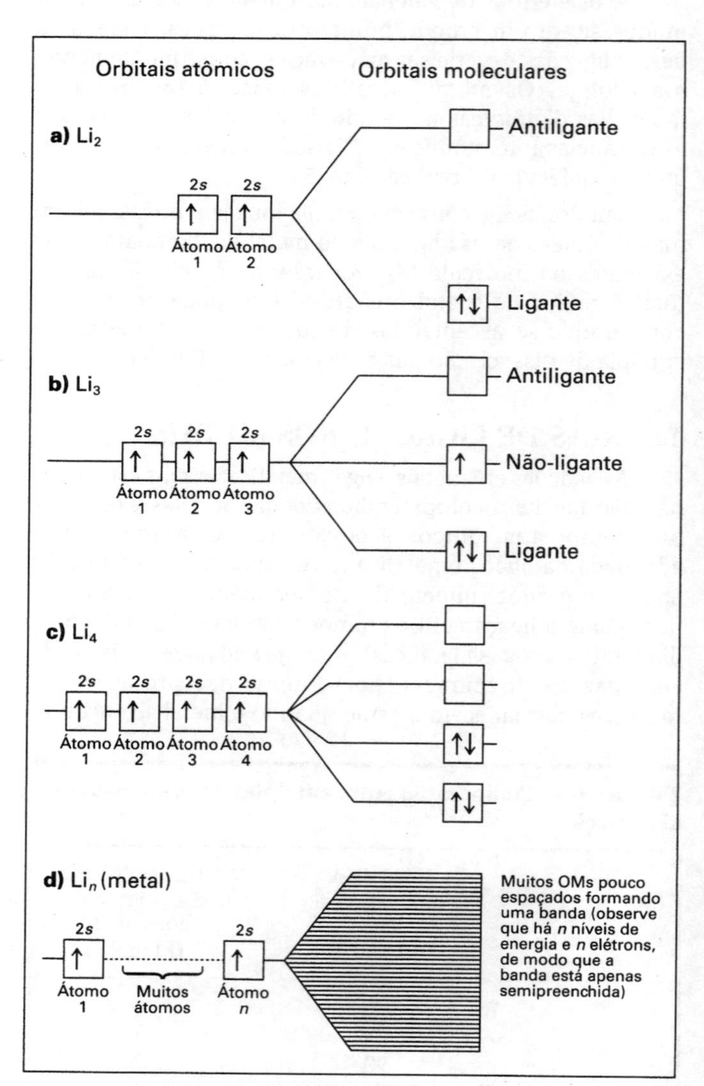

Figura 5.2 — Evolução dos diagramas de orbitais moleculares até a formação de bandas nos metais

faz com que a peça como um todo tenha sua temperatura elevada. Analogamente, a condução da eletricidade ocorre através de uma pequena perturbação que promove um elétron para um nível não-preenchido, onde ele pode mover-se livremente. Na ausência de um campo elétrico, um número igual de elétrons se moverá em todas as direções. Se um eletrodo positivo for colocado numa das extremidades da peça e na outra um eletrodo negativo, então a proporção de elétrons movendo-se em direção ao ânodo será muito maior que na direção oposta. Logo, uma corrente elétrica fluirá através do material.

A condução ocorre porque os OMs se estendem por todo o cristal, e porque não há efetivamente uma diferença de energia entre os OMs ocupados e vazios. No lítio, a ausência desse intervalo de energia se deve ao fato de apenas metade dos OMs na banda de valência estarem preenchidos (Fig. 5.3a).

No berílio há dois elétrons de valência, de modo que eles preenchem completamente os OMs 2s da banda de valência. Num átomo isolado de berílio a diferença de energia entre os OAs $2s$ e $2p$ é de 160 kJ mol^{-1}. Assim como os OAs $2s$ formam uma banda de OM, os OA $2p$ também formam uma banda de OMs $2p$, mas a parte superior da banda $2s$ se sobrepõe à parte inferior da banda $2p$ (Fig. 5.3b). Por causa dessa sobreposição de bandas, parte da banda $2p$ está ocupada e parte da banda $2s$ está vazia. Nesse caso, é fácil perturbar um elétron para um nível desocupado na banda de condução, onde ele pode mover-se através do cristal. Logo, o berílio comporta-se como um metal. Por causa da sobreposição das bandas não há um intervalo de energia proibida, e os elétrons da banda de valência preenchida podem ser promovidos para a banda de condução vazia.

CONDUTORES, ISOLANTES E SEMICONDUTORES

Nos condutores elétricos (metais) a banda de valência está ou apenas parcialmente preenchida ou existe uma sobreposição das bandas de valência e de condução. Assim,

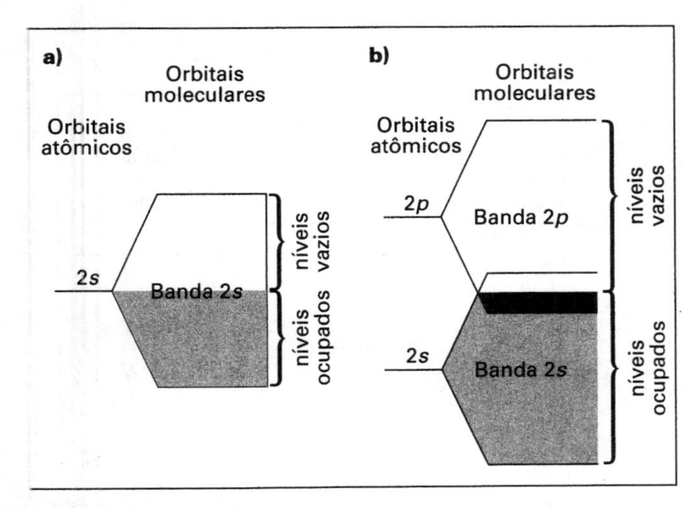

Figura 5.3 — Dois métodos pelos quais pode ocorrer condução: a) orbitais moleculares metálicos no lítio mostrando uma banda semipreenchida; b) orbitais moleculares metálicos no berílio mostrando bandas sobrepostas

não há uma diferença apreciável entre OMs preenchidos e vazios, e uma pequena quantidade de energia é suficiente para perturbar o sistema.

Nos isolantes (não-metais), a banda de valência está completa e uma perturbação envolvendo níveis dentro da própria banda é impossível. Por outro lado, há uma diferença apreciável de energia (denominada intervalo de banda) entre a banda de valência e a banda vazia mais próxima. Assim, os elétrons não podem ser promovidos para um nível vazio, onde eles poderiam mover-se livremente.

Os semicondutores intrínsecos são basicamente isolantes onde o intervalo de energia entre as bandas adjacentes é suficientemente pequeno para que a energia térmica promova um pequeno número de elétrons da banda de valência para a banda de condução vazia. Tanto o elétron promovido para a banda de condução como o elétron desemparelhado que permanece na banda de valência podem conduzir a eletricidade. A condutividade dos semicondutores aumenta com a temperatura porque, à medida que aumenta a temperatura, também aumenta o número de elétrons promovidos para a banda de condução. Tanto os semicondutores do tipo n como os do tipo p são preparados dopando-se um isolante com uma impureza adequada. A banda da impureza se situa entre as bandas de valência e de condução do isolante, de modo tal que elétrons podem ser excitados da banda de valência para a banda da impureza ou vice-versa (Fig. 5.4) (defeitos e semicondutores foram discutidos no final do Capítulo 3).

LIGAS

Quando uma mistura de dois metais é aquecida ou quando um metal é misturado com um elemento não-metálico, pode ocorrer uma das seguintes situações:

1. Forma-se um composto iônico.
2. Forma-se uma liga intersticial.
3. Forma-se uma liga substitucional.
4. Resulta uma simples mistura.

A ocorrência de uma ou outra dessas situações depende da natureza química dos elementos envolvidos, dos tamanhos relativos dos átomos metálicos e dos átomos adicionados.

Compostos iônicos

Considere inicialmente a natureza química dos dois elementos. Se um elemento de elevada eletronegatividade (por exemplo, F 4,0, Cl 3,0 ou O 3,5) for adicionado a um metal de baixa eletronegatividade (por exemplo, Li 1,0 ou Na 0,9), o produto será um composto iônico não metálico.

Ligas intersticiais e compostos correlatos

Em seguida, considere os tamanhos relativos dos átomos. A estrutura da maioria dos metais é um retículo compacto de átomos ou íons esféricos. Portanto, existem muitos interstícios tetraédricos e octaédricos. Se o elemento adicionado tiver átomos pequenos, eles podem ser acomodados nesses interstícios sem alterar a estrutura do

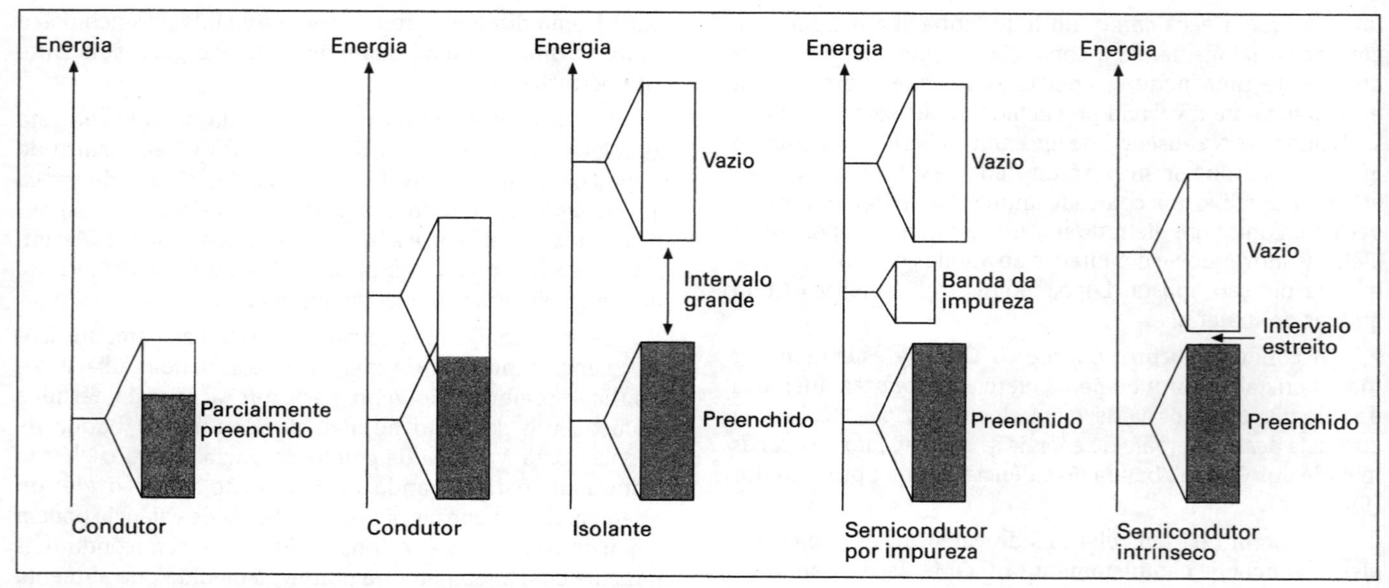

Figura 5.4 — Condutores, isolantes, semicondutores por impureza e intrínsecos

metal. O hidrogênio é suficientemente pequeno para ocupar interstícios tetraédricos, mas a maioria dos outros elementos ocupa os interstícios octaédricos, que são maiores.

Os átomos adicionados ocupam posições intersticiais no retículo metálico, em vez de substituírem átomos do metal no retículo. A composição química desse tipo de compostos pode variar numa grande faixa, dependendo do número de interstícios ocupados. Tais ligas são denominadas soluções sólidas intersticiais e são formadas por um grande número de metais com o hidrogênio, boro, carbono, nitrogênio e outros elementos. O fator mais importante é o tamanho do átomo adicionado. Para que ocorra a ocupação dos interstícios octaédricos, a relação de raios do átomo menor pelo do átomo maior, deve situar-se na faixa de 0,414 a 0,732. A ocupação dos interstícios não altera de modo significativo a estrutura do metal. Ele continua parecido com um metal e continua conduzindo calor e eletricidade. Contudo, o preenchimento dos interstícios tem um efeito considerável sobre as propriedades físicas; sobretudo dureza, maleabilidade e ductibilidade do metal. Isso ocorre porque a ocupação dos interstícios dificulta o deslizamento de uma camada de íons metálicos sobre a outra.

Boretos, carbetos e nitretos intersticiais são compostos quimicamente extremamente inertes, possuem pontos de fusão extremamente elevados e são muito duros. Carbetos intersticiais de ferro são de grande importância na composição dos vários tipos de aço.

O diagrama de fases ferro-carbono é de grande importância na indústria dos metais ferrosos. A Fig. 5.5 mostra parte desse diagrama. A parte mais importante vai do ferro puro ao composto carbeto de ferro ou cementita, Fe_3C. O Fe puro existe na forma de duas variedades alotrópicas: α-ferrita e γ-ferrita. A α-ferrita ou austenita, adota uma estrutura cúbica de corpo centrado, estável até temperatura de 910 °C. Acima desta temperatura, ela se transforma em γ-ferrita, com estrutura cúbica centrada nas faces. Acima de 1401 °C a γ-ferrita volta a ter uma estrutura cúbica de corpo centrado, mas é denominado δ-ferrita.

A parte superior da curva é típica de dois sólidos apenas parcialmente miscíveis, ocorrendo em X um ponto eutético entre γ-ferrita, carbeto de ferro e o líquido. Um ponto triplo semelhante ocorre em Y, mas como este ocorre numa região em que ocorre um equilíbrio entre espécies no estado sólido, ele é chamado de ponto eutectóide. O sólido com a composição do eutectóide (uma mistura de γ-ferrita e carbeto de ferro) é denominado pearlita. Trata-se de uma mistura, não de um composto propriamente dito, e foi assinalado com um P no diagrama. O nome pearlita se deve ao aspecto de madrepérola quando observado ao microscópio. As várias regiões sólidas, α, γ e δ são constituídas pelas diferentes

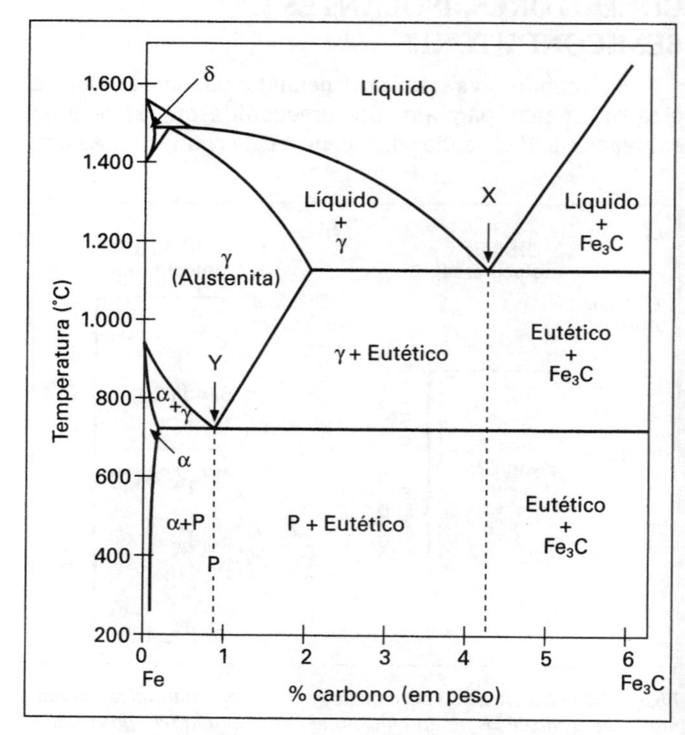

Figura 5.5 — Parte do diagrama de fases ferro-carbono (X = eutético, Y = eutectóide; P = pearlita)

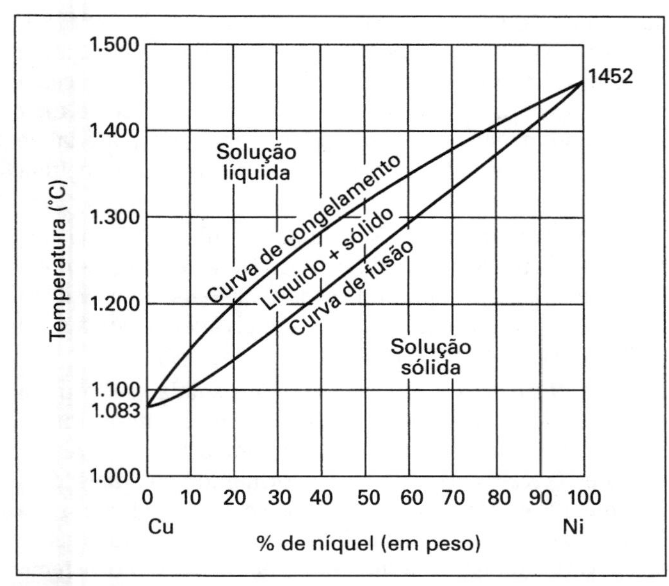

***Figura 5.6** — Cu/Ni — uma série contínua de soluções sólidas (segundo W. J. Moore, Physical Chemistry)*

variedades alotrópicas do ferro, e todas contêm quantidades variáveis de carbono em posições intersticiais.

O aço contém até 2 % de carbono. Quanto maior a quantidade de carbono presente, tanto mais dura e quebradiça será a liga. Quando o aço é aquecido, o sólido se transforma em austenita, que pode ser laminada, dobrada ou prensada em qualquer forma desejada. Durante o resfriamento, as fases se separam, e o modo pelo qual é efetuado esse resfriamento afeta a granulometria e as propriedades mecânicas. As propriedades do aço podem ser modificadas por meio de tratamentos térmicos tais como a têmpera e o recozimento.

O ferro fundido contém mais de 2 % de carbono. O carbeto de ferro é extremamente duro e quebradiço. O aquecimento do ferro fundido não produz uma solução sólida homogênea (similar à austenita no aço). Assim, o ferro fundido não pode ser trabalhado mecanicamente, mas o líquido pode ser despejado em moldes com as formas desejadas.

Ligas substitucionais

Se dois metais forem completamente miscíveis um com o outro, eles podem formar soluções sólidas cujas composições podem ser variadas continuamente. Os exemplos incluem Cu/Ni, Cu/Au, K/Rb, K/Cs e Rb/Cs. Nesses casos um átomo pode substituir outro no retículo, aleatoriamente.

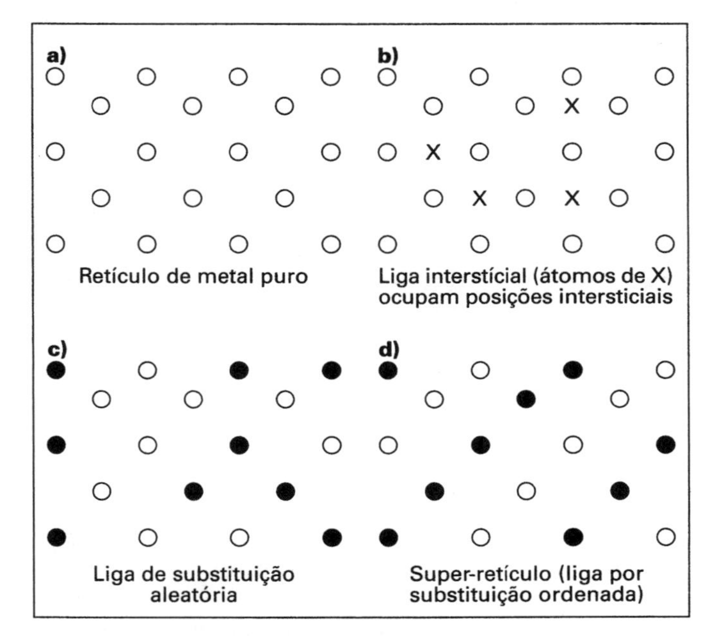

***Figura 5.7** — Estruturas de metais e ligas: a) retículo metálico puro; b) liga intersticial (átomos de X ocupam posições intersticiais); c) liga por substituição aleatória; d) super-retículo (liga por substituição ordenada)*

No caso de ligas de Cu/Au, a temperaturas superiores a 450 °C, existe uma estrutura desordenada (Fig. 5.7c), mas se o resfriamento for suficientemente lento pode formar-se o super-retículo mais ordenado mostrado na Fig. 5.7d. Apenas alguns poucos metais formam esse tipo de solução sólida de maneira contínua. Hume-Rothery mostrou que nesses casos três regras são válidas:

1. Os dois metais devem ser de tamanhos semelhantes — seus raios metálicos não devem diferir mais que 14 a 15 %.
2. Os dois metais devem adotar a mesma estrutura cristalina.
3. As propriedades químicas dos metais devem ser semelhantes — principalmente, o número de elétrons de valência deve ser o mesmo.

Considere uma liga de Cu e Au. Os raios metálicos diferem em apenas 12,5%; ambos possuem estruturas cúbicas de empacotamento compacto e possuem propriedades semelhantes, pois se situam no mesmo grupo da tabela periódica. Portanto, os dois metais são completamente miscíveis. Os elementos do Grupo 1 são quimicamente semelhantes; todos têm estruturas cúbicas de corpo centrado. A diferença de tamanhos entre pares

Tabela 5.7 — Raios metálicos dos elementos (em Å) (para coordenação 12)

Li	Be											B	C	N	
1,52	1,12											0,89	0,91	0,92	
Na	Mg											Al	Si	P	S
1,86	1,60											1,43	1,32	1,28	1,27
K	Ca	Sc	Ti	V	Cr	Mn	Fe	Co	Ni	Cu	Zn	Ga	Ge	As	Se
2,27	1,97	1,64	1,47	1,35	1,29	1,37	1,26	1,25	1,25	1,28	1,37	1,23	1,37	1,39	1,40
Rb	Sr	Y	Zr	Nb	Mo	Tc	Ru	Rh	Pd	Ag	Cd	In	Sn	Sb	Te
2,48	2,15	1,82	1,60	1,47	1,40	1,35	1,34	1,34	1,37	1,44	1,52	1,67	1,62	1,59	1,60
Cs	Ba	La	Hf	Ta	W	Re	Os	Ir	Pt	Au	Hg	Tl	Pb	Bi	Po
2,65	2,22	1,87	1,59	1,47	1,41	1,37	1,35	1,36	1,39	1,44	1,57	1,70	1,75	1,70	1,76

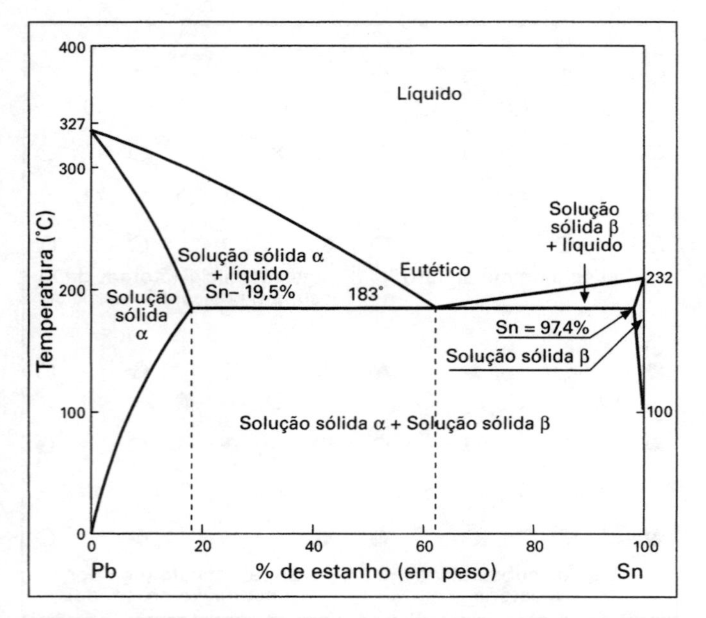

Figura 5.8 — Diagrama de fases para Sn/Pb mostrando miscibilidade parcial e somente um reduzido intervalo de soluções sólidas (o eutético ocorre com 62% de Sn e pontos eutectóides ocorrem com 19,5% de Sn e 97,4% de Sn)

adjacentes são Li-Na 22,4%, Na-K 22,0%, K-Rb 9,3% e Rb-Cs 6,9%. Por causa da diferença de tamanhos, ocorre a miscibilidade completa nas ligas K/Rb e Rb/Cs, mas não nas ligas Li/Na e Na/K.

Se forem satisfeitas somente uma ou duas dessas regras, então soluções sólidas de substituição aleatória serão formadas num intervalo muito restrito, próximo aos dois extremos de composição.

Consideremos as ligas de estanho e chumbo. Seus raios diferem em apenas 8% e ambas pertencem ao Grupo 14, e exibem propriedades semelhantes. Contudo, suas estruturas são diferentes e elas são apenas parcialmente miscíveis (vide Fig. 5.8). A solda é uma liga de Sn e Pb contendo geralmente cerca de 30% de Sn, mas que pode conter de 2 a 63% de Sn. O diagrama de fases é mostrado na Fig. 5.8. Há duas pequenas áreas de miscibilidade completa, denominadas α e β, nos extremos de composição a direita e esquerda do diagrama. No caso da "solda dos encanadores" (30% Sn, 70% Pb), as curvas para o líquido e o sólido estão bastante afastadas, havendo um intervalo de temperatura de cerca de 100 °C no qual o material é pastoso, onde existe uma solução sólida suspensa no líquido. Quando o material se encontra nesse estado, parte sólido, parte líquido, uma junta soldada pode ser "alisada".

Tabela 5.8 — Tabela de fases intermediárias

Fase	Composição em Zn	Estrutura
α	0 — 35%	Solução sólida substitucional aleatória de Zn em Cu
β	45 — 50%	Composto metálico de estequiometria aproximada CuZn Estrutura cúbica de corpo centrado
γ	60 — 65%	Composto intermetálico de estequiometria aproximada Cu_5Zn_8 Estrutura cúbica complexa
ε	82 — 88%	Composto intermetálico de estequiometria aproximada $CuZn_3$ Estrutura hexagonal de empacotamento compacto
η	97 — 100%	Solução sólida substitucional aleatória de Cu em Zn

Um comportamento semelhante é observado na liga Na/K e Al/Cu. Os raios metálicos do Na e do K diferem em 22%, de modo que, apesar de suas semelhanças estruturais e químicas, eles formam soluções sólidas apenas numa faixa de composição muito estreita.

Em outros casos em que soluções sólidas se formam em intervalos estreitos de composição, é importante a tendência dos metais de formarem compostos ao invés de soluções. Nesses casos, podem se formar uma ou mais fases intermetálicas, cada uma das quais se comporta como um composto dos metais constituintes, embora a estequiometria possa variar numa faixa limitada. Por exemplo, no sistema Cu/Zn os raios metálicos diferem em apenas 7%, mas os metais têm estruturas diferentes (Cu é cúbico de empacotamento compacto e o Zn é hexagonal de empacotamento compacto) e possuem números diferentes de elétrons de valência. Nesse caso espera-se uma faixa estreita de soluções sólidas. Porém, os átomos apresentam uma elevada tendência a formar compostos, podendo ser distinguidas cinco estruturas diferentes, como mostrado na Tab. 5.8.

A relação entre as várias fases é mostrada no diagrama de fases da Fig. 5.9. Cada fase apresentada uma composição característica e pode ser representada por uma fórmula ideal, mesmo que ela varie numa faixa de composições. Hume-Rothery estudou a composição das fases formadas e verificou que a fase β sempre ocorre nas ligas quando a relação entre a soma dos elétrons de valência e o número de átomos é de 3 : 2. Analogamente, a fase γ sempre ocorre quando aquela relação é de 21 : 13, e a fase η sempre ocorre quando aquela

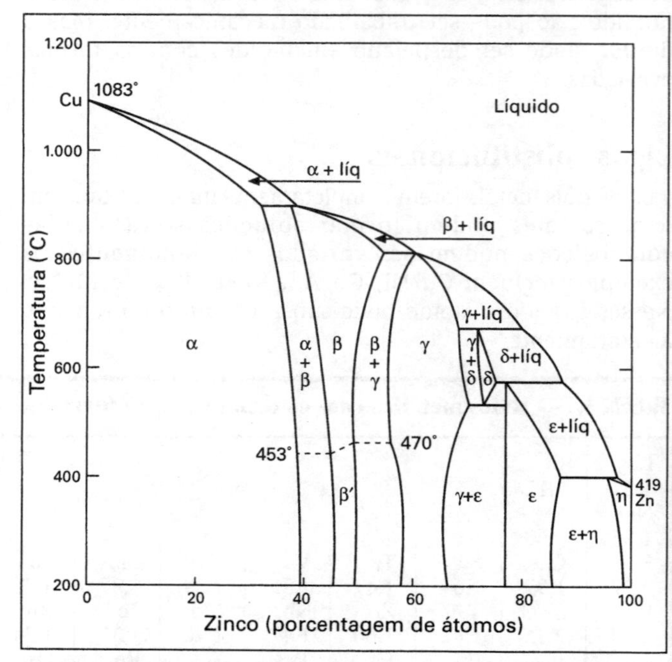

*Figura 5.9 — Diagrama de fases para ligas Cu/Zn (copyright Bohm e Klemm, Z. Anorg. Chem., **243**, 69, 1939)*

Tabela 5.9 — Alguns compostos intermetálicos com diferentes proporções entre elétrons de valência e n.º de átomos

Fórmula ideal	N.º de elétrons de valência / n.º de átomos	
CuZn	3/2	fases β
Cu_3Al	6/4 = 3/2	
Cu_5Sn	9/6 = 3/2	
AgZn	3/2	
Cu_5Si	9/6 = 3/2	
Ag_3Al	6/4 = 3/2	
$CoZn_3$	3/2 *	
Cu_5Zn_8	21/13	fases γ
Cu_9Al_4	21/13	
$Na_{31}Pb_8$	21/13	
Co_5Zn_{21}	21/13 *	
$CuZn_3$	7/4	fases ε
Cu_3Si	7/4	
Ag_5Al_3	14/8 = 7/4	
Au_5Al_3	14/8 = 7/4	

* Supõe-se que os metais dos grupos do Fe, Co e Ni não apresentam elétrons de valência para ligação metálica

relação é de 7 : 4, quaisquer que sejam os metais envolvidos (Tab. 5.9).

Não se sabe exatamente porque fases metálicas binárias semelhantes são formadas para dadas relações elétrons/átomos. Todavia, parece que a causa se encontra no modo de preenchimento das bandas eletrônicas de forma a minimizar a energia do sistema.

SUPERCONDUTIVIDADE

Os metais são bons condutores de eletricidade e suas condutividades aumentam à medida que a temperatura diminui. Em 1911, o cientista holandês Heike Kammerlingh Onnes descobriu que metais como Hg e Pb se tornam supercondutores em temperaturas próximas do zero absoluto. Um supercondutor apresenta resistência elétrica zero ou quase zero. Por isso, ele pode transportar uma corrente elétrica sem perder energia e, em princípio, a corrente poderia fluir para sempre. Existe uma temperatura crítica T_c na qual a resistência cai bruscamente, provocando o aparecimento das propriedades supercondutoras. Mais tarde, Meissner e Ochsenfeld descobriram que certos materiais supercondutores impedem a penetração de campos magnéticos. Atualmente esse fenômeno é conhecido como efeito Meissner e é responsável pela "levitação". A levitação ocorre quando objetos "flutuam" no ar. Isso pode ser provocado pela repulsão mútua entre um ímã permanente e um supercondutor. Um supercondutor também expele todos os campos magnéticos internos (que surgem de elétrons desemparelhados), de modo que eles são diamagnéticos. Em muitos casos a variação das propriedades magnéticas é mais fácil de se monitorar que o aumento da condutividade elétrica, já que a passagem de correntes elevadas ou campos magnéticos intensos podem destruir o estado supercondutor. Portanto, existe também uma corrente crítica e uma magnetização crítica relacionadas à T_c.

Uma liga supercondutora de nióbio e titânio, que possui T_c de cerca de 4 K e requer hélio líquido para seu resfriamento, é conhecida desde a década de 1950. Considerável esforço tem sido dispensado na busca de ligas que se tornem supercondutoras a temperaturas mais elevadas. Ligas de Nb_3Sn, Nb_3Ge, Nb_3Al e V_3Si são supercondutoras com T_c em torno de 20 K. É interessante notar que todas apresentam a estrutura do β-tungstênio. As ligas Nb_3Sn e Nb_3Ge possuem T_c de 22 K e 24 K, respectivamente e são utilizadas para fabricar os fios de eletroímãs extremamente poderosos. Esses ímãs possuem diversas aplicações:

1. Em aceleradores lineares: usados para fragmentar átomos no estudo da física de partículas de alta energia.
2. Na pesquisa sobre fusão nuclear: para produzir campos magnéticos poderosos que atuam como um recipiente magnético para um plasma.
3. Para fins militares.
4. Em aparelhos de ressonância magnética nuclear para pesquisa na área de química e para obtenção de imagens (usada na medicina para efetuar diagnósticos).

Uma corrente extremamente elevada pode ser passada através de um fio muito fino feito de um supercondutor. Isso possibilita a obtenção de eletroímãs pequenos, com um grande número de espiras, que geram campos magnéticos extremamente intensos. Como o supercondutor tem resistência elétrica praticamente nula, não há perda de energia na forma de calor. Como não há perda de corrente, uma vez que esta se estabelece na espiral, ela flui indefinidamente. Por exemplo, nos grandes ímãs supercondutores usados na pesquisa de plasma, a corrente usada por uma liga supercondutora de Nb/Ta a 4 K corresponde a apenas 0,3 % da corrente usada num eletroímã feito de espirais de cobre, de potência semelhante. Um dos grandes obstáculos para a disseminação desses *supercondutores de baixa temperatura* é justamente o fato da temperatura de transição T_c ser muito baixa. O único meio de se alcançar tais temperaturas é utilizando hélio líquido, que é muito caro.

O primeiro supercondutor não-metálico foi descoberto em 1964. Tratava-se de um óxido metálico com a estrutura cristalina da perovskita, sendo um supercondutor diferente das ligas. Não tinha nenhum valor prático, já que a T_c era de apenas 0,01 K.

A estrutura da perovskita é adotada por compostos de fórmula ABO_3, onde a soma dos estados de oxidação de A e

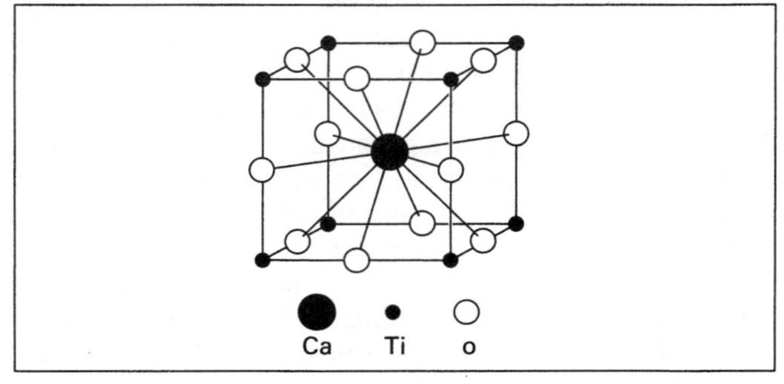

***Figura 5.10** — Perovskita*

B é igual a 6. Podem ser citados o $BaTiO_3$, $CaTiO_3$ e $NaNb^VO_3$. A estrutura cristalina da perovskita é cúbica. Um íon Ca^{2+} está situado no centro do cubo, os íons menores Ti^{4+} se localizam nos vértices e os O^{2-} se situam no meio das arestas do cubo. Assim, o Ca^{2+} tem número de coordenação 12, pois é circundado por 12 átomos de O, e o Ti^{4+} é rodeado por 6 átomos de O formando um octaedro. Essa estrutura está ilustrada na Fig. 5.10.

A supercondutividade também foi observada em certos materiais orgânicos constituídos por moléculas planares superpostas e em certos sulfetos conhecidos como compostos de Chevrel.

Em 1986, Georg Bednorz e Alex Müller (que trabalhavam nos laboratórios da IBM em Zurique, na Suíça) comunicaram a descoberta de um novo tipo de supercondutor com valor de T_c de 35 K. Essa temperatura é consideravelmente maior que a requerida para as ligas. Esse composto é um óxido misto do sistema Ba–La–Cu–O. Embora a fórmula originalmente sugerida tenha sido outra, ela foi revista e reescrita como $La_{(2-x)}Ba_xCuO_{(4-y)}$, onde o valor de x se situa entre 0,15 e 0,20 e y é pequeno. Esse composto adota a estrutura da perovskita baseada na do La_2CuO_4. Embora o La_2CuO_4 não seja condutor, os supercondutores podem ser obtidos substituindo-se de 7,5 a 10 % dos íons La^{3+} por Ba^{2+}. Há uma pequena deficiência de O^{2-}. Parece razoável supor que a perda de oxigênio do retículo seja contrabalanceada pela redução de um cátion metálico facilmente redutível, neste caso o Cu^{3+}.

$$O^{2-}{}_{(\text{retículo})} \rightarrow {}^1/_2O_2 + 2e$$
$$2Cu^{3+} + 2e \rightarrow 2Cu^{2+}$$

A publicação daquele artigo estimulou um enorme interesse pelos supercondutores "cerâmicos", e uma avalanche de artigos sobre o assunto foi publicada em 1987. Foram preparados compostos semelhantes em diversos laboratórios, substituindo-se Ba^{2+} por Ca^{2+} ou por Sr^{2+}, ou usando diferentes lantanídios e modificando as condições de síntese para controlar a quantidade de oxigênio. Nas principais rotas de síntese, quantidades estequiométricas dos óxidos ou carbonatos dos metais apropriados são aquecidos ao ar, resfriados, triturados, aquecidos em atmosfera de oxigênio e temperados. Dessa maneira foram preparados compostos com T_c em torno de 50 K. Bednorz e Müller foram contemplados com o Prêmio Nobel de Física em 1987.

Outro material supercondutor muito importante se baseia no sistema Y–Ba–Cu–O, descrito por Wu, Chu e colaboradores em março de 1987. Transformou-se num marco, pois foi o primeiro relato de um material supercondutor a 93 K. Essa temperatura é importante por razões de ordem prática. Ela permite o uso de nitrogênio líquido (P.E. 77 K) como refrigerante no lugar do dispendioso hélio líquido. O composto é representado como $YBa_2Cu_3O_{7-x}$ e foi denominado sistema 1-2-3, por causa da estequiometria dos metais presentes. Como o sistema anterior La_2CuO_4, o 1-2-3 contém Cu e adota uma estrutura que se baseia na estrutura da perovskita. É constituído por três unidades cúbicas de perovskita empilhadas uma sobre a outra, gerando uma célula unitária alongada (tetragonal).

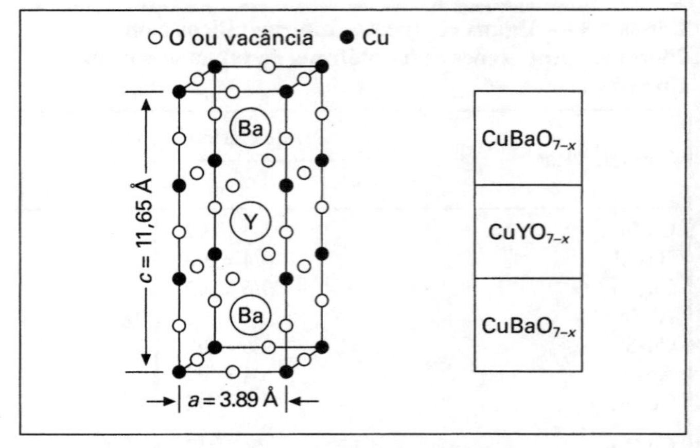

Figura 5.11 — *A estrutura 1-2-3 do* $YBa_2Cu_3O_{7-x}$

Os cubos superior e inferior possuem um íon Ba^{2+} no centro e os íons menores Cu^{2+} nos vértices. O cubo do meio é semelhante, mas tem um íon Y^{3+} no centro. Uma perovskita possui fórmula geral ABO_3, mas a estequiometria do composto deverá ser $YBa_2Cu_3O_9$. Como a estequiometria encontrada é $YBa_2Cu_3O_{7-x}$, há um grande deficiência de oxigênio: cerca de um quarto dos sítios que deveriam estar ocupados por oxigênio no retículo estão desocupados. Na perovskita, o íon O^{2-} se localiza no meio das 12 arestas do cubo. A difração de nêutrons mostra que as vacâncias de oxigênio estão ordenadas. Todos os O que deveriam estar presentes ao longo do eixo Z até a altura do Y estão ausentes: metade dos O em torno do Cu e entre os planos de Ba também estão ausentes.

O Y, da estrutura do supercondutor 1-2-3, foi subs-tituído por diversos lantanídios, inclusive Sm, Eu, Nd, Dy e Yb. Os valores de T_c até 93 K foram confirmados em diversos laboratórios. Esses supercondutores foram denominados *supercondutores "quentes"*.

Em 1988 foram relatados novos sistemas usando Bi ou Tl ao invés de lantanídeos. Por exemplo, no sistema $Bi_2Sr_2Ca_{(n-1)}Cu_nO_{(2n+4)}$ conhecem-se compostos com n igual a 1, 2, 3 e 4. Todos apresentam a estrutura da perovskita e valores de T_c iguais a 12 K, 80 K, 110 K e 90 K, respectivamente. Uma série de compostos semelhante $Tl_2Ba_2Ca_{(n-1)}Cu_nO_{(2n+4)}$ com valores de T_c de 90 K, 110 K, 122 K e 119 K, respectivamente, também é conhecida. Existem indícios de que o T_c do composto $Bi_{1,7}Pb_{0,2}Sb_{0,1}Sr_2Ca_2Cu_{2,8}O_y$ é igual a 164 K.

$BaBiO_3$ adota a estrutura da perovskita, mas não é um supercondutor. Contudo, substituindo-se alguns dos íons Ba^{2+} por K^+, ou alguns dos Bi^{4+} por Pb^{4+}, obtém-se fases supercondutoras tais como $K_xBa_{(1-x)}BiO_3$ e $BaPb_{(1-x)}Bi_xO_3$. Esses compostos apresentam valores relativamente baixos de T_c, mas são de interesse teórico, pois não contém Cu nem elementos da série dos lantanídeos.

A corrida em busca de materiais que sejam supercondutores a temperaturas mais elevadas continua. A perspectiva de se obter materiais supercondutores à temperatura ambiente continuará a atrair a atenção de muitos pesquisadores, já que sua utilização será acompanhada de grandes benefícios financeiros. Quais são as possíveis aplicações?

1. A possibilidade de transportar energia elétrica usando um supercondutor é muito interessante. Há dificuldades óbvias em relação à fabricação de longos cabos utilizando um material "cerâmico". Contudo, a transmissão de corrente contínua com pequenas perdas através de cabos desprovidos de resistência elétrica a partir das estações geradoras, ao invés da transmissão de corrente alternada utilizando cabos convencionais parece economicamente promissora.
2. Uso em computadores. Uma das maiores dificuldades para uma posterior miniaturização dos chips de computadores é encontrar uma maneira de dissipar o calor indesejado. Com o uso de supercondutores, o problema do desprendimento de calor será reduzido drasticamente. O aumento da velocidade dos chips está sendo impedida pelo tempo necessário para se carregar um capacitor, devido à resistência da película metálica que atuam como contatos elétricos. Os uso de materiais supercondutores deve possibilitar a construção de chips mais rápidos.
3. Eletroímãs poderosos utilizando espirais de materiais supercondutores já estão sendo utilizados. Todavia, a operação desses equipamentos em temperaturas mais elevadas seria ainda mais vantajosa.
4. Levitação — a maioria das pesquisas pioneiras foram realizadas por Eric Laithwaite no Imperial College com motores lineares, e o protótipo de um trem que flutua sobre um campo magnético foi construído no Japão.

Supõe-se que a supercondutividade dos metais e ligas envolve o transporte simultâneo de dois elétrons (Bardeen et al, 1957; Ogg, 1946). Não há nenhuma explicação universalmente aceita sobre a origem da supercondutividade a temperaturas mais elevadas nos materiais a base de óxidos mistos (cerâmicos). É, contudo, conveniente resumir os fatos atualmente evidentes:

1. Muitos, mas não todos, supercondutores "quentes" contém Cu. Duas características da química do Cu são a sua ocorrência em três estados de oxidação, (+I), (+II) e (+III), e a formação de muitos complexos de Cu(II) octaédricos tetragonalmente distorcidos. Ambos os fatores podem ser importantes. Nos compostos do tipo La_2CuO_4 alguns íons Ba^{2+} são substituídos por La^{3+}. Para o balanceamento das cargas, alguns íons Cu(II) se transformam em Cu(III). A supercondutividade nesse sistema parece envolver a transferência de elétrons do Cu(II) para o Cu(III). Mas, se o processo envolver a transferência de dois elétrons como nos supercondutores metálicos, poderia haver transferência de elétrons de íons Cu(I) para Cu(III).
2. É também importante enfatizar que *todos esses supercondutores adotam a estrutura da perovskita.*
3. Outra característica comum é o fato de que *aparentemente a deficiência de oxigênio é crítica.* Há fortes evidências, obtidas por difração de nêutrons, de que as vacâncias de oxigênio estão ordenadas. Como o Cu é normalmente coordenado octaedricamente por 6 átomos de O, é razoável supor que quando há deficiência de O (isto é, quando falta oxigênio), dois átomos de Cu possam interagir diretamente um com o outro. Interações entre Cu^{II}–Cu^{III} ou Cu^{I}–Cu^{III} poderiam então ocorrer devido a transferência de elétron entre os átomos de Cu. Analogamente, a supercondutividade no sistema $YBa_2Cu_3O_{(7-x)}$ também está sendo associada à facilidade de transferência de elétrons entre os íoins Cu(I), Cu(II) e Cu(III).

LEITURAS COMPLEMENTARES

- Adams, D.M. (1974) *Inorganic Solids*, Wiley, New York.
- Addison, C.C. (1974) The chemistry of liquid metals, *Chemistry in Britain*, **10**, 331.
- Brewer, L. (1968) *Science*, **161**, 115. (Entalpias de atomização.)
- Burdett, J.K. (1982) New ways to look at solids, *Acc. Chem. Res.*, **15**, 34. *Chemistry in Britain*, maio 1969 — Este volume foi dedicado a metais e ligas.
- Cox, P. A. (1987) *The Electronic Structure and Chemistry of Solids*, Oxford University Press, Oxford.
- Duffy, J.A. (1983) Band theory of conductors, semiconductors and insulators, i, **20**, 14-18.
- Galwey, A. K. (1967) *Chemistry of Solids*, Chapman Hall, London.
- Ho, S.M. e Douglas, B.E. (1972) Structures of the elements and the PTOT system, *J. Chem.* Ed., **49**, 74.
- Hume-Rothery, W. (1964) Review of bonding in metals, *Metallurgist*, **3**, 11.
- Hume-Rothery, W. (1964) A note on the intermetallic chemistry of the later transition elements, J. *Less-Common Metals*, **7**, 152.
- Hume-Rothery, W.J. e Raynor, G.V. (1962) *The Structure of Metals and Alloys*, 4ª ed., Institute of Metals, London.
- Hume-Rothery, W.J., Christian, J.W. e Pearson, W.B. (1952) *Metallurgical Equilibrium Diagrams*, Institute of Physics, London.
- Jolly, W.L. (1976) *The Principles of Inorganic Chemistry*, (Cap. 11: Metais; Cap. 12: Semicondutores), McGraw Hill, New York.
- Metal Structures Conference (Brisbane 1983), (ISBN 0-85825-183-3), Gower Publishing Company. Parish, R.V. (1976) *The Metallic Elements*, Longmans, London.
- Parish, R.V. (1976) *The Metallic Elements*, Longmans, London.

Supercondutividade

- Bardeen, J., Cooper, L.N. e Schreiffer, J.R. (1957) Phys. Rev., **106**, 162. (Desenvolvimento da teoria BCS da supercondutividade em metais, decorrente da movimentação de pares de elétrons)
- Bednorz, J.G. e Müller, A. (1986) Possible high T_c superconductivity in the Ba-La-Cu-0 system, Z. Phys., B., **64**, 189. (Artigo que iniciou a corrida em busca dos supercondutores de óxidos metálicos)
- Edwards, P.P., Harrison, M.R. e Jones, R. (1987) Superconductivity returns to chemistry, *Chemistry in Britain*, **23**, 962-966.

- Ellis, A.B. (1987) Superconductors, *J. Chem.* Ed., **64**, 836-841.
- Khurana, A. (1989) *Physics Today*, April, 17-19.
- Murray Gibson, J. (1987) Superconducting ceramics, *Nature*, **329**, 763.
- Ogg, R.A. (1946) *Phys. Rev.*, **69**, 243. (Primeira hipótese de que a supercondutividade em ligas envolve pares de elétrons)
- Sharp, J.H. (1990) A review of the crystal chemistry of mixed oxide superconductors, *Br. Ceram. Tram.* J., **89**, 1-7. (Revisão inteligível sobre supercondutores quentes relacionando propriedades e estruturas — o melhor até o momento)
- Tilley, D.R. e Tilley, J. (1986) *Superfluidity and Superconductivity*, 2ª ed., Hilger, Bristol.
- Wu, M.K. et alli., (1987) Superconductivity at 93K in a new mixed phase Y-Ba-Cu-0 compound system at ambient pressure, *Phys. Rev. Lett.*, **58**, 908-910.

PROBLEMAS

1. Enumere as propriedades físicas e químicas associadas aos metais.
2. Cite e desenhe as três estruturas cristalinas comumente adotadas pelos metais.
3. O alumínio possui uma estrutura cúbica centrada nas faces. O comprimento da célula unitária é 4,05 Å. Calcule o raio do Al no metal (resposta: 1,43 Å).
4. Explique porque a condutividade elétrica de um metal diminui com o aumento da temperatura, mas aumenta no caso dos semicondutores.
5. Descreva as estruturas das ligas intersticiais e das substitucionais e enumere os fatores que levam à formação de uma ou outra.
6. O que é supercondutividade? Quais são as aplicações e possíveis aplicações dos materiais supercondutores? Que tipos de materiais apresentam propriedades supercondutoras ?

PROPRIEDADES GERAIS DOS ELEMENTOS

TAMANHO DOS ÁTOMOS E DOS ÍONS

Tamanho dos átomos

O tamanho dos átomos diminui da esquerda para a direita ao longo de um período da tabela periódica. Por exemplo, passando do lítio ao berílio, uma carga positiva é acrescentada ao núcleo, bem como um elétron orbital adicional. O aumento da carga nuclear provoca um aumento da força de atração de todos os elétrons circundantes pelo núcleo. Num dado período, o metal alcalino é o maior átomo e o halogênio o menor. Quando um período contém os dez elementos de transição correspondentes, a contração no tamanho é maior. Quando, além disso, estiverem presentes os 14 elementos correspondentes aos elementos de transição interna, a contração no tamanho é ainda mais acentuada.

Descendo ao longo de um grupo da tabela periódica, como aquele contendo os elementos lítio, sódio, potássio, rubídio e césio, o tamanho do átomo aumenta devido ao efeito dos níveis eletrônicos que vão sendo acrescentados: este sobrepuja o efeito provocado pelo aumento da carga nuclear.

Tamanho dos íons

Os metais geralmente formam íons positivos. São obtidos pela remoção de um ou mais elétrons do átomo do metal. Os íons metálicos são menores que os átomos a partir dos quais foram gerados, por duas razões:

1. Toda a camada eletrônica externa é geralmente ionizada, isto é, removida. Por essa razão os cátions são muito menores que os átomos metálicos originais.
2. Um segundo fator é a carga nuclear efetiva. Num átomo, o número de cargas positivas no núcleo é exatamente igual ao número de elétrons circundantes. Quando se forma um íon positivo, o número de cargas positivas no núcleo excede o número de elétrons circundantes, e a carga nuclear efetiva (ou seja, relação entre o número de cargas no núcleo e o número de elétrons) é aumentada. Em conseqüência, os elétrons remanescentes são mais fortemente atraídos pelo núcleo, aproximando-se ainda mais do núcleo. Com isso, o tamanho do íon diminui ainda mais.

Um íon positivo é sempre menor que o átomo correspondente, e quanto mais elétrons forem removidos (isto é, quanto maior for sua carga), menor será o íon.

Raio do Na metálico	1,86 Å	Raio atômico do Fe	1,17 Å
Raio iônico do Na^+	1,02 Å	Raio iônico do Fe^{2+}	0,780 Å (spin alto)
		Raio iônico do Fe^{3+}	0,645 Å (spin alto)

Um ou mais elétrons são adicionados ao átomo para gerar um íon negativo. Nesse caso, a carga nuclear efetiva diminui e a nuvem eletrônica se expande. Os íons negativos são maiores que os átomos correspondentes.

Raio covalente do Cl	0,99 Å
Raio iônico do Cl^-	1,84 Å

Problemas com os valores dos raios iônicos

Há diversos problemas para se obter um conjunto confiável de valores de raios iônicos.

1. Embora seja possível medir com exatidão distâncias internucleares num cristal por meio de difração de raios X, por exemplo a distância entre o Na^+ e o F^- no NaF, não há nenhuma fórmula universalmente aceita para dividir esta distância entre os dois íons. Historicamente, foram determinados diversos conjuntos de raios iônicos. Os principais são as de Goldschmidt, Pauling e Ahrens. Todas elas foram calculadas a partir de distâncias internucleares experimentais, mas diferem no método usado para dividir a distância entre os dois íons. O conjunto de valores mais recentes foi calculado por Shannon (1976) e são provavelmente mais exatos.
2. É necessário corrigir os valores dos raios, no caso de haver mudança na carga do íon.
3. Também devem ser feitas correções para a mudança do número de coordenação e para a mudança de geometria.
4. A suposição de que os íons são esféricos provavelmente está correta para os íons dos blocos *s* e *p*, com configuração de gás nobre, mas provavelmente são incorretas no caso de íons de metais de transição, com uma camada *d* incompleta.

Tabela 6.1 — Raios covalentes dos elementos

Período \ Grupo	1	2	3	4	5	6	7	8	9	10	11	12	13	14	15	16	17	18
1	H ~0,30																H ~0,30	He 1,20*
2	Li 1,23	Be 0,89											B 0,80	C 0,77	N 0,74	O 0,74	F 0,72	Ne 1,60*
3	Na 1,57	Mg 1.36											Al 1,25	Si 1,17	P 1,10	S 1,04	Cl 0,99	Ar 1,91*
4	K 2,03	Ca 1,74	Sc 1,44	Ti 1,32	V 1,22	Cr 1,17	Mn 1,17	Fe 1,17	Co 1,16	Ni 1,15	Cu 1,17	Zn 1,25	Ga 1,25	Ge 1,22	As 1,21	Se 1,14	Br 1,14	Kr 2,00*
5	Rb 2,16	Sr 1,91	Y 1,62	Zr 1,45	Nb 1,34	Mo 1,29	Tc –	Ru 1,24	Rh 1,25	Pd 1,28	Ag 1,34	Cd 1,41	In 1,50	Sn 1,40	Sb 1,41	Te 1,37	I 1,33	Xe 2,20*
6	Cs 2,35	Ba 1,98	La 1,69	Hf 1,44	Ta 1,34	W 1,30	Re 1,28	Os 1,26	Ir 1,26	Pt 1,29	Au 1,34	Hg 1,44	Tl 1,55	Pb 1,46	Bi 1,52	Po	At	Rn
7	Fr	Ra	Ac															

Lantanídios	Ce	Pr	Nd	Pm	Sm	Eu	Gd	Tb	Dy	Ho	Er	Tm	Yb	Lu
	1,65	1,64	1,64	–	1,66	1,85	1,61	1,59	1,59	1,58	1,57	1,56	1,70	1,56

(Os valores numéricos estão em angström) * Os valores para os gases nobres são os raios atômicos, isto é, raios combinados; que seriam mais semelhantes aos raios de Van der Waals que aos raios covalentes. Círculos grandes indicam valores elevados de raios covalentes, e círculos pequenos indicam valores pequenos. Segundo Moeller, T., *Inorganic Chemistry*, Wiley 1952.

5. Em alguns casos, os elétrons *d* encontram-se extensamente deslocalizados, por exemplo no TiO, onde são responsáveis pela sua condutividade metálica, ou em compostos do tipo "cluster". Nesses casos também ocorrem mudanças nos raios.

Assim sendo, os raios iônicos não são constantes e devem ser considerados como sendo aproximações mas funcionais para certas aplicações.

Tendências observadas nos raios iônicos

Independentemente do conjunto de raios iônicos utilizado, observam-se as seguintes tendências gerais:

1. Nos grupos representativos, os raios aumentam nos grupos de cima para baixo, por exemplo Li^+ = 0,76 Å, Na^+ = 1,02 Å, K^+ = 1,38 Å, por causa da adição de novas camadas eletrônicas.
2. Qualquer que seja o período da tabela periódica, os raios iônicos decrescem da esquerda para a direita, por exemplo Na^+ = 1,02 Å, Mg^{2+} = 0,720 Å, Al^{3+} = 0,535 Å. Isso se deve em parte ao número crescente de cargas no núcleo e em parte à carga crescente dos íons.
3. Os raios iônicos decrescem à medida que mais elétrons vão sendo removidos, ou seja, à medida que a valência aumenta, por exemplo Cr^{2+} = 0,80 Å (spin alto), Cr^{3+} = 0,615 Å, Cr^{4+} = 0,55 Å, Cr^{5+} = 0,49 Å e Cr^{6+} = 0,44 Å.
4. Os orbitais *d* e *f* não blindam eficientemente a carga nuclear. Por isso, ocorre uma significativa diminuição no tamanho dos íons logo após a entrada dos 10 elétrons *d* ou dos 14 elétrons *f*. Esta é denominada contração lantanídica. Conseqüentemente, os tamanhos dos elementos da segunda e da terceira séries de elementos de transição são praticamente iguais. Isso será discutido no Capítulo 30.

ENERGIAS DE IONIZAÇÃO

O fornecimento de uma pequena quantidade de energia a um átomo, pode levar a promoção de um elétron a um nível energético mais elevado, mas se a quantidade de energia fornecida for suficientemente grande o elétron pode ser removido completamente. A quantidade de energia necessária para remover o elétron mais fracamente ligado de um átomo gasoso isolado é designado energia de ionização.

As energias de ionização são determinadas a partir de dados espectroscópicos e são medidas em kJ mol^{-1}. É possível remover mais que um elétron da maioria dos átomos. A primeira energia de ionização é a energia necessária para remover o primeiro elétron, transformando M em M^+. A segunda energia de ionização é a quantidade de energia necessária para remover o segundo elétron e converter M^+ em M^{2+}. Fornecendo-se a quantidade de energia equivalente

Tabela 6.2 — Energias de ionização para elementos dos Grupos 1 e 2 (kJ mol^{-1})

	1ª	2ª		1ª	2ª	3ª
Li	520	7.296	Be	899	1.757	14.847
Na	496	4.563	Mg	737	1.450	7.731
K	419	3.069	Ca	590	1.145	4.910
Rb	403	2.650	Sr	549	1.064	4.207
Cs	376	2.420	Ba	503	965	
Fr			Ra	509	979	3.281*

* Valor estimado

à terceira energia de ionização é possível transformar M^{2+} em M^{3+}, e assim por diante.

Os fatores que influenciam as energias de ionização são:

1. O tamanho do átomo.
2. A carga no núcleo.
3. A eficiência com que os níveis eletrônicos internos blindam a carga nuclear.
4. O tipo de elétron envolvido (*s*, *p*, *d* ou *f*).

Esses fatores estão geralmente correlacionados. Num átomo pequeno, os elétrons se encontram firmemente ligados, ao passo que num átomo maior os elétrons estão menos firmemente ligados. Assim, a energia de ionização diminui à medida que o tamanho do átomo aumenta. Essa tendência pode ser observada, por exemplo, nos elementos dos Grupos 1 e 2 (ver Tab. 6.2), e também nos outros grupos representativos.

Comparando-se a primeira e a segunda energias de ionização para os elementos do Grupo 1, percebe-se que a

Tabela 6.3 — Comparação entre algumas primeiras energias de ionização (kJ mol^{-1})

Li 520	Be 899	B 801	C 1086	N 1403	O 1410	F 1681	Ne 2080
Na 496	Mg 737	Al 577	Si 786	P 1012	S 999	Cl 1255	Ar 1521

energia necessária para a remoção do segundo elétron é muito maior. De fato é cerca de 7 a 14 vezes maior que a primeira energia de ionização. A segunda energia de ionização é tão elevada que o segundo elétron não é removido. A grande diferença entre a primeira e segunda energias de ionização está relacionada com a estrutura eletrônica dos elementos do Grupo 1. Eles apresentam apenas um elétron no nível mais externo. Assim, enquanto que é relativamente fácil remover esse elétron externo, a remoção do segundo elétron requer uma quantidade de energia muito maior, pois isto envolve os elétrons de um nível eletrônico interno completamente preenchido.

Comparando-se as energias de ionização dos elementos do Grupo 2 pode-se notar que a primeira energia de ionização desses elementos é quase o dobro das energias dos elementos do Grupo 1 correspondentes. Isso decorre do aumento da carga nuclear, que faz com que os elementos do grupo 2 sejam menores. Uma vez removido o primeiro elétron, a relação entre as cargas do núcleo e o número de elétrons circundantes (a carga nuclear efetiva) aumenta e conseqüentemente o tamanho diminui. Por exemplo, Mg^{+} é menor que o átomo de Mg. Assim sendo, os elétrons remanescentes no Mg^{+} estão ainda mais firmemente ligados, e a segunda energia

Tabela 6.4 — Primeiras energias de ionização dos elementos

Período \ Grupo	1	2	3	4	5	6	7	8	9	10	11	12	13	14	15	16	17	18
1	H 1331																	He 2372
2	Li 520	Be 899											B 801	C 1086	N 1403	O 1410	F 1681	Ne 2080
3	Na 496	Mg 737											Al 577	Si 786	P 1012	S 999	Cl 1255	Ar 1512
4	K 419	Ca 590	Sc 631	Ti 656	V 650	Cr 652	Mn 717	Fe 762	Co 758	Ni 736	Cu 745	Zn 906	Ga 579	Ge 760	As 947	Se 941	Br 1142	Kr 1351
5	Rb 403	Sr 549	Y 616	Zr 674	Nb 664	Mo 685	Tc 703	Ru 711	Rh 720	Pd 804	Ag 731	Cd 876	In 558	Sn 708	Sb 834	Te 869	I 1191	Xe 1170
6	Cs 376	Ba 503	La 541	Hf 760	Ta 760	W 770	Re 759	Os 840	Ir 900	Pt 870	Au 889	Hg 1007	Tl 589	Pb 715	Bi 703	Po 813	At 912	Rn 1037
7	Fr	Ra	Ac															

(Os valores numéricos são dados em kJ mol^{-1}) (Círculos grandes indicam valores elevados da energia de ionização e círculos pequenos indicam valores pequenos). Segundo Sanderson, R.T., *Chemical Periodicity*, Reinhold, N.York.

de ionização é maior que a primeira. A remoção de um terceiro elétron dos elementos do Grupo 2 é muito mais difícil, por dois motivos:

1. A carga nuclear efetiva aumentou, e os elétrons remanescentes estão mais firmemente ligados.
2. A remoção do terceiro elétron destruiria um nível eletrônico completamente preenchido.

A energia de ionização também depende do tipo de elétron que é removido. Os elétrons *s, p, d* e *f* ocupam orbitais que apresentam formas diferentes. Um elétron *s* pode se aproximar mais do núcleo e, portanto, encontra-se mais firmemente ligado que um elétron *p*. Por razões semelhantes, os elétrons *p* estão mais firmemente ligados que elétrons *d*, e os elétrons *d* estão mais firmemente ligados que os elétrons *f*. Caso os demais fatores sejam mantidos constantes, as energias de ionização variam na ordem $s > p > d > f$. Assim, o aumento na energia de ionização não varia regularmente da esquerda para a direita ao longo da tabela periódica. Por exemplo, a primeira energia de ionização para um elemento do Grupo 13 (onde está sendo removido um elétron *p*) é na realidade menor que a do elemento adjacente do Grupo 2 (onde está sendo removido um elétron *s*).

Em geral, a energia de ionização decresce de cima para baixo num grupo, e aumenta ao se deslocar para um período adjacente a direita. A remoção de elétrons sucessivos se torna cada vez mais difícil, de modo que: primeira energia de ionização < segunda energia de ionização < terceira energia de ionização. Porém, há diversas exceções para essas generalizações

As variações na primeira energia de ionização dos elementos são mostradas na Fig. 6.1. O gráfico mostra três características marcantes:

1. Os gases nobres He, Ne, Ar, Kr, Xe e Rn possuem as mais elevadas energias de ionização em seus respectivos períodos.
2. Os metais do Grupo 1, Li, Na, K, Rb, Cs, apresentam as menores energias de ionização em seus respectivos períodos.

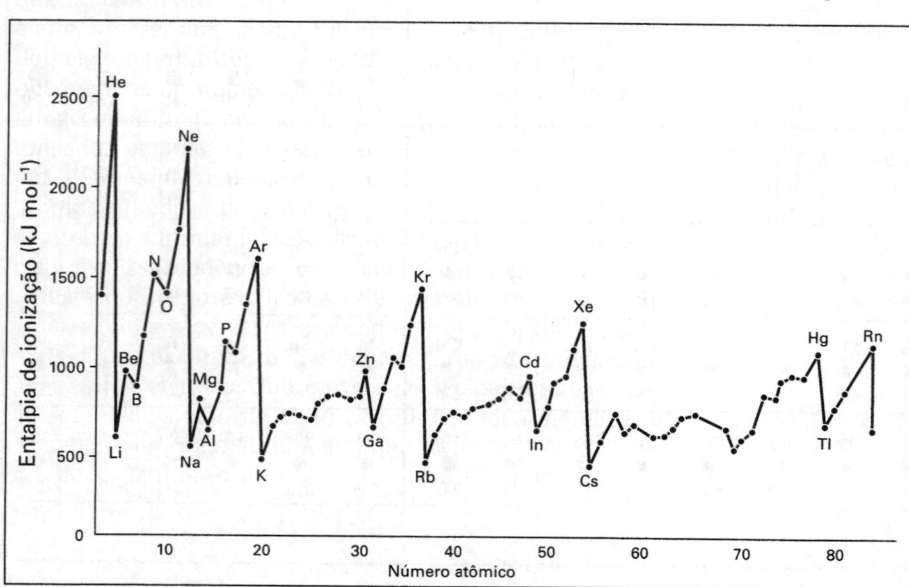

Figura 6.1 — Primeiras energias de ionização dos elementos

Tabela 6.5 — Energias de ionização para os elementos do Grupo 13 (kJ mol⁻¹)

	1.ª	2.ª	3.ª
B	801	2427	3659
A*l*	577	1816	2744
Ga	579	1979	2962
In	558	1820	2704
T*l*	589	1971	2877

3. Há uma tendência geral de aumento da energia de ionização dentro de um período, por exemplo, do Li ao Ne ou do Na ao Ar.

Os valores para o Ne e o Ar são os maiores em seus respectivos períodos, porque é necessária uma grande quantidade de energia para remover um elétron de uma camada estável completamente preenchida.

O gráfico não varia de forma regular. Os valores para o Be e o Mg são elevados, o que é atribuído à estabilidade do nível *s* preenchido. Os valores para o N e o P também são elevados, o que indica que um nível *p* semipreenchido também é particularmente estável. Os valores para o B e o Al são mais baixos porque após a remoção de um elétron resta um nível *s* estável completamente preenchido. Analogamente, no caso do O e do S resta um nível estável *p* semipreenchido.

Estruturas eletrônicas com estabilidade especial:

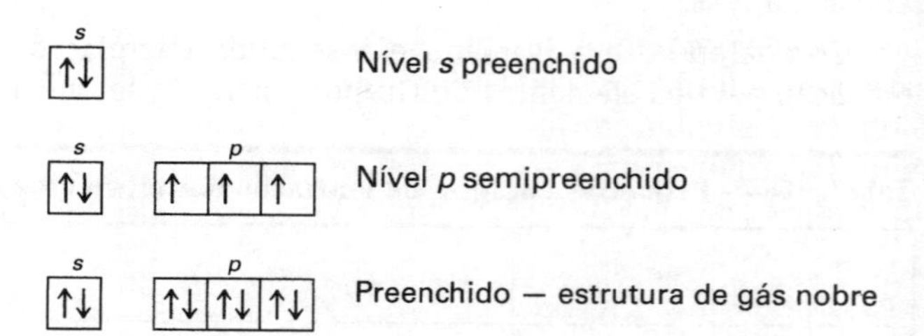

Em geral, a primeira energia de ionização decresce regularmente, de cima para baixo, nos grupos dos elementos representativos. Um desvio dessa tendência pode ser observado no Grupo 13, no qual se observa o decréscimo esperado do B para o Al, mas os valores para os demais elementos (Ga, In, e Tl) não seguem a mesma tendência e são irregulares. O motivo do desvio observado no Ga é o fato deste ser precedido pelos 10 elementos da primeira série de transição (onde está sendo preenchido o subnível 3*d*). Isso faz com que o Ga seja menor do que deveria ser. Um fenômeno semelhante é observado com a segunda e a terceira séries de transição. Assim, a presença das três séries de transição não só tem efeito acentuado sobre os valores das energias de ionização do Ga, In e Tl, mas o efeito continua se manifestando nos Grupos 14 e 15.

Tabela 6.6 — Alguns valores de afinidades eletrônicas (kJ mol^{-1})

	H → H^- −72		
	He → He^- 54		
Li → Li^- −57	Na → Na^- −21		
Be → Be^- 66	Mg → Mg^- 67		
B → B^- −15	Al → Al^- −26		
C → C^- −121	Si → Si^- −135		
N → N^- 31	P → P^- −60		
O → O^- −142	S → S^- −200		
O → O^{2-} 702	S → S^{2-} 332		
F → F^- −333	Cl → Cl^- −348	Br → Br^- −324	I → I^- −295
Ne → Ne^- 99			

As energias de ionização dos elementos de transição são um pouco irregulares, mas os elementos da terceira série, que começa com o Hf, apresentam valores menores que os esperados, devido à presença dos 14 elementos da série dos lantanídeos entre o La e o Hf.

AFINIDADE ELETRÔNICA

A energia liberada quando um elétron é adicionado a um átomo gasoso neutro é designado afinidade eletrônica. Geralmente apenas um elétron é acrescentado, formando um íon mononegativo. Dado que há liberação de energia, esse termo tem sinal negativo. A magnitude da afinidade eletrônica depende do tamanho e da carga nuclear efetiva. Tais valores não podem ser determinados diretamente, mas podem ser calculados indiretamente mediante o uso do ciclo de Born-Haber.

Os valores negativos das afinidades eletrônicas indicam que essa quantidade de energia é liberada quando um átomo recebe um elétron. Os valores mostrados na tabela acima indicam que os halogênios desprendem uma grande quantidade de energia ao formarem os respectivos ânions haleto, com carga negativa. Por isso, não causa surpresa o fato desses elementos constituírem um grande número de compostos.

Também ocorre desprendimento de energia quando um elétron é adicionado a um átomo de O ou a um de S, formando as espécies O^- e S^-. Todavia, uma quantidade apreciável de energia é absorvida quando o segundo elétron é adicionado, formando as espécies O^{2-} e S^{2-}. Portanto, as afinidades eletrônicas para os processos $O^- \rightarrow O^{2-}$ e $S^- \rightarrow S^{2-}$ têm sinais positivos. Mesmo sendo necessário fornecer energia para formar esses íons divalentes, são conhecidos compostos contendo esses íons. Logo, pode-se inferir que a energia necessária para formar esses íons deve ser fornecida por algum outro processo. Por exemplo, da energia reticular liberada quando os íons se combinam de maneira regular para formar um sólido cristalino, ou da energia de solvatação dos íons em solução. É sempre arriscado considerar um único termo energético isoladamente. Por isso, sempre que possível um ciclo energético completo deve ser considerado.

CICLO DE BORN-HABER

Esse ciclo termodinâmico foi desenvolvido por Born e Haber em 1919 e relaciona a energia reticular de um cristal com outros dados termoquímicos. Os termos energéticos envolvidos na formação de um retículo cristalino, como do cloreto de sódio, podem ser subdivididos em várias etapas. Os elementos, nos seus estados padrão, são inicialmente convertidos a átomos gasosos, em seguida a íons, e finalmente combinados e ordenados segundo um retículo cristalino.

As entalpias de sublimação e dissociação e a energia de ionização são positivas, visto que estão relacionadas a quantidades de energia fornecidas ao sistema. A afinidade eletrônica e a energia reticular geralmente são negativas, pois nesses processos há liberação de energia.

De acordo com a lei de Hess, a variação total de energia de um processo depende somente das energias dos estados inicial e final, e não do caminho seguido. Assim, a entalpia de formação ΔH_f é igual à soma dos demais termos que aparecem no ciclo (preste atenção a natureza endotérmica ou exotérmica de cada etapa), como mostrado na Fig. 6.2.

$$\Delta H_f = \Delta H_s + I + \tfrac{1}{2}\Delta H_d + E + U$$

Todos os termos podem ser medidos, exceto a energia reticular e a afinidade eletrônica. Inicialmente, o ciclo foi utilizado para calcular valores de afinidade eletrônica. Utilizando-se compostos com estruturas cristalinas conhecidas, era possível calcular a energia reticular, e por conseguinte os valores das afinidades eletrônicas.

$$\Delta H_f = \Delta H_s + I \quad + \tfrac{1}{2}\Delta H_d + E + U$$

Para NaCl $381{,}2 = +108{,}4 + 495{,}4 + 120{,}9 + E - 757{,}3$

portanto $E = -348{,}6$ kJ mol^{-1}

Agora que conhecemos os valores da afinidade eletrônica, o ciclo é utilizado para calcular a energia reticular de estruturas cristalinas desconhecidas.

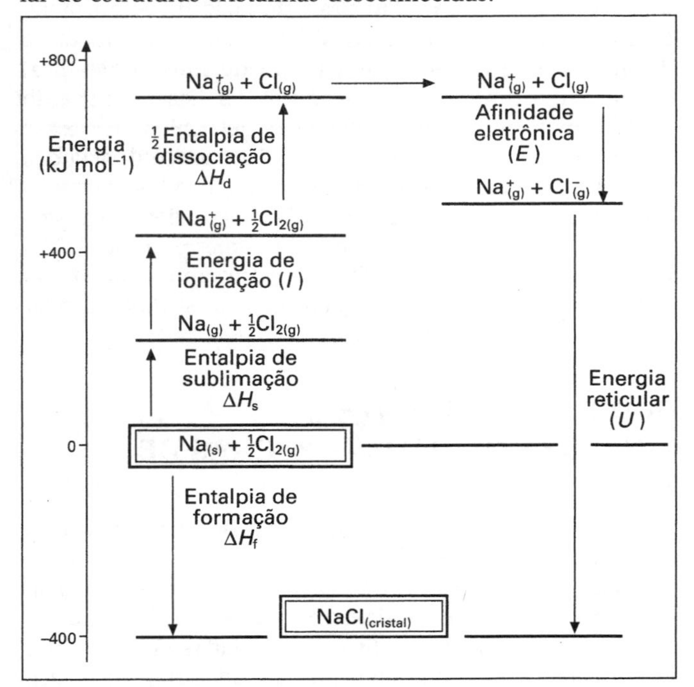

Figura 6.2 — O ciclo de Born-Haber para a formação de NaCl

Tabela 6.7 — Comparação entre valores teóricos e experimentais para energias reticulares

	Energia reticular teórica ($kJ\ mol^{-1}$)	Energia reticular segundo Born-Haber ($kJ\ mol^{-1}$)	Diferença em %
LiCl	–825	–817	0,8
NaCl	–764	–764	0,0
KCl	–686	–679	1,0
KI	–617	–606	1,8
CaF_2	–2584	–2611	1,0
CdI_2	–1966	–2410	22,6

É útil conhecer a energia reticular, pois é uma indicação da solubilidade do cristal. Quando um sólido é dissolvido, o retículo cristalino deve ser rompido (o que requer fornecimento de energia). Os íons assim formados são solvatados (e há desprendimento de energia). Quando a energia reticular é elevada, é necessária uma grande quantidade de energia para romper o retículo. Assim, é pouco provável que a entalpia de solvatação seja suficientemente elevada (e libere uma quantidade de energia maior que a requerida), de modo que a substância provavelmente será insolúvel.

A baixa reatividade de muitos metais de transição, isto é, sua resistência ao ataque por produtos químicos, está relacionado com um conjunto semelhante de variações de energia. O caráter "nobre" é favorecido por um elevado calor de sublimação, elevada energia de ionização e baixa energia de solvatação dos íons.

Os valores das energias reticulares também podem fornecer informações sobre a natureza covalente ou iônica da ligação. O valor da energia reticular pode ser teoricamente calculado admitindo-se a formação de ligações totalmente iônicas, e este valor pode ser comparado com o valor obtido a partir dos dados experimentais do ciclo de Born-Haber. Uma boa concordância entre os valores indica que a hipótese de que as ligações são iônicas era de fato verdadeira, enquanto que uma discrepância razoável indica que a ligação não é iônica. As energias reticulares determinadas dessas maneiras são comparadas na Tab. 6.7. A concordância dos valores é boa para todos os compostos citados, exceto o CdI_2, confirmando o caráter iônico da maioria dos compostos citados. A grande discrepância dos valores para o CdI_2 indicam que as ligações dentro da estrutura cristalina não são iônicas. Na realidade o CdI_2 forma uma estrutura lamelar essencialmente covalente.

PODER POLARIZANTE E POLARIZABILIDADE — REGRAS DE FAJANS

Considere teoricamente a formação de uma ligação pela aproximação dos íons A^+ e B^- até a distância de equilíbrio. A ligação continuará sendo iônica ou ela tornar-se-á covalente? Ligações iônicas e covalentes são dois tipos extremos de ligação, e quase sempre as ligações formadas são de caráter intermediário. Isso pode ser explicado em termos da polarização (isto é, da deformação) dos íons.

O tipo de ligação que se forma entre A^+ e B^- depende do efeito que um íon exerce sobre o outro. O íon positivo atrai os elétrons do íon negativo e ao mesmo tempo repele o núcleo, distorcendo ou polarizando o íon negativo. O íon negativo também irá polarizar o íon positivo, mas como geralmente os ânions são grandes e os cátions pequenos, o efeito de um íon grande sobre um íon pequeno será muito menos pronunciado. Se o grau de polarização for pequeno, então a ligação permanecerá essencialmente iônica. Se o grau de polarização for grande, os elétrons são atraídos do íon negativo em direção ao íon positivo. Isso provoca um aumento na concentração de elétrons entre os dois núcleos, fazendo com que a ligação apresente um grau apreciável de caráter covalente.

O grau de distorção provocado sobre os íons depende do poder que tem um íon de distorcer o outro (isto é, de seu poder polarizante) e, também, da susceptibilidade do referido íon à distorção (isto é, de sua polarizabilidade). Geralmente, o poder polarizante aumenta à medida que os íons se tornam menores e sua carga positiva aumenta. A polarizabilidade de um íon negativo é maior que a de um íon positivo, pois os elétrons se encontram mais fracamente ligados ao núcleo por causa de sua menor carga nuclear efetiva. Íons negativos grandes são mais polarizáveis que íons negativos pequenos.

Fajans estabeleceu quatro regras que resumem os fatores que favorecem a polarização e, portanto, a covalência.

1. *Um íon positivo pequeno favorece a covalência.*
   Em íons pequenos, a carga positiva se concentra numa área pequena. Por isso o íon apresenta um elevado poder polarizante, muito propício para distorcer o íon negativo.
2. *Um íon negativo grande favorece a covalência.*
   Íons grandes são altamente polarizáveis, isto é, facilmente distorcidos pelo íon positivo, pois os elétrons externos são mais fortemente blindados pelas camadas preenchidas de elétrons, sentindo uma carga nuclear menor.
3. *Cargas elevadas em ambos os íons favorece a covalência.*
   Isso se explica porque cargas elevadas implicam num elevado grau de polarização.
4. *A polarização, e portanto a covalência, será favorecida se o íon positivo não tiver a configuração eletrônica de um gás nobre.*
   Exemplos de íons que não apresentam configuração de gás nobre incluem alguns poucos elementos representativos, tais como Tl^+, Pb^{2+} e Bi^{3+}, muitos íons de metais de transição como Ti^{3+}, V^{3+}, Cr^{2+}, Mn^{2+} e Cu^+, e alguns íons de metais lantanídeos, como Ce^{3+} e Eu^{2+}. Elétrons numa configuração de gás nobre blindam mais eficientemente a carga nuclear. Assim, íons sem a configuração de gás nobre apresentarão cargas mais elevadas na superfície, sendo assim mais polarizantes.

ELETRONEGATIVIDADE

Em 1931 Pauling definiu a eletronegatividade de um átomo como a tendência de atrair elétrons em sua direção *quando combinado*, formando um composto.

Assim, quando se forma uma ligação covalente, os elétrons utilizados para formar a ligação não precisam ser distribuídos igualmente entre os dois átomos. Se os elétrons da ligação permanecerem mais tempo em torno de um dos átomos, este átomo terá uma carga δ^- e, conseqüentemente, o outro átomo terá uma carga δ^+. No caso extremo em que os elétrons da ligação estiverem localizados sobre um dos átomos, teremos uma ligação iônica. Pauling e outros pesquisadores tentaram relacionar as diferenças de eletronegatividade entre dois átomos com o grau de caráter iônico da ligação formada pelos mesmos.

Em geral, átomos pequenos atraem mais fortemente os elétrons que os átomos grandes. Portanto, átomos pequenos são mais eletronegativos. Átomos com níveis eletrônicos quase preenchidos apresentam eletronegatividades mais elevadas que átomos com níveis eletrônicos pouco preenchidos. É muito difícil medir os valores das eletronegatividades. Para tornar a situação mais complexa, basta lembrar que um determinado tipo de átomo vai estar em ambientes diferentes, em diferentes moléculas. É pouco provável que a eletronegatividade permaneça indiferente ao ambiente em que o átomo se encontra, embora invariavelmente sejam consideradas constantes. Alguns dos métodos mais importantes para se determinar os valores das eletronegatividades encontram-se esquematizados adiante.

Pauling

Pauling assinalou que, uma vez que reações do tipo

$$A_2 + B_2 \rightarrow 2AB$$

são invariavelmente exotérmicas, a ligação formada entre os dois átomos A e B deve ser mais forte que a média das energias das ligações simples nas moléculas A–A e B–B. Por exemplo:

$$H_{2(gás)} + F_{2(gás)} \rightarrow 2HF_{(gás)} \qquad \Delta H = -5393 \text{ kJ mol}^{-1}$$
$$H_{2(gás)} + Cl_{2(gás)} \rightarrow 2HCl_{(gás)} \qquad \Delta H = -1852 \text{ kJ mol}^{-1}$$
$$H_{2(gás)} + Br_{2(gás)} \rightarrow 2HBr_{(gás)} \qquad \Delta H = -727 \text{ kJ mol}^{-1}$$

O orbital molecular ligante para AB(Φ_{AB}) é formado por contribuições das funções de onda dos orbitais atômicos apropriados (ψ_A) e (ψ_B).

$$\Phi_{AB} = (\psi_A) + \text{constante } (\psi_B)$$

Se a constante for maior que 1, o orbital molecular terá uma maior densidade eletrônica sobre o átomo B. Nesse caso, esse átomo terá uma carga parcial negativa e a ligação será parcialmente polar.

$$\overset{\delta^+}{A}\text{——}\overset{\delta^-}{B}$$

Se, por outro lado, a constante for menor que 1, o átomo A terá uma carga parcial negativa. Por causa desse caráter iônico parcial, a ligação A–B será mais forte do que seria de se esperar para uma ligação covalente pura. A energia de ligação adicional é denominado delta, Δ.

$$\Delta = (\text{energia de ligação real}) - (\text{energia para uma ligação } 100\ \% \text{ covalente})$$

A energia de ligação real pode ser medida, mas a energia de uma ligação 100% covalente deve ser calculada. Pauling sugeriu que a energia da ligação 100% covalente é igual a média geométrica das energias das ligações covalentes das moléculas A–A e B–B.

$$E_{100\%\ \text{covalente A—B}} = \sqrt{(E_{A—A} . E_{B—B})}$$

As energias das ligações nas moléculas A–A e B–B podem ser medidas. Logo,

$$\Delta = (\text{energia da ligação real}) - \sqrt{(E_{A—A} . E_{B—B})}$$

Pauling postulou que a diferença de eletronegatividades entre dois átomos é igual a $0{,}208\sqrt{\Delta}$, onde Δ é a energia de ligação adicional, em kcal mol^{-1} (convertendo a equação para unidades SI teremos $0{,}1017\sqrt{\Delta}$, onde Δ é medida em kJ mol^{-1}).

Pauling calculou os valores de $0{,}208\sqrt{\Delta}$ para inúmeras ligações e os designou diferenças de eletronegatividade entre A e B. Repetindo os cálculos de Pauling utilizando a equação em unidades SI, poderemos determinar os valores de $0{,}1017\sqrt{\Delta}$:

Ligação	Δ(kJ mol^{-1})	$0{,}1017\sqrt{\Delta}$	
C—H	24,3	0,50	i.e. $\chi C - \chi H = 0{,}50$
H—Cl	102,3	1,02	i.e. $\chi Cl - \chi H = 1{,}02$
N—H	105,9	1,04	i.e. $\chi N - \chi H = 1{,}04$

[χ(chi) = eletronegatividade do átomo]

Se $\chi_H = 0$, então os valores das eletronegatividades para o C, Cl e N serão 0,50; 1,02 e 1,04; respectivamente. Pauling mudou a origem da escala de $\chi_H = 0$ para $\chi_H = 2{,}05$ para evitar valores negativos na tabela de eletronegatividades. Com isso, o valor para o C passou a ser 2,5, e o valor para o flúor passou a ser 4,0. Além disso, os valores de eletronegatividade para muitos elementos se aproximaram de números inteiros: Li = 1,0, B = 2,0, N = 3,0. Assim, somando-se 2,05 aos valores determinados anteriormente, obteremos os valores de eletronegatividades geralmente aceitos (Tab. 6.8).

Caso dois átomos tenham eletronegatividades semelhantes, isto é, apresentem tendências semelhantes de

Tabela 6.8 — Coeficientes de eletronegatividade de Pauling (para os estados de oxidação mais comuns dos elementos)

						H 2,1
Li 1,0	Be 1,5	B 2,0	C 2,5	N 3,0	O 3,5	F 4,0
Na 0,9						Cl 3,0
K 0,8						Br 2,8
Rb 0,8						I 2,5
Cs 0,7						

Tabela 6.9 — Valores de eletronegatividade de Pauling

Período \ Grupo	1	2	3	4	5	6	7	8	9	10	11	12	13	14	15	16	17	18
1	H 2,1																H 2,1	He
2	Li 1,0	Be 1,5											B 2,0	C 2,5	N 3,0	O 3,5	F 4,0	Ne
3	Na 0,9	Mg 1,2											Al 1,5	Si 1,8	P 2,1	S 2,5	Cl 3,0	Ar
4	K 0,8	Ca 1,0	Sc 1,3	Ti 1,5	V 1,6	Cr 1,6	Mn 1,5	Fe 1,8	Co 1,8	Ni 1,8	Cu 1,9	Zn 1,6	Ga 1,6	Ge 1,8	As 2,0	Se 2,4	Br 2,8	Kr
5	Rb 0,8	Sr 1,0	Y 1,2	Zr 1,4	Nb 1,6	Mo 1,8	Tc 1,9	Ru 2,2	Rh 2,2	Pd 2,2	Ag 1,9	Cd 1,7	In 1,7	Sn 1,8	Sb 1,9	Te 2,1	I 2,5	Xe
6	Cs 0,7	Ba 0,9	La 1,1	Hf 1,3	Ta 1,5	W 1,7	Re 1,9	Os 2,2	Ir 2,2	Pt 2,2	Au 2,4	Hg 1,9	Tl 1,8	Pb 1,8	Bi 1,9	Po 2,0	At 2,2	Rn
7	Fr 0,7	Ra 0.9	Ac 1,1															

A eletronegatividade varia com o estado de oxidação do elemento. Os valores dados correspondem aos estados de oxidação mais comuns. (Bolas grandes indicam valores elevados de eletronegatividade, bolas menores indicam valores menores). Copyright 1960 Cornell University Press.

atrair os elétrons, a ligação entre eles será predominantemente covalente. Por outro lado, uma grande diferença de eletronegatividade leva a uma ligação com um elevado grau de caráter polar, ou seja, a uma ligação predominantemente iônica.

Pode-se perceber que ao invés de considerar apenas duas formas extremas de ligações (iônicas e covalentes), Pauling introduziu a idéia de que o grau de caráter iônico de uma ligação varia com a diferença de eletronegatividades, como mostrado na Fig. 6.3. Esse gráfico se baseia no caráter iônico dos ácidos HI (4% iônico), HBr (11% iônico), HCl (19% iônico) e HF (45% iônico), determinados a partir de medidas de momento dipolar. Ocorre uma ligação com 50% de caráter iônico quando a diferença de eletronegatividades

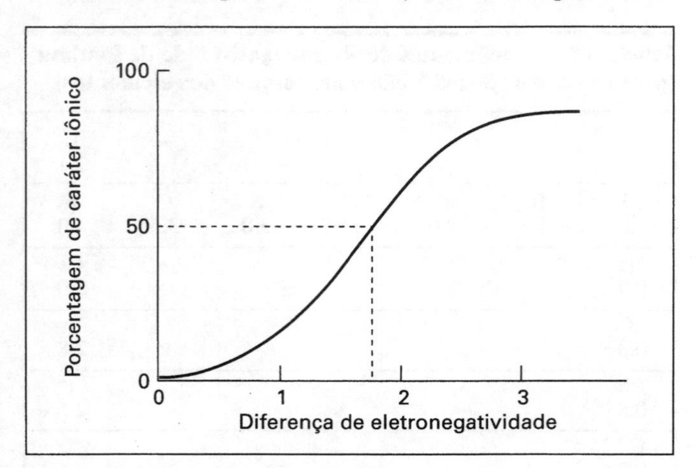

Figura 6.3— Diferença de eletronegatividade

entre os átomos é de cerca de 1,7. Logo, se a diferença de eletronegatividade for maior, a ligação terá caráter mais iônico que covalente. Analogamente, a ligação será mais covalente que iônica se a diferença for menor que 1,7. É preferível descrever uma ligação como a que ocorre no BF_3 como sendo 63% iônica, ao invés de caracterizá-lo como sendo puramente iônica.

Mulliken

Em 1934, Mulliken sugeriu uma interpretação alternativa para a eletronegatividade, baseada na energia de ionização e na afinidade eletrônica dos átomos. Considere dois átomos A e B. Se um elétron for transferido de A para B, com formação dos íons A^+ e B^-, a variação de energia será igual à diferença entre a energia de ionização do átomo A, (I_A), e a afinidade eletrônica do átomo B, (E_B), ou seja, $I_A - E_B$. Se, ao contrário, o elétron for transferido de B para A, formando B^+ e A^-, a variação de energia será dada por $I_B - E_A$. Se as estruturas formadas efetivamente forem A^+ e B^-, então este será o processo que requer menos energia, de modo que

$$(I_A - E_B) < (I_B - E_A)$$

Rearranjando,

$$(I_A + E_A) < (I_B + E_B)$$

Por isso Mulliken sugeriu que a eletronegatividade poderia ser considerada como sendo a média aritmética entre a energia de ionização e a afinidade eletrônica de um dado átomo.

$$\text{Eletronegatividade} = \frac{(I + E)}{2}$$

Mulliken utilizou valores de I e E medidos em elétron-volt, e os valores obtidos eram cerca de 2,8 vezes maiores que os valores obtidos por Pauling. Atualmente I e E são medidos em kJ mol^{-1}. A energia de 1 eV/molécula = 96,48 kJ mol^{-1}, de modo que valores que se aproximam dos valores comumente aceitos das eletronegatividades de Pauling podem ser obtidos efetuando-se o seguinte cálculo: $(I + E) / (2 \times 2{,}8 \times 96{,}48)$ ou $(I + E) / 540$.

Esse método tem uma base teórica simples, e tem a vantagem de permitir a determinação de valores de eletronegatividade distintos para o mesmo elemento em diferentes estados de oxidação. A limitação é o fato de conhecermos apenas um número relativamente pequeno de valores de afinidades eletrônicas. Por isso, dentre as duas abordagens, aquela baseada nas energias de ligação tem sido mais utilizada.

Allred e Rochow

Em 1958 Allred e Rochow imaginaram a eletronegatividade de uma maneira diferente, e calcularam valores para 69 elementos (vide Leituras complementares). Eles definiram a eletronegatividade como a força de atração entre o núcleo e um elétron que se encontra a uma distância igual ao raio covalente. Essa força F é eletrostática e dada por:

$$F = \frac{e^2 . Z_{efetiva}}{r^2}$$

onde e é a carga do elétron, r é o raio covalente e $Z_{efetiva}$ é a carga nuclear efetiva. Este último fator é a carga nuclear modificada por fatores de blindagem devido aos demais elétron circundante. Os fatores de blindagem dependem do número quântico principal (o nível ocupado pelo elétron) e o tipo de elétron s, p, d ou f. Os fatores de blindagem foram determinados por Slater e, conseqüentemente, esse método é bastante conveniente para se calcular os valores de eletronegatividade. Os valores de F podem ser convertidos em valores de eletronegatividades na escala de Pauling, utilizando-se a relação empírica:

$$\chi = 0,744 + \frac{0,359 Z_{efetiva}}{r^2}$$

Os valores de eletronegatividade assim obtidos estão em boa concordância com aqueles obtidos por Pauling e Mulliken.

À medida que aumenta o número de oxidação de um átomo, também aumenta a atração entre os elétrons e o núcleo, e a eletronegatividade também deveria aumentar. O método de Allred e Rochow leva a obtenção de valores de eletronegatividade um pouco maiores para os íons em estados de oxidação crescente.

Mo(II)	2,18	Fe(II)	1,83	Tl(I)	1,62	Sn(II)	1,80
Mo(III)	2,19	Fe(III)	1,96	Tl(III)	2,04	Sn(IV)	1,96
Mo(IV)	2,24						
Mo(V)	2,27						
Mo(VI)	2,35						

O método de Allred e Rochow depende dos raios covalentes, que podem ser determinados com grande exatidão por cristalografia de raios X. Assim, espera-se que seja possível obter valores muito exatos de eletronegatividades. Contudo, isso não ocorre. Embora as distâncias interatômicas possam ser determinadas com exatidão, os raios covalentes são bem menos exatos, pois não se tem certeza sobre a multiplicidade da ligação; isto é, a ligação pode ter algum caráter de dupla ligação.

Os valores de eletronegatividade utilizados neste livro são aqueles determinados por Pauling, mas outros valores foram calculados com base em diferentes suposições teóricas por Mulliken, Allred e Rochow e Sanderson. Para maiores detalhes desses e de outros textos de revisão recentes sobre eletronegatividade, vide as Leituras complementares. *Considera-se atualmente que a determinação de valores muito exatos para as eletronegatividades não se justifica, sendo preferível manter uma definição mais flexível e utilizá-la para se ter uma descrição mais qualitativa das ligações.* Tendo essa finalidade em vista, convém relembrar alguns poucos valores de eletronegatividade (vide Tab. 6.8). A partir deles é possível prever, dentro de uma margem de erro bastante razoável, os valores para os demais elementos, e assim prever a natureza das ligações formadas. Ligações entre átomos com eletronegatividades semelhantes serão eminentemente não-polares (covalentes), e ligações entre átomos com diferenças acentuadas de eletronegatividades serão essencialmente polares (iônicas). As previsões feitas com base nas eletronegatividades geralmente concordam com aquelas feitas com base nas regras de Fajans.

A basicidade dos elementos depende inversamente de suas eletronegatividades. Assim, descendo num grupo dos elementos representativos, a eletronegatividade decresce, e o caráter básico dos mesmos se intensifica. Analogamente, ao longo de um período da tabela periódica, da esquerda para a direita, os elementos vão se tornando cada vez mais eletronegativos e menos básicos.

CARÁTER METÁLICO

Os metais são eletropositivos e apresentam a tendência de perder elétrons, quando lhes é fornecida energia:

$$M \rightarrow M^+ + e^-$$

Quanto mais acentuada for essa tendência, mais eletropositivo e maior será o caráter metálico do elemento. Essa tendência de perder elétrons depende da energia de ionização. É mais fácil remover um elétron de um átomo grande que de um átomo pequeno. Logo, o caráter metálico aumenta quando descemos por um Grupo da tabela periódica. Por exemplo, no Grupo 14 o carbono é um não-metal, o germânio mostra algumas propriedades metálicas, e o estanho e o chumbo são metais. Analogamente, o caráter metálico decresce da esquerda para a direita na tabela periódica, pois o tamanho dos átomos diminui e a energia de ionização aumenta. Assim, o sódio e magnésio são mais metálicos que o silício, que por sua vez possui um maior caráter metálico que o cloro. Os elementos mais eletropositivos são encontrados na parte esquerda inferior da tabela periódica, e os elementos mais não-metálicos na parte superior direita.

A eletropositividade é de fato o recíproco da eletronegatividade, mas é conveniente usar o conceito de eletropositividade ao descrever metais. Elementos fortemente eletropositivos formam compostos iônicos. Óxidos e hidróxidos metálicos são básicos, já que se dissociam formando íons hidroxila:

$$NaOH \rightarrow Na^+ + OH^-$$
$$CaO + H_2O \rightarrow Ca^{2+} + 2OH^-$$

Óxidos insolúveis em água não podem produzir íons OH^- da mesma maneira, e são considerados básicos, pois reagem com ácidos formando sais. Portanto, o caráter básico aumenta de cima para baixo dentro do grupo dos elementos representativos, porque os elementos se tornam mais eletropositivos e iônicos. Contudo, essa generalização não se aplica aos elementos do bloco *d*, principalmente para os elementos que se encontram na parte central dos grupos dos elementos de transição (Cr, Mn, Fe, Co, Ni). Nesses casos, a basicidade e a capacidade de formar íons simples decresce de cima para baixo dentro do grupo.

O grau de caráter eletropositivo se manifesta de diferentes maneiras. Elementos fortemente eletropositivos reagem com água e com ácidos. Formam hidróxidos e óxidos fortemente básicos e reagem com oxoácidos, formando sais estáveis como carbonatos, nitratos e sulfatos. Elementos fracamente eletropositivos não reagem com a água e reagem muito mais lentamente com ácidos. Freqüentemente seus óxidos são anfóteros e reagem tanto com ácidos como com álcalis. Eles não são suficientemente básicos para formar carbonatos estáveis.

A natureza eletropositiva de um metal também se manifesta através do grau de hidratação de seus íons. Na transformação de M^+ em $[(H_2O)_n \rightarrow M]^+$, a carga positiva se distribui por todo o íon complexo. Como a carga não está mais localizada no metal, esse processo quase equivale à transformação $M^+ \rightarrow M$. Metais fortemente eletropositivos apresentam grande tendência para a transformação inversa, ou seja, $M \rightarrow M^+$, de modo que eles não são tão facilmente hidratados. Quanto menos eletropositivo for o metal, mais fraca a tendência do processo $M \rightarrow M^+$ ocorrer, e mais forte será o grau de hidratação. Os elementos do Grupo 2 são menos eletropositivos que os do Grupo 1. Portanto, os íons dos elementos do Grupo 2 são mais hidratados que os íons dos elementos do Grupo 1. O grau de hidratação também decresce de cima para baixo dentro do grupo, por exemplo $MgCl_2 \cdot 6H_2O$ e $BaCl_2 \cdot 2H_2O$.

Sais de metais fortemente eletropositivos praticamente não apresentam tendência de se hidrolisar e formar oxossais. Como o íon metálico é grande, ele apresenta uma pequena tendência de formar complexos. Por outro lado, sais de elementos fracamente eletropositivos sofrem hidrólise e podem formar oxossais. Como são menores, os íons desses metais mostram maior tendência a formar complexos.

VALÊNCIA E ESTADOS DE OXIDAÇÃO VARIÁVEIS

Nos elementos do bloco *s* o estado de oxidação é sempre igual ao número do grupo. Para os elementos do bloco *p*, o estado de oxidação é normalmente igual ao (número do grupo (10) ou (18 – o número do grupo). Pode-se observar a ocorrência de alguns casos de elementos com valência variável no bloco *p*. Nesses casos o estado de oxidação sempre varia de duas unidades, por exemplo $TlCl_3$ e $TlCl$, $SnCl_4$ e $SnCl_2$, PCl_5 e PCl_3. Essa característica é devido a um par de elétrons que permanece emparelhado e não participa das ligações (o efeito do par inerte). O termo estado de oxidação é preferível em vez de valência. O estado de oxidação pode ser definido como sendo a carga que resta no átomo central quando todos os demais átomos do composto são removidos mantendo seus estados de oxidação normais. Assim, o Tl apresenta estados de oxidação (+III) e (+I), o Sn (+IV) e (+II), e o P (+V) e (+III). O número de oxidação pode ser determinado sem problemas tanto para compostos iônicos como para compostos covalentes, sem conhecer os tipos de ligações envolvidos. O número de oxidação do S no H_2SO_4 pode ser determinado como se segue: o O geralmente apresenta estado de oxidação (–II) (exceto no O^2 e no O_2^{2-}), o H usualmente se encontra no estado de oxidação (+I) (exceto no H_2 e H^-). A soma dos números de oxidação de todos os átomos do H_2SO_4 deverá ser igual a zero, de modo que:

$$(2 \times 1) + (S^x) + (4 \times -2) = 0$$

Assim, *x*, o estado de oxidação do S, será (+VI). No caso do estado de oxidação do Mn no $KMnO_4$, considera-se inicialmente a dissociação do composto em K^+ e MnO_4^-. No MnO_4^- a soma dos estados de oxidação deve ser igual à carga do íon, de modo que:

$$Mn^x + (4 \times -2) = -1$$

Logo, o estado de oxidação *x* do Mn será (+VII).

Uma das características mais marcantes dos elementos de transição é o fato deles existirem em diferentes estados de oxidação. Além disso, os estados de oxidação variam de uma unidade, por exemplo, Fe^{3+} e Fe^{2+}, Cu^{2+} e Cu^+, em contraste com os elementos dos blocos *s* e *p*. A razão para esse comportamento é a participação de diferentes números de elétrons *d* nas ligações envolvendo esses elementos.

Embora o número de oxidação seja igual à carga do íon em espécies tais como Tl^+ e Tl^{3+}, os dois valores não são obrigatoriamente iguais. Por exemplo, o Mn pode existir no estado de oxidação (+VII), mas o íon manganês livre no estado de oxidação (+VII), Mn^{7+}, não existe, pois o $KMnO_4$ se dissocia em K^+ e MnO_4^-.

POTENCIAIS PADRÃO DE ELETRODO E SÉRIE ELETROQUÍMICA

Quando um metal é mergulhado em água, ou numa solução contendo seus próprios íons, o metal tende a liberar para a solução íons metálicos positivos. Assim o metal adquire uma carga negativa.

$$M^{n+}_{(hidratado)} + ne \rightleftharpoons M_{(sólido)}$$

A magnitude do potencial elétrico *E* gerado pelo par redox depende da natureza do metal em questão, do número de elétrons envolvidos, da atividade dos íons em solução e

Tabela 6.10 — Potenciais de eletrodo padrão (volt a 25 °C)

Li^+	Li	−3,05
K^+	K	−2,93
Ca^{2+}	Ca	−2,84
Al^{3+}	Al	−1,66
Mn^{2+}	Mn	−1,08
Zn^{2+}	Zn	−0,76
Fe^{2+}	Fe	−0,44
Cd^{2+}	Cd	−0,40
Co^{2+}	Co	−0,27
Ni^{2+}	Ni	−0,23
Sn^{2+}	Sn	−0,14
Pb^{2+}	Pb	−0,13
H^+	H_2	0,00
Cu^{2+}	Cu	+0,35
Ag^+	Ag	+0,80
Au^{3+}	Au	+1,38

da temperatura. E^o é o potencial padrão de eletrodo e é uma constante para cada metal. De fato, é o potencial de eletrodo medido nas condições padrões de temperatura e atividade unitária em relação ao íon metálico correspondente. Esses termos estão relacionados através da equação:

$$E = E^o + \frac{RT}{nF}\ln(1/a_M n+)$$

(onde R é a constante dos gases, T é a temperatura absoluta, a a atividade do íon em solução, n a valência do íon e F o Faraday). A atividade, $a_M n+$, pode ser substituída pela concentração dos íons em solução, na maioria dos casos.

O potencial de um único eletrodo isolado não pode ser medido. Mas, se um segundo eletrodo de potencial conhecido for introduzido na solução, é possível medir a diferença de potencial entre os mesmos. O eletrodo padrão em relação ao qual são feitas todas as demais medidas é o eletrodo padrão de hidrogênio (este é constituído por um eletrodo de platina platinizado, imerso numa solução de H_3O^+ de atividade unitária, saturada com hidrogênio à pressão de uma atmosfera. O potencial desenvolvido por esse eletrodo foi definido arbitrariamente como sendo igual a zero).

Caso os elementos sejam dispostos em ordem crescente de potenciais de eletrodo padrão, a tabela resultante (Tab. 6.10) é denominada série eletroquímica.

Também é possível medir os potenciais de eletrodo de elementos tais como o oxigênio e os halogênios, que formam íons negativos (Tab. 6.11).

Na série eletroquímica, os elementos mais eletropositivos se situam no topo e os menos eletropositivos na parte inferior da tabela. Quanto maior for o valor negativo do potencial, maior será a tendência do metal se ionizar.

Tabela 6.11 — Potenciais de eletrodo padrão (V)

O_2	OH^-	+0,40
I_2	I^-	+0,57
Br_2	Br^-	+1,07
Cl_2	Cl^-	+1,36
F_2	F^-	+2,85

Assim um metal qualquer da série eletroquímica deslocará de suas soluções quaisquer metais situados abaixo dele na série. Por exemplo, o ferro se situa acima do cobre na série eletroquímica, de modo que raspas de ferro podem ser utilizadas para deslocar os íons Cu^{2+} de uma solução de $CuSO_4$, para recuperar o cobre metálico.

$$Fe + Cu^{2+} \rightarrow Cu + Fe^{2+}$$

Na célula de Daniell o zinco metálico desloca os íons de cobre em solução. Essa reação é responsável pela diferença de potencial entre as placas.

A Tab. 6.12 é uma tabela de potenciais padrão de redução. Podemos ver nessa tabela que o potencial padrão de redução para o sistema Cu^{2+}/Cu é igual a 0,35 V. O que isso significa?

O sistema Cu^{2+}/Cu é conhecido como um par redox, e da forma como está escrito se refere à semi-reação (ou reação do eletrodo).

$$Cu^{2+} + 2e^- \rightarrow Cu$$

Em geral, os pares redox são representados como *ox/red*, onde *ox* é a forma oxidada (à esquerda) e *red* é a forma reduzida (à direita da seta).

Os valores dos potenciais padrão de redução são determinados em relação a um eletrodo padrão de hidrogênio, isto é, em relação ao par redox H^+/H_2 a 25°C e concentrações de 1M (ou pressão de uma atmosfera) para todas as espécies químicas presentes nas equações (a concentração da água está incluída na constante).

Assim sendo, a expressão E^o (Cu^{2+}/Cu) = +0,35 V é na realidade uma notação simplificada para a semi-reação mostrada abaixo, indicando que o potencial de redução padrão da reação é 0,35 V.

$$Cu^{2+} + H_2 \rightarrow 2H^+ + Cu \quad E^o = +0,35\text{ V} \qquad (6.1)$$

Analogamente o potencial de redução padrão do par Zn^{2+}/Zn é −0,76 V.

$$Zn^{2+} + H_2 \rightarrow 2H^+ + Zn \quad E^o = -0,76\text{ V} \qquad (6.2)$$

Subtraindo a equação (6.2) da equação (6.1) temos:

$$Cu^{2+} + Zn \rightarrow Cu + Zn^{2+} \quad E^o = +0,35 - (-0,76) = +1,10\text{ V}$$

Os dois potenciais padrões se referem ao par H^+/H_2, e portanto H^+ e H_2 desaparecem quando o par Cu^{2+}/Cu é combinado com o par Zn^{2+}/Zn.

A partir de considerações experimentais, as formas oxidadas de pares redox com elevado potencial positivo, por exemplo, $MnO_4 + 5e \rightarrow Mn^{2+}$, $E^o = +1,54$ V, são denominados agentes oxidantes fortes. Ao contrário, as formas reduzidas de pares redox de elevado potencial negativo, por exemplo $Li^+ + e \rightarrow Li$, $E^o = -3,05$ V, são denominados agentes redutores fortes. Logo, pode-se inferir que para certos potenciais intermediários o poder oxidante da forma oxidada e o poder redutor da forma reduzida serão semelhantes. Qual será o valor desse potencial em que ocorre a mudança de propriedade dos compostos de oxidantes para redutoras? A primeira observação a fazer é que não será

Tabela 6.12 — Alguns potenciais de redução padrão, em solução ácida a 25 °C (volt)

Grupo 1	E°	*Grupo 14* (continuação)	E^0	*Grupo 16* (continuação)	E°	*Metais de transição*	E°
$Li^+ + e \rightarrow Li$	−3,05	$Si + 4e \rightarrow SiH_4$	+0,10	$S_4O_6^{2-} + 2e \rightarrow 2S_2O_3^{2-}$	+0,08		
$K^+ + e \rightarrow K$	−2,93	$C + 4e \rightarrow CH_4$	+0,13	$S + 2e \rightarrow H_2S$	+0,14	$La^{3+} + 3e \rightarrow La$	−2,52
$Rb^+ + e \rightarrow Rb$	−2,93	$Sn^{4+} + 2e \rightarrow Sn^{2+}$	+0,15	$HSO_4^- + 2e \rightarrow H_2SO_3$	+0,17	$Sc^{3+} + 3e \rightarrow Sc$	−2,08
$Cs^+ + e \rightarrow Cs$	−2,92	$PbO_2 + 2e \rightarrow PbSO_4$	+1,69	$H_2SO_3 + 2e \rightarrow {}^1/_2S_2O_3^{2-}$	+0,40	$Mn^{2+} + 2e \rightarrow Mn$	−1,18
$Na^+ + e \rightarrow Na$	−2,71			$H_2SO_3 + 4e \rightarrow S$	+0,45	$Zn^{2+} + 2e \rightarrow Zn$	−0,76
		Grupo 15	E^0	$4H_2SO_3 + 6e \rightarrow S_4O_6^{2-}$	+0,51	$Cr^{3+} + 3e \rightarrow Cr$	−0,74
Grupo 2	E°	$As + 3e \rightarrow AsH_3$	−0,60	$S_2O_6^{2-} + 2e \rightarrow 2H_2SO_4$	+0,57	$Fe^{2+} + 2e \rightarrow Fe$	−0,44
$Ba^{2+} + 2e \rightarrow Ba$	−2,90	$Sb + 3e \rightarrow SbH_3$	−0,51	$O_2 + 2e \rightarrow H_2O_2$	+0,68	$Cr^{3+} + e \rightarrow Cr^{2+}$	−0,41
$Sr^{2+} + 2e \rightarrow Sr$	−2,89	$H_3PO_2 + e \rightarrow P$	−0,51	$H_2SeO_3 + 4e \rightarrow Se$	+0,74	$Cd^{2+} + 2e \rightarrow Cd$	−0,40
$Ca^{2+} + 2e \rightarrow Ca$	−2,87	$H_3PO_3 + 2e \rightarrow H_3PO_2$	−0,50	$SeO_4^{2-} + 2e \rightarrow H_2SeO_3$	+1,15	$Ni^{2+} + 2e \rightarrow Ni$	−0,25
$Mg^{2+} + 2e \rightarrow Mg$	−2,37	$H_3PO_4 + 2e \rightarrow H_3PO_3$	−0,28	${}^1/_2O_2 + 2e \rightarrow H_2O$	+1,23	$Cu^{2+} + e \rightarrow Cu^+$	+0,15
$Be^{2+} + 2e \rightarrow Be$	−1,85	${}^1/_2N_2 + 3e \rightarrow NH_4^+$	−0,27	$H_2O_2 + 2e \rightarrow 2H_2O$	+1,77	$Hg_2Cl_2 + 2e \rightarrow 2Hg$	+0,27
		${}^1/_2N_2 + 2e \rightarrow {}^1/_2N_2H_5^+$	−0,23	$S_2O_8^{2-} + 2e \rightarrow 2SO_4^{2-}$	+2,01	$Cu^{2+} + 2e \rightarrow Cu$	+0,35
Grupo 13	E°	$P + 3e \rightarrow PH_3$	+0,06	$O_3 + 2e \rightarrow O_2$	+2,07	$[Fe(CN)_6]^{3-} + e \rightarrow [Fe(CN)_6]^{4-}$	+0,36
$Al^{3+} + 3e \rightarrow Al$	−1,66	${}^1/_2Sb_2O_3 + 3e \rightarrow Sb$	+0.15			$Cu^+ + e \rightarrow Cu$	+0,50
$Ga^{3+} + 3e \rightarrow Ga$	−0,53	$HAsO_2 + 3e \rightarrow As$	+0,25	*Grupo 17*	E°	$Cu^{2+} + e \rightarrow CuCl$	+0,54
$In^{3+} + 3e \rightarrow In$	−0,34	$H_3AsO_4 + 2e \rightarrow HAsO_2$	+0,56	$I_3^- + 2e \rightarrow 3I^-$	+0,54	$MnO_4^- + e \rightarrow MnO_4^{2-}$	+0,56
$Tl^+ + e \rightarrow Tl$	−0,34	$NH_3 + 8e \rightarrow 3NH_4^+$	+0,69	$Br_3^- + 2e \rightarrow 3Br^-$	+1,05	$Fe^{3+} + e \rightarrow Fe^{2+}$	+0,77
$Tl^{3+} + 2e \rightarrow Tl^+$	+1,25	$NO_3^- + 3e \rightarrow NO$	+0,96	$2ICl_2^- + 2e \rightarrow I_2$	+1,06	$Hg_2^{2+} + 2e \rightarrow 2Hg$	+0,79
		$HNO_2 + e \rightarrow NO$	+1,00	$Br_2 + 2e \rightarrow 2Br^-$	+1,07	$2Hg^{2+} + 2e \rightarrow Hg_2^{2+}$	+0,92
Grupo 14	E^0	${}^1/_2N_2O_4 + 2e \rightarrow NO$	+1.03	$2IO_3^- + 10e \rightarrow I_2$	+1,20	$MnO_2 + 2e \rightarrow Mn^{2+}$	+1,23
$SiO_2 + 4e \rightarrow Si$	−0,86	${}^1/_2N_2H_5^+ + 2e \rightarrow NH_4^+$	+1,28	$Cl_2 + 2e \rightarrow 2Cl^-$	+1,36	${}^1/_2Cr_2O_7^{2-} + 3e \rightarrow Cr^{3+}$	+1,33
$PbSO_4 + 2e \rightarrow Pb$	−0,36	$NH_3OH + 2e \rightarrow NH_4^+$	+1,35	$2HOI + 2e \rightarrow I_2$	+1,45	$MnO_4^- + 5e \rightarrow Mn^{2+}$	+1,54
$CO_2 + 4e \rightarrow C$	−0,20			$H_5IO_6 + 2e \rightarrow IO_3^-$	+1,60	$NiO_2 + 2e \rightarrow Ni^{2+}$	+1,68
$GeO_2 + 4e \rightarrow Ge$	−0,15	*Grupo 16*	E°	$2HOCl + 2e \rightarrow Cl_2$	+1,63	$MnO_4^- + 3e \rightarrow MnO_2$	+1,70
$Sn^{2+} + 2e \rightarrow Sn$	−0,14	$Te + 2e \rightarrow H_2Te$	−0,72	$F_2 + 2e \rightarrow 2F^-$	+2,65		
$Pb^{2+} + 2e \rightarrow Pb$	−0,13	$Se + 2e \rightarrow H_2Se$	−0,40				

a 0 V, ou seja, o valor atribuído arbitrariamente ao par H^+/H_2: o hidrogênio é conhecido como um agente redutor. Um grupo de reagentes utilizados na química analítica clássica como agentes redutores fracos (por exemplo, sulfito e Sn(II)) são as formas reduzidas de pares redox com potenciais entre 0 e cerca de +0,6 V. Por outro lado, VO_2^+ é a forma estável do vanádio e VO_2^+ é um agente oxidante fraco: o potencial VO_2^+/VO_2^+ é +1,00 V. Assim, podemos afirmar, a partir dos dados experimentais, que regra geral quando $E^\circ \approx 0{,}8$ V as formas oxidada e reduzida terão estabilidades mais ou menos equivalentes em processos redox.

Não é muito revelador designar um metal como sendo um agente redutor: a maioria dos metais são agentes redutores. É útil classificar os metais em quatro grupos de acordo com a facilidade de redução de seus íons metálicos.

1. Os metais nobres (com E° mais positivo que 0 V).
2. Metais que são facilmente reduzidos (por exemplo com carvão) (E° entre 0 e −0,5 V).
3. Metais de transição reativos (E° entre −0,5 e −1,5 V), que são freqüentemente preparados por redução com metais eletropositivos.
4. Os metais eletropositivos (E° mais negativo que −1,5 V), que podem ser preparados por redução eletroquímica.

Quando uma solução é eletrolisada, o potencial externo aplicado deve ser maior que o potencial de eletrodo. A voltagem mínima necessária para provocar a deposição é igual e de sinal contrário ao potencial do eletrodo em contato com sua solução. Elementos situados na parte inferior da série se reduzem antes: por exemplo, Cu^{2+} se reduz antes de H^+, e o cobre pode ser eletrolisado em solução aquosa. Contudo, o hidrogênio e outros gases freqüentemente requerem um potencial consideravelmente maior que o potencial teórico. Para o hidrogênio esse potencial extra ou sobretensão pode ser de 0,8 volt, tornando possível a eletrodeposição de zinco de uma solução aquosa de seus sais.

Diversos fatores influenciam o valor do potencial padrão. A conversão de M em M^+, em solução aquosa, pode ser desdobrada numa série de etapas:

1. Sublimação de um metal sólido
2. Ionização de um átomo metálico gasoso
3. Hidratação do íon gasoso.

Essas etapas podem ser analisadas mais convenientemente num ciclo do tipo de Born-Haber (Fig. 6.4).

A entalpia de sublimação e a energia de ionização são positivas, pois energia deve ser fornecida ao sistema em ambos os casos. Por outro lado, a entalpia de hidratação é negativa, pois há desprendimento de energia nesse processo. Portanto,

$$E = +\Delta H_s + I + \Delta H_h$$

Considere inicialmente um metal de transição. A maioria dos metais de transição tem elevados pontos de fusão: a entalpia de sublimação será, portanto, elevada. Ao mesmo tempo, seus átomos são bastante pequenos e possuem elevadas energias de ionização. Com isso o valor do potencial de eletrodo E será baixo, e o metal terá pouca tendência a formar íons: ele será pouco reativo ou nobre.

Ao contrário, metais do bloco *s* (Grupo 1 e 2) apresentam

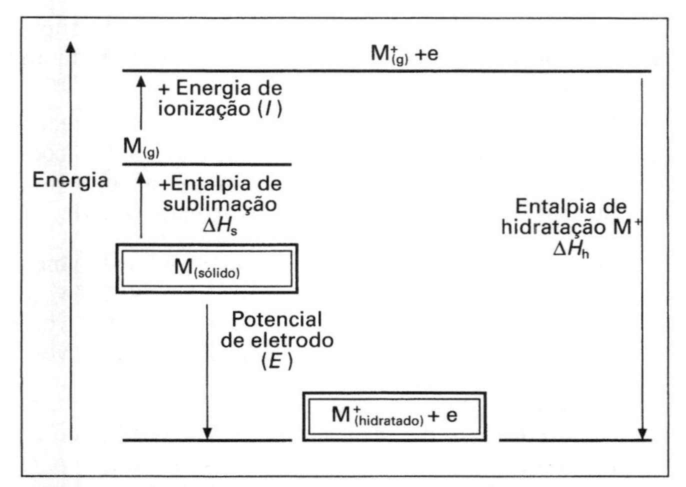

Figura 6.4 — *Ciclo de energia para potenciais de eletrodo*

baixos pontos de fusão (e portanto baixas entalpias de sublimação) e os átomos são grandes, apresentando baixas energias de ionização. Portanto, o potencial de eletrodo *E* será elevado e esses metais serão reativos.

Quando uma substância é oxidada há perda de elétrons e quando uma substância é reduzida ela recebe elétrons. Um agente redutor deve, portanto, fornecer elétrons. Logo, pode-se inferir que os elementos com elevados potenciais negativo de eletrodo são fortes agentes redutores. As forças de agentes oxidantes e redutores podem ser determinados através da medida da magnitude do potencial de uma solução, utilizando um eletrodo inerte. Os valores dos potenciais padrões de redução serão obtidos quando as concentrações das formas oxidada e reduzida forem iguais a 1M, e se as medidas forem realizadas em relação a um eletrodo padrão de hidrogênio. Os agentes oxidantes mais poderosos tem potenciais de oxidação muito positivos e agentes redutores fortes possuem potenciais redox muito negativos. As magnitudes dos valores dos potenciais padrão de redução permitem prever que íons poderão oxidar ou reduzir outros íons. Os potenciais indicam se as variações de energia para uma dada reação redox são favoráveis ou desfavoráveis. É importante frisar, contudo, que embora os potenciais possam ser utilizados para prever se uma reação é possível ou não, não se tem nenhuma informação cinética, ou seja, relativa à velocidade da reação. A velocidade de uma reação pode ser muito rápida ou lenta, e em muitos casos é necessário a presença de um catalisador para que ela ocorra — por exemplo, na reação de oxidação do arsenito de sódio com sulfato cérico.

REAÇÕES DE OXIDAÇÃO-REDUÇÃO

Uma oxidação implica na retirada de elétrons de um átomo enquanto uma redução envolve a adição de elétrons num átomo. Os potenciais padrão de eletrodo mostrados na Tab. 6.10 foram escritos, por convenção, tendo a espécie oxidada à esquerda e a espécie reduzida à direita.

$$Li^+|Li \qquad E^o = -3{,}05 \text{ volts}$$

ou

$$Li^+ + e \rightarrow Li \qquad E^o = -3{,}05 \text{ volts}$$

O potencial desenvolvido pela semi-cela se refere, portanto, a um potencial de redução, já que ocorre a adição de elétrons aos reagentes. Uma lista mais completa de potenciais de redução em solução ácida são apresentadas na Tab. 6.12.

Os potenciais de oxidação-redução (ou potenciais redox) podem ser usados com grande vantagem na explicação de reações de oxidação-redução em solução aquosa. O potencial de redução se relaciona com a energia livre através da equação:

$$\Delta G = -nFE^o$$

(onde ΔG é a variação da energia livre de Gibbs, n a valência do íon, F o Faraday e E^o o potencial padrão do eletrodo). Na realidade, trata-se de uma aplicação da termodinâmica. Em última análise, o fato de uma dada reação ocorrer ou não depende do balanço energético. Sabemos que a reação não ocorrerá se a variação de energia livre ΔG for positiva e, assim, a termodinâmica nos poupa o trabalho de testar a reação. Se o valor de ΔG for negativo, a reação é termodinamicamente possível. Mas, não basta uma reação ser termodinamicamente possível para de fato ocorrer. A termodinâmica não fornece nenhuma informação sobre a velocidade da reação, que pode ser rápida, lenta ou infinitamente lenta, e nem indica se alguma outra reação pode ser mais favorecida.

Considere o processo de corrosão que pode ocorrer quando uma chapa de ferro galvanizado é riscado (ferro galvanizado é ferro revestido com uma camada de zinco para evitar o enferrujamento). As semi-reações e os correspondentes potenciais redox são mostrados abaixo:

$$Fe^{2+} + 2e \rightarrow Fe \qquad E^o = -0{,}44 \text{ volt}$$
$$Zn^{2+} + 2e \rightarrow Zn \qquad E^o = -0{,}76 \text{ volt}$$

Quando em contato com água, ambos os metais podem ser oxidados e liberar íons, ou seja, as equações químicas das reações acima devem ser invertidas para expressar corretamente os processos envolvidos. Os potenciais referentes às reações escritas dessa maneira são denominados potenciais de oxidação e tem a mesma magnitude mas sinais opostos aos dos potenciais de redução:

$$Fe \rightarrow Fe^{2+} + 2e \qquad E^o = +0{,}44 \text{ volt}$$
$$Zn \rightarrow Zn^{2+} + 2e \qquad E^o = +0{,}76 \text{ volt}$$

Como $Zn \rightarrow Zn^{2+}$ possui o maior valor positivo de E^o e como $\Delta G = -nFE^o$, o valor de ΔG será mais negativo para essa semi-reação. Portanto, a dissolução do Zn é mais favorecida energeticamente, de modo que ela deve ocorrer em detrimento da dissolução do ferro.

Quando o ferro galvanizado for riscado, é possível que o ar venha a oxidar o ferro. Entretanto, o Fe^{2+} assim produzido será imediatamente reduzido a ferro metálico pelo zinco, e dessa forma o ferro não enferrujará.

$$Zn + Fe^{2+} \rightarrow Fe + Zn^{2+}$$

Podemos citar exemplos de aplicações similares, no qual um metal é sacrificado para proteger outro, a utilização de blocos de magnésio conectados a oleodutos de aço, subterrâneos, e aos cascos dos navios, para assim evitar a corrosão.

Portanto, o revestimento de zinco tem duas finalidades: primeiro ele recobre o ferro e impede sua oxidação (como se fosse uma camada de tinta) e em segundo lugar ele fornece proteção catódica.

Uma tabela de potenciais padrão de redução (Tab. 6.12) pode ser usada para prever se uma dada reação é ou não possível, e qual será sua constante de equilíbrio. Vejamos, por exemplo, se o íon triiodeto I_3^- é capaz de oxidar As(III) do $HAsO_2$ a As(V).

$$HAsO_2 + I_3^- + 2H_2O \rightarrow H_3AsO_4 + 3I^- + 2H^+$$

Como a tabela contém os potenciais de redução, precisamos achar as semi-reações para os seguintes processos: $H_3AsO_4 + 2e \rightarrow$ produtos e $I_3^- + 2e \rightarrow$ produtos.

$$H_3AsO_4 + 2e + 2H^+ \rightarrow HAsO_2 + 2H_2O \qquad E^\circ = +0{,}56 \text{ volt}$$

$$I_3^- + 2e \rightarrow 3I^- \qquad E^\circ = +0{,}54 \text{ volt}$$

A reação que estamos investigando requer que a primeira semi-reação seja invertida, e a seguir somada à segunda semi-reação. Os valores de E° das semi-reações não devem ser somados, já que eles não consideram o número de elétrons envolvidos. Contudo, os valores de E° podem ser convertidos nos correspondentes valores de ΔG, os quais podem ser somados para fornecerem o valor de ΔG da reação total.

$$HAsO_2 + 2H_2O \rightarrow H_3AsO_4 + 2e + 2H^+ \qquad E^\circ = -0{,}56 \text{ V}$$

$$I_3^- + 2e \rightarrow 3I^- \qquad E^\circ = +0{,}54 \text{ V}$$

$$HAsO_2 + I_3^- + 2H_2O \rightarrow H_3AsO_4 + 3I^- + 2H^+$$

$$\Delta G = +(2 \times F \times 0{,}56)$$

$$\Delta G = -(2 \times F \times 0{,}54)$$

$$\Delta G = +0{,}04\, F$$

A variação de energia livre ΔG assim calculada é positiva, o que indica que a reação não se processa espontaneamente na direção indicada, e sugere que é energeticamente possível que a reação se processe no sentido inverso. Todavia, deve-se notar que o valor de ΔG é muito pequeno, e assim não é prudente tirar conclusões precipitadas. Os valores de E° se referem às condições padrão e como o valor de ΔG é muito pequeno, uma pequena variação nas condições, como por exemplo uma variação na concentração, no pH ou na temperatura, poderiam alterar suficientemente os potenciais e, portanto, o valor de ΔG para permitir que a reação em qualquer sentido. Existem métodos volumétricos de análise no qual se reduz o ácido arsênico com íons iodeto em ácido 5 M, e outro no qual o ácido arsenioso é oxidado pelo íon triiodeto, em pH 7.

APLICAÇÃO DOS POTENCIAIS DE REDUÇÃO

Os potenciais de redução podem ser empregados em inúmeros casos, para verificar que espécies irão oxidar ou reduzir uma dada espécie, para verificar quais serão os produtos e quais são os estados de oxidação estáveis no solvente em questão, bem como para obter informações sobre reações de desproporcionamento. Esse tópico é freqüentemente pouco compreendido, por isso diversos exemplos serão apresentados.

Uma grande quantidade de informações úteis sobre um dado elemento pode ser mostrada utilizando as semi-reações apropriadas e seus respectivos potenciais de redução. Vejamos algumas das semi-reações envolvendo o ferro:

$$Fe^{2+} + 2e \rightarrow Fe \qquad E^\circ = -0{,}47 \text{ volt}$$

$$Fe^{3+} + 3e \rightarrow Fe \qquad E^\circ = -0{,}057 \text{ volt}$$

$$Fe^{3+} + e \rightarrow Fe^{2+} \qquad E^\circ = +0{,}77 \text{ volt}$$

$$FeO_4^{2-} + 3e + 8H^+ \rightarrow Fe^{3+} + 4H_2O \qquad E^\circ = +2{,}20 \text{ volt}$$

Quando um elemento pode existir em diversos estados de oxidação (no presente caso, Fe(VI), Fe(III), Fe(II) e Fe(0)), é conveniente mostrar todos os potenciais de redução para as semi-reações em um único diagrama. A espécie com o maior estado de oxidação é mostrado à esquerda e o de menor estado de oxidação à direita. Espécies tais como elétrons, H^+ e H_2O são omitidas.

estado de oxidação

	VI		III		II		0
E° (V)	FeO_4^{2-}	2,20	Fe^{3+}	0,77	Fe^{2+}	−0,47	Fe
			Fe^{3+} → Fe: 0,057				

O potencial para a redução de FeO_4^{2-} a Fe^{3+} é de 2,20 volts. Como $\Delta G = -nFE^\circ$, conclui-se que o valor de ΔG para essa reação será elevado e negativo. Isso indica que a reação é termodinamicamente factível, já que ela desprende uma grande quantidade de energia, e FeO_4^{2-} é um agente oxidante forte.

Potenciais padrão de eletrodo são medidos numa escala em que

$$H^+ + e \rightarrow H \qquad E^\circ = 0{,}00 \text{ volt}$$

Dado que o hidrogênio é normalmente considerado como um agente redutor, as espécies reduzidas de semi-reações com valores negativos de E° são mais redutoras que o hidrogênio, isto é, elas são fortemente redutoras. Geralmente, os compostos aceitos como sendo agentes oxidantes têm valores de E° acima de +0,8 volt, aquelas com valores em torno de +0,8 volt (como $Fe^{3+} \rightarrow Fe^{2+}$) são estáveis (igualmente oxidantes e redutoras), e aquelas com valores inferiores a +0,8 volt se tornam mais e mais redutoras.

Para a transformação Fe^{3+}/Fe^{2+} o valor de E° é de +0,77 V. Este se aproxima do valor +0,8 V, e assim Fe^{3+} e Fe^{2+} têm quase a mesma estabilidade em relação à oxidação e à redução. Os valores de E° para as transformações $Fe^{3+} \rightarrow Fe$ e para $Fe^{2+} \rightarrow Fe$ são ambos negativos: como ΔG é positivo, nem Fe^{3+} e nem Fe^{2+} apresentam tendência de se reduzirem a Fe.

Um dos fatos mais importantes que pode ser deduzido a partir de um diagrama de potenciais de redução é a estabilidade das espécies frente ao desproporcionamento. A reação de desproporcionamento ocorre quando um íon num dado estado de oxidação se decompõe formando íons com o elemento em questão num estado de oxidação mais alto e mais baixo. Isso acontece quando o íon num dado estado de oxidação é um agente oxidante mais forte que o íon no estado de oxidação imediatamente superior. Essa situação acontece quando um potencial de redução à direita é mais positivo que um à esquerda. No diagrama dos potenciais de redução do ferro, os valores se tornam progressivamente mais negativos ao passarmos da esquerda para a direita, e portanto Fe^{3+} e Fe^{2+} são estáveis frente ao desproporcionamento.

Num primeiro exame, o potencial de −0,057 V para a transformação $Fe^{3+} \rightarrow Fe$ parece incorreto, visto que os potenciais para as transformações $Fe^{3+} \rightarrow Fe^{2+}$ e $Fe^{2+} \rightarrow Fe$ são respectivamente, 0,77 V e −0,47 V. A soma de 0,77 e −0,47 não dá −0,057. Potenciais para reações completas podem ser somados, porque não há sobras de elétrons no processo. Os potenciais das semi-reações não podem ser somados porque neste caso o número de elétrons envolvidos pode não estar balanceado. Contudo, sempre é possível converter os valores de E^o em energia livre através da equação $\Delta G = -nFE^o$, onde n é o número de elétrons envolvidos e F é o Faraday. Dado que a energia livre de Gibbs, G, é uma função termodinâmica, as energias podem ser somadas, e o valor total da energia livre pode ser reconvertido para um valor de E^o:

$Fe^{3+} + e \rightarrow Fe^{2+}$ $E^o = +0,77$ V $\Delta G = -1(+0,77)F = -0,77F$

$Fe^{2+} + 2e \rightarrow Fe$ $E^o = -0,47$ V $\Delta G = -2(-0,47)F = +0,94F$

somando,

$$Fe^{3+} + 3e \rightarrow Fe \qquad \Delta G = +0,17F$$

Podemos, portanto, calcular E^o para a reação $Fe^{3+} \rightarrow Fe$:

$$E^o = \frac{\Delta G}{-nF} = \frac{0,17F}{-3F} = -0,057\text{V}$$

O diagrama de potenciais de redução para o cobre, em solução ácida, é:

estados de oxidação II I 0

$$E^o\ (V) \qquad Cu^{2+} \xrightarrow{+0,15^*} Cu^{+} \xrightarrow{+0,50} Cu \qquad (Cu^{2+} \rightarrow Cu: +0,35)$$

* sofre desproporcionamento.

O potencial e, portanto, a energia liberada quando Cu^{2+} é reduzido a Cu^+, são ambos muito pequenos, de modo que Cu^{2+} não é um agente oxidante, mas é estável. Passando da esquerda para a direita os potenciais Cu^{2+} – Cu^+ – Cu se tornam mais positivos. Sempre que ocorre essa situação, a espécie situada no meio (Cu^+ no caso em discussão) sofre desproporcionamento, isto é, se comporta simultaneamente tanto como um agente auto-oxidante como um agente auto-redutor, porque do ponto de vista energético as duas transformações seguintes podem ocorrer concomitantemente:

$Cu^+ \rightarrow Cu^{2+} + e$ $E_{oxidação} = -0,15$ $\Delta G = +0,15F$

$Cu^+ + e \rightarrow Cu$ $E_{redução} = +0,50$ $\Delta G = -0,50F$

Somando,

$2Cu^+ \rightarrow Cu^{2+} + Cu$ $\Delta G = -0,35F$

Portanto, em solução o íon Cu^+ sofre desproporcionamento gerando Cu^{2+} e Cu, e por isso o Cu^+ só pode ser encontrado no estado sólido.

O diagrama de potenciais de redução para o oxigênio é mostrado a seguir.

estado de oxidação 0 −I −II

$$E^o\ (V) \qquad O_2 \xrightarrow{+0,682^*} H_2O_2 \xrightarrow{+1,776} H_2O \qquad (O_2 \rightarrow H_2O: +1,229)$$

* sofre desproporcionamento.

Movendo-se da esquerda para a direita, os potenciais de redução aumentam, e portanto H_2O_2 é instável com relação ao desproporcionamento.

−I 0 −II

$$2H_2O_2 \rightarrow O_2 + H_2O$$

Devemos lembrar que o solvente impõe limitações sobre as espécies que são estáveis, ou até mesmo definem quais são as espécies que podem existir. Agentes oxidantes muito fortes oxidarão a água a O_2, ao passo que agentes redutores fortes reduzirão a água a H_2. Assim, agentes oxidantes e redutores muito fortes não podem existir em solução aquosa. As seguintes semi-reações são de particular interesse:

Redução da água

solução neutra	$H_2O + e^- \rightarrow OH^- + {}^1/_2H_2$	$E^o = -0,414$ V
solução ácida 1,0 M	$H_3O^+ + e^- \rightarrow H_2O + {}^1/_2H_2$	$E^o = 0,000$ V
solução básica 1,0 M	$H_2O + e^- \rightarrow OH^- + {}^1/_2H_2$	$E^o = -0,828$ V

Oxidação da água

solução neutra	${}^1/_2O_2 + 2H^+ + 2e^- \rightarrow H_2O$	$E^o = +0,185$ V
solução ácida 1,0 M	${}^1/_2O_2 + 2H^+ + 2e^- \rightarrow H_2O$	$E^o = +1,229$ V
solução básica 1,0 M	${}^1/_2O_2 + H_2O + 2e^- \rightarrow 2OH^-$	$E^o = +0,401$ V

Essas reações limitam a *estabilidade termodinâmica* de qualquer espécie em solução aquosa. Os potenciais de redução mínimos necessários para oxidar a água a oxigênio são $E^o > +0,185$ V numa solução neutra, $E^o > +1,229$ V numa solução ácida (1,0 M), e $E^o > +0,401$ V numa solução básica (1,0 M).

Da mesma forma, semi-reações com potenciais, E^o, menores que zero (valores negativos) devem reduzir a água a H_2 em solução ácida 1,0 M, enquanto que um potencial $E^o < -0,414$ V é necessário numa solução neutra, e $E^o < -0,828$ V numa solução básica 1,0 M.

Freqüentemente, quando os valores de E^o são apenas suficientes para que uma dada reação seja termodinamicamente possível, a reação parece não ocorrer. Na realidade, uma substância termodinamicamente instável pode ser cineticamente estável se apresentar uma energia de ativação elevada para reagir. Isso significa que as velocidades dessas reações serão muito lentas. Por outro lado, se os potenciais forem consideravelmente mais positivos ou negativos que os limites acima, poderá ocorrer uma reação com o solvente.

Os potenciais de redução para o amerício indicam que o Am^{4+} é instável com relação ao desproporcionamento.

+VI +V +IV +III 0

$$AmO_2^{2+} \xrightarrow{+1,70} \overset{*}{AmO_2^{+}} \xrightarrow{+0,86} \overset{*}{Am^{4+}} \xrightarrow{+2,62} Am^{3+} \xrightarrow{-2,07} Am$$

* sofre desproporcionamento.

O potencial para o par $AmO_2^{+} \rightarrow Am^{3+}$ pode ser calculado convertendo-se os valores 0,86 e 2,62 volts nas correspondentes energias livres, somando-as e reconvertendo o resultado em potencial. Dessa forma obtém-se o potencial resultante de 1,74 volt. Se essa etapa for adicionada ao diagrama, fica evidente que os potenciais não decrescem do AmO_2^{2+} para o AmO_2^{-} e deste para o Am^{3+}. Por isso, o AmO_2^{+} é instável, em relação à reação de desproporcionamento a AmO_2^{2+} e Am^{3+}. Finalmente, o potencial da semi-reação $AmO_2^{2+} \rightarrow Am^{3+}$ pode ser calculado, encontrando-se o valor +1,726 volt. Portanto, considerando-se a seqüência $AmO_2^{2+} \rightarrow Am^{3+}$ Am, pode-se inferir que o Am^{3+} é estável.

+VI +V +IV +III 0

$$AmO_2^{2+} \xrightarrow{+1,70} \overset{*}{AmO_2^{+}} \xrightarrow{+0,86} \overset{*}{Am^{4+}} \xrightarrow{+2,62} Am^{3+} \xrightarrow{-2,07} Am$$

$AmO_2^{+} \rightarrow Am^{3+}$: +1.74

$AmO_2^{2+} \rightarrow Am^{3+}$: +1,726

* sofrem desproporcionamento.

É importante incluir no diagrama de potenciais de redução todas as semi-reações possíveis, pois caso contrário pode-se chegar a conclusões errôneas. O exame do diagrama incompleto para o cloro, em meio alcalino, indica que o ClO_2 deve-se desproporcionar gerando ClO_3^{-} e OCl^{-}. Analogamente, o Cl_2 deve-se desproporcionar gerando OCl^{-} e Cl^{-}. Ambas as conclusões estão corretas, nas condições especificadas.

+VII +V +III +I 0 −I

$$ClO_4^{-} \xrightarrow{+0,36} ClO_3^{-} \xrightarrow{+0,33} \overset{*}{ClO_2} \xrightarrow{+0,66} OCl^{-} \xrightarrow{+0,40} \overset{*}{\tfrac{1}{2}Cl_2} \xrightarrow{+1,36} Cl^{-}$$

* sofrem desproporcionamento.

Os dados incompletos também sugerem que o OCl^{-} deve ser estável com relação ao desproporcionamento, mas isso não é correto. As espécies que sofrem desproporcionamento foram "ignoradas". Esses processos podem ser incluídos calculando-se um potencial único para a transformação $ClO_3^{-} \rightarrow OCl^{-}$, para substituir os valores +0,33 V e +0,66 V. Também, deve-se calcular um potencial único para a transformação $OCl^{-} \rightarrow Cl^{-}$.

+VII +V +III +I 0 −I

$$ClO_4^{-} \xrightarrow{+0,36} \overset{*}{ClO_3^{-}} \xrightarrow{+0,33} \overset{*}{ClO_2} \xrightarrow{+0,66} \overset{*}{OCl^{-}} \xrightarrow{+0,40} \overset{*}{\tfrac{1}{2}Cl_2} \xrightarrow{+1,36} Cl^{-}$$

$ClO_3^{-} \rightarrow OCl^{-}$: +0,50; $OCl^{-} \rightarrow Cl^{-}$: +0,88

* sofrem desproporcionamento.

Examinando o diagrama completo, fica claro que os potenciais em torno de OCl^{-} não decrescem da esquerda para a direita, e portanto OCl^{-} é instável com relação ao desproporcionamento em ClO_3^{-} e Cl^{-}.

$$ClO_3^{-} \xrightarrow{+0,50} OCl^{-} \xrightarrow{+0,88} Cl^{-}$$

Analogamente, os potenciais em torno do íon ClO_3^{-} não decrescem da esquerda para a direita.

$$ClO_4^{-} \xrightarrow{+0,36} ClO_3^{-} \xrightarrow{+0,50} OCl^{-}$$

Portanto, ClO_3^{-} deve se desproporcionar em ClO_4^{-} e OCl^{-}, e o OCl^{-} também deve se desproporcionar gerando Cl^{-} e ClO_3^{-}.

Os diagramas de potenciais de redução também podem ser usados para prever os produtos de reações quando os elementos podem apresentar diversos estados de oxidação. Considere por exemplo a reação entre $KMnO_4$ e KI, em meio ácido. Os diagramas de potenciais de redução são mostrados abaixo:

+VII +VI +IV +III +II 0

$$MnO_4^{-} \xrightarrow{+0,56} \overset{*}{MnO_4^{2-}} \xrightarrow{+2,26} MnO_2 \xrightarrow{+0,95} \overset{*}{Mn^{3+}} \xrightarrow{+1,51} Mn^{2+} \xrightarrow{-1,19} Mn$$

$MnO_4^{-} \rightarrow MnO_2$: +1,69; $MnO_2 \rightarrow Mn^{2+}$: +1,23; $MnO_4^{-} \rightarrow Mn^{2+}$: +1,51

+VII +V +III +I 0 −I

$$IO_4^{-} \xrightarrow{+1,65} IO_3^{-} \xrightarrow{+1,34} \overset{*}{HOI} \xrightarrow{+1,44} \tfrac{1}{2}I_2(s) \xrightarrow{+0,54} I^{-}$$

$H_5IO_6 \rightarrow IO_3^{-}$: +1,60; $IO_3^{-} \rightarrow \tfrac{1}{2}I_2(s)$: +1,19; $HOI \rightarrow I^{-}$: +0,99

* sofrem desproporcionamento.

Supondo-se que as reações sejam controladas pela termodinâmica, isto é, que o equilíbrio seja alcançado com razoável rapidez, então as espécies MnO_4^{2-}, Mn^{3+} e HOI não precisam ser consideradas, visto que elas sofrem desproporcionamento. A semi-reação $Mn^{2+} \rightarrow Mn$ apresenta um valor negativo elevado de E^o. Portanto, o ΔG terá um valor positivo elevado e essa semi-reação não deve ocorrer. Logo, também pode ser ignorada. Levando-se em conta essas considerações, o diagrama de potenciais de redução poderá ser simplificado:

+VII +V +IV +II 0 −I

$$MnO_4^{-} \xrightarrow{+1,70} MnO_2 \xrightarrow{+1,23} Mn^{2+}$$

$$IO_4^{-} \xrightarrow{+1,65} IO_3^{-} \xrightarrow{+1,19} \tfrac{1}{2}I_2(s) \xrightarrow{+0,54} I^{-}$$

$H_5IO_6 \rightarrow IO_3^{-}$: +1,60

Se a reação for efetuada acrescentando-se, gota a gota, uma solução de KI a uma solução acidificada de $KMnO_4$, os produtos da reação deverão ser estáveis na presença de $KMnO_4$. Conseqüentemente, o produto de redução não poderá ser Mn^{2+}, pois o $KMnO_4$ o oxidaria a MnO_2. Analogamente, I_2 não poderá ser o produto de oxidação, pois pode ser oxidado pelo $KMnO_4$. O fato dos potenciais das semi-reações $IO_4^{-} \rightarrow IO_3^{-}$ e $H_5IO_6 \rightarrow IO_3^{-}$ serem semelhantes ao potencial da semi-reação MnO_4^{-} MnO_2 é outro fator de complicação, impossibilitando definir precisamente se o IO_3^{-}, o IO_4^{-} ou se o H_5IO_6 será o produto de oxidação. Na realidade, o I^{-} é oxidado a uma mistura de IO_3^{-} e IO_4^{-}.

$$2MnO_4^- + I^- + 2H^+ \rightarrow 2MnO_2 + IO_3^- + H_2O$$

$$8MnO_4^- + 3I^- + 8H^+ \rightarrow 8MnO_2 + 3IO_4^- + 4H_2O$$

Se essa mesma reação for efetuada invertendo-se a ordem de adição, ou seja, adicionando-se gota a gota a solução de $KMnO_4$ sobre a solução de KI, então os produtos formados deverão ser estáveis na presença de I^-. Nesse caso o MnO_2 não pode ser o produto de redução, pois ele oxidaria o I^- a I_2. Analogamente, o IO_3^- não poderia ser o produto de redução, pois oxidaria qualquer excesso de I^- a I_2. Logo, a reação que ocorre nessas condições é:

$$2MnO_4 + 10I^- + 16H^+ \rightarrow 2Mn^{2+} + 5I_2 + 8H_2O$$

Como há um excesso de íons I^-, o I_2 formado ficará na forma do íon triiodeto I_3^-, mas isso não influencia a reação acima.

$$I_2 + I^- \rightarrow I_3^-$$

Observe que a natureza dos produtos formados depende da natureza do reagente que se encontra em excesso.

OCORRÊNCIA E OBTENÇÃO DOS ELEMENTOS

Os elementos mais abundantes na crosta terrestre (em peso) são mostrados na Tab. 6.13. É interessante ressaltar que os cinco primeiros elementos perfazem quase 92% em peso da crosta terrestre, que os dez primeiros perfazem mais de 99,5%, e que os vinte primeiros constituem cerca de 99,97% da crosta terrestre. Portanto, alguns poucos elementos são muito abundantes; a maioria é rara.

Outros elementos muito abundantes são o nitrogênio (78 % da atmosfera) e o hidrogênio que ocorre como água nos oceanos. A química desses elementos abundantes é bem conhecida. Alguns elementos menos abundantes também são bem conhecidos, pois ocorrem em depósitos concentrados: por exemplo, o chumbo, encontrado como PbS (galena) e boro como $Na_4B_2O_7 \cdot 10H_2O$ (bórax).

Os diferentes métodos para separar e extrair os elementos podem ser divididos em cinco classes (vide Ives, D. J. G., em Leituras complementares).

Tabela 6.13 — Os elementos mais abundantes

	Partes por milhão da crosta terrestre	%da crosta terrestre
1. Oxigênio	455.000	45,5
2. Silício	272.000	27,2
3. Alumínio	83.000	8,3
4. Ferro	62.000	6,2
5. Cálcio	46.000	4,66
6. Magnésio	27.640	2,764
7. Sódio	22.700	2,27
8. Potássio	18.400	1,84
9. Titânio	6.320	0,632
10. Hidrogênio	1.520	0,152
11. Fósforo	1.120	0,112
12. Manganês	1.060	0,106

O apêndice A apresenta uma tabela completa

Separação mecânica de elementos que existem na forma nativa

Um número surpreendentemente grande de elementos ocorre livre no estado elementar. Eles permaneceram na forma nativa porque são pouco reativos. Somente os metais menos reativos, pertencentes ao Grupo 11 (cobre/prata/ouro) e os metais do grupo da platina, ocorrem na forma elementar em quantidades apreciáveis.

1. O ouro é encontrado na forma nativa, como grânulos incrustados no quartzo, como pepitas ou junto aos sedimentos nos leitos dos rios. O ouro possui uma densidade de 19,3 g cm^{-3}, muito maior que a das rochas ou dos sedimentos com os quais ele está misturado. Por isso, o ouro pode ser separado com o auxílio de bateias (recentemente tornou-se comum extraí-lo por amalgamação com mercúrio). A prata e o cobre, também, são às vezes encontrados na forma elementar, como "pepitas". Todos os três metais são "nobres" ou pouco reativos. Essa característica está associada com sua posição na série eletroquímica, abaixo do hidrogênio e próximo dos não-metais.
2. O paládio e a platina também são encontrados como metais nativos. Além disso, existem ligas naturais dos metais do grupo da Pt.

   Os metais do grupo da platina são: Ru Rh Pd
Os Ir Pt

   Os nomes dessas ligas naturais indicam sua composição: osmirídio, iridosmina.
3. Gotas de mercúrio líquido são encontrados em associação com o cinábrio, HgS. Os não-metais que ocorrem na forma nativa, na crosta terrestre, pertencem aos grupos do carbono e do nitrogênio, mas na atmosfera encontram-se o N_2, o O_2 e os gases nobres.
4. Os diamantes são encontrados na crosta terrestre e são obtidos por separação mecânica de grandes quantidades de rochas e terra. Os maiores depósitos se encontram na Austrália, Zaire, Botsuana, Rússia e África do Sul. Os diamantes são usados principalmente na fabricação de ferramentas de corte e, em menor quantidade, na manufatura de jóias. A grafita é minerada principalmente na China, Coréia do Sul, Rússia, Brasil e México. Ela é usada na fabricação de eletrodos, na indústria do aço, como lubrificantes, em lápis, em escovas para motores elétricos e lonas de freios. Também, é usada como moderador nos núcleos de reatores nucleares resfriados a gás.
5. Depósitos de enxofre são encontrados a grandes profundidades nos EUA, Polônia, México e Rússia. O enxofre é extraído pelo processo Frasch. Pequenas quantidades de selênio e telúrio freqüentemente estão presentes no enxofre.
6. A atmosfera é constituída por cerca de 78% de nitrogênio, 22% de oxigênio e por traços dos gases nobres argônio, hélio e neônio. Eles podem ser separados por destilação fracionada do ar líquido. O hélio também ocorre em alguns depósitos de gás natural.

Métodos baseados na decomposição térmica

Alguns poucos compostos se decompõem em seus elementos constituintes por simples aquecimento.

1. Diversos hidretos se decompõem dessa maneira. Mas como os próprios hidretos são obtidos a partir dos metais, o processo de decomposição térmica não tem importância industrial. Os hidretos arsina AsH_3 e estibina SbH_3 são produzidos no teste de Marsh, no qual compostos de arsênio e antimônio são convertidos nos respectivos hidreto com Zn/H_2SO_4. Em seguida, os hidretos gasosos são decompostos formando um espelho prateado do metal, passando-se o gás através um tubo aquecido.
2. O azoteto de sódio, NaN_3, se decompõe formando sódio metálico e nitrogênio puro, mediante aquecimento brando. Muito cuidado é necessário, porque os azotetos são explosivos. Esse método não é usado comercialmente, mas é útil para se obter pequenas quantidades de nitrogênio puro, em laboratório.

$$2NaN_3 \rightarrow 2Na + 3N_2$$

3. O tetracarbonilníquel $[Ni(CO)_4]$ é um composto gasoso que pode ser obtido aquecendo-se Ni com CO, a 50° C. Todas as impurezas contidas no níquel permanecem sólidas. Quando o gás é aquecido a 230° C, ele se decompõe formando o níquel metálico puro e CO, que é reciclado. Essa é a base do processo Mond para a purificação do níquel, usado na Grã-Bretanha (Sul de Gales) de 1899 até a década de 1960. Uma nova fábrica no Canadá utiliza o mesmo princípio, mas o $[Ni(CO)_4]$ é obtido a 150° C e 20 atmosferas de pressão.

$$Ni + 4CO \xrightarrow{50°C} Ni(CO)_4 \xrightarrow{230°C} Ni + 4CO$$

4. Os iodetos são os haletos menos estáveis. Essa propriedade tem sido explorada para purificar pequenas quantidades de zircônio e de boro pelo *processo van Arkel — de Boer*. O elemento impuro é aquecido com iodo produzindo um iodeto volátil, ZrI_4 ou BI_3. Eles são decompostos fazendo os produtos gasosos passarem sobre um filamento incandescente de tungstênio ou tântalo, aquecido eletricamente. O elemento se deposita sobre o filamento e o iodo é reciclado. O filamento se torna cada vez mais grosso e é periodicamente substituído. Então, o núcleo de tungstênio é retirado, obtendo-se uma pequena quantidade de Zr ou B de elevada pureza.
5. A maioria dos óxidos são termicamente estáveis até temperaturas de cerca de 1.000 °C, mas os óxidos dos metais situados abaixo do hidrogênio na série eletroquímica se decompõem com relativa facilidade. Por exemplo, o HgO e o Ag_2O se decompõem com o aquecimento, gerando os elementos. O mineral cinábrio, HgS, é queimado ao ar para formar o óxido, que é a seguir decomposto termicamente. Resíduos de prata de laboratórios ou provenientes do processamento de chapas fotográficas são recuperados na forma AgCl e tratados com Na_2CO_3 para formar Ag_2CO_3. Este é decomposto termicamente a Ag_2O e posteriormente a Ag.

$$2HgO \rightarrow 2Hg + O_2$$
$$Ag_2CO_3 \rightarrow CO_2 + Ag_2O \rightarrow 2Ag + {}^1/_2O_2$$

6. O oxigênio molecular pode ser obtido aquecendo-se compostos como o peróxido de hidrogênio (H_2O_2), peróxido de bário (BaO_2), óxido de prata (Ag_2O) ou clorato de potássio ($KClO_3$).

$$2H_2O_2 \rightarrow 2H_2O + O_2$$
$$2BaO_2 \rightleftharpoons 2BaO + O_2$$
$$2Ag_2O \rightarrow 2Ag + O_2$$
$$2KClO_3 \rightarrow 2KCl + 3O_2$$

Deslocamento de um elemento por outro

Em princípio, qualquer elemento pode ser deslocado de suas soluções por outro elemento situado acima dele na série eletroquímica. O método não é aplicável a elementos que reagem com água. Além disso, para ser economicamente viável, deve-se sacrificar um elemento barato para obter um elemento mais valioso.

1. Minérios de cobre muito pobres em CuS, a ponto de não permitir a extração de Cu pelo método convencional de aquecimento ao ar, são deixados sob a ação do ar e da chuva para formarem uma solução de $CuSO_4$. Em seguida os íons Cu^{2+} são reduzidos a Cu metálico, utilizando-se raspas de ferro. Este reage formando íon Fe^{2+}, pois o ferro se situa acima do cobre na série eletroquímica.

$$Fe + Cu^{2+} \rightarrow Fe^{2+} + Cu$$

2. O cádmio ocorre em pequenas quantidades nos minérios de zinco. O Zn é extraído por eletrólise de uma solução de $ZnSO_4$, que contém traços de $CdSO_4$. Depois de algum tempo já existe uma concentração razoável de Cd^{2+}. Como o Zn se situa acima do cádmio na série eletroquímica, sacrifica-se o Zn metálico para deslocar da solução os íons Cd^{2+} na forma de Cd metálico. O zinco consumido nesse processo é posteriormente recuperado por eletrólise.

$$Zn + Cd^{2+} \rightarrow Zn^{2+} + Cd$$

3. A água do mar contém íons Br^-. O cloro se situa acima do bromo na série eletroquímica. Assim, o bromo é obtido passando-se um fluxo de gás cloro através da água do mar.

$$Cl_2 + 2Br^- \rightarrow 2Cl^- + Br_2$$

Métodos de redução química a altas temperaturas

Um grande número de processos industriais de obtenção de metais pertencem a esse grupo. O carbono pode ser usado para reduzir vários óxidos e outros compostos. Esse método é muito empregado, devido ao baixo custo e disponibilidade do coque. As desvantagens são a necessidade de altas temperaturas, o que é dispendioso e exige o emprego de altos-fornos, e o fato de muitos metais se combinarem com o carbono formando carbetos. Alguns exemplos são dados a seguir:

Redução com carbono

$$Fe_2O_3 + C \xrightarrow{\text{alto forno}} Fe$$
$$ZnO + C \xrightarrow{1200\ °C} Zn$$
$$Ca_3(PO_4)_2 + C \xrightarrow{\text{forno elétrico}} P$$
$$MgO + C \xrightarrow{2000\ °C\ \text{forno elétrico}} Mg \text{ (processo agora obsoleto)}$$
$$PbO + C \rightarrow Pb$$

Redução com outro metal

Se a temperatura necessária para a redução de um óxido pelo carvão for muito elevada para ser econômica ou tecnicamente viável, a redução pode ser efetuada por outro metal altamente eletropositivo como o Al, que libera uma grande quantidade de energia na reação de oxidação a Al_2O_3 (1.675 kJ mol^{-1}). Essa é a base do *processo Thermite* (*aluminotermia*):

$$3Mn_3O_4 + 8Al \rightarrow 9Mn + 4Al_2O_3$$
$$B_2O_3 + Al \rightarrow 2B + Al_2O_3$$
$$Cr_2O_3 + Al \rightarrow 2Cr + Al_2O_3$$

O magnésio é usado de maneira semelhante para reduzir óxidos. Em alguns casos o óxido é muito estável para ser reduzido, de modo que seus haletos são reduzidos por metais eletropositivos.

$$TiCl_4 + 2Mg \xrightarrow{\text{Processo Kroll, 1000-1150°C}} Ti + 2MgCl_2$$
$$TiCl_4 + 4Na \xrightarrow{\text{Processo IMI}} Ti + 4NaCl$$

Auto-redução

Os minérios de muitos metais são sulfetos, por exemplo, PbS, CuS e Sb_2S_3. Estes podem ser parcialmente convertidos nos seus respectivos óxidos por aquecimento ao ar e, em seguida, o aquecimento é continuado na ausência de ar para possibilitar a ocorrência da reação de auto-redução:

$$CuS \xrightarrow{\text{aquecimento ao ar}} \left\{\begin{matrix} CuO \\ + \\ CuS \end{matrix}\right. \xrightarrow{\text{aquecimento em ausência de ar}} Cu + SO_2$$

Redução de óxidos com hidrogênio:

$$Co_3O_4 + 4H_2 \rightarrow 3Co + 4H_2O$$
$$GeO_2 + 2H_2 \rightarrow Ge + 2H_2O$$
$$NH_4[MoO_4] + 2H_2 \rightarrow Mo + 4H_2O + NH_3$$
$$NH_4[WO_4] + 2H_2 \rightarrow W + 4H_2O + NH_3$$

Esse método não é muito utilizado, porque muitos metais reagem com hidrogênio formando hidretos, a altas temperaturas. Além disso, sempre há riscos de explosão, pois o hidrogênio reage violentamente com o oxigênio do ar.

Redução eletrolítica

O agente redutor mais forte possível é o elétron. Qualquer material iônico pode ser eletrolisado, sendo que a redução ocorre no cátodo. Esse é um excelente método que fornece produtos extremamente puros, mas a eletricidade é muito dispendiosa.

A eletrólise pode ser efetuada:

Em solução aquosa

Desde que os produtos não reajam com a água, a eletrólise pode ser efetuada de maneira conveniente e barata em solução aquosa. Cobre e zinco são obtidos por eletrólise de soluções aquosas dos sais sulfatos correspondentes.

Em outros solventes

A eletrólise também pode ser executada em outros solventes. O flúor reage violentamente com a água, e ele é produzido por eletrólise de KHF_2 dissolvido em HF anidro (a reação apresenta várias dificuldades técnicas, pois o HF é corrosivo, o hidrogênio produzido no cátodo deve ser mantido separado do flúor produzido no ânodo para evitar o perigo de explosão; o meio deve ser rigorosamente isento de água e, além disso, o flúor produzido reage com o ânodo e o recipiente de reação).

Em estado fundido

Os elementos que reagem com a água são freqüentemente obtidos a partir de seus sais fundido. Esses materiais fundidos geralmente são corrosivos e as despesas com o combustível, necessário para manter as elevadas temperaturas necessárias, oneram o processo. O alumínio é obtido pela eletrólise de uma mistura de Al_2O_3 e criolita, $Na_3[AlF_6]$. Tanto o cloro como o sódio são obtidos pela eletrólise do NaCl fundido: nesse caso, até dois terços em peso de $CaCl_2$ é adicionado para diminuir o ponto de fusão de 803 °C para 505 °C.

Fatores que influem na escolha do método de obtenção

O tipo de processo utilizado para a obtenção industrial de um determinado elemento depende de uma série de fatores.

1. O elemento é suficientemente inerte para existir no estado livre?
2. Existem compostos desse elemento que são instáveis frente ao aquecimento?
3. O elemento existe na forma de um composto iônico? Ele é estável em água? Se ambas as respostas forem positivas, deve-se questionar: existe um elemento barato que se encontre acima dele na série eletroquímica que possa ser sacrificado para deslocá-lo da solução?
4. O elemento ocorre na forma de um sulfeto que pode ser calcinado, ou na forma de um óxido que pode ser reduzido diretamente? O carbono é o redutor mais barato, enquanto que Mg, Al ou Na são mais dispendiosos.
5. Se nenhum dos métodos acima for aplicável, a eletrólise sempre poderá ser utilizada no caso de materiais iônicos, mas é um método caro. No caso de elementos estáveis em água, a eletrólise de soluções aquosas tem a vantagem de ser menos dispendiosa que a eletrólise de sais fundidos.

Termodinâmica dos processos de redução

A obtenção dos metais a partir de seus óxidos usando carbono ou outros metais, bem como a decomposição térmica, envolvem diversos aspectos que merecem uma discussão mais detalhada.

Tabela 6.14 — Potenciais de redução e métodos de obtenção

Elemento	E^o (V)		Materiais	Método de obtenção
Lítio	$Li^+ \mid Li$	−3,05	LiCl	Eletrólise de sais fundidos, geralmente cloretos
Potássio	$K^+ \mid K$	−2,93	KCl, $[KCl{\cdot}MgCl_2{\cdot}6H_2O]$	
Cálcio	$Ca^{2+} \mid Ca$	−2,84	$CaCl_2$	
Sódio	$Na^+ \mid Na$	−2,71	NaCl	
Magnésio	$Mg^{2+} \mid Mg$	−2,37	$MgCl_2$, MgO	Eletrólise de $MgCl_2$. Redução com C a altas temperaturas
Alumínio	$Al^{3+} \mid Al$	−1,66	Al_2O_3	Eletrólise de Al_2O_3 dissolvido em $Na_3[AlF_6]$ fundido
Manganês	$Mn^{2+} \mid Mn$	−1,08	Mn_3O_4, MnO_2	Redução com Al.
Crômio	$Cr^{3+} \mid Cr$	−0,74	$FeCr_2O_4$	Processo termita
Zinco	$Zn^{2+} \mid Zn$	−0,76	ZnS	Redução química dos óxidos com C.
Ferro	$Fe^+ \mid Fe$	−0,44	Fe_2O_3, Fe_3O_4	
Cobalto	$Co^{2+} \mid Co$	−0,27	CoS	Sulfetos convertidos em óxidos e a seguir reduzidos com C, às vezes com H_2
Níquel	$Ni^{2+} \mid Ni$	−0,23	NiS, $NiAs_2$	
Chumbo	$Pb^{2+} \mid Pb$	−0,13	PbS	
Estanho	$Sn^{2+} \mid Sn$	−0,14	SnO_2	
Cobre	$Cu^{2+} \mid Cu$	+0,35	Cu (metal), CuS	Encontrados como metais nativos, ou compostos facilmente desintegráveis pelo calor (também extração com cianeto)
Prata	$Ag^+ \mid Ag$	+0,80	Ag (metal), Ag_2S, AgCl	
Mercúrio	$Hg^{2+} \mid Hg$	+0,85	HgS	
Ouro	$Au^{3+} \mid Au$	+1,38	Au (metal)	

A variação de energia livre ΔG deve ser negativa para uma reação espontânea.

$$\Delta G = \Delta H - T\Delta S$$

ΔH é a variação de entalpia da reação, T a temperatura absoluta, e ΔS a variação de entropia da reação. Considere uma reação como a da formação de um óxido:

$$M + {}^1/_2O_2 \rightarrow MO$$

O oxigênio é consumido no decorrer da reação. Os gases apresentam uma estrutura mais aleatória (menos ordenada) que os líquidos e os sólidos. Logo, os gases possuem uma entropia maior que os líquidos e os sólidos. Por isso, nessas reações a entropia S diminui, e portanto ΔS será negativo. Assim, se a temperatura T aumentar, o termo $T\Delta S$ tornar-se-á ainda mais negativo. Como o termo $T\Delta S$ é subtraído do H na equação acima, o valor de ΔG tornar-se-á menos negativo. Portanto, a variação de energia livre deve se tornar mais positiva com o aumento da temperatura.

As variações de energia livre associadas com a reação de um molécula-grama de um dado reagente (no presente caso, o oxigênio) em função da temperatura, podem ser mostradas graficamente para uma série de reações que envolvem a transformação dos metais nos seus respectivos óxidos. Esse gráfico, denominado diagrama de Ellingham (para óxidos), é mostrado na Fig. 6.5. Diagramas semelhantes podem ser construídos para a reação de um molécula-grama de enxofre. Dessa forma, pode-se obter um diagrama de Ellingham para sulfetos. Procedendo-se analogamente, pode-se obter o diagrama para haletos.

O diagrama de Ellingham para óxidos mostra diversos aspectos importantes:

1. Todos os gráficos para as transformações dos metais nos correspondentes óxidos são inclinados para cima, pois as variações de energia livre se tornam cada vez mais positivas com o aumento da temperatura, como já foi discutido anteriormente.
2. Os gráficos são lineares até o momento em que os metais fundem ou se vaporizam. Nesses casos, há uma grande variação de entropia devido à mudança de estado físico, que provoca uma alteração na inclinação das retas (por exemplo, a reta para o processo $Hg \rightarrow HgO$ muda de inclinação a 356 °C, quando o mercúrio passa para o estado gasoso. Analogamente, a linha para o processo $Mg \rightarrow MgO$ muda de inclinação a 1.120 °C).
3. Em alguns casos, o gráfico cruza a linha correspondente a $\Delta G = 0$, numa temperatura suficientemente elevada. Abaixo dessa temperatura a energia livre de formação do óxido é negativa, de modo que o óxido será estável. Acima dessa temperatura a energia livre de formação do óxido será positiva, e o óxido se torna instável. Nesse caso, ele deveria se decompor gerando o metal e oxigênio.

Teoricamente é possível decompor todos os óxidos nos metais respectivos e oxigênio, desde que se atinja uma

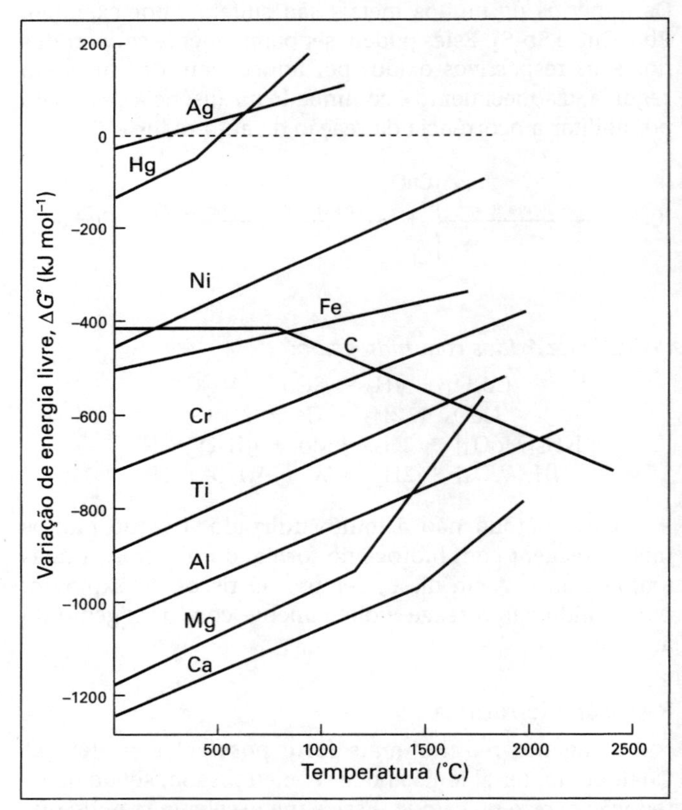

Figura 6.5 — *Diagrama de Ellingham mostrando a variação de energia livre ΔG com a temperatura para óxidos (baseados em um molécula-grama de oxigênio em cada caso)*

temperatura suficientemente elevada. Na prática, somente os óxidos de Ag, Au e Hg podem ser decompostos a temperaturas suficientemente baixas, para que os elementos possam ser obtidos a partir da decomposição térmica de seus óxidos.

4. Em vários processos, utiliza-se um metal para reduzir o óxido de outro metal. Qualquer metal reduzirá o óxido de outro metal situado acima dele no diagrama de Ellingham, porque a energia livre dessas reações será negativa e igual à diferença entre os valores de energia livre entre os dois gráficos, na temperatura em questão. Por exemplo, o Al reduz prontamente o FeO, CrO e NiO, por meio da conhecida reação Thermite (aluminotermia); mas o Al não será capaz de reduzir o MgO, a temperaturas inferiores a 1.500 °C.

No caso do carbono reagindo com oxigênio, duas reações são possíveis:

$$C + O_2 \rightarrow CO_2$$
$$C + {}^1/_2O_2 \rightarrow CO$$

Na primeira reação o volume de CO_2 produzido é igual ao volume de O_2 consumido, de modo que a variação de entropia é muito pequena. Por isso, o ΔG da reação praticamente não se altera em função da temperatura, e o gráfico de ΔG em função de T é quase uma reta horizontal.

A segunda reação produz dois volumes de CO para cada volume de oxigênio consumido. Portanto, ΔS é positivo e ΔG se torna cada vez mais negativo à medida que aumenta a temperatura T. Conseqüentemente, a reta correspondente a essa reação no diagrama de Ellingham tem uma inclinação negativa (Fig. 6.6). As linhas referentes às reações $C \rightarrow CO_2$ e $C \rightarrow CO$ se cruzam a cerca de 710 °C. Abaixo dessa temperatura a reação que forma CO_2 é energeticamente mais favorecida, mas acima de 710 °C a formação de CO é mais favorecida.

O carvão (carbono) é muito utilizado para reduzir o óxido de ferro na produção de ferro, mas também pode ser utilizado para reduzir outros óxidos situados acima dele no diagrama de Ellingham. Como a linha do ΔG da reação $C \rightarrow CO$ tem inclinação negativa, ela eventualmente cruzará

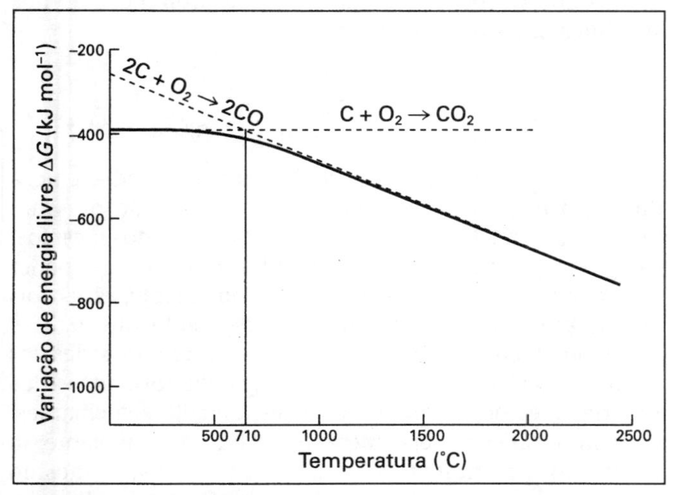

Figura 6.6 — Diagrama de Ellingham para o carbono (a curva real é a linha cheia)

e ficará abaixo de todas as outras linhas dos gráficos correspondentes à transformação metal/óxido do metal. Portanto, teoricamente o carbono poderia ser usado para reduzir qualquer óxido metálico, desde que se consiga temperaturas suficientemente elevadas. Apesar deste processo ser atualmente obsoleto, a redução do MgO com C a temperaturas em torno de 2.000 °C, já foi utilizado para produzir Mg, após um rápido resfriamento (choque térmico). Analogamente, a redução de óxidos muito estáveis, tais como TiO_2, Al_2O_3 e MgO, é teoricamente possível, mas não é utilizada na prática devido aos altos custos e dificuldades operacionais decorrentes do emprego de temperaturas extremamente elevadas. Uma outra limitação no uso do carbono para a obtenção de metais é decorrente de sua reação com os metais a altas temperaturas, formando carbetos.

Muitos metais ocorrem como sulfetos. Embora o carbono seja um bom agente redutor para óxidos, ele é um agente redutor fraco para sulfetos. A razão pela qual o carbono é capaz de reduzir tantos óxidos metálicos a temperaturas elevadas é a inclinação negativa da linha $\Delta G^o/T$ para o CO. Não existe um composto de enxofre análogo ao CO que apresente um gráfico de $\Delta G^o/T$ com uma inclinação negativa pronunciada. Por isso os sulfetos são normalmente calcinados ao ar para formarem óxidos, antes de serem reduzidos com carbono.

$$2MS + 3O_2 \rightarrow 2MO + 2SO_2$$

Analogamente, o hidrogênio tem um espectro limitado como agente redutor para a obtenção de metais a partir de seus óxidos, uma vez que a linha $\Delta G^o/T$ apresenta inclinação positiva, e é paralela à linha de muitos óxidos metálicos.

$$2H_2 + [O_2] \rightarrow 2H_2O$$

Portanto, somente os metais com linhas metal $\rightarrow$ óxido metálico situados acima da linha do hidrogênio serão reduzidos, e essa situação não muda em função da temperatura. Outro problema associado ao uso de H_2 decorre da reação de muitos metais com o hidrogênio, formando hidretos. Caso o hidrogênio permaneça dissolvido no metal (hidretos intersticiais) as propriedades do metal serão modificadas significativamente.

Os argumentos termodinâmicos apresentados até o momento para prever quais são os agentes que podem reduzir um dado composto têm duas limitações. Pressupõe-se que os reagentes e os produtos estejam em equilíbrio, o que nem sempre é o caso, e eles apenas indicam se uma dada reação é possível ou não. Contudo, não é possível prever a velocidade das reações ou se alguma reação paralela é ainda mais favorecida.

Maiores detalhes sobre os processos de obtenção e os diagramas de Ellingham para haletos e sulfetos podem ser encontrados nas referências listadas na seção de leituras complementares (vide Ives, D. J. G., e Ellingham, H. J. T.)

RELAÇÕES HORIZONTAIS, VERTICAIS E DIAGONAIS NA TABELA PERIÓDICA

O número de elétrons no nível mais externo aumenta de um a oito ao percorrermos um período da Tabela Periódica, da esquerda para a direita. Assim, todos os elementos do

Tabela 6.15 — Métodos de obtenção e tabela periódica

Grupo / Período	Bloco *s* 1	2											Bloco *p* 13	14	15	16	18	18
															Destilação fracionada de ar líquido			
1	^{1}H																	^{2}He
2	^{3}Li	^{4}Be	Bloco *d*										^{5}B	^{6}C	^{7}N	^{8}O	^{9}F	^{10}Ne
3	^{11}Na	^{12}Mg	3	4	5	6	7	8	9	10	11	12	^{13}A*l*	^{14}Si	^{15}P	^{16}S	^{17}C*l*	^{18}Ar
4	^{19}K	^{20}Ca	^{21}Sc	^{22}Ti	^{23}V	^{24}Cr	^{25}Mn	^{26}Fe	^{27}Co	^{28}Ni	^{29}Cu	^{30}Zn	^{31}Ga	^{32}Ge	^{33}As	^{34}Se	^{35}Br	^{36}Kr
5	^{37}Rb	^{38}Sr	^{39}Y	^{40}Zr	^{41}Nb	^{42}Mo	^{43}Tc	^{44}Ru	^{45}Rh	^{46}Pd	^{47}Ag	^{48}Cd	^{49}In	^{50}Sn	^{51}Sb	^{52}Te	^{53}I	^{54}Xe
6	^{55}Cs	^{56}Ba	^{57}La	^{72}Hf	^{73}Ta	^{74}W	^{75}Re	^{76}Os	^{77}Ir	^{78}Pt	^{79}Au	^{80}Hg	^{81}T*l*	^{82}Pb	^{83}Bi			

Eletrólise de sais fundidos (freqüentemente cloretos) [grupos 1, 2 e La]

Eletrólise ou redução química [Hf, Ta]

Encontrados livres na natureza ou compostos facilmente desintegráveis pelo calor [Os, Ir, Pt, Au, Hg]

Óxidos reduzidos por carbono ou sulfetos convertidos a óxidos e então reduzidos por carbono [W, Re, Tl, Pb, Bi, Sb, Te]

Observações: 1.- Al, F e Cl são obtidos por eletrólise de soluções; 2.- Br é obtido por deslocamento; 3.- I é obtido por redução; 4.- Tc não ocorre na natureza

Grupo 1 têm um elétron no nível mais externo. Quando reagem, são univalentes, pois a perda de um elétron leva à configuração de um gás nobre. De modo semelhante, os elementos do Grupo 2 possuem dois elétrons no nível mais externo e são divalentes. Logo, a valência de um elemento do bloco *s* é igual ao número do grupo. No caso de elementos do bloco *p* a valência geralmente é igual ao número do grupo 1 ou (8 — número do grupo). Isso é, igual ao número de elétrons *s* e *p* da camada mais externa, ou (8 — esse número de elétrons). Os elementos do Grupo 15 (por exemplo, o nitrogênio) têm cinco elétrons na camada mais externa. Se três desses elétrons forem compartilhados para formarem ligações covalentes com outros átomos, então o nitrogênio terá oito elétrons e uma configuração eletrônica estável. Logo, o nitrogênio é trivalente, como na amônia, NH_3. Os halogênios se situam no Grupo 17 e têm sete elétrons na camada mais externos, de modo que sua valência deve ser 18 —17 = 1. Nesse caso, uma configuração estável pode ser alcançada recebendo um elétron, seja pela formação de uma ligação iônica ou uma covalente. Pode-se inferir pelo exposto acima que o número de elétrons mais externos determina a valência do elemento.

Movendo-se da esquerda para a direita ao longo de um período, o tamanho dos átomos diminui por causa do aumento da carga nuclear efetiva. Portanto, os elétrons serão mais fortemente atraídos pelo núcleo e a energia de ionização aumenta naquele sentido. O caráter metálico dos elementos também decresce e os óxidos correspondentes se tornam menos básicos. Na_2O é fortemente básico; Al_2O_3 é anfótero e reage tanto com ácidos como com bases; SO_2 é um óxido ácido visto que se dissolve em água para formar ácido sulfuroso (H_2SO_3) e reage com bases para formar sulfitos. Geralmente, os óxidos metálicos são básicos enquanto os óxidos dos não-metais são ácidos.

Descendo por um grupo da tabela periódica, todos os elementos possuem o mesmo número de elétrons externos e a mesma valência, mas o tamanho aumenta. Assim, a energia de ionização diminui e o caráter metálico aumenta. Isto é particularmente visível nos Grupos 14 e 15, que começam com os não-metais carbono e nitrogênio, e terminam com os metais chumbo e bismuto. Os óxidos se tornam cada vez mais básicos, descendo ao longo do Grupo.

Ao se mover diagonalmente na tabela periódica, os elementos apresentam certas similaridades. Essas semelhanças não são tão acentuadas como as que ocorrem dentro dos Grupos, mas são bastante pronunciadas nos seguintes pares de elementos:

Li   Be   B   C

Na   Mg   Al   Si

(Li–Mg, Be–Al, B–Si)

Ao se passar de um período para outro adjacente a direita, a carga dos íons aumenta e o tamanho diminui, provocando um aumento no poder polarizante dos mesmos. Descendo por um grupo, o tamanho aumenta e o poder polarizante diminui. Ao se mover diagonalmente, esses dois efeitos praticamente se cancelam, de modo que não se observam diferenças muito acentuadas nas propriedades dos elementos. O tipo e a força das ligações formadas e as propriedades dos compostos são geralmente semelhantes, embora a valência seja diferente. O lítio é semelhante ao magnésio em muitas de suas propriedades, o mesmo ocorrendo com o berílio e o alumínio. Essas semelhanças serão examinadas mais detalhadamente nos capítulos sobre o Grupo 1, 2 e 3. Essas semelhanças são mais importantes entre os elementos mais leves, mas deve-se frisar que a linha que separa os metais dos não-metais também é uma linha diagonal.

LEITURAS COMPLEMENTARES

Tamanho, energia de ionização, afinidade eletrônica, termodinâmica, ciclo de Born-Haber e eletronegatividade

- Allred, A.L. e Rochow, E.G.; *J. Inorg.Nucl. Chem.*, **5**, 264 (1958). (Artigo original sobre a escala de eletronegatividade de Allred e Rochow)
- Allred, A.L.; *J. Inorg. Nucl. Chem.*, **17**, 215 (1961). (Mais informações sobre os valores de eletronegatividade)
- Ashcroft, S.J. e Beech, G.; *Inorganic Thermodynamics*; Van Nostrand, 1973.
- Bratsch, S.G.; *J. Chem. Ed.*, Part I: **65**, 34-41; Part II: **65**, 223-226. (Eletronegatividades de Mulliken revisados)
- Blustin, P.H. e Raynes, W.T.; *J. Chem. Soc. (Dalton)*, 1237 (1981). (Escala de eletronegatividade considerando as mudanças de geometria durante a ionização)
- Emeléus, H.J. e Sharpe, H.G.; *Modern Aspects of Inorganic Chemistry*, 4.ª ed., Routledge and Kegan Paul, London, 1973. (Cap. 5: Estrutura e termodinâmica de moléculas inorgânicas; Cap. 6: Química inorgânica em meio aquoso)
- Huheey, J.E.; *Inorganic Chemistry*, Harper and Row, New York, 1972. (Discussão sobre eletronegatividade)
- Lieberman, J.F.; *J. Chem. Ed.*, **50**, 831 (1973). (Entalpias de Ionização e afinidades eletrônicas)
- Mulliken, R.S.; *J. Chem. Phys.*, **2**, 782 (1934); **3**, 573 (1935). (Escala de eletronegatividade de Mulliken)
- Pauling, L.; *The Nature of the Chemical Bond*, 3.ª ed., Oxford University Press, London, 1960. (Um texto clássico, mas antigo)
- Sanderson, R.T.; *J. Chem. Ed.*, **31**, 2 (1945). (artigo original sobre a escala de eletronegatividade de Sanderson)
- Sanderson, R.T.; *Inorg. Chem.*, **25**, 1856-185 (1986). (Efeito do par inerte sobre a eletronegatividade)
- Sanderson, R.T.; *J. Chem. Ed.*, Part I: **65**, 112-118; Part II: **65**, 227-231 (1988). (Fundamentos sobre a eletronegatividade)
- Shannon, R.D.; *Acta. Cryst.*, **A32**, 751-767 (1976). (Valores mais recentes e aceitos para os raios iônicos)
- Sharpe, A.G.; *Inorganic Chemistry*, Longmans, London, 1981. (Cap. 3: Configurações eletrônicas e algumas propriedades dos átomos)
- Zhang, Y.; *Inorg. Chem.*, **21**, 3886-3889 (1982). (Eletronegatividade dos elementos em diferentes estados de oxidação)

Potenciais padrão de eletrodo, reações redox

- Baes, C.F. e Mesmer, R.E.; *The Hydrolysis od Cations*, Wiley-Interscience, London, 1976. (Completo e inteligível)
- Bard, A.J., Parsons, R. e Jordan, J.; *Standard Potentials in Aqueous Solution*, Marcel Dekker, New York, 1985. (Monografia da série sobre Química Eletroanalítica e Eletroquímica, vol. 6. Foi aprovado pela IUPAC para substituir os valores contidos no livro do Prof. Latimer)
- Burgess, J.; *Ions in Solution*, Ellis Horwood, Chichester, 1988.
- Fromhold, A.T., Jr.; *Theory of Metal Oxidation*, North Holland Publishing Co., Amsterdam and Oxford, 1980.
- Jolly, W.L.; *Inorganic Chemistry*, McGraw Hill, New York, 1976. (Reações redox em solução aquosa)
- Johnson, D.A.; *Some Thermodynamic Aspects of Inorganic Chemistry*, Cambridge University Press, Cambridge, 1968. (Energias reticulares e assuntos correlatos)
- Latimer, W.M.; *The Oxidation States of the Elements and Their Potentials in Aqueous Solution*, 2.ª ed., Prentice Hall, New York, 1952. (Mesmo sendo antigo, foi o principal local de consulta dos dados de potenciais redox, até muito recentemente)
- Rosotti, H.; *The Study of Ionic Equilibria in Aqueous Solution*, Longmans, London, 1978. (Reações redox, solubilidade)
- Sanderson, R.T.; *J. Chem. Ed.*, **43**, 584-586 (1966). (Significado dos potenciais redox)
- Sharpe, A.G.; *Principles of Oxidation and Reduction*, Monografia do Royal Institute of Chemistry para professores, N.º 2, London, 1981.
- Vincent, A.; *Oxidation and Reduction in Inorganic and Analytical Chemistry: A Programmed Introduction*, John Wiley, Chichester, 1985.

Abundância e extração dos elementos

- Cox, P.A.; The Elements: Their Origins, Abundance and Distribution, Oxford University Press, Oxford, 1989.
- Ellingham, H.J.T.; J. Chem. Soc. Ind. Lond., **63**, 125 (1944); Disc. Faraday Soc., **4**, 126, 161 (1948). (artigos originais sobre os diagramas de Ellingham)
- Fergusson, J.E.; Inorganic Chemistry and the Earth: Chemical Resources, Their Extractioin, Use and Enviromental Impact, Pergamon Press, Oxford, 1982. (Série da Pergamon Press sobre ciência ambiental, vol. 6)
- Ives, D.J.G.; Principles of the Extraction of Metals, Monografia da Royal Institute of Chemistry para professores, N.º 3, London, 1969.
- Jeffes, J.H.E.; Chemistry in Britain, **5**, 189-192 (1969). (Metalurgia extrativa)

PROBLEMAS

1. a) Como varia o tamanho dos átomos da esquerda para a direita num período e de cima para baixo num grupo da tabela periódica? Quais são as razões dessas variações?

   b) Explique por que os raios atômicos dos gases nobres são os menores dentro dos seus respectivos períodos.

   c) Por que o decréscimo de tamanho entre o Li e o Be é muito maior que o decréscimo entre o Na e o Mg ou entre o K e o Ca ?

2. Explique o que significa energia de ionização de um elemento. Como ela varia na tabela periódica, entre o hidrogênio e o neônio? Discuta como essa variação pode ser relacionada à estrutura eletrônica dos átomos.

3. a) Qual a relação entre tamanho dos átomos e suas energias de ionização ?

   b) Explique o decréscimo observado na energia de ionização entre o Be e o B e entre o Mg e o Al.

   c) Sugira um motivo para o decréscimo na primeira energia de ionização entre o N e o O e entre o P e o S.

   d) Explique por que a primeira energia de ionização diminui consideravelmente ao se passar do Na para o K e do Mg para o Ca, mas não do Al para o Ga.

e) Explique por que a terceira e a quinta energias de ionização, respectivamente, do Ca e do Si, são muito maiores em relação à remoção dos primeiros elétrons.

f) Por que os valores da primeira energia de ionização dos elementos de transição são semelhantes ?

4. a) O que é eletronegatividade e como ela está relacionada com o tipo de ligação formada ?

   b) Discuta os fundamentos das regras de Fajans.

   c) Que tipo de ligação existe no HCl, CsCl, NH_3, CS_2 e $GeBr_4$?

5. a) Cite quais são as diferentes escalas de eletronegatividade e descreva resumidamente os fundamentos teóricos em que cada uma delas se baseia.

   b) Dê quatro exemplos que mostram como os valores de eletronegatividade podem ser usados para prever o tipo de ligação formado num composto.

6. Utilize um ciclo de Born-Haber, modificado adequadamente para a determinação do potencial de eletrodo, para explicar:

   a) por que o lítio é um agente redutor tão forte quando o Cs.

   b) por que o Ag é um metal nobre e o K um metal altamente reativo.

7. a) Explique o que são potenciais padrões de eletrodo e como eles estão relacionados com a série eletroquímica.

   b) Explique os fundamentos do método de recuperação do cobre a partir de suas soluções utilizando raspas de ferro.

   c) Como seria possível depositar eletroliticamente os metais Cu, Ni e Zn, a partir de uma solução contendo uma mistura dos sais dos três metais, de modo a se obter os três metais separadamente?

   d) Por que é possível obter o zinco por eletrólise de uma solução aquosa, mesmo que os potenciais de eletrodo sugiram que a água deveria se decompor num potencial inferior ao necessário para se obter o zinco metálico ?

8. a) Explique por que o Cu^+ sofre desproporcionamento em solução.

   b) Explique por que o potencial padrão de redução da semi-reação $Cu^{2+} \rightarrow Cu$ é igual a +0,34 V, apesar dos potenciais das semi-reações $Cu^{2+} \rightarrow Cu^+$ e $Cu^+ \rightarrow Cu$ serem respectivamente iguais a +0,15 V e +0,50 V.

9. Enumere os oito elementos mais abundantes da crosta terrestre e disponha-os em ordem crescente de abundância.

10. Descreva os seguintes processos metalúrgicos: a) Bessemer, b) BOP, c) Kroll, d) Van Arkel, e) Hall-Héroult, f) Parkes.

11. Quais são os elementos que ocorrem no estado nativo ?

12. Enumere cinco minérios que são aquecidos a fusão para se obter os respectivos metais e apresente as equações que mostrem o que ocorre durante esse processo.

13. Descreva a obtenção de três elementos diferentes usando carbono como agente redutor.

14. Desenhe um diagrama de Ellingham para óxidos metálicos e explique que informações podem ser obtidas a partir do mesmo. Além disso, explique por que a inclinação da maioria das linhas é positiva, por que a inclinação varia e o que acontece quando uma linha cruza o eixo correspondente a $\Delta G = 0$.

15. Utilize o diagrama de Ellingham para óxidos e verifique:

    a) se o Al consegue reduzir o óxido de crômio

    b) a que temperatura o C irá reduzir o óxido de magnésio

    c) a que temperatura o óxido de mercúrio irá se decompor em seus elementos.

16. Explique detalhadamente os processos envolvidos na produção do ferro gusa e do aço.

17. Descreva os métodos de obtenção de dois metais e de dois elementos não-metálicos por eletrólise.

18. Descreva o método de obtenção do magnésio e do bromo a partir da água do mar.

COMPOSTOS DE COORDENAÇÃO

SAIS DUPLOS E COMPOSTOS DE COORDENAÇÃO

Compostos de adição são formados quando quantidades estequiométricas de dois ou mais compostos estáveis são colocados em contato. Por exemplo:

$$KCl + MgCl_2 + 6H_2O \rightarrow KCl \cdot MgCl_2 \cdot 6H_2O$$
(carnalita)

$$K_2SO_4 + Al_2(SO_4)_3 + 24H_2O \rightarrow K_2SO_4 \cdot Al_2(SO_4)_3 \cdot 24H_2O$$
(alúmen de potássio)

$$CuSO_4 + 4NH_3 + H_2O \rightarrow CuSO_4 \cdot 4NH_3 \cdot H_2O$$
(sulfato de tetraamincobre(II) mono-hidratado)

$$Fe(CN)_2 + 4KCN \rightarrow Fe(CN)_2 \cdot 4KCN$$
(ferrocianeto de potássio)

Os compostos de adição pertencem a dois grupos:

1. Aqueles que perdem sua identidade em solução (sais duplos)
2. Aqueles que mantêm sua identidade em solução (complexos).

Quando cristais de carnalita são dissolvidos em água, a solução apresenta as propriedades de uma solução contendo íons K^+, Mg^{2+} e Cl^-. Analogamente, uma solução de alúmen de potássio apresenta as propriedades de uma solução contendo os íons K^+, Al^{3+} e SO_4^{2-}. Ambos são exemplos de sais duplos, que só existem no estado cristalino.

Quando os dois outros exemplos, desta feita de com-pos-tos de coordenação, são dissolvidos em água, eles não formam os íons simples que os compõem, ou seja, Cu^{2+} ou Fe^{2+} e CN^-. Em contraste, seus íons complexos mantêm a integridade. Assim, os íons $[Cu(H_2O)_2(NH_3)_4]^{2+}$ e $[Fe(CN)_6]^{4-}$, existem como entidades distintas, tanto no estado sólido como em solução. Os íons complexos são indicados através do uso de colchetes e os compostos contendo esses íons são designados compostos de coordenação. *A química dos íons metálicos em solução é essencialmente a química de seus complexos. Em particular, os íons dos metais de transição formam muitos complexos estáveis.* Em solução, os íons metálicos "livres" são coordenados pela água ou por outros ligantes. Por exemplo, o Cu^{2+} existe na forma do íon complexo azul-pálido $[Cu(H_2O)_6]^{2+}$ quando em solução aquosa (e também em sais cristalinos hidratados). Ao se adicionar uma solução aquosa de amônia a essa solução, forma-se o bastante conhecido íon tetraamincobre(II), azul escuro:

$$[Cu(H_2O)_6]^{2+} + 4NH_3 \rightleftharpoons [Cu(H_2O)_2(NH_3)_4]^{2+} + 4H_2O$$

Observe que essa reação é uma reação de substituição, onde o NH_3 substitui a água no íon complexo.

O TRABALHO DE WERNER

A teoria da coordenação de Werner, de 1893, foi a primeira tentativa de explicar a ligação existente em complexos de coordenação. Deve-se frisar que essa engenhosa teoria foi proposta antes da descoberta do elétron por J. J. Thompson em 1896, e antes da formulação da teoria eletrônica de valência. Essa teoria, e os 20 anos de trabalhos árduos de pesquisa associadas a ela, conduziram Alfred Werner ao Prêmio Nobel de Química de 1913.

Os complexos devem ter sido um verdadeiro mistério, sem os conhecimento prévios sobre ligações químicas ou a estrutura dos mesmos. Por exemplo, por que um sal estável como o $CoCl_3$ reagiria com um número variável de moléculas estáveis de um composto como o NH_3, para formar diversos compostos novos: $CoCl_3 \cdot 6NH_3$, $CoCl_3 \cdot 5NH_3$ e $CoCl_3 \cdot 4NH_3$? Quais seriam suas estruturas? Na época de Werner a difração de raios X, o mais poderoso método para se determinar a estrutura de cristais, ainda não tinha sido descoberto. Werner não tinha à sua disposição nenhuma das modernas técnicas instrumentais, de modo que todos os seus estudos foram realizados mediante a interpretação de simples reações químicas. *Werner foi capaz de explicar a natureza das ligações nos complexos, e concluiu que nesses compostos o metal apresenta dois tipos de valência*:

1. *Valências primárias*. São não direcionais. Uma explicação moderna seria a que segue. O complexo geralmente existe na forma de um íon positivo. A valência primária é o número de cargas no íon complexo. Essa carga deve ser compensada por um número igual de cargas provenientes de íons negativos.

A valência primária é igualmente aplicável a sais simples e a complexos. Assim, no $CoCl_2$ (Co^{2+} + $2Cl^-$) há duas valências primárias, isto é, duas ligações iônicas. Por outro lado, o complexo $[Co(NH_3)_6]Cl_3$ é constituído pelos íons $[Co(NH_3)_6]^{3+}$ e $3Cl^-$. Portanto, a valência primária é 3 e três ligações iônicas são formadas.

2. *Valências secundárias*. São direcionais. Utilizando uma linguagem mais atual, pode-se dizer que o número de valências secundárias é igual ao número de átomos ligantes coordenados ao metal. Atualmente esse número é denominado número de coordenação. Os ligantes são geralmente íons negativos como Cl^-, ou moléculas neutras como NH_3. Ligantes carregados positivamente, como NO^+, são mais raros. Cada metal possui um número característico de valências secundárias. Por exemplo, no $[Co(NH_3)_6]Cl_3$, os três íons Cl^- estão ligados por meio das valências primárias, enquanto que os seis grupos NH_3 estão ligados por meio das valências secundárias.

As valências secundárias são direcionais, de modo que um íon complexo tem uma forma característica. Por exemplo, o íon complexo $[Co(NH_3)_6]^{3+}$ tem estrutura octaédrica. Werner deduziu a forma de muitos complexos. Ele conseguiu isso preparando tantos complexos isoméricos diferentes quantos possíveis, de um sistema. Em seguida, o número de isômeros formados foi comparado com o número de isômeros previstos para as diferentes formas geométricas. O número de coordenação mais comum em complexos de metais de transição é 6, e a forma é geralmente octaédrica. O número de coordenação 4 também é bastante comum, dando origem a complexos tetraédricos ou quadrados planares.

Werner tratou soluções resfriadas de uma série de compostos de coordenação com um excesso de nitrato de prata, e determinou a massa de cloreto de prata precipitado. As seguintes estequiometrias foram encontradas para a reação, considerando-se o complexo e o AgCl formado:

$$CoCl_3 \cdot 6NH_3 \rightarrow 3AgCl$$
$$CoCl_3 \cdot 5NH_3 \rightarrow 2AgCl$$
$$CoCl_3 \cdot 4NH_3 \rightarrow 1AgCl$$

Werner deduziu que, no $CoCl_3.6NH_3$, os três cloretos estão ligados por valências primárias e os seis NH_3 completam as valências secundárias. Esse complexo seria atualmente representado como $[Co(NH_3)_6]Cl_3$. Os três Cl^- são iônicos e, portanto, são precipitados como AgCl quando tratados com $AgNO_3$. Os seis ligantes NH_3 formam ligações coordenadas com o Co^{3+}, gerando o íon complexo $[Co(NH_3)_6]^{3+}$ (Fig. 7.1a).

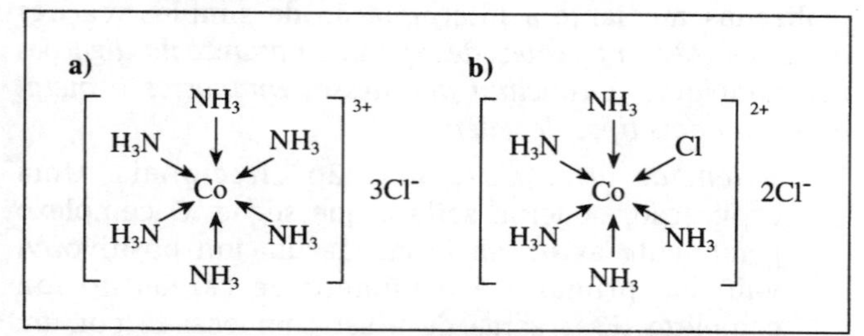

Figura 7.1 — Estruturas de a) $[Co(NH_3)_6]Cl_3$ e b) $[Co(NH_3)_5Cl]Cl_2$

Tabela 7.1 — Fórmulas de alguns complexos de cobalto

Antiga	Nova	
$CoCl_3 \cdot 6NH_3$	$[Co(NH_3)_6]^{3+}$	$3Cl^-$
$CoCl_3 \cdot 5NH_3$	$[Co(NH_3)_5]Cl^{2+}$	$2Cl^-$
$CoCl_3 \cdot 4NH_3$	$[Co(NH_3)_4Cl_2]^+$	Cl^-

Werner deduziu ainda que a perda de um NH_3 pelo $CoCl_3 \cdot 6NH_3$ deveria levar à formação de $CoCl_3 \cdot 5NH_3$, ao mesmo tempo em que um Cl- passa a ocupar uma das valências secundárias. Portanto, esse complexo tem duas valências primárias e seis valências secundárias. Em linguagem moderna, o complexo $[Co(NH_3)_5Cl]Cl_2$ se ioniza para formar o íon $[Co(NH_3)_5Cl]^{2+}$ e dois íons Cl^-. Somente dois dos três íons cloreto são iônicos e podem ser precipitados na forma de AgCl pelo $AgNO_3$. Logo, cinco NH_3 e um Cl- formam ligações coordenadas com o Co^{3+}, produzindo um íon complexo (Fig. 7.1b).

De modo semelhante, no $CoCl_3 \cdot 4NH_3$, Werner deduziu que um Cl- satisfaz a única valência primária, e que há seis valências secundárias, ocupadas por dois Cl- e quatro NH_3. Em linguagem moderna, o complexo $[Co(NH_3)_4Cl_2]Cl$ se dissocia formando os íons $[Co(NH_3)_4Cl_2]^+$ e Cl-. Assim, somente um Cl- pode ser precipitado como AgCl. O número de coordenação do Co^{3+} continua sendo 6: neste caso, quatro NH_3 e dois Cl- formam ligações coordenadas com o Co^{3+}. A forma antiga e a moderna de se representar as fórmulas desses complexos são mostradas na Tab. 7.1.

Werner estabeleceu que nesses complexos o número de valências secundárias (isto é, o número de coordenação) é igual a 6. Em seguida, ele tentou determinar as estruturas dos complexos. Seis grupos podem ser arranjados em torno de um dado átomo de três maneiras diferentes, formando um hexágono plano, um prisma trigonal ou um octaedro (Fig. 7.2). Então, Werner comparou o número de isômeros distintos obtidos experimentalmente com o número teoricamente previsto para cada uma dessas formas (Tab. 7.2).

Esses resultados sugeriram fortemente que os complexos em questão tinham uma forma octaédrica. A prova não era uma prova irrefutável, pois havia a possibilidade de não terem sido encontradas as condições experimentais adequadas para se obter todos os isômeros possíveis. Mais recentemente, suas estruturas foram examinadas com o auxílio do método de difração de raios X. Dessa forma, foi confirmado que esses complexos são realmente octaédricos (Fig. 7.3).

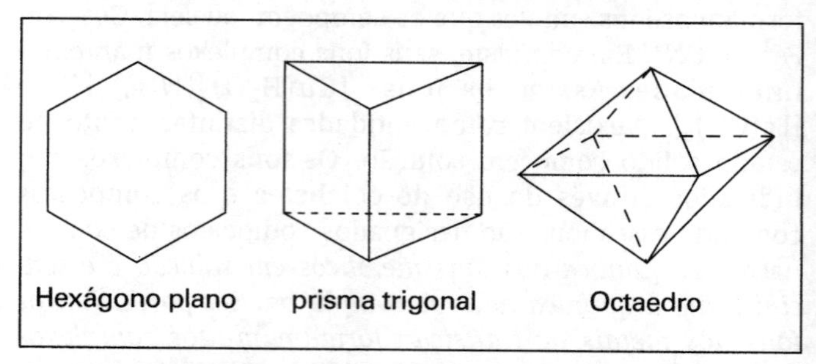

Figura 7.2 — Formas geométricas possíveis para o número de coordenação seis

Tabela 7.2 — Números de isômeros previstos e realmente obtidos

Complexo	Observado	Previstos		
		Octaédrico	Hexágono plano	Prisma trigonal
$[MX_6]$	1	1	1	1
$[MX_5Y]$	1	1	1	1
$[MX_4Y_2]$	2	2	3	3
$[MX_3Y_3]$	2	2	3	3

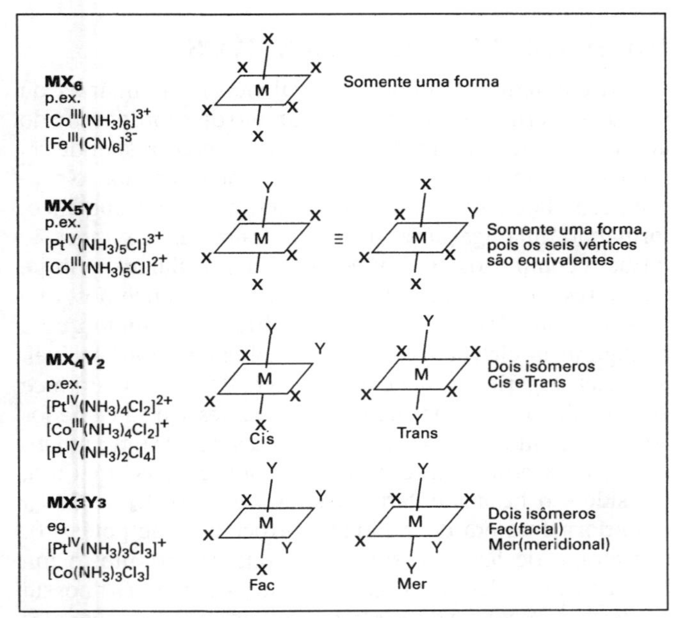

Figura 7 3 — Isômeros em complexos octaédricos

Já foram isolados os dois isômeros ópticos possíveis (Fig. 7.4) dos complexos metálicos obtidos com ligantes bidentados como a etilenodiamina (1,2-diaminoetano).

Werner estudou uma série de complexos, que incluíam $[Pt^{II}(NH_3)_2Cl_2]$ e $[Pd^{II}(NH_3)_2Cl_2]$. O número de coordenação é 4, e a forma poderia ser tetraédrica ou quadrado-planar. Werner obteve dois isômeros diferentes para esses complexos. Se os complexos fossem tetraédricos não deveriam haver isômeros, mas se fossem quadrado-planares poderiam existir na forma de dois isômeros. Assim, provou-se que esses complexos são quadrado-planares e não tetraédricos (Fig. 7.5).

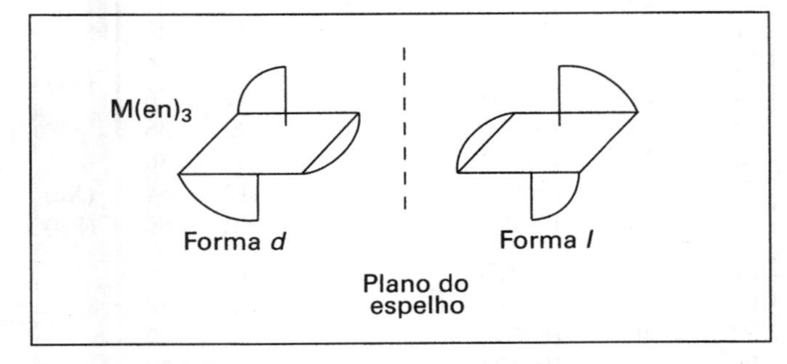

Figura 7.4 — Isometria óptica em complexos octaédricos

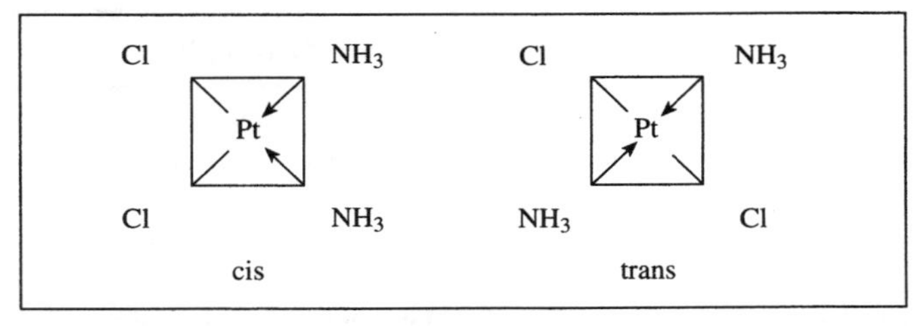

Figura 7.5 — Isometria óptica em complexos quadrado-planares

MÉTODOS MAIS RECENTES PARA O ESTUDO DE COMPLEXOS

A condutividade elétrica de uma solução de um material iônico depende:

1. da concentração do soluto
2. das cargas das espécies que se formam em solução.

As condutividades molares se referem a uma solução 1 M e, com isto, o fator concentração é normalizado. As cargas nas espécies formadas quando o complexo é dissolvido, podem ser deduzidas comparando-se a condutividade molar da solução com a condutividade molar de materiais iônicos conhecidos (Tab. 7.3). Essas condutividades sugerem, para os complexos constituídos pelos íon cobalto/amônia/cloreto mencionados anteriormente, as mesmas estruturas deduzidas por Werner, a partir das determinações das massas de AgCl formadas, mostradas na Tab. 7.4.

O ponto de fusão de um líquido é diminuído quando se dissolve uma substância química no mesmo. As medidas crioscópicas consistem na determinação do grau de abaixamento do ponto de fusão. Este, por sua vez, depende do número de partículas formadas em solução. As medidas crioscópicas podem ser usadas para verificar se uma dada substância sofre dissociação e qual é o número de íons

Tabela 7.3 — Condutividade de sais e complexos (condutividades molares medidas em concentração de 0,001 M)

			ohm^{-1} $cm^2\ mol^{-1}$
LiCl	$\rightarrow Li^+Cl^-$	(total de 2 cargas)	112,0
$CaCl^2$	$\rightarrow Ca^{2+}\ 2Cl^-$	(total de 4 cargas)	260,8
$CoCl_3 \cdot 5NH_3$			261,3
$CoBr_3 \cdot 5NH_3$			257,6
$LaCl_3$	$\rightarrow La^{3+}\ 3Cl^-$	(total de 6 cargas)	393,5
$CoCl_3 \cdot 6NH_3$			431,6
$CoBr_3 \cdot 6NH_3$			426,9

Tabela 7.4 — Número de cargas relacionadas às estruturas de Werner e a formulação completa

		Cargas	Valência primária, cloros ionizáveis	Valência secundária
$[Co(NH_3]^{3+}$	$3Cl^-$	6	3	$6NH_3$ =6
$[Co(NH_3)_5Cl^{2+}$	$2Cl^-$	4	2	$5NH_3 + 1Cl^-$ =6
$[Co(NH_3)_4Cl_2]^+$	Cl^-	2	1	$4NH_3 + 2Cl^-$ =6

Tabela 7.5 — Estabelecendo a estrutura de complexos

Fórmula	Medidas crioscópicas	Condutividade molar	Estrutura
$CoCl_3 \cdot 6NH_3$	4 partículas	6 cargas	$[Co(NH_3)_6]^{3+}$ $3Cl^-$
$CoCl^3 \cdot 5NH_3$	3 partículas	4 cargas	$[Co(NH_3)_5Cl]^{2+}$ $2Cl^-$
$CoCl_3 \cdot 4NH_3$	2 partículas	2 cargas	$[Co(NH_3)_4Cl_2]^+$ Cl^-
$CoCl_3 \cdot 3NH_3$	1 partícula	sem carga	$[Co(NH_3)_3Cl_3]$
$Co(NO_2)_3 \cdot KNO_2 \cdot 2NH_3$	2 partículas	2 cargas	K^+ $[Co(NH_3)_2(NO_2)_4]^-$
$Co(NO_2)_3 \cdot 2KNO_2 \cdot NH_3$	3 partículas	4 cargas	$2K^+$ $[Co(NH_3)(NO_2)_5]^{2-}$
$Co(NO_2)_3 \cdot 3KNO_2$	4 partículas	6 cargas	$3K^+$ $[Co(NO_2)_6]^{3-}$

formado. Se a molécula se dissociar em dois íons, o decréscimo observado será igual ao dobro do esperado para o decréscimo provocado pela molécula não dissociada. Caso três íons sejam formados, a diminuição da temperatura de fusão será três vezes maior que o previsto e assim por diante. Logo:

$LiCl \rightarrow Li^+ + Cl^-$ (2 partículas) (2 cargas)
$MgCl_2 \rightarrow Mg^{2+}\ 2Cl^-$ (3 partículas) (4 cargas)
$LaCl_3 \rightarrow La^{3+} + 3Cl^-$ (4 partículas) (6 cargas)

O número de partículas formadas a partir de uma molécula do complexo determina a magnitude do abaixamento do ponto de fusão. Observe que o número de partículas formado pode ser diferente do número total de cargas determinadas a partir de medidas de condutividade. Os dois tipos de informações podem ser usados em conjunto para se determinar a estrutura (Tab. 7.5).

O momento magnético pode ser determinado experimentalmente (vide Capítulo 18 – Propriedades magnéticas). Essa medida fornece informações sobre o número de elétrons com spins desemparelhados presentes no complexo. Tendo-se essa informação, é possível inferir como os elétrons estão arranjados e quais são os orbitais ocupados. Às vezes, é possível deduzir a estrutura do complexo apenas conhecendo-se seu momento magnético. Por exemplo, o composto $Ni^{II}(NH_3)_4(NO_3)_2 \cdot 2H_2O$ deve conter quatro moléculas de amônia coordenadas ao Ni, formando o íon complexo quadrado-planar $[Ni(NH_3)_4]^{2+}$ com duas moléculas de água de cristalização. Esse complexo não deve ter elétrons desemparelhados. Por outro lado, as moléculas de água podem estar coordenadas ao metal, formando o íon complexo octaédrico $[Ni(H_2O)_2(NH_3)_4]^{2+}$, com dois elétrons desemparelhados. Ambos os íons complexos existem de fato e suas estruturas podem ser deduzidas a partir de suas propriedades magnéticas.

Os valores dos momentos dipolares também podem fornecer informações sobre a estrutura, mas somente no caso de complexos não-iônicos. Por exemplo, o complexo $[Pt(NH_3)_2Cl_2]$ é quadrado planar e pode existir nas formas *cis* e *trans*. Os momentos dipolares das várias ligações metal-ligante se cancelam no caso do isômero *trans*. Contudo, o isômero *cis* apresenta um momento magnético diferente de zero.

Os espectros eletrônicos (UV e visível) também fornecem informações valiosas sobre a energia dos orbitais e a estrutura do complexo. Assim, por meio dessa técnica é possível distinguir complexos tetraédricos de octaédricos e verificar se há ou não uma distorção estrutural nos mesmos.

Porém, o método mais poderoso é a técnica de difração de raios X, que permite a determinação da estrutura cristalina dos compostos. Essa técnica fornece informações precisas sobre a estrutura das moléculas, ou seja, sobre os comprimentos das ligações e os ângulos formados pelos átomos.

NÚMEROS ATÔMICOS EFETIVOS

Atualmente, o número de valências secundárias da teoria de Werner é denominado número de coordenação do átomo metálico central no complexo. Ele corresponde ao número de átomos ligados diretamente ao íon metálico central. Cada ligante doa um par de elétrons ao íon metálico, formando uma ligação coordenada. Os metais de transição formam compostos de coordenação com facilidade, porque eles apresentam orbitais *d* não totalmente preenchidos, que podem acomodar esses pares de elétrons. É sabido que a configuração eletrônica dos gases nobres é muito estável. Sidgwick sugeriu por meio de sua regra do número atômico efetivo, que os pares de elétrons dos ligantes são adicionados ao metal central até que este esteja rodeado por um número de elétrons equivalente ao do gás nobre mais próximo. Considere o hexacianoferrato(II) de potássio, $K_4[Fe(CN)_6]$ (anteriormente era denominado ferrocianeto de potássio). Um átomo de ferro possui 26 elétrons e, portanto, o íon Fe^{2+} possui 24 elétrons. O gás nobre mais próximo Kr possui 36 elétrons. A adição de seis pares de elétrons de seis ligantes CN^- totalizam 12 elétrons, aumentando o número atômico efetivo do Fe^{2+} no complexo $[Fe(CN)_6]^{4-}$ para 36.

$$[24 + (6 \times 2) = 36]$$

A Tab. 7.6 traz outros exemplos.

Tabela 7.6 — Números atômicos efetivos de alguns metais em complexos

Átomo	Número atômico	Complexo	Elétrons perdidos na formação do íon	Elétrons ganhos por coordenação	NAE	
Cr	24	$[Cr(CO)_6]$	0	12	36	
Fe	26	$[Fe(CN)_6]^{4-}$	2	12	36	
Fe	26	$[Fe(CO)_5]$	0	10	36	
Co	27	$[Co(NH_3)_6]^{3+}$	3	12	36	(Kr)
Ni	28	$[Ni(CO)_4]$	0	8	36	
Cu	29	$[Cu(CN)_4]^{3-}$	1	8	36	
Pd	46	$[Pd(NH_3)_6]^{4+}$	4	12	54	(Xe)
Pt	78	$[PtCl_6]^{2-}$	4	12	86	(Rn)
Fe	26	$[Fe(CN)_6]^{3-}$	3	12	35	
Ni	28	$[Ni(NH_3)_6]^{2+}$	2	12	38	
Pd	46	$[PdCl_4]^{2-}$	2	8	52	
Pt	78	$[Pt(NH_3)_4]^{2+}$	2	8	84	

A regra do número atômico efetivo (NAE) prevê corretamente o número de ligantes em muitos complexos. Há, porém, um número significativo de exceções em que o NAE não é equivalente ao número de elétrons de um gás nobre. Por exemplo, se o íon metálico tiver um número ímpar de elétrons, a adição de pares de elétrons não resulta na estrutura eletrônica de um gás nobre. Portanto, pode-se inferir que a tendência de se alcançar a estrutura estável de um gás nobre é um fator importante, mas não uma condição necessária para a formação dos complexos. Também é necessária a formação de uma estrutura simétrica (tetraédrica, quadrado planar, octaédrica), qualquer que seja o número de elétrons envolvidos.

FORMAS DOS ORBITAIS *d*

Como os orbitais *d* são geralmente utilizados para a formação das ligações em compostos de coordenação, é importante estudar suas formas e suas orientações no espaço. Os cinco orbitais *d* não são idênticos e podem ser divididos em dois grupos. Os três orbitais t_{2g} possuem formas idênticas e seus lóbulos se situam entre os eixos *x*, *y* e *z*. Os dois orbitais e_g possuem formas diferentes e seus lóbulos se situam sobre os eixos do sistema de coordenadas cartesianas(Fig. 7.6). As denominações alternativas para t_{2g} e e_g são *d*ε e *d*γ, respectivamente.

LIGAÇÕES EM COMPLEXOS DE METAIS DE TRANSIÇÃO

Há três teorias que explicam as ligações entre o metal e os ligantes nos complexos, todas formuladas na década de 1930.

Teoria da ligação de valência

Essa teoria foi desenvolvida por Pauling. Os compostos de coordenação contêm íons complexos, nos quais os ligantes formam ligações coordenadas com o metal. Assim, o ligante deve ter um par de elétrons livres e o metal um orbital vazio de energia adequada para formar a ligação. A teoria permite determinar quais são os orbitais atômicos do metal que são utilizados para formar as ligações. A partir desse dado, pode-se deduzir a forma e a estabilidade do complexo. Essa teoria apresenta duas limitações principais. A maioria dos complexos dos metais de transição são coloridos, mas a teoria não fornece nenhuma explicação para seus espectros eletrônicos. Além disso, a teoria não explica porque as propriedades magnéticas variam em função da temperatura. Por isso, foi substituída pela teoria do campo cristalino. Contudo, continua interessante para fins de estudo, pois mostra a seqüência do desenvolvimento das idéias até se chegar a teoria atual, a partir da teoria de Werner.

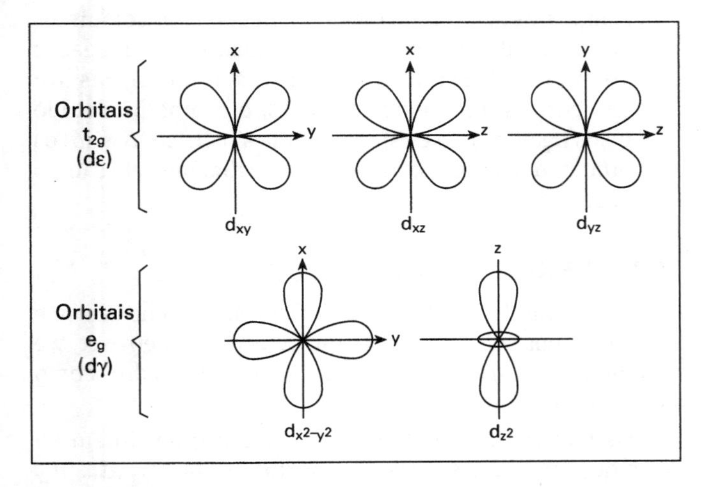

Figura 7.6 — Formas dos orbitais d

A teoria do campo cristalino

Essa teoria foi proposta por Bethe e van Vleck. A força de atração entre o metal central e os ligantes do complexo é considerada como sendo de natureza puramente eletrostática. Assim, as ligações nos complexos podem ser consideradas como sendo devido a atrações do tipo íon-íon (entre íons positivos e negativos tais como Co^{3+} e Cl^-). Alternativamente, as atrações íon-dipolo podem dar origem às ligações (se o ligante for uma molécula neutra como NH_3 ou CO). O NH_3 tem um momento dipolar com uma carga d^- localizado no nitrogênio e uma carga δ^+ nos hidrogênios. Assim, no $[Co(NH_3)_6]^{3+}$ a carga δ^- do átomo de nitrogênio de cada NH_3 está apontado em direção ao Co^{3+}. A teoria é bastante simples e tem sido utilizada com bastante êxito na explicação dos espectros eletrônicos e das propriedades magnéticas dos complexos dos metais de transição, particularmente quando as interações covalentes entre o metal e o ligante são consideradas. A teoria do campo cristalino modificada para conter as contribuições covalentes é denominada teoria do campo ligante. São possíveis três tipos de interações: interação σ, π ou $d\pi$ - $p\pi$ (retrodoação). Essa última decorre da interação π de orbitais *d* preenchidos do metal com orbitais *p* vazios dos ligantes.

Teoria dos orbitais moleculares

São integralmente consideradas nessa teoria tanto as contribuições covalentes como as iônicas.

Embora essa teoria, provavelmente, seja a melhor para tratar a ligação química, ela não substituiu totalmente as outras teorias. Isso porque os cálculos quantitativos envolvidos são difíceis e demorados, implicando no uso de computadores por tempos muito prolongados. Além disso, uma descrição qualitativa quase completa das moléculas pode ser obtida por outros meios, que se valem da simetria e da teoria de grupos.

TEORIA DA LIGAÇÃO DE VALÊNCIA

A formação de um complexo pode ser considerada como sendo constituída por uma série de etapas hipotéticas. Inicialmente seleciona-se o íon metálico apropriado, por exemplo Co^{3+}. A configuração eletrônica de valência do átomo de Co é $3d^7\ 4s^2$. Assim, o íon Co^{3+} terá configuração $3d^6$, e os elétrons estarão arranjados como se segue:

camada interna cheia	3d					4s	4p			4d				
	↑↓	↑	↑	↑	↑									

Se esse íon formar um complexo com seis ligantes, serão necessários seis orbitais atômicos vazios do íon metálico para receber os pares de elétrons livres dos ligantes. Os orbitais a serem utilizados são o 4*s*, três orbitais 4*p* e dois orbitais 4*d*. Eles são combinados para formar um conjunto de seis orbitais híbridos, sp^3d^2, equivalentes. Um orbital do ligante contendo um par de elétrons livres forma uma ligação coordenada pela interação com um orbital híbrido vazio do íon metálico. Forma-se dessa maneira uma ligação s com cada um dos ligante. Os orbitais *d* empregados para formar essas ligações são os orbitais $4d_{x^2-y^2}$ e $4d_{z^2}$. Nos diagramas a seguir, os pares de elétrons provenientes dos ligantes são representados por ↑↓:

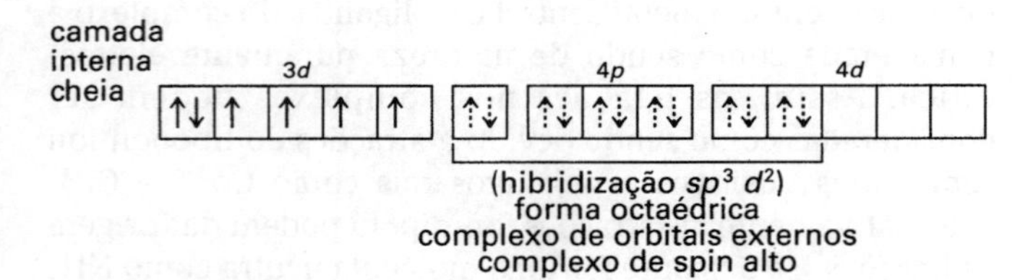

Como são usados orbitais 4*d* externos este é denominado *complexo de esfera externa*. A energia desses orbitais é relativamente elevada e o complexo deve ser reativo ou lábil. O momento magnético depende do número de elétrons desemparelhados. Os orbitais 3*d* contêm o número máximo de elétrons desemparelhados para uma configuração d^6 e são denominados *complexos de alto-spin*. Outra alternativa possível é arranjar os elétrons do íon metálico como mostrado abaixo. Analogamente ao caso anterior, os pares de elétrons livres do ligante são representados por ↑↓:

Visto que nesse caso orbitais *d* internos de baixa energia são utilizados para formar as ligações, o complexo é denominado *complexo de esfera interna*. Complexos desse tipo são mais estáveis que os complexos de esfera externa. Os elétrons desemparelhados do íon metálico foram forçados a se emparelhar e portanto esse é um complexo de spin baixo. Nesse caso em particular, todos os elétrons estarão emparelhados e o complexo será diamagnético.

O íon metálico também poderia formar complexos com número de coordenação quatro. Nesse caso, são possíveis dois arranjos diferentes, como mostrado abaixo. *Deve-se lembrar que, na realidade, orbitais híbridos não existem*. A hibridização consiste numa operação matemática com as equações de onda correspondentes aos orbitais atômicos envolvidos nas ligações.

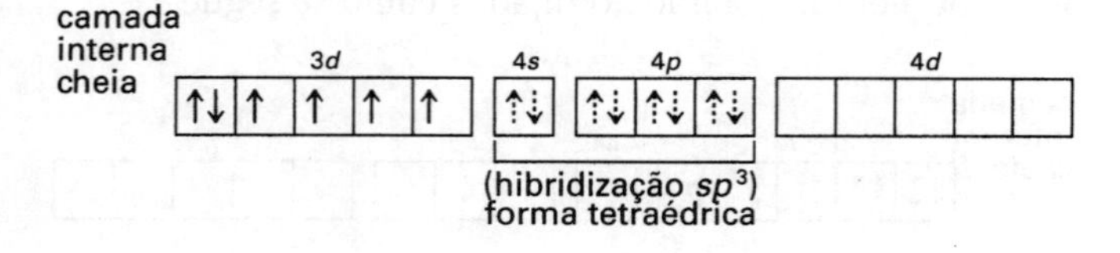

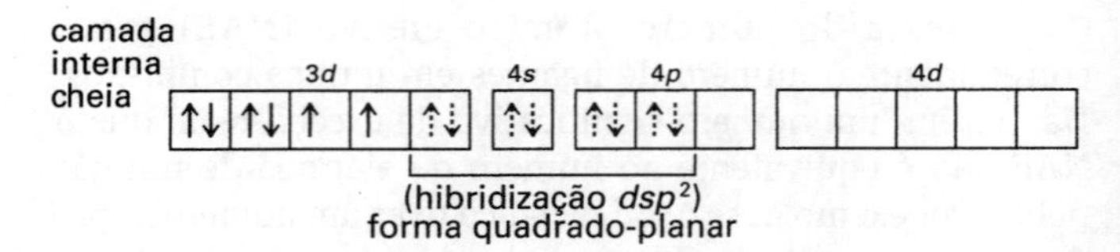

A teoria não explica a cor nem os espectros dos complexos. A teoria permite prever o número de elétrons desemparelhados e, portanto, permite calcular o momento magnético (vide Capítulo 18). Contudo, a teoria não explica porque o momento magnético varia com a temperatura.

TEORIA DO CAMPO CRISTALINO

A teoria do campo cristalino é hoje muito mais aceita que a teoria da ligação de valência. Ela supõe que a atração entre o metal central e os ligantes num complexo é puramente eletrostática. O metal de transição, ou seja o átomo central do complexo, é considerado como sendo um íon positivo com carga igual ao seu estado de oxidação. Este é rodeado por ligantes negativamente carregados ou moléculas neutras possuindo pares de elétrons livres. Se o ligante for uma molécula neutra, tal como NH_3, a extremidade negativa do dipolo elétrico da molécula se aproximará do íon metálico. Os elétrons do átomo central estão sob a ação de forças repulsivas provocadas pelos elétrons dos ligantes. Portanto, os elétrons ocupam os orbitais *d* que se encontram o mais afastados possíveis da direção de aproximação dos ligantes. Na teoria do campo cristalino são feitas as seguintes suposições.

1. Os ligantes são tratados como cargas pontuais.
2. Não há interação entre os orbitais do metal e o dos ligantes.
3. Todos os orbitais *d* do metal, no íon livre, têm a mesma energia (isto é, são degenerados). Contudo, os ligantes removem o caráter degenerado desses orbitais quando o complexo é formado, isto é, os orbitais passam a ter energias diferentes. Num íon metálico gasoso isolado, os cinco orbitais *d* têm a mesma energia, e são ditos degenerados. Se um campo de cargas negativas, de simetria esférica, envolver o íon metálico, os orbitais *d* permanecerão degenerados. No entanto, a energia dos orbitais é aumentada por causa da repulsão entre o campo e os elétrons no metal. Na maioria dos complexos dos metais de transição há seis ou quatro ligantes ligados ao metal, formando estruturas octaédricas ou tetraédricas. Em ambos os casos, o campo produzido pelos ligantes não é esfericamente simétrico. Assim, os orbitais *d* não são todos afetados igualmente pelo campo ligante.

COMPLEXOS OCTAÉDRICOS

Num complexo octaédrico, o metal se situa no centro e os ligantes nos seis vértices de um octaedro. Os eixos *x*, *y* e *z* apontam para três vértices adjacentes do octaedro, como mostrado na Fig. 7.7.

Os lóbulos dos orbitais e_g ($d_{x^2-y^2}$ e d_{z^2}) se situam ao longo dos eixos *x*, *y* e *z*. Os lóbulos dos orbitais t_{2g} (d_{xy}, d_{xz} e d_{yz}) se situam entre os eixos do sistema de coordenadas

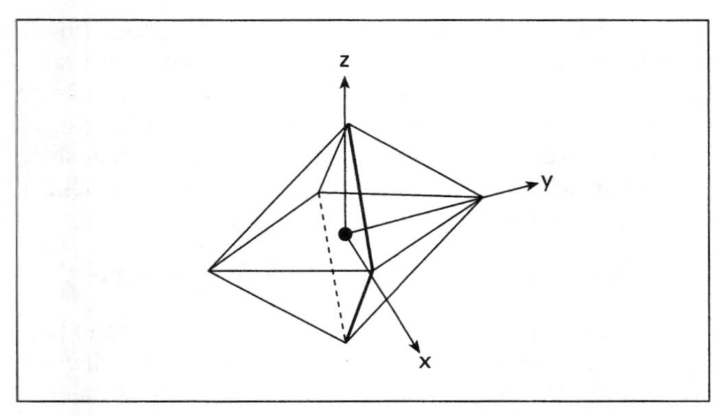

Figura 7.7 — Os eixos cartesianos num complexo octaédrico

cartesianas ortogonais. Logo, pode-se inferir que a aproximação de seis ligantes, segundo as direções x, y, z, $-x$, $-y$ e $-z$, aumentará muito mais a energia dos orbitais $d_{x^2-y^2}$ e d_{z^2} (que se situam ao longo dos eixos) que a energia dos orbitais d_{xy}, d_{xz} e d_{yz} (que se situam entre os eixos). Portanto, sob a influência de um campo ligante octaédrico, os orbitais d se dividem em dois grupos com energias distintas (Fig. 7.8).

Em vez de tomar como referência o nível energético de um átomo metálico isolado, toma-se como sendo o zero de energia a média ponderada desses dois conjuntos de orbitais perturbados, ou seja o baricentro do sistema. A diferença de energia entre os dois conjuntos de orbitais d é representada pelos símbolos Δ_o ou 10 D_q. Assim, os orbitais e_g tem uma energia equivalente a $+0{,}6\ \Delta_o$ acima da média de energia, e os orbitais t_{2g} possuem uma energia igual a $-0{,}4\ \Delta_o$ abaixo da média (Fig. 7.9).

A magnitude da diferença de energia Δ_o entre os níveis t_{2g} e e_g pode ser facilmente medida registrando-se o espectro UV-visível do complexo. Considere um complexo como o $[Ti(H_2O)_6]^{3+}$. O íon Ti^{3+} possui um elétron d. No complexo, esse elétron ocupará o orbital de menor energia, isto é, um dos orbitais t_{2g} (Fig. 7.10a). O complexo absorve luz de comprimento de onda (energia) adequado para promover esse elétron do nível t_{2g} para o nível e_g (Fig. 7.10b).

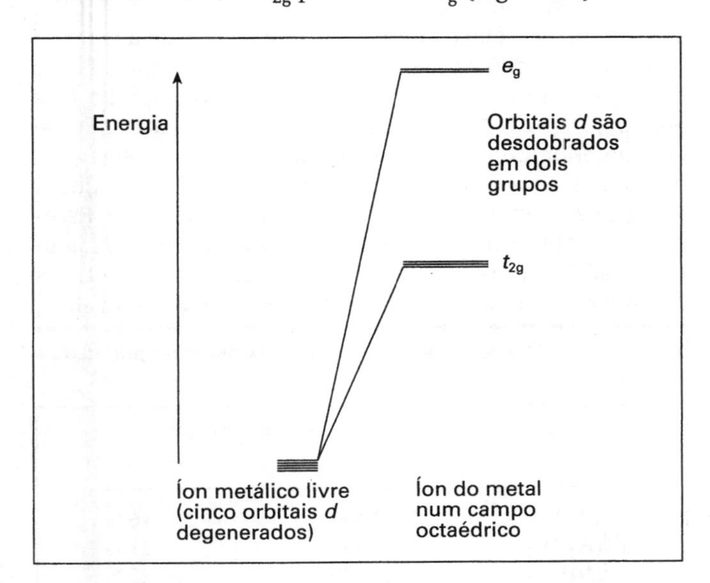

Figura 7.8 — Desdobramento do campo cristalino em níveis de energia, num campo octaédrico

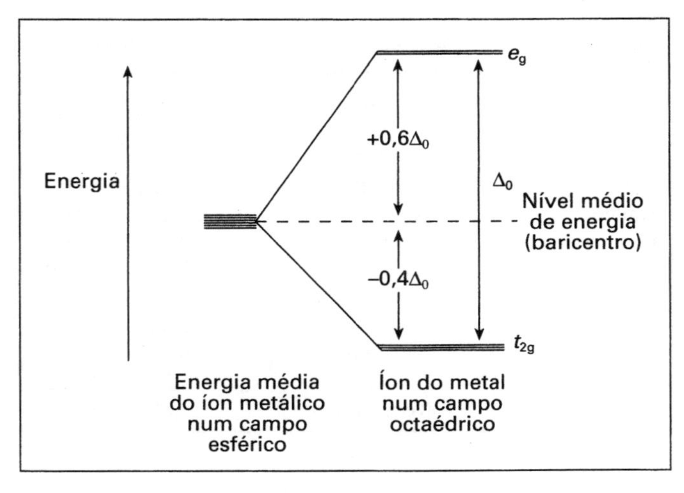

Figura 7.9 — Diagrama dos níveis de energia dos orbitais d *num campo octaédrico*

O espectro eletrônico do $[Ti(H_2O)_6]^{3+}$ é mostrado na Fig. 7.11. A parte da curva com uma inclinação mais acentuada, entre 27.000 e 30.000 cm^{-1} (na região do UV), se deve a transições de transferência de carga. A transição d–d corresponde à banda larga com máximo em 20.300 cm^{-1}. Como 1 kJ mol^{-1} corresponde a 83,7 cm^{-1}, o valor de Δ_o para $[Ti(H_2O)]^{3+}$ é igual a 20.300/83,7 = 243 kJ mol^{-1}. Esse é um valor muito semelhante à energia de uma ligação simples normal (vide Apêndice F).

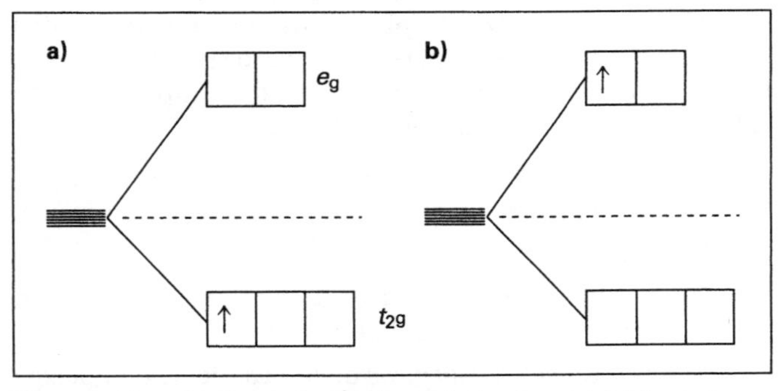

Figura 7.10 — Configuração d^1: a) estado fundamental; b) estado excitado

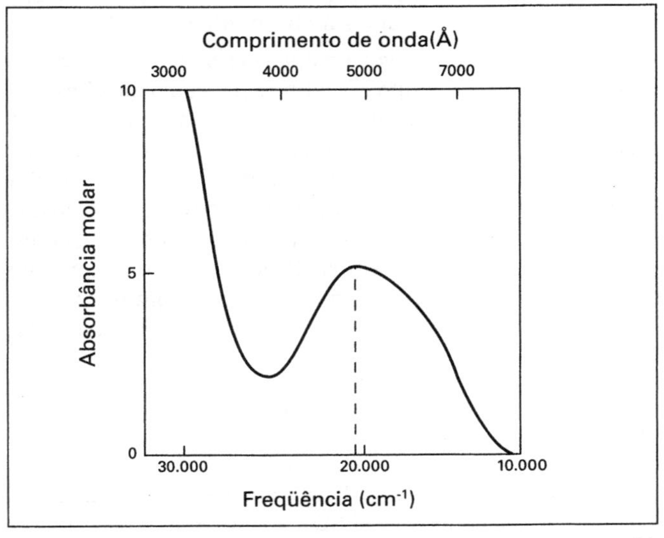

Figura 7.11 — Espectro de absorção ultravioleta e visível $[Ti(H_2O)_6]^{3+}$

Tabela 7.7 — Cores absorvidas e cores complementares

Cor absorvida	Cor observada	Número de onda observado (cm^{-1})
Amarelo—verde	Vermelho—violeta	24.000—26.000
Amarelo	Anil	23.000—24.000
Laranja	Azul	21.000—23.000
Vermelho	Azul—verde	20.000—21.000
Púrpura	Verde	18.000—20.000
Vermelho—violeta	Amarelo—verde	17.300—18.000
Anil	Amarelo	16.400—17.300
Azul	Laranja	15.300—16.400
Azul—verde	Vermelho	12.800—15.300

O método acima descrito é o mais conveniente para se medir os valores de Δ_o. Contudo, os valores de Δ_o também podem ser obtidos a partir das energias reticulares, sejam experimentais ou calculados usando a equação de Born-Landé (vide Capítulo 3).

Soluções contendo o íon Ti^{3+} hidratado são de coloração vermelho-violeta. Isso decorre da absorção de luz amarela e verde pelo complexo, levando à promoção de um elétron do nível t_{2g} para o e_g. Assim, a luz transmitida tem a coloração vermelho-violeta complementar (Tab. 7.7).

Por causa do desdobramento dos orbitais *d* no campo cristalino, o elétron isolado do $[Ti(H_2O)_6]^{3+}$ ocupa um nível energético situado $2/5\ \Delta_o$ abaixo da energia média dos orbitais *d*. Como conseqüência, o complexo será mais estável. Nesse caso, a energia de estabilização do campo cristalino (EECC) é igual a $2/5 \times 243 = 97$ kJ mol^{-1}.

A magnitude de Δ_o depende de três fatores:

1. Da natureza dos ligantes.
2. Da carga do íon metálico.
3. Do fato do metal pertencer à primeira, segunda ou terceira série de metais de transição.

Analisando-se os espectros de uma série de complexos do mesmo metal com diferentes ligantes, verificou-se que a posição da banda de absorção (e, portanto, o valor de Δ_o) varia em função dos ligantes a ele coordenados (Tab. 7.8).

Os ligantes que provocam apenas um pequeno grau de desdobramento do campo cristalino são designados ligantes de campo fraco. Ligantes que provocam um grande desdobramento são denominados ligantes de campo forte. A maioria dos valores de Δ se encontra na faixa de 7.000 a 30.000 cm^{-1}. Os ligantes mais comuns podem ser dispostos em ordem crescente em relação ao grau de desdobramento do campo cristalino Δ. A seqüência permanece praticamente constante para os diversos metais e é denominada série espectroquímica (vide leituras complementares: Tsuchida, 1938, e Jörgensen, 1962).

Série espectroquímica

ligantes de campo fraco

$I^- < Br^- < S^{2-} < Cl^- < NO_3^- < F^- < OH^- <$ EtOH < oxalato < H_2O < EDTA < (NH_3 e piridina) < etilenodiamina < bipiridina < o-fenantrolina < $NO_2^- < CN^- <$ CO

ligantes de campo forte

A série espectroquímica é uma série determinada experimentalmente. É difícil explicar a ordem observada, pois ela incorpora tanto os efeitos σ como π. A seqüência dos haletos é a esperada, levando-se em consideração os efeitos eletrostáticos. Em outros casos, é necessário considerar as interações covalentes para explicar a seqüência. O poder doador σ cresce na seguinte ordem:

haletos < doadores O < doadores N < doadores C

O desdobramento do campo cristalino provocado pelo ligante de campo forte CN^- é mais ou menos o dobro daquele observado para ligantes de campo fraco, como os haletos. Esse fato é atribuído à formação de ligações π, em que o metal interage com o orbital vazio do ligante, utilizando os orbitais t_{2g} preenchidos. Analogamente, muitos outros ligantes insaturados, tendo N e C como átomos doadores, também podem atuar como receptores p.

A magnitude de Δ_o tende a aumentar em função do aumento da carga do íon. Para os metais da primeira série de transição, os valores de Δ_o para complexos de M^{3+} são cerca de 50 % maiores que os valores encontrados para os complexos de M^{2+} (Tab. 7.9).

O valor de Δ_o também aumenta em cerca de 30 % entre membros adjacentes num grupo de metais de transição (Tab. 7.10). Foi mostrado acima que a energia de estabilização do campo cristalino no $[Ti(H_2O)_6]^{3+}$, que tem configuração d^1, é igual a $-0{,}4\ \Delta_o$. Logo, complexos contendo um metal com configuração d^2 terão uma EECC de $2 \times -0{,}4\ \Delta_o = -0{,}8\ \Delta_o$. Nesse caso os dois elétrons ocupam dois dos orbitais t_{2g} (de acordo com a regra de Hund que estabelece que o arranjo com o número máximo de elétrons desemparelhados é o mais estável). Complexos com íon metálicos com configuração d^3 apresentam uma EECC de $3 \times -0{,}4\ \Delta_o = -1{,}2\ \Delta_o$.

Espera-se que complexos de íons metálicos com configuração d^4 tenham uma configuração eletrônica em concordância com a regra de Hund (Fig. 7.12a), ou seja, com quatro elétrons desemparelhados. Nesse caso, os valores de EECC serão iguais a $(3 \times -0{,}4\ \Delta_o) + (0{,}6\ \Delta_o) = -0{,}6\ \Delta_o$. Um arranjo eletrônico alternativo, que não segue a regra de Hund, é mostrado na Fig. 7.12b. Nesse arranjo apenas dois elétrons estão desemparelhados, e a EECC é igual a $(4 \times -0{,}4\ \Delta_o) = -1{,}6\ \Delta_o$. Nota-se que a EECC é maior que no caso anterior. Contudo, é necessário considerar a energia *P* necessária para emparelhar os elétrons, de modo que a energia de estabilização total será igual a $-1{,}6\ \Delta_o + P$. Esses dois arranjos diferem no número de elétrons desemparelhados. Aquele com o maior número de elétrons desemparelhados é denominado configuração de "spin alto",

Tabela 7.8 — Desdobramento do campo cristalino por vários ligantes

Complexo	Pico de absorção	
	(cm^{-1})	(kJ mol^{-1})
$[Cr^{III}Cl_6]^{3-}$	13.640	163
$[Cr^{III}(H_2O)_6]^{3+}$	17.830	213
$[Cr^{III}(NH_3)_6]^{3+}$	21.680	259
$[Cr^{III}(CN)_6]^{3-}$	26.280	314

Tabela 7.9 — Desdobramento do campo cristalino para hexaaqua complexos de M^{2+} e M^{3+}

Estado de oxidação		Ti	V	Cr	Mn	Fe	Co	Ni	Cu
(+II)	Configuração eletrônica	d^2	d^3	d^4	d^5	d^6	d^7	d^8	d^9
	Δ_o em cm^{-1}	—	12.600	13.900	7.800	10.400	9.300	8.500	12.600
	Δ_o em kJ mol^{-1}	—	151	(166)	93	124	111	102	(151)
(+III)	Configuração	d^1	d^2	d^3	d^4	d^5	d^6	d^7	d^8
	Δ_o em cm^{-1}	20.300	18.900	17.800	21.000	13.700	18.600	—	—
	Δ_o em kJ mol^{-1}	243	225	213	(251)	164	222	—	—

e o outro configuração de "spin baixo". Verificou-se que ambas as situações são possíveis. Assim, o tipo de arranjo encontrado num determinado complexo depende dos valores de Δ_o e de P, ou seja, das magnitudes da energia necessária para promover um elétron do nível t_{2g} para o e_g (isto é, o desdobramento do campo cristalino Δ_o) e da energia necessária para emparelhar um elétron no nível de menor energia t_{2g} (isto é, P). P é constante para um dado íon metálico. Assim, o desdobramento do campo cristalino é determinado pela força do campo ligante. Um ligante de campo fraco, como o Cl^-, causará apenas um pequeno desdobramento dos níveis de energia e Δ_o será pequeno. Nesse caso, será energeticamente mais favorável que os elétrons ocupem o nível superior e_g e formem um complexo de "spin alto", ao invés de emparelhar os elétrons. Em contraste, ligantes de campo forte como o CN^-, provocam um grande desdobramento do campo cristalino. Nesse caso, a energia necessária para emparelhar os elétrons, P, será menor que Δ_o, e o complexo será de "spin baixo".

Tabela 7.10 — Desdobramento Δ_o do campo cristalino num grupo

	cm^{-1}	kJ mol^{-1}
$[Co(NH_3)_6]^{3+}$	24.800	296
$[Rh(NH_3)_6]^{3+}$	34.000	406
$[Ir(NH_3)6]^{3+}$	41.000	490

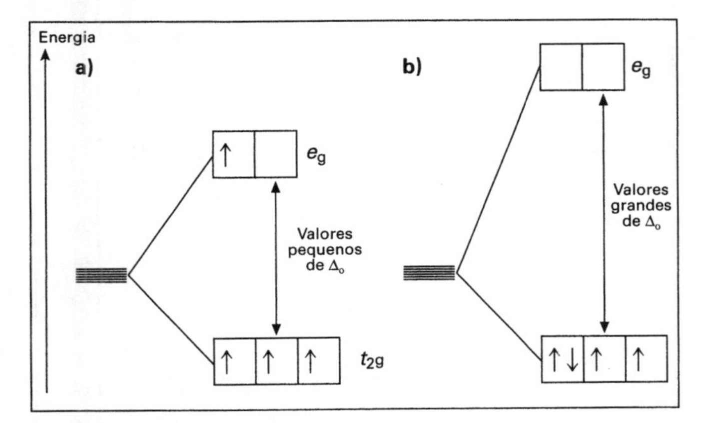

Figura 7. 12 — Complexos de spin alto e spin baixo: a) arranjo d^4 de spin alto (campo ligante fraco); b) arranjo d^4 de spin baixo (campo ligante forte)

Argumentos semelhantes se aplicam a complexos de íons metálicos com configurações d^5, d^6 e d^7, de spin alto e spin baixo. Essas informações se encontram sumarizadas na Tab. 7.12.

EFEITOS DO DESDOBRAMENTO DO CAMPO CRISTALINO

Em complexos octaédricos, o preenchimento dos orbitais t_{2g} diminui a energia do complexo, isto é, para cada elétron adicionado a esses orbitais o complexo é estabilizado por um valor equivalente a $-0,4\Delta_o$. O preenchimento dos orbitais e_g aumenta a energia do complexo de um valor igual a $+0,6\Delta_o$ por elétron. Logo, a energia de estabilização de campo cristalino (EECC) é dada por

$$\text{EECC}_{(\text{octaédrico})} = -0{,}4n_{(t_{2g})} + 0{,}6n_{(e_g)}$$

onde $n(t_{2g})$ e $n(e_g)$ são os números de elétrons que ocupam os orbitais t_{2g} e e_g, respectivamente. A EECC é igual a zero para íons com configuração d^0 e d^{10}, tanto em campos ligantes fortes como fracos. A EECC também é igual a zero para a configurações d^5 em um campo fraco. Todos os demais arranjos apresentam alguma EECC, que aumenta a estabilidade termodinâmica dos complexos. Assim, muitos compostos de metais de transição apresentam uma energia reticular maior (obtida por cálculos usando o ciclo de Born-Haber) que aquela calculada com o auxílio das equações de Born-Landé, Born-Meyer ou Kapustinskii. Em contraste, os valores medidos (Born-Haber) e calculados para compostos dos metais representativos (que não apresentam EECC) são muito semelhantes (Tab. 7.13). Uma boa concordância entre aqueles valores também é observada no MnF_2, que tem configuração d^5 e um campo ligante fraco: portanto, a EECC é igual a zero.

Um gráfico das energias reticulares dos haletos dos elementos da primeira série de transição no estado divalente é mostrado na Fig. 7.13. No sólido, o número de coordenação desses metais é igual a 6, e as estruturas são, portanto, análogas a dos complexos octaédricos. O gráfico para cada série de haletos mostra um mínimo no Mn^{2+}, que possui configuração d^5. Num campo fraco, ele tem um arranjo eletrônico de spin alto com EECC igual a zero. As configurações d^0 e d^{10} também possuem EECC igual a zero. As linhas tracejadas passando pelo Ca^{2+}, Mn^{2+} e Zn^{2+}

Tabela 7.11 — EECC e energia de emparelhamento para alguns complexos

Complexo	Configuração	Δ_o (cm^{-1})	P (cm^{-1})	Previsto	Encontrado
$[Fe^{II}(H_2O)_6]^{2+}$	d^6	10.400	17.600	spin alto	spin alto
$[Fe^{II}(CN)_6]^{4-}$	d^6	32.850	17.600	spin baixo	spin baixo
$[Co^{III}F_6]^{3-}$	d^7	13.000	21.000	spin alto	spin alto
$[Co^{III}(NH_3)_6]^{3+}$	d^7	23.000	21.000	spin baixo	spin baixo

Tabela 7.13 — Energias reticulares calculadas e medidas

Composto	Estrutura	Energia reticular medida ($kJ\ mol^{-1}$)	Energia reticular calculada ($kJ\ mol^{-1}$)	Diferença (medida calculada) ($kJ\ mol^{-1}$)
NaCl	Cloreto de sódio	–764	–764	0
AgCl	Cloreto de sódio	–916	–784	–132
AgBr	Cloreto de sódio	–908	–759	–149
MgF_2	Rutilo	–2.908	–2.915	+7
MnF_2	Rutilo	–2.770	–2.746	–24
FeF_2	Rutilo	–2.912	–2.752	–160
NiF_2	Rutilo	–3.406	–2.917	–129
CuF_2	Rutilo	–3.042	–2.885	–157

Os íons Ca^{2+}, Mn^{2+} e Zn^{2+}, com configurações d^0, d^5 e d^{10}, possuem EECC's iguais a zero. Uma linha quase reta pode ser traçada entre esses pontos. As distâncias dos demais pontos experimentais até essa linha correspondem às respectivas EECC's. Os valores obtidos dessa maneira indicam os valores esperados para energias de estabilização de campo cristalino iguais a zero. As diferenças entre essa linha e os pontos experimentais para os demais íons correspondem às energias de estabilização do campo cristalino (EECC).

As energias de hidratação dos íons M^{2+} dos elementos da primeira série de transição são mostradas no gráfico da Fig. 7.14a.

$$M^{2+}_{(g)} + \text{excesso } H_2O \rightarrow [M(H_2O)_6]^{2+}$$

Tabela 7.12 — EECC e configurações eletrônicas em complexos octaédricos

Número de elétrons	Configuração em campo ligante fraco t_{2g}	e_g	EECC Δ_0	Momento magnético de spin μ_d (D)	Configuração em campo ligante forte t_{2g}	e_g	EECC Δ_0	Momento magnético de spin μ_d (D)
d_1	↑		–0,4	1,73	↑		–0,4	1,73
d_2	↑ ↑		–0,8	2,83	↑ ↑		–0,8	2,83
d_3	↑ ↑ ↑		–1,2	3,87	↑ ↑ ↑		–1,2	3,87
d_4	↑ ↑ ↑	↑	–1,2 +0,6 =–0,6	4,90	↑↓ ↑ ↑		–1,6	2,83
d_5	↑ ↑ ↑	↑ ↑	–1,2 +1,2 =–0,0	5,92	↑↓ ↑↓ ↑		–2,0	1,73
d_6	↑↓ ↑ ↑	↑ ↑	–1,6 +1,2 =–0,4	4,90	↑↓ ↑↓ ↑↓		–2,4	0,00
d_7	↑↓ ↑↓ ↑	↑ ↑	–2,0 +1,2 =–0,8	3,87	↑↓ ↑↓ ↑↓	↑	–2,4 +0,6 =–1,8	1,73
d_8	↑↓ ↑↓ ↑↓	↑ ↑	–2,4 +1,2 =–1,2	2,83	↑↓ ↑↓ ↑↓	↑ ↑	–2,4 +1,2 =–1,2	2,83
d_9	↑↓ ↑↓ ↑↓	↑↓ ↑	–2,4 +1,8 =–0,6	1,73	↑↓ ↑↓ ↑↓	↑↓ ↑	–2,4 +1,8 =–0,6	1,73
d_{10}	↑↓ ↑↓ ↑↓	↑↓ ↑↓	–2,4 +2,4 = 0,0	0,00	↑↓ ↑↓ ↑↓	↑↓ ↑↓	–2,4 +2,4 = 0,0	0,00

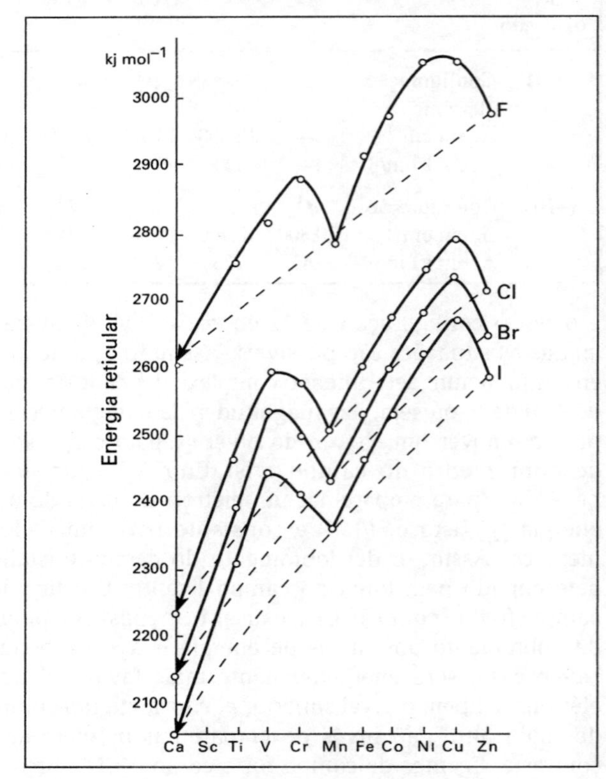

Figura 7.13 — EECC de di-haletos da primeira série de transição (segundo T.C. Waddington, Lattice energies and their significance in inorganic chemistry, Advances in Inorganic Chemistry and Radiochemistry, 1, Academic Press, N.York, 1959)

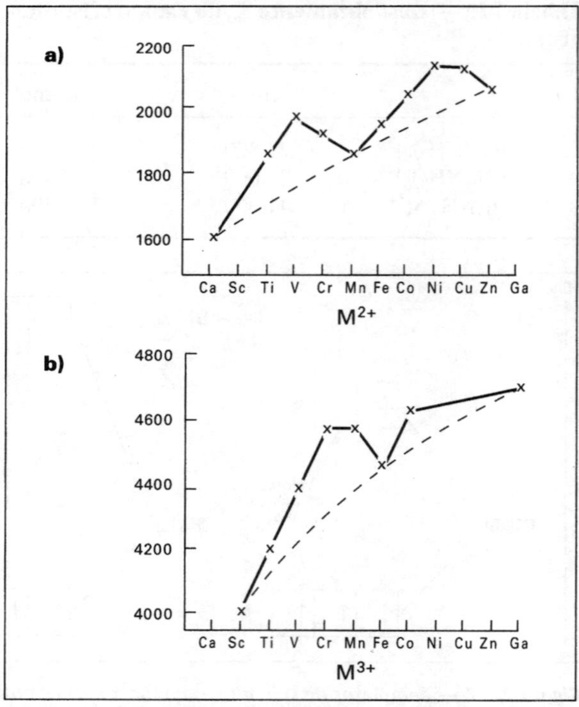

Figura 7.14 — Entalpias de hidratação para M^{2+} e M^{3+}, em $kJ\ mol^{-1}$

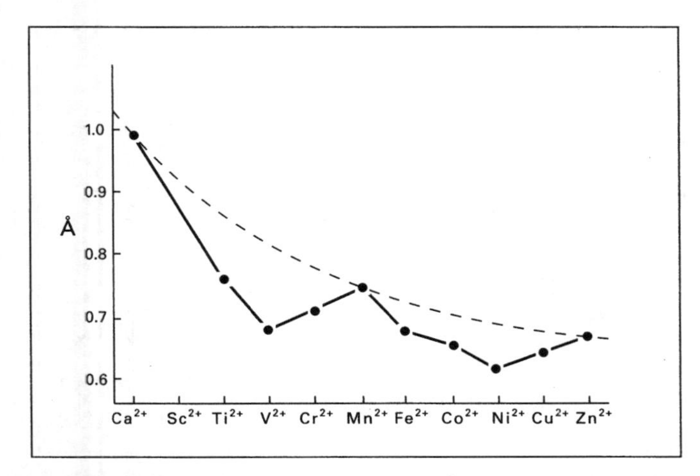

***Figura** 7.15 — Raio iônicos octaédricos de M^{2+} para elementos da primeira série de transição*

concordam com os valores obtidos espectroscopicamente. Um gráfico semelhante para os íons M^{3+} é mostrado na Fig. 7.14b: neste caso, as espécies com configuração d^0, d^5 e d^{10} são o Sc^{3+}, Fe^{3+} e Ga^{3+}.

Esperar-se-ia que os raios iônicos para os íons M^{2+} diminuam contínua e gradativamente do Ca^{2+} ao Zn^{2+}, por causa da crescente carga nuclear e da ineficiente blindagem proporcionada pelos elétrons *d*. O gráfico desses raios iônicos é mostrado na Fig. 7.15. Nota-se que na realidade a variação de tamanho dos íons não é tão regular ao longo do período.

Uma linha tracejada une os pontos correspondentes aos íons Ca^{2+}, Mn^{2+} e Zn^{2+}. Esses íons apresentam configurações d^0, d^5 e d^{10}, com os orbitais *d* respectivamente vazios, semipreenchidos e cheios. Esses arranjos eletrônicos geram um campo elétrico quase esférico em torno do núcleo. No Ti^{2+}, os elétrons *d* ocupam orbitais distantes dos ligantes, levando a pouca ou nenhuma proteção da carga nuclear. Com isso os ligantes são atraídos para regiões mais próximas do núcleo. A carga nuclear maior tem um efeito ainda mais acentuado no caso do V^{2+}. No Cr^{2+}, o nível e_g contém um elétron. Nesse caso a densidade eletrônica se concentra na direção dos ligantes, proporcionando assim uma boa blindagem. Por isso, os ligantes não podem se aproximar tanto do núcleo e o raio iônico aumenta. Esse aumento de tamanho prossegue com o preenchimento do segundo orbital e_g no caso do Mn^{2+}. A blindagem proporcionada pelos orbitais e_g é tão eficiente que o raio do Mn^{2+} é apenas ligeiramente menor do que ele seria se estivesse numa campo esférico. O mesmo padrão de variação no tamanho se repete na segunda metade da série.

DISTORÇÃO TETRAGONAL EM COMPLEXOS OCTAÉDRICOS (DISTORÇÃO DE JAHN-TELLER)

A forma dos complexos dos metais de transição é determinada pela tendência dos pares de elétrons de ocupar posições tão afastadas quanto possíveis uma das outras. O mesmo comportamento se verifica nos compostos dos elementos representativos e nos complexos. Além disso, as formas dos complexos dos metais de transição são influenciadas pela maneira como os orbitais *d* estão preenchidos, ou seja, se estão preenchidos simétrica ou assimetricamente.

Tabela 7.14 — Configurações eletrônicas simétricas

Configuração eletrônica	t_{2g}	e_g	Natureza do campo ligante	Exemplos
d^0	[ ][ ][ ]	[ ][ ]	forte ou fraco	$Ti^{IV}O_2$,$[Ti^{IV}F_6]^{2-}$ $[Ti^{IV}Cl_6]^{2-}$
d^3	[↑][↑][↑]	[ ][ ]	forte ou fraco	$[Cr^{III}(oxalato)_3]^{3-}$ $[Cr^{III}(H_2O_6)]^{3+}$
d^5	[↑][↑][↑]	[↑][↑]	fraco	$[Mn^{II}F_6]^{4-}$ $[Fe^{III}F_6]^{3-}$
d^6	[↑↓][↑↓][↑↓]	[ ][ ]	forte	$[Fe^{II}(CN)_6]^{4-}$ $[Co^{III}(NH_3)_6]^{3+}$
d^8	[↑↓][↑↓][↑↓]	[↑][↑]	fraco	$[Ni^{II}F_6]^{4-}$ $[Ni^{II}(H_2O_6)]^{2+}$
d^{10}	[↑↓][↑↓][↑↓]	[↑↓][↑↓]	forte ou fraco	$[Zn^{II}(NH_6)]^{2+}$ $[Zn^{II}(H_2O_6)]^{2+}$

A repulsão entre os elétrons do metal e dos seis ligantes num complexo octaédrico desdobra os orbitais *d* do átomo metálico central nos níveis t_{2g} e e_g. Logo, deve haver uma correspondente repulsão entre os elétrons *d* e os ligantes. Se os elétrons *d* estiverem dispostos simetricamente, a repulsão sentida por todos os seis ligantes será a mesma. A estrutura será, portanto, um octaedro perfeitamente regular. Os arranjos simétricos dos elétrons *d* são mostrados na Tab. 7.14.

Os demais arranjos apresentam uma distribuição assimétrica dos elétrons *d*. Caso os elétrons *d* estejam distribuídos assimetricamente, eles repelirão com maior intensidade alguns ligantes do complexo que outros. Portanto, a estrutura do complexo será distorcida, pois alguns ligantes serão impedidos de se aproximarem do metal tanto quanto outros. Os orbitais e_g apontam diretamente para os ligantes. Assim, o preenchimento assimétrico dos orbitais e_g implica que alguns dos ligantes serão mais fortemente repelidos que outros. Isso provoca uma distorção significativa da forma octaédrica. Já os orbitais t_{2g} não apontam diretamente, mas entre os eixos sobre as quais se encontram os ligantes. Portanto, o preenchimento assimétrico dos orbitais t_{2g} tem somente um pequeno efeito sobre a estereoquímica. A distorção provocada pelo preenchimento assimétrico dos orbitais t_{2g} é geralmente pequena demais para ser medida. Os arranjos eletrônicos que provocarão uma distorção estrutural pronunciada são mostradas na Tab. 7.15.

Os dois orbitais e_g, o $d_{x^2-y^2}$ e o d_{z^2} são normalmente degenerados. Contudo, se eles estiverem assimetricamente

Tabela 7.15 — Configurações eletrônicas assimétricas

Configuração eletrônica	t_{2g}	e_g	Natureza do campo ligante	Exemplos
d^4	[↑][↑][↑]	[↑][↑]	forte ou fraco (complexo de spin alto)	Cr(+II), Mn(+III)
d^7	[↑↓][↑↓][↑↓]	[↑][ ]	forte ou fraco (complexo de spin baixo)	Co(+II), Ni(+III)
d^9	[↑↓][↑↓][↑↓]	[↑↓][↑]	forte ou fraco	Cu(+II)

preenchidos, este caráter degenerado será destruído, e os dois orbitais não mais terão a mesma energia. Se o orbital d_z2 tiver um elétron a mais que o orbital $d_{x^2-y^2}$, então os ligantes que se aproximarem pelas direções $+z$ e $-z$ terão uma dificuldade maior que os outros quatro ligantes. A repulsão e conseqüente distorção levam a um alongamento do octaedro segundo o eixo z, denominado distorção tetragonal. Essa deformação seria mais precisamente designada alongamento tetragonal. Essa é uma forma de distorção encontrada com muita freqüência.

Se o elétron adicional estiver no orbital $d_{x^2-y^2}$, o alongamento ocorrerá segundo as direções x e y. Isso significa que os ligantes que se encontram ao longo do eixo z poderão se aproximar mais. Conseqüentemente, haverá quatro ligações mais longas e duas mais curtas. Essa situação é equivalente a comprimir o octaedro ao longo do eixo z, sendo a distorção denominada compressão tetragonal. O alongamento tetragonal é muito mais comum que a compressão tetragonal, não sendo possível prever qual delas irá ocorrer.

Por exemplo, a estrutura cristalina do CrF_2 é equivalente à estrutura do rutilo (TiO_2), mas distorcida. O Cr^{2+} é circundado octaedricamente por seis F^-, havendo quatro ligações Cr–F de comprimento entre 1,98 – 2,01 Å e duas ligações mais longas de 2,43 Å. Diz-se que o octaedro está distorcido tetragonalmente. A configuração eletrônica do Cr^{2+} é d^4 e o F^- é um ligante de campo fraco, de modo que o nível t_{2g} contém três elétrons e o nível e_g um. O orbital $d_{x^2-y^2}$ possui quatro lóbulos, enquanto que o orbital d_{z^2} possui dois lóbulos apontados para os ligantes. Para minimizar a repulsão com os ligantes, o único elétron e_g ocupará o orbital d_{z^2}. Isso equivale a uma quebra da degenerescência do nível e_g, de modo que d_{z^2} tem menor energia, isto é, é mais estável que $d_{x^2-y^2}$, que tem maior energia e é menos estável. Os dois ligantes que se aproximam ao longo das direções $+z$ e $-z$ estão sujeitos a uma repulsão maior que os quatro ligantes que se aproximam segundo as direções $+x$, $-x$, $+y$ e $-y$. A conseqüência é uma distorção tetragonal com quatro ligações mais curtas e duas mais longas. Analogamente, MnF_3 contém Mn^{3+} com uma configuração d^4, formando uma estrutura octaédrica tetragonalmente distorcida.

Muitos sais e complexos de Cu(+II) também possuem estruturas octaédricas tetragonalmente distorcidas. O Cu^{2+} tem configuração d^9:

t_{2g}				e_g	
↑↓	↑↓	↑↓		↑↓	↑

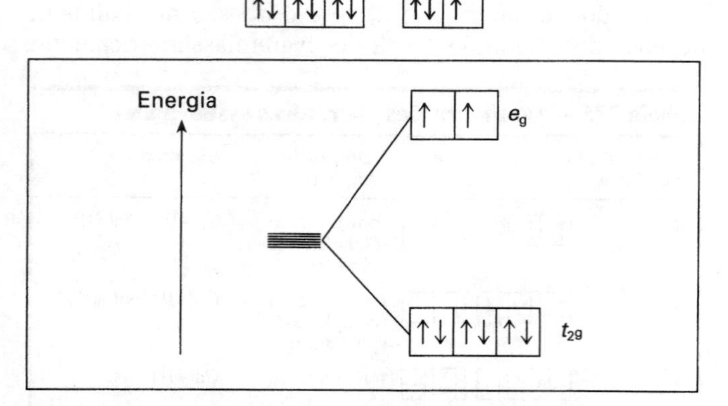

Figura 7.16 — Configuração d^8 num campo octaédrico fraco

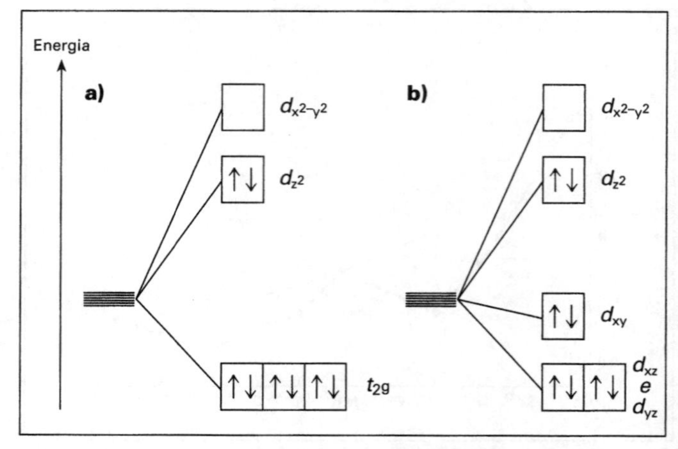

Figura 7.17 — Configuração d^8 num campo octaédrico muito forte. A distorção tetragonal desdobra a) o nível e_g; b) também o nível t_{2g}. O orbital d_{xy} apresenta energia maior que os orbitais d_{xz} e d_{yz} (para simplificar, isto é às vezes ignorado)

Para minimizar a repulsão com os ligantes, dois elétrons ocupam o orbital d_{z^2} e um elétron ocupa o orbital $d_{x^2-y^2}$. Assim, os dois ligantes ao longo de $+z$ e $-z$ são repelidos mais fortemente que os outros quatro ligantes (vide Capítulo 27, estado +II do cobre).

Os exemplos acima mostram que ocorrerá distorção estrutural sempre que houver uma ocupação desigual dos orbitais d_{z^2} e $d_{x^2-y^2}$. Essa distorção é denominada distorção de Jahn-Teller. O teorema de Jahn-Teller estabelece que "qualquer sistema molecular não-linear num estado eletrônico degenerado será instável, e sofrerá algum tipo de distorção para reduzir a sua simetria e quebrar a degenerescência". Ou, em palavras mais simples, moléculas ou complexos (de qualquer geometria, exceto lineares), que tem uma série de orbitais (t_{2g} ou e_g) desigualmente ocupados, serão distorcidos. Em complexos octaédricos as distorções provocadas pelo preenchimento assimétrico do nível t_{2g} são pequenas demais para serem detectadas. Contudo, as distorções resultantes do preenchimento desigual dos orbitais e_g são muito significativas.

COMPLEXOS QUADRADO–PLANARES

Se o íon metálico central de um íon complexo tiver uma configuração d^8, seis elétrons ocuparão os orbitais t_{2g} e dois elétrons ocuparão os orbitais e_g. O arranjo é o mesmo num complexo com ligantes de campo fraco. Os elétrons se dispõem como mostrado na Fig. 7.16. Os orbitais são preenchidos simetricamente, formando-se um complexo octaédrico regular, como por exemplo $[Ni^{II}(H_2O)_6]^{2+}$ e $[Ni^{II}(NH_3)_6]^{2+}$.

O elétron isolado do orbital $d_{x^2-y^2}$ está sendo repelido por quatro ligantes, enquanto que o elétron no orbital d_{z^2} está sendo repelido por somente dois ligantes. Portanto, a energia do orbital $d_{x^2-y^2}$ aumenta com relação a do d_{z^2}. Se o campo ligante for suficientemente forte, a diferença de energia entre esses dois orbitais se torna maior que a energia necessária para emparelhar os elétrons. Nessas condições, forma-se um arranjo mais estável se os dois elétrons e_g se emparelharem, passando a ocupar o orbital menos energético d_{z^2}. Com isso fica vazio o orbital $d_{x^2-y^2}$ (Fig. 7.17) e quatro

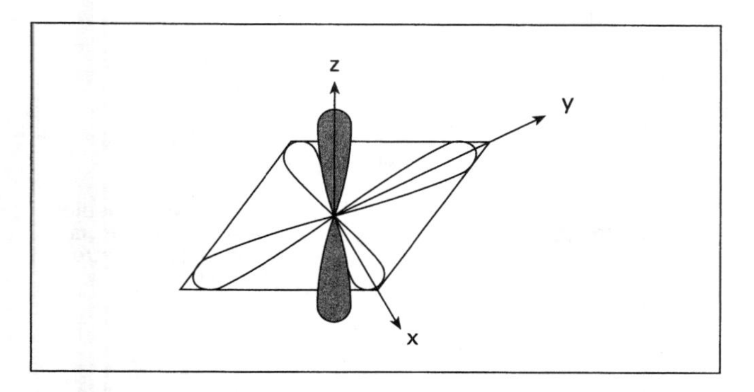

Figura 7.18 — *Configuração* d^8, *campo forte (o orbital* d_{z^2} *está preenchido, e o* $d_{x^2-y^2}$ *está vazio*

ligantes podem agora aproximar-se sem dificuldade, segundo as direções $+x$, $-x$, $+y$ e $-y$. Contudo, os ligantes que se aproximarem segundo as direções $+z$ e $-z$ encontrarão forças repulsivas muito fortes, visto que o orbital d_{z^2} estará totalmente preenchido (Fig. 7.18). Assim, somente quatro ligantes conseguem ligar-se ao metal, formando um complexo quadrado-planar; não tendo êxito a tentativa de se formar um complexo octaédrico.

O grau de distorção tetragonal que ocorre depende do íon metálico em questão e dos ligantes. Às vezes a distorção tetragonal pode tornar-se tão grande que o orbital d_{z^2} passa a ter energia menor que o orbital d_{xy}, como mostrado na

Tabela 7.16 — Íons que formam complexos quadrado-planares

Configuração eletrônica	Íons	Tipo de campo	N.º de elétrons desemparelhados
d^4	Cr(+II)	Fraco	4
d^6	Fe(+II)	Heme	2
d^7	Co(+II)	Forte	1
d^8	Ni(+II), Rh(+I), Ir(+I)	Forte	0
	Pd(+II), Pt(+II), Au(+III)	Forte ou fraco	0
d^9	Cu(+II), Ag(+II)	Forte ou fraco	1

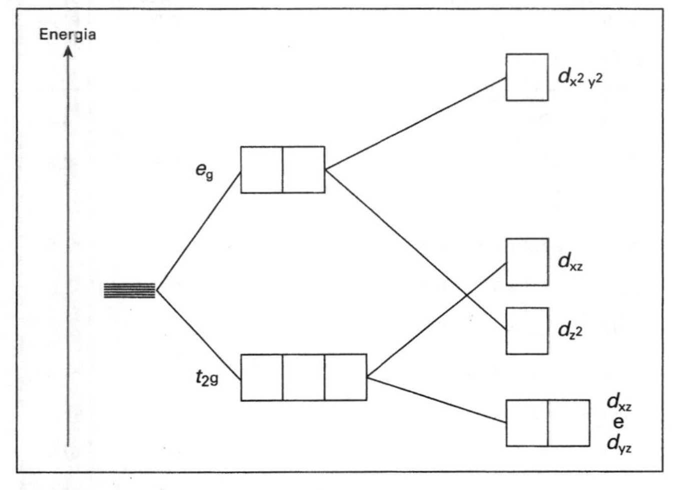

Figura 7.19 — *Distorção tetragonal*

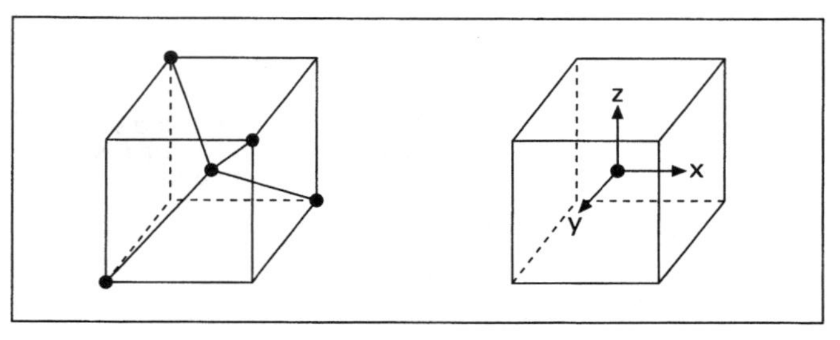

Figura 7.20 — *Relações de um tetraedro com o cubo*

Fig. 7.19. Nos complexos quadrado-planares de Co^{II}, Ni^{II} e Cu^{II}, de fato o orbital d_{z^2} tem energia aproximadamente igual a dos orbitais d_{xz} e d_{yz}. No $[PtCl_4]^{2-}$, o orbital d_{z^2} tem energia menor que os orbitais d_{xz} e d_{yz}.

Complexos quadrado-planares são formados por íons de configuração d^8 com ligantes de campo forte, como por exemplo $[Ni^{II}(CN)_4]^{2-}$. O desdobramento do campo cristalino Δ_o é maior para os elementos da segunda e terceira séries de transição, e para espécies com carga mais elevada. Todos os complexos de Pt(+ II) e de Au(+ III) são quadrado-planares, inclusive aqueles com ligantes de campo fraco como os íons haletos.

Estruturas quadrados planares também podem ser formadas por íons de configuração d^4 num campo ligante fraco. Nesse caso, o orbital d_{z^2} contém apenas um elétron.

COMPLEXOS TETRAÉDRICOS

Um tetraedro regular está relacionado a um cubo. Um átomo se situa no centro do cubo e quatro dos oito vértices do cubo são ocupados por ligantes, como mostrado na Fig. 7.20.

As direções x, y e z apontam para os centros das faces do cubo. Os orbitais e_g apontam nessas mesmas direções (isto é, para o centro das faces). Os orbitais t_{2g} se situam entre os eixos x, y e z (isto é, apontam para o meio das arestas do cubo) (Fig. 7.21).

A direção de aproximação dos ligantes não coincide exatamente nem com os orbitais e_g, nem com os orbitais t_{2g}.

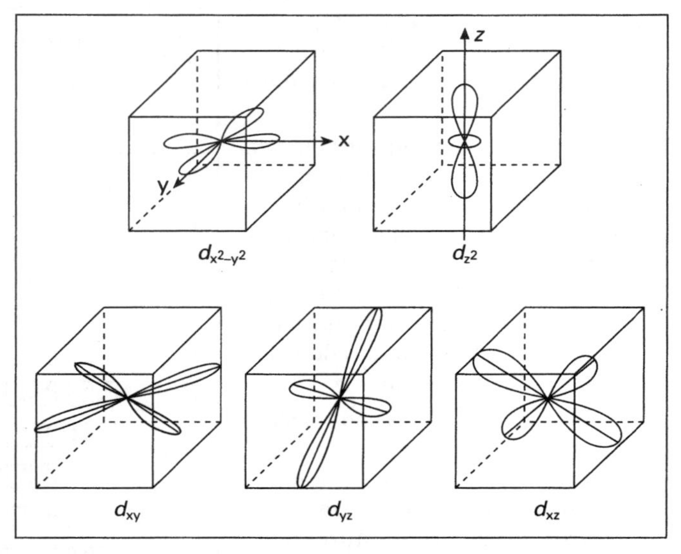

Figura 7.21 — *Orientação de orbitais* d *com relação ao cubo*

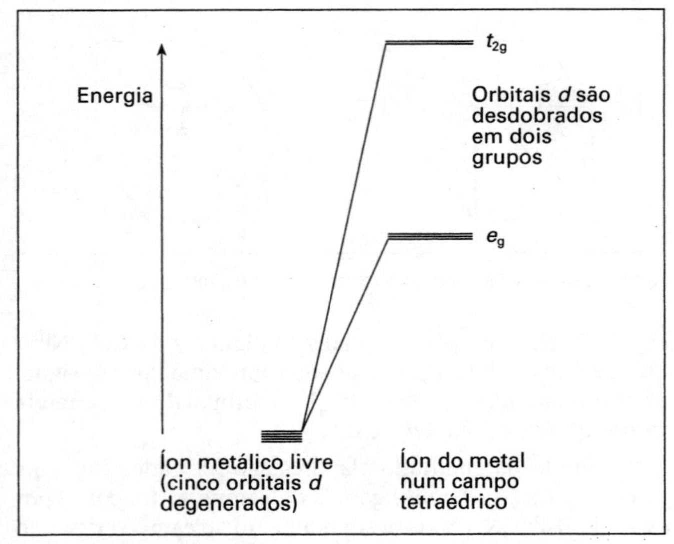

Figura 7.22 — Desdobramento do campo cristalino de níveis de energia num campo tetraédrico

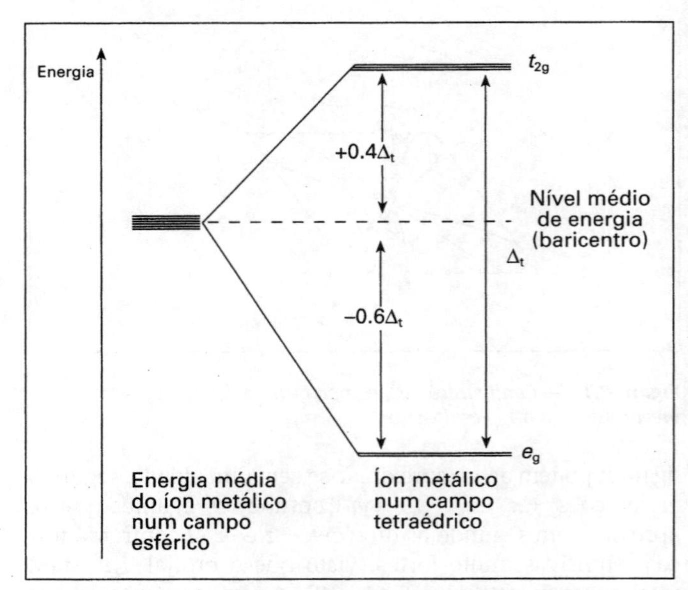

Figura 7.23 — Níveis de energia para orbitais d *num campo tetraédrico*

O ângulo entre o orbital e_g, o metal central e o ligante é igual a metade do ângulo tetraédrico = 109°28'/2 = 54°44'. O ângulo entre um orbital t_{2g}, o metal central e o ligante é de apenas 35°16'. Portanto, os orbitais t_{2g} estão mais próximos da dos ligantes que os orbitais e_g (em outras palavras, os orbitais t_{2g} se encontram a uma distância correspondente a um lado do cubo dos ligantes, enquanto que os orbitais e_g se encontram a uma distância equivalente a uma diagonal do cubo). A aproximação dos ligantes aumenta as energias de ambos os conjuntos de orbitais, mas a energia dos orbitais t_{2g} sofre um aumento maior, pois estão mais próximos dos ligantes. Pode-se notar que o desdobramento dos orbitais provocado pelo campo cristalino dispõe os níveis energéticos numa seqüência inversa daquela observada nos complexos octaédricos (Fig. 7.22).

Os orbitais t_{2g} estão localizados $0,4\Delta_t$ acima da energia média ponderada dos dois grupos e os orbitais e_g se situam $0,6\Delta_t$ abaixo da média (Fig. 7.23).

A magnitude do desdobramento do campo cristalino Δ_t em complexos tetraédricos é consideravelmente menor que em campos octaédricos. Há duas razões para isso:

1. Há apenas quatro ligantes em vez de seis, por isso o campo ligante tem apenas dois terços da intensidade observada nos complexos octaédricos. Portanto, a magnitude do desdobramento do campo cristalino também terá um valor equivalente a dois terços do valor observado no octaedro.
2. A direção dos orbitais não coincide com a direção de aproximação dos ligantes. Isso reduz o desdobramento do campo cristalino por outros dois terços, aproximadamente.

Assim, o desdobramento do campo cristalino para o tetraedro, Δ_t, é aproximadamente $2/3 \times 2/3 = 4/9$ do desdobramento do campo cristalino para o octaedro, Δ_o. Ligantes de campo forte geram uma maior diferença de energia entre os orbitais t_{2g} e e_g que ligantes de campo fraco. O desdobramento tetraédrico Δ_t é, porém, sempre muito menor que o desdobramento octaédrico Δ_o. Portanto, o emparelhamento de elétrons não é favorecido do ponto de vista energético e todos os complexos tetraédricos são de spin alto.

As EECC em ambientes octaédricos e tetraédricos são mostradas na Tab. 7.17. Observa-se que a EECC é igual a zero tanto nos complexos octaédricos como nos tetraédricos, para metais com configurações d^0, d^5 e d^{10}. Para todas as demais configurações a EECC é diferente de zero, sendo a EECC octaédrica maior que a EECC tetraédrica. Conclui-se

Tabela 7.17 — EECC e configurações eletrônicas em complexos tetraédricos

Número de elétrons *d*	Configuração eletrônica e_g	Configuração eletrônica t_{2g}	Momento magnético (spin) μ (D)	EECC tetraédrica Δ_t	EECC tetraédrica comparada com valores octaédricas (supondo $\Delta_t = 4/9\Delta_o$)	EECC octaédrica Δ_o campo fraco	EECC octaédrica Δ_o campo forte
d^1	↑		1,73	–0,6	–0,27	–0,4	–0,4
d^2	↑ ↑		2,83	–1,2	–0,53	–0,8	–0,8
d^3	↑ ↑	↑	3,87	–1,2 + 0,4= –0.8	–0,36	–1,2	–1,2
d^4	↑ ↑	↑ ↑	4,90	–1,2 + 0,8= –0,4	–0,18	–0,6	–1,6
d^5	↑ ↑	↑ ↑ ↑	5,92	–1,2 + 1,2= 0,0	0,00	0,0	–2,0
d^6	↑↓ ↑	↑ ↑ ↑	4,90	–1,8 + 1,2= –0,6	–0,27	–0,4	–2,4
d^7	↑↓ ↑↓	↑ ↑ ↑	3,87	–2,4 + 1,2= –1,2	–0,53	–0,8	–1,8
d^8	↑↓ ↑↓	↑↓ ↑ ↑	2,83	–2,4 + 1,6= –0,8	–0,36	–1,2	–1,2
d^9	↑↓ ↑↓	↑↓ ↑↓ ↑	1,73	–2,4 + 2,0= –0,4	–0,18	–0,6	–0,6
d^{10}	↑↓ ↑↓	↑↓ ↑↓ ↑↓	0,00	–2, 4+ 2,4= 0,0	0,00	0,0	0,0

que os complexos octaédricos são geralmente mais estáveis e mais comuns que os complexos tetraédricos. Isso se deve em parte à existência de seis termos de energia de ligação em vez de quatro e em parte porque os valores de EECC são maiores. Apesar disso, alguns complexos tetraédricos são formados e são estáveis. A formação dos complexos tetraédricos é favorecida nos seguintes casos:

1. Quando os ligantes são grande e volumosos, podendo provocar problemas estéricos em complexos octaédricos.
2. Quando é importante atingir-se uma forma regular. Para estruturas tetraédricas, as configurações d^0, d^2, d^5, d^7 e d^{10} são regulares. Alguns complexos tetraédricos regulares são os seguintes: $Ti^{IV}Cl_4$ (e_g^0, t_{2g}^0), $[Mn^{VII}O_4]^-$ (e_g^0, t_{2g}^0), $[Fe^{VI}O_4]^{2-}$ (e_g^2, t_{2g}^0), $[Fe^{III}Cl_4]^-$ (e_g^2,t_{2g}^3), $[Co^{II}Cl_4]^{2-}$ (e_g^4, t_{2g}^3) e $[Zn^{II}Cl_4]^{2-}$ (e_g^4, t_{2g}^6).
3. Quando os ligantes são de campo fraco e a EECC se torna menos importante.
4. Quando o metal central apresenta estados de oxidação baixos. Isso reduz a magnitude de Δ.
5. Quando a configuração eletrônica do átomo central for d^0, d^5 ou d^{10}, ou seja, quando não há EECC.
6. Quando a perda de EECC for pequena. Por exemplo, para as configurações d^1 e d^6 onde a perda de EECC é de $0{,}13\Delta_o$, ou d^2 e d^7 onde a perda é de $0{,}27\Delta_o$.

Muitos cloretos, brometos e iodetos de metais de transição formam complexos tetraédricos.

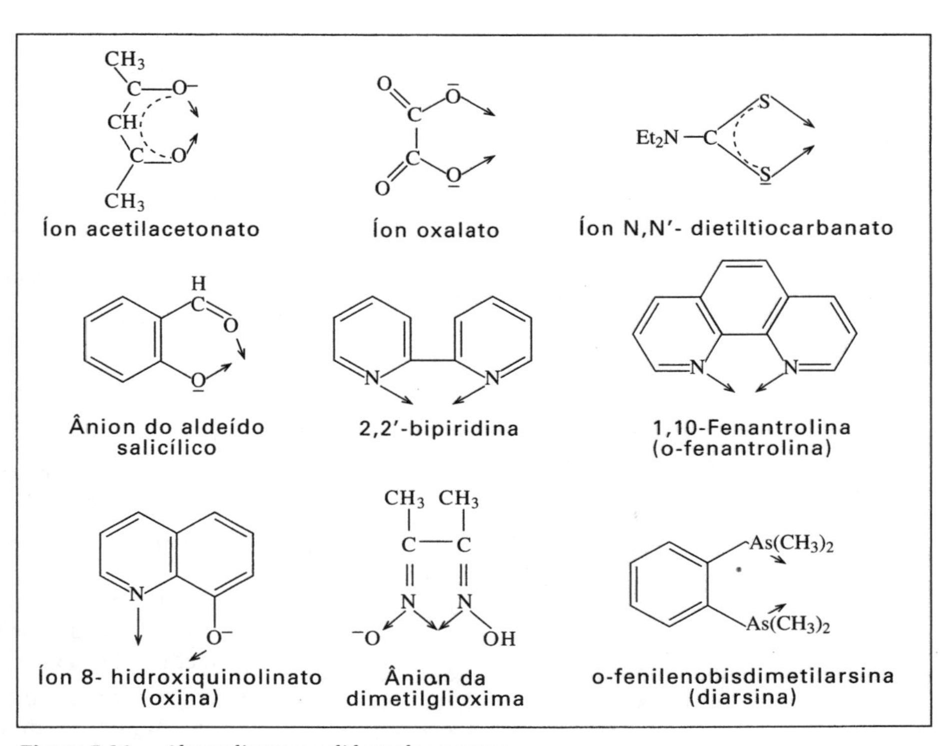

Figura 7.24 — Alguns ligantes polidentados comuns

QUELATOS

Alguns dos fatores que favorecem a formação de complexos já foram mencionados:

1. Íons pequenos de carga elevada com orbitais vazios com energias adequadas.
2. A obtenção de uma configuração de gás nobre (regra do número atômico efetivo).
3. A formação de complexos simétricos e com elevada EECC.

Em alguns complexos, um ligante ocupa mais de uma posição de coordenação. Assim, mais de um átomo do ligante está coordenado ao metal central. Por exemplo, a etilenodiamina forma um complexo com íons cobre(II):

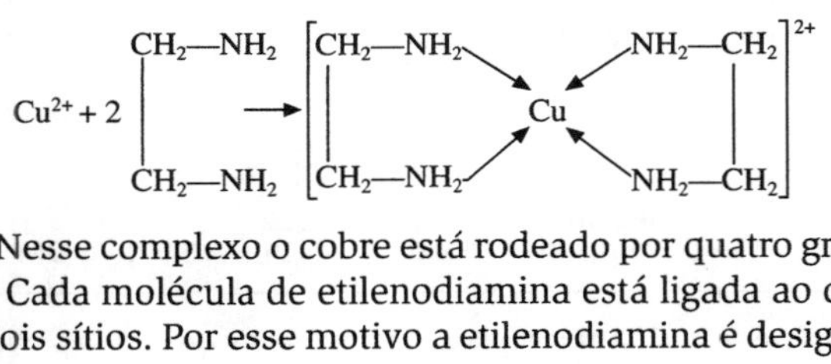

$$Cu^{2+} + 2\ \begin{matrix} CH_2\text{—}NH_2 \\ | \\ CH_2\text{—}NH_2 \end{matrix} \longrightarrow \left[\begin{matrix} CH_2\text{—}NH_2 & & NH_2\text{—}CH_2 \\ | & Cu & | \\ CH_2\text{—}NH_2 & & NH_2\text{—}CH_2 \end{matrix}\right]^{2+}$$

Nesse complexo o cobre está rodeado por quatro grupos NH_2. Cada molécula de etilenodiamina está ligada ao cobre por dois sítios. Por esse motivo a etilenodiamina é designada ligante ou grupo bidentado (bidentado significa literalmente com dois dentes). Forma-se dessa maneira uma estrutura cíclica (no presente caso, um par de anéis de cinco membros). Complexos possuindo tais estruturas cíclicas são denominados quelatos (chelos é a palavra grega para caranguejo). Os quelatos são mais estáveis que complexos com ligantes monodentados, pois a dissociação deste tipo de complexo implica na ruptura de duas ligações em vez de uma. Alguns ligantes polidentados típicos são mostrados na Fig. 7.24.

Quanto maior o número de anéis formados, mais estável será o complexo. Os agentes quelantes com três, quatro e seis átomos doadores são denominados, respectivamente, ligantes tridentados, tetradentados e hexadentados. Um exemplo importante desse último tipo é o ácido etilenodiaminotetraacético. Ele se liga ao metal por meio de dois átomos de N e quatro átomos de O, formando cinco anéis. Por causa dessas ligações, o EDTA (sigla para o ácido etilenodiaminotetraacético) pode formar complexos com a maioria dos íons metálicos. Mesmo complexos com íons grandes como Ca^{2+}, são relativamente estáveis (o complexo $[Ca^{2+}(\text{–EDTA})]$ só se forma completamente em pH 8, não em pH's inferiores).

Os quelatos são ainda mais estáveis quando eles contêm um sistema de ligações duplas e simples alternadas. Essa situação é melhor representada como sendo uma na qual a

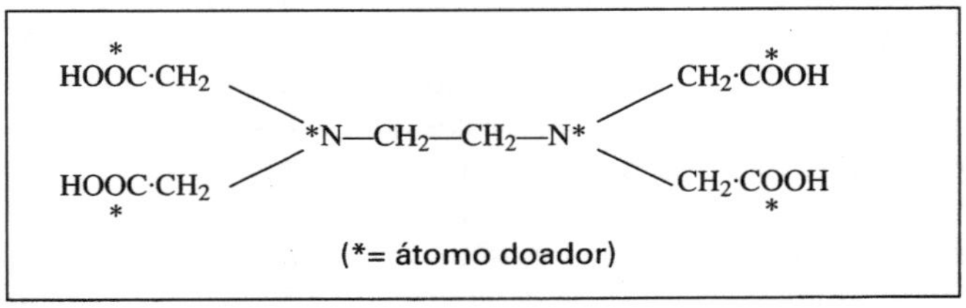

HOOC*·CH₂ e HOOC*·CH₂ ligados a *N—CH₂—CH₂—N*, ligado a CH₂·COOH* e CH₂·COOH*

$$\begin{matrix} HOO\overset{*}{C}\cdot CH_2 & & & & CH_2\cdot\overset{*}{C}OOH \\ & \overset{*}{N}\text{—}CH_2\text{—}CH_2\text{—}\overset{*}{N} & & & \\ HOO\underset{*}{C}\cdot CH_2 & & & & CH_2\cdot\underset{*}{C}OOH \end{matrix}$$

(*= átomo doador)

Figura 7.25 — EDTA

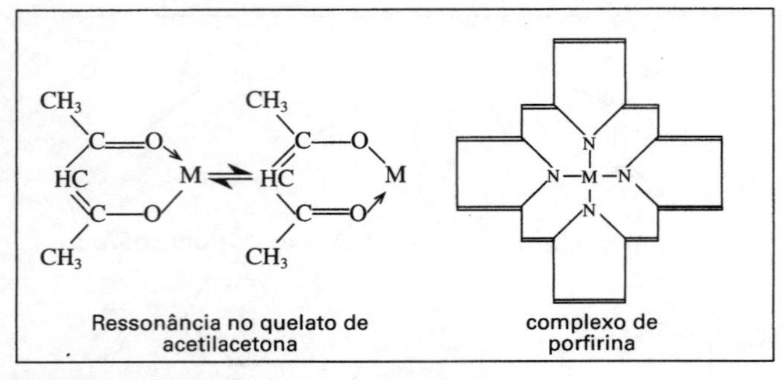

Figura 7.26 — Alguns complexos quelatos

densidade eletrônica se deslocaliza e se distribui por todo o anel. Temos como exemplo os complexos de acetilacetona e de porfirina com metais (Fig. 7.26).

Diversos quelatos têm importância biológica. A hemoglobina das células vermelhas do sangue contém um complexo ferro-porfirina. A clorofila das plantas verdes contém um complexo magnésio-porfirina. A vitamina B_{12} é um complexo de cobalto e a enzima citocromo-oxidase contém ferro e cobre. De fato nosso organismo contém diversos materiais capazes de formar quelatos com metais, por exemplo adrenalina, ácido cítrico e cortisona. A intoxicação com metais como chumbo, cobre, ferro, cromo e níquel se deve à formação de complexos não desejados com estes materiais, impedindo assim o metabolismo normal. Por isso, a dermatite provocada por sais de cromo e níquel é tratada com cremes à base de EDTA. Intoxicação por chumbo e cobre são tratadas por meio da ingestão de soluções aquosas de EDTA, que forma complexos com os íons chumbo e cobre. Infelizmente ele também forma complexos com íons metálicos essenciais, particularmente o Ca^{2+}. Finalmente, os complexos metal-EDTA são excretados pela urina (o problema da excreção de Ca^{2+} pode ser parcialmente resolvido utilizando complexos [Ca-EDTA] ao invés de EDTA).

MAGNETISMO

O momento magnético pode ser medido utilizando uma balança de Gouy (vide Capítulo 18). Supondo-se que o momento magnético se deve inteiramente aos spins de elétrons desemparelhados, pode-se utilizar a fórmula de "spin only" para se determinar o valor de n, o número de elétrons desemparelhados. Os valores calculados concordam razoavelmente bem com os valores encontrados para os complexos dos elementos da primeira série de transição.

$$\mu_s = \sqrt{n(n+2)}$$

Uma vez conhecido o número de elétrons desemparelhados, pode-se empregar tanto a teoria da ligação de valência como a teoria do campo cristalino para determinar a geometria do complexo, o estado de oxidação do metal, e, no caso de complexos octaédricos, se estão sendo utilizados orbitais d internos ou externos. Por exemplo, o Co(+III) forma muitos complexos, todos octaédricos. A maioria deles são diamagnéticos, mas o $[CoF_6]^{3-}$ é paramagnético com um momento magnético observado de 5,3 *BM*. A teoria do campo cristalino explica esse fato (Fig. 7.27).

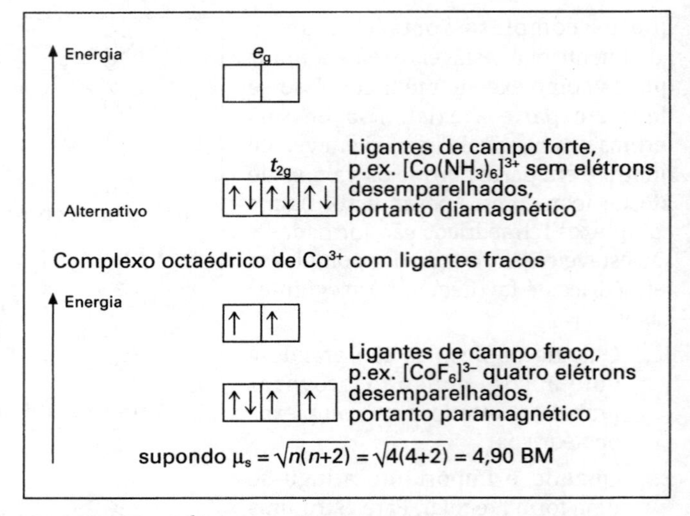

Figura 7.27 — Co^{3+} em complexos de spin alto e spin baixo

O Co(+II) forma complexos tetraédricos ou quadrados planares. A distinção entre eles pode ser feita por meio da medida de suas propriedades magnéticas (Fig. 7.28).

Contudo, o momento angular orbital também contribui em maior ou menor grau para o valor do momento magnético. Para elementos da segunda e terceira séries de transição, essa contribuição não só é significativa, mas pode ocorrer acoplamento spin-órbita. Por causa disso, a aproximação de "spin-only" não é mais válida, havendo um forte grau de paramagnetismo dependente da temperatura. Conseqüentemente, a interpretação dos momentos magnéticos em função apenas do número de elétrons desemparelhados, utilizado para os complexos da primeira série de transição, não pode ser estendida para os elementos

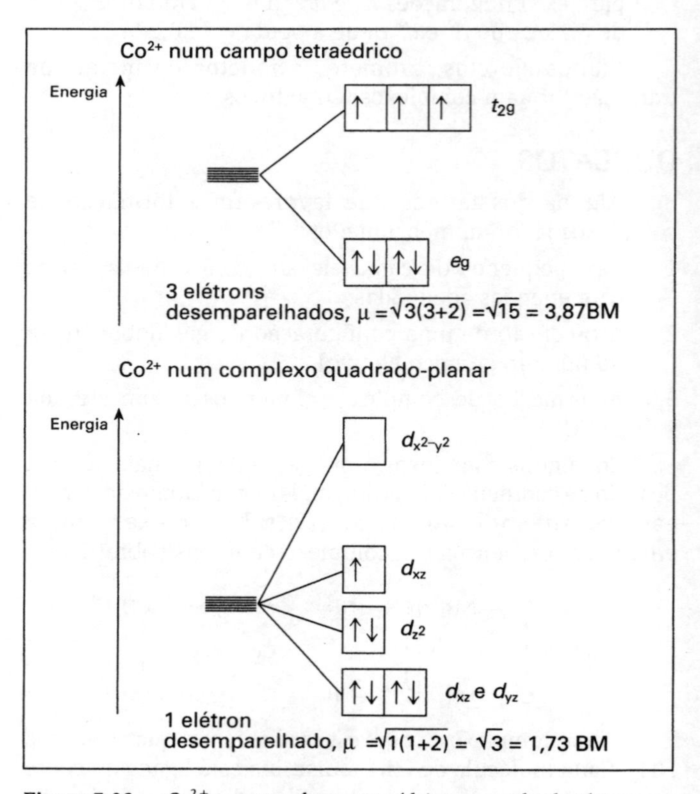

Figura 7.28 — Co^{2+} em complexos tetraédricos e quadrado-planares

da segunda ou terceira séries. A influência da temperatura é explicada pelo acoplamento spin-órbita. Ele remove a degenerescência dos níveis de menor energia, do estado fundamental. Assim, a energia térmica possibilita o preenchimento de vários níveis de energia.

EXTENSÃO DA TEORIA DO CAMPO CRISTALINO COM INCORPORAÇÃO DO CARÁTER COVALENTE

A teoria do campo cristalino se baseia em atração puramente eletrostática. Numa primeira avaliação, isso parece ser uma suposição bastante improvável. Não obstante, a teoria é muito bem sucedida na explicação das formas dos complexos, de seus espectros e de suas propriedades magnéticas. Os cálculos podem ser efetuados de maneira bastante simples. A desvantagem da teoria é o fato dela ignorar as evidências de que interações covalentes ocorrem, pelo menos em alguns complexos de metais de transição:

1. Compostos com o metal no estado de oxidação zero, como o tetracarbonilníquel $[Ni^0(CO)_4]$, não apresentam nenhuma atração eletrostática entre o metal e os ligantes. Portanto, a ligação deve ser covalente.
2. A ordem dos ligantes na série espectroquímica não pode ser explicada apenas considerando-se as forças eletrostáticas.
3. Há algumas evidências, fornecidas pelas técnicas de ressonância magnética nuclear e ressonância paramagnética eletrônica, de que existe densidade eletrônica de elétrons desemparelhados nos ligantes. Isso sugere o compartilhamento de elétrons e, portanto, um grau de covalência.

Na interpretação dos espectros é introduzido o parâmetro de repulsão intereletrônica de Racah, *B*. Ele permite considerar a ocorrência de covalência decorrente da deslocalização dos elétrons *d* do metal para os ligantes. Se *B* for inferior ao valor para o íon metálico livre, então os elétrons *d* estão deslocalizados sobre os ligantes. Quanto menor for o valor de *B*, maior será o grau de deslocalização e o caráter covalente da ligação. De modo semelhante, é possível utilizar um fator de deslocalização eletrônica *k* na interpretação das propriedades magnéticas.

TEORIA DOS ORBITAIS MOLECULARES

A teoria dos orbitais moleculares é feita para a ligação covalente. Considere um elemento da primeira série de transição formando um complexo octaédrico, por exemplo, $[Co^{III}(NH_3)_6]^{3+}$. Os orbitais atômicos do Co^{3+} usados para formar os orbitais moleculares são os orbitais $3d_{x^2-y^2}$, $3d_{z^2}$, $4s$, $4p_x$, $4p_y$ e $4p_z$. Um orbital atômico $2p$ de cada NH_3, contendo um par de elétrons livres, também participa da formação dos orbitais moleculares. Há, pois, 12 orbitais atômicos, que se combinam para formar 12 orbitais moleculares (seis OM's ligantes e seis antiligantes). Os 12 elétrons provenientes dos seis pares de elétrons livres dos ligantes são colocados nos seis orbitais moleculares ligantes, o que explica as seis ligações formadas. O íon Co^{3+} possui outros orbitais *d*, que até agora foram ignoradas: trata-se dos orbitais $3d_{xy}$, $3d_{xz}$ e $3d_{yz}$. Esses orbitais formam OM's não-ligantes. No Co^{3+} eles contém 6 elétrons, mas não contribuem em nada para a formação das ligações. Todos os orbitais anti-ligantes estão vazios. O arranjo dos orbitais é mostrado na Fig. 7.29. Pode-se prever que o complexo deverá ser diamagnético, já que todos os elétrons estão emparelhados. O complexo deverá ser colorido, visto que é possível a promoção de elétrons dos orbitais não-ligantes para os orbitais antiligantes e_g^*. A diferença de energia, Δ_o, igual a 23.000 cm^{-1}. Nesse complexo os seis elétrons *d* não-ligantes estão emparelhados, porque Δ_o é maior que a energia de 19.000 cm^{-1} necessária para emparelhá-los.

Um diagrama de OM semelhante pode ser esquematizado para o complexo $[Co^{III}F_6]^{3-}$. Contudo, as energias dos orbitais $2p$ do F^- são muito menores que as energias dos orbitais correspondentes do N no NH_3. Isso altera o espaçamento entre os níveis de energia do OM (Fig. 7.30). O Δ_o medido espectroscopicamente é igual a 13.000 cm^{-1}. Portanto, a diferença de energia entre os OM's não-ligantes e os antiligantes (e_g) é menor que a energia necessária para emparelhar os elétrons, ou seja, 19.000 cm^{-1}. Conseqüentemente os elétrons *d* não-ligantes não se emparelham como no $[Co(NH_3)_6]^{3+}$, porque é energeticamente vantajoso que os elétrons permaneçam desemparelhados. Assim, o $[CoF_6]^{3-}$ apresenta quatro elétrons desemparelhados e é um complexo de spin alto enquanto que o $[Co(NH_3)_6]^{3+}$ não apresenta elétrons desemparelhados e é um complexo de spin baixo.

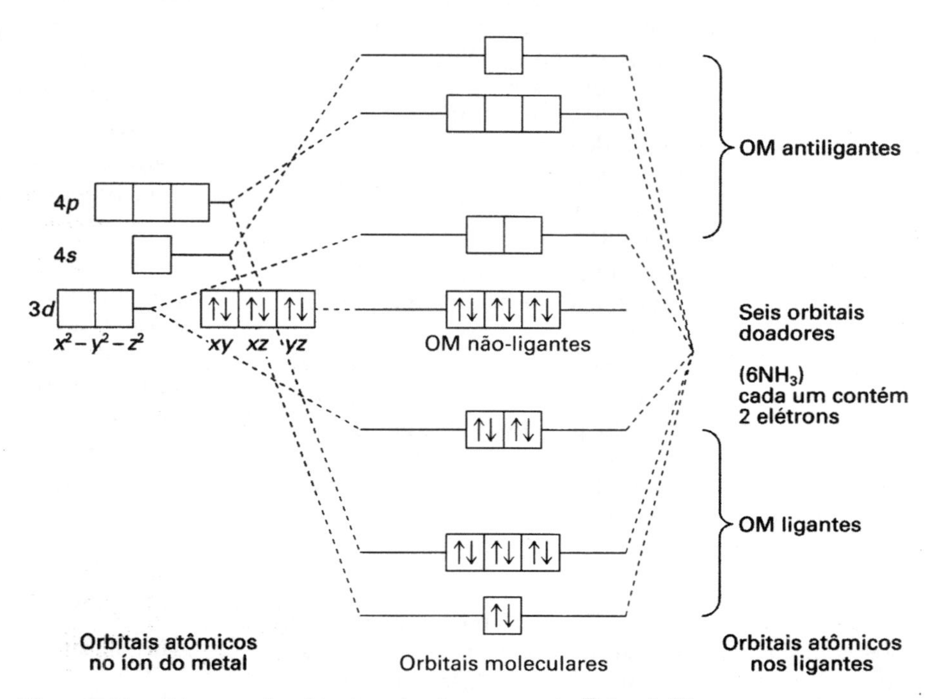

Figura 7.29 — Diagrama de orbitrais moleculares para o $[Co^{III}(NH_3)_6]^{3+}$

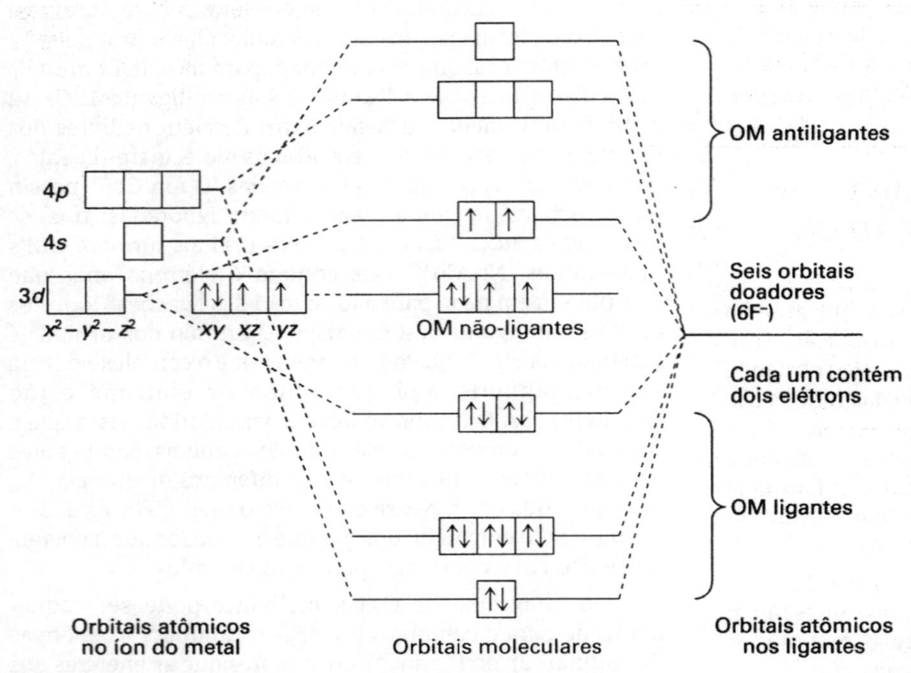

Figura 7.30 — Diagrama de orbitais moleculares para o $[CoF_6]^{3-}$

A teoria dos orbitais moleculares explica, portanto, as propriedades magnéticas e os espectros dos complexos tão bem quanto a teoria do campo cristalino. Ambas as teorias se baseiam em dados espectroscópicos para se determinar o valor de Δ_0. Qualquer uma das duas teorias pode ser empregada, dependendo de qual é a mais conveniente.

A teoria dos orbitais moleculares se baseia na mecânica ondulatória, e tem assim a desvantagem de não permitir o cálculo direto das entalpias de formação e das energias de ligação. Consideramos até o momento apenas as ligações σ entre os ligantes e o metal central. A grande vantagem da teoria dos OM é a facilidade com que ela pode ser estendida às ligações π. Ligações π ajudam a explicar como metais em baixos estados de oxidação (por exemplo $[Ni^0(CO)_4]$) podem formar complexos. É impossível explicar a existência de forças de atração entre o metal e os ligantes em tais complexos, utilizando a teoria do campo cristalino, por causa da inexistência de cargas no metal. As ligações π também ajudam a explicar a posição de alguns ligantes na série espectroquímica. Ocorrem dois casos:

1. Ligantes que atuam como receptores π, recebendo elétrons do metal central. Os exemplos incluem CO, CN^-, NO^+ e as fosfinas.
2. Ligantes que atuam como doadores π e transferem densidade eletrônica do ligante ao metal por meio de interações σ, bem como por meio de interações π. Ligações π dessa natureza geralmente ocorrem nos oxo-íons de metais em elevados estados de oxidação, por exemplo $[Mn^{VII}O_4]^-$ e $[Cr^{VI}O_4]^{2-}$.

Receptores π

Ligantes tais como CO, CN^- e NO^+ possuem orbitais p vazios, com simetria adequada para interagir com os orbitais t_{2g} do metal, formando ligações π. Esse fenômeno é comumente denominado retrodoação. Normalmente os orbitais p nos ligantes têm energia maior que os orbitais t_{2g} dos metais. Assim, não são adicionados mais elétrons, pois os orbitais π estão vazios, mas as interações π aumentam o valor de Δ_0. Isso explica porque esses ligantes são ligantes de "campo forte" e se encontram no extremo direito da série espectroquímica.

Doadores π

O ligante possui orbitais π preenchidos que interagem com os orbitais t_{2g} dos metais, formando uma ligação π. Logo, há transferência de densidade eletrônica do ligante para o metal. A ligação σ também transfere uma certa densidade eletrônica para o metal. Esse tipo de complexo é favorecido quando o átomo central se encontra num elevado estado de oxidação, e estiver com "deficiência" de elétrons. Os orbitais π dos ligantes têm energia menor que os orbitais t_{2g} do metal. Assim, a deslocalização de elétrons π do ligante para o metal reduz o valor de Δ. Nem sempre é fácil saber se houve formação de ligações π dessa natureza, mas ela é mais provável com ligantes situados no extremo esquerdo da série espectroquímica.

NOMENCLATURA DE COMPOSTOS DE COORDENAÇÃO

A IUPAC (International Union of Pure and Applied Chemistry) publicou, em 1989, o livro "*Nomenclature of Inorganic Chemistry*" (Blackwell Scientific Publishers), que contém as regras para a nomenclatura sistemática de compostos de coordenação. As regras básicas, adaptadas para a língua portuguesa, são sumarizadas abaixo.

1. O nome do ânion antecede o do cátion.
2. Ao escrever o nome do complexo, os ligantes são citados em ordem alfabética, qualquer que seja sua carga (seguidos pelo nome do metal).
3. A fórmula dos íons complexos deve ser escrita entre colchetes. O metal deve aparecer primeiro, seguido dos grupos a ele coordenados na seguinte ordem: ligantes negativos, ligantes neutros, ligantes positivos (e em ordem alfabética, conforme o primeiro símbolo de cada grupo).
   a) Os nomes de ligantes negativos terminam em -o, por exemplo:

F^-	fluoro	H^-	hidreto	HS^-	mercapto
Cl^-	cloro	OH^-	hidroxo	S^{2-}	tio
Br^-	bromo	O^{2-}	oxo	CN^-	ciano
I^-	iodo	O_2^{2-}	peroxo	NO_2^-	nitro

b) Grupos neutros não apresentam sufixos especiais. Podemos citar NH_3 amin, H_2O aqua, CO carbonil, NO nitrosil. Os ligantes N_2 e O_2 são denominados dinitrogênio e dioxigênio. Ligantes orgânicos recebem seus nomes comuns, por exemplo fenil, metil, etilenodiamina, piridina, trifenilfosfina.

c) Grupos positivos terminam em -io, por exemplo, $H_2N-NH_2^+$ hidrazínio.

4. Quando há vários ligantes iguais normalmente são usados os prefixos di, tri, tetra, penta e hexa para indicar o número de ligantes de cada tipo. Ocorre uma exceção quando o nome do ligante incluir um número, por exemplo bipiridina ou etilenodiamina. Nesses casos, para evitar confusões, são utilizados os prefixos bis-, tris- e tetraquis- em vez de di, tri e tetra, e o nome do ligante é colocado entre colchetes.
5. O estado de oxidação do átomo central é indicado por um numeral romano entre colchetes, imediatamente após o nome do metal (isto é, sem o espaço, como em titânio(III)).
6. O nome de íons complexos positivos e moléculas neutras não possuem terminações especiais, mas no caso de íons complexos negativos terminam em -ato.
7. Se o complexo contiver dois ou mais átomos metálicos, ele é denominado complexo polinuclear. Os ligantes que formam as pontes entre os átomos metálicos são identificados pelo prefixo μ-. Havendo duas ou mais ligantes pontes do mesmo tipo, estes são indicados pelos prefixos di-μ, tri-μ, etc. Os ligantes ponte são listados em ordem alfabética junto com os demais ligantes, a não ser que a simetria da molécula permita uma nomenclatura mais simples. Se um dado grupo atuar como ligante ponte entre mais de dois átomos metálicos, eles são identificados por meio dos prefixos μ_3, μ_4, μ_5 ou μ_6, para indicar o número de átomos ligados a ele.
8. Às vezes um grupo ligante pode estar ligado através de diferentes átomos. Por exemplo, o ligante em $M-NO_2$ é denominado nitro e em M-ONO nitrito. Analogamente, o grupo SCN pode coordenar-se de duas formas: M-SCN tiocianato ou M-NCS isotiocianato. Os nomes sistemáticos tiocianato-S ou tiocianato-N indicam qual dos átomos está ligado ao metal. Essa convenção pode ser estendida para outros casos nos quais o modo de ligação é ambíguo.
9. Havendo componentes reticulares como águas de cristalização ou outros solventes de cristalização, este vem imediatamente após o nome, precedido por um número arábico indicando o número desses grupos.

Os seguintes exemplos ilustram essas regras:

Cátions complexos

$[Co(NH_3)_6]Cl_3$	cloreto de hexaamincobalto(III)
$[CoCl(NH_3)_5]^{2+}$	íon pentaminclorocobalto(III)
$[CoSO_4(NH_3)_4]NO_3$	nitrato de sulfatotetraamincobalto(III)
$[Co(NO_2)_3(NH_3)_3]$	triamintrinitrocobalto(III)
$[CoCl\cdot CN\cdot NO_2\cdot(NH_3)_3]$	triamincianocloronitrocobalto(III)
$[Zn(NCS)_4]^{2+}$	íon tetra(tiocianato-N)zincato(II)
$[Cd(SCN)_4]^{2+}$	íon tetra(tiocianato-S)cadmato(II)

Ânions complexos

$Li[AlH_4]$	tetra(hidreto)aluminato(III) de lítio (hidreto de alumínio e lítio)
$Na_2[ZnCl_4]$	tetraclorozincato(II) de sódio
$K_4[Fe(CN)_6]$	hexacianoferrato(II) de potássio
$K_3[Fe(CN)_5NO]$	pentacianonitrosilferrato(II) de potássio
$K_2[OsCl_5N]$	pentacloronitretoosmato(VI) de potássio
$Na_3[Ag(S_2O_3)_2]$	bis(tiossulfato)argentato(I) de sódio
$K_2[Cr(CN)_2O_2(O_2)NH_3]$	amindicianodioxoperoxocromato(VI) de potássio

Grupos orgânicos

$[Pt(py)_4][PtCl_4]$	tetracloroplatinato(II) de tetrapiridinaplatina(II)
$[Cr(en)_3]Cl_3$	de tris(etilenodiamina)crômio(III)
$[CuCl_2(CH_3NH_2)_2]$	diclorobis(metilamina)cobre(II)
$Fe(C_5H_5)_2$	bis(ciclopentadienil)ferro(II)
$[Cr(C_6H_6)_2]$	bis(benzeno)crômio(0)

Complexos com ligantes em pontes

$[(NH_3)_5Co-NH_2\cdot Co(NH_3)_5](NO_3)_5$	nitrato de μ-amidobis{pentamincobalto(III)}
$[(CO)_3Fe(CO)_3Fe(CO)_3]$	tri-m-carbonil-bis(tricarbonil)ferro(0) (nonacarbonildiferro)
$[Be_4O(CH_3COO)_6]$	hexa-μ-acetato(O,O')-μ_4-oxo-tetraberílio(II) (acetato básico de berílio)

Hidratos

$AlK(SO_4)_2.12H_2O$	sulfato de alumínio e potássio dodeca-hidratado

ISOMERIA

Compostos com a mesma fórmula molecular, mas arranjos estruturais diferentes são designados isômeros. Por causa das fórmulas complicadas de muitos compostos de coordenação, da variedade de tipos de ligações e geometrias possíveis, ocorrem vários tipos de isomeria. De um modo geral ainda é aceita a classificação de Werner em isomeria de polimerização, de ionização, de hidratação, de ligação, de coordenação, de posição de coordenação, geométrica e óptica.

Isomeria de polimerização

Não se trata a rigor de uma verdadeira isomeria, pois os compostos possuem a mesma fórmula empírica, mas diferentes massas moleculares. Por exemplo,

$$[Pt(NH_3)_2Cl_2],\ [Pt(NH_3)_4][PtCl_4],$$

$$[Pt(NH_3)_4][Pt(NH_3)Cl_3]_2 \text{ e } [Pt(NH_3)_3Cl]_2[PtCl_4]$$

apresentam todos a mesma fórmula empírica. A "isomeria" de polimerização pode ser devida à presença de diferentes números de núcleos metálicos no complexo, como mostrado na Fig. 7.31.

$\left[(NH_3)_3Co \begin{matrix} OH \\ OH \\ OH \end{matrix} Co(NH_3)_3\right]^{3-}$ e $\left[Co\left\{\begin{matrix} OH \\ OH \end{matrix} Co(NH_3)_4\right\}_3\right]^{6-}$

Figura 7.31 — Isômeros de polimerização

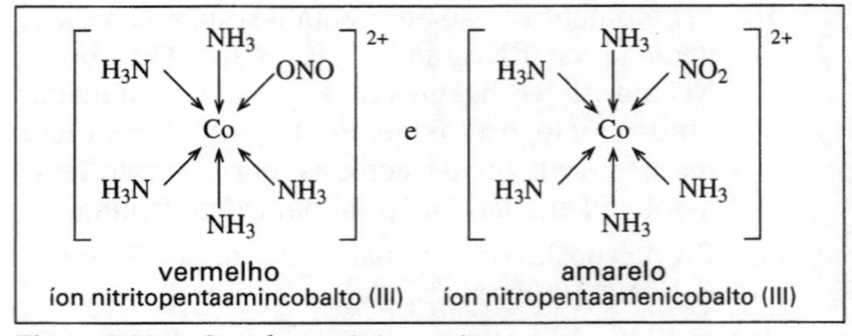

Figura 7.32 — Complexos nitrito- e nitro-

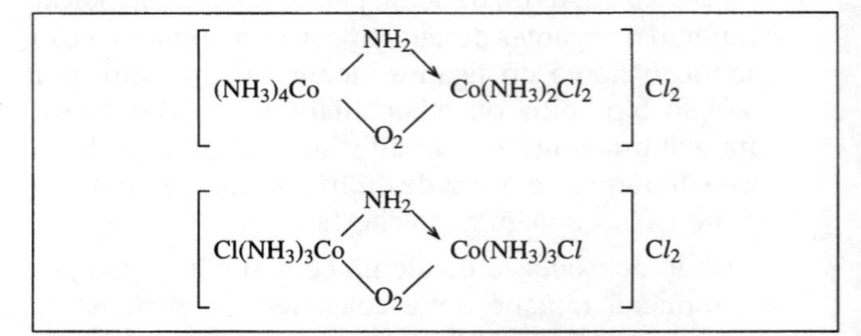

Figura 7.33 — Isomeria de posição da coordenação

Isomeria de ionização

Esse tipo de isomeria se deve à troca de posição entre os íons coordenados e os não coordenados. O $[Co(NH_3)_5Br]SO_4$ é magenta-violeta. Quando em solução forma um precipitado de $BaSO_4$, mediante adição de $BaCl_2$, confirmando assim a presença de íons SO_4^{2-} não coordenado. Por outro lado, $[Co(NH_3)_5SO_4]Br$ é vermelho. Uma solução desse complexo não dá resultado positivo num teste para a presença de íons sulfato com $BaCl_2$. Porém, forma um precipitado amarelado de AgBr na presença de $AgNO_3$, confirmando a presença de íons Br^- livres. Observe que o íon sulfato ocupa apenas uma posição de coordenação, embora ele tenha duas cargas negativas. Outros exemplos de isomeria de ionização são

$[Pt(NH_3)_4Cl_2]Br_2$ e $[Pt(NH_3)_4Br_2]Cl_2$;
e $[Co(en)_2(NO_2)Cl]SCN$, $[Co(en)_2(NO_2)(SCN)]Cl$
e $[Co(en)_2Cl(SCN)]NO_2$

Isomeria de hidratação

Conhecem-se três isômeros de $CrCl_3.6H_2O$. Por meio de medidas de condutividade e da determinação do número de íons cloreto não coordenados por precipitação quantitativa, foi possível atribuir-lhes as seguintes fórmulas:

$[Cr(H_2O)_6]Cl_3$	violeta	(três cloretos iônicos)
$[Cr(H_2O)_5Cl]Cl_2 \cdot H_2O$	verde	(dois cloretos iônicos)
$[Cr(H_2O)_4Cl_2]Cl \cdot 2H_2O$	verde escuro	(um cloreto iônico)

Isomeria de ligação

Certos ligantes contêm mais de um átomo em condições de doar um par eletrônico. No íon NO_2^-, tanto o átomo de N como o de O poderia atuar como doador de um par de elétrons. Com isso surge a possibilidade de isomeria. Foram preparados dois complexos diferentes de fórmula $[Co(NH_3)_5NO_2]Cl_2$, ambos contendo NO_2^- coordenado. Um deles é vermelho e facilmente decomposto por ácidos, com formação de ácido nitroso. Contém Co–ONO e é um nitritocomplexo. O outro complexo é amarelo e é estável em meio ácido. Contém o grupo $Co–NO_2$ e trata-se de um nitrocomposto. As estruturas dos dois complexos são mostrados na Fig. 7.32. Esse tipo de isomeria também ocorre com outros ligantes, tais como SCN^-.

Isomeria de coordenação

Quando tanto o íon positivo como o negativo forem íons complexos, a isomeria pode ser causada pela troca de ligantes entre o cátion e o ânion, por exemplo no $[Co(NH_3)_6][Cr(CN)_6]$ e $[Cr(NH_3)_6][Co(CN)_6]$. Também são possíveis casos intermediários entre esses dois extremos.

Isomeria de posição de coordenação

Em complexos polinucleares, uma troca de ligantes entre os diferentes núcleos metálicos dá origem à isomeria de posição. Um exemplo é dado na Fig. 7.33.

Isomeria geométrica ou estereoisomeria

Em complexos dissubstituídos, os grupos análogos podem estar em posições adjacentes ou opostas um ao outro. Isso dá origem à isomeria geométrica. Complexos quadrado-planares, como $[Pt(NH_3)_2Cl_2]$ podem ser preparados em duas formas distintas, *cis* e *trans*. Se o complexo for preparado adicionando-se NH_4OH a uma solução de íons $[PtCl_4]^{2-}$, o complexo tem um momento dipolar diferente de zero e deve, portanto, ser *cis*. O complexo preparado pela reação de $[Pt(NH_3)_4]^{2+}$ com HCl não apresenta momento dipolar, e deve, portanto, ser *trans*. A estrutura dos dois complexos é mostrada na Fig. 7.34. O mesmo tipo de isomeria também pode ocorrer em complexo quadrado-planares com ligantes quelantes, desde que estes não sejam simétricos. Um exemplo de isomeria *cis-trans* é encontrado no complexo formado por glicina e platina (Fig. 7.35).

Analogamente, complexos octaédricos dissubstituídos, tais como $[Co(NH_3)_4Cl_2]^+$, podem existir nas formas *cis* e *trans* (Fig. 7.36) (esse método de representar um complexo

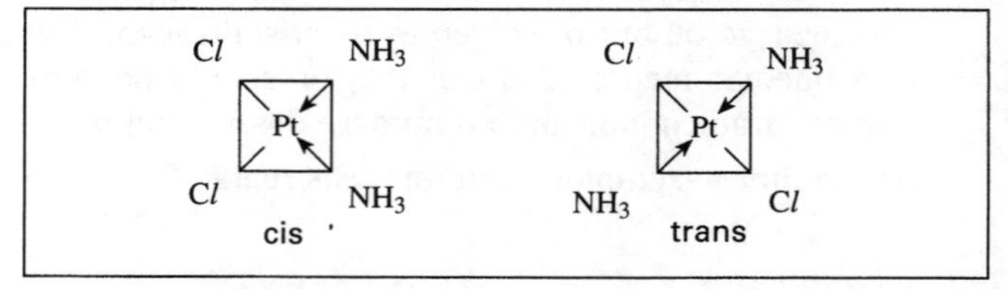

Figura 7.34 — Isômeros Cis e Trans

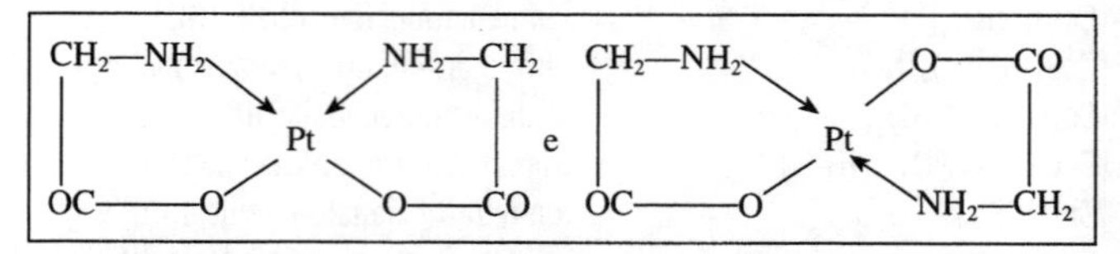

Figura 7.35 — Complexos Cis e Trans da glicina

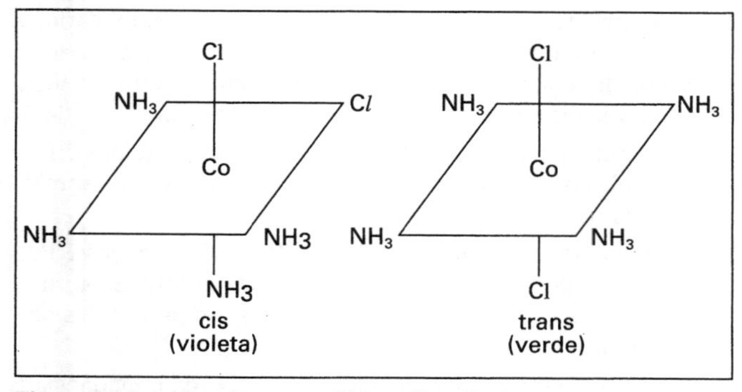

Figura 7.36 — Complexos octaédricos Cis e Trans

octaédrico poderia sugerir que as posições no plano são diferentes das posições situadas acima e abaixo do quadrado. Isso não é verdade e as seis posições são equivalentes).

Isomeria óptica

Até há algum tempo atrás, supunha-se que a isomeria óptica estava associada somente a compostos orgânicos. Contudo, esse fenômeno também se manifesta em compostos inorgânicos. Se uma molécula for assimétrica, ela não poderá ser sobreposta à sua imagem especular. As duas formas apresentam o tipo de simetria encontrada entre as mãos esquerda e direita, e são denominadas pares enantiomórficos. Elas são isômeros ópticos e diferenciadas pelos prefixos *dextro* e *levo* (freqüentemente abreviados para *d* e *l*). A atribuição do nome depende do sentido em que o composto gira o plano da luz polarizada num polarímetro (*d* provoca rotação para a direita, e *l* para a esquerda). A isomeria óptica é comum em complexos octaédricos envolvendo grupos bidentados. Por exemplo, $[Co(en)_2Cl_2]^+$ apresenta as formas cis e *trans* (isomeria geométrica). Além disso, a forma *cis* é opticamente ativa, existindo nas formas *d* e *l*, perfazendo um total de três isômeros (Fig. 7.37). A isomeria óptica ocorre também em complexos polinucleares, como no caso do complexo mostrado na Fig. 7.38. Ela foi resolvida em duas formas opticamente ativas, (*d* e *l*), e uma forma opticamente inativa, que apresenta uma compensação interna e é designada forma *meso* (Fig. 7.39).

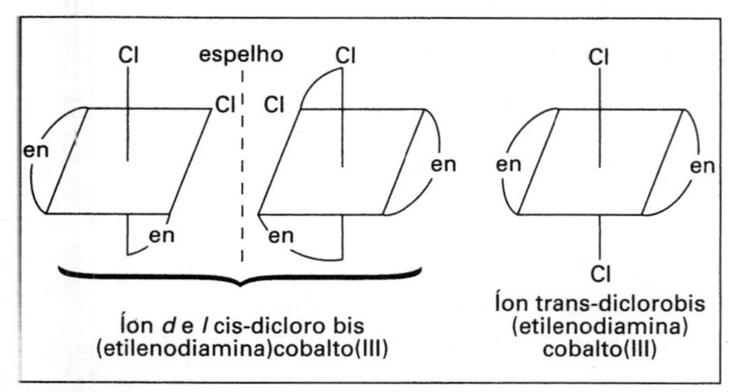

Figura 7.37 — Isômeros do $[Co(en)_2Cl_2]^{2+}$

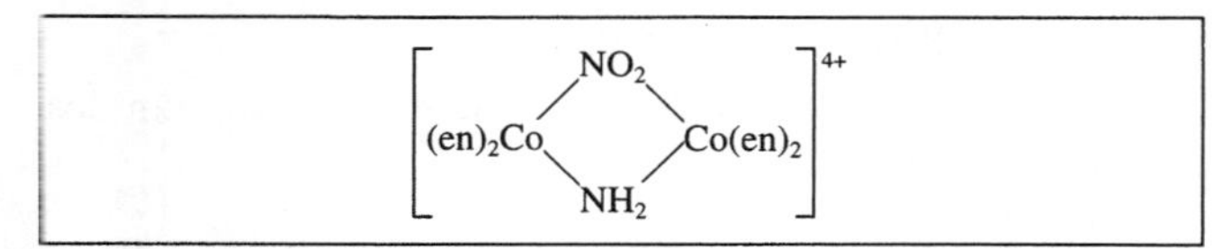

Figura 7.38

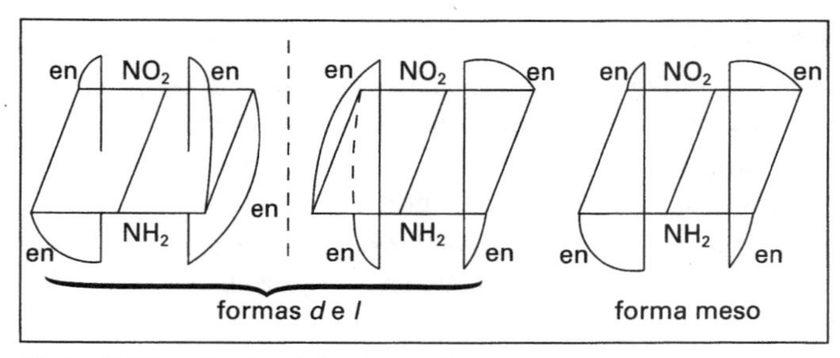

Figura 7.39 — Formas d, l e meso

LEITURAS COMPLEMENTARES

- Ahrland, S., Chatt, J. e Davies, N.R.; *Q. Rev. Chem. Soc.* **12**, 265-276 (1958). (Afinidades relativas dos átomos ligantes para moléculas ou íons receptores)
- Bell, C.F.; *Principles and Applications of Metal Chelation*, Oxford University Press, Oxford, 1977.
- Emeléus, H.J. e Sharpe, A.G.; *Modern Aspects of Inorganic Chemistry*, 4ª ed., Routledge and Kegan Paul, London. (Complexos de metais de transição: Cap. 14, Estrutura; Cap. 15, Ligação; Cap.16, Propriedades magnéticas; Cap.17, Espectros eletrônicos)
- Gerloch, M.; *Inorg. Chem.*, **20**, 638-640 (1981). (O sentido das distorções de Jahn-Teller em complexos de cobre(II) e complexos de outros metais de transição)
- Hogfeldt, E. (Ed.); *Stability Constants of Metal-Ion Complexes*, Pergamon, Oxford, 1982. (Ligantes inorgânicos)
- Johnson, B.F.G.; *Comprehensive Inorganic Chemistry*, vol. IV, Pergamon Press, Oxford, 1973. (Cap.52: Química dos metais de transição)
- Jørgensen, C.K.; *Absorption Spectra and Chemical Bonding in Complexes*, Pergamon Press, Oxford, 1962.
- Kauffman, G.B.; *Alfred Werner Founder of Coordination Theory*, Springer, Berlin, 1966.
- Kauffman, G.B. (Ed.); *Classics in Coordination Chemistyr*, Part I, 1968, The Selected Papers of Alfred Werner; Part II, 1976, Selected Papers (1798-1899); Part III, 1978, Twentieth Century Papers, Dover, New York.
- Kauffman, G.B.; *Coord. Chem. Rev.*, **11**, 161-168 (1973). (O trabalho de Alfred Werner sobre isomeria estrutural)
- Kauffman, G.B.; *Coord. Chem. Rev.*, **12**, 105-149 (1974). (O trabalho de Werner sobre compostos de coordenação opticamente ativos)
- Martell, A.E. (Ed.); *Coordination Chemistry*, Vol. I (1971) e II (1978), Van Nostrand Reinhold, New York.
- Munro, D.; Misunderstanding over the chelate effect, *Chemistry in Britain*, **13**, 100 (1977). (um artigo simples sobre o efeito chelato)
- Perrin, D. (Ed.); *Stability Constants of Metal-Ion Complexes*, Chemical Society, Pergamon, 1979. (Ligantes orgânicos)
- Sillen, L.G. e Martell, A.E.; *Stability Constants of Metal-Ion Complexes*, (volumes especiais da Chemical Society, nº 17 (1964) e 25 (1971)) The Chemical Society, London.
- Tsuchida, R.; *Bull. Chem. Soc. Japan*, 388-400, 434-450 e 471-480 (1938).

PROBLEMAS

1. Relacione e explique os fatores que determinam a estabilidade dos compostos de coordenação.
2. Descreva os métodos que permitem detectar a presença de íons complexos em solução.
3. Represente todos os isômeros de um complexo octaédrico com seis ligantes unidentados, dois dos quais do tipo A e quatro do tipo B.
4. Represente todos os isômeros de um complexo octaédrico que apresenta três ligantes unidentados do tipo A e três ligantes unidentados do tipo B.
5. Represente todos os isômeros de um complexo octaédrico constituído por três ligantes bidentados iguais.
6. Represente todos os isômeros de complexos tetraédricos e quadrado-planares que apresentem dois ligantes unidentados do tipo A e dois ligantes unidentados do tipo B.
7. Represente cada um dos estereoisômeros possíveis dos seguintes complexos octaédricos: a) Ma_3bcd, b) Ma_2bcde, c) M(AA)(AA)cd. (As letras minúsculas *a, b, c, d, e* representam ligantes unidentados, e as letras maiúsculas (AA) representam os átomos doadores de um ligante bidentado). Indique quais dos isômeros são opticamente ativos (quirais).
8. Represente as formas dos diferentes orbitais *d* no espaço e explique porque eles são desdobrados em dois grupos, t_{2g} e e_g, num campo ligante octaédrico.
9. Desenhe um diagrama que mostre como os orbitais *d* são desdobrados em dois grupos com diferentes energias num campo ligante octaédrico. Dependendo do número de elétrons *d* o íon metálico num complexo tem a possibilidade de assumir tanto uma configuração eletrônica de spin alto como de spin baixo, num campo octaédrico. Represente todos esses casos e sugira que íons metálicos e que ligantes devem dar origem aos complexos com cada uma das configurações anteriormente enumeradas.
10. Represente um diagrama de níveis de energia que mostre a quebra da degenerescência dos orbitais 3*d* num campo ligante tetraédrico.
11. Represente os diagramas de níveis de energia e indique o preenchimento dos orbitais nos seguintes complexos:

    a) d^6, octaédrico, spin baixo

    b) d^9, octaédrico, com alongamento tetragonal

    c) d^8, quadrado planar

    d) d^6, tetraédrico

    Calcule, em unidades Δ_o, a diferença de energia de estabilização de campo cristalino entre os complexos a) e d), supondo-se que os ligantes são de campo forte.

    (Resposta: octaédrico – $2{,}4\Delta_o$, tetraédrico – $0{,}27\Delta_o$, diferença – $2{,}13\Delta_o$).
12. Calcule a energia de estabilização do campo cristalino para um íon d^8, como Ni^{2+}, em complexos octaédricos e tetraédricos. Use unidades Δ_o em ambos os casos. Qual é o mais estável ? Enumere todas as hipóteses utilizadas nos cálculos.
13. Calcule o momento magnético "spin only" para um íon d^8 num campo ligante octaédrico, quadrado-planar e tetraédrico.
14. Mostre, com o auxílio de um diagrama, como varia o desdobramento dos orbitais *d* à medida que um complexo octaédrico sofre uma distorção tetragonal até, finalmente, se transformar num complexo quadrado-planar.
15. Por que as transições eletrônicas *d-d* são proibidas ? Por que elas podem ser observadas como bandas de absorção fracas no espectro eletrônico?
16. Por que os compostos de Ti^{4+} e Zn^{2+} são brancos ? Por que compostos de Mn^{2+} apresentam coloração muito pouco intensa? Quais são as transições *d-d* permitidas por spin num íon d^5 ?
17. O que é a série espectroquímica e qual é a sua importância ?
18. Sabendo-se que o máximo de absorção da banda *d-d* do $[Ti(H_2O)_6]^{3+}$ ocorre em 20.300 cm^{-1}, faça uma previsão sobre a posição dessa banda nos complexos $[Ti(CN)_6]^{3-}$ e $[Ti(Cl)_6]^{3-}$.
19. Discuta como varia D_o quando a carga do átomo central passa de M^{2+} para M^{3+}, e como será a variação dentro de um grupo vertical ou tríade, constituído por elementos da primeira, segunda e terceira séries de transição.
20. Quais devem ser os valores da energia de estabilização de campo cristalino e do momento magnético nos seguintes complexos: a) $[CoF_6]^{3-}$, b) $[Co(NH_3)_6]^{3+}$, c) $[Fe(H_3O)]_6^{2+}$, d) $[Fe(CN)_6]^{4-}$ e e) $[Fe(CN)_6]^{3-}$.
21. Na estrutura cristalina do CuF_2, o Cu^{2+} apresenta número de coordenação 6, com quatro F^- a uma distância de 1,93 Å e dois F^- a uma distância de 2,27 Å. Explique o motivo desse fato.
22. Descreva e explique o efeito Jahn-Teller em complexos octaédricos de Cr^{2+} e de Cu^{2+}.
23. O complexo $[Ni(CN)_4]^{2-}$ é diamagnético, mas o $[NiCl_4]^{2-}$ é paramagnético e apresenta dois elétrons desemparelhados. Explique essas observações e deduza a estrutura dos dois complexos.
24. Que métodos poderiam ser usados para distinguir entre os isômeros *cis* e *trans* de um complexo ?
25. Dê o nome de cada um dos isômeros dos seguintes complexos:

    a) $[Pt(NH_3)_2Cl_2]$

    b) $CrCl_3.6H_2O$

    c) $[Co(NH_3)_5NO_2](NO_3)_2$

    d) $[Co(NH_3)_5(SO_4)]Cl$

    e) $\left[(en)_2Co \begin{smallmatrix} NH_2 \\ / \quad \backslash \\ \backslash \quad / \\ NO_2 \end{smallmatrix} Co(en)_2 \right] Br_4$

    f) $Co(en)_2(NH_3)Br\ SO_4$

    g) $[Pt(NH_3)(H_2O)(C_5H_5N)(NO_2)]Cl$
26. Explique os seguintes fatos:

    a) $Ni(CO)_4$ é tetraédrico

    b) $[Ni(CN)_4]^{2-}$ é quadrado-planar

    c) $[Ni(NH_3)_6]^{2+}$ é octaédrico
27. Qual é o número de oxidação do metal em cada um dos seguintes complexos:

    a) $[Co(NH_3)_6]Cl_3$

    b) $[CoSO_4(NH_3)_4]NO_3$

c) $[Cd(SCN)_4]^{2+}$
d) $[Cr(en)_3]Cl_3$
e) $[CuCl_2(CH_3NH_2)_2]$
f) $[AlH_4]^-$
g) $[Fe(CN)_6]^{4-}$
h) $[OsCl_5N]^{2-}$
i) $[Ag(S_2O_3)_2]^{3-}$

28. Escreva a fórmula que representa cada um dos seguintes complexos:
a) cloreto de hexamincobalto(III)
b) hexacianoferrato(II) de potássio e ferro(III)
c) diamindicloroplatina(II)
d) tetracarbonilníquel(0)
e) triamincianocloronitrocobalto(III)
f) tetra-hidretoaluminato(III) de lítio
g) bis(tiossulfato)argentato(I) de sódio
h) hexacloroplatinato(IV) de níquel
i) amintricloroplatinato(II) de tetraaminplatina(II)

29. Escreva a fórmula que representa cada um dos seguintes complexos:
a) sulfato de tetramincobre(II)
b) tetracianoniquelato(0) de potássio
c) bis(ciclopentadienil)ferro(II)
d) íon tetra(tiocianato-N)zincato(II)
e) cloreto de diaminbis(etilenodiamina)cobalto(III)
f) tetraaminditiocianatocromo(III)
g) tetraoxomanganato(VII) de potássio
h) trioxalatoaluminato(III) de potássio
i) tetracloroplatinato(II) de tetrapiridinaplatina(II)

O HIDROGÊNIO E OS HIDRETOS

ESTRUTURA ELETRÔNICA

O hidrogênio possui a estrutura atômica mais simples que qualquer outro elemento, sendo constituído por um núcleo contendo um próton com carga +1 e um elétron circundante. A configuração eletrônica pode ser representada como $1s^1$. Os átomos de hidrogênio podem alcançar a estabilidade de três maneiras diferentes:

1. *Formando uma ligação covalente (um par de elétrons) com outro átomo*

   O hidrogênio forma esse tipo de ligação preferencialmente com não-metais, por exemplo H_2, H_2O, $HCl_{(gás)}$ ou CH_4. Muitos metais também formam esse tipo de ligação.

2. *Perdendo um elétron para formar H^+*

   Um próton é extremamente pequeno (raio de aproximadamente $1,5 \times 10^{-5}$ Å, comparando com os 0,7414 Å do hidrogênio e 1–2 Å da maioria dos átomos). Por ser o H^+ muito pequeno, ele tem um poder polarizante muito grande, e portanto deforma a nuvem eletrônica de outros átomos. Assim, os prótons estão sempre associados a outros átomos ou moléculas. Por exemplo, na água ou soluções aquosas de HCl e H_2SO_4, o próton existe na forma de íons H_3O^+, $H_9O_4{}^+$ ou $H(H_2O)_n{}^+$. Prótons livres não existem em "condições normais", embora eles sejam encontrados em feixes gasosos a baixas pressões, por exemplo num espectrômetro de massa.

3. *Adquirindo um elétron e formando H^-*

   Sólidos cristalinos como o LiH contém o íon H^-, sendo formados por metais altamente eletropositivos (todo o Grupo 1 e parte do Grupo 2). Os íons H^- não são, porém, muito comuns.

   Como a eletronegatividade do H é 2,1, ele pode valer-se de qualquer um desses três meios, sendo o mais comum a formação de ligações covalentes.

POSIÇÃO NA TABELA PERIÓDICA

O hidrogênio é o primeiro elemento da Tabela Periódica e apresenta características únicas. Existem apenas dois elementos no primeiro período, o hidrogênio e o hélio. O hidrogênio é bastante reativo, mas o hélio é inerte. Não é difícil relacionar a estrutura eletrônica e as propriedades do hélio com aquelas dos outros gases nobres do Grupo 18, mas as propriedades do hidrogênio não podem ser correlacionadas com nenhum dos grupos representativos da tabela periódica. Assim, o melhor é considerá-lo como um elemento à parte.

A estrutura eletrônica do átomo de hidrogênio, de certo modo, se assemelha com a dos metais alcalinos. Os metais alcalinos (Grupo 1) também possuem um elétron no nível mais externo, mas quando reagem eles tendem a perder este elétron formando íons positivos M^+. Embora o íon H^+ seja conhecido, o hidrogênio apresenta uma tendência muito maior de compartilhar o seu elétron, formando uma ligação covalente.

Por outro lado, a estrutura eletrônica do átomo de hidrogênio, de certo modo, também se assemelha com a dos halogênios (Grupo 17), já que ambos precisam de um elétron para alcançar a estrutura de um gás nobre. Geralmente, os halogênios adquirem um elétron formando íons negativos X^-. Não é comum o hidrogênio formar um íon negativo, embora ele forme hidretos iônicos M^+H^- (por exemplo, LiH e CaH_2) com alguns poucos metais altamente eletropositivos.

Em alguns aspectos, a estrutura eletrônica do hidrogênio também se parece com a dos elementos do Grupo 14, pois ambos possuem o nível mais externo semi-preenchido. Observam-se diversas semelhanças entre hidretos e compostos organometálicos, visto que tanto o grupo CH_3^- como o H^- possuem uma valência disponível para formar uma ligação. Assim, o hidreto é freqüentemente considerado como pertencendo a uma série de compostos organometálicos, por exemplo, LiH, LiMe e LiEt; NH_3, NMe_3 e NEt_3; ou SiH_4, CH_3SiH_3, $(CH_3)_2SiCl_2$, $(CH_3)_3SiCl$ e $(CH_3)_4Si$. Contudo, a melhor alternativa é considerar o hidrogênio como um elemento à parte.

ABUNDÂNCIA DO HIDROGÊNIO

O hidrogênio é o elemento mais abundante do universo. Segundo algumas estimativas, o universo é constituído por

92% de hidrogênio e 7% de hélio, de modo que todos os demais elementos juntos representam apenas 1%. Contudo, a quantidade de H_2 na atmosfera terrestre é muito pequena, pois o campo gravitacional da terra é pequeno demais para reter um elemento tão leve. Contudo, um pouco de H_2 é encontrado nos gases vulcânicos. Em contrapartida, o hidrogênio é o décimo elemento mais abundante na crosta terrestre (1.520 ppm ou 0,152% em peso). Também é encontrado em grandes quantidades nas águas dos oceanos. Compostos contendo hidrogênio são muito abundantes, sobretudo a água, organismos vivos (carboidratos e proteínas), compostos orgânicos, combustíveis fósseis (carvão, petróleo e gás natural), amônia e ácidos. De fato, o hidrogênio forma mais compostos que qualquer outro elemento.

OBTENÇÃO DO HIDROGÊNIO

O hidrogênio é preparado em grande escala por diversos métodos.

1. O hidrogênio pode ser obtido em grande escala e a baixo custo, passando-se vapor de água sobre coque aquecido ao rubro. O produto obtido é o gás d'água, ou seja, uma mistura de CO e H_2. Trata-se de um combustível industrial importante, pois é fácil de se obter e queima liberando uma grande quantidade de calor.

$$C + H_2O \xrightarrow{1000^\circ C} \underbrace{CO + H_2}_{\text{gás d'água}}$$

$$CO + H_2 + O_2 \rightarrow CO_2 + H_2O + \text{calor}$$

Não é fácil obter H_2 puro a partir do gás d'água, pois a remoção do CO é difícil. O CO pode ser liquefeito a baixas temperaturas e sob pressão, podendo assim ser separado do H_2. Alternativamente, a mistura gasosa pode ser misturada com vapor, resfriada a 400°C e passada sobre óxido de ferro num conversor adequado, formando H_2 e CO_2. O CO_2 assim formado pode ser facilmente removido, ou dissolvendo-o em água sob pressão ou reagindo-o com uma solução de K_2CO_3. Nesse caso forma-se $KHCO_3$ em solução e o H_2 gasoso permanece inalterado.

$$\underbrace{CO + H_2}_{\text{gás d'água}} \xrightarrow[\substack{450\ ^\circ C \\ Fe_2O_3}]{+H_2O} 2H_2 + CO_2$$

2. O hidrogênio também pode ser obtido em grandes quantidades pelo processo de reformação a vapor. O hidrogênio obtido dessa maneira é utilizado no processo Haber de síntese de NH_3 e para a hidrogenação de óleos. Hidrocarbonetos leves, como o metano, são misturados com vapor de água e passados sobre um catalisador de níquel a 800-900° C. Esses hidrocarbonetos podem ser encontrados no gás natural e, também, são obtidos em refinarias no processo de "craqueamento" de hidrocarbonetos mais pesados.

$$CH_4 + H_2O \rightarrow CO + 3H_2$$
$$CH_4 + 2H_2O \rightarrow CO_2 + 4H_2$$

O gás que sai do reator é constituído por CO, CO_2, H_2 e excesso de vapor d'água. A mistura gasosa é enriquecida com mais vapor, resfriada a 400° C e passada por um conversor que contém um catalisador de ferro/cobre, onde o CO é transformado em CO_2.

$$CO + H_2O \rightarrow CO_2 + H_2$$

Finalmente o CO_2 é absorvido por uma solução de K_2CO_3 ou de etanolamina, $HOCH_2CH_2NH_2$. O K_2CO_3 e a etanolamina são regenerados por aquecimento.

$$K_2CO_3 + CO_2 + H_2O \rightarrow 2KHCO_3$$
$$2HOCH_2CH_2NH_2 + CO_2 + H_2O \rightarrow (HOCH_2CH_2NH_3)_2CO_3$$

3. Nas refinarias de petróleo, misturas naturais de hidrocarbonetos de elevado peso molecular, tais como nafta e óleo combustível, são submetidos ao processo de "craqueamento" para formar misturas de hidrocarbonetos de pesos moleculares menores, que podem ser usadas como combustível automotivo. O hidrogênio é um valioso subproduto desse processo.
4. Hidrogênio muito puro (pureza 99,9%) é preparado por eletrólise da água ou de soluções de NaOH ou KOH. Esse é o método mais dispendioso. A água não conduz muito bem a corrente elétrica, sendo comum a eletrólise de soluções de NaOH e KOH numa célula com anodos de níquel e cátodos de ferro. Os gases produzidos nos compartimentos do ânodo e do cátodo devem ser mantidos separados.

Ânodo	$2OH^- \rightarrow H_2O + {}^1/_2O_2 + 2e^-$
Cátodo	$2H_2O + 2e^- \rightarrow 2OH^- + H_2$
Reação global	$H_2O \rightarrow H_2 + {}^1/_2O_2$

5. Uma grande quantidade de hidrogênio puro também é formado como subproduto da indústria de cloro e álcalis. Nesse caso, soluções aquosas de NaCl são eletrolisadas para formar NaOH, Cl_2 e H_2.
6. O método comum de preparação do hidrogênio em laboratório é a reação de ácidos diluídos com metais, ou de um álcali com alumínio.

$$Zn + H_2SO_4 \rightarrow ZnSO_4 + H_2$$
$$2Al + 2NaOH + 6H_2O \rightarrow 2Na[Al(OH)_4] + 3H_2$$

7. O hidrogênio pode ser preparado pela reação de hidretos salinos (iônicos) com água.

$$LiH + H_2O \rightarrow LiOH + H_2$$

PROPRIEDADES DO HIDROGÊNIO MOLECULAR

O hidrogênio é o gás mais leve conhecido. Por causa de sua baixa densidade, é utilizado no lugar do hélio para inflar balões meteorológicos. É incolor, inodoro e quase insolúvel em água. O hidrogênio forma moléculas diatômicas H_2, onde os dois átomos estão unidos por uma ligação covalente muito forte (energia de ligação 435,9 kJ mol^{-1}).

Em condições normais, o hidrogênio não é muito reativo. A baixa reatividade se deve à cinética e não à termodinâmica da reação, e está relacionada com a força da ligação

H–H. Uma etapa essencial durante a reação do H_2 com outros elementos é a quebra da ligação H—H, formando átomos de hidrogênio. Isso requer 435,9 kJ mol^{-1}: portanto, há uma elevada energia de ativação para essas reações. Em conseqüência, muitas reações são lentas, ou requerem elevadas temperaturas ou catalisadores (freqüentemente metais de transição). Muitas reações importantes do hidrogênio envolvem a catálise heterogênea; ou seja, o catalisador inicialmente reage com o H_2 ou quebrando ou enfraquecendo a ligação H–H. Dessa forma a energia de ativação é diminuída. Podem ser citados como exemplos:

1. O processo Haber para a obtenção de NH_3 a partir de N_2 e H_2, no qual é utilizado um catalisador de Fe ativado a 380-450 °C e pressão de 200 atmosferas.
2. A hidrogenação de diversos compostos orgânicos insaturados (incluindo os óleos vegetais), no qual os catalisadores são Ni, Pd ou Pt finamente divididos.
3. A fabricação de metanol pela redução de CO com H_2 sobre um catalisador de Cu/Zn, aquecido a 300 °C.

O hidrogênio reage diretamente com a maioria dos elementos, *nas condições apropriadas*.

O hidrogênio queima ao ar ou numa atmosfera de oxigênio formando água e liberando uma grande quantidade de energia. Esse fato é aproveitado para soldar ou cortar metais com o maçarico oxigênio-hidrogênio. É possível alcançar temperaturas de quase 3.000 °C. Deve-se tomar cuidado com esses gases, pois misturas de H_2 e O_2 em proporções de cerca de 2:1 são explosivas.

$$2H_2 + O_2 \rightarrow 2H_2O \qquad \Delta H = -485 \text{ kJ mol}^{-1}$$

O hidrogênio reage com os halogênios. A reação com o flúor é violenta, mesmo a baixas temperaturas. A reação com cloro é lenta no escuro, mas a reação é catalisada por luz (fotocatálise), tornando-se mais rápida à luz do dia e explosiva quando exposta à luz solar direta. A combinação direta dos elementos é usada para produzir HCl.

$$H_2 + F_2 \rightarrow 2HF$$
$$H_2 + Cl_2 \rightarrow 2HCl$$

Diversos metais reagem com H_2 formando hidretos. As reações não são violentas e geralmente requerem temperaturas elevadas. Essas reações serão descritas numa seção posterior.

Grandes quantidades de H_2 são utilizadas na produção industrial de amônia, pelo processo Haber. A reação é reversível e a formação de NH_3 é favorecida por pressões elevadas, pela presença de um catalisador (Fe) e por baixas temperaturas. Na prática, utiliza-se uma temperatura de 380-450 °C e uma pressão de 200 atmosferas, para se obter uma conversão eficiente numa velocidade razoável.

$$N_2 + 3H_2 \rightleftharpoons 2NH_3 \qquad \Delta G_{298K} = -33,4 \text{ kJ mol}^{-1}$$

O hidrogênio é usado em larga escala em reações de hidrogenação, nas quais o hidrogênio se adiciona a duplas ligações de compostos orgânicos. Um exemplo importante é a hidrogenação de óleos vegetais com a obtenção de gorduras. Ácidos graxos insaturados são hidrogenados com H_2 e um catalisador de paládio, formando ácidos graxos saturados, que possuem pontos de fusão mais elevados. Removendo-se dessa maneira as duplas ligações da cadeia carbônica, os óleos comestíveis (líquidos à temperatura ambiente) podem ser convertidos em gorduras (sólidas à temperatura ambiente). A razão para assim proceder é a maior utilidade de gorduras sólidas, por exemplo, para a preparação de margarina.

$$CH_3 \cdot (CH_2)_n \cdot CH = CH \cdot COOH + H_2 \rightarrow CH_3 \cdot (CH_2)_n \cdot \cdot CH_2 \cdot CH_2 \cdot COOH$$

O hidrogênio também é usado para reduzir nitrobenzeno à anilina (na indústria de corantes), e na redução catalítica do benzeno (a primeira etapa da produção de náilon-66). Também, reage com CO para formar metanol.

$$CO + 2H_2 \xrightarrow{\text{catalisador}} CH_3OH$$

A molécula de hidrogênio é muito estável e apresenta pouca tendência de se dissociar a temperaturas normais, já que a reação de dissociação é muito endotérmica.

$$H_2 \rightarrow 2H \qquad \Delta H = 435,9 \text{ kJ mol}^{-1}$$

Contudo, a altas temperaturas, num arco elétrico, ou sob irradiação com luz ultravioleta, o H_2 se dissocia. O hidrogênio atômico produzido existe por um período inferior a meio segundo; antes dos átomos se recombinarem regenerando o hidrogênio molecular e liberando uma grande quantidade de energia. Essa reação tem sido utilizada na solda de metais. O hidrogênio atômico é um forte agente redutor, e é comumente preparado em solução usando o par zinco-cobre ou mercúrio-alumínio.

Tem havido muita discussão sobre os *aspectos econômicos do hidrogênio* (ver Leituras complementares). Parte-se da idéia de que o hidrogênio poderia substituir o carvão e o petróleo como principal fonte de energia. A combustão do hidrogênio ao ar ou numa atmosfera de oxigênio forma água e libera uma grande quantidade de energia. Ao contrário da queima de carvão ou óleo em termelétricas, ou de gasolina e óleo diesel em motores de combustão interna, a queima do hidrogênio não forma substâncias poluentes como o SO_2 e óxidos de nitrogênio, responsáveis pela chuva ácida, nem CO_2, responsável pelo efeito estufa, nem hidrocarbonetos carcinogênicos, nem compostos de chumbo. O hidrogênio pode ser obtido facilmente por eletrólise ou por processos químicos. O hidrogênio pode ser armazenado e transportado no estado gasoso em cilindros, no estado líquido em enormes recipientes criogênicos a vácuo, ou "dissolvido" em vários metais (por exemplo, a liga $LaNi_5$ pode absorver sete mols de hidrogênio por mol da liga, a uma pressão de 2,5 atmosferas, à temperatura ambiente). O hidrogênio líquido foi usado como combustível dos foguetes espaciais da série Saturno e dos ônibus espaciais, do programa espacial norte-americano. Há motores de automóvel adaptados para utilizar hidrogênio. Deve-se frisar que o uso do hidrogênio como combustível envolve o risco de explosão, mas isso também ocorre no caso da gasolina.

ISÓTOPOS DE HIDROGÊNIO

Isótopos são átomos de um mesmo elemento que possuem diferentes números de massa. A diferença nos

Tabela 8.1 — Constantes físicas para o hidrogênio, deutério e trítio

Constante física	H_2	D_2	T_2
Massa do átomo (uma)	1,0078	2,0141	3,0160
Ponto de fusão (°C)	–259,0	–254,3	–252,4
Ponto de ebulição (°C)	–252,6	–249,3	–248,0
Comprimento de ligação (Å)	0,7414	0,7414	(0,7414)
Calor de dissociação† (kJ mol^{-1})	435,9	443,4	446,9
Calor latente de fusão (kJ mol^{-1})	0,117	0,197	0,250
Calor latente de vaporização (kJ mol^{-1})	0,904	1,226	1,393
Pressão de vapor* (mm Hg)	54	5,8	—

† Medida a –259,1 °C * Medido a 25 °C

números de massa é decorrente da quantidade diferente de nêutrons no núcleo. O hidrogênio encontrado na natureza é constituído por três isótopos: o prótio ^1_1H ou H, o deutério ^2_1H ou D, e o trítio ^3_1H ou T. Esses isótopos contêm no núcleo 1 próton e zero, 1 ou 2 nêutrons, respectivamente. O prótio é de longe o isótopo mais abundante.

O hidrogênio encontrado na natureza contém 99,986% do isótopo ^1_1H, 0,014% do isótopo ^2_1H e 7×10^{-16}% do isótopo ^3_1H, de modo que as propriedades do hidrogênio são essencialmente devido ao seu isótopo mais leve.

Esses isótopos apresentam a mesma configuração eletrônica e essencialmente as mesmas propriedades químicas. As únicas diferenças são encontradas nas velocidades de reação e nas constantes de equilíbrio. Por exemplo:

1. H_2 é mais rapidamente adsorvido em superfícies que o D_2;
2. H_2 reage mais de 13 vezes mais rapidamente com o Cl_2 que o D_2, porque a energia de ativação para o H_2 é menor.

As diferenças de propriedades decorrentes das diferenças de massa são denominadas *efeitos isotópicos*. Por ser o hidrogênio muito leve, a diferença percentual em massa entre o prótio , o deutério e o trítio é maior que a diferença entre os isótopos de qualquer outro elemento. Portanto, as diferenças de propriedades físicas encontradas entre os isótopos do hidrogênio são muito maiores que aquelas encontradas entre isótopos de quaisquer outro elemento. Algumas constantes físicas do H_2, D_2 e T_2 são mostradas na Tab. 8.1.

A água contendo prótio, H_2O, se dissocia cerca de três vezes mais que a água pesada D_2O. A constante de equilíbrio para a dissociação da água H_2O é igual a $1,0 \times 10^{-14}$, enquanto que a constante de equilíbrio para a dissociação da água pesada D_2O é igual a $3,0 \times 10^{-15}$.

$$H_2O \rightleftharpoons H^+ + OH^-$$
$$D_2O \rightleftharpoons D^+ + OD^-$$

As ligações com prótio são rompidas mais facilmente que as ligações com deutério (em alguns casos, até cerca de 18 vezes mais facilmente). Assim, na eletrólise da água, o H_2 é formado bem mais rapidamente que o D_2, de modo que a água remanescente após a eletrólise se torna enriquecida em água pesada, D_2O. Se o processo for continuado até restar apenas um pequeno volume, então D_2O quase puro será obtido. Cerca de 29.000 litros de água devem ser eletrolisados para produzir 1 litro de D_2O com 99% de pureza. Essa é a maneira usual de separar o deutério. A água pesada D_2O sofre todas as reações da água normal e é útil na preparação de outros compostos de deutério. O D_2O possui uma constante dielétrica menor que a água comum. Por isso, compostos iônicos são menos solúveis em D_2O que em H_2O. Algumas propriedades físicas do H_2O e do D_2O são comparadas na Tab. 8.2.

Tabela 8.2 — Constantes físicas da água e da água pesada

Constante física	H_2O	D_2O
Ponto de fusão (°C)	0	3,82
Ponto de ebulição (°C)	100	101,42
Densidade a 20 °C (g cm^{-3})	0,917	1,017
Temperatura de densidade máxima (° C)	4	11,6
Produto iônico K_w a 25 °C	$1,0 \times 10^{-14}$	$3,0 \times 10^{-15}$
Contante dielétrica a 20 °C	82	80,5
Solubilidade g NaCl/100 g água a 25 °C	35,9	30,5
Solubilidade g $BaCl_2$/100 g água a 25 °C	35,7	28,9

Compostos deuterados são geralmente preparados por reações de substituição, nas quais, em condições apropriadas, o deutério substitui o hidrogênio nos compostos que o contêm. Assim, D_2 reage com H_2 a altas temperaturas formando HD e também reage com NH_3 e CH_4 formando NH_2D, NHD_2 e ND_3, e CH_3D ... CD_4. Geralmente é mais fácil preparar compostos deuterados usando D_2O em vez de D_2. O D_2O pode ser usado diretamente na síntese, no lugar do H_2O, ou podem ser efetuadas reações de substituição utilizando D_2O.

Reações de substituição

$$NaOH + D_2O \rightarrow NaOD + HDO$$
$$NH_4Cl + D_2O \rightarrow NH_3DCl + HDO$$
$$Mg_3N_2 + 3D_2O \rightarrow 2ND_3 + 3MgO$$

Reações diretas

$$SO_3 + D_2O \rightarrow D_2SO_4$$
$$P_4O_{10} + 6D_2O \rightarrow 4D_3PO_4$$

O trítio é radioativo e sofre decaimento com emissão β.

$$^3_1T \rightarrow ^3_1He + {}^0_{-1}e$$

O trítio possui uma meia-vida relativamente curta de 12,26 anos. Assim, todo T presente quando a Terra foi formada já sofreu decaimento, de modo que as pequenas quantidades de trítio atualmente existentes se formaram recentemente por reações induzidas por raios cósmicos na atmosfera superior.

$$^{14}_7N + ^1_0n \rightarrow ^{12}_6C + ^3_1T$$
$$^{14}_7N + ^1_1H \rightarrow ^3_1T + \text{outros fragmentos}$$
$$^2_1D + ^2_1D \rightarrow ^3_1T + ^1_1H$$

O trítio está presente numa proporção de uma parte de T_2 para 7×10^{17} partes de H_2. Ele foi inicialmente preparado bombardeando-se D_3PO_4 e $(ND_4)_2SO_4$ com dêuterons D^+.

$$^{2}_{1}D + ^{2}_{1}D \rightarrow ^{3}_{1}T + ^{1}_{1}H$$

Atualmente é obtido em larga escala irradiando-se lítio com nêutrons lentos, num reator nuclear.

$$^{6}_{3}Li + ^{1}_{0}n \rightarrow ^{4}_{2}He + ^{3}_{1}T$$

O trítio é utilizado em dispositivos termonucleares e na pesquisa de reações de fusão nuclear com o intuito de produzir energia. O gás é geralmente armazenado na forma de UT_3, que por aquecimento a 400° C desprende T_2. O trítio é muito empregado como traçador radioativo, por ser relativamente barato e de fácil manuseio. Ele somente emite radiação β de baixa energia, sem emissão concomitante de radiação γ. A radiação β é aniquilada por uma camada de apenas 0,6 cm de ar, não sendo assim necessária nenhuma blindagem especial. O trítio não é tóxico, a não ser que compostos "marcados" sejam ingeridos.

Compostos tritiados são obtidos a partir do gás T_2. O T_2O é produzido como se segue:

$$T_2 + CuO \rightarrow T_2O + Cu$$

ou

$$2T_2 + O_2 \xrightarrow{\text{catalisador de Pd}} 2T_2O$$

Muitos compostos orgânicos contendo trítio podem ser obtidos armazenando o composto em atmosfera de T_2, durante algumas semanas. Nesse período ocorre a troca de H por T. Muitos compostos podem ser obtidos por substituição catalítica em solução, usando ou o gás T_2 dissolvido em água, ou T_2O.

$$NH_4Cl + T_2O \text{ (ou HTO)} \rightleftharpoons NH_3TCl$$

ORTO- E PARA-HIDROGÊNIO

A molécula de hidrogênio H_2 existe segundo duas formas diferentes denominadas *orto-* e *para-*hidrogênio. O núcleo de um átomo pode apresentar spin nuclear, da mesma forma que os elétrons. Na molécula de H_2, os dois núcleos podem apresentar spins no mesmo sentido ou em sentidos opostos. Isso leva à isomeria de spin, isto é, podem existir duas formas diferentes de H_2. Essas duas formas são chamadas de *orto*-hidrogênio e *para*-hidrogênio. A isomeria de spin também é encontrada em outras moléculas simétricas cujos núcleos apresentam spin nuclear, por exemplo, D_2, N_2, F_2, Cl_2. Há diferenças significativas entre as propriedades físicas (por exemplo, pontos de ebulição, calores específicos, condutividades térmicas) das formas *orto* e *para*, por causa das diferenças na suas energias internas. Diferenças também podem ser observadas nos espectros eletrônicos das formas *orto* e *para* do H_2.

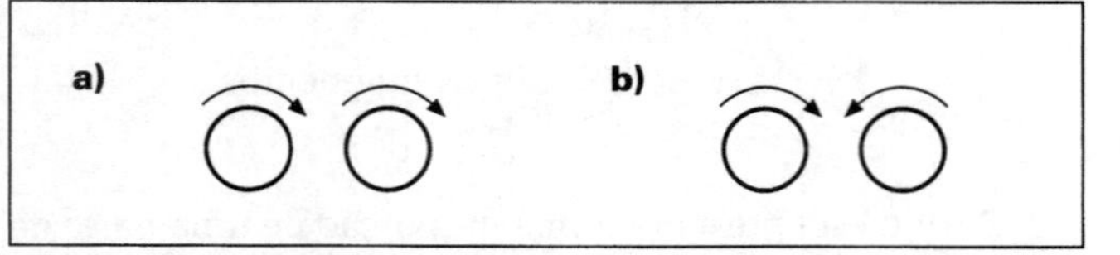

***Figura 8.1** — Orto e para-hidrogênio (a) orto-, spins paralelos; b) para-, spins opostos*

A forma *para* é a espécie de menor energia; e no zero absoluto o gás contém 100% do H_2 nessa forma. À medida que a temperatura aumenta, parte do hidrogênio na forma *para* se converte na forma *orto*. A altas temperaturas o gás contém cerca de 75% de *orto*-hidrogênio.

Para-hidrogênio é usualmente preparado passando-se uma mistura das duas formas de hidrogênio através de um tubo empacotado com carvão, resfriado à temperatura do ar líquido. O *para*-hidrogênio preparado dessa maneira pode ser armazenado por várias semanas num recipiente de vidro, à temperatura ambiente, porque a conversão *orto-para* é lenta na ausência de catalisadores. Podem ser citados como sendo catalisadores dessa transformação o carvão ativado, o hidrogênio atômico, metais como Fe, Ni, Pt e W e substâncias ou íons paramagnéticos (substâncias que contêm elétrons desemparelhados), tais como O_2, NO, NO_2, Co^{2+} e Cr_2O_3.

HIDRETOS

Os compostos binários do hidrogênio com outros elementos são designados hidretos. O tipo de hidreto formado por um elemento depende de sua eletronegatividade e, portanto, do tipo de ligação formada. Embora não haja uma distinção nítida entre ligação iônica, covalente e metálica, é conveniente separar os hidretos em três classes (Fig. 8.2):

1. Hidretos iônicos ou salinos
2. Hidretos covalentes ou moleculares
3. Hidretos metálicos ou intersticiais

Hidretos iônicos ou salinos

A altas temperaturas, os metais do Grupo 1 (metais alcalinos) e os metais mais pesados do Grupo 2 (metais alcalino-terrosos) Ca, Sr e Ba formam hidretos iônicos tais como NaH e CaH_2. Esses compostos são sólidos com elevados pontos de fusão, e são classificados como hidretos iônicos (salinos). São as seguintes as evidências de que se trata de compostos iônicos:

1. LiH fundido (ponto de fusão 691 °C) conduz eletricidade e H_2 é liberado no ânodo, confirmando assim a presença do íon hidreto, H^-.
2. Os demais hidretos iônicos se decompõem antes de fundir, mas eles podem ser dissolvidos em haletos alcalinos fundidos (por exemplo, o CaH_2 se dissolve numa mistura eutética de LiCl/KCl) e quando submetidos a eletrólise, há liberação de H_2 no ânodo.
3. As estruturas cristalinas desses hidretos são conhecidas e elas não apresentam evidências de ligações direcionais.

O lítio é o cátion mais polarizante e mais apto a formar compostos covalentes que os demais metais. Assim, se o LiH for essencialmente iônico, os demais hidretos também devem ser iônicos e devem conter o íon hidreto, H^-.

A densidade desses hidretos é maior que a do correspondente metal de que são formados. Isso pode ser explicado pelo fato dos íons H^- ocuparem os interstícios no retículo cristalino do metal, sem provocar distorções no mesmo. Os hidretos iônicos apresentam elevados calores de formação e são sempre estequiométricos.

	Bloco s												Bloco p					
Grupo / Período	1	2	Hidretos intermediários										13	14	15	16	17	18
1																		
2	^{3}Li	^{4}Be	Bloco d										^{5}B	^{6}C	^{7}N	^{8}O	^{9}F	
3	^{11}Na	^{12}Mg	3	4	5	6	7	8	9	10	11	12	^{13}Al	^{14}Si	^{15}P	^{16}S	^{17}Cl	
4	^{19}K	^{20}Ca	^{21}Sc	^{22}Ti	^{23}V	^{24}Cr				^{28}Ni	^{29}Cu	^{30}Zn	^{31}Ga	^{32}Ge	^{33}As	^{34}Se	^{35}Br	
5	^{37}Rb	^{38}Sr	^{39}Y	^{40}Zr	^{41}Nb					^{46}Pd		^{48}Cd	^{49}In	^{50}Sn	^{51}Sb	^{52}Te	^{53}I	
6	^{55}Cs	^{56}Ba	^{57}La	^{72}Hf	^{73}Ta							^{80}Hg	^{81}Tl	^{82}Pb	^{83}Bi	^{84}Po	^{85}At	
7	^{87}Fr	^{88}Ra	^{89}Ac										Hidretos covalentes					
	Hidretos iônicos			Bloco f														
Lantanídios				^{58}Ce	^{59}Pr	^{60}Nd		^{62}Sm	^{63}Eu	^{64}Gd	^{65}Tb	^{66}Dy	^{67}Ho	^{68}Er	^{69}Tm	^{70}Yb	^{71}Lu	
Actinídios				^{90}Th	^{91}Pa	^{92}U	^{93}Np	^{94}Pu	^{95}Am									
			Hidretos metálicos															

Figura 8.2 — Tipos de hidretos e a tabela periódica

Esse tipo de hidreto só é formado por elementos que tenham eletronegatividades significativamente menores que o valor 2,1 do hidrogênio, de modo a favorecer a abstração de um elétron do metal pelo hidrogênio, com formação de M^+ e H^-.

Os hidretos do Grupo 1 são mais reativos que os correspondentes hidretos do Grupo 2. Além disso, a reatividade aumenta de cima para baixo dentro do grupo.

Com exceção do LiH, os hidretos iônicos se decompõem gerando os elementos, quando aquecidos a temperaturas de 400-500 °C.

O íon hidreto H^- não é um íon muito comum e é instável em água. Todos os hidretos iônicos reagem com água formando hidrogênio.

$$LiH + H_2O \rightarrow LiOH + H_2$$
$$CaH_2 + 2H_2O \rightarrow Ca(OH)_2 + 2H_2$$

Eles são agentes redutores fortes, especialmente a temperaturas elevadas, embora sua reatividade com a água limite sua utilidade.

$$2CO + NaH \rightarrow H \cdot COONa + C$$
$$SiCl_4 + 4NaH \rightarrow SiH_4 + 4NaCl$$
$$PbSO_4 + 2CaH_2 \rightarrow PbS + 2Ca(OH)_2$$

O NaH apresenta diversos usos como agente redutor em química sintética. Ele é utilizado para se obter outros hidretos importantes, especialmente o hidreto de alumínio e lítio $Li[AlH_4]$ e o borohidreto de sódio $Na[BH_4]$. Ambos são muito utilizados como agentes redutores tanto em sínteses orgânicas como inorgânicas.

$$4LiH + AlCl_3 \rightarrow Li[AlH_4] + 3LiCl$$
$$4NaH + B(OCH_3)_3 \rightarrow Na[BH_4] + 3NaOCH_3$$

Hidretos covalentes

Os hidretos dos elementos do bloco *p* são covalentes. Isso é de se esperar, visto que a diferença de eletronegatividade entre esses átomos e o hidrogênio é pequena. Os compostos em questão geralmente são constituídos por moléculas covalentes discretas, as quais são mantidas unidas apenas por forças de van der Waals fracas. Por isso, normalmente são voláteis e apresentam baixo ponto de fusão e de ebulição. Eles não conduzem a corrente elétrica. A fórmula desses hidretos é $XH_{(18-n)}$, onde n é o número do grupo da Tabela Periódica ao qual o elemento X pertence. Esses hidretos podem ser obtidos por diversos métodos de síntese:

1. Alguns poucos podem ser obtidos por combinação direta dos elementos.

$$3H_2 + N_2 \rightarrow 2NH_3$$
(altas temperatura e pressão + catalisador, processo Haber)
$$2H_2 + O_2 \rightarrow 2H_2O \text{ (centelha - explosão)}$$
$$H_2 + Cl_2 \rightarrow 2HCl \text{ (combustão - preparo de HCl puro)}$$

2. Reação de um haleto com $Li[AlH_4]$ num solvente seco, por exemplo éter.

$$4BCl_3 + 3Li[AlH_4] \rightarrow 2B_2H_6 + 3AlCl_3 + 3LiCl$$
$$SiCl_4 + Li[AlH_4] \rightarrow SiH_4 + AlCl_3 + LiCl$$

3. Tratamento de um composto binário apropriado com ácido.

$$2Mg_3B_2 + 4H_3PO_4 \rightarrow B_4H_{10} + 2Mg_3(PO_4)_2 + H_2$$
$$Al_4C_3 + 12HCl \rightarrow 3CH_4 + 4AlCl_3$$
$$FeS + H_2SO_4 \rightarrow H_2S + FeSO_4$$
$$Ca_3P_2 + 3H_2SO_4 \rightarrow 2PH_3 + 3CaSO_4$$

Grupo	**13**	**14**	**15**	**16**	**17**
	B	C	N	O	F
	Al	Si	P	S	Cl
	Ga	Ge	As	Se	Br
	In	Sn	Sb	Te	I
		Pb	Bi	Po	

Figura 8.3 — Hidretos covalentes

4. Reação de um oxoácido com $Na[BH_4]$ em solução aquosa.

$$4H_3AsO_3 + 3Na[BH_4] \rightarrow 4AsH_3 + 3H_3BO_3 + 3NaOH$$

5. Conversão de um hidreto em outro por pirólise (aquecimento).

$$B_4H_{10} \rightarrow B_2H_6 + \text{outros produtos}$$

6. Uma descarga elétrica silenciosa ou uma descarga de microondas sobre hidretos simples pode gerar oligômeros.

$$GeH_4 \rightarrow Ge_2H_6 \rightarrow Ge_3H_8 \rightarrow \text{até } Ge_9H_{20}$$

Os hidretos do Grupo 13 são um caso à parte, pois eles são deficientes em elétrons e poliméricos, embora não contenham ligações diretas entre os elementos do Grupo 13. O hidreto de boro mais simples é denominado diborano, B_2H_6, embora sejam conhecidas estruturas mais complicadas, como B_4H_{10}, B_5H_9, B_5H_{11}, B_6H_{10} e $B_{10}H_{14}$. O hidreto de alumínio também é polimérico $(AlH_3)_n$. Nessas estruturas o hidrogênio está ligado a dois ou mais átomos, o que é explicado em termos de ligações multicêntricas. Esse assunto será discutido no Capítulo 12.

Além dos hidretos simples, os demais elementos leves, exceto os halogênios, formam hidretos polinucleares. A tendência para a formação desses hidretos é mais forte no C, N e O. Assim, dois ou mais dos átomos desses elementos não-metálicos estão ligados diretamente um ao outro. Essa tendência atinge o máximo no C, que forma cadeias com várias centenas de átomos. Esses compostos estão reunidos em três séries homólogas de hidrocarbonetos alifáticos e uma série de hidrocarbonetos aromáticos, derivados do benzeno.

CH_4, C_2H_6, C_3H_8, C_4H_{10},...., C_nH_{2n+2} (alcanos)
C_2H_4, C_3H_6, C_4H_8,..........., C_nH_{2n} (alcenos)
C_2H_2, C_3H_4, C_4H_6,..........., C_nH_{2n-2} (alcinos)
C_6H_6 (aromáticos)

Tabela 8.3 — Pontos de fusão e pontos de ebulição de alguns hidretos covalentes

Composto	P.F. (°C)	P.E. (°C)
B_2H_6	−165	−90
CH_4	−183	−162
SiH_4	−185	−111
GeH_4	−166	−88
SnH_4	−150	−52
NH_3	−78	−33
PH_3	−134	−88
AsH_3	−117	−62
SbH_3	−88	−18
H_2O	0	+100
H_2S	−86	−60
HF	−83	+20
HCl	−115	−84
HBr	−89	−67
HI	−51	−35

Os alcanos são saturados, porém os alcenos apresentam duplas ligações e os alcinos triplas ligações na estrutura. O Si e o Ge só formam cadeias saturadas e a cadeia mais longa é a do $Si_{10}H_{22}$. As cadeias de hidretos mais longas formadas pelos demais elementos são Sn_2H_6, N_2H_4 e HN_3, P_3H_5, As_3H_5, H_2O_2 e H_2O_3; H_2S_2, H_2S_3, H_2S_4, H_2S_5 e H_2S_6.

Analisando-se a Tab. 8.3 nota-se que os pontos de ebulição e de fusão do H_2O são muito mais elevados que os dos outros hidretos. Examinando a tabela mais detalhadamente, contudo, constata-se que o NH_3 e o HF também apresentam valores mais elevados que os esperados nos seus respectivos grupos. Isso se deve à formação de ligações de hidrogênio, que será discutida mais adiante no presente capítulo.

Hidretos metálicos (ou intersticiais)

Muitos dos elementos do bloco *d* e os elementos das séries dos lantanídeos e dos actinídeos, no bloco *f*, reagem com H_2 e formam hidretos metálicos. Contudo, os elementos situados na região intermediária do bloco *d* não formam hidretos. A ausência de hidretos nessa parte da Tabela Periódica é às vezes denominada "lacuna do hidrogênio" (ver Fig. 8.2).

Os hidretos metálicos são geralmente preparados aquecendo-se o metal com hidrogênio sob pressão elevada (quando aquecidos a temperaturas mais altas os hidretos se decompõem. Essa propriedade pode ser utilizada como um método conveniente para a preparação de hidrogênio de elevada pureza).

Esses hidretos geralmente apresentam propriedades semelhantes àquelas dos metais correspondentes: eles são duros, apresentam brilho metálico, conduzem a corrente elétrica e apresentam propriedades magnéticas. Os hidretos são menos densos que os correspondentes metais porque o retículo cristalino se expande com a inclusão do hidrogênio. A deformação do retículo cristalino pode tornar o hidreto quebradiço. Assim, um pedaço maciço do metal pode se transformar num pó finamente dividido, quando se forma o hidreto. Se os hidretos finamente divididos forem aquecidos, eles se decompõem produzindo hidrogênio gasoso e o metal finamente dividido. Esses metais finamente divididos podem ser usados como catalisadores. São também usados em metalurgia na fabricação de pós, e o hidreto de zircônio tem sido utilizado como moderador em reatores nucleares.

Em muitos casos, os compostos não são estequiométricos, por exemplo LaH_n, TiH_n e PdH_n, nos quais a composição química é variável. Composições típicas para esse tipo de compostos são $LaH_{2,87}$, $YbH_{2,55}$, $TiH_{1,8}$, $ZrH_{1,9}$, $VH_{1,6}$, $NbH_{0,7}$ e $PdH_{0,7}$. Esses compostos foram inicialmente denominados *hidretos intersticiais*. Imaginava-se que um número variável de posições intersticiais do retículo poderiam estar sendo preenchidos pelo hidrogênio.

Os compostos não-estequiométricos podem ser considerados como sendo soluções sólidas. Metais que podem "dissolver" quantidades variáveis de hidrogênio podem atuar como catalisadores em reações de hidrogenação. Acredita-se que esses catalisadores são eficientes, porque atuam como fontes de átomos de H em vez de moléculas de H_2. Não se sabe com certeza se o hidrogênio presente nas posições intersticiais se encontra na forma atômica, ou alternativamente na forma de íons H^+ com elétrons deslocalizados, mas de qualquer modo apresentam propriedades acentuadamente redutoras.

Mesmo pequenas quantidades de hidrogênio dissolvidas num metal afetam sua resistência e o tornam quebradiço. O titânio é obtido reduzindo-se $TiCl_4$ com Mg ou Na, numa atmosfera inerte. Se uma atmosfera de H_2 for utilizada, o titânio obtido dissolve H_2, tornando-se quebradiço. O titânio é utilizado na construção de aviões supersônicos, onde a resistência é um fator importante. Por isso, o titânio é produzido numa atmosfera de argônio.

A ligação que ocorre nesses hidretos é mais complicada do que se supunha inicialmente, e é ainda hoje um motivo de controvérsias.

1. Em muitos desses hidretos os átomos de hidrogênio ocupam interstícios tetraédricos, onde os átomos do metal se arranjam segundo uma estrutura cúbica de empacotamento compacto. Se todos os interstícios tetraédricos estiverem ocupados, a fórmula seria MH_2, e a estrutura seria semelhante ao da fluorita. Geralmente, alguns interstícios permanecem desocupados, com o que os compostos contêm uma quantidade menor de hidrogênio. Isso explica os compostos de fórmula $MH_{1,5-2}$ formados pelos elementos dos grupos do escândio e do titânio, e pela maioria dos lantanídeos e actinídeos.
2. Dois dos elementos da série dos lantanídios, o európio e o itérbio são exceções, pois formam hidretos iônicos EuH_2 e YbH_2, que são estequiométricos e se assemelham ao CaH_2. Os lantanídios são geralmente trivalentes, mas o Eu e o Yb formam íons divalentes (associados com as configurações eletrônicas estáveis Eu(+II) $4f^7$ (nível *f* semipreenchido) e Yb(+II) $4f^{14}$ (nível f preenchido)).
3. Os compostos YH_2 e LaH_2, bem como muitos dos hidretos MH_2 dos lantanídios e actinídios, podem absorver mais hidrogênio formando compostos de composição limite MH_3. Podem ser encontrados compostos com estequiometrias tais como $LaH_{2,76}$ e $CeH_{2,69}$. As estruturas desses hidretos são complicadas, às vezes cúbicas e às vezes hexagonais. O terceiro átomo de hidrogênio está menos firmemente ligado que os demais e, surpreendentemente, pode ocupar um interstício octaédrico.
4. O urânio é incomum por formar um hidreto, UH_3, que apresenta duas estruturas cristalinas estequiométricas diferentes.
5. Alguns elementos (V, Nb, Ta, Cr, Ni e Pd) formam hidretos de composição que se aproxima de MH. São comuns compostos como $NbH_{0,7}$ e $PdH_{0,6}$. Eles são menos estáveis que os outros hidretos, são não-estequiométricos e formam compostos que abrangem uma ampla faixa de proporções entre M e H.

O sistema Pd/H_2 é fora do comum e interessante. Quando Pd aquecido ao rubro é resfriado em atmosfera de H_2, ele pode absorver ou ocluir uma quantidade de gás H_2 correspondente a cerca de 935 vezes o seu próprio volume. Essa propriedade pode ser aproveitada para separar H_2 ou D_2 de hélio ou outros gases. O hidrogênio é liberado quando o metal é aquecido. Isso se constitui num bom método de se pesar H_2. A composição limite é $PdH_{0,7}$, mas nem a estrutura nem a natureza da interação entre Pd e H são inteiramente compreendidos. À medida que o hidrogênio é absorvido, a condutividade metálica diminui, e o material pode eventualmente se transformar num semicondutor. O hidrogênio é móvel e se difunde através do metal. É possível que os relatos incorretos sobre a produção de energia por "fusão a frio" (por meio da eletrólise do D_2O utilizando eletrodos de Pd, à temperatura ambiente) estejam associados à energia liberada na reação entre Pd e D_2, e não à fusão nuclear do hidrogênio ou do deutério com a formação de hélio (ver Capítulo 31).

Hidretos intermediários

Alguns poucos hidretos não se enquadram na classificação dada acima. Por exemplo, o $(BeH_2)_n$ é polimérico, e supõe-se que ele seja uma cadeia polimérica com átomos de hidrogênio em ponte. O MgH_2 apresenta propriedades intermediárias entre aquelas dos hidretos iônicos e dos hidretos covalentes.

CuH, ZnH_2, CdH_2 e HgH_2 também possuem propriedades intermediárias entre as dos hidretos metálicos e dos hidretos covalentes. Provavelmente, eles são deficientes em elétrons como o $(AlH_3)_n$. A reação de formação do CuH é endotérmica, isto é, é preciso fornecer energia para formar o composto. Ele é obtido reduzindo-se Cu^{2+} com ácido hipofosforoso. Os hidretos de Zn, Cd e Hg são obtidos reduzindo-se os respectivos cloretos com $Li[AlH_4]$.

O ÍON HIDROGÊNIO

A energia necessária para remover o elétron de um átomo de hidrogênio (ou seja, a energia de ionização do hidrogênio) é igual a 1.311 kJ mol^{-1}. Trata-se de uma quantidade de energia muito grande. Conseqüentemente, as ligações formadas pelo hidrogênio em fase gasosa são geralmente covalentes. O fluoreto de hidrogênio é o composto que apresenta maior probabilidade de conter um hidrogênio iônico (H^+), dado que apresenta a maior diferença de eletronegatividades. Mas mesmo nesse caso a ligação tem somente 45% de caráter iônico.

Assim sendo, compostos contendo H^+ só se formarão se algum outro processo fornecer uma quantidade de energia pelo menos equivalente à energia de ionização. Se o composto for dissolvido, por exemplo em água, a energia de hidratação pode compensar a elevada energia de ionização. Na água, o H^+ é solvatado, formando H_3O^+, com liberação de uma quantidade de energia igual a 1.091 kJ mol^{-1}. O restante que falta para atingir o valor da energia de ionização, 1.311 kJ mol^{-1}, provém da afinidade eletrônica (a energia liberada na formação de um íon negativo), e também da energia de solvatação do íon negativo.

Compostos que formam íons hidrogênio solvatados num solvente adequado são denominados ácidos. Embora seja o H_3O^+ (ou mesmo $H_9O_4^+$) o íon presente em solução, é comum referir-se a ele como H^+, subentendendo-se que se trata do próton hidratado.

LIGAÇÕES DE HIDROGÊNIO

Em alguns compostos um átomo de hidrogênio é atraído por forças razoavelmente fortes por dois outros átomos, por exemplo no $[F-H-F]^-$ (às vezes o átomo de hidrogênio pode ser atraído por mais de dois átomos). Supôs-se inicialmente que o hidrogênio formasse duas ligações covalentes. Atualmente admite-se que o hidrogênio só pode formar uma ligação covalente, visto que sua configuração eletrônica é $1s^1$. A ligação de hidrogênio é considerada, simplificadamente, como sendo uma atração eletrostática fraca entre um par de elétrons livres de um átomo e um átomo de hidrogênio ligado covalentemente, tendo uma carga parcial δ^+.

As ligações de hidrogênio são formadas apenas com os elementos mais eletronegativos (destes, os quatro mais importantes são o F, O, N e Cl). Essas ligações são fracas, com valores típicos de 10 kJ mol^{-1}. Porém, a energia de ligação pode variar de 4 a 45 kJ mol^{-1}. Esses valores devem ser comparados com a energia de uma ligação covalente C–C, que é de 347 kJ mol^{-1}. Apesar da pequena energia de ligação, elas são de grande importância em sistemas bioquímicos e mesmo na química. Elas são extremamente importantes por serem as responsáveis pela ligação de cadeias polipeptídicas em proteínas e por ligarem pares de bases nas gigantescas moléculas contendo ácidos nucléicos. As ligações de hidrogênio mantêm essas moléculas em configurações moleculares específicas, o que é importante para o funcionamento de genes e enzimas. As ligações de hidrogênio são responsáveis pelo fato da água ser líquida à temperatura ambiente e, se assim não fosse, a vida tal como a conhecemos não seria possível. Como as ligações de hidrogênio são fracas, suas energias de ativação são baixas. Por isso exercem um papel importante em muitas reações que ocorrem a temperaturas ambiente.

As ligações de hidrogênio foram a primeira explicação para o caráter fracamente básico do hidróxido de trimetilamônio, quando comparado com o hidróxido de tetrametilamônio. No composto trimetilado, o grupo OH^- está ligado ao grupo Me_3NH (a linha pontilhada na Fig. 8.4) por ligações de hidrogênio. Isso torna a dissociação do grupo OH mais difícil, enfraquecendo a base. No composto tetrametilado não há possibilidade de haver a formação de ligações de hidrogênio e o grupo OH se dissocia facilmente. Logo, o composto tetrametilado é uma base muito mais forte.

De uma maneira análoga, a formação de ligações de hidrogênio intramoleculares no *o*-nitrofenol torna-o menos ácido que o *m*-nitrofenol e o *p*-nitrofenol, nos quais não é possível a formação de ligações de hidrogênio intramoleculares (Fig. 8.5).

As presenças de ligações de hidrogênio intermoleculares podem exercer um efeito muito acentuado sobre propriedades físicas tais como pontos de fusão, pontos de ebulição e entalpias de vaporização e de sublimação (Fig. 8.6). De um modo geral, os pontos de fusão e de ebulição numa série de compostos correlatos tendem a aumentar à medida que os átomos se tornam maiores, devido ao aumento das forças dispersivas. Assim, por extrapolação das temperaturas de ebulição do H_2Te, H_2Se e H_2S, pode-se prever que o ponto de ebulição da água deve ser em torno de −100° C. Na realidade, contudo, o ponto de ebulição da água é igual a + 100 °C. Portanto, a água ferve a uma temperatura cerca de 200 °C maior que a que deveríamos observar na ausência de ligações de hidrogênio.

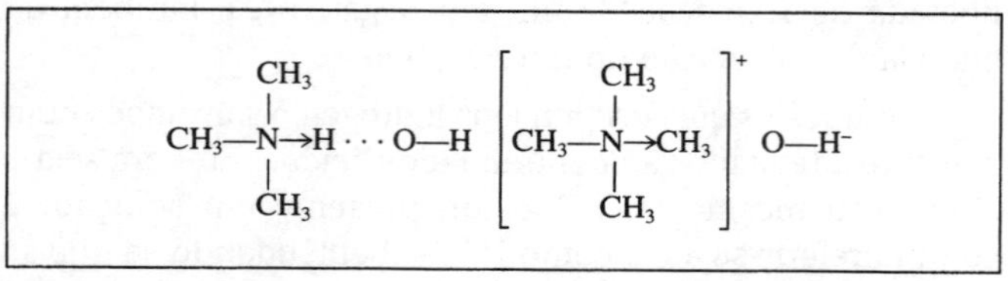

$$(CH_3)_3N{\rightarrow}H \cdots O{-}H \qquad [(CH_3)_3N{\rightarrow}CH_3]^+ \; O{-}H^-$$

Figura 8.4 — Estruturas dos hidróxidos de trimetila e tetrametilamônio

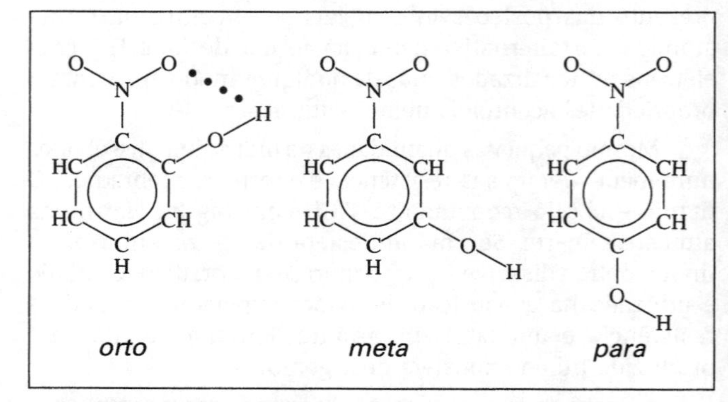

Figura 8.5 — Estruturas do orto–. meta–, e para–nitrofenol

Analogamente, o ponto de ebulição do NH_3 é bem maior que o valor esperado analisando-se a tendência observada na série PH_3, AsH_3 e SbH_3. O HF também entra em ebulição a temperaturas mais elevadas que o HCl, HBr e HI. As responsáveis por essas temperaturas de ebulição maiores que o esperado são as ligações de hidrogênio. Note que os pontos de ebulição dos hidretos do Grupo 14, CH_4, SiH_4, GeH_4 e SnH_4 aumentam contínua e gradativamente, já que não há formação de ligações de hidrogênio .

As ligações de hidrogênio no HF ligam o átomo de F de uma molécula com os átomos de H de outra molécula, formando uma cadeia em zigue-zague de $(HF)_n$, tanto no estado líquido como no sólido (Fig.8.7). No gás HF, também, ocorre a formação de ligações de hidrogênio, sendo este constituído por uma mistura de polímeros cíclicos $(HF)_6$, de dímeros $(HF)_2$ e de monômeros HF (a energia da ligação de hidrogênio F—H···F é igual a 29 kJ mol^{-1}, no HF(gás)).

Um comportamento semelhante pode ser observado nos pontos de fusão e entalpias de vaporização dos hidretos, indicando a presença de ligações de hidrogênio no NH_3, no H_2O e no HF, mas não no CH_4 (Fig.8.6c).

Fortes evidências a favor das ligações de hidrogênio são fornecidas pelos estudos estruturais. Entre os exemplos estão o gelo, cuja estrutura foi determinada tanto por difração de raios X como de nêutrons; a estrutura dimérica do ácido fórmico (determinada por difração de elétrons, na fase gasosa); estruturas do hidrogenocarbonato de sódio e ácido bórico, determinadas por difração de raios X (Fig. 8.8); e muitos outros.

Uma outra técnica para o estudo das ligações de hidrogênio é a espectroscopia de absorção no infravermelho em solução de CCl_4, que permite estudar as freqüências de estiramento das ligações O-H e N-H.

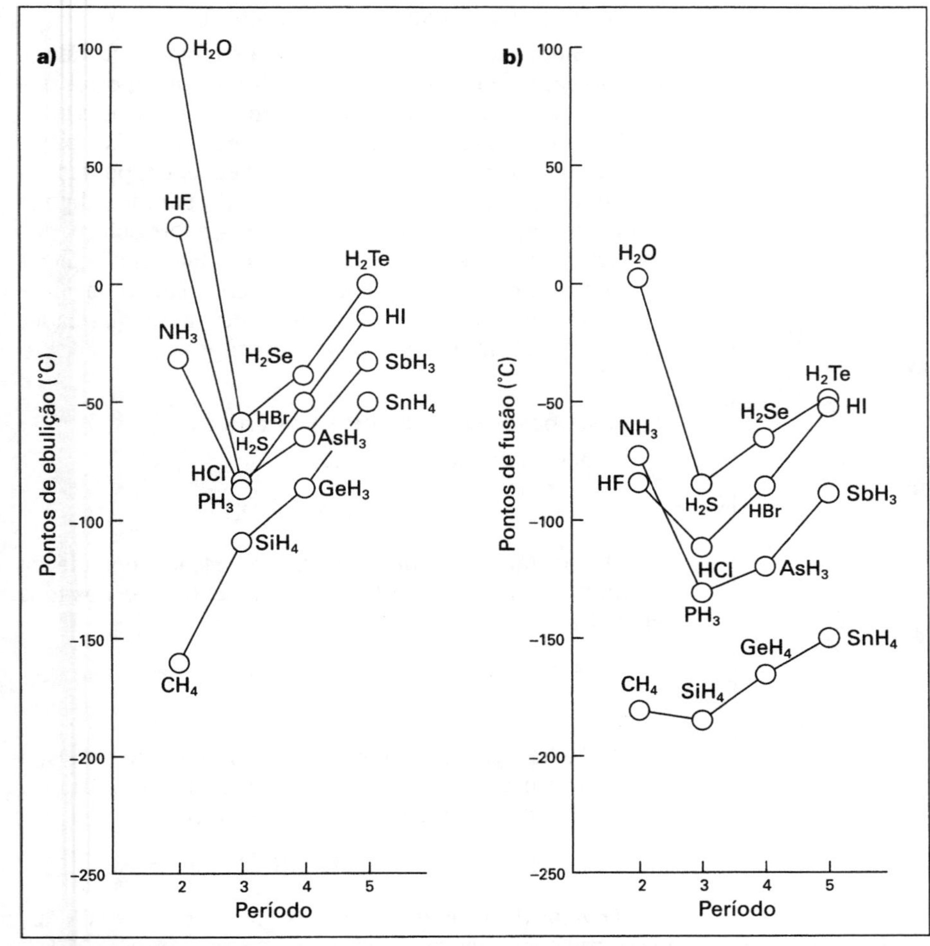

Figura 8.6 — Pontos de ebulição dos hidretos. b) Pontos de fusão de hidretos. c) Entalpias de vaporização de hidretos (adaptação J.J. Lagowski, Modern Inorganic Chemistry, Marcel Dekker, N.York,

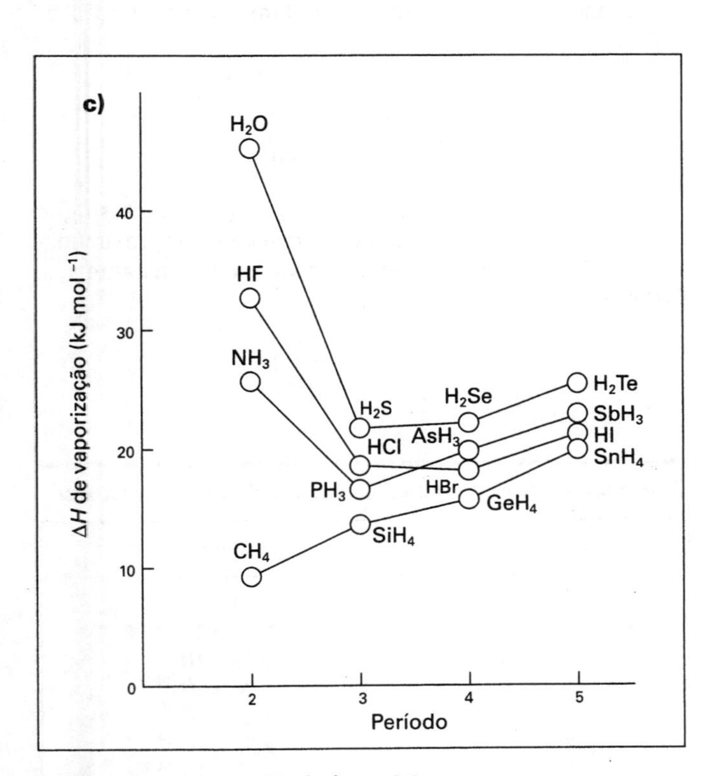

Figura 8.6a — continuação da figura 8.6

ÁCIDOS E BASES

Existem várias *teorias* sobre acidez e basicidade. Contudo, não se trata realmente de teorias, mas simplesmente de diferentes definições para o que convencionamos denominar ácido e base. Como se trata meramente de um caso de definição, não se pode dizer que uma teoria é mais correta que outra. Assim, utilizamos a "teoria" mais conveniente para solucionar um determinado problema químico. Qual é a teoria ou definição mais útil de ácidos e bases ? Não há uma resposta simples para essa questão, pois ela depende do fato de estarmos considerando reações iônicas em solução aquosa, ou em solventes não-aquosos, ou numa massa em fusão, ou ainda se estamos interessados na medida da força dos ácidos e bases. Por esse motivo é necessário conhecer diversas teorias.

A teoria de Arrhenius

Nos primórdios da química, os ácidos eram identificados pelo seu gosto azedo ou "ácido" e pelo seu efeito sobre certos pigmentos de plantas, por exemplo o tornassol. As bases eram substâncias que reagiam com os ácidos formando sais. As reações em solução eram efetuadas quase que exclusivamente em água. Assim, em 1884, Arrhenius sugeriu a teoria da dissociação eletrolítica e propôs a auto-ionização da água:

$$H_2O \rightleftharpoons H^+ + OH^-$$

Substâncias que produziam H^+ foram denominadas ácidos e aquelas que produziam OH^- bases. Uma típica reação de neutralização é a seguinte:

$$\underset{\text{ácido}}{HCl} + \underset{\text{base}}{NaOH} \rightarrow \underset{\text{sal}}{NaCl} + \underset{\text{água}}{H_2O}$$

ou simplesmente:

$$H^+ + OH^- \rightarrow H_2O$$

Em soluções aquosas, a concentração de H^+ é freqüentemente expressa em unidades de pH, onde:

$$pH = \log_{10}\frac{1}{[H^+]} = -\log_{10}[H^+]$$

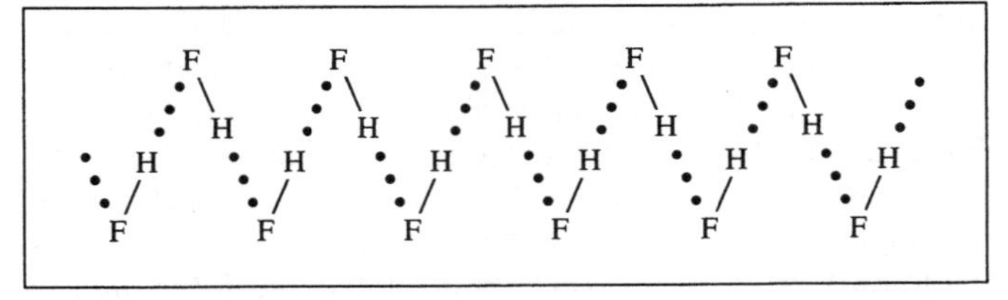

Figura 8.7 — Cadeia de HF sólido com ligações por pontes de hidrogênio

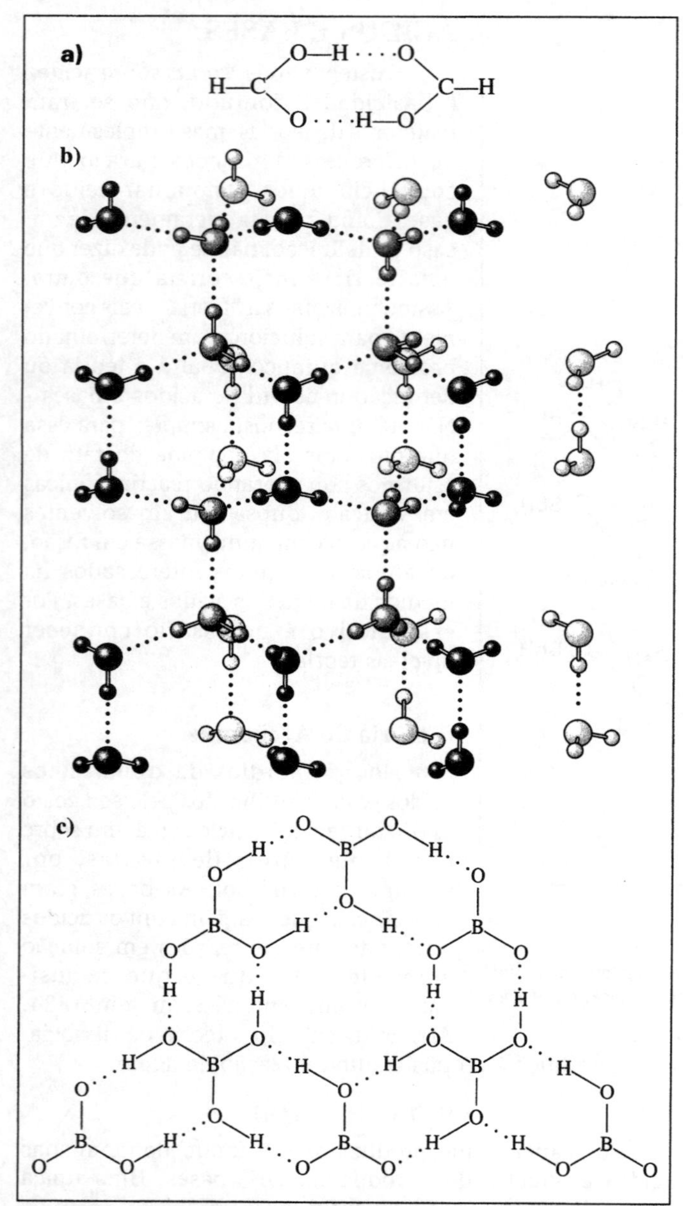

Figura 8.6 — Estruturas com ligações por pontes de hidrogênio. a) Dímero do ácido fórmico, $(HCOOH)_2$; Gelo (de L.Pauling, The Nature of the Chemical Bond, 3.ª ed., pg.449-504, Cornell University Press, Ithaca 1960) e c) Uma camada de H_3BO_3 cristalino

sendo $[H^+]$ a concentração do íon hidrogênio. Rigorosamente, a atividade deveria ser utilizada no lugar da concentração. Essa escala logarítmica foi introduzida por S.P.L. Sørensen em 1909, sendo muito útil para expressar concentrações numa vasta faixa de ordens de grandeza. Por exemplo, H^+ 1 M corresponde a pH = 0, 10^{-14} M H^+ a pH = 14.

Até o final do século 19 acreditava-se que a água era o único solvente no qual poderiam ocorrer reações iônicas. Os estudos realizados por Cady, em 1897, e por Franklin e Kraus, em 1898, sobre reações em amônia líquida, e por Walden, em 1899, sobre reações em dióxido de enxofre líquido, revelaram muitas analogias com as reações efetuadas em água. Essas analogias sugeriram que o três meios estudados se comportavam como solventes ionizantes e poderiam ser utilizados em reações iônicas; e que ácidos, bases e sais eram comum aos três sistemas.

Embora a água ainda seja o solvente mais utilizado, o seu uso exclusivo limitou a química àqueles compostos que são estáveis em sua presença. Os solventes não-aquosos estão sendo cada vez mais utilizados na Química Inorgânica porque muitos compostos, inéditos e instáveis em água, podem ser preparados. Além disso, podem ser preparados alguns compostos anidros, tais como o nitrato de cobre anidro, que apresentam propriedades completamente distintas daquelas da forma hidratada já conhecida. Os conceitos de ácido e base, definidos para soluções aquosas, devem ser ampliados para englobar também solvente não-aquosos.

Ácidos e bases em solventes protônicos

A água sofre auto-ionização

$$2H_2O \rightleftharpoons H_3O^+ + OH$$

A constante de equilíbrio dessa reação depende da concentração da água $[H_2O]$ e das concentrações dos íons $[H_3O^+]$ e $[OH^-]$.

$$K_1 = \frac{[H_3O^+][OH^-]}{[H_2O]^2}$$

Como a água está presente em grande excesso, sua concentração é praticamente constante, de modo que o produto iônico da água pode ser expresso como:

$$K_w = [H_3O^+][OH^-] = 10^{-14} \text{ mol}^2 \text{ l}^{-2}$$

O valor de K_w é igual a $1{,}00 \times 10^{-14}$ mol² l⁻², a 25 °C, mas varia com a temperatura. Logo, na água pura, a 25 °C, teremos 10^{-7} mol^{-1} de H_3O^+ e 10^{-7} mol^{-1} de OH^-.

Ácidos, tais como HA, aumentam a concentração de H_3O^+:

$$HA + H_2O \rightleftharpoons H_3O^+ + A^-$$

$$K_w = \frac{[H_3O^+][A^-]}{[HA]\,[H_2O]}$$

Em soluções diluídas, a água está em tal excesso que sua concentração é praticamente constante (aproximadamente 55 M) e poderá ser incorporada à constante K_w. Portanto:

$$K_a = \frac{[H_3O^+][A^-]}{[HA]}$$

Tabela 8.4 — Produto iônico da água a várias temperaturas

Temperatura (°)	K_W (mol^{2}l^{-2})
0	$0{,}12 \times 10^{-14}$
10	$0{,}29 \times 10^{-14}$
20	$0{,}68 \times 10^{-14}$
25	$1{,}00 \times 10^{-14}$
30	$1{,}47 \times 10^{-14}$
40	$2{,}92 \times 10^{-14}$
100	$47{,}6 \times 10^{-14}$

Tabela 8.5 — Relações entre pH, $[H^+]$ e $[OH^-]$

pH	$[H^+]$ (mol l^{-1})	$[OH^-]$ (mol l^{-1})	
0	10^{0}	10^{-14}	
1	10^{-1}	10^{-13}	
2	10^{-2}	10^{-12}	
3	10^{-3}	10^{-11}	ácido
4	10^{-4}	10^{-10}	
5	10^{-5}	10^{-9}	
6	10^{-6}	10^{-8}	
7	10^{-7}	10^{-7} ←	neutro
8	10^{-8}	10^{-6}	
9	10^{-9}	10^{-5}	
10	10^{-10}	10^{-4}	
11	10^{-11}	10^{-3}	básico
12	10^{-12}	10^{-2}	
13	10^{-13}	10^{-1}	
14	10^{-14}	10^{0}	

A escala de pH é usada para medir a atividade dos íons hidrogênio ($pH = -\log[H^+]$) e se refere ao número de potências de dez que expressam a concentração de íons hidrogênio. Analogamente, a constante de dissociação do ácido, K_a, pode ser expressa como um valor de pK_a:

$$pK_a = \log\frac{1}{K_a} = \log K_a$$

O pK_a é, portanto, uma medida da força de um dado ácido. O valor de K_a será elevado se o ácido estiver quase que totalmente ionizado (elevada força ácida). Conseqüentemente, o valor de pK_a será pequeno. Pode-se inferir a partir dos valores de pK_a dados a seguir, que a força ácida aumenta da esquerda para a direita na tabela periódica:

	CH_4	NH_3	H_2O	HF
pK_a	46	35	16	3

A força dos ácidos também aumenta de cima para baixo, dentro de um grupo da tabela periódica:

	HF	HCl	HBr	HI
pK_a	3	−7	−9	−10

Nos oxoácidos contendo mais de um átomo de hidrogênio, as constantes de dissociação sucessivas se tornam rapidamente mais positivas, isto é, o tipo de "fosfato" formado por sucessivas remoções de H^+ se torna cada vez menos ácida:

$$H_3PO_4 \rightleftharpoons H^+ + H_2PO_4^- \qquad pK_1 = 2{,}15$$
$$H_2PO_4^- \rightleftharpoons H^+ + HPO_4^{2-} \qquad pK_2 = 7{,}20$$
$$HPO_4^{2-} \rightleftharpoons H^+ + PO_4^{3-} \qquad pK_3 = 12{,}37$$

Se um elemento formar diversos oxoácidos, o composto será tanto mais ácido quanto mais átomos de oxigênio contiver. Isso decorre do decréscimo na força de atração eletrostática pelo próton, à medida que a carga negativa se distribui sobre um maior número de átomos, o que facilita a ionização.

ácido muito fraco	ácido fraco	ácido forte	ácido muito forte
	HNO_2 $pK_a = 3{,}3$	HNO_3 $pK_a = -1{,}4$	
	H_2SO_3 $pK_a = 1{,}9$	H_2SO_4 $pK_a = (-1)$	
HOCl $pK_a = 7{,}2$	$HClO_2$ $pK_a = 2{,}0$	$HClO_3$ $pK_a = -1$	$HClO_4$ $pK_a = (-10)$

A Teoria de Brönsted-Lowry

Em 1923, Brönsted e Lowry, independentemente, definiram ácidos como sendo doadores de prótons e bases como receptores de prótons.

$$\underset{\text{solvente}}{2H_2O} \rightleftharpoons \underset{\text{ácido}}{H_3O^+} + \underset{\text{base}}{OH^-}$$

Em soluções aquosas, essa definição não difere apreciavelmente daquela da teoria de Arrhenius. A água se auto-ioniza, como mostrado acima. Substâncias que, em solução aquosa, aumentam a concentração de H_3O^+ para valores acima de 10^{-7} mol^2 l^{-2}, correspondente a auto-ionização, são consideradas ácidas e aquelas que diminuem esse valor são bases.

A teoria de Brönsted-Lowry é útil, porque estende a aplicabilidade da teoria de ácidos e bases a solventes diferentes da água, como amônia líquida, ácido acético glacial e ácido sulfúrico anidro, bem como a todos os outros solventes contendo hidrogênio. Deve-se frisar que as bases são receptores de prótons, não havendo necessidade nenhuma da presença do íon OH^- para que uma substância seja uma base.

Por exemplo, em amônia líquida:

$$\underset{\text{ácido}}{NH_4Cl} + \underset{\text{base}}{NaNH_2} \rightarrow \underset{\text{sal}}{Na^+Cl^-} + \underset{\text{solvente}}{2NH_3}$$

ou simplesmente:

$$\underset{\text{ácido (doa um próton)}}{NH_4^+} + \underset{\text{base (aceita um próton)}}{NH_2^-} \rightarrow \underset{\text{solvente}}{2NH_3}$$

Analogamente, em ácido sulfúrico:

$$\underset{\text{ácido}}{H_3SO_4^+} + \underset{\text{base}}{HSO_4^-} \rightarrow \underset{\text{solvente}}{2H_2SO_4}$$

Espécies químicas que diferem na composição apenas por um próton são denominados "pares conjugados". Portanto, cada ácido possui sua respectiva base conjugada, que se forma quando o ácido doa um próton. Analogamente, cada base possui um ácido conjugado correspondente.

$$\underset{\text{ácido}}{A} \rightleftharpoons \underset{\text{base conjugada}}{B^-} + H^+$$

$$\underset{\text{base}}{B} + H^+ \rightleftharpoons \underset{\text{ácido conjugado}}{A^+}$$

Em solução aquosa

$$\underset{\text{acid}}{HCl} + \underset{\text{base}}{H_2O} \rightleftharpoons \underset{\text{ácido conjugado}}{H_3O^+} + \underset{\text{base conjugada}}{Cl^-}$$

Na reação acima, o HCl é um ácido, pois doa prótons. Assim, Cl^- é sua base conjugada. Visto que o H_2O recebe um próton, ele é uma base e forma H_3O^+, seu ácido conjugado. A base conjugada de um ácido forte é fraca, e vice-versa.

Em solução de amônia líquida:

$$\underset{\text{acid}}{NH_4^+} + \underset{\text{base}}{S^{2-}} \rightleftharpoons \underset{\text{ácido conjugado}}{HS^-} + \underset{\text{base conjugada}}{NH_3}$$

Em amônia líquida todos os sais de amônio atuam como ácidos, pois eles podem doar prótons; e o íon sulfeto atua como base, pois recebe prótons. A reação é reversível e ela ocorre no sentido da formação das espécies que apresentam as menores tendências de se dissociarem, ou seja, HS^- e NH_3 no presente caso.

A teoria de Brönsted-Lowry apresenta uma limitação, pois o grau em que uma substância dissolvida pode atuar como ácido ou como base depende muito do solvente. O soluto apresenta propriedades ácidas somente se sua capacidade de doar prótons superar a do solvente. Isso às vezes contradiz as nossas idéias tradicionais sobre o que são ácidos, pois estas idéias se baseiam na nossa experiência sobre o que acontece em solução aquosa. Por exemplo, o $HClO_4$ é um doador de prótons extremamente forte. Se $HClO_4$ líquido for utilizado como solvente, o HF dissolvido será forçado a receber prótons e atuar como base.

$$HClO_4 + HF \rightleftharpoons H_2F^+ + ClO_4^-$$

Analogamente, o HNO_3 é forçado a receber prótons e, portanto, atua como base tanto em $HClO_4$ como em HF líquido como solvente.

A água apresenta apenas uma fraca tendência de doar prótons. Assim, todos os ácidos minerais (HCl, HNO_3, H_2SO_4 etc.) apresentam tendência muito mais acentuada a ceder prótons. Em solução aquosa todos os ácidos minerais doam prótons para a água, comportando-se como ácidos. Nesse processo os ácidos minerais se dissociam completamente.

Usando amônia líquida como solvente, os ácidos fortes em solução aquosa reagem completamente com a amônia, formando NH_4^+.

$$HClO_4 + NH_3 \rightarrow NH_4^+ + ClO_4^-$$
$$HNO_3 + NH_3 \rightarrow NH_4^+ + NO_3^-$$

Ácidos um pouco mais fracos em água também reagem completamente com a amônia, formando NH_4^+.

$$H_2SO_4 + 2NH_3 \rightarrow 2NH_4^+ + SO_4^-$$

Também ácidos que são fracos frente a água, como o ácido oxálico, reagem completamente com NH_3.

$$(COOH)_2 + 2NH_3 \rightarrow 2NH_4^+ + (COO)_2^{2-}$$

As forças dos diferentes ácidos foram todas niveladas pelo solvente amônia líquida: por isso a amônia líquida é denominada um solvente nivelador. Mesmo certas moléculas que não apresentam propriedades ácidas em solução aquosa, como a uréia, tornam-se fracamente ácidas em amônia líquida.

$$NH_2CONH_2 + NH_3 \rightarrow NH_4^+ + NH_2CONH^-$$

Solventes diferenciadores, como o ácido acético glacial, enfatizam a diferença de força ácida e muitos ácidos minerais só se ionizam parcialmente neste solvente. Isso acontece porque o próprio ácido acético é um doador de prótons. Portanto, para que uma substância dissolvida em ácido acético se comporte como um ácido, ela deve doar prótons mais facilmente que o ácido acético. O material dissolvido deve forçar o ácido acético a receber prótons (isto é, deve forçar o ácido acético a comportar-se como base). O solvente ácido acético torna mais difícil a dissociação dos ácidos mais comuns, e ao contrário favorecerá a dissociação completa das bases. Logo, conclui-se que um solvente diferenciador para ácidos será um solvente nivelador para bases e vice-versa.

A Teoria de Lewis

Lewis desenvolveu uma definição de ácidos e bases que não depende da presença de prótons, nem envolve reações com o solvente. Ele definiu ácidos como sendo substâncias capazes de receber pares de elétrons e bases como sendo substâncias capazes de doar pares de elétrons. Portanto, um próton é um ácido de Lewis e a amônia é uma base de Lewis, pois o par de elétrons livres do nitrogênio pode ser doado para um próton:

$$H^+ + :NH_3 \rightarrow [H \leftarrow :NH_3]^+$$

Analogamente, o HCl é um ácido de Lewis porque ele pode receber um par de elétrons de uma base como a água, embora este processo seja seguido por uma ionização:

$$H_2O + HCl \rightarrow [H_2O{:}\rightarrow HCl] \rightarrow H_3O^+ + Cl^-$$

Embora essa abordagem seja mais geral e abrangente que aquela que envolve prótons, ela apresenta diversas desvantagens:

1. Muitas substâncias, tais como o BF_3 ou íons metálicos, que normalmente não são considerados ácidos, comportam-se como ácidos de Lewis. Essa teoria também engloba reações em que não há formação de íons, nem transferência de íons hidrogênio ou de quaisquer outros íons (por exemplo, $Ni(CO)_4$).

ácido	base	
BF_3	$+ NH_3$	$\rightarrow [H_3N{:}\rightarrow BF_3]$
Ag^+	$+ 2NH_3$	$\rightarrow [H_3N{:}\rightarrow Ag \leftarrow :NH_3]^+$
Co^{3+}	$+ 6Cl^-$	$\rightarrow [CoCl_6]^{3-}$
Ni	$+ 4CO$	$\rightarrow Ni(CO)_4$
O	$+ C_6H_5$	$\rightarrow C_6H_5N{:}\rightarrow O$ (óxido de piridina)

2. Não há escala para medir a força de ácidos ou de bases, já que a força de uma substância ácida ou básica não é constante, variando de um solvente para outro e também de uma reação para outra.
3. Quase todas as reações podem ser consideradas como sendo reações ácido-base, caso essa definição seja utilizada.

O solvente

Talvez a definição geral mais conveniente de ácidos e bases seja aquela formulada por Cady e Elsey, que pode ser aplicada em todos os casos em que o solvente sofra auto-ionização, quer ele possua prótons ou não.

Muitos solventes sofrem reações de auto-ionização, de modo semelhante ao que acontece com a água, formando íons positivos e negativos:

$$2H_2O \rightleftharpoons H_3O^+ + OH^-$$
$$2NH_3 \rightleftharpoons NH_4^+ + NH_2^-$$
$$2H_2SO_4 \rightleftharpoons H_3SO_4^+ + HSO_4^-$$
$$2POCl_3 \rightleftharpoons POCl_2^+ + POCl_4^-$$
$$2BrF_3 \rightleftharpoons BrF_2^+ + BrF_4^-$$
$$N_2O_4 \rightleftharpoons NO^+ + NO_3^-$$

Os ácidos são definidos como substâncias que aumentam a concentração do íon positivo característico do solvente (H_3O^+ no caso da água, NH_4^+ no caso da amônia líquida, e NO^+ no caso do N_2O_4). Bases são substâncias que aumentam a concentração do íon negativo característico do solvente (OH^- no caso da água, NH_2^- na amônia líquida, NO_3^- no N_2O_4).

Essa abordagem apresenta duas vantagens. Em primeiro lugar, a maior parte de nossas idéias tradicionais sobre ácidos e bases em solução aquosa permanecem inalteradas, o que acontece também com o conceito de reações de neutralização. Em segundo lugar, ela permite a inclusão de solventes não-aquosos por analogia com a água.

Por exemplo, a água se ioniza formando os íons H_3O^+ e OH^-. Substâncias que fornecem H_3O^+ (por exemplo HCl, KNO_3 e H_2SO_4) são ácidos, e substâncias que fornecem OH^- (como NaOH e NH_4OH) são bases. As reações de neutralização são do tipo *ácido + base → sal + água*.

$$\underset{\text{ácido}}{HCl} + \underset{\text{base}}{NaOH} \rightarrow \underset{\text{sal}}{NaCl} + \underset{\text{água}}{H_2O}$$

Analogamente, a amônia líquida ioniza-se formando os íons NH_4^+ e NH_2^-. Sais de amônio são ácidos pois eles fornecem íons NH_4^+, e a sodamida, $NaNH_2$, é básica pois ela fornece íons NH_2^-. As reações de neutralização são do tipo *ácido + base → sal + solvente*.

$$\underset{\text{ácido}}{NH_4Cl} + \underset{\text{base}}{NaNH_2} \rightarrow \underset{\text{sal}}{NaCl} + \underset{\text{solvente}}{2NH_3}$$

O N_2O_4 sofre auto-ionização gerando os íons NO^+ e NO_3^-. No caso do N_2O_4 como solvente, NOCl comporta-se como ácido, pois fornece NO^+, e $NaNO_3$ como base, já que fornece NO_3^-.

$$\underset{\text{ácido}}{NOCl} + \underset{\text{base}}{NaNO_3} \rightarrow \underset{\text{sal}}{NaCl} + \underset{\text{solvente}}{N_2O_4}$$

Claramente essa definição se aplica igualmente bem a sistemas protônicos e não-protônicos. Essa definição mais ampla também apresenta vantagens ao se considerar solventes protônicos, pois explica porque as propriedades ácidas ou básicas de um soluto não são absolutas e dependem em parte do solvente. Normalmente consideramos o ácido acético como sendo um ácido, porque em solução aquosa ele produz H_3O^+.

$$CH_3COOH + H_2O \rightarrow H_3O^+ + CH_3COO^-$$

Contudo, o ácido acético se comporta como base quando usamos ácido sulfúrico como solvente, pois o H_2SO_4 é um doador de prótons mais forte que o CH_3COOH. Analogamente, o HNO_3 é forçado a comportar-se como base em H_2SO_4, o que é importante na obtenção do íon nitrônio, NO_2^+, responsável pela nitração de compostos orgânicos por uma mistura de H_2SO_4 e HNO_3 concentrados.

$$H_2SO_4 + CH_3COOH \rightarrow CH_3COOH_2^+ + HSO_4^-$$
$$H_2SO_4 + HNO_3 \rightarrow [H_2NO_3]^+ + HSO_4^-$$
$$[H_2NO_3]^+ \rightarrow H_2O + NO_2^+$$

A definição de Lux-Flood

Lux propôs originalmente uma definição diferente de ácidos e bases, que foi ampliada por Flood. Em vez de usar prótons ou íons característicos do solvente, eles definiram ácidos como sendo óxidos capazes de receber oxigênio, e bases como óxidos que cedem oxigênio. Por exemplo:

$$CaO + CO_2 \rightarrow Ca^{2+}[CO_3]^{2-}$$
$$SiO_2 + CaO \rightarrow Ca^{2+}[SiO_3]^{2-}$$
$$\underset{\text{base}}{6Na_2O} + \underset{\text{ácido}}{P_4O_{10}} \rightarrow 4Na_3^+[PO_4]^{3-}$$

Esse sistema é muito útil no tratamento de reações em condições anidras, em óxidos no estado fundido, e em outras reações a altas temperaturas, como aquelas encontradas nas áreas de metalurgia e cerâmica.

A definição de Usanovich

Segundo essa definição, um ácido é uma espécie química qualquer que reage com bases, libera cátions, ou recebe ânions ou elétrons. Por sua vez, uma base é uma espécie química qualquer que reage com ácidos, libera ânions ou elétrons, ou se combina com cátions. Trata-se de uma definição muito ampla que inclui todas as reações do tipo ácido-base de Lewis, além de englobar as reações redox que envolvem a transferência de elétrons.

Ácidos e bases duros e moles

Os íons metálicos podem ser divididos em dois grupos, dependendo da estabilidade de seus complexos com certos ligantes.

Metais do tipo a): incluem os íons pequenos dos Grupos 1 e 2 e os elementos de transição que se encontram a esquerda na tabela periódica, particularmente em estados de oxidação elevados. Esses metais formam os complexos mais estáveis com doadores de oxigênio e nitrogênio (amônia, aminas, água, cetonas, álcoois), e também com F^- e Cl^-.

Metais do tipo b): incluem os íons de metais de transição localizados a direita na série e os complexos de metais de transição em baixo estado de oxidação, tais como as carbonilas. Esses metais formam os complexos mais estáveis com ligantes tais como I^-, SCN^- e CN^-.

Essa classificação empírica foi útil na previsão das estabilidades relativas de complexos. Pearson estendeu o conceito para uma grande variedade de interações ácido-base. Metais do tipo a) são pequenos e não muito polarizáveis

Tabela 8.6 — Alguns ácidos e bases duros e moles

Ácidos duros	Ácidos moles
H^+	Pd^{2+}, Pt^{2+}, Cu^+, Ag^+, Au^+, Hg^{2+},
Li^+, Na^+ K^+,	$(Hg_2)^{2+}$, Tl^+,
Be^{2+}, Mg^{2+}, Ca^{2+}, Sr^{2+},	$B(CH_3)_3$, B_2H_6, $Ga(CH_3)_3$, $GaCl_3$,
Al^{3+}, BF_3, $Al(CH_3)_3$, $AlCl_3$,	$GaBr_3$, GaI_3
Sc^{3+}, Ti^{4+}, Zr^{4+}, VO^{2+}, Cr^{3+},	$[Fe(CO)_5]$, $[Co(CN)_5]^{3-}$
MoO^{3+}, WO^{4+},	
Ce^{3+}, Lu^{3+},	
Co_2, SO_3	
Bases duras	Bases moles
NH_3, RNH_2, N_4H_4	H^-, CN^-, SCN^-, $S_2O_3^{2-}$, I^- RS^-,
H_2O, ROH, R_2O	R_2S, CO, B_2H_6, C_2H_4, R_3P, $P(OR)_3$
OH^-, NO_3^-, ClO_4^-, CO_3^{2-}, SO_4^{2-},	
PO_4^{3-}, CH_3COO^-, F^-, Cl^-	

e combinam-se preferencialmente com ligantes também pequenos e não muito polarizáveis. Esses metais e ligantes foram denominados por Pearson, respectivamente, ácidos duros e bases duras. Analogamente, os metais do tipo b e os ligantes, maiores e mais polarizáveis, com que se combinam preferencialmente, foram denominados por ele de ácidos moles e bases moles, respectivamente. Ele estabeleceu a seguinte relação: preferencialmente, *ácidos duros reagem com bases duras e ácidos moles reagem com bases moles*. Essa definição incorpora as reações do tipo ácido-base mais comuns (H^+ é um ácido duro, OH^- e NH_3 são bases duras), além de um grande número de reações que envolvem a formação de complexos simples e de complexos com ligantes que formam ligações π.

LEITURAS COMPLEMENTARES

Hidrogênio

- Brown, H.C.; *Chem. Eng. News*, 5 de março, 24-29 (1979). (Reduções com hidretos: 40 anos de revolução na química orgânica)
- Emeléus, H.J. e Sharpe, A.G.; *Modern Aspects of Inorganic Chemistry*, Routledge and Kegan Paul, London, 1973. (Cap.8: O hidrogênio e os hidretos)
- Evans, E.A.; *Tritium and its Compounds*, 2.ª ed., Butterworths, London, 1974. (Contém cerca de 4.000 referências)
- Grant, W.J. e Redfearn, S.L.; *The Modern Inorganic Chemistry Industry*, Thompson, R. (editor), The Chemical Society, London, 1977, publicação especial n.º 31. (Gases industriais)
- Jolly, W.L.; *The Principles of Inorganic Chemistry*, McGraw Hill, New York, 1976, cap.4-5.
- Mackay, K.M.; *Hydrogen Compounds of the Metallic Elements*, Spon, London, 1966.
- Mackay, K.M.; *Comprehensive Inorganic Chemistry*, Pergamon Press, Oxford, 1973, vol.1. (Cap.1: O elemento hidrogênio; Cap.2: Hidretos)
- Mackay, K.M. e Dove, M.F.A.; *Comprehensive Inorganic Chemistry*, Pergamon Press, Oxford, 1973, vol.1. (Cap.3: Deutério e trítio)
- Moore, D.S. e Robinson, S.D.; *Chem. Soc. Rev.*, 12, 415-452 (1983). (Hidreto complexos dos metais de transição)
- Muetterties, E.L.; *Transition Metal Hydrides*, Marcel Dekker, New York, 1971.
- Sharpe, A.G.; *Inorganic Chemistry*, Longmans, London, 1981, cap. 9.
- Stinson, S.C.; *Chem. Eng. News*, 3 de novembro, 18-20, 1980. (Aumento do uso de hidretos como agentes redutores)
- Wiberg, E. e Amberger, E.; *Hydrides*, Elsevier, 1971.

Hidrogênio como Combustível Alternativo

- McAuliffe, C.A.; The hydrogen economy, *Chemistry in Britain*, **9**, 559-563 (1973).
- Marchetti, C.; The hydrogen economy and the chemist, *Chemistry in Britain*, **13**, 219-222 (1977).
- Williams, L.O.; *Hydrogen Power: An Introduction to Hydrogen Energy and Its Applications*, Pergamon Press, Oxford, 1980.

Ligação de Hidrogênio

- Coulson, C.A.; *Valence*, Oxford University Press, Oxford, 3.ª ed. por McWeeny, R., 1979. (Esta é a versão atualizada do livro de Coulson de 1952)
- DeKock, R.L. e Gray, H.B.; *Chemical Structure and Bonding*, Benjamin/Cummins, Menlo Park, California, 1980.
- Douglas, B.; McDaniel, D.H. e Alexander, J.J.; *Concepts and Models of Inorganic Chemistry*, 2.ª ed., John Wiley, New York, 1982. (Cap.5: A ligação de hidrogênio)
- Emsley, J.; *Chem. Soc. Rev.*, 9, 91-124 (1980). (Ligações de hidrogênio muito fortes)
- Joesten, M.D. e Schaad, L.J.; *Hydrogen Bonding*, Marcel Dekker, New York, 1974.
- Pauling, L.; *The Nature of the Chemical Bond*, 3.ª ed., Oxford University Press, London, 1960, cap.12.
- Pimentel, G.C. e McClellan, A.L.; *The Hydrogen Bond*, W.H. Freeman, San Francisco, 1960. (Uma monografia bem escrita com mais de 2.200 referências. Antiga mas completa)
- Vinogrodov, S.N. e Linnell, R.H.; *Hydrogen Bonding*, Van Nostrand Reinhold, New York, 1971. (Ótimo tratamento geral)
- Wells, A.F.; *Structural Inorganic Chemistry*, 5.ª ed., Oxford University Press, Oxford, 1984.

Ácidos e Bases

- Bell, R.P.; *The Proton in Chemistry*, 2.ª ed., Chapman and Hall, London, 1973.
- Bronsted, J.N.; *Rec. Trav. Chim.*, **42**, 718 (1923). (Artigo original sobre a teoria de Bronsted)
- Cady, H.P. e Elsey, H.M.; *J. Chem.* Ed., 5, 1425 (1928). (Definição geral de ácidos, bases e sais)
- Drago, R.S.; *J. Chem.* Ed., 51, 300 (1974). (Tratamento moderno da química de ácidos e bases)
- Finston, H.L. e Rychtman, A.C.; *A New View of Current Acid-Base Theories*, John Wiley, Chichester, 1982.
- Fogg, P.G.T. e Gerrard, W. (eds.); *Hydrogen Halides in Non-Aqueous Solvents*, Pergamon, New York, 1990.
- Gillespie, R.J.; *Endeavour*, **32**, 541 (1973). (A química dos sistemas superácidos)
- Gillespie, R.J.; *Proton Transfer Reactions*, Caldin, E. e Gold, V. (eds.), Chapman and Hall, London, 1975, cap.1. (Ácidos

protônicos, ácidos de Lewis, ácidos duros e moles e superácidos)

- Hand, C.W. e Blewitt, H.L.; *Acid-Base Chemistry*, Macmillan, New York; Collier Macmillan, London, 1986.
- Huheey, J.E.; *Inorganic Chemistry*, 2.ª ed., Harper and Row, New York, 1978, cap. 7.
- Jensen, W.B.; *The Lewis Acid-Base Concepts*, Wiley, New York and Chichester, 1980.
- Koltoff, I.M. e Elving, P.J. (eds.); *Treatise on Analytical Chemistry*, 2a ed., Wiley, Chichester, vol. 2, parte 1, 1986, 157-440.
- Olah, G.A.; Surya Prakask, G.K. e Sommer, J.; *Superacids*, Wiley, Chichester and Wiley-Interscience, New York, 1985.
- Pearson, R.G.; *J. Chem. Ed.*, **64**, 561-567 (1987). (Avanços recentes no conceito de ácidos e bases duros e moles)
- Smith, D.W.; *J. Chem. Ed.*, **64**, 480-481 (1987). (Escala de acidez para óxidos binários)
- Vogel, A.I.; Jeffery, G.H.; Bassett, J.; Mendham, J. e Denney, R.C.; *Vogel's Textbook of Quantitative Chemical Analysis*, 5.ª ed., Halstead Press, 1990. (Indicadores, titulações ácido-base, ácidos e bases fracas, tampões, etc.)

A água e as soluções

- Burgess, J.; *Ions in Solution*, Ellis Horwood, Chichester, 1988.
- Franks, F.; *Water*, 1.ª edição revisada, Royal Society of Chemistry, London.
- Hunt, J.P. e Friedman, H.L.; *Prog. Inorg. Chem.*, **30**, 359-387 (1983). (Aqua complexos de íons metálicos)
- Murrell, J.N. e Boucher, E.A.; *Properties of Liquids and Solutions*, John Wiley, Chichester, 1982.
- Nielson, G.W. e Enderby, J.E. (eds.); *Water and Aqueous Solutions*, 37.º Simpósio da Colston Research Society (Universidade de Bristol), Adam Hilger, Bristol, 1986.
- Symons, M.C.R.; Liquid water - the story unfolds, *Chemistry in Britain*, **25**, 491-494 (1989).

Solventes Não-Aquosos

- Addison, C.C.; *Chem. Rev.*, **80**, 21-39 (1980). (Tetróxido de dinitrogênio, ácido nítrico e suas misturas como meios para reações inorgânicas)
- Addison, C.C.; *The Chemistry of Liquid Alkali Metals*, John Wiley, Chichester, 1984.
- Burger, K.; Ionic *Solvation and Complex Formation Reactions in Non-Aqueous Solvents*, Elsevier, New York, 1983.
- Emeléus, H.J. e Sharpe, A.G.; *Modern Aspects of Inorganic Chemistry*, Routledge and Kegan Paul, London, 1973. (Cap.7: Reações em solventes não aquosos; Cap.8: O hidrogênio e os hidretos)
- Gillespie, R.J. e Robinson, E.A.; *Adv. Inorg. Chem. Radiochem.*, 1, 385 (1959). (Ácido sulfúrico como solvente)
- Lagowski, J. (ed.); *The Chemistry of Non-Aqueous Solvents*, Academic Press, New York, 1978.
- Nicholls, D.; *Inorganic Chemistry in Liquid Ammonia*, (Tópicos em química geral e inorgânica, monografia 17), Elsevier, Oxford, 1979.
- Popovych, O. e Tomkins, R.P.T.; *Non Aqueous Solution Chemistry*, Wiley, Chichester, 1981.
- Waddington, T.C. (ed.); *Non Aqueous Solvent Systems*, Nelson, 1969.

PROBLEMAS

1. Proponha razões a favor e contra a inclusão do hidrogênio em um dos grupos de elementos representativos da Tabela Periódica.
2. Descreva quatro métodos de obtenção do hidrogênio em escala industrial. Mostre um método conveniente de preparar hidrogênio em laboratório.
3. Descreva os principais usos do hidrogênio.
4. Escreva as equações que representam as reações do hidrogênio com: a) Na, b) Ca, c) CO, d) N, e) S, f) Cl_2, g) CuO.
5. Descreva as propriedades dos diferentes tipos ou classes de hidretos.
6. Dê seis exemplos de solventes protônicos diferentes da água e mostre como eles se auto-ionizam.
7. Quais são as espécies caracteristicamente ácidas e básicas nos seguintes solventes: a) amônia líquida, ácido acético anidro, b) ácido nítrico anidro, c) HF anidro, d) ácido perclórico anidro, e) ácido sulfúrico anidro, f) tetróxido de dinitrogênio.
8. Descreva como as várias propriedades físicas de um solvente influenciam a sua utilidade como solvente.
9. Como as propriedades do H_2O, NH_3 e HF são influenciadas pela formação de ligações de hidrogênio ?
10. Explique a tendência de variação encontrada nos pontos de ebulição dos haletos de hidrogênio (HF 20 °C, HCl −85 °C, HBr −67 °C, HI −36 °C).
11. Discuta os fundamentos teóricos, os usos práticos e as limitações teóricas para a utilização do fluoreto de hidrogênio líquido como solvente não-aquoso. Enumere as substâncias que se comportam como ácidos e como bases nesse solvente. Explique o que acontece quando SbF_5 é dissolvido em HF.
12. Discuta os fundamentos teóricos, usos práticos e limitações para o uso da amônia líquida como solvente não-aquoso. Explique o que acontece quando o $^{15}NH_4Cl$ é dissolvido em amônia líquida não marcada e o solvente é evaporado.

PARTE 2

ELEMENTOS DO BLOCOs

Grupo 1
OS METAIS ALCALINOS

INTRODUÇÃO

Os elementos do Grupo 1 ilustram, de modo mais claro que qualquer outro grupo de elementos, o efeito do tamanho dos átomos ou íons sobre as propriedades físicas e químicas. Eles formam um grupo bastante homogêneo e, provavelmente, tenham a química mais simples que qualquer outro grupo da Tabela Periódica. As propriedades físicas e químicas desses elementos estão intimamente relacionadas com sua estrutura eletrônica e seu tamanho. Todos esses elementos são metais; são excelentes condutores de eletricidade, moles e altamente reativos. Possuem na camada eletrônica mais externa um elétron fracamente ligado ao núcleo e geralmente formam compostos univalentes, iônicos e incolores. Os hidróxidos e óxidos são bases muito fortes e os oxo-sais são muito estáveis.

O lítio, o primeiro elemento, difere consideravelmente dos demais elementos do grupo. Em todos os grupos de elementos representativos da Tabela Periódica, o primeiro elemento apresenta uma série de diferenças em relação aos demais elementos.

O sódio e o potássio constituem cerca de 4% em peso da crosta terrestre. Seus compostos são muito comuns, sendo conhecidos e usados desde os primórdios da civilização. Alguns desses compostos são utilizados em quantidades muito grandes. Em 1992, a produção mundial de NaCl foi de 183,5 milhões de toneladas (a maior parte é usada na preparação de NaOH e Cl_2). Foram produzidos 38,7 milhões de toneladas de NaOH, em 1994. Cerca de 31,5 milhões de toneladas de Na_2CO_3 são consumidos por ano. $NaHCO_3$, Na_2SO_4 e NaOCl também são compostos de importância industrial. A produção mundial de sais de potássio (designados genericamente como "potassa" e medidos pelo conteúdo de K_2O) foi de 24,5 milhões de toneladas, em 1992. Grande parte foi empregada como fertilizante, mas KOH, KNO_3 e K_2O também são importantes. Além disso, sódio e potássio são elementos essenciais para a vida animal. Esses dois elementos foram isolados pela primeira vez por Humphrey Davy, em 1807, pela eletrólise de KOH e NaOH.

Tabela 9.1 — Estruturas eletrônicas

Elemento	Símbolo	Configuração eletrônica	
Lítio	Li	$1s^2 2s^1$	ou [He] $2s^1$
Sódio	Na	$1s^2 2s^2 2p^6 3s^1$	ou [Ne] $3s^1$
Potássio	K	$1s^2 2s^2 2p^6 3s^2 3p^6 4s^1$	ou [Ar] $4s^1$
Rubídio	Rb	$1s^2 2s^2 2p^6 3s^2 3p^6 3d^{10} 4s^2 4p^6 5s^1$	ou [Kr] $5s^1$
Césio	Cs	$1s^2 2s^2 2p^6 3s^2 3p^6 3d^{10} 4s^2 4p^6 4d^{10} 5s^2 5p^6 6s^1$	ou [Xe] $6s^1$
Frâncio	Fr		[Rn] $7s^1$

OCORRÊNCIA E ABUNDÂNCIA

Apesar de sua grande semelhança química, os elementos alcalinos não ocorrem juntos, principalmente por causa dos diferentes tamanhos de seus íons.

O lítio é o trigésimo quinto elemento mais abundante, em peso, e é obtido principalmente a partir de minerais do grupo dos silicatos, como o espodumênio $LiAl(SiO_3)_2$ e a lepidolita $Li_2Al_2(SiO_3)_3(FOH)_2$. A produção mundial de minerais de lítio foi de 8.900 toneladas em 1992. Os principais produtores são a ex-União Soviética com 36%, Austrália 34%, China 12%, Zimbabue 10%, Chile 9% e Canadá 8%.

O sódio e o potássio são o sétimo e o oitavo elementos mais abundantes da crosta terrestre, em peso. NaCl e KCl ocorrem em grandes quantidades na água do mar. A principal fonte de sódio é o sal-gema (NaCl). Diversos sais, incluindo NaCl, $Na_2B_4O_7 \cdot 10H_2O$ (bórax), $Na_2CO_3 \cdot NaHCO_3 \cdot 2H_2O$ (trona), $NaNO_3$ (salitre) e Na_2SO_4 (mirabilita), são obtidos a partir de depósitos formados pela evaporação das águas de antigos mares, como o Mar Morto e o Grande Lago Salgado em Utah, EUA. O cloreto de sódio é extremamente importante e é utilizado em quantidades que superam a de qualquer outro composto. A produção mundial foi de 183,5 milhões de toneladas em 1992. Os principais produtores são os Estados Unidos (19%), China (10%), ex-União Soviética (9%), Alemanha (8%), India (7%), Canadá (6%), Grã-Bretanha e Austrália (5% cada um), França e México (4% cada um). Em muitos lugares o NaCl é minerado como sal-

Tabela 9.2 — Abundância dos metais alcalinos na crosta terrestre, em peso

	Abundância na crosta terrestre (ppm)	(%)	Abundância relativa
Li	18	0,0018	35
Na	22.700	2,27	7
K	18.400	1,84	8
Rb	78	0,0078	23
Cs	2,6	0,00026	46

gema. Na Grã-Bretanha (depósito salino de Cheshire), cerca de 75% é extraído em solução, como salmoura; também na Alemanha 70% do NaCl é extraído como salmoura. Em países de clima quente, o sal pode ser obtido por evaporação da água do mar, nas salinas. Por exemplo, 92% do sal produzido na Índia é obtido por evaporação; na Espanha e na França essa percentagem chega a 26%. Esse método também é utilizado na Austrália.

O potássio ocorre principalmente como depósitos de KCl (silvita), de uma mistura de KCl e NaCl (silvinita), e do sal duplo $KCl \cdot MgCl_2 \cdot 6H_2O$ (carnalita). Sais solúveis de potássio são denominados coletivamente de "potassa". A produção mundial de "potassa" foi de 34,5 milhões de toneladas em 1992, estimadas pelo conteúdo de K_2O. A maior parte provém de depósitos comercialmente explorados (ex-União Soviética 35%, Canadá 25%, Alemanha 18%, França e Estados Unidos, 5% cada e Israel 4%). Grandes quantidades são obtidas a partir de salmouras, como as águas do Mar Morto (Jordânia) e do Grande Lago Salgado (Utah, EUA), onde a concentração chega a ser 20 a 25 vezes maior que na água do mar. Não é economicamente viável extrair potássio da água do mar "comum".

Não há nenhuma fonte conveniente para a obtenção do rubídio e somente uma para o césio. Assim, esses elementos são obtidos como subprodutos do processamento do lítio.

Todos os elementos mais pesados que o bismuto (número atômico 83) $_{83}Bi$ são radioativos. Assim, o frâncio (número atômico 87) é radioativo, e como este tem um período de meia-vida de apenas 21 minutos, ele não ocorre em quantidades significativas na natureza. Todo o frâncio existente nos primórdios da Terra já teria desaparecido e aquele produzido nesse momento a partir do actínio teria uma existência transitória.

$$^{227}_{89}Ac \xrightarrow[1\%]{99\%} {}^{0}_{-1}e + {}^{227}_{90}Th \text{ (decaimento beta)}$$

$$\hookrightarrow {}^{4}_{2}He + {}^{223}_{87}Fr \text{ (decaimento alfa)}$$

$$^{223}_{87}Fr \xrightarrow{\text{meia-vida de 21 min.}} {}^{0}_{-1}e + {}^{223}_{88}Ra \text{ (decaimento beta)}$$

OBTENÇÃO DOS METAIS

Os metais desse grupo são reativos demais para serem encontrados livres na natureza. Todavia, seus compostos estão entre os mais estáveis ao calor, de modo que sua decomposição térmica é praticamente impossível. Como esses metais se situam no topo da série eletroquímica eles reagem com a água. Logo, a obtenção desses metais por deslocamento de um dos elementos por outro situado acima dele na série eletroquímica, seria impraticável em solução aquosa. Os metais alcalinos são os agentes redutores mais fortes conhecidos, razão pela qual não é possível obtê-los por redução de seus óxidos. A eletrólise de soluções aquosas de seus compostos também não seria bem sucedida, exceto se cátodos de mercúrio forem utilizados. Nesse caso, obtém-se amálgamas e a obtenção dos metais puros a partir das mesmas é difícil.

Os metais alcalinos podem ser obtidos por eletrólise de um sal fundido, geralmente dos haletos fundidos. Geralmente, impurezas são adicionadas para abaixar o ponto de fusão.

O sódio é obtido a partir da eletrólise de uma mistura fundida constituída de cerca de 40% de NaCl e 60% de $CaCl_2$, numa célula de Downs (Fig. 9.1). Essa mistura funde a cerca de 600 °C, bem abaixo dos 803 °C do NaCl puro. A pequena quantidade de cálcio formado durante a eletrólise é insolúvel no sódio líquido e se dissolve na mistura eutética. Há três vantagens nesse procedimento:

1. Ele diminui o ponto de fusão e, conseqüentemente, o consumo de combustível.
2. Devido a diminuição da temperatura de operação, a pressão de vapor do sódio é menor, diminuindo os riscos de sua ignição ao ar.
3. Nessas temperaturas mais baixas o metal sódio formado não se dissolve no material fundido. Caso ele se dissolvesse, provocaria um curto-circuito entre os eletrodos, impedindo o prosseguimento da eletrólise.

Uma célula de Downs é constituída por um recipiente cilíndrico de aço, medindo cerca de 2,5 m de altura e 1,5 m de diâmetro, revestido com tijolos refratários. O ânodo é um bastão de grafite rodeado por um cátodo de aço fundido, que se encontra no centro do cilindro. Uma tela de metal separa os dois eletrodos e impede que o Na formado no cátodo se recombine com o Cl_2 formado no ânodo. O sódio fundido sobrenada, pois ele é menos denso que o eletrólito, e é coletado numa calha invertida, removido da célula e empacotado em cilindros de aço.

Uma célula semelhante poderia ser usada para obter potássio eletrolisando KCl fundido. Contudo, a célula deve

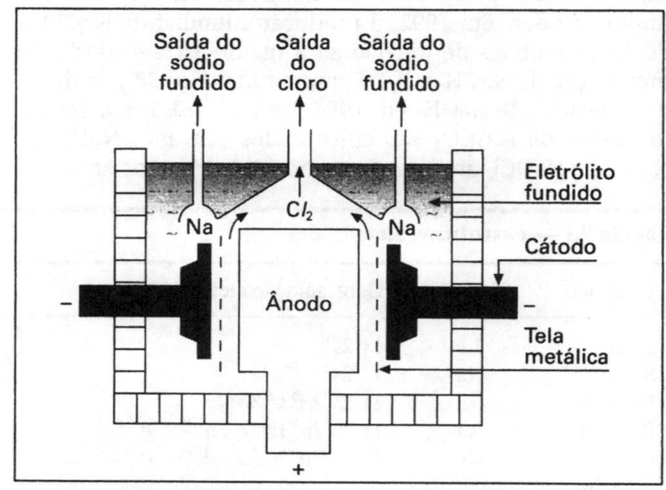

Figura 9.1 — Célula de Downs para a obtenção de sódio

ser operada a temperaturas mais elevadas, pois o ponto de fusão do KCl é mais elevado, e isso provocaria a vaporização do potássio liberado. Como o sódio é um agente redutor mais forte que o potássio e é de fácil obtenção, o método moderno consiste na redução de KCl fundido com vapor de sódio a 850 °C, numa grande torre de fracionamento. Esse processo fornece K com pureza de 99,5 %.

$$Na + KCl \rightarrow NaCl + K$$

Rb e Cs são produzidos de maneira semelhante, reduzindo seus cloretos com Ca a 750 °C, sob pressão reduzida.

APLICAÇÕES DOS METAIS DO GRUPO 1 E DE SEUS COMPOSTOS

O estereato de lítio $C_{17}H_{35}COOLi$ é usado na fabricação de graxas lubrificantes para automóveis. O Li_2CO_3 é adicionado à bauxita na produção eletrolítica de alumínio, para reduzir o ponto de fusão, e também é utilizado para endurecer o vidro. Também tem usos medicinais, pois afeta o equilíbrio entre Na^+ e K^+ e entre Mg^{2+} e Ca^{2+} no organismo. O metal lítio é usado na fabricação de ligas, por exemplo, com chumbo ("metal branco") utilizado em mancais de motores e máquinas, com alumínio para a fabricação de peças de aviões leves e resistentes e com magnésio para fabricar chapas para blindagem. Há um grande interesse nas aplicações termonucleares do lítio, pois quando bombardeado com nêutrons ele produz trítio (vide a seção sobre Fusão Nuclear no Capítulo 31). O lítio também encontra emprego na fabricação de células eletroquímicas (tanto baterias primárias como secundárias). As baterias primárias produzem eletricidade por meio de uma reação química e são descartadas quando se esgotam. Elas são constituídas por um ânodo de lítio, um cátodo de carbono e $SOCl_2$ como eletrólito. Há interesse por baterias de Li/S, que poderiam fornecer a energia para movimentar os carros elétricos do futuro, e em células secundárias, que poderão se constituir num meio prático para o armazenamento da energia elétrica excedente, nos horários de menor consumo. O LiH é usado para gerar hidrogênio e o LiOH para absorver CO_2.

A soda cáustica NaOH é o álcali mais importante usado na indústria, sendo empregado para várias finalidades, inclusive a fabricação de muitos compostos inorgânicos e orgânicos, na fabricação de papel, em neutralizações de ácidos, e na obtenção de alumina, sabões e raiom. A soda (Na_2CO_3) pode ser empregada no lugar de NaOH em vários processos, como na fabricação de papel, sabão e detergentes. Grandes quantidades são utilizadas na fabricação de vidro, fosfatos, silicatos e produtos de limpeza, bem como na extração de SO_2 dos gases liberados por usinas termelétricas alimentadas a carvão. O Na_2SO_4 é empregado em grandes quantidades nas indústrias de sabões e detergentes, papel, fibras têxteis e vidro. O NaOCl é usado como alvejante e desinfetante, sendo sua produção anual de cerca de 950.000 toneladas (em equivalentes de cloro), em 1990. O $NaHCO_3$ é usado em fermentos químicos. A utilização do sódio metálico está declinando, mas cerca de 80.000 toneladas foram produzidas em 1994. Sua principal aplicação é na preparação da liga Na/Pb, utilizado na síntese de $PbEt_4$ e $PbMe_4$. Esses compostos organometálicos são utilizados como aditivos da gasolina (antidetonante), mas seu uso está diminuindo continuamente à medida que mais e mais carros usam gasolina isenta de chumbo. Outra importante aplicação é na redução do $TiCl_4$ e $ZrCl_4$ para a obtenção dos respectivos metais. Ele também é usado na fabricação de compostos tais como Na_2O_2 e NaH, e em lâmpadas de iluminação para ruas. Sódio metálico líquido é utilizado como elemento refrigerante num tipo de reator nuclear, transferindo o calor do reator às turbinas, onde é gerado o vapor usado para produzir eletricidade. Um reator desse tipo ("fast breeder") continua operando em Grenoble (França), mas o de Dounreay (Escócia) foi desativado. Eles operam à temperaturas de cerca de 600° C. Por ser um metal, o sódio conduz muito bem o calor e é perfeito para esse propósito, pois seu ponto de ebulição é 881° C. Pequenas quantidades do metal são usadas em síntese orgânica e para secar solventes orgânicos.

O potássio é um elemento essencial à vida. Cerca de 95 % dos compostos de potássio são usados como fertilizante para plantas – KCl 90%, K_2SO_4 9% e KNO_3 1%. Sais de potássio são sempre mais caros que os sais de sódio, geralmente por um fator de 10 ou mais. KOH (fabricado por eletrólise de soluções aquosas de KCl) é usado na fabricação de fosfatos de potássio e de sabões moles, por exemplo estearato de potássio. Ambos são constituintes de detergentes líquidos. O KNO_3 é usado em explosivos. O $KMnO_4$ é usado na fabricação de sacarina. Também é usado como agente oxidante e em titulações. K_2CO_3 é usado na produção de cerâmicas, tubos de TV a cores e lâmpadas fluorescentes. O superóxido de potássio, KO_2, é empregado em aparelhos de respiração e em submarinos. O KBr encontra uso na fotografia. Potássio metálico é produzido em pequenas quantidades, principalmente para fabricar KO_2.

ESTRUTURA ELETRÔNICA

Todos os elementos do Grupo 1 têm um elétron de valência no orbital mais externo — um elétron *s*, que ocupa um orbital esférico. Ignorando-se as camadas eletrônicas internas preenchidas, suas configurações eletrônicas podem ser escritas como: $2s^1$, $3s^1$, $4s^1$, $5s^1$, $6s^1$ e $7s^1$. O elétron de valência encontra-se bastante afastado do núcleo. Logo, é fracamente ligado pelo núcleo e pode ser removido com facilidade. Em contraste, os demais elétrons estão mais próximos do núcleo, são mais firmemente ligados e removidos com dificuldade. Por serem as configurações eletrônicas desses elementos semelhantes, espera-se que seus comportamentos químicos também o sejam.

TAMANHO DOS ÁTOMOS E ÍONS

Os átomos do grupo 1 são os maiores nos seus respectivos períodos, na tabela periódica. Quando os elétrons externos são removidos para formar os correspondentes íons positivos, o tamanho diminui consideravelmente. Há duas razões para tal:

1. A camada eletrônica mais externa foi totalmente removida.

Tabela 9.3 — Tamanho e densidade

	Raio do metal (Å)	Raio do íon M^+ (Å)	Densidade ($g\ cm^{-1}$)
Li	1,52	0,76	0,54
Na	1,86	1,02	0,97
K	2,27	1,38	0,86
Rb	2,48	1,52	1,53
Cs	2,65	1,67	1,90

2. Com a remoção de um elétron, a carga positiva do núcleo passa a ser maior que a soma da carga dos elétrons remanescentes, de modo que cada um deles é atraído mais fortemente pelo núcleo. Com isso, o tamanho diminui ainda mais.

Os íons positivos são sempre menores que os átomos correspondentes. Mesmo assim, os íons do Grupo 1 são muito grandes e seu tamanho aumenta do Li^+ até o Fr^+, à medida que camadas adicionais de elétrons são acrescentadas.

O Li^+ é muito menor que os demais íons. Por causa disso, o lítio só se mistura com o sódio acima de 380 °C e é imiscível com os metais K, Rb e Cs, mesmo quando fundidos. O lítio também não forma ligas substitucionais com eles. Já os demais metais alcalinos, Na, K, Rb e Cs, são miscíveis uns com os outros em todas as proporções.

DENSIDADE

Como os átomos são grandes, os elementos do Grupo 1 apresentam densidades muito baixas. A densidade do lítio metálico é somente cerca da metade da densidade da água, enquanto que o sódio e o potássio são um pouco menos densos que a água (vide Tab. 9.3). Não é comum metais terem densidades tão baixas, e a maioria dos metais de transição apresentam densidades superiores a 5 $g\ cm^{-3}$. Por exemplo, a densidade do ferro é 7,9 $g\ cm^{-3}$, do mercúrio 13,6 $g\ cm^{-3}$, do ósmio e do irídio (os dois metais mais densos) 22,57 e 22,61 $g\ cm^{-3}$, respectivamente.

ENERGIA DE IONIZAÇÃO

As primeiras energias de ionização dos átomos desse grupo são consideravelmente menores que dos elementos de qualquer outro grupo da Tabela Periódica. Os átomos são muito grandes e os elétrons mais externos são fracamente atraídos pelo núcleo. Conseqüentemente, as energias necessárias para remover estes elétrons externos dos átomos não são muito grandes. O tamanho dos átomos aumenta na seqüência Li, Na, K, Rb e Cs. Assim, os elétrons mais externos são ligados cada vez mais fracamente, fazendo com que as energias de ionização diminuam ao se descer pelo grupo.

A segunda energia de ionização — isto é, a energia necessária para remover o segundo elétron dos átomos — é extremamente elevada. A segunda energia de ionização é sempre maior que a primeira, geralmente por um fator de dois, porque ela envolve a remoção de um elétron de um íon positivo menor, e não de um átomo neutro maior. A diferença entre a primeira e a segunda energias de ionização é mais acentuada no presente caso, porque além dos fatores citados ela implica na remoção de um elétron de um nível eletrônico totalmente preenchido. Em condições normais, o segundo elétron nunca é removido, porque a energia necessária é maior que aquela necessária para ionizar os gases nobres. Os elementos desse grupo geralmente formam íons M^+.

Tabela 9.4 — Energias de ionização

	Primeira energia de ionização ($kJ\ mol^{-1}$)	Segunda energia de ionização ($kJ\ mol^{-1}$)
Li	520,1	7.296
Na	495,7	4.563
K	418,6	3.069
Rb	402,9	2.650
Cs	375,6	2.420

ELETRONEGATIVIDADE E TIPOS DE LIGAÇÃO

Os valores das eletronegatividades dos elementos desse grupo são relativamente muito pequenos - de fato são menores que de qualquer outro elemento. Assim, quando eles reagem com outros elementos para formarem compostos, geralmente existe uma grande diferença de eletronegatividade entre eles, com a conseqüente formação de ligações iônicas.

Eletronegatividade do Na	0,9
Eletronegatividade do Cl	3,0
Diferença de eletronegatividade	2,1

Uma diferença de eletronegatividade de 1,7 a 1,8 corresponde a uma ligação com aproximadamente 50% de caráter iônico. Logo, o valor 2,1 implica que a ligação no NaCl é predominantemente iônica. Argumentos semelhantes se aplicam a outros compostos: por exemplo, a diferença de eletronegatividade no LiF é 3,0 e no KBr é 2,0 e ambos são compostos iônicos.

A química dos metais alcalinos é dominada pela química de seus íons.

O CICLO DE BORN-HABER: VARIAÇÕES DE ENERGIA NA FORMAÇÃO DE COMPOSTOS IÔNICOS

Quando os elementos reagem para formar compostos, o valor de ΔG (energia livre de formação) deve ser negativo.

Tabela 9.5 — Valores de eletronegatividade

	Eletronegatividade de Pauling
Li	1,0
Na	0,9
K	0,8
Rb	0,8
Cs	0,7

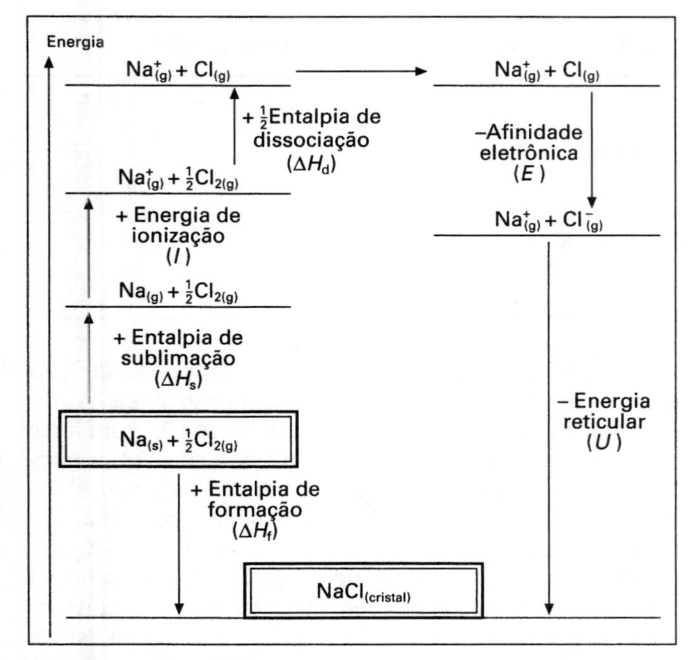

Figura 9.2 — *Ciclo de Born-Habber para a formação do NaCl*

Para que a reação ocorra espontaneamente, a energia livre dos produtos deve ser menor que a dos reagentes.

As variações de energia são geralmente medidas como variações de entalpia ΔH, e ΔG se relaciona com ΔH através da equação:

$$\Delta G = \Delta H - T\Delta S$$

Muitas vezes valores de entalpia são utilizados ao invés de valores de energia livre: os dois são aproximadamente iguais se o termo $T\Delta S$ for pequeno. À temperatura ambiente, T será igual a cerca de 300 K, de modo que ΔG e ΔH serão semelhantes somente se o valor de ΔS for muito pequeno. As variações de entropia são grandes se houver uma mudança de estado físico, por exemplo, do estado sólido para líquido, do líquido para gasoso ou do sólido para gasoso. Nas demais circunstâncias as variações de entropia serão geralmente pequenas.

Toda uma série de variações de energia estará envolvida nas transformações dos respectivos elementos até a formação de um cristal iônico. Essas variações podem ser mostradas no Ciclo de Born-Haber (Fig. 9.2). O ciclo tem duas finalidades: pode ser usado para explicar como todas essas

Tabela 9.6 — Valores de entalpia (ΔH) par MCl (todos os valores em kJ mol^{-1})

	Energia de sublimação $M_{(s)}$–$M_{(g)}$	1/2 da entalpia de dissociação $^1/_2Cl_2$–Cl	Energia de ionização M–M^+	Afinidade eletrônica Cl–Cl^-	Energia reticular	Entalpia de formação (= soma)
Li	161	121,5	520	–355	–845	–397,5
Na	108	121,5	496	–355	–770	–399,5
K	90	121,5	419	–355	–703	–427,5
Rb	82	121,5	403	–355	–674	–422,5
Cs	78	121,5	376	–355	–644	–423,5

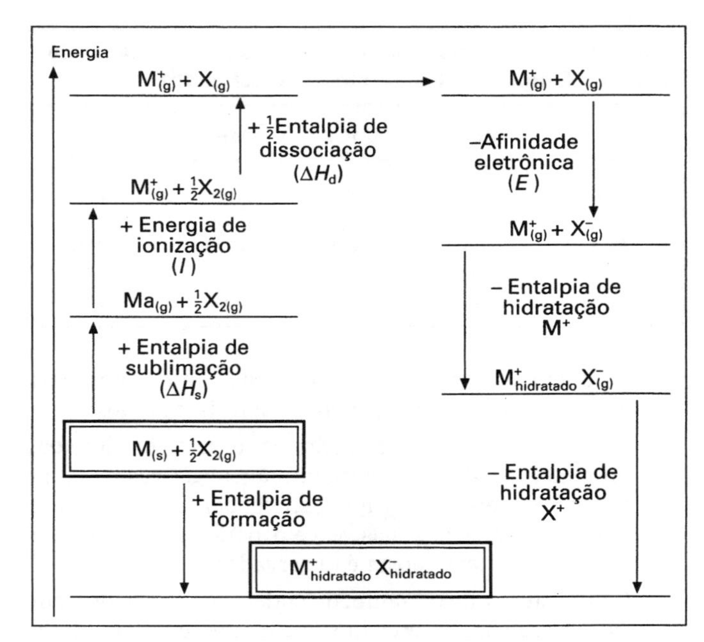

Figura 9.3 — *Ciclo de energia par a hidratação de íons*

variações de energia se relacionam entre si e, se for possível determinar todos os valores envolvidos exceto um, este último poderá ser calculado. Não há métodos diretos para se determinar os valores de afinidade eletrônica, tendo sido calculados com o auxílio desse tipo de ciclo de energias.

A lei de Hess estabelece que a variação de energia que acompanha uma reação depende apenas da energia dos reagentes iniciais e dos produtos finais, e não do mecanismo da reação ou do caminho da reação. Assim, de acordo com a lei de Hess, a variação de energia para a reação do sódio sólido com o gás cloro para formar um cristal de cloreto de sódio pela reação direta (medida como entalpia de formação), deverá ser equivalente à soma de todas as variações de energia ao longo do ciclo. Nesse caso, inicialmente são gerados os átomos gasosos dos elementos, a seguir os íons gasosos, e finalmente estes são aproximados e ordenados para formarem o sólido cristalino. Isso pode ser expresso como:

$$\Delta H_f = + \Delta H_s + I + {}^1/_2\Delta H_d + E + U$$

Detalhes desses termos de energia são mostrados na Tab. 9.6. Uma quantidade considerável de energia (as entalpias de sublimação e dissociação, e a energia de ionização) é empregada para se obter os íons. Logo, esses termos são positivos. Os sólidos iônicos são formados porque uma quantidade ainda maior de energia será liberada, principalmente devido à energia reticular e em menor grau à afinidade eletrônica. Assim, obteremos um valor negativo para a entalpia de formação, ΔH_f.

Todos os haletos MCl apresentam entalpias de formação negativas, indicando que, do ponto de vista termodinâmico (isto é, de energia), a formação dos compostos MCl a partir dos elementos é possível. Os valores correspondentes são mostrados na Tab. 9.7 e sugerem diversas tendências:

1. As entalpias mais negativas de formação ocorrem nos fluoretos. Para qualquer um dos metais, os valores decrescem na seqüência fluoreto > cloreto > brometo

Tabela 9.7 — Entalpias padrão de formação dos haletos dos metais do Grupo 1 (todos os valores em kJ mol^{-1})

	MF	MCl	MBr	MI
Li	–612	–398	–350	–271
Na	–569	–400	–360	–288
K	–563	–428	–392	–328
Rb	–549	–423	–389	–329
Cs	–531	–424	–395	–337

> iodeto. Portanto, os fluoretos são os compostos mais estáveis e os iodetos os menos estáveis de todos.

2. As entalpias de formação para os respectivos cloretos, brometos e iodetos se tornam mais negativas de cima para baixo dentro do grupo. Essa tendência é observada para a maioria dos sais, exceto para os fluoretos no qual a tendência oposta é observada.

Compostos iônicos também podem ser formados em solução. Nesse caso, um ciclo semelhante de variações de energia deve ser considerado, mas a energia reticular deve ser substituída pelas energias de hidratação dos íons negativos e positivos.

O ciclo de energia mostrado na Fig. 9.3 é muito semelhante ao ciclo de Born-Haber. A entalpia de formação dos íons hidratados, a partir dos elementos em seu estado natural, deve ser igual à soma de todas as outras variações de energia ao longo do ciclo.

ESTRUTURA CRISTALINA DOS METAIS, DUREZA E ENERGIA DE COESÃO

À temperatura ambiente, todos os metais do Grupo 1 adotam a estrutura cúbica de corpo centrado, com número de coordenação 8. Contudo, a temperaturas muito baixas, o lítio forma uma estrutura hexagonal de empacotamento compacto com número de coordenação 12.

Os metais são muito moles e podem ser cortados facilmente com uma faca. O lítio é o mais duro de todos, mas é mais mole que o chumbo. As ligações existentes nos metais foram discutidas nos Capítulos 2 e 5, em função de bandas ou orbitais moleculares deslocalizados, que se estendem sobre todo o cristal.

A energia de coesão é a força que mantém unidos os átomos ou íons no sólido (é igual em magnitude mas de sinal oposto à entalpia de atomização, ou seja a energia necessária para gerar átomos gasosos a partir do sólido). As energias de coesão dos metais do Grupo 1 são iguais à cerca da metade daquelas dos elementos do Grupo 2, e um terço das energias de coesão dos elementos do Grupo 13. A magnitude das energias de coesão determina a dureza. Ela depende do número de elétrons que podem participar das ligações e da força das mesmas. Os metais do Grupo 1 possuem somente um elétron de valência que pode participar das ligações (comparado com dois ou mais elétrons na maioria dos outros metais). Esse fato, associado ao grande tamanho dos átomos e à natureza difusa do elétron externo, é responsável pela baixa energia de coesão, pequena força de ligação e baixa resistência mecânica dos metais alcalinos. Os átomos se tornam maiores descendo o grupo do lítio ao césio. Portanto, existe uma tendência das ligações se tornarem mais fracas, as energias de coesão diminuírem e os metais se tornarem mais moles.

Tabela 9.8 — Entalpias de coesão

	Energia de coesão (entalpia de atomização) (kJ mol^{-1})
Li	161
Na	108
K	90
Rb	82
Cs	78

Tabela 9.9 — Pontos de fusão e pontos de ebulição

	Ponto de fusão (°C)	Ponto de fusão (°C)
Li	181	1.347
Na	98	881
K	63	766
Rb	39	688
Cs	28,5	705

PONTOS DE FUSÃO E DE EBULIÇÃO

As baixas energias de coesão se refletem nos valores muito baixos das temperaturas de fusão e de ebulição dos elementos do grupo. As energias de coesão decrescem de cima para baixo e os pontos de fusão e de ebulição acompanham essa tendência.

Os pontos de fusão variam na faixa de 181 °C, para o lítio, a 28,5 °C, para o césio. Esses são valores extremamente baixos para metais, em contraste com os pontos de fusão dos metais de transição, que geralmente são superiores a 1.000°C.

O ponto de fusão do lítio é cerca de duas vezes maior que a do sódio (em graus Celsius), embora para os demais metais alcalinos sejam semelhantes entre si. Invariavelmente observa-se que muitas propriedades do primeiro elemento de um grupo difere consideravelmente dos demais (as diferenças entre o lítio e os demais elementos do Grupo 1 serão discutidas no final deste capítulo).

TESTE DE CHAMA E ESPECTROS

Como resultado das baixas energias de ionização, quando os elementos do grupo são irradiados com luz, a energia luminosa absorvida pode ser suficientemente elevada para fazer com que o átomo perca um elétron. Este é denominado fotoelétron e explica o uso do césio e do potássio como cátodos em células fotoelétricas.

Os elétrons também podem ser facilmente excitados

Tabela 9.10 — Cores da chama e comprimentos de onda

	Cor	Comprimento de onda (nm)	Número de onda (cm^{-1})
Li	Vermelho-carmim	670,8	14.908
Na	Amarelo	589,2	16.972
K	Violeta	766,5	13.046
Rb	Vermelho-violeta	780,0	12.821
Cs	Azul	455,5	21.954

para um nível de energia superiores, por exemplo, no teste de chama. Para realizar esse teste, uma amostra do cloreto do metal, ou de qualquer outro sal mergulhado em HCl concentrado, é aquecido na chama de um bico de Bunsen, com o auxílio de um fio de platina ou de níquel-crômio. Nessa situação, o elétron externo é excitado para um nível de energia mais alto pelo calor da chama. Quando esse elétron retorna ao nível energético inicial, ele libera a energia absorvida. A relação de Einstein relaciona essa energia E com o número de onda v:

$$E = \text{hv (onde h é a constante de Planck)}$$

No caso dos metais do Grupo 1, a energia é emitida na forma de luz visível, provocando o aparecimento de cores características na chama.

Na realidade, a cor é decorrente das transições eletrônicas em espécies de vida curta que se formam momentaneamente na chama, que é rica em elétrons. No caso do sódio, os íons são temporariamente reduzidos a seus átomos.

$$Na^+ + e \rightarrow Na$$

A linha D do sódio (na realidade é um dubleto com máximos em 589,0 nm e 589,6 nm) decorre da transição eletrônica $3s^1 \rightarrow 3p^1$, **num átomo de sódio** formado na chama. As cores características da chama para os diferentes elementos não se devem todas à mesma transição, ou à mesma espécie. Assim, a linha vermelha do lítio se deve à espécie transiente LiOH formada na chama.

Essas colorações características da chama correspondem a diferentes *espectros de emissão*, que possibilita a determinação analítica destes elementos pela técnica de fotometria de chama. Uma solução de um sal do Grupo 1 é aspirada para o interior da chama resultante da queima de uma mistura oxigênio-gás, num fotômetro de chama. A energia da chama excita um elétron para um nível de energia mais alto e quando o elétron retorna ao nível de energia mais baixo, a diferença de energia é emitida na forma de luz. A intensidade da coloração da chama é medida com uma célula fotoelétrica e depende da concentração de metal presente. Uma curva de calibração pode ser construída, medindo-se tais intensidades para amostras de concentrações conhecidas. Assim, as concentrações exatas de amostras desconhecidas podem ser determinadas, comparando-se os resultados obtidos com os valores da curva padrão.

As concentrações de metais do Grupo 1 podem ser alternativamente determinados, utilizando a *espectroscopia de absorção atômica*. Nesse caso, utiliza-se uma lâmpada, que emite luz de um comprimento de onda apropriado para que ocorra uma determinada transição eletrônica, para irradiar a amostra na chama. Assim, uma lâmpada de sódio é usada para determinar sódio na amostra: outras lâmpadas são utilizadas na determinação de outros elementos. A quantidade de luz absorvida pelos átomos no estado fundamental é medida, sendo esta proporcional à quantidade do elemento presente na amostra problema.

COR DOS COMPOSTOS

A cor surge porque a energia absorvida ou emitida nas transições eletrônicas corresponde aos comprimentos de onda da luz na região do visível. Todos os íons dos metais do Grupo 1 apresentam configurações eletrônicas de gás nobre, no qual todos os elétrons estão emparelhados. Assim, a promoção de um elétron requer uma certa quantidade de energia para desemparelhar um elétron, outra para romper um nível completamente preenchido de elétrons, além da energia para promover o elétron para um nível de maior energia. A quantidade total de energia requerida é grande: não há transições eletrônicas na faixa de energia adequada e seus compostos são tipicamente brancos. Qualquer transição que porventura venha a ocorrer envolverá grandes quantidades de energia e aparecerá na região do ultravioleta e não do espectro visível. Portanto, essa luz será invisível ao olho humano. Compostos dos metais do Grupo 1 são todos brancos, exceto aqueles em que o ânion é colorido, por exemplo, cromato de sódio $Na_2[CrO_4]$ (amarelo), dicromato de potássio $K_2[Cr_2O_7]$ (alaranjado) e permanganato de potássio $K[MnO_4]$ (violeta intenso). Nesses casos a cor é devido a presença dos ânions $[CrO_4]^-$, $[Cr_2O_7]^{2-}$ ou $[MnO_4]^-$ e não dos íons dos metais do Grupo 1.

Quando os elementos do Grupo 1 formam compostos (geralmente iônicos, mas existem alguns poucos compostos covalentes), todos os elétrons estão emparelhados. Por isso, os compostos do Grupo 1 são diamagnéticos. Há uma exceção importante — os superóxidos, que serão discutidos mais adiante.

PROPRIEDADES QUÍMICAS

Reação com água

Todos os metais do Grupo 1 reagem com água, liberando hidrogênio e formando os correspondentes hidróxidos. A reação se torna cada vez mais vigorosa à medida que se desce o grupo. Assim, o lítio reage a uma velocidade moderada; o sódio funde na superfície da água e o metal fundido desliza vigorosamente, podendo inflamar-se (especialmente se ficar parado); e o potássio funde e sempre se inflama.

$$2Li + 2H_2O \rightarrow 2LiOH + H_2$$
$$2Na + 2H_2O \rightarrow 2NaOH + H_2$$
$$2K + 2H_2O \rightarrow 2KOH + H_2$$

Os potenciais padrões de eletrodo E^o são : $Li^+|Li = -3{,}05$ volts, $Na^+|Na = -2{,}71$, $K^+|K = -2{,}93$, $Rb^+|Rb = -2{,}92$ e $Cs^+|Cs = -2{,}92$ V. O lítio apresenta o potencial padrão de eletrodo mais negativo que qualquer outro elemento da tabela periódica, principalmente por causa da grande energia

Tabela 9.11 — Algumas reações dos metais do Grupo 1

Reação	Observações
$M + H_2O \rightarrow MOH + H_2$	Os hidróxidos são as bases mais fortes conhecidas
Com excesso de oxigênio	
$2Li + {}^1/_2O_2 \rightarrow Li_2O$	O monóxido é formado pelo Li e em menor grau pelo Na
$2Na + O_2 \rightarrow Na_2O_2$	O peróxido é formado pelo Na e em menor grau pelo Li
$K + O_2 \rightarrow KO_2$	O superóxido é formado pelo K, Rb e Cs
$M + {}^1/_2H_2 \rightarrow MH$	Formação de hidretos iônicos ou salinos
$3Li + {}^1/_2N_2 \rightarrow Li_3N$	Somente o Li forma o nitreto
$3M + P \rightarrow M_3P$	Todos os metais alcalinos formam fosfetos
$3M + As \rightarrow M_3As$	Todos os metais alcalinos formam arsenetos
$3M + Sb \rightarrow M_3Sb$	Todos os metais alcalinos formam antimonetos
$2M + S \rightarrow M_2S$	Todos os metais alcalinos formam sulfetos
$2M + Se \rightarrow M_2Se$	Todos os metais alcalinos formam selenetos
$2M + Te \rightarrow M_2Te$	Todos os metais alcalinos formam teluretos
$2M + F_2 \rightarrow 2MF$	Todos os metais alcalinos formam fluoretos
$2M + Cl_2 \rightarrow 2MCl$	Todos os metais alcalinos formam cloretos
$2M + Br_2 \rightarrow 2MBr$	Todos os metais alcalinos formam brometos
$2M + I_2 \rightarrow 2MI$	Todos os metais alcalinos formam iodetos
$M + NH_3 \rightarrow MNH_2 + {}^1/_2H_2$	Todos os metais alcalinos formam amidetos

de hidratação do íon Li^+. O potencial padrão de eletrodo, $E°$, e a energia livre de Gibbs, ΔG, se relacionam através da equação:

$$\Delta G = -nFE°$$

onde, n é o número de elétrons removidos do metal para formar o íon e F a constante de Faraday.

A reação $Li^+ + e \rightarrow Li$ apresenta o maior valor negativo de E°, e portanto o maior valor positivo de ΔG. Portanto, a reação direta *não ocorre*. Mas, a reação inversa $Li \rightarrow Li^+ + e$ apresenta um ΔG negativo e elevado, de modo que sua reação com água libera mais energia que a mesma reação com os demais metais alcalinos. Por isso, pode parecer surpreendente o fato do lítio reagir apenas a uma velocidade moderada com a água, enquanto que o potássio, que libera menos energia, reaja violentamente e se inflame. A explicação é dada pela cinética (isto é, a velocidade com que a reação se processa) e não pela termodinâmica (isto é, pela quantidade de energia liberada). O potássio possui um baixo ponto de fusão e o calor da reação é suficiente para provocar sua fusão, ou mesmo sua vaporização. O metal fundido se espalha e expõe uma maior superfície de contato com a água, de modo que ele pode reagir mais depressa, elevando ainda mais sua temperatura, até eventualmente inflamar-se.

Reação com o ar

Os elementos do Grupo 1 são quimicamente muito reativos, e rapidamente perdem o brilho quando expostos ao ar seco. Sódio, potássio, rubídio e césio formam óxidos de vários tipos, mas o lítio forma uma mistura do óxido e do nitreto, Li_3N.

Reação com o nitrogênio

O lítio é o único elemento do grupo que reage diretamente com o nitrogênio, formando o nitreto. O nitreto de lítio, Li_3N, é um composto iônico ($3Li^+$ e N^{3-}) de cor vermelho-rubi. Duas de suas reações são importantes: ele se decompõe gerando os elementos constituintes, quando aquecido a altas temperaturas, e reage com água formando amônia.

$$2Li_3N \xrightarrow{\text{calor}} 6Li + N_2$$
$$Li_3N + 3H_2O \rightarrow 3LiOH + NH_3$$

ÓXIDOS, HIDRÓXIDOS, PERÓXIDOS E SUPERÓXIDOS

Reação com o ar

Todos os metais alcalinos queimam ao ar formando óxidos, embora o produto formado varie com o metal. O lítio forma o monóxido Li_2O (e uma pequena quantidade do peróxido, Li_2O_2), o sódio forma o peróxido Na_2O_2 (e uma pequena quantidade de monóxido Na_2O), e os demais formam superóxidos do tipo MO_2.

Todos os cinco metais alcalinos podem ser induzidos a formar o óxido normal, o peróxido ou o superóxido, dissolvendo-os em amônia líquida e borbulhando-se a quantidade adequada de oxigênio.

Óxidos normais — monóxidos

Os monóxidos são iônicos sendo constituídos, por exemplo por $2Li^+$ e O^{2-}. Li_2O e Na_2O são sólidos brancos como o esperado, mas surpreendentemente o K_2O é amarelo pálido, o Rb_2O é amarelo vivo e o Cs_2O é laranja. Os óxidos metálicos são geralmente alcalinos. Os óxidos típicos, M_2O, são fortemente alcalinos, reagindo com água formando bases fortes.

$$Li_2O + H_2O \rightarrow 2LiOH$$
$$Na_2O + H_2O \rightarrow 2NaOH$$
$$K_2O + H_2O \rightarrow 2KOH$$

As estruturas cristalinas do Li_2O, Na_2O, K_2O e Rb_2O são do tipo antifluorita, ou seja, semelhante à da fluorita, CaF_2, exceto que as posições dos íons negativos e positivos estão invertidas. O Li^+ ocupa as posições reticulares do F^- e o O^{2-} ocupa os sítios do Ca^{2+}. O Cs_2O apresenta uma estrutura lamelar do tipo anti-$CdCl_2$.

Hidróxidos

O hidróxido de sódio, NaOH, e o hidróxido de potássio, KOH, são respectivamente denominados soda cáustica e potassa cáustica, por causa de suas propriedades corrosivas (por exemplo, sobre o vidro ou a pele). Esses compostos são as bases mais fortes conhecidas em solução aquosa. Os hidróxidos de Na, K, Rb e Cs são muito solúveis em água, mas o LiOH é bem menos solúvel (vide Tab. 9.12). Uma solução saturada de NaOH tem uma concentração de aproximadamente 27 molar, à 25°C, enquanto que uma solução saturada de LiOH chega a apenas cerca de 5 molar.

Tabela 9.12 — Solubilidades dos hidróxidos do Grupo 1

Elemento	Solubilidade (g/100 g de H_2O)
Li	13,0 (25°C)
Na	108,3 (25°C)
K	112,8 (25°C)
Rb	197,6 (30°C)
Cs	385,6 (15°C)

As bases reagem com ácidos para formarem sais e água e são utilizadas em muitas reações de neutralização.

$$NaOH + HCl \rightarrow NaCl + H_2O$$

As bases também reagem com CO_2, até mesmo com quantidades traço presentes no ar, formando os carbonatos. O LiOH é usado para absorver dióxido de carbono em recintos fechados, tais como em cápsulas espaciais (onde sua baixa densidade é importante para diminuir o peso).

$$2NaOH + CO_2 \rightarrow Na_2CO_3 + H_2O$$

Elas reagem também com os óxidos anfóteros Al_2O_3 formando aluminatos, SiO_2 (ou vidro) formando silicatos, SnO_2 formando estanatos, PbO_2 formando plumbatos e ZnO formando zincatos.

As bases provocam a liberação de gás amônia quando reagem com sais de amônio e complexos, onde a amônia está ligada a íons de metais de transição (amin complexos).

$$NaOH + NH_4Cl \rightarrow NH_3 + NaCl + H_2O$$
$$6NaOH + \underset{\text{cloreto de hexaamincobalto(III)}}{2[Co(NH_3)_6]Cl_3} \rightarrow 12NH_3 + Co_2O_3 + 3NaCl + 3H_2O$$

O NaOH reage com H_2S para formar sulfetos S^{2-} e hidrogenossulfetos HS^-, sendo usado para remover mercaptanas (tioálcoois) de derivados de petróleo.

$$NaOH + H_2S \rightarrow NaSH \rightarrow Na_2S$$

Os hidróxidos reagem com álcoois, formando alcóxidos.

$$NaOH + EtOH \rightarrow \underset{\text{etóxido de sódio}}{NaOEt} + H_2O$$

O KOH se assemelha ao NaOH em todas as suas reações, mas o KOH é muito mais caro e por isso menos utilizado. Contudo, o KOH é muito mais solúvel em etanol, possibilitando a formação de mais íons $C_2H_5O^-$ através do equilíbrio.

$$C_2H_5OH + OH^- \rightleftharpoons C_2H_5O^- + H_2O$$

Esse fato explica o uso de soluções alcoólicas de KOH em Química Orgânica. Os hidróxidos do Grupo são termicamente estáveis, confirmando a natureza fortemente eletropositiva dos metais alcalinos. Muitos hidróxidos se decompõem, perdendo água e formando os correspondentes óxidos, durante o aquecimento.

Peróxidos e superóxidos

Todos os peróxidos contém o íon $[-O-O-]^{2-}$. Eles são diamagnéticos (todos os elétrons estão emparelhados) e são agentes oxidantes. Os peróxidos podem ser considerados como sendo sais do ácido dibásico H_2O_2, pois reagem com água e ácido, formando peróxido de hidrogênio, H_2O_2.

$$Na_2O_2 + 2H_2O \rightarrow 2NaOH + H_2O_2$$

O Na_2O_2 é amarelo pálido, sendo usado industrialmente como alvejamento de polpa de madeira, de papel e de artigos têxteis, tais como algodão e linho. É um oxidante poderoso e muitas de suas reações são perigosamente violentas, particularmente com materiais redutores tais como alumínio em pó, carvão, enxofre e muitos solventes orgânicos. Como ele reage com o CO_2 do ar, tem sido empregado para purificar o ar em submarinos e recintos confinados, pois além de absorver o CO_2 desprende O_2. O superóxido de potássio, KO_2, é ainda mais adequado para essa finalidade. Algumas reações típicas são mostradas abaixo:

$$Na_2O_2 + CO \rightarrow Na_2CO_3$$
$$2Na_2O_2 + 2CO_2 \rightarrow 2Na_2CO_3 + O_2$$

Uma reação em duas etapas, na presença de excesso de ar, é utilizado na obtenção industrial de Na_2O_2:

$$2Na + {}^1/_2O_2 \rightarrow Na_2O$$
$$Na_2O + {}^1/_2O_2 \rightarrow Na_2O_2$$

Os superóxidos contêm o íon $[O_2]^-$, que possui um elétron desemparelhado; sendo portanto, paramagnéticos e coloridos (LiO_2 e NaO_2 são amarelos, KO_2 alaranjado, RbO_2 castanho e CsO_2 alaranjado).

O NaO_2 apresenta três estruturas cristalinas diferentes: a estrutura da marcassita na temperatura do ar líquido, a estrutura das piritas (FeS_2) entre −77° C e −50 °C, e a estrutura do carbeto de cálcio à temperatura ambiente. Tanto a estrutura da pirita como a do carbeto de cálcio se relacionam à estrutura do Na*Cl*, com os íons metálicos ocupando as posições do Na^+ e os íons O_2^-, S_2^{2-} e C_2^{2-} estão nas posições do Cl^-. Como os íons negativos contêm dois átomos, sua forma é cilíndrica ao invés de esférica. Na estrutura do CaC_2 os íons C_2^{2-} estão todos orientados ao longo de um dos eixos cúbicos, e a célula unitária é alongada nessa direção. Por isso, a célula unitária do NaCl é cúbica, mas a do CaC_2 é tetragonal. A estrutura das piritas é semelhante, mas os íons C_2^{2-} não estão todos alinhados, de modo que a estrutura cúbica é mantida.

Os superóxidos são agentes oxidantes ainda mais fortes que os peróxidos, e reagem com água ou ácidos, desprendendo H_2O_2 e O_2.

$$2KO_2 + 2H_2O \rightarrow 2KOH + H_2O_2 + {}^1/_2O_2$$

O KO_2 é usado em cápsulas espaciais, submarinos e máscaras de respiro, pois remove o CO_2 e produz oxigênio. Ambas as funções são importantes em equipamentos para a manutenção da vida.

$$4KO_2 + 2CO_2 \rightarrow 2K_2CO_3 + 3O_2$$
$$4KO_2 + 4CO_2 + 2H_2O \xrightarrow{\text{mais } CO_2} 4KHCO_3 + 3O_2$$

O superóxido de sódio não pode ser preparado por combustão do metal em atmosfera de oxigênio, à pressão atmosférica, mas é preparado industrialmente, com bons rendimentos, pela reação de peróxido de sódio com oxigênio a altas temperaturas e pressões (450 °C e 300 atmosferas), num reator de aço inoxidável.

$$Na_2O_2 + O_2 \rightarrow 2NaO_2$$

As ligações que ocorrem nos peróxidos e superóxidos foram descritas nos exemplos sobre a teoria de orbitais moleculares, no Capítulo 4. O íon peróxido $[-O-O-]^{2-}$ possui 18 elétrons, que ocupam os orbitais moleculares como se segue:

$$\sigma 1s^2, \sigma^* 1s^2, \sigma 2s^2, \sigma^* 2s^2, \sigma 2p_x^2, \begin{cases} \pi 2p_y^2, \\ \pi 2p_z^2, \end{cases} \begin{cases} \pi^* 2p_y^2, \\ \pi^* 2p_z^2, \end{cases}$$

$$\xrightarrow{\text{energia crescente}}$$

Portanto, a ordem de ligação é um, correspondente a ligação simples.

O íon superóxido, $[O_2]^-$, possui apenas 17 elétrons, o que leva a uma ordem de ligação igual a 1,5.

$$\sigma 1s^2, \sigma^* 1s^2, \sigma 2s^2, \sigma^* 2s^2, \sigma 2p_x^2, \begin{cases} \pi 2p_y^2, \\ \pi 2p_z^2, \end{cases} \begin{cases} \pi^* 2p_y^2, \\ \pi^* 2p_z^1, \end{cases}$$

Geralmente átomos ou íons grandes formam ligações mais fracas que átomos ou íons pequenos. Os íons peróxido e superóxido são grandes, e deve ser frisado que a estabilidade dos peróxidos e superóxidos aumenta à medida que os íons metálicos se tornam maiores. Isso indica que cátions grandes podem ser estabilizados por ânions grandes, pois se os dois íons tiverem tamanhos semelhantes o número de coordenação será elevado, o que conduz a uma elevada energia reticular.

SULFETOS

Todos os metais alcalinos reagem com enxofre formando sulfetos, tais como Na_2S, e polissulfetos, Na_2S_n, onde n = 2, 3, 4, 5 ou 6. Os íons polissulfetos têm estruturas com cadeias de átomos de enxofre em zigue-zague.

$-S-S-S-$ $\quad$ $-S-S-S-S-$ $\quad$ $-S-S-S-S-S-$ $\quad$ $-S-S-S-S-S-S-$

O sulfeto de sódio também pode ser obtido aquecendo-se sulfato de sódio com carbono, ou borbulhando H_2S numa solução de NaOH.

$$Na_2SO_4 + 4C \rightarrow Na_2S + 4CO$$
$$NaOH + H_2S \rightarrow NaHS + H_2O$$
$$NaOH + NaHS \rightarrow Na_2S + H_2O$$

Os sulfetos do Grupo 1 hidrolisam-se consideravelmente em água, dando origem a soluções fortemente alcalinas:

$$Na_2S + H_2O \rightarrow NaSH + NaOH$$

O Na_2S é empregado para fabricar corantes orgânicos sulfurados e nos curtumes para remover os pêlos dos couros. O Na_2S é facilmente oxidado pelo ar formando tiossulfato de sódio, usado em fotografia para dissolver os haletos de prata, e como reagente de laboratório para titulações iodométricas.

$$2Na_2S + 2O_2 + H_2O \rightarrow Na_2S_2O_3 + 2NaOH$$
$$2Na_2S_2O_3 + I_2 \rightarrow Na_2S_4O_6 + 2NaI$$

HIDRÓXIDO DE SÓDIO

O hidróxido de sódio é o álcali mais importante empregado na indústria. É fabricado em grande escala (38,7 milhões de toneladas em 1994) pela eletrólise de uma solução aquosa de NaCl (salmoura), numa célula de diafragma ou de cátodo de mercúrio. No passado, também foi obtido a partir do Na_2CO_3 pelo processo calcário-soda cáustica. Atualmente, esse processo é pouco usado, pois outros métodos são mais econômicos. Os detalhes sobre o método industrial de preparação, suas aplicações e produção, serão apresentados no Cap.10.

HIDROGENOCARBONATO DE SÓDIO (BICARBONATO DE SÓDIO)

Cerca de 900.000 toneladas de $NaHCO_3$ foram produzidos em 1991, dos quais 40 % foram utilizados em fermentos químicos, 15% na preparação de outros produtos químicos, 12% em produtos farmacêuticos, inclusive antiácidos, e 10% em extintores de incêndio.

$NaHCO_3$ pode ser usado como "fermento químico" na preparação de pães e bolos, pois ele se decompõe entre 50 °C e 100 °C, com desprendimento de bolhas de CO_2.

$$2NaHCO_3 \xrightarrow{\text{aquec. brando}} Na_2CO_3 + H_2O + CO_2$$

Geralmente uma mistura de $NaHCO_3$, $Ca(H_2PO_4)_2$ e amido, é usado para essa finalidade. O $Ca(H_2PO_4)_2$ é ácido, e quando umedecido reage com $NaHCO_3$, desprendendo CO_2. O amido é usado como carga. Um fermento composto melhorado contém cerca de 40% de amido, 30% de $NaHCO_3$, 20% de $NaAl(SO_4)_2$ e 10% de $Ca(H_2PO_4)_2$. O $NaAl(SO_4)_2$ reduz a velocidade da reação, de modo que o gás carbônico, CO_2, é liberado mais lentamente.

SULFATO DE SÓDIO

Cerca de 4,3 milhões de toneladas de Na_2SO_4 foram consumidos em 1993. Cerca de 55% desse total foram obtidos artificialmente, como subproduto da fabricação de HCl, e também de muitos processos de neutralização que utilizam H_2SO_4. Cerca de 45% são naturais, minerados principalmente como sal de Glauber — $Na_2SO_4 \cdot 10H_2O$.

O principal consumidor de Na_2SO_4, cerca de 70%, é a indústria de papel. Cerca de 10 % são usados na indústria de detergentes e outros 10% na fabricação de vidro. No processo de fabricação de papel Kraft uma solução fortemente alcalina de Na_2SO_4 é usada para dissolver a lignina, que serve de suporte para as fibras de celulose presentes nas raspas de madeira. As fibras de celulose são então transformadas em cartolina ou papelão ondulado e papel marrom do tipo "Kraft".

OXOSSAIS — CARBONATOS, BICARBONATOS, NITRATOS E NITRITOS

Os metais do Grupo 1 são muito eletropositivos, formando bases muito fortes e oxossais muito estáveis.

Os carbonatos são extremamente estáveis e fundem antes de eventualmente se decomporem aos respectivos óxidos e CO_2, à temperaturas superiores a 1.000 °C. O Li_2CO_3 é bem menos estável e se decompõem mais facilmente.

Por serem tão fortemente básicos, os metais do Grupo 1 também formam bicarbonatos (hidrogenocarbonatos) sólidos. Nenhum outro metal forma bicarbonatos sólidos, embora o NH_4HCO_3 também possa ser obtido como um sólido. Os bicarbonatos desprendem gás carbônico e se convertem em carbonatos quando submetidos a um aquecimento brando. Esse é um dos testes para bicarbonato utilizado em análise qualitativa. As estruturas cristalinas do $NaHCO_3$ e do $KHCO_3$ indicam a existência de ligações de hidrogênio, mas elas são diferentes. No $NaHCO_3$, os íons HCO_3^- se ligam formando cadeias infinitas, enquanto que no $KHCO_3$ ocorre a formação de um ânion dimérico.

$$\left[\begin{array}{ccc} & O—H\cdots O & \\ O—C & & C—O \\ & O\cdots H—O & \end{array} \right]^{2-}$$

O lítio constitui uma exceção, pois não forma um bicarbonato sólido, embora o $LiHCO_3$ possa existir em solução. Todos os carbonatos e bicarbonatos dos metais alcalinos são solúveis em água.

Mais de 50.000 toneladas de Li_2CO_3 são produzidos anualmente. A maior parte é adicionada como impureza ao Al_2O_3, para reduzir o ponto de fusão do mesmo no processo de fabricação de alumínio por eletrólise ígnea. Uma parte é adicionada aos vidros para torná-los mais duros (o lítio substitui o sódio na estrutura do vidro).

O Na_2CO_3 é usado no tratamento de águas duras e o $NaHCO_3$ é utilizado em "fermentos" químicos.

Todos os nitratos dos metais alcalinos podem ser preparados pela reação do HNO_3 com os respectivos carbonatos ou hidróxidos, sendo todos muito solúveis em água. O $LiNO_3$ encontra emprego em fogos de artifícios e em sinais luminosos avermelhados de socorro. Grandes depósitos de $NaNO_3$ são encontrados no Chile, sendo usados como fertilizante nitrogenado. $LiNO_3$ e $NaNO_3$ sólidos são deliqüescentes. Por isso, o KNO_3 é utilizado preferencialmente ao $NaNO_3$ na fabricação de pólvora (a pólvora é uma mistura de KNO_3, enxofre e carvão). O KNO_3 é geralmente obtido a partir de ácido nítrico sintético e K_2CO_3, mas já foi fabricado a partir de $NaNO_3$.

$$2HNO_3 + K_2CO_3 \rightarrow 2KNO_3 + CO_2 + H_2O$$
$$NaNO_3 + KCl \rightarrow KNO_3 + NaCl$$

Os nitratos do metais do Grupo 1 são sólidos de pontos de fusão relativamente baixos e estão entre os nitratos mais estáveis conhecidos. Contudo, com forte aquecimento eles se decompõem aos nitritos e a temperaturas ainda mais elevadas aos óxidos correspondentes. O $LiNO_3$ se decompõe mais facilmente formando o óxido.

$$2NaNO_3 \xrightleftharpoons{500°C} 2NaNO_2 + O_2$$
$$4NaNO_3 \xrightleftharpoons{800°C} 2Na_2O + 5O_2 + 2N_2$$

Os nitratos dos metais alcalinos são muito usados como solventes na forma fundida, onde são efetuadas reações de oxidação a altas temperaturas e, também, como um meio para transferência de calor. Eles podem ser usados até temperaturas de cerca de 600 °C, mas temperaturas mais baixas são geralmente usadas nos banhos de sais fundidos. Por exemplo, uma mistura 1:1 de $LiNO_3/KNO_3$ funde à temperatura surpreendentemente baixa de 125 °C.

Os nitritos são importantes na preparação de compostos orgânicos nitrogenados, sendo os mais importantes os azocorantes. Pequenas quantidades de $NaNO_2$ são usadas juntamente com $NaNO_3$ em banhos de sais fundidos, e ainda como conservante de alimentos. Os nitritos podem ser facilmente determinados em laboratório, pois quando tratados com ácidos diluídos liberam NO_2, um gás marrom.

$$2NaNO_2 + 2HCl \rightarrow 2NaCl + H_2O + NO_2 + NO$$
$$2NO + O_2 \rightarrow 2NO_2$$

O $NaNO_2$ é preparado absorvendo-se óxidos de nitrogênio numa solução de Na_2CO_3.

$$Na_2CO_3 + NO_2 + NO \rightarrow 2NaNO_2 + CO_2$$

Os nitritos também podem ser obtidos pela decomposição térmica de nitratos, e pela redução química de nitratos:

$$2NaNO_3 + C \rightarrow 2NaNO_2 + CO_2$$
$$KNO_3 + Zn \rightarrow KNO_2 + ZnO$$

ou pela reação de NO com um hidróxido:

$$2KOH + 4NO \rightarrow 2KNO_2 + N_2O + H_2O$$
$$4KOH + 6NO \rightarrow 4KNO_2 + N_2 + 2H_2O$$

HALETOS E POLI-HALETOS

Sendo o Li^+ o menor íon desse grupo, espera-se que a formação de sais hidratados seja facilitada em relação aos demais metais. LiCl, LiBr e o LiI formam tri-hidratos $LiX \cdot 3H_2O$, mas os demais haletos de metais alcalinos formam cristais anidros.

Todos estes haletos assumem uma estrutura do tipo do NaCl, com número de coordenação 6, exceto o CsCl, o CsBr e o CsI. Esses últimos têm uma estrutura do tipo do CsCl, com número de coordenação 8. O número de compostos que assumem uma estrutura do tipo NaCl é maior do que se poderia esperar, a partir das relações de raios dos íon, r^+/r^-. A razão para isso é a maior energia reticular (vide as seções sobre Compostos iônicos do tipo AX e Energia reticular, no Capítulo 3).

Os haletos dos metais alcalinos reagem com os halogênios e com os compostos inter-halogenados, formando poli-haletos iônicos:

$$KI + I_2 \rightarrow K[I_3]$$
$$KBr + ICl \rightarrow K[BrICl]$$
$$KF + BrF_3 \rightarrow K[BrF_4]$$

HIDRETOS

Todos os metais do Grupo 1 reagem com o hidrogênio, formando hidretos iônicos ou salinos, M^+H^-. Contudo, a facilidade com que essa reação ocorre decresce do lítio ao césio. Esses hidretos contém o íon H^- (o qual não é encontrado muito comumente, pois a tendência do hidrogênio é formar íons H^+). Pode-se provar a existência do íon H^-, porque na eletrólise o hidrogênio se forma no ânodo.

Os hidretos reagem com água, liberando hidrogênio. O hidreto de lítio é usado como fonte de hidrogênio para fins militares e para o enchimento de balões meteorológicos.

$$LiH + H_2O \rightarrow LiOH + H_2$$

O lítio forma também um hidreto complexo, $Li[AlH_4]$, denominado hidreto de alumínio e lítio, que é um agente redutor muito útil. Ele é obtido a partir de hidreto de lítio, em solução etérea seca.

$$4LiH + AlCl_3 \rightarrow Li[AlH_4] + 3LiCl$$

O hidreto de alumínio e lítio é iônico, sendo o íon $[AlH_4]^-$ tetraédrico. O $Li[AlH_4]$ é um poderoso agente redutor, largamente utilizado em Química Orgânica, já que reduz compostos carbonílicos a álcoois. Ele reage violentamente com água, sendo portanto necessário usar solventes orgânicos absolutamente secos, por exemplo éter dietílico secado sobre sódio. O $Li[AlH_4]$ também reduz diversos compostos inorgânicos, como BCl_3, produzindo B_2H_6 (diborano); PCl_3, produzindo PH_3 (fosfina ou fosfano) e $SiCl_4$, produzindo SiH_4 (silano).

Tetrahidretoborato de sódio (borohidreto de sódio), $Na[BH_4]$, é outro hidreto complexo. Ele é iônico, contendo íons tetraédricos $[BH_4]^-$. É convenientemente obtido pelo aquecimento de hidreto de sódio com borato de trimetila:

$$4NaH + B(OCH_3)_3 \xrightarrow{230\text{-}270^\circ C} Na[BH_4] + 3NaOCH_3$$

Outros tetra-hidretoboratos de metais dos Grupos 1 e 2, de alumínio e de alguns metais de transição, podem ser obtidos a partir do sal de sódio. Esses tetra-hidretoboratos são usados como agentes redutores, sendo que aqueles contendo metais alcalinos (principalmente sódio e potássio) estão sendo cada vez mais usados, pois são muito menos sensíveis à água que o $Li[AlH_4]$. Por exemplo, o $Na[BH_4]$ pode ser recristalizado de água fria e $K[BH_4]$ de água quente. Apresentam, pois, a vantagem de poderem ser usados em solução aquosa. Os demais reagem com água (vide Grupo 13).

$$[BH_4]^- + 2H_2O \rightarrow BO_2^- + 4H_2$$

SOLUBILIDADE E HIDRATAÇÃO

Todos os sais simples se dissolvem em água, formando íons; e portanto essas soluções conduzem corrente elétrica. Como os íons Li^+ são pequenos, seria de se esperar que as soluções de sais de lítio conduzissem melhor a corrente elétrica que as soluções de mesma concentração de sais de sódio, potássio, rubídio ou césio. Os íons pequenos deveriam migrar mais facilmente para o cátodo e conduzir melhor a corrente que íons grandes. Contudo, medidas de mobilidade ou condutividade iônica em soluções aquosas (Tab. 9.13) levam à seqüência inversa: $Cs^+ > Rb^+ > K^+ > Na^+ > Li^+$. A causa dessa aparente anomalia é a hidratação dos íons em solução. Como o Li^+ é muito pequeno, ele é muito hidratado. Assim, o raio do íon hidratado será grande e se difundirá lentamente. Já o íon Cs^+ é menos hidratado, de modo que o raio do íon Cs^+ hidratado é menor que o raio do íon Li^+ hidratado. Logo, o íon Cs^+ hidratado se move mais rapidamente e conduz mais eficientemente a corrente elétrica.

Tabela 9.13 — Mobilidades iônicas e hidratação

	Raio iônico (Å)	Mobilidade iônica à diluição infinita	Raio aproxim. íon hidratado (Å)	Nº de hidratação aproximado	Parâmetros termodinâmicos da hidratação (kJ mol⁻¹) ΔH°	ΔS°	ΔG°
Li^+	0,76	33,5	3,40	25,3	–544	–134	–506
Na^+	1,02	43,5	2,76	16,6	–435	–100	–406
K^+	1,38	64,5	2,32	10,5	–352	–67	–330
Rb^+	1,52	67,5	2,28	10,0	–326	–54	–310
Cs^+	1,67	68,0	2,28	9,9	–293	–50	–276

Algumas das moléculas de água encostam no íon metálico e a ele se ligam formando um complexo. Essas moléculas de água *constituem a primeira camada de hidratação*. Assim, o Li^+ é rodeado tetraedricamente por quatro moléculas de água. Isso pode ser explicado da seguinte maneira: os átomos de oxigênio das quatro moléculas de água utilizam um par de elétrons livres para formar ligações coordenadas com o íon metálico. Com quatro pares eletrônicos no nível de valência, a Teoria da Repulsão dos Pares de Elétrons da Camada de Valência, VSEPR em inglês) prevê uma estrutura tetraédrica. Por outro lado, usando a teoria de ligação de valência, pode-se dizer que o orbital $2s$ e os três orbitais $2p$ formam quatro orbitais híbridos sp^3 preenchidos pelos pares eletrônicos dos átomos de oxigênio.

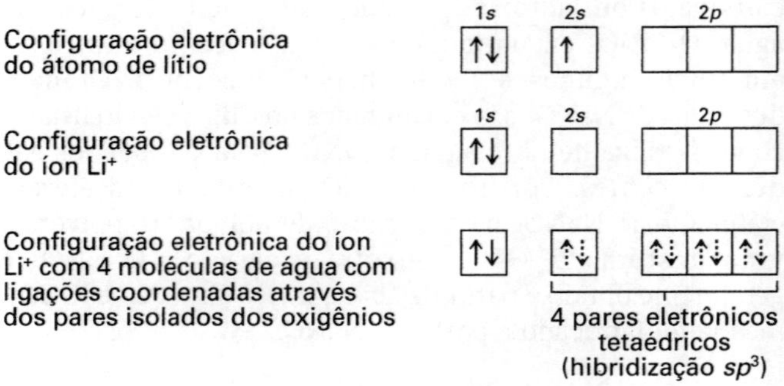

	1s	2s	2p
Configuração eletrônica do átomo de lítio	↑↓	↑	☐☐☐
Configuração eletrônica do íon Li^+	↑↓	☐	☐☐☐
Configuração eletrônica do íon Li^+ com 4 moléculas de água com ligações coordenadas através dos pares isolados dos oxigênios	↑↓	↑↓	↑↓ ↑↓ ↑↓

4 pares eletrônicos tetaédricos (hibridização sp^3)

No caso dos íons mais pesados, particularmente Rb^+ e Cs^+, o número de moléculas de água aumenta para seis. A Teoria da Repulsão dos Pares de Elétrons da Camada de Valência prevê uma estrutura octaédrica. A teoria da ligação de valência também sugere um arranjo octraédrico, usando um orbital s, três orbitais p e dois orbitais d para formar as ligações.

Uma *segunda camada* de moléculas de água aumenta o grau de hidratação dos íons, embora estas novas moléculas sejam mantidas somente por forças fracas de atração íon-dipolo. A intensidade dessas forças é inversamente proporcional à distância, isto é, ao tamanho do íon metálico. Portanto, a hidratação secundária diminui do lítio ao césio, e explica porque o Li^+ é o íon mais fortemente hidratado deste grupo.

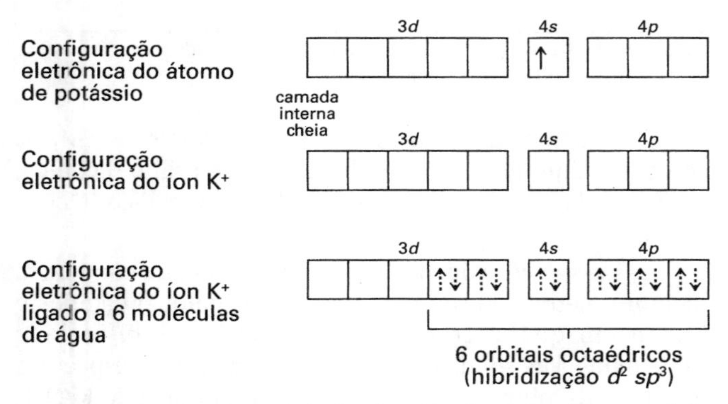

Observe que os orbitais *d* estão desdobrados em dois grupos: um grupo contendo três orbitais (denominado t_{2g}) e outro com dois orbitais (designado e_g). Somente os orbitais e_g participam das ligações.

O tamanho dos íons hidratados é um importante fator que controla a passagem desses íons através das membranas celulares. O tamanho também explica o comportamento desses íons em colunas de troca iônica, onde o Li^+ se liga mais fracamente, sendo eluído mais rapidamente.

O decréscimo no grau de hidratação do Li^+ ao Cs^+ também é visível nos sais cristalinos, pois quase todos os sais de lítio são hidratados, geralmente são tri-hidratos. Nesses sais hidratados de Li, o íon Li^+ está coordenado a 6 moléculas de H_2O, sendo que os octaedros compartilham faces, formando cadeias. Diversos sais de sódio são hidratados, por exemplo $Na_2CO_3.10H_2O$, $Na_2CO_3 \cdot 7H_2O$ e $Na_2CO_3 \cdot H_2O$. Somente alguns poucos sais de potássio são hidratados; e rubídio e césio não apresentam sais hidratados.

Todos os sais simples dos metais alcalinos são solúveis em água, de modo que na análise qualitativa esses metais precisam ser precipitados como sais pouco comuns. Assim, o Na^+ é precipitado como $NaZn(UO_2)(Ac)_9 \cdot H_2O$, acetato de sódio, zinco e uranila utilizando uma solução de acetato de uranila e zinco (ou cobre). O K^+ é precipitado adicionando-se uma solução de cobaltinitrito de sódio, com o que precipita cobaltinitrito de potássio $K_3[Co(NO_2)_6]$, ou por adição de ácido perclórico. Nesse caso precipita o $KClO_4$, perclorato de potássio. Os metais do Grupo 1 podem ser determinados gravimetricamente: o sódio como acetato de uranila; e potássio, rubídio e césio como tetrafenilboratos. Contudo, os métodos instrumentais modernos, como fotometria de chama e espectrometria de absorção atômica, são mais rápidos e simples, sendo preferencialmente utilizados em relação aos métodos gravimétricos nos dias de hoje.

$$3K^+ + Na_3[Co(NO_2)_6] \rightarrow 3Na^+ + K_3[Co(NO_2)_6]$$

cobaltinitrito de potássio

$$K^+ + NaClO_4 \rightarrow Na^+ + KClO_4$$

perclorato de potássio

$$K^+ + Na[B(C_6H_5)_4] \rightarrow Na^+ + K[B(C_6H_5)_4]$$

tetrafenilborato de potássio (precipitação quantitativa)

Se um sal for insolúvel, sua energia reticular será maior que sua energia de hidratação. $K[B(C_6H_5)_4]$ é insolúvel, porque sua energia de hidratação é muito pequena, devido ao grande tamanho dos seus íons.

A solubilidade em água da maioria dos sais do Grupo 1 decresce de cima para baixo no grupo. Para que uma substância se dissolva, a energia liberada quando os íons se hidratam (energia de hidratação) deve ser maior que a energia necessária para romper o retículo cristalino (energia reticular). Ao contrário, se o sólido for insolúvel, a energia de hidratação é menor que a energia reticular.

Rigorosamente, nos dois ciclos mostrados na Fig. 9.4, deveriam ser utilizados os valores de energia livre de Gibbs ΔG. Em particular, a energia reticular é um termo de entalpia ΔH^o. Mas a energia livre padrão ΔG^o, para converter o sólido cristalino nos íons gasosos a uma distância infinita, deveria ser utilizada. Contudo, as duas grandezas diferem somente um pouco, devido a entropia de vaporização dos íons. A princípio, deveria ser possível prever as solubilidades a partir das energias reticulares e energias de hidratação. Na prática, há dificuldades para se prever tal propriedade, porque aqueles dados não são conhecidos com muita exatidão e o resultado depende de uma pequena diferença entre dois valores grandes.

A energia reticular dos metais do Grupo 1 diminui ligeiramente, enquanto que a energia de hidratação varia mais acentuadamente de cima para baixo dentro do grupo. Por isso a solubilidade da maioria dos sais dos metais do Grupo 1 decresce do Li ao Cs. Por exemplo, a diferença entre as energias reticulares do NaCl e KCl é de 67 kJ mol^{-1}, enquanto que a diferença no ΔG(hidratação) dos íons Na^+ e K^+ é de 76 kJ mol^{-1}. Portanto, o KCl é menos solúvel que o NaCl.

Os fluoretos e carbonatos do Grupo 1 são exceções, pois suas solubilidades aumentam rapidamente ao se descer pelo grupo. O motivo desse comportamento é a maior variação de energia reticular em relação à energia de hidratação, ao descer pelo grupo. A energia reticular depende das atrações eletrostáticas entre os íons, e é proporcional à distância entre eles, ou mais precisamente, é proporcional à $1/(r^+ + r^-)$. Conclui-se que a energia reticular deve variar mais quando r^- for pequeno, como no caso do F^-, e deve variar menos quando r^- for grande (como no I^-). As massas

Tabela 9.14 — Energias de hidratação e reticulares dos haletos do Grupo 1, a 25°C

	Energia livre de hidratação ΔG^o (kJ mol^{-1})	Energia reticular (kJ mol^{-1})			
Li^+	–506	–1035	–845	–800	–740
Na^+	–406	–908	–770	–736	–690
K^+	–330	–803	–703	–674	–636
Rb^+	–310	–770	–674	–653	–515
Cs^+	–276	–720	–644	–623	–590

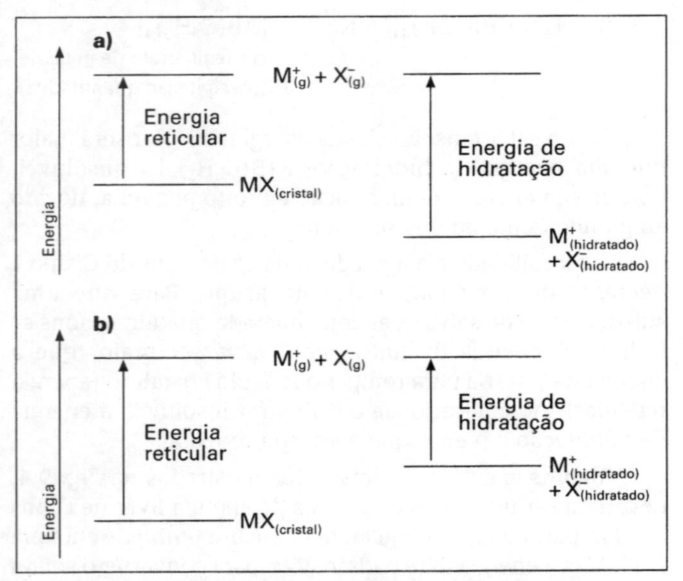

Figura 9.4 — A solubilidade em relação à energia reticular e à energia de hidratação. a) o sólido se dissolve. b) o sólido é insolúvel.

Tabela 9.15 — Solubilidades dos haletos do Grupo 1

	Solubilidade (valor molar, seguido entre parênteses pela solubilidade em g/100g H_2O)			
	MF	MC*l*	MBr	MI
Li	0,1 (0,27)	19,6 (830)	20,4 (177)	8,8 (165)
Na	1,0 (4,22)	6,2 (36)	8,8 (91)	11,9 (179)
K	15,9 (92,3)	4,8 (34,7)	7,6 (67)	8,7 (144)
Rb	12,5 (130,6)	7,5 (91)	6,7 (110)	7,2 (152)
Cs	24,2 (367,0)	11,0 (186)	5,1 (108)	3,0 (79)

dos solutos que se dissolvem num dado volume de solvente, não fornecem uma escala de comparação muito útil das solubilidades dos mesmos, pois os pesos moleculares são diferentes. A maneira mais simples de se comparar a concentração dos íons presentes em solução é comparar as solubilidades expressas em quantidades molares.

SOLUÇÕES DOS METAIS ALCALINOS EM AMÔNIA LÍQUIDA

Na presença de impurezas ou catalisadores como Fe, os metais alcalinos reagem com amônia líquida, formando o sal amideto correspondente e hidrogênio.

$$M + NH_3 \rightarrow MNH_2 + {}^1/_2H_2$$

Na ausência de quaisquer impurezas ou catalisadores, os metais do Grupo 1, e em menor grau os elementos Ca, Sr e Ba do Grupo 2 e os lantanídeos Eu e Yb, dissolvem-se diretamente em amônia líquida, formando soluções bastante concentradas. O metal pode ser recuperado por simples evaporação da amônia.

Soluções diluídas de metais alcalinos em amônia líquida têm coloração azul escura, sendo os íons metálicos e os elétrons solvatados as principais espécies presentes em solução. Se essa solução azul for deixada em repouso, lentamente a cor vai se tornando cada vez mais clara até desaparecer completamente, devido a formação do amideto correspondente. Em concentrações superiores a 3 M, as soluções adquirem coloração bronze e um brilho metálico, por causa da formação de agregados de íons metálicos ("clusters").

Tabela 9.16 — Solubilidade em amônia líquida

Elemento	Solubilidade (g de metal/100 g NH_3)	
	–33,4°C	0°C
Li	10,9	11,3
Na	25,1	23,0
K	47,1	48,5

Note que –33,4°C é o ponto de ebulição da amônia líquida a uma atmosfera de pressão. Os dados a 0°C foram medidos sob pressão.

Essas soluções de metais em amônia líquida conduzem melhor a eletricidade que as soluções de qualquer composto iônico em qualquer solvente, sendo a condutividade semelhante a de sólidos metálicos (condutividade específica do Hg = 10^4 ohm^{-1}; Na/NH_3 = $0{,}5 \times 10^4$ ohm^{-1}; do K/NH_3 = $0{,}45 \times 10^4$ ohm^{-1}). A condução se deve essencialmente à presença de elétrons solvatados.

Os metais também são solúveis em outras aminas, sendo estas soluções utilizadas em sínteses orgânicas e inorgânicas. Essas soluções de metais em amônia líquida atuam como poderosos agentes redutores, por exemplo reduzindo os elementos dos Grupos 14, 15 e 16, muitos compostos e complexos de coordenação, e até mesmo compostos aromáticos.

Essas reduções podem ser efetuadas em amônia líquida, mas não em água, pois os metais alcalinos são agentes redutores mais fortes que o hidrogênio, reagindo com água com liberação de hidrogênio. Os metais podem perdurar em amônia líquida por algum tempo.

$$Bi + Na/NH_3 \rightarrow Na_3Bi$$

(Bi reduzido do estado de oxidação 0 a -III)

$$S + Na/NH_3 \rightarrow Na_2S$$

(S reduzido do estado de oxidação 0 a -II)

$$[Ni(CN)_4]^{2-} + 2e \rightarrow [Ni(CN)_4]^{4-}$$

(Ni reduzido de + II a 0)

COMPOSTOS COM CARBONO

Se o lítio for aquecido na presença de carbono, um carbeto iônico, Li_2C_2, será formado. Os outros metais alcalinos não reagem diretamente com o carbono, mas formam carbetos semelhantes quando aquecidos com etino (também chamado acetileno), ou quando etino é borbulhado numa solução do metal em amônia líquida.

$$2Li + 2C \rightarrow Li_2C_2$$
$$Na + C_2H_2 \rightarrow NaHC_2 \rightarrow Na_2C_2$$

Esses compostos contêm o íon carbeto, $[C{\equiv}C]^{2-}$, ou o íon hidretocarbeto, $[C{\equiv}C{-}H]^-$. A reação mais importante dos carbetos é a reação com água, que gera acetileno. Por isso, são também denominado acetiletos.

$$Na_2C_2 + 2H_2O \rightarrow 2NaOH + C_2H_2$$

O composto LiC_2H é empregado na síntese industrial de vitamina A.

Os metais potássio, rubídio e césio reagem com grafita, inserindo-se nos espaços entre as camadas de carbono, do seu retículo cristalino. Eles formam carbetos intersticiais altamente coloridos, não-estequiométricos cujas composições variam de $C_{60}K$ (cinza) a $C_{36}K$ (azul). A inserção máxima (saturação) ocorre no composto C_8K, de coloração bronze (vide Capítulo 12).

COMPOSTOS ORGÂNICOS E ORGANOMETÁLICOS

Os metais alcalinos substituem o H em ácidos orgânicos, formando sais como o acetato de sódio (etanoato de sódio), CH_3COONa, e benzoato de potássio, C_6H_5COOK. O sabão é uma mistura dos sais de sódio dos ácidos palmítico, oléico e esteárico (ácido palmítico, $C_{15}H_{31}COOH$, ocorre em óleo de coco, ácido oléico, $C_{17}H_{33}COOH$, ocorre em óleo de oliva e ácido esteárico, $C_{17}H_{35}COOH$, ocorre no sebo e gorduras animais). O sabão é obtido pela saponificação (hidrólise) de óleos e gorduras naturais. Esses óleos e gorduras são ésteres do glicerol, e sua hidrólise com NaOH inicialmente transforma os ésteres em glicerol e ácidos graxos. A neutralização desses ácidos graxos forma os correspondentes sais de sódio, ou seja, sabão. Em 1991, a produção mundial de sabões foi de 7,4 milhões de toneladas.

$$\begin{array}{lll} CH_2\cdot O\cdot OC\cdot C_{15}H_{31} & & CH_2\cdot OH \\ | & & | \\ CH\cdot O\cdot OC\cdot C_{15}H_{31} + 3NaOH \rightarrow & & CH\cdot OH + 3C_{15}H_{31}\cdot COOH \\ | & & | \\ CH_2\cdot O\cdot OC\cdot C_{15}H_{31} & & CH_2\cdot OH \end{array}$$

tripalmitato de glicerila (do óleo de coco) — glicerol — ácido palmítico

$$C_{15}H_{31}\text{—}COOH + NaOH \rightarrow C_{15}H_{31}\cdot COONa + H_2O$$

O estereato de lítio também é um "sabão" e é obtido a partir de LiOH e de uma gordura natural como o sebo. É usado em grande escala para tornar mais espessos óleos minerais usados como lubrificantes (os assim chamados "óleos detergentes"), sendo utilizados também na fabricação de graxas para motores.

O lítio mostra maior tendência de formar ligações covalentes que os demais metais alcalinos. O lítio apresenta propriedades semelhantes ao do magnésio, designadas "relações diagonais" na Tabela Periódica. O magnésio forma diversos alquil- e aril-derivados, denominados reagentes de Grignard, que são muito importantes na obtenção de compostos organometálicos. O lítio também forma diversos alquil- e aril-derivados, que são muito importantes na preparação de compostos organometálicos. Por exemplo, o $(LiCH_3)_4$ é o protótipo de uma série de compostos: é covalente, solúvel em solventes orgânicos e pode ser sublimado ou destilado. Esses compostos freqüentemente são tetrâmeros ou hexâmeros. São obtidos a partir de haletos de alquila ou arila, geralmente o cloreto, em solvente como éter de petróleo, ciclohexano, tolueno ou éter dietílico.

$$RCl + Li \rightarrow LiR + LiCl$$

A estrutura do agregado ("cluster") $(LiCH_3)_4$ é incomum. Os quatro átomos de lítio ocupam os vértices de um tetraedro. Cada átomo de C das metilas se situa acima de uma das faces do tetraedro, formando ligações com os três átomos de lítio que constituem cada uma das faces do tetraedro. A distância intramolecular Li–C é de 2,31 Å. O átomo de carbono também se liga aos três átomos de hidrogênio do grupo metila. Além disso, o átomo de C se liga ao átomo de Li em outro tetraedro, sendo a distância intermolecular C–Li igual a 2,36 Å. Portanto, o número de coordenação do átomo de C é igual a 7. Isso não pode ser explicado pelas teorias de ligação clássicas, pois o átomo de C só dispõe de um orbital *s* e três orbitais *p* para formar ligações. A explicação mais simples envolve uma ligação quadricentrada com dois elétrons, englobando três átomos de Li nos vértices de uma face e o átomo de C que se encontra acima deles. De um modo semelhante, o número de coordenação do Li também é 7, constituído por três átomos de Li no tetraedro, três carbonos no centro das faces do tetraedro, e um átomo de Li do tetraedro vizinho.

O tetraetil-lítio é um tetrâmero no estado sólido $(LiEt)_4$, mas é um hexâmero quando dissolvido em hidrocarbonetos $(LiEt)_6$. O sólido tem estrutura semelhante a do $[LiCH_3]_4$, e supõe-se que o hexâmero consista de um octaedro de átomos de Li com grupos etila, Et, acima de seis das oito faces, formando ligações multicentradas.

O *n*-butil-lítio também é um tetrâmero quando sólido, $(LiBu)_4$. Esse composto é disponível comercialmente. A sua produção é de cerca de 1.000 toneladas por ano. É usado principalmente como catalisador de polimerização e em alquilações. No laboratório, é um reagente muito versátil na síntese de derivados aromáticos e insaturados, tais como compostos vinil- e alil-lítio. Muitas dessas reações são semelhantes às que ocorrem com os reagentes de Grignard.

$$LiBu + ArI \rightarrow LiAr + BuI \quad (Bu = \text{butil},\ Ar = \text{aril})$$
$$4LiAr + Sn(CH=CH)_4 \rightarrow 4LiCH=CH_2 + Sn(Ar)_4$$

A partir desses compostos, é possível preparar uma grande variedade de compostos organometálicos e orgânicos.

(R = alquil ou aril)

$3LiR + BCl_3$	$\rightarrow BR_3$	$+ 3LiCl$	(compostos organoborados)
$4LiR + SnCl_4$	$\rightarrow SnR_4$	$+ 4LiCl$	(compostos orgânicos de Sn)
$3LiR + P(OEt)_3$	$\rightarrow PR_3$	$+ 3LiOEt$	(compostos organofosforados)
$2LiR + HgI_2$	$\rightarrow HgR_2$	$+ 2LiI$	(compostos organomercúricos)
$LiR + R'I$	$\rightarrow R\text{–}R'$	$+ LiI$	(hidrocarbonetos)
$LiR + H^+$	$\rightarrow R\text{–}H$	$+ Li^+$	(hidrocarbonetos)
$LiR + Cl_2$	$\rightarrow R\text{–}Cl$	$+ LiCl$	(haletos de alquila e arila)
$LiR + HCONMe_2$	$\rightarrow R\cdot CHO$	$+ LiNMe_2$	(aldeídos)
$LiR + 3CO$	$\rightarrow R_2CO$	$+ 2LiCO$	(cetonas)
$LiR + CO_2$	$\rightarrow R\cdot COOH$	$+ LiOH$	(ácidos carboxílicos)

Alquil compostos de Na, K, Rb e Cs são geralmente preparados a partir dos correspondentes compostos organomercúricos.

$$2K + HgR_2 \rightarrow Hg + 2KR$$

Esses compostos são iônicos, M^+R^-, e extremamente reativos. Eles se inflamam ao ar, reagem violentamente com a maioria dos compostos, exceto nitrogênio e hidrocarbonetos saturados. Portanto, são de difícil manuseio.

COMPLEXOS COM ÉTERES-COROA E CRIPTANDOS

Os metais do Grupo 1 diferem dos demais metais pela sua pequena tendência a formar complexos. Esse fato é previsível, pois os fatores que favorecem a formação de complexos são o tamanho pequeno, a carga elevada e orbitais vazios de baixa energia para formar as ligações. Entretanto, os íons dos metais do Grupo 1 são muito grandes e tem uma carga baixa de +1.

Diversos aquacomplexos como o $[Li(H_2O)_4]^+$, são conhecidos, e em vários sais cristalinos aparecem íons metálicos com a primeira esfera de hidratação preenchida por quatro moléculas de água arranjadas tetraedricamente. Na^+ e K^+ também apresentam essa mesma esfera de hidratação, mas Rb^+ e Cs^+ coordenam seis moléculas de água. Complexos estáveis são formados com fosfinóxidos; por exemplo, são conhecidos complexos de fórmulas $[LiX \cdot 4Ph_3PO]$, $[LiX \cdot 5Ph_3PO]$ e $[NaX \cdot 5Ph_3PO]$, onde X é um ânion grande, tais como ClO_4^-, I^-, NO_3^- ou SbF_6^-. Existe uma pequena tendência de ocorrer a formação de amin complexos, tais como $[Li(NH_3)_4]I$. Em solução são conhecidos alguns complexos fracos com sulfatos, peroxossulfatos e tiossulfatos, e também com hexacianoferratos.

Contudo, alguns reagentes orgânicos quelantes (particularmente aldeído salicílico e (β-dicetonas) são agentes complexantes extremamente fortes, e os íons do Grupo 1 formam complexos com esses ligantes. Eles são agentes complexantes muito fortes por serem multidentados, isto é, por possuírem mais de um grupo doador, podendo formar mais que uma ligação com o metal. Além disso, formam quelatos cíclicos quando se ligam ao metal. Podem ser citados como exemplos o aldeído salicílico, a acetilacetona, a benzoilacetona, o salicilato de metila e o *o*-nitrofenol. Os metais geralmente alcançam os números de coordenação 4 ou 6 (ver Fig. 9.5).

Um importante avanço na química dos metais alcalinos foi a descoberta de complexos com poliéteres e dos "criptatos", com moléculas macrocíclicas contendo nitrogênio e oxigênio.

Os éteres-coroas formam uma classe interessante de agentes complexantes, sintetizados pela primeira vez por Pedersen em 1967. Um exemplo é o dibenzo-18-coroa-6 (vide Fig.9.6). O nome indica que há dois anéis benzênicos no composto e que seis dos 18 átomos que compõem o anel são oxigênios. Esses seis átomos de oxigênio podem complexar-se com um íon metálico, mesmo com os íons grandes como os dos elementos do Grupo 1, inadequados para a formação de complexos. A parte orgânica da molécula é dobrada, lembrando uma coroa, e os átomos de oxigênio com seus pares de elétrons livres estão praticamente num mesmo plano formando um anel, tendo o íon metálico no centro. A ligação entre o íon metálico e o poliéter é essencialmente eletrostática, sendo que o tamanho do íon metálico deve ser adequado para se ajustar exatamente à cavidade no centro do anel. O tamanho dos poliéteres pode variar: por exemplo, o benzo-12-coroa-4 tem um anel de 12 átomos, 4 dos quais são átomos de oxigênio. Os poliéteres formam complexos seletivamente com os íons dos metais alcalinos. O tamanho da abertura no centro do anel determina o tamanho do íon metálico que pode ser acomodado. Por

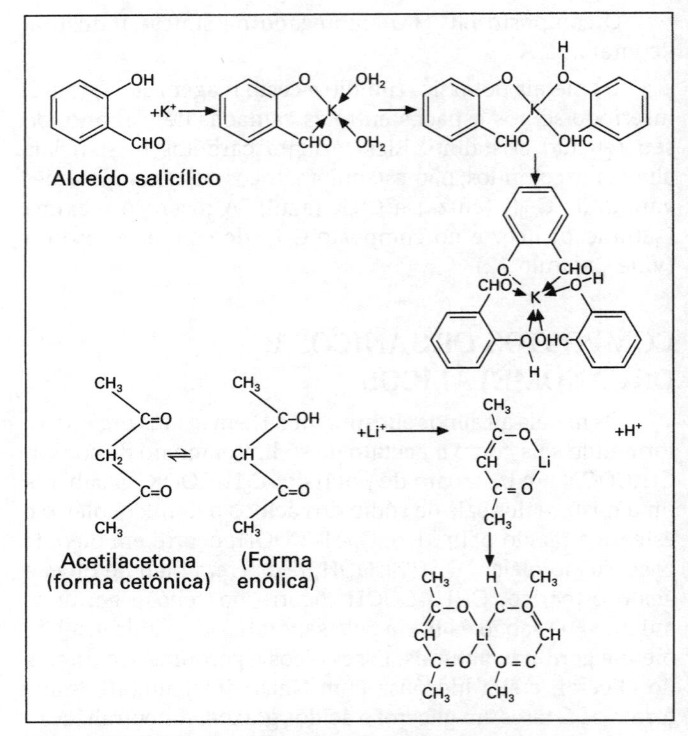

Figura 9.5 — Complexos de aldeído salicílico e acetilacetona

exemplo, uma coroa-4 (um poliéter cíclico com 4 átomos de oxigênios) é seletivo para o Li^+, o Na^+ prefere um coroa-5 e o K^+ um coroa-6. É possível chegar a complexos com o número de coordenação incomum de 10, por exemplo no K^+(dibenzo-30-coroa-10). Os éteres coroas formam diversos complexos cristalinos, mas mais importante é sua eventual adição a solventes orgânicos para provocar a dissolução de sais inorgânicos, que, sendo iônicos, não se dissolveriam normalmente nestes solventes. Poliéteres desse tipo atuam como agentes de transporte de íons através das membranas celulares, assim mantendo o equilíbrio entre os íons Na^+ e K^+ dentro e fora da célula.

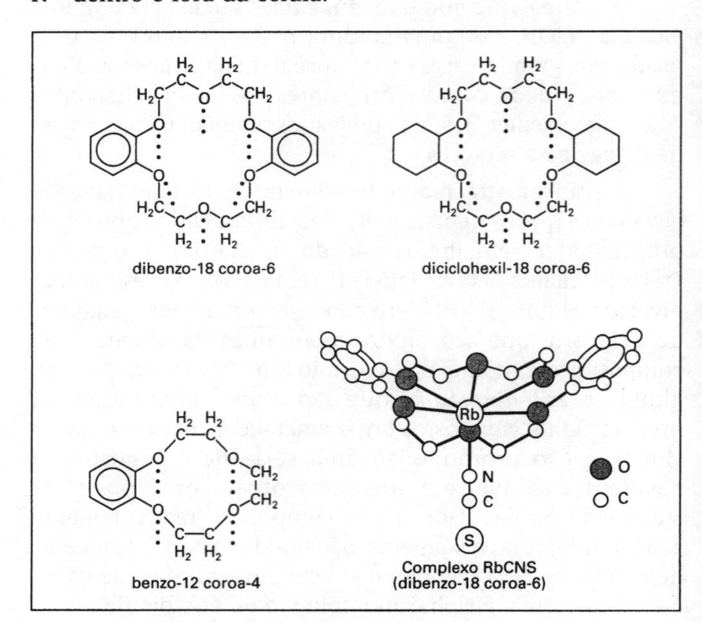

Figura 9.6 — Estruturas de alguns éteres coroa

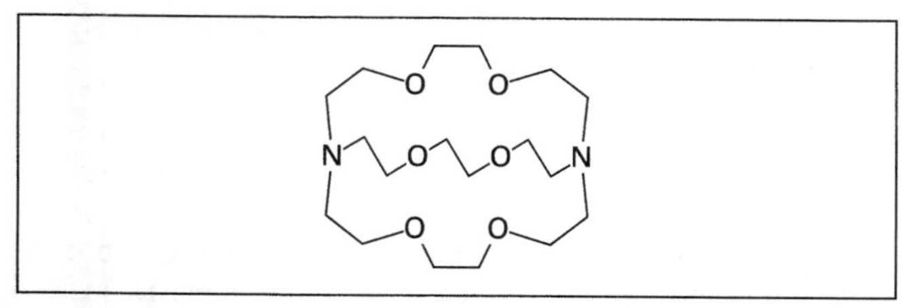

***Figura** 9.7 — Ligação 2,2,2 cript*

Os criptatos são os equivalentes tridimensionais dos éteres-coroa, mas contém átomos de nitrogênio que permitem a ramificação e atuam como sítios doadores. Estes competem com os átomos de oxigênio para formar ligações com o íon metálico. Eles são denominados criptatos, porque o ligante envolve e protege o cátion. Um criptando típico é a molécula $N[CH_2CH_2OCH_2CH_2OCH_2CH_2]_3N$, denominado 2,2,2-criptando. Ele forma o complexo $[Rb(cript)]CNS \cdot H_2O$, no qual seis átomo de oxigênio e dois de nitrogênio estão ligado ao íon metálico, que passa a ter o número de coordenação 8. O ligante envolve completamente o íon metálico, ocultando-o: daí o nome criptando. A parte externa do complexo se assemelha a um hidrocarboneto, tornando o íon solúvel em solventes orgânicos. Tais complexos são utilizados em processos de extração com solvente, para estabilizar números de oxidação pouco usuais, além de promover outras reações incomuns.

O composto incomum $[Na(2,2,2\text{-cript})]^+Na^-$ pode ser obtido esfriando uma solução de Na em etilamina com 2,2,2-cript. O complexo forma um sólido amarelo-ouro, diamagnético, estável apenas a temperaturas inferiores a −10°C, contendo o íon Na^- (íon sodeto). O raio do Na^- foi determinado por estudos cristalográficos, sendo igual a cerca de 2,3 Å. Logo, ocorreu uma reação de transferência de elétrons envolvendo dois átomos de sódio, gerando os íons Na^+ e Na^-. O ligante cript é grande e protege completamente o íon Na^+, evitando sua recombinação com o íon Na^-. Outros alcaletos contendo íons K^- (potasseto), Rb^- (rubideto) e Cs^- (ceseto) foram preparados de maneira semelhante. Todos são marrom amarelados e menos estáveis que o sodeto.

Se a reações for realizada na presença de excesso de criptando, alguns complexos incomuns denominados eletretos, podem ser obtidos. Estes são sólidos pretos e paramagnéticos; portanto contém elétrons desemparelhados. Um composto típico é o $[Cs^+(2,2,2\text{-cript})][(2,2,2\text{-cript}) \cdot e^-]$, no qual um elétron está preso numa cavidade de cerca de 2,4 Å.

IMPORTÂNCIA BIOLÓGICA

Os organismos vivos requerem pelo menos 27 elementos, 15 dos quais são metais. Os metais essenciais presentes em maior quantidade são K, Mg, Na e Ca. Quantidades menores de Mn, Fe, Co, Cu, Zn e Mo, e quantidades traço de V, Cr, Sn, Ni e Al são necessárias, pelo menos para alguns organismos.

Quantidades maiores de metais dos Grupos 1 e 2 são necessárias, principalmente para equilibrar as cargas elétricas associadas com macromoléculas orgânicas negativamente carregadas existentes na célula. Também são necessárias para manter a pressão osmótica dentro da célula, de modo a mantê-la túrgida, impedindo seu colapso.

Em vista da grande semelhança das propriedades químicas do Na e K, é surpreendente que suas funções biológicas sejam bem diferentes. O Na^+ é ativamente expulso das células, mas o K^+ não. Esse transporte de íons é denominado "bomba de sódio", e envolve tanto a expulsão ativa do Na^+ como a captura ativa do K^+. As análises dos fluídos internos e externos à célula indicam que o transporte de íons realmente ocorre. Nas células animais a concentração de K^+ é igual a cerca de 0,15 M, enquanto que a concentração de Na^+ é de apenas cerca de 0,01 M. Nos fluídos corpóreos (sangue e linfa) as concentrações de K^+ e Na^+ são aproximadamente iguais a 0,003 e 0,15 M, respectivamente. O transporte de íons requer energia, sendo esta obtida por meio da hidrólise do ATP. Estima-se que a hidrólise de uma molécula de ATP a ADP fornece energia suficiente para expulsar três íons Na^+ para fora da célula, e forçar a entrada de dois íons K^+ e um íon H^+ para dentro da célula. O mecanismo de transporte de íons envolve poliéteres naturais presentes nos organismos.

A diferença de concentração entre Na^+ e K^+ dentro e fora da célula produz uma diferença de potencial elétrico através da membrana celular, essencial para o funcionamento de células nervosas e musculares. A entrada de glicose nas células está associada com a entrada de íons Na^+: eles penetram juntos na célula. Isso é favorecido por um elevado gradiente de concentração. Assim, os íons Na^+ que entraram na célula desse modo devem a seguir ser expulsos. O transporte de aminoácidos ocorre por um mecanismo semelhante. Os íons K^+ presentes no interior da célula são essenciais para o metabolismo da glicose, a síntese de proteínas e a ativação de algumas enzimas.

O Prêmio Nobel de Química de 1987 foi outorgado a C. J. Pedersen, J. M. Lehn e D. Cram, pela descoberta e o estudo das aplicações dos éteres-coroa e criptatos.

DIFERENÇAS ENTRE O LÍTIO E OS DEMAIS ELEMENTOS DO GRUPO 1

As propriedades do lítio e de seus compostos diferem muito mais em relação às propriedades dos demais elementos e compostos do Grupo 1, que as propriedade destes últimos entre si. Exceto pelo fato de ter o mesmo número de oxidação, os compostos de lítio se assemelham muito mais aos elementos do Grupo 2 (particularmente o magnésio) que aos demais elementos do seu próprio grupo. Algumas dessas diferenças estão relacionadas abaixo:

1. O ponto de fusão e de ebulição do lítio é muito mais elevado que os dos demais elementos do Grupo 1.
2. O lítio é bem mais duro que os demais elementos do grupo.
3. O lítio reage menos facilmente com o oxigênio, formando o óxido normal. Ele forma o peróxido somente com grande dificuldade; e os óxidos superiores são instáveis.
4. O hidróxido de lítio é menos básico que os demais hidróxidos do grupo, e em conseqüência muitos de seus sais são menos estáveis. Por exemplo, Li_2CO_3, $LiNO_3$ e LiOH se decompõem ao óxido quando aquecidos suavemente, mas os correspondentes compostos dos

demais elementos do grupo são estáveis. Outro indicativo de sua natureza menos básica é o fato dele formar o bicarbonato apenas em solução e não no estado sólido, enquanto que todos os outros metais alcalinos formam bicarbonatos sólidos estáveis.

5. O lítio forma um nitreto, Li_3N. Nenhum outro elemento do Grupo 1 forma nitretos, mas os elementos do Grupo 2 formam.
6. O lítio reage diretamente com o carbono para formar um carbeto iônico. Nenhum outro metal alcalino apresenta essa propriedade, mas todos os elementos do Grupo 2 reagem analogamente com o carbono.
7. O lítio apresenta uma maior tendência de formar complexos que os metais alcalinos mais pesados, sendo possível preparar complexos de amônia sólidos, como o $[Li(NH_3)_4]I$.
8. Li_2CO_3, Li_3PO_4 e LiF são todos insolúveis em água, e o LiOH é pouco solúvel. Os demais elementos do Grupo 1 formam compostos solúveis em água, mas os correspondentes compostos de magnésio são insolúveis ou pouco solúveis.
9. Os haletos e os compostos alquil–lítios são muito mais covalentes que os correspondentes compostos de sódio, e por isso são solúveis em solventes orgânicos. Analogamente, o perclorato de lítio, e em menor grau o perclorato de sódio, assemelham-se ao perclorato de magnésio no que se refere à elevada solubilidade em acetona (propanona).
10. O íon Li^+ e seus compostos são mais fortemente hidratados que os compostos dos demais elementos do grupo.

Desse comportamento aparentemente anômalo do lítio, podem ser inferidas diversas generalizações.

Os primeiros elementos de cada um dos Grupos representativos (Li, Be, B, C, N, O e F) diferem do restante dos elementos dos seus respectivos grupos. Em parte isso se deve ao tamanho muito menor dos primeiros elementos em relação aos demais elementos dos grupos. Conseqüentemente eles têm uma maior tendência de formar compostos covalentes (regras de Fajans) e complexos.

O primeiro elemento de cada grupo pode formar no máximo quatro ligações convencionais, pois o nível eletrônico mais externo contém apenas um orbital *s* e três orbitais *p*. Os elementos mais pesados podem utilizar os orbitais *d* para formar ligações. Assim, eles podem ter um número de coordenação igual a 6, utilizando um orbital *s*, 3 orbitais *p* e 2 orbitais *d*. Por causa disso, o número de coordenação de um complexo ou composto covalente dos primeiros elementos dos grupos geralmente é 4 e para os elementos subseqüentes o número de coordenação geralmente é 6. Essa generalização simples pressupõe que as ligações são formadas por pares de elétrons compartilhados por dois átomos. Quando ocorre a formação de ligações multicentradas, como no $Li_4(CH_3)_4$, essa generalização não é aplicável.

As relações de similaridade entre o lítio (o primeiro elemento do Grupo 1) e o magnésio (o segundo elemento do Grupo 2) seguem a correlação diagonal na Tabela Periódica. Relações diagonais entre outros pares de elementos, por exemplo Be e Al, B e Si, também são observadas, como mostrado abaixo:

Li Be B C
Na Mg Al Si

As relações diagonais decorrem dos efeitos tanto do tamanho como da carga sobre as propriedades. Descendo por um grupo, os átomos e íons aumentam de tamanho. Movendo-se da esquerda para a direita na Tabela Periódica, o tamanho diminui. Logo, num movimento diagonal, o tamanho das espécies envolvidas permanece aproximadamente o mesmo. Por exemplo, o lítio é menor que o sódio, e o magnésio também é menor que o sódio, de modo que o lítio e o magnésio têm aproximadamente o mesmo tamanho. O tamanho do Li^+ = 0,76 Å e do Mg^{2+} = 0,72 Å, tal que em situações em que o tamanho é determinante, o comportamento desses íons será semelhante.

Berílio e alumínio é outro caso onde se observam relações diagonais. Nesse caso os tamanhos não são tão similares (Be^{2+} = 0,45 Å e Al^{3+} = 0,535 Å), mas a carga por unidade de área é semelhante (Be^{2+} 2,36 e Al^{3+} 2,50), porque as cargas dos íons são, respectivamente, +2 e +3.

$$\text{Carga por unidade de área} = \frac{(\text{carga iônica})}{\frac{4}{3} \cdot \pi \cdot (\text{raio iônico})^2}$$

Em alguns casos, sugeriu-se que as relações diagonais são decorrentes de semelhanças diagonais nos valores de eletronegatividades.

Li	Be	B	C
1,0	1,5	2,0	2,5
Na	Mg	Al	Si
0,9	1,2	1,5	1,8

Visto que há uma relação entre o tamanho dos íons e suas eletronegatividades, trata-se apenas de uma maneira diferente de abordar o mesmo problema.

LEITURAS COMPLEMENTARES

- Addison, C.C.; *The Chemistry of the Liquid Alkali Metals*, John Wiley, Chichester, 1984.
- Bach, R.O. (ed.); *Lithium: Current Applications in Science, Medicine and Technology*, John Wiley, Chichester and New York, 1985. (Anais de Conferência)
- Dram, D.J. e Cram, J.M.; *Container Molecules and their Guests*, Royal Society of Chemistry, Cambridge, 1995.
- Dietrich, B.; Coordination Chemistry of alkali and alkaline earth cations with macrocyclic ligands, *J. Chem. Ed.*, **62**, 954-964 (1985). (éteres-coroa e criptandos)
- Gockel, G.W.; *Crown Ethers and Cryptands*, Royal Society of Chemistry, Cambridge. (um de uma série sobre Química Supramolecular, Stoddart, J.F. (ed.))
- Hanusa, T.P., Re-examining the diagonal relationships, *J. Chem. Ed.*, **64**, 686-687 (1987).
- *Hart, W.A. e Beumel, O.F.; Comprehensive Inorganic Chemistry*, vol.1, Pergamon Press, Oxford, 1973. (Cap.7: O lítio e seus compostos)
- Hughes, M.N. e Birch, N.J., IA and IIA cations in biology, *Chemistry in Britain*, **18**, 196-198 (1982).

- Jolly, W.L.; *Metal Ammonia Solutions*, Dowden, Hutchinson and Row, Strodburg, PA, 1972.
- Lagowski, J. (ed.); *The Chemistry of Non-aqueous Solvents*, Academic Press, New York, 1967. (Cap.6: Soluções de metais em amônia líquida)
- Lehn, J.M.; Design of organic complexing agents, *Structure and Bonding*, **16**, 1-69 (1973)

* Lippard, S. (ed.); *Progress in Inorganic Chemistry*, vol.32, Dye, J.L.; *Electides, Negatively Charged Metal Ions and Related Phenomena*, Wiley-Interscience, New York, 1984.
* March, N.N.; *Liquid Metals*, Cambridge University Press, 1990.
* Parker, D.; Alkali and alkaline earth cryptates, *Adv. Inorg. and Radiochem.*, **27**, 1-26 (1983).
* Pedersen, C.J.; *J. Am. Chem. Soc.* **89**, 2495, 7017-7036 (1967). (Poli-éteres cíclicos e seus complexos com metais)
* Pedersen, C.J. e Frensdorf, H.K.; *Angew. Chem.*, **11**, 16-25 (1972). (Poli-éteres cíclicos e seus complexos com metais)
* Sargenson, A.M.; Caged metal ions, *Chemistry in Britain*, **15**, 23-27 (1979). (Considerações objetivas sobre éteres-coroa, criptandos, etc)
* The Chemical Society; *Alkali Metals*, Publicação especial nº 22, London.
* Waddington, T.C. (ed.); *Non Aqueous Solvent Systems*, Nelson, 1969. (Cap.1 por Jolly, W.L. e Hallada, C.J.: Soluções de metais em amônia líquida)
* Wakefield, B.J.; *The Chemistry of Organolithium Compounds*, Pergamon Pres, Oxford, 1976.
* Whaley, T.P.; *Comprehensive Inorganic Chemistry*, vol. 1, Pergamon Press, Oxford, 1973. (Cap.8: Sódio, potássio, rubídio, césio e frâncio)

PROBLEMAS

1. Por que os elementos do Grupo 1 são:
   a) monovalentes
   b) essencialmente iônicos
   c) agentes redutores fortes
   d) tem pequena tendência de formar complexos
   e) porque eles tem os menores valores para a primeira energia de ionização nos respectivos períodos ?
2. Por que os metais do Grupo 1 são moles, têm baixo ponto de fusão e baixa densidade? (vide Capítulo 5)
3. O lítio é o menor íon do Grupo 1. Seria de esperar que ele tivesse a maior mobilidade iônica e, portanto, as soluções de seus sais deveriam ter uma maior condutividade que soluções de sais de césio. Explique porque isso não ocorre.
4. Por que o lítio tem uma maior tendência de formar compostos covalentes que os demais elementos do grupo?
5. O raio atômico do lítio é 1,23 Å. Quando o elétron 2s mais externo é removido, o raio do Li^+ passa a ser 0,76 Å. Supondo-se que a diferença de raios se deva ao espaço ocupado pelo elétron *2s*, calcule a percentagem do volume do átomo de lítio ocupado pelo único elétron de valência. Essa hipótese é razoável? (Volume da esfera: $^4/_3\pi r^3$) (Resposta = 76,4%)
6. Por que e de que maneira o lítio se assemelha ao magnésio?
7. Quais são os produtos formados quando cada um dos metais do Grupo 1 são queimados em atmosfera de oxigênio? O que resulta da reação desses produtos com água? Utilize a teoria dos orbitais moleculares para descrever a estrutura eletrônica dos óxidos formados pelo sódio e pelo potássio.
8. Explique as diferenças de reatividade dos metais do Grupo 1 com água.
9. As energias de ionização dos elementos do Grupo 1 sugerem que o césio deve ser o elemento mais reativo, mas os potenciais padrão de eletrodo sugerem que o lítio é o mais reativo. Discuta conciliando essas duas observações.
10. Descreva como você obteria hidreto de lítio. Escreva as equações que representem duas propriedades importantes do hidreto de lítio. O composto contém os íons isoeletrônicos Li^+ e H^-. Qual deles é maior e por quê?
11. Represente através de equações as reações entre sódio e: a) H_2O, b) H_2, c) grafite, d) N_2, e) O_2, f) Cl_2, g) Pb, h) NH_3.
12. Os elementos do Grupo 1 geralmente formam compostos muito solúveis. Cite alguns compostos insolúveis ou pouco solúveis. Como esses elementos podem ser detectados e identificados na análise qualitativa?
13. Descreva a cor e a natureza das soluções dos metais do Grupo 1 em amônia líquida. Escreva uma equação que mostre como essas soluções se decompõem.
14. Desenhe as estruturas cristalinas do NaCl e do CsCl. Qual é o número de coordenação do íon metálico em cada caso? Explique por que esses dois sais adotam estruturas cristalinas diferentes.
15. Os metais alcalinos formam muitos complexos? Qual é o íon metálico desse grupo que forma complexos com mais facilidade? Quais são os melhores agentes complexantes?
16. Desenhe a estrutura dos complexos formados pelo Li^+, Na^+ e K^+ com acetilacetona e com aldeído salicílico. Por que os números de coordenação são diferentes?
17. O que é um éter-coroa e um criptando? Desenhe alguns exemplos de complexos de elementos do Grupo com esses ligantes. Qual é a importância biológica desse tipo de complexos?
18. Qual dos seguintes métodos você usaria para extinguir um incêndio provocado pelo lítio, sódio ou potássio metálico? Explique porque alguns desse métodos são inadequados e escreva as reações correspondentes.
    a) água
    b) nitrogênio
    c) dióxido de carbono
    d) manta de amianto
19. Os quatro métodos gerais de obtenção de metais são decomposição térmica, deslocamento de um elemento por outro, redução química e redução eletrolítica. Como são obtidos os metais do Grupo 1? Por que os demais métodos não são adequados ?
20. 0,347 g de um metal (A) foram dissolvidos em HNO_3 diluído. Essa solução provocou o aparecimento de uma coloração vermelha na chama não-luminosa de um bico de Bunsen, e por evaporação formou 0,747 do correspondente óxido (B). (A) também reage com nitrogênio, formando um composto (C), e com hidrogênio, formando (D). Um gás (E) e um composto pouco solúvel (F) foram obtidos quando 0,1590 g de (D) foram reagidos com água. O sólido (F) é uma base e consumiu 200 ml de HCl 0,1000 M para a sua neutralização. Identifique as substâncias de (A) a (F) e explique as reações envolvidas.

A INDÚSTRIA DE CLORO E ÁLCALIS

A indústria de cloro e álcalis compreende a fabricação de três produtos químicos de base: o hidróxido de sódio (também denominado soda cáustica), o cloro e o carbonato de sódio (ou simplesmente soda). Todos são obtidos a partir do cloreto de sódio.

O NaOH e o cloro são obtidos simultaneamente pela eletrólise de uma solução aquosa de NaCl. O NaOH é o álcali mais importante usado na indústria e o Cl_2 também é um produto químico industrial de grande importância. O carbonato de sódio está sendo abordado juntamente com os dois produtos acima citados por dois motivos — primeiro, porque ele pode substituir o hidróxido de sódio em muitas de suas aplicações industriais, como na fabricação de papel, sabões e detergentes; e em segundo lugar porque o Na_2CO_3 pode ser convertido facilmente em NaOH (e vice-versa) pelo processo "cal-soda cáustica". Nesse processo ocorre uma reação reversível. Assim, conforme a demanda e custos relativos do carbonato de sódio e do hidróxido de sódio, ela pode ser deslocada em um ou outro sentido. Antes de 1955, o Na_2CO_3 era usado em grande escala no amolecimento de águas duras, pois impede a formação de precipitado na presença de sabões. Os sabões foram discutidos no item "Compostos Orgânicos e Organometálicos" do Capítulo 9, e a água dura será discutida no Capítulo 11. Assim, até 1955, era economicamente viável fabricar Na_2CO_3 a partir de NaOH. Mais recentemente, com o uso cada vez mais generalizado dos detergentes, diminuiu o de sabões, reduzindo a demanda do Na_2CO_3. Atualmente a reação inversa é efetuada em escala limitada, convertendo o Na_2CO_3 em NaOH.

$$Na_2CO_3 + Ca(OH)_2 \rightleftharpoons CaCO_3 + 2NaOH$$

Esses três produtos químicos são classificados como "produtos químicos inorgânicos pesados", pois são produzidos industrialmente em grandes quantidades. A Tab. 10.1 contém a listagem dos produtos químicos mais produzidos na indústria química "pesada".

Tabela 10.1 — Quantidades de produtos químicos mais fabricados em 1991, 1992, 1993 e 1994

	Produto	Milhões de toneladas		
		Mundo	EUA	Reino Unido
1)	H_2SO_4	145,5 [b]	42,3 [b]	1,70 [b]
2)	CaO	127,9 [c]	18,4 [c]	2,50 [b]
3)	NH_3	110,0 [b]	17,3 [c]	1,20 [c]
4)	O_2	(100) [b]	23,3 [c]	2,50 [c]
5)	NH_4NO_3	(75) [b]	8,40 [c]	—
6)	N_2	(60) [b]	32,60 [c]	—
7)	eteno (etileno)	47,5 [a]	20,6 [c]	1,80 [a]
8)	NaOH	38,7 [d]	12,9 [c]	—
9)	Cl_2	35,3 [d]	12,0 [c]	0,88 [a]
10)	Na_2CO_3	31,5 [c]	9,9 [c]	—
11)	propileno	25,9 [a]	11,2 [c]	0,79 [a]
12)	HNO_3	24,7 [a]	8,5 [c]	—
13)	metanol	20,6 [c]	5,3 [c]	0,40 [a]
14)	benzeno	20,4 [a]	6,2 [c]	0,91 [a]
15)	H_3PO_4	20,3 [a]	11,5 [b]	—
16)	etanol	15,8 [b]	0,9 [b]	0,24 [b]
17)	vinil clorídico	14,9 [a]	6,9 [c]	0,16 [a]
18)	HCl	12,3 [a]	3,2 [c]	0,15 [a]

[a] valores de 1991; [b] valores de 1992; [c] valores de 1993; [d] valores de 1994

PROCESSO LEBLANC

C. W. Scheele descobriu o cloro em 1774, por meio da oxidação do ácido clorídrico com dióxido de manganês.

$$4HCl + MnO_2 \rightarrow Cl_2 + Mn^{2+} + 2Cl^- + 2H_2O$$

Scheele também descreveu as propriedades alvejantes do cloro, o que acabou elevando a demanda de cloro e de hidróxido de sódio a uma escala industrial, para uso na indústria têxtil. Naquela época não existia uma indústria química e as pessoas tinham de fabricar seus próprios produtos químicos. O primeiro problema se referia à obtenção do HCl, que passou a ser produzido pelo processo Leblanc. Embora o processo seja atualmente obsoleto, merece uma descrição mais detalhada, pois trata-se do primeiro processo industrial em grande escala usado na Europa. Foi utilizado durante quase todo o século 19 e ilustra muito bem a necessidade de se considerar a problemática das matérias-primas a serem utilizadas, como podem ser obtidas e o mercado para o(s) produto(s). (Nessa época, a Europa era a potência industrial do mundo, tal que o processo foi importado pelos Estados Unidos).

$$NaCl + H_2SO_4 \text{ concentrado} \xrightarrow{\text{calor}} NaHSO_4 + HCl$$
$$NaHSO_4 + NaCl \xrightarrow{\text{calor}} Na_2SO_4 + HCl$$

O HCl era a seguir oxidado a Cl_2.

$$4HCl + MnO_2 \rightarrow Cl_2 + Mn^{2+} + 2Cl^- + 2H_2O$$

O Na_2SO_4 era usado na produção de vidro, ou Na_2CO_3 e NaOH.

$$Na_2SO_4 + CaCO_3 \rightarrow Na_2CO_3 + CaSO_4$$
$$Na_2CO_3 + Ca(OH)_2 \rightarrow 2NaOH + CaCO_3$$

Nesse processo, os produtos químicos consumidos são H_2SO_4, NaCl e $CaCO_3$; e os produtos formados são NaOH e Cl_2 (e Na_2SO_4, em menor quantidade). As matérias-primas eram obtidas como segue:

$$S \text{ ou } FeS_2 + O_2 \rightarrow SO_2 \rightarrow SO_3 \rightarrow H_2SO_4$$
NaCl — minerado ou obtido de salmouras
$CaCO_3$ — extraído como calcário
$$CaCO_3 \xrightarrow{\text{calor}} CaO \xrightarrow{H_2O} Ca(OH)_2$$

Em 1874 ,a produção mundial de NaOH era de 525.000 toneladas, 94% das quais eram produzidas pelo processo Leblanc. Em 1902, a produção de NaOH tinha aumentado para 1.800.000 toneladas, mas apenas 8% eram produzidas pelo processo Leblanc. Esse processo tornou-se obsoleto porque foram encontrados métodos mais econômicos, sendo substituído sucessivamente pelos processos Weldon e depois Deacon, e finalmente pela eletrólise.

OS PROCESSOS WELDON E DEACON

O processo Leblanc usava MnO_2 para oxidar o HCl, mas o $MnCl_2$, obtido como subproduto, era desprezado. O processo Weldon (1866) reciclava o $MnCl_2$, sendo portanto mais econômico.

No processo Deacon (1868), o HCl era oxidado pelo ar e não pelo MnO_2. Efetuava-se uma reação em fase gasosa entre o HCl e o ar sobre uma superfície de blocos cerâmicos especiais impregnados com uma solução de $CuCl_2$, que atuava como catalisador. A reação é reversível, sendo possível um grau de conversão de cerca de 65%.

$$4HCl + O_2 \underset{440\,^\circ C}{\overset{\text{catalizador de } CuCl_2}{\rightleftharpoons}} 2Cl_2 + 2H_2O + \text{calor}$$

Atualmente, cerca de 90% da demanda mundial de cloro provém da eletrólise de uma solução aquosa de cloreto de sódio (salmoura). Os 10% restantes praticamente provém da eletrólise do NaCl fundido (produção de sódio metálico); da eletrólise de soluções aquosas de KCl, (produção de KOH; e de $MgCl_2$ fundido (obtenção de magnésio metálico). Apenas uma pequena quantidade ainda é produzida pela oxidação do HCl pelo oxigênio do ar, utilizando um processo Deacon modificado. Essa modificação surgiu em 1960 e utiliza um catalisador melhorado de didímio, Dm_2O_3, e $CuCl_2$, a uma temperatura ligeiramente inferior de 400 °C (didímio é um nome antigo, e significa "gêmeo". Acreditava-se inicialmente que era um composto derivado de um elemento, mas foi posteriormente separado em dois elementos lantanídeos, o praseodímio e o neodímio. O catalisador é uma mistura finamente pulverizada de sólidos que fluem como um líquido. Por isso, o sistema contendo o catalisador é denominado "leito fluidizado").

O PROCESSO ELETROLÍTICO

A eletrólise da salmoura foi descrita pela primeira vez por Cruickshank. Mas, somente em 1834 Faraday desenvolveu as leis da eletrólise. Naquele tempo o uso da eletrólise era muito restrito, porque as únicas fontes de energia elétrica eram as baterias primárias. Essa situação mudou em 1872, quando Gramme inventou o dínamo. A primeira planta eletrolítica comercial foi instalada em 1891 em Frankfurt (Alemanha): as células eletrolíticas tinham que ser enchidas, eletrolisadas, esvaziadas; a seguir novamente enchida... e assim por diante. Tratava-se, portanto, de um processo *descontínuo* ou *em bateladas*. Obviamente, uma célula que pode ser operada continuamente, sem a necessidade de ser esvaziada, produziria mais e a custos menores. Nos vinte anos seguintes surgiram muitas patentes e avanços tecnológicos, visando explorar as possibilidades industriais da eletrólise. A primeira instalação industrial a empregar uma célula *contínua de diafragma* foi provavel-mente aquela idealizada por Le Seur, em Romford (Maine, Estados Unidos), em 1893; seguida da célula de Castner, em Saltville (Virginia/EUA), em 1896. A primeira instalação na Inglaterra foi a de Hargreaves e Bird, em 1897, em Runcorn. Todas essas células (e também em muitas células modernas) empregavam amianto como um diafragma para separar os compartimentos anódico e catódico. Com a adição constante de salmoura, havia uma produção contínua de NaOH e de Cl_2.

Na mesma época, Castner (um americano que trabalhava em Birmingham, Inglaterra) e Kellner (um austríaco trabalhando em Viena) desenvolveram e patentearam versões semelhantes da *célula de cátodo de mercúrio*, em 1897. Suas patentes combinadas passaram a ser utilizadas pela "Castner Kellner Alkali Company", também em Runcorn, em 1897.

Os dois tipos de células, o de diafragma e o de cátodo de mercúrio, ainda continuam sendo utilizados. As primeiras instalações produziam cerca de 2 toneladas de cloro por dia, mas as instalações modernas produzem 1.000 toneladas por dia.

Na eletrólise da salmoura, ocorrem reações tanto no ânodo como no cátodo.

Ânodo: $2Cl^- \rightarrow Cl_2 + 2e$

Cátodo: $Na^+ + e \rightarrow Na$
$2Na + 2H_2O \rightarrow 2NaOH + H_2$

Se os produtos se misturarem, podem ocorrer reações secundárias:

$$2NaOH + Cl_2 \rightarrow NaCl + NaOCl + H_2O$$

ou

$$2OH^- + Cl_2 \rightarrow \underset{\text{hipoclorito}}{OCl^-} + H_2O + Cl^-$$

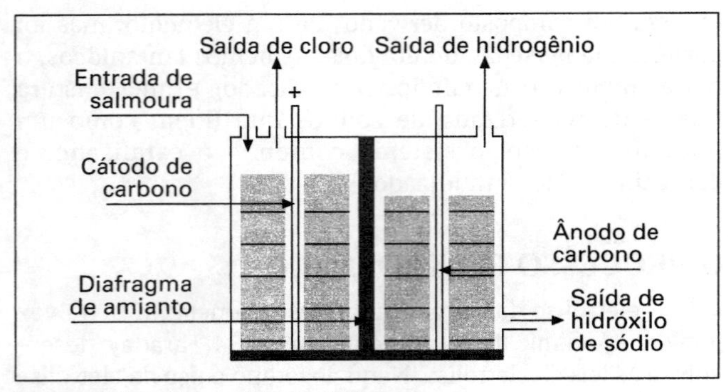

Figura 10.1 — Uma célula de diafragma

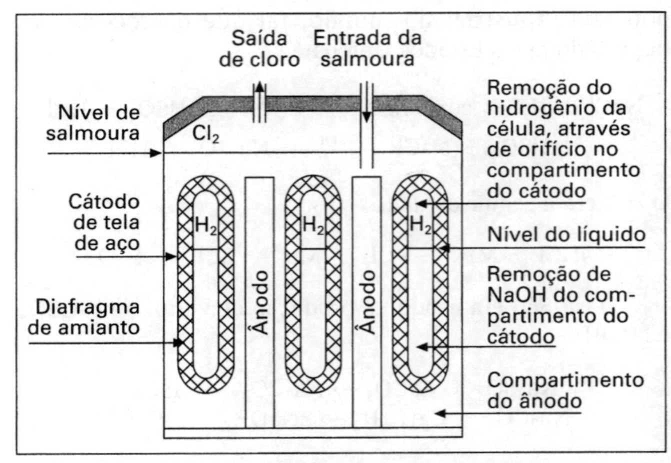

Figura 10.2 — Célula de diafragma industrial para produção de Cl_2 e NaOH

e pode ocorrer uma outra reação secundária, numa pequena extensão, no ânodo:

$$4OH^- \rightarrow O_2 + 2H_2O + 4e$$

CÉLULAS DE DIAFRAGMA

Um diafragma poroso de amianto é usado para manter separados os gases H_2 e Cl_2 (produzidos nos eletrodos). Se eles se misturarem, reagirão explosivamente. Na luz do dia (e ainda mais intensamente com a exposição direta à luz solar) ocorre uma reação fotolítica produzindo átomos de cloro, que provocam uma reação em cadeia explosiva com o hidrogênio.

O diafragma também separa os compartimentos anódico e catódico. Isso diminui a possibilidade do NaOH, produzido no compartimento catódico, se misturar com o Cl_2, produzido no compartimento anódico. Dessa forma, reduz-se a possibilidade de ocorrer uma reação secundária que leva à formação de hipoclorito de sódio NaOCl. Assim mesmo, uma pequena quantidade de hidróxido de sódio ou de OH^-, eventualmente, poderia se difundir para o outro compartimento. Esse processo é minimizado, mantendo-se o nível do eletrólito mais alto no compartimento do ânodo que no do cátodo, de modo a manter um pequeno fluxo positivo do compartimento anódico para o catódico. Pequeníssimas quantidades de oxigênio são formadas numa reação secundária. Esse oxigênio reage com os eletrodos de carbono formando CO_2 e destruindo-os gradualmente.

Há um considerável interesse em substituir o amianto do diafragma por finas membranas sintéticas de plástico. Essas membranas são feitas de um polímero denominado náfion, montado num suporte de teflon (náfion é um copolímero de tetrafluoretileno e um perfluorossulfoniletoxi-éter). Membranas plásticas possuem uma resistência menor que o amianto.

Menos da metade do NaCl é convertido em NaOH, usualmente obtendo-se uma mistura de 11% de NaOH e 16% de NaCl. Essa solução é concentrada num evaporador a vapor, levando à cristalização de uma grande quantidade de NaCl e a uma solução final contendo 50% de NaOH e 1% de NaCl. *É importante lembrar que o NaOH produzido dessa maneira sempre contém uma certa quantidade de NaCl.* Isso pode ou não ser importante, dependendo do uso a que se destina o NaOH. Para a maioria das aplicações industriais, o produto é vendido na forma de uma solução, pois os custos do processo de evaporação para se obter o sólido excedem os custos adicionais de transporte da solução.

A CÉLULA DE CÁTODO DE MERCÚRIO

Durante a eletrólise da salmoura, os íons Na^+ migram em direção ao cátodo e ao chegar são neutralizados.

$$Na^+ + e \rightarrow Na_{(metal)}$$

Se o cátodo for de mercúrio, os átomos de sódio formados se dissolvem no mesmo, formando uma amálgama, ou um tipo de liga. A amálgama é bombeada para um compartimento separado, denominado desnudador, no qual água é espargida sobre pedaços de grafite (atuam como sólido inerte). A água reage com o sódio dissolvido na amálgama, obtendo-se assim NaOH *puro* a 50%.

$$Na_{(amálgama)} + H_2O \rightarrow NaOH + {}^1/_2H_2 + Hg$$

O mercúrio puro é, então, enviado novamente ao tanque

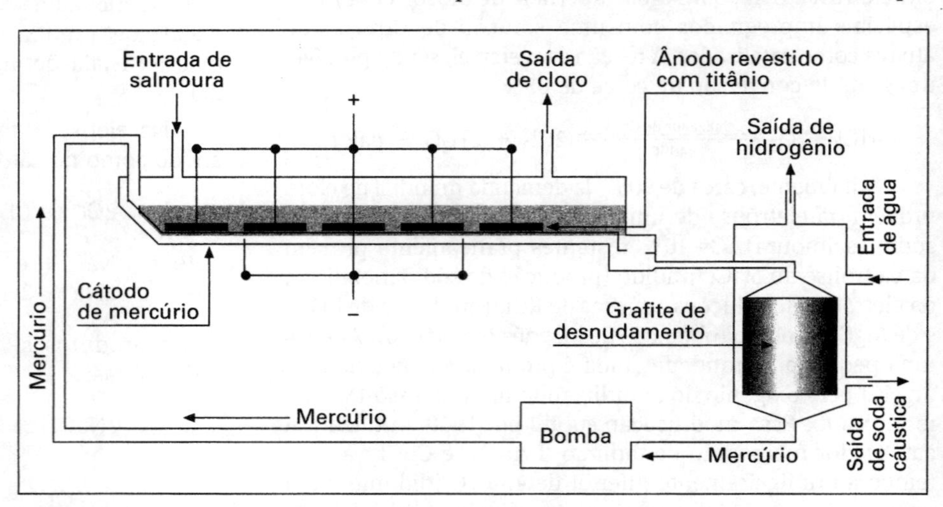

Figura 10.3 — Célula de cátodo de mercúrio para produção de Cl_2 e NaOH

de eletrólise, sendo reciclado. Inicialmente os ânodos eram feitos de grafite, mas eram corroídos pela reação com o oxigênio formado numa reação paralela (em quantidades traço), com a evolução de CO_2. Os ânodos são atualmente fabricados com aço revestido de titânio. O titânio é muito resistente à corrosão, o que não somente evita o problema do desgaste e formação de CO_2, mas também abaixa a resistência elétrica do sistema.

PRODUÇÃO

Nos dois processos eletrolíticos (célula de diafragma e de cátodo de mercúrio), NaOH e Cl_2 são produzidos numa proporção molar de 2:1. Como a massa molecular do Cl_2 é 71 e o do NaOH é 40, deduz-se que a eletrólise fornece 40 partes em peso de NaOH para 35,5 partes de cloro. Isso corresponde a 1,13 toneladas de NaOH para cada tonelada de Cl_2. Em 1994 a produção mundial de cloro foi de 35,3 milhões de toneladas.

Até 1965, a demanda de NaOH excedia à de Cl_2 e o cloro era barato. Desde então, a situação se inverteu, principalmente devido ao consumo de grandes quantidades de cloro na fabricação de plásticos, como o cloreto de polivinila (PVC) (a produção mundial de PVC foi de 14,9 milhões de toneladas em 1991).

CARBONATO DE SÓDIO

A produção mundial de carbonato de sódio, Na_2CO_3, em 1993 foi de 31,5 milhões de toneladas, 49% dos quais foram consumidos na obtenção de vidro. Quantidades menores foram empregadas na preparação de diversos fosfatos e polifosfatos de sódio, que são utilizados no tratamento de águas duras (são adicionados a diversos produtos de limpeza), e na obtenção de polpa de madeira e papel. A crescente conscientização da população sobre os efeitos da "chuva ácida" sobre plantas e edifícios, levou a um novo uso para o Na_2CO_3, ou seja, no tratamento dos gases de exaustão de usinas termelétricas alimentadas a carvão ou óleo, para a remoção de SO_2 e H_2SO_4. Esse nova aplicação deve demandar uma considerável quantidade do Na_2CO_3 produzido.

Os principais produtores de carbonato de sódio são os Estados Unidos (30%), a ex-União Soviética (19%), China (8%), Alemanha (5%), Japão (4%), Bulgária (4%) e Polônia (4%). A maior parte do Na_2CO_3 é produzida sinteticamente pelo processo Solvay (processo amônia-soda). Contudo, desde os tempos pré-históricos, depósitos naturais de trona, $Na_2CO_3 \cdot NaHCO_3 \cdot 2H_2O$, foram formados nos leitos de lagos secos, no Egito. Grandes quantidades são atualmente mineradas, principalmente nos Estados Unidos e no Quênia. Nos Estados Unidos foram utilizados 9,9 milhões de toneladas de Na_2CO_3, em 1993. Cerca de 6 milhões de toneladas/ano de Na_2CO_3 são obtidos a partir da trona. A trona é também denominada sesquicarbonato (sesqui significa um e meio), sendo convertido em carbonato de sódio por aquecimento.

$$2(Na_2CO_3 \cdot NaHCO_3 \cdot 2H_2O) \xrightarrow{\text{calor}} 3Na_2CO_3 + CO_2 + 5H_2O$$

Durante a descrição da indústria de cloro e álcalis, foi mencionado que o carbonato de sódio (soda) pode substituir o NaOH, por exemplo, na fabricação de papel, sabão e

Tabela 10.2 — Produção de cloro (em milhões de toneladas)

Produção mundial		35,3	
EUA		12,0	(34%)
União Soviética	(aprox.)	8	(23%)
Alemanha Ocidental		3,5	(10%)
Canadá		1,4	(4%)
França		1,4	(4%)
Reino Unido		1,0	(3%)
Japão		0,93	(2,6%)
Itália		0,92	(2,6%)
Espanha		0,51	(1,4%)

Tabela 10.3 — Principais usos do cloro

Usos	Comunidade européia	EUA
Cloreto de vinila (CH_2=CHCl)	31%	18%
Intermediários orgânicos	16%	—
Solventes clorados (C_2H_5Cl aprox. 40.000 ton/ano (CH_2Cl–CH_2Cl etc.)	14%	22%
Óxido de propileno	8%	5%
Alvejamento de polpa e papel	—	11%
Clorometanos (CCl_4, $CHCl_3$ etc.)	—	10%
Materiais inorgânicos (alvejantes, hipoclorito de sódio)	—	8%
Outros usos	31%	26%

Tabela 10.4 — Principais usos do hidróxido de sódio (soda cáustica)

	EUA
Produtos químicos inorgânicos	21%
Produtos químicos orgânicos	17%
Obtenção de polpa de madeira e papel	14%
Neutralizações	12%
Produção de alumina	7%
Sabões	4%
Raiom	4%
Outros usos	21%

Tabela 10.5 — Principais usos do carbonato de sódio

	EUA
Vidro — garrafas	34%
Fosfatos de sódio	12%
Vidro — vidro plano e fibra de vidro	11%
Silicato de sódio	5%
Agentes de limpeza alcalinos	5%
Fabricação de polpa e papel	4%
Outros usos	29%

detergentes, e que o carbonato de sódio pode ser utilizado como matéria-prima para a obtenção de NaOH, pelo processo calcário-soda cáustica. Contudo, como atualmente o NaOH é barato e abundante, muito pouco carbonato de sódio é utilizado com essa finalidade. Está havendo um declínio no uso da "soda" para limpeza, $Na_2CO_3.10H_2O$, para o amolecimento de águas duras, devido ao crescente emprego de detergentes.

O PROCESSO SOLVAY (OU PROCESSO AMÔNIA-SODA)

Muitos esforços foram dispendidos na tentativa de se encontrar um processo que permitisse produzir Na_2CO_3 de forma mais econômica que pelo processo Leblanc, utilizando a reação global:

$$2NaCl + CaCO_3 \rightarrow Na_2CO_3 + CaCl_2$$

Essa reação foi estudada pela primeira vez por Freshnel, em 1811, e diversas instalações industriais foram construídas. Contudo, logo foram abandonadas por não darem lucro ou por causa de dificuldades técnicas, como corrosão do equipamento, contaminação do produto e obstrução das tubulações. Ernest Solvay foi o primeiro a operar com sucesso uma instalação industrial explorando o método, na Bélgica (1869).

O processo é muito mais complicado que o sugerido pela reação global. Para complicar ainda mais a situação, a reação é reversível e só 75% do NaCl é convertido no produto. O primeiro estágio do processo é a purificação da salmoura saturada, que então é saturada com amônia gasosa. Em seguida, a salmoura amoniacal é carbonatada com CO_2, formando $NaHCO_3$. Este é insolúvel na salmoura, por causa do efeito do íon comum, podendo ser separado por filtração. Por aquecimento a 150° C, o $NaHCO_3$ se decompõe gerando Na_2CO_3 anidro (denominado "soda leve", porque é um sólido com uma baixa densidade de empacotamento de 0,5g cm^{-3}). A seguir o CO_2 é removido aquecendo-se a solução, sendo o gás reciclado. A amônia, NH_3, é regenerada pela adição de um álcali (suspensão de cal em água) e também reciclada. A cal (CaO) é obtida pelo aquecimento do calcário ($CaCO_3$), que também fornece o CO_2 necessário. Quando a cal (CaO) é misturada com água forma-se $Ca(OH)_2$.

$$NH_3 + H_2O + CO_2 \rightarrow NH_4 \cdot HCO_3$$
$$NaCl + NH_4 \cdot HCO_3 \rightarrow NaHCO_3 + NH_4Cl$$
$$2NaHCO_3 \xrightarrow{150^\circ C} Na_2CO_3 + CO_2 + H_2O$$
$$CaCO_3 \xrightarrow[\text{forno de cal}]{1100^\circ C \text{ em}} CaO + CO_2$$
$$CaO + H_2O \rightarrow Ca(OH)_2$$
$$2NH_4Cl + Ca(OH)_2 \rightarrow 2NH_3 + CaCl_2 + 2H_2O$$

Assim, as matérias-primas utilizadas são NaCl e $CaCO_3$, sendo gerados o produto desejado Na_2CO_3 e o subproduto do processo $CaCl_2$. Há pouca demanda para o $CaCl_2$, de modo que só uma pequena parte é recuperada da solução, sendo o restante desprezado. O principal uso do Na_2CO_3 é na produção de vidro (Tab. 10.5), que requer a "soda pesada", ou seja $Na_2CO_3 \cdot H_2O$. Este é obtido recristalizando-se a "soda leve" Na_2CO_3 anidro, produzida pelo processo Solvay, em água quente.

LEITURAS COMPLEMENTARES

- Adam, D.J.; Early industrial electrolysis, *Education in Chemistry*, **17**, 13-14, 16 (1980).
- Borgstedt, H.U. e Mathews, C.K., *Applied Chemistry of the Alkali Metals*, Plenum, London, 1987.
- Boyton, R.S.; *Chemistry and Technology of Lime and Limestone*, 2.ª ed., John Wiley, Chichester, 1980.
- Buchner, W.; Schleibs, R.; Winter, G. e Buchel, K.H.; *Industrial Inorganic Chemistry*, V.C.H. Publishers, Weinheim, 1989.
- Grayson, M. e Eckroth, D. (ed.); *Kirk-Othmer Concise Encyclopedia of Chemical Technology*, John Wiley.
- *Kirk-Othmer Concise Encyclopedia of Chemical Technology*, (26 volumes), 3.ª ed., Wiley-Interscience, 1984.
- Stephenson, R.M.; *Introduction to the Chemical Process Industries*, Van Nostrand Rienhold, New York, 1966.
- Thompson, R. (ed.); *The Modern Inorganic Chemicals Industry*, Publicação Especial n.º 31, The Chemical Society, London, 1986. (Purcell, R.W., A indústria de cloro e álcalis e Campbell, A., Cloro e clorinação)
- Venkatesh, S. e Tilak, S.; Chlor-alkali technology, *J. Chem. Ed.*, **60**, 276-278 (1983).
- Uma compilação dos 50 produtos químicos mais produzidos nos EUA a cada ano é publicado na revista *Chemical and Engineering News*, numa das edições de junho (vide Apêndice K).

PROBLEMAS

1. Que produtos químicos são obtidos industrialmente a partir do cloreto de sódio? Esquematize os respectivos processos de produção.
2. Descreva em detalhe o processo de eletrólise industrial do cloreto de sódio. Faça comentários sobre a pureza dos produtos obtidos.
3. Quais são os principais usos do cloro, sódio e hidróxido de sódio? Por que a demanda de cloro aumentou dramaticamente?
4. Quais são os usos do Na_2CO_3? Por que seu uso diminuiu ? Explique por que, em certas épocas, NaOH era convertido em Na_2CO_3 e em outras Na_2CO_3 era convertido em NaOH?

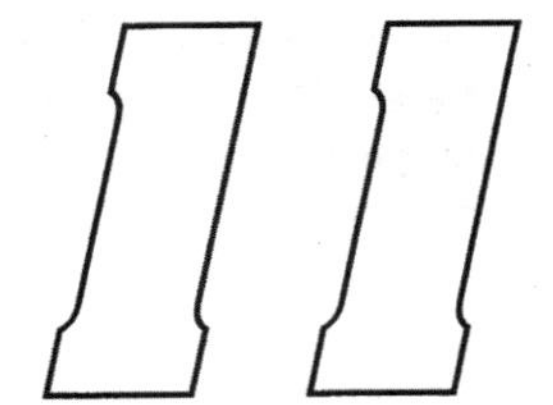

Grupo 2 OS ELEMENTOS ALCALINOS TERROSOS

INTRODUÇÃO

Os elementos do Grupo 2 apresentam as mesmas tendências nas propriedades que foram observadas no Grupo 1. Contudo, o berílio é uma exceção, diferindo muito mais em relação aos demais elementos do grupo que o lítio no caso dos elementos do Grupo 1. O principal motivo para isso é o fato do átomo de berílio e o íon Be^{2+} serem ambos extremamente pequenos, sendo o aumento relativo de tamanho do Be^{2+} para o Mg^{2+} quatro vezes maior que do Li^+ par o Na^+. O berílio também apresenta algumas semelhanças em diagonal com o alumínio, no Grupo 13. Todos os compostos de berílio e bário são muito tóxicos.

Esses elementos formam uma série bem comportada de metais altamente reativos, mas menos reativos que os metais do Grupo 1. Geralmente, são divalentes e formam compostos iônicos incolores. Os óxidos e hidróxidos são menos básicos que os dos elementos do Grupo 1: portanto seus oxossais (carbonato, sulfatos, nitratos) são mais susceptíveis ao calor. O magnésio é um importante metal estrutural, sendo usado em grandes quantidades (303.000 toneladas em 1993). Diversos compostos são utilizados em grandes quantidades: calcário ($CaCO_3$) é utilizado para a preparação de cal virgem (CaO: 127,9 milhões de toneladas em 1993) e cimento (1.396 milhões de toneladas em 1993), além de 14,2 milhões de toneladas de giz. Outros compostos usados em grande escala incluem o gesso, $CaSO_4$ (88,2 milhões de toneladas em 1992); fluorita, CaF_2 (3,6 milhões de toneladas em 1992), magnesita; $MgCO_3$ (10,8 milhões de toneladas em 1992) e barita, $BaSO_4$ (4,,9 milhões de toneladas em 1992).

Mg^{2+} e Ca^{2+} são elementos essenciais ao ser humano; e Mg^{2+} é um importante constituinte da clorofila.

ESTRUTURA ELETRÔNICA

Todos os elementos do Grupo 2 possuem dois elétrons *s* no nível eletrônico mais externo. Ignorando os níveis internos preenchidos, as suas estruturas eletrônicas podem ser representadas como $2s^2$, $3s^2$, $4s^2$, $5s^2$, $6s^2$ e $7s^2$.

Tabela 11.1 — Configurações eletrônicas dos elementos do Grupo 2

Elemento	Símbolo	Configuração eletrônica	
Berílio	Be	$1s^2 2s^2$	ou [He] $2s^2$
Magnésio	Mg	$1s^2 2s^2 2p^6 3s^2$	ou [Ne] $3s^2$
Cálcio	Ca	$1s^2 2s^2 2p^6 3s^2 3p^6 4s^2$	ou [Ar] $4s^2$
Estrôncio	Sr	$1s^2 2s^2 2p^6 3s^2 3p^6 3d^{10} 4s^2 4p^6 5s^2$	ou [Kr] $5s^2$
Bário	Ba	$1s^2 2s^2 2p^6 3s^2 3p^6 3d^{10} 4s^2 4p^6 4d^{10} 5s^2 5p^6 6s^2$	ou [Xe] $6s^2$
Rádio	Ra		[Rn] $7s^2$

OCORRÊNCIA E ABUNDÂNCIA

O berílio não é muito comum, em parte porque ele não é muito abundante (2 ppm) e em parte por causa de sua difícil extração. É encontrado em pequenas quantidades em minerais do grupo dos silicatos, como berilo $Be_3Al_2Si_6O_{18}$ e fenacita Be_2SiO_4. Cerca de 6.700 toneladas de berilo foram mineradas em 1993, principalmente nos Estados Unidos (73%), no Casaquistão (13%) e na ex-União Soviética (12%). A pedra preciosa esmeralda tem a mesma fórmula mínima do berilo, mas contém pequenas quantidades de cromo, responsável por sua coloração verde).

O magnésio é o sexto elemento mais abundante da crosta terrestre (27.640 ppm ou 2,76%). Sais de magnésio estão dissolvidos na água do mar, na proporção de até 0,13%. Montanhas inteiras (por exemplo as Dolomitas na Itália) são constituídas pelo mineral dolomita [$MgCO_3 \cdot CaCO_3$]. A dolomita é utilizada na construção de rodovias. Quando calcinada se transforma num material refratário, usado no revestimento interno de altos fornos. Existem também grandes depósitos de magnesita, $MgCO_3$: 10,8 milhões de toneladas foram mineradas em 1992. Os principais produtores são a China, 24%, a Coréia do Norte 15%, a Turquia (11%) e a ex-União Soviética 10%. Outros depósitos são os de sulfatos, tais como as de epsomita, $MgSO_4 \cdot 7H_2O$, e de kieserita, $MgSO_4 \cdot H_2O$. A carnalita, [$KCl \cdot MgCl_2 \cdot 6H_2O$], é explorada essencialmente como uma fonte de potássio. O Mg também está presente em diversos minerais do grupo dos silicatos, por

Tabela 11.2 — Abundância dos elementos na crosta terrestre, em peso

	ppm	Lugar em abundância relativa
Be	2,0	51º
Mg	27.640	6º
Ca	46.600	5º
Sr	384	15º
Ba	390	14º
Ra	$1,3 \times 10^{-6}$	

exemplo, olivina $(Mg,Fe)_2SiO_4$, talco $Mg_3(OH)_2Si_4O_{10}$, crisotilo $Mg_3(OH)_4Si_2O_5$ (asbesto) e micas, tais como $K^+[Mg_3(OH)_2(AlSi_3O_{10})]^-$.

O cálcio é o quinto elemento mais abundante na crosta terrestre (46.600 ppm ou 4,66%), sendo um dos constituintes de diversos minerais bastante comuns, disseminados por todo o planeta. Há vastos depósitos sedimentares de $CaCO_3$ formando montanhas inteiras de calcário, mármore e greda (os penhascos brancos de Dover), e também na forma de corais. Estes se originam do acúmulo de conchas de animais marinhos. Embora o calcário seja tipicamente branco, em muitos locais ele apresenta coloração amarela, laranja ou marrom, devido à presença de quantidades traço de ferro. Há duas formas cristalinas de $CaCO_3$, a calcita e a aragonita. A calcita é a forma mais comum: forma cristais romboédricos incolores. A aragonita tem estrutura ortorrômbica e, geralmente, de cor amarela ou vermelha acastanhada. Isso explica a cor da paisagem na região do Mar Vermelho, das Bahamas e dos rochedos da Flórida. O calcário é importante comercialmente como fonte de cal, CaO. A cal é produzida em enormes quantidades (127,9 milhões de toneladas em 1993), sendo o segundo em volume de produção, abaixo apenas do H_2SO_4. Fragmentos de calcário também são usados na construção de estradas.

A fluoroapatita, $[3(Ca_3(PO_4)_2) \cdot CaF_2]$, é industrialmente importante como fonte de fosfato. O gesso, $CaSO_4 \cdot 2H_2O$, e a anidrita, $CaSO_4$, são minerais muito abundantes. A produção mundial de gesso foi de 88,2 milhões de toneladas em 1992. Os principais produtores foram os Estados Unidos 17%, China 14%, Irã 9 %, Canadá e Tailândia 8% cada um e França e Espanha 6% cada um. Uma quantidade bem menor de anidrita foi minerada. O gesso é utilizado na fabricação de cimento Portland, de divisórias, de argamassas de estuque de gesso e na fabricação de vidro. Seu uso como revestimento não é recente, pois no Vale dos Reis, no Egito, as paredes das tumbas de Tutancamon e de outros reis foram revestidas com $CaSO_4$ e depois gravadas com hieróglifos. O Parque Nacional de White Sands (areias brancas) e a "zona de mísseis" no Novo México, EUA (onde foi testada a primeira bomba atômica), possui uma área de 100 milhas por 40 milhas de dunas de areia branca, constituída por gesso. A fluorita CaF_2 é um importante minério, pois é a principal fonte de flúor.

O estrôncio (384 ppm) e o bário (390 ppm) são muito menos abundantes, mas bem conhecidos, porque ocorrem na forma de minérios concentrados, que permitem fácil extração. O estrôncio é minerado como celestita, $SrSO_4$, e estroncianita, $SrCO_3$. A produção mundial de minerais de estrôncio foi de 283.100 toneladas em 1993. Os principais produtores foram o México, 30%, Turquia 25%, Espanha 19%, China 12% e Irã 11%. O Ba é obtido como barita, $BaSO_4$. A produção mundial foi de 4,9 milhões de toneladas em 1992. O bário é encontrado em todo o mundo, sendo os principais produtores a China, 21%, a ex-União Soviética 11%, México 8%, Índia 7%, Turquia 6% e Estados Unidos 6%. O rádio é extremamente raro e radiativo. Foi isolado pela primeira vez por Pierre e Marie Curie por meio do processamento de várias toneladas do minério de urânio pechblenda. Já foi usado no tratamento radioterápico do câncer. Atualmente outras fontes de radiação são utilizadas para essa finalidade (^{60}Co, raios X ou um acelerador linear). Marie Curie recebeu o Prêmio Nobel de Química em 1911, pela descoberta e estudo do rádio e do polônio.

OBTENÇÃO DOS METAIS

Os metais desse grupo não podem ser obtidos facilmente por redução química, porque eles próprios são fortes agentes redutores, além de reagirem com carbono formando carbetos. São fortemente eletropositivos e reagem com água. Assim, soluções aquosas não podem ser usadas no deslocamento dos mesmos por outro metal, ou na obtenção por via eletrolítica. A eletrólise de soluções aquosas pode ser efetuada usando um cátodo de mercúrio, mas a separação do metal da amálgama é difícil. Todos os metais podem ser obtidos por eletrólise de seus cloretos fundidos (cloreto de sódio é adicionado para baixar o ponto de fusão), embora o estrôncio e o bário tenham a tendência de formar uma suspensão coloidal.

Nos processos mais antigos, o BeO era extraído do berilo, $Be_3Al_2Si_6O_{18}$, por tratamento térmico ou fusão alcalina, seguida de tratamento com ácido sulfúrico, para formar $BeSO_4$ solúvel. A adição de NH_4OH fornece $Be(OH)_2$, que por aquecimento leva à formação de BeO. Este é um material cerâmico usado em reatores nucleares. Num processo alternativo, o berílio é extraído dos silicatos por tratamento com HF, o que leva à formação do complexo solúvel tetrafluoroberilato de sódio, $Na_2[BeF_4]$. Este é convertido no hidróxido e, em seguida, no óxido. O berílio metálico é obtido pela eletrólise de $BeCl_2$ fundido, obtido pelo tratamento térmico do hidróxido na presença de C e Cl_2. O berílio também pode ser obtido reduzindo-se BeF_2 com magnésio. O Be é usado na obtenção de ligas com outros metais. A adição de apenas 2% de Be ao cobre metálico aumenta sua resistência por um fator de 5 ou 6. Uma liga de Be e Ni é utilizada na fabricação de molas e contatos elétricos. O Be apresenta uma seção transversal de captura (seção eficaz) de nêutrons muito baixa, sendo usado na indústria que explora a energia nuclear. Tanto o Be como o BeO foram usados em reatores nucleares. Contudo, devem estar extremamente puros para que possam ser utilizados para tal finalidade. Nesse caso, o processo de purificação envolve a preparação do acetato básico de berílio e sua destilação a vácuo. Em seguida, o acetato pode ser termicamente decomposto até o óxido ou pode ser transformado no cloreto e reduzido com Ca ou Mg, para se obter o Be metálico. A absorção de radiação eletromagnética por um sólido depende de sua densidade eletrônica. O Be possui uma densidade eletrônica muito baixa e, conseqüentemente, a menor capacidade de absorção que qualquer outro sólido. Por isso, é usado para fabricar as "janelas" dos tubos de raios X.

O magnésio é o único elemento do Grupo 2 a ser produzido em larga escala na forma metálica. A produção mundial foi de 303.000 toneladas em 1993. Os principais produtores foram os Estados Unidos, 48%, a ex-União Soviética 12%, o Canadá 9% e a Noruega 8%. O magnésio é um metal estrutural leve extremamente importante por causa de sua baixa densidade (1,74 g cm^{-3}, menor que do aço 7,8 g cm^{-3} ou do alumínio 2,7 g cm^{-3}). O Mg forma muitas ligas binárias, freqüentemente contendo até 9% de Al, 3% de Zn e 1% de Mn, além de quantidades traço dos lantanídeos praseodímio Pr e neodímio Nd, e de tório. O metal e suas ligas podem ser moldados, torneados e soldados com facilidade. Ele é utilizado na fabricação da estrutura de aeronaves, peças de avião e motores de automóveis. Até cerca de 5% de Mg são adicionados ao alumínio para melhorar suas propriedades. Do ponto de vista químico, é importante em síntese orgânica, sendo utilizado na preparação dos reagentes de Grignard, como por exemplo C_2H_5MgBr.

O Mg era preparado aquecendo-se MgO com C a 2.000 °C. Nessa temperatura o C é capaz de reduzir o MgO. A mistura gasosa de Mg e CO era então resfriada muito rapidamente para se obter o metal. Esse resfriamento por "choque" era necessário, pois a reação é reversível. Se a mistura fosse resfriada lentamente, a posição do equilíbrio se deslocaria mais para a esquerda:

$$MgO + C \rightleftharpoons Mg + CO$$

Atualmente, o magnésio é produzido por redução a altas temperaturas e por eletrólise.

1. No processo Pidgeon, o Mg é produzido pela redução de dolomita calcinada com liga ferrossilício a 1.150 °C, à pressão reduzida.

$$[CaCO_3 \cdot MgCO_3] \xrightarrow{\text{calor}} CaO \cdot MgO \xrightarrow{+\text{Fe/Si}} Mg + Ca_2SiO_4 + Fe$$

2. A eletrólise pode ser efetuada com $MgCl_2$ fundido ou com $MgCl_2$ parcialmente hidratado. O $MgCl_2$ é produzido de duas maneiras.

Processo Dow de extração da água do mar

A água do mar contém cerca de 0,13 % de íons Mg^{2+}, e a extração do magnésio depende do fato de ser o $Mg(OH)_2$ muito menos solúvel que o $Ca(OH)_2$. Quando cal hidratada, $Ca(OH)_2$, é adicionada à água do mar, os íons Ca^{2+} vão para a fase aquosa enquanto o $Mg(OH)_2$ é precipitado. Este é filtrado, tratado com HCl para formar o cloreto de magnésio, e eletrolisado.

$$\underset{\text{cal hidratada}}{Ca(OH)_2} + \underset{\text{da água do mar}}{MgCl_2} \rightarrow \underset{\text{precipita}}{Mg(OH)_2} + CaCl_2$$

$$Mg(OH)_2 + 2HCl \xrightarrow{\text{calor}} MgCl_2 + 2H_2O$$

Processo Dow de extração da salmoura natural

A dolomita, $[MgCO_3 \cdot CaCO_3]$, é calcinada (aquecida fortemente) de modo a gerar MgO.CaO (dolomita calcinada). Esta é tratada com HCl, o que leva a formação de uma solução de $CaCl_2$ e $MgCl_2$. Depois de tratada com mais dolomita calcinada, CO_2 é borbulhado através da mesma. O íon Ca^{2+} precipita como $CaCO_3$, deixando em solução o $MgCl_2$, que é posteriormente eletrolisado.

$$CaCl_2 \cdot MgCl_2 + CaO \cdot MgO + 2CO_2 \rightarrow 2MgCl_2 + \underset{\text{precipita}}{2CaCO_3}$$

O metal Ca é usado para a obtenção de ligas com Al, utilizado para a confecção de mancais. Ele é usado na indústria do ferro e do aço para controlar a quantidade de carbono no ferro fundido e na remoção de P, O e S. Também são utilizados como redutores na obtenção de outros metais — Zr, Cr, Th e U — e na remoção de quantidades traço de N_2 no argônio. Do ponto de vista químico, o CaH_2 é às vezes usado como fonte de hidrogênio. A produção mundial de Ca é de cerca de 1.000 toneladas/ano. O metal é obtido por eletrólise do $CaCl_2$ fundido, obtido como subproduto do processo Solvay ou a partir da reação entre $CaCO_3$ e HCl.

Sr e Ba metálicos são produzidos em quantidades bem menores, por eletrólise dos cloretos fundidos ou pela redução de seus óxidos com alumínio (reação termita ou aluminotermia).

TAMANHO DOS ÁTOMOS E DOS ÍONS

Os átomos dos elementos do Grupo 2 são grandes, mas menores que os correspondentes elementos do Grupo 1, pois a carga adicional no núcleo faz com que esta atraia mais fortemente os elétrons. Analogamente, os íons são grandes, mas são menores que os dos correspondentes elementos do Grupo 1, principalmente porque a retirada de dois elétrons aumenta ainda mais a carga nuclear efetiva. Logo, esses elementos possuem densidades maiores que os metais do Grupo 1.

Os metais do Grupo 2 têm cor branca prateada. Eles possuem dois elétrons de valência que podem participar de ligações metálicas, enquanto que os metais do Grupo 1 possuem apenas um elétron. Em conseqüência, os metais do Grupo 2 são mais duros, suas energias de ligação são maiores e seus pontos de fusão e de ebulição são muito mais elevados que os dos metais do Grupo 1 (vide Tab. 11.4), mas os metais são relativamente moles. Os pontos de fusão

Tabela 11.3 — Tamanho e densidade

	Raio metálico (Å)	Raio iônico M^{2+} (Å) hexacoordenado	Densidade (g cm^{-1})
Be	1,12	0,31*	1,85
Mg	1,60	0,72	1,74
Ca	1,97	1,00	1,55
Sr	2,15	1,18	2,63
Ba	2,22	1,35	3,62
Ra		1,48	5,50

* Raio do íon tetracoordenado; com coordenação seis = 0,45 Å

Tabela 11.4 — Pontos de fusão e pontos de ebulição dos elementos dos Grupos 1 e 2

	Pontos de fusão (°C)	Pontos de ebulição (°C)		Pontos de fusão (°C)	Pontos de ebulição (°C)
Be	1.287	(2.500)	Li	181	1.347
Mg	649	1.105	Na	98	881
Ca	839	1.494	K	63	766
Sr	768	1.381	Rb	39	688
Ba	727	(1,850)	Cs	28,5	705
Ra	(700)	(1.700)			

não variam de modo regular, principalmente porque os metais assumem diferentes estruturas cristalinas (vide a seção sobre Ligações e Estruturas dos Metais no Cap. 2).

ENERGIA DE IONIZAÇÃO

A terceira energia de ionização é tão elevada que os íons M^{3+} nunca são formados. A energia de ionização do Be^{2+} é alta, sendo seus compostos tipicamente covalentes. O Mg também forma alguns compostos covalentes. Contudo, os compostos formados pelo Mg, Ca, Sr e Ba são predominantemente iônicos e os metais se encontram na forma de íons divalentes. Visto que os átomos são menores que os dos correspondentes elementos do Grupo 1, os elétrons estão mais fortemente ligados, de modo que a energia necessária para remover o primeiro elétron (primeira energia de ionização) é maior que dos elementos do Grupo 1. Depois de removido um elétron, a relação entre as cargas do núcleo e dos elétrons circundantes aumenta, de modo que os elétrons remanescentes estão ainda mais firmemente ligados. Assim, a energia necessária para remover o segundo elétron é quase o dobro daquela necessária para remover o primeiro. A energia total requerida para obter os íons divalentes gasosos dos elementos do Grupo 2 (primeira energia de ionização + segunda energia de ionização) é mais de quatro vezes maior que a energia necessária para formar um íon M^+ a partir dos correspondentes elementos do Grupo 1. O fato de se formarem compostos iônicos, sugere que a energia liberada quando se forma o retículo cristalino mais que compensa a energia necessária para produzir os íons.

Tabela 11.5 — Energias de ionização e eletronegatividade

	Energias de ionização ($kJ\ mol^{-1}$) 1.º	2.º	3.º	Eletronegatividade de Pauling
Be	899	1.757	14.847	1,5
Mg	737	1.450	7.731	1,2
Ca	590	1.145	4.910	1,0
Sr	549	1.064		1,0
Ba	503	965		0,9
Ra	509	979	(3.281)	

Os valores entre parênteses são aproximados

ELETRONEGATIVIDADE

Os valores de eletronegatividade dos elementos do Grupo 2 são baixos, mas maiores que dos correspondentes elementos do Grupo 1. Quando Mg, Ca, Sr e Ba reagem com elementos tais como os halogênios e o oxigênio, situados à direita da Tabela Periódica, a diferença de eletronegatividade será grande e os compostos formados serão iônicos.

A eletronegatividade do Be é maior que dos demais elementos. O BeF_2 exibe a maior diferença de eletronegatividade de todos os compostos de berílio. Assim, deveria ser o composto de berílio com o maior caráter iônico. Todavia, o BeF_2 fundido apresenta uma baixíssima condutividade, sendo considerado um composto covalente.

ENERGIAS DE HIDRATAÇÃO

As energias de hidratação dos íons dos elementos do Grupo 2 são de quatro a cinco vezes maiores que as dos correspondentes íons do Grupo 1. Isso se deve principalmente ao seu menor tamanho e sua maior carga, de modo que os valores de $\Delta H_{hid.}$ decrescem de cima para baixo dentro do grupo, à medida que o tamanho dos íons aumenta. No caso do Be existe um fator adicional que é a formação de um íon complexo muito estável: o $[Be(H_2O_4]^{2+}$. Os compostos cristalinos do Grupo 2 contêm mais moléculas de água de cristalização que os correspondentes compostos do Grupo 1. Por exemplo, NaCl e KCl são anidros, mas $MgCl_2 \cdot 6H_2O$, $CaCl_2 \cdot 6H_2O$ e $BaCl_2 \cdot 2H_2O$ possuem águas de cristalização. Note que o número de moléculas de água de cristalização diminui à medida que os íons se tornam maiores.

Dado que os íons divalentes possuem uma estrutura de gás nobre, sem elétrons desemparelhados, todos os seus compostos são diamagnéticos e incolores, a não ser que o ânion seja colorido.

COMPORTAMENTO ANÔMALO DO BERÍLIO

O berílio difere dos demais elementos do grupo por três motivos.

1) Ele é extremamente pequeno, e as regras de Fajans estabelecem que íons pequenos de carga elevada tendem a formar compostos covalentes.
2) Be possui uma eletronegatividade relativamente elevada. Assim, quando o Be reage com outros átomos, a diferença de eletronegatividade entre eles raramente é grande, o que também favorece a formação de compostos covalentes. Até mesmo o BeF_2 (diferença

Tabela 11.6 — Energias de hidratação

	Raio iônico (Å)	ΔH de hidratação ($kJ\ mol^{-1}$)
Be^{2+}	0,31*	–2.494
Mg^{2+}	0,72	–1.921
Ca^{2+}	1,00	–1.577
Sr^{2+}	1,18	–1.443
Ba^{2+}	1,35	–1.305

* Raio para coordenação 4

de eletronegatividade de 2,5) e o BeO (diferença de eletronegatividade de 2,0) mostram evidências de caráter covalente.

3) O Be se situa no segundo período da tabela periódica, de modo que o nível eletrônico mais externo comporta no máximo oito elétrons (os orbitais disponíveis para ligações são o orbital 2*s* e os três orbitais 2*p*). Portanto, o Be pode formar no máximo quatro ligações convencionais, tal que em muitos compostos o número de coordenação do Be é 4. Os elementos mais pesados podem ter mais de oito elétrons na camada de valência, podendo alcançar o número de coordenação 6 por meio da utilização de um orbital *s*, três orbitais *p* e dois orbitais *d* para formar as ligações. Compostos com ligações multicentradas, por exemplo o acetato básico de berílio, podem ter números de coordenação mais elevados, e são exceções às regras acima.

Assim, espera-se que o Be forme principalmente compostos covalentes, invariavelmente com número de coordenação 4. Compostos anidros de berílio apresentam predominantemente duas ligações covalentes, tal que moléculas do tipo BeX_2 deveriam ser lineares.

Estrutura eletrônica do átomo de berílio no estado fundamental

Estrutura eletrônica do átomo de berílio no estado excitado

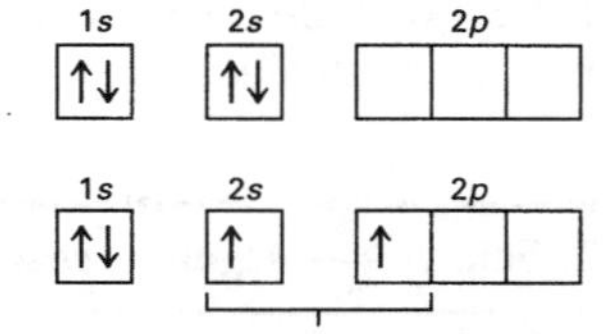

Dois elétrons desemparelhados podem formar ligações com dois átomos X

Na realidade, moléculas lineares só existem na fase gasosa, pois esse arranjo eletrônico não preenche o nível eletrônico mais externo. No estado sólido o Be sempre se encontra com um número de coordenação 4. Pode-se chegar a essa estrutura de diversas maneiras:

1. Dois ligantes que possuem pares de elétrons livres podem formar ligações coordenadas, usando os dois orbitais vazios do nível eletrônico de valência do Be. Assim, dois íons F^- podem coordenar-se ao BeF_2, formando $[BeF_4]^{2-}$. Analogamente, éter dietílico pode coordenar-se com o Be(+ II) no $BeCl_2$, formando $[BeCl_2(OEt_2)_2]$.
2. As moléculas de BeX_2 podem polimerizar-se, formando cadeias contendo átomos de halogênios em ponte, por exemplo $(BeF_2)_n$, $(BeCl_2)_n$. Cada átomo de halogênio forma uma ligação covalente normal e utiliza um par de elétrons livres para formar uma ligação coordenada (Fig.11.3c).
3. O $(BeMe_2)_n$ tem essencialmente a mesma estrutura do $(BeCl_2)_n$, mas a ligação no composto metilado deve ser considerado como sendo uma ligação tricentrada contendo dois elétrons, abrangendo um grupo metila e dois átomos de Be.
4. Um retículo cristalino covalente com a estrutura da blenda ou da wurtzita (número de coordenação 4) pode ser formado, por exemplo, pelo BeO e BeS.

Os sais de berílio sofrem extensa hidrólise em água, formando uma série de hidroxo-complexos de estrutura desconhecida. Podem ser estruturas poliméricas do tipo:

```
[HO   OH    OH]2-   [HO   OH    OH    HO]2-
  \  /  \  /          \  /  \  /  \  /
   Be    Be            Be    Be    Be
  /  \  /  \          /  \  /  \  /  \
[HO   OH    OH]     [HO   OH    OH    OH]
```

Quando um álcali é adicionado a essas soluções, os polímeros se rompem com a formação do íon mononuclear berilato, $[Be(OH)_4]^{2-}$, que é tetraédrico. Muitos sais de berílio contêm o íon hidratado $[Be(H_2O)_4]^{2+}$ ao invés do íon Be^{2+}. O íon hidratado também é um íon complexo tetraédrico. Observe que o número de coordenação é 4. A formação de um complexo hidratado aumenta o tamanho efetivo do íon berílio, sendo a carga distribuída por uma área maior. Por isso, compostos iônicos estáveis tais como $[Be(H_2O)_4]SO_4$, $[Be(H_2O)_4](NO_3)_2$ e $[Be(H_2O)_4]Cl_2$ podem ser formados.

	1s	2s	2p
Estrutura eletrônica do átomo de berílio no estado fundamental	↑↓	↑↓	☐☐☐
Estrutura eletrônica do íon Be^{2+}	↑↓	☐	☐☐☐
Estrutura eletrônica do íon Be^{2+} depois de receber quatro pares eletrônicos de 4 átomos de oxigênio de moléculas de água	↑↓	↑↓	↑↓ ↑↓ ↑↓

Quatro pares de elétrons tetaédrico – hibridização sp^3

Os sais de berílio são ácidos quando dissolvidos em água pura, por causa da hidrólise dos íons hidratados, dando origem a íons H_3O^+. Isso acontece porque a ligação Be–O é muito forte, o que enfraquece a ligação O–H do íon hidratado, fazendo com que tenha uma tendência a perder prótons. A reação inicial é

$$H_2O + [Be(H_2O)_4]^{2+} \rightleftharpoons [Be(H_2O)_3(OH)]^+ + H_3O^+$$

Mas esta pode ser acompanhada por uma polimerização, formando compostos como $[Be_2OH]^{3+}$ e $[Be_3(OH)_4]^{3+}$, que possuem grupos hidroxo em ponte. Em soluções alcalinas forma-se o íon $[Be(OH)_4]^{2-}$. Os outros sais dos elementos do Grupo 2 não interagem tão fortemente com a água e não se hidrolisam significativamente.

Sais de berílio raramente tem mais que quatro moléculas de água de cristalização associadas ao íon metálico, pois há apenas quatro orbitais disponíveis no segundo nível eletrônico. Todavia, o Mg pode ter número de coordenação 6, pois é capaz de usar, além dos orbitais 3*s* e 3*p*, alguns orbitais 3*d* para formar ligações.

SOLUBILIDADE E ENERGIA RETICULAR

A solubilidade da maioria dos sais diminui com o aumento do peso atômico, embora se observe a tendência inversa no caso dos fluoretos e hidróxidos deste Grupo. A solubilidade depende da energia reticular do sólido e da energia de hidratação dos íons, como explicado abaixo.

Tabela 11.7 — Energias reticulares para alguns compostos (kJ mol^{-1})

	MO	MCO_3	MF_2	MI_2
Mg	−3.923	−3.178	−2.906	−2.292
Ca	−3.517	−2.986	−2.610	−2.058
Sr	−3.312	−2.718	−2.459	
Ba	−3.120	−2.614	−2.367	

Tabela 11.8 — Entalpias de hidratação

	ΔH (kJ mol^{-1})
Be^{2+}	−2.494
Mg^{2+}	−1.921
Ca^{2+}	−1.577
Sr^{2+}	−1.443
Ba^{2+}	−1.305

Alguns valores de energias reticulares de compostos de elementos do Grupo 2 podem ser encontrados na Tab. 11.7. As energias reticulares são muito maiores que as dos correspondentes compostos do Grupo 1, por causa do efeito do aumento da carga na equação de Born-Landé (vide Capítulo 3). Considerando-se um íon negativo qualquer, a energia reticular decresce à medida que aumenta o tamanho do metal.

A energia de hidratação também diminui à medida que os íons metálicos se tornam maiores (Tab. 11.8). Para uma substância ser solúvel, a energia de hidratação deve ser maior que a energia reticular. Considere um grupo de compostos correlatos, por exemplo os cloretos de todos os metais do Grupo 2. Descendo pelo Grupo os íons metálicos se tornam maiores, de modo que tanto a energia de hidratação como a energia reticular se tornam cada vez menores. Um decréscimo na energia reticular favorece um aumento de solubilidade, mas o decréscimo de energia de hidratação favorece uma diminuição de solubilidade. Os dois fatores portanto variam em sentidos opostos, e o efeito global depende de qual dos dois apresenta uma variação relativa maior. Na maioria dos casos, considerando-se os compostos formados pelos elementos do Grupo, a energia de hidratação decresce mais rapidamente que a energia reticular: portanto os compostos se tornam menos solúveis à medida que o metal aumenta de tamanho. Contudo, no caso dos fluoretos e dos hidróxidos, a energia reticular diminui mais rapidamente que a energia de hidratação, de modo que a solubilidade desses compostos aumenta de cima para baixo dentro do Grupo.

SOLUÇÕES DOS METAIS EM AMÔNIA LÍQUIDA

Todos esses metais se dissolvem em amônia líquida, tal como ocorria com os metais do Grupo 1. Soluções diluídas são de coloração azul brilhante, devido ao espectro do elétron solvatado. Essas soluções se decompõem muito lentamente, formando amidetos e liberando hidrogênio, mas a reação é catalisada por muitos metais de transição e seus compostos.

$$2NH_3 + 2e \rightarrow 2NH_2^- + H_2$$

A evaporação da amônia das soluções dos metais do Grupo 1 fornece os metais, mas no caso dos elementos do Grupo 2 a evaporação da amônia leva à formação de hexaamoniatos dos metais correspondentes. Estes se decompõem lentamente, formando amidetos.

$$M(NH_3)_6 \rightarrow M(NH_2)_2 + 4NH_3 + H_2$$

Soluções concentradas desses metais em amônia tem cor de bronze, por causa da formação de agregados metálicos ("clusters").

PROPRIEDADES QUÍMICAS

Reação com água

O potencial de redução do berílio é muito menor que aqueles dos demais elementos do Grupo (potencial padrão de eletrodo, $E°$, do $Be^{2+}|Be$ −1,85, $Mg^{2+}|Mg$ −2,37, $Ca^{2+}|Ca$ −2,87, $Sr^{2+}|Sr$ −2,89, $Ba^{2+}|Ba$ −2,91, $Ra^{2+}|Ra$ −2,92 volts). Isso indica que o berílio é muito menos eletropositivo (menos metálico) que os outros elementos do grupo, e não reage com a água. Há dúvidas se ele reage com vapor d'água para formar o óxido BeO, ou se não reage com água nem mesmo nessas condições.

Tabela 11.9 — Algumas reações dos elementos do Grupo 2

Reação	Observações
$M+2H_2O \rightarrow M(OH)_2+H_2$	Be provavelmente reage com vapor, Mg com água quente, e Ca, Sr reagem rapidamente com água fria
$M+2HCl \rightarrow MCl_2+H_2$	Todos os metais reagem com ácidos, liberando hidrogênio
$Be+2NaOH+2H_2O \rightarrow Na_2[Be(OH)_4]+H_2$	Be é anfótero
$2M+O_2 \rightarrow 2MO$	Todos os membros do grupo formam óxidos normais
Com excesso de oxigênio $Ba+O_2 \rightarrow BaO_2$	O bário também forma o peróxido
$M+H_2 \rightarrow MH_2$	Ca, Sr e Ba formam, a altas temperaturas, hidretos iônicos, "salinos"
$3M+N_2 \rightarrow M_3N_2$	Todos os elementos do grupo formam nitretos a temperaturas elevadas
$3M+2P \rightarrow M_3P_2$	Todos os metais do grupo formam fosfetos a temperaturas elevadas
$M+S \rightarrow MS$	Todos os metais formam sulfetos
$M+Se \rightarrow MSe$	Todos os metais formam selenetos
$M+Te \rightarrow MTe$	Todos os metais formam teluretos
$M+F_2 \rightarrow MF_2$	Todos os metais formam fluoretos
$M+Cl_2 \rightarrow MCl_2$	Todos os metais formam cloretos
$M+Br_2 \rightarrow MBr_2$	Todos os metais formam brometos
$M+I_2 \rightarrow MI_2$	Todos os metais formam iodetos
$2M+2NH_3 \rightarrow 2M(NH_2)_2+H_2$	Todos os metais do grupo formam amidetos a altas temperaturas

Ca, Sr e Ba tem potenciais de redução semelhantes aqueles dos correspondentes metais do Grupo 1, e se situam em posições no topo da série eletroquímica. Reagem facilmente com água fria, liberando hidrogênio e formando os hidróxidos.

$$Ca + 2H_2O \rightarrow Ca(OH)_2 + H_2$$

O magnésio apresenta um valor de E^0 intermediário e não reage com água fria, mas é capaz de decompor água quente.

$$Mg + 2H_2O \rightarrow Mg(OH)_2 + H_2$$

ou

$$Mg + H_2O \rightarrow MgO + H_2$$

O Mg forma uma camada protetora de óxido. Assim, apesar de seu potencial de redução favorável, não reage facilmente a não ser que a camada de óxido seja removida por amalgamação com mercúrio. Nesse aspecto, ou seja, formação do filme de óxido, ele se assemelha ao alumínio.

HIDRÓXIDOS

O $Be(OH)_2$ é anfótero, mas os hidróxidos de Mg, Ca, Sr e Ba são básicos. A força da base aumenta do Mg ao Ba, de modo que os elementos do Grupo 2 apresentam a tendência normal de aumento de suas propriedades básicas, de cima para baixo dentro do Grupo.

As soluções aquosas de $Ca(OH)_2$ e de $Ba(OH)_2$ são denominadas água de cal e água de barita, respectivamente, e são utilizadas para detectar a presença de dióxido de carbono. Quando o CO_2 é borbulhado nessas soluções, elas se tornam "turvas" ou "leitosas" devido à formação de uma suspensão de partículas sólidas de $CaCO_3$ ou $BaCO_3$. Caso um excesso de CO_2 seja borbulhado, a turbidez desaparece, pois nesse caso formam-se os bicarbonatos solúveis. A água de barita é muito mais sensível ao teste, pois dá um resultado positivo mesmo quando apenas se expira sobre ela, ao passo que com a água de cal o ar expirado (ou outro gás) deve ser borbulhado na mesma.

$$Ca^{2+}(OH^-)_2 + CO_2 \rightarrow \underset{\text{precipitado branco insolúvel}}{CaCO_3 + H_2O} \xrightarrow{\text{excesso de } CO_2} \underset{\text{solúvel}}{Ca^{2+}(HCO_3^-)_2}$$

Os bicarbonatos dos metais do Grupo 2 somente são estáveis em solução. As cavernas em regiões de terreno calcário geralmente possuem estalactites crescendo do teto e estalagmites crescendo do solo. A água que percola através desse solo contém $Ca^{2+}(HCO_3^-)_2$ dissolvido. O bicarbonato solúvel decompõe-se lentamente ao carbonato insolúvel, o que provoca o lento crescimento das estalactites e estalagmites.

$$Ca^{2+}(HCO_3^-)_2 \rightarrow CaCO_3 + CO_2 + H_2O$$

DUREZA DA ÁGUA

A água dura contém carbonatos, bicarbonatos ou sulfatos de magnésio e de cálcio dissolvidos. A água dura dificulta a formação de espuma ao se utilizar sabões. Os íons Ca^{2+} e Mg^{2+} reagem com o íon estearato do sabão, gerando uma escuma insolúvel de estearato de cálcio, antes da formação de qualquer espuma. A água dura também forma depósitos insolúveis em tubulações de água e caldeiras.

A "dureza temporária" é decorrente da presença de $Mg(HCO_3)_2$ e $Ca(HCO_3)_2$. Ela é chamada de temporária porque pode ser eliminada pela fervura, o que expulsa o CO_2 e desloca o equilíbrio.

$$2HCO_3^- \rightleftharpoons CO_3^{2-} + CO_2 + H_2O$$

Assim, os bicarbonatos se decompõem aos carbonatos, precipitando o carbonato de cálcio. Se este for filtrado ou se for removido por sedimentação, a água estará livre da dureza. A dureza temporária também pode ser eliminada adicionando-se cal hidratada para precipitar o carbonato de cálcio. Esse processo é denominado "depuração com cal". Se um pH de 10,5 for utilizado, a dureza temporária devida ao HCO_3^- pode ser quase que completamente eliminada.

$$Ca(HCO_3)_2 + Ca(OH)_2 \rightleftharpoons 2CaCO_3 + H_2O$$

A "dureza permanente" não pode ser eliminada por fervura. Esta decorre principalmente da presença de $MgSO_4$ ou $CaSO_4$ na solução. Pequenas quantidades de água pura podem ser obtidas em laboratório por destilação ou passagem através de uma coluna de resina de troca-iônica, onde os íons Ca^{2+} e Mg^{2+} são substituídos por Na^+. Os íons sódio não afetam a capacidade dos sabões de produzir espuma. Os métodos de troca-iônica são largamente empregados na indústria. A dureza da água também pode ser eliminada, adicionando-se vários fosfatos, tais como o fosfato de sódio Na_3PO_4, o pirofosfato de sódio $Na_4P_2O_7$, tripolifosfato de sódio $Na_5P_3O_{10}$, ou o sal de Graham (Calgon) $(NaPO_3)_n$. Eles formam um complexo com os íons cálcio e magnésio, "seqüestrando-os", isto é, mantendo-os em solução. Antigamente grandes quantidades de carbonato de sódio eram empregadas no processo calcário-soda para o tratamento da dureza da água. O Na_2CO_3 é adicionado para precipitar o $CaCO_3$.

$$CaSO_4 + Na_2CO_3 \rightarrow CaCO_3 + Na_2SO_4$$

REAÇÕES COM ÁCIDOS E BASES

Todos os metais do Grupo 2 reagem com ácidos liberando H_2, embora o berílio reaja lentamente. O berílio se torna "passivo" quando na presença de HNO_3 concentrado, isto é, não reage. Isso ocorre porque o HNO_3 é um forte agente oxidante, que leva à formação de uma fina película de óxido sobre a superfície do metal, protegendo-o de um posterior ataque pelo ácido. O berílio é anfótero, pois também reage com NaOH, formando H_2 e berilato de sódio. Mg, Ca, Sr e Ba não reagem com NaOH, sendo tipicamente básicos. Essas reações ilustram o caráter básico crescente dos elementos, ao se descer pelo Grupo.

$$Mg + 2HCl \rightarrow MgCl_2 + H_2$$

$$Be + 2NaOH + 2H_2O \rightarrow Na_2[Be(OH)_4] + H_2$$

$$\text{ou } \underset{\text{berilato de sódio}}{NaBeO_2 \cdot 2H_2O} + H_2$$

ÓXIDOS E PERÓXIDOS

Todos os elementos desse grupo queimam em atmosfera de O_2 formando óxidos, MO. O metal Be é relativamente inerte quando na forma de um bloco maciço, não reagindo a temperaturas abaixo de 600 °C. Entretanto, o Be em pó é muito mais reativo e queima emitindo um forte brilho. Os elementos também queimam ao ar, formando uma mistura de óxido e nitreto. O Mg queima ao ar emitindo um brilho extremamente intenso e liberando uma grande quantidade de calor. Esse fato é aproveitado para dar início a uma reação termita com alumínio e também como fonte de luz nos antigos bulbos de "flash" fotográfico.

$$Mg + ar \rightarrow MgO + Mg_3N_2$$

O BeO geralmente é obtido por combustão do metal, mas os óxidos dos demais metais do Grupo são obtidos por decomposição térmica dos carbonatos, MCO_3. Outros oxo-sais, como $M(NO_3)_2$, MSO_4, e $M(OH)_2$, também se decompõem aos óxidos por aquecimento. Os oxossais são menos estáveis ao calor que os correspondentes compostos dos metais do grupo 1, pois os metais e seus hidróxidos são menos básicos que os do Grupo 1.

CaO (cal) é produzido em enormes quantidades (127,9 milhões de toneladas em 1993) aquecendo-se $CaCO_3$ num forno de cal.

$$CaCO_3 \xrightarrow{\text{calor}} CaO + CO_2$$

O MgO não é muito reativo, principalmente quando previamente aquecido a altas temperaturas. Por esse motivo é utilizado como um material refratário. O BeO também é usado como refratário. Eles possuem várias propriedades que os tornam adequados para o revestimento de altos-fornos, tais como:

1. Elevados pontos de fusão ($\sim$2.500 °C para o BeO e $\sim$ 2.800 °C para o MgO).
2. Pressões de vapor extremamente baixas.
3. Elevada condutividade térmica.
4. Inércia química.
5. Alta resistividade elétrica.

Todos os compostos de berílio devem ser usados com cuidado pois são tóxicos, sendo que a inalação de poeiras ou vapores podem causar beriliose.

CaO, SrO e BaO reagem exotermicamente com a água formando hidróxidos.

$$CaO + H_2O \rightarrow Ca(OH)_2$$

O $Mg(OH)_2$ é muito pouco solúvel em água (cerca de 1×10^{-4} g l^{-1} a 20 °C), mas os demais hidróxidos são solúveis e a solubilidade aumenta ao se descer pelo Grupo ($Ca(OH)_2 \sim 2$ g l^{-1}; $Sr(OH)_2 \sim 8$ g l^{-1} e $Ba(OH)_2 \sim 39$ g l^{-1}). O $Be(OH)_2$ é solúvel em soluções contendo um excesso de OH^-, pois é anfótero. O $Mg(OH)_2$ é fracamente básico, sendo usado no tratamento de acidez associada à indigestão. Os outros hidróxidos são bases fortes. O $Ca(OH)_2$ é também conhecido como "cal extinta".

O BeO é covalente e possui estrutura do sulfeto de zinco (wurtzita, coordenação 4:4), mas todos os demais hidróxidos são iônicos e cristalizam com a estrutura do cloreto de sódio (coordenação 6:6).

Tabela 11.10 — Relações de raios e números de coordenação

Óxido	Relação de raios M^{2+}/O^{2-}	Número de coordenação previsto	Número de coordenação encontrado
BeO	0,32	4	4
MgO	0,51	6	6
CaO	0,71	6	6
SrO	0,84	8	6
BaO	0,96	8	6

As tentativas realizadas no sentido de prever a estrutura usando os raios dos íons e a relação de raios apenas tiveram um êxito parcial (Tab. 11.10). As estruturas corretas foram previstas para BeO, MgO e CaO. Mas para SrO e BaO o número de coordenação previsto foi 8, embora as estruturas encontradas tenham coordenação 6. Os cristais assumem as estruturas que levem às energias reticulares mais favoráveis. As falhas nas previsões utilizando a relação de raios, citado acima, leva-nos a rever as hipóteses nas quais ele se baseia (vide no Capítulo 3, o item "Uma visão mais crítica da relação de raios"). Os raios iônicos não são conhecidos com grande exatidão e variam em função do número de coordenação. Os íons também não são necessariamente esféricos ou inelásticos.

À medida que os átomos aumentam de tamanho, a energia de ionização diminui, e os elementos se tornam mais básicos. BeO é insolúvel em água mas dissolve-se em ácidos formando sais e em álcalis formando berilatos, que precipitam na forma de hidróxido quando deixados em repouso. Portanto, o BeO é anfótero. O MgO reage com água formando $Mg(OH)_2$, que é fracamente básico. CaO reage prontamente com água, desprendendo grande quantidade de calor formando $Ca(OH)_2$, que é uma base moderadamente forte. $Sr(OH)_2$ e $Ba(OH)_2$ são bases ainda mais fortes. Geralmente, os óxidos são preparados pela decomposição térmica dos carbonatos, nitratos ou hidróxidos. O aumento da basicidade é evidenciado pelas temperaturas de decomposição dos carbonatos:

$BeCO_3$	$MgCO_3$	$CaCO_3$	$SrCO_3$	$BaCO_3$
< 100 °C	540 °C	900 °C	1290 °C	1360 °C

Todos os carbonatos são iônicos, mas o $BeCO_3$ é um caso à parte, na realidade se apresenta na forma hidratada, ou seja, contém o íon $[Be(H_2O)_4]^{2+}$ e não o íon Be^{2+}.

O $CaCO_3$ pode cristalizar segundo duas estruturas diferentes, a da calcita e a da aragonita. Ambas ocorrem naturalmente como minerais. A calcita é mais estável: cada íon Ca^{2+} é rodeado por seis átomos de oxigênio de íons CO_3^{2-}. A aragonita é uma forma meta-estável, sendo sua entalpia padrão de formação cerca de 5 kJ mol^{-1} maior que a da calcita. A princípio a aragonita deveria transformar-se em calcita, mas a elevada energia de ativação impede essa transformação. A aragonita pode ser preparada no laboratório precipitando-se o composto a partir de uma solução quente.

Sua estrutura cristalina apresenta íons Ca^{2+} rodeados por nove átomos de oxigênio. Esse é um número de coordenação bastante incomum.

O óxido de cálcio (cal) é preparado em larga escala (127,9 milhões de toneladas em 1993) por aquecimento do $CaCO_3$ em fornos de cal.

$$CaCO_3 \rightarrow CaO + CO_2$$

A cal é usada:

1. Na fabricação do aço, para remover fosfatos e silicatos como escória.
2. Misturada com SiO_2 e alumina ou argila para fabricar cimento.
3. Na fabricação de vidro.
4. No processo calcário-soda, que faz parte da indústria de cloro e álcalis, convertendo Na_2CO_3 em NaOH ou vice-versa.
5. No tratamento de "águas duras".
6. Na preparação de CaC_2.
7. Na obtenção de cal extinta, $Ca(OH)_2$, pela reação com água.

Cerca de 150.000 toneladas por ano de alvejante em pó são preparados pela passagem de Cl_2 através de uma solução de cal extinta. Embora a fórmula desse alvejante seja rotineiramente escrita como $Ca(OCl)_2$, trata-se na realidade de uma mistura:

$$3Ca(OH)_2 + 2Cl_2 \rightarrow Ca(OCl)_2 \cdot Ca(OH)_2 \cdot CaCl_2 \cdot 2H_2O$$

Cal sodada ("soda lime") é uma mistura de NaOH e $Ca(OH)_2$ obtida a partir da cal viva (CaO) e hidróxido de sódio aquoso. Seu manuseio é muito mais fácil que do NaOH.

Os peróxidos são formados com facilidade e a estabilidade cresce à medida que os íons metálicos se tornam maiores. O peróxido de bário, BaO_2, é obtido passando-se ar sobre BaO, a 500 °C. O SrO_2 também pode ser obtido por um método análogo, mas requer elevada temperatura e pressão. O CaO_2 não pode ser obtido dessa maneira, mas pode ser preparado na forma de hidrato, tratando-se $Ca(OH)_2$ com H_2O_2, seguido da desidratação do produto. MgO_2 bruto foi obtido usando H_2O_2, mas não se conhece o peróxido de berílio. Os peróxidos são sólidos iônicos brancos contendo o íon $[O{-}O]^{2-}$, podendo ser considerados como sendo sais do ácido muito fraco peróxido de hidrogênio. O tratamento dos peróxidos com ácidos fornece o peróxido de hidrogênio.

$$BaO_2 + 2HCl \rightarrow BaCl_2 + H_2O_2$$

SULFATOS

A solubilidade dos sulfatos em água diminui ao se descer pelo Grupo: Be > Mg >> Ca > Sr > Ba. Assim, $BeSO_4$ e $MgSO_4$ são solúveis, mas o $CaSO_4$ é pouco solúvel, enquanto que os sulfatos de Sr, Ba e Ra são praticamente insolúveis. As solubilidades muito maiores do $BeSO_4$ e do $MgSO_4$ são decorrentes das elevadas entalpias de solvatação dos íons Be^{2+} e Mg^{2+}, bem menores que os demais. O sal de Epsom, $MgSO_4 \cdot 7H_2O$, é usado como laxante suave. O sulfato de cálcio pode existir como hemihidrato, $CaSO_4 \cdot {}^1/_2H_2O$, importante na construção civil como "gesso de Paris". É obtido pela desidratação parcial do gesso.

$$\underset{\text{gesso}}{CaSO_4 \cdot 2H_2O} \xrightarrow{150°C} \underset{\text{gesso calcinado}}{CaSO_4 \cdot {}^1/_2H_2O} \xrightarrow{250°C} \underset{\text{anidrita}}{CaSO_4}$$

$$\xrightarrow{1100°C} CaO + SO_3$$

Quando o pó do gesso de Paris, $CaSO_4 \cdot {}^1/_2H_2O$, é misturado com a quantidade correta de água, transforma-se numa massa sólida de gesso, $CaSO_4 \cdot 2H_2O$. O gesso de Paris é usado no acabamento de paredes e, também, para fabricar moldes para uma variedade de fins na indústria, artes plásticas e em medicina, para recobrir mantendo rígidos membros fraturados, de modo que os ossos não saiam de suas posições corretas. Alabastro é a denominação de uma forma finamente granulada de $CaSO_4 \cdot H_2O$, lustroso como o mármore e usado na confecção de ornamentos. $CaSO_4$ é ligeiramente solúvel em água (2 g por litro), de modo que objetos de gesso ou alabastro não podem ser mantidos expostos à chuva. O $BaSO_4$ é insolúvel e opaco aos raios X, sendo utilizado como meio de contraste na radiografia do estômago ou do duodeno, utilizadas para diagnosticar úlceras. Todos os sulfatos desse Grupo se decompõem por aquecimento, formando os óxidos:

$$MgSO_4 \xrightarrow{\text{calor}} MgO + SO_3$$

Analogamente ao comportamento térmico dos carbonatos, quanto mais básico for o metal mais estável será o sulfato. Isso é evidenciado pelas temperaturas de decomposição dos sulfatos:

$BeSO_4$	$MgSO_4$	$CaSO_4$	$SrSO_4$
500 °C	895 °C	1149 °C	1374 °C

O aquecimento dos sulfatos com C os reduzem a sulfetos. A maioria dos compostos de bário é obtida a partir do sulfeto de bário.

$$BaSO_4 + 4C \rightarrow BaS + 4CO$$

Os elementos do Grupo 2 também formam percloratos, $MClO_4$, com estruturas muito semelhantes às dos sulfatos: o íon ClO_4^- também é tetraédrico e semelhante em tamanho ao íon SO_4^{2-}. Contudo, eles são quimicamente diferentes, pois os percloratos são agentes oxidantes fortes. O perclorato de magnésio é usado como agente secante conhecido como "anidrona". A anidrona não deve ser usada com materiais orgânicos, porque é um forte agente oxidante, e um contato acidental com materiais orgânicos poderia provocar uma explosão.

NITRATOS

Todos os nitratos desses metais podem ser preparados em solução e cristalizados como sais hidratados, pela reação de HNO_3 com os carbonatos, óxidos ou hidróxidos correspondentes. O aquecimento dos sólidos hidratados não leva à formação dos nitratos anidros, porque o sólido se decompõe ao óxido. Os nitratos anidros podem ser preparados usando tetróxido de dinitrogênio líquido e acetato de etila. O berílio é uma exceção, pois além do sal normal ele forma um nitrato básico.

$$BeCl_2 \xrightarrow{N_2O_4} Be(NO_3)_2 \cdot 2N_2O_4 \xrightarrow[\text{sob vácuo}]{\text{aquec. a 50°C}} Be(NO_3)_2$$

$$\xrightarrow{125°C} [Be_4O(NO_3)_6]$$ nitrato básico de berílio

O nitrato básico de berílio é covalente e apresenta uma estrutura não convencional (Fig. 11.1b). Quatro átomos de berílio estão localizados nos vértices de um tetraedro, tendo seis íons NO_3^- situados ao longo das seis arestas e um oxigênio (básico) no centro. Essa estrutura é interessante, pois o berílio é o único a formar uma série de moléculas covalentes estáveis de fórmula $[Be_4O(R_6)]$, onde R pode ser NO_3^-, $HCOO^-$, CH_3COO^-, $C_2H_5COO^-$, $C_6H_5COO^-$, etc. Assim, o nitrato básico de berílio pertence a uma série de moléculas semelhantes (compare com o acetato básico de berílio da Fig. 11.5b). Essa estrutura também é interessante porque os NO_3^- atuam como ligantes ponte entre dois átomos de berílio, sendo portanto bidentados (para uma discussão sobre ligantes multidentados, vide o item "Quelatos", no Capítulo 7).

HIDRETOS

Os elementos Mg, Ca, Sr e Ba reagem com hidrogênio formando os hidretos, MH_2, correspondentes. O hidreto de berílio é difícil de se preparar e é menos estável que os demais. BeH_2 impuro (contaminado com quantidades variáveis de éter) foi preparado pela primeira vez reduzindo-se $BeCl_2$ com hidreto de alumínio e lítio, $Li[AlH_4]$. Amostras puras podem ser obtidas reduzindo-se $BeCl_2$ com boro-hidreto de lítio, $Li[BH_4]$, para formar BeB_2H_8, seguido do aquecimento deste produto num tubo fechado com trifenilfosfina, PPh_3.

$$2BeCl_2 + LiAlH_4 \rightarrow 2BeH_2 + LiCl + AlCl_3$$
$$BeB_2H_8 + 2PPh_3 \rightarrow BeH_2 + 2Ph_3PBH_3$$
$$BeCl_2 + 2Li[BH_4] \rightarrow BeB_2H_8 + 2LiCl$$
$$Ca + H_2 \rightarrow CaH_2$$

Todos os hidretos são agentes redutores e são hidrolisados por água e ácidos diluídos, com liberação de hidrogênio.

$$CaH_2 + 2H_2O \rightarrow Ca(OH)_2 + 2H_2$$

CaH_2, SrH_2 e BaH_2 são compostos iônicos, contendo o

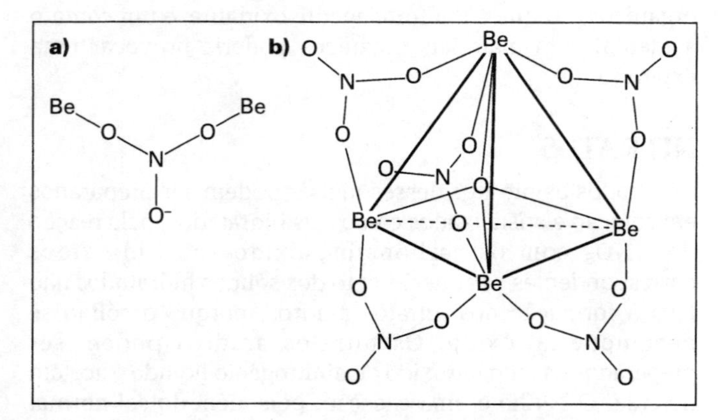

Figura 11.1 — a) Um grupo NO_3^- como ponte, b) Nitrato de berílio

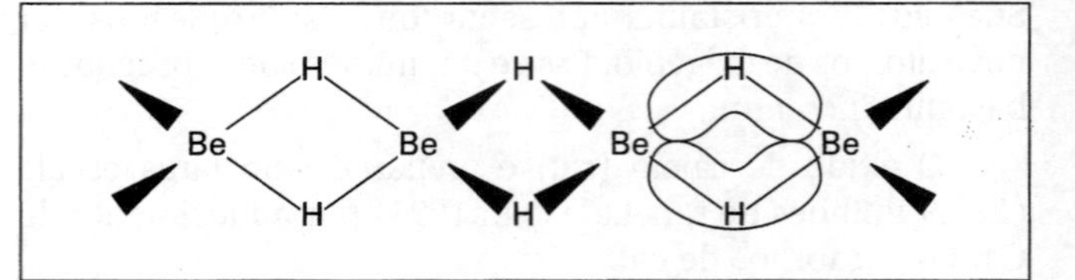

Figura 11.2 — Estrutura polimerizada do BeH_2 com ligações tricêntricas

íon hidreto, H^-. Os hidretos de berílio e de magnésio são covalentes e poliméricos. O $(BeH_2)_n$ apresenta um problema estrutural interessante. É provável que diversas espécies, constituídas por cadeias e ciclos poliméricos, estejam presentes na fase gasosa. O sólido pode existir tanto na forma amorfa como cristalina. Supõe-se que ambos sejam poliméricos e tenham átomos de hidrogênio em ponte, ligando dois átomos de berílio vizinhos.

O Be está ligado a quatro átomos de H, que aparentemente formam duas ligações. Dado que o Be possui dois elétrons de valência e o H somente um, fica evidente que não há elétrons suficientes para a formação de ligações normais, ou seja, ligações formadas pelo compartilhamento de um par de elétrons por dois átomos. Ao invés disso, formam-se ligações tricentradas, nas quais um orbital molecular curvado engloba três átomos, Be···H···Be, mas contém apenas dois elétrons (esta é denominada ligação tricentrada com dois elétrons). Este é um exemplo de um composto do tipo agregado ou "cluster", onde o átomo de berílio na molécula do monômero, BeH_2 (contém ligações normais), possui apenas quatro elétrons no nível mais externo. Logo, essa molécula é "deficiente em elétrons". Ao formar agregados, cada átomo compartilha seus elétrons com diversos vizinhos e recebe uma participação nos elétrons destes. A formação de agregados ou "clusters" é importante no caso dos metais (Capítulo 5) e dos hidretos de boro (Capítulo 12), bem como nos haletos dos metais da segunda e terceira séries de transição (Capítulo 18).

HALETOS

Os Haletos, MX_2, podem ser obtidos aquecendo-se os metais com o halogênio, ou reagindo-se os metais ou seus carbonatos com um ácido halogenídrico. Os haletos de berílio são covalentes, higroscópicos e fumegam quando expostos ao ar, devido à hidrólise. Eles sublimam e não conduzem a eletricidade. Os haletos anidros de berílio não podem ser obtidos a partir de suas solução aquosa, pois se forma o íon hidratado $[Be(H_2O)_4]^{2+}$, gerando compostos tais como $[Be(H_2O)_4]Cl_2$ e $[Be(H_2O)_4]F_2$. Estes hidrolisam quando se tenta desidratá-los.

$$[Be(H_2O)_4]Cl_2 \xrightarrow{\text{calor}} Be(OH)_2 + 2HCl + 2H_2O$$

Os haletos anidros podem ser preparados por uma das reações dadas a seguir. A reação com CCl_4 é o método padrão para se obter cloretos anidros, que não podem ser sintetizados pela desidratação de hidratos (vide Capítulo 16).

$$BeO + 2NH_3 + 4HF \rightarrow (NH_4)_2[BeF_4] \xrightarrow{\text{calor}} BeF_2 + 2NH_4F$$
$$BeO + C + Cl_2 \xrightleftharpoons{700\ °C} BeCl_2 + CO$$
$$2BeO + CCl_4 \xrightarrow{800°C} 2BeCl_2 + CO_2$$

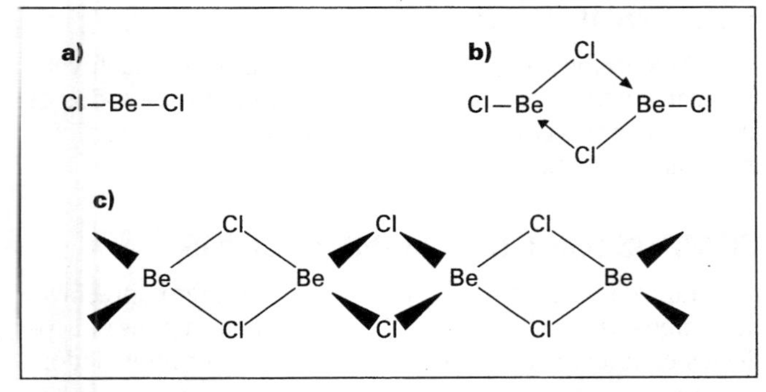

Figura 11.3 — Estruturas do $BeCl_2$; a) monômero, b) dímero e c) polímero

Os haletos anidros são poliméricos. Os vapores de cloreto de berílio contêm $BeCl_2$ e $(BeCl_2)_2$, mas no sólido encontra-se polimerizado. Embora a estrutura do polímero $(BeCl_2)_n$ seja semelhante a do $(BeH_2)_n$, as ligações são diferentes. Ambos ocorrem na forma de agregados, mas o hidreto forma ligações tricentradas enquanto que nos haletos existem átomos de halogênio em ponte. Estes, além de formarem uma ligação normal, utilizam um par de elétrons livres para formarem uma ligação coordenada com um segundo átomo de berílio.

O fluoreto de berílio é muito solúvel em água, devido à elevada energia de solvatação do íon Be^{2+} ao formar $[Be(H_2O)_4]^{2+}$. Os fluoretos dos demais metais do Grupo são iônicos, possuem elevados pontos de fusão e são praticamente insolúveis em água. O CaF_2 é um sólido branco, insolúvel, de elevado ponto de fusão. Tem grande importância industrial, sendo a principal fonte tanto de F_2 como de HF.

$$CaF_2 + H_2SO_4 \rightarrow 2HF + CaSO_4$$
$$HF + KF \rightarrow KHF_2 \xrightarrow{\text{eletrólise}} F_2$$

A produção mundial de fluorita, CaF_2, foi de 3,6 milhões de toneladas em 1992. Os principais produtores foram a China 42%, a ex-União Soviética, o México e a Mongólia 8% cada um, e a África do Sul 7%. O CaF_2 também é empregado para a confecção de prismas e celas de espectrofotômetros.

Os cloretos, brometos e iodetos de Mg, Ca, Sr e Ba são iônicos, têm pontos de fusão bem mais baixos que os fluoretos e se dissolvem prontamente em água. A solubilidade decresce um pouco com o aumento do número atômico. Todos os haletos formam hidratos e são higroscópicos (absorvem vapor d'água do ar). Vários milhões de toneladas de $CaCl_2$ são produzidos anualmente. Grandes quantidades são desprezadas como subproduto do processo Solvay, na forma de soluções aquosas, pois não é economicamente viável recuperá-lo como sólido e sua demanda é pequena. O $CaCl_2$ é muito usado nos países frios para dissolver o gelo das rodovias, porque uma mistura eutética de $CaCl_2/H_2O$ (−55 °C) congela a uma temperatura bem menor que a mistura $NaCl/H_2O$ (−18 °C). O $CaCl_2$ também é usado para acelerar a cura do concreto e aumentar sua resistência, e como "salmoura" em torres de refrigeração. É usado em menor escala como agente dessecante, em laboratório. O $MgCl_2$ anidro é importante no método eletrolítico de obtenção do magnésio.

NITRETOS

Todos os elementos alcalino-terrosos queimam em atmosfera de nitrogênio formando nitretos iônicos, M_3N_2. Esse comportamento contrasta com o dos elementos do Grupo 1, onde apenas o lítio forma o nitreto, Li_3N.

$$3Ca + N_2 \rightarrow Ca_3N_2$$

Como a molécula de N_2 é muito estável, uma grande quantidade de energia é necessária para converter N_2 no íon nitreto, N^{3-}. Essa energia provém da energia reticular liberada com a formação do sólido cristalino. Ela é particularmente elevada por causa das cargas elevadas dos íons M^{2+} e N^{3-}. No Grupo 1 somente o lítio forma um nitreto, pois o pequeno tamanho do íon Li^+ conduz a uma energia reticular relativamente alta (vide equação de Born-Landé, Capítulo 3).

O Be_3N_2 é bastante volátil, de acordo com a maior tendência do berílio à covalência, mas os demais nitretos não são. Todos os nitretos são sólidos cristalinos que se decompõem com o aquecimento e reagem com água, liberando amônia e formando o óxido ou o hidróxido do metal; por exemplo

$$Ca_3N_2 + 6H_2O \rightarrow 3Ca(OH)_2 + 2NH_3$$

CARBETOS (vide também Capítulo 13)

Quando BeO é aquecido com C a 1.900–2.000 °C, forma-se um carbeto de cor vermelho-tijolo, de fórmula Be_2C. Ele é iônico e o cristal tem uma estrutura do tipo anti-fluorita, isto é, uma estrutura semelhante a do CaF_2, exceto pela inversão das posições dos íons metálicos e dos ânions. O composto é incomum, pois reage com água formando metano, sendo por isso conhecido como um metanogênio.

$$Be_2C + 4H_2O \rightarrow 2Be(OH)_2 + CH_4$$

Os metais do Grupo 2 formam carbetos iônicos de fórmula MC_2. Mg, Ca, Sr e Ba formam carbetos MC_2, quando os metais são aquecidos com C num forno elétrico ou quando seus óxidos são aquecidos com carbono. O CaC_2 obtido dessa maneira é um sólido cinza, mas é incolor quando puro. BeC_2 é obtido aquecendo-se Be com etino (acetileno).

Com o aquecimento, o MgC_2 se converte em Mg_2C_3. Esse composto contém o íon C_3^{4-} e reage com água formando propino, $CH_3C{\equiv}CH$ (metilacetileno).

$$Ca + 2C \xrightarrow{1100°C} CaC_2$$
$$CaO + 3C \xrightarrow{2000°C} CaC_2 + CO$$

Todos os carbetos MC_2 possuem uma estrutura semelhante ao do cloreto de sódio, mas distorcida. O M^{2+} substitui o Na^+ e o $[C{\equiv}C]^{2-}$ substitui o Cl^-. Os íons C_2^{2-} são alongados ao invés de esféricos, como o Cl^-. Assim, o eixo tendo os íons C_2^{2-} orientados no mesmo sentido é alongado em relação aos outros dois eixos, e a estrutura apresenta uma distorção tetragonal. A estrutura é mostrada na Fig. 3.12, do Capítulo 3. A temperaturas superiores a 450 °C, os íons C_2^{2-} se orientam aleatoriamente, deixando de se alinhar como descrito acima. Por isso, a célula unitária muda de tetragonal para cúbica com o aquecimento.

O carbeto de cálcio, CaC_2 (carbureto) é o mais bem conhecido composto dessa série. Ele reage com a água liberando etino (mais conhecido como acetileno).

$$CaC_2 + 2H_2O \rightarrow Ca(OH)_2 + C_2H_2$$

Durante muito tempo essa reação foi a principal fonte do acetileno utilizado na solda oxiacetilênica. A produção de CaC_2 atingiu o máximo de 7 milhões de toneladas/ano em 1960, mas diminuiu para 4,9 milhões de toneladas, em 1991, pois o acetileno é atualmente obtido pelo processamento do petróleo.

O CaC_2 é um intermediário químico importante. Quando o CaC_2 é aquecido num forno elétrico na presença de nitrogênio atmosférico, a 1.100 °C, forma-se a cianamida de cálcio, CaNCN. Essa é uma reação importante, pois se constitui num dos métodos de fixação do nitrogênio atmosférico (o nitrogênio é fixado principalmente pelo processo Haber de fabricação de NH_3).

$$CaC_2 + N_2 \rightarrow CaNCN + C$$

O íon cianamida $[N=C=N]^{2-}$ é isoeletrônico com o CO_2 e também é linear. O CaNCN é produzido em larga escala, principalmente em locais onde a energia elétrica é barata. A produção já chegou a cerca de 1,3 milhão de toneladas/ano e está aumentando. Esse composto é largamente empregado como fertilizante nitrogenado de ação lenta (particularmente no sudeste da Ásia), já que se hidrolisa lentamente, durante um período de alguns meses. O CaNCN é melhor que outros fertilizantes nitrogenados como o NH_4NO_3 ou a uréia, pois não é arrastado tão facilmente pelas chuvas.

$$CaNCN + 5H_2O \rightarrow CaCO_3 + 2NH_4OH$$

Outros usos industriais importantes do CaNCN são a fabricação de cianamina, H_2NCN, empregado na fabricação de uréia e tiouréia, e de melamina que forma plásticos rígidos com formaldeído.

$$CaNCN + H_2SO_4 \rightarrow H_2NCN + CaSO_4$$

$$CaNCN + CO_2 + H_2O \rightarrow \underset{\text{cianamida}}{H_2NCN} + CaCO_3$$

$$H_2NCN + H_2O \xrightarrow{\text{pH <2 ou >12}} H_2N \cdot CO \cdot NH_2 \text{ (uréia)}$$

$$H_2NCN + H_2S \rightarrow H_2N \cdot CS \cdot NH_2 \text{ (tiouréia)}$$

$$\underset{\text{cianamida}}{H_2NCN} \xrightarrow{\text{pH 7-9}} \underset{\text{dicianamida}}{NCNC(NH_2)_2} \xrightarrow{\text{pirólise}} \text{melanina}$$

```
H2N    N    NH2
   \  // \  /
    C      C
    |      ||
    N      N
     \\   /
       C
       |
      NH2
    melanina
```

É interessante observar que o BaC_2 também reage com o N_2, mas forma o cianeto, $Ba(CN)_2$, ao invés da cianamida, $(NCN)^{2-}$.

SAIS INSOLÚVEIS

Os sulfatos de cálcio, estrôncio e bário são insolúveis, e os carbonatos, oxalatos, cromatos e fluoretos de todos os elementos deste Grupo são insolúveis. Essa característica é explorada em análise qualitativa.

COMPOSTOS ORGANOMETÁLICOS

Tanto o Be como o Mg formam um número apreciável de compostos com ligações M–C; mas somente alguns poucos destes compostos correlatos de Ca, Sr e Ba foram isolados.

Victor Grignard, um químico francês, recebeu o Prêmio Nobel de Química de 1912 por seus trabalhos pioneiros com os compostos organometálicos de magnésio, atualmente conhecidos como compostos de Grignard. Provavelmente, são os reagentes mais versáteis da Química Orgânica, podendo ser usados na síntese de uma grande variedade de álcoois, aldeídos, cetonas, ácidos carboxílicos, ésteres, amidas e alcenos. Os dois métodos gerais de obtenção de compostos organometálicos se baseiam na utilização, respectivamente, de reagentes de Grignard ou de compostos do tipo alquil-lítio. Portanto, os compostos de Grignard são também muito importantes na Química Inorgânica.

Os reagentes de Grignard são obtidos pela lenta adição de haletos de alquila ou de arila (Cl, Br, I) a um solvente orgânico absolutamente seco, como éter dietílico, contendo raspas de magnésio. É necessária a exclusão total de água e do ar. Freqüentemente, a reação apresenta um período de indução antes de se iniciar. Porém, em alguns casos, é necessário a adição de um cristal de iodo (este ajuda a remover o filme de óxido que recobre o metal, ativando-o) para que a reação tenha início. Reduzindo-se haletos de magnésio com potássio, na presença de KI, pode-se obter um Mg muito reativo. Este facilita a preparação de reagentes de Grignard, popularizando seu uso.

$$Mg + RBr \xrightarrow{\text{éter seco}} \underset{\text{reagente de Grignard}}{RMgBr} \quad (R = \text{alquil ou aril})$$

Todos os reagentes de Grignard são muito reativos. Os iodetos são os mais reativos e os cloretos os menos reativos. Os reagentes de Grignard contendo grupos alquila são geralmente mais reativos que aqueles contendo grupos arila.

Todos os reagentes de Grignard são rapidamente hidrolisados pela água, gerando os hidrocarbonetos correspondentes.

$$2RMgBr + 2H_2O \rightarrow 2RH + Mg(OH)_2 + MgBr_2$$

Os reagentes de Grignard não podem ser armazenados. Por isso, são sintetizados e utilizados quando necessários, sem serem isolados. Em geral, estão solvatados ou polimerizados, devido a presença de átomos de halogênio

```
Et2O  Br      Et2O  Br      Et    Br    NEt2
   \  /          \  /         \  /  \  /
    Mg            Mg           Mg    Mg
   /  \          /  \         /  \  /  \
Et2O  Et      Et2O  Ph     Et2N   Br    Et
```

Figura 11.4 — Estruturas de alguns compostos de Grignard

em ponte. Suas estruturas foram objeto de controvérsias durante muito tempo. Contudo, as estruturas do $PhMgBr \cdot 2Et_2O$ e do $EtMgBr \cdot 2Et_2O$ sólidos, obtidas por difração de raios X, contém átomos de magnésio coordenados tetraedricamente por um átomo de bromo, um grupo orgânico e os átomos de oxigênio de duas moléculas de éter. Mas, diversas espécies podem estar presentes em solução.

Algumas reações típicas desses reagentes são:

$$RMgBr + CO_2 \xrightarrow{+\text{ ácido}} R \cdot COOH \quad \text{(ácidos carboxílicos)}$$

$$RMgBr + R_2C{=}O \xrightarrow{+H_2O} R_3C \cdot OH \quad \text{(álcoois terciários)}$$

$$RMgBr + R \cdot CHO \xrightarrow{+H_2O} R_2CHOH \quad \text{(álcoois secundários)}$$

$$RMgBr + O_2 \xrightarrow{+\text{ ácido}} ROH \quad \text{(álcoois primários)}$$

$$RMgBr + S_8 \rightarrow RSH \text{ e } R_2S$$

$$RMgBr + HCHO \xrightarrow{+\text{ ácido}} RCH_2OH$$

$$RMgBr + I_2 \rightarrow RI$$

$$RMgBr + H^+ \rightarrow RH$$

$$RMgBr + BeCl_2 \rightarrow BeR_2$$

$$RMgBr + LiR \rightarrow MgR_2$$

$$RMgBr + BCl_3 \rightarrow BR_3$$

$$RMgBr + SiCl_4 \rightarrow \underbrace{RSiCl_3, R_2SiCl_2, R_3SiCl, R_4Si}_{\text{alquil- e arilclorossilanos}}$$

Os alquil- e arilclorossilanos são comercialmente importantes, pois são utilizados na fabricação de silicones (vide Grupo 14).

$BeCl_2$ reage com compostos de Grignard formando derivados reativos, contendo grupos alquila ou arila. O composto $Be(Me)_2$ é um dímero no estado de vapor, e um polímero no estado sólido. Sua estrutura em cadeia lembra aquela do $BeCl_2$. Contudo, as ligações são muito diferentes. A ligação no Be–Me–Be é melhor descrita como uma ligação tricentrada formada por dois elétrons, envolvendo os dois átomos de Be e o grupo CH_3, semelhante à ligação no $(BeH_2)_n$. É diferente da ligação no $(BeCl_2)_n$, com halogênio em ponte, onde os átomos de cloro formam duas ligações normais, compartilhando pares de elétrons.

Embora muito menos estudados que os reagentes de Grignard, os outros metais do Grupo 2 também formam compostos dialquilados e diarilados. Eles podem ser preparados a partir dos reagentes de Grignard, ou compostos de alquil/aril-lítio ou alquil/aril-mercúrio.

$$BeCl_2 + 2MeMgCl \xrightarrow{Et_2O} BeMe_2 \cdot (Et_2O)_n + 2MgCl_2$$

$$BeCl_2 + 2LiEt \xrightarrow{Et_2O} BeEt_2 \cdot (Et_2O)_n \; 2LiCl$$

$$Be + HgMe_2 \xrightarrow{\text{calor}} BeMe_2 + Hg$$

Reações semelhantes podem ser empregadas para preparar dialquilas e diarilas de Mg, Ca, Sr e Ba. Os compostos de Ca, Sr e Ba são muito mais reativos que os correspondentes compostos de magnésio. Os compostos alquilados de berílio reagem com $BeCl_2$ para formar "compostos de Grignard de berílio".

$$BeMe_2 + BeCl_2 \rightarrow 2MeBeCl$$

Esses compostos são menos reativos que os correspondentes de magnésio (Grignard).

COMPLEXOS

Os metais do Grupo 2 não se destacam pela sua capacidade de formar complexos. Os fatores que favorecem a formação de complexos são: íons metálicos pequenos de carga elevada com orbitais vazios de baixa energia, adequados para a formação de ligações. Todos os elementos do Grupo formam íons divalentes, menores que os correspondentes íons dos elementos do Grupo 1. Os elementos do Grupo 2 apresentam, pois, maior tendência de formar complexos que os elementos do Grupo 1. O Be é bem menor que os demais elementos, sendo capaz de formar muitos complexos. Dos demais elementos, somente o Mg e o Ca possuem uma certa tendência de formar complexos em solução, normalmente com ligantes contendo átomos de oxigênio coordenantes.

O fluoreto de berílio, BeF_2, prontamente se coordena a mais dois íons F^-, formando o complexo $[BeF_4]^{2-}$. Os tetrafluoroberilatos, $M_2[BeF_4]$, são complexos bem conhecidos, com propriedades semelhantes aos dos sulfatos. Na maioria dos casos o berílio forma complexos tetracoordenados e sua estrutura tetraédrica é definida pelos orbitais disponíveis para formar as ligações.

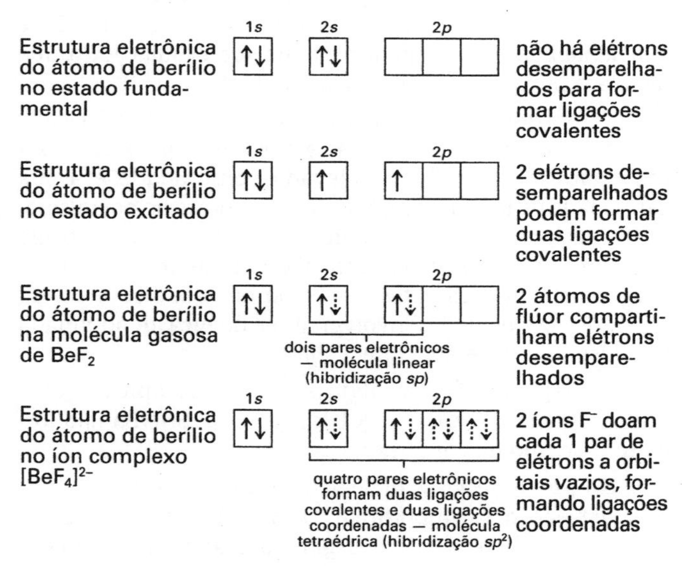

De uma maneira semelhante são formados os complexos do tipo $BeCl_2 \cdot L_2$ (onde L é um éter, aldeído ou cetona com um átomo de oxigênio contendo um par de elétrons livres em condições de ser doado). Esses complexos são tetraédricos, como o $[Be(H_2O)_4]^{2+}$.

São conhecidos muitos complexos estáveis de Be^{2+} com ligantes bidentados, tais como o oxalato formando $[Be(ox)_2]^{2-}$, as β-dicetonas como a acetilacetona e o catecol. Em todos esses complexos, o íon Be^{2+} está tetraedricamente coordenado (ver Fig. 11.5b).

Forma-se um complexo com uma estrutura pouco comum denominado acetato básico de berílio, $[Be_4(CH_3COO)_6]$, quando uma solução de $Be(OH)_2$ em ácido acético é evaporada. A estrutura é constituída por um átomo central de oxigênio, rodeado por quatro átomos de berílio localizados nos vértices de um tetraedro, e seis grupos acetato dispostos ao longo das seis arestas (vide Fig. 11.5a). Este é um de uma série de complexo análogos, no qual o grupo

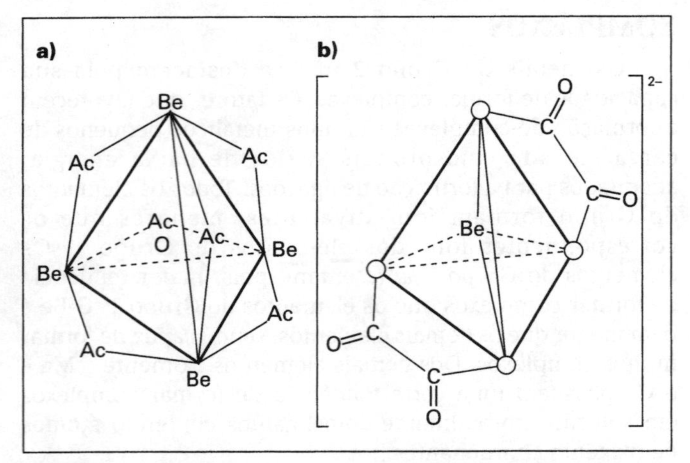

Figura 11.5 — a) Acetato básico e berílio $Be_4O(CH_3COO)_6$, b) O complexo oxalato de berílio $[Be(ox)_2]^{2-}$

acetato é substituído por diferentes ácidos orgânicos. Suas estruturas são semelhantes àquela do nitrato básico de berílio (Fig. 11.1b). O acetato básico de berílio é solúvel em solventes orgânicos. É uma molécula covalente, possuindo portanto pontos de fusão e de ebulição relativamente baixos (285 e 330 °C, respectivamente). A temperatura de ebulição é suficientemente baixa para permitir sua destilação, o que facilita o processo de purificação do berílio.

Dizem que os compostos de berílio têm gosto adocicado mas *não faça este teste*, pois são extremamente tóxicos. Essa toxicidade se deve à sua elevada solubilidade e à sua capacidade de formar complexos com enzimas no organismo. O Be desloca o Mg de algumas enzimas, já que forma complexos mais estáveis. Caso fiquem em contato com a pele provocam dermatites e se o pó ou seus fumos forem inalados, pode se desenvolver uma doença denominada beriliose, muito semelhante à silicose.

O magnésio forma alguns poucos complexos com haletos, como o $[NEt_4]_2[MgCl_4]$; mas o Ca, Sr e Ba não formam esse tipo de complexo.

Do ponto de vista biológico, a clorofila é o complexo de magnésio mais importante. O magnésio está no centro de um anel heterocíclico orgânico planar denominado porfirina, no qual quatro átomos de nitrogênio estão coordenados ao íon magnésio (vide Fig. 11.6). A clorofila é o pigmento verde das plantas, que absorve luz solar na região do vermelho, tornando essa energia disponível para a realização da fotossíntese. Nesse processo o CO_2 é convertido em carboidratos (açúcares).

$$6CO_2 + 6H_2O \xrightarrow[\text{}]{\text{clorofila/ luz solar}} \underset{\text{glicose}}{C_6H_{12}O_6} + 6O_2$$

Em última análise, quase todos os seres vivos dependem da clorofila e da fotossíntese. O oxigênio da atmosfera é um subproduto da fotossíntese e os alimentos são provenientes de plantas ou de animais, que se alimentaram de plantas. Embora o processo de fotossíntese seja comumente associado às plantas superiores, cerca da metade é realizado por algas e certas bactérias verdes, marrons, vermelhas e púrpuras. As bactérias fotossintéticas são anaeróbicas e são envenenadas pelo O_2. Essas bactérias oxidam H_2S a S ou oxidam uma molécula orgânica, em vez de utilizarem a reação convencional de oxidação de H_2O a O_2.

O cálcio e os outros elementos mais pesados do Grupo somente formam complexos com agentes complexantes fortes. Dentre eles podem ser citadas a acetilacetona, $CH_3CO \cdot CH_2CO \cdot CH_3$ (tem dois átomos de oxigênio coordenantes) e o ácido etilenodiaminatetracético, EDTA, que possui quatro átomos de oxigênio e dois átomos de nitrogênio coordenantes em cada molécula. Por ser o ácido H_4EDTA insolúvel, o sal dissódico, N_2H_2EDTA, é geralmente empregado.

$$Ca^{2+} + [H_2EDTA]^{2-} \rightarrow [Ca(EDTA)]^{2-} + 2H^+$$

O EDTA forma complexos hexacoordenados com a maioria dos íons metálicos em solução, desde que o pH seja corretamente ajustado. Como o berílio invariavelmente forma complexos tetracoordenados, ele não forma complexos muito estáveis com o EDTA. Em contraste, o cálcio e o magnésio são facilmente complexados pelo EDTA. Essa característica é explorada para se determinar as quantidades de Ca^{2+} ou Mg^{2+} presentes numa solução ou para se determinar a "dureza" da água, por meio de titulações complexométricas, em meio tamponado. Titulações de Ca^{2+} ou Mg^{2+} com EDTA são realizadas em pH mais alcalino que aquelas para a maioria dos metais (por exemplo, Zn^{2+}, Cd^{2+} e Pb^{2+}), pois seus complexos são menos estáveis. Assim, em pH's mais baixos o EDTA é protonado em vez de se complexar com o cálcio ou o magnésio. Às vezes o EDTA é adicionado a detergentes, para reduzir a "dureza" da água. Vários polifosfatos também formam complexos em solução, sendo também utilizados no tratamento da "dureza" da água.

Complexos estáveis com éteres-coroa e criptandos, no estado sólido, também foram obtidos. Os detalhes dessas reações foram apresentados no item "Complexos com éteres-coroa e criptandos" do Capítulo 9.

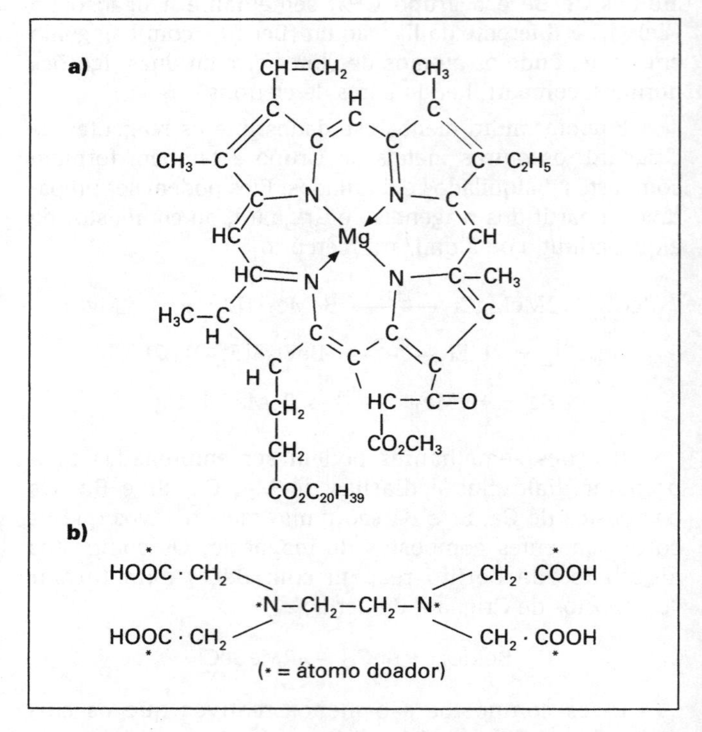

Figura 11.6 — a) Clorofila a. b) Ácido etilenodiaminotetraédrico, EDTA

IMPORTÂNCIA BIOLÓGICA DO Mg^{2+} E DO Ca^{2+}

Os íons Mg^{2+} se concentram dentro das células dos animais, enquanto que os íons Ca^{2+} se concentram nos fluídos corpóreos, fora da célula. Essa distribuição é similar ao do K^+ e Na^+, respectivamente. Os íons Mg^{2+} formam um complexo com o ATP e estão presentes nas fosfoidrolases e fosfotransferases, ou seja, enzimas que controlam as reações de liberação de energia a partir do ATP. São também essenciais para a transmissão de impulsos nervosos. O Mg^{2+} está presente na clorofila: as partes verdes das plantas. O Ca^{2+} é um dos constituintes dos ossos e dos dentes, na forma de apatita $Ca_3(PO_4)_2$, e do esmalte dos dentes, como fluorapatita $3(Ca_3(PO_4)_2) \cdot CaF_2$. Os íons Ca^{2+} são importantes no processo de coagulação do sangue, e são necessários para dar início à contração dos músculos e para manter o batimento regular do coração.

DIFERENÇAS ENTRE O BERÍLIO E OS DEMAIS ELEMENTOS DO GRUPO 2

O berílio apresenta propriedades diferente daquelas dos demais elementos do Grupo 2 e se assemelha diagonalmente com o alumínio, no Grupo 13. Abaixo são listadas suas principais características:

1. Be é muito pequeno e tem uma densidade de carga elevada, apresentando uma grande tendência à covalência, como previsto pelas regras de Fajans. Por isso, os pontos de fusão de seus compostos são mais baixos (BeF_2 funde a 800 °C, enquanto os fluoretos dos outros metais do Grupo fundem a cerca de 1.300 °C). Todos os haletos de Be são solúveis em solventes orgânicos e se hidrolisam em água, como os haletos de alumínio. Os demais haletos dos elementos do Grupo 2 são iônicos.
2. O hidreto de berílio é deficiente em elétrons e polimérico, e formam ligações multicentradas, tal como o hidreto de alumínio.
3. Os haletos de berílio também são deficientes em elétrons e poliméricos, mas com átomos de halogênio em ponte. O $BeCl_2$ geralmente forma cadeias, mas pode formar o dímero. O $AlCl_3$ é um dímero.
4. O Be forma muitos complexos — o que não é comum no caso dos elementos dos Grupos 1 e 2.
5. O Be é anfótero, liberando H_2 quando reage com NaOH formando berilatos. O Al forma aluminatos.
6. O $Be(OH)_2$, como o $Al(OH)_3$, é anfótero.
7. O Be, como o Al, se torna "passivo" quando tratado com ácido nítrico.
8. Os potenciais padrão de eletrodo do Be se assemelha mais ao do Al (respectivamente −1,85 e −1,66 volt) que aos do Ca, Sr e Ba (−2,87; −2,89 e −2,90 volts, respectivamente).
9. Os sais de berílio sofrem hidrólise acentuada.
10. Os sais de Be se incluem entre os mais solúveis que se conhecem.
11. O berílio forma um carbeto incomum, Be_2C, que, como o Al_4C_3, libera metano ao se hidrolisar.

Observa-se uma clara relação diagonal entre o berílio, no Grupo 2, e o alumínio, no Grupo 3. Tal como no caso do lítio e do magnésio, esse comportamento decorre principalmente da similaridade entre os tamanhos de seus átomos e íons.

LEITURAS COMPLEMENTARES

- Bell, N.A.; *Adv. Inorg. Radiochem.*, **14**, 225 (1972). (Haletos de berílio e seus complexos)
- Dietrich, B.; Coordination chemistry of alkali and alkaline earth cations with macrocyclic ligands, *J. Chem. Ed.*, **62**, 954-964 (1985). (éteres-coroa e criptandos)
- Everest, D.A.; *Comprehensive Inorganic Chemistry*, vol. 1, Pergamon Press, Oxford, 1973. (Berílio)
- Goodenough, R.D. e Stenger, V.A.; *Comprehensive Inorganic Chemistry*, vol. 1, Pergamon Press, Oxford, 1973. (Magnésio, cálcio, estrôncio, bário e rádio)
- Hanusa, T.P.; Reexamining the diagonal relationships, *J. Chem. Ed.*, **64**, 686-687 (1987).
- Hughes, M.N.; *The Inorganic Chemistry of Biological Processes*, John Wiley, London, 1972. (Cap.8: Metais dos Grupos 1 e 2 em biologia)
- Hughes, M.N. e Birch, N.J.; *Chemistry in Britain*, **18**, 196-198 (1982). (Cátions dos grupos 1 e 2 na biologia)
- Parker, D.; *Adv. Inorg. Radiochem.*, **27**, 1-26 (1983). (Criptatos de metais alcalinos e alcalinos terrosos)
- Sargeson, A.M.; Caged metal ions, *Chemistry in Britain*, **15**, 23-27 (1979). (Discussão objetiva sobre éteres-coroa, criptatos, etc)
- Schubert, J.; Readings from *Scientific American in Chemistry of the Enviroment*, W.H. Freeman, San Francisco, 1973. (Cap.34: Berílio e beriliose)
- Skilleter, D.N.; *Chemistry in Britain*, **26**, 26-30 (1990). (Ser ou não ser - a história da toxicidade do berílio)
- Spiro, T.G. (ed.); *Calcium in Biology*, Wiley-Interscience, New York, 1983.
- Waker, W.E.C.; *Magnesium and Man*, Harvard University Press, London, 1980.

PROBLEMAS

1. Por que os elementos do Grupo 2 são menores que os correspondentes elementos do Grupo 1?
2. Por que os metais do Grupo 2 são mais duros. Por que tem pontos de fusão mais elevados que os metais do Grupo 1?
3. Por que os compostos de Be são muito mais covalentes que os compostos dos demais elementos do Grupo 2?
4. Qual é a estrutura do $BeCl_2$ no estado gasoso? E no estado sólido? Por que o $BeCl_2$ é ácido quando dissolvido em água?
5. Descreva as diferenças estruturais entre o BeH_2 e o CaH_2.
6. Por que os haletos e os hidretos de Be se polimerizam?
7. Quais são as precauções que devem ser tomadas ao se manusear compostos de berílio?
8. Quais são os números de coordenação mais comuns dos íons Be^{2+} e Mg^{2+}? Explique o motivo dessa diferença?
9. Compare o grau de hidratação dos haletos dos elementos dos Grupo 1 e 2. Por que os sais de berílio raramente

contêm mais que quatro moléculas de água de cristalização?

10. Escreva as equações que representem as reações entre o Ca e: a) H_2O, b) H_2, c) C, d) N_2, e) O_2, f) Cl_2, g) NH_3.

11. Compare as reações dos metais dos Grupo 1 e 2 com água. Como a basicidade dos hidróxidos do metais alcalinos terrosos varia dentro do Grupo? Essa tendência é comum nos demais grupos da tabela periódica?

12. A "dureza" da água pode ser "temporária" ou "permanente". a) O que provoca a dureza e como pode ser eliminada em cada caso? b) Explique (consulte outras referências bibliográficas) por que zeólitas naturais, resinas de troca-iônica sintéticas e polifosfatos podem ser utilizadas no tratamento de águas "duras".

13. Os íons dos metais alcalinos-terrosos formam complexos? Os elementos do Grupo 2 têm maior ou menor tendência que os do Grupo 1, a formar complexos? Qual é o motivo dessa diferença? Qual dos íons metálicos do Grupo 2 forma complexos com maior facilidade? Quais são os melhores agentes complexantes? Cite um complexo de um elemento do Grupo 2 que tenha importância biológica.

14. Descreva sucintamente o método de preparação, as propriedades, a estrutura e as aplicações do acetato básico de berílio.

15. Em que condições os íons alcalinos terrosos formam complexos estáveis com EDTA? Como as quantidades de íons Mg^{2+} e Ca^{2+}, de uma amostra de água, podem ser determinadas por titulação com EDTA? (Consulte um livro texto de Química Analítica, por exemplo Vogel). Esses complexos de EDTA são mais ou menos estáveis que aqueles dos outros íons metálicos? Por que a titulação é efetuada em pH elevado? Qual é o indicador usado?

16. Descreva como se prepara um reagente de Grignard e cite cinco aplicações diferentes em síntese preparativa (consulte também o item sobre Silicones).

17. Os quatro métodos gerais de obtenção de metais são decomposição térmica, deslocamento de um elemento por outro, redução química e redução eletrolítica. Como são obtidos os metais do Grupo 2, e por que os demais métodos não são adequados?

18. Um elemento (A) reage quando tratado com água fria, formando um gás incolor e inodoro (B), e uma solução (C). O lítio reage com (B) formando um sólido (D), que reage rapidamente com água, com efervescência, formando uma solução fortemente básica (F). Quando gás carbônico foi borbulhado na solução (C) inicialmente observou-se a formação de um precipitado branco (G), que voltou a se dissolver após o borbulhamento de mais CO_2 ,formando uma solução (H). O precipitado (G) efervesce quando tratado com HCl concentrado, e confere uma coloração vermelha intensa à chama do bico de Bunsen. Quando (G) foi aquecido com C a 1.000 °C, formou-se um composto alcalino branco (I), que quando aquecido com C a 1.000 °C resulta num sólido (J) de certa importância comercial. Identifique as substâncias de (A) a (J) e escreva as equações químicas balanceadas de cada uma das reações.

19. Quando uma substância branca (A) foi tratada com ácido clorídrico diluído, houve o desprendimento de um gás incolor (B), que torna vermelho um papel de tornassol úmido. Quando o gás (B) foi borbulhado numa solução alcalina observou-se a formação de um precipitado (C), mas a passagem de maior quantidade do gás levou à redissolução do sólido e formação de uma solução límpida (D). A chama de um bico de Bunsen se tornou verde quando uma pequena amostra de (A), umedecida com ácido clorídrico concentrado, foi introduzida na mesma utilizando-se um fio de platina. Mediante forte aquecimento (A) se decompõe formando um sólido branco (E), que torna azul o papel de tornassol. O aquecimento forte de 1,9735 g de (A) forneceu 1,5334 g de (E). A amostra de (E) foi dissolvida em água num balão volumétrico e o volume completado para 250 ml. 20,30 ml de uma solução de ácido clorídrico 0,0985 M foram necessárias para titular 25 ml dessa solução. Identifique os compostos de (A) até (E) e escreva as equações químicas de todas as reações mencionadas. Calcule o peso molecular de (A).

PARTE 3

ELEMENTOS DO BLOCO *p*

OS ELEMENTOS DO GRUPO 13

PROPRIEDADES GERAIS

O boro é um não-metal e sempre forma ligações covalentes. Normalmente forma três ligações covalentes com ângulos de 120° entre si, utilizando orbitais híbridos sp^2. O boro não possui nenhuma tendência de formar compostos monovalentes. Todos os compostos BX_3 são deficientes em elétrons e podem receber mais um par de elétrons de um outro átomo, formando uma ligação coordenada. O BF_3 tem importância comercial como catalisador. O boro também forma diversos compostos nos quais os átomos se dispõem de forma a gerar uma estrutura semelhante a um "cesto" aberto, bem como algumas estruturas em forma de poliedros fechados. Este pode conter outros átomos, tais como o carbono. As ligações multicentradas formadas nesse tipo de compostos são de grande interesse teórico.

Os elementos Al, Ga, In e Tl formam compostos trivalentes. Os elementos mais pesados apresentam o "efeito do par inerte", de modo que os compostos monovalentes adquirem importância crescente na seqüência Ga→In→Tl. Esses quatro elementos (Tab. 12.1) são mais metálicos e iônicos que o boro. São metais moderadamente reativos. Seus compostos se situam no limite entre aqueles com caráter iônico e covalente. Muitos de seus compostos são covalentes quando anidros, mas formam íons em solução.

OCORRÊNCIA E ABUNDÂNCIA

O boro é um elemento bastante raro, mas é bem conhecido, pois ocorre em depósitos concentrados de bórax, $Na_2[B_4O_5(OH)_4] \cdot 8H_2O$, e de kernita, $Na_2[B_4O_5(OH)_4] \cdot 2H_2O$. Os maiores depósitos se encontram no deserto de Mojave (Califórnia, EUA) e no Vale da Morte (Utah, EUA). Ambas são regiões desérticas. Durante um longo período de tempo, a chuva arrastou esses sais alcalinos das encostas dos morros para os lagos nos vales. Muito tempo depois esses lagos secaram, deixando depósitos sólidos na superfície, com espessuras de 10 a 50 metros. A quantidade de minerais brutos de boratos extraída em 1993 foi de 5,3 milhões de toneladas. Os maiores produtores foram a ex-União Soviética (53%) e os Estados Unidos e a Turquia (19% cada um).

O alumínio é o metal mais abundante e o terceiro elemento mais abundante, em peso, (depois do oxigênio e do silício) da crosta terrestre. É bem estudado e tem grande importância econômica. O metal alumínio é produzido em grande escala. A produção primária foi de 19,4 milhões de toneladas em 1992, além dos 5 milhões de toneladas de alumínio obtido por reciclagem. O minério de alumínio mais importante é a bauxita. Este é um nome genérico para diversos minerais, com fórmulas que variam entre $Al_2O_3 \cdot H_2O$ e $Al_2O_3 \cdot 3H_2O$. Em 1992, a produção mundial de bauxita foi de 108,6 milhões de toneladas. O alumínio também ocorre em grandes quantidades em rochas da classe dos aluminossilicatos, tais como os feldspatos e as micas. Quando essas rochas se decompõem, formam argilas ou outras rochas metamórficas. Não há nenhum método simples ou econômico de extrair o alumínio de feldspatos, micas e argilas.

O gálio é duas vezes mais abundante que o boro, mas o índio e o tálio são muito menos abundantes. Os elementos Ga, In e Tl, ocorrem na forma de sulfetos e são menos estudados. Isso decorre do fato deles não serem encontrados na forma de minérios concentrados e, também, porque suas aplicações são restritas. Pequenas quantidades de Ga são encontradas em minérios dos elementos adjacentes a ele na Tabela Periódica (Al, Zn e Ge). Quantidades traço de In e Tl são encontrados em minérios de ZnS e PbS. Em 1993, a produção de In, Ga e Tl foram, respectivamente. de 145, 28 e 14,5 toneladas.

Tabela 12.1 — Configurações eletrônicas e estados de oxidação

Elemento	Símbolo	Configuração eletrônica		Estados de oxidação*
Boro	B	[He]	$2s^2 2p^1$	**III**
Alumínio	Al	[Ne]	$3s^2 3p^1$	(I) **III**
Gálio	Ga	[Ar]	$3d^{10} 4s^2 4p^1$	I **III**
Índio	In	[Kr]	$4d^{10} 5s^2 5p^1$	I **III**
Tálio	Tl	[Xe]	$4f^{14} 5d^{10} 6s^2 6p^1$	**I** III

Tabela 12.2 — Abundância dos elementos na crosta terrestre, em peso

	ppm	Abundância relativa
B	9	38
Al	83.000	03
Ga	19	33
In	0,24	63
Tl	0,5	60

OBTENÇÃO E USOS DOS ELEMENTOS

Obtenção do boro

Boro amorfo de baixa pureza (conhecido como boro de Moissan) é obtido pela redução de B_2O_3 com Mg ou Na, a altas temperaturas. Sua pureza é de 95-98 % (é contaminado por boretos metálicos) e é preto.

$$\underset{\text{bórax}}{Na_2[B_4O_5(OH)_4]\cdot 8H_2O} \xrightarrow{\text{ácido}} \underset{\text{ácido ortobórico}}{H_3BO_3} \xrightarrow{\text{calor}} B_2O_3$$

$$\xrightarrow{\text{Mg ou Na}} 2B + 3MgO$$

É difícil obter boro cristalino puro, pois o boro fundido é corrosivo e seu ponto de ebulição é muito elevado (2.180 °C). Pequenas quantidades de boro cristalino podem ser obtidas como se segue:

1) Pela redução de BCl_3 com H_2 (escala de quilogramas).
2) Pela pirólise de BI_3 (método de Van Arkel).
3) Pela decomposição térmica do diborano ou de outros hidretos de boro.

$$2BCl_3 + 3H_2 \xrightarrow{\text{filamento de W ou de Ta ao rubro}} 2B + 6HCl$$

$$2BI_3 \xrightarrow[\text{método de Van Arkel}]{\text{filamento de W ou de Ta ao rubro}} 2B + 3I_2$$

$$B_2H_6 \xrightarrow{\text{calor}} 2B + 3H_2$$

Aplicações do boro

Uma importante aplicação do boro é na fabricação de barras de controle, de aço-boro ou de carbetos de boro, para reatores nucleares. O boro possui elevada seção transversal de captura de nêutrons. As barras de controle são introduzidas no reator para absorver parte dos nêutrons e com isso diminuir a velocidade da reação de fissão nuclear. O carbeto de boro também é usado como abrasivo. O boro é usado para fabricar aços resistentes ao impacto, pois aumenta o ponto até o qual o aço pode ser temperado.

O bórax ($Na_2[B_4O_5(OH)_4]\cdot 8H_2O$), o ácido ortobórico ($H_3BO_3$), e o sesquióxido de boro (B_2O_3), encontram diversas aplicações. Dentre elas, as mais importantes estão na produção de fibra de vidro para revestimento e tecidos (50% da produção é usada nos EUA) e de perboratos para detergentes (35% na Europa). A produção mundial de bórax foi de cerca de 2,2 milhões de toneladas, em 1992 (45% Estados Unidos e 42% Turquia). O bórax é usado como um retardante de chama para tecidos e madeira. Ele é misturado com NaOH e vendido como "Polybor" ou "Timbor", utilizado no tratamento de madeira e papelão duro contra o ataque de insetos. O bórax é usado como fundente em solda bronze e prata, pois reage com óxidos (tais como o Cu_2O da superfície de bronze aquecido) formando boratos de baixo ponto de fusão. Assim, uma superfície limpa é exposta à solda, melhorando a adesão. O bórax é também usado na fabricação de esmaltes cerâmicos e para escurecer o couro.

O ácido ortobórico é obtido tratando minérios contendo borato com ácido sulfúrico. Foram produzidos cerca de 211.000 toneladas desse produto, em 1992. A reação do H_3BO_3 com H_2O_2 fornece o ácido monoperoxobórico, cuja composição provável é $[(HO)_3B(OOH)]$. O peroxoborato de sódio, $Na_2[B_2(O_2)_2(OH)_4]\cdot 6H_2O$, é um dos constituintes de muitos detergentes e sabões em pó. Isso ocorre principalmente na Europa, onde os sabões em pó podem conter até 20% de peroxoborato de sódio. Esse produto é menos usado com essa finalidade nos Estados Unidos. A produção mundial é de cerca de 550.000 toneladas/ano. Os peroxoboratos atuam como avivadores, porque absorvem luz UV e emitem luz visível. Isso faz com que tanto tecidos brancos como coloridos tenham aspecto mais brilhante. Quando usados a temperaturas superiores a 80 °C, os peroxoboratos se decompõem com a formação de peróxido de hidrogênio, H_2O_2, que atua como alvejante.

O sesquióxido de boro, B_2O_3, é usado na fabricação de vidros do tipo borossilicato, resistentes ao calor (por exemplo Pyrex, que contém 14% de B_2O_3). O vidro do tipo borossilicato possui menor coeficiente de expansão térmica e pode ser trabalhado mais facilmente que o vidro alcalino convencional. H_3BO_3, B_2O_3 e borato de cálcio são utilizados na obtenção de fibras de vidro isentas de sódio, empregadas como isolantes térmicos em casas.

Obtenção do alumínio

O alumínio é obtido a partir da bauxita, que pode ser $AlO\cdot OH$ ($Al_2O_3\cdot H_2O$) ou $Al(OH)_3$ ($Al_2O_3\cdot 3H_2O$). 108 milhões de toneladas desse minério foram extraídas em 1992. Os principais produtores são a Austrália (36%), a Guiné Francesa (17%), Jamaica (10%) e o Brasil (9%).

A primeira etapa do processo consiste na purificação do minério. No processo Bayer as impurezas que acompanham o minério são removidas (principalmente compostos de ferro e de silício), pois degradariam as propriedades do produto. Quando NaOH é adicionado o Al se dissolve, pois é anfótero, formando aluminato de sódio. O SiO_2 também se dissolve formando silicatos. Todos os rejeitos insolúveis, particularmente óxido de ferro, são removidos por filtração. Em seguida, o hidróxido de alumínio é precipitado da solução fortemente alcalina de aluminato. Isso pode ser feito borbulhando-se CO_2 (um óxido ácido que diminui o pH), ou então adicionando-se Al_2O_3 à solução. Os silicatos permanecem em solução. O precipitado de $Al(OH)_3$ é calcinado (aquecido fortemente), convertendo-se em Al_2O_3 purificado.

O alumínio é geralmente obtido pelo *processo Hall-Héroult*. O Al_2O_3 é fundido com criolita, $Na_3[AlF_6]$, e eletrolisado num tanque de aço revestido de grafite, que atua como cátodo. Os ânodos também são de grafite. A célula opera continuamente, sendo que de tempos em tempos alumínio fundido (ponto de fusão 660 °C) é removido do fundo da célula e uma nova porção de bauxita é adicionada. Parte da criolita consumida é minerada na Groenlândia, mas a quantidade é insuficiente para atender a demanda, de modo que a maior parte é produzida sinteticamente.

$$Al(OH)_3 + 3NaOH + 6HF \rightarrow Na_3[AlF_6] + 6H_2O$$

A criolita melhora a condutividade elétrica da célula, pois o Al_2O_3 é um mau condutor de eletricidade. Além disso, a criolita é uma impureza que reduz o ponto de fusão da mistura para cerca de 950 °C. Outras impurezas, tais como CaF_2 e AlF_3, também podem ser adicionadas (uma mistura eletrolítica típica é constituída por 85% de $Na_3[AlF_6]$, 5% de CaF_2, 5% de AlF_3 e 5% de Al_2O_3). Vários produtos, tais como O_2, CO_2, F_2 e compostos orgânicos fluorados, são formados no ânodo. Eles provocam o desgaste do ânodo, que deve ser substituído periodicamente. As pequenas quantidades de flúor formadas provocam sérios problemas de corrosão. Atualmente grandes quantidades de Li_2CO_3 são utilizados como uma impureza alternativa, pois diminui os problemas de corrosão. O consumo de energia é muito elevado, e o processo só é economicamente viável em regiões com disponibilidade de energia elétrica barata, geralmente produzidas por usinas hidrelétricas.

Usos do alumínio

O metal alumínio é relativamente mole e mecanicamente pouco resistente quando puro, mas torna-se consideravelmente mais resistente quando forma ligas com outros metais. Sua principal vantagem é sua baixa densidade (2,73 g cm^{-3}). Algumas ligas são utilizadas para finalidades específicas: como o duralumínio, que contém cerca de 4% de Cu, e diversos "bronzes de alumínio" (ligas de Cu e Al com outros metais, tais como Ni, Sn e Zn). O metal produzido em maior quantidade é o ferro/aço (712 milhões de toneladas em 1992), sendo o alumínio o segundo mais produzido (a produção total de alumínio foi de 24,4 milhões de toneladas em 1991: 19,4 milhões de toneladas de produção primária e reciclagem de 5 milhões de toneladas). Os maiores produtores do metal alumínio são os Estados Unidos (21%), a ex-União Soviética (17%), o Canadá (10%) e a Austrália, o Brasil e a China (6% cada um). O alumínio e suas ligas têm muitas aplicações:

1. Como metais estruturais em aviões, navios, automóveis e trocadores de calor.
2. Na construção civil (portas, janelas, divisórias e "trailers").
3. Recipientes diversos, tais como embalagens para bebidas, tubos para creme dentais, etc, e papel alumínio.
4. Na fabricação de utensílios de cozinha.
5. Na fabricação de cabos elétricos (tomando por base o peso, eles conduzem duas vezes mais que o cobre).
6. Na preparação de alumínio finamente dividido, denominado "bronze de alumínio", usado em tintas à base de alumínio.

Durante muitos anos supôs-se que o íon Al^{3+} fosse completamente inofensivo e não tóxico para o homem. $Al(OH)_3$ é muito usado como antiácido para o tratamento de indigestões. $Al_2(SO_4)_3$ é usado no tratamento de água potável e utensílios de cozinha são fabricados com alumínio. Contudo, há indicações de que o alumínio talvez não seja tão inofensivo como se pensava. O alumínio provoca intoxicações agudas em pessoas com insuficiência renal, que não conseguem excretar o elemento. Pacientes que sofrem da doença de Alzheimer (que causa senilidade) possuem depósitos de sais de alumínio no cérebro. Esse elemento, embora tóxico, é normalmente excretado com facilidade pelo organismo. Qualquer elemento abundante na natureza será inevitavelmente absorvido pelas plantas e a seguir pelos animais. Os organismos vivos ou utilizam os elementos (que nesse caso são classificados como essenciais) ou então os rejeita. Raramente os elementos são toxicologicamente inertes.

Gálio, índio e tálio

Pequeníssimas quantidades de gálio são encontradas na bauxita, sendo a relação do Ga para o Al de cerca de 1/5.000. Durante o processo Bayer de purificação da alumina, a concentração de Ga na solução alcalina gradualmente aumenta para cerca de 1/250. O Ga é obtido pela eletrólise dessa solução. O índio e o tálio ocorrem em quantidades diminutas nos minérios de ZnS e de PbS. Esses sulfetos são calcinados ao ar num forno, para convertê-los em ZnO e PbO. O Ga e In são recuperados da poeira de exaustão, sendo os metais obtidos por eletrólise das soluções aquosas de seus sais.

Os metais desse grupo são moles, de cor prateada e bastante reativos. Eles se dissolvem em ácidos. Não há muita demanda para o Ga, o In e o Tl, mas pequenas quantidades de Ga são empregadas para "dopar" cristais para a fabricação de transistores. A fabricação de semicondutores requer Ga de altíssima pureza obtido pelo método de refino por zona. O gálio também é usado em outros dispositivos semicondutores. O arseneto de gálio, GaAs, é isoeletrônico com o Ge, e é usado em diodos emissores de luz (LEDs = light emitting diodes) e lasers de diodo. Muitas pesquisas estão sendo realizadas sobre o uso de GaAs na confecção de "chips" de memória para computadores, já que eles operam numa freqüência 5 a 10 vezes maiores que os análogos feitos de silício. O índio é usado para dopar cristais na fabricação de transistores *p-n-p* e em termistores (InAs e InSb). O índio também é utilizado em soldas de baixo ponto de fusão (usadas comumente na soldagem de "chips" de semicondutores) e em outras ligas de baixo ponto de fusão.

ESTADOS DE OXIDAÇÃO E TIPOS DE LIGAÇÕES

O estado de oxidação (+III)

Os elementos desse grupo apresentam três elétrons no nível mais externo. Com exceção do Tl, eles normalmente utilizam esses três elétrons para formar três ligações, levando-os ao estado de oxidação (+III). As ligações são iônicas ou covalentes? Os seguintes fatos sugerem a covalência:

1. As regras de Fajans — o tamanho reduzido dos íons e sua elevada carga de +3 favorecem a formação de ligações covalentes.

2. A soma das três primeiras energias de ionização é muito grande, o que também sugere que as ligações serão essencialmente covalentes.
3. Os valores das eletronegatividades são maiores que os para os Grupos 1 e 2, de modo que quando reagem com outros elementos as diferenças de eletronegatividade não deverão ser muito grandes.

O boro é consideravelmente menor; logo sua energia de ionização será maior que dos demais elementos do grupo. A energia de ionização é tão elevada que o B sempre forma ligações covalente.

Muitos compostos simples dos demais elementos, tais como $AlCl_3$ e $GaCl_3$, *são covalentes quando anidros*. Contudo, Al, Ga, In e Tl *formam íons quando em solução*. O tipo de ligação formada depende do que é mais favorável em termos de energia. Essa mudança de covalente para iônico ocorre porque os íons são hidratados e a quantidade de energia de hidratação liberada excede a energia de ionização. Considere o $AlCl_3$: 5.137 kJ mol^{-1} são necessários para converter Al em Al^{3+}, mas o $\Delta H_{hidratação}$ dos íons Al^{3+} e Cl^- são iguais a −4.665 kJ mol^{-1} e −381 kJ mol^{-1}, respectivamente. A energia de hidratação total será portanto:

$$-4.665 + (3 \times -381) = -5.808 \text{ kJ mol}^{-1}$$

Esse valor é superior à energia de ionização e o $AlCl_3$ se ioniza em solução.

Os íons metálicos hidratados possuem seis moléculas de água ligadas firmemente, segundo uma estrutura octaédrica, $[M(H_2O)_6]^{3+}$. As ligações metal-oxigênio são muito fortes. Isso enfraquece as ligações O–H e favorece a dissociação. Os prótons liberados se ligam às moléculas de água na vizinhança, formando íons H_3O^+ (hidrólise).

$$H_2O + [M(H_2O)_6]^{3+} \rightarrow [M(H_2O)_5(OH)]^{2+} + H_3O^+$$

O estado de oxidação (+I) — o "efeito do par inerte"

No bloco s, os elementos do Grupo 1 são monovalentes e os do Grupo 2 são divalentes. No Grupo 13, seria de se esperar que os elementos fossem trivalentes. Na maioria de seus compostos esse é efetivamente o caso, mas alguns dos elementos também formam compostos com estados de oxidação inferiores. Descendo pelo grupo, há uma tendência crescente de se formarem compostos monovalentes. Conhecem-se compostos com Ga(I), In(I) e Tl(I). No caso do Ga e do In, o estado de oxidação (+I) é menos estável que o estado de oxidação (+III). Contudo, a estabilidade do estado de oxidação mais baixo aumenta de cima para baixo dentro de um grupo. Compostos de Tl(I) (compostos talosos) são mais estáveis que os compostos de Tl(III) (compostos tálicos).

Por quê se formam compostos monovalentes? Os átomos desse grupo apresentam configuração eletrônica de valência s^2p^1. A monovalência pode ser explicada se os elétrons s permanecerem emparelhados, não participando das ligações. É o chamado "efeito do par inerte". Se a energia necessária para desemparelhá-los for maior que a energia liberada quando formarem ligações, então os elétrons s permanecerão emparelhados. A energia das ligações MX_3 diminui de cima para baixo dentro do grupo. A energia de ligação média para os cloretos é: $GaCl_3$ = 242, $InCl_3$ = 206 e $TlCl_3$ = 152 kJ mol^{-1}. Assim, no tálio há maior probabilidade dos elétrons s permanecerem inertes.

O efeito do par inerte não é a explicação das razões que levam ao aparecimento de compostos monovalentes dos elementos do Grupo 13. Ele simplesmente descreve o que acontece, ou seja, indica o fato de dois elétrons não participarem de ligações. O motivo de não participarem de ligações é de natureza energética. Os íons monovalentes são muito maiores que os íons trivalentes, tal que os compostos no estado de oxidação (+I) são iônicos e, em muitos aspectos, semelhantes aos compostos dos elementos do Grupo 1.

O efeito do par inerte não se limita ao Grupo 13, mas também se manifesta nos elementos mais pesados de outros grupos do bloco *p*. O Sn^{2+} e o Pb^{2+}, são os exemplos típicos do Grupo 14, e no Grupo 15 temos o Sb^{3+} e o Bi^{3+}. O estado de oxidação inferior é mais estabilizado nos elementos mais pesados do grupo. Assim, o Sn^{2+} é um agente redutor, mas o Pb^{2+} é estável. Analogamente, o Sb^{3+} é um agente redutor, mas o Bi^{3+} é estável. Quando os elétrons *s* permanecem emparelhados, o estado de oxidação observado será sempre duas unidades menor que o estado de oxidação normal para os elementos do grupo.

Assim, no bloco *s*, os elementos dos Grupos 1 e 2 apresentam somente a valência prevista para o grupo. Grupos do bloco *p* mostram valências variáveis, diferindo de duas em duas unidades. Valências variáveis também ocorrem nos elementos do bloco *d*. Elas se devem ao uso de diferente número de elétrons *d* para formar ligações, de modo que nesse caso a valência pode variar de uma em uma unidade (por exemplo, Cu^+ e Cu^{2+}, Fe^{2+} e Fe^{3+}).

O estado de oxidação (+II)

O gálio é *aparentemente* divalente em alguns poucos compostos, tais como o $GaCl_2$. Contudo, o Ga não é realmente divalente, pois demonstrou-se que a estrutura do $GaCl_2$ é $Ga^+[GaCl_4]^-$, que contém Ga(I) e Ga(III).

PONTOS DE FUSÃO, PONTOS DE EBULIÇÃO E ESTRUTURAS

Os pontos de fusão dos elementos do Grupo 13 não variam regularmente, como no caso dos metais dos Grupos 1 e 2. Os valores para os elementos do Grupo 13 não podem ser comparados entre si com muito rigor, pois o B e o Ga apresentam estruturas cristalinas inusitadas.

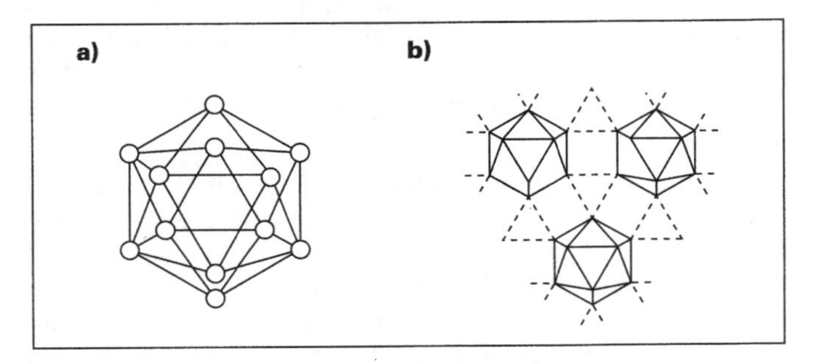

***Figura 12.1** — a) B_{12} icosaedro. b) Estrutura do boro α-romboédrico*

Tabela 12.3 — Pontos de fusão e pontos de ebulição

	Ponto de fusão (°C)	Ponto de ebulição (°C)
B	2.180	3.650
Al	660	2.467
Ga	30	2.403
In	157	2.080
Tl	303	1.457

O boro apresenta uma estrutura cristalina fora do comum, que leva a um ponto de fusão muito elevado. Existem pelo menos quatro diferentes formas alotrópicas. O boro possui um número insuficiente de elétrons para preencher o nível de valência, mesmo após a formação das ligações. A variedade e a complexidade das formas alotrópicas ilustra as várias maneiras pelas quais a natureza tenta solucionar esse problema. Em outros elementos esse problema é solucionado pela formação de ligações metálicas, mas no caso do boro isso é impossível, por causa do seu pequeno tamanho e de sua elevada energia de ionização. Todas as quatro formas alotrópicas contêm unidades icosaédricas, nas quais os átomos de boro ocupam todos os 12 vértices (lembre-se que um icosaedro é um poliedro regular com 12 vértices e 20 faces). Nessas unidades, 12 átomos de boro se arranjam de modo regular e cada átomo do B está ligado a cinco vizinhos equivalentes (a uma distância de 1,77 Å). As diferenças entre as formas alotrópicas decorrem da maneira pela qual os icosaedros estão ligados entre si. A forma mais simples é o boro romboédrico. Nesse caso, metade dos átomos de um icosaedro se liga a um átomo em outro icosaedro, situados a uma distância de 1,71 Å. A outra metade dos átomos se liga aos átomos em dois outros icosaedros (a uma distância de 2,03 Å). Não se trata aqui nem de uma estrutura regular, nem de uma estrutura metálica. Somente 37% do espaço está ocupado por átomos, bem menos que os 74% num arranjo de empacotamento denso. Isso mostra que os icosaedros preenchem o espaço de modo ineficiente. As outras formas alotrópicas apresentam estruturas ainda mais complicadas.

Os elementos Al, In e Tl apresentam estruturas metálicas de empacotamento compacto. O gálio tem uma estrutura pouco comum. Cada átomo possui um vizinho próximo, a uma distância de 2,43 Å, e seis vizinhos mais distantes, a distâncias entre 2,70 e 2,79 Å. Essa notável estrutura se assemelha mais à estrutura das moléculas diatômicas discretas que dos metais. Isso explica o ponto de fusão incrivelmente baixo do gálio, de 30 °C. Além disso, o Ga líquido se expande quando forma o sólido, isto é, o sólido é menos denso que o líquido. Essa propriedade somente é observada no Ga, Ge e Bi.

Embora os pontos de fusão decresçam do Al para o In, conforme esperado quando se desce por um grupo, ele aumenta novamente no Tl. O ponto de ebulição do B é extraordinariamente elevado, mas os valores para o Ga, In e Tl diminuem de cima para baixo no grupo, como esperado. Note que o ponto de ebulição do Ga é coerente com o dos demais elementos do grupo, em contraste com seu ponto de fusão. O ponto de fusão extremamente baixo decorre de sua estrutura cristalina incomum, mas ela é destruída quando se forma o líquido.

TAMANHO DOS ÁTOMOS E ÍONS

Os raios metálicos dos átomos não aumentam regularmente, de cima para baixo dentro do grupo (Tab. 12.4). Contudo, os valores não são comparáveis, pois o boro não é um metal e o raio medido é simplesmente a metade da menor distância de aproximação. No caso do Ga, o valor tabelado também é igual à metade da menor distância de aproximação, mas sua estrutura cristalina é pouco comum. Os demais elementos apresentam estruturas metálicas de empacotamento denso.

Os raios iônicos dos íons M^{3+} aumentam de cima para baixo dentro do grupo, embora não da maneira regular observada nos Grupos 1 e 2. Há duas razões para tanto:

1. Não há evidências para a existência de B^{3+} em condições normais, e o valor apresentado é uma estimativa.
2. As estruturas eletrônicas dos elementos são diferentes. Ga, In e Tl aparecem imediatamente após uma série de dez elementos de transição. Eles possuem, portanto, 10 elétrons *d*, que são menos eficientes na blindagem da carga nuclear que os elétrons *s* e *p* (a capacidade de blindagem segue a ordem $s > p > d > f$). A blindagem ineficiente da carga nuclear leva a elétrons externos mais firmemente ligados ao núcleo. Portanto, átomos com um subnível interno d^{10} são menores e possuem uma energia de ionização maior que o esperado. Essa contração de tamanho é denominado contração do bloco-*d*. De uma maneira análoga, o Tl aparece imediatamente após uma série de 14 elementos do bloco *f*. O tamanho e a energia de ionização do Tl são afetados ainda mais pela presença dos 14 elétrons *f*, que blindam ainda menos eficientemente a carga nuclear. A contração de tamanho provocada por esses elementos do bloco *f* é denominada *contração lantanídica*.

A grande diferença de tamanho entre B e Al provoca muitas diferenças nas suas propriedades. Por exemplo, o B é um não-metal, tem ponto de fusão extremamente elevado, sempre forma ligações covalentes e seu óxido é ácido. Em contraste, o Al é um metal, tem ponto de fusão muito mais baixo e seu óxido é anfótero (pode-se fazer generalizações desse tipo, mas não é recomendável se fazer argumentações

Tabela 12.4 — Rais iônicos e covalentes, e valores de eletronegatividade

	Raio do metal (Å)	Raio iônico M^{3+} (Å)	Raio iônico M^{+} (Å)	Eletronegatividade de Pauling
B	(0,885)	(0,27)	—	2,0
Al	1,43	0,535	—	1,5
Ga	(1,225)	0,620	1,20	1,6
In	1,67	0,800	1,40	1,7
Tl	1,70	0,885	1,50	1,8

Para os valores entre parênteses, veja o texto.

Tabela 12.5 — Potenciais padrão de redução (volt)

Estados de oxidação	
Solução ácida +III +II +I 0	Solução básica +III +II +I 0
$Al^{3+} \xrightarrow{-1,66} Al$	$Al(OH)_3 \xrightarrow{-2,31} Al$
$Ga^{3+} \xrightarrow{-0,44} Ga^{+} \xrightarrow{-0,79} Ga$ $Ga^{3+} \xrightarrow{-0,56} Ga$	$H_2GaO_3^{-} \xrightarrow{-1,22} Ga$
$In^{3+} \xrightarrow{-0,44} In^{+} \xrightarrow{-0,18} In$ $In^{3+} \xrightarrow{-0,34} In$	$In(OH)_3 \xrightarrow{-1,0} In$
$Tl^{3+} \xrightarrow{+2,06} Tl^{+} \xrightarrow{-0,34} Tl$ $Tl^{3+} \xrightarrow{+1,26} Tl$	$Tl(OH)_3 \xrightarrow{-0,05} Tl(OH)$

quantitativas dizendo, por exemplo, que o Al^{3+} tem o dobro do tamanho do B^{3+}, ou que os raios metálicos diferem por um fator de 1,6, já que o íon B^{3+} não existe e o B não é um metal).

CARÁTER ELETROPOSITIVO

A natureza eletropositiva ou metálica desses elementos cresce do B para o Al, e a seguir decresce do Al para o Tl. Isso pode ser inferido pelos potenciais padrão de eletrodo da reação:

$$M^{3+} + 3e \rightarrow M$$

O aumento de caráter metálico do B para o Al corresponde à tendência normal observada quando se desce por um grupo, e está associado ao aumento de tamanho. Contudo, Ga, In e Tl não seguem a tendência esperada. Os referidos elementos têm menor tendência de perder elétrons (sendo assim menos eletropositivos), por causa da blindagem ineficiente proporcionada pelos elétrons *d*, como descrito anteriormente.

Os potenciais padrão de eletrodo, $E°$, para o par redox $M^{3+}|M$ se tornam menos negativos do Al para o Ga e deste

Tabela 12.6 — Potenciais padrão de eletrodo, $E°$

	$M^{3+}\,|\,M$ (volt)	$M^{+}\,|\,M$ (volt)
B	(−0,87*)	—
Al	−1,66	+0,55
Ga	−0,56	−0,79
In	−0,34	−0,18†
Tl	+1,26	−0,34

* Para $H_3BO_3 + 3H^+ + 3e^- \rightarrow B + 3H_2O$ † Valor em solução ácida.

Tabela 12.7 — Energias de ionização

	Energias de inonização (kJ mol^{-1})			
	1ª	2ª	3ª	total
B	801	2.427	3.659	6.887
Al	577	1.816	2.744	5.137
Ga	579	1.979	2.962	5.520
In	558	1.820	2.704	5.082
Tl	589	1.971	2.877	5.437

para o In; e o potencial se torna positivo para o Tl. Como $\Delta G = -nFE°$, conclui-se que ΔG, a energia livre de formação do metal, por exemplo, $Al^{3+} + 3e \rightarrow Al$, é positiva. Assim, essa reação dificilmente ocorrerá (a reação inversa, $Al \rightarrow Al^{3+} + 3e$ ocorre espontaneamente). O potencial padrão se torna menos negativo descendo-se pelo grupo, ou seja, a reação $M^{3+} \rightarrow M$ se torna cada vez mais fácil. Assim, um elemento no estado de oxidação (+III) se torna cada vez menos estável em solução ao se descer pelo grupo. Analogamente, os valores de $E°$ para o par $M^{+}|M$ indicam que a estabilidade do estado (+I) aumenta, no mesmo sentido. O Tl(+I) é mais estável que o Tl(+III).

Deve-se lembrar nesse tipo de argumentação que $E°$ e ΔG se referem à reação com o H_2:

$$2Al^{3+} + 3H_2 \rightarrow 2Al + 6H^{+}$$

ENERGIA DE IONIZAÇÃO

As energias de ionização aumentam da forma esperada (primeira energia de ionização < segunda energia de ionização < terceira energia de ionização). A soma das três primeiras energias de ionização, para cada um desses elementos, é muito elevada. Por exemplo, o boro não apresenta nenhuma tendência de formar íons, sempre formando ligações covalentes. Os demais elementos normalmente formam ligações covalentes, exceto em solução.

Os valores das energias de ionização não decrescem regularmente dentro do Grupo. O decréscimo do B para o Al corresponde ao comportamento esperado descendo-se pelo grupo, associado ao aumento de tamanho. A blindagem ineficiente oferecida pelos elétrons *d* e a conseqüente **contração** ***d***, influenciam os valores para os demais elementos do Grupo.

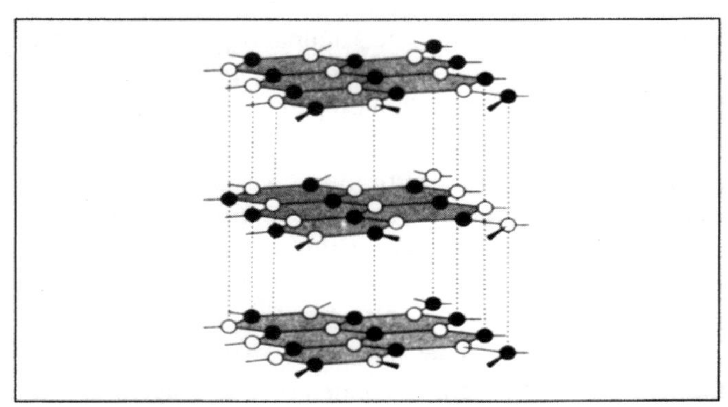

Figura 12.2 — Estrutura de nitreto de boro

Tabela 12.8 — Algumas reações do boro amorfo

Reação	Comentários
$4B+3O_2 \rightarrow 2B_2O_3$	A altas temperaturas
$2B+3S \rightarrow B_2S_3$	A 1.200°C
$2B+N_2 \rightarrow 2BN$	A temperaturas muito elevadas
$2B+3F_2 \rightarrow 2BF_3$	A altas temperaturas
$2B+3Cl_2 \rightarrow 2BCl_3$	
$2B+3Br_2 \rightarrow 2BBr_3$	
$2B+3I_2 \rightarrow 2BI_3$	
$2B+6NaOH \rightarrow 2Na_3BO_3+3H_2$	Quando fundido com álcali
$2B+2NH_3 \rightarrow 2BN+3H_2$	A temperaturas muito elevadas
$B+M \rightarrow M_xB_y$	Muitos metais formam boretos (não os do Grupo 1), freqüentemente não-estequimétricos

REAÇÕES DO BORO

O boro cristalino puro é muito pouco reativo. Contudo, ele é atacado por agentes oxidantes fortes a temperaturas elevadas, como por uma mistura de H_2SO_4 e HNO_3 concentrados, a quente, ou por peróxido de sódio. Já o boro amorfo finamente dividido (que contém de 2 a 5% de impurezas) é mais reativo. Ele queima ao ar ou numa atmosfera de oxigênio, formando o óxido. Também queima em atmosfera de nitrogênio, se for aquecido à incandescência (até temperaturas em que ocorre a emissão de luz branca), formando o nitreto, BN. Trata-se de um sólido branco de baixo coeficiente de atrito, com uma estrutura lamelar semelhante ao do grafite. Boro também queima na presença de halogênios, formando os trihaletos. Reage diretamente com muitos elementos formando os boretos, que são duros e refratários. Reduz lentamente HNO_3 e H_2SO_4 concentrados; e libera H_2 quando reage com NaOH fundido.

REAÇÕES DOS DEMAIS ELEMENTOS

Reações com a água e o ar

Os metais Al, Ga, In e Tl apresentam coloração branca-prateada. Do ponto de vista termodinâmico, o Al deveria reagir com a água e com o ar, mas na realidade ele é estável em ambos os casos. Isso se deve à formação de uma finíssima película de óxido na superfície, que protege o metal de um posterior ataque. Essa película tem uma espessura de apenas 10^{-4} a 10^{-6} mm. Por exemplo, removendo-se a camada protetora de óxido que recobre o alumínio por amalgamação com mercúrio, o metal rapidamente reage com água, formando Al_2O_3 e liberando hidrogênio.

Artigos de alumínio são freqüentemente "anodizados", para dar um acabamento decorativo. Isso é feito eletrolisando-se H_2SO_4 diluído, usando a peça de alumínio como ânodo. Produz-se assim uma camada muito mais espessa do óxido sobre a superfície (10^{-2} mm). Essa camada pode absorver pigmentos, colorindo o alumínio.

Alumínio queima em nitrogênio a altas temperaturas, formando AlN. Os demais elementos não reagem com o nitrogênio.

Reações com ácidos e álcalis

O alumínio se dissolve em ácidos minerais diluídos liberando hidrogênio.

$$2Al + 6HCl \rightarrow 2Al^{3+} + 6Cl^- + 3H_2$$

Contudo, o HNO_3 concentrado torna o metal "passivo", pois produz uma camada protetora de óxido sobre a superfície do metal, por ser um agente oxidante. O alumínio também se dissolve numa solução aquosa de NaOH (ele é, portanto, anfótero), formando hidrogênio e o aluminato (a natureza dos aluminatos será discutida mais adiante).

$$2Al + 2NaOH + 4H_2O \rightarrow 2NaAl(OH)_4 \text{ ou } \underset{\text{aluminato de sódio}}{2NaAlO_2 \cdot 2H_2O} + 3H_2$$

Reações com oxigênio

O alumínio queima prontamente ao ar ou em atmosfera de oxigênio, liberando uma grande quantidade de calor (é uma reação fortemente exotérmica). Essa reação é conhecida como *reação thermite* (*aluminotermia*).

$$4Al_{(s)} + 3O_{2(g)} \rightarrow 2Al_2O_{3(s)} + \text{energia} \qquad \Delta H° = -3340 \text{ kJ}$$

A **reação** *thermite* libera tanta energia que ela pode ser perigosa. O alumínio se torna incandescente, emitindo luz branca, e freqüentemente provoca incêndios. Exatamente por esse motivo, misturas de Al e de um óxido tais como Fe_2O_3 ou SiO_2 (que atuam como fontes de oxigênio) foram usadas para a fabricação de bombas incendiárias, durante a 2.ª Guerra Mundial. Navios de guerra podem ser construídos com alumínio, para diminuir seu peso. Se um navio for atingido por um míssil, pode ter início uma reação *thermite*. Incêndios desse tipo foram responsáveis por muitas baixas

Tabela 12.9 — Algumas reações dos outros elementos do Grupo III

Reação	Observações
$4M+3O_2 \rightarrow 2M_2O_3$	Todos reagem a temperaturas elevadas Com Al é fortemente exotérmica Ga só é oxidado na superfície Tl também forma Tl_2O
$2Al+N_2 \rightarrow 2AlN$	Só Al reage a altas temperaturas
$2M+3F_2 \rightarrow 2MF_3$ $2M+3Cl_2 \rightarrow 2MCl_3$ $2M+3Br_2 \rightarrow 2MBr_3$ $2M+3I_2 \rightarrow 2MI_3$ $Tl+I_2 \rightarrow Tl^+[I_3]^-$	Todos os metais formam trihaletos de F, Cl e Br (formação de Tl^+) Em Al, Ga e In só há formação de triiodeto de tálio (I)
$2M+6HCl \rightarrow 2MCl_3+3H_2$	Todos reagem com ácidos minerais diluídos, Al torna-se passivo com HNO_3, particularmente quando concentrado
$Al+NaOH+H_2O \rightarrow NaAlO_2+H_2$ $Na_3AlO_3+H_2$	Somente Al e Ga
$M+3NH_3 \rightarrow M(NH_2)_3 + {}^3/_2\ H_2$	Todos os metais formam amidetos

durante o conflito das Malvinas. A grande afinidade do alumínio pelo oxigênio é aproveitada na obtenção de outros metais, a partir de seus óxidos.

$$8Al + 3Mn_3O_4 \rightarrow 4Al_2O_3 + 9Mn$$
$$2Al + Cr_2O_3 \rightarrow Al_2O_3 + 2Cr$$

Reações com halogênios e sulfatos

O alumínio reage facilmente com os halogênios, mesmo a frio, formando os tri-haletos.

O sulfato de alumínio é empregado em grandes quantidades (3,7 milhões de toneladas em 1991). É obtido tratando-se bauxita com H_2SO_4 e usado como agente de floculação e de precipitação no tratamento de água potável e de água de esgoto. Também é usado na indústria de papel, e na indústria têxtil como mordente para tingimento.

Alúmens

Os íons de alumínio podem cristalizar a partir de soluções aquosas, formando sais duplos. Estes são designados alúmens de alumínio e têm a fórmula geral, $[M^I(H_2O)_6][Al(H_2O)_6](SO_4)_2$. M^I é um cátion monovalente, como Na^+, K^+ ou NH_4^+. Os cristais têm geralmente a forma de grandes octaedros, e são extremamente puros. A pureza é particularmente importante em algumas de suas aplicações. O alúmen de potássio, $[K(H_2O)_6][Al(H_2O)_6](SO_4)_2$ é usado como mordente para tingimento. Nessa aplicação, o Al^{3+} é precipitado como $Al(OH)_3$ sobre o tecido, para auxiliar a adesão do corante ao mesmo, na forma de complexos de alumínio. É essencial a ausência de íons Fe^{3+}, para se obter as cores "verdadeiras" dos corantes. Os sais duplos se dissociam em solução, gerando seus íons constituintes. Os cristais são constituídos por $[M(H_2O)_6]^+$, $[Al(H_2O)_6]^{3+}$ e dois íons SO_4^-. Os íons possuem as cargas e os tamanhos adequados para se cristalizarem juntos. Além do Al^{3+}, alguns outros íons M^{3+} podem formar alúmens de fórmula $[M^I(H_2O)_6][M^{III}(H_2O)_6](SO_4)_2$. Os íons trivalentes mais comuns são o Fe^{3+} e o Cr^{3+}, mas esse tipo de composto também pode ser formado pelo Ti^{3+}, V^{3+}, Mn^{3+}, Co^{3+}, In^{3+}, Rh^{3+}, Ir^{3+} e Ga^{3+}.

Cimento

Compostos de alumínio, principalmente o aluminato de tricálcio, $Ca_3Al_2O_6$, são muito importantes como constituintes do cimento Portland e cimentos de elevado teor de alumina. A fórmula do aluminato de tricálcio é escrita mais adequadamente como $Ca_9[Al_6O_{18}]$, porque contém anéis de 12 membros de Si–O–Si, obtidos pela união de seis tetraedros de AlO_4. O cimento Portland é obtido aquecendo-se a mistura correta de calcário ($CaCO_3$) com areia (SiO_2) e aluminossilicatos (argila), a uma temperatura de 1.450-1.600 °C, num forno giratório. Quando misturado com areia e água, o cimento se solidifica formando o concreto, um sólido duro esbranquiçado e insolúvel, semelhante às pedras de Portland (calcário extraído em Portland Bill, Dorset/Inglaterra). Adiciona-se ao cimento de 2% a 5% de gesso, $CaSO_4 \cdot 2H_2O$, para diminuir a velocidade de cura do concreto, pois a solidificação mais lenta aumenta a resistência do material. A composição dos cimentos geralmente é dada em função das quantidades relativas de óxidos. Uma composição típica de um cimento Portland é a seguinte: CaO 70%, SiO_2 20%, Al_2O_3 5%, Fe_2O_3 3%, $CaSO_4 \cdot 2H_2O$ 2%. A produção mundial total de cimento foi de 1.396 milhões de toneladas em 1993, 70 % dos quais de cimento Portland.

Cimentos com elevado teor de alumina são obtidos fundindo-se calcário e bauxita com pequenas quantidades de SiO_2 e TiO_2, a 1.400–1.500 °C, numa fornalha aberta ou num forno giratório. O cimento com elevado teor de alumina é mais caro que o cimento Portland, mas apresenta uma grande vantagem sobre este — o processo de cura é mais rápida, adquirindo elevada resistência em apenas um dia. É empregado na confecção de vigas de pontes e edifícios. Cimento de elevado teor de alumina apresenta boa resistência à água do mar e a ácidos minerais diluídos. Resiste a temperaturas de até 1.500 °C e pode ser empregado com tijolos refratários em fornalhas. Uma análise típica de um cimento de elevado teor de alumina é: CaO 40%, Al_2O_3 40%, SiO_2 10%, Fe_2O_3 10%. Tem havido muitas notícias referentes às falhas estruturais em vigas feitas com esse cimento. Os acidentes se devem a deterioração provocada pela exposição prolongada à umidade e ao calor, ou devido ao uso excessivo de água na mistura de cimento e areia. Isso resulta numa cura muito rápida do cimento, não dando tempo suficiente para que ocorra uma cristalização adequada.

Reações do Ga, do In e do Tl

O gálio e o índio são estáveis ao ar e não são atacados pela água, a não ser na presença de oxigênio livre. O tálio é um pouco mais reativo, sendo oxidado superficialmente pelo ar. Os três metais se dissolvem em ácidos diluídos, liberando hidrogênio. O gálio é anfótero como o alumínio, e se dissolve em solução aquosa de NaOH, liberando H_2 e formando galatos. Os óxidos e hidróxidos de Al e Ga também são anfóteros. Já os óxidos e hidróxidos de In e Tl são tipicamente básicos.

Os três metais reagem com os halogênios, mediante aquecimento brando.

ALGUMAS PROPRIEDADES DO TÁLIO(I)

Os compostos de tálio(I) ou talosos são bem conhecidos. Geralmente são incolores e todos são extremamente tóxicos. A ingestão de pequeníssimas quantidades de tálio(I) tornam os cabelos mais escuros, mas doses maiores podem provocar a perda dos cabelo e a morte. Eles são tóxicos, porque suprimem a atividade enzimática no organismo.

Em solução aquosa, os íons Tl(I) são muito mais estáveis que os íons Tl(III). O raio iônico do Tl^+ (1,50 Å) se situa entre o do K^+ (1,38 Å) e do Rb^+ (1,52 Å). Por causa disso o Tl^+ se assemelha aos íons do Grupo 1 em diversos aspectos. TlOH e Tl_2O são ambos solúveis em água e fortemente básicos. Eles absorvem CO_2 do ar, formando Tl_2CO_3. A solubilidade da maioria de seus sais é ligeiramente inferior a dos sais de potássio. O Tl^+ pode substituir o K^+ em diversas enzimas, podendo ser usado como um traçador biológico no organismo. Há também algumas diferenças nas suas propriedades. TlOH é amarelo e quando aquecido a 100 °C se transforma em Tl_2O, que é preto. O número de coordenação do Tl^+ geralmente é igual a 6 ou 8, comparado com 6 para os íons do Grupo 1. O TlF é solúvel em água, mas os demais haletos são quase insolúveis. Há também algumas semelhanças com o Ag^+: por exemplo o TlCl é sensível à luz. Ele escurece quando exposto à luz, como acontece com o AgCl. Todavia, o TlCl não é solúvel em NH_4OH como o AgCl.

COMPOSTOS DE BORO E OXIGÊNIO

Sesquióxidos de boro e os boratos

Estes são os compostos mais importantes de boro. "Sesqui" significa um e meio, de modo que o óxido deve ter a fórmula $MO_{1,5}$ ou M_2O_3. Todos os elementos desse grupo formam sesquióxidos quando aquecidos em atmosfera de oxigênio. O B_2O_3 é convenientemente obtido pela desidratação do ácido bórico:

$$\underset{\text{ácido ortobórico}}{H_3BO_3} \xrightarrow{100^\circ C} \underset{\text{ácido metabórico}}{HBO_2} \xrightarrow{\text{aquecimento ao rubro}} \underset{\text{sesquióxido de boro}}{B_2O_3}$$

B_2O_3 é um típico óxido não-metálico, tendo propriedades ácidas. É o anidrido do ácido ortobórico e reage com óxidos básicos (metálicos), formando sais denominados boratos ou metaboratos. No teste da pérola de bórax aquece-se o B_2O_3 ou bórax, $Na_2[B_4O_5(OH)_4]\cdot 8H_2O$, na chama de um bico de Bunsen, juntamente com os óxidos metálicos, num aro existente na extremidade de um fio de platina. A mistura funde formando uma pérola de metaborato, de aspecto vítreo. As pérolas de metaborato contendo diversos metais de transição apresentam cores características. Assim, esta reação se constitui num método de identificação dos mesmos. Esse teste simples forneceu a primeira prova de que a vitamina B_{12} continha cobalto.

$$CoO + B_2O_3 \rightarrow \underset{\text{metaborato de cobalto (cor azul)}}{Co(BO_2)_2}$$

Contudo, é possível forçar o B_2O_3 a comportar-se como um óxido básico, reagindo-o com compostos fortemente ácidos. Assim, na reação com P_2O_5 ou As_2O_5, formam-se respectivamente fosfato de boro e arsenato de boro.

$$B_2O_3 + P_2O_5 \rightarrow 2BPO_4$$

O ácido ortobórico, H_3BO_3, é solúvel em água e se comporta como um ácido monobásico fraco. Ele não doa prótons para o solvente como a maioria dos ácidos, mas aceita íons OH^-. Portanto é um ácido de Lewis, sendo representado mais corretamente como $B(OH)_3$.

$$\underset{[H_3BO_3]}{B(OH)_3} + 2H_2O \;\; H_3O^+ + [B(OH)_4]^- \quad pK = 9{,}25$$

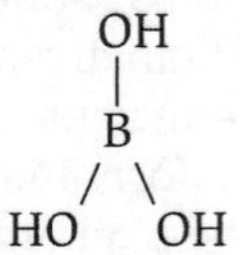

```
      OH              [HO     OH]-
      |                  \   ↙
      B                    B
     / \                  / \
   HO   OH            [HO     OH]
 trigonal plana    íon metaborato tetraédrico
```

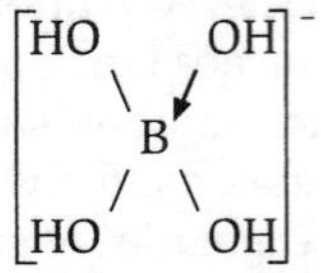

Em concentrações mais elevadas, formam-se metaboratos poliméricos, como a espécie do exemplo a seguir:

$$\underset{[3H_3BO_3]}{3B(OH)_3} \rightleftharpoons H_3O^+ + [B_3O_3(OH)_4]^- + H_2O \quad pK = 6{,}84$$

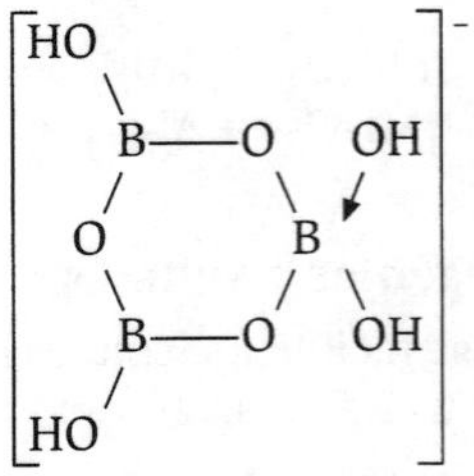

```
[HO                 ]-
   \
    B——O    OH
   /    \  ↙
  O      B
   \    / \
    B——O   OH
   /
HO                  ]
```

Propriedades ácidas do H_3BO_3 ou $B(OH)_3$

Como o $B(OH)_3$ só reage parcialmente com água para formar H_3O^+ e $[B(OH)_4]^-$, ele se comporta como um ácido fraco. Assim, H_3BO_3 ou $B(OH)_3$ não pode ser titulado satisfatoriamente com NaOH, pois não se obtém um ponto de equivalência muito nítido. Entretanto, se certos compostos orgânicos poliidroxilados como glicerol, manitol ou açúcares forem adicionados à mistura a ser titulada, o $B(OH)_3$ se comportará como um ácido monobásico forte. Nessas condições ele pode ser titulado com NaOH e o ponto final da reação pode ser determinado utilizando-se fenolftaleína como indicador (este indicador muda de cor em pH de 8,3–10).

$$B(OH)_3 + NaOH \rightleftharpoons Na[B(OH)_4]$$
$$\underset{\text{metaborato de sódio}}{NaBO_2} + 2H_2O$$

Para que se observe um aumento da acidez, é necessário que o composto adicionado seja um *cis*-diol (ou seja possui grupos OH em átomos de carbono adjacentes, na conformação cis). Os *cis*-dióis formam complexos muito estáveis com o $[B(OH)_4]^-$ formado na reação direta acima, removendo-o da solução. A reação é reversível. Assim, a efetiva remoção de um dos produtos da reação desloca completamente o equilíbrio para a direita, de modo que todo reagente é transformado em produto. Por isso, o $B(OH)_3$ se comporta como um ácido forte na presença de cis-dióis.

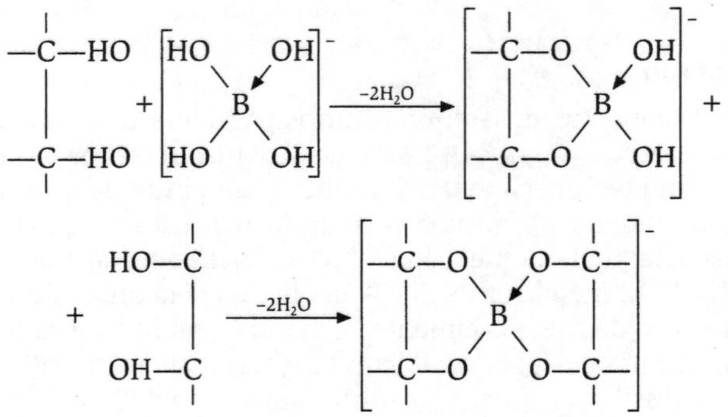

```
   |        [HO     OH]-           [ |            ]-
 —C—HO         \   ↙                —C—O     OH
   |      +      B      —-2H2O→      |    \  ↙        +
   |           /   \                 |     B
 —C—HO      [HO     OH]             —C—O    \
   |                               [ |        OH  ]

       |                 [  |           |   ]-
   HO—C                    —C—O     O—C—
       |                    |    \  ↙   |
 +     |      —-2H2O→       |     B     |
       |                    |    / \    |
   OH—C                    —C—O     O—C—
       |                 [  |           |   ]
```

Estruturas dos boratos

Nos boratos simples cada átomo de B está ligado a três átomos de oxigênio, dispostos nos vértices de um triângulo equilátero. Essa estrutura pode ser prevista a partir dos orbitais utilizados nas ligações.

Estrutura eletrônica do átomo de boro — estado fundamental

Estrutura eletrônica do átomo de boro — estado excitado

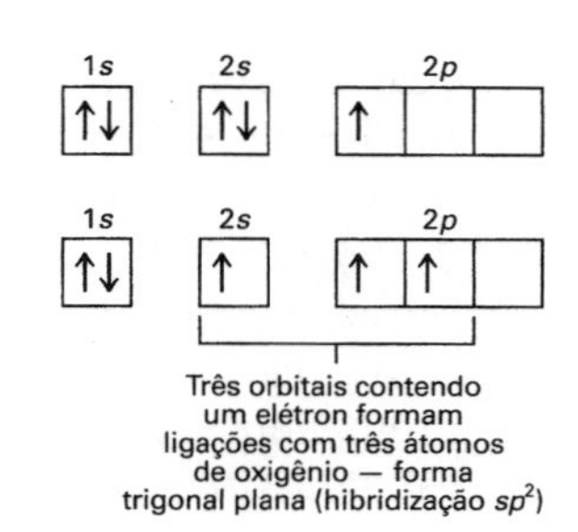

Portanto, o ácido ortobórico contém unidades BO_3^{3-} triangulares. No sólido as unidades $B(OH)_3$ formam ligações de hidrogênio entre si, gerando estruturas lamelares bidimensionais com simetria quase hexagonal (Fig. 12.3). As camadas estão bastante afastadas umas das outras (3,18 Å) e o cristal se quebra facilmente, formando partículas muito pequenas. O ácido ortobórico já foi utilizado como um pó antisséptico (talco) suave para crianças, pois ele forma um pó muito fino. Não é mais usado, pois às vezes provoca o surgimento de erupções na pele.

Os ortoboratos são constituídos por íons BO_3^{3-} discretos. Dentre os exemplos podem ser citados o $Mg_3(BO_3)_2$ e os ortoboratos de lantanídeos, $Ln^{III}BO_3$. Nos metaboratos, as unidades simples (unidades triangulares planas, BO_3, ou tetraédricas, BO_4) se unem para formar uma variedade de estruturas poliméricas em cadeia ou cíclicas (vide Fig. 12.4).

Assim, duas unidades triangulares se juntam compartilhando um vértice, no $Mg_2[B_2O_5]$ e no $Co^{II}[B_2O_5]$. Estes são denominados piroboratos, em analogia com os pirofosfatos. Três unidades triangulares podem compartilhar os vértices e formar um anel, como nos metaboratos de sódio e de potássio, $NaBO_2$ e KBO_2 (Fig. 12.4b). Estes são mais corretamente representados pelas fórmulas $Na_3[B_3O_6]$ e $K_3[B_3O_6]$. Várias unidades triangulares podem se polimerizar formando uma cadeia infinita, como por exemplo no metaborato de cálcio, $[Ca(BO_2)_2]_n$ (Fig.12.4a).

Analogamente, $Na_2[B(OH)_4]Cl$ e Ta^VBO_4 são constituídas por unidades tetraédricas discretas. Mas, duas unidades tetraédricas podem se unir compartilhando um dos vértices, como no $Mg[(HO)_3B \cdot O \cdot B(OH)_3]$. Outros derivados podem ser constituídos por estruturas cíclicas, em cadeia, lamelares e poliméricas tridimensionais.

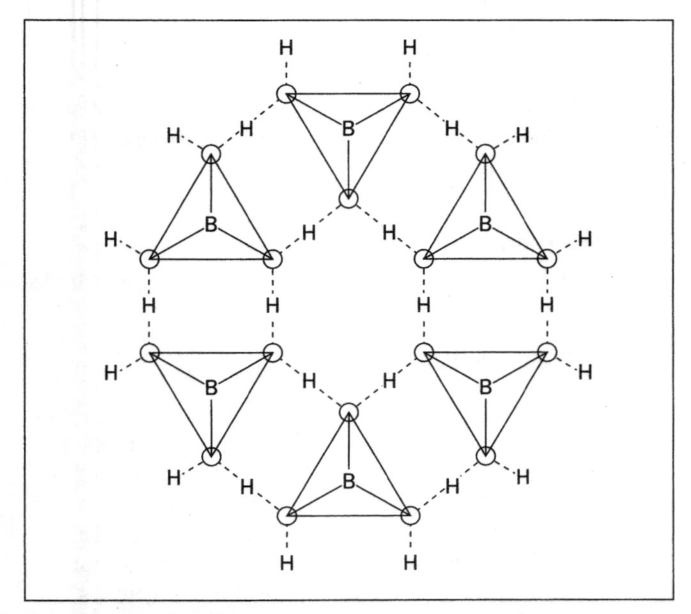

Figura 12.3 — Estrutura do ácido ortobórico, com as ligações por pontes de hidrogênio

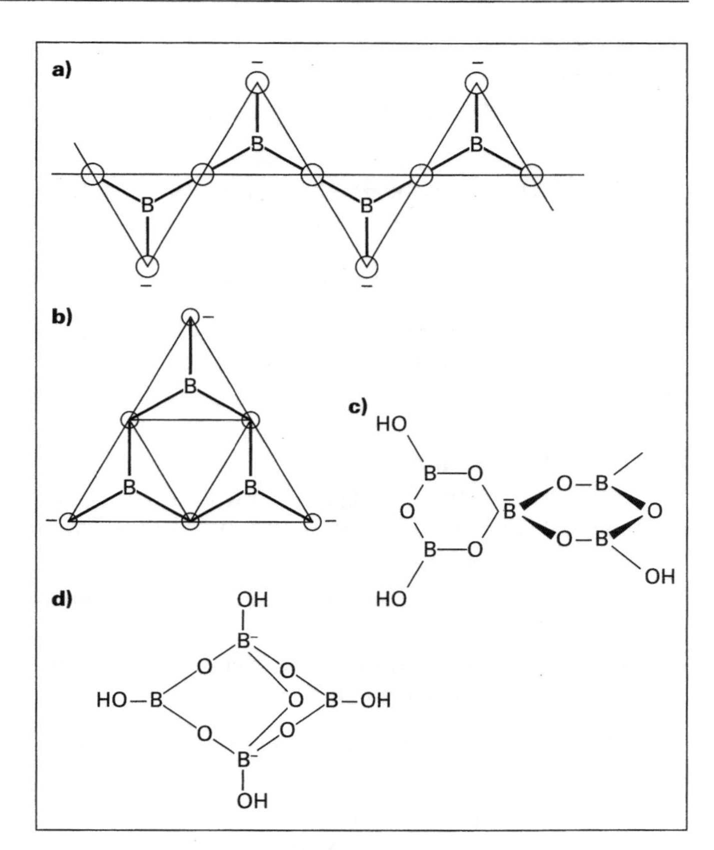

Figura 12.4 — Estruturas de alguns boratos. a) Cadeia de metaborato, $[Ca(BO_2)_2]_n$, constituída por unidades triangulares Bo_3. b) Anel de metaborato $K_3(B_3O_6)$ constituído por unidades triangulares BO_3. c) Metaborato complexo $K[B_5O_6(OH)_4]$, chamado de espiro-ânion, constituído por quatro unidades triangulares BO_3 e uma unidade tetraédrica BO_4. d) Bórax $(Na_2[B_4O_5(OH)_4] \cdot 8H_2O)$ constituído por duas unidades triangulares e duas unidades tetraédricas. Esse íon é $(B_4O_5(OH)_4]^{2-}$; as outras moléculas de água estão associadas aos íon metálicos

Quando ocorre polimerização, podem se formar algumas estruturas interessantes, contendo tanto unidades triangulares como tetraédricas. O espiro-composto, $K[B_5O_6(OH)_4]$ (Fig.12.4c), contém uma unidade tetraédrica e quatro unidades triangulares. O bórax geralmente é representado como $Na_2B_4O_7 \cdot 10H_2O$, mas é na realidade constituído pela união de duas unidades tetraédricas e duas triangulares, como mostrado na figura 12.4d, de modo que deveria ser representado pela fórmula $Na_2[B_4O_5(OH)_4] \cdot 8H_2O$.

Bórax

O metaborato mais comum é o bórax, $Na_2[B_4O_5(OH)_4] \cdot 8H_2O$. Trata-se de um padrão primário muito útil para a titulação de ácidos.

$$(Na_2[B_4O_5(OH)_4] \cdot 8H_2O) + 2HCl \rightarrow 2NaCl + 4H_3BO_3 + 5H_2O$$

O H_3BO_3, é um ácido fraco. Assim, o indicador usado para se determinar o ponto final da reação não deve ser afetado pelo H_3BO_3. Utiliza-se normalmente o alaranjado de metila, que muda de cor na faixa de pH entre 3,1–4,4.

Um mol de bórax reage com dois mols de ácido. Isso ocorre porque, ao se dissolver em água, o bórax forma tanto $B(OH)_3$ como $[B(OH)_4]^-$, mas somente o $[B(OH)_4]^-$ reage com HCl.

$$[B_4O_5(OH)_4]^{2-} + 5H_2O \rightleftharpoons 2B(OH)_3 + 2[B(OH)_4]^-$$
$$2[B(OH)_4]^- + 2H_3O^+ \rightarrow 2B(OH)_3 + 4H_2O$$

No ponto de equivalência, o pH da solução dessa última reação será igual a 9,2, de modo que o indicador utilizado deve ter um pKa ~ 8. O bórax também é usado na preparação de soluções tampão, já que contém quantidades iguais de um ácido fraco e de seu sal.

Peroxoborato de sódio

Cerca de 550.000 toneladas de peroxoborato de sódio são produzidos anualmente no mundo. Os dois principais métodos de preparação são:

1) Eletrólise de uma solução de borato de sódio (contendo um pouco de Na_2CO_3).
2) Oxidação do ácido bórico ou do metaborato de sódio com peróxido de hidrogênio.

$$\underset{\text{metaborato de sódio}}{2NaBO_2} + 2H_2O_2 + 6H_2O \rightarrow \underset{\text{peroxoborato de sódio}}{Na_2[(OH)_2B(O{-}O)_2B(OH)_2]} \cdot 6H_2O$$

$$\left[\begin{matrix} HO & & O{-}O & & OH \\ & B & & B & \\ HO & & O{-}O & & OH \end{matrix}\right]^{2-}$$

íon peroxoborato

O peroxoborato de sódio é usado como avivador em sabões em pó. Ele é compatível com as enzimas adicionadas a alguns sabões "biológicos". Em água muito quente (acima de 80 °C), as ligações com o grupo O–O são rompidas, levando a formação de H_2O_2.

Isopoliácidos de B, Si e P

Outros elementos formam compostos poliméricos semelhantes aos boratos; principalmente o silício, que forma os silicatos, e o fósforo, que forma os fosfatos. Esses compostos poliméricos são chamados de *isopoliácidos* (o nome *isopoliácido* significa que íons ácidos estão polimerizados. *Iso* significa "o mesmo", indicando que há envolvimento de apenas um tipo de íon. Se dois tipos diferentes de íons se polimerizarem, por exemplo os íons fosfato e molibdato formando um fosfomolibdato, este é denominado um *heteropoliácido*).

Os princípios que fundamentam a estrutura dos boratos foram desenvolvidos por Christ e Clark (vide Leituras Complementares) e podem ser sumarizados como se segue:

1. Freqüentemente B forma unidades triangulares BO_3. Às vezes elas permanecem como monômeros, mas podem formar íons polinucleares compartilhando os átomos de O dos vértices. Assim, as unidades triangulares se ligam formando cadeias, ciclos e estruturas lamelares bidimensionais.
2. Às vezes o B forma unidades BO_4. Os boratos polinucleares mais complexos contêm tanto unidades triangulares BO_3 como unidades tetraédricas BO_4, ligadas entre si pelo compartilhamento dos vértices. Essas estruturas não são planares.
3. Os boratos hidratados podem receber prótons. Estes são adicionados na seguinte seqüência: (i) íons O^{2-} são convertidos em OH^-; (ii) os oxigênios tetraédricos são protonados; (iii) são protonados os oxigênios das estruturas triangulares; e finalmente (iv) qualquer grupo OH^- livre é convertido em H_2O.
4. Os boratos hidratados podem polimerizar-se por meio da eliminação de H_2O. Isso pode ser acompanhado do rompimento ou rearranjo das ligações B–O.
5. O H_3BO_3 freqüentemente está em equilíbrio com poliânions mais complexos. As estruturas poliméricas dos boratos tendem a se romper, quando tais compostos são dissolvidos em água.

Por outro lado, as estruturas dos fosfatos e dos silicatos sempre se baseiam nas unidades tetraédricas PO_4 e SiO_4, respectivamente. Os tetraedros podem polimerizar-se gerando cadeias, ciclos e estruturas tridimensionais. Essas estruturas são mais estáveis e permanecem inalteradas mesmo em solução.

Análise qualitativa de compostos de boro

Quando os boratos são tratados com HF (ou com H_2SO_4 e CaF_2), forma-se o composto volátil BF_3. Se o gás BF_3 assim produzido for conduzido para uma chama (por exemplo, a chama de um bico de Bunsen), a chama adquire uma coloração verde característica.

$$H_2SO_4 \text{ conc.} + CaF_2 \rightarrow 2HF + CaSO_4$$
$$H_3BO_3 + 3HF \rightarrow BF_3 + 3H_2O$$

Um teste alternativo consiste na obtenção do éster borato de metila, $B(OCH_3)_3$. À amostra em análise é adicionado H_2SO_4 concentrado para formar H_3BO_3 e, a seguir, aquecido com metanol num cadinho.

$$B(OH)_3 + 3CH_3OH \rightarrow B(OCH_3)_3 + 3H_2O$$

O H_2SO_4 concentrado remove a água formada. A mistura é a seguir inflamada. O borato de metila é volátil e confere a chama uma cor verde.

Ácido fluorobórico

O H_3BO_3 se dissolve em HF aquoso formando o ácido fluorobórico, HBF_4.

$$H_3BO_3 + 4HF \rightarrow H^+ + [BF_4]^- + 3H_2O$$

O ácido fluorobórico é um ácido forte: soluções comerciais contêm cerca de 40% de ácido. O íon $[BF_4]^-$ é tetraédrico de modo que os fluoroboratos se assemelham aos percloratos, ClO_4^-, e aos sulfatos, no que se refere a sua estrutura cristalina e solubilidade ($KClO_4$ e KBF_4 não são muito solúveis em água). Os íons $[BF_4]^-$ e $[ClO_4]^-$ possuem uma pequeníssima tendência de formar complexos em solução aquosa, embora formem alguns poucos complexos em solventes não-aquosos.

Boretos

Existem mais de 200 compostos binários de B com metais. Existem várias estequiometrias diferentes. As mais comuns são M_2B, MB, MB_2, MB_4 e MB_6, mas são conhecidas fórmulas tão diferentes como M_5B e MB_{66}. Alguns desses compostos são não-estequiométricos. As fórmulas mínimas de alguns desses compostos não podem ser racionalizadas por meio da aplicação das regras simples de valência, sendo melhor explicadas através da formação de ligações multicêntricas.

Esses compostos podem ser preparados aquecendo-se o metal com o boro e por diversos outros métodos. Os boretos dos metais de transição, em geral, contêm um elevado teor dos metais que os constituem. São duros e têm pontos de fusão muito elevados: ZrB_2, HfB_2, NbB_2 e TaB_2 fundem acima de 3.000 °C. Os pontos de fusão e a condutividade elétrica são freqüentemente maiores que as dos metais correspondentes. Por exemplo, o TiB_2 tem uma condutividade elétrica cinco vezes maior que do metal Ti. Invariavelmente, os boretos são quimicamente inertes, tendo diversas aplicações:

1. O carbeto de boro é geralmente representado como B_4C. É produzido na escala de toneladas, reduzindo-se B_2O_3 com carbono, a 1.600 °C. É uma fonte útil de B e também é usado como abrasivo para polimento. É empregado em lonas de freio de carros. Fibras de B_4C apresentam uma enorme resistência tênsil e são empregadas na fabricação de roupas à prova de balas. Essas fibras são fabricadas como se segue:

$$6H_2 + 4BCl_3 + C_{(fibra)} \xrightarrow{1700-1800\,^{\circ}C} B_4C_{(fibras)} + 12HCl$$

   O carbeto de boro deveria ser representado por $B_{13}C_2$, mas sua composição varia, podendo se aproximar de $B_{12}C_3$. Sua estrutura é constituída por uma série de icosaedros B_{12}. Cada icosaedro está ligado a seis outros, ou através de quatro ligações B–C–B e duas B–B, ou então através de seis ligações B–C–B. Sua estrutura é a de um agregado ou "cluster", e só pode ser explicada por meio da formação de ligações multicêntricas.
2. Técnicas especiais de manufatura, que utilizam materiais na forma de pós, são empregadas para a fabricação de peças como lâminas de turbinas ou válvulas de foguetes. São empregados boretos, tais como CrB_2, TiB_2 e ZrB_2, finamente divididos.
3. O aço-boro é utilizado na indústria nuclear, para a fabricação de chapas de blindagem ou como barras de controle em reatores, pois o ^{10}B possui uma elevada seção transversal de absorção de nêutrons térmicos.

OS DEMAIS ÓXIDOS DO GRUPO 13

A alumina, Al_2O_3, ocorre principalmente em duas formas cristalinas denominadas α-Al_2O_3, ou corindo, e γ-Al_2O_3. Além disso, é preparado numa forma fibrosa para fins comerciais.

O corindo é um mineral, mas a α-Al_2O_3 também pode ser preparada aquecendo-se $Al(OH)_3$. Caso o aquecimento seja feito a temperaturas acima de 1.000 °C, forma-se o γ-Al_2O_3. O corindo é extremamente duro (9 na escala de Mohs), sendo usado no polimento de vidros (vide Apêndice N). Uma forma impura de corindo, contaminada com óxido de ferro e sílica, é conhecida como esmeril. Este é usado para fabricar lixas para polir metais. O corindo não é atacado por ácidos. Tem um ponto de fusão elevado, superior a 2.000 °C. É usado como material refratário no revestimento de fornos e na fabricação de recipientes para reações a altas temperaturas. A estrutura cristalina do corindo contém átomos de oxigênio num arranjo de empacotamento hexagonal denso, com dois terços dos interstícios octaédricos ocupados por íons Al^{3+}.

O γ-Al_2O_3 é obtido pela desidratação do $Al(OH)_3$ numa temperatura inferior a 450 °C e, em contraste com o α-Al_2O_3, dissolve-se em ácidos e absorve água, sendo usado em cromatografia.

O Al_2O_3 fibroso é produzido comercialmente pela ICI e pela Du Pont. As fibras de Al_2O_3 e (ZrO_2) são comercializados como *Saffil*. Elas apresentam a textura da seda, tem de 2 a 5 cm de comprimento e cerca de 1/20 do diâmetro do cabelo humano. São ocas e flexíveis, porém possuem alta resistência à tração. Além disso, são quimicamente inertes e resistem a temperaturas de até 1.400 °C por longos períodos. Essas fibras podem ser trançadas para a fabricação de cordas ou tecidos e, também, são utilizados na fabricação de papéis quimicamente inertes e como suporte para catalisadores. Essas fibras são também utilizadas para reforçar certos metais (Mg, Al e Pb). Por exemplo, Al contendo 50% de fibra é cinco vezes mais rígidos que o metal puro. Essas fibras também são excelentes isolantes térmicos e elétricos.

A alumina é branca, mas pode ser colorida pela adição de Cr_2O_3 ou Fe_2O_3. A safira branca é um cristal de corindon de alta qualidade. Rubis sintéticos podem ser preparados aquecendo-se uma mistura de Al_2O_3 e Cr_2O_3 a altas temperaturas, por exemplo, na chama de um maçarico de oxigênio-hidrogênio. Os rubis são muito duros, sendo utilizados em joalheria e na fabricação de relógios e alguns instrumentos. O rubi é um óxido misto. Outro óxido misto é a safira azul, que contém quantidades traço de Fe^{2+}, Fe^{3+} e Ti^{4+}. O mineral espinélio, $MgAl_2O_4$, é outro óxido misto. Seu nome é decorrente da estrutura assumida por muitos compostos do tipo $M^{II}M_2{}^{III}O_4$.

O alumínio apresenta uma afinidade muito grande pelo oxigênio. A entalpia de formação do Al_2O_3 é de −1.670 kJ mol^{-1}, maior (mais negativa) que a de praticamente todos os outros óxidos metálicos. Assim, o Al pode ser usado na reação "termita" (aluminotermia), para a redução de óxidos metálicos menos estáveis.

$$3Mn_3O_4 + 8Al \rightarrow 4Al_2O_3 + 9Mn$$

Análise qualitativa do alumínio

Na análise qualitativa, o $Al(OH)_3$ é precipitado como uma substância branca gelatinosa, mediante a adição de NH_4OH à solução (depois da precipitação dos sulfetos insolúveis em meio ácido, com H_2S). $Fe(OH)_3$, $Cr(OH)_3$ e $Zn(OH)_2$ também precipitam, mas o $Fe(OH)_3$ é castanho, o $Cr(OH)_3$ é cinza esverdeado ou cinza azulado. O $Zn(OH)_2$ é branco como o $Al(OH)_3$, mas não é gelatinoso, e dissolve-se em excesso de NH_4OH, enquanto o $Al(OH)_3$ não se dissolve.

A presença do íon alumínio pode ser confirmada pela formação de um precipitado vermelho, na reação do $Al(OH)_3$ com o corante "aluminon".

Caráter anfótero — os aluminatos

O $Al(OH)_3$ é anfótero. Ele reage principalmente como uma base, isto é, reage com ácidos para formar sais que contêm o íon $[Al(H_2O)_6]^{3+}$. Contudo, o $Al(OH)_3$ mostra algum caráter ácido quando se dissolve em NaOH, formando aluminato de sódio (mas o $Al(OH)_3$ é reprecipitado mediante adição de dióxido de carbono, indicando que suas propriedades ácidas são muito fracas).

$$Al(OH)_3 \xrightarrow{\text{excesso de NaOH}} NaAl(OH)_4 \quad \text{aluminato de sódio}$$
$$NaAlO_2 \cdot 2H_2O$$

A fórmula dos aluminatos é freqüentemente representada como $NaAlO_2 \cdot 2H_2O$ (que é equivalente a $[Al(OH)_4]^-$). Os estudos utilizando espectroscopia Raman sugerem que a estrutura do íon aluminato é mais complicada do que parece, variando tanto em função do pH como da concentração.

1. Entre pH 8 e 12 os íons se polimerizam, por meio da formação de pontes OH, e cada íon alumínio apresenta coordenação octaédrica.
2. Em soluções diluídas e pH's superiores a 13, predomina o íon tetraédrico, $[Al(OH)_4]^-$.
3. Em soluções concentradas (acima de 1,5 M) e pH's superiores a 13, o íon se encontra na forma de dímero: $[(HO)_3Al–O–Al(OH)_3]^{2-}$.

O Ga_2O_3 e o $Ga(OH)_3$ são anfóteros como os correspondentes compostos de Al. O $Ga(OH)_3$ é branco e gelatinoso, e se dissolve em álcalis formando galatos. Tl_2O_3 e In_2O_3 são totalmente básicos e não formam nem hidratos nem hidróxidos. Em contraste, o hidróxido de tálio(I), TlOH, é uma base forte, solúvel em água. Portanto, o TlOH difere dos hidróxidos trivalentes, assemelhando-se aos hidróxidos do Grupo 1. Quando um elemento puder assumir mais que um estado de oxidação, geralmente o hidróxido contendo o metal no estado de oxidação inferior tende a ser a base mais forte.

O acetato e o trifluoroacetato de tálio(III) podem ser obtidos dissolvendo-se o óxido no ácido apropriado. São utilizados na síntese de compostos organometálicos de tálio.

TETRA-HIDRETOBORATOS (BORO-HIDRETOS)

Os complexos estáveis contendo o grupo $[BH_4]^-$ são compostos bem estudados. Eles deveriam ser denominados tetra-hidretoboratos, embora o antigo nome boro-hidreto ainda seja muito usado. O íon tetra-hidretoborato, $[BH_4]^-$, é tetraédrico e o sal de sódio, $Na[BH_4]$, é o composto mais importante. É iônico e tem a estrutura do cloreto de sódio. Usualmente é preparado a partir do trimetoxiborato,

$$\underset{\text{trimetiloxiborato}}{4B(OMe)_3} + 4NaH \xrightarrow[\text{tetra-hidrofurano}]{250°C,\ \text{alta pressão}} Na[BH_4] + 3Na[B(OMe)_4]$$

Outros tetra-hidretoboratos podem ser obtidos reagindo-se $Na[BH_4]$ com o cloreto do metal apropriado. Os tetra-hidretoboratos dos metais alcalinos são sólidos iônicos brancos e reagem com água com grau variável de facilidade. O $Li[BH_4]$ reage violentamente com a água; mas o $Na[BH_4]$ pode ser recristalizado em água fria, praticamente sem sofrer decomposição. O $K[BH_4]$ é bastante estável.

$$Li[BH_4] + 2H_2O \rightarrow LiBO_2 + 4H_2$$

Os tetra-hidretoboratos dos metais alcalinos são valiosos agentes redutores, tanto na Química Inorgânica como na Orgânica. O $Na[BH_4]$ é estável em soluções alcoólicas e aquosas. Trata-se de um reagente útil para reduzir aldeídos a álcoois primários e cetonas a álcoois secundários. É um reagente nucleofílico que ataca preferencialmente sítios de baixa densidade eletrônica. Outros grupos funcionais, tais como C=C, COOH e NO_2, normalmente não são atacados pelo boro-hidreto.

$$R \cdot CHO \xrightarrow{Na[BH_4]} R \cdot CH_2OH \quad \text{álcool primário}$$

$$RR'C{=}O \xrightarrow{Na[BH_4]} RR'CHOH \quad \text{álcool secundário}$$

Nem todos os tetra-hidretoboratos são iônicos. Os boro-hidretos de berílio, alumínio e dos metais de transição tornam-se mais e mais covalentes e voláteis, na seqüência apresentada. Nesses compostos o grupo $[BH_4]^-$ atua como um ligante, formando ligações covalentes com os íons metálicos. Um ou mais átomos de H do íon $[BH_4]^-$ atuam como átomos em ponte e se ligam ao metal, formando ligação tricêntrica onde dois elétrons são compartilhados simultaneamente por três átomos. O ligante $[BH_4]^-$ pode formar uma, duas ou três dessas ligações tricêntricas com os íons metálicos. Assim, $Be(BH_4)_2$, $Al(BH_4)_3$ e $Zr(BH_4)_4$ são compostos covalentes e reagem prontamente com a água. Nos compostos de Al e Zr cada grupo $[BH_4]^-$ utiliza dois de seus átomos de hidrogênio para formar duas ligações em ponte, enquanto que no composto de Be dois dos três grupos $[BH_4]^-$ utilizam três dos seus átomos de hidrogênio para formar ligações em ponte, como mostrado na figura 12.5.

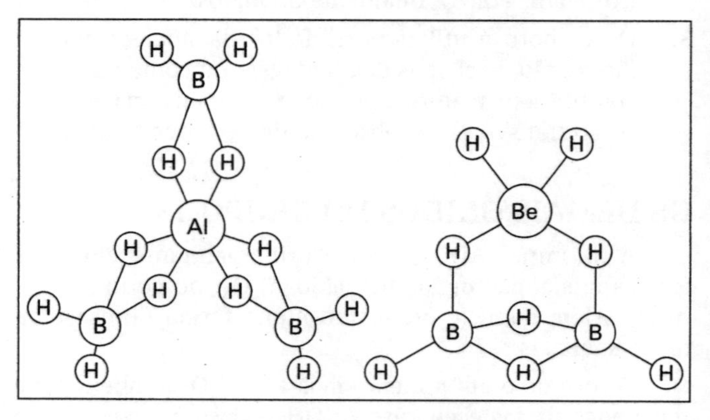

***Figura 12.5** — Estruturas do $Al(BH_4)_3$ e do $Be(BH_4)_2$ (segundo H.J. Eneléus e A.G. Sharpe, Modern Aspects of Inorganic Chemistry, 4.ª ed., 1973, Routledge and Kegan Paul)*

Os outros elementos do grupo também formam hidretos deficientes em elétrons. Por exemplo, o hidreto de alumínio, $(AlH_3)_n$, é um sólido branco, não volátil. É um agente redutor forte, que reage violentamente com a água. Encontra-se extensivamente polimerizado através de ligações tricentradas, semelhante àquela encontrada no diborano (a estrutura do α-AlH_3 é conhecida, sendo que cada átomo de Al participa de seis ligações em ponte). O hidreto de alumínio é obtido mais convenientemente pela reação de $AlCl_3$ e Li[AlH_4]. Também pode ser obtido a partir de LiH e $AlCl_3$ em solução etérea; mas na presença de excesso de LiH forma-se o hidreto de alumínio e lítio, Li[AlH_4].

$$LiH + AlCl_3 \rightarrow (AlH_3)_n \xrightarrow{\text{excesso de LiH}} Li[AlH_4]$$

O Li[AlH_4] é um agente redutor muito útil na química orgânica, porque ele reduz grupos funcionais, mas em geral não ataca as duplas ligações. Tem propriedades análogas ao dos borohidretos, mas não pode ser usado em meio aquoso.

O gálio forma compostos análogos aos boro-hidretos, por exemplo Li[GaH_4].

O índio forma um hidreto polimérico, $(InH_3)_n$, mas há dúvidas a respeito da existência do hidreto de tálio.

TRI-HALETOS

Todos os elementos desse grupo formam trihaletos. Os haletos de boro, são compostos covalentes. O BF_3 é sem dúvida o derivado mais importante. É um gás incolor, de ponto de ebulição −101 °C, obtido em grandes quantidades:

$$B_2O_3 + 3CaF_2 + 3H_2SO_4\text{conc.} \xrightarrow{\text{calor}} 2BF_3 + 3CaSO_4 + 3H_2O$$

$$B_2O_3 + 6NH_4BF_4 \xrightarrow{\text{calor}} 8BF_3 + 6NH_3 + 3H_2O$$

Tanto o gás BF_3 como o seu complexo com éter dietílico, $(C_2H_5)_2O \rightarrow BF_3$ (um líquido viscoso), são disponíveis comercialmente.

O BF_3 é uma molécula trigonal planar, com ângulos de ligação de 120°. Isso é previsto pela Teoria da Repulsão dos Pares Eletrônicos de Valência, como sendo a maneira energeticamente mais favorável de se dispor três pares eletrônicos externos em torno de um átomo de B. A Teoria da Ligação de Valência também prevê uma estrutura trigonal planar, resultante da hibridização de um orbital *s* e de dois orbitais *p*, utilizados para formar as ligações. Contudo, o átomo de B só possui seis elétrons em sua camada mais externa, sendo *deficiente em elétrons*.

Estrutura eletrônica do átomo de boro — estado excitado

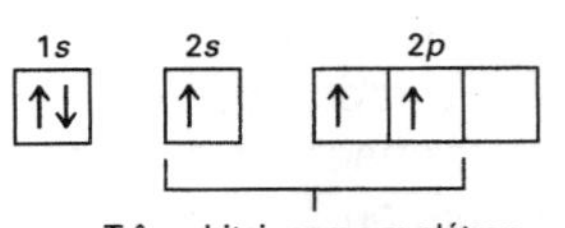

Três orbitais com um elétron formam ligações com elétrons desemparelhados de três átomos de halogênio — forma trigonal plana (hibridização sp^2)

Os comprimentos das ligações no BF_3 são de 1,30 Å, e são significativamente menores que a soma dos raios covalentes dos átomos (B = 0,80 Å, F = 0,72 Å). A energia de ligação é muito elevada: 646 kJ mol^{-1}, muito maior que a de qualquer outra ligação simples. O menor comprimento e

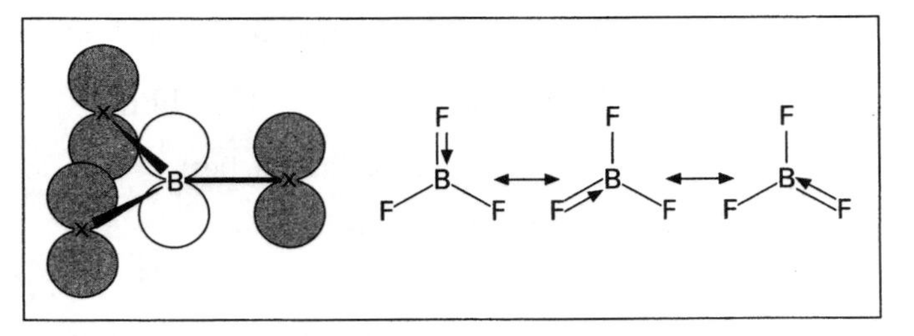

Figura 12.6 — Estrutura do BF_3

a elevada energia da ligação são interpretados em função de uma interação $p\pi$–$p\pi$, isto é, essas ligações possuem algum caráter de dupla ligação. O orbital atômico vazio $2p_z$ do átomo de B, que não está envolvido na hibridização, é perpendicular ao plano contendo os três orbitais híbridos sp^2. Esse orbital p_z pode receber um par de elétrons de um orbital p_z preenchido de qualquer um dos três átomos de flúor. Forma-se assim uma ligação dativa, e o átomo de B atinge o octeto de elétrons. Se existisse uma ligação dupla localizada no BF_3, teríamos uma ligação mais curta e duas ligações mais longas. Contudo, todas as medidas sugerem que as três ligações do BF_3 são equivalentes. A explicação tradicional para esse comportamento, utilizando a Teoria da Ligação de Valência, é a ressonância entre três estruturas com a dupla ligação em posições diferentes. Atualmente considera-se que a dupla ligação está deslocalizada. Os quatro orbitais atômicos p_z, provenientes do átomo de B e dos três átomos de F, formam um orbital molecular π tetracêntrico envolvendo os quatro átomos. Esse orbital deslocalizado contém dois elétrons ligantes. A ligação π deslocalizada foi descrita detalhadamente no Capítulo 4.

O orbital vazio $2p_z$ do átomo de boro no BF_3 também pode ser preenchido por um par de elétrons livres de moléculas doadoras como o Et_2O, NH_3, $(CH_3)_3N$ ou por íons como o F^-. Quando isso ocorre, forma-se uma molécula ou um íon tetraédrico.

F OEt₂ / B / F F — F NH₃ / B / F F — F NMe₇ / B / F F — [F F / B / F F]⁻

Uma vez formado um complexo tetraédrico, não há mais a possibilidade de se formar ligações π. No $H_3N \rightarrow BF_3$ a distância B–F é igual a 1,38 Å, e no $Me_3N \rightarrow BF_3$ a distância B–F é de 1,39 Å, um valor bem maior que o encontrado no BF_3 (1,30 Å). Como os haletos de boro podem receber pares de elétrons de diversos átomos e íons, tais como F^-, O, N, P e S, eles atuam como ácidos fortes de Lewis.

Os trihaletos são produtos químicos de importância industrial, particularmente o BF_3; e num plano secundário o BCl_3. Eles são usados na obtenção do boro elementar. São também muito úteis para promover certas reações orgânicas. Em alguns casos o BF_3 é consumido na reação, em outros ele atua como catalisador, formando complexos com um ou ambos os reagentes. A formação do "complexo intermediário" diminui a energia de ativação. Podem ser citados como exemplos:

1. Reações de Friedel-Crafts, tais como alquilações e acilações. Nesses casos o BF_3 é consumido na reação,

não podendo ser rigorosamente chamado de catalisador.

$$C_6H_6 + C_2H_5F + BF_3 \rightarrow C_6H_5 \cdot C_2H_5 + H^+ + [BF_4]^-$$

2. Atua como catalisador em diversas reações:

$$\text{ácido} + \text{álcool} \rightarrow \text{éster} + \text{água}$$
$$\text{benzeno} + \text{álcool} \rightarrow \text{alquilbenzeno} + \text{água}$$

3. Quantidades consideráveis de BF_3 também são usadas como catalisador de polimerização, na produção de poliisobutenos (usados para fabricar óleos lubrificantes "viscotáticos"), resinas cumarona-indeno, e borrachas butadieno-estireno.

Nos Estados Unidos são fabricados anualmente cerca de 4.000 toneladas de BF_3, a partir de B_2O_3 ou de bórax:

$$B_2O_3 + 6HF + 3H_2SO_4 \rightarrow 2BF_3 + 3H_2SO_4 \cdot H_2O$$
$$Na_2[B_4O_5(OH)_4] + 12HF \xrightarrow{-H_2O} [Na_2O(BF_3)_4]$$
$$\xrightarrow{+2H_2SO_4} 4BF_3 + 2NaHSO_4 + H_2O$$

Todos os haletos de boro são hidrolisados pela água. O BF_3 se hidrolisa de modo incompleto e forma fluoroboratos. Isso ocorre porque o HF formado inicialmente reage com o H_3BO_3.

$$4BF_3 + 12H_2O \rightarrow 4H_3BO_3 + 12HF$$
$$12HF + 3H_3BO_3 \rightarrow 3H^+ + 3[BF_4]^- + 9H_2O$$
$$4BF_3 + 3H_2O \rightarrow H_3BO_3 + 3H^+ + 3[BF_4]^-$$

Os demais haletos hidrolisam-se completamente, formando ácido bórico.

$$BCl_3 + 3H_2O \rightarrow H_3BO_3 + 3HCl$$

Os fluoretos de Al, Ga, In e Tl são iônicos e apresentam elevados pontos de fusão. Os outros haletos são eminentemente covalentes quando anidros. $AlCl_3$, $AlBr_3$ e $GaCl_3$ são diméricos, alcançando assim o octeto de elétrons. O dímero se mantém estável quando os haletos são dissolvidos em solventes apolares, como o benzeno. Contudo, quando são dissolvidos em água, a elevada entalpia de hidratação é suficiente para decompor o dímero, formando os íons $[M(H_2O)_6]^{3+}$ e $3X^-$. A baixas temperaturas, o $AlCl_3$ forma um retículo densamente empacotado de íons Cl^-, onde os íons Al^{3+} ocupam os interstícios octaédricos. Com o aumento da temperatura, forma-se a espécie dimérica Al_2Cl_6 e ocorre um grande aumento de volume no sólido. Esse comportamento ilustra o quão próximo do limite entre o comportamento covalente ou iônico, se encontra a ligação nesse composto.

Os elementos do Grupo 13 só possuem três elétrons de valência. Quando eles são usados na formação de três ligações covalentes, o átomo chega a ter somente seis elétrons. Os compostos são, portanto, deficientes em elétrons. Os haletos BX_3 atingem o octeto pela formação de ligações π. Os demais elementos do grupo são bem maiores, de modo que nesses casos não é possível haver o recobrimento efetivo dos orbitais para que haja a formação de ligação π. Assim, formam polímeros para atenuar a deficiência de elétrons.

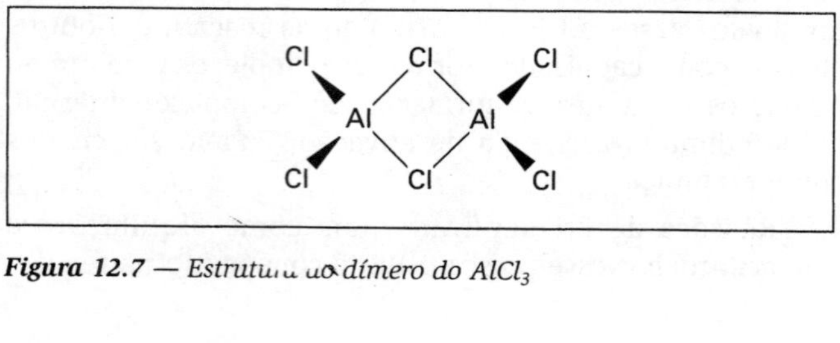

Cl Cl Cl
Al Al
Cl Cl Cl

Figura 12.7 — Estrutura do dímero do $AlCl_3$

O $AlCl_3$ é um importante produto da indústria química. Só nos Estados Unidos, a produção anual é de cerca de 25.000 toneladas. O $AlCl_3$ anidro (e em menor grau o $AlBr_3$) é usado como "catalisador" em diversas reações de alquilação e acilação de Friedel-Crafts. Dessa maneira são fabricadas grandes quantidades de etilbenzeno, que por sua vez é utilizado na preparação de estireno (a produção de poliestireno foi de 8,2 milhões de toneladas em 1991).

$$C_6H_5H + CH_3CH_2Cl + AlCl_3 \rightarrow C_6H_5 \cdot CH_2CH_3 + H^+ + [AlCl_4]^-$$

Não se trata de uma ação "catalítica" verdadeira, visto que o $AlCl_3$ é consumido na reação, pois a formação de $[AlCl_4]^-$ ou de $[AlBr_4]^-$ é uma parte essencial da reação. As reações de acilação são semelhantes:

$$C_6H_5 \cdot H + RCOCl + AlCl_3 \rightarrow RCOC_6H_5 + H^+ + [AlCl_4]^-$$

O $AlCl_3$ também é empregado para catalisar a reação de obtenção de brometo de etila (utilizado na preparação do aditivo de gasolina $PbEt_4$).

$$CH_2{=}CH_2 + HBr \rightarrow C_2H_5Br$$

O $AlCl_3$ é ainda utilizado na fabricação de antraquinona (usado na indústria de corantes), e do dodecilbenzeno (usado na fabricação de detergentes), bem como na isomerização de hidrocarbonetos (indústria do petróleo).

O TlI_3 é um composto pouco comum. Tem a mesma estrutura (isomorfo) do CsI_3 e do NH_4I_3, os quais contém o íon linear triiodeto, I_3^-. Assim, o metal está presente como Tl^+, ou seja, no estado de oxidação (+I) e não no estado de oxidação (+III).

DI-HALETOS

O boro forma haletos do tipo B_2X_4. Eles se decompõem lentamente à temperatura ambiente. O B_2Cl_4 pode ser obtido como se segue:

$$2BCl_3 + 2Hg \xrightarrow[\text{baixa pressão}]{\text{descarga elétrica}} B_2Cl_4 + Hg_2Cl_2$$

Há livre rotação em torno da ligação B–B, sendo que nos estados gasoso e líquido a molécula assume uma conformação não eclipsada. No estado sólido, a molécula é planar, por causa das forças que atuam sobre as moléculas no cristal e da facilidade de empacotamento. O gálio e o índio também formam "di-haletos"

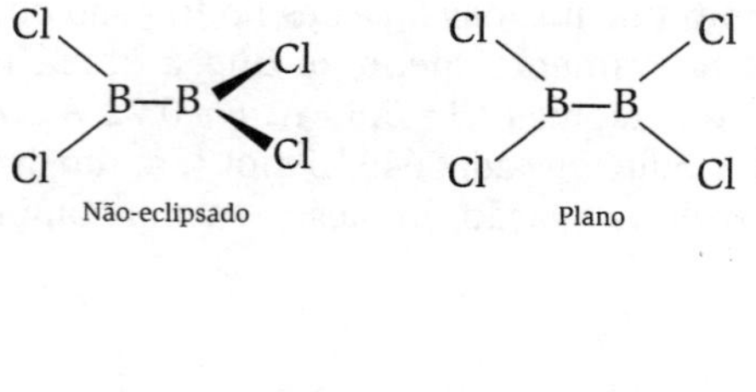

Cl Cl
B—B
Cl Cl
Não-eclipsado

Cl Cl
B—B
Cl Cl
Plano

$$GaCl_3 + Ga \rightarrow 2GaCl_2$$
$$In + 2HCl \rightarrow InCl_2 + \underset{\text{gás}}{H_2}$$

Esses compostos são representados de modo mais corretamente como $Ga^+[GaCl_4]^-$ e $In^+[InCl_4]^-$, e contêm metais nos estados M(I) e M(III), e não Ga(II) e In(II).

MONO-HALETOS

O boro forma diversos mono-haletos poliméricos estáveis, $(BX)_n$.

$$B_2Cl_4 \xrightarrow{\text{Descarga de mercúrio}} B_4Cl_4$$

Decomposição lenta (B_2Cl_4) $\rightarrow B_8Cl_8,\ B_9Cl_9,\ B_{10}Cl_{10},\ B_{11}Cl_{11},\ B_{12}Cl_{12}$

Os compostos B_4Cl_4, B_8Cl_8 e B_9Cl_9, são sólidos cristalinos, e suas estruturas (Fig.12.8) são constituídas por uma "gaiola" fechada ou poliedro de átomos de boro, nos quais cada átomo de B está ligado a três outros átomos de B e a um átomo de Cl. Como o B só possui três elétrons de valência, não há elétrons suficientes para formar ligações normais pelo compartilhamento de um par de elétrons por dois átomos. É provável que ligações σ multicentradas envolvam todos os átomos de B que constituem o poliedro.

Al, Ga e In formam mono-haletos do tipo MX na fase gasosa, a temperaturas elevadas:

$$AlCl_3 + 2Al \xrightarrow{\text{alta temperatura}} 3AlCl$$

Esses compostos não são muito estáveis e são covalentes.

O tálio forma haletos talosos univalentes, muito mais estáveis que os tri-haletos de tálio. Esse fato ilustra o efeito do par inerte. O TlF é iônico.

COMPLEXOS

Os elementos do Grupo 13 formam complexos com maior facilidade que os elementos do bloco s, por causa de seu menor tamanho e sua maior carga. Complexos tetraédricos com hidretos e haletos como $Li[AlH_4]$ e $H[BF_4]$ já foram mencionados. Além disso, muitos complexos octaédricos, tais como $[GaCl_6]^{3-}$, $[InCl_6]^{3-}$, $[TlCl_6]^{3-}$, são conhecidos. Os complexos octaédricos mais importantes são aqueles formados com grupos quelantes, tais como β-dicetonas (por exemplo, acetilacetona), íon oxalato, ácidos dicarboxílicos, pirocatecol, e também 8-hidroxiquinolina (vide Fig.12.9). Esse último ligante é utilizado na determinação gravimétrica de alumínio.

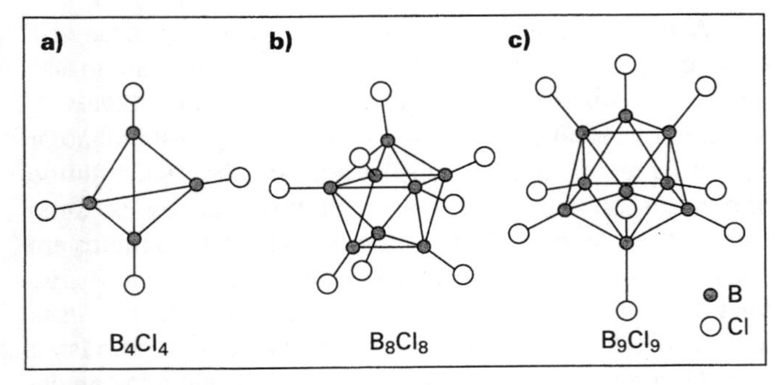

Figura 12.8 — Estruturas do monocloreto de boro $(BCl)_n$ mostrando "gaiolas" poliédricas de boro (segundo A.G.Massey, The Typical Elements, Penguin, 1972)

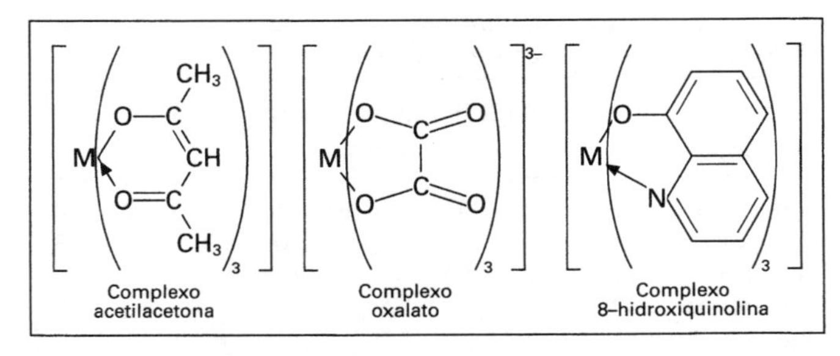

Figura 12.9 — Alguns complexos

DIFERENÇAS ENTRE O BORO E OS DEMAIS ELEMENTOS DO GRUPO

O boro difere significativamente dos demais elementos do Grupo 13, principalmente porque seus átomos são muito pequenos. Ele é um não-metal e sempre forma compostos covalentes. Além disso, o boro está relacionado diagonalmente com o silício, do Grupo 14.

1. B_2O_3 é um óxido ácido como o SiO_2. Já o Al_2O_3 é anfótero.
2. H_3BO_3, que pode ser escrito como $B(OH)_3$, é um ácido, enquanto que o $Al(OH)_3$ é anfótero.
3. Íons borato e silicato simples podem polimerizar-se, formando isopoliácidos. Ambos se polimerizam utilizando princípios estruturais semelhantes, principalmente no que se refere ao compartilhamento de átomos de oxigênio. Dessa maneira são formadas complicadas cadeias, ciclos, lamelas e outras estruturas. O alumínio não forma compostos análogos.
4. Os hidretos de B são gasosos, hidrolisam-se prontamente e se inflamam espontaneamente. Em contraste, o hidreto de alumínio é um sólido polimérico, $(AlH_3)_n$. O SiH_4 é gasoso e se hidrolisa e se inflama facilmente.
5. Com exceção do BF_3, os haletos de B e Si se hidrolisam rápida e vigorosamente. Os haletos de alumínio apenas se hidrolisam parcialmente, quanto tratados com água.

HIDRETOS DE BORO

Compostos conhecidos

Nenhum dos elementos do Grupo 13 reage diretamente com o hidrogênio, mas diversos hidretos interessantes são conhecidos. Os hidretos de boro são também denominados boranos, por analogia com os alcanos (hidrocarbonetos). Eles pertencem a duas séries:

1. $B_nH_{(n+4)}$, denominados *nido*-boranos, e
2. Uma série menos estável, $B_nH_{(n+6)}$, denominados *aracno*-boranos.

Nos casos em que a nomenclatura é ambígua, como no caso do pentaborano, geralmente o número de átomos de hidrogênio é incluído no nome.

Tabela 12.10 — As duas séries de boranos

Nidoboranos $B_nH_{(n+4)}$	P.F.(°C)	P.E.(°C)	Aracnoboranos $B_nH_{(n+6)}$	P.F.(°C)	P.E.(°C)
B_2H_6 diborano	−165	−93	B_4H_{10} tetraborano	−120	18
B_5H_9 pentaborano-9	−47	60	B_5H_{11} pentaborano-11	−122	65
B_6H_{10} hexaborano-10	−62	108	B_6H_{12} hexaborano-12	−82	
B_8H_{12} octaborano-12	dec		B_8H_{14} octaborano-14	dec	
$B_{10}H_{14}$ decaborano	−100	213	B_9H_{15} (nonaborano ou eneaborano)	3	

dec = sofre decomposição

Obtenção

O diborano é o mais simples e o mais estudado desses hidretos. Ele é empregado na obtenção de boranos superiores e é um reagente importante na química orgânica sintética. Para essa última finalidade geralmente é obtido *in situ*. Trata-se de um reagente versátil na obtenção de organoboranos, que são intermediários úteis em síntese orgânica. O diborano é também usado como um poderoso agente redutor eletrofílico para certos grupos funcionais. Ele ataca sítios com elevada densidade eletrônica, como o N de cianetos e nitritos, e o O de compostos carbonílicos.

$$R{-}C{\equiv}N \rightarrow RCH_2NH_2$$
$$R{-}NO_2 \rightarrow RNH_2$$
$$R{-}CHO \rightarrow RCH_2OH$$

O diborano pode ser preparado por diversos métodos. O primeiro a preparar boranos foi Alfred Stock, que iniciou as pesquisas nesse ramo da Química, entre os anos de 1912 e 1936. Ele aqueceu Mg e B para formar boreto de magnésio, Mg_3B_2, e então tratou-o com ácido ortofosfórico. A reação leva a uma mistura de produtos. Os pesquisadores enfrentaram enormes dificuldades experimentais nesses primeiros trabalhos, pois os compostos eram altamente reativos, inflamáveis e hidrolisáveis. Stock desenvolveu técnicas de manuseio sob vácuo, antes desconhecidas, para estudar tais compostos. Esse método de obtenção foi substituído para a maioria dos derivados, exceto para o preparo de B_6H_{10}.

$$\underset{\text{boreto de magnésio}}{Mg_3B_2} + H_3PO_4 \rightarrow \underset{\text{principalmente } B_4H_{10}}{\text{mistura de boranos}} \xrightarrow{\text{calor}} \underset{\text{diborano}}{B_2H_6}$$

Muitos outros métodos tem sido utilizados:

$$B_2O_3 + 3H_2 + 2Al \xrightarrow{\text{750 atmosferas, 150°C}} B_2H_6 + Al_2O_3$$
$$\underset{\text{gás}}{2BF_3} + 6NaH \xrightarrow{\text{180°C}} \underset{\text{gás}}{B_2H_6} + 6NaF$$

Há muitos métodos convenientes de síntese em laboratório:

1. Redução do complexo dos haletos de boro e éter com $Li[AlH_4]$.

$$4[Et_2O \cdot BF_3] + 3Li[AlH_4] \xrightarrow{\text{éter}} 2B_2H_6 + 3Li[AlF_4] + 4Et_2O$$

2. Reação de $Na[BH_4]$ com iodo no solvente diglime.

Diglime é o poliéter $CH_3OCH_2CH_2OCH_2CH_2OCH_3$.

$$2Na[BH_4] + I_2 \xrightarrow{\text{em solução diglime}} B_2H_6 + H_2 + 2NaI$$

3. Redução do BF_3 com $Na[BH_4]$, em diglime.

$$4[Et_2O \cdot BF_3] + 3Na[BH_4] \xrightarrow{\text{em diglime}} 2B_2H_6 + 3Na[BF_4] + 4Et_2O$$

O método 3 é particularmente útil quando se quer obter o diborano como um intermediário de reação. Ele é produzido *in situ*, e utilizado diretamente, sem isolá-lo ou purificá-lo.

O diborano é um gás incolor que deve ser manuseado com muito cuidado, pois é altamente reativo. Ele se inflama espontaneamente quando exposto ao ar e explode em atmosfera de oxigênio. O calor da reação de combustão é muito grande. No laboratório, ele é manuseado num equipamento sob vácuo. Como ele reage com a graxa usada na vedação da aparelhagem, equipamentos especiais devem ser usados. Ele se hidrolisa instantaneamente quando em contato com a água, ou com uma solução alcalina. Quando aquecidos ao rubro, os boranos se decompõem em boro e hidrogênio.

$$B_2H_6 + 3O_2 \rightarrow B_2O_3 + 3H_2O \qquad \Delta H = -2165 \text{ kJ mol}^{-1}$$
$$B_2H_6 + 6H_2O \rightarrow 2H_3BO_3 + 6H_2$$

A maioria das sínteses de boranos superiores envolve o aquecimento de B_2H_6, às vezes na presença de hidrogênio. Quando o B_2H_6 é aquecido num tubo fechado ocorre uma reação complicada. Formam-se vários boranos superiores (B_4H_{10}, B_5H_{11}, B_6H_{12} e $B_{10}H_{14}$). Provavelmente a molécula de B_2H_6 se decompõe formando o intermediário extremamente reativo $\{BH_3\}$ (só tem existência transitória) que reage com B_2H_6 e forma um outro intermediário, o $\{B_3H_9\}$. Este perde hidrogênio formando $\{B_3H_7\}$, que reage com $\{BH_3\}$ dando origem a B_4H_{10}. De maneira semelhante, diversos boranos superiores podem ser formados, dependendo das condições exatas da reação. Por exemplo:

(5 h a 80–90 °C, 200 atmosferas)

$$B_2H_6 \rightarrow B_4H_{10}$$

(rápida a 200–250 °C)

$$B_2H_6 + H_2 \rightarrow B_5H_9$$

(pirólise lenta em tubo fechado a 150 °C)

$$B_2H_6 \rightarrow B_{10}H_{14}$$

A maioria dos boranos superiores são líquidos, mas B_6H_{10} e $B_{10}H_{14}$ são sólidos. À medida que aumenta a massa molecular, eles se tornam gradativamente mais estáveis ao ar e menos sensíveis à ação da água. $B_{10}H_{14}$ é estável ao ar e pode ser recuperado de soluções aquosas. Por algum tempo os boranos foram estudados com o intuito de utilizá-los como combustível de foguete, substituindo os hidrocarbonetos em aviões militares e mísseis. Mais de uma tonelada de $B_{10}H_{14}$ foi fabricada com essa finalidade. O interesse por essa aplicação desapareceu quando se percebeu que a combustão do B_2O_3 era incompleta. Por causa disso, as válvulas de escape do foguete ficaram parcialmente obstruídas por um polímero não volátil de BO.

REAÇÕES DOS BORANOS

Hidroboração

Uma reação muito importante é aquela que ocorre entre B_2H_6 (ou BF_3 + $NaBH_4$) e alcenos e alcinos.

$$^{1}/_{2}B_2H_6 + 3RCH{=}CHR \rightarrow B(CH_2{-}CH_2R)_3$$
$$^{1}/_{2}B_2H_6 + 3RC{\equiv}R \rightarrow B(RC{=}CHR)_3$$

Essas reações são efetuadas em éter seco, sob uma atmosfera de nitrogênio, pois o B_2H_6 e seus produtos são muito reativos. Os alquilboranos, BR_3, assim obtidos geralmente não são isolados. Eles podem ser convertidos em outros produtos, tais como:

1. hidrocarbonetos, por tratamento com ácidos carboxílicos,
2. álcoois, por reação com H_2O_2 em solução alcalina, ou
3. cetonas ou ácidos carboxílicos, por oxidação com ácido crômico.

O processo completo é conhecido como hidroboração, e leva a uma hidrogenação ou uma hidratação em *cis*. Quando a molécula orgânica não é simétrica, a reação ocorre de acordo com um mecanismo do tipo anti-Markovnikov, isto é, o B ataca o átomo de C menos substituído.

$$BR_3 + 3CH_3COOH \rightarrow \underset{\text{hidrocarboneto}}{3RH} + B(CH_3COO)_3$$

$$B(CH_2 \cdot CH_2R)_3 + H_2O_2 \rightarrow \underset{\text{álcool primário}}{3RCH_2CH_2OH} + H_3BO_3$$

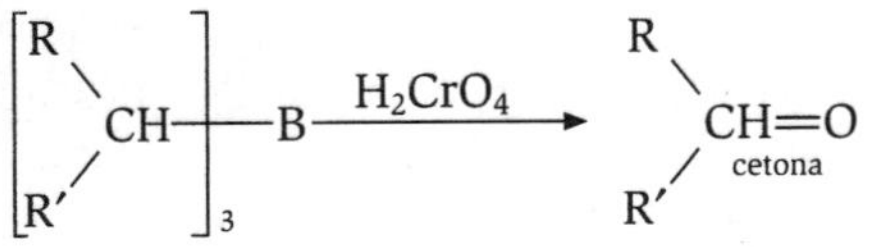

$$\left[\begin{matrix} R \\ \quad\backslash \\ \quad CH- \\ \quad / \\ R' \end{matrix}\right]_3 B \xrightarrow{H_2CrO_4} \underset{\text{cetona}}{\begin{matrix} R \\ \quad\backslash \\ \quad CH{=}O \\ \quad / \\ R' \end{matrix}}$$

$$(CH_3 \cdot CH_2)_3{-}B \xrightarrow{H_2CrO_4} \underset{\text{ácido carboxílico}}{CH_3COOH}$$

$$(CH_3 \cdot CH_2)_3{-}B + CO \xrightarrow{\text{diglime}} [(CH_3 \cdot CH_2)_3{-}CBO]_2$$
$$\xrightarrow{H_2O_2} [CH_3 \cdot CH_2 +_3 COH$$

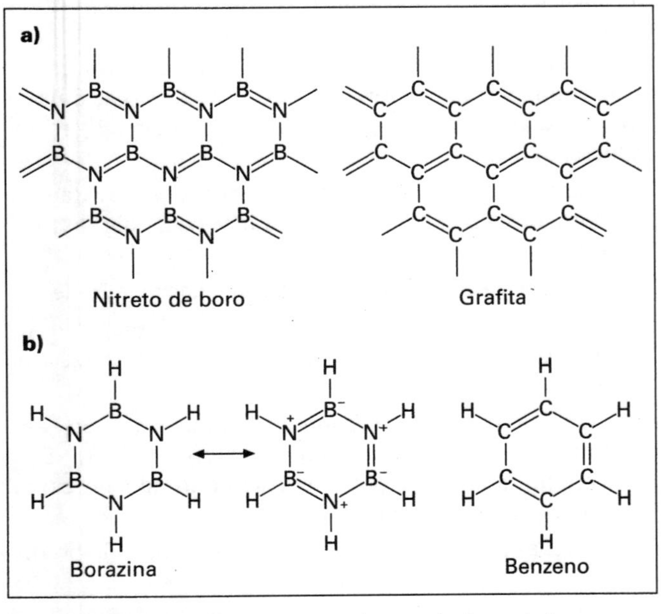

Figura 12.10 — Semelhança estrutural entre a) nitreto de boro e grafita; b) borazeno e benzeno

A hidroboração é um processo simples e útil por dois motivos:

1. As condições brandas requeridas para a adição inicial do hidreto.
2. A variedade de produtos que podem ser obtidos, quando diferentes reagentes são utilizados para romper a ligação B–C.

H.C. Brown recebeu o Prêmio Nobel de Química de 1979 por seus trabalhos sobre os compostos organoborados.

Reações com amônia

Todos os boranos atuam como ácidos de Lewis e podem receber pares de elétrons. Assim sendo, eles reagem com aminas, formando adutos simples. Eles também reagem com amônia, mas os produtos formados dependem das condições da reação:

$$B_2H_6 + 2(Me)_3N \rightarrow 2[Me_3N \cdot BH_3]$$

$$B_2H_6 + NH_3 \xrightarrow[\text{baixa temperatura}]{\text{excesso de } NH_3} B_2H_6 \cdot 2NH_3$$

$$\xrightarrow[\text{alta temperatura}]{\text{excesso de } NH_3} (BN)_x \text{ nitreto de boro}$$

$$\xrightarrow[\text{alta temperatura}]{\text{relação } 2NH_3:1B_2H_6} B_3N_3H_6 \text{ borazeno}$$

O composto $B_2H_6 \cdot 2NH_3$ é iônico, sendo constituído pelos íons $[H_3N{\rightarrow}BH_2{\leftarrow}NH_3]^+$ e $[BH_4]^-$. O aquecimento desse composto leva a formação da borazina.

O nitreto de boro é um sólido branco com baixo coeficiente de atrito. Um átomo de B junto com um átomo de nitrogênio tem o mesmo número de elétrons de valência de dois átomos de carbono. Assim, o nitreto de boro apresenta quase a mesma estrutura da grafita, ou seja, o sólido é formado por lamelas contendo anéis hexagonais interligados, constituídos por átomos de B e N alternados. As camadas estão empilhadas umas sobre as outras, formando uma estrutura lamelar (Fig. 12.10).

A borazina, $B_3N_3H_6$ é também conhecido como "benzeno inorgânico", devido a sua semelhança estrutural com o benzeno, às ligações com elétrons deslocalizados e ao caráter aromático. Suas propriedades físicas também são semelhantes.

A borazina e as borazinas substituídas são obtidos como segue:

$$3BCl_3 + 3NH_4Cl \xrightarrow{140\,^\circ C} B_3N_3H_3Cl_3 \xrightarrow{Na[BH_4]} B_3N_3H_6$$

$$B_3N_3H_3Cl_3 + MeMgBr \rightarrow B_3N_3H_3(Me)_3$$

A borazina forma complexos II como o $B_3N_3H_6 \cdot Cr(CO)_3$, com compostos de metais de transição. A borazina é consideravelmente mais reativa que o benzeno, de modo que reações de adição podem ser efetuadas com relativa facilidade:

$$B_3N_3H_6 + 3HCl \rightarrow B_3N_3H_9Cl_3$$

```
 Cl  H     H  H
   \ /      \ /
H   B--------N   H
 \ /          \ /
  N            B
 / \          / \
H   B--------/   Cl
   / \      / \
 Cl   H    H   H
```

Quando aquecido com água, a borazina se hidrolisa lentamente.

$$B_3N_3H_6 + 9H_2O \rightarrow 3NH_3 + 3H_3BO_3 + 3H_2$$

Algumas outras reações dos boranos

$$B_2H_6 + 6H_2O \rightarrow 2B(OH)_3 + 6H_2$$
$$2H_3BO_3 + 6H_2$$
$$B_2H_6 + 6MeOH \rightarrow 2B(OMe)_3 + 6H_2$$
$$B_2H_6 + 2Et_2S \rightarrow 2[Et_2S(BH_3)]$$
$$B_2H_6 + 2LiH \rightarrow 2Li[BH_4]$$
$$2B_2H_6 + 2Na \rightarrow Na[BH_4] + Na[B_3H_8] \quad \text{(lenta)}$$
$$B_2H_6 + HCl \rightarrow B_2H_5Cl + H_2$$
$$B_2H_6 + 6Cl_2 \rightarrow 2BCl_3 + 6HCl$$

ESTRUTURAS DOS BORANOS

As ligações e as estruturas dos boranos são de grande interesse. Elas são diferentes de todos os outros hidretos. Não há elétrons de valência suficientes para formar ligações covalentes convencionais (dois elétrons formam uma ligação entre dois átomos) com todos os átomos adjacentes, e por isso esses compostos são deficientes em elétrons.

No diborano existem 12 elétrons de valência, três de cada átomo de boro e seis dos átomos de hidrogênio. O método de difração de elétrons sugere a estrutura mostrada na Fig. 12.11.

Os dois átomos de hidrogênio em ponte situam-se num plano perpendicular ao do restante da molécula e impedem a livre rotação no eixo que une os dois átomos de boro. Medidas de calor específico confirmam que a rotação é impedida. Quatro dos átomos de H estão num ambiente diferente daquele dos dois outros. Isso é confirmado por espectros Raman e pelo fato do diborano poder ser metilado somente até formar o $Me_4B_2H_2$, sem que a molécula se decomponha em BMe_3.

Os comprimentos das ligações B–H terminais são similares aos das ligações B–H em compostos não deficientes em elétrons. Assim, supõe-se que se trata de ligações covalentes normais, com dois elétrons compartilhados por dois átomos. Podemos descrever essas ligações como ligações bicentradas com dois elétrons (2c-2e).

Assim, a deficiência de elétrons deve estar associada aos grupos que formam as ligações em ponte. A natureza

H H 1,33Å H
1,19Å
B B
1,19Å
H H 1,33Å H

Figura 12.11 — A estrutura do diborano

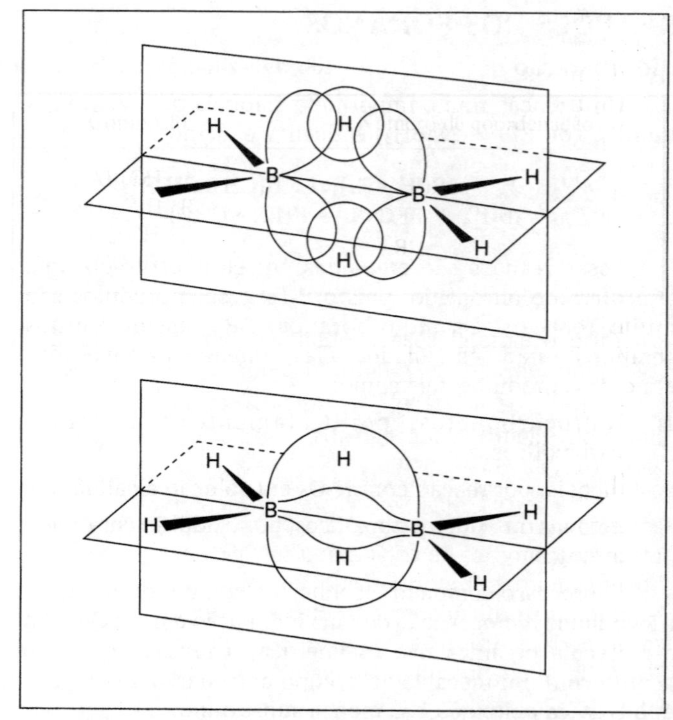

Figura 12.12 — Interação de orbitais híbridos, aproximadamente sp² do boro com orbitais s do hidrogênio, para formar ligações tricentradas "dobradas" com dois elétrons

das ligações nos hidrogênios em ponte agora está bem definida. Obviamente não se trata de ligações normais, pois estão disponíveis para formar essas ligações apenas um elétron de cada átomo de boro e um de cada átomo de hidrogênio, perfazendo um total de quatro elétrons. Um orbital sp^3 de cada um dos átomos de boro interage com o orbital $1s$ do hidrogênio. Isso leva à formação de um orbital molecular deslocalizado envolvendo os três núcleos, contendo um par de elétrons. Isso forma uma das ligações com um átomo de hidrogênio em ponte (vide Fig.12.12). Essa é uma ligação tricentrada com dois elétrons (3c-2e). Uma segunda ligação tricentrada é formada, de maneira análoga.

Os boranos superiores apresentam uma estrutura de "gaiola" aberta (Fig. 12.13). Para explicar essas estruturas, são necessárias tanto ligações normais como ligações multicentradas:

1. Ligações B–H terminais. São ligações covalentes normais, isto é, ligações bicentradas com dois elétrons (2c-2e).
2. Ligações B–B. Também são ligações normais 2c-2e.
3. Ligações tricentradas contendo átomo de hidrogênio em ponte, B···H···B, como no diborano. Trata-se de ligações 3c-2e.
4. Ligações tricentradas contendo átomos de boro em ponte, B···B···B, semelhante ao do caso (3). São denominadas "ligações abertas contendo boro em ponte", e são do tipo 3c-2e.
5. Ligações 3c-2e "fechadas" entre três átomos de boro.

B
B B

O decaborano-14 possui 10 átomos de boro. Faltam, portanto, dois átomos para permitir ao composto formar um icosaedro regular. Um icosaedro possui 12 vértices e 20 faces. É uma estrutura em "gaiola", fechada, e particularmente estável. Os dois átomos necessários para completar o poliedro podem ser adicionados reagindo-se o $B_{10}H_{14}$ com um etino, formando um carborano (Fig. 12.14).

$$B_{10}H_{14} + RC{\equiv}CR \rightarrow B_{10}C_2H_{10}R_2 + 2H_2$$

Por outro lado, dois átomos de boro podem ser adicionados para completar o poliedro, reagindo-se $B_{10}H_{14}$ com $Me_3N{\rightarrow}BH_3$.

$$B_{10}H_{14} + 2Me_3N{\rightarrow}BH_3 \rightarrow 2[Me_3NH]^+[B_{12}H_{12}]^{2-}$$

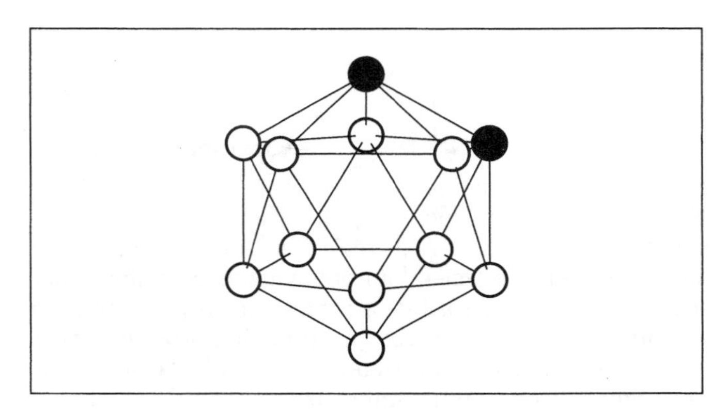

Figura 12.14 — Estrutura do ortocarbonato, uma das três formas isômeras do carborano icosaédrico $B_{10}C_2H_{10}R_2$ (segundo A.G. Massey, The Typical Elements, Penguin, 1972)

COMPOSTOS ORGANOMETÁLICOS

Além dos carboranos e dos alquilboranos discutidos anteriormente, todos os trihaletos dos elementos do Grupo 13 reagem com reagentes de Grignard e com reagentes organo-lítio, formando os derivados trialquilados e triarilados:

$$BF_3 + 3C_2H_5MgI \rightarrow B(C_2H_5)_3$$
$$AlCl_3 + 3CH_3MgI \rightarrow Al(CH_3)_3$$
$$GaCl_3 + 3C_2H_5Li \rightarrow Ga(C_2H_5)_3$$
$$InBr_3 + 3C_6H_5Li \rightarrow In(C_6H_5)_3$$

Os compostos de alumínio são interessantes porque suas estruturas são diméricas, e parece que apresentam ligações tricentradas envolvendo orbitais híbridos sp^3 do Al e do C nas ligações com carbono em ponte, Al–C–Al (Fig. 2.15).

Outra rota importante para a preparação de compostos orgânicos de alumínio parte do metal alumínio e H_2. Os dois elementos não reagem diretamente para formar AlH_3. Contudo, o alumínio reage com hidrogênio na presença de catalisadores do tipo alquil-alumínio (catalisadores de Ziegler).

$$Al + \tfrac{3}{2}H_2 + 2Et_3Al \rightarrow 3Et_2AlH$$

Alcenos podem ser adicionados às ligações Al–H.

$$Et_2AlH + \underset{\text{eteno}}{H_2C{=}CH_2} \rightarrow Et_2Al\text{-}CH_2\text{-}CH_3 \quad \text{ou seja, } Et_3Al$$

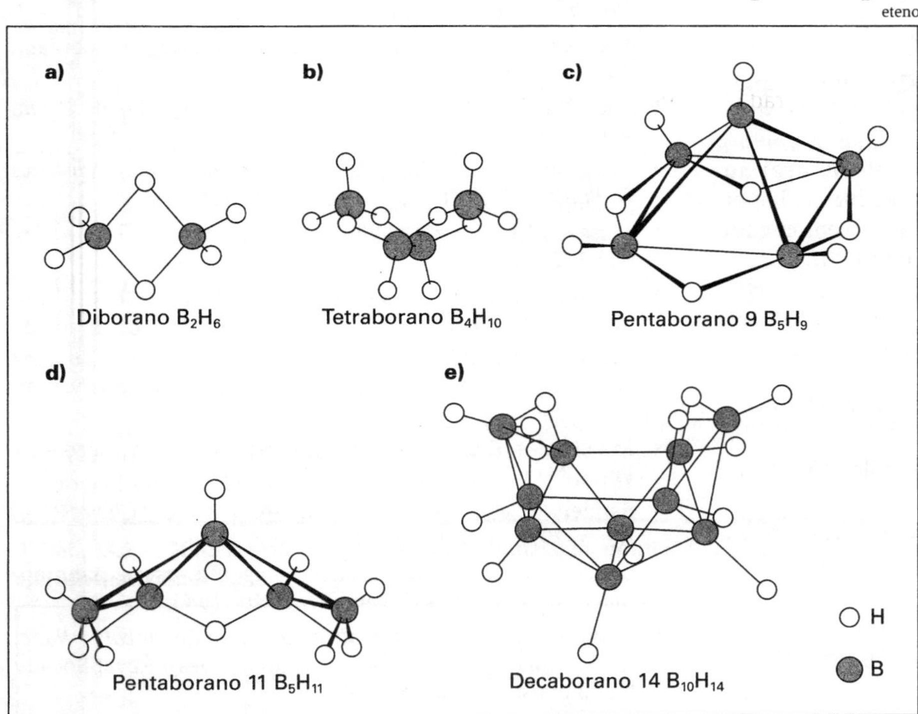

Figura 12.13 — Estruturas de alguns boranos. a) Diborano B_2H_6, com duas ligações tricentradas B. .H...B. b) Tetraborano B_4H_{10}, com quatro ligações B···H···B tricentradas e uma ligação B–B. c) Pentaborano-9 B_5H_9, em que os átomos de boro formam uma pirâmide de base quadrada com quatro ligações tricentradas B···H···B, e ligações multicentradas do B do topo com os átomos de B da base. d) Pentaborano-11, B_5H_{11}, em que os átomos de B formam uma pirâmide distorcida de base quadrada, com três ligações tricentradas B···H···B e três ligações tricentradas B···B···B em duas das faces triangulares. e) Decaborano-14, $B_{10}H_{14}$ (segundo A.G. Massey, The Typical Elements, Penguin, 1972)

A temperaturas de 90– 120 °C e 100 atmosferas de pressão, as moléculas de eteno são lentamente inseridas nas ligações Al–C.

```
    C2H5              CH2·CH2·C2H5
   /                 /
Al—C2H5   →   Al—C2H5
   \                 \
    C2H5              C2H5

              (CH2·CH2)n·C2H5
             /
   →   Al—(CH2·CH2)n·C2H5
             \
              (CH2·CH2)n·C2H5
```

Dessa forma, cadeias longas, com até 200 átomos, podem ser formadas. A hidrólise desses alquil-alumínio de cadeias longas fornece hidrocarbonetos de cadeia normal, conhecidos como polietileno ou politeno. Os polímeros obtidos dessa maneira têm baixo peso molecular (são oligômeros) e não têm valor comercial. Porém, se for utilizado um catalisador de metal de transição, como o $TiCl_4$ (catalisador de Natta), a polimerização ocorre mais rapidamente. Além disso, a reação não requer pres-

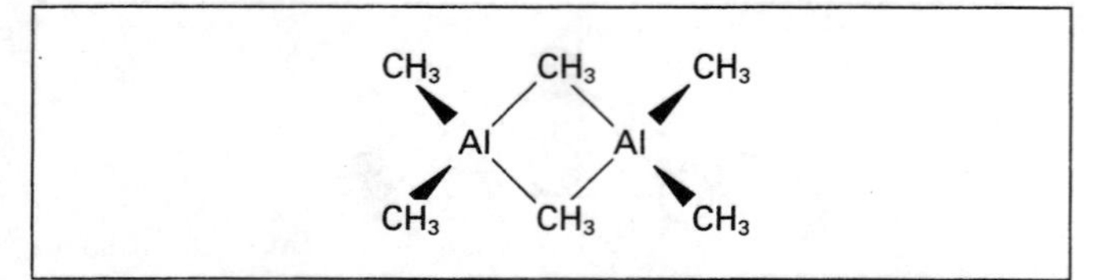

Figura 12.15 — Estrutura do dímero do trimetilalumínio

sões elevadas e obtém-se um polímero de peso molecular muito maior. Essa rota de preparação de polímeros de elevados pesos moleculares é muito importante para a fabricação de polietileno comercial (vide "Compostos Organometálicos", no Capítulo 20).

Álcoois com cadeias normais de aproximadamente C_{14} podem ser obtidos a partir do eteno, por meio da formação de alquil-alumínios adequados, oxidação ao ar, seguido de hidrólise com água. A reação desses álcoois com SO_3 fornece os sulfonatos $R{-}SO_3H$, que são neutralizados para se obter detergentes biodegradáveis $CH_3{—}(CH_2)_n{—}SO_3^-Na^+$ (os detergentes serão discutidos com os elementos do Grupo 16, no item SO_3).

Compostos de alquil-alumínio catalisam a dimerização do propeno, no processo industrial de obtenção do isopreno:

$$\underset{\text{propeno}}{2CH_3 \cdot CH = CH_2} \xrightarrow{R_3Al} CH_3 \cdot CH_2 \cdot CH_2\underset{\underset{\displaystyle CH_3}{|}}{C} = CH_2$$

$$\xrightarrow{\text{craqueamento}} \underset{\text{isopreno}}{CH_2 = CH \cdot \underset{\underset{\displaystyle CH_3}{|}}{C} = CH_2} + CH_4$$

A fabricação de álcoois e de isopreno são dois exemplos importantes de aplicação de compostos de alquil-alumínio em processos industriais. O polietileno disponível no comércio é fabricado de duas maneiras: ou usando catalisadores de titânio ou pela polimerização induzida por peróxidos, via formação de radicais livres, e não empregam catalisadores a base de compostos alquil-alumínio.

LEITURAS COMPLEMENTARES

- *Borax Review*, Borax Holdings Ltda. (1987).
- Brown, H.C.; *Boranes in Organic Chemistry*, Cornell University Press, 1972.
- Brown, H.C.; *Organic Synthesis via Boranes*, Wiley, New York, 1975.
- Brown, H.C.; Hydride reductions: A 40-year revolution in organic Chemistry, *Chem. Eng. News*, 5 de março, 24-29 (1979).
- Callahan, K.P. e Hawthorn, M.F.; Ten years of metallocarboranes; *Adv. Organometallic Chem.*, 14, 145-186 (1976).
- Christ, C.L. e Clark, J.R.; A crystal classification of borate structure with emphasis on hydrated borates, *Phys. Chem. Minerals*, **2**, 50 (1977).
- Greenwood, N.N.; The chemistry of gallium, *Adv. Inorg. Chem. Radiochem.*, **5**, 91 (1963).
- Greenwood, N.N.; *Comprehensive Inorganic Chemistry*, Vol. 1, Cap. 11 (Boro), Pergamon Press, Oxford, 1973.
- Greenwood, N.N.; *Boron*, Pergamon Press, Oxford and Elmsford, New York, 1975.
- Greenwood, N.N.; The synthesis, structure and chemical reactions of metalloboranes, *Pure Appl. Chem.*, **49**, 791-802 (1977).
- Greenwood, N.N. e Ward, I.M.; Metalloboranes and metal-boron bonding, *Chem. Soc. Rev.*, **3**, 231-271 (1974).
- Grimes, R.N.; *Carboranes*, Academic Press, New York, 1971.
- Grimes, R.N. (ed.); *Metal Interactions with Boron Clusters* (Modern Inorganic Chemistry Series), Plenum Publishing Corp., London, 1982.
- Grimes, R.N.; Carbon-rich carboranes and their metal derivatives, *Adv. Inorg. Chem. Radiochem.*, 26, 55-118 (1983).
- Haupin, W.E.; Electrochemistry of the Hall-Heroult process for aluminium, *J. Chem. Ed.*, **60**, 279-282 (1983).
- Iversen, S.; The chemistry of dementia, *Chemistry in Britain*, **24**, 338-342, 364 (1988). Efeitos do alumínio no organismo humano)
- James, B.D. e Wallbridge, M.G.H.; Metal tetrahydroborates, *Prog. Inorg. Chem.*, **11**, 97-231 (1970). (Uma revisão bastante abrangente com mais de 600 referências)
- Johnson, B.G.F.; *Transition Metal Clusters*, Wiley, New York, 1980. (Capítulos escritos por vários especialistas renomados na área)
- Johnson, B.G.F. e Lewis, J.; *Adv. Inorg. Chem. Radiochem.*, **24**, 225 (1981). (Um ótimo artigo de revisão sobre clusters)
- Kennedy, J.D.; The polyhedral metalloboranes, Partes I e II, *Prog. Inorg. Chem.*, **32**, 529-679 (1986) e **34**, 211-434 (1984).
- Lancashire, R.; Bauxite and aluminium production, *Education in Chemistry*, **19**, 74-77 (1982).
- Lee, A.G.; *The Chemistry of Tallium*, Elsevier, Amsterdam, 1971.
- Lee, A.G.; Coordination chemistry of tallium(I), *Coord. Chem. Rev.*, **8**, 289 (1972).
- Liebman, J.F.; Greenberg, A. e Williams, R.E. (eds.), *Advances in Boron and the Boranes*, VCH, New York, 1988.
- Massey, A.G.; *Boron subhalides, Chemistry in Britain*, **16**, 588-598 (1980).
- Massey, A.G.; The sub-halides of boron, *Adv. Inorg. Chem. Radiochem.*, **26**, 1-54 (1983).
- Massey, RC.; *Aluminium in Food and the Enviroment* (Publicação especial n.º 73), Royal Society of Chemistry, London, 1989.
- Muetterties, E.L. (ed.); *Boron Hydride Chemistry*, Academic Press, New York, 1975.
- Sanderson, R.T.; More on complex hydrides, *Chem. Eng. News*, **29**, 3 (1997). (Li[AlH4] e etc)
- Stinson, S.C.; Hydride reduction agents, use expanding, *Chem. Eng. News*, 3 Novembro, 18-20 (1980).
- Thompson, R. (ed.); *Speciality Inorganic Chemicals* (Wade, K.; Borohidreto de sódios e suas aplicações), Royal Society for Chemistry, London, 1981.
- Thompson, R. (ed.); *The Modern Inorganic Chemistry Industry* (Thompsom, R.; Produção e aplicações de compostos inorgânicos de boro), Publicação especial n.º 31, The Chemical Society, London, 1986.
- Wade, K. e Bannister, A.J.; *Comprehensive Inorganic Chemistry*, vol. 1 (Cap. 12: Alumínio, gálio, índio e tálio), Pergamon Press, Oxford, 1973.

- Wade, K.; Structural and bonding patterns in cluster chemistry, *Adv. Inorg. Chem. Radiochem.*, **18**, 1-66 (1976).
- Wade, K.; *Electron Deficient Compounds*, Nelson, London, 1971.
- Walton, R.A.; Coordination complexes of thallium(III) halides and their behavior in non-aqueous media, *Coord. Chem. Rev.*, **6**, 1-25 (1971).
- Wiberg, E. e Amberger, E.; *Hydrides of the Elements of Main Groups I-IV*, Cap. 5 e 6, Elsevier, Amsterdam, 1971.

PROBLEMAS

1. O primeiro elemento de cada um dos grupos representativos da tabela periódica apresenta propriedades anômalas em relação aos demais elementos do mesmo grupo. Discuta esse fato, focalizando a atenção sobre os elementos Li, Be e B.
2. Qual é a principal fonte de boro? Esquematize as etapas de obtenção do boro.
3. Desenhe a estrutura da unidade B_{12} encontrada no sólido boro. Como se chama essa forma tridimensional?
4. a) Enumere as propriedades que tornam o bórax um padrão primário, e mostre a equação balanceada da reação utilizado em titulações ácido-base. b) Represente a forma do íon BO_3^{3-} e explique porque ele apresenta essa estrutura.
5. O ácido ortobórico pode ser escrito como H_3BO_3 ou $B(OH)_3$. Como ele se dissocia em água e qual das duas fórmulas é a mais útil? Qual é a força desse ácido? Por que o glicerol acentua as propriedades ácidas desse composto? Escreva a equação balanceada de uma reação de neutralização com ácido bórico.
6. Explique sucintamente o que são isopoliácidos, com referência particular aos boratos.
7. Apresente um método de preparação do diborano, B_2H_6. Por que é denominado composto deficiente em elétrons? Desenhe a estrutura do diborano, indicando os comprimentos das ligações. O que há de diferente nas ligações encontradas nesse composto?
8. O que ocorre na reação do diborano com a) amônia, b) tribrometo de boro, e c) trimetilboro?
9. Descreva a aplicação do diborano em reações de hidroboração.
10. Descreva o método de obtenção, a estrutura e os usos do boro-hidreto de sódio.
11. Compare as estruturas do BF_3 gasoso, $AlCl_3$ gasoso e $AlCl_3$ em solução aquosa.
12. Explique os seguintes fatos:

    a) BF_3 não apresenta momento dipolar, mas PF_3 possui um momento de dipolo considerável.

    b) As moléculas de BF_3 e BrF_3 têm formas diferentes.
13. Descreva o método de preparação e desenhe as estruturas dos di-haletos de boro, gálio e índio.
14. Qual é o principal minério de alumínio? Como o minério é purificado, e como o metal é obtido? Como se chama esse processo? Qual é a função da criolita nesse processo? Quais são as aplicações do alumínio?
15. Com base na posição do alumínio na série eletroquímica, qual é a sua expectativa em relação à sua estabilidade em água? Por que ele é estável ao ar e em água?
16. Escreva as equações químicas que representam as reações entre o Al e a) H^+_{aq} , b) NaOH, c) N_2, d) O_2, e) Cl_2.
17. Dê dois exemplos de alúmens. Quais são as espécies presentes em solução, quando esses compostos são dissolvidos em água?
18. Como é preparado o cloreto de alumínio? Qual é a estrutura do sólido anidro, e da espécie presente em solução aquosa? Dê um exemplo de uma reação de Friedel-Crafts onde o $AlCl_3$ é empregado como catalisador.
19. Como poderiam ser preparados o LiH_4 e o $LiAlH_4$? Para que são usados?
20. Descreva dois métodos diferentes de preparação de Et_3Al e sua aplicação como catalisador na polimerização do eteno. Compare os produtos formados com aqueles descritos no Capítulo 20, na seção sobre o titânio.
21. Compare evidenciando as diferenças entre a química do boro e do alumínio.
22. Discuta os motivos que levam os elementos do Grupo 13 a formarem compostos trivalentes e monovalentes. Discuta a possibilidade de se formarem compostos divalentes como o $GaCl_2$.
23. Enumere as principais características sobre a química do tálio(+I).
24. A substância (A) é um sólido deliqüescente, branco amarelado, que sublima e nessa forma apresenta uma densidade de vapor de 133. (A) reage violentamente com água, formando uma solução (B). A amostra de (B) forma um precipitado floculoso branco (C) mediante a adição de HNO_3 diluído e solução de $AgNO_3$. A adição de uma solução diluída de NH_4OH provoca a solubilização do sólido (C), mas se forma um precipitado gelatinoso, (D), em seu lugar. Este foi filtrado e dissolvido por meio da adição de excesso de NaOH, com formação de uma solução límpida (E). Quando CO_2 foi borbulhado através de (E), o composto (D) foi reprecipitado.

    A substância (A) se dissolve em éter seco, sem sofrer alterações. A reação dessa solução com LiH pode formar os produtos (F) ou (G), respectivamente, dependendo se o LiH se encontra em excesso ou não.

    A análise qualitativa da solução (B) forneceu um precipitado branco gelatinoso, quando o teste específico para os elementos do Grupo 3 foi aplicado. A reação de 0,1333 g de (A), dissolvido em água, com 8-hidroxiquinolina levou a formação de 0,4594 g de precipitado.

    Identifique os compostos de (A) a (G) e escreva as equações químicas de todas as reações citadas acima.

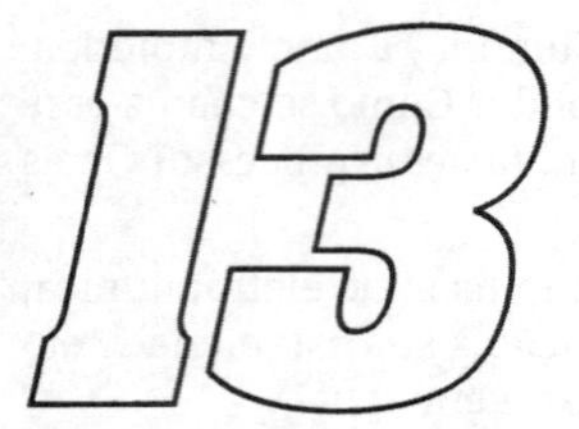

OS ELEMENTOS DO GRUPO 14

INTRODUÇÃO

O carbono está onipresente na natureza. É um constituinte essencial de toda a matéria viva, como proteínas, carboidratos e gorduras. O dióxido de carbono é fundamental na fotossíntese e é liberado na respiração. A Química Orgânica se dedica ao estudo da química dos compostos de carbono. Compostos inorgânicos de carbono produzidos em larga escala incluem o negro de fumo, coque, grafita, carbonatos, dióxido de carbono, monóxido de carbono (como gás combustível), uréia, carbeto de cálcio, cianamida de cálcio e dissulfeto de carbono. Há um grande interesse em torno de compostos organometálicos, carbonilas e complexos com ligações π.

A descoberta de que o sílex (SiO_2 hidratado) tem uma aresta cortante foi muito importante no desenvolvimento da tecnologia. Hoje em dia o silício é importante em um grande número de produtos fabricados em larga escala. Podem ser citados o cimento, cerâmicas, argilas, tijolos, vidros e os silicones (polímeros). O elemento silício extremamente purificado é importante na indústria microeletrônica (transistores e "chips" de computadores).

O germânio é pouco conhecido, mas estanho e chumbo são bem conhecidos e foram usados como metais desde antes dos tempos bíblicos. Lâminas de chumbo foram usadas nos pisos dos Jardins Suspensos da Babilônia (uma das maravilhas do mundo antigo) para impedir o vazamento de água.

Tabela 13.1 — Configurações eletrônicas e estados de oxidação

Elemento	Símbolo	Configuração eletrônica		Estados de oxidação*
Carbono	C	[He]	$2s^2 2p^2$	**IV**
Silício	Si	[Ne]	$3s^2 3p^2$	(II) **IV**
Germânio	Ge	[Ar]	$3d^{10} 4s^2 4p^2$	II **IV**
Estanho	Sn	[Kr]	$4d^{10} 5s^2 5p^2$	**II IV**
Chumbo	Pb	[Xe]	$4f^{14} 5d^{10} 6s^2 6p^2$	**II** IV

* Os estados de oxidação mais importantes (geralmente os mais abundantes e estáveis) são mostrados em negrito Outros estados bem caracterizados, mas menos importantes, são mostrados em tipo normal. Estados de oxidação instáveis, ou de existência duvidosa, são mostrados entre parênteses

Tabela 13.2 — Abundância dos elementos na crosta terrestre, em peso

Elemento	ppm	abundância relativa
C	180	17.º
Si	272.000	2.º
Ge	1,5	54.º
Sn	2,1	49.º
Pb	13	36.º

OCORRÊNCIA DOS ELEMENTOS

Com a exceção do germânio, todos os elementos do Grupo 14 são bem conhecidos. O carbono é o 17.º e o silício é o 2.º elemento mais abundante em peso na crosta terrestre (Tab. 13.2). Os minerais de germânio são muito raros, ocorrendo em quantidades ínfimas nos minerais de outros metais e no carvão, não tendo sido muito estudado. Tanto Si como Ge são importantes na fabricação de semicondutores e transistores. Embora estanho e chumbo sejam relativamente pouco abundantes, eles ocorrem na forma de minérios concentrados de fácil extração, de modo que ambos vêm sendo utilizados desde tempos pré-bíblicos.

O carbono ocorre em grandes quantidades, combinado com outros elementos e compostos, principalmente como carvão, petróleo e rochas calcárias como calcita $CaCO_3$, magnesita $MgCO_3$ e dolomita $[MgCO_3 \cdot CaCO_3]$. O carbono também é encontrado na forma nativa: são explorados grandes quantidades de grafite, e quantidades extremamente pequenas (tomando como referência a massa) de diamantes também são obtidas por mineração. Tanto o CO_2 como o CO são importantes industrialmente. CO_2 ocorre em pequenas quantidades na atmosfera, mas é extremamente importante, tendo em vista seu papel central no ciclo do carbono, como a fotossíntese e a respiração. O CO é um combustível importante, e forma alguns compostos interessantes do grupo das carbonilas metálicas. O silício está onipresente na natureza, como sílica SiO_2 (areia e quartzo), e numa grande variedade de silicatos e argilas. O germânio só é encontrado em quantidades traço em alguns minérios de prata e zinco, e em alguns tipos de carvão. O estanho é obtido como o minério cassiterita SnO_2, e o chumbo é encontrado no minério galena, PbS.

OBTENÇÃO E APLICAÇÕES DOS ELEMENTOS

Carbono

O negro de fumo (fuligem) é produzido em grandes quantidades (4,5 milhões de toneladas em 1991). Ele é obtido pela combustão incompleta de hidrocarbonetos provenientes do gás natural ou do petróleo. Suas partículas são extremamente pequenas. Cerca de 90% são empregados na indústria da borracha, mais especificamente na fabricação de pneus. Outro uso importante é na obtenção de tintas para impressão.

O coque é produzido em enormes quantidades (390 milhões de toneladas em 1991). 339 milhões de toneladas foram obtidas pela carbonização do carvão a altas temperaturas, na ausência de ar, em grandes fornos. 51 milhões de toneladas foram obtidas pela destilação de óleos minerais pesados. O coque é de grande importância na metalurgia do ferro e de muitos outros metais. A destilação do carvão também constitui uma importante fonte de compostos orgânicos.

Em 1992 foram extraídas por mineração 930.000 toneladas de grafite natural (China 59%, Coréia do Sul 17%, URSS 7% e Índia 5%). Ele geralmente é encontrado misturado com mica, quartzo e silicatos, constituindo cerca de 10% a 60%. O grafite é separado da maioria das impurezas por flotação. A purificação final é realizada aquecendo-se com HCl e HF a vácuo, para remover os últimos vestígios de compostos de silício, na forma de SiF_4. Depósitos sedimentares de carbono são minerados no México. Supunha-se que se tratasse de carbono amorfo, mas atualmente admite-se que se trata de grafite microcristalino (finamente dividida). Praticamente a mesma quantidade de grafite minerada é também obtida artificialmente.

$$3C + SiO_2 \xrightarrow{\text{aquec.}} SiC + 2CO \xrightarrow{2500^{\circ}C} C_{(grafite)} + Si_{(g)}$$

O grafite é utilizado na fabricação de eletrodos, na indústria do aço, na fundição de metais, na preparação de cadinhos, como lubrificante e ainda em lápis, lonas de freios e escovas para motores elétricos. É também usado como moderador nos reatores nucleares resfriados a gás, onde ele diminui a velocidade dos nêutrons.

O carvão ativado é fabricado aquecendo-se ou oxidando-se quimicamente a serragem ou a turfa. A produção mundial foi de 864.200 toneladas em 1991. O carvão ativado tem uma enorme área superficial, sendo usado para alvejar o açúcar e muitos produtos químicos. É também usado como absorvedor de gases venenosos em máscaras contra gases, como filtros no tratamento de águas residuais e como catalisador em algumas reações.

Os principais produtores de diamantes são a Austrália 41%, Botsuana 16%, Zaire 14%, a URSS 11% e a África do Sul 10%. A produção mundial de diamantes naturais foi de 98.400.000 quilates ou 19,68 toneladas em 1992. Os diamantes maiores são lapidados para jóias e seu tamanho é medido em quilates (1g = 5 quilates). Cerca de 30% da produção é utilizada em joalheria e 70% para fins industriais diversos, principalmente na fabricação de brocas ou abrasivos para corte e polimento, pois o diamante é muito duro (dureza 10 na escala de Mohs — vide Apêndice N). É economicamente viável produzir sinteticamente pequenos diamantes de qualidade industrial, tratando-se a grafita a altas temperaturas e pressões.

Silício

Mais de um milhão de toneladas de silício são produzidos anualmente. A maior parte é adicionada ao aço para remoção de oxigênio. Isso é importante na fabricação de aços ricos em silício, resistentes à corrosão. Para essa finalidade é conveniente usar ferro-silício, ou seja uma liga de Fe e Si. Foram produzidos 3,5 milhões de toneladas de ferro-silício, em 1991. É obtido reduzindo-se SiO_2 e raspas de ferro com coque.

$$SiO_2 + Fe + 2C \rightarrow FeSi + 2CO$$

O elemento Si é obtido pela redução do SiO_2 com coque de alta pureza. Deve-se utilizar um excesso de SiO_2 para impedir a formação do carbeto, SiC. O Si tem uma cor azul acinzentada e um brilho quase metálico, mas é um semicondutor e não um metal. Si de elevada pureza (para a indústria de semicondutores) é obtido convertendo-se Si em $SiCl_4$, purificando-o por destilação, e reduzindo-se o cloreto com Mg ou Zn.

$$SiO_2 + 2C \rightarrow Si + 2CO$$
$$Si + 2Cl_2 \rightarrow SiCl_4$$
$$SiCl_4 + 2Mg \rightarrow Si + 2MgCl_2$$

A indústria eletrônica necessita de pequenas quantidades de silício e de germânio extremamente puros (com quantidade de impurezas inferiores a 1 por 10^9). Esses materiais são isolantes quando puros, mas tornam-se semicondutores do tipo-*p* ou do tipo-*n* quando "dopados" com um elemento do Grupo 13 ou do Grupo 15, respectivamente. São usados para a fabricação de transistores e semicondutores. Si de alta pureza é usado para fabricar "chips" de computadores (vide "Dispositivos semicondutores microminiaturizados", no Capítulo 3). Para se obter Si e Ge extremamente puros, esses materiais são inicialmente purificados tanto quanto possível, por exemplo por uma cuidadosa destilação fracionada do $SiCl_4$ no caso do silício. O estágio final de purificação é realizado por um processo denominado " refino por zona" ou "fusão por zona". Trata-se de um excelente método para a purificação de pequenas quantidades de material. Uma barra do elemento, já bastante pura, é colocada num longo tubo de quartzo preenchido com um gás inerte. Uma espira de aquecimento funde uma estreita faixa dessa barra. O aquecedor se move lentamente de uma extremidade da barra à outra, fazendo com que Si puro (ou metal puro) cristalize a partir da massa em fusão. As impurezas são mais solúveis no líquido e são arrastadas para as extremidades da barra, que são cortadas e desprezadas. Silício próprio para a fabricação de semicondutores também pode ser obtido reduzindo-se com sódio o $Na_2[SiF_6]$. Este é um subproduto do processo de fabricação de fertilizantes fosfatados a partir da fluoroapatita.

$$Na_2[SiF_6] + 4Na \rightarrow Si + 6NaF$$

Germânio

O germânio pode ser recuperado das cinzas do carvão, mas atualmente prefere-se recuperá-lo das poeiras liberadas no processo de obtenção do metal a partir dos minérios de zinco. Diversas etapas são necessárias para recuperar o Ge da poeira, concentrá-lo e purificá-lo. Obtém-se GeO_2 puro, que é reduzido a Ge elementar reagindo-se com H_2 a 500 °C. Germânio com pureza adequada para a fabricação de transistores é obtido por refino por zona. A produção mundial foi de cerca de 50 toneladas em 1993 (20% do total dos Estados Unidos). É utilizado principalmente na confecção de dispositivos a base de semicondutores e transistores. É transparente à luz infravermelha e é por isso empregado na fabricação de prismas, lentes e "janelas" para espectrofotômetros infravermelho e outros equipamentos científicos.

Estanho

O único minério importante de estanho é a cassiterita, SnO_2. Foram minerados 177.000 toneladas (conteúdo de metal) em 1992. Os principais fornecedores são atualmente a China 25%, Indonésia 17% e Brasil 15%. O estanho foi minerado na Cornualha, Inglaterra, desde o tempo dos romanos até o presente século, porém atualmente tais minas são economicamente inviáveis.

O SnO_2 é reduzido ao metal usando carbono, num forno elétrico a 1.200–1.300 °C. O produto freqüentemente contém pequenas quantidades de ferro, que tornam o metal mais duro. O Fe é removido injetando ar na mistura fundida, para oxidá-lo a FeO, que então flutua.

Os principais usos do estanho são na fabricação da folha de flandres por eletrodeposição sobre chapas de aço e na fabricação de ligas. A folha de flandres é muito utilizado na fabricação de embalagens para alimentos e bebidas. A liga mais importante de estanho é a solda (Sn/Pb), mas há muitas outras, incluindo o bronze (Cu/Sn), "bronze duro" ("gun metal") (Cu/Sn/Pb/Zn) e pewter (Sn/Sb/Cu). O SnO_2 é usado na vitrificação de cerâmicas e é freqüentemente misturado com outros óxidos metálicos para ser usado como pigmento para utensílios cerâmicos. $SnCl_4$ e Me_2SnCl_2 são utilizados para a preparação de filmes muito finos de SnO_2 sobre superfícies de vidro. Com isso o vidro se torna mais resistente, permitindo a fabricação de frascos com paredes mais finas, além de vidros resistentes ao risco (úteis na fabricação de lentes). Películas um pouco mais espessas são depositadas sobre vidros planos para reduzir as perdas de calor. O filme de SnO_2 permite a passagem de luz visível mas reflete a radiação infravermelha, impedindo a fuga de calor do interior das casas. Um filme de SnO_2 é aplicado também nas janelas de aviões. Ele conduz eletricidade e pode ser usado como resistor para aquecer e impedir a deposição de gelo sobre o vidro. São usadas grandes quantidades de compostos orgânicos de estanho (estima-se em mais de 40.000 toneladas/ano). Compostos como R_2SnX_2 (onde R é um radical alquil como n-octil, e X um resíduo de ácido carboxílico como o laurato) são usados como estabilizantes para polímeros halogenados, como o PVC. Sem o estabilizante, o polímero é degradado com relativa facilidade pela luz solar, ar ou aquecimento, tornando-se quebradiço e descorado. O composto contendo o radical butil, Bu_2SnX_2, é usado para curar borrachas e silicone, a temperatura ambiente. Compostos inorgânicos de estanho são empregados como retardantes de chama e supressores de fumaça. Derivados triorgânicos, como o Bu_3SnOH ou Ph_3SnOAc são largamente usados na agricultura como fungicidas, por exemplo no controle da "ferrugem" da batata (Botrytis infestans), videiras, arroz e beterraba. Compostos semelhantes matam ácaros vermelhos que atacam frutas como maçãs e pêras, bem como outros insetos e larvas. São também usados no tratamento da madeira. Foi utilizado na preparação de tintas especiais para barcos, que dificultam a proliferação de cracas. Atualmente estão sendo usados produtos alternativos, pois há indícios de que o metal pesado Sn já entrou na cadeia alimentar.

Chumbo

O principal minério de chumbo é a galena, PbS. Ela é preta, brilhante e muito densa. Os principais fornecedores são URSS 17%, Austrália 14%, Estados Unidos 10%, Canadá 9% e Peru, México e China 6% cada um. A galena é minerada e depois separada de outros metais por flotação. Há dois métodos para a obtenção do elemento:

1. Aquecimento na presença de ar para formar PbO, seguido da redução com coque ou CO num alto-forno.

$$2PbS + 3O_2 \rightarrow 2PbO + 2SO_2 \xrightarrow{+C} 2Pb_{(líquido)} + CO_{2(gás)}$$

2. O PbS é parcialmente oxidado pela passagem de ar através do material aquecido. Depois de um tempo o fornecimento de ar é interrompido mantendo-se o aquecimento. Nessas condições ocorre uma reação de auto-redução da mistura.

$$3Pbs \xrightarrow[\text{presença de ar}]{\text{aquecimento na}} PbS + 2PbO$$

$$\xrightarrow[\text{ausência de ar}]{\text{aquecimento na}} 3Pb_{(líquido)} + SO_{2(gás)}$$

O chumbo obtido contém diversas impurezas metálicas: Cu, Ag, Au, Sn, As, Sb, Bi e Zn. Eles são removidos por resfriamento até próximo do ponto de fusão do chumbo, quando solidificam primeiro o Cu e depois o Zn contendo a maior parte do Au e do Ag. As, Sb e Sn são oxidados antes do Pb a As_2O_3, Sb_2O_3 e SnO_2, que flutuam na superfície do metal fundido, podendo assim ser removidos. A produção mundial de chumbo foi de 5,3 milhões de toneladas em 1992. 3,1 milhões foram obtidos a partir de PbS como matéria-prima. Os principais produtores de minérios de chumbo são a Austrália 19%, Estados Unidos 13%, Canadá 11% e China 10%. A reciclagem de raspas de chumbo forneceu outras

2,2 milhões de toneladas. Cerca de 55% do chumbo produzido são utilizados na fabricação de baterias e acumuladores de chumbo/ácido. Em 1985 foram fabricadas mais de 158 milhões de baterias de carro. Nas baterias as placas de suporte para os eletrodos são fabricadas com uma liga constituída de 91% de Pb e 9% de Sb. O material ativo do ânodo é o PbO_2 e do cátodo Pb esponjoso. Cerca de 80% do chumbo das baterias é recuperado e reciclado. Cerca de 15% da produção de chumbo são empregados na fabricação de placas, tubulações e soldas. A fabricação de $PbEt_4$ como aditivo para a gasolina já consumiu de 10 a 20 % da produção de chumbo, mas vem diminuindo rapidamente. Cerca de 10% são consumidos na fabricação de tintas e pigmentos. Pb_3O_4 é usado como pigmento vermelho em tintas anti-ferrugem (zarcão) e o "branco de chumbo" ($PbCO_3$). $Pb(OH)_2$ era antigamente muito usado para tornar as tintas "opacas". Seu uso vem declinando por causa da toxicidade do chumbo, sendo o TiO_2 uma boa alternativa. Plumbato de cálcio, Ca_2PbO_4, é usado para a proteção anti-ferrugem de chapas de aço onduladas e cromato de chumbo, $PbCrO_4$, é o pigmento amarelo intenso usado em tintas para sinalização de rodovias. Compostos de chumbo também são empregados na fabricação dos "vidros cristal" e vidros lapidados, bem como para vitrificar materiais cerâmicos.

ESTRUTURA E ALOTROPIA DOS ELEMENTOS

O carbono pode existir em diversas formas alotrópicas, que incluem o diamante, α e β-grafite, a rara forma hexagonal do diamante, e várias moléculas discretas tais como o C_{60}, que na realidade são clusters de carbono denominados coletivamente de fulerenos.

Si, Ge e Sn adotam uma estrutura semelhante ao do diamante, mas o Sn também pode ter forma metálica. O Pb só existe na forma metálica. O Ge é incomum porque o líquido se expande quando forma o sólido. Essa propriedade única é comum ao Ga, Ge e Bi.

$$\underset{\text{estanho cinza (estrutura de diamante)}}{\alpha\text{-Sn}} \xrightleftharpoons{13{,}2\ ^{\circ}\text{C}} \underset{\text{estanho branco (metálico)}}{\beta\text{-Sn}}$$

O diamante é extremamente inerte, em contraste com a grafita que é bastante reativa. Os diamantes são incolores, embora os diamantes industriais sejam muitas vezes pretos. A maioria dos diamantes naturais contém pequenas quantidades de nitrogênio, mas os "diamantes azuis" contém Al ao invés de N. No diamante, cada átomo de C está ligado tetraedricamente a 4 outros átomos de carbono, cada um a uma distância de 1,54 Å. Os tetraedros estão ligados uns aos outros formando uma molécula gigante tridimensional. A célula unitária é cúbica. Ligações covalentes fortes se estendem em todas as direções. Por isso o ponto de fusão do diamante é anormalmente elevado (cerca de 3.930 °C) e é muito duro (vide Fig. 13.1). Numa forma muito rara do diamante, os tetraedros estão dispostos de maneira diferente, gerando uma estrutura semelhante à da wurtzita, com uma célula unitária hexagonal.

O grafite é constituído por camadas planas de átomos de carbono. Cada camada é uma rede constituída por malhas hexagonais de átomos de C, como se fosse uma molécula gigante formada por anéis de benzeno fundidos (Fig. 13.2). Forças fracas de van der Walls mantêm unidas essas camadas. No α-grafite as camadas estão dispostas na seqüência ABAB..., de modo que a terceira camada encontra-se exatamente na mesma posição da primeira. Na β-grafite a seqüência das camadas é ABCABC.... As duas formas podem ser convertidas uma na outra. O aquecimento transforma a forma β na α e a moagem transforma a α-grafite em β-grafite. Em ambos os comprimentos das ligações C-C numa camada são iguais a 1,41 Å (semelhante à distância C-C de 1,40 Å no benzeno). A distância entre as camadas é de 3,35 Å. Esta distância interlamelar é grande — bem mais que o dobro do raio covalente do carbono (2x1,54 Å = 3,08 Å). Logo, a ligação entre as camadas é fraca. A grafite pode ser facilmente clivado separando as camadas, o que explica a baixa dureza dos seus cristais (> 1 na escala de Mohs, vide Apêndice N). A grafite é usado como lubrificante, sozinho ou disperso em óleo. Já o diamante é duro (10 na escala de Mohs) e usado como abrasivo. O grande espaçamento entre as camadas de grafite também implica que os átomos não ocupam o espaço de maneira muito efetiva. Assim a densidade da grafite (2,22 g cm^{-3}) é menor que a do diamante (3,51 g cm^{-3}).

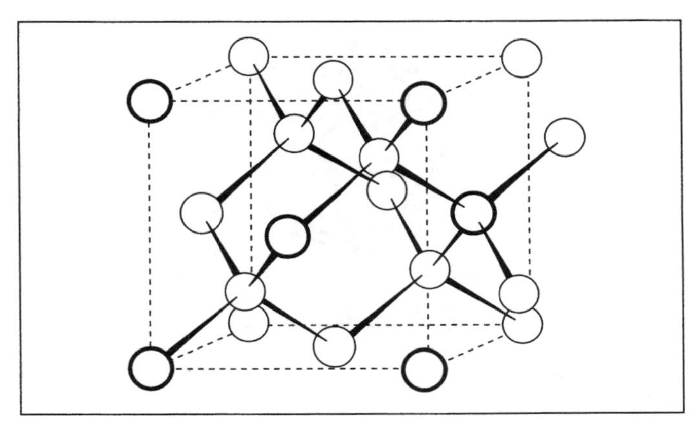

Figura 13.1 — Estrutura cristalina do diamante (Wells, A.F., Structural Inorganic Chemistry, Clarrendon Pres, Oxford)

Na grafite, apenas três dos elétrons de valência de cada átomo de carbono estão envolvidos na formação das ligações σ (utilizando orbitais híbridos sp^2). O quarto elétron forma uma ligação π. Os elétrons π estão deslocalizados por toda a camada e são móveis. Logo, a grafite pode conduzir a eletri-

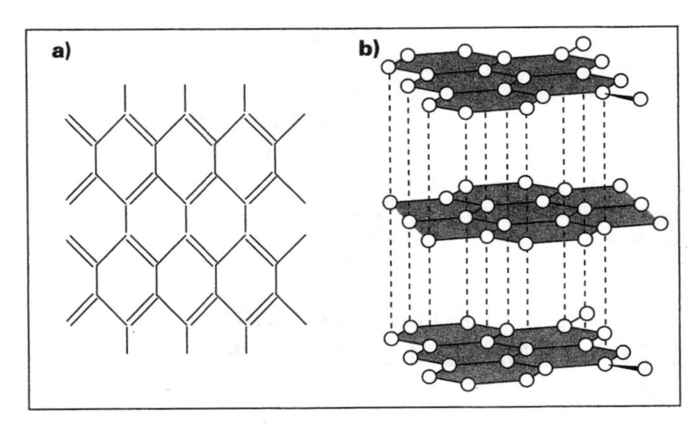

Figura 13.2 — a) A estrutura de uma camada de grafite. b) Estrutura da α-grafite

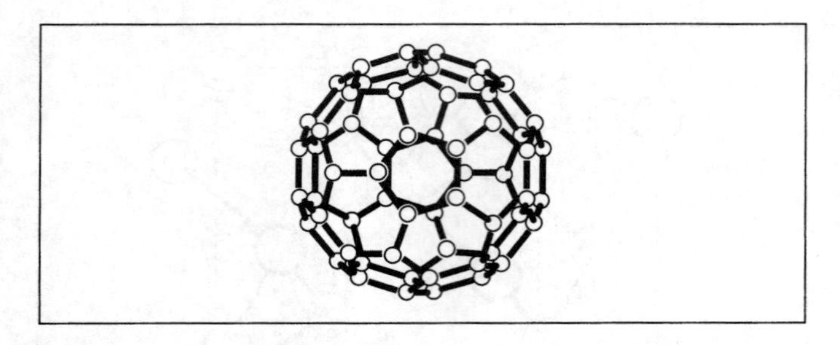

Figura 13.3 — Estrutura do buckminster fulereno

cidade dentro de uma mesma camada, mas não de uma camada para outra.

A grafite é termodinamicamente mais estável que o diamante, sendo sua energia livre de formação 1,9 kJ mol^{-1} menor, à temperatura ambiente e pressão normal. Termodinamicamente, é favorável a conversão do diamante em grafite. Todavia, isso normalmente não ocorre porque a energia de ativação do processo é muito grande. Se essa energia de ativação estiver disponível a transformação ocorre. Por exemplo, quando brocas contendo diamantes como abrasivo "queimam" forma-se grafite devido ao superaquecimento. O processo inverso não é termodinamicamente possível, sendo necessárias condições extremas de temperatura e pressão para converter grafite em diamante. O grafite pode ser convertido em diamantes sintéticos a temperaturas de 1.600 °C e pressão de 50.000 a 60.000 atmosferas.

Quando uma descarga elétrica gera faíscas entre eletrodos de grafite é produzido fuligem (uma atmosfera inerte de argônio é necessário para evitar a formação de CO e CO_2). Esta é constituída principalmente por negro de fumo, mas contém quantidades apreciáveis do cluster de carbono C_{60}, também denominados buckminster fullereno. Pequenas quantidades de outros fullerenos semelhantes, C_{32}, C_{50}, C_{70}, C_{76} e C_{84} também podem ser produzidas. Os fullerenos são extraídos facilmente da mistura de fuligem por dissolução em benzeno ou solventes hidrocarbonetos, produzindo uma solução vermelha de onde é possível obter cristais de coloração mostarda. Os diferentes compostos podem ser separados por cromatografia.

Esse isômero do carbono difere do diamante e da grafita (que forma redes), pelo fato de formar moléculas. A molécula de C_{60} se parece com uma bola de futebol, consistindo de anéis de 5 e 6 membros interligados como na Figura 13.3. Os fullerenos são compostos covalentes e por isso são solúveis em solventes orgânicos. Contudo, podem ser reduzidos eletro-quimicamente e reagem com os metais do grupo 1, formando sólidos como K_3C_{60}. Esse composto se comporta como um supercondutor abaixo de 18 K, o que significa que transporta corrente elétrica com resistência zero. C_{60} reage com OsO_4, formando uma ligação com uma das duplas da gaiola, e também forma complexos de platina.

DIFERENÇAS ENTRE O CARBONO, O SILÍCIO E OS DEMAIS ELEMENTOS DO GRUPO

Em geral, o primeiro elemento difere do restante do Grupo, por causa de seu menor tamanho e maior eletronegatividade. Como resultado desses fatores, o primeiro elemento do grupo apresenta maior energia de ionização, sendo mais covalente e menos metálico.

Tabela 13.3 — Alguns compostos de carbono com números de coordenação mais elevados

Composto	Número de coordenação
$Al_2(CH_3)_6$	5
$B_{10}C_2H_{10}R_2$	6
$Li_4(CH_3)_4$	7
$[CO_8C(CO)_{18}]^{2-}$	8

Usando a teoria clássica da ligação, o primeiro elemento pode formar no máximo quatro ligações covalentes, pois estão disponíveis para formar ligações apenas os orbitais *s* e *p*. Isso limitaria o número de coordenação a 4 nesses compostos. A maioria dos compostos de carbono apresenta número de coordenação 3 ou 4. Contudo, o conceito de ligações multi-centradas está agora bem fundamentado, e conhecem-se diversos compostos em que o carbono tem números de coordenação maiores, como mostra a Tab. 13.3.

Além disso, o carbono difere dos outros elementos do Grupo 14 em sua capacidade única de formar ligações múltiplas $p\pi$-$p\pi$, tais como C = C, C≡C, C = O, C = S e C≡N. Os demais elementos do grupo não formam ligações $p\pi$-$p\pi$, principalmente porque os orbitais atômicos são muito grandes e difusos para permitir uma interação efetiva; mas eles podem utilizar orbitais *d* para formar ligações múltiplas, particularmente entre Si e N e entre Si e O. Assim, o composto $N(SiH_3)_3$ é plano e contém ligações $p\pi$-$d\pi$, mas o composto $N(CH_3)_3$ é piramidal e não contém ligações π.

O carbono também difere dos demais elementos do grupo em sua acentuada capacidade de formar cadeias (catenação). Isso porque as ligações C–C são fortes, e as energias das ligações Si–Si, Ge–Ge e Sn–Sn diminuem progressivamente. (Tab. 13.4).

Carbono e silício só possuem elétrons *s* e *p*, mas os outros elementos seguem uma série completa de elementos de transição com dez elétrons *d*. Esperam-se, pois, algumas diferenças, e o carbono e o silício diferem não só entre si, mas também dos demais elementos do Grupo, enquanto que germânio, estanho e chumbo variam de maneira progressiva.

Tabela 13.4 — Energias de ligação

Ligação	Energia de ligação (kJ mol^{-1})	Observações
C–C	348	Forma muitas cadeias de grande comprimento
Si–Si	297	Forma poucas cadeias, até Si_8H_{18} no hidretos, e $Si_{16}F_{34}$, Si_6C_{14} e Si_4Br_{10} com os halogênios
Ge–Ge	260	Forma poucas cadeias, até Ge_6H_{14} nos hidretos, e Ge_2C_{16} com cloro
Sn–Sn	240	Forma o dímero Sn_2H_6, nos hidretos

DATAÇÃO COM CARBONO RADIOATIVO

A técnica da datação com carbono radioativo pode ser usada para determinar a idade de objetos arqueológicos. O carbono ocorre essencialmente como o isótopo ^{12}C, mas há uma pequena quantidade do isótopo ^{13}C, o que leva à massa atômica de 12,011. Na atmosfera, o nitrogênio é bombardeado com nêutrons cósmicos, o que forma o isótopo ^{14}C.

$$^{14}_{7}N + ^{1}_{0}n \longrightarrow ^{14}_{6}C + ^{1}_{1}H$$

Esse isótopo de carbono reage com oxigênio, formando $^{14}CO_2$, e acaba sendo utilizado pelas plantas verdes na fotossíntese, que leva à síntese de glicose. A glicose é utilizada pela planta na síntese de amido, proteínas, celulose e outros materiais constituintes de sua estrutura. Assim, todos os tecidos da planta contêm traços de ^{14}C. Os animais alimentam-se de plantas, e assim também conterão traços de ^{14}C. Esse isótopo é fracamente radioativo. Ele sofre decaimento beta e tem meia-vida de 5.668 anos. Enquanto a planta ou o animal estiverem vivos, existe um equilíbrio entre o radiocarbono assimilado e a quantidade perdida por decaimento. Esse equilíbrio leva a 15,3± 0,1 desintegrações por minuto por grama de carbono. Quando a planta ou o animal morre, cessa a assimilação de radiocarbono, mas o decaimento beta continua. Portanto, uma amostra muito antiga de madeira, tecido, papel, couro, etc. será menos radioativa do que uma amostra recente. Uma quantidade muito pequena da amostra é queimada com O_2 e o CO_2 produzido é introduzido num detector de radiação adequado. Medindo-se cuidadosamente a velocidade de decaimento presente, é possível calcular há quanto tempo a planta ou o animal morreram. Esse método fornece uma escala absoluta para datar objetos de origem vegetal ou animal, com idades entre 1.000 e 10.000 anos. Recentemente essa técnica foi usada para determinar a idade do Sudário de Turim, e de muitos objetos. W.F. Libby recebeu o Prêmio Nobel de Química de 1960 pelo desenvolvimento dessa técnica.

PROPRIEDADES FÍSICAS

Raios covalentes

Os raios covalentes aumentam de cima para baixo dentro do Grupo. A diferença de tamanho entre o Si e o Ge é menor do que seria de se esperar, porque o Ge possui uma camada 3*d* preenchida, e a blindagem da carga nuclear é menos eficiente. De um modo semelhante a pequena diferença de tamanho entre Sn e Pb se deve ao preenchimento do subnível 4*f*.

Tabela 13.5 — Raios covalentes, energias de ionização, pontos de fusão e ebulição e eletronegatividades

	Raio covalente (Å)	Energias de ionização (kJ mol^{-1})				P.F. (°C)	P.E. (°C)	Eletronegatividade de Pauling
		1º	2º	3º	4º			
C	0,77	1.086	2.354	4.622	6.223	4.100		2,5
Si	1,17	786	1.573	3.232	4.351	1.420	3.280	1,8
Ge	1,22	760	1.534	3.300	4.409	945	2.850	1,8
Sn	1,40	707	1.409	2.943	3.821	232	2.623	1,8
Pb	1,46	715	1.447	3.087	4.081	327	1.751	1,8

Energias de ionização

As energias de ionização decrescem do C para o Si, e a seguir variam de forma irregular por causa dos efeitos do preenchimento dos níveis *d* e *f*. A quantidade de energia necessária para formar um íon M^{4+} é extremamente elevada, e assim compostos iônicos simples são raros. Os únicos elementos que mostrarão uma diferença suficiente de eletronegatividades para formar ligações iônicas são F e O. Os compostos SnF_2, PbF_2, SnF_4, PbF_4, SnO_2 e PbO_2 são bastante iônicos, mas o único íon metálico significativo é o Pb^{2+}.

Pontos de fusão

O C apresenta um ponto de fusão extremamente elevado. O Si funde a temperaturas consideravelmente menores que os do C, mas os valores para o Si e o Ge ainda são bastante elevados. Todos eles têm um retículo do tipo do diamante. A fusão envolve a ruptura das ligações covalentes fortes existentes nesse retículo, o que requer bastante energia. Os pontos de fusão decrescem de cima para baixo no grupo porque as ligações M–M se tornam mais fracas à medida que os átomos aumentam de tamanho (Tab. 13.4). Sn e Pb são metálicos e têm pontos de fusão bem mais baixos. Eles não aproveitam todos os quatro elétrons externos na ligação metálica.

Caráter metálico e não-metálico

A transição de não-metal para metal com o aumento do número atômico é bem ilustrada com os elementos do Grupo 14, onde o C e o Si são não-metais, o Ge tem algum caráter metálico, e o Sn e Pb são metais. O aumento de caráter metálico se manifesta nas estruturas e no aspecto dos elementos, através de propriedades físicas como maleabilidade e condutividade elétrica, e através de propriedades químicas, como o aumento da tendência de formar íons M^{2+}, ou as propriedades ácidas ou básicas de óxidos e hidróxidos.

Compostos tetracovalentes

A maioria dos compostos são tetracovalentes. Nesse caso todos os quatro elétrons externos participam da formação de ligações. Na teoria das ligações de valência isso é explicado pela promoção de elétrons do estado fundamental para um estado excitado. A energia necessária para desemparelhar e promover um elétron é mais do que compensada pela energia liberada na formação de duas ligações covalentes adicionais. a distribuição dos quatro orbitais leva a uma estrutura tetraédrica, consistente com a hibridização sp^3.

Configuração eletrônica do átomo

de carbono no estado fundamental dois elétrons desemparelhados, possibilidade de formar duas ligações covalentes apenas

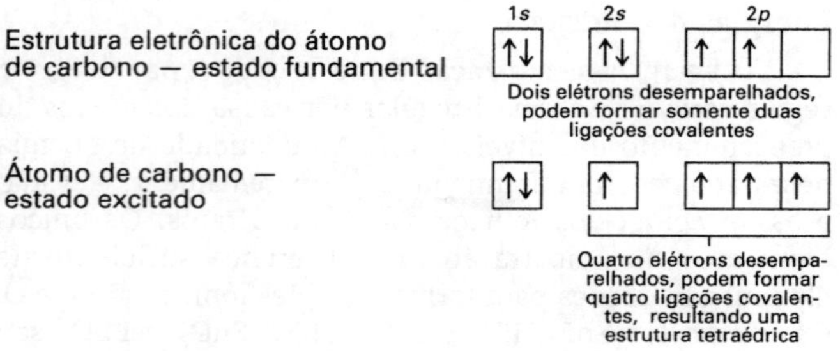

	1s	2s	2p
Estrutura eletrônica do átomo de carbono — estado fundamental	↑↓	↑↓	↑ ↑
		Dois elétrons desemparelhados, podem formar somente duas ligações covalentes	
Átomo de carbono — estado excitado	↑↓	↑	↑ ↑ ↑
		Quatro elétrons desemparelhados, podem formar quatro ligações covalentes, resultando uma estrutura tetraédrica	

REATIVIDADE QUÍMICA

Os elementos desse Grupo são relativamente pouco reativos, mas a reatividade aumenta de cima para baixo dentro do Grupo. O estado de oxidação M^{II} se torna sucessivamente mais estável descendo pelo Grupo. O Pb às vezes parece mais "nobre" (menos reativo) do que seria de se esperar a partir de seu potencial de eletrodo padrão de −0,13 volt. A inércia se deve em parte ao revestimento da superfície por uma camada de óxido, e em parte à elevada sobretensão para a redução de H^+ a H_2 numa superfície de Pb. A produção de H_2 a partir de H^+ num eletrodo de chumbo é cineticamente desfavorável, e requer-se um potencial muito mais elevado que o potencial padrão de redução.

C, Si e Ge não são afetados pela água. Sn reage com vapor de água para formar SnO_2 e H_2. O Pb não é afetado pela água, provavelmente por causa da formação de uma camada protetora de óxido.

C, Si e Ge não são afetados por ácidos diluídos. Sn se dissolve em HNO_3 diluído, formando $Sn(NO_3)_2$. O Pb se dissolve lentamente em HCl diluído, formando o $PbCl_2$ pouco solúvel, e se dissolve mais rapidamente em HNO_3 diluído, formando $Pb(NO_3)_2$ e óxidos de nitrogênio. O Pb também se dissolve em ácidos orgânicos (por exemplo, acético, cítrico e oxálico). O Pb não se dissolve em H_2SO_4 diluído, porque se forma uma película protetora de $PbSO_4$.

O diamante não é afetado por ácidos concentrados, mas o grafite reage com HNO_3 concentrado à quente, formando ácido melítico, e com uma mistura de HF e HNO_3 concentrados a quente, formando óxido de grafite. O Si é oxidado e fluoretado por HF/HNO_3 concentrados. O Ge se dissolve lentamente em H_2SO_4 concentrado e quente e em HNO_3. O Sn se dissolve em diversos ácidos concentrados. O Pb não se dissolve em HCl concentrado porque se forma uma película protetora de $PbCl_2$.

C não é afetado por álcalis. Si reage lentamente a frio com soluções aquosas de NaOH, reagindo rapidamente à quente, com formação de soluções de silicatos, $[SiO_4]^{4-}$. Sn e Pb são atacados lentamente por álcalis a frio, e rapidamente por álcalis a quente, formando estanatos $Na_2[Sn(OH)_6]$ e plumbatos $Na_2[Pb(OH)_6]$. Sn e Pb são, portanto, anfóteros.

O diamante não reage com os halogênios, mas o grafite reage com F_2 a 500 °C, formando compostos de intercalação ou fluoreto de grafita $(CF)_n$. Si e Ge reagem facilmente com todos os halogênios, formando haletos voláteis SiX_4 e GeX_4. Sn e Pb são menos reativos. Sn reage com Cl_2 e Br_2 a frio, e com F_2 e I_2 por aquecimento, com formação de SnX_4. O Pb reage com F_2 a frio formando PbF_2, e com Cl_2 a quente, formando $PbCl_2$.

EFEITO DO PAR INERTE

O efeito do par inerte se mostra em caráter crescente nos elementos mais pesados do Grupo. Há um decréscimo na estabilidade do estado de oxidação (+IV) e um aumento na estabilidade do estado de oxidação (+II) ao percorrermos o grupo de cima para baixo. O Ge(+II) é um forte agente redutor, enquanto que o Ge(+IV) é estável. O Sn(+II) existe na forma de íons simples, que são fortemente redutores, mas o Sn(+IV) é covalente e estável. O Pb(+II) é iônico, estável e mais comum do que Pb(+IV), que é oxidante. As valências menores são mais iônicas porque o raio do íon M^{2+} é maior que o do M^{4+}, e de acordo com as regras de Fajans, quanto menor o íon, maior a tendência à covalência.

POTENCIAIS PADRÃO DE REDUÇÃO (VOLT)

Solução ácida	Solução básica
Estados de oxidação	
+IV +II 0	+IV +II 0
$Sn^{4+} \xrightarrow{+0,15} Sn^{2+} \xrightarrow{-0,14} Sn$	$[Sn(OH)]_6^{2-} \xrightarrow{-0,9} HSnO_2^- \xrightarrow{-0,91} Sn$
$PbO_2 \xrightarrow{+1,46} Pb^{2+} \xrightarrow{-0,13} Pb$	$PbO_2 \xrightarrow{+0,28} PbO \xrightarrow{-0,54} Pb$

COMPOSTOS DE GRAFITE

Na grafite, é grande a distância entre as diversas camadas: portanto, as ligações entre as camadas são fracas. Assim, um grande número de substâncias pode invadir o espaço entre as camadas, formando compostos de intercalação de composição variada. Quando o espaço entre as camadas for ocupado por átomos, moléculas ou íons, eles provocam aumento da distância entre estas camadas. Desde que as camadas permaneçam planas, o novo composto mantém um caráter semelhante ao do grafite: os elétrons π continuam deslocalizados sobre toda a camada, retendo a capacidade de conduzir a corrente elétrica. Se os átomos invasores adicionarem elétrons ao sistema π, a condutividade elétrica aumentará. Reações desse tipo (ou seja, reações de intercalação) são freqüentemente reversíveis.

Quando a grafite é aquecida a cerca de 300 °C com vapores dos metais mais pesados do Grupo 1, K, Rb e Cs, ela absorve o metal, formando um composto de cor bronze de fórmula C_8M. A cor de bronze se deve à formação de agregados de átomos metálicos nessas concentrações de metal relativamente elevadas, da mesma maneira como se formam agregados em soluções destes metais em amônia líquida. Se o C_8M for aquecido a 350 °C sob pressão reduzida, ocorre a perda de metal, formando-se uma série de compostos de intercalação, variando de uma coloração cinza azulada a azul ou preto, dependendo do número de camadas ocupadas pelo metal (ver Tab. 13.6).

Tabela 13.6 — Representação idealizada de compostos de grafite, mostrando diferentes números de camadas invadidas pelo metal

C_8M bronze	$C_{24}M$ azul-aço	$C_{36}M$ azul	$C_{48}M$ preto	$C_{60}M$ preto
cada camada invadida	cada segunda camada invadida	cada terceira camada invadida	cada quarta camada invadida	cada quinta camada invadida
–C	–C	–C	–C	–C
–M	–M	–M	–M	–M
–C	–C	–C	–C	–C
–M				
–C	–C	–C	–C	–C
–M	–M			
–C	–C	–C	–C	–C
–M		–M		
–C	–C	–C	–C	–C
–M	–M		–M	
–C	–C	–C	–C	–C
–M				–M
–C	–C	–C	–C	–C
–M	–M	–M		
–C	–C	–C	–C	–C
–M				
–C	–C	–C	–C	–C
–M	–M		–M	
–C	–C	–C	–C	–C
–M		–M		
–C	–C	–C	–C	–C
–M	–M			–M
–C	–C	–C	–C	–C

$$C + M \rightarrow C_8M$$
$$C_8M \rightarrow C_{24}M \rightarrow C_{36}M \rightarrow C_{48}M \rightarrow C_{60}M$$

Compostos de intercalação de Li e de Na são mais difíceis de se obter, mas conhecem-se vários destes compostos: C_6Li, $C_{12}Li$, $C_{16}Li$, $C_{18}Li$ e $C_{40}Li$.

A estrutura cristalina do C_8K é conhecida. As camadas de grafite permanecem intactas, mas a distância entre as camadas aumenta, por causa da presença dos átomos do metal. Os átomos de C de uma camada se dispõem verticalmente sobre os de outra camada, em vez de formarem o arranjo ABAB... na α-grafite. Como as camadas permanecem planas, elas conservam seu sistema de elétrons π deslocalizados. Portanto, o C_8K pode conduzir a eletricidade, mas a resistência elétrica é consideravelmente menor que o da α-grafite, ou seja, o C_8K conduz melhor que a α-grafite (resistência a 285 K: α-grafite, 28,4 ohm cm^{-1}; C_8K, 1,02 ohm cm^{-1}). A grafite é diamagnética, e C_8K é paramagnético. Isso sugere que as ligações entre o metal e as camadas de grafite envolvem a transferência de um elétron do metal alcalino para o sistema π (isto é, à banda de condução) das camadas de grafite ($K \rightarrow K^+ + e^-$). A presença das espécies invasoras força as camadas de grafite a se afastarem, passando de uma distância de 3,35 Å a uma distância que chega até a 10 Å. Estes compostos de grafite com metais alcalinos são muito reativos. Eles podem explodir em água e reagem vigorosamente quando expostos ao ar.

O $FeCl_3$ reage com a grafite formando um tipo diferente de composto de intercalação. Um comportamento semelhante é encontrado com:

1) os halogênios Cl_2 e Br_2;
2) HF;
3) um grande número de haletos, incluindo $CdCl_2$, $CuBr_2$, $FeCl_3$, $AlCl_3$, ClF_3, TiF_4, $MoCl_5$, SbF_5, UCl_6 e XeF_6;
4) diversos óxidos, como CrO_3, MoO_3, SO_3, N_2O_5 e Cl_2O_7;
5) e alguns sulfetos, como FeS_2, PdS, V_2S_3.

Alguns dos compostos invasores podem atuar como receptores de pares eletrônicos. Com outros, por exemplo $FeCl_3$, forma-se um composto de fórmula C_6FeCl_3, em que o $FeCl_3$ forma um retículo em camadas dentro das camadas hospedeiras da grafite. Isso corresponde quase ao retículo lamelar formado pelo $FeCl_3$. A presença desse tipo de espécie invasora aumenta a condutividade elétrica da grafite em um fator de até dez vezes. Parece haver uma transferência de elétrons da grafite para os átomos invasores. No caso do Cl_2 e do Br_2, o halogênio pode remover elétrons ligantes da grafite ($Cl + e^- \rightarrow Cl^-$), deixando um "buraco positivo" na camada de valência. O "buraco positivo" pode migrar, podendo portanto conduzir corrente. Não se sabe como ocorre a condução nos compostos de intercalação de haletos.

Uma terceira classe de compostos é formada entre grafite e O e F. Esses compostos não são condutores. O óxido de grafite é formado quando o grafite é oxidado com reagentes fortes, como HNO_3 concentrado, $HClO_4$ ou $KMnO_4$. O óxido de grafite é instável, amarelo esverdeado, e não-estequiométrico. Ele se decompõe lentamente a 70 °C, e se inflama a 200 °C, com formação de H_2O, CO_2 e CO. A relação O:C se aproxima de 1:2, mas freqüentemente há deficiência de oxigênio, bem como presença de hidrogênio. O espaçamento entre as camadas aumenta para 6–7 Å. O óxido absorve água, álcoois, acetona e uma variedade de outras moléculas. Isso pode aumentar o espaçamento entre as camadas até 19 Å. A difração de raios X mostra uma estrutura em camadas, com camadas "dobradas" de uma rede hexagonal de átomos. As unidades C_6 se encontram geralmente na conformação em "cadeira", mas permanecem algumas poucas ligações C = C. Os oxigênios formam "pontes" (ligações tipo éter) C–O–C, e grupos C-OH, que podem sofrer tautomeria cetoenólica de ≡C–OH para >C = O. As camadas estão dobradas, porque todos os quatro elétrons de um átomo de carbono estão agora envolvidos em ligações . Isso destrói o sistema deslocalizado de elétrons π móveis encontrado nas camadas planas de grafite, o que explica a perda de condutividade elétrica.

Aquecendo grafite na presença de F_2 a 450 °C forma-se fluoreto de grafite. Na presença de HF a reação transcorre a temperaturas mais baixas. Isso pode acontecer em células produtoras de F_2, o que não só destruirá o eletrodo, mas pode provocar uma explosão. O produto CF_n é não-estequiométrico, variando de *n* igual a 0,7 a 0,98. A cor varia de preto a branco, passando por cinza e prateado, dependendo do teor crescente de flúor. O espaçamento entre as camadas é de cerca de 8 Å. Supõe-se que a estrutura seja uma estrutura em camadas, com camadas dobradas, e envolvendo ligações tetraédricas nos átomos de C. CF não conduz a eletricidade, e é pouco reativo.

CARBETOS

Compostos de carbono com um elemento menos eletronegativo são chamados de carbetos. A definição exclui compostos de carbono com N, P, O, S e halogênios. Os carbetos pertencem a três tipos principais:

1) iônicos ou salinos
2) intersticiais ou metálicos
3) covalentes

As fórmulas de alguns desses compostos não podem ser representadas pela simples aplicação das regras de valência. Os três tipos são preparados aquecendo-se o metal ou seu óxido com carbono ou um hidrocarboneto, a temperaturas de 2.000 °C.

Carbetos salinos

É conveniente classificar esses carbetos em três grupos, conforme contenham na estrutura "ânions" C^{4-}, C_2^{2-} ou C_3^{4-}.

O carbeto de berílio Be_2C é um sólido vermelho e pode ser obtido aquecendo-se C e BeO a 2.000 °C. O carbeto de alu-mínio Al_4C_3 é um sólido amarelo pálido formado pelo aquecimento dos elementos num forno elétrico. Be_2C contém átomos/íons individuais de C, mas a estrutura do Al_4C_3 é complexa. Não é apropriado representar a estrutura como contendo $4Al^{3+}$ e $3C^{4-}$, pois uma separação de cargas tão elevada é improvável. Tanto o Be_2C como o Al_4C_3 são chamados de metanogênios porque reagem com H_2O formando metano.

Os carbetos com uma unidade C_2 são melhor conhecidos. São formados principalmente pelos elementos do Grupo 1 ($M_2^IC_2$); pelos elementos do Grupo 2 ($M^{II}C_2$); pelos metais Cu, Ag, Au; pelo Zn e Cd; e por alguns dos lantanídeos (LnC_2, e $Ln_4(C_2)_3$). São todos compostos iônicos incolores que contêm o íon carbeto $(-C{\equiv}C-)^{2-}$. De longe o mais importante desses compostos é o CaC_2. É obtido industrialmente por forte aquecimento de cal com coque:

$$CaO + 3C \rightarrow CaC_2 + CO \qquad \Delta H = +466 \text{ kJ mol}^{-1}$$

A reação é endotérmica, sendo necessária uma temperatura de 2.200 °C. Esses carbetos apresentam uma reação exotérmica com água, liberando o acetileno, ou etino, razão porque são chamados de *acetiletos*.

$$CaC_2 + 2H_2O \rightarrow Ca(OH)_2 + HC{\equiv}CH$$

A produção de CaC_2 alcançou um máximo de 7 milhões de toneladas/ano em 1960, mas desde então declinou para 4,9 milhões de toneladas/ano em 1991. Antigamente tratava-se da principal fonte de acetileno, necessário para a solda acetileno/oxigênio, mas atualmente o acetileno é obtido principalmente a partir de petróleo. O CaC_2 é um intermediário químico importante, sendo empregado em escala industrial na fabricação de cianamida de cálcio. A cianamida é utilizada como fertilizante nitrogenado, e na fabricação de uréia e melamina (ver Capítulo 11, item "Carbetos").

$$CaC_2 + N_2 \xrightarrow{1100^\circ C} Ca(NCN) + C$$

Os acetiletos apresentam um retículo do tipo do NaCl, no qual o Na^+ é substituído por Ca^{2+} e o Cl^- por C_2^{2-}. No CaC_2, SrC_2 e BaC_2 a forma alongada do íon $(C{\equiv}C)^{2-}$ provoca uma deformação tetragonal da célula unitária, isto é, há um alongamento da célula unitária em uma das direções (ver Capítulo 3, Fig. 3.12).

Outro carbeto de magnésio, Mg_2C_3, contém uma unidade C_3, e na hidrólise com água fornece propino, $CH^3{-}C{\equiv}CH$.

Carbetos intersticiais

Os carbetos intersticiais são formados principalmente pelos elementos de transição, e por alguns dos lantanídios e actnídios. Os grupos do Cr, Mn, Fe, Co e Ni formam um grande número de carbetos, com uma variedade de estequiometrias. São tipicamente infusíveis, ou têm ponto de fusão extremamente elevado, e são muito duros. Por exemplo, o TaC funde a 3.900 °C (dureza 9 a 10 na escala de Mohs), e também o WC é muito duro. Ambos são empregados na confecção de instrumentos de corte para tornos. Os carbetos intersticiais conservam muitas das propriedades dos metais. Eles conduzem a eletricidade por condução metálica, e possuem brilho semelhante ao dos metais.

Nesses compostos os átomos de C ocupam interstícios octaédricos no retículo metálico de empacotamento denso, não afetando assim a condutividade elétrica do metal. Desde que o tamanho do metal seja maior que 1,35 Å, os interstícios octaédricos são suficientemente grandes para acomodar os átomos de C sem distorcer o retículo do metal (como estamos tratando de retículos metálicos, deve-se considerar um número de coordenação 12). Se todos os interstícios octaédricos forem ocupados, a fórmula será MC. Carbetos intersticiais são geralmente inertes. Eles não reagem com H_2O como os carbetos iônicos. A maioria reage lentamente com HF e HNO_3 concentrados.

Alguns metais, incluindo Cr, Mn, Fe, Co e Ni, possuem raios inferiores a 1,35 Å: portanto, o retículo metálico estará distorcido no carbeto. As estruturas serão mais complicadas para compostos tais como V_2C, Mn_5C_2, Fe_3C, V_4C_3 e outros. A cementita, Fe_3C, é um importante constituinte do aço. Esses carbetos são mais reativos, sendo hidrolisados por ácidos diluídos, e em alguns casos por água, formando misturas de hidrocarbonetos e H_2.

Alguns carbetos têm estrutura baseada na do NaCl, onde o C ocupa todas as posições dos Cl^-. Dentre esses estão os carbetos de alguns dos primeiros metais de transição, como TiC, ZrC, HfC, VC, NbC, TaC, CrC e MoC, e alguns carbetos dos actinídios, como ThC, UC e PuC.

Carbetos covalentes

Os mais importantes são o SiC e o B_4C. O carbeto de silício é duro (9,5 na escala de Mohs), infusível e quimicamente inerte. Ele é largamente empregado como abrasivo, o "carborundum". Cerca de 300.000 toneladas são produzidas anualmente por aquecimento de quartzo ou areia com excesso de coque, num forno elétrico a 2.000-2.500 °C.

$$SiO_2 + 2C \rightarrow Si + 2CO$$
$$Si + C \rightarrow SiC$$

O SiC é muito pouco reativo. Não é atacado por ácidos

(exceto H_3PO_4), mas reage com NaOH e ar, e com Cl_2 a 100 °C.

$$SiC + 2NaOH + 2O_2 \rightarrow Na_2SiO_3 + CO_2 + H_2O$$
$$SiC + 2Cl_2 \rightarrow SiCl_4$$

SiC geralmente tem cor púrpura escura, preta ou verde escura, devido a pequenas quantidades de ferro e outras impurezas, mas amostras puras são amarelo pálidas ou incolores. O SiC apresenta uma estrutura tridimensional de átomos de Si e C, sendo cada átomo rodeado tetraedricmente por quatro átomos do outro tipo. Há um grande número de formas cristalinas, baseadas nas estruturas do diamante ou da wurtzita. O carbeto de boro é ainda mais duro que o carbeto de silício, sendo usado como abrasivo e na blindagem contra a radiação. É fabricado em quantidades da ordem de toneladas. A representação mais correta para sua fórmula é $B_{13}C_2$ (vide o item "Boretos" no Capítulo 12).

COMPOSTOS CONTENDO OXIGÊNIO

O carbono forma mais óxidos que os demais elementos do grupo. Tais óxidos diferem daqueles dos demais elementos por terem ligações múltiplas $p\pi$-$p\pi$ entre o C e O. Dois desses óxidos, CO e CO_2, são extremamente estáveis e importantes. Três são menos estáveis: C_3O_2, C_5O_2, e $C_{12}O_9$. Outros são ainda menos estáveis e incluem o óxido de grafite, C_2O e C_2O_3.

Monóxido de carbono CO

O CO é um gás incolor, inodoro e tóxico. Forma-se na combustão de C com uma quantidade limitada de ar. É preparado no laboratório pela desidratação do ácido fórmico com H_2SO_4 concentrado.

$$HCOOH \xrightarrow{H_2SO_4} CO + H_2O$$

O CO pode ser detectado pela chama azul que produz na combustão. Ele também reduz uma solução aquosa de $PdCl_2$ a Pd metálico, e quando borbulhado numa solução de I_2O_5 libera I_2, isto é, reduz I_2O_5 a I_2. A segunda reação é empregada na determinação quantitativa de CO, titulando-se o I_2 gerado com $Na_2S_2O_3$.

$$PdCl_2 + CO + H_2O \rightarrow Pd + CO_2 + 2HCl$$
$$5CO + I_2O_5 \rightarrow 5CO_2 + I_2$$

O CO é tóxico porque forma um complexo com a hemoglobina do sangue, complexo este mais estável que a oxihemoglobina. Isso impede a hemoglobina das hemáceas de transportar o oxigênio pelo corpo. A conseqüente deficiência de oxigênio leva à inconsciência e finalmente à morte. O CO é pouco solúvel em água e é um óxido neutro. O CO é um importante combustível, porque libera uma quantidade considerável de calor quando queima no ar.

$$2CO + O_2 \rightarrow 2CO_2 \qquad \Delta H^o = -565 \text{ kJ mol}^{-1}$$

As seguintes misturas são importantes combustíveis industriais:

1. "Gás d'água": uma mistura equimolar de CO e H_2.
2. Gasogênio: uma mistura de CO e N_2.
3. Gás de iluminação: uma mistura de CO, H_2, CH_4 e CO_2, produzida nos gasômetros por destilação de carvão, e armazenada em grandes reservatórios. O gás de iluminação era distribuído e utilizado como gás de cozinha e para aquecimento, nas grandes cidades. Na Inglaterra, foi substituído pelo gás natural (CH_4), mas em alguns países ainda continua sendo utilizado.

O "gás d'água" é obtido pela passagem de vapor de água sobre coque aquecido ao rubro.

$$C + H_2O \xrightarrow{\text{aquec. ao rubro}} CO + H_2 \text{ (gás d'água)}$$
$$\Delta H^o = +131 \text{ kJ mol}^{-1}$$
$$\Delta S^o = +134 \text{ kJ mol-1}$$

A reação de formação do gás d'água é fortemente endotérmica ($\Delta G = \Delta H - T\Delta S$) e o carvão-coque esfria. Por isso, periodicamente o fluxo de vapor deve ser interrompido e ar deve ser injetado para reaquecer o coque. É um combustível com um elevado poder calorífico, pois tanto o CO como o H_2 queimam com desprendimento de calor.

O gasogênio é obtido pela passagem de ar sobre coque aquecido ao rubro.

$$C + \underbrace{O_2 + 4N_2}_{\text{ar}} \longrightarrow CO_2 + 4N_2$$
$$\downarrow +C$$
$$2CO + 4N_2 \text{ (produção de gás)}$$

A reação total é exotérmica, e o coque não esfria como na produção do "gás d'água".

$$2C + O_2 \rightarrow 2CO \qquad \Delta H^o = -221 \text{ kJ mol}^{-1} \text{ e } \Delta S^o = +179 \text{ kJ mol}^{-1}$$

O gasogênio é um combustível menos eficiente que o "gás d'água", isto é, seu poder calorífico é menor, porque só parte do gás queima. A composição aproximada do gasogênio é 70% de N_2, 25% CO, 4% CO_2, além de pequenas quantidades de CH_4, H_2 e O_2.

O CO é um bom agente redutor, e pode reduzir muitos óxidos metálicos aos correspondentes metais (vide, "Ocorrência e obtenção dos elementos" e "Termodinâmica dos processos de redução", no Capítulo 6).

$$Fe_2O_3 + 3CO \xrightarrow{\text{alto forno}} 2Fe + 3CO_2$$
$$CuO + CO \rightarrow Cu + CO_2$$

O CO é um importante ligante. Ele pode doar um par de elétrons para muitos metais de transição, formando os complexos carbonílicos. O número de moléculas de CO ligadas ao metal geralmente obedece a regra do número atômico efetivo (vide Capítulo 7). Contudo, a ligação é mais complicada do que esse fato sugere. Pode haver a formação de compostos com diferentes estequiometrias (Tab. 13.7).

Os complexos carbonílicos podem ser obtidos por meio de várias reações:

$$Ni + 4CO \xrightarrow{28^{\circ}C} Ni(CO)_4$$
$$Fe + 5CO \xrightarrow{200^{\circ}C \text{ sob pressão}} Fe(CO)_5$$
$$2Fe(CO)_5 \xrightarrow{\text{fotólise}} Fe_2(CO)_9 + CO$$
$$CrCl_6 + 3Fe(CO)_5 \xrightarrow{\text{aquec.}} Cr(CO)_6 + 3FeCl_2 + 9CO$$

Tabela 13.7 — Carbonilas metálicas binárias formadas pelos elementos da primeira série de transição

Sc	Ti	V	Cr	Mn	Fe	Co	Ni	Cu	Zn
		$V(CO)_6$	$Cr(CO)_6$	$Mn_2(CO)_{10}$	$Fe(CO)_5$	$Co_2(CO)_8$	$Ni(CO)_4$		
					$Fe_2(CO)_9$	$Co_4(CO)_{12}$			
					$Fe_3(CO)_{12}$	$Co_6(CO)_{16}$			

No processo Mond de purificação do níquel (agora obsoleto), o complexo carbonílico de níquel $Ni(CO)_4$ era obtido a partir de Ni e CO aquecidos a 50 °C (a fonte de CO era o "gás d'água"). O $Ni(CO)_4$ é um gás e pode ser separado dos outros metais e impurezas, sendo posteriormente decomposto por aquecimento a 230 °C. Embora o processo original seja obsoleto, uma modificação desse processo ainda é usada no Canadá.

As ligações existentes no CO podem ser representadas por três pares eletrônicos compartilhados pelos dois átomos:

$$:\overset{\cdot\cdot}{\underset{\cdot\cdot}{C}}:O: \quad \text{ou} \quad C\equiv O$$

A descrição mais precisa é aquela baseada na teoria dos orbitais moleculares (vide Capítulo 4).

$$\sigma 1s^2, \sigma^* 1s^2, \sigma 2s^2, \sigma^* 2s^2, \begin{cases} \pi 2p_y^2, \\ \pi 2p_z^2, \end{cases} \sigma 2p_x^2, \sigma^* 2p_z^0, \begin{cases} \pi^* 2p_y^0 \\ \pi^* 2p_z^0 \end{cases}$$
$$\xrightarrow{\text{energia crescente}}$$

A ligação carbono-metal nos complexos carbonílicos pode ser considerada como sendo resultante da doação de um par de elétrons do carbono para o metal, $M \leftarrow C\equiv O$. Essa ligação σ original é fraca. Uma segunda ligação, mais forte, é formada por retrodoação ("back bonding"), também denominada ligação π dativa. Ela decorre da sobreposição lateral de um orbital d_{xy} preenchido do metal com um orbital antiligante vazio π^* $2p_y$ do carbono, formando assim uma ligação π $M \rightarrow C$. Logo, a ligação formada é do tipo $M=C=O$. O preenchimento total ou parcial do orbital antiligante do carbono diminui a ordem de ligação da ligação tripla no $C\equiv O$ para uma ligação dupla. Isso se reflete num aumento do comprimento da ligação C-O de 1,128 Å no CO para cerca de 1,15 Å em muitas carbonilas metálicas.

O CO é o ligante organometálico mais estudado. Por causa da retrodoação ("back bonding") ele é às vezes chamado de ligante receptor π. O deslocamento de densidade eletrônica π de M para C torna o ligante mais negativo, o que por sua vez reforça o caráter doador σ. Por causa disso o CO forma ligações fracas com ácidos de Lewis (receptores de pares de elétrons), tais como o BF_3, pois nesse caso é formado apenas uma ligação σ. Por outro lado, o CO se liga fortemente a metais de transição capazes de formar tanto ligações σ como π. Outros ligantes receptores π são o CN^-, RNC e NO^+. Comparando esses ligantes entre si, a força das ligações σ varia na ordem $CN^- > RNC > CO > NO^+$, enquanto que a propriedade π-receptora varia na ordem inversa.

O CO é um ligante muito versátil. Ele pode atuar como um "ligante ponte" entre dois átomos metálicos, por exemplo no nonacarbonildiferro(0), $Fe_2(CO)_9$ (Fig. 13.5). O CO pode estabilizar agregados metálicos, onde o C forma ligações multicêntricas com três átomos do metal, e os orbitais π^* do CO podem estar formando ligações com outros átomos metálicos.

O monóxido de carbono é bastante reativo, combinando-se facilmente com O, S e os halogênios F, Cl e Br.

$$CO + {}^1/_2O_2 \rightarrow CO_2$$
$$CO + S \rightarrow COS$$
(sulfeto de carbonila)

$$CO + Cl_2 \rightarrow COCl_2$$
cloreto de carbonila (fosgênio)

Os haletos de carbonila são hidrolisados facilmente pela água, e reagem com amônia formando uréia:

$$COCl_2 + H_2O \rightarrow 2HCl + CO_2$$

$$Cl_2C{=}O + 2NH_3 \xrightarrow{\text{fase gasosa}} (NH_2)_2C{=}O + 2HCl$$
uréia

O cloreto de carbonila (fosgênio) é extremamente tóxico, e foi usado na Primeira Guerra Mundial como gás de combate. Atualmente é fabricado em grandes quantidades para a obtenção de diisocianato de tolileno, um intermediário na fabricação de polímeros do tipo das poliuretanas.

Dióxido de carbono, CO_2

O CO_2 é um gás incolor e inodoro. Trata-se de um dos principais produtos da indústria química, cuja produção só nos Estados Unidos ultrapassa 5,3 milhões de toneladas/ano e 10 milhões de toneladas/ano no mundo, em 1993. A fonte industrial mais importante de CO_2 é como subproduto do processo de obtenção do hidrogênio, necessário para a síntese de NH_3.

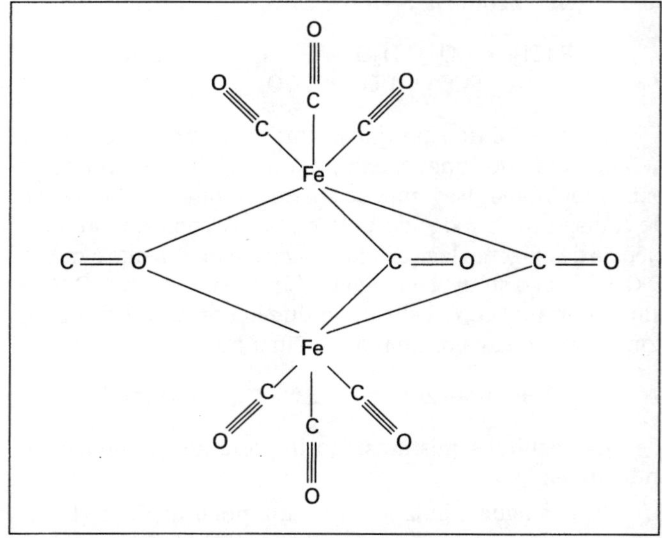

Figura 13.5 — A estrutura do $Fe_2(CO)_9$

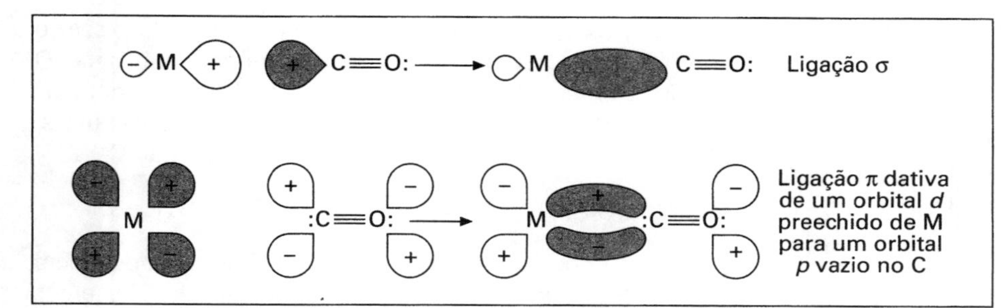

Figura 13.4 — Representação esquemática das interações em carbonilas metálicas (segundo N.N. Greenwood e A. Earnshaw, Chemistry of the Elements, Pergamon, 1984, p.351

$$CO + H_2O \rightarrow CO_2 + H_2$$
$$CH_4 + 2H_2O \rightarrow CO_2 + 4H_2$$

Também pode ser recuperado de processos de fermentação em cervejarias, dos gases liberados na calcinação do calcário em fornos de cal, e dos gases efluentes de usinas termelétricas alimentadas a carvão. O CO_2 formado é recuperado, absorvendo-o numa solução aquosa de Na_2CO_3 ou etanolamina.

$$C_6H_{12}O_6 \xrightarrow[\text{condições anaeróbicas}]{\text{fermentação sob}} 2C_2H_5OH + 2CO_2$$
$$CaCO_3 \xrightarrow{\text{forte aquec.}} CaO + CO_2$$

É obtido em pequenas quantidades pela ação de ácidos diluídos sobre carbonatos. Também pode ser preparado pela combustão de carbono na presença de excesso de ar.

$$CaCO_3 + 2HCl \rightarrow CaCl_2 + CO_2 + H_2O$$
$$C + O_2 \rightarrow CO_2$$

A recuperação de CO_2 se dá pelas reações:

$$Na_2CO_3 + CO_2 + H_2O \underset{\text{quente}}{\overset{\text{frio}}{\rightleftharpoons}} 2NaHCO_3$$

ou (processo Girbotol):

$$\underset{\text{etanolina}}{2HOCH_2NH_2} + CO_2 + H_2O \underset{100\text{–}150\,^\circ C}{\overset{30\text{–}60\,^\circ C}{\rightleftharpoons}} (HOCH_2CH_2NH_3)_2CO_3$$

O CO_2 gasoso pode ser liquefeito sob pressão a temperaturas entre −57 °C e +31 °C. Cerca de 80% é comercializado na forma líquida, e 20% na forma sólida. O sólido é obtido como uma neve branca por expansão do gás comprimido em cilindros (a expansão provoca resfriamento). Essa neve é compactada em blocos e vendida. O CO_2 sublima diretamente para o estado gasoso (sem passar pela fase líquida) à temperatura de −78 °C, à pressão atmosférica. Mais da metade do CO_2 produzido é usada como refrigerante. O CO_2 sólido é conhecido como "gelo seco" e é usado para congelar carnes, alimentos e sorvetes, e no laboratório é utilizado como agente refrigerante. Mais de um quarto da produção encontra emprego na carbonatação de bebidas (refrigerantes, cerveja, etc). Podem ser citados também a fabricação de uréia, o emprego como atmosfera inerte, e a neutralização de álcalis. Mais de 35 milhões de toneladas de uréia foram produzidas mundialmente, em 1991 (a uréia é o fertilizante nitrogenado mais usado, além de ser usado na fabricação de resinas uréia-formaldeído).

$$CO_2 + 2NH_3 \xrightarrow{180\,^\circ C,\ \text{pressão}} \underset{\substack{\text{carbamato}\\\text{de amônio}}}{NH_4CO_2NH_2} \rightarrow \underset{\text{uréia}}{CO(NH_2)_2} + H_2O$$

O CO_2 também é utilizado em pequena escala. Podem ser citados os extintores de incêndio, exaustão em minas de carvão, como propelente de aerossóis, para inflar botes salva-vidas, etc.

O CO_2 é detectado pela sua reação com água de cal (solução de $Ca(OH)_2$) ou água de barita (solução de $Ba(OH)_2$) que formam precipitados brancos de $CaCO_3$ ou $BaCO_3$, respectivamente. Se uma quantidade maior de CO_2 for borbulhado pela mistura, a turvação desaparece à medida que se forma o bicarbonato solúvel.

$$Ca(OH)_2 + CO_2 \rightarrow \underset{\substack{\text{precipitado}\\\text{branco}}}{CaCO_3} + H_2O$$

$$CaCO_3 + CO_2 + H_2O \rightarrow \underset{\text{solúvel}}{Ca(HCO_3)_2}$$

O CO_2 é um óxido ácido e reage com bases formando sais. Dissolve-se em água mas sofre hidratação apenas parcial, com formação de ácido carbônico, H_2CO_3. A solução contém apenas uma pequena quantidade de íons carbonato e bicarbonato. É possível cristalizar o hidrato, $CO_2 \cdot 8H_2O$, a partir de uma solução a 0 °C e 50 atmosferas de pressão de CO_2.

$$CO_2 + H_2O \rightleftharpoons H_2CO_3$$

O ácido carbônico nunca foi isolado, porém dá origem a duas séries de sais: os hidrogenocarbonatos (comumente chamados de bicarbonatos) e os carbonatos.

$$NaOH + (H_2CO_3) \begin{cases} NaHCO_3 & \text{bicarbonato de sódio (sal ácido)} \\ Na_2CO_3 & \text{carbonato de sódio (sal normal)} \end{cases}$$

O CO_2 também pode atuar como ligante, formando alguns poucos complexos, tais como $[Rh(CO_2)Cl(PR_3)_3]$ e $[Co(CO_2)(PPh_3)_3]$. No primeiro o átomo de C do CO_2 está ligado ao metal. No segundo complexo o CO_2 atua como ligante bidentado, com um C e um O ligados ao metal, sendo a molécula de CO_2 angular.

A estrutura do CO_2 é linear, O–C–O. As duas ligações C–O tem o mesmo comprimento. Além das ligações σ existentes entre C e O, há uma ligação π tricêntrica com quatro elétrons envolvendo os três átomos. Isso equivale a mais duas ligações π, além das duas ligações σ. A ordem de ligação da ligação C–O é, portanto, dois. Veja uma descrição mais detalhada no Capítulo 4.

Do ponto de vista biológico, é importante na fotossíntese, processo pelo qual as plantas verdes sintetizam glicose a partir de CO_2. Em última análise, toda a vida animal e vegetal depende desse processo.

$$6CO_2 + 6H_2O \xrightarrow{\text{luz solar}} \underset{\text{glicose}}{C_6H_{12}O_6} + 6O_2$$

A reação inversa ocorre durante o processo da respiração, pelo qual os animais e plantas produzem energia.

$$C_6H_{12}O_6 + 6O_2 \rightarrow 6CO_2 + 6H_2O + \text{energia}$$

Subóxidos de carbono

O subóxido de carbono, C_3O_2, é um gás de cheiro desagradável, com ponto de ebulição de 6 °C. É preparado pela desidratação do ácido malônico com P_4O_{10}.

$$\underset{\text{ácido malônico}}{HOOC \cdot CH_2 \cdot COOH} \xrightarrow{P_4O_{10},150^\circ C} O=C=C=C=O + 2H_2O$$

O composto é estável a −78 °C, e a molécula é linear. A temperatura ambiente o gás sofre uma reação de polimerização, formando um sólido amarelo. A temperaturas mais elevadas, o sólido se torna vermelho e depois púrpura. O óxido reage com água formando ácido malônico, e também reage com HCl e NH_3, como mostrado abaixo:

$$C_3O_2 + 2HCl \rightarrow CH_2(COCl)_2 \quad \text{(um cloreto de acila)}$$
$$C_3O_2 + 2NH_3 \rightarrow CH_2(CONH_2)_2 \quad \text{(uma diamida)}$$

Há relatos contraditórios dizendo que o C_5O_2 é formado na termólise do C_3O_2. Além dos subóxidos mencionados acima, o único estável é o $C_{12}O_9$. Este sólido branco é o anidrido do ácido melítico, $C_6(COOH)_6$.

CARBONATOS

Há duas séries de sais derivados do ácido carbônico, H_2CO_3: os carbonatos, CO_3^{2-}, e os hidrogenocarbonatos ou bicarbonatos, HCO_3^-. O íon CO_3^{2-} é planar. O íon CO_4^{4-} não existe, embora o íon SiO_4^{4-} seja estável. O motivo deve ser o pequeno tamanho do C. Essa situação é análoga à da formação do NO_3^- e do PO_4^{3-} no Grupo 15. A estrutura eletrônica do íon CO_3^{2-} pode ser representada como se segue:

Configuração eletrônica do Carbono após compartilhar elétrons formando 4 ligações no CO_3^{2-}

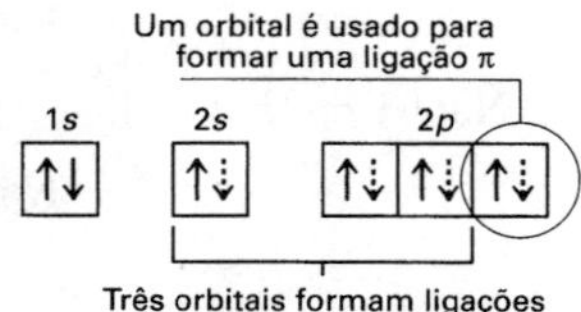

As ligações π nos íons CO_3^{2-} podem ser melhor descritas por meio de orbitais moleculares π deslocalizados, envolvendo os quatro átomos (vide Capítulo 4).

Muitos carbonatos de fórmula $M^{II}CO_3$ adotam a mesma estrutura cristalina da calcita, mas outros apresentam a estrutura da aragonita. A estrutura assumida depende do tamanho dos íons metálicos.

Mn^{2+}	Mg^{2+}	Co^{2+}	Zn^{2+}	Fe^{2+}	Cd^{2+}	Ca^{2+}	Sr^{2+}	Pb^{2+}	Ba^{2+}
0,67	0,72	0,74	0,74	0,78	0,97	1,00	1,18	1,21	1,35

←estrutura da calcita→ (de Mn^{2+} a Ca^{2+})
←estrutura da aragonita→ (de Ca^{2+} a Ba^{2+})

Alguns carbonatos são produzidos em quantidades muito grandes: 31,5 milhões de toneladas/ano de Na_2CO_3, 900.000 toneladas/ano de $NaHCO_3$, e 50.000 toneladas/ano de Li_2CO_3 (vide Capítulos 9 e 10).

O íon carbonato é incolor e portanto os carbonatos dos metais dos Grupos 1 e 2 são brancos. Embora os sais de Ag^+ sejam tipicamente brancos, Ag_2CO_3 é amarelo, por causa do efeito fortemente polarizante do Ag^+. O carbonato de amônio, $(NH_4)_2CO_3$ e os carbonatos do Grupo 1, exceto o Li_2CO_3 (pouco solúvel), são muito solúveis em água. O Tl_2CO_3 é moderadamente solúvel, mas os demais carbonatos dos elementos do Grupo 13 são pouco solúveis ou insolúveis. Todos os carbonatos reagem com ácido, formando CO_2.

$$Na_2CO_3 + 2HCl \rightarrow 2NaCl + CO_2 + H_2O$$

Os carbonatos do Grupo 1 são estáveis ao calor e fundem sem sofrer decomposição. Todos os carbonatos dos elementos do Grupo 2 se decompõem se o aquecimento for suficientemente forte, sendo que suas estabilidades aumentam à medida que aumenta o tamanho do íon metálico. A maioria dos demais carbonatos se decompõe facilmente.

$$CaCO_3 \xrightarrow{\text{aquec.}} CaO + CO_2$$

Temperatura de decomposição

$BeCO_3$	$MgCO_3$	$CaCO_3$	$SrCO_3$	$BaCO_3$
< 100 °C	540 °C	900 °C	1290 °C	1360 °C

Os únicos bicarbonatos sólidos conhecidos são os dos metais do Grupo 1 e o de amônio, NH_4^+. São sólidos incolores, um pouco menos solúveis que os correspondentes carbonatos. Eles se decompõem facilmente mediante aquecimento. As estruturas cristalinas desses compostos são constituídas por cadeias poliméricas de grupos HCO_3^-, mantidas por ligações de hidrogênio.

O CICLO DO CARBONO

Embora o carbono seja o décimo sétimo elemento mais abundante na crosta terrestre, totalizando cerca de 2×10^{16} toneladas, a maior parte se encontra na forma de carvão, petróleo e diversos carbonatos (calcário e dolomita), ou seja, encontram-se numa forma imobilizada.

Em contraste, há um ciclo rápido na atmosfera envolvendo CO_2, compostos de carbono em organismos vivos e CO_2 dissolvido nos oceanos, além de um ciclo mais lento envolvendo os minerais carbonatados formados no fundo dos oceanos. Existe um equilíbrio entre eles. A proporção de CO_2 na atmosfera é de aproximadamente 0,046% em peso, e 0,031% em volume. Embora seja uma percentagem relativamente pequena, corresponde a 2.500 bilhões de toneladas (2.500×10^9 toneladas), e é essencial à vida.

A fotossíntese efetuada pelas partes verdes das plantas e por algumas algas marrons e azuis remove por ano cerca de 360 bilhões de toneladas de CO_2 da atmosfera — cerca de 15%. O produto formado é o carboidrato glicose. Este pode ser usado pelas plantas na respiração com liberação de energia, ou então incorporado às células das plantas. As plantas são ingeridas pelos animais, e utilizadas para a respiração ou produção das células dos animais. Eventualmente, a mesma quantidade de CO_2 fixado é devolvida à atmosfera, pela respiração de plantas e animais ou pela putrefação de restos de animais e plantas.

A combustão de combustíveis fósseis, principalmente carvão, petróleo e gás natural, e as queimadas em florestas tropicais, liberam anualmente cerca de 25 bilhões de toneladas de CO_2 na atmosfera (a produção de carvão em

1992 foi de 4.545 milhões de toneladas; de petróleo 3.034 milhões de toneladas, de gás natural 2.1×10^{12} m^3). Quantidades significativas de CO_2 são liberadas pela decomposição térmica de calcário, na fabricação de cal para a indústria do cimento. A produção de cal em 1992 foi de 127,9 milhões de toneladas, o que corresponde ao desprendimento de cerca de 100 milhões de toneladas de CO_2.

$$CaCO_3 \rightarrow CaO + CO_2$$

Calcula-se que em 1992 os EUA foram responsáveis pela emissão de cerca de 1,2 bilhão de toneladas de CO_2 na atmosfera; a ex-URSS por cerca de 1 bilhão de toneladas e a Europa Ocidental por 0,8 bilhão de toneladas. Se todo esse CO_2 permanecer na atmosfera, estima-se que sua concentração duplicará até o ano 2.020. Com o uso crescente de combustíveis fósseis, essa concentração poderá ser alcançada bem antes dessa data.

As moléculas de CO_2 absorvem fortemente na região do infravermelho e sua presença na atmosfera diminui a perda de calor da Terra por irradiação. Esse aquecimento global é denominado "efeito estufa" (outros gases como os óxidos de nitrogênio provenientes dos gases de escape dos carros, os freons dos aerossóis e refrigeradores e o metano produzido por bactérias do solo e pelo rúmen dos animais ruminantes também contribuem para o efeito estufa.). A magnitude desse efeito e até mesmo sua existência ou não, são objeto de controvérsias. A concentração do CO_2 atmosférico aumentou em 10% desde 1958, e as medidas realizadas em amostras de geleiras indicam que ela é cerca de 25% maior que antes da Revolução Industrial. Isso corresponde a cerca da metade do CO_2 produzido pela queima de combustíveis fósseis, tendo sido a outra metade absorvida pelos oceanos. Um estudo das Nações Unidas sugere que, se nada for feito, a temperatura média da Terra aumentará em 2,5 °C nos próximos 30 anos. Este é um valor médio que pode variar de 2 graus no equador a 4 graus nos pólos. Esse fato poderia ter conseqüências dramáticas sobre o clima. Algumas áreas férteis, como o "grain belt" (cinturão dos cereais) dos EUA, tornar-se-iam desérticas. O aumento da temperatura provocaria um aumento da velocidade de evaporação da água e, por conseguinte, mais chuva, inundações e tempestades tropicais em certas regiões da planeta. Além disso, o degelo de parte das calotas polares associado com a expansão térmica da água dos oceanos inundaria vastas áreas de terra.

Não se sabe com certeza, contudo, se essas transformações catastróficas realmente ocorrerão. Deve-se enfatizar que o esperado aumento de temperatura, em conseqüência dos gases responsáveis pelo "efeito estufa", deve se estender por um longo período de tempo. Além disso, na natureza, uma variação na biosfera é geralmente equilibrada por outra transformação de efeito contrário. A reação dos sistemas biológicos e de outros sistemas podem influenciar a evolução das concentrações dos gases responsáveis pelo efeito estufa. Uma quantidade maior de CO_2 na atmosfera pode favorecer o crescimento das plantas, que o fixarão. Uma floresta inteira pode se desenvolver em 30 anos. O pH das águas dos mares deverá diminuir, pois grandes quantidades de CO_2 se dissolvem nas mesmas. Num caso extremo, esse aumento da acidez poderá dissolver as conchas dos moluscos e de outros seres marinhos, levando-os a extinção. Tratam-se de hipóteses, já que no caso de ocorrer um aquecimento global, a solubilidade do CO_2 na água do mar irá também diminuir. Contudo, um aumento da concentração de CO_2 nas águas superficiais poderia levar a um aumento da população de planctons — pequenas plantas marinhas que usam o CO_2 para a fotossíntese.

$$CO_3^{2-} + CO_2 + H_2O \rightarrow 2HCO_3^-$$

Os sedimentos de silicato no fundo dos oceanos exercem um papel importante na manutenção da composição e do pH da água. Um aumento do pH é compensado pela dissolução de certos minerais e a precipitação de outros. Assim silicatos podem converter-se em carbonatos e SiO_2. Se subseqüentemente o pH variar no sentido inverso, esses processos serão revertidos.

A polêmica criada pelo "efeito estufa" é um indicativo da quantidade insuficiente de evidências, das incertezas e da longa escala de tempo envolvidas no problema do aquecimento global. Na opinião do autor, é prudente iniciar programas no sentido de conservar energia, melhorar a eficiência e reduzir desperdícios, já que não há nenhuma tecnologia alternativa viável que permita substituir os combustíveis fósseis. A única fonte de energia alternativa em larga escala a considerar é a nuclear, mas no momento muitos consideram essa alternativa inaceitável. Muita pesquisa ainda é necessária para tornar o hidrogênio uma fonte de energia economicamente viável. Além disso, o aproveitamento da energia solar, dos ventos e das marés podem, na melhor das hipóteses, suprir necessidades locais de energia, ficando muito aquém das necessidades globais de energia.

SULFETOS

O dissulfeto de carbono, CS_2, é o mais importante dos sulfetos de carbono. Trata-se de um líquido incolor e volátil, P.E. 46 °C, que deve ser manuseado com muito cuidado, pois é muito inflamável, tem ponto de inflamabilidade muito baixo ("flash-point" = 30 °C) e sofre ignição espontaneamente a 100 °C. Além disso, é muito venenoso e ataca o cérebro e o sistema nervoso central. Amostras puras têm odor semelhante ao do éter, mas certas impurezas orgânicas freqüentemente lhe comunicam um odor extremamente desagradável. É um produto químico de interesse industrial, tendo sido de 280.400 toneladas, a produção mundial em 1991. Era obtido aquecendo-se carvão e vapor de enxofre a cerca de 850 °C. Atualmente é produzido principalmente por meio de uma reação em fase gasosa entre gás natural e enxofre, catalisada por Al_2O_3 ou sílica-gel.

$$CH_4 + 4S \xrightarrow{600°C} CS_2 + 2H_2S$$

O CS_2 é utilizado principalmente:

1. Na fabricação de viscose (seda artificial) e celofane. O CS_2 reage com a celulose e NaOH formando ditiocarbonato de celulose e sódio (xantato de celulose).

$$CS_2 + \text{celulose—OH} + NaOH \longrightarrow (\text{celulose—O})(NaS)C{=}S$$

xantato de celulose

O xantato é então dissolvido numa solução alcalina aquosa para formar uma solução viscosa chamada de "viscose". Por acidificação, a "viscose" é reconvertida em celulose na forma de fibras (raiom ou "lã de celulose"), ou de uma película fina (celofane).

2. Na produção de CCl_4 (vide mais adiante o item "Haletos").
3. Na vulcanização a frio da borracha; são usadas quantidades menores para dissolver o S.

CS_2 reage com NaOH aquoso, formando uma mistura de carbonato de sódio e tritiocarbonato de sódio:

$$3CS_2 + 6NaOH \rightarrow Na_2CO_3 + 2Na_2CS_3 + 3H_2O$$

CS_2 reage com NH_3 com formação de ditiocarbamato de amônio:

$$CS_2 + 2NH_3 \rightarrow NH_4[H_2NCS_2]$$

O CS_2 é uma molécula linear com estrutura semelhante a do CO_2. O CS_2 forma complexos com mais facilidade que o CO_2. O complexo $[Pt(CS_2)(PPh_3)_3]$ é estruturalmente semelhante ao $[Co(CO_2)(PPh_3)_3]$. O CS_2 atua como ligante bidentado, ligando-se ao metal através de um átomo de C e um átomo de S. Nesse caso a molécula de CS_2 passa a ter estrutura angular. Os átomos de enxofre podem ligar-se a outros átomos metálicos, originando complexos mais complicados. As ligações não podem ser explicadas utilizando as ligações localizadas clássicas.

A radiação solar pode provocar a decomposição do CS_2 a CS, por isso deve ser armazenado em frascos escuros. A passagem de uma descarga elétrica de alta freqüência pelo vapor também pode provocar a decomposição do CS_2 a CS. Este é um radical altamente reativo, mesmo à temperatura do ar líquido, sendo quimicamente bem diferente do CO. A passagem de CS_2 por um arco voltaico fornece C_3S_2, um líquido vermelho que se polimeriza lentamente (como o C_3O_2). Supõe-se que sua estrutura seja S=C=C=C=S.

OS ÓXIDOS DE SILÍCIO

Dois óxidos de silício são conhecidos: SiO e SiO_2. Supõe-se que o monóxido de silício se forme na redução de SiO_2 com Si, a altas temperaturas, mas há dúvidas sobre sua existência à temperatura ambiente.

$$SiO_2 + Si \rightarrow 2SiO$$

O dióxido de silício, SiO_2, é comumente chamado de sílica, e é muito abundante na forma de areia e quartzo. Os elementos do Grupo 14 geralmente formam quatro ligações. O carbono pode formar ligações pπ-pπ, de modo que o CO_2 é um gás constituído por moléculas discretas. O silício não pode formar ligações duplas da mesma maneira, usando orbitais pπ-pπ (atualmente são conhecidos diversos compostos de silício que contém ligações pπ-pπ, nos quais o átomo de silício aparentemente usa orbitais d para formar as ligações). O SiO_2 forma, portanto, uma estrutura tridimensional infinita, sendo o SiO_2 um sólido de elevado ponto de fusão. Existem pelo menos 12 formas diferentes de SiO_2. As principais são o quartzo, a tridimita e a cristobalita, cada uma das quais tem uma estrutura diferente a altas e baixas temperaturas. A mais comum dessas formas é de longe o α-quartzo, que é um dos principais componentes do granito e do arenito. O SiO_2 puro é incolor, mas pequenas quantidades de outros metais podem comunicar-lhe cor, produzindo pedras semipreciosas como a ametista (violeta), o quartzo rosa (cor de rosa), o quartzo enfumaçado (marrom), o quartzo citrino (amarelo), e materiais não preciosos como a pederneira (às vezes preta por causa da presença de C), a ágata e o ônix (rajado).

formas à baixa temperatura

α–quartzo　　α–tridimita　　α–cristobalita

$\Updownarrow$ 573°C　　$\Updownarrow$ 129-160°C　　$\Updownarrow$ 200-275°C

$$\beta\text{–quartzo} \xrightleftharpoons{870\ °C} \beta\text{–tridimita} \xrightleftharpoons{1470\ °C} \beta\text{–cristobalita} \xrightleftharpoons{1710\ °C} SiO_2 \text{ líquido}$$

formas à alta temperatura

Em todas essas formas, o silício é rodeado tetraedricamente por quatro átomos de O. Cada vértice é compartilhado com outro tetraedro, formando um arranjo infinito. A diferença entre elas está nas diferentes maneiras em que as unidades de SiO_4 estão ligadas umas nas outras. O α-quartzo é a forma mais estável à temperatura ambiente, onde os tetraedros formam cadeias helicoidais ligadas entre si. Como as hélices podem ter rotação para a esquerda ou para a direita, elas não são sobreponíveis, podendo existir na formas dos isômeros ópticos *d* e *l*. Os cristais podem ser separados manualmente. Na cristobalita os átomos de Si têm o mesmo arranjo que os átomos de C no diamante, sendo que os átomos de O se encontram a meio-caminho entre eles. A relação que existe entre tridimita e cristobalita é a mesma que existe entre a wurtzita e a blenda. Aquecendo-se qualquer uma das formas sólidas do SiO_2 ao seu ponto de amolecimento, ou esfriando-se lentamente o SiO_2 fundido, obtém-se um sólido vítreo. Este é amorfo e contém uma mistura desordenada de anéis, cadeias e unidades tridimensionais.

A sílica, em qualquer forma, é muito pouco reativa. É um óxido ácido e, portanto, não reage com ácidos. Contudo, reage com HF formando tetrafluoreto de silício, SiF_4. Essa reação é usada em análise qualitativa para detectar a presença de silicatos: o SiF_4 é hidrolisado a ácido silícico quando entra em contato com uma gota d'água, formando um sólido branco que flutua na superfície da mesma.

$$H_2SO_4 + CaF_2 \rightarrow HF \xrightarrow{+SiO_2} SiF_4 + H_2O \xrightarrow{+H_2O} \begin{cases} HF + Si(OH)_4 \text{ ou} \\ SiO_2 \cdot 2H_2O \end{cases}$$

SiO_2 é um óxido ácido: dissolve-se lentamente numa solução aquosa alcalina, e mais rapidamente em álcalis (MOH) ou carbonatos (M_2CO_3) fundidos, formando silicatos.

$$SiO_2 + NaOH \rightarrow (Na_2SiO_3)_n \text{ e } Na_4SiO_4$$

Essa reação explica porque as tampas de vidro esmerilhado ficam aderidas nos frascos contendo soluções de NaOH. Dentre os halogênios, somente o flúor ataca o SiO_2.

$$SiO_2 + 2F_2 \rightarrow SiF_4 + O_2$$

O quartzo é um importante material piezoelétrico,

utilizado em agulhas de toca-discos, nos osciladores em receptores de rádio e computadores, para fabricar acendedores de cigarros e fogões (do tipo "Magiclik"). Quartzo natural de elevada pureza não é encontrado em quantidade suficiente para suprir a demanda. Por isso, uma grande quantidade é sintetizada a partir do crescimento hidrotérmico de cristais semeados em NaOH aquoso ou sílica vítrea a 400 °C, sob pressão.

A sílica vítrea tem baixo coeficiente de expansão térmica, é resistente ao choque e muito transparente à luz visível e ultravioleta. Assim, é utilizada na manufatura de vidrarias de laboratório, em componentes ópticos tais como lentes e prismas, e cubetas para espectrofotômetros UV-visível.

A sílica-gel é amorfa e muito porosa. Ela é obtida por desidratação do ácido silícico e pode conter até cerca de 4% de água. É muito usada como agente secante, como catalisador e em cromatografia. O mineral opala, que é usado como pedra preciosa branca ou perolada, é sílica-gel amorfa. O início da formação de estruturas ordenadas pode ser observado em vários minerais, muitos dos quais são cortados e lapidados para uso como pedras semipreciosas:

ágata	(freqüentemente rajada)
ônix	(pode conter listras brancas e pretas)
cornalina	(amarelo ou vermelho)
heliotrópio	(verde com manchas vermelhas)
jaspe	(geralmente vermelho ou marron, mas às vezes verde, azul ou amarelo)
pederneira	(incolor, ou preto se carbono estiver presente)

Tais compostos são melhor representadas como $SiO_2 \cdot nH_2O$.

As terras infusórias são outra variedade de SiO_2. Trata-se de um pó branco fino, sendo que cerca de 2 milhões de toneladas por ano são mineradas a céu aberto na Europa e Estados Unidos. São usadas em filtros, como abrasivo e como carga inerte ("gelinhita" é uma mistura do explosivo nitrobenzeno (líquido) e terras infusórias inertes (sólido)).

ÓXIDOS DE GERMÂNIO, ESTANHO E CHUMBO

Os dióxidos GeO_2, SnO_2 e PbO_2 normalmente adotam a estrutura do TiO_2 com coordenação 6:3. A basicidade dos óxidos aumenta de cima para baixo no grupo: esta é a tendência normal. Assim, CO_2 e SiO_2 são tipicamente ácidos. GeO_2 não é tão ácido como o SiO_2, e SnO_2 e PbO_2 são anfóteros. GeO_2, SnO_2 e PbO_2 dissolvem-se em álcalis formando germanatos, estanatos e plumbatos, respectivamente. Os germanatos têm estruturas complicadas semelhantes as dos silicatos, mas os estanatos e plumbatos contêm os íons complexos $[Sn(OH)_6]^{2-}$ e $[Pb(OH)_6]^{2-}$. Não há evidências sobre a formação de $Ge(OH)_4$, $Sn(OH)_4$ e $Pb(OH)_4$, sendo melhor representados como $MO_2(H_2O)_n$, onde n é aproximadamente igual a dois. Os três óxidos são insolúveis em ácidos, exceto na presença de um agente complexante como F^- ou Cl^-. Nesses casos podem se formar íons complexos tais como $[GeF_6]^{2-}$ e $[SnCl_6]^{2-}$.

Os óxidos inferiores GeO, SnO e PbO apresentam estruturas lamelares em vez das estruturas iônicas típicas. São ligeiramente mais básicos e iônicos que os correspondentes óxidos superiores. GeO é caracteristicamente ácido, enquanto que SnO e PbO são anfóteros e se dissolvem tanto em ácidos com em bases. O aumento da estabilidade das espécies no estado de oxidação mais baixo, à medida que se desce no grupo, é ilustrado pelo fato de Ge^{II} e Sn^{II} serem agentes redutores bastante fortes, enquanto que o Pb^{II} é estável.

O PbO é comercialmente importante, podendo se apresentar na forma de uma variedade vermelha chamada litargírio ou amarela conhecida como massicote. O litargírio é usado em grandes quantidades na fabricação do vidro "cristal" e para vitrificar objetos cerâmicos. A produção mundial é de cerca de 250.000 toneladas/ano. O "óxido negro" de chumbo é uma mistura de PbO e Pb, sendo usado em grande escala na fabricação de placas de chumbo de acumuladores e baterias de automóveis. O ânodo é oxidado a PbO_2 enquanto o cátodo é reduzido a Pb esponjoso. Cerca de 700.000 toneladas/ano são usadas mundialmente.

O chumbo também forma o óxido misto Pb_3O_4. É conhecido como "chumbo vermelho" e pode ser representado como $2PbO \cdot PbO_2$, indicando claramente que contém Pb(II) e Pb(IV). O Pb_3O_4 é usado em tintas para prevenir a formação de ferrugem no ferro e aço. É usado ainda para colorir e vulcanizar plásticos e borracha sintética. Quantidades menores são utilizadas na fabricação de vidro e cerâmica. A produção mundial é de cerca de 18.000 toneladas/ano.

O PbO_2 é usado como agente oxidante forte, sendo produzido "in situ" nas baterias de chumbo.

SILICATOS

Ocorrência na crosta terrestre

Cerca de 95% da crosta terrestre é constituído por minerais do grupo dos silicatos, aluminossilicatos (argilas) ou sílica. São os principais constituintes das rochas, areias e seus produtos de decomposição: as argilas e os solos. Muitos materiais de construção são constituídos por silicatos: granito, lousa e ardósia, tijolos e cimento. Cerâmica e vidro também são silicatos.

Os três elementos mais abundantes são O, Si e Al. Juntos perfazem cerca de 81% da crosta terrestre, isto é, quatro dentre cinco átomos são desses elementos. Esta é uma proporção muito maior que na Terra como um todo ou no Universo. Durante o resfriamento da Terra, os silicatos cristalizaram e flutuaram na superfície por serem mais leves, concentrando-se na crosta terrestre.

N.L. Bowen resumiu a seqüência em que esses minerais cristalinos foram se formando à medida que o magma esfriava. Essa seqüência é conhecida como Série de Reações de Bowen (Fig. 13.5).

Diversos aspectos devem ser salientados:

1. Os silicatos mais simples cristalizaram primeiro.
2. Grupos hidroxila aparecem nos últimos minerais e o F pode tê-los substituído.
3. A substituição isomórfica, isto é, a substituição de um

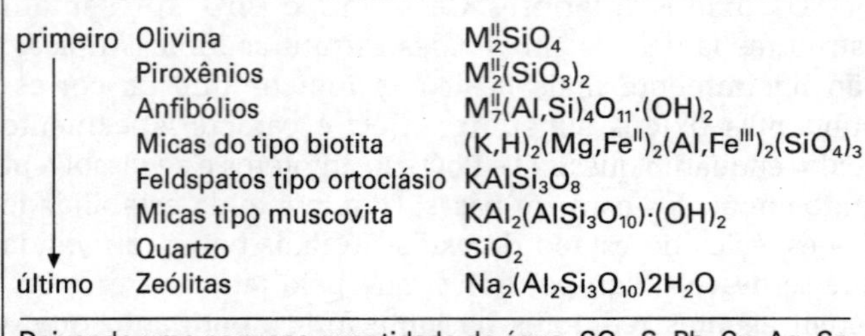

primeiro	Olivina	$M^{II}_2SiO_4$
	Piroxênios	$M^{II}_2(SiO_3)_2$
	Anfibólios	$M^{II}_7(Al,Si)_4O_{11}\cdot(OH)_2$
	Micas do tipo biotita	$(K,H)_2(Mg,Fe^{II})_2(Al,Fe^{III})_2(SiO_4)_3$
	Feldspatos tipo ortoclásio	$KAlSi_3O_8$
	Micas tipo muscovita	$KAl_2(AlSi_3O_{10})\cdot(OH)_2$
↓	Quartzo	SiO_2
último	Zeólitas	$Na_2(Al_2Si_3O_{10})2H_2O$

Deixando uma pequena quantidade de água, SO_2, S, Pb, Cu, Ag, Sn, As, Sb, Bi e outros metais de transição em solução, a temperatura e pressões muito altas.

***Figura 13.6** — Seqüência segundo a qual se supõe que os minerais cristalizaram*

metal por outro sem alterar a estrutura, ocorre principalmente nos últimos minerais.

4. Os feldspatos do tipo ortoclásio, micas do tipo muscovita e quartzo são os principais constituintes do granito.
5. Os silicatos "encolhem" e se rompem, esfriam com a posterior diminuição da temperatura. A solução hidrotérmica (em água quente) fluiu através das "falhas" próximas a superfície para regiões de temperatura e pressão menores, onde os elementos precipitaram e se combinaram com S, formando veios de sulfetos.

Silicatos solúveis

Os silicatos podem ser preparados fundindo-se carbonatos de metais alcalinos com areia num forno elétrico, a cerca de 1.400 °C.

$$Na_2CO_3 \xrightarrow{1400\,^\circ C} CO_2 + Na_2O \xrightarrow{+SiO_2} Na_4SiO_4,\ (Na_2SiO_3)_n \text{ e outros}$$

O produto é silicato de sódio ou de potássio ("vidro solúvel"). Este é dissolvido em água quente sob pressão e filtrado para se remover todos os materiais insolúveis. A composição do produto varia, mas é aproximadamente $Na_2Si_2O_5\cdot 6H_2O$. Em 1991 foram produzidos 2,6 milhões de toneladas de silicato de sódio solúvel (medida do conteúdo de SiO_2). São utilizados em detergentes líquidos, para manter o pH elevado, permitindo a dissolução de graxas e gorduras devido a formação de sabões. Silicatos solúveis não devem ser usados com "água dura", pois reagirão com o Ca^{2+}, formando silicato de cálcio insolúvel. O silicato de sódio também é usado como adesivo (por exemplo em papel adesivo, na aglutinação de polpa de papel e papelão ondulado), em chapas de asbesto, em tintas à prova de fogo, massa de vidreiro e na fabricação de sílica-gel.

Princípios estruturais dos silicatos

A maioria dos silicatos minerais é muito insolúvel, pois tem uma estrutura iônica infinita mantida por fortes ligações Si–O, tornando difícil o estudo de suas estruturas. Por isso, inicialmente foram estudados propriedades físicas tais como clivagem e dureza das rochas. Os princípios que definem as estruturas dos silicatos só se tornaram claros depois que suas estruturas foram resolvidas por cristalografia de raios-X.

1) A diferença de eletronegatividades entre O e Si, 3,5–1,8 = 1,7, sugere que as ligações são quase 50% iônicas e 50% covalentes.
2) A estrutura pode, portanto, ser interpretada teoricamente, tanto considerando-se que as ligações são iônicas como covalentes. A relação de raios Si^{4+}:O^{2-} é igual a 0,29, sugerindo que o Si possui quatro átomos de O vizinhos, localizados nos vértices de um tetraedro. Isso também pode ser previsto utilizando os orbitais $3s$ e $3p$ do silício para formar as ligações. Portanto, os silicatos são constituídos por unidades tetraédricas, $(SiO_4)^{4-}$.
3) Os tetraedros de SiO_4 podem existir como unidades discretas, ou podem polimerizar-se formando unidades maiores compartilhando os vértices, ou seja, compartilhando os átomos de oxigênio.
4) Os átomos de O geralmente se encontram densamente empacotados, ou quase. O retículo cristalino de empacotamento compacto possui interstícios tetraédricos e octaédricos. Assim, os íons metálicos podem ocupar tanto os interstícios octaédricos quanto os tetraédricos, dependendo de seu tamanho. A maioria dos íons metálicos tem um tamanho adequado para se encaixar num ou noutro tipo de interstício, mas o Al^{3+} pode ocupar ambos. Assim, o Al pode substituir um metal em um dos dois tipos de interstícios, ou um átomo de silício no retículo. Essa característica é particularmente importante no caso dos aluminossilicatos.

Ocasionalmente o Li pode ocupar sítios com um número de coordenação 6 em vez de 4, e K e Ca podem ter um número de coordenação 8 em vez de 6. O princípio das relações de raios é um guia útil, mas é estritamente aplicável somente a compostos iônicos. Os silicatos são parcialmente covalentes, não havendo uma completa separação de cargas, com formação dos íons Si^{4+} e O^{2-}. Nesses casos os valores empíricos dos "raios iônicos efetivos" podem ser utilizados em vez dos raios iônicos (vide R.D. Shannon, nas leituras complementares).

CLASSIFICAÇÃO DOS SILICATOS

A maneira pela qual as unidades tetraédricas $(SiO_4)^{4-}$ se ligam pode ser utilizado convenientemente para classificar os diversos silicatos minerais.

Ortossilicatos (mesossilicatos)

Uma grande variedade de minerais são constituídas por unidades $(SiO_4)^{4-}$ discretas, isto é, que não compartilham vértices (vide Fig. 13.7). Eles apresentam a fórmula $M^{II}{}_2[SiO_4]$, onde M pode ser Be, Mg, Fe, Mn ou Zn, ou então $M^{IV}[SiO_4]$, como no $ZrSiO_4$. Diversas estruturas são formadas, dependendo do número de coordenação do metal.

Na willemita, $Zn_2[SiO_4]$, e na fenacita, $Be_2[SiO_4]$, os átomos de Be e Zn tem número de coordenação 4 e ocupam interstícios tetraédricos.

Na forsterita, $Mg_2[SiO_4]$, o Mg tem número de coordenação 6 e ocupa interstícios octaédricos. Quando sítios octaédricos são ocupados, é muito comum a ocorrência de substituição isomórfica de um metal divalente por outro de tamanho semelhante, sem alteração da estrutura. O mineral olivina, $(Mg,Fe)_2[SiO_4]$, possui a mesma estrutura da forsterita, mas cerca de um décimo dos íons Mg^{2+} foram substituídos por íons Fe^{2+}. Os íons em questão têm a mesma

Tabela 13.8 — Tipos de interstícios ocupados em estruturas de empacotamento compacto

Óxido	Relação de raios	Número de coordenação	Tipo de interstício ocupado
Be^{2+}: O^{2-}	0,25	4	Tetraédrico
Si^{4+}: O^{2-}	0,29	4	Tetraédrico
Al^{3+}: O^{2-}	0,42	4 ou 6	Tetraédrico ou octaédrico
Mg^{2+}: O^{2-}	0,59	6	Octaédrico
Fe^{2+}: O^{2-}	0,68	6	Octaédrico

carga e raios semelhantes (Mg^{2+} 0,72 Å, Fe^{2+} 0,78 Å), e ocupam o mesmo tipo de interstício. Por isso, a substituição de um dos metais pelo outro não altera a estrutura. Esse mineral também pode conter Mn^{2+} em alguns interstícios octaédricos, formando assim o mineral $(Mg,Fe,Mn)_2[SiO_4]$. Todas essas estruturas são derivadas do empacotamento hexagonal compacto.

A zirconita, $ZrSiO_4$, pode ser usada como pedra semipreciosa, pois pode ser lapidada de modo a parecer um diamante, embora seja muito mais barata. A zirconita não é tão dura quanto o diamante, e as arestas lapidadas, que tornam a jóia atraente, podem eventualmente desgastar-se, perdendo seu aspecto original. O zircônio tem número de coordenação 8 e a zirconita não adota uma estrutura de empacotamento compacto.

Outro grupo importante de minerais, constituídas por unidades tetraédricas discretas, são as granadas. Cristais grandes de granada podem ser lapidados e polidos para serem usados como uma pedra semipreciosa de coloração vermelha. Quantidades bem maiores (106.099 toneladas em 1993) foram empregadas para fabricar lixas. Sua fórmula é $M^{II}_3M^{III}_2[(SiO_4)_3]$. O metal M^{II} pode ser Mg, Ca ou Fe^{II}, e são hexacoordenados. O metal M^{III} pode ser Fe^{III}, Cr ou Al, e são octacoordenados.

Pirossilicatos (sorossilicatos, dissilicatos)

Duas unidades tetraédricas podem juntar-se, compartilhando um O de um dos vértices, formando assim a unidade $(Si_2O_7)^{6-}$. Esse é o mais simples dos íons silicato condensados. O nome "piro" provém da semelhança estrutural com pirofosfatos, tal como o $Na_4P_2O_7$. Esses compostos foram

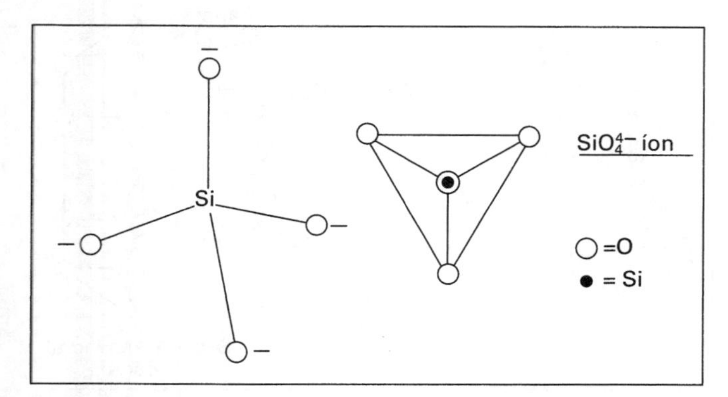

Figura 13.7 — Estrutura dos ortossilicatos (segundo T.Moeller)

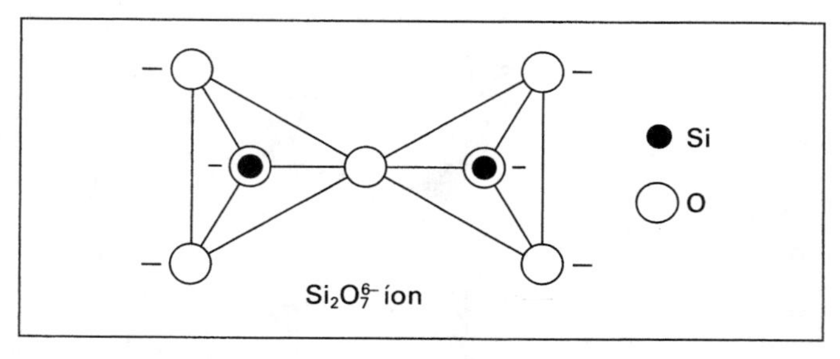

Figura 13.8 — Estruturas dos pirossilicatos $Si_2O_7^{6-}$ (segundo T. Moeller)

assim denominados porque podem ser obtidos aquecendo-se os correspondentes ortofosfatos (vide Fig. 13.8).

Os pirossilicatos são raros. Um exemplo é a thortveitita, $Sc_2[Si_2O_7]$. Diversos dissilicatos dos lantanídios tem fórmulas semelhantes, $Ln_2[Si_2O_7]$, mas são bem diferentes. Nesses compostos o ângulo Si–O–Si não é de 180° como no composto de Sc, e pode variar até 133°. Além disso, o número de coordenação do metal varia de 6 para 7 ou 8, à medida que aumenta o tamanho do metal. Outro exemplo é a hemimorfita, $Zn_4(OH)_2[Si_2O_7]$, mas estudos estruturais não detectaram nenhuma diferenças entre os comprimentos das ligações Si–O terminais e em ponte. Assim, a classificação como um íon dissilicato deve estar errada, sendo melhor descrita como uma estrutura contendo tetraedros $[SiO_4]$ e $[ZnO_3(OH)]$ ligados entre si de modo a formar um retículo tridimensional.

Silicatos cíclicos

Se dois átomos de oxigênio de cada unidade tetraédrica forem compartilhados, podem se formar estruturas cíclicas de fórmula geral $(SiO_3)_n^{2n-}$ (Fig.13.9). São conhecidos anéis contendo três, quatro, seis e oito unidades tetraédricas, sendo mais comuns as que contêm três e seis. A wollastonita, $Ca_3[Si_3O_9]$, e a benitoíta, $BaTi[Si_3O_9]$, contém o íon cíclico $Si_3O_9^{6-}$. A unidade $Si_6O_{18}^{12-}$ ocorre no berilo, $Be_3Al_2[Si_6O_{18}]$, onde estão alinhadas umas sobre as outras, formando canais. Íons Na^+, Li^+ e Cs^+ são comumente encontrados nesses canais. Além disso, a presença dos canais torna o mineral permeável a gases formados por átomos e moléculas pequenas, como por exemplo o hélio. O berilo e a esmeralda são ambas pedras preciosas. O berilo é encontrado associado ao granito, geralmente como cristais em forma de prismas

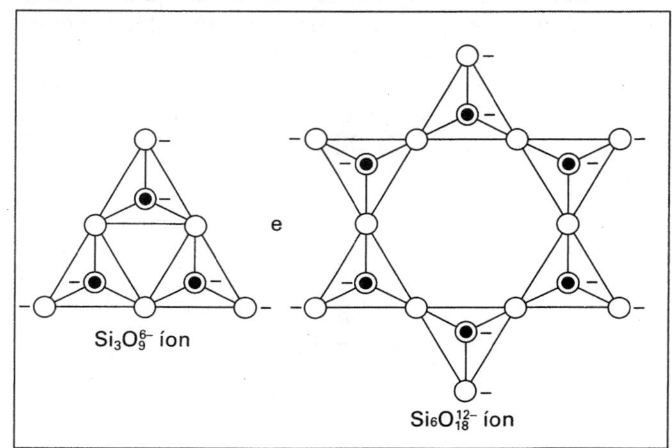

Figura 13.9 — Estrutura dos silicatos cíclicos $Si_3O_9^{6-}$ e $Si_6O_{18}^{12-}$ (segundo T. Moeller)

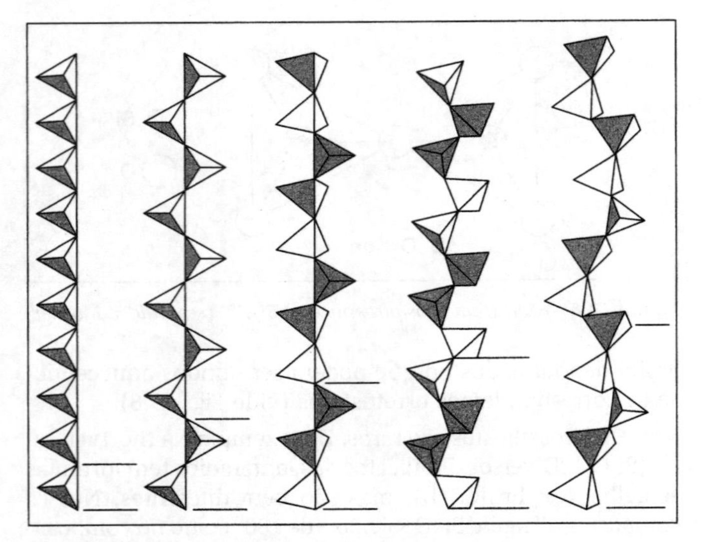

Figura 13.10 — Estruturas de várias cadeias isoladas

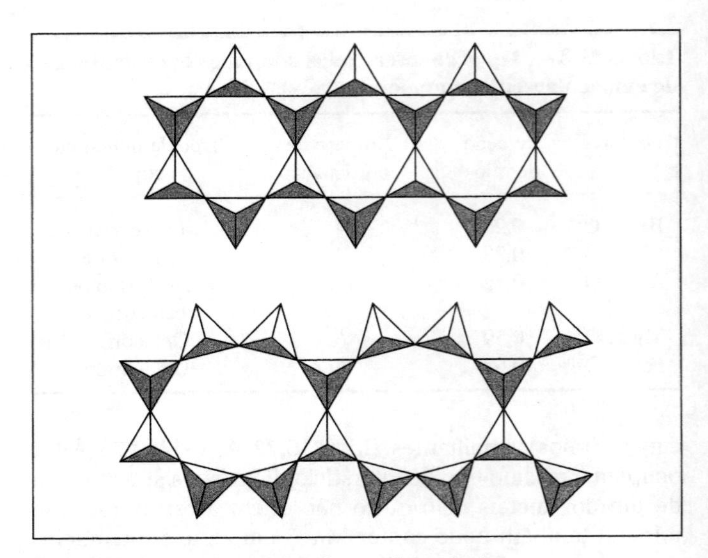

Figura 13.12 — Estrutura de várias cadeias duplas

hexagonais verde pálidos. A esmeralda tem a mesma fórmula do berilo, mas contém de 1 a 2% de Cr, responsável por sua coloração verde mais intensa.

Silicatos em cadeia

Silicatos com cadeias simples, os piroxênios, são formados pelo compartilhamento dos átomos de oxigênio de dois vértices de cada tetraedro com outros tetraedros. Isso leva à fórmula $(SiO_3)_n^{2n-}$ (vide Fig. 13.10 e 13.11). Diversos minerais importantes são constituídos por cadeias de silicatos, com várias estruturas diferentes. Dependendo da disposição dos tetraedros no espaço, o tamanho das unidades repetitivas ao longo da cadeia pode variar, alterando a estrutura do silicato. O arranjo mais comum é aquele no qual as unidades se repetem a cada dois tetraedros, por exemplo, no espodumênio, $LiAl[(SiO_3)_2]$ (é a principal matéria-prima para a obtenção do lítio), na enstatita, $Mg_2[(SiO_3)_2]$ e na diopsita, $CaMg[(SiO_3)_2]$. Na wollastonita, $Ca_3[(SiO_3)_3]$, a unidade repetitiva é constituída por três tetraedros. Vários outros minerais constituídos por unidades repetitivas contendo 4, 5, 6, 7, 9 e 12 tetraedros são conhecidos.

Cadeias duplas podem ser formadas quando duas cadeias simples se ligam por meio do compartilhamento de átomos de oxigênio. Esses minerais são conhecidos como anfibólios e são bastante comuns. Há diversas maneiras de se formar cadeias duplas, originando compostos que podem ser representados como $(Si_2O_5)_n^{2n-}$, $(Si_4O_{11})_n^{6n-}$, $(Si_6O_{17})_n^{10-}$ e outros (vide Fig. 13.12).

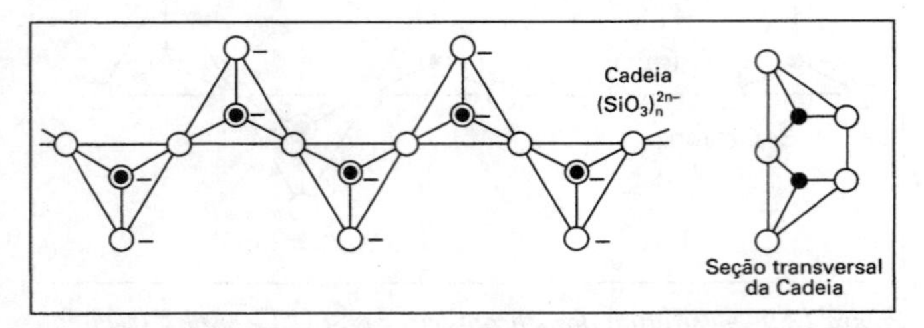

Figura 13.11 — Estrutura dos piroxênios $(SIO_3)_n^{2-}$ (segundo T. Moeller)

Os anfibólios mais numerosos e melhor estudados são os minerais da família dos asbestos. Eles são constituídos por unidades $(Si_4O_{11})_n^{6n-}$. Nessa estrutura (Fig. 13.12) alguns tetraedros compartilham dois, enquanto outros compartilham três vértices. Podem ser citados a tremolita, $Ca_2Mg_5[(Si_4O_{11})_2](OH)_2$, e a crocidolita, $Na_2Fe^{II}_3Fe^{III}_2[(Si_4O_{11})_2](OH)_2$. Os anfibólios sempre contêm grupos hidroxila, que estão ligados aos íons metálicos.

As ligações Si–O nas cadeias são fortes e direcionais. Cadeias adjacentes são mantidas unidas pelos íons metálicos presentes. Por isso, os piroxênios e os anfibólios podem ser facilmente clivados na direção paralela às cadeias, formando fibras. Por esse motivo eles são chamados de minerais fibrosos. O ângulo de clivagem para os piroxênios é de 89°, e para os anfibólios de 56°. Essa característica é usada para identificar esses minerais. Aqueles ângulos estão relacionados com o tamanho das seções transversais trapezoidais das cadeias, e à maneira como elas estão empacotadas (vide Fig. 13.14).

O asbesto tem considerável importância econômica, tendo sido minerados 2,8 milhões de toneladas (URSS 36%, Canadá 19%, Cazaquistão 14%, China e Brasil 9% cada um), em 1993. Ele é útil por ser forte, barato, resistente ao calor e à chama, e também resistente a ácidos e álcalis. A

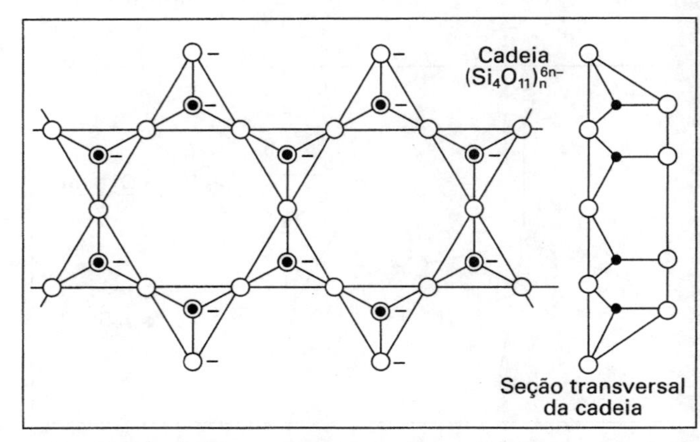

Figura 13.13 — Estrutura de anfibólios $(Si_4O_{11})_n^{6-}$ (segundo T. Moeller)

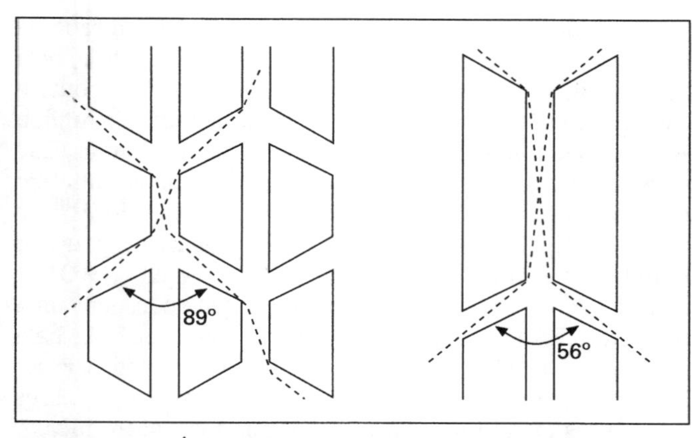

Figura 13.14 — Ângulos de clivagem de piroxênios e anfibólios

maior parte é empregada para fabricar cimento reforçado e telhas. Quantidades menores encontram emprego em lonas de freio, revestimento de embreagens, telas de amianto, aditivo para coberturas de plásticos vinílicos e como isolante térmico de tubulações. Além disso, as fibras podem ser tecidas para o fabrico de roupas de proteção contra as chamas.

Os minerais do grupo dos asbestos provêm de dois diferentes grupos de silicatos:

1. Os anfibólios
2. Os silicatos lamelares.

Os anfibólios incluem a crocidolita, $Na_2Fe^{II}{}_3Fe^{III}{}_2[Si_8O_{22}](OH)_2$, conhecido como "asbesto azul", e seus derivados. Estes são obtidos por substituição isomórfica, como a amosita ou "asbesto marrom", $(MgFe^{II})_7[Si_8O_{22}](OH)_2$. Esses dois minerais perfazem cerca de 5% dos asbestos utilizados.

O mineral crisotilo, $Mg_3(OH)_4[Si_2O_5]$, é conhecido como "asbesto branco", sendo derivado da serpentina, um silicato lamelar. Ele responde por 95% do asbesto usado.

Embora o asbesto seja quimicamente inerte, constitui um sério risco para a saúde. A inalação de pó de asbesto provoca asbestose, ou formação de cicatrizes nos pulmões. Causa também câncer de pulmão. O "asbesto azul" parece ser o mais perigoso. A doença pode apresentar um período de latência de 20 a 30 anos. A melhor maneira de evitar tal doença é minimizar a quantidade de poeira de asbesto e, se possível, manusear o material umedecido.

Silicatos lamelares (filossilicatos)

Quando as unidades SiO_4 compartilham três vértices, forma-se uma estrutura infinita bidimensional de fórmula empírica $(Si_2O_5)_n{}^{2n-}$ (vide Fig. 13.15). Há ligações Si–O fortes dentro da camada, porém ligações muito mais fracas mantém as camadas unidas. Por isso, esses minerais tendem a clivar com formação de lâminas finas.

São raras as estruturas com camadas planas simples. Um grande número de silicatos lamelares são conhecidos e importantes. Eles têm estruturas um pouco mais complicadas, constituídas por lamelas contendo duas ou três camadas interligadas. Podem ser citados:

1. As argilas (caolinita, pirofilita, talco)
2. O asbesto branco (crisolita, biotita)

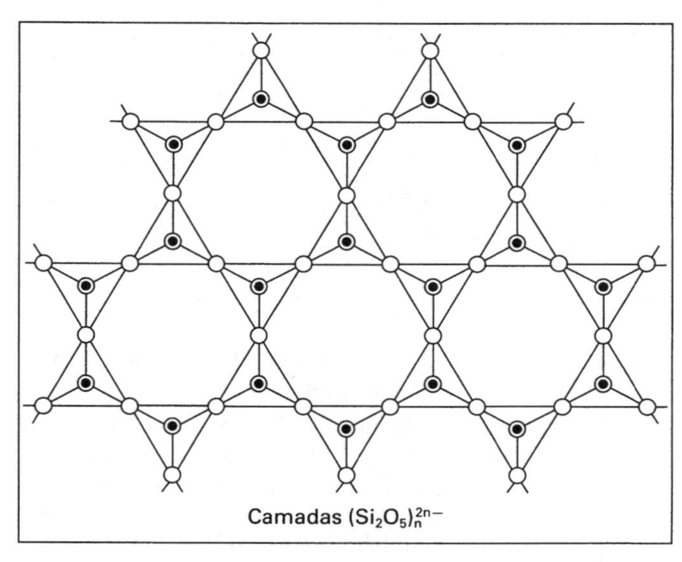

Figuira 13.15 — Estrutura de silicatos em camadas $(Si_2O_5)_n^{2n-}$ (segundo T. Moeller)

3. As micas (muscovita e margarita)
4. As montmorilonitas (terras de pisoeiro (Fullers earth), bentonitas e vermiculitas)

Vejamos como uma estrutura com duas camadas pode ser formada. Um dos lados de uma camada de silicato simples contém os átomos de oxigênio não compartilhados (ligados a apenas um Si). Os hidróxidos puros, $Al(OH)_3$ e $Mg(OH)_2$, cristalizam formando estruturas lamelares (Al e Mg são hexacoordenados e ocupam sítios octaédricos). Os átomos de oxigênios não compartilhados de uma camada de silicato estão praticamente nas mesmas posições relativas de dois terços dos grupos OH em cada lado dessas camadas de hidróxido. Se uma camada de Si_2O_5 for colocada lado a lado com uma camada de γ-gibsita, $(Al(OH)_3)$, verificaremos que muitos dos átomos de O serão coincidentes. Assim, os grupos OH do $Al(OH)_3$ podem ser removidos, para formar uma estrutura de duas camadas eletricamente neutra. O mineral caolinita, $Al_2(OH)_4[Si_2O_5]$, é constituído pelo empilhamento paralelo dessas duplas camadas. É um sólido branco formado na decomposição do granito. Grandes quantidades são usadas como carga na indústria de papel e como material refratário. A produção mundial de caolinita foi de 22,5 milhões de toneladas em 1992 (EUA 41%, Reino Unido 11% e Coréia do Sul 8%). O caolim para a fabricação de porcelana é minerado, por exemplo, na Cornualha (Inglaterra). É uma caolinita de elevado grau de pureza. Após a remoção de pequenas quantidades de SiO_2 e mica, pode ser misturado com água para formar uma massa plástica branca ou quase branca. Pequenas quantidades são empregadas na fabricação de porcelana, xícaras e pratos, louças sanitárias e outros materiais cerâmicos. Também são utilizados em cromatografia, no tratamento de indigestões e na confecção de emplastos.

Os dois lados de uma camada de $Al(OH)_3$ são equivalentes. Uma camada de Si_2O_5 foi combinada com um dos lados para formar a caolinita. Mas, uma segunda camada de Si_2O_5 pode combinar-se com o outro lado, formando uma estrutura com três camadas, constituída por silicato, $Al(OH)_3$

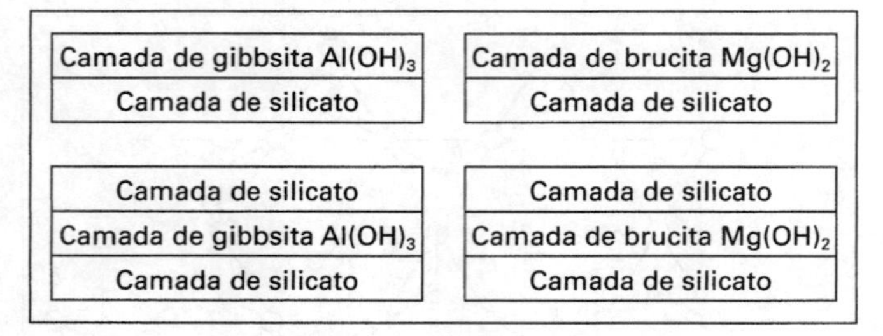

Figura 13.16 — Estruturas de duas e três camadas

e silicato. A pirofilita, $Al_2(OH)_2[(Si_2O_5)_2]$, apresenta esse tipo de estrutura em três camadas (Fig. 13.16).

Uma camada de brucita, $Mg(OH)_2$, pode ser combinada com uma camada de Si_2O_5, formando uma estrutura com duas camadas. Esse é o mineral crisotilo (asbesto branco), $Mg_3(OH)_4[Si_2O_5]$, que tem considerável importância comercial. A brucita também pode combinar-se com duas camadas de Si_2O_5, formando uma estrutura em três camadas conhecido como talco ou pedra-sabão, $Mg_3(OH)_2[(Si_2O_5)_2]$. Essas estruturas constituídas por três camadas são eletricamente neutras, não havendo íons metálicos ligando uma camada à outra. Por conseguinte, esse material é muito mole e pode ser quebrado facilmente. A esteatita ou pedra-sabão é lisa e escorregadia ao tato (daí seu nome), podendo ser utilizado como um lubrificante seco. A produção mundial de talco foi de 8,4 milhões de toneladas em 1992. É usado principalmente na fabricação de cerâmica, papel e tintas. Pequenas quantidades são usadas em cosméticos, pois o talco pode ser triturado até formar um pó muito fino.

Nas estruturas com três camadas do tipo das pirofilitas pode haver substituição de átomos. Se o Si for parcialmente substituído por Al (nos interstícios tetraédricos), a camada adquire carga elétrica negativa. Tais cargas são neutralizadas por íons metálicos positivos, localizados entre as camadas. Isso dá origem aos minerais do grupo das micas. Esses minerais são caracterizados pelo fato de poderem ser clivados em lâminas flexíveis transparentes e brilhantes, de cores variadas. A muscovita tem fórmula $KAl_2(OH)_2[AlSi_3O_{10}]$, sendo conhecida como "mica branca". A margarita tem fórmula $CaAl_2(OH)_2[AlSi_3O_{10}]$.

A substituição de átomos também pode ocorrer no talco, $Mg_3(OH)_2[Si_4O_{10}]$. A substituição de Si por Al + K dá origem à mica flogopita, $KMg_3(OH)_2[AlSi_3O_{10}]$. A substituição parcial de Mg por Fe^{II} dá origem ao mineral biotita, $K(Mg,Fe^{II})_3(OH)_2[AlSi_3O_{10}]$, ou "mica preta". As micas são muito mais duras que o talco e os outros minerais que apareceram nesse tópico, por causa da atração eletrostática entre as camadas triplas negativamente carregadas e os íons metálicos positivos. Contudo, esses ainda se constituem nos pontos fracos da estrutura, e as micas podem ser facilmente clivadas em lâminas. A produção mundial de micas foi de 214.000 toneladas em 1992. Os principais fornecedores são os EUA 40%, URSS 16% e Canadá 8%. Lâminas de mica são usadas como isolante elétrico, e como elemento de suporte para resistências (por exemplo, em ferros elétricos de passar roupa). Também é usado em capacitores e como "janela" em fornalhas. Mica finamente dividida é usada como carga em plásticos e borrachas, em chapas isolantes, e em tintas policromáticas e metálicas (por exemplo, para carros).

As argilas formam-se por decomposição (erosão) de outros silicatos ou por processos hidrotérmicos, isto é, pela ação da água a altas temperaturas e pressões. Elas contêm camadas eletricamente neutras, como na caolinita e pirofilita. As argilas também compreendem as montmorillonitas, que possuem camadas negativamente carregadas, mas o número de cargas é muito menor que nas micas. Parte do Al^{III} da pirofilita, $Al_2(OH)_2[(Si_2O_5)_2]$, em sítios octaédricos, pode ser substituído por Mg^{II}, formando $(Mg_{0,33}Al_{1,67})(OH)_2[(Si_2O_5)2^{0,33-}]$. Portanto, as camadas triplas possuem uma pequena carga negativa, que deve ser neutralizada pela incorporação de 1/3 M^+ ou 1/6 M^{2+} entre as camadas. Esses íons metálicos podem estar hidratados, de modo que esses minerais são muitas vezes denominados "hidromicas". Quando finamente divididas e suspensas em água apresentam propriedades tixotrópicas. Suas partículas são constituídas por pequenas placas com cargas negativas na superfície e positivas nas arestas. As partículas podem se mover livremente na água e se orientam de modo a maximizar as atrações entre as partes + e −, formando uma massa semi-sólida semelhante a um gel. Quando agitadas, as interações +/− se rompem e a viscosidade da suspensão diminui drasticamente. São usados em emulsões de tintas tixotrópicas não gotejantes. Esses minerais também podem atuar como trocadores de íons. O mineral conhecido como "Fullers earth" é uma montmorillonita de cálcio, com elevada capacidade de absorção. Em 1992 foram produzidas cerca de 4,2 milhões de toneladas, principalmente para descolorir e desodorizar óleos vegetais e minerais, gorduras e ceras. É usada também para absorver óleo derramado e para absorver o odor de detritos de animais domésticos. Pode ser usado como trocador de íons Ca^{2+}, sendo que a substituição de Ca^{2+} por Na^+ gera o mineral bentonita. Este tem propriedades tixotrópicas marcantes e é usado como pasta de lubrificação de brocas e em tintas emulsificadas à base de água (9,2 milhões de toneladas de bentonita foram produzidas em 1992).

As vermiculitas são formadas quando ocorre a substituição do Mg^{2+} na camada de brucita e concomitantemente a substituição do Si^{4+} por Al^{3+} na camada de silicato no talco, $Mg_3(OH)_2[(Si_2O_5)_2]$. Sua composição típica é $Na_x(Mg,Al,Fe)_3(OH)_2[((Si,Al)_2O_5)_2]\cdot H_2O$. Quando as vermiculitas são aquecidas, elas se desidratam de uma maneira incomum, com a extrusão de pequenos "vermes" (essa é a origem do nome do mineral). Esses materiais são porosos e leves, sendo usados como enchimento de embalagens, como isolante, e como "solo" para o cultivo de plantas utilizando a técnica da cultura hidropônica. Mais de meio milhão de toneladas são produzidas anualmente.

Silicatos tridimensionais

O compartilhamento de todos os quatro vértices de um tetraedro de SiO_4 leva a um retículo tridimensional de fórmula SiO_2 (quartzo, tridimita, cristobalita, etc.). Esses minerais não contêm íons metálicos, mas suas estruturas tridimensionais podem constituir a base de estruturas de certos silicatos, se ocorrer a substituição isomórfica de alguns dos Si^{4+} por Al^{3+}, além da incorporação de um íon metálico. Isso produz um retículo tridimensional infinito, onde os cátions adicionais ocupam os interstícios do retículo. A substituição de um quarto do Si^{4+} no SiO_2 por Al^{3+} , leva a formação do íon tridimensional $AlSi_3O_8^-$. Os cátions são geralmente íons metálicos grandes, tais como K^+, Na^+, Ca^{2+} ou Ba^{2+}. Íons menores como Fe^{3+}, Cr^{3+} e Mn^{2+}, que eram comuns nos silicatos em cadeia e silicatos lamelares, não ocorrem nos silicatos tridimensionais, porque os interstícios no retículo cristalino são muito grandes. A substituição de um quarto ou da metade dos átomos de Si são bastante comuns, gerando estruturas do tipo $M^I[AlSi_3O_8]$ e $M^{II}[Al_2Si_2O_8]$. Tais substituições são responsáveis pela formação de três grupos de minerais:

1) feldspatos
2) zeólitas
3) ultramares.

Os feldspatos são os minerais formadores de rochas mais importantes e constituem dois terços das rochas ígneas. Por exemplo, o granito é constituído por fedspato, associado a pequenas quantidades de mica e quartzo. Os feldspatos são agrupados em duas classes:

Feldspatos ortoclásios		*Feldspatos plagioclásios*	
ortoclásio	$K[AlSi_3O_8]$	albita	$Na[AlSi_3O_8]$
celsiano	$Ba[Al_2Si_2O_8]$	anortita	$Ca[Al_2Si_2O_8]$

Os ortoclásios são mais simétricos que os plagioclásios, pois o K^+ e o Ba^{2+} têm exatamente o tamanho para se encaixarem nos interstícios, enquanto que Na^+ e Ca^{2+} são menores, permitindo a ocorrência de distorções estruturais.

As zeólitas tem uma estrutura muito mais aberta que os feldspatos. O esqueleto com carga negativa contém canais, formando uma estrutura semelhante a favos de abelha. Esses canais são suficientemente grandes para permitir a troca de certos íons. Eles podem também absorver ou perder água e outras moléculas pequenas, sem que ocorra a quebra da estrutura. As zeólitas são muito usadas como trocadores iônicos e como peneiras moleculares. A natrolita, $Na_2[Al_2Si_3O_{10}]_2H_2O$ é um trocador de íons natural. A "permutita", empregada para remover a dureza da água, é constituída por zeólitas de sódio. As zeólitas removem íons Ca^{2+} e os substituem por Na^+, eliminando assim a "dureza" da água. A zeólita de sódio natrolita se converte gradualmente numa zeólita de cálcio. Eventualmente, precisará ser regenerada tratando-a com uma solução concentrada de NaCl, onde ocorre o processo inverso. Além dos minerais de ocorrência natural, foram preparadas muitas zeólitas sintéticas. As zeólitas também atuam como peneiras moleculares, absorvendo moléculas suficientemente pequenas para entrarem nas cavidades, mas não aquelas grandes demais para tanto. Podem absorver moléculas de água, CO_2, NH_3 e EtOH, e são empregados na separação de hidrocarbonetos de cadeia normal daquelas de cadeia ramificada. Algumas outras zeólitas que podem ser mencionadas são a heulandita, $Ca[Al_2Si_7O_{18}]6H_2O$, a chabazita, $Ca[Al_2Si_4O_{12}]6H_2O$, e a analcita, $Na[AlSi_2O_6]H_2O$. Podem ser preparadas peneiras moleculares com poros de tamanhos apropriados para remover seletivamente moléculas pequenas.

O mineral lápis-lazuli tem uma esplêndida coloração azul e era muito apreciado como pigmento para pinturas a óleo, na Idade Média. Ele contém o ultramar, $Na_8[(AlSiO_4)_6]S_2$, cuja cor é produzida pelo íon polissulfeto. Os ultramares constituem um grupo de compostos que não contém água, mas contém ânions como Cl^-, SO_4^{2-} e S_2^{2-}. Podem ser citados como exemplos de ultramares:

ultramar	$Na_8[(AlSiO_4)_6]S_2$
sodalita	$Na_8[(AlSiO_4)_6]Cl_2$
noselita	$Na_8[(AlSiO_4)_6]SO_4$

Atualmente, os ultramares são produzidos sinteticamente. O próprio ultramar é obtido pelo aquecimento de caolinita, carbonato de sódio e enxofre, na ausência de ar. O produto pode ser azul, verde ou vermelho, dependendo do polissulfeto presente. O composto é usado como pigmento azul para tintas a óleo e cerâmicas. Antes de existirem os detergentes com avivadores artificiais, o ultramar sintético era usado como corante azul (anil) para mascarar a cor amarelada da roupa.

OS SILICATOS NA TECNOLOGIA

Muitos silicatos encontram emprego em função apenas de suas propriedades físicas. Por exemplo, as argilas são usadas para absorver produtos químicos, micas como isolantes elétricos, asbestos como isolantes térmicos, ágata e pederneira como material duro ou na obtenção de superfícies cortantes. Além disso, uma variedade de pedras semi-preciosas são utilizadas como ornamento e em joalheria.

São extremamente importantes porque as indústrias de cimento, cerâmica e vidro se baseiam na química dos silicatos. Processos metalúrgicos freqüentemente produzem silicatos como escória, ou porque os minérios são do grupo dos silicatos, ou porque os minerais contém silicatos como impurezas. Algumas das aplicações tecnológicas mais importantes são as seguintes:

Silicatos alcalinos

São usados principalmente como adesivos, como descrito anteriormente.

Cimento

Tanto o cimento Portland como o cimento com elevado teor de alumina foram descritos no Capítulo 12.

Cerâmica

As cerâmicas são materiais obtidos a partir da "queima", a altas temperaturas, de materiais inorgânicos que podem ser transformados numa pasta e moldados a temperatura ambiente. O aquecimento comunica resistência ao produto, sinterizando os cristalitos ou fundindo parcialmente a pasta. Diversos carbetos, óxidos, e em particular argilas, são tratados dessa maneira. Esse processo é importante para a fabricação de tijolos, azulejos e objetos cerâmicos.

A caolinita, $Al_2(OH)_4[Si_2O_5]$ perde água quando aquecido a 500-600 °C, formando $Al_2O_3 \cdot 2SiO_2$. Quando a temperatura aumenta para aproximadamente 950 °C forma-se uma solução sólida de mullita (fórmula aproximada $3Al_2O_3 \cdot 2SiO_2$) e SiO_2, que permanece sólida até no mínimo 1.595 °C. A partir dessa temperatura ocorre o amolecimento gradativo do material. Como a caolinita é uma argila isenta de ferro, o produto é branco.

A porosidade do produto depende da temperatura utilizada na "queima". Se a temperatura for alta, o produto não absorverá líquidos. A presença de Fe^{3+} na argila comunica ao produto uma cor vermelha ou púrpura, enquanto argilas com elevado teor de CaO levam a produtos de coloração amarela. A maior parte das cerâmicas, exceto os tijolos e alguns pisos, recebe um revestimento vítreo, ou seja, são vitrificados. O processo de vitrificação é realizado mergulhando-se o produto numa suspensão aquosa de óxido de metais pesados como SnO_2 ou PbO_2, antes do tratamento térmico. Os pigmentos podem ser aplicados antes ou depois do processo de vitrificação. Caso sejam aplicados sobre a camada vítrea já formada, é necessário uma segunda "queima" para fixá-los.

Vidros

Uma pequena quantidade de vidro é fabricada usando sílica. Esse vidro tem excelentes propriedades, mas são necessárias temperaturas muito elevadas para a sua fabricação. O *vidro de sílica* é muito caro para que possa ser utilizado de forma generalizada, mas é utilizado em instrumentos científicos.

A temperatura de fusão da sílica pode ser diminuída adicionando-se diversos óxidos, de modo a preparar os vidros a base de silicatos. Dentre os óxidos podem ser citados o Na_2O, K_2O, MgO, CaO, BaO, B_2O_3, Al_2O_3, PbO e ZnO. O vidro é uma solução sólida e sua composição pode variar. A quantidade de óxido adicionada não é muito grande, de modo que os tetraedros de SiO_4 ainda tem um papel importante na estrutura do vidro.

O vidro seria solúvel em água caso fossem utilizados somente Na_2O e K_2O. Por exemplo, o vidro comum para uso em janelas é um *vidrossilicato de cálcio e álcali*, obtido por meio da fusão do carbonato do metal alcalino, $CaCO_3$ e SiO_2 (os carbonatos se decompõem aos seus respectivos óxidos com o aquecimento). O *vidro-de-sódio*, usado em equipamentos baratos de laboratório, é obtido quando se utiliza Na_2CO_3. O uso de K_2CO_3 fornece o *vidro-de-potássio*. O *vidro-de-chumbo* (vidro cristal) é obtido quando a maior parte do CaO for substituída por PbO. Esse vidro tem um maior índice de refração e é usado na fabricação de componentes ópticos e objetos decorativos ("cristais"). Caso Al_2O_3 seja adicionado, o íon Al^{3+} pode estar presente na estrutura como íon metálico livre, ou substituindo o Si^{4+} nos tetraedros de SiO_4 do retículo cristalino. O íon B^{3+} substitui parte do Si^{4+} do retículo cristalino quando B_2O_3 é adicionado. Os *vidros de borossilicato* são importantes e podem conter Al além do B. Esses materiais apresentam um baixo coeficiente de expansão e podem resistir a grandes variações de temperatura sem quebrar. Eles contêm uma menor quantidade de álcali e são menos susceptíveis a ataques por agentes químicos. Esses vidros são muito usados na manufatura de equipamentos de laboratório, bem como em utensílios de vidro tipo "Pyrex".

O vidro é fabricado em grandes quantidades. Em 1991, foram produzidos 26,4 milhões de toneladas de vidro para garrafas, e 7 milhões de toneladas de vidro plano. Este foi usado sobretudo em janelas.

Na fabricação de vidro podem ser usados aditivos para refino e para descolorir e colorir. Agentes de refino tais como $NaNO_3$ ou As_2O_3 podem ser adicionados para remover bolhas. O agente de refino se decompõe e libera grandes bolhas de gases na massa fundida, que removem as pequenas bolhas que sempre se formam. Os agentes descolorantes são adicionados para remover impurezas e para obter vidro incolor. Fe^{3+} confere uma coloração amarela castanho, misturas de Fe^{3+} e Fe^{2+} uma cor verde, e Fe^{2+} uma cor azul clara. Outros agentes colorantes podem ser adicionados — Co^{2+} confere uma cor azul intensa e partículas coloidais de Cu comunicam uma coloração vermelho-rubi. O CaF_2 é às vezes adicionado para provocar uma turvação, na fabricação do *vidro opalina*.

COMPOSTOS ORGANOSSILÍCICOS E OS SILICONES

Compostos organossilícicos

As ligações Si—C são quase tão fortes quanto as ligações C—C. Assim, o carbeto de silício é extremamente duro e estável. Milhares de compostos organossilícicos contendo ligações Si—C foram preparados, principalmente depois de 1950. Muitos deles são inertes e termoestáveis (por exemplo, $SiPh_4$ pode ser destilado ao ar a 428 °C). Contudo, a variedade de compostos de Si é restrita, se comparada com a grande variedade de compostos orgânicos, por três motivos:

1) Os átomos de silício apresentam pequena tendência de se ligarem entre si (catenação), enquanto que o carbono tem uma grande tendência nesse sentido. As cadeias mais longas de silício são as cadeias formadas no $Si_{16}F_{34}$ e Si_8H_{18}, mas estes compostos são exceções. Isso se deve ao fato das ligações Si–Si serem fracas, em contraste com as fortes ligações C–C (vide Tabela 13.4).
2) O silício não forma ligações duplas $p\pi$-$p\pi$, enquanto que o carbono prontamente forma ligações duplas (foi isolado um dissileno, $Me_2Si=SiMeH$, mas isso só foi possível em matriz de argônio sólido. Vários intermediários de reação com ligações Si=C e Si=N são conhecidos. Além disso, o composto $(Me_3Si)_2Si=C(OSiMe_3)(C_{10}H_{15})$ forma cristais estáveis à temperatura ambiente e na ausência de ar. Contudo, tratam-se de raras exceções.)
3) O silício forma vários compostos contendo ligações duplas $p\pi$-$d\pi$. Os átomos de silício utilizam orbitais *d* para formar tais ligações (vide tópicos abaixo).

Obtenção de compostos organossilícicos

Há diversos métodos para se obter compostos com ligações Si—C:

1) Através de uma reação de Grignard

$$SiCl_4 + CH_3MgCl \rightarrow CH_3SiCl_3 + MgCl_2$$
$$CH_3SiCl_3 + CH_3MgCl \rightarrow (CH_3)_2SiCl_2 + MgCl_2$$
$$(CH_3)_2SiCl_2 + CH_3MgCl \rightarrow (CH_3)_3SiCl + MgCl_2$$
$$(CH_3)_3SiCl + CH_3MgCl \rightarrow (CH_3)_4Si + MgCl_2$$

Essas reações são úteis no laboratório ou para produção em pequena escala.

2) Usando um composto organolítio

$$4LiR + SiCl_4 \rightarrow SiR_4 + 4LiCl$$

Esse método também é útil em escala de laboratório, podendo R ser um grupo alquila ou arila.

3) Pelo "processo direto" de Rochow. Haletos de alquila ou arila reagem diretamente com um leito fluidizado de silício, na presença de grandes quantidades (10%) de um catalisador de cobre.

$$Si + 2CH_3Cl \xrightarrow{\text{catalisador de Cu, 280—300°C}} (CH_3)_2SiCl_2$$

Esse é o principal método industrial para preparar metil- e fenil(cloro)silanos, que são de considerável importância comercial, principalmente como matéria-prima para a fabricação de silicones. O rendimento é de cerca de 70%, gerando quantidades variáveis de outros produtos: $MeSiCl_3$ (10%), Me_3SiCl (5%) e quantidades menores de Me_4Si e $SiCl_4$, além de produtos como o $MeSiHCl_2$. Tanto o método de Grignard como o "processo direto" levam a uma mistura de produtos, sendo importante realizar um fracionamento muito cuidadoso, pois os pontos de ebulição desses compostos são muito próximos: Me_3SiCl (57,7 °C), $MeSiCl_3$ (66,4 °C), e Me_2SiCl_2 (69,6 °C).

4) Adição catalítica de Si–H a um alceno. Trata-se de um método geral útil, mas não se presta para a obtenção do metil- e fenil-silanos, necessários para a indústria de silicones.

Com exceção do Ph_3SiCl, que é sólido, os produtos são líquidos voláteis. Eles são altamente reativos e inflamáveis, e reagem com a água, liberando uma grande quantidade de calor.

Silicones

Os silicones constituem um grupo de polímeros organossilícicos, utilizados numa grande variedade de aplicações. Por exemplo como fluidos, óleos, elastômeros (borrachas) e resinas. A produção anual é estimada em cerca de 300.000 toneladas. Atualmente, são os compostos organometálicos produzidos em maior escala.

A hidrólise completa do $SiCl_4$ fornece SiO_2, que tem uma estrutura tridimensional muito estável. Os estudos realizados por F. S. Kipping sobre a hidrólise de alquil(cloro)silanos levaram à obtenção de polímeros de cadeia longa denominados silicones e não aos compostos de silício análogos às cetonas, como esperado.

$$R_2SiCl_2 \xrightarrow[-2HCl]{+2H_2O} R_2Si(OH)_2 \xrightarrow{-H_2O} R_2Si{=}O \text{ (riscado)}$$

$$HO\text{—}SiR_2\text{—}OH + HO\text{—}SiR_2\text{—}OH \xrightarrow{-H_2O} HO\text{—}SiR_2\text{—}O\text{—}SiR_2\text{—}OH$$

$$HO\text{—}SiR_2\text{—}OH + HO\text{—}SiR_2\text{—}O\text{—}SiR_2\text{—}OH \longrightarrow$$

$$HO\text{—}SiR_2\text{—}O\text{—}SiR_2\text{—}O\text{—}SiR_2\text{—}OH \quad \text{etc.}$$

As matérias-primas para a fabricação de silicones são clorossilanos alquil ou aril substituídos. Geralmente, os derivados de metila estão sendo utilizados, embora alguns derivados fenílicos também o sejam. A hidrólise do dimetil-diclorossilano, $(CH_3)_2SiCl_2$, leva a formação de polímeros de cadeia normal. As duas extremidade da cadeia contém um grupo OH reativo, de modo que a polimerização continua e o comprimento da mesma vai aumentando. O $(CH_3)_2SiCl_2$ é, portanto, uma unidade geradora de cadeias. Normalmente obtém-se polímeros de elevado peso molecular.

$$HO\text{—}Si(CH_3)_2\text{—}O\text{—}Si(CH_3)_2\text{—}O\text{—}Si(CH_3)_2\text{—}O\text{—}Si(CH_3)_2\text{—}O\text{—}Si(CH_3)_2\text{—}O\text{—}Si(CH_3)_2\text{—}O\text{—}Si(CH_3)_2\text{—}OH$$

A hidrólise, em condições cuidadosamente controladas, pode produzir estruturas cíclicas, formando anéis contendo três, quatro, cinco ou seis átomos de Si.

$$[Me_2SiO]_3$$

tris-ciclo(dimetil)siloxano

$$[Me_2SiO]_4$$

tetrakis-ciclo(dimetil)siloxano

A hidrólise do trimetil(monocloro)silano, $(CH_3)_3SiCl$, fornece trimetil(silanol), $(CH_3)_3SiOH$, um líquido volátil que pode se condensar formando hexametil(dissiloxano). Como esse composto não possui nenhum grupo OH, ele não pode continuar reagindo para formar cadeias.

$$(CH_3)_3Si\text{—}OH + HO\text{—}Si(CH_3)_3 \rightarrow (CH_3)_3Si\text{—}O\text{—}Si(CH_3)_3$$

hexametil(dissiloxano)

Se o $(CH_3)_3SiCl$ for misturado com $(CH_3)_2SiCl_2$ e hidrolisado, o $(CH_3)_3SiCl$ irá reagir bloqueando uma das extremidades da cadeia normal produzida pela polimerização do $(CH_3)_2SiCl_2$. Nesse caso, a cadeia não terá nenhum grupo OH reativo numa de suas extremidades, e o crescimento nessa extremidade será interrompido. Eventualmente a outra extremidade também poderá ser bloqueada da mesma maneira. Assim, o $(CH_3)_3SiCl$ é uma unidade bloqueadora do crescimento da cadeia, de modo que a proporção de

$(CH_3)_3SiCl$ e $(CH_3)_2SiCl_2$ na mistura inicial determinará o tamanho médio das cadeias poliméricas que serão obtidas.

$$
\begin{array}{ccccccccccccc}
 & CH_3 & & CH_3 & & CH_3 & & CH_3 & & & & CH_3 & \\
 & | & & | & & | & & | & & & & | & \\
HO- & Si & -O- & Si & -O- & Si & -O- & Si & -OH & + & HO- & Si & -CH_3 \rightarrow \\
 & | & & | & & | & & | & & & & | & \\
 & CH_3 & & CH_3 & & CH_3 & & CH_3 & & & & CH_3 &
\end{array}
$$

$$
\begin{array}{cccccccccccc}
 & CH_3 & & CH_3 & & CH_3 & & CH_3 & & CH_3 & \\
 & | & & | & & | & & | & & | & \\
HO- & Si & -O- & Si & -O- & Si & -O- & Si & -O- & Si & -CH_3 \\
 & | & & | & & | & & | & & | & \\
 & CH_3 & & CH_3 & & CH_3 & & CH_3 & & CH_3 &
\end{array}
$$

A hidrólise de metil(tricloro)silano, $RSiCl_3$, fornece um polímero com estrutura bastante complexa, contendo ligações cruzadas.

$$
\begin{array}{cccccccc}
 & & | & & & & & \\
 & & O & & R & & & \\
 & & | & & | & & & \\
 & O- & Si & -O- & Si & -O- & & \\
 & & | & & | & & & \\
 & & O & & O & & R & \\
 & & | & & | & & | & \\
-O- & & Si & -O- & Si & -O- & Si & -O- \\
 & & | & & | & & | & \\
 & & R & & R & & O & \\
 & & & & & & | &
\end{array}
$$

Assim, algumas ligações cruzadas ou sítios para a ligação de outras moléculas serão obtidos, caso pequenas quantidades de CH_3SiCl_3 sejam adicionadas à mistura. Logo, qualquer tipo de polímero poderá ser obtido misturando-se de forma controlada os reagentes adequados.

Os silicones são relativamente caros mas apresentam muitas propriedades interessantes. Foram inicialmente desenvolvidos para serem utilizados como isolantes elétricos, porque são mais resistentes ao calor que polímeros orgânicos e, caso venham a se decompor, não formam materiais condutores, como acontece com os compostos de carbono. São resistentes à oxidação e à maioria dos reagentes químicos. Além disso, repelem fortemente a água, são bons isolantes elétricos, têm propriedades não-aderentes e propriedades anti-espumantes. Sua resistência e inércia estão relacionadas a dois fatores:

1) À estabilidade da cadeia Si–O–Si–O–Si, contendo ligações semelhantes às encontradas na sílica. A energia de dissociação da ligação Si–O é muito elevada (502 $kJ\ mol^{-1}$).
2) À estabilidade da ligação C–Si.

Suas propriedades hidrofóbicas decorrem do fato da cadeia de silicone ser rodeada por grupos substituintes orgânicos, que tornam sua parte exterior muito semelhante aos dos alcanos. Os silicones podem se apresentar na forma de líquidos, óleos, graxas, elastômeros (borrachas) ou resinas.

Polímeros de cadeias normais constituídas por 20 a 500 unidades são utilizados como fluidos de silicone. Eles correspondem a 63% dos silicones usados. Se forem preparados pela hidrólise de uma mistura de $(CH_3)_3SiCl$ e $(CH_3)_2SiCl_2$, os comprimentos das cadeias variam consideravelmente. Industrialmente são produzidos tratando-se uma mistura de tetrakis-ciclo(dimetil)siloxano, $(Me_2SiO)_4$, e hexametildissiloxano, $(Me)_3SiOSi(Me)_3$, com H_2SO_4 a 100%. Os compostos cíclicos fornecem as unidades formadoras das cadeias, enquanto o hexametildissiloxano fornece os grupos bloqueadores do crescimento das cadeias. O comprimento médio das cadeias é determinado pela proporção desses dois reagentes. O H_2SO_4 rompe as ligações Si–O–Si, formando ésteres Si-O-SO_3H, e Si-OH. Os ésteres sofrem nova hidrólise regenerando as ligações Si–O–Si. Esse processo se repete continuamente, e leva à formação de cadeias de tamanhos semelhantes. O ponto de ebulição e a viscosidade aumentam com o aumento do comprimento das cadeias, formando compostos que se assemelham a líquidos, óleos viscosos e graxas. Os fluidos são usados como repelentes de água no tratamento de alvenaria e construções, vidraria e tecidos. São ainda empregados em ceras para automóveis e graxas de sapato. Os fluidos de silicone não são tóxicos e apresentam baixa tensão superficial. A adição de algumas partes por milhão de silicones reduz enormemente a formação de espumas nos efluentes domésticos e processos industriais, tais como no tingimento de tecidos, na fabricação de cerveja (fermentação) e na fritura industrial de alimentos. Óleos de silicone são empregados como materiais dielétricos (isolantes) em transformadores de alta tensão. São também usados como fluidos hidráulicos. Os metil silicones podem ser usados como óleos lubrificantes em locais onde não muito solicitados, mas não são adequados para uso pesado, como em caixas de engrenagens, pois o filme de óleo se rompe quando submetidos a altas pressões. Silicones com alguns grupos fenil são melhores lubrificantes. Esses óleos podem ser misturados com estearato de lítio, na produção de graxas.

Borrachas de silicone são constituídas de polímeros de cadeia normal longas (dimetilpolissiloxanos), com 6.000 a 600.000 unidades de Si, misturados com uma carga, geralmente SiO_2 finamente dividido ou eventualmente grafita. São produzidos pela hidrólise do dimetilclorossilano em KOH, (correspondem a cerca de 25% da produção mundial) tomando-se o cuidado de excluir da reação grupos bloqueadores do crescimento das cadeias ou formadores de ligações cruzadas. Os elastômeros de silicone são úteis, porque preservam sua elasticidade entre –90 °C e +250 °C, um intervalo muito maior que o da borracha natural. São também bons isolantes elétricos. Podem ser vulcanizados para formar borrachas duras, por dois métodos:

1) Por oxidação com pequenas quantidades de peróxido de benzoíla, que produz algumas ligações cruzadas (cerca de 1% dos átomos de Si formam ligações cruzadas).
2) Pela incorporação de unidades formadoras de ligações cruzadas na cadeia.

Os grupos laterais que comunicam maior resistência ao calor são os grupos fenil, seguidos pelos grupos metil, etil e propil, em ordem decrescente de estabilidade. Os silicones são rapidamente oxidados e ligações cruzadas são formadas, quando aquecidos ao ar a temperaturas de 350-400 °C. O polímero se torna quebradiço e se rompe, gerando polímeros de baixo peso molecular e estruturas cíclicas. Um aquecimento intenso, na ausência de ar, provoca a formação de produtos voláteis e torna-os mais moles, mas não ocorrem reações de oxidação e a formação de ligações cruzadas.

Resinas de silicone são polímeros rígidos, como a baquelita. São produzidos hidrolisando-se (com água) uma mistura de $PhSiCl_3$ e $(Ph)_2SiCl_2$, dissolvidos em tolueno. O produto parcialmente polimerizado é lavado para remover o HCl, e em seguida moldado. Finalmente, o produto é aquecido com sal de amônio quaternário como catalisador, para condensar quaisquer grupos OH remanescentes na estrutura. O produto final apresenta muitas ligações cruzadas. Aproximadamente 12% dos silicones são produzidos na forma de resinas e usados como isolantes elétricos, geralmente misturados com fibra de vidro para aumentar sua resistência. São usados na fabricação de placas de circuitos impressos e para encapsular "chips" de circuitos integrados e resistores. São também empregados como revestimentos não-aderentes de panelas, formas de cozinha e moldes para pneumáticos.

HIDRETOS

Todos os elementos do grupo formam hidretos covalentes, mas o número de compostos formados e a facilidade com que se formam diferem substancialmente. O carbono forma muitos compostos constituídos por cadeia e ciclos:

1) Os alcanos (parafinas), C_nH_{2n+2}
2) Os alcenos (olefinas), C_nH_{2n}
3) Os alcinos (acetilenos), C_nH_{2n-2}
4) Os compostos aromáticos.

Esses compostos formam a base da Química Orgânica. Há uma forte tendência à catenação (formação de cadeias), pois as ligações C–C são muito fortes.

O silício forma um número limitado de hidretos saturados Si_nH_{2n+2}, denominados silanos, com cadeias normais ou ramificadas, contendo até oito átomos de silício. Compostos cíclicos são muito raros. Além disso, não se conhecem compostos de silício análogos aos alcenos e alcinos. O monossilano, SiH_4, é o único hidreto de silício importante. SiH_4 e $SiHCl_3$ foram preparados pela primeira vez, tratando-se uma liga Al/Si com HCl diluído. Uma mistura de silanos foi obtida hidrolisando-se siliceto de magnésio, Mg_2Si, com ácido sulfúrico ou ácido fosfórico. Esses compostos são gases incolores ou líquidos voláteis. São altamente reativos e se inflamam ou explodem ao ar. Com exceção do SiH_4, são termicamente instáveis. Só foi possível começar a estudá-los quando A. Stock inventou um método que permite manusear gases reativos sob vácuo.

$$2Mg + Si \xrightarrow{\text{aquec. em ausência de ar}} Mg_2Si$$

$$\begin{array}{llll} Mg_2Si + H_2SO_4 & \rightarrow & SiH_4 & (40\%) \\ & & Si_2H_6 & (30\%) \\ & & Si_3H_8 & (15\%) \\ & & Si_4H_{10} & (10\%) \\ & & Si_5H_{12} + Si_6H_{14} & (5\%) \end{array}$$

Mais recentemente o monossilano foi preparado reduzindo-se $SiCl_4$ com $Li[AlH_4]$, LiH ou NaH, em solução etérea a baixas temperaturas. Esse é um método muito melhor, pois fornece apenas um único produto e o rendimento é quantitativo.

$$SiCl_4 + Li[AlH_4] \rightarrow SiH_4 + AlCl_3 + LiCl$$
$$Si_2Cl_6 + 6LiH \rightarrow Si_2H_6 + 6LiCl$$
$$Si_3Cl_8 + 8NaH \rightarrow Si_3H_8 + 8NaCl$$

Os silanos também podem ser preparados pela reação direta, aquecendo-se Si ou ferro-silício com HX anidro ou RX, na presença de um catalisador de cobre.

$$Si + 2HCl \rightarrow SiH_2Cl_2$$
$$Si + 3HCl \rightarrow SiHCl_3 + H_2$$
$$Si + 2CH_3Cl \rightarrow CH_3SiHCl_2 + C + H_2$$

Os silanos são muito mais reativos que os alcanos. Os alcanos são quimicamente pouco reativos, praticamente reagindo somente com os halogênios e com o oxigênio (combustão). Já os silanos são fortes agentes redutores, entram em combustão em contato com o ar e explodem em contato com Cl_2. Quando puros, os silanos não reagem com ácidos diluídos nem com água pura em aparelhagens de sílica, mas hidrolisam rapidamente em solução alcalina, ou mesmo na presença de pequenas quantidades de álcali desprendidos pelos equipamentos de vidro.

$$Si_2H_6 + (4+n)H_2O \xrightarrow{\text{traços de álcali}} 2SiO_2 \cdot nH_2O + 7H_2$$

Compostos com ligações Si–H sofrem uma importante reação de hidrosililação com alcenos, na presença de um catalisador de platina. A reação é semelhante à hidroboração, e os produtos podem ser utilizados na preparação de silicones.

$$RCH{=}CH_2 + SiHCl_3 \rightarrow RCH_2CH_2SiCl_3$$

As diferenças de comportamento entre os alcanos e os silanos é atribuída a diversos fatores:

1) As eletronegatividade de Pauling são: C = 2,5, Si = 1,8 e H = 2,1. Assim, os elétrons das ligações C–H e Si–H não estão distribuídos da mesma maneira, deixando uma carga δ^- no C e uma carga δ^+ no Si. Portanto, o Si é mais vulnerável ao ataque de reagentes nucleofílicos.

$$\overset{\delta^-}{C}—\overset{\delta^+}{H} \quad \overset{\delta^+}{Si}—\overset{\delta^-}{H}$$

2) O Si é maior, facilitando o ataque dos reagentes.
3) O Si tem orbitais *d* de baixa energia. Podem ser usados para formar intermediários de reação que diminuem a energia de ativação das reações.

Vários hidretos de germânio (germanos), Ge_nH_{2n+2}, com n variando até 5, são conhecidos. São compostos de cadeia normal, que se apresentam na forma de gases incolores ou líquidos voláteis. São semelhantes aos silanos, mas menos voláteis, menos inflamáveis e não reagem com água ou solução aquosa de ácidos ou álcalis. O GeH_4 pode ser obtido como segue:

$$GeCl_4 + Li[AlH_4] \xrightarrow{\text{éter seco}} GeH_4 + LiCl + AlCl_3$$
$$GeO_2 + Na[BH_4] \xrightarrow{\text{solução aquosa}} GeH_4 + NaBO_2$$

O estanano, SnH_4, é muito menos estável. Pode ser preparado pela reação de $SnCl_4$ com $Li[AlH_4]$ ou $Na[BH_4]$. É um forte agente redutor. Não reage com água ou ácidos e álcalis diluídos, mas reage lentamente com as correspondentes soluções concentradas. Conhece-se também o diestanano, Sn_2H_6, mas é ainda menos estável. Não são conhecidos estananos superiores. O plumbano, PbH_4, é menos estável que o estanano e ainda mais difícil de ser preparado. Os métodos de síntese usados para os outros hidretos não são efetivos. O PbH_4 foi preparado em quantidades muito pequenas e baixas concentrações, pela redução catódica, sendo detectado por espectroscopia de massa.

CIANETOS

Os cianetos dos metais alcalinos, principalmente o cianeto de sódio, NaCN, são preparados em quantidades consideráveis (cerca de 120.000 toneladas/ano). Até cerca de 1965 o cianeto de sódio foi fabricado pelo *processo Castner*: reação da sodamida com C, a altas temperaturas.

$$Na + NH_3 \rightarrow NaNH_2 + 1/2H_2$$
$$NaNH_2 + C \xrightarrow{750°C} NaCN + H_2$$

A partir de então o HCN se tornou disponível comercialmente (atualmente são produzidos cerca de 300.000 toneladas/ano) e passou a ser utilizado na obtenção do NaCN. Antes disso, o HCN era preparado acidificando-se NaCN ou $Ca(CN)_2$.

$$2NaCN + H_2SO_4 \rightarrow 2HCN + Na_2SO_4$$
$$Ca(CN)_2 + H_2SO_4 \rightarrow 2HCN + CaSO_4$$

Os modernos processos industriais de preparação de HCN, se valem de uma reação em fase gasosa entre CH_4 e NH_3, a temperaturas de aproximadamente 1.200 °C, na presença de um catalisador.

Processo Degussa

$$CH_4 + NH_3 \rightarrow HCN + 3H_2 \quad \text{(catalisador de Pt)}$$

Processo Andrussow

$$2CH_4 + 2NH_3 + 3O_2 \rightarrow 2HCN + 6H_2O \quad \text{(catalisador de Pt/Rh)}$$

O HCN é extremamente tóxico. Tem um ponto de ebulição anormalmente elevado de 26 °C, por causa da formação de ligações de hidrogênio. É um dos ácidos mais fracos conhecidos, sendo mais fraco que o HF. Mais da metade da produção é usada na fabricação de NaCN, de $(ClCN)_3$ e de vários complexos contendo cianeto, tais como $K_4[Fe(CN)_6]$ e $K_3[Fe(CN)_6]$. Também é empregado na extração de Ag e Au.

$$(ClCN)_3 + 3NH_3 \rightarrow 3HCl + C_3N_3(NH_2)_3 \quad \text{(melamina)}$$
$$4Au + 8NaCN + 2H_2O + O_2 \rightarrow 4Na[Au(CN)_2] + 4NaOH$$

O HCN tem sido usado como solvente não-aquoso polar.

O íon cianeto é importante, pois forma complexos estáveis, particularmente com os metais dos grupos do Cr, Mn, Fe, Co, Ni, Cu e Zn. Dois complexos bastante comuns são o ferrocianeto, $[Fe(CN)_6]^{4-}$, e o ferricianeto, $[Fe(CN)^6]^{3-}$. Os elementos de transição posteriores formam complexos estáveis com o cianeto, porque podem usar seus orbitais *d* preenchidos para formar ligações $d\pi$-$p\pi$ ("back-bonding") além da ligação coordenada σ, $M \leftarrow (CN)^-$. A ligação é semelhante a que ocorre nas carbonilas, e o íon CN^- atua como um receptor π. A carga negativa do CN^- faz dele um melhor doador σ que o CO, mas em contrapartida diminui a eficiência do CN^- como receptor π.

A extrema toxicidade dos cianetos se deve à sua capacidade de formar complexos com os metais das enzimas, como a citocromo-c oxidase, bloqueando a cadeia respiratória. Além de formar muitos complexos análogos aos complexos com os haletos, o íon cianeto freqüentemente leva à formação do complexo com o número de coordenação máximo do metal. Assim, o Fe^{3+} forma $[FeCl_4]^-$ com os íons cloreto, mas $[Fe(CN)_6]^{3-}$ com o íon cianeto. Muitos íons metálicos instáveis em solução, como os íons Cu^+, Ni^+, Mn^+, Au^+ e Mn^{3+}, se tornam bastante estáveis quando complexados com o íon cianeto. A formação de complexos é importante no processo de extração da prata e do ouro, pois se dissolvem numa solução de NaCN na presença de ar, formando argentocianeto ou aurocianeto de sódio. Em seguida, os metais são recuperados por redução com zinco.

$$4Ag + 8NaCN + 2H_2O + O_2 \rightarrow 4Na[Ag(CN)_2] + 4NaOH$$
$$4Au + 8NaCN + 2H_2O + O_2 \rightarrow 4Na[Au(CN)_2] + 4NaOH$$

Os íons cianeto podem atuar como agentes complexantes e como redutores:

$$2Cu^{2+} + 4CN^- \rightarrow (CN)_2 + 2CuCN \xrightarrow{+CN^-} [Cu(CN)_4]^{3-}$$

Nessa reação, o íon cianeto é oxidado a cianogênio, $(CN)_2$, de modo semelhante à oxidação de I^- a I_2 pelo Cu^{2+}. Em meio alcalina, o cianogênio sofre desproporcionamento, gerando os íons cianeto e cianato.

$$(CN)_2 + 2OH^- \rightarrow H_2O + CN^- + NCO^-$$

O íon cianato é isoeletrônico com o dióxido de carbono. Portanto, devem ter estruturas semelhantes, sendo ambos lineares.

$$O=C=O \qquad {}^-N=C=O$$

COMPLEXOS

A capacidade de formar complexos é favorecida nos cátions metálicos com carga elevada, pequeno tamanho e disponibilidade de orbitais vazios de energia apropriada. O carbono se situa no segundo período e pode ter no máximo oito elétrons no nível de valência. Os compostos tetracovalentes de carbono contêm um máximo de oito elétrons no segundo nível. Esses compostos são estáveis, pois suas estruturas eletrônicas são similares a dos gases nobres, e o carbono não forma complexos. Os compostos tetracovalentes dos elementos subseqüentes podem formar complexos devido à disponibilidade de orbitais *d*. Geralmente, esses elementos aumentam seu número de coordenação de 4 para 6.

$$SiF_4 + 2F^- \rightarrow [SiF_6]^{2-}$$
$$GeF_4 + 2NMe_3 \rightarrow [GeF_4 \cdot (NMe_3)_2]$$
$$SnCl_4 + 2Cl^- \rightarrow [SnCl_6]^{2-}$$

Segundo a Teoria da Repulsão dos Pares Eletrônicos de Valência, esses complexos deveriam ser octaédricos, pois possuem seis pares de elétrons de valência. De acordo com a teoria da ligação de valência, quatro ligações covalentes e duas ligações coordenadas deveriam ser formadas, levando a formação de compostos com estrutura octaédrica. No caso do $[SiF_6]^{2-}$:

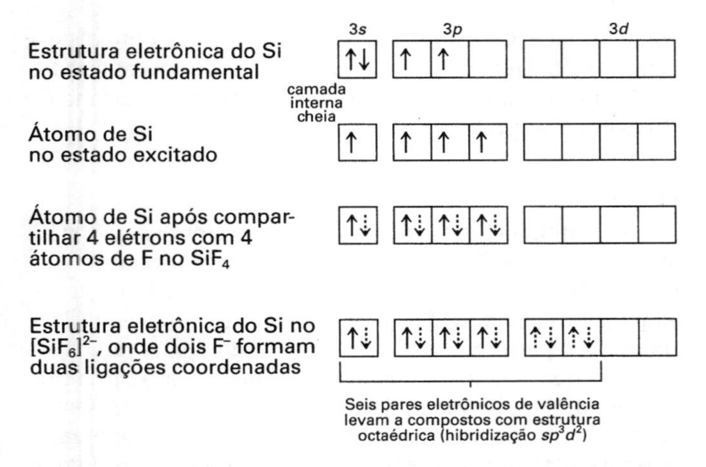

A participação de elétrons *d* na hibridização foi discutida no Capítulo 4. O íon $[SiF_6]^{2-}$ é geralmente obtido a partir de SiO_2 e HF aquoso.

$$SiO_2 + 6HF \rightarrow 2H^+ + [SiF_6]^{2-} + 2H_2O$$

O complexo $[SiF_6]^{2-}$ é estável em água e em álcali, mas os complexos análogos com os demais elementos do grupo são menos estáveis. $[GeF_6]^{2-}$ e $[SnF_6]^{2-}$ sofrem hidrólise em solução alcalina, e $[PbF_6]^{2-}$ é hidrolisado tanto por álcali como por água. Ge, Sn e Pb também formam complexos com cloreto, tais como $[PbCl_6]^{2-}$, e complexos com oxalato, como $[Pb(ox)_3]^{2-}$.

O tetra-acetato de chumbo, $Pb(CH_3COO)_4$, pode ser obtido na forma de um sólido incolor, tratando-se Pb_3O_4 com ácido acético glacial. É sensível à presença de água e é muito usado como um agente oxidante seletivo em química orgânica. Sua aplicação mais conhecida é na clivagem de 1,2-dióis (glicóis), por exemplo, presentes nos carbohidratos.

$$\begin{matrix} -C-OH \\ -C-OH \end{matrix} \xrightarrow{Pb(CH_3COO)_4} \begin{matrix} -C-O \\ -C-O \end{matrix} \rangle\, Pb\,(CH_3COO)_2 \longrightarrow$$

$$\longrightarrow \begin{matrix} -C{=}O \\ -C{=}O \end{matrix} + Pb\,(CH_3COO)_2$$

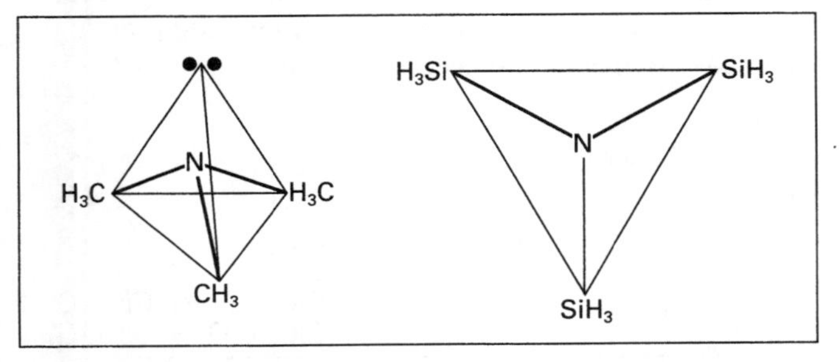

Figura 13.17 — *Trimetilamina, $N(CH_3)_3$, e trissililamina, $N(SiCH_3)_3$*

LIGAÇÕES π INTERNAS USANDO ORBITAIS *d*

Os compostos trimetilamina, $(CH_3)_3N$, e trissililamina, $(SiH_3)_3N$, têm fórmulas semelhantes, mas possuem estruturas totalmente diferentes (Fig. 13.17). A estrutura eletrônica na trimetilamina é:

Configuração eletrônica do átomo de nitrogênio no estado fundamental

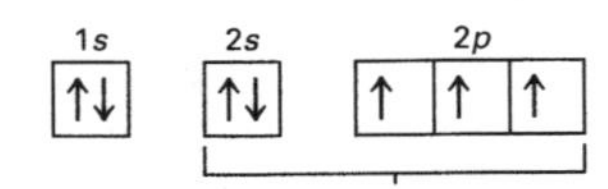

Três elétrons desemparelhados formam ligações com os grupos CH_3 — disposição tetraédrica de três pares ligantes e um par não-ligante (hibridização sp^3)

Três orbitais sp^2 são utilizados para formar ligações σ na trissililamina, levando a uma estrutura trigonal planar. O par isolado de elétrons ocupa um orbital *p* ortogonal ao plano do triângulo e interage com os orbitais *d* vazios em cada um dos três átomos de Si, formando uma ligação π, Essa ligação é melhor descrita como uma ligação *p*π-*d*π multicentrada, porque ela envolve um orbital *p* cheio e orbitais *d* vazios. Isso torna mais curta a ligação N–Si. Além disso, como o N não tem mais um par de elétrons isolados, a molécula não é um doador de elétrons. Uma ligação pπ-dπ análoga não é possível no $(CH_3)_3N$, pois o C não possui orbitais *d* de energia adequada, tendo, pois, uma estrutura piramidal. Cerca de 200 compostos atualmente conhecidos supostamente contêm ligações *p*π-*d*π (Fig. 13.18; vide Raabe e Michl nas Leituras Complementares).

TETRA-HALETOS

Todos os tetra-haletos dos elementos do grupo 14, exceto o PbI_4, são conhecidos. São compostos tetraédricos, tipicamente covalentes, e muito voláteis. As exceções são SnF_4 e PbF_4, que possuem estruturas tridimensionais e apresentam elevados pontos de fusão (SnF_4 sublima a 705 °C, PbF_4 funde a 600 °C). Os elementos abaixo do C podem utilizar os orbitais *d* para formar ligações, tal que as ligações Si–F, Si–Cl e Si–O são mais fortes que as correspondentes ligações com o C. Supõe-se que isso se deva a formação de ligações pπ–dπ devido a interação entre os orbitais *p* preenchidos do F, Cl e O com os orbitais *d* vazios do Si.

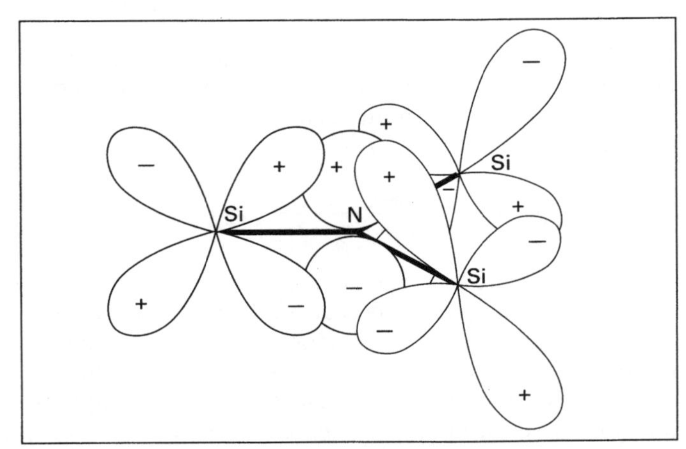

Figura 13.18 — *Ligações pπ-dπ na trissililamina (de Mackay e Mackay, Introduction to Modern Inorganic Chemistry, 4.ª ed., Blackie, 1989)*

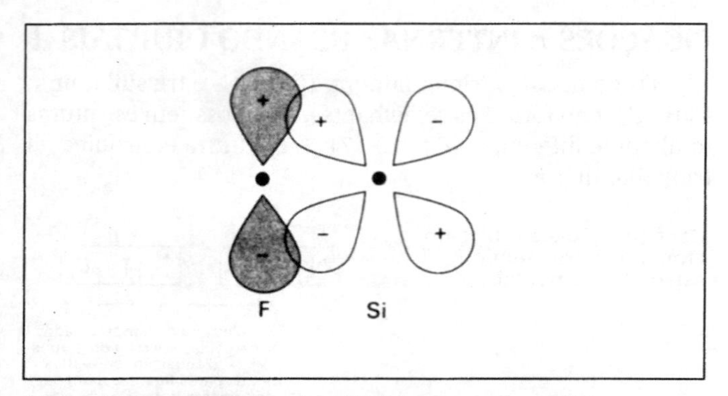

Figura 13.19 — Recobrimento orbital do tipo pπ-dπ no SiF_4

Carbono

O tetra-fluorometano (tetra-fluoreto de carbono), CF_4, é um gás excepcionalmente inerte. Ele pode ser preparado como segue:

$$CO_2 + SF_4 \rightarrow CF_4 + SO_2$$
$$SiC + 2F_2 \rightarrow SiF_4 + C$$
$$CF_2Cl_2 + F_2 \rightarrow CF_4 + Cl_2 \text{ (método industrial)}$$

Outros compostos orgânicos fluorados como o hexafluoroetano, C_2F_6 e o tetra-fluorotileno, C_2F_4, são também conhecidos. O C_2F_4 se polimeriza a $(C_2F_4)_n$ sob pressão, gerando o politetrafluoroetileno ou PTFE ("teflon"). Esse é um sólido branco polimérico, que dá uma sensação de algo gorduroso ao tato, e que é muito mais denso do que poderia se esperar. É um material quimicamente inerte e um bom dielétrico. É caro e usado no laboratório por causa de sua baixa reatividade. Tem um coeficiente de fricção muito baixo e é usado em utensílios de cozinha anti-aderentes e lâminas de barbear. Os fluorocarbonetos são utilizados como lubrificantes, solventes e isolantes.

$$CHCl_3 + HF \xrightarrow{SbFCl_4 \text{ como catalisador}} CF_2ClH \xrightarrow{\text{calor}} C_2F_4$$
$$C_2F_4 \xrightarrow{\text{pressão}} (C_2F_4)_n$$

O tetra-clorometano (tetracloreto de carbono), CCl_4, é obtido principalmente a partir do dissulfeto de carbono.

$$CS_2 + 3Cl_2 \xrightarrow{\text{catalisador de } FeCl_3,\ 30°C} CCl_4 + S_2Cl_2$$
$$CS_2 + 2S_2Cl_2 \xrightarrow{\text{catalisador de } FeCl_3,\ 60°C} CCl_4 + 6S$$

O CCl_4 é muito usado como solvente e na preparação dos "freons". Também é usado em extintores de incêndio, nos quais seu vapor muito denso impede o acesso de oxigênio, apagando assim a chama.

$$CCl_4 + 2HF \xrightarrow[SbCl_5 \text{ como catalizador}]{\text{condições anidras}} CCl_2F_2 + 2HCl$$

Os haletos de carbono não são hidrolisados em condições normais, porque não possuem orbitais *d* e não podem formar o intermediário pentacoordenado da reação de hidrólise. Em contraste, os haletos de silício são facilmente hidrolisados. O silício possui orbitais 3*d* de energia adequada, que podem ser usados para coordenar íons OH^- ou água, numa primeira etapa da reação. Todos os átomo possuem orbitais vazios, mas geralmente são de energia demasiadamente elevada para poderem ser usados para formar ligações. Fornecendo-se energia suficiente à reação, por exemplo, por meio de vapor superaquecido, será possível hidrolisar o CCl_4:

$$CCl_4 + H_2O \xrightarrow{\text{vapor superaquecido}} \underset{\text{cloreto de carbonila (fosgênio)}}{COCl_2} + 2HCl$$

O fosgênio é muito tóxico e foi usado como gás de combate na I Guerra Mundial. Atualmente é obtido pela combinação direta de CO e Cl_2 na presença de um catalisador de C e luz solar. É utilizado na preparação dos isocianatos necessários à produção de poliuretanos.

Freons

Clorofluorocarbonos (também conhecidos como CFCs) mistos, tais como $CFCl_3$, CF_2Cl_2 e CF_3Cl, são conhecidos como freons. São compostos inertes e não-tóxicos, largamente empregados como fluidos para refrigeração, propelentes em aerossóis e para limpar placas de computador. A produção anual de freons já foi de 700.000 toneladas, mas a produção caiu para 100.000 toneladas, em 1992. Apesar de serem inertes, verificou-se que são prejudiciais ao meio ambiente. O uso de freons em aerossóis foi proibido nos Estados Unidos em 1980, e na Europa em 1990. Contudo, eles continuam sendo usados em refrigeradores. A Europa está planejando abandonar totalmente o uso desses compostos até o ano 2000.

Os freons são muito mais eficientes e provocam um efeito estufa maior que o CO_2, apesar da quantidade desses compostos na atmosfera ser muito pequena. Além disso, os freons alcançaram a alta atmosfera (8.000 a 32.000 metros) e estão destruindo a camada de ozônio. Os estudos mostraram que houve uma perda de cerca de 6% da camada de ozônio de 1980 a 1990. Já foi detectado um buraco sobre o Pólo Sul e o mesmo parece estar ocorrendo no Pólo Norte. A camada de ozônio tem a importante função de filtrar a radiação do sol, impedindo a chegada dos perigosos raios ultravioleta à superfície da Terra. A exposição excessiva à radiação UV deve ser evitada, pois provoca câncer de pele (melanoma) nos seres humanos.

Na alta atmosfera, os freons sofrem reações de fotodecomposição, produzindo átomos de cloro livres (radicais cloro). Este reage rapidamente com ozônio, formando radicais ClO, que se decompõem lentamente regenerando os radicais cloro, que por sua vez reagem com o ozônio e assim por diante. Os radicais cloro não se recombinam formando Cl_2, pois é necessário que ocorra a colisão simultâneas de três partículas, para dissipar a energia liberada na reação. Todavia, tais colisões são extremamente raras na alta atmosfera, não existindo nenhum mecanismo efetivo de eliminação de radicais cloro. Assim, uma vez formado, é capaz de reagir com um número extremamente grande de moléculas de ozônio, até eventualmente ser inativado.

$$\left.\begin{matrix} CFCl_3 \\ CF_2Cl_2 \\ CF_3CL \end{matrix}\right] \xrightarrow{\text{fotólise}} Cl$$
$$Cl + O_3 \xrightarrow{\text{rápido}} O_2 + ClO$$
$$ClO \longrightarrow Cl + O$$
$$ClO + O \longrightarrow Cl + O_2$$

Reação global: $2O_3 \rightarrow 3O_2$

Hidrofluorocarbonos (HFCs), tais como CH_2FCF_3, e hidroclorofluorocarbonos (HCFCs), tais como $CHCl_2CF_3$, estão sendo atualmente utilizados como propelentes alternativos de aerossóis, por serem menos nocivos. Esses compostos também provocam o efeito estufa e podem danificar a camada de ozônio. Mas, seu efeito é bem menor que o dos CFCs, pois eles não são tão estáveis para permanecerem na atmosfera por tanto tempo quanto os freons. Os átomos de H podem ser atacados por radicais hidroxila, na alta atmosfera, formando ácido trifluoroacético. Este não é muito tóxico e pode ser decomposto por bactérias do solo. O CO_2 poderia ser usado como propelente alternativo, mas sua pressão de vapor é insuficiente. O butano também poderia ser usado, mas é inflamável e não pode ser empregado em alimentos.

Silício

Os haletos de silício podem ser preparados pelo aquecimento do Si ou do SiC com o halogênio correspondente. Em contraste com CF_4, CCl_4 e os freons, o SiF_4 é rapidamente hidrolisado por soluções alcalinas.

$$SiF_4 + 8OH^- \rightarrow SiO_4^{4-} + 4F^- + 4H_2O$$

Os haletos de silício são hidrolisados rapidamente pela água, com formação de ácido silícico.

$$SiCl_4 + 4H_2O \rightarrow Si(OH)_4 + 4HCl$$

No caso do tetrafluoreto de silício, ocorre uma reação secundária entre o HF resultante e o SiF_4 remanescente, formando o íon hexafluorossilicato, $[SiF_6]^{2-}$.

$$SiF_4 + 2HF \rightarrow 2H^+ + [SiF_6]^{2-}$$

O $SiCl_4$ é industrialmente importante. Pequenas quantidades são utilizadas na obtenção de Si ultrapuro, destinado a fabricação de transistores. Grandes quantidades de $SiCl_4$ são hidrolisadas a altas temperaturas (numa chama de oxigênio/hidrogênio) para gerar SiO_2 finamente dividido, ao invés de $Si(OH)_4$. O pó de SiO_2 ultrafino é usado como agente tixotrópico em tintas e resinas a base de poliéster e epoxi, e como carga para borrachas de silicone.

Outros membros da série Si_nX_{2n+2} podem ser obtidos por pirólise (aquecimento forte). Estes podem ser líquidos voláteis ou sólidos. As cadeias mais longas conhecidas são $Si_{16}F_{34}$, Si_6Cl_{14} e Si_4Br_{10}. Essas cadeias são mais longas que as dos correspondentes hidretos. Isso se deve à formação de ligações $p\pi$-$d\pi$ envolvendo os orbitais *p* preenchidos dos halogênios e os *d* vazios do Si.

$$SiCl_4 + Si \rightarrow Si_2Cl_6 + \text{membros superiores da série } (Si_6Cl_{14})$$

Germânio, Estanho e Chumbo

Ge, Sn e Pb formam duas séries de haletos: MX_4 e MX_2. No caso do Ge, o estado de oxidação (+IV) é o mais estável, mas no Pb o estado de oxidação (+II) é o mais estável.

Todos os tetrahaletos são líquidos incolores voláteis, exceto o GeI_4 e o SnI_4, que são sólidos laranja brilhante. Os compostos formados pelos elementos dos grupos representativos são geralmente brancos. A cor está associada com a promoção de elétrons de um nível energético para outro, ou seja, a absorção ou emissão da diferença de energia entre dois níveis. Isso é comum nos elementos de transição, onde há níveis de energia não preenchidos na camada *d*, possibilitando a promoção de elétrons de um nível *d* para outro. Nos compostos dos elementos representativos, as camadas *s* e *p* estão geralmente preenchidas, não sendo possível transições eletrônicas dentro de um mesmo nível. A promoção de um elétron de um nível para outro, por exemplo $2p$ para $3p$, envolve muita energia, de modo que as bandas de absorção apareceriam na região do ultravioleta e não na do visível. Portanto, os tetrahaletos devem ser brancos. A cor laranja do SnI_4 é provocada pela absorção de luz azul, de modo que a luz refletida contém uma proporção maior de vermelho e laranja. A energia absorvida provoca a transferência de um elétron do I para o Sn (isso corresponde a uma redução momentânea do Sn(IV) a Sn(III)). A transferência de um elétron de um átomo para outro implica numa transferência de carga, tais transições eletrônicas são denominadas *transições de transferência de carga*. Esse tipo de transição ocorre no SnI_4 e no GeI_4, porque os átomos apresentam níveis energéticos semelhantes. Isso seria de se esperar, pois eles estão próximos na tabela periódica e têm tamanhos semelhantes. Nos demais haletos as transições de transferência de carga não aparecem na região do visível.

$GeCl_4$ e $GeBr_4$ são hidrolisados mais lentamente. $SnCl_4$ e $PbCl_4$ se hidrolisam em soluções diluídas, mas essas reações costumam ser incompletas e podem ser reprimidas pela adição do ácido halogenídrico apropriado.

$$Sn(OH)_4 \underset{H_2O}{\overset{HCl}{\rightleftharpoons}} SnCl_4 \underset{H_2O}{\overset{HCl}{\rightleftharpoons}} [SnCl_6]^{2-}$$

Na presença de excesso de ácido, os haletos de Si, Ge, Sn e Pb aumentam seu número de coordenação de 4 para 6, formando íons complexos, tais como $[SiF_6]^{2-}$, $[GeF_6]^{2-}$, $[SnCl_6]^{2-}$ e $[SnCl_5]^-$. O PbI_4 não é conhecido, provavelmente por causa do poder oxidante do Pb(+IV) e do poder redutor do I^-, que levam à formação apenas de PbI_2.

Haletos catenados

O carbono forma diversos haletos catenados. Provavelmente, o mais conhecido deles é o "teflon" ou politetrafluoroetileno, descrito anteriormente. Esses polímeros apresentam cadeias com várias centenas de átomos de carbono.

O silício forma polímeros $(SiF_2)_n$ e $(SiCl_2)_n$. São obtidos passando-se o tetra-haleto sobre silício aquecido. Esses polímeros se decompõem em polímeros de baixo peso molecular (ou oligômeros) de fórmula Si_nX_{2n+2}, quando aquecidos. Os compostos com as cadeias mais longas conhecidas são $Si_{16}F_{34}$, Si_6Cl_{14} e Si_4Br_{10}.

O germânio forma o dímero Ge_2Cl_6, mas Sn e Pb não formam nenhum haleto catenado.

DI-HALETOS

Há um gradativo aumento na estabilidade dos di-haletos na seguinte ordem:

$$CX_2 \ll SiX_2 < GeX_2 < SnX_2 < PbX_2$$

O SiF_2 pode ser obtido por reações a altas temperaturas, e pode ser coletado em N_2 líquido. Quando o produto é aquecido, ele se polimeriza, formando uma série de compostos com fórmula até $Si_{16}F_{34}$.

$$SiF_4 + Si \rightleftharpoons 2SiF_2$$

O GeF_2 é um sólido branco, obtido aquecendo-se Ge e HF anidro, ou então a partir de GeF_4 e Ge. O polímero tem uma estrutura pouco comum com átomos de flúor em ponte, baseada numa bipirâmide trigonal. Unidades GeF_3 compartilham dois átomos de F, levando à fórmula GeF_2. O átomo de Ge também forma uma ligação mais fraca com outro átomo de flúor, utilizando um par isolado de elétrons na quinta posição. Essas unidades se ligam formando cadeias espiraladas infinitas. SnF_2 e $SnCl_2$ são sólidos brancos, obtidos aquecendo-se Sn ou SnO com HF ou HCl gasosos. O fluoreto estanoso, SnF_2, era usado junto com o pirofosfato de estanho, $Sn_2P_2O_7$, nos primeiros cremes dentais contendo flúor. Isso é surpreendente, visto que o Sn é tóxico (atualmente NaF é usado para essa finalidade). A estrutura cristalina do SnF_2 é constituída por unidades tetraméricas Sn_4F_8. Eles formam anéis dobrados de oito membros –Sn–F–Sn–F–, com interações mais fracas ligando os anéis entre si. $SnCl_2$ sofre hidrólise parcial em água, originando o cloreto básico, Sn(OH)Cl. Tanto o SnF_2 como o $SnCl_2$ se dissolvem em soluções contendo íons haleto.

$$SnF_2 + F^- \rightarrow [SnF_3]^- \quad pK \sim 1$$
$$SnCl_2 + Cl^- \rightarrow [SnCl_3]^- \quad pK \sim 2$$

Íons Sn^{2+} ocorrem em soluções de perclorato, mas o íon estanoso é facilmente oxidado a Sn^{IV} pelo ar, a não ser que se tomem precauções para evitá-lo. Os íons Sn^{2+} são hidrolisados pela água, principalmente a $[Sn_3(OH)_4]^{2+}$, com formação de pequenas quantidades de $[SnOH]^+$ e $[Sn_2(OH)_2]^{2+}$. O íon $[Sn_3(OH)_4]^{2+}$ é provavelmente cíclico, sendo conhecidos os compostos $[Sn_3(OH)_4]SO_4$ e $[Sn_3(OH)_4](NO_3)_2$. Os compostos PbX_2 são muito mais estáveis que os compostos PbX_4. Pb é o único elemento do Grupo com cátions bem definidos. Todos os sais PbX_2 podem ser obtidos à partir de um sal de Pb^{2+} solúvel em água e o correspondente íon haleto ou ácido halogenídrico. O íon plumboso é parcialmente hidrolisado pela água.

$$Pb^{2+} + 2H_2O \rightarrow [PbOH]^+ + H_3O^+$$

AGREGADOS ("CLUSTERS")

Há uma clara tendência dos membros mais pesados dos Grupos 14, 15 e 16 de formarem íons poliatômicos, constituídos por cadeias, anéis ou agregados ("clusters").

A redução de Ge, Sn, e Pb com Na em amônia líquida forma íons contendo diversos átomos do metal. Verificou-se que tais compostos são agregados metálicos ou "clusters". Compostos cristalinos contendo tais íons podem ser isolados por meio da formação de complexos com etilenodiamina, ou com o ligante 2,2,2-criptando. Podem ser citados o $[Na(2,2,2\text{-cript})]_2^+[Sn_5]^{2-}$, $[Na(2,2,2\text{-cript})]_2^+[Pb_5]^{2-}$, $[Na_4(en)_5Ge_9]$ e $[Na_4(en)_5Sn_9]$. Os agregados M_5 têm forma de uma bipirâ-mide trigonal, e os agregados M_9 são anti-prismas quadrados com uma face "piramidal" (este último consiste em um anti- prisma quadrado, isto é, um cubo no qual a face superior sofreu uma rotação de 45° em relação à face inferior. Quando um átomo adicional se projeta acima de uma das faces, forma-se uma face "piramidal".

MECANISMOS DE REAÇÃO

Muitas reações inorgânicas, como as reações de dupla-troca, envolvem apenas íons e são virtualmente instantâneas. Já as reações orgânicas são mais lentas, pois envolvem a quebra de ligações covalentes, e ocorrem ou por substituição de um grupo por outro, ou então por meio da formação de um intermediário contendo um grupo adicional, que então elimina outro grupo para formar o produto.

A hidrólise do $SiCl_4$ é rápida, porque o Si pode utilizar orbitais *d* para formar um intermediário pentacoordenado, de modo que a reação ocorresse por um mecanismo S_N2 (Fig. 13.20). Um par isolado de elétrons de um oxigênio interage com um orbital *d* vazio do Si, formando um intermediário pentacoordenado, com estrutura de uma bipirâmide trigonal.

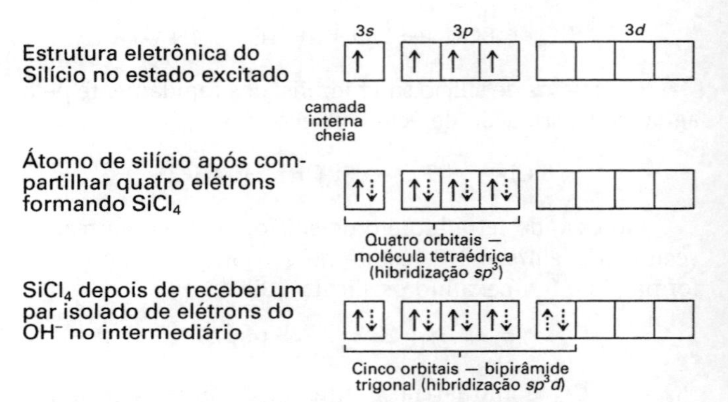

Caso seja efetuada a hidrólise de um composto de silício com substituição assimétrica (conseqüentemente opticamente ativo), tal como MeEtPhSi*Cl, ocorrerá a inversão de Walden, resultando na inversão da estrutura de *d* para *l* ou vice-versa (Fig. 13.21). De uma maneira semelhante, a redução de $R_1R_2R_3Si^*Cl$ com $Li[AlH_4]$ formando $R_1R_2R_3Si^*H$, também ocorre com inversão de estrutura.

Outros mecanismos são possíveis, pois a conversão de $R_1R_2R_3Si^*H$ a $R_1R_2R_3Si^*Cl$ ocorre com retenção da estrutura. Se $R_1R_2R_3Si^*Cl$ for dissolvido em éter ou CCl_4, o composto inalterado será recuperado, mas se for dissolvido em CH_3CN ocorre a racemização.

DERIVADOS ORGÂNICOS

Os elementos desse Grupo apresentam uma extensa química organometálica. O estado divalente se torna cada vez

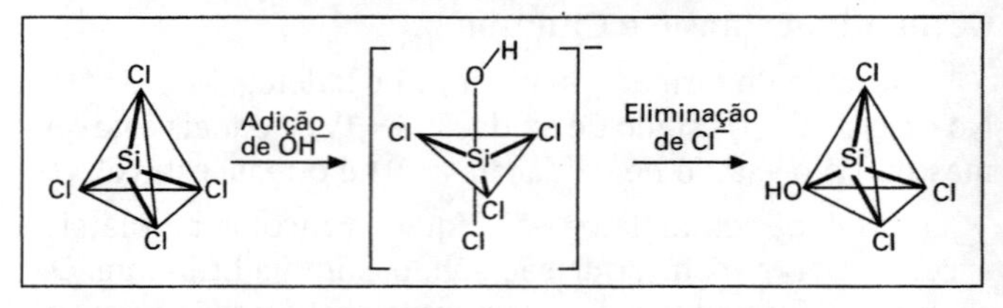

Figura 13.20 — Hidrólise de $SiCl_4$

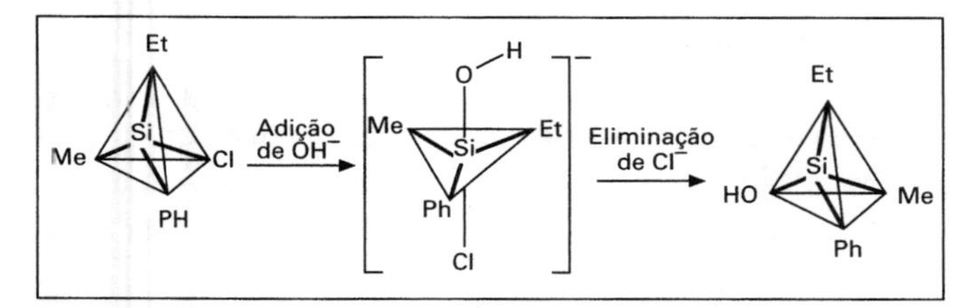

Figura 13.21 — *Inversão de Walden da estrutura*

mais estável e importante de cima para baixo dentro do grupo (efeito do par inerte). Surpreendentemente todos os derivados organometálicos de Sn e Pb contêm M^{IV} e não M^{II}.

Os cloretos de alquil-silício são importantes matérias-primas para a fabricação de silicones. Os polímeros do grupo dos silicones já foram descritos. Tetraderivados orgânicos de Si, Ge, Sn e Pb podem ser preparados a partir dos haletos usando reagentes de Grignard ou compostos organolíticos.

$$SiCl_4 + MeMgCl \rightarrow MeSiCl_3, Me_2SiCl_2, Me_3SiCl, Me_4Si$$
$$PbCl_2 + LiEt \rightarrow PbEt_2 \rightarrow Pb + PbEt_4$$

Tetraetilchumbo (chumbo tetraetila) é produzido em grandes quantidades para ser usado como agente antidetonante, ou seja um aditivo para aumentar a octanagem da gasolina. O método industrial utiliza uma liga sódio/chumbo como mostrado abaixo:

$$Na/Pb + 4EtCl \rightarrow PbEt_4 + 4NaCl$$

O chumbo é tóxico para o homem, e a combustão de gasolina contendo $PbEt_4$ libera chumbo para a atmosfera. Em 1974, foram produzidos nos EUA cerca de 230.000 toneladas de $PbEt_4$, 55.000 no Reino Unido, e cerca de 500.000 no mundo. Naquela época o $PbEt_4$ era o composto organometálico produzido em maior quantidade. A produção em 1994 caiu para 150.000 e continua declinando graças à sanção de uma legislação que proíbe a comercialização de carros novos movidos a gasolina aditivada com tetraetilchumbo em muitos países.

São ainda utilizados cerca de 40.000 toneladas/ano de compostos organoestânicos, R_2SnX_2 e R_3SnX. Cerca de dois terços encontram emprego como estabilizantes de plásticos do tipo PVC, sendo o restante empregado na agricultura no controle de fungos, insetos e larvas.

LEITURAS COMPLEMENTARES

- Abel, E.W. (1973) *Comprehensive Inorganic Chemistry*, Vol. 2, (Chapter 17: Estanho; Chapter 18: Chumbo), Pergamon Press, Oxford.
- Abel, E.W. e Stone, F.G. (1969, 1970) The chemistry of transition metal carbonyls, *Q. Rev. Chem. Soc.*, Part I - Considerações estruturais, **23**, 325; Part II - Síntese e reatividade, 24, 498.
- *Acc. Chem. Res.* (1992) **25**, 98-174 (esse volume é dedicado a artigos sobre fullerenos).
- Ainscough, E.W. e Brodie, A.M. (1984), *Asbestos - structures, uses and biologica activities*, Education in Chemistry, **21**, 173-175.
- Barrer, R.M. (1978) *Zeolites and Clay Minerals as Sorbents and Molecular Sieves*, Academic Press, London.
- Beaton, J.M. (1992) A paper pattern system for the construction of fullerene molecular models, *J. Chem. Ed.*, **69**, 610-612.
- Bode, H. (1977) *Lead-Acid Batteries*, Wiley, New York.
- Bolin, B. (1970) The carbon cycle, *Scientific American*, September.
- Boo, W.O.J. (1992) An introduction to Fullerene structures, *J. Chem. Ed.*, **69**, 605-609.
- Breck, D.W. (1973) *Molecular Sieves*, Wiley, New York.
- Curl, R.F. e Smalley, R.E. (1991) Fullerenes, *Scientific American*, **265**(4), 32-41.
- Cusak, P.A. (1986) *Investigations Into Tin-Based Flame Retardants and Smoke Suppressants*, International Tin Institute, London.
- Donovan, R.J. (1978) Chemistry and pollution of the stratosphere, *Education in Chemistry*, **15**, 110-113.
- Drake, J.E. e Riddle, C. (1970) Volatile compounds of the hydrides of silicon and germanium with the elements of Group V and VI, *Q. Rev. Chem. Soc.*, **24**, 263.
- Ebsworth, E.A. V . (1963) *Volatile Silicon Compounds*, Pergamon Press, Oxford.
- Elliott, S. e Rowland, F.S. (1987) Chlorofluorocarbons and stratospheric ozone, *J. Chem. Ed.*, **64**, 387-390.
- Emeléus H.J. e Sharpe, A.G. (1973) *Modern Aspects of Inorganic Chemistry*, 4th ed. (Complexos de Metais de Transição: Cap. 20, Carbonilas), Routledge and Kegan Paul.
- Fleming, S. (1976) *Dating in Archaeology: a Guide to Scientific Techniques*, Dent, London. (Datação utilizando carbono, etc.)
- Glasser, L.S.D. (1982) Sodium silicates, *Chemistry in Britain*, 33-39.
- Greniger, D. et alli. (1976) *Lead Chemicals*, International Lead Zinc Research Organization, New York. (Dados completos sobre o chumbo e seus compostos)
- Griffith, W.P. (1973) *Comprehensive Inorganic Chemistry*, Vol. 4 (Cap. 46: Carbonilas, cianetos, isocianetos e nitrosilas), Pergamon Press, Oxford.
- Harrison, P.G. (ed.) (1989) *Chemistry of Tin*, Blackie, Glasgow.
- Harrison, R.M. e Laxen, D.P.H. (1981) *Lead Pollution*, Chapman and Hall, London.
- Hawkins, J.M., Meyer, A., Lewis, T.A., Loren, S. e Hollander, S.R. (1991) Crystal structure of osmylated C_{60}: confirmation of the soccer ball framework, *Science*, **252**, 312-313.
- Hedberg, K., Berg, L., Bethune, D.S., Brown, C.S., Dorn, D.R., Johnson R.D. e de Vries, M. (1991) Bond lengths in free molecules of Buckminsterfullerene C_{60}, from gas phase electron diffraction, *Science*, **254**, 410-412.
- Holliday, A.K., Hughes, G. e Walker, S.M. (1973) *Comprehensive Inorganic Chemistry*, Vol. I (Cap. 13: Carbono), Pergamon Press, Oxford.
- Hunt, C. (1987) Silicones reinvestigated - 50 years ago, *Education in Chemistry*, **24**.,7-11.
- Johansen, H.H. (1977) Recent developments in the chemistry of transition metal carbides and nitrides, *Survey Progr. Chem.*, **8**, 57-81.

- Johnson, B F.G. (1976) The structures of simple binary carbonyls, *JCS Chem. Commun.*, 211-213.
- Kratschmer, W., Lamb, L.D., Fostiropoulos, K. e Huffman, D.R. (1990) Solid C_{60}: a new form of carbon, *Nature*, 347, 354-358.
- Kroto, H W., Allaf, A.W. e Balm, S.P. (1991) C_{60}: Buckminsterfullerene, *Chem. Rev.*, **91**, 1213-1235.
- Lu, S. Lu, Y., Kappes, M.M. e Ibers, J.A. (1991) The structure of the C_{60} molecule. X-ray crystal structure determination of a twin at 110K, *Science*, **254**, 408-410.
- Molina, M.J. e Rowland, F.S. (1974) Stratospheric sink for chlorofluoromethanes: chlorine catalyzed destruction of ozone, *Nature*, **249**, 810-812.
- Nicholson, J.W. (1989) The early history of organotin chemistry, *J. Chem. Ed.*, **66**, 621-622.
- Noll, W. com contribuições de Glen, 0. e Hecht, G. (1968) *Chemistry and Technology of Silicones*, Academic Press, New York.
- Pearce, C.A. (1972) *Silicon Chemistry and Applications* (Monografia para professores, N.º 20), Chemical Society, London.
- Pizey, J.S. (ed.) (1977) *Synthetic Reagents* (Cap. 4 por Butler R.N., Tetraacetato de chumbo), John Wiley, Chichester.
- Raabe, G. and Michl, J. (1985) Multiple bonding to silicon, *Chem. Rev.*, **85**, 419 -509.
- Rochow, E.G. (1973) *Comprehensive Inorganic Chetnistry*, Vol. I (Cap. 15: Silício), Pergamon Press, Oxford.
- Segal, D. (1989) Making advanced ceramics, *Chemistry in Britain*, **25**, 151, 154-156.
- Selig, H. e Ebert, L.B. (1980) Graphite Intercalation compounds, *Adv. Inorg. Chem. Radiochem.*, **23**, 281-327. (Um artigo de revisão bastante completo com mais de 300 referências)
- Shannon R.D. (1976) Revised effective ionic radii. *Acta Cryst.*, **A32**, 751-767. (Os dados mais atuais e aceitos de raios iônicos)
- Sharpe, A.G. (1976) *Chemistry of Cyano Complexes of the Transition Metals*, Academic Press, London.
- Thompson, R. (ed.) (1986) *The Modern Inorganic Chemicals Industry* (Farmer, J.B., Compostos inorgânicos cianogênicos; Barby, D., Silicatos solúveis e seus derivados), Special Publication N.º 31, The Chemical Society, London.
- Thrush, B.A. (1977) The chemistry of the stratosphere and its pollution, *Endeavour*, **1**, 3-6.
- Toth, L.E. (1971) *Transition Metal Carbides and Nitrides*, Academic Press, London.
- Turner D. (1980) Lead in petrol, *Chemistry in Britain*, **16**, 312-314.
- Wells, A.F. (1984) *Structural Inorganic Chemistry*, 5ª ed. (Cap. 23: Silício), Oxford University Press, Oxford.
- Wiberg, E. e Amberger, E. (1971) *Hydrides of the Elements of Main Groups I-IV*, (Cap. 7: Hidretos de silício; Cap. 10: Hidretos de chumbo), Elsevier, Amsterdam. (revisão abrangente com mais de 700 referências)
- Woolf, A.A. (1993) Modelling molecular footballs, *Ed. Chem.*, **30**, 76-77.
- Zuckerman, J.J. (ed.) (1976) Organotin compounds: New chemistry and applications, *Advances in Chemistry Series*, N.º 157, American Chemical Society.

PROBLEMAS

1. Quais são os estados de oxidação mais comuns do carbono e do estanho? Explique o motivo dessa diferença.
2. a) Desenhe as estruturas do diamante e da grafita.
   b) Explique a diferença de densidade encontrada entre o diamante e a grafita.
   c) Explique a diferença de condutividade elétrica no carbono e no diamante.
   d) Qual das formas alotrópicas do C apresenta a menor energia?
   e) Por que a forma menos estável pode ser encontrada, mesmo sendo a outra forma termodinamicamente mais favorecida?
3. Apresente o maior número possível de métodos de obtenção de CO e CO_2. Para que são usados e como podem ser detectados?
4. Explique as ligações no CO e no CO_2.
5. Cite as vantagens e limitações do uso do CO como agente redutor na obtenção de metais a partir de seus óxidos.
6. Apresente equações que expliquem as reações que ocorrem quando os seguintes compostos são aquecidos: a) $CaCO_3$, b) $CaCO_3$ e SiO_2, c) $CaCO_3$ e C, d) CaC_2 e N_2.
7. Explique o que acontece quando CO_2 é borbulhado numa solução de $Ca(OH)_2$. O que acontece se um excesso de CO_2 for borbulhado?
8. Escreva as equações das reações que ocorrem entre CO e: a) O_2, b) S, c) Cl_2, d) Ni, e) Fe, f) Fe_2O_3.
9. Escreva as fórmulas das carbonilas mononucleares formadas pelo V, Cr, Fe e Ni. Explique o que é a regra do número atômico efetivo? Quais desses complexos obedecem a essa regra?
10. Explique, com a ajuda de diagramas adequados, como o CO forma ligações σ e π no $Ni(CO)_4$.
11. Desenhe as estruturas das carbonilas polinucleares $Mn_2(CO)_{10}$, $Fe_3(CO)_{12}$, $Ru_3(CO)_{12}$ e $Rh_4(CO)_{12}$.
12. Por que o precipitado de $CaCO_3$ se dissolve quando um excesso de CO_2 é borbulhado numa suspensão aquosa do mesmo? Escreva equações que expliquem o efeito da adição de pequenas quantidades e de um excesso de CO_2 sobre a água de cal.
13. Apresente motivos que expliquem porque CO_2 é um gás e SiO_2 é um sólido.
14. Explique as ligações π no CO_2, CO_3^-, SO_2 e SO_3.
15. Por que o CCl_4 não é atacado pela água, enquanto que o $SiCl_4$ é rapidamente hidrolisado? O CCl_4 reage com vapor superaquecido?
16. Compare as formas dos seguintes pares de moléculas ou íons, apresentando motivos que expliquem as diferenças observadas em cada par:
    a) CCl_4 e $TeCl_4$
    b) CO_2 e NO_2
    c) SiF_4 e ICl_4^-
17. Explique por que o SnI_4 é um sólido alaranjado, enquanto que CCl_4 e $SiBr_4$ são líquidos incolores?
18. Partindo de $BaCO_3$ marcado (contendo ^{14}C), como poderiam ser preparados os seguintes compostos marcados: Na_2CO_3, $CaCO_3$, CaC_2, CaNCN, C_2H_2, CH_3OH, CS_2 e $Ni(CO)_4$.

19. Como o CS_2 é obtido e quais são suas aplicações?
20. Como podem ser obtidos o NaCN e o $(CN)_2$? Para que o NaCN é utilizado?
21. Apresente dois métodos de obtenção do monossilano e compare suas propriedades químicas com as do CH_4. Explique as diferenças observadas.
22. Dê três exemplos de freons. Como são obtidos, quais são seus usos, e como prejudicam o meio-ambiente?
23. Compare e cite as diferenças entre as estruturas da trimetilamina e da trisililamina.
24. Desenhe as estruturas de seis tipos diferentes de silicatos, e dê o nome e a fórmula de um exemplo de cada tipo.
25. Descreva as aplicações dos silicatos de sódio solúveis.
26. Descreva o uso das zeólitas no tratamento de águas duras.
27. Como são removidas as impurezas de silicatos nos processos de obtenção de Al e Fe?
28. Descreva dois métodos industriais de preparação de clorossilanos alquil substituídos. Como os produtos da reação são separados? Como podem ser preparados materiais poliméricos com praticamente qualquer propriedade específica desejada utilizando-os como matérias-primas?
29. Como são detectados os silicatos na análise qualitativa?
30. Quais são os principais minérios de Sn e de Pb, e como os metais podem ser obtidos?
31. Escreva as equações que descrevam as reações entre Sn e: a) H^+(aq.), b) NaOH, c) HNO_3, d) O_2 e e) Cl_2.
32. Quais são as principais aplicações do chumbo?
33. O que é "vermelho de chumbo" e para que é usado?
34. Quais são as principais fontes de poluição ambiental por chumbo, o que pode ser feito para diminuí-las, e quais são os efeitos do chumbo no organismo humano?
35. Como você prepararia o tetraacetato de chumbo? Quais são suas aplicações, e a sua estrutura?
36. Descreva as variações das propriedades físicas e químicas que podem ser observadas nos elementos C, Si, Ge, Sn e Pb. Apresente os motivos dessas alterações.

OS ELEMENTOS DO GRUPO 15

CONFIGURAÇÕES ELETRÔNICAS E ESTADOS DE OXIDAÇÃO

Todos os elementos deste Grupo possuem cinco elétrons na camada de valência. O estado de oxidação máxima de todos os elementos é cinco, situação na qual utilizam os cinco elétrons para formar ligações, por exemplo com o oxigênio. A tendência do par de elétrons *s* de permanecer inerte (o efeito do par inerte) cresce com o aumento da massa atômica. Nesses casos, somente os elétrons *p* são utilizados para formar ligações, sendo a valência igual a três. As valências três e cinco se verificam nos compostos com halogênios e com enxofre. Os hidretos são trivalentes. O nitrogênio exibe uma grande variedade de estados de oxidação: (−III) na amônia NH_3, (−II) na hidrazina N_2H_4, (−I) na hidroxilamina NH_2OH, (0) no nitrogênio N_2, (+I) no óxido nitroso N_2O, (+II) no óxido nítrico NO, (+III) no ácido nitroso HNO_2, (+IV) no dióxido de nitrogênio NO_2 e (+V) no ácido nítrico HNO_3. Os estados de oxidação negativos decorrem do fato da eletronegatividade do H (2,1) ser menor que do N (3,0).

OCORRÊNCIA, OBTENÇÃO E USOS

Nitrogênio

Embora o nitrogênio constitua 78% da atmosfera terrestre, ele não é um elemento abundante na crosta terrestre (é o 33.º em ordem de abundância relativa). Todos os nitratos são muito solúveis em água, de modo que não são comuns na crosta terrestre, embora sejam encontrados depósitos em algumas regiões desérticas. O maior deles é um cinturão de cerca de 720 km de extensão ao longo do litoral norte do Chile, onde $NaNO_3$ (salitre do Chile) é encontrado combinado com pequenas quantidades de KNO_3, $CaSO_4$ e $NaIO_3$, debaixo de uma fina camada de areia ou solo. Tratava-se da maior fonte de nitratos até a I Guerra Mundial, quando foram desenvolvidos processos sintéticos para a produção de nitratos a partir do nitrogênio da atmosfera. Um grande depósito de salitre KNO_3 ocorre na Índia.

O nitrogênio é um constituinte essencial de proteínas e aminoácidos (a composição média de uma proteína é C = 50%, O = 25%, N = 17%, H = 7%, S = 0,5%, P = 0,5%, em peso). Nitratos e outros compostos de nitrogênio são muito utilizados como fertilizantes e em explosivos. No início deste século, o $NaNO_3$ foi muito importante como fertilizante. Guano de morcego também foi muito importante (trata-se de excremento de morcegos encontrados em grandes quantidades nas cavernas em rocha calcária, existentes em Kentucky, Tennessee e Carlsbad/New México, EUA). Nos últimos 50 anos essas fontes naturais foram substituídas pelo NH_3 e NH_4NO_3, obtidos pelas gigantescas indústrias da amônia e nitratos sintéticos.

O gás nitrogênio é usado em grandes quantidades como atmosfera inerte. Isso ocorre principalmente na indústria do ferro e do aço e outras indústrias metalúrgicas, e nas refinarias de petróleo, na limpeza das tubulações e dos reatores de craqueamento catalítico e reforma. O nitrogênio líquido é usado como agente refrigerante. Grandes quantidades de N_2 são consumidas na fabricação da amônia e da cianamida de cálcio. O N_2 é obtido em escala industrial, liquefazendo-se o ar e então realizando a destilação fracionada do mesmo. O N_2 tem ponto de ebulição menor que o O_2, saindo antes que o O_2 da coluna de destilação. Seis gases industriais são obtidos dessa maneira: N_2, O_2, Ne, Ar, Kr e Xe. Uma análise típica do ar é mostrada na Tab. 14.3.

A produção mundial de N_2 está crescendo rapidamente e ultrapassa 60 milhões de toneladas/ano (isso se deve

Tabela 14.1 — Configurações eletrônicas e estados de oxidação

Elemento	Símbolo		Configuração eletrônica	Estados de oxidação*
Nitrogênio	N	[He]	$2s^2\,2p^3$	**−III** −II −I 0 I II **III** IV **V**
Fósforo	P	[Ne]	$3s^2\,3p^3$	**III** **V**
Arsênio	As	[Ar]	$3d^{10}\,4s^2\,4p^3$	**III** **V**
Antimônio	Sb	[Kr]	$4d^{10}\,5s^2\,5p^3$	**III** **V**
Bismuto	Bi	[Xe]	$4f^{14}\,5d^{10}\,6s^2\,6p^3$	**III** V

* Os estados de oxidação mais importantes (geralmente os mais abundantes e estáveis) são mostrados em negrito Outros estados bem caracterizados, mas menos importantes, são mostrados em tipo normal. Estados de oxidação instáveis, ou de existência duvidosa, são mostrados entre parênteses

Tabela 14.2 — Abundância dos elementos na crosta terrestre, em peso

Elemento	ppm	abundância relativa
N	19	33º
P	1.120	11º
As	1,8	52º
Sb	0,2	64º
Bi	0,008	71º

principalmente ao fato do O_2 líquido ser essencial nos modernos processos de obtenção do aço, mas o N_2 é produzido simultaneamente). Cerca de dois terços do N_2 é vendido na forma de gás. Este pode ser comprimido em cilindros de aço, ou conduzido através de gasodutos ao local de consumo. Um terço da produção é vendido como N_2 líquido. O nitrogênio obtido dessa maneira sempre contém pequenas quantidades de oxigênio e dos gases nobres como impurezas. Geralmente, o N_2 comercial contém até 20 ppm de O_2. O nitrogênio "isento de oxigênio" contém até 2 ppm de O_2 e o nitrogênio ultrapuro é isento de oxigênio, mas pode conter até 10 ppm de argônio.

Um cilindro de N_2 é a fonte usual de nitrogênio nos laboratórios, mas amostras do gás podem ser obtidas a partir do aquecimento do nitrito de amônio. O N_2 também é obtido na oxidação da amônia, por exemplo com hipoclorito de cálcio, água de bromo ou CuO. Pequenas quantidades de N_2 muito puro podem ser obtidas aquecendo-se cuidadosamente o azoteto de sódio, NaN_3, a cerca de 300 °C. A decomposição térmica do NaN_3 é usada para inflar os colchões de ar empregados como dispositivos de segurança em veículos (air-bags).

$$NH_4Cl + NaNO_2 \rightarrow NaCl + NH_4NO_2 \xrightarrow{\text{aquec.}} N_2 + 2H_2O$$
$$4NH_3 + 3Ca(OCl)_2 \rightarrow 2N_2 + 3CaCl_2 + 6H_2O$$
$$8NH_3 + 3Br_2 \rightarrow N_2 + 6NH_4Br$$
$$2NaN_3 \xrightarrow{300\,^\circ C} 3N_2 + 2Na$$

Fósforo

O fósforo é o décimo-primeiro elemento mais abundante na crosta terrestre. O fósforo é essencial para a vida, tanto como material estrutural em animais superiores, como no metabolismo de plantas e animais. Cerca de 60% dos ossos e dos dentes são constituídos por $Ca_3(PO_4)_2$ ou $[3(Ca_3(PO_4)_2.$

Tabela 14.3 — Abundância dos diferentes gases no ar seco

Gás	% em volume	P.E. dos gases (em °C)
N_2	78,08	−195,8
O_2	20,95	−183,1
Ar	0,934	−186,0
CO_2	0,025–0,050	−78,4 (sublima)
Ne	0,0015	−246,0
H_2	0,0010	−253,0
He	0,00052	−269,0
Kr	0,00011	−153,6
Xe	0,0000087	−108,1

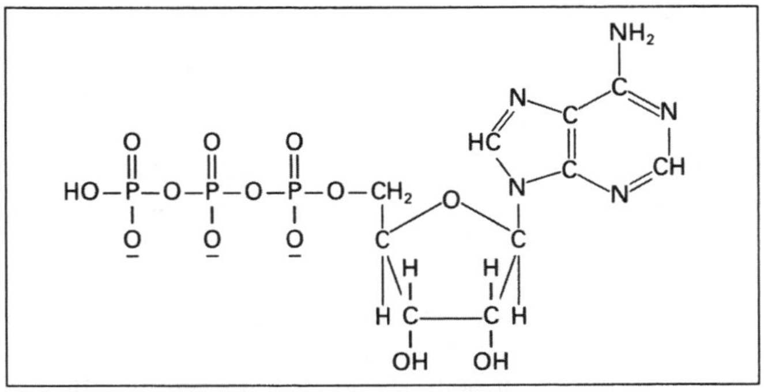

Figura 14.1 — Estrutura do adenosina-trifosfato, ATP

$CaF_2]$. Um indivíduo de peso médio possui em seu organismo cerca de 3,5 kg de fosfato de cálcio. Os ácidos nucléicos como DNA e RNA contêm o material genético de cada célula. Esses ácidos nucléicos são constituídos por cadeias de poliésteres de fosfatos e açúcares com certas bases orgânicas (adenina, citosina, timina e guanina). O fósforo, na forma de adenosina-trifosfato, ATP, e adenosina-difosfato, ADP, é de importância vital no processo de produção de energia nas células. Quando a água quebra uma das ligações fosfato do ATP transformando-o em ADP, ocorre a liberação de 33 kJ mol^{-1} de energia.

Grandes quantidades de fosfatos são utilizados em fertilizantes. A produção mundial de rocha fosfática foi de 145 milhões de toneladas em 1992 (EUA 32%, China 18%, URSS 15% e Marrocos 13%). A maior parte é fluoroapatita, $[3Ca_3(PO_4)_2.CaF_2]$, sendo mineradas quantidades menores de hidroxiapatita, $[3Ca_3(PO_4)_2.Ca(OH)_2]$, e cloroapatita, $[3Ca_3(PO_4)_2.CaCl_2]$, onde o OH^- e o Cl^- substituem o F^- na estrutura cristalina. Cerca de 90% das rochas fosfáticas são usados diretamente na fabricação de fertilizantes, e o restante é usado na fabricação de fósforo e ácido fosfórico.

A produção mundial do elemento é de cerca de um milhões t/ano, mas está declinando. O fósforo é obtido pela redução do fosfato de cálcio com C, num forno elétrico a 1.400–1.500 °C. Adiciona-se areia (SiO_2) à mistura para remover o cálcio como uma escória fluída (silicato de cálcio), que se separa do fósforo na forma de P_4O_{10}. A seguir o C é utilizado para reduzir P_4O_{10} a fósforo elementar. Nas temperaturas utilizadas para essa reação o fósforo encontra-se no estado gasoso e destila, principalmente como P_4 misturado com quantidades menores de P_2. O fósforo branco, P_4, é obtido pela condensação do gás ao passar através da água.

$$2Ca_3(PO_4)_2 + 6SiO_2 \rightarrow 6CaSiO_3 + P_4O_{10}$$
$$P_4O_{10} + 10C \rightarrow P_4 + 10CO$$

Cerca de 85% da produção de fósforo elementar é empregado na fabricação de ácido fosfórico, H_3PO_4, muito puro. Cerca de 10% é usado na fabricação de P_4S_{10} (empregado na fabricação de compostos organofosforados com ligações P–S) e P_4S_3 (usado na fabricação de fósforos de segurança).

$$P_4 + 5O_2 \rightarrow P_4O_{10} + 6H_2O \rightarrow 4H_3PO_4$$
$$P_4 + 10S \rightarrow P_4S_{10}$$

Também é utilizado na fabricação de $POCl_3$ e de bronze de fósforo.

Arsênio, antimônio e bismuto

Os elementos As, Sb e Bi não são muito abundantes. Sua principal fonte são os sulfetos, que ocorrem em pequenas quantidades combinados com outros minérios. São contudo bastante comuns, porque são obtidos como subprodutos da calcinação de minérios da classe dos sulfetos em altos-fornos. Devem ser tomados certos cuidados, pois os compostos de As e Sb são tóxicos. As cores dos sulfetos são características.

O arsênio é obtido na forma de As_2O_3, a partir das poeiras de exaustão liberadas na calcinação de CuS, PbS, FeS, CoS e NiS na presença de ar. A produção mundial de As_2O_3 foi de 47.000 t em 1992. O óxido pode ser reduzido a As com C. Os únicos minérios comuns de arsênio são as arsenopiritas, FeAsS (cor branca acinzentada com brilho metálico), realgar, As_4S_4 (coloração vermelho alaranjada) e orpimento, As_2S_3 (cor amarela). Os dois últimos são encontrados em áreas vulcânicas. O elemento As é obtido industrialmente, aquecendo-se arsenetos tais como NiAs, $NiAs_2$, $FeAs_2$, ou arsenopiritas, FeAsS, à cerca de 700 °C na ausência de ar. Nessa condições o As sublima.

$$4FeAsS \rightarrow As_{4(g)} + 4FeS$$

Há poucos usos para o As metálico; mas é empregado em ligas de chumbo, para torná-lo mais duro. Pequenas quantidades são usadas para "dopar" semicondutores e para fabricar diodos emissores de luz (LED). Geralmente, os compostos de arsênio são preparados a partir do As_2O_3. São utilizados principalmente como rodenticida, em medicina no combate a parasitas, e para evitar o apodrecimento da madeira, devido à natureza tóxica desses compostos.

O antimônio é obtido na forma de Sb_2O_3 das poeiras de exaustão provenientes da calcinação de minérios de ZnS. O óxido é facilmente reduzido ao metal com carbono. O minério de antimônio mais importante é a estibinita, Sb_2S_3 (agulhas iridescentes de aspecto metálico). O metal é obtido por fusão com ferro:

$$Sb_2S_3 + 3Fe \rightarrow 2Sb + 3FeS$$

O metal antimônio é empregado em ligas de Sn e Pb. É usado também como camada protetora (obtida por eletrodeposição) sobre aços para impedir a ferrugem. A produção mundial de Sb foi de 84.000 t em 1992. Compostos de antimônio são utilizados como retardantes de chama em espumas para colchões e outros móveis.

O Bi_2O_3 é obtido a partir das poeiras de exaustão provenientes da calcinação de PbS, ZnS e CuS, e pode ser reduzido ao metal com carbono. Ocorre também na forma dos minerais bismutinita, Bi_2S_3, e bismita, Bi_2O_3. Por causa de seu baixo ponto de fusão, o bismuto metálico pode ser fundido de maneira semelhante ao chumbo. As, Sb e Bi metálicos são todos quebradiços demais para serem trabalhados mecanicamente. O Bi é usado em ligas de baixo ponto de fusão, usado na confecção de tampões de baixo ponto de fusão para equipamentos automáticos contra incêndios (sprinklers). Além disso, é usado em baterias, mancais, soldas e munição. A produção mundial foi de 3.600 t em 1992.

PROPRIEDADES GERAIS E ESTRUTURAS DOS ELEMENTOS

Nitrogênio

O primeiro elemento difere dos demais elementos do Grupo, como nos Grupos estudados até o momento. Assim, o nitrogênio é um gás incolor, inodoro, insípido e diamagnético, sendo encontrado na forma de moléculas diatômicas, N_2. Os demais elementos são sólidos e possuem várias formas alotrópicas. A molécula N_2 contém uma ligação tripla N≡N curta, com comprimento de 1,09 Å. Essa ligação é muito estável e conseqüentemente sua energia de dissociação é muito alta (945,4 kJ mol^{-1}). Portanto, o N_2 é estável à temperatura ambiente, embora reaja com lítio formando o nitreto, Li_3N. Outras espécies isoeletrônicas, tais como CO, CN^- e NO^+, são muito mais reativas que o N_2, pois suas ligações são polares, enquanto o N_2 é apolar. A temperaturas elevadas a reatividade do N_2 aumenta gradativamente, reagindo diretamente com elementos dos Grupos 2, 13 e 14, com H_2 e com alguns metais de transição.

O nitrogênio pode ser ativado passando-se uma faísca elétrica através de N_2 gasoso, a baixas pressões. Nessa condição forma-se nitrogênio atômico, estando o processo associado a um brilho amarelo róseo. O nitrogênio atômico reage com diversos elementos e muitas moléculas normalmente estáveis.

O ciclo do nitrogênio

Há uma troca contínua de nitrogênio entre a atmosfera, o solo, os oceanos e os organismos vivos, cuja quantidade é estimada em 10^8 a 10^9 t/ano. Esse processo é denominado o ciclo do nitrogênio. Considere o nitrogênio combinado existente no solo: ele está presente na forma de nitratos, nitritos e compostos de amônio. Por diversas razões, ocorrem perdas do nitrogênio combinado do solo:

1) As plantas absorvem esses compostos e os utilizam para formar o protoplasma para crescer. As plantas podem servir de alimento aos animais, e os animais podem servir de alimento a outros animais. Os animais excretam compostos nitrogenados, geralmente uréia ou ácido úrico, que são devolvidos ao solo. A morte e decomposição fazem com que eventualmente todo o nitrogênio retorne ao solo.
2) Um grupo de bactérias desnitrificantes, denominadas *Denitrificans*, convertem nitratos nos gases N_2 ou NH_3, que escapam para a atmosfera (por causa disso os estábulos exalam odor de amônia). O NH_3 é devolvido

Tabela 14.4 — Pontos de fusão e pontos de ebulição

	Pontos de fusão (°C)	Pontos de ebulição (°C)
N_2	−210	−195,8
P_4	44	281
α-As	816*	615 (sublima)
α-Sb	631	1.587
α-Bi	271	1.564

* A 38,6 atmosferas de pressão

ao solo pela primeira chuva, mas não o N_2. Dentre as bactérias desnitrificantes podem ser citadas as *Pseudomonas e Achromobacter*.

$$\text{nitratos} \rightarrow \text{nitritos} \rightarrow NO_2 \rightarrow N_2 \rightarrow NH_3$$

3) Ocorre uma perda global de compostos nitrogenados do solo devido ao arraste dos mesmos pelas águas superficiais em direção aos mares. Esses compostos nitrogenados sustentam a flora marinha.

4) Há uma pequena perda de NO e NO_2 para a atmosfera na combustão de plantas e do carvão; o mesmo ocorrendo nos gases de escape dos carros. Embora isso tenha efeitos desagradáveis e produzam "smog" localizado, as quantidades envolvidas são pequenas, e o nitrogênio é devolvido ao solo com a chuva.

Ocorre aumento da quantidade de nitrogênio combinado no solo:

1) Esse aumento provém principalmente como resultado da fixação de N_2 pelas bactérias nitrificantes, convertendo-o em nitratos ou sais de amônio. Isso corresponde a mais de 60% do ganho de nitrogênio. Calcula-se que cerca de 175 milhões de toneladas de N_2 são fixados pelas bactérias anualmente. Essa quantidade pode ser comparada com os 110 milhões de toneladas de NH_3 produzida em 1992 pelo homem (principalmente pelo processo Haber-Bosch, mas também pela destilação do carvão). O gênero mais importante dessas bactérias é o *Rhizobium*. Elas vivem em simbiose nos nódulos das raízes das plantas da família das leguminosas, por exemplo, ervilhas, feijão, trevo e amieiro. Outras bactérias nitrificantes vivem livres no solo, por exemplo as bactérias verde azuladas *Anabena* e *Nostoc*, as bactérias aeróbias tais como *Azobacter* e *Beijerinckia*, e as bactérias anaeróbias como *Clostridium pastorianum*. Essas bactérias necessitam de pequenas quantidades de certos metais de transição como Mo, Fe, Co e Cu, e também de B do solo. A enzima fixadora de nitrogênio "nitrogenase" foi isolada do *Clostridium pastorianum* em 1960: o mesmo sistema enzimático é responsável pela fixação de nitrogênio nas demais bactérias.

A nitrogenase contém dois componentes. Uma delas é uma proteína de Mo e Fe, de peso molecular 220.000, contendo 24–32 Fe, dois Mo e um grupo sulfeto lábil. O outro é uma ferro-proteína de peso molecular 60.000, contendo 4 Fe e 4 S. A nitrogenase reduz N_2 a NH_3. Supõe-se que o N_2 forma um complexo com a proteína de Fe-Mo. A coordenação de apenas um dos átomos de nitrogênio ao metal é favorecida nos complexos de N_2. Nesse caso, a doação do par de elétrons do N ao metal formando uma ligação σ é mais importante que a retrodoação π do metal par o N. A nitrogenase também é capaz de reduzir N_2O, RCN e N_3^- a NH_3; reduz também etino, C_2H_2, a eteno, C_2H_4.

Bactérias verde azuladas também podem fixar N_2, sendo importante no cultivo do arroz.

O número de quilogramas de nitrogênio fixadas anualmente por acre de solo fértil por diferentes organismos é: *Rhizobium*, 120; bactérias verde azuladas, 10; *Azotobacter*, 0,1; *Clostridium*, 0,1.

2) Cerca de 20% provém do NH_4NO_3, usado em grandes quantidades como um fertilizante artificial. O processo Haber-Bosch é empregado para fixar o N_2 atmosférico na forma de NH_3, e o processo Ostwald é empregado para converter NH_3 em HNO_3. A reação de NH_3 com HNO_3 fornece NH_4NO_3.

3) Quantidades relativamente pequenas provêm de depósitos minerais como o salitre do Chile, $NaNO_3$, que é usado como fertilizante.

4) Pequenas quantidades de N_2 são fixadas pelos relâmpagos e as transformações fotoquímicas. Os relâmpagos provocam a formação de NO e NO_2 a partir do N_2 e O_2 do ar. Essa reação é semelhante ao processo obsoleto de Birkeland-Eyde. A forte radiação UV na atmosfera superior pode provocar transformações fotoquímicas semelhantes, gerando óxidos de nitrogênio. O NO_2 produzido forma uma solução muito diluída de HNO_3 na água da chuva.

Fósforo

O fósforo é um sólido à temperatura ambiente. O fósforo branco é mole, de aspecto ceroso, e bastante reativo. Reage com ar úmido desprendendo luz (quimioluminescência). Ele se inflama espontaneamente no ar a cerca de 35 °C, sendo armazenado sob água para impedir essa reação. É extremamente tóxico, podendo ser encontrado na forma de moléculas P_4 tetraédricas. Essa mesma estrutura é mantida nos estados líquido e gasoso. Acima de 800 °C, as moléculas de P_4 gasosos começam a se dissociar formando P_2, que possuem uma energia de ligação de 489,6 kJ mol^{-1} (este corresponde somente à metade do valor para o N_2, pois os orbitais do terceiro nível são muito maiores, sendo a interação $p\pi$-$p\pi$ relativamente fraca). Se o fósforo branco for aquecido a cerca de 250 °C, ou a uma temperatura menor na presença de luz solar, forma-se o fósforo vermelho. Trata-se de um sólido polimérico, muito menos reativo que o fósforo branco. É estável ao ar e não sofre ignição, a não ser mediante aquecimento a 400 °C. Não é necessário armazená-lo sob água. É insolúvel em solventes orgânicos. Uma forma altamente polimerizada de fósforo denominada fósforo preto pode ser obtido aquecendo-se o fósforo branco, a pressões elevadas. Essa é a forma alotrópica termodinamicamente mais estável. É inerte e apresenta uma estrutura lamelar (Fig. 14.2). Há relatos duvidosos sobre outras variedades alotrópicas.

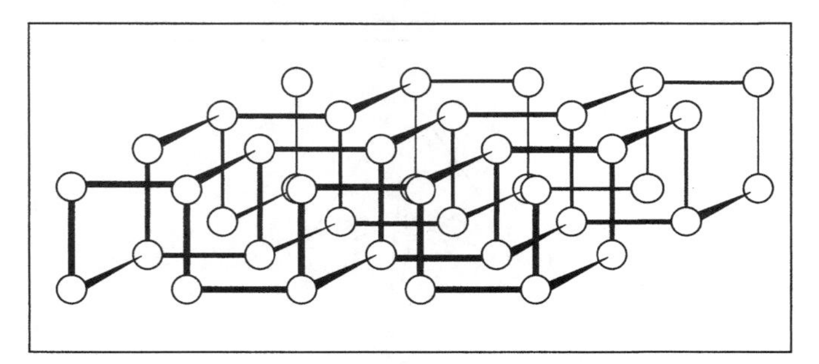

Figura 14.2 *— A estrutura do fósforo preto. No fósforo preto cristalino, os átomos estão dispostos em planos dobrados (Van Wazer, J.R. Phosphorus and its compounds, Vol I, Interscience, N.York – Londres.*

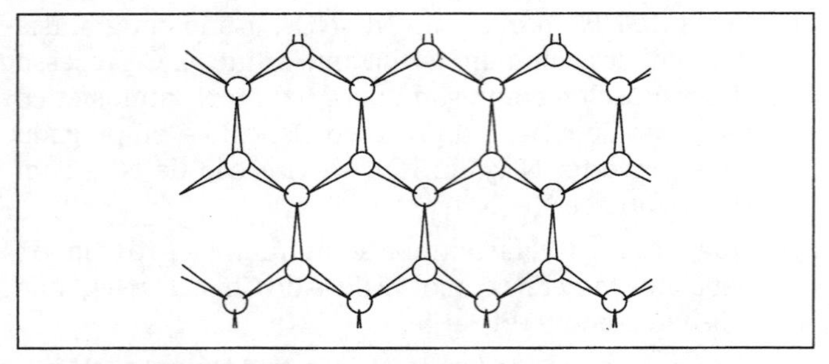

Figura 14.3 — Estruturas de camadas do bismuto

Arsênio, antimônio e bismuto

As, Sb e Bi sólidos podem ser encontrados em várias formas alotrópicas. O vapor de arsênio contém moléculas tetraédricas de As_4. Uma forma reativa amarela do sólido se assemelha ao fósforo branco, e supõe-se que contenha unidades tetraédricas As_4. O Sb também possui uma forma amarela. Os três elementos possuem formas metálicas muito menos reativas chamadas de formas α. Estes têm estruturas lamelares, mas as camadas são dobradas. Outra variedade alotrópica do Sb, que se forma a pressões elevadas, apresenta uma estrutura hexagonal de empacotamento compacto. Uma variedade de Bi obtida a altas pressões apresenta uma estrutura cúbica de corpo centrado. O bismuto é incomum, pois o líquido se expande quando forma o sólido. Esse comportamento pouco comum também é observado no Ga e no Ge.

TIPOS DE LIGAÇÕES

A maioria dos compostos formados pelos elementos desse Grupo são covalentes.

Distribuição eletrônica de valência de um elemento do Grupo 15

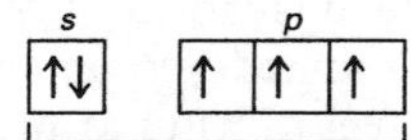

Três elétrons desemparelhados formam ligações σ com três outros átomos; quatro pares de elétrons levam a uma estrutura tetaédrica com uma posição ocupada por uma par isolado.

Tabela 14.5 — Raios covalentes, energias de ionização e eletronegatividade

	Raio covalente (Å)	Energias de ionização (kJ mol⁻¹) 1.º	2.º	3.º	Eletronegatividade de Pauling
N	0,74	1.403	2.857	4.578	3,0
P	1,10	1.012	1.897	2.910	2,1
As	1,21	947	1.950	2.732	2,0
Sb	1,41	834	1.590	2.440	1,9
Bi	1,52	703	1.610	2.467	1,9

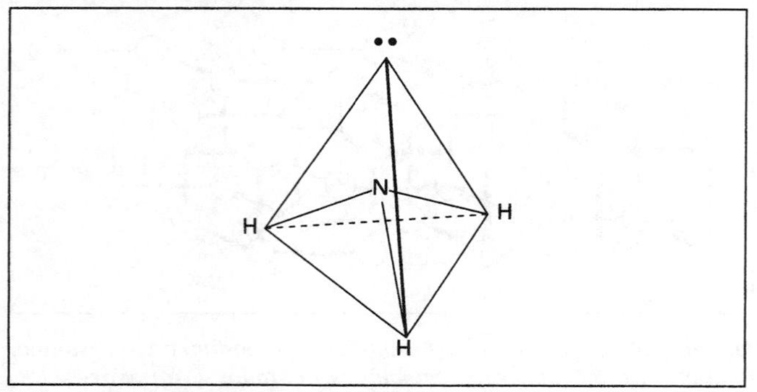

Figura 14.4 — Estrutura da amônia

Obtém-se um número de coordenação 4 se o par eletrônico isolado for doado (isto é, usado para formar uma ligação coordenada) a um outro átomo ou íon. Um exemplo é o íon amônio $[H_3N{\rightarrow}H]^+$ (Fig. 14.4)

Uma grande quantidade de energia é necessária para se remover todos os cinco elétrons de valência, de modo os íons M^{5+} não são formados. O Sb e o Bi podem perder três de seus elétrons formando íons M^{3+}, mas as energias de ionização são demasiadamente elevadas nos demais elementos para formar os correspondentes íons M^{3+}. Tanto o SbF_3 como o BiF_3 são sólidos iônicos. Os íons M^{3+} não são muito estáveis em solução. Eles podem existir em soluções ácidas razoavelmente fortes, mas são rapidamente hidrolisados em água, formando os íons óxido de antimônio, SbO^+, e óxido de bismuto, BiO^+. Essa reação pode ser revertida pela adição de HCl 5M.

$$Bi^{3+} \underset{HCl}{\overset{H_2O}{\rightleftharpoons}} [BiO]^+$$

$$BiCl_3 + H_2O \rightleftharpoons BiOCl + 2HCl$$

Os átomos de nitrogênio podem receber três elétrons, atingindo assim uma estrutura de gás nobre, formando os nitretos iônicos contendo o íon N^{3-}. A formação do íon N^{3-} requer 2.125 kJ mol^{-1}, de modo que apenas os metais de baixa energia de ionização, que possam formar nitretos com elevadas energias reticulares (Li_3N, Be_3N_2, Mg_3N_2, Ca_3N_2), formam nitretos iônicos. Embora sejam conhecidos compostos como Na_3P e Na_3Bi, estes não são iônicos.

O nitrogênio não pode aumentar seu número de coordenação para além de 4, pois possui apenas quatro orbitais disponíveis na segunda camada de elétrons. Portanto, o nitrogênio não pode formar complexos recebendo pares eletrônicos de outros ligantes; mas os elementos subseqüentes podem formar tais complexos. Esses elementos podem apresentar números de coordenação 5 ou 6, como no PCl_5 e $[PCl_6]^-$. A formação de complexos pode ser explicada, supondo-se que um ou dois orbitais *d* estão envolvidos nas ligações. Nesses casos ocorre, respectivamente, uma hibridização sp^3d ou sp^3d^2. Os orbitais 3*d* de um átomo isolado de fósforo são muito maiores que os orbitais 3*s* e 3*p*. A princípio, isso poderia sugerir que a participação dos orbitais 3*d* nas ligações é improvável. Contudo, quando ligantes eletronegativos se ligam no átomo de fósforo, os orbitais 3*d* se contraem, adquirindo praticamente o tamanho dos orbitais 3*s* e 3*p* (o grau de participação dos orbitais *d* nas ligações σ é objeto de controvérsias, tendo sido discutido no Capítulo 4).

O nitrogênio também difere dos demais elementos do Grupo pelo fato de formar ligações múltiplas *pπ-pπ* fortes. Por causa disso, ele forma diversos compostos que não possuem análogos no caso dos demais elementos. Dentre eles pode-se citar os nitratos NO_3^-, os nitritos, NO_2^-, os azotetos, N_3^-, o nitrogênio, N_2, os óxidos N_2O, NO, NO_2, N_2O_4, os cianetos, CN^- e os azo e diazocompostos. Os óxidos N_2O_3 e N_2O_5 são monoméricos porque o nitrogênio pode formar ligações múltiplas, enquanto que os trióxidos e pentóxidos dos demais elementos são encontrados na forma de dímeros.

CARÁTER METÁLICO E NÃO-METÁLICO

Os elementos do Grupo 15 seguem a tendência geral, isto é, o caráter metálico aumenta de cima para baixo dentro do grupo. Assim, N e P são não-metais, As e Sb são metalóides, que apresentam muitas das propriedades dos metais, e o Bi é um metal verdadeiro. O aumento do caráter metálico fica evidente nos seguintes aspectos:

1) Na aparência e estrutura dos elementos.
2) Pela sua tendência de formar íons positivos.
3) Pela natureza de seus óxidos. Os óxidos metálicos são caracteristicamente básicos, enquanto que os óxidos dos elementos não-metálicos são ácidos. Logo, os óxidos normais de N e P são fortemente ácidos, enquanto que os óxidos de As e Sb são anfóteros e o de Bi é essencialmente básico.
4) A resistividade elétrica das formas metálicas (α-As 33, α-Sb 39 e α-Bi 106 μohm cm^{-1}) é muito menor que a do fósforo branco (1×10^{17} μohm cm^{-1}), indicando um aumento do caráter metálico. Contudo, as resistividades são maiores que as de um bom condutor como o Cu (1,67 μohm cm^{-1}) e maiores que as do Sn e do Pb (11 e 20 μohm cm^{-1}, respectivamente) nos grupos adjacentes (vide Apêndice J).
5) Diminui a capacidade dos mesmos de atuar como doador de elétrons, usando o par de elétrons isolado para formar ligações coordenadas.

REATIVIDADE

O nitrogênio é bastante inerte e por isso acumulou-se em tão grandes quantidades na atmosfera.

O fósforo branco se inflama quando exposto ao ar, formando P_4O_{10}. Para impedir essa reação, ele é armazenado sob água. O fósforo vermelho é estável ao ar à temperatura ambiente, embora reaja quando aquecido.

O arsênio é estável em ar seco, mas perde o brilho em ar úmido, assumindo inicialmente uma cor bronze e depois preta. Quando aquecido no ar o arsênio sublima a 615 °C, formando As_4O_6 e não As_4O_{10}. O aquecimento forte do elementos na presença de oxigênio pode formar um outro desses óxidos, dependendo da quantidade de oxigênio presente. Essa relutância em atingir o estado de oxidação máximo é observada nos elementos Ga, As, Se e Br, isto é, nos elementos que seguem imediatamente após o preenchimento da primeira camada *d*. As_4O_{10} e H_3AsO_4 são usados como agentes oxidantes em análise volumétrica.

O Sb é menos reativo, sendo estável frente a água e ao ar à temperatura ambiente. Por aquecimento ao ar, forma Sb_4O_6, Sb_4O_8 ou Sb_4O_{10}. O Bi forma Bi_2O_3 quando aquecido.

HIDRETOS

Todos esses elementos formam hidretos voláteis de fórmula MH_3. Todos são gases tóxicos, de cheiro desagradável. Descendo pelo grupo, do NH_3 ao BiH_3, observa-se que:

1) A preparação dos hidretos se torna cada vez mais difícil.
2) A estabilidade diminui.
3) O poder redutor aumenta.
4) A substituição dos átomos de hidrogênio por outros átomos, como Cl ou CH_3, torna-se cada vez mais difícil.

Amônia, NH_3

O NH_3 é um gás incolor de odor pungente. O gás é bastante tóxico e se dissolve facilmente em água liberando calor. A 20 °C e uma atmosfera de pressão, 53,1 g de NH_3 se dissolvem em 100 g de água. Isso corresponde a 702 volumes de NH_3 dissolvendo-se em 1 volume de água. Em solução, a amônia forma o hidróxido de amônio, NH_4OH, comportando-se como uma base fraca.

$$NH_3 + H_2O \rightleftharpoons NH_4^+ + OH^- \qquad K = 1,8 \times 10^5 \text{ mol}^{-1}$$

Tanto o NH_3 como o NH_4OH reagem com ácidos, formando sais de amônio. Esses sais se assemelham aos sais de potássio no que se refere à solubilidade e à estrutura cristalina. Como os sais dos elementos do Grupo 1, os sais de amônio são tipicamente incolores. Há algumas diferenças entre eles. Os sais de amônio geralmente são fracamente ácidos se tiverem sido formados a partir de ácidos fortes, como HNO_3, HCl e H_2SO_4, dado que o NH_4OH é uma base fraca. Os sais de amônio se decompõem facilmente quando aquecidos. Se o ânion não for particularmente oxidante (por exemplo, Cl^-, CO_3^{2-}, ou SO_4^{2-}), há liberação de amônia:

$$NH_4Cl \xrightarrow{\text{calor}} NH_3 + HCl$$

$$(NH_4)_2SO_4 \xrightarrow{\text{calor}} 2NH_3 + H_2SO_4$$

Se o ânion for mais oxidante (por exemplo, NO_3^-, NO_2^-, ClO_4^-, $Cr_2O_7^{2-}$), então o NH_4^+ é oxidado a N_2 ou N_2O.

$$\overset{-III}{NH_4}NO_2 \xrightarrow{\text{calor}} \overset{0}{N_2} + 2H_2O$$

$$\overset{-III}{NH_4}NO_3 \xrightarrow{\text{calor}} \overset{+I}{N_2}O + 2H_2O$$

$$(NH_4)_2Cr_2O_7 \xrightarrow{\text{calor}} N_2 + 4H_2O + Cr_2O_3$$

O NH_3 queima em oxigênio com uma chama amarela pálida:

$$4NH_3 + 3O_2 \rightarrow 2N_2 + 3H_2O$$

A mesma reação ocorre no ar, mas o calor da reação é insuficiente para manter a combustão, a não ser que haja fornecimento de calor, por exemplo proveniente de uma chama de gás de cozinha. Certas misturas de NH_3/O_2 e NH_3/ar são explosivas.

O NH_3 é preparado no laboratório aquecendo-se um sal de amônio com NaOH. Esse é o teste padrão para detectar compostos de NH_4^+ no laboratório.

$$NH_4Cl + NaOH \rightarrow NaCl + NH_3 + H_2O$$

O NH_3 liberado pode ser detectado por:

1) seu odor característico.
2) tornar azul o papel de tornassol umedecido.
3) formar nuvens brancas e densas de NH_4Cl quando um frasco de HCl é aproximado.

4) formar um precipitado amarelo-alaranjado com o reagente de Nessler.

A produção mundial de NH_3 foi de 110 milhões de toneladas em 1992. A maior parte foi sintetizada a partir de H_2 e N_2, pelo processo Haber-Bosch (vide adiante), mas uma parte foi obtida a partir da purificação do gás de carvão e durante a produção de coque a partir do carvão. A amônia também pode ser obtida pela hidrólise da cianamida de cálcio, CaNCN. A cianamida de cálcio é usualmente empregada como fertilizante, sendo que a reação de hidrólise ocorre lentamente no solo.

$$CaNCN + 3H_2O \rightarrow 2NH_3 + CaCO_3$$

(CaNCN também é empregado na preparação da melamina, uréia e tiouréia — vide Capítulo 11). No passado, quando o gás de iluminação era produzido pela destilação seca do carvão na ausência de ar e usado como combustível, os compostos nitrogenados do carvão eram transformados em NH_3. Assim, NH_3 era obtido como um subproduto do gás de iluminaçã o.

Sais de amônio

Todos os sais de amônio são muito solúveis em água. Todos reagem com NaOH, liberando NH_3. O íon NH_4^+ é tetraédrico. Diversos sais de amônio são importantes.

O NH_4Cl é um dos mais conhecidos. Antigamente era obtido aquecendo-se estrume de camelos: o NH_4Cl pode ser facilmente purificado por sublimação! O sal pode ser recuperado como um subproduto do processo Solvay. É usado em pilhas secas do tipo Leclanché. Também é usado como fundente na solda e estanhação de metais, já que os óxidos de muitos metais reagem com NH_4Cl formando cloretos voláteis, limpando assim a superfície metálica.

O NH_4NO_3 é um composto deliqüescente usado em grandes quantidades como fertilizante nitrogenado. Como ele pode provocar explosões, é freqüentemente misturado com $CaCO_3$ ou $(NH_4)_2SO_4$ para torná-lo seguro. Também é usado como explosivo, pois mediante forte aquecimento (acima de 300 °C) ou com o auxílio de um detonador, é possível provocar sua rápida decomposição. O sólido ocupa um volume irrelevante, mas produz sete volumes de gás. Isso provoca a explosão:

$$2NH_4NO_3 \rightarrow 2N_2 + O_2 + 4H_2O$$

Quantidades menores de $(NH_4)_2SO_4$ são também usadas como fertilizantes. Antigamente o $(NH_4)_2SO_4$ era obtido como subproduto do gás de iluminação. Desde o momento em que o gás natural começou a suprir a demanda nos países desenvolvidos, o gás de iluminação não foi mais produzido. O $(NH_4)_2SO_4$ é obtido passando-se NH_3 e CO_2 gasosos através de uma suspensão de $CaSO_4$ em água:

$$2NH_3 + CO_2 + H_2O \rightarrow (NH_4)_2CO_3$$
$$(NH_4)_2CO_3 + CaSO_4 \rightarrow CaCO_3 + (NH_4)_2SO_4$$

Pequenas quantidades de hidrogenofosfato de diamônio, $(NH_4)_2HPO_4$, e de dihidrogenofosfato de amônio, $NH_4H_2PO_4$, são empregadas como fertilizantes. Esses compostos são usados para tornar a madeira, o papel e tecidos resistente ao fogo. O NH_4ClO_4 é usado como agente oxidante em combustíveis sólidos para foguetes.

Fosfina, PH_3

A fosfina, PH_3 (ou fosfano), é um gás incolor extremamente tóxico e reativo, com odor que se assemelha ao do alho ou do peixe em decomposição. Pode ser obtido pela hidrólise de fosfetos metálicos como Na_3P ou Ca_3P_2 com água, ou pela hidrólise de fósforo branco numa solução aquosa de NaOH.

$$Ca_3P_2 + 6H_2O \rightarrow 2PH_3 + 3Ca(OH)_2$$
$$P_4 + 3NaOH + 3H_2O \rightarrow PH_3 + 3NaH_2PO_2$$

Ao contrário do NH_3, o PH_3 não é muito solúvel em água e suas soluções aquosas são neutras. O PH_3 é mais solúvel em CS_2 e em outros solventes orgânicos. Sais de fosfônio, como $[PH_4]^+Cl^-$, podem ser formados, mas isto requer a reação de PH_3 e HCl anidros (em contraste com a rápida formação de NH_4X em solução aquosa). O PH_3 puro é estável no ar, mas inflama-se quando aquecido a cerca de 150 °C.

$$PH_3 + 2O_2 \rightarrow H_3PO_4$$

O PH_3 freqüentemente contém pequenas quantidades de difosfina, P_2H_6 (difosfano) que provocam sua ignição espontânea. Essa é a origem das luzes bruxuleantes conhecidas como "fogo-fátuo", às vezes observadas em pântanos e cemitérios.

Arsina AsH_3, estibina SbH_3, e bismutina BiH_3

A energia de ligação (Tab. 14.6) e a estabilidade dos hidretos decrescem descendo pelo Grupo. Em conseqüência, a arsina AsH_3 (arsano), a estibina SbH_3 (estibano) e a bismutina BiH_3 (bismutano) são obtidas apenas em pequenas quantidades. Tanto o AsH_3 como o SbH_3 são gases muito tóxicos. AsH_3, SbH_3 e BiH_3 podem ser preparados pela hidrólise dos seus compostos binários com metais, como Zn_3As_2, Mg_3Sb_2 ou Mg_3Bi_2, com água ou ácidos diluídos. AsH_3 e SbH_3 são formados no teste de Marsh para compostos de As e Sb. Antes do advento da análise instrumental, esse teste era usado na química forense. Praticamente todos os compostos de As e Sb podem ser reduzidos com Zn e ácido, formando AsH_3 e SbH_3. Os hidretos gasosos são passados através de um tudo de vidro aquecido por um bico de Bunsen. O SbH_3 é menos estável que o AsH_3, por isso decompõe-se, formando um espelho metálico antes de chegar a região do tubo que está sendo diretamente aquecida pela chama. O AsH_3 é mais estável e requer temperaturas maiores para se decompor. Assim, o AsH_3 forma um espelho metálico depois da posição em que se encontra a chama.

Estrutura dos hidretos

A estrutura da amônia pode ser descrita como sendo piramidal ou tetraédrica, com uma das posições ocupada por um par não-ligante (Fig. 14.4). Essa forma é prevista pela Teoria da Repulsão dos Pares Eletrônicos de Valência, uma vez que há quatro pares de elétrons na camada mais externa. Esses pares constituem três pares ligantes e um não-ligante. A repulsão entre um par não-ligante e um ligante sempre é maior que a repulsão entre dois pares ligantes. Por isso, os ângulos das ligações diminuem de 109°27' para 107°48', e o tetraedro é ligeiramente distorcido.

Configuração eletrônica do átomo de nitrogênio — estado fundamental

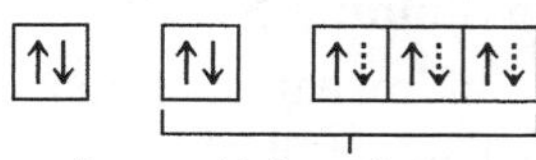

Nitrogênio depois de compartilhar três elétrons com três átomos de hidrogênio na molécula de NH_3

Quatro orbitais no nível mais externo (três pares ligantes e um par não-ligante) — estrutura tetaédrica com um vértice ocupado pelo par não-ligante

Os hidretos PH_3, AsH_3 e SbH_3 deveriam ter estruturas semelhantes. Contudo, os pares de elétrons ligantes estão mais afastados do átomo central do que no NH_3. Assim, o par isolado de elétrons provoca uma distorção ainda maior no PH_3, AsH_3 e SbH_3. O ângulo da ligação diminui até 91°18' no SbH_3 (Tab. 14.6). Esses ângulos de ligação sugerem que no PH_3, AsH_3, SbH_3 e BiH_3 as ligações estão sendo formadas por orbitais *p* quase puros.

Os pontos de fusão e de ebulição dos hidretos aumentam do PH_3 ao AsH_3 e SbH_3. Os valores para o NH_3 não acompanham essa tendência: espera-se que seu ponto de ebulição seja da ordem de −110 °C ou −120 °C. O NH_3 tem um ponto de ebulição maior e é muito menos volátil que o esperado, pois forma ligações de hidrogênio no estado líquido, em contraste com os demais hidretos.

Esses hidretos são agentes redutores fortes e reagem com soluções de íons metálicos formando fosfetos, arsenetos e estibinetos. São inflamáveis e extremamente tóxicos.

Propriedades doadoras

O NH_3 pode doar seu par de elétrons não-ligante formando complexos estáveis. Assim, a amônia forma sais de amônio NH_4^+, e também compostos de coordenação com íons metálicos dos Grupos do Co, Ni, Cu e Zn, por exemplo, o íon $[Co(NH_3)_6]^{3+}$ pode ser facilmente obtido.

O PH_3 também se comporta como um doador de elétrons e forma numerosos complexos, tais como $[F_3B \leftarrow PH_3]$, $[Cl_3Al \leftarrow PH_3]$ e $[Cr(CO)_3(PH_3)_3]$. Diversos outros compostos de fósforo trivalente, como PF_3, PCl_3, PEt_3, $P(OR)_3$ e PPh_3 também formam complexos, que de certo modo se assemelham aos complexos formados pelo CO. Por exemplo, o par não-ligante do P é utilizado para formar uma ligação coordenada com um orbital vazio do B ou de um metal (uma ligação σ). No caso dos metais, essa ligação coordenada pode ser reforçada por uma ligação π, formada por um orbital *d* preenchido do metal com um orbital *d* vazio do P ("back-bonding").

Tabela 14.7 — Hidretos do nitrogênio

Fórmula	Nome	Estado de oxidação
NH_3	Amônia	−III
N_2H_4	Hidrazina	−II
NH_2OH	Hidroxilamina	−I

Os demais hidretos do Grupo apresentam nenhuma ou pouca tendência de formar ligações coordenadas, por serem doadores muito fracos.

O par não-ligante ocupa um orbital híbrido sp^3 no NH_3. No AsH_3 e SbH_3 os ângulos de ligação se aproximam de 90°, sugerindo que os orbitais usados na formação das três ligações M–H são orbitais *p* quase puros. Se isso for verdade, então o par não-ligante deve ocupar um orbital esférico *s*. Esse é maior e não direcional, sendo portanto menos eficiente para formar ligações coordenadas. Isso implica que qualquer ligação σ formada por esse orbital será muito fraca. Além disso, os orbitais 4*d* e 5*d* são muito grandes para permitirem uma interação π efetiva. Esses dois fatores explicam as diferenças no poder coordenante observadas nos diferentes hidretos.

O nitrogênio forma diversos hidretos (vide Tab. 14.7).

Hidrazina, N_2H_4

A hidrazina é um líquido covalente, fumegante quando exposto ao ar, e com odor semelhante ao do NH_3. A hidrazina pura queima facilmente ao ar, liberando uma grande quantidade de calor.

$$N_2H_{4(l)} + O_{2(g)} \rightarrow N_{2(g)} + 2H_2O \qquad \Delta H = -621 \text{ kJ mol}^{-1}$$

Os derivados metilados $MeNHNH_2$ e Me_2NNH_2 são misturados com N_2O_4 e usados como combustível de foguetes, ônibus espaciais e de mísseis teleguiados. Também foi utilizado nos módulos lunares da série Apollo.

O N_2H_4 é uma base fraca e reage com ácidos, formando duas séries de sais. Todos são sólidos iônicos cristalinos, brancos, solúveis em água.

$$N_2H_4 + HX \rightarrow N_2H_5^+ + X^-$$
$$N_2H_4 + 2HX \rightarrow N_2H_6^{2+} + 2X^-$$

Quando dissolvida em água (em soluções neutras ou alcalinas), a hidrazina ou seus sais são agentes redutores fortes. São usados para fabricar espelhos de prata e de cobre, e para precipitar os metais do grupo da platina. A hidrazina também reduz I_2 e O_2.

$$N_2H_4 + 2I_2 \rightarrow 4HI + N_2$$
$$N_2H_4 + 2O_2 \rightarrow 2H_2O_2 + N_2$$
$$N_2H_4 + 2CuSO_4 \rightarrow Cu + N_2 + 2H_2SO_4$$

Tabela 14.6 — Algumas propriedades dos hidretos

	P.F. (°C)	P.E. (°C)	Energia de ligação (kJ mol $^{-1}$)	Ângulo de ligação	Comprimento de ligação (Å)
NH_3	−77,8	−34,5	N–H = 389	H–N–H = 107°48'	1.017
PH_3	−133,5	−87,5	P–H = 318	H–P–H = 93°36'	1.419
AsH_3	−116,3	−62,4	As–H = 247	H–As—H = 91°48'	1.519
SbH_3	−88,0	−18,4	Sb–H = 255	H–Sb–H = 91°18'	1.707

Geralmente a hidrazina se comporta como um agente redutor moderado em meio ácido, embora redutores mais fortes possam reduzir N_2H_4 a NH_3.

$$\underset{(-II)}{N_2H_4} + Zn + 2HCl \rightarrow \underset{(-III)}{2NH_3} + ZnCl_2$$

A hidrazina pode atuar como um doador de elétrons. Os átomos de N possuem um par de elétrons não-ligantes, que podem formar ligações coordenadas com íons metálicos como Ni^{2+} e Co^{2+}.

A produção mundial de hidrazina é de aproximadamente 20.000 t/ano. A maior parte é usada como combustível de foguetes. Também são usados na fabricação de "propelentes" (para a obtenção de plásticos insuflados), como produto de uso agrícola, e no tratamento de águas de caldeira para prevenir a oxidação das caldeiras e tubulações. No laboratório, a fenil-hidrazina é empregada para identificar compostos carbonílicos e açúcares, através da formação de derivados cristalinos denominados osazonas. As osazonas podem ser identificadas pelo exame da forma dos cristais ao microscópio, ou pela determinação de seus pontos de fusão.

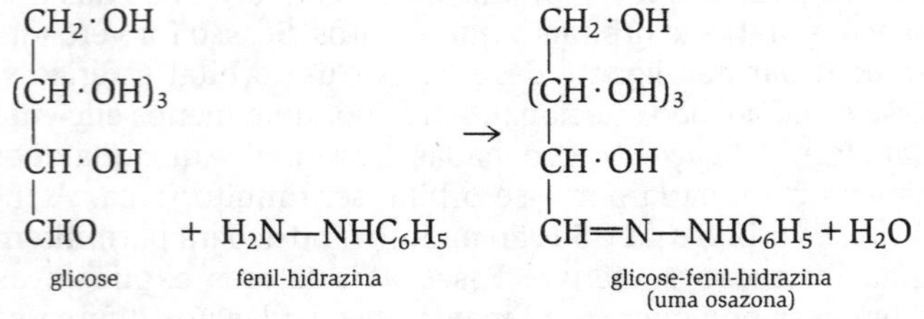

$$\begin{array}{lcl} CH_2\cdot OH & & CH_2\cdot OH \\ | & & | \\ (CH\cdot OH)_3 & & (CH\cdot OH)_3 \\ | & \rightarrow & | \\ CH\cdot OH & & CH\cdot OH \\ | & & | \\ CHO & + H_2N{-}NHC_6H_5 & CH{=}N{-}NHC_6H_5 + H_2O \\ \text{glicose} & \text{fenil-hidrazina} & \text{glicose-fenil-hidrazina (uma osazona)} \end{array}$$

A hidrazina continua sendo fabricada pelo processo Raschig, no qual a amônia é oxidada pelo hipoclorito de sódio, em solução aquosa diluída:

$$NH_3 + NaOCl \rightarrow NH_2Cl + NaOH \quad \text{(rápida)}$$
$$2NH_3 + NH_2Cl \rightarrow NH_2NH_2 + NH_4Cl \quad \text{(lenta)}$$

Uma reação secundária entre a cloramina e a hidrazina pode destruir parte ou todo o produto.

$$N_2H_4 + 2NH_2Cl \rightarrow N_2 + 2NH_4Cl$$

Essa reação é catalisada por íons de metais pesados presentes na solução. Por isso, utiliza-se água destilada ao invés de água de torneira, e adiciona-se cola ou gelatina para complexar os íons metálicos remanescentes. O uso de excesso de amônia reduz a ocorrência da reação entre cloramina e hidrazina. É necessário a utilização de solução diluída dos reagentes para minimizar outra reação secundária:

$$3NH_2Cl + 2NH_3 \rightarrow N_2 + 3NH_4Cl$$

Os processos industriais modernos são contínuos. Uma solução aquosa diluída contendo NH_4OH e NaOCl na proporção de 30:1 e gelatina é passada rapidamente, a altas pressões, através de um reator a 150 °C. A conversão é de cerca de 60%, obtendo-se uma solução de hidrazina de cerca de 0,5%. O excesso de NH_3 é removido e reciclado. A solução de hidrazina é concentrada por destilação de modo a produzir $N_2H_4\cdot H_2O$, ou H_2SO_4 pode ser adicionado de modo a precipitar o sulfato de hidrazínio, $N_2H_4\cdot H_2SO_4$.

Dados de difração de elétrons e de infravermelho indicam que a estrutura da hidrazina é semelhante à do etano. Cada átomo de N é rodeado tetraedricamente por um N, dois H e um par eletrônico isolado. As duas metades da molécula apresentam uma rotação de 95° em torno da ligação N–N, adotando uma conformação gauche (não eclipsada). O comprimento da ligação N–N é de 1,45 Å.

O fósforo forma o hidreto instável P_2H_4, que apresenta propriedades química bem diferentes da do N_2H_4.

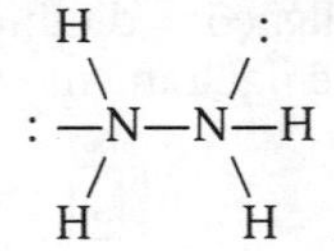

$$\begin{array}{ccc} H & & : \\ & \diagdown\;\; \diagup & \\ :\,{-}N & {-} & N{-}H \\ & \diagup\;\; \diagdown & \\ H & & H \end{array}$$

Hidroxilamina NH_2OH

A hidroxilamina forma cristais incolores que fundem a 33 °C. Ela é termicamente instável e se decompõe facilmente em NH_3, N_2, HNO_2 e N_2O. Se aquecida fortemente, explode. Geralmente é manuseada na forma de uma solução aquosa ou um de seus sais, pois são mais estáveis que NH_2OH puro.

A hidroxilamina é uma base mais fraca que amônia ou a hidrazina. Os seus sais contêm o íon hidroxilamônio, $[NH_3OH]^+$.

$$NH_2OH + HCl \rightarrow [NH_3OH]^+Cl^-$$
$$NH_2OH + H_2SO_4 \rightarrow [NH_3OH]^+HSO_4^-$$

Os potenciais de redução apropriados (vide pág. 247) sugerem que a hidroxilamina deveria sofrer desproporcionamento. De fato, ela lentamente se desproporciona em soluções ácidas:

$$\overset{-I}{4[NH_2OH\cdot H]^+} \rightarrow \overset{+I}{N_2O} + \overset{-III}{2NH_4^+} + 2H^+ + 3H_2O$$

A reação de desproporcionamento é rápida em soluções alcalinas:

$$\overset{-I}{3NH_2OH} \rightarrow \overset{0}{N_2} + \overset{-III}{NH_3} + 3H_2O$$

Tanto o NH_2OH como seus sais são muito tóxicos e são agentes redutores fortes.

A hidroxilamina é obtida pela redução de nitritos ou, então, a partir de nitrometano:

$$NH_4NO_2 + NH_4HSO_3 + SO_2 + 2H_2O \rightarrow [NH_3OH]^+HSO_4^- + (NH_4)_2SO_4$$
$$CH_3NO_2 + H_2SO_4 \rightarrow [NH_3OH]^+HSO_4^- + CO$$

A hidroxilamina apresenta propriedades doadoras (como o NH_3 e o N_2H_4): o átomo de N pode formar ligações coordenadas com íons metálicos. Além disso, ela se adiciona facilmente às ligações duplas de moléculas orgânicas, proporcionando um meio simples para introduzir átomos de N em tais moléculas.

NH_2OH é fabricado em larga escala para a obtenção da oxima de ciclohexanona, que é convertida em caprolactama e a seguir polimerizada para formar náilon-6

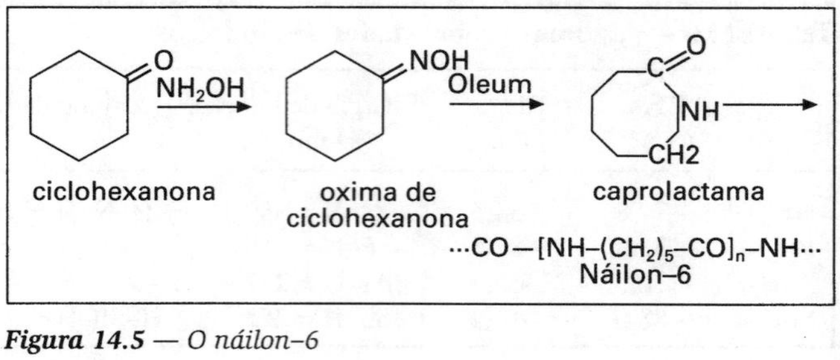

ciclohexanona →(NH_2OH) oxima de ciclohexanona →(Oleum) caprolactama →

$$\cdots CO{-}[NH{-}(CH_2)_5{-}CO]_n{-}NH\cdots$$

Náilon-6

Figura 14.5 — O náilon-6

A AMÔNIA LÍQUIDA COMO SOLVENTE

O gás amônia pode ser facilmente condensado (ponto de ebulição −33 °C) à amônia líquida. Ele é o solvente não-aquoso mais estudado, assemelhando-se bastante ao sistema aquoso. A amônia líquida, como a água, é capaz de dissolver uma grande variedade de sais. Além disso, tanto a água como a amônia sofrem reações de auto-ionização:

$$2H_2O \rightleftharpoons H_3O^+ + OH^-$$
$$2NH_3 \rightleftharpoons NH_4^+ + NH_2^-$$

Substâncias que produzem íons H_3O^+ em solução aquosa são ácidas, e os sais de amônio são ácidos em amônia líquida. Analogamente, substâncias que produzem OH^- em água ou NH_2^- em amônia líquida são bases nos respectivos solventes.

Portanto, reações de neutralização ácido-base ocorrem em ambos os solventes e a fenolftaleína pode ser usada para indicar o ponto final:

$$\underset{\text{ácido}}{HCl} + \underset{\text{base}}{NaOH} \rightarrow \underset{\text{sal}}{NaCl} + \underset{\text{solvente}}{H_2O} \quad \text{(em água)}$$

$$NH_4Cl + NaNH_2 \rightarrow NaCl + 2NH_3 \quad \text{(em amônia)}$$

De modo semelhante, ocorrem reações de precipitação em ambos os solventes. Contudo, o sentido da reação depende do solvente.

$$(NH_4)_2S + Cu^{2+} \rightarrow 2NH_4^+ + Cu_2S\downarrow \quad \text{(em água)}$$
$$(NH_4)_2S + Cu^{2+} \rightarrow 2NH_4^+ + Cu_2S\downarrow \quad \text{(em amônia)}$$
$$BaCl_2 + 2AgNO_3 \rightarrow Ba(NO_3)_2 + 2AgCl\downarrow \quad \text{(em água)}$$
$$Ba(NO_3)_2 + 2AgCl \rightarrow BaCl_2\downarrow + 2AgNO_3\downarrow \quad \text{(em amônia)}$$

O caráter anfótero dos compostos pode ser observado em ambos os solventes. Por exemplo, $Zn(OH)_2$ é anfótero em água e $Zn(NH_2)_2$ é anfótero em amônia:

$$Zn^{2+} + NaOH \rightarrow \underset{\text{insolúvel}}{Zn(OH)_2} + \underset{\text{excesso}}{NaOH} \rightarrow \underset{\text{solúvel}}{Na_2[Zn(OH)_4]} \quad \text{(em água)}$$

$$Zn^{2+} + KNH_2 \rightarrow \underset{\text{insolúvel}}{Zn(NH_2)_2} + \underset{\text{excesso}}{KNH_2} \rightarrow K_2[Zn(NH_2)_4] \quad \text{(em amônia)}$$

A amônia líquida é um solvente muito apropriado para os metais alcalinos e os metais mais pesados do Grupo 2, Ca, Sr e Ba. Os metais são muito solúveis e suas soluções em amônia líquida apresentam uma condutividade comparável a dos metais puros. A amônia solvata os íons metálicos, mas resiste à redução pelos elétrons livres. Essas soluções de metais em amônia líquida são excelentes agentes redutores, por causa da presença dos elétrons livres.

$$Na \xrightarrow{\text{amônia líquida}} [Na(NH_3)_n]^+ + e$$

Soluções de sais de amônio em amônia líquida são usadas na limpeza do sistema de refrigeração de alguns reatores nucleares. O sódio líquido é empregado para arrefecer os reatores do tipo "fast breeder", como o de Dounreay, na Escócia. A amônia líquida é um bom solvente para esse metal, mas as superfícies ficam úmidas com NH_3. Quando este evapora, podem sobrar pequenos depósitos de sódio finamente divididos, que é pirofórico. Por isso, é necessário destruir o sódio mediante o uso de um ácido, por exemplo o sal de amônio em amônia líquida.

$$2NH_4Br + 2Na \xrightarrow{\text{em } NH_3} 2NaBr + H_2 + 2NH_3$$

A amônia líquida aceita prótons com facilidade, e por isso aumenta o grau de dissociação dos assim chamados ácidos fracos, como o ácido acético.

$$CH_3 \cdot COOH \rightleftharpoons CH_3 \cdot COO^- + H^+$$

O NH_3 remove prótons e faz com que a reação se processe no sentido direto. Assim, o pK_a do ácido acético em água é igual a 5, mas está quase totalmente dissociado em amônia líquida. Portanto, a amônia reduz as diferenças entre as forças dos ácidos. Por isso a amônia é conhecido como um solvente nivelador (vide Ácidos e Bases, no Capítulo 8).

AZOTETOS

O azoteto de hidrogênio, HN_3, (ácido azotídrico) é um líquido incolor com ponto de ebulição igual a 37 °C, altamente tóxico e odor irritante. Tanto o líquido como o gás explodem quando aquecidos ou sob forte impacto.

$$2HN_3 \rightarrow H_2 + 3N_2$$

O HN_3 é um pouco mais estável em solução aquosa, mas deve ser manuseado com cuidado. Dissocia-se pouco em solução aquosa (ácido fraco, $pK_a \cong 5$), tendo uma força semelhante a do ácido acético. Reage com metais eletropositivos, formando compostos iônicos denominados azotetos. Mas, ao contrário de outras reações entre ácidos e metais, não há liberação de hidrogênio.

$$6HN_3 + 4Li \rightarrow \underset{\text{azoteto de lítio}}{4LiN_3} + 2NH_3 + 2N_2$$

Azotetos covalentes são usados como detonadores e explosivos. Os azotetos iônicos geralmente são muito mais estáveis, de modo que alguns deles são usados como corantes e intermediários em síntese orgânica.

O método de síntese de azotetos mais importante se baseia no borbulhamento do óxido nitroso gasoso em sodamida fundida a 190 °C, em condições anidras. O vapor d'água produzido reage com nova quantidade de sodamida. Alternativamente, o óxido nitroso pode ser borbulhado numa solução de sodamida em amônia líquida como solvente.

$$N_2O + NaNH_2 \rightarrow NaN_3 + H_2O$$
$$H_2O + NaNH_2 \rightarrow NH_3 + NaOH$$
$$\overline{N_2O + 2NaNH_2 \rightarrow NaN_3 + NH_3 + NaOH}$$

O azoteto de sódio assim obtido pode ser convertido no azoteto de hidrogênio por tratamento com H_2SO_4, seguido de destilação. O azoteto de chumbo, $Pb(N_3)_2$, pode ser precipitado de uma solução de azoteto de sódio e um sal solúvel de chumbo, como $Pb(NO_3)_2$. O $Pb(N_3)_2$ é sensível ao choque sendo usado como detonador de explosivos de elevada potência. É particularmente confiável, e funciona mesmo quando úmido. Muitos outros azotetos metálicos são conhecidos. O triazoteto cianúrico é um poderoso explosivo (Fig. 14.6).

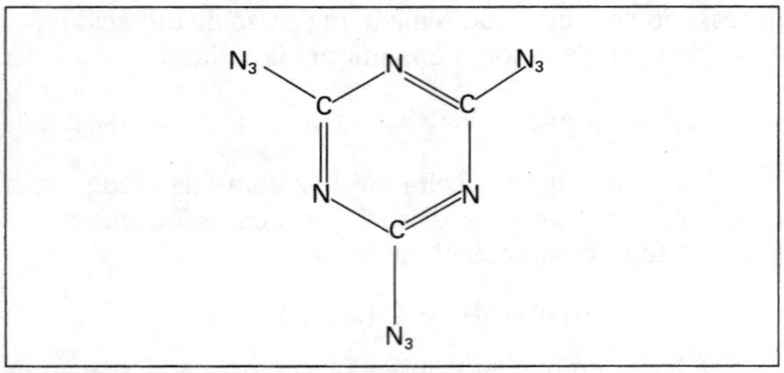

Figura 14.6 — Estrutura da triazida cianúrica

O íon $(N_3)^-$ é considerado um pseudo-haleto (vide Capítulo 16). Forma os compostos extremamente instáveis e explosivos fluorazoteto FN_3, clorazoteto ClN_3, bromazoteto BrN_3 e iodazoteto IN_3, mas o dímero N_3–N_3 é desconhecido.

A análise do N_3^- é realizada reduzindo-o com H_2S.

$$NaN_3 + H_2S + H_2O \rightarrow NH_3 + N_2 + S + NaOH$$

O íon N_3^- possui 16 elétrons de valência e é isoeletrônico com o CO_2. O íon N_3^- é linear (N–N–N) como o CO_2. Quatro elétrons são utilizados para formar duas ligações σ. Cada um dos átomos de N terminais possuem um par de elétrons não-ligante. Restam, portanto 16–4–(2×2) = 8 elétrons para formar as ligações π. Supondo-se que os elétrons ligantes e antiligantes ocupem os orbitais $2s$ e $2p_x$, ainda restam seis orbitais atômicos para as ligações π: três OAs $2p_y$ e três $2p_z$. Os três orbitais $2p_y$ formam três orbitais moleculares π tricentrados. O orbital molecular de menor energia é ligante, o de maior energia é antiligante e o remanescente é não-ligante. Analogamente, os três orbitais atômicos $2p_z$ formam OMs ligante, antiligante e não-ligante. Os oito elétrons π preenchem os dois orbitais moleculares ligantes e os dois não-ligantes. Portanto, há no total duas ligações σ e duas ligações π e a ordem de ligação é igual a 2. As duas ligações N–N têm o mesmo comprimento e são iguais 1,16 Å.

A molécula do azoteto de hidrogênio é angular. O elétron adicional proveniente do hidrogênio deve ocupar um orbital antiligante e por isso os comprimentos das duas ligações N–N são diferentes:

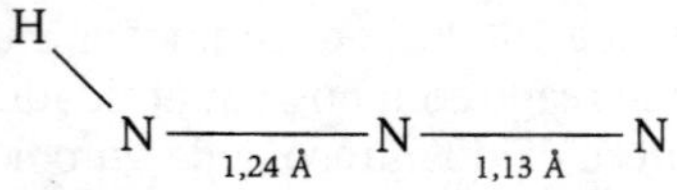

$$\text{H}\backslash\text{N} \underset{1{,}24\ \text{Å}}{\text{———}} \text{N} \underset{1{,}13\ \text{Å}}{\text{———}} \text{N}$$

O ângulo da ligação H–N–N é igual a 112°, e as duas ligações N–N apresentam comprimentos significativamente diferentes, pois as ordens de ligação são provavelmente 1,5 e 2, respectivamente.

FERTILIZANTES

Os fertilizantes para fins agrícolas contêm normalmente três ingredientes principais:

1) *Nitrogênio* numa forma combinada (geralmente nitrato de amônio, outros sais de amônio ou nitratos, ou uréia). O nitrogênio é essencial para o crescimento das plantas, principalmente das folhas, já que ele é um constituinte dos aminoácidos e das proteínas, necessárias para a produção de novas células.
2) *Fósforo* para o crescimento das raízes, usualmente na forma de fosfato, tal como "superfosfato" ou "superfosfato triplo" pouco solúvel. São obtidos a partir de rochas fosfáticas tais como a fluorapatita, $[3Ca_3(PO_4)_2 \cdot CaF_2]$, extraída de jazidas minerais. A escória básica, um subproduto da indústria siderúrgica, também é empregada como fosfato para fertilizantes.
3) Íons potássio para a floração, geralmente fornecidos como K_2SO_4.

FIXAÇÃO DE NITROGÊNIO

Há uma grande quantidade de gás N_2 na atmosfera, mas as plantas são incapazes de utilizá-lo, pois o N_2 é muito estável e inerte. O solo fértil contém nitrogênio combinado, principalmente na forma de nitratos, nitritos, sais de amônio ou uréia, $CO(NH_2)_2$. Esses compostos são absorvidos da água do solo pelas raízes das plantas. Isso reduz a fertilidade do solo, embora boa parte do nitrogênio acabe retornando ao solo, devido a morte e decomposição das plantas. Sabe-se há muito tempo que o cultivo rotativo de um terreno utilizando diferentes culturas dá melhores safras que o cultivo continuado de um mesmo produto. Por exemplo, o cultivo de trevo num ano melhora a safra de milho do ano seguinte. Algumas poucas espécies de bactérias e cianobactérias podem "fixar" o nitrogênio atmosférico, ou seja, transformar o N_2 gasoso em compostos de nitrogênio. Essas bactérias podem ter uma grande influência sobre a fertilidade do solo, pois produzem "nitrogênio combinado". O gênero mais importante de bactérias fixadoras de nitrogênio é o *Rhizobium*. Essas bactérias vivem em simbiose nos nódulos das raízes de plantas da família das leguminosas, por exemplo, ervilha, feijão, trevo e amieiro. Existem outras bactérias no solo, nas proximidades das raízes, também capazes de fixar o nitrogênio, mas em menor escala (vide "Ciclo do Nitrogênio").

Embora as plantas necessitem de nitratos, as bactérias do solo facilmente transformam outros compostos nitrogenados em nitratos.

$$NH_4^+ \xrightarrow[\text{e Nitrobactéria}]{\text{Nitrossomonas}} NO_2^- \xrightarrow{\text{Nitrobactéria}} NO_3^-$$

Os processos químicos capazes de fixar o nitrogênio atmosférico incluem o processo Haber-Bosch (síntese da amônia) e a formação da cianamida de cálcio. Ambos envolvem o uso de elevadas temperaturas e pressões. As bactérias fixam o nitrogênio facilmente à temperatura ambiente e pressão atmosférica, mas o homem necessita de dispendiosas instalações e o emprego de altas temperaturas e pressões para fazer o mesmo.

Muitos esforços estão sendo dispendidos na pesquisa de catalisadores de metais de transição capazes de absorver nitrogênio e produzir amônia para fertilizantes por um custo menor, sem a necessidade de utilizar altas temperaturas e pressões. O primeiro complexo de dinitrogênio, o cátion pentaamin(dinitrogênio)rutênio(II), foi obtido em 1965, por meio da redução do tricloreto de rutênio com hidrazina. Subseqüentemente, outros métodos foram desenvolvidos, como por meio da substituição de um ligante lábil de um

POTENCIAIS DE REDUÇÃO PADRÃO (VOLT)

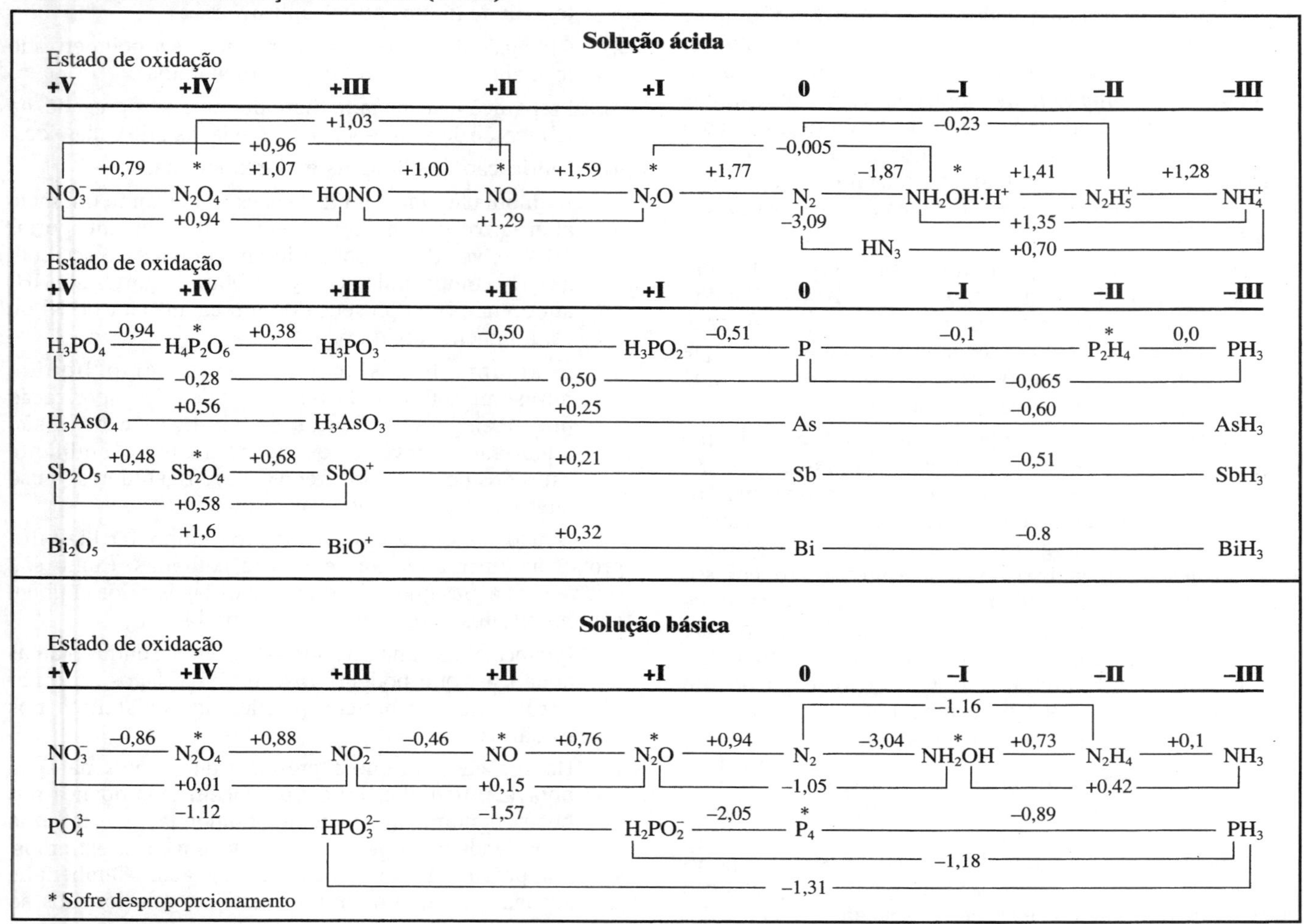

complexo por N_2. Já foram obtidos complexos de dinitrogênio com quase todos os elementos de transição.

$$[Ru(NH_3)_5H_2O]^{2+} + N_2 \xrightarrow{\text{Solução aquosa}} [Ru(NH_3)_5N_2]^{2+}$$

A formação desse complexo de nitrogênio estável motivou os estudos com outros metais. Os mais promissores são os complexos de titânio(II): a redução de alcóxidos de titânio fornece amônia ou hidrazina. Um ciclo completo de reações para fixar o nitrogênio atmosférico gerando NH_3 já foi publicado:

$$Ti^{IV}(OR)_4 \xrightarrow{Na} Ti^{II}(OR)_2 + 2NaOR$$

$$Ti(OR)_2 \xrightarrow{N_2} [Ti(OR)_2N_2]$$

$$[Ti(OR)_2N_2] \xrightarrow{\text{reduz}} [Ti(OR)_2N_2]^{6-}$$

$$[Ti(OR)_2N_2]^{6-} \xrightarrow{+6H^+} 2NH_3 + \boxed{Ti(OR)_2}$$

ou

$$[Ti(OR)_2N_2] \xrightarrow{\text{reduz}} [Ti(OR)_2N_2]^{6-} \xrightarrow{+6H^+} N_2H_4 + Ti(OR)_2$$

O Processo da Cianamida

A produção de cianamida de cálcio superou a marca dos 1,3 milhões de t/ano e continua aumentando. Ela é usada em larga escala como fertilizante nitrogenado, e como matéria-prima para preparação de compostos orgânicos como a melamina.

$$CaC_2 + N_2 \xrightarrow{1100°C} CaNCN + C$$

$$CaNCN + 5H_2O \rightarrow CaCO_3 + 2NH_4OH$$

O processo Haber-Bosch

O processo industrial mais importante é o processo Haber-Bosch. Fritz Haber descobriu como combinar diretamente, em laboratório, N_2 e H_2. Ele recebeu o Prêmio Nobel de Química de 1918. Carl Bosch foi um engenheiro químico que desenvolveu os equipamentos necessários para a produção industrial de amônia aproveitando essa reação. Ele também recebeu o Prêmio Nobel de Química, mas em 1931, por suas pesquisas sobre reações a altas pressões.

$$\underbrace{N_2 + 3H_2}_{\text{4 volumes}} \rightleftharpoons \underbrace{2NH_3}_{\text{2 volumes}} + \text{calor}$$

A reação é reversível, e o princípio de Le Chatelier sugere que são necessárias altas pressões e baixas temperaturas para deslocar o equilíbrio para a direita, formando assim o NH_3. A temperaturas menores a percentagem de conversão é maior, mas a reação atinge o equilíbrio muito lentamente, sendo necessário um catalisador. Na prática, as condições empregadas são 200 atmosferas de pressão, uma temperatura de 380-450 °C, e um catalisador de "ferro ativado". É mais econômico usar uma temperatura mais elevada, mesmo que a percentagem de conversão em NH_3 seja menor, pois o equilíbrio será atingido mais rapidamente. A temperaturas de cerca de 400 °C obtém-se uma conversão de 15%, com apenas uma passagem pelo catalisador. A mistura gasosa é esfriada para formar NH_3 líquida, e a mistura dos gases N_2 e H_2 é reciclada. As instalações são feitas de uma liga de aço com Ni e Cr.

O catalisador é obtido fundindo-se Fe_3O_4 e KOH com um material refratário como MgO, SiO_2, ou Al_2O_3. O sólido assim obtido é quebrado em pequenos fragmentos e introduzido no conversor de amônia, onde o Fe_3O_4 é reduzido, formando pequenos cristais de ferro dentro de uma matriz refratária. Esse é o catalisador ativado.

As instalações reais são bem mais complicadas do que sugerido por essa reação em uma etapa, já que os gases N_2 e H_2 devem ser obtidos antes de serem convertidos em NH_3. O preço do H_2 é um dos principais fatores que influenciam o custo do processo. Antigamente o H_2 necessário era obtido pela eletrólise da água. Esse procedimento era caro. Por isso foi substituído por um método mais barato que utiliza coque e água (gás d'água, gasogênio). Atualmente, o H_2 é produzido a partir de hidrocarbonetos (como petróleo ou CH_4), reagindo-os com vapor a 750 °C, na presença de um catalisador de Ni. Todos os compostos de S devem ser removidos, pois envenenam o catalisador.

$$CH_4 + 2H_2O \rightleftharpoons CO_2 + 4H_2$$
$$CH_4 + H_2O \rightleftharpoons CO + 3H_2$$

Adiciona-se certa quantidade de ar a mistura de gases obtida. O oxigênio reage com parte do H_2 até que a proporção correta dos reagentes N_2 e H_2 de 1:3 seja alcançada.

$$\underset{\text{ar}}{(4N_2 + O_2)} + 2H_2 \rightarrow 4N_2 + 2H_2O$$

O CO também deve ser removido, pois envenena o catalisador.

$$CO + H_2O \rightleftharpoons CO_2 + H_2$$

Finalmente, o CO_2 é removido utilizando-se uma solução concentrada de K_2CO_3 ou de etanolamina.

A produção mundial de NH_3 aumentou de cerca de 1 milhão de t/ano em 1950 para 110 milhões em 1992. Mesmo assim não é o produto químico fabricado em maior quantidade em massa. Contudo, como o NH_3 tem uma massa molecular muito pequena, ela é a substância produzida em maior quantidade em número de mol. Os maiores produtores são a União Soviética (27%), China (21%), EUA (18%), Canadá (4%), Romênia (4%), Holanda e México (3% cada um), Alemanha Ocidental, Polônia, Itália e Alemanha Oriental (2% cada um).

Cerca de 75% da amônia são empregados como fertilizantes (30% por aplicação direta do gás NH_3 ou de NH_4OH ao solo, 20% como NH_4NO_3, 15% como uréia, 10% como fosfato de amônio e 3% como $(NH_4)_2SO_4$). Também é utilizada na:

1) Fabricação de HNO_3, o qual pode ser usado na preparação de NH_4NO_3 (fertilizante), ou explosivos como a nitroglicerina, a nitrocelulose e o TNT. O HNO_3 tem ainda muitas outras aplicações.
2) Obtenção de caprolactama, que pode ser polimerizado formando o náilon-6 (vide hidroxilamina).
3) Preparação de hexametilenodiamina, empregada na fabricação de náilon-66, de poliuretanas e de poliamidas.
4) Fabricação de hidrazina e hidroxilamina.
5) A amônia líquida é muitas vezes usada como um meio alternativo conveniente e econômico de transportar "H_2", e, vez de transportá-lo em cilindros de aço com gás H_2 comprimido. O H_2 é obtido a partir do NH_3 aquecendo-o na presença de um catalisador de Ni ou Fe, finamente dividido.
6) A amônia tem sido empregada como líquido refrigerante. O líquido tem um calor de vaporização muito elevado e pontos de ebulição e de fusão adequados. Devido aos riscos ao meio ambiente causados pelo uso dos freons em refrigeradores, o uso alternativo da NH_3 pode aumentar.

O uso generalizado de nitratos como fertilizantes provocou um grande aumento nas colheitas. Como são solúveis, as águas que escorrem para os lagos e rios também contêm nitratos. Isso causa diversos problemas:

1) Provoca o crescimento anormal de algas e outras plantas aquáticas, que podem obstruir rios e lagos, e tornar verdejantes os bancos pantanosos existentes nos estuários.
2) Há suspeitas de que a presença de nitratos na água potável é prejudicial, pois provocam uma doença nos bebês denominado metemoglobinemia, que reduz a quantidade de oxigênio no sangue. Em casos extremos, isso provoca a "síndrome da doença azul". Também há suspeitas de que os nitratos estejam relacionados ao câncer de estômago. Por causa disso, alguns países fixaram o limite de 25 ppm de nitratos na água potável.
3) É possível que a desnitrificação produzindo óxidos de nitrogênio, como o N_2O, possa prejudicar a camada de ozônio.

URÉIA

A uréia é largamente empregada como fertilizante nitrogenado. Ela é muito solúvel e portanto de ação rápida, mas é também facilmente lixiviada pela água. Tem um conteúdo muito elevado de nitrogênio (46%). A uréia é obtida a partir da amônia, utilizando um processo em dois estágios:

$$2NH_3 + CO_2 \xrightarrow[\text{altas pressões}]{180-200\,^\circ C} \underset{\substack{\text{carbamato} \\ \text{de amônia}}}{NH_2COONH_4} \rightarrow \underset{\text{uréia}}{NH_2 \cdot CO \cdot NH_2} + H_2O$$

No solo, a uréia lentamente sofre hidrólise formando carbonato de amônio.

$$NH_2CONH_2 + 2H_2O \rightarrow (NH_4)_2CO_3$$

FERTILIZANTES FOSFATADOS

Rochas fosfáticas, como a fluorapatita, $[3Ca_3(PO_4)_2 \cdot CaF_2]$, são muito pouco solúveis e, portanto, não estão disponíveis para as plantas. O "superfosfato" é preparado, tratando-se as rochas fosfáticas com H_2SO_4 concentrado. O sal ácido

$Ca(H_2PO_4)_2$ é mais solúvel e o superfosfato se dissolverá na água do solo no período de algumas semanas.

$$[3Ca_3(PO_4)_2 \cdot CaF_2] + 7H_2SO_4 \rightarrow \underset{\text{superfosfato}}{3Ca(H_2PO_4)_2 + 7CaSO_4} + 2HF$$

O $CaSO_4$ é um subproduto insolúvel sem valor para as plantas, mas não é removido do produto comercializado.

O "superfosfato triplo" é fabricado de maneira semelhante, usando H_3PO_4 para evitar a formação do subproduto $CaSO_4$.

$$[3Ca_3(PO_4)_2 \cdot CaF_2] + 14H_3PO_4 \rightarrow \underset{\text{superfosfato triplo}}{10Ca(H_2PO_4)_2} + 2HF$$

HALETOS

Trihaletos

Todos os trihaletos possíveis de N, P, As, Sb e Bi são conhecidos. Os compostos de nitrogênio são os menos estáveis. Embora o NF_3 seja estável, o NCl_3 é explosivo. Antigamente esse composto era empregado no alvejamento do trigo usado na confecção de pães brancos. Esse uso declinou rapidamente quando surgiram suspeitas de que o trigo alvejado dessa maneira era responsável pela insanidade provocada em cães! NBr_3 e NI_3 só são conhecidos na forma de seus amoniatos instáveis: $NBr_3(6NH_3$ e $NI_3(6NH_3$. Este último pode ser preparado dissolvendo I_2 em NH_4OH 0,880 M e explode na ausência de excesso de amônia. Recomenda-se aos estudantes que *não* preparem esse composto. Os demais 16 trihaletos são estáveis.

Os trihaletos são predominantemente covalentes e têm uma estrutura tetraédrica com um dos vértices ocupado por um par não-ligante, como o NH_3. As exceções são o BiF_3, que é iônico, e os outros haletos de Bi, além do SbF_3 que apresenta um caráter intermediário.

Os trihaletos prontamente se hidrolisam em água, mas os produtos variam conforme o elemento:

$$NCl_3 + 4H_2O \rightarrow NH_4OH + 3HOCl$$
$$PCl_3 + 3H_2O \rightarrow H_3PO_4 + 3HCl$$
$$AsCl_3 + 3H_2O \rightarrow H_3AsO_3 + 3HCl$$
$$SbCl_3 + H_2O \rightarrow SbO^+ + 3Cl^- + 2H^+$$
$$BiCl_3 + H_2O \rightarrow BiO^+ + 3Cl^- + 2H^+$$

Também reagem com NH_3. Por exemplo:

$$PCl_3 + 6NH_3 \rightarrow P(NH_2)_3 + 3NH_4Cl$$

NF_3 se comporta diferentemente dos demais trihaletos. Ele é inerte, como o CF_4, e não sofre hidrólise em água ou ácidos e álcalis diluídos. Contudo, reage com vapor d'água sob a ação de uma centelha.

O PF_3 é bem menos reativo frente à água e seu manuseio é mais fácil que dos demais trihaletos. Os trihaletos, particularmente o PF_3, podem atuar como moléculas doadoras de elétrons, utilizando o par de elétrons isolado para formar uma ligação coordenada (p. ex. $Ni(PF_3)_4$). Além dessa ligação σ, também são formadas ligações π pela interação dos orbitais preenchidos do metal com um orbital vazio do P, como nos complexos com CO. O $Ni(PF_3)_4$ pode ser obtido a partir do tetra(carbonil)níquel, $Ni(CO)_4$.

$$Ni(CO)_4 + 4PF_3 \rightarrow Ni(PF_3)_4 + 4CO$$

Inúmeros complexos de metais de transição com trifluorofosfina são conhecidos. Muitas das pesquisas a respeito foram realizadas por J. Chatt e seu grupo na ICI. Embora a maioria dos trihaletos sejam obtidos a partir dos elementos, o PF_3 é obtido pela ação do CaF_2 (ou outro fluoreto) sobre PCl_3. O PF_3 é um gás incolor, inodoro e muito tóxico, pois complexa a hemoglobina do sangue, impedindo o fornecimento de oxigênio ao organismo.

O NF_3 apresenta uma pequena tendência de atuar como molécula doadora. Essa molécula é tetraédrica, com um dos vértices ocupado pelo par não-ligante, sendo o ângulo de ligação F–N–F igual a 102°30'. Contudo, o momento dipolar é muito baixo (0,23 Debye) quando comparado com o do NH_3 (1,47 D). Os átomos de flúor altamente eletronegativos atraem os elétrons, de modo que os momentos de dipolo das ligações N–F cancelam parcialmente o momento do par isolado. Isso reduz tanto o momento dipolar como o poder doador do composto.

Os trihaletos também possuem propriedades receptoras de elétrons e podem aceitar um par de elétrons de outro íon, como o F^-, formando íons complexos como $[SbF_5]^{2-}$ e $[Sb_2F_7]^-$. Reagem também com vários reagentes organometálicos formando compostos do tipo MR_3.

O trihaleto mais importante é o PCl_3, do qual se produzem anualmente 250.000 t/ano, a partir dos elementos. Parte do PCl_3 é utilizado para se obter PCl_5.

$$PCl_3 + Cl_2 \text{ (ou } S_2Cl_2) \rightarrow PCl_5$$

O PCl_3 é muito usado na química orgânica para converter ácidos carboxílicos em cloretos de acila, e álcoois em haletos de alquila.

$$PCl_3 + 3RCOOH \rightarrow 3RCOCl + H_3PO_3$$
$$PCl_3 + 3ROH \rightarrow 3RCl + H_3PO_3$$

O PCl_3 pode ser oxidado pelo O_2 ou P_4O_{10}, formando oxicloreto de fósforo (cloreto de fosforila), $POCl_3$.

$$2PCl_3 + O_2 \rightarrow 2POCl_3$$
$$6PCl_3 + P_4O_{10} + 6Cl_2 \rightarrow 10POCl_3$$

O $POCl_3$ é consumido em grandes quantidades na fabricação de fosfatos de trialquila e triarila, $(RO)_3PO$.

$$O{=}PCl_3 + 3EtOH \rightarrow O{=}P(OEt)_3 \quad \text{(fosfato de trietila)}$$

$$O{=}PCl_3 + 3HO{-}C_6H_4{-}CH_3 \rightarrow O{=}P(O \cdot C_6H_4 \cdot CH_3)_3$$

(fosfato de tritoluíla)

Diversos desses fosfatos têm importância industrial:

1) O fosfato de trietila é usado na fabricação de inseticidas sistêmicos.
2) O fosfato de tritoluíla é um aditivo de combustíveis.
3) Os fosfatos de triarila e de trioctila são usados como plastificantes na obtenção de cloreto de polivinila (PVC).
4) O fosfato de tri-n-butila é usado nos processos de extrações com solventes.

Pentahaletos

O nitrogênio não é capaz de formar pentahaletos, porque a segunda camada eletrônica pode conter no máximo oito elétrons, isto é, quatro ligações. Os elementos subseqüentes têm orbitais *d* adequados, podendo formar os seguintes pentahaletos:

PF_5	PCl_5	PBr_5	PI_5
AsF_5	$(AsCl_5)$		
SbF_5	$SbCl_5$		
BiF_5			

O $AsCl_5$ é muito reativo e instável, subsistindo apenas por um breve período. O BiF_5 é muito reativo, e reage explosivamente com água, formando O_3 e F_2O. É capaz de oxidar UF_4 a UF_6, BrF_3 a BrF_5, e inserir átomos de flúor em hidrocarbonetos.

Os pentahaletos são preparados como se segue:

$$3PCl_5 + 5AsF_3 \rightarrow 3PF_5 + 5AsCl_3$$
$$PCl_3 + Cl_2 \text{ (em } CCl_4) \rightarrow PCl_5$$
$$2As_2O_3 + 10F_2 \rightarrow 4AsF_5 + 3O_2$$
$$2Sb_2O_3 + 10F_2 \rightarrow 4SbF_5 + 3O_2$$
$$2Bi + 5F_2 \rightarrow 2BiF_5$$

Suas moléculas no estado gasoso exibem estrutura bipirâmide trigonal (ver Fig. 14.7), como esperado a partir da Teoria VSEPR para cinco pares de elétrons.

A explicação para a estrutura das moléculas utilizando a teoria da ligação de valência é:

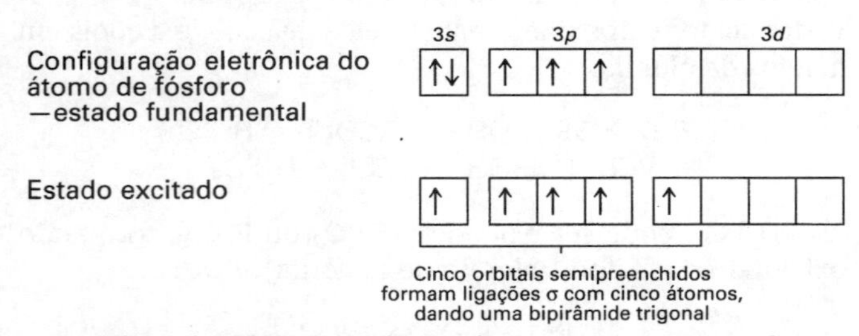

A bipirâmide trigonal não é uma estrutura regular. A difração de elétrons no PF_5 gasoso indica que alguns ângulos são de 90° e outros de 120°. Além disso, os comprimentos das ligações P—F axiais são iguais a 1,58 Å, enquanto que as equatoriais são iguais a 1,53 Å. Já estudos de ressonância magnética nuclear sugerem que os cinco átomos de flúor são equivalentes. Esse aparente paradoxo pode ser explicado de maneira simples. A difração de elétrons fornece uma imagem instantânea da molécula, enquanto que a espectroscopia RMN fornece uma imagem que é a média

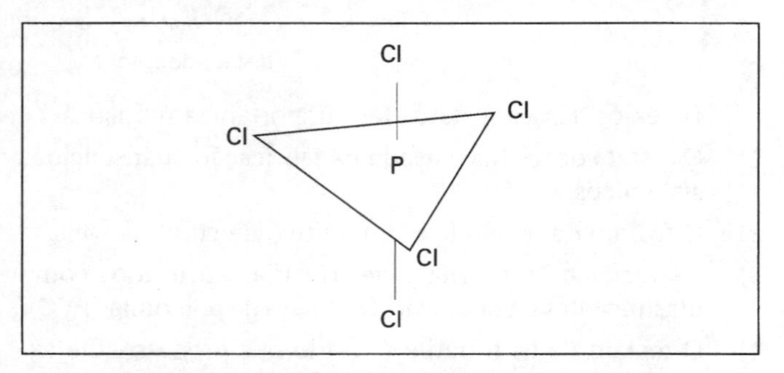

Figura 14.7 — Estrutura do pentacloreto de fósforo gasoso

num intervalo de vários milissegundos. Supõe-se que os átomos de F axiais e equatoriais troquem suas posições num intervalo de tempo menor que o necessário para registrar o espectro de RMN. Essa troca entre as posições equatoriais e axial é denominada "pseudo-rotação".

O PF_5 permanece covalente e mantém essa estrutura também no estado sólido. Contudo, o PCl_5 se aproxima do limite iônico-covalente, sendo covalente nos estados gasoso e líquido, mas iônico no estado sólido. O PCl_5 sólido é constituído por íons $[PCl_4]^+$ e $[PCl_6]^-$, que possuem estruturas tetraédrica e octaédrica, respectivamente. O PBr_5 sólido é formado por unidades $[PBr_4]^+Br^-$, e o PI_5 parece que se dissocia em solução formando os íons $[PI_4]^+$ e I^-.

O pentahaleto mais importante é o PCl_5, obtido borbulhando-se Cl_2 numa solução de PCl_3 em CCl_4. A produção mundial é de cerca de 20.000 t/ano. A hidrólise total dos pentahaletos fornece o ácido -ico correspondente. Por exemplo, PCl_5 reage violentamente com água:

$$PCl_5 + 4H_2O \rightarrow \underset{\text{ácido fosfórico}}{H_3PO_4} \rightarrow 5HCl$$

Se quantidades equimolares forem utilizadas, a reação é mais branda e gera o oxicloreto de fósforo, $POCl_3$:

$$PCl_5 + H_2O \rightarrow POCl_3 + 2HCl$$

O PCl_5 é usado na química orgânica para converter ácidos carboxílicos em cloretos de acila, e álcoois em cloretos de alquila.

$$PCl_5 + 4RCOOH \rightarrow 4RCOCl + H_3PO_4 + HCl$$
$$PCl_5 + 4ROH \rightarrow 4RCl + H_3PO_4 + HCl$$

Reage com P_4O_{10}, formando $POCl_3$, e com SO_2, formando cloreto de tionila, $SOCl_2$.

$$6PCl_5 + P_4O_{10} \rightarrow 10POCl_3$$
$$PCl_5 + SO_2 \rightarrow POCl_3 + SOCl_2$$

O PCl_5 também reage com NH_4Cl, gerando diversos cloretos fosfonitrílicos poliméricos (vide adiante).

$$nPCl_5 + nNH_4Cl \rightarrow (NPCl_2)_n + 4nHCl$$

(compostos cíclicos: n = 3 a 8)

e $Cl_4P\text{-}(NPCl_2)_n\text{-}NPCl_3$ (compostos em cadeia)

Apesar da existência dos pentahaletos, não se conhecem hidretos do tipo MH_5. Para se chegar ao estado de valência cinco, é necessário utilizar orbitais *d*. O hidrogênio não é suficientemente eletronegativo para provocar uma contração suficiente dos orbitais *d*; contudo, compostos como PHF_4 e PH_2F_3 já foram isolados.

ÓXIDOS DE NITROGÊNIO

Todos os óxidos e oxo-ácidos de nitrogênio apresentam ligações múltiplas $p\pi$-$p\pi$ entre os átomos de nitrogênio e oxigênio. Isso não ocorre com os elementos mais pesados do grupo. Conseqüentemente, o nitrogênio forma uma série de compostos que não tem análogos de P, As, Sb ou Bi. O nitrogênio forma uma enorme variedade de óxidos, nos quais

Tabela 14.8 — Óxidos de nitrogênio

Fórmula	Número de oxidação	Nome
N_2O	+I	Óxido nitroso
NO	+II	Óxido nítrico
N_2O_3	+III	Sesquióxido de nitrogênio
NO_2, N_2O_4	+IV	Dióxido de nitrogênio, tetróxido de dinitrogênio
N_2O_5	+V	Pentóxido de dinitrogênio
(NO_3, N_2O_6) (muito instável)	+VI	Trióxido de nitrogênio hexóxido de dinitrogênio

o estado de oxidação do nitrogênio pode variar de (+I) a (+VI). Os óxidos inferiores são neutros e os superiores são ácidos (Tab. 14.8).

Óxido nitroso N_2O

O N_2O é um gás estável e pouco reativo. É preparado pela cuidadosa decomposição térmica de nitrato de amônio fundido, a cerca de 280 °C, pois explode quando aquecido fortemente. O N_2O também pode ser obtido aquecendo-se uma solução de NH_4NO_3 acidificada com HCl.

$$NH_4NO_3 \rightarrow N_2O + 2H_2O$$

N_2O é um óxido neutro e não forma ácido hiponitroso, $H_2N_2O_2$, com água, nem hiponitritos com álcalis. É importante na obtenção de azoteto de sódio, e conseqüentemente de outros azotetos:

$$N_2O + 2NaNH_2 \rightarrow NaN_3 + NH_3 + NaOH$$

O principal uso do N_2O é como propelente em sorvetes. Como é inodoro, insípido e não tóxico, satisfaz as rígidas exigências da legislação adotada para os alimentos.

O N_2O é usado como anestésico, principalmente por dentistas. É conhecido como "gás hilariante", porque a inalação de pequenas quantidades desse composto provoca euforia. É necessário uma pressão parcial de 760 mm Hg de N_2O para anestesiar completamente um paciente. Logo, caso oxigênio também seja fornecido, o paciente pode não estar totalmente inconsciente. Na ausência prolongada de oxigênio ocorrerá a morte do paciente. O N_2O é inadequado para intervenções mais prolongadas. Geralmente, emprega-se o N_2O para "adormecer" o paciente e O_2 é administrado para que recupere a consciência.

A molécula é linear, como é de se esperar para uma molécula triatômica com 16 elétrons externos (vide também o N_3^- e o CO_2). Contudo, o CO_2 é simétrico (O–C–O), enquanto que no N_2O as energias dos orbitais favorecem a formação da molécula assimétrica N–N–O, em detrimento da molécula simétrica N–O–N. As ligações são curtas, e as ordens das ligações foram calculadas como sendo 2,73 Å para a ligação N–N e 1,61 Å para a ligação N–O.

$$N \overset{1,126\ \text{Å}}{\text{—}} N \overset{1,186\ \text{Å}}{\text{—}} O$$

Óxido nítrico NO

O NO é um gás incolor, sendo um importante intermediário na fabricação do ácido nítrico pela oxidação catalítica da amônia (processo Ostwald). Também foi importante no processo Birkeland-Eyde (atualmente obsoleto), que envolvia a reação entre nitrogênio e oxigênio sob a ação de uma faísca elétrica. No laboratório, o NO é preparado pela redução de HNO_3 diluído com Cu, ou pela redução de HNO_2 com I^-:

$$3Cu + 8HNO_3 \rightarrow 2NO + 3Cu(NO_3)_2 + 4H_2O$$
$$2HNO_2 + 2I^- + 2H^+ \rightarrow 2NO + I_2 + 2H_2O$$

NO é um óxido neutro, não sendo o anidrido de nenhum ácido.

O NO possui 11 elétrons de valência. Logo, é impossível que todos estejam emparelhados, pois a molécula possui um número ímpar de elétrons, e esse gás é paramagnético. Nos estados líquido e sólido é diamagnético, porque se dimeriza formando O–N–N–O. O dímero assimétrico O–N–O–N já foi observado na forma de um sólido vermelho, na presença de HCl ou outros ácidos de Lewis.

O comprimento da ligação N–O é de 1,15 Å, intermediário entre o de uma ligação dupla e uma tripla. A melhor maneira de se descrever as ligações é usando a teoria de orbitais moleculares (vide Capítulo 4). As ligações são semelhantes àquelas encontradas no N_2 e no CO, que possuem 10 elétrons de valência. O NO possui 11 elétrons externos, e o elétron adicional desemparelhado ocupa um orbital antiligante π^*2p. Isso reduz a ordem de ligação de 3 no N_2 para 2,5 no NO. Se esse elétron for removido oxidando-se o NO, forma-se o íon nitrosônio, NO^+. No nitrosônio a ordem de ligação é 3, e o comprimento da ligação N–O diminui de 1,15 Å no NO para 1,06 Å no NO^+.

Moléculas com número ímpar de elétrons são geralmente muito reativos e tendem a dimerizar. O NO é incomumente estável para uma molécula desse tipo. Mesmo assim, reage instantaneamente com oxigênio formando NO_2, e com os halogênios formando haletos de nitrosila, por exemplo NOCl.

$$2NO + O_2 \rightarrow 2NO_2$$
$$2NO + Cl_2 \rightarrow 2NOCl$$

O NO prontamente forma compostos de coordenação com íons de metais de transição. Esses complexos são denominados nitrosilas. A reação de Fe^{2+} e NO forma o complexo $[Fe(H_2O)_5NO]^{2+}$, responsável pela cor marron no "teste do anel" na análise qualitativa de nitratos. A maioria dos complexos de nitrosila são coloridos. Outro exemplo é o nitroprussiato de sódio, $Na_2[Fe(CN)_5NO] \cdot 2H_2O$. O NO atua freqüentemente como um doador de três elétrons, em contraste com a maioria dos ligantes que doam dois elétrons. Assim, três ligantes CO podem ser substituídos por dois NO's:

$$[Fe(CO)_5] + 2NO \rightarrow [Fe(CO)_2(NO)_2] + 3CO$$
$$[Cr(CO)_6] + 4NO \rightarrow [Cr(NO)_4] + 6CO$$

Nesses complexos a ligação M–N–O é linear, ou quase linear. Contudo, em 1968, verificou-se que o ângulo M–N–O no complexo $[Ir(CO)(Cl)(PPh_3)(NO)]^+$ é de 123°, e desde então foram descobertos diversos outros complexos nos quais aquele ângulo varia de 120° a 130°. Tais ligações angulares, mais fracas que as lineares, são de considerável interesse teórico. O NO também pode atuar como um ligante ponte entre dois ou três átomos de metal, analogamente ao CO.

Sesquióxido de nitrogênio N_2O_3

O N_2O_3 só é estável a baixas temperaturas. Pode ser obtido pela condensação de quantidades eqüimolares de NO e NO_2, ou pela reação de NO com uma quantidade apropriada de O_2. É um líquido ou sólido azul, instável, que se dissocia em NO e NO_2 a –30 °C.

$$NO + NO_2 \rightarrow N_2O_3$$
$$4NO + O_2 \rightarrow 2N_2O_3$$

É um óxido ácido, sendo o anidrido do ácido nitroso, HNO_2. Forma nitritos quando reage com álcalis.

$$N_2O_3 + H_2O \rightarrow 2HNO_2$$
$$N_2O_3 + NaOH \rightarrow 2NaNO_2 + H_2O$$

O N_2O_3 reage com ácidos concentrados formando sais de nitrosila:

$$N_2O_3 + 2HClO_4 \rightarrow 2NO[ClO_4] + H_2O$$
$$N_2O_3 + 2H_2SO_4 \rightarrow 2NO[HSO_4] + H_2O$$

O óxido pode ser obtido em duas formas diferentes, simétrica e assimétrica, as quais podem ser interconvertidas sob ação de luz de determinados comprimentos de onda. O comprimento da ligação N–N é de 1,864 Å na forma assimétrica. É uma ligação excepcionalmente longa, e portanto muito fraca comparada com a ligação N–N encontrada na hidrazina (comprimento = 1,45 Å).

```
O       O
 \     //
  N---N            O=N   N=O
       \\             \ /
        O              O
forma assimétrica      forma simétrica
```

(apresenta um eixo de rotação de ordem 2)

Dióxido de nitrogênio NO_2 e tetróxido de dinitrogênio N_2O_4

O NO_2 é um gás tóxico castanho avermelhado, produzido em larga escala por oxidação do NO no processo Ostwald para obtenção do ácido nítrico. No laboratório, é preparado aquecendo-se nitrato de chumbo:

$$2Pb(NO_3)_2 \rightarrow 2PbO + 4NO_2 + O_2$$

Os produtos gasosos O_2 e NO_2 são passados através de um tubo em U esfriado com gelo. O NO_2 (P.E. 21 °C) condensa. O $Pb(NO_3)_2$ deve ser cuidadosamente seco porque o NO_2 reage com a água. O NO_2 é obtido na forma de um líquido castanho, que se torna mais pálido com a diminuição da temperatura, transformando-se finalmente num sólido incolor. Isso ocorre porque o NO_2 se dimeriza gerando o N_2O_4 incolor. NO_2 é uma molécula com número ímpar de elétrons, sendo paramagnética e muito reativa. Os elétrons desemparelhados do monômero são emparelhados quando se forma o dímero N_2O_4. Portanto, esse composto é diamagnético.

$$\underset{\text{paramagnético castanho}}{2NO_2} \rightleftharpoons \underset{\text{diamagnético incolor}}{N_2O_4}$$

O N_2O_4 é um anidrido misto, porque reage com a água formando uma mistura de ácido nítrico e nitroso:

$$N_2O_4 + H_2O \rightarrow HNO_3 + HNO_2$$

O HNO_2 formado se decompõe, liberando NO.

$$2HNO_2 \rightarrow NO_2 + NO + H_2O$$
$$2NO_2 + H_2O \rightarrow HNO_3 + HNO_2$$

Os gases NO_2 e N_2O_4 são fortemente ácidos quando úmidos.

A molécula de NO_2 é angular, com um ângulo O–N–O de 132°. O comprimento da ligação N–O de 1,20 Å, é intermediário entre uma ligação simples e uma dupla. Os estudos utilizando difração de raios X, de amostras de N_2O_4 sólido, indicam que a molécula é plana.

```
O           O
 \  1,64 Å  /
  N-------N
 /         \
O           O
```

A ligação N–N é muito longa (1,64 Å), e portanto bastante fraca. Ela é mais longa que a ligação simples N–N no N_2H_4 (1,47 Å), mas não há uma explicação satisfatória para esse fato.

O N_2O_4 líquido pode ser utilizado como solvente não-aquoso. Ele sofre auto-ionização:

$$N_2O_4 \rightleftharpoons \underset{\text{ácido}}{NO^+} + \underset{\text{base}}{NO_3^-}$$

Em N_2O_4, substâncias contendo NO^+ são ácidos e aqueles contendo NO_3^- são bases. Uma reação ácido-base típica é:

$$\underset{\text{ácido}}{NOCl} + \underset{\text{base}}{NH_4NO_3} \rightarrow \underset{\text{sal}}{NH_4Cl} + \underset{\text{solvente}}{N_2O_4}$$

O N_2O_4 líquido é particularmente útil como solvente para preparar nitratos metálicos anidros e, também, complexos com o íon nitrato.

$$ZnCl_2 + N_2O_4 \rightarrow Zn(NO_3)_2 + 2NOCl$$
$$TiBr_4 + N_2O_4 \rightarrow Ti(NO_3)_4 + 4NO + 2I_2$$

A mistura NO_2–N_2O_4 se comporta como um agente oxidante forte, sendo capaz de oxidar HCl a Cl_2 e CO a CO_2. Além disso, o NO_2 reage com flúor e cloro, formando fluoreto e cloreto de nitroíla: NO_2F e NO_2Cl, respectivamente.

$$2NO_2 + F_2 \rightarrow 2NO_2F$$
$$2NO_2 + Cl_2 \rightarrow 2NO_2Cl$$
$$2NO_2 + 4HCl \rightarrow 2NOCl + Cl_2 + 2H_2O$$
$$NO_2 + CO \rightarrow CO_2 + NO$$

Pentóxido de dinitrogênio N_2O_5

O N_2O_5 é preparado pela desidratação cuidadosa de HNO_3 com P_2O_5, a baixas temperaturas. Trata-se de um sólido incolor deliqüescente, altamente reativo e sensível à luz. É um forte agente oxidante. É o anidrido do HNO_3.

$$N_2O_5 + H_2O \rightarrow 2HNO_3$$
$$N_2O_5 + Na \rightarrow NaNO_3 + NO_2$$
$$N_2O_5 + NaCl \rightarrow NaNO_3 + NO_2Cl$$
$$N_2O_5 + 3H_2SO_4 \rightarrow H_3O^+ + 2NO_2^+ + 3HSO_4^-$$

No estado gasoso, o N_2O_5 se decompõe em NO_2, NO e O_2. O trióxido de nitrogênio, NO_3, pode ser formado tratando-se N_2O_5 com O_3.

Os estudos de difração de raios X indicam que o N_2O_5 sólido é iônico, sendo constituído por unidades $NO_2^+NO_3^-$: na realidade deveria chamar-se nitrato de nitrônio. Porém, comporta-se como uma molécula covalente quando em solução e estado gasoso. A estrutura mais provável é mostrada abaixo:

```
O         O
 \       /
  N—O—N
 /       \
O         O
```

OXIÁCIDOS DO NITROGÊNIO

Ácido nitroso HNO_2

O ácido nitroso só é estável em soluções diluídas. Pode ser facilmente obtido acidificando-se a solução de um nitrito. Freqüentemente usa-se a reação de nitrito de bário, $Ba(NO_2)_2$, com H_2SO_4, dado que o $BaSO_4$ é insolúvel e pode ser facilmente removido por filtração.

$$Ba(NO_2)_2 + H_2SO_4 \rightarrow 2HNO_2 + BaSO_4$$

Os nitritos dos metais do Grupo 1 podem ser obtidos aquecendo-se os nitratos correspondentes, diretamente ou na presença de Pb.

$$2NaNO_3 \xrightarrow{\text{calor}} 2NaNO_2 + O_2$$
$$NaNO_3 + Pb \xrightarrow{\text{calor}} NaNO_2 + PbO$$

O ácido nitroso e os nitritos são agentes oxidantes fracos, mas são capazes de oxidar Fe^{2+} a Fe^{3+} e I^- a I_2, sendo reduzidos a N_2O ou NO. Contudo, o HNO_2 e os nitritos são oxidados pelo $KMnO_4$ e Cl_2 formando nitratos, NO_3^-.

Grandes quantidades de nitritos são utilizados na obtenção de diazocompostos, que por sua vez são convertidos em corantes e produtos farmacêuticos.

$$PhNH_2 + HNO_2 \rightarrow \underset{\text{cloreto de fenil-diazônio}}{PhN_2Cl} + 2H_2O$$

Os nitritos são importantes na obtenção de hidroxilamina:

$$NH_4NO_2 + NH_4HSO_3 + SO_2 + 2H_2O \rightarrow [NH_3OH]^+HSO_4^- + (NH_4)_2SO_4$$

O nitrito de sódio é usado como aditivo de alimentos, como carnes industrializadas, salsichas, bacon e congêneres. Embora seja um aditivo legalmente permitido, seu uso é discutível. O $NaNO_2$ é ligeiramente tóxico. O limite de tolerância para o homem é de 5 a 10 g por dia, dependendo do peso do indivíduo. O íon NO_2^- inibe o crescimento de bactérias, particularmente o Clostridium botulinum, responsável pelo botulismo (uma forma bastante grave de intoxicação alimentar). A decomposição redutiva do NO_2^- libera NO, que forma um complexo vermelho com a hemoglobina, melhorando o aspecto da carne. Há suspeitas de que durante o cozimento dessas carnes os nitritos reajam com as aminas gerando nitrosaminas, $R_2N\text{–}N = O$, tidas como cancerígenas. Com certeza, aminas alifáticas secundárias e terciárias formam nitrosaminas com os nitritos:

$$Et_2NH + HNO_2 \rightarrow Et_2NNO + H_2O$$
$$Et_3N + HNO_2 \rightarrow [Et_3NH][NO_2] \xrightarrow{\text{calor}} Et_2NNO + EtOH$$

O íon nitrito é um bom ligante, formando muitos compostos de coordenação. Como tanto o N como o O possuem pares de elétrons não-ligantes, ambos podem formar a ligação coordenada. Isso leva a formação dos isômeros nitro ($M(NO_2)$ e nitrito ($M(ONO)$, por exemplo, $[Co(NH_5)_5(NO_2)]^{2+}$ e $(Co(NH_3)_5(ONO)]^{2+}$. Esse aspecto foi discutido no Capítulo 7, no item "Isomeria". Se uma solução de íons Co^{2+} for tratada com NO_2^-, inicialmente os íons Co^{2+} são oxidados a Co^{3+}, e em seguida formam o complexo $[Co(NO_2)_6]^{3-}$. A precipitação de cobaltinitrito de potássio, $K_3[Co(NO_2)_6]$, é usada para determinar qualitativamente a presença de íons K^+. O íon NO_2^- pode atuar como ligante quelante e ligar-se ao mesmo metal por dois átomos, ou atuar como um ligante ponte entre dois átomos metálicos.

O NO_2^- tem uma estrutura trigonal planar. O N se encontra no centro, dois vértices são ocupados por átomos de O e o terceiro vértice é ocupado por um par isolado. Uma ligação tricentrada envolve o átomo de N e os dois de O, e a ordem das ligações N–O é 1,5. O comprimento da ligação N–O está entre o de uma ligação simples e uma dupla (maiores detalhes foram apresentados no Capítulo 4, no tópico "Exemplos da aplicação da teoria dos orbitais moleculares no caso de ligações (deslocalizadas").

Ácido nítrico HNO_3

O HNO_3 é o oxoácido de nitrogênio mais importante (os três ácidos de uso industrial mais importantes, em ordem de tonelagem produzida, são 1) H_2SO_4, 2) HNO_3 e 3) HCl). O ácido nítrico puro é um líquido incolor, mas quando exposto à luz adquire coloração castanha, devido a sua fotodecomposição em NO_2 e O_2.

$$4HNO_3 \rightarrow 4NO_2 + O_2 + 2H_2O$$

Trata-se de um ácido forte e se encontra totalmente dissociado nos íons H_3O^+ e NO_3^- quando em solução aquosa diluída. Forma um grande número de sais muito solúveis em água, denominados nitratos.

O íon NO_3^- é trigonal planar, como o íon CO_3^{2-}. Os elementos mais pesados de ambos os grupos formam íons tetraédricos derivados de oxoácidos, tais como PO_4^{3-} e SiO_4^{4-}. Essa diferença provavelmente se deve ao pequeno tamanho dos átomos de N e C e o limite de oito elétrons nas respectivas camadas de valência.

O ácido nítrico é um excelente oxidante, principalmente quando concentrado e a quente. Os íons H^+ são oxidantes, mas os íons NO_3^- são oxidantes ainda mais fortes quando em solução ácida. Por isso, metais insolúveis em HCl, como o cobre e a prata, dissolvem-se em HNO_3. Alguns metais, como o ouro, são insolúveis mesmo em HNO_3, mas se dissolvem em água régia: uma mistura de 25% de HNO_3 concentrado e 75% de HCl concentrado. Sua maior capacidade de dissolver metais se deve ao poder oxidante do HNO_3 associado ao poder do Cl^- de complexar os íons metálicos.

O HNO_3 era obtido a partir de $NaNO_3$ ou KNO_3 e H_2SO_4 concentrado. O primeiro método sintético foi o processo Birkeland-Eyde. Nesse processo, a reação entre N_2 e O_2 ocorre num forno de arco elétrico, sendo o gás resultante recolhido em água. O processo foi usado pela primeira vez na Noruega em 1903, mas atualmente está obsoleto, por causa do elevado custo da energia elétrica.

$$N_2 + O_2 \xrightarrow{\text{centelha}} NO \xrightarrow{+O_2} NO_2 \xrightarrow{H_2O} 4HNO_3$$

O processo Ostwald se baseia na oxidação catalítica da amônia a NO, seguida da oxidação do NO a NO_2 e a reação deste último com água para formar o HNO_3. A primeira unidade industrial a utilizar esse método foi construída na Alemanha em 1908, e Ostwald recebeu o Prêmio Nobel de Química em 1909. O método de Ostwald ainda é empregado para produzir cerca de 24.7 milhões de toneladas/ano de HNO_3. A reação global é:

$$4NH_{3(g)} + 5O_{2(g)} \xrightarrow[\text{5 atmosferas; 850 °C}]{\text{catalizador de Pt/Rh}} 4NO_{(g)} + 6H_2O_{(g)}$$

O NO e o ar são resfriados e a mistura de gases é absorvida pela água em contracorrente.

$$2NO_{(g)} + O_{2(g)} \rightleftharpoons 2NO_{2(g)}$$
$$2NO_{2(g)} + H_2O_{(l)} \rightarrow HNO_3 + HNO_2$$
$$2HNO_2 \rightarrow H_2O + NO_2 + NO$$
$$3NO_2 + H_2O \rightarrow 2HNO_3 + NO$$

reação global

$$NH_3 + 2O_2 \rightarrow HNO_3 + H_2O$$

O processo possibilita a obtenção de uma solução de HNO_3 de concentração 60% em peso. A destilação aumenta essa concentração somente até 68%, pois se forma uma mistura de ponto de ebulição constante. O HNO_3 "concentrado" contendo 98% de ácido é obtido por meio da desidratação com ácido sulfúrico concentrado, ou mistura com uma solução de nitrato de magnésio a 72%, seguida de destilação.

Quando o ácido nítrico é misturado com ácido sulfúrico concentrado, ocorre a formação do íon nitrônio, NO_2^+. Essa é a espécie ativa nas reações de nitração de compostos orgânicos aromáticos. Essa é uma etapa importante na fabricação de explosivos. Os nitrocompostos também podem ser reduzidos, gerando anilinas e serem usados na fabricação de corantes (Fig. 14.8).

Os nitratos covalentes são menos estaveis que os nitratos iônicos (esse comportamento é semelhante ao dos azotetos). Nitroglicerina, nitrocelulose, trinitrotolueno (TNT) e nitrato de flúor (FNO_3) são todos explosivos (Fig. 14.9).

A produção mundial de explosivos foi de 2,5 milhões de toneladas em 1991, mas a produção real deve ter sido maior.

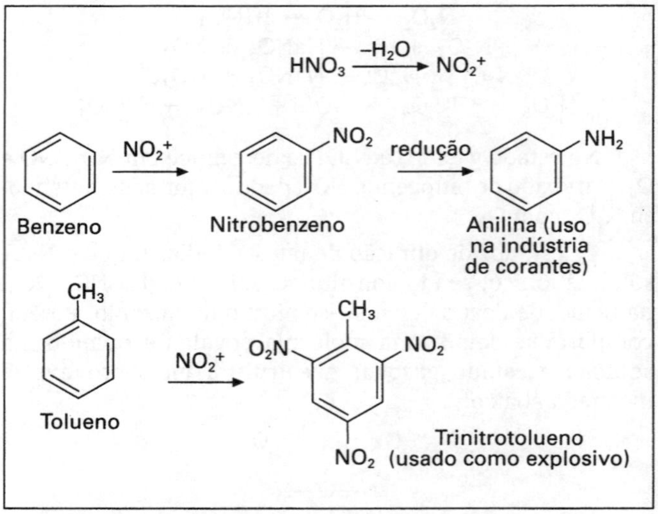

Figura 14.8 — Nitração do benzeno e do tolueno

O HNO_3 é usado para oxidar misturas de cilohexanol/ciclohexanona a ácido adípico. Este reage com hexametilenodiamina, gerando o polímero conhecido como náilon-66).

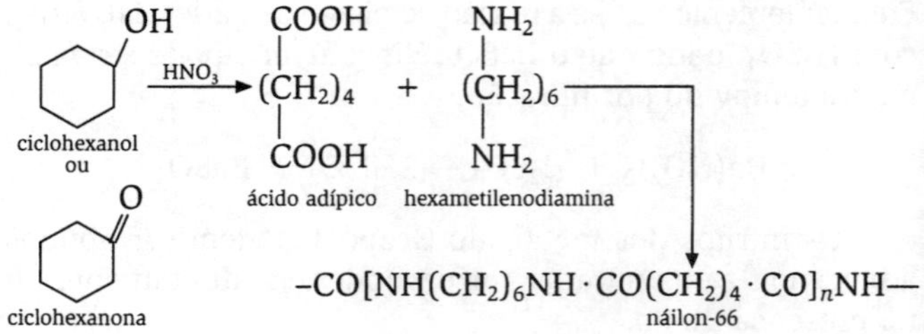

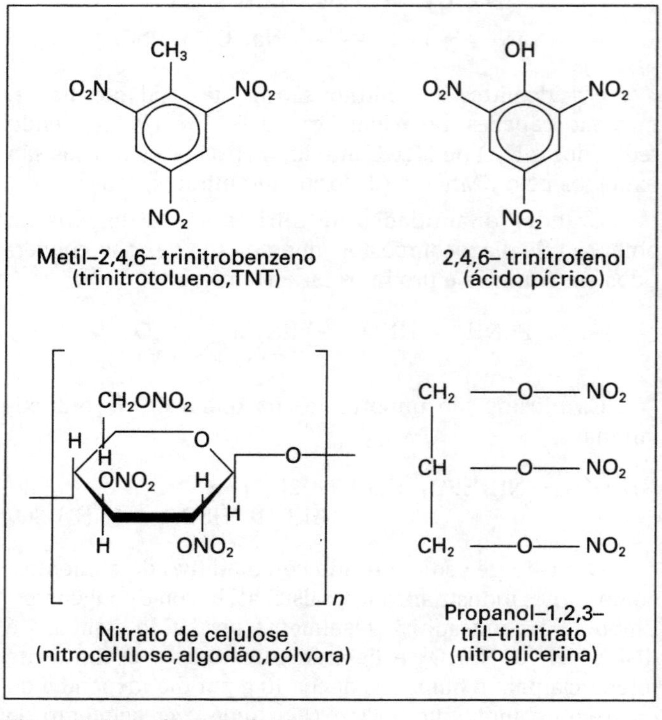

Figura 14.9 — Alguns explosivos

O HNO_3 também é usado para oxidar o p-xileno a ácido tereftálico, utilizado na fabricação do tergal.

O íon nitrato tem estrutura trigonal planar. Os três átomos de oxigênio são equivalentes. Além das ligações σ, orbitais moleculares π quadricentrados envolvem o átomo de N e os três átomos de O. A ordem de cada uma das ligações N–O é $1^1/_3$: 1 da ligação σ e 1/3 da ligação π (essa estrutura foi descrita mais detalhadamente no Capítulo 4, no item "Exemplos da aplicação da teoria dos orbitais moleculares no caso de ligações π deslocalizadas").

A redução de nitratos em meio ácido fornece NO_2 ou NO, mas a redução com metais, como a liga de Devarda (Cu/Al/Zn), em meio alcalino leva a formação de NH_3.

$$3Cu + 8HNO_3 \xrightarrow{\text{ácido diluído, < 1 M}} 2NO + Cu(NO_3)_2 + 4H_2O$$

$$Cu + 3HNO_3 \xrightarrow{\text{ácido mais forte}} NO_2 + Cu(NO_3)_2 + H_2O$$

$$\text{Liga de Devarda} \quad (Cu/Al/Zn) + NaOH \rightarrow H$$

$$NO_3^- + 9H \rightarrow NH_3 + 3H_2O$$

$$NO_2^- + 7H \rightarrow NH_3 + 2H_2O$$

	NO_3^-	NO_2	NO	NH_3
estados de oxidação do N	(+V)	(+IV)	(+II)	(–III)

ÓXIDOS DE FÓSFORO, ARSÊNIO E BISMUTO

Os óxidos dos demais elementos desse Grupo são mostrados na Tabela 14.9. Esses elementos formam menos óxidos que o nitrogênio, provavelmente devido a incapacidade dos mesmos de formar ligações duplas *pπ-pπ*.

Trióxidos

O trióxido de fósforo é dimérico e deveria ser representado como P_4O_6, e não como P_2O_3. O P_4O_6 possui quatro átomos de fósforo nos vértices de um tetraedro, com seis átomos de oxigênio situados ao longo das arestas. Logo, cada O está ligado a dois átomos de fósforo. As estruturas do As_4O_6 e do Sb_4O_6 são semelhantes. O Bi_2O_3 é iônico. A estrutura do P_4O_6 é mostrada na Fig. 14.10. Como os ângulos P–O–P são iguais a 127°, a rigor, os átomos de O se situam acima das arestas, mas é conveniente representá-los como se estivessem situados nas arestas.

Como o fósforo amarelo é mais reativo que o N_2, todos os óxidos de fósforo (ao contrário dos óxidos de nitrogênio) podem ser obtidos pela combustão do fósforo no ar.

$$P_4 + 3O_2 \xrightarrow{\text{quantidade limitada de ar}} P_4O_6$$

P_4O_6 é um sólido branco mole (P.F. 24 °C, P.E. 175 °C), obtido pela reação do fósforo com uma quantidade limitada de ar. Ele é removido da mistura reacional e purificado por destilação (os óxidos superiores são formados quando se utiliza um excesso de oxigênio). O P_4O_6 queima ao ar formando P_4O_{10}.

Tabela 14.9 — Óxidos e seus estados de oxidação

P_4O_6	III		As_4O_6 III		Sb_4O_6	III		Bi_2O_3	III
P_4O_7	III	V			$(SbO_2)_n$	III	V		
P_4O_8	III	V							
P_4O_9	III	V							
P_4O_{10}		V	As_4O_{10}	V	Sb_4O_{10}		V		

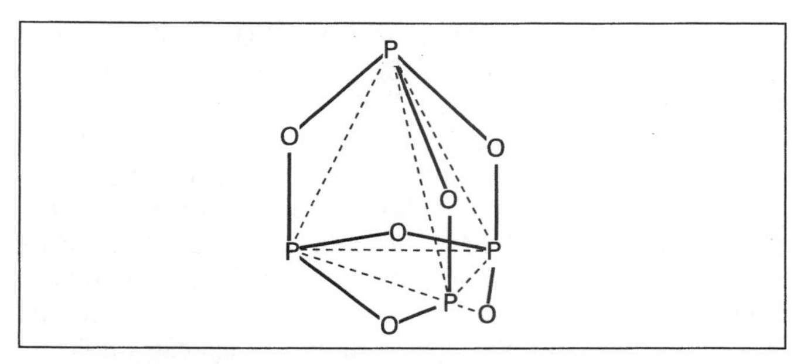

Figura 14.10 — Estrutura do trióxido de fósforo, P_4O_6

$$P_4O_6 + 2O_2 \rightarrow P_4O_{10}$$

As_4O_6 e Sb_4O_6 são obtidos pela combustão dos metais ao ar ou em atmosfera de oxigênio, já que esses elementos apresentam uma menor tendência de formar os óxidos superiores. O As_4O_6 também pode ser obtido pelo aquecimento de minerais como As_4S_4 (realgar) ou As_2S_3 (orpimento), na presença de ar. Tanto o As_4O_6 como o Sb_4O_6 são muito tóxicos. O Bi_2O_3 não é um dímero como os demais óxidos.

A basicidade dos óxidos e hidróxidos normalmente aumenta quando se desce por um grupo. O P_4O_6 é ácido e sofre hidrólise em água, formando ácido fosfor*oso* (maiores detalhes serão vistos adiante). O óxido arsenioso As_4O_6 é pouco solúvel e o Sb_4O_6 é insolúvel em água. As_4O_6 e Sb_4O_6 são ambos anfóteros, pois reagem com álcalis, formando arsenitos e antimonitos, e com HCl concentrado, formando tricloretos de arsênio e de antimônio. No passado, vários arsenitos de cobre foram usados como pigmentos verdes brilhantes. O mais conhecido é o verde de Scheele, $Cu_2As_2O_5$, e o verde de Paris, $[(CH_3COO)Cu_2(AsO_3)]$. Atualmente, são raramente usados por serem tóxicos. Além disso, bactérias e fungos podem produzir substâncias voláteis tóxicas, como AsH_3 e $As(CH_3)_3$, quando em ambientes úmidos. O Bi_2O_3 é um óxido básico.

$$P_4O_6 + 6H_2O \rightarrow 4H_3PO_3$$

$$As_4O_6 + 12NaOH \rightarrow 4Na_3AsO_3 + 6H_2O$$

$$As_4O_6 + 12HCl \rightarrow 4AsCl_3 + 6H_2O$$

Pentóxidos

O pentóxido de fósforo é o óxido mais importante desse elemento. É um dímero, de fórmula P_4O_{10}, e não P_2O_5. Sua estrutura se assemelha ao do P_4O_6. Cada átomo de P no P_4O_6 forma três ligações com átomos de oxigênio. Existem cinco elétrons na camada de valência do fósforo. Três deles foram utilizados nessas ligações e os outros dois formam um par isolado, apontado para fora, em cada um dos vértices da unidade tetraédrica. No P_4O_{10}, o par isolado dos quatro átomos de fósforo forma uma ligação coordenada com um átomo de oxigênio (Fig. 14.11a).

Os comprimentos das ligações P–O em ponte nas arestas é de 1,60 Å, mas os comprimentos das ligações coordenadas nos vértices são de 1,43 Å. As ligações em pontes são semelhantes àquelas encontradas no P_4O_6 (1,65 Å) e são ligações simples normais. As ligações nos vértices são mais curtas, sendo de fato ligações duplas. A natureza dessas ligações duplas é diferente das ligações duplas "normais" como do eteno, decorrente da interação *pπ-pπ* e o compartilhamento de um elétron de cada átomo de carbono. A segunda ligação P = O é formada por uma interação de retrodoação *pπ-dπ*. Um orbital *p* preenchido do átomo de O interage lateralmente com um orbital *d* vazio do átomo de P. Por isso, essa dupla ligação difere da ligação dupla no eteno em dois aspectos:

1) Um orbital *p* interage com um orbital *d*, e não com um outro orbital *p*.
2) Ambos os elétrons provém do mesmo átomo, e portanto a ligação é "dativa".

Um tipo semelhante de ligação dativa ocorre nas carbonilas.

O As_4O_{10} tem estrutura semelhante a do P_4O_{10} na fase gasosa. Contudo, o cristal contém um número equivalente de tetraedros $[AsO_4]$ e octaedros $[AsO_6]$, ligados entre si pelo compartilhamento dos vértices. O As_4O_{10} é um agente oxidante forte e oxida HCl a Cl_2. É deliqüescente e muito solúvel em água.

P_4O_{10} é obtido pela combustão de P com excesso de ar ou oxigênio puro, mas o As e o Sb requerem condições de oxidação mais drásticas para formar os respectivos pentóxidos, por exemplo a reação com HNO_3 concentrado. As_4O_{10} e Sb_4O_{10}, liberam oxigênio quando aquecidos, formando os trióxidos.

O P_4O_{10} absorve a água do ar ou de outros compostos, tornando-se pegajoso. Por causa dessa grande afinidade por água, o P_4O_{10} é usado como agente secante. P_4O_{10} finamente dividido é muitas vezes espalhado sobre lã de vidro e usado como agente secante. Tem-se assim uma superfície ativa muito grande, que não facilmente é recoberta pelos produtos sólidos resultantes da hidrólise. O P_4O_{10} reage violentamente com água formando ácido fosfór*ico*, H_3PO_4. O principal uso do P_4O_{10} é a fabricação de H_3PO_4 através dessa reação.

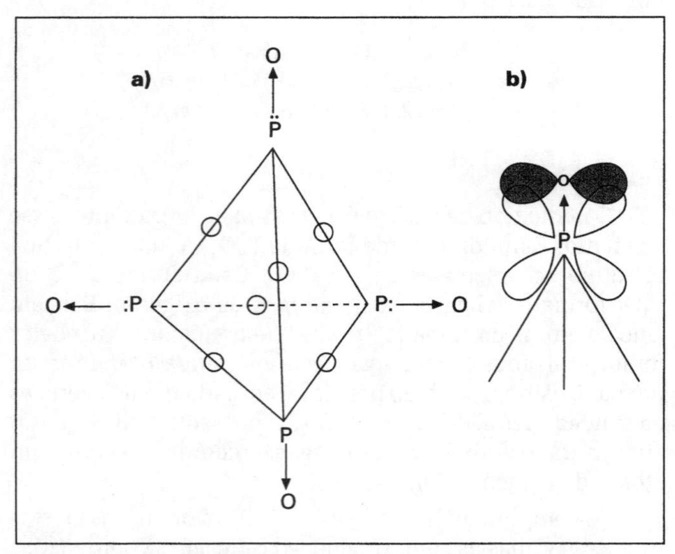

***Figura 14.11** — Estrutura do pentóxido de fósforo, P_4O_{10}. a) formação das ligações σ, b) orbitais envolvendo as ligações dativas.*

$$P_4O_{10} + 6H_2O \rightarrow 4H_3PO_4$$

O P_4O_{10} reage com álcoois e éteres, formando ésteres do tipo fosfato (a relação destes ésteres com o ácido fosfórico aparece quando se representa o H_3PO_4 como $O = P(OH)_3$).

$$P_4O_{10} + 6EtOH \rightarrow 2O = P(OEt)(OH)_2 + 2O = P(OEt)_2(OH)$$
$$P_4O_{10} + 6Et_2O \rightarrow 4O = P(OEt)_3$$

O As_4O_{10} dissolve-se lentamente em água formando ácido arsênico, H_3AsO_4. Este é um ácido tribásico, muito mais forte que o ácido arsenioso. Sais como o arsenato de chumbo, $PbHAsO_4$, e arsenato de cálcio, $Ca_3(AsO_4)_2$, são usados como inseticidas contra gafanhotos, gorgulhos de algodão e mariposas de frutas. Sb_4O_{10} é insolúvel em água e não forma o ácido antimônico. Contudo, os antimoniatos contendo o íon $[Sb(OH)_6]^-$ são conhecidos.

O Bi não forma o pentóxido, evidenciando que a estabilidade do estado de oxidação mais elevado decresce de cima para baixo dentro do Grupo. A tendência geral, de que os estados de oxidação mais elevados são mais ácidos, também é observada nesse Grupo.

Outros óxidos

Os óxidos P_4O_7, P_4O_8 e P_4O_9 são muito raros. Esses óxidos contêm átomos de P nos estados de oxidação (+III) e (+IV). A melhor maneira de se obter o P_4O_7, é reagindo P_4O_6 dissolvido em tetrahidrofurano com a quantidade correta de oxigênio. O aquecimento de P_4O_6 num tubo fechado, sob vácuo, fornece uma mistura de fósforo vermelho com os óxidos P_4O_7, P_4O_8 e P_4O_9. Esses óxidos apresentam estruturas intermediárias entre as do P_4O_6 e P_4O_{10}, por terem um, dois ou três átomos de oxigênio apicais ligados aos átomos de P nos vértices. Assim, a hidrólise desses compostos em água fornece uma mistura de oxoácidos com o fósforo nos dois estados de oxidação, ou seja ácido fosfór*ico*, P(+V), e ácido fosfor*oso*, P(+III).

$$\left.\begin{matrix} P_4O_8 \\ P_4O_9 \end{matrix}\right\} \xrightarrow{+H_2O} \underset{\text{ácido ortofosfórico}}{H_3PO_4} + \underset{\text{ácido ortofosforoso}}{H_3PO_3}$$

OXOÁCIDOS DE FÓSFORO

O fósforo forma duas séries de oxoácidos:

1) A série dos ácidos fosfór*icos*, nos quais o estado de oxidação do fósforo é (+V), e cujos componentes têm propriedades oxidantes.
2) A série dos ácidos fosfor*osos*, nos quais o P apresenta estado de oxidação (+III), e cujos componentes são agentes redutores.

Em todos esses ácidos o P é tetracoordenado e tetraédrico, sempre que possível. Interações de retrodoação *pπ-dπ* dão origem as ligações P = O. Os átomos de hidrogênio dos grupos OH são ionizáveis e ácidos, mas as ligações P–H encontradas nos ácidos fosfor*osos* apresentam propriedades redutoras e não ácidas. Os íons fosfato simples podem polimerizar-se, levando à formação de uma vasta gama de isopoliácidos e seus respectivos sais.

A SÉRIE DOS ÁCIDOS FOSFÓRICOS

Ácidos ortofosfóricos

O ácido ortofosfórico mais simples é o ácido ortofosfórico, H_3PO_4 (Fig. 14.12). Esse ácido contém três átomos de H ionizáveis, sendo tribásico. Sua dissociação ocorre em etapas:

$$H_3PO_4 \rightleftharpoons H^+ + H_2PO_4^- \quad K_{a1} = 7{,}5\times10^{-3}$$
$$H_2PO_4^- \rightleftharpoons H^+ + HPO_4^{2-} \quad K_{a2} = 6{,}2\times10^{-8}$$
$$HPO_4^{2-} \rightleftharpoons H^+ + PO_4^{3-} \quad K_{a3} = 1{,}0\times10^{-12}$$

Três séries de sais podem ser formadas:

1) Dihidrogenofosfatos, por exemplo dihidrogenofosfato de sódio, NaH_2PO_4, que formam soluções ligeiramente ácidas.
2) Monohidrogenofosfatos, por exemplo hidrogenofosfato de dissódio, Na_2HPO_4, que formam soluções aquosas ligeiramente básicas.
3) Fosfatos normais, como o fosfato de trissódio, Na_3PO_4, que são bastante básicos.

NaH_2PO_4 e Na_2HPO_4 são obtidos industrialmente pela neutralização do H_3PO_4 com carbonato de sódio (Na_2CO_3), mas é preciso reagir com NaOH para se obter o Na_3PO_4. Todos os três sais anidros, bem como suas diversas formas hidratadas podem ser preparadas e são utilizadas em larga escala.

O ácido fosfórico também forma ésteres com álcoois:

$$\underset{\text{ácido}}{(HO)_3P=O} + \underset{\text{álcool}}{3EtOH} \rightarrow \underset{\text{éster (fosfato de trietila)}}{(EtO)_3P=O} + \underset{\text{água}}{3H_2O}$$

Os fosfatos são detectados analiticamente, misturando-se uma solução do sal com HNO_3 diluído e solução de molibdato de amônio. Forma-se lentamente um precipitado amarelo de 12-molibdofosfato de amônio, confirmando a presença de fosfatos. Os arsenatos formam um precipitado semelhante, mas somente quando a mistura é aquecida.

Os ortofosfatos dos metais do Grupo 1 (exceto o Li) e de NH_4^+ são solúveis em água. A maioria dos ortofosfatos dos demais metais é solúvel em ácido clorídrico ou acético diluído. Os fosfatos de titânio, zircônio e tório são insolúveis até mesmo em ácidos. Assim, na análise qualitativa, emprega-se uma solução de nitrato de zirconila para remover qualquer vestígio de fosfato presente na solução.

Os fosfatos podem ser determinados quantitativamente adicionando-se uma solução contendo Mg^{2+} e NH_4OH à solução do fosfato em análise. Nesse caso, o fosfato de magnésio e amônio precipita quantitativamente, e pode ser filtrado, lavado, aquecido e pesado como pirofosfato de magnésio, $Mg_2P_2O_7$.

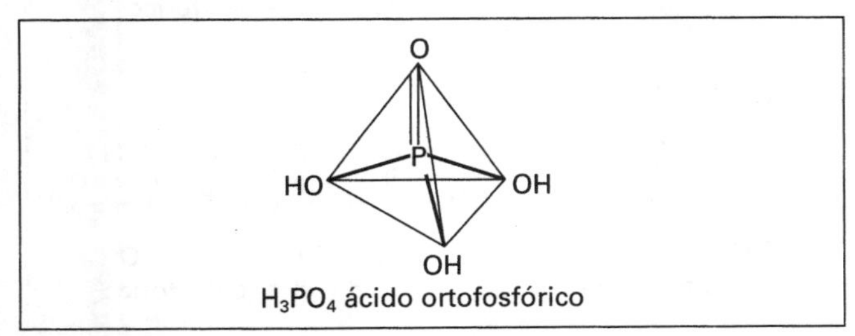

Figura 14.12 — Estrutura do ácido ortofosfórico H_3PO_4

$$Mg^{2+} + NH_4^+ + PO_4^{3-} \rightarrow MgNH_4PO_4$$
$$2MgNH_4PO_4 \rightarrow Mg_2P_2O_7 + 2NH_3 + H_2O$$

Grandes quantidades de ácido ortofosfórico de baixa pureza são preparados, tratando-se rochas fosfáticas com H_2SO_4. Esse é o "processo por via úmida". O $CaSO_4$ é hidratado formando gesso ($CaSO_4 \cdot 2H_2O$), que é separado por filtração, e o F^- é transformado em $Na_2[SiF_6]$ e removido. O H_3PO_4 obtido é concentrado por evaporação. A maior parte do H_3PO_4 obtido dessa maneira é utilizada na fabricação de fertilizantes.

$$Ca_3(PO_4)_2 + 3H_2SO_4 \rightarrow 2H_3PO_4 + 3CaSO_4$$
$$[3Ca_3(PO_4)_2 \cdot CaF_2] + 10H_2SO_4 \rightarrow 6H_3PO_4 + 10CaSO_4 + 2HF$$

O H_3PO_4 puro é preparado pelo "processo do forno". P fundido é queimado num forno na presença de ar e vapor. O P_4O_{10} inicialmente formado pela reação entre P e O_2 é imediatamente hidrolisado, gerando o ácido.

$$P_4 + 5O_2 \rightarrow P_4O_{10}$$
$$P_4O_{10} + 6H_2O \rightarrow 4H_3PO_4$$

O ácido fosfór*ico* forma ligações de hidrogênio em solução aquosa e por isso o ácido "concentrado" é xaroposo e viscoso. O ácido concentrado é muito usado e contém cerca de 85% de H_3PO_4 em peso. O H_3PO_4 anidro raramente é usado, mas pode ser preparado na forma de cristais incolores deliqüescentes pela evaporação daquela solução, a baixas pressões. A maior parte do ácido (solução) assim preparado é utilizado nos laboratórios, e no preparo de aditivos de alimentos e de fármacos.

O H_3PO_4 também pode ser obtido pela ação do HNO_3 concentrado sobre P.

$$P_4 + 20HNO_3 \rightarrow 4H_3PO_4 + 20NO_2 + 4H_2O$$

O ácido ortofosfór*ico* perde água gradativamente quando aquecido:

$$\underset{\text{ácido ortofosfórico}}{H_3PO_4} \xrightarrow[\text{moderado / 220°C}]{\text{aquecimento}} \underset{\text{ácido pirofosfórico}}{H_4P_2O_7} \xrightarrow[\text{forte / 320 °C}]{\text{aquecimento}} \underset{\text{ácido metafosfórico}}{(HPO_3)_n}$$

Polifosfatos

Uma grande variedade de ácidos polifosfóricos e seus sais, os polifosfatos, podem ser obtidos pela polimerização de unidades ácidas $[PO_4]$, formando isopoliácidos. Estes são constituídos por cadeias de tetraedros, cada um deles compartilhando os átomos de O de um ou dois vértices do tetraedro. Isso leva à formação de cadeias simples não-ramificadas, de maneira semelhante à formação dos piroxenos pelos silicatos.

A hidrólise do P_4O_{10} ocorre em etapas. O estudo dos diferentes estágios leva à compreensão do porquê da grande diversidade de ácidos fosfór*icos* (Fig. 14.14).

$$P_4O_{10} + 6H_2O \rightarrow 4H_3PO_4 \quad \text{(reação total)}$$

Os polifosfatos são compostos de cadeia normal. A basicidade dos diferentes ácidos, isto é, o número de H

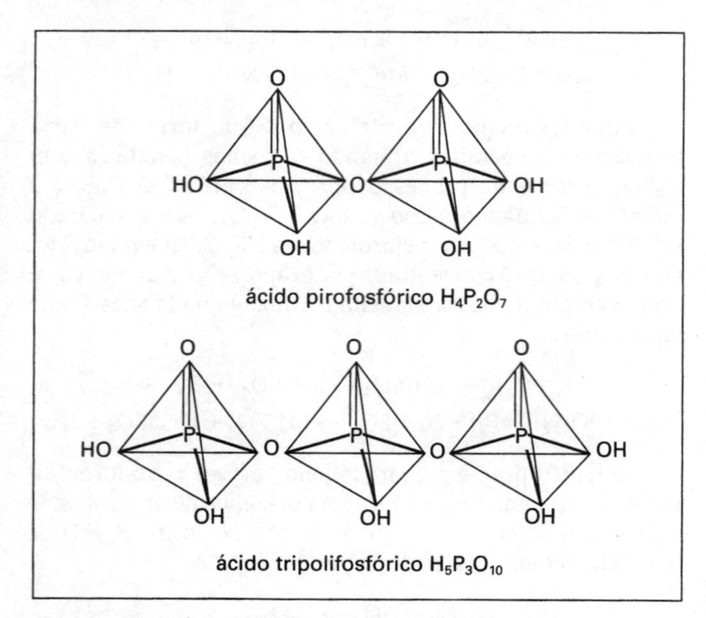

***Figura 14.13** — Ácido pirofosfórico $H_4P_2O_7$ e ácido tripolifosfórico $H_5P_3O_{10}$*

ionizáveis, pode ser encontrada esquematizando-se a estrutura e determinando-se o número de grupos OH. Assim, o ácido ortofosfór*ico* é tribásico, o ácido pirofosfór*ico* é tetrabásico, o ácido tripolifosfór*ico* é pentabásico, o ácido tetrapolifosfór*ico* é hexabásico, e o ácido tetrametafosfór*ico* é tetrabásico.

Muitos polifosfatos são conhecidos. Foram isolados cadeias de diferentes comprimentos, com até 10 unidades $[PO_4]$, mas os quatro primeiros da série são os mais conhecidos:

H_3PO_4	ácido ortofosfór*ico*
$H_4P_2O_7$	ácido dipolifosfór*ico* (ácido pirofosfór*ico*)
$H_5P_3O_{10}$	ácido tripolifosfór*ico*
$H_6P_4O_{13}$	ácido tetrapolifosfór*ico*

Também são conhecidos alguns sais com cadeias poliméricas muito longas, conhecidos como sal de Graham, sal de Kurrol e sal de Maddrell. Os seus nomes derivam do nome dos pesquisadores que os obtiveram pela primeira vez. As características desses compostos serão discutidos mais adiante.

O dihidrogenopirofosfato de sódio, $Na_2H_2P_2O_7$, é misturado com $NaHCO_3$ e usado para fazer "crescer" a massa do pão, ou seja, como fermento. Quando aquecidos juntos, eles reagem liberando CO_2. Trata-se de uma maneira de fabricar pão mais simples que utilizando fermento, e por isso é utilizada industrialmente.

$$Na_2H_2P_2O_7 + 2NaHCO_3 \rightarrow Na_4P_2O_7 + 2CO_2 + 2H_2O$$

O $Ca_2P_2O_7$ é usado como agente abrasivo e de polimento em cremes dentais fluoretados; e o $Na_4P_2O_7$ é misturado com amido e aromatizantes no preparo de pós para pudins "instantâneos".

Antigamente o pirofosfato de sódio, $Na_4P_2O_7$, era adicionado aos sabões em pó e em solução, para remover a "dureza" da água e prevenir a formação de precipitados. Grande parte dos sabões foram substituídos por detergentes, por exemplo, surfactantes aniônicos e não-iônicos. O $Na_4P_2O_7$ foi substituído por tripolifosfato de sódio, $Na_5P_3O_{10}$. Cerca de 20% a 45% de $Na_5P_3O_{10}$ são adicionados aos detergentes em pó e líquidos para uso doméstico e industrial (a menor proporção é utilizada nos EUA, pois tiveram sérios problemas de poluição nos rios e lagos). O tripolifosfato de sódio é considerado como uma "carga", porque aumenta a quantidade do produto em questão. Sua maior utilidade, contudo, é no tratamento de águas "duras". A dureza é removida devido à formação de complexos de Ca^{2+} e de Mg^{2+} estáveis e solúveis. Ou seja, esses íons são seqüestrados pelo tripolifosfato e se tornam indisponíveis, não formam precipitados com CO_3^{2-} ou com sabão. O $Na_5P_3O_{10}$ também torna a solução alcalina, ajudando a dissolver graxas e melhorando a ação do detergente. O $Na_5P_3O_{10}$ pode ser preparado pelos seguintes métodos:

1) O método de preparação mais comum é por meio da fusão de quantidades adequadas de Na_2HPO_4 e NaH_2PO_4. A recristalização em água fornece o hexahidrato, $Na_5P_3O_{10} \cdot 6H_2O$:

$$2Na_2HPO_4 + NaH_2PO_4 \xrightarrow{450°C} Na_5P_3O_{10} + 2H_2O$$

2) Na Alemanha o composto é geralmente obtido pela fusão de Na_2O e P_4O_{10}. Durante o esfriamento, o pirofosfato $Na_2P_2O_7$ cristaliza primeiro, mas se o esfriamento for lento este se transforma em $Na_5P_3O_{10}$:

$$10Na_2O + 3P_4O_{10} \xrightarrow[\text{lento}]{1000°C} 4Na_5P_3O_{10}$$

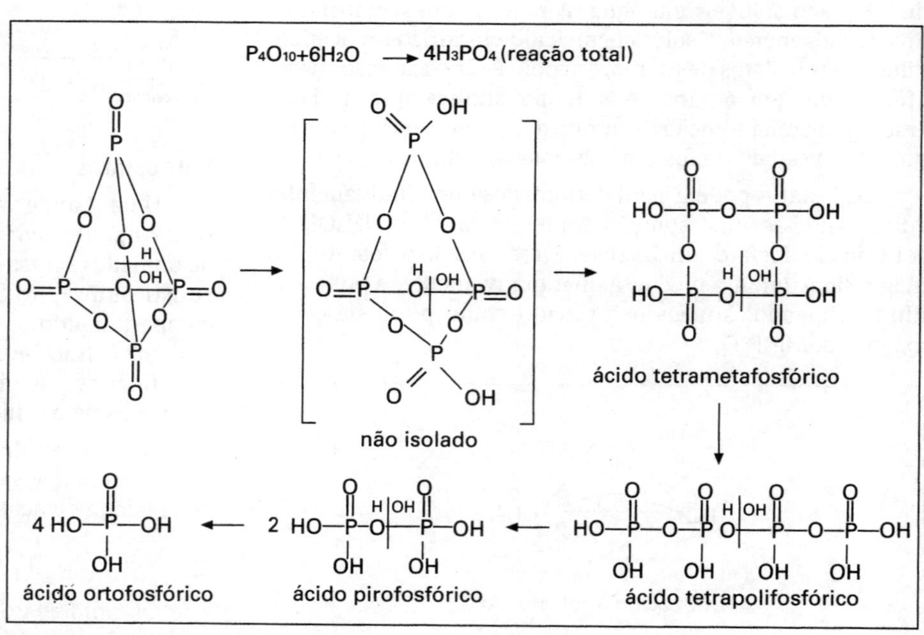

***Figura 14.14** — Esquema para a hidrólise do P_4O_{10}*

Polifosfatos de cadeia longa — metafosfatos lineares

Os polifosfatos de cadeia muito longa causaram muita confusão no passado, por terem sido originalmente chamados de metafosfatos, um nome usado para compostos cíclicos. Quando o número de unidades no polímero, n, torna-se muito grande, a fórmula de um polifosfato linear $(PO_3)_n \cdot PO_4$ torna-se praticamente igual ao de um metafosfato verdadeiro, ou seja, de um composto cíclico de fórmula $(PO_3)_n$. Os compostos de cadeia longa são muitas vezes denominados metafosfatos lineares.

O polifosfato de cadeia longa mais conhecido é o sal de Graham, formado pelo resfriamento brusco do $NaPO_3$ fundido. Em vez de cristalizar, ele forma um sólido de aspecto vítreo. Na indústria, é chamado incorretamente de hexametafosfato de sódio. Isso está errado, pois o composto não contém seis unidades $[PO_4]$, sendo na realidade um polímero de elevada massa molecular, $(NaPO_3)_n$. Geralmente, suas cadeias contêm até 200 unidades de $[PO_4]$, e sua massa molecular varia de 12.000 a 18.000. Embora seja constituído essencialmente por moléculas lineares muito longas, contêm até 10% de metafosfatos cíclicos e compostos com algumas ligações cruzadas (as massas moleculares dessas espécies poliméricas de cadeia longa podem ser determinadas titulando-se os grupos terminais, e medidas de pressão osmótica, difusão, viscosidade, eletroforese e ultracentrifugação). O sal de Graham é solúvel em água. Suas soluções formam precipitados com íons metálicos como Pb^{2+} e Ag^{+}, mas não com Ca^{2+} e Mg^{2+}. O sal de Graham é encontrado no comércio com o nome de "Calgon". É muito empregado no tratamento de águas "duras". Ele "seqüestra" os íons Ca^{2+} e Mg^{2+} de modo semelhante ao $Na_5P_3O_{10}$. Muitos desses polifosfatos podem ser empregados no tratamento de águas "duras" e na limpeza de caldeiras e tubulações.

O aquecimento do $Na_2H_2P_2O_7$ leva à desidratação, podendo ocorrer a formação de três produtos diferentes, dependendo da pressão de vapor da água. Caso seja aquecido ao ar, num sistema aberto em que a água possa escapar, forma-se o trimetafosfato de sódio cíclico. Caso seja aquecido num sistema fechado, onde a água não pode escapar, formam-se os sais de Maddrell de alta ou de baixa temperatura. São cristalinos, como o sal de Kurrol, e constituídos por cadeias de unidades tetraédricas $[PO_4]$, diferindo apenas na maneira como os tetraedros estão orientados nas cadeias. Por exemplo, o sal de Kurrol é constituído por cadeias helicoidais de unidades $[PO_4]$, e contém o mesmo número de moléculas com hélices orientadas no sentido horário e anti-horário. As cadeias podem ter comprimentos e, também, podem ter unidades repetitivas diferentes, como nos silicatos com estruturas em cadeia.

Essas e outras relações são mostradas na Fig. 14.15.

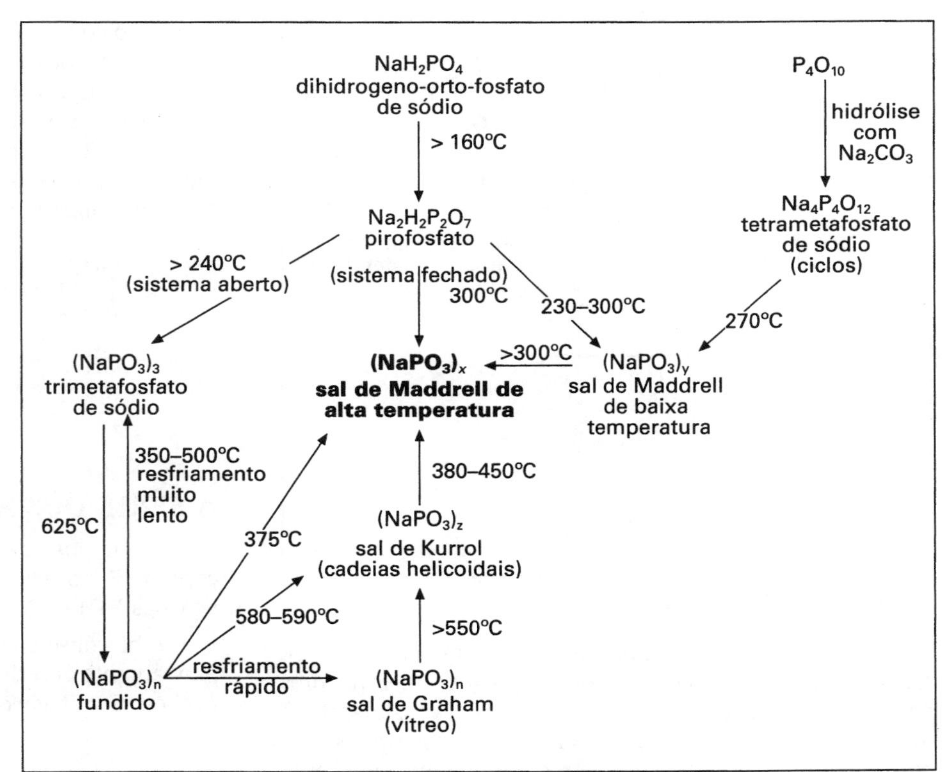

Figura 14.15 — As relações existentes entre os vários polifosfatos

Quando o trimetafosfato de sódio (cíclico) funde a cerca de 625 °C, são formados polifosfatos de cadeia longa. Se o líquido for esfriado rapidamente, as cadeias se mantêm inalteradas (sal de Graham). Se o sal de Graham for aquecido acima de 550 °C forma-se o sal de Kurrol. Este pode ser obtido numa forma fibrosa ou lamelar, com densidades diferentes. As duas formas se assemelham aos asbestos do grupo dos silicatos, alguns dos quais são constituídos por cadeias e outros por lâminas. O aquecimento de uma das formas do sal de Kurrol a 400 °C leva à formação do trimetafosfato de sódio, enquanto o aquecimento da outra fornece o sal de Maddrell de alta temperatura. Todas as formas de polifosfato de sódio se transformam em trimetafosfato de sódio (cíclico) nas proximidades do ponto de fusão (625 °C), ou quando aquecidos a 400 °C por um longo período. Provavelmente, isso se deve ao fato do trimetafosfato ter a estrutura cristalina mais estável.

Metafosfatos — ciclofosfatos

Os metafosfatos formam uma família de compostos cíclicos. O antigo nome de metafosfatos é ainda correntemente usado, embora, de acordo com a IUPAC, a formação de anéis deva ser indicada pelo prefixo ciclo–. Esses compostos podem ser preparados pelo aquecimento de ortofosfatos:

$$nH_3PO_4 \xrightarrow{\text{aquecimento, 316 °C}} (HPO_3)_n + nH_2O$$

Não há evidências da existência do íon metafosfato livre, PO_3^-, ou do íon dimetafosfato. Este último deveria ser formado pelo compartilhamento de dois vértices, isto é, de uma aresta entre duas unidades tetraédricas $[PO_4]$. Isso deve gerar uma

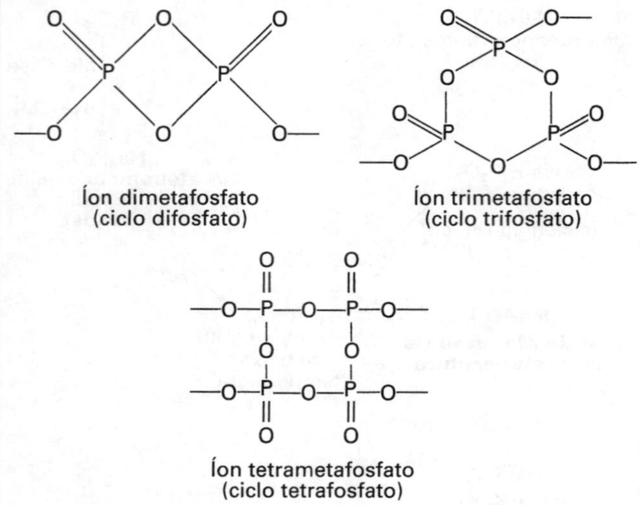

Íon dimetafosfato (ciclo difosfato)

Íon trimetafosfato (ciclo trifosfato)

Íon tetrametafosfato (ciclo tetrafosfato)

Figura 14.16 — Alguns íon polifosfato

considerável tensão angular na estrutura. Já os tri- e tetrametafosfatos são bastante comuns. Alguns anéis maiores com até oito unidades $[PO_4]$, isto é, até $Na_8[P_8O_{24}]$, também foram isolados. Esses anéis são obtidos como misturas, sendo convenientemente separados por cromatografia em papel ou em camada delgada.

O trimetafosfato de sódio, $Na_3P_3O_9$ é obtido pelo aquecimento do NaH_2PO_4 a 640 °C e, em seguida, mantendo-se o material fundido a 500 °C por um certo tempo, para permitir a condensação e a liberação de água. A estrutura cíclica foi estabelecida por difração de raios X de vários sais. A hidrólise do composto cíclico trimetafosfato de sódio em meio alcalino fornece o composto tripolifosfato de sódio linear.

$$3NaH_2PO_4 \xrightarrow{\text{calor}} Na_3P_3O_9 + 3H_2O$$
$$Na_3P_3O_9 + 2NaOH \rightarrow Na_5P_3O_{10} + H_2O$$

O tetrametafosfato de sódio, $Na_4P_4O_{12} \cdot 4H_2O$ é formado quando o P_4O_{10} é tratado com uma solução gelada de NaOH ou $NaHCO_3$.

Ácido hipofosfórico $H_4P_2O_6$

Este ácido contém P no estado de oxidação (+IV) e possui um átomo de O a menos que o ácido pirofosfórico, $H_4P_2O_7$. É preparado pela hidrólise e oxidação do fósforo vermelho com NaOCl, ou do fósforo amarelo por água e ar. Não há ligações P–H, de modo que esse ácido não é um agente redutor. Possui quatro hidrogênios ácidos: o ácido é tetrabásico e pode formar quatro séries de sais, embora normalmente apenas dois deles sejam dissociados. Ele é incomum por possuir uma ligação P–P. Esta é muito mais forte que a ligação P–O–P, de modo que sua hidrólise é lenta.

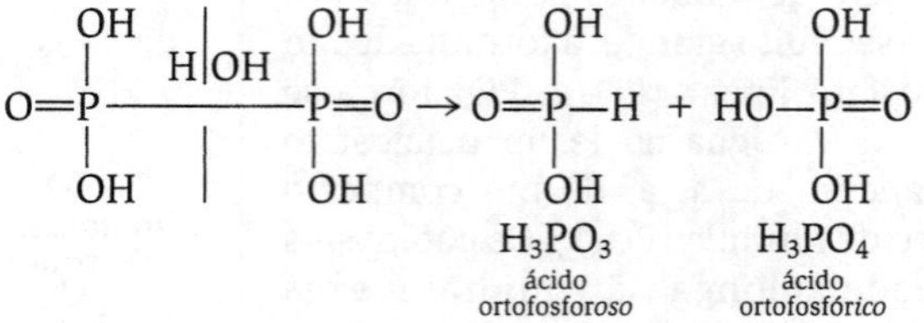

$$(HO)_2(O)P\text{—}P(O)(OH)_2 + H\text{—}OH \rightarrow O{=}P(OH)_2\text{—}H + HO\text{—}P(O)(OH)_2$$

H_3PO_3 ácido orto*fosforoso* — H_3PO_4 ácido orto*fosfórico*

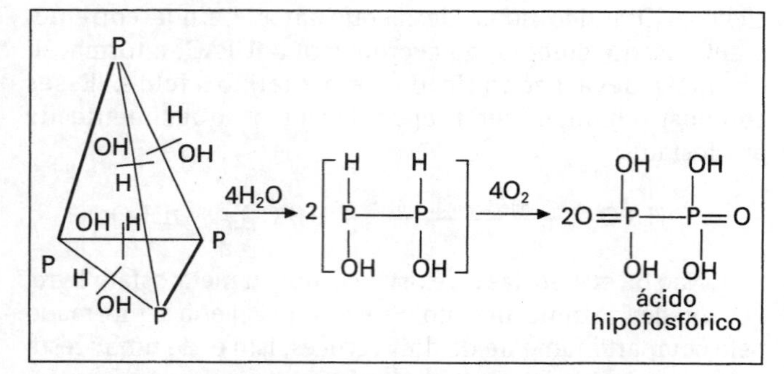

Figura 14.17 — Hidrólise e oxidação do fósforo amarelo

A SÉRIE DOS ÁCIDOS FOSFOROSOS

Os ácidos fosfor*osos* são menos conhecidos. Todos contêm P no estado de oxidação (+III). Eles possuem ligações P–H e são, portanto, agentes redutores.

A hidrólise do P_4O_6, analogamente à hidrólise do P_4O_{10} previamente descrita, forma os ácidos piro- e ortofosfor*oso*. Ambos são dibásicos e agentes redutores.

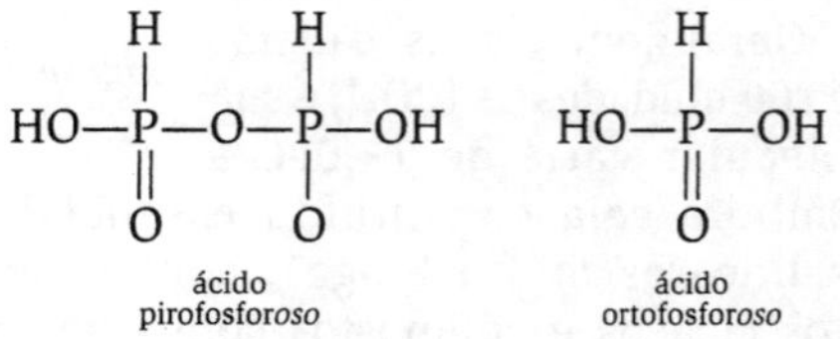

$HO\text{—}P(H)(O)\text{—}O\text{—}P(H)(O)\text{—}OH$ ácido pirofosfor*oso*

$HO\text{—}P(H)(O)\text{—}OH$ ácido ortofosfor*oso*

Ácido ortofosforoso H_3PO_3

O H_3PO_3 contém dois átomos de H ácidos (os grupos OH), e um H redutor (o átomo de hidrogênio do grupo P–H). Logo, somente dois dos três H são ionizáveis, e o ácido é dibásico:

$$H_3PO_3 \rightleftharpoons H^+ + H_2PO_3^- \quad K_{a1} = 1{,}6 \times 10^{-2}$$
$$H_2PO_3^- \rightleftharpoons H^+ + HPO_3^{2-} \quad K_{a2} = 7{,}0 \times 10^{-7}$$

O H_3PO_3 pode, portanto, formar duas séries de sais:

1. Dihidrogenofosfitos, por exemplo, NaH_2PO_3.
2. Monohidrogenofosfitos, por exemplo, Na_2HPO_3.

Os fosfitos são agentes redutores muito fortes quando em meio básico. Em meio ácido são convertidos em H_3PO_3, que ainda é um agente redutor moderadamente forte.

Ácido metafosforoso $(HPO_2)_n$

Este ácido pode ser obtido a partir de fosfina a baixas pressões.

$$PH_3 + O_2 \xrightarrow{\text{25 mm Hg}} H_2 + HPO_2$$

Se a fórmula fosse HPO_2, o átomo de fósforo formaria apenas três ligações, ou então deveria formar ligações duplas. Na realidade, ele se polimeriza em vez de formar duplas ligações. Sua estrutura não é conhecida, mas, por analogia com o ácido metafosfórico, poderia ser um composto cíclico.

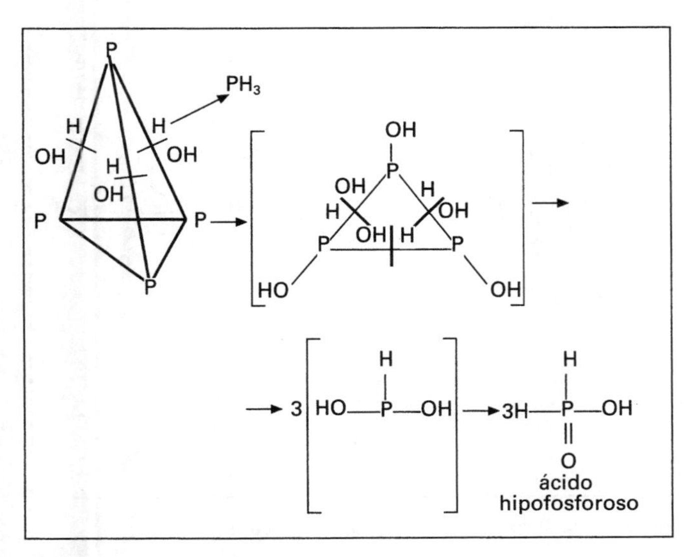

Figura 14.18 — Hidrólise alcalina do fósforo

Ácido hipofosforoso H_3PO_2

O H_3PO_2 contém P no estado de oxidação (+I) e possui um átomo de O a menos que o ácido ortofosforoso. É preparado pela hidrólise alcalina do fósforo.

$$P_4 + 3OH^- + 3H_2O \rightarrow PH_3 + 3H_2PO_2^-$$

O ácido é monobásico e é um agente redutor muito forte. Os sais desse ácido são denominados hipofosfitos. O hipofosfito de sódio, NaH_2PO_2, é usado industrialmente para alvejar madeira e na fabricação de papel.

PRINCIPAIS APLICAÇÕES DOS FOSFATOS

A mineração de rochas fosfáticas é realizada em grande escala (145 milhões de toneladas em 1992). Os minerais variam tanto em pureza como em composição. A indústria calcula a produção de fosfatos em termos do conteúdo de P_2O_5. Nessa base, a produção mundial de fosfatos é de cerca de 34 milhões de toneladas por ano (isso equivale a 46,9 milhões de toneladas de H_3PO_4). As principais aplicações comerciais dos fosfatos são as seguintes:

85% para fertilizantes, tais como superfosfatos, superfosfato triplo e fosfato de amônio. Eles não precisam ser muito puros.

5% aditivos de detergentes ("cargas"), principalmente o tripolifosfato de sódio, utilizado na preparação de detergentes em pó, e pirofosfato de sódio, em detergentes líquidos.

3% na indústria de alimentos para dar o gosto ácido (pH 2) a bebidas, tais como refrigerantes e certas cervejas, e como emulsificante de queijos industrializados, leite em pó, etc.

2,5% no tratamento de metais.

a) para protegê-los da corrosão: mergulhando-se o metal quente em ácido fosfórico, ou aquecendo-se o ácido a 90-95 °C (às vezes com Zn^{2+}, Mn^{2+}, Cu^{2+} ou outros íons presentes), em processos tais como a parkerização e a bonderização. Pequenas peças metálicas, como rebites, parafusos e porcas são tratadas dessa maneira, e também os blocos de motores, refrigeradores, etc, antes da pintura.

b) Na limpeza de metais, isto é, na remoção de pequenas imperfeições (lascas) e óxidos da superfície do ferro e aço, mergulhando-os em um banho ácido.

c) "Polimento por imersão" de peças de alumínio: as peças são conectadas ao ânodo e eletrolisadas num banho de H_3PO_4 contendo pequenas quantidades de HNO_3 e quantidades ainda menores de $Cu(NO_3)_2$. Consegue-se dessa forma uma superfície de alumínio altamente polida e brilhante, protegida por uma camada transparente de Al_2O_3.

1% para usos industriais, como tratamento de águas duras (principalmente Calgon e fosfato de trissódio Na_3PO_4), soluções tampão (NaH_2PO_4 e Na_2HPO_4), removedores de tinta (Na_3PO_4) e na remoção de H_2S de gases, principalmente na indústria do petróleo (K_3PO_4).

1% na fabricação de sulfetos de fósforo (para fósforos de segurança).

1% na obtenção de compostos organofosforados: plastificantes (fosfato de triarila), inseticidas (fosfato de trietila) e aditivos da gasolina (fosfato de tritoluíla).

1% é empregado em produtos farmacêuticos, como cremes dentais contendo flúor ($CaHPO_4 \cdot 2H_2O$ ou $Ca_2P_2O_7$), e em certos "fermentos" químicos ($Ca(H_2PO_4)_2$, que é ligeiramente ácido, misturado com $NaHCO_3$).

0,5% em tecidos à prova de fogo (fosfato de amônio e fosfato de uréia, $NH_2CONH_2 \cdot H_3PO_4$).

O uso excessivo de fosfatos no tratamento de águas "duras" é criticado pelos ambientalistas, pois contribui para a poluição das águas. Os fosfatos contidos nos esgotos domésticos, passam pelos sistemas de tratamento dessas águas e desembocam nos rios e lagos. Ali servem de alimento para as bactérias, que se multiplicam desmesuradamente, consumindo o oxigênio dissolvido e matando a fauna aquática. Os fosfatos também podem provocar o crescimento anormal das plantas aquáticas. Quando estas morrerem, haverá uma enorme quantidade de matéria orgânica em decomposição, que também comprometerá a fauna aquática.

A tendência dos fosfatos de se condensarem com conseqüente formação de isopoliácidos é muito grande. Os fosfatos e fosfitos são semelhantes aos arsenatos e arsenitos. Os ânions gerados pela condensação de oxoácidos de As são muito menos estáveis que os correspondentes poliânions de P, sendo rapidamente hidrolisados em água. Antimoniatos e antimonitos também são conhecidos, mas o Sb possui número de coordenação 6, de modo que esses sais contêm o íon octaédrico $[Sb(OH)_6]^-$.

SULFETOS DE FÓSFORO

Quando P e S elementares são aquecidos juntos a temperaturas superiores a 100 °C, podem se formar os sulfetos P_4S_3, P_4S_5, P_4S_7 e P_4S_{10}, dependendo das quantidades relativas dos dois reagentes de partida. Dois outros compostos, P_4S_4 e P_4S_9, podem ser obtidos, utilizando-se outros métodos.

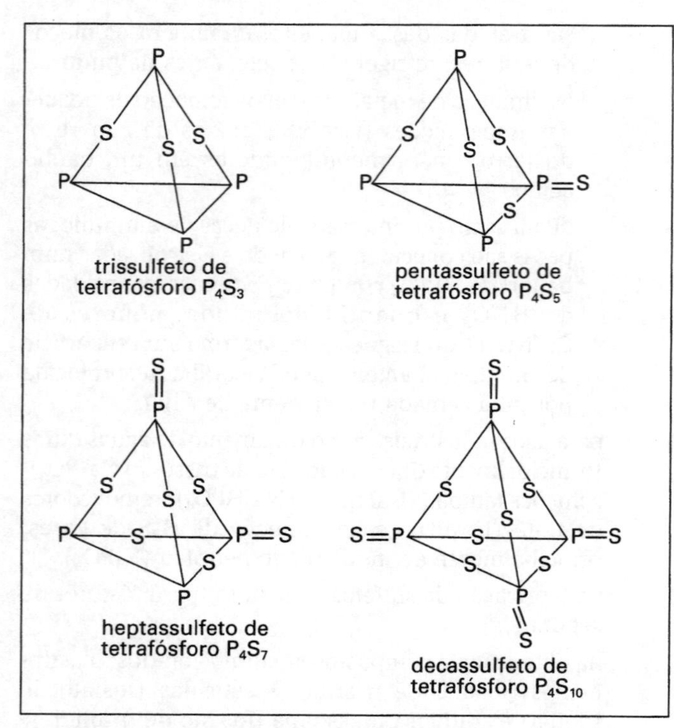

Figura 14.19 — Estruturas de sulfetos de fósforo

O P_4S_{10} é estruturalmente semelhante ao P_4O_{10}, mas a ausência do composto P_4S_6 é intrigante. Os demais sulfetos não possuem um análogo na série dos óxidos. Contudo, suas estruturas apresentam certas com as dos óxidos P_4O_6 e P_4O_{10}, pois são constituídos por um tetraedro de átomos de P, tendo alguns átomos de S em ponte entre os átomos de P, e outros ocupando as posições apicais nos vértices.

P_4S_3

O trissulfeto de fósforo, P_4S_3, é o mais estável desses sulfetos, sendo obtido por meio do aquecimento, a 180 °C e atmosfera inerte, de uma mistura de fósforo vermelho e uma quantidade limitada de enxofre. É solúvel em solventes orgânicos, tais como tolueno e dissulfeto de carbono: pequenas quantidades de P que não reagiram podem ser removidas por recristalização em tolueno ou por destilação. O P_4S_3 é usado industrialmente na fabricação de fósforos de segurança. Estes contém P_4S_3, $KClO_3$, cargas e um aglutinante. A fricção do "fósforo" com o lado áspero da caixa provoca a reação enérgica entre o P_4S_3 e o $KClO_3$. Essa reação libera energia suficiente para inflamar o "fósforo".

P_4S_{10}

O P_4S_{10} é o mais importante desses sulfetos. É obtido pela reação de fósforo branco fundido, a 300 °C, com um pequeno excesso de enxofre. A produção mundial é de cerca de 250.000 t/ano. Ele reage com água formando ácido fosfór*ico*, da mesma forma que o P_4O_{10}.

$$P_4S_{10} + 16H_2O \rightarrow 4H_3PO_4 + 10H_2S$$

A reação mais importante do P_4S_{10} é sua hidrólise por álcoois e fenóis, levando à formação dos ácidos dialquil- ou diarilditiofosfór*icos*.

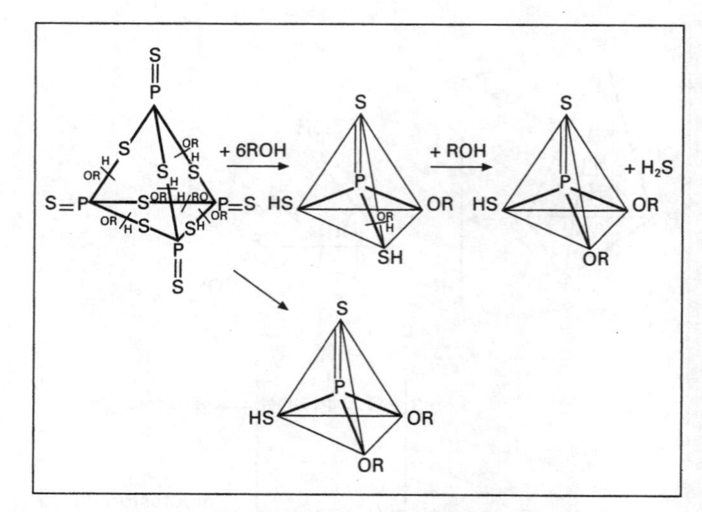

Figura 14.20 — Estruturas de ácidos tiofosfóricos

$$P_4S_{10} + 8EtOH \rightarrow 4(EtO)_2P\cdot(S)\cdot SH + 2H2S$$

Os sais de Zn dos dialquil- e diariltiofosfatos, $[(RO)_2\cdot P\cdot(S)]_2Zn$, são usados como aditivos de lubrificantes que resistem a pressões extremamente elevadas, tais como os óleos de engrenagem. $(Et)_2\cdot P\cdot(S)\cdot Na$ e $(Et)_2\cdot P\cdot(S)\cdot NH_4$ são empregados como agentes de flotação, para concentrar minérios do grupo dos sulfetos, tais como PbS e ZnS, antes do processo de ustulação. Os metil- e etil- derivados são usados na fabricação de pesticidas, como o melathion e o parathion.

$$(EtO)_2\cdot P\cdot(S)\cdot SH + Cl_2 \rightarrow (EtO)_2\cdot P\cdot(S)\cdot Cl + HCl + S$$

$$(EtO)_2\cdot P\cdot(S)\cdot Cl + NaO\cdot C_6H_4\cdot NO_2 \rightarrow \underbrace{(EtO)_2\cdot P\cdot(S)\cdot O\cdot C_6H_4\cdot NO_2}_{\text{parathion}}$$

Esses ésteres organofosforados são inseticidas muito eficientes, pois impedem o funcionamento normal do sistema nervoso dos insetos, matando-os rapidamente. A acetilcolina é o neurotransmissor responsável pela condução dos impulsos nervosos através de uma sinapse. Normalmente a enzima acetilcolinesterase destrói a acetilcolina depois do impulso nervoso ter sido transmitido. Aqueles ésteres organofosforados inibem a atividade da acetilcolinesterase. O malathion e o parathion não são tóxicos quando ingeridos por mamíferos, pois o sistema digestivo dos mesmos decompõe a molécula antes dela penetrar no organismo.

FOSFAZENAS E CICLOFOSFAZENAS (COMPOSTOS FOSFONITRÍLICOS)

O nitrogênio e o fósforo apresentam apenas uma fraca tendência de formarem cadeias *homonucleares*. A cadeia mais longa de nitrogênio contém três átomos, no íon azoteto N_3^-; e a cadeia mais longa de fósforo contém dois átomos, em alguns poucos compostos tais como P_2H_4, e $(Me_2)(S)P{-}P(S)(Me_2)$. Foram obtidos somente alguns poucos compostos cíclicos contendo quatro, cinco ou seis átomos de P ou de As interligados.

Em contraste, o N e o P podem ligar-se entre si, formando um grande número de fosfazenas. Nesses compostos, o P está no estado de oxidação (+V) e o N no estado (+III). Formalmente, são compostos insaturados.

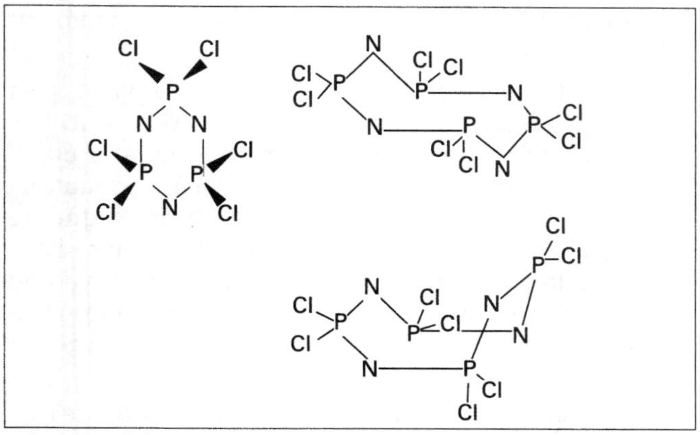

***Figura 14.21** — Alguns compostos da classe das ciclofosfazenas*

Assim, as monofosfazenas podem ser obtidas pela reação de um azoteto com PCl_3, POR_3, ou $P(C_6H_5)_3$:

$$PCl_3 + C_6H_5N_3 \rightarrow Cl_3P{=}NC_6H_5 + N_2$$
$$P(C_6H_5)_3 + C_6H_5N_3 \rightarrow (C_6H_5)_3P{=}NC_6H_5 + N_2$$

As difosfazenas podem ser obtidas da seguinte maneira:

$$3PCl_5 + 2NH_4Cl \rightarrow [Cl_3P{=}N{-}PCl_2{=}N{-}PCl_3]^+ \, Cl^- + 8HCl$$

Além disso, o N e o P se ligam alternadamente um com o outro formando cadeias, levando a uma série interessante de polímeros.

$$nPCl_5 + nNH_4Cl \xrightarrow{120-150°C} \underset{\text{(ciclofosfazenas, compostos cíclicos)}}{(NPCl_2)_n} + 4nHCl$$

e

$$\underset{\text{(polifosfazenas, compostos lineares)}}{Cl_4P \cdot (NPCl_2)_n \cdot NPCl_3}$$

Essa reação produz uma mistura de compostos cíclicos $(NPCl_2)_n$, onde $n = 3, 4, 5, 6$, etc., e cadeias normais relativamente curtas. Os compostos cíclicos mais comuns ($n = 3$ e 4) contêm seis ou oito átomos. Os primeiros são planos, e os últimos podem existir nas conformações "cadeira" ou "barco".

Um grande número de compostos lineares são conhecidos. Podem ser obtidos derivados com cadeias curtas, tais como P_2NCl_7, $P_3N_2Cl_9$, $P_4N_3Cl_{11}$, ou extremamente longas, com até 10^4 unidades $[-N{=}PCl_2-]$ ligadas entre si. Esses compostos foram, em princípio, denominados haletos fosfonitrílicos, mas são atualmente denominados sistematicamente poli(clorofosfazenas).

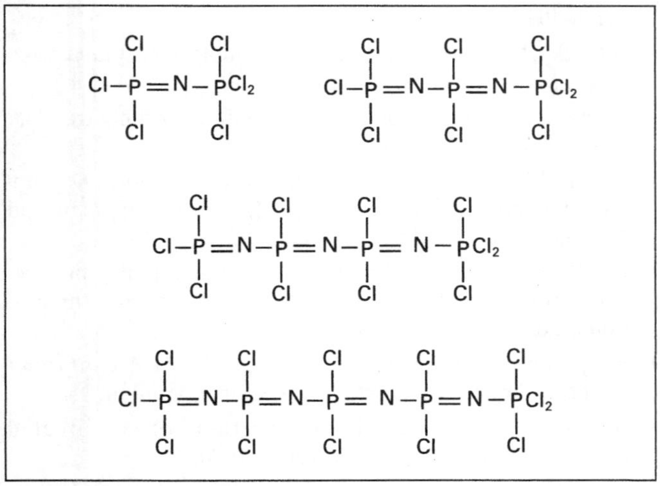

***Figura 14.22** — Algumas cadeias de polifosfazenas*

Os átomos de cloro são reativos, de modo que a maioria das reações das clorofosfazenas envolve a substituição do Cl por grupos tais como alquila, arila, OH, OR, NCS ou NR_2. Grupos alquila ou arila podem ser introduzidos usando reagentes organolítio ou de Grignard. A substituição pode ser completa ou parcial. No último caso ocorre a formação de muitos isômeros diferentes.

$$[NPCl_2]_3 + 6CH_3MgI \rightarrow [NP(CH_3)_2]_3 + 3MgCl_2 + 3MgI_2$$
$$[NPCl_2]_3 + 6C_6H_5Li \rightarrow [NP(C_6H_5)_2]_3 + 6LiCl$$
$$[NPCl_2]_3 + 6NaOR \rightarrow [NP(OR)_2]_3 + 6NaCl$$
$$[NPCl_2]_3 + 6NaSCN \rightarrow [NP(SCN)_2]_3 + 6NaCl$$

Compostos semelhantes são formados com Br e F. Os maiores compostos cíclicos obtidos contêm 34 átomos no caso dos cloretos e 12 átomos no caso dos brometos. Alguns dos polímeros de cadeia longa se assemelham à borracha, e aqueles contendo grupos substituintes laterais perfluoralcoxi, $[NP(OCH_2CF_3)_2]_n$, lembram o polietileno.

Há muitas aplicações possíveis para as fosfazenas de elevada massa molecular, por exemplo como plásticos rígidos, espumas e fibras, já que esses materiais são à prova d'água e resistentes ao fogo, além de não serem atacados por gasolina, óleo ou solventes. Também podem formar materiais poliméricos flexíveis, úteis na confecção de mangueiras e vedações, visto que retém sua elasticidade mesmo a baixas temperaturas. No momento, as fosfazenas são muito caras para serem utilizadas de forma mais generalizada. Películas finas de poli(aminofosfazena) são utilizadas para cobrir regiões do corpo que sofreram queimaduras graves ou outros ferimentos extensos, pois impedem a perda de fluídos corpóreos e a entradas de germes.

Há dois aspectos importantes na química desses compostos com ligações P–N:

1) A natureza da ligação ainda não foi esclarecida. Em todas as fosfazenas as ligações, supostamente representadas como P–N e P = N, são equivalentes. Seus comprimentos de ligação se situam entre 1,56 e 1,59 Å, e são mais curtas que a ligação simples típica de 1,77 Å. Logo, as ligações nesses compostos não são adequadamente representadas por uma seqüência de ligações simples e duplas alternadas, nem podem ser explicadas por ligações $p\pi$-$p\pi$ deslocalizadas, como no caso do benzeno ou da grafita. Por isso, foi sugerida a formação de ligações coordenadas entre um orbital sp^2 preenchido do N e um orbital $3d_{x^2-y^2}$ vazio do P. Essas ligações seriam semelhante às ligações $p\pi$-$d\pi$ nos óxidos de fósforo, mas nos fosfazenos estariam deslocalizadas por toda a molécula, conferindo um caráter pseudo-aromático. Todavia, há objeções a essa explicação, principalmente por causa do tamanho e da energia dos orbitais d. Alternativamente, o orbital p_z do N, contendo um elétron, pode formar uma ligação tricentrada envolvendo os orbitais d_{xz} e d_{yz} dos dois átomos de P adjacentes.

2) As polifosfazenas formam uma extensa série de polímeros. A série dos polímeros formados pela catenação de átomos de C é a mais extensa; seguida pela dos silicones e das fosfazenas.

COMPOSTOS ORGANOMETÁLICOS

O nitrogênio forma aminas primárias, secundárias e terciárias (RNH_2, R_2NH e R_3N) e suas propriedades podem ser encontradas nos livros-textos de Química Orgânica.

Muitos compostos organofosforados são tóxicos. Alguns foram usados como pesticidas, herbicidas e gases de combate. Outros tem um papel fundamental nos processos vitais.

Os haletos de P, As, Sb e Bi reagem prontamente com compostos organolítio ou com reagentes de Grignard, formando alquil ou aril derivados. Os mais conhecidos são as fosfinas terciárias, como a trifenilfosfina.

$$PCl_3 + 3LiEt \rightarrow \underset{\text{trietilfosfina}}{PEt_3} + 3LiCl$$

$$PCl_3 + 3PhMgCl \rightarrow \underset{\text{trifenilfosfina}}{PPh_3} + 3MgCl_2$$

Todos os trimetil derivados de P, As, Sb e Bi são atacados pelo ar, mas os triaril derivados são estáveis. Não é necessário substituir todos os três átomos de halogênio, podendo-se obter compostos haloorganos derivados mistos, usando um excesso de PCl_3 ou um agente alquilante ou arilante mais fraco.

$$\underset{\text{excesso}}{PCl_3} + LiEt \rightarrow EtPCl_2 + LiCl$$

$$PCl_3 + 2HgR_2 \rightarrow R_2PCl + 2RHgCl$$

Os derivados MR_3 tem estrutura piramidal (tetraédrica com um dos vértices ocupado por um par isolado de elétrons), como o NH_3. As trialquilas de P e As são doadoras fortes e conseqüentemente formam muitos complexos com metais de transição. Nesse caso, uma ligação σ é formada usando o par de elétrons isolados e uma ligação π é resultante da interação de retrodoação, envolvendo um orbital *d* preenchido do metal de transição e um orbital *d* vazio dos átomos de P ou As. Essa ligação é semelhante àquela dos óxidos de fósforo, mas como envolve dois orbitais *d* é denominada ligação $d\pi$-$d\pi$.

Alguns derivados MR_5 podem ser obtidos de maneira análoga e suas estruturas são semelhantes a do PCl_5, ou seja, uma bipirâmide trigonal. É raro encontrar cinco substituintes orgânicos ligados no P.

$$PCl_5 + C_6H_5Li \rightarrow P(C_6H_5)Cl_4 + LiCl$$
$$PCl_5 + 2C_6H_5Li \rightarrow P(C_6H_5)_2Cl_3 + 2LiCl$$
$$PCl_5 + 3C_6H_5Li \rightarrow P(C_6H_5)_3Cl_2 + 3LiCl \quad \text{etc.}$$

São conhecidos diversos íons com fórmulas NR_4^+, PR_4^+, AsR_4^+, e SbR_4^+, que possuem uma estrutura tetraédrica similar ao do íon amônio,

Pode-se obter trialquil e triarilfosfinóxidos, tratando-se $POCl_3$ com reagentes organolítio ou de Grignard.

$$POCl_3 + 3LiR \rightarrow POR_3 + 3LiCl$$

Ésteres de fosfato exercem um papel importante em muitos processos vitais:

1) A liberação de energia nos organismos vivos, pela hidrólise da adenosina-trifosfato (ATP $\rightarrow$ ADP + energia) já foi descrita anteriormente. A nicotinamida-adenina-dinucleotídio (NAD) é importante na degradação do ácido cítrico e conseqüente liberação de energia, no ciclo de Krebs. Outro éster, a fosfocreatina, é importante na regeneração do ATP, e outros controlam a síntese e o armazenamento de carboidratos, tais como o glicogênio, em animais.

2) Ésteres de fosfato também são importantes na síntese de proteínas e de ácidos nucléicos. Os ácidos desoxirribonucléicos, DNA, são responsáveis pelo armazenamento e transferência de informações genéticas. A seqüência de bases orgânicas é específica para cada ácido nucléico. A molécula de DNA é constituída por duas cadeias ligadas entre si por ligações de hidrogênio, formando uma dupla hélice. Os ácidos ribonucléicos, RNA, são semelhantes, mas geralmente são constituídos por somente uma cadeia, formando uma hélice simples. Atuam como molde para produzir ácidos nucléicos idênticos, com a mesma seqüência de bases e a mesma orientação no espaço.

3) Ésteres de fosfato também são importantes na fotossíntese, e na conversão do excesso de açúcar em amido nas plantas.

4) Ésteres de fosfato também participam do processo de fixação do nitrogênio.

LEITURAS COMPLEMENTARES

- Addison, C.C. (1980) Dinitrogen tetroxide, nitric acid, and their mixtures as media for inorganic reactions, *Chem. Rev.*, **80**, 21-39.
- Addison, C.C., Logan, N., Wallwork, S.C. e Garner, C.D. (1971) Structural aspects of coordinated nitrate groups, *Q. Rev. Chem. Soc.*, **25**, 289-322.
- Allcock, H.R. (1972) *Phosphorus Nitrogen Compounds*, Academic Press, London.
- Allcock, H.R. (1985) Inorganic macromolecules, *Chem. Eng. News*, March 18 issue, 22 - 36.
- Arena, B.J. (1986) Ammonia: confronting a primal trend, *J. Chem. Ed.*, **63**, 1040-1043.
- Aylett, B.J. (1979) Arsenic, antimony and bismuth, *Organometallic Compounds*, 4.ª ed., Vol. I, Part 2, Chapman and Hall, London.
- Baudler, M. (1987) Polyphosphorus compounds - new results and new perspectives, *Angewandte Chemie*, International Edition, **26**, 419-441.
- Bergersen, F.J. e Postgate, J.R. (eds.) (1987) *A Century of Nitrogen Fixation Research*, Royal Society, London.
- Bossard, G.E. et alli. (1983) Reactions of coordinated dinitrogen, *Inorg. Chem.*, **22**, 1968 - 1970.
- Bottomley, F. e Burns, R.C. (1979) *Treatise on Dinitrogen Fixation*, Wiley, New York.

- Broughton, W.J. e Phler, A. (1986) *Nitrogen Fixation*, Clarendon, Oxford.
- Cardulla, F. (1983) Hydrazine, *J. Chem. Ed.*, **60**, 505-508.
- Chatt, J., Dilworth, J.R. e Richards, R.L. (1978) Recent advances in the chemistry of nitrogen fixation, *Chem. Rev.*, **78**, 589-625.
- Chatt J., da C. Pina, L.M. e Richards, R.L. (eds) (1980) New *Trends in the Chemistry of Nitrogen Fixation*, Academic Press, London and New York. (conferências).
- Coates, G.E. e Wade, K. (1967) Antimony and bismuth, *Organometallic Compounds*, 3.ª ed., Vol. I (Cap. 5), Methuen, London.
- Colburn, C.B. (ed.) (1966) *Developments in Inorganic Nitrogen Chemistry*, Vol. I (Cap. 2 por Yoffe, A.D., The Inorganic Azides; Cap. 5 por Nielsen, M.L., Phosphorus-nitrogen compounds), Elsevier, Amsterdam.
- Corbridge, D.E. (1985) *Phosphorus: An Outline of Its Chemistry, Biochemistry and Technology*, 3.ª ed. (No. 6, Studies in Inorganic Chemistry), Elsevier, Oxford.
- Emsley, J. e Hall, D. (1976) *The Chemistry of Phosphorus*, Harper and Row, New York.
- Evans, H.J., Bottormley, P.J. e Newton, W.E. (eds) (1985) 6th *International Symposium on Nitrogen Fixation* (held at Corvallis, Or.), Dordrecht, Lancaster, Nijhoff.
- Eysseltov, J. e Dirkse, T.P. (eds) (1988) *Alkali Metal Orthophosphates*, Pergamon.
- Gallon, J.R. e Chaplin, A.E. (1987) *An Introduction to Nitrogen Fixation*, Cassell.
- Glidewell, C. (1990) The nitrate/nitrite controversy, *Chemistry in Britain*, **26**, 26-30. (Sobre o perigo dos nitratos na água potável)
- Goldwhite, H. (1981) *Introduction to Phosphorus Chemistry* (textos de Química e Bioquímica), Cambridge University Press, Cambridge.
- Griffith, E.J. (1975) The chemical and physical properties of condensed phosphates, *Pure Appl. Chem.*, **44**, 173-200.
- Griffith, W.P. (1968) Organometallic nitrosyls, *Adv. Organometallic Chem.* **7**, 211.
- Griffith, W.P. (1973) *Comprehensive Inorganic Chemistry*, Vol. 4 (Cap. 46: Carbonilas, cianetos, isocianetos e nitrosilas), Pergamon Press, Oxford.
- Hamilton, C. L . (ed.) (1973) *Chemistry in the Environment* (Cap. 5 por Delwiche, C.C., O ciclo do nitrogênio), Readings from Scientific American, W H. Freeman, San Francisco.
- Heal, H. G. (1980) *The Inorganic Heterocyclic Chemistry of Sulphur, Nitrogen and Phosphorus*, Academic Press, London.
- Henderson, R.A., Leigh, G.J e Pickett, C.J. (1983) The chemistry of nitrogen fixation and models for the reactions of nitrogenase, *Adv. Inorg. Chem. Radiochem.*, **27**, 197-292.
- Hoffmann, H. e Becke-Goehring, M. (1976) Phosphorus sulphides, *Topics Phosphorus Chem.*, **8**, 193-271. (artigo de revisão bastante completo, com mais de 400 referências)
- Holm, R.H. (1981) Metal clusters in biology: quest for synthetic representation of the catalytic site of nitrogenase, *Chem. Soc. Rev.*, **10**, 455-490.
- Jander, J. (1976) Recent chemistry and structure investigation of NI_3, NBr_3, NCl_3 and related compounds, *Adv. Inorg. Chem. Radiochem.*, **19**, 1-63.
- Johnson, B.F.G. e McCleverty, J.A. (1966) Nitric oxide compounds of transition metals, *Progr. Inorg. Chem.*, **7**, 277.
- Jolly, W.L. (1972) *Metal Ammonia Solutions*, Dowden, Hutchinson and Row, Stroudburg, PA.
- Jones, K. (1973) *Comprehensive Inorganic Chemistry*, Vol. 11 (Cap. 19: Nitrogênio), Pergamon Press, Oxford.
- Kanazawa, T. (ed.) (1989) *Inorganic Phosphate Materials*, Kodansha, Tokyo.
- Kulaev, I.S. (1980) *The Biochemistry of Inorganic Polyphosphates*, John Wiley, Chichester.
- Lagowski, J. (ed.) (1967) *The Chemistry of Non-aqueous Solvents* (Cap. 4 por Lee, W.H., Ácido nítrico; Cap. 7 por Lagowski, J.J. e Moczygemba, G.A., Amônia líquida), Academic Press, New York.
- Lee, J.A., Rorison, I.H. e McNeill, S. (eds) (1983) *Nitrogen as an Ecological Factor* (22nd symposium of the British Ecological Society, Oxford, 1981), Blackwell Scientific Publications, Oxford.
- Lieu, N.H. et alli. (1984) Reduction of molecular nitrogen in molybdenum (III-V) hydroxide/titanium (III), *Inorg. Chem.*, **23**, 2772-2777.
- McAuliffe, C.A. e Levason, W. (1979) *Phosphine, Arsine and Stibine Complexes of the Transition Metals*, Elsevier, Amsterdam.
- Nicholls, D. (1979) *Inorganic Chemistry in Liquid Ammonia* (Topics in Inorganic and General Chemistry, Monograph 17), Elsevier.
- Postgate, J. R. (1982) *The Fundamentals of Nitrogen Fixation*, Cambridge University Press, Cambridge.
- Richards, R. L. (1979) Nitrogen fixation, *Education in Chemistry*, **16**, 66-69,
- Richards, R.L (1988) Biological nitrogen fixation, *Chemistry in Britain*, **24**, 133-134, 136.
- Schmidt, E.W. (1984) *Hydrazine and its Derivatives: Preparation, Properties Applications*, John Wiley, New York and Chichester.
- Smith, J.D. (1973) *Comprehensive Inorganic Chemistry*, Vol. II (Cap. 21: Nitrogênio), Pergamon Press, Oxford.
- Toy, A.D.F. (1973) *Comprehensive Inorganic Chemistry*, Vol. II (Cap. 20: Química do fósforo), Pergamon Press, Oxford.
- Toy, A.D.F. (1975) *Chemistry of Phosphorus*, Pergamon Press, New York.
- Thompson, R. (ed.) (1986) *The Modern Inorganic Chemicals Industry*, Capítulo por Grant, W.J. e Redfearn, S.L., Gases industriais; capítulo por Andrew, S.P., Processos modernos para a produção de amônia, ácido nítrico e nitrato de amônio; capítulo por Childs, A.F., Fósforo, ácido fosfórico e fosfatos inorgânicos), Special Publication No. 31, The Chemical Society, London.
- Waddington, T.C. (ed.) (1965) *Non Aqueous Solvent Systems* (Cap. 1 por Jolly, W.L. e Hallida, C.J., Amônia líquida), Nelson.
- Wright, A.N. e Winkler, C.A. (1968) *Active Nitrogen*, Academic Press, New York.
- Yamabe, T., Hori, K., Minato, T. e Fukui, K. (1980) Theoretical study on the bonding nature of transition metal complexes of molecular nitrogen, *Inorg. Chem.*, **19**, 2154-2159 .

PROBLEMAS

1. Utilize a teoria de orbitais moleculares para descrever as ligações no N_2 e no NO. Qual é a ordem de ligação em cada caso?
2. Explique porque as moléculas de nitrogênio apresentam fórmula N_2, enquanto o fósforo possui a fórmula P_4.
3. Esquematize os métodos de obtenção industrial do nitrogênio e do fósforo.
4. Escreva as equações químicas balanceadas que mostrem o efeito do calor sobre: a) $NaNO_3$; b) NH_4NO_3; c) uma mistura de NH_4Cl e $NaNO_2$; d) $Cu(NO_3)_2.2H_2O$; e) $Pb(NO_3)_2$; e f) NaN_3.
5. Escreva as reações químicas dos seguintes compostos com a água: a) Li_3N; b) CaNCN; c) AlN; d) NO_2; e) N_2O_5; f) NCl_3.
6. Descreva os métodos industriais de obtenção do NH_3 e HNO_3. Como são obtidas as matérias-primas necessárias nesses processos? Quais são as principais aplicações do NH_3 e do HNO_3? Como o HNO_3 concentrado é obtido?
7. Explique a origem das ligações π no íon NO_3^-.
8. Faça um resumo sobre a química dos óxidos de nitrogênio. Descreva e equacione os métodos de obtenção de cada um deles. Discuta suas propriedades, reatividade, estruturas e ligações.
9. Descreva as condições nas quais ocorrem as reações abaixo e indique quais são os produtos obtidos em cada caso:
   a) cobre e ácido nítrico;
   b) óxido nitroso e sodamida;
   c) carbeto de cálcio e nitrogênio;
   d) íons cianeto e sulfato de cobre(II);
   e) amônia e uma solução acidificada de hipoclorito de sódio;
   f) ácido nitroso e íons iodeto.
10. Descreva os métodos de obtenção da hidrazina e do sulfato de hidrazínio. Quais são as dificuldades de ordem prática encontradas? Quais são suas aplicações?
11. Explique o que acontece e escreva as equações das reações de uma solução aquosa de sulfato de hidrazínio com:
    a) uma solução aquosa de I_2 em KI
    b) uma solução alcalina de sulfato de cobre
    c) uma solução aquosa de ferricianeto de potássio, $K_3[Fe(CN)_6]$
    d) uma solução amoniacal de nitrato de prata.
12. Por que o NF_3 é estável, enquanto que o NCl_3 e o NI_3 são explosivos?
13. Por que o NF_3 não tem propriedades doadoras de elétrons, mas o PF_3 forma muitos complexos com metais? Dê alguns exemplos de tais complexos.
14. Apresente um método de obtenção da hidroxilamina, NH_2OH, e descreva uma de suas principais aplicações.
15. Quais são os principais componentes dos fertilizantes? Como eles são obtidos e por que são importantes para as plantas?
16. Compare as propriedades dos óxidos de nitrogênio com os de fósforo.
17. A substância (A) é um gás de densidade de vapor igual a 8,5. Por oxidação a altas temperaturas, na presença de um catalisador de platina, ele forma um gás incolor (B), que rapidamente se torna castanho quando exposto ao ar, formando o gás (C). (B) e (C) podem ser condensados formando uma substância (D), que reage com água formando o ácido (E). Tratando-se (E) com uma solução acidificada de KI, ocorre a liberação do gás (B), mas quando (E) é tratado com uma solução de NH_4Cl ocorre a liberação de um gás incolor e estável (F). (F) não é capaz de sustentar a combustão, mas o magnésio continua a queimar mesmo na sua presença. Contudo, (F) reage com carbeto de cálcio num forno elétrico formando um sólido (G), que é lentamente hidrolisado pela água formando uma solução da substância (A), que torna amarelo o reagente de Nessler. Identifique as substâncias de (A) a (G) e explique as reações envolvidas.
18. Compare as estruturas dos óxidos com as dos sulfetos de fósforo.
19. Escreva as equações para as reações dos seguintes compostos com a água: a) P_4O_6; b) P_4O_{10}; c) PCl_3; d) PCl_5; e) Na_3P.
20. Explique as ligações *pπ-dπ* que ocorrem nos óxidos e oxoácidos de fósforo. Dê exemplos que mostrem como essas ligações poderiam explicar algumas das diferenças observadas na química do nitrogênio e do fósforo.
21. Explique por que o comprimento da ligação P–O no $POCl_3$ é de 1,45 Å, enquanto que a soma dos raios covalentes dos átomos de fósforo e de oxigênio, em ligações simples covalentes, é de 1,83 Å.
22. Discuta a utilização dos fosfatos na química analítica e na indústria.
23. Compare e mostre as diferenças na estrutura e no comportamento químico dos fosfatos, dos silicatos e dos boratos.
24. Cite alguns motivos que justifiquem a existência do PF_5 mas não do NF_5.
25. Dê alguns exemplos de fosfazenas. Como podem ser obtidos e quais são suas estruturas?
26. Escreva as equações para as reações dos seguintes compostos com a água: a) As_4O_6; b) As_4O_{10}; c) $SbCl_3$; d) Mg_3Bi_2; e) Na_3As.

GRUPO 16 CALCOGÊNIOS

PROPRIEDADES GERAIS

Os quatro primeiros quatro elementos desse grupo são não-metais. São conhecidos como "calcogênios", ou elementos formadores de minérios, pois inúmeros minérios são óxidos ou sulfetos de metais.

Diversos produtos químicos contendo os elementos desse grupo têm importância econômica. O H_2SO_4 é o produto mais importante da indústria química. Em 1992, a impressionante quantidade de 146 milhões de toneladas foram produzidas. 100 milhões de toneladas de O_2 são produzidas anualmente e consumidas, principalmente, na indústria do ferro e do aço. Em 1992 foram produzidas 54 milhões de toneladas de S, sendo a maior parte usada para fabricar H_2SO_4. Cerca de um milhão de toneladas de Na_2SO_3 são consumidos, principalmente no branqueamento de polpa de madeira e de papel. A produção mundial de H_2O_2 foi de 1.018.200 toneladas em 1991.

Os elementos apresentam a tendência normal de aumento no caráter metálico, ao se descer pelo Grupo. Isso se reflete nas suas reações, nas estruturas dos elementos e na crescente tendência de formar íons M^{2+}, com concomitante decréscimo da estabilidade dos íons M^{2-}. O e S são totalmente não-metálicos. O caráter não-metálico é menor no Se e no Te. O Po é caracteristicamente metálico, além de ser um elemento radioativo com tempo de vida curto.

O oxigênio é um elemento muito importante na química inorgânica, visto que reage com quase todos os demais elementos. A maioria de seus compostos foi ou será estudada junto com os outros elementos.

S, Se e Te são moderadamente reativos e queimam ao ar formando dióxidos. Eles se combinam diretamente com a maioria dos elementos, tanto metais como não-metais, embora com menor facilidade que o oxigênio. Como esperado no caso de elementos não-metálicos, S, Se e Te não são atacados por ácidos, exceto por aqueles que são também agentes oxidantes. O Po tem propriedades metálicas, pois se dissolve em H_2SO_4, HF, HCl e HNO_3, formando soluções de Po^{II}, de coloração rosa. Contudo, o Po é fortemente radioativo, e as partículas α emitidas decompõem a água. Por isso, as soluções de Po^{II} são rapidamente oxidadas gerando soluções amarelas de Po^{IV}.

O oxigênio apresenta diversas diferenças em relação aos demais elementos do grupo. Essas diferenças estão relacionadas ao seu menor tamanho, sua maior eletronegatividade, e à falta de orbitais *d* adequados para formarem ligações. O oxigênio pode utilizar orbitais $p\pi$ para formar duplas ligações fortes. Os demais elementos também podem formar duplas ligações, mas se tornam cada vez mais fracas à medida que aumenta o número atômico dos mesmos. Assim, CO_2 (O=C=O) é estável, CS_2 é menos estável, o CSe_2 se polimeriza ao invés de formar duplas ligações e o CTe_2 ainda é desconhecido. O oxigênio também forma ligações de hidrogênio fortes, que influenciam enormemente as propriedades da água e de outros compostos.

O enxofre possui uma maior tendência de formar cadeias e ciclos que os demais elementos do grupo (vide Variedades alotrópicas). O enxofre forma uma extensa e incomum variedade de compostos com o nitrogênio, que não encontram correspondentes nos demais elementos.

Enquanto o O e o S possuem somente elétrons *s* e *p*, o Se segue logo após a primeira série de transição e também possui elétrons *d*. O preenchimento do nível 3*d* influencia as propriedades do Ge, As, Se e Br. Os átomos são menores e os elétrons estão

Tabela 15.1 — Configurações eletrônicas e estados de oxidação

Elemento	Símbolo	Configuração eletrônica		Estados de oxidação*				
Oxigênio	O	[He]	$2s^2 2p^4$	**–II**	(–I)			
Enxofre	S	[Ne]	$3s^2 3p^4$	–II		(II)	IV	**VI**
Selênio	Se	[Ar]	$3d^{10} 4s^2 4p^4$	(–II)		**II**	**IV**	VI
Telúrio	Te	[Kr]	$4d^{10} 5s^2 5p^4$			**II**	**IV**	VI
Polônio	Po	[Xe]	$4f^{14} 5d^{10} 6s^2 6p^4$			**II**	**IV**	

* Os estados de oxidação mais importantes (geralmente os mais abundantes e estáveis) são mostrados em negrito. Outros estados bem caracterizados, mas menos importantes, são mostrados em tipo normal. Estados de oxidação instáveis, ou de existência duvidosa, são mostrados entre parênteses

mais firmemente ligados ao núcleo. Por isso, o Se é oxidado com maior dificuldade ao estado de oxidação mais elevado (+VI), em contraste com o S. O HNO_3 oxida o S a H_2SO_4 (S no estado +VI), mas consegue oxidar o Se só até o estado +IV, formando o H_2SeO_3.

Todos os compostos de Se, Te e Po são potencialmente tóxicos e devem ser manuseados com cuidado. Os derivados orgânicos e os compostos voláteis tais como H_2Se e H_2Te, são 100 vezes mais tóxicos que o HCN.

CONFIGURAÇÃO ELETRÔNICA E ESTADOS DE OXIDAÇÃO

Todos os elementos do Grupo 16 tem configuração eletrônica s^2p^4. Eles podem atingir a configuração de gás nobre ou recebendo dois elétrons, formando íons binegativos (2-), ou então compartilhando dois elétrons, formando duas ligações covalentes. O é o segundo elemento mais eletronegativo, perdendo apenas para o F. A diferença de eletronegatividade entre O e os metais é grande. Por isso, a maioria dos óxidos metálicos são iônicos e contém íons O^{2-}, ou seja, o estado de oxidação do O é (–II). Os sulfetos, selenetos e teluretos se formam quando combinam com os elementos menos eletronegativos dos Grupos 1 e 2 e dos lantanídeos. Esses compostos estão entre os mais estáveis conhecidos. Geralmente, supõe-se que esses compostos contenham íons S^{2-}, Se^{2-} e Te^{2-}. Mas, as diferenças de eletronegatividade entre os elementos sugerem que eles se situam no limite, com 50% de caráter iônico e 50% de caráter covalente. Assim como o PCl_5, eles podem se comportar como compostos covalentes no estado sólido, mas iônicos quando em solução aquosa.

Esses elementos também formam compostos contendo duas ligações covalentes (pares eletrônicos), como no H_2O, F_2O, Cl_2O, H_2S e SCl_2. Quando o átomo do calcogênio é o menos eletronegativo na molécula (por exemplo no SCl_2, eletronegatividade do S = 2,5 e a do Cl = 3,5), o S se encontra no estado de oxidação (+II).

Além disso, os elementos S, Se e Te podem estar nos estados de oxidação (+IV) e (+VI), sendo que estes são mais estáveis que o elemento no estado (+II).

ABUNDÂNCIA DOS ELEMENTOS

O oxigênio é o mais abundante de todos os elementos. Ele existe na forma livre, como moléculas de O_2, perfazendo 20,9% em volume e 23% em peso da atmosfera. A maior parte do O_2 foi produzida pela fotossíntese, o processo pelo qual a clorofila das partes verdes das plantas converte a luz solar em alimentos como a glicose.

$$6CO_2 + 6H_2O + \text{energia solar} \rightarrow C_6H_{12}O_6 + 6O_2$$

O oxigênio constitui 46,6% em peso da crosta terrestre, sendo o principal constituinte dos silicatos minerais. O oxigênio também ocorre nos óxidos de metais (minérios) e em oxo-sais como carbonatos, sulfatos, nitratos e boratos, que formam grandes depósitos. Os oceanos recobrem três quartos da superfície terrestre, e o oxigênio constitui 89% em peso de suas água. O ozônio, O_3, está presente nas altas atmosferas, onde desempenha um papel muito importante. Esse aspecto será discutido posteriormente.

Tabela 15.2 — Abundância dos elementos na crosta terrestre, em peso

Elemento	ppm	abundância relativa
O	455.000	1.º
S	340	16.º
Se	0,05	68.º
Te	0,001	74.º
Po	traços	—

O enxofre é o 16.º elemento mais abundante e constitui 0,034% em peso da crosta terrestre. Ocorre principalmente na forma combinada, ou seja, na forma dos diversos minérios do grupo dos sulfetos, e como sulfatos (principalmente o gesso, $CaSO_4.2H_2O$). A mineração desses compostos para obter S não é economicamente viável, embora o gesso seja extraído para outras finalidades. Em muitos lugares, o enxofre elementar pode ser obtido de fontes vulcânicas, mas são atualmente pouco exploradas, exceto no Japão e no México. Dos tempos bíblicos até o presente século, essas fontes vulcânicas foram as principais fontes de S. Antigamente o S, na forma de enxofre mineral, era usado em fumigações. Do século XIII até a metade do século XIX, foi usado na fabricação da pólvora. Atualmente, o principal uso é na fabricação de H_2SO_4.

Os demais elementos do Grupo, Se, Te e Po, são muito raros.

OBTENÇÃO E USOS DOS ELEMENTOS

Obtenção e extração de oxigênio

O oxigênio é obtido industrialmente pela destilação fracionada do ar líquido (vide "Ocorrência, obtenção e usos do nitrogênio", no Capítulo 14). A maior parte do O_2 é utilizada na fabricação do aço. O gás produzido dessa maneira geralmente contém pequenas quantidades de N_2 e de gases nobres, principalmente argônio. Cilindros de aço contendo O_2 comprimido são usados para muitas finalidades, inclusive na solda oxiacetilênica e no laboratório. O O_2 é administrado juntamente com um anestésico em operações cirúrgicas. Às vezes é preparado, em pequena escala no laboratório, pela decomposição térmica do $KClO_3$ (com MnO_2 como catalisador), embora o produto possa conter pequenas quantidades de Cl_2 ou ClO_2. Pequenas quantidades de O_2 são produzidas pelo aquecimento do $NaClO_3$, como fonte emergencial de oxigênio em aviões:

$$2KClO_3 \xrightarrow{150^\circ C,\ \text{catalisador } MnO_2} 2KCl + 3O_2$$

O_2 também pode ser obtida pela decomposição catalítica de hipocloritos:

$$2HOCl \xrightarrow{Co^{2+}} 2HCl + O_2$$

ou pela eletrólise da água contendo pequenas quantidades de H_2SO_4, ou de uma solução de hidróxido de bário.

Usos do oxigênio

Praticamente todos os elementos reagem com o oxigênio, à temperatura ambiente ou por aquecimento (as únicas exceções são alguns poucos metais nobres como Pt, Au e W, e os gases nobres). Mesmo sendo elevada a energia de ligação do O_2 (493 kJ mol^{-1}), as reações geralmente são bastante exotérmicas e, uma vez iniciadas, prosseguem espontaneamente.

O oxigênio é essencial na respiração (para a liberação de energia no organismo) tanto de animais como de plantas. É, portanto, essencial à vida.

$$\underset{\text{glicose}}{C_6H_{12}O_6} + 6O_2 \xrightarrow{\text{Respiração}} 6CO_2 + 6H_2O + \text{energia}$$

O complexo formado pelo oxigênio e a hemoglobina (o pigmento vermelho do sangue) é de importância vital, já que esse é o método pelo qual os animais superiores transportam o oxigênio às células de todo o corpo, onde é utilizado.

A produção mundial de oxigênio líquido e gasoso é de cerca de 100 milhões de toneladas/ano. De longe, os maiores consumidores de oxigênio são as indústrias do ferro e do aço (60 a 80%). O oxigênio puro é usado para converter o ferro-gusa em aço, no processo básico com oxigênio (BOP, "basic oxygen process"), que se originou dos processos *Kaldo* e *LD*. Desde o final da década de 50, estes substituíram o processo Bessemer (que usava ar). Usinas para a produção de oxigênio freqüentemente estão instaladas nas vizinhanças, ou até mesmo fazem parte das instalações das modernas siderúrgicas. O O_2 é conduzido através de tubulações de uma usina a outra. Os modernos métodos utilizando O_2 apresentam três vantagens:

1) A conversão do ferro-gusa em aço é mais rápida.

2) Lingotes maiores de ferro-gusa podem ser utilizados (processo Bessemer, 6 toneladas; no BOP, 100 toneladas).

3) Nitretos não são formados durante o processo. Eles podem ser formados se for utilizado o ar.

Em alguns lugares o oxigênio é introduzido junto com o ar nos altos-fornos, usados para a redução de óxidos de ferro a ferro-gusa impuro, com coque. Esse procedimento é adotado principalmente para permitir o emprego de hidrocarbonetos pesados (nafta) como combustíveis, como um substituto parcial do dispendioso coque metalúrgico. O oxigênio também é usado na solda e no corte de metais com o maçarico oxiacetilênico. Dentre outras importantes aplicações químicas do oxigênio, estão os seguintes:

1) A obtenção de TiO_2 a partir de $TiCl_4$. O TiO_2 é usado como pigmento branco em tintas e papéis, e como carga em plásticos.

2) Para oxidar NH_3 no processo de obtenção do HNO_3.

3) Na preparação de oxirano (óxido de etileno) a partir de eteno.

4) Como agente oxidante (comburente) em foguetes.

Obtenção e extração do enxofre

A produção mundial de S foi de 57 milhões de toneladas em 1992. Os principais produtores são os EUA (20%), ex-União Soviética (15%), Canadá (13%), China (11%), Japão e ex-Tchecoslováquia (5% cada um). Há diversos métodos para a obtenção do S:

Recuperação a partir do gás natural e do petróleo	48%
Mineração pelo processo Frasch	19%
A partir de piritas	17%
Recuperado dos gases de ustulação de sulfetos	12%
Mineração como enxofre mineral	4%
Obtido a partir de $CaSO_4$	0,03%

Grandes quantidades de enxofre são obtidos a partir do gás natural. No Canadá, essa é a principal fonte de enxofre (90%), já que o gás natural canadense contém até 20% de H_2S. É fundamental que todo H_2S do gás natural seja removido, por causa do seu mau cheiro. Além disso, a queima de compostos de enxofre forma SO_2, que tem um cheiro acre e é corrosivo. Analogamente, grandes quantidades de enxofre são obtidas nas refinarias de petróleo (60% da produção total dos EUA e 37% da ex-URSS). Depois do craqueamento dos hidrocarbonetos de cadeia longa, o H_2S e outros derivados de enxofre são removidos, por causa de seu cheiro desagradável. Cerca de um terço do H_2S é oxidado com ar a SO_2. A seguir, este reage com o H_2S remanescente formando S. Esse processo se constitui na segunda maior fonte de S nos EUA e no Japão. Devido à enorme expansão do consumo de petróleo e de gás natural, a quantidade de enxofre obtida a partir dessas fontes é atualmente maior que a quantidade obtida pelo processo Frasch (ver adiante).

Grandes depósitos de enxofre nativo são encontrados nos EUA (Golfo do México, Louisiana, Texas e México) e na região do Vístula superior na Polônia e Ucrânia. Esses depósitos foram formados por bactérias anaeróbias que metabolizam $CaSO_4$ e excretam H_2S e S.

$$2H_2S + 3O_2 \rightarrow 2SO_2 + 2H_2O$$
$$SO_2 + 2H_2S \rightarrow 2H_2O + 3S$$

O enxofre é extraído desses depósitos subterrâneos pelo processo Frasch, fornecendo S de elevado grau de pureza. Nesse processo, três tubulações concêntricas são introduzidas no depósito subterrâneo. Vapor superaquecido é introduzido pela tubulação mais externa, provocando a fusão do enxofre. Ar comprimido é introduzido pela tubulação central, forçando o enxofre fundido a subir pela tubulação intermediária. Um desses conjuntos de tubulações pode explorar uma área de cerca de 2.000 m^2. Essa técnica foi desenvolvida para superar as dificuldades inerentes à mineração em regiões pantanosas ou de areias movediças, ou para permitir a extração de enxofre da plataforma continental na Louisiana/EUA. A mineração pelo processo Frasch começou nos EUA na década de 1890 e na Polônia na década de 1950.

O SO_2 é obtido como um subproduto da extração de metais a partir dos minérios do grupo dos sulfetos. O minério mais importante desse grupo é a pirita de ferro, FeS_2, conhecida como "ouro dos tolos". A pirita é extraída em

Tabela 15.3 — Alguns minérios importantes do grupo dos sulfetos

MoS_2	molibdenita
FeS_2	pirita
FeS_2	marcassita
FeAsS	arsenopirita
$(Fe, Ni)_9S_8$	pentlandita
Cu_2S	calcocita
$CuFeS_2$	calcopirita
Cu_5FeS_4	bornita
Ag_2S	argentita
ZnS	blenda ou esfalerita
ZnS	wurtzita
HgS	cinábrio
PbS	galena
As_2S_3	orpimento
As_4S_4	realgar
Sb_2S_3	estibinita
Bi_2S_3	bismutinita

grandes quantidades na URSS, Espanha, Portugal, Japão e muitos outros países. Sulfetos de metais não-ferrosos, como a wurtzita ZnS, a galena PbS, diversas formas de sulfetos de cobre e NiS geram SO_2 como subproduto, no processo de obtenção do metal correspondente. O SO_2 é usado para fabricar H_2SO_4. Por causa da grande quantidade de metais obtidos dessa forma, é produzido uma maior quantidade de S por esse método que pelos outros dois métodos. Contudo, o S é obtido na forma de SO_2 e não de S. Os metais do bloco *p* e metade dos metais de transição formam minérios pertencentes ao grupo dos sulfetos: esses metais são denominados coletivamente de "calcófilos". Alguns dos sulfetos mais importantes (como minérios) estão relacionados na Tab. 15.3.

$$2CaSO_4 + C \xrightarrow{1200^\circ C} 2SO_2 + 2CaO + CO_2$$

Há grandes quantidades de S na forma de sulfatos dissolvidos nas águas dos oceanos, e também na forma de depósitos minerais, como por exemplo de $CaSO_4$. Existem depósitos menores de outros sulfatos, como $FeSO_4$ e $Al_2(SO_4)_3$. Na polônia, o SO_2 é obtido pelo aquecimento de $CaSO_4$ com coque, num forno giratório. A produção é de cerca de 20.000 t/ano. O SO_2 é usado para a fabricação de H_2SO_4, pelo "Processo de Contato". Métodos de obtenção de S elementar a partir de sulfatos são pouco usados, pois há outras fontes que são economicamente mais viáveis.

Antigamente o S elementar era obtido em grandes quantidades como subproduto da produção de gás de iluminação. Como esse gás foi substituído pelo gás natural na maioria das regiões desenvolvidas, essa fonte de enxofre praticamente não é mais explorada.

Chuva ácida e SO_2

Geralmente o carvão contém cerca de 2% de S, mas esse teor pode chegar a 4%. Isso representa uma grande fonte potencial de S, que poderia ser extraída como SO_2 dos gases de combustão. Em 1992, a produção mundial foi de cerca de 4.530 milhões de toneladas de carvão, utilizado principalmente em usinas termelétricas. Isso corresponde a cerca de 90 milhões de toneladas de S, ou seja, 180 milhões de toneladas de SO_2 (85 milhões de toneladas de carvão foram consumidas em usinas termelétricas no Reino Unido, produzindo cerca de 2.4 milhões de toneladas por ano de S, ou 6 milhões de toneladas de SO_2). Como não é economicamente viável remover o SO_2, somente cerca de 1% dessa quantidade é recuperada como H_2SO_4. A maior parte é desprezada e descarregada na atmosfera, provocando as chuvas ácidas.

A química atmosférica da chuva ácida não é inteiramente compreendida. O SO_2 é oxidada a SO_3 pelo ozona ou pelo peróxido de hidrogênio, e reage com água ou com radicais hidroxila para formar H_2SO_4. Forma-se também sulfato de amônio; que pode ser visto como um "nevoeiro" atmosférico (este pode ser descrito como sendo um aerossol de partículas muito pequenas). A *deposição por via úmida* ocorre depois que as gotas de chuva se nuclearam com partículas de aerossol de SO_3 ou $(NH_4)_2SO_4$, mas o SO_2 não se dissolve apreciavelmente. Na realidade, o SO_2 é *depositado por via seca*, ou seja, é absorvido diretamente tanto por sólidos como por líquidos que se encontram na superfície da Terra. Em 1982, ocorreu a deposição de 50 unidades (kg hectare^{-1} ano^{-1}) por via seca e somente de 5 unidades por via úmida, na Inglaterra. Assim, o termo "chuva ácida" não é estritamente correto, pois ele se refere tanto à deposição por via úmida como por via seca.

As usinas termelétricas (e assim as fontes de SO_2) inevitavelmente se localizam em regiões densamente povoadas. A utilização de chaminés muito altas, para facilitar a dispersão dos gases de combustão, só transfere o problema para outro lugar. Por exemplo, apenas 10% da poluição com SO_2 na Suécia provém realmente da Suécia. 80% provém de regiões industrializadas da Europa (Alemanha Ocidental e Oriental, Polônia e ex-Tchecoslováquia) e 10% da Grã-Bretanha. A chuva ácida provoca danos em árvores, plantas, peixes e edificações, além de causar doenças respiratórias em homens e animais. Cerca de 60% do SO_2 atmosférico provêm de usinas termelétricas alimentadas com carvão. A maior parte dos 40% restantes provém de refinarias de petróleo, siderúrgicas e usinas termelétricas a óleo.

A eliminação total da poluição por SO_2 não é possível, tanto por razões econômicas como por razões técnicas. Contudo, dispomos da tecnologia necessária para reduzir essa poluição a um mínimo. Os métodos usados incluem a lavagem dos gases de exaustão com uma suspensão de $Ca(OH)_2$, ou a redução do SO_2 a S usando H_2S e um catalisador de alumina ativada.

$$Ca(OH)_2 + SO_2 \rightarrow CaSO_3 + H_2O$$
$$2H_2S + SO_2 \rightarrow 3S + 2H_2O$$

Usos do enxofre

O S é um constituinte essencial, embora menos freqüente, de certas proteínas. Está presente nos aminoácidos cistina, cisteína e metionina.

A produção mundial de enxofre foi de 57 milhões de

toneladas em 1992. Quase 90% desse total foram convertidos em SO_2, depois em SO_3 e finalmente em H_2SO_4. Cerca de 60% do H_2SO_4 produzido é empregado na fabricação de fertilizantes. O restante é usado na produção de uma variedade de outros produtos químicos. Sulfitos SO_3^{2-}, hidrogenossulfitos HSO_3^- e SO_2 são importantes como alvejantes.

Os 10% da produção de enxofre que não são consumidos na produção de H_2SO_4, são empregados na forma de S elementar. Parte é usada na fabricação de dissulfeto de carbono, CS_2, que por sua vez é empregado na fabricação de CCl_4 e de viscose. O enxofre reage com alcenos formando ligações cruzadas entre as moléculas. Essa reação é importante no processo de vulcanização da borracha. O enxofre e o selênio desidrogenam hidrocarbonetos saturados. O enxofre também é utilizado na fabricação de fungicidas, inseticidas e pólvora. A pólvora é uma mistura de salitre $NaNO_3$ (75%), carvão (15%) e enxofre (10%). Atribui-se sua descoberta a Roger Bacon em 1245, tendo sido o primeiro explosivo capaz de lançar uma bala de canhão. Foi usado pela primeira vez com esse propósito na batalha de Crécy, em 1346. Posteriormente foi usado em armamentos terrestres e marítimos por 500 anos, até a descoberta de explosivos melhores, como o algodão-pólvora, a nitroglicerina e a cordita.

Obtenção e usos do selênio e do telúrio

O Se e o Te ocorrem associados aos minérios do grupo dos sulfetos e são obtidos na forma concentrada a partir dos depósitos ou sedimentos anódicos do processo de refino eletrolítico do cobre. Esse depósito também contém metais do grupo da platina, além de prata e ouro. O Se e o Te também são obtidos das poeiras formadas durante a calcinação de minérios como PbS, CuS ou FeS_2. A poeira é coletada com o auxílio de um precipitador eletrostático. Os dois elementos também ocorrem na forma nativa associados ao S.

A produção mundial de Se metálico foi de 1.670 toneladas, em 1992. A maior parte é usada para descolorir o vidro, embora o Cd(S, Se) seja empregado para obter vidros de coloração rosa ou vermelha. O Se é usado em fotocopiadoras do tipo xerox, no fotorreceptor destinado a receber a imagem. O fotorreceptor é uma fina película de Se num suporte de Al. Ele é sensibilizado eletrostaticamente, aplicando-se uma alta tensão. Então, a imagem é focalizada sobre o fotorreceptor, como numa câmera fotográfica. As áreas expostas à luz perdem sua carga eletrostática, de modo que o "toner" fica aderido apenas sobre as área ainda carregadas. Essa imagem é, então, transferida para uma folha de papel e fixada, fundindo-se o pó ao papel por meio de um tratamento térmico. Obtém-se assim uma cópia da imagem original. O fotorreceptor é então limpo mecanicamente, para ser novamente sensibilizado e utilizado. O selênio é um elemento essencial no organismo, em pequenas quantidades, sendo um dos componentes de diversas enzimas importantes como a glutationa peroxidase, que protege as células do ataque por peróxidos. Mas em quantidades maiores o Se é tóxico.

A produção mundial de telúrio metálico foi de 152 toneladas, em 1992. A maior parte é usada na fabricação de ligas com ferro e metais não-ferrosos, por exemplo para tornar o chumbo mais duro.

Tanto os compostos de Se como os de Te são absorvidos pelo organismo humano e são eliminados pela respiração e pelo suor, na forma de compostos orgânicos de mau cheiro.

Descoberta e obtenção de polônio

O polônio foi descoberto por Marie Curie pelo processamento de grandes quantidades de minerais de tório e de urânio, e separação dos produtos de decaimento. O polônio é um desses produtos de decaimento (vide "Séries de decaimentos radioativos", no Capítulo 31). A separação foi monitorada pelo estudo da radioatividade.

$$^{210}_{82}Pb \xrightarrow[\text{meia-vida 22,3 anos}]{\beta} {}^{210}_{83}Bi \xrightarrow[\text{meia-vida 5,0 dias}]{\beta} {}^{210}_{84}Po \xrightarrow[\text{meia-vida 138,4 dias}]{\alpha} {}^{206}_{82}Pb$$

Marie Curie compartilhou o Prêmio Nobel de Física de 1903 com H.A. Becquerel e Pierre Curie, por seus trabalhos sobre a radioatividade, que era então uma técnica nova. Em 1911, ela recebeu um segundo Prêmio Nobel, desta vez o de Química, pela descoberta do polônio e do rádio. O nome do polônio é uma homenagem à terra natal de Marie Curie, a Polônia. Atualmente o polônio é obtido artificialmente pela irradiação do bismuto com nêutrons, num reator nuclear, em quantidades da ordem de gramas. O metal é separado por sublimação.

$$^{209}_{83}Bi + {}^{1}_{0}n \longrightarrow {}^{210}_{83}Bi \longrightarrow {}^{210}_{84}Po + {}^{0}_{-1}e$$

Todos os isótopos do polônio são altamente radioativos. O isótopo mais estável é o $^{210}_{84}Po$, mas este é um forte emissor α, tendo um tempo de meia-vida de 138 dias. A radiação α decompõe a água, complicando o estudo dos compostos de polônio nesse solvente. Por causa disso, a química do polônio não é bem conhecida.

ESTRUTURA E ALOTROPIA DOS ELEMENTOS

Todos os elementos desse grupo, exceto o Te, são polimórficos, isto é, podem ser obtidos em mais de uma variedade alotrópica.

Oxigênio

O oxigênio ocorre na forma de dois compostos não-metálicos, dioxigênio O_2 e ozônio, O_3. O dioxigênio O_2 é uma molécula diatômica estável, o que explica sua existência na forma de um gás (S, Se, Te e Po tem estruturas mais complicadas, por exemplo S_8, sendo sólidos à temperatura ambiente). A ligação na molécula de O_2 não é tão simples como a princípio pode parecer. Se a molécula tivesse duas ligações covalentes, então todos os elétrons estariam emparelhados e a molécula seria diamagnética.

$$:\ddot{\underset{..}{O}}\cdot + \cdot\ddot{\underset{.}{O}}: \rightarrow :\ddot{\underset{..}{O}}::\ddot{\underset{..}{O}}: \quad \text{ou} \quad O=O$$

Mas o O_2 é uma molécula paramagnética e, portanto,

deve conter elétrons desemparelhados. A explicação desse fenômeno foi um dos primeiros êxitos da teoria de orbitais moleculares. Sua estrutura eletrônica foi descrita no Capítulo 4 (vide "Exemplos da teoria de orbitais moleculares").

O oxigênio líquido é azul pálida, assim como o sólido. A cor decorre das transições eletrônicas que levam a molécula do estado fundamental (um estado triplete) para um estado excitado singlete. Essa transição é "proibida" no oxigênio gasoso. No oxigênio líquido ou sólido um único fóton pode colidir simultaneamente com duas moléculas, promovendo ambas ao estado excitado. É absorvido nesse processo uma luz vermelha-amarela-verde, fazendo com que o O_2 adquira cor azul. A origem dos estados singletes excitados no O_2 está na disposição dos elétrons nos orbitais moleculares antiligantes π^*2p_y e π^*2p_z, mostrada abaixo.

	π^*p_y π^*p_z		Estado	Energia/kJ
Segundo estado excitado (elétrons têm spins opostos)	↑ | ↓	singlete	$^1\Sigma_g^+$	157
Primeiro estado excitado (elétrons emparelhados)	↑↓ |	singlete	$^1\Delta_g$	92
Estado fundamental (elétrons com spins paralelos)	↑ | ↑	triplete	$^3\Sigma_g^-$	0

Quando O_2 é excitado para o estado singlete, ele se torna muito mais reativo que o oxigênio triplete normal do estado fundamental. O oxigênio singlete pode ser gerado fotoquimicamente pela irradiação do oxigênio normal na presença de um sensibilizador, tais como fluoresceína, azul de metileno ou alguns hidrocarbonetos policíclicos. O oxigênio singlete também pode ser obtido por processos químicos:

$$H_2O_2 + OCl^- \xrightarrow{EtOH} O_2(^1\Delta_g) + H_2O + Cl^-$$

O oxigênio singlete pode adicionar-se às posições 1,4 de um dieno, de modo semelhante a uma reação de Diels-Alder. Também, pode se inserir nas posições 1,2 de um alceno, formando um intermediário que pode ser clivado gerando dois compostos carbonílicos.

O oxigênio singlete também pode estar envolvido em reações de oxidação em sistemas biológicos.

O ozônio, O_3, é a variedade alotrópica triatômica do oxigênio. Ele é instável e se decompõe a O_2. A estrutura do O_3 é angular, com um ângulo de ligação O–O–O de 116° 48'. As duas ligações O–O têm um comprimento de 1,28 Å, intermediário entre uma ligação simples (1,48 Å no H_2O_2) e uma dupla (1,21 Å no O_2) (a estrutura do O_3 foi descrita no final do Capítulo 4). A representação tradicional como um híbrido de ressonância entre formas canônicas é atualmente raramente empregada. A estrutura é descrita como tendo um átomo central de O, utilizando orbitais híbridos sp^2 para ligar-se aos átomos de O das extremidades. O átomo central tem um par eletrônico isolado, enquanto que os átomos de O das extremidades têm dois pares isolados. Com isso haverá quatro elétrons para formar as ligações π. Os orbitais atômicos p_z dos três átomos formam três orbitais moleculares deslocalizados envolvendo os três átomos. Um dos OMs é ligante, um é não-ligante e o outro á antiligante. Os quatro elétrons π ocuparão os orbitais ligante e não-ligante. Logo, além das duas ligações σ, forma-se também uma ligação π deslocalizada na molécula. A ordem de ligação é 1,5 e o sistema π é constitui uma ligação tricêntrica com quatro elétrons.

Enxofre

O enxofre possui mais formas alotrópicas que qualquer outro elemento. Essas formas diferem no grau de polimerização do S e na estrutura cristalina. As duas formas cristalinas comuns são o enxofre-α ou rômbico, que é estável à temperatura ambiente, e o enxofre-β ou monoclínico, que é estável acima de 95,5 °C. Essas duas formas se interconvertem quando aquecidos ou esfriados lentamente. O enxofre rômbico ocorre naturalmente na forma de grandes cristais amarelos em áreas vulcânicas. Uma terceira modificação, conhecida como enxofre γ-monoclínico, é nacarada (se assemelha à madre-pérola). Pode ser obtido esfriando rapidamente soluções concentradas quentes de S em solventes como CS_2, tolueno ou EtOH. Todas as três formas contêm anéis S_8 não-planos, com uma conformação de coroa (Fig. 15.2), diferindo somente no modo de empacotamento dos anéis no cristal. Isso afeta suas densidades:

α-rômbico	2,069 g cm^{-3}
β-monoclínico	1,94–2,01 g cm^{-3}
γ-monoclínico	2,19 g cm^{-3}

O enxofre de Engel (enxofre-ε) é instável e contém anéis S_6 dispostos numa conformação em cadeira. É obtido derramando uma solução de $Na_2S_2O_3$ em HCl concentrado e extraindo-se o enxofre em tolueno. Também pode ser obtido como se segue:

$$H_2S_4 + S_2Cl_2 \rightarrow S_6 + 2HCl$$

Diversos outros anéis (S_7, S_9, S_{10}, S_{11}, S_{12}, S_{18} e S_{20}) foram obtidos por Schmidt e colaboradores. Geralmente são obtidos através de uma reação 1:1, em éter seco, entre polissulfetos de hidrogênio e dicloretos de polienxofre com o número adequado de átomos de S, por exemplo:

$$H_2S_8 + S_2Cl_2 \rightarrow S_{10} + 2HCl$$
$$H_2S_8 + S_4Cl_2 \rightarrow S_{12} + 2HCl$$

Em todos esses compostos cíclicos, a distância S–S é de 2,04 Å a 2,06 Å, e o ângulo da ligação S–S–S varia de 102° a 108°. Todos são solúveis em CS_2.

$CH_2=CH-CH=CH_2$ + singlete O_2 → (anel O–O de seis membros com ligação dupla)

Figura 15.1

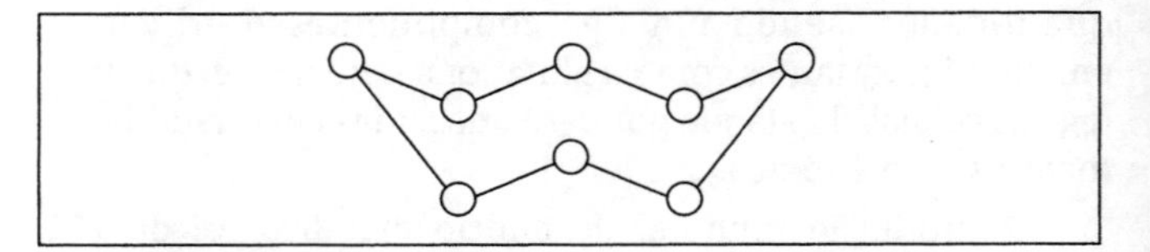

Figura 15.2 — Estrutura da molécula S_8

Enxofre plástico ou enxofre-χ é obtido derramando enxofre fundido em água. Diversas outras formas podem ser obtidas resfriando rapidamente S fundido. Elas podem ser fibrosas, lamelares, ou elásticas, sendo uma variedade de uso comercial conhecido como "Crystex". Todas são metaestáveis e se convertem na forma α (ciclo S_8), após certo tempo de repouso. Suas estruturas contêm cadeias espiraladas, e às vezes anéis S_8 ou outras formas cíclicas.

O enxofre funde formando um líquido móvel, que escurece à medida que a temperatura aumenta. A 160 °C, os anéis S_8 se rompem e o dirradical assim formado se polimeriza, formando longas cadeias com até um milhão de átomos. Por isso, todas as propriedades físicas do S variam de forma descontínua. A viscosidade aumenta rapidamente e continua a aumentar até 200 °C. Acima dessa temperatura as cadeias se rompem, formando cadeias mais curtas e espécies cíclicas, fazendo com que a viscosidade diminua continuamente até 444 °C, o ponto de ebulição. O vapor a 200 °C é constituído essencialmente por anéis S_8, mas contém de 1 a 2% de moléculas de S_2. A 600 °C o gás é formado quase que exclusivamente por moléculas de S_2.

O S_2 é paramagnético e de cor azul, como o O_2; e provavelmente tem ligações similares. O gás S_2 é estável até cerca de 2.200 °C. A estabilidade do S_2 é aproveitada na análise quantitativa de compostos de S. Eles são queimados numa chama redutora, e a intensidade da coloração da chama, devido a presença de moléculas de S_2 excitadas, é medida com um espectrofotômetro. A espécies S_3 e S_4 também são conhecidas.

Selênio, telúrio e polônio

São conhecidas seis variedades alotrópicas do selênio. O interesse por essas variedades se deve ao uso do Se em dispositivos eletrônicos, por exemplo nos dispositivos de captura de imagens em fotocopiadoras tipo xerox, em retificadores (convertem corrente alternada em contínua) e em diodos emissores de luz (LEDs). Há quatro formas vermelhas. Três formas vermelhas não-metálicas diferentes são conhecidas, todas contendo anéis Se_8. Elas diferem no modo de empacotamento dos anéis no cristal. Uma forma vermelha "amorfa" contém cadeias poliméricas. Além disso, há duas variedades cinza. A mais estável é a forma metálica cinza, que contém cadeias espiraladas infinitas de átomos de Se com fracas interações metálicas entre cadeias adjacentes. É disponível comercialmente uma forma preta vítrea de Se, constituída por grandes anéis irregulares com até 1.000 átomos.

O telúrio só possui uma única forma cristalina, de cor branco prateada e semi-metálica. Essa forma se assemelha ao Se cinza, mas exibe propriedades metálicas mais acentuadas.

O polônio é um metal verdadeiro. Existe numa forma α-cúbica e numa forma β-romboédrica, ambas metálicas.

Existe, portanto, um decréscimo acentuado do número de variedades alotrópicas do S para o Se e deste para o Te. Há um aumento do caráter metálico de cima para baixo dentro do grupo. As propriedades elétricas também variam, indo de isolantes (O e S) a semicondutores (Se e Te) e condutores metálicos (Po). As estruturas variam de cima

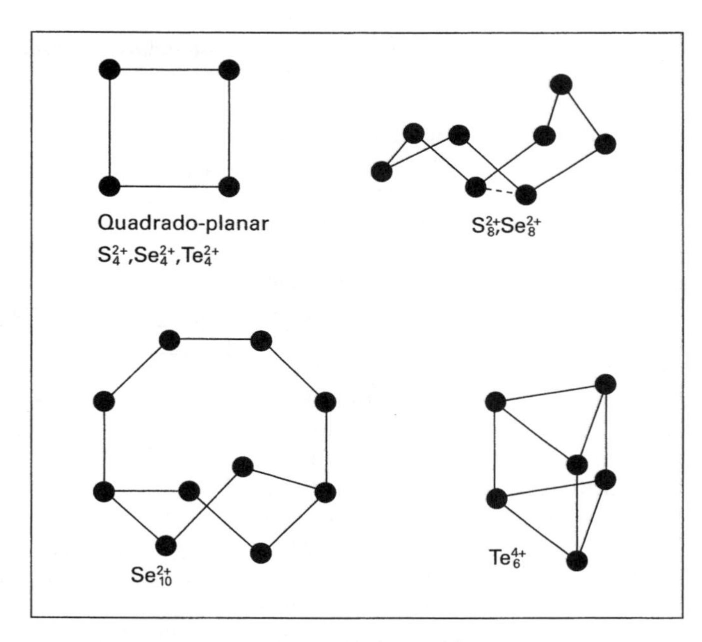

Figura 15.3 — Vários cátions do grupo do enxofre

para baixo no Grupo na seqüência: moléculas diatômicas simples para anéis e cadeias, e por fim para um retículo metálico simples.

O enxofre se dissolve em "oleum", produzindo soluções coloridas e brilhantes. Essas cores podem ser amarelo, azul intenso ou vermelho claro. Todas essas soluções contém cátions $[S_n]^{2+}$. $[S^4]^{2+}$ é amarelo lustroso e, sua estrutura, determinada por técnicas de raios X, é quadrado-planar. Tal forma é isoeletrônica ao S_2N_2. $[S_8]^{2+}$ é azul intenso e sua estrutura é cíclica. A cor vermelha era atribuída ao $[S_{16}]^{2+}$, ms recentemente tem sido demonstrado que, na verdade, ela correnponde à forma $[S_{19}]^{2+}$. Selênio e telúrio também se dissolvem em oleum, formando $[Se_4]^{2+}$, $[Te_4]^{2+}$, $[Se_8]^{2+}$ e, também, $[Se_{10}]^{2+}$ and $[Te_6]^{4+}$.

A QUÍMICA DO OZÔNIO

O O_3 é um gás instável, diamagnético, de cor azul intensa, com P.E. −112 °C. A cor se deve à intensa absorção de luz vermelha (λ 557 e 602 nm). Também absorve fortemente na região do UV (λ 255 nm). Essa propriedade é particularmente importante, pois há uma camada de O_3 na atmosfera superior que absorve a radiação UV prejudicial proveniente do sol, protegendo assim os organismos vivos da Terra. A utilização de clorofluorocarbonos (CFCs) em aerossóis e refrigeradores, e seu subseqüente escape para a atmosfera é considerada como sendo o responsável pelo surgimento dos "buracos" na camada de ozônio sobre a Antártida e o Ártico. Por isso, teme-se que uma quantidade excessiva de luz UV atinja a Terra, provocando câncer de pele (melanoma) nos seres humanos. Óxidos de nitrogênio (provenientes dos carros) e os halogênios também podem prejudicar a camada de O_3(vide Capítulo 13).

O O_3 tem um odor forte característico, que freqüentemente está associado a equipamentos elétricos que produzem faíscas. O gás é tóxico, e a exposição contínua a concentrações tão baixas quanto 0,1 ppm deve ser evitada.

O ozônio é geralmente preparado pela ação de uma

descarga elétrica silenciosa sobre o oxigênio, entre os dois tubos concêntricos metalizados, num aparelho denominado ozonizador. Dessa maneira podem ser obtidos misturas com até 10% de O_3. Misturas gasosas mais concentradas ou O_3 puro podem ser obtidos pela liquefação fracionada das mesmas. O líquido puro é muito explosivo. Misturas com baixas concentrações de O_3 podem ser obtidas irradiando-se O_2 com luz UV. Isso ocorre na atmosfera quando há formação de "smog" fotoquímico sobre as cidades, por exemplo Los Angeles e Tóquio. A transformação fotoquímica é útil na produção de O_3 em baixas concentrações para esterilizar alimentos, particularmente no caso de congelados. O_3 também pode ser obtido aquecendo-se O_2 a temperaturas superiores a 2.500 °C e resfriando-o rapidamente. Em todos esses processos há formação de átomos de oxigênio, que reagem com moléculas de O_2 para formar O_3.

Potenciais de redução padrão (volt)

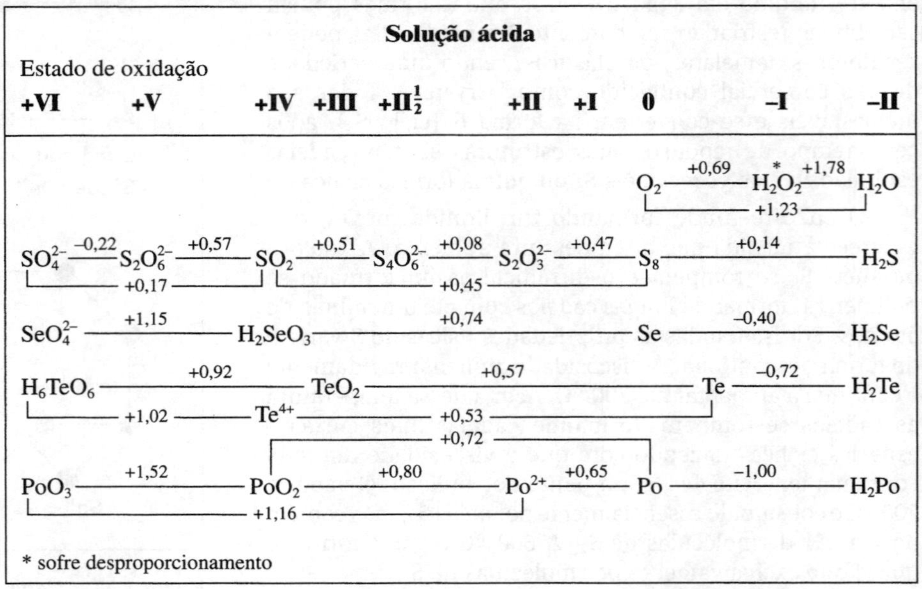

Solução ácida

Estado de oxidação: **+VI**, **+V**, **+IV**, **+III**, **+II½**, **+II**, **+I**, **0**, **–I**, **–II**

$O_2 \xrightarrow{+0,69} H_2O_2{}^{*} \xrightarrow{+1,78} H_2O$ (ligação O_2 – H_2O: +1,23)

$SO_4^{2-} \xrightarrow{-0,22} S_2O_6^{2-} \xrightarrow{+0,57} SO_2 \xrightarrow{+0,51} S_4O_6^{2-} \xrightarrow{+0,08} S_2O_3^{2-} \xrightarrow{+0,47} S_8 \xrightarrow{+0,14} H_2S$ (ligação SO_4^{2-} – SO_2: +0,17; ligação SO_2 – S_8: +0,45)

$SeO_4^{2-} \xrightarrow{+1,15} H_2SeO_3 \xrightarrow{+0,74} Se \xrightarrow{-0,40} H_2Se$

$H_6TeO_6 \xrightarrow{+0,92} TeO_2 \xrightarrow{+0,57} Te \xrightarrow{-0,72} H_2Te$ (ligação H_6TeO_6 – Te^{4+}: +1,02; ligação Te^{4+} – Te: +0,53)

$PoO_3 \xrightarrow{+1,52} PoO_2 \xrightarrow{+0,80} Po^{2+} \xrightarrow{+0,65} Po \xrightarrow{-1,00} H_2Po$ (ligação PoO_2 – Po: +0,72; ligação PoO_3 – Po^{2+}: +1,16)

* sofre desproporcionamento

O_3 é também usado como desinfetante. Por exemplo, pode ser usado na purificação de água potável, pois elimina as bactérias e os vírus. Sua vantagem em relação ao cloro é a ausência de cheiro e sabor desagradável na água tratada, pois o excesso de O_3 rapidamente se decompõe a O_2. Por motivos semelhantes, o ozônio é usado para tratar água de piscinas.

A quantidade de O_3 existente numa mistura gasosa pode ser determinada borbulhando-se o gás numa solução de KI contendo tampão borato (pH 9,2). Em seguida, o iodo formado é titulado com tiossulfato de sódio.

$$O_3 + 2K^+ + 2I^- + H_2O \rightarrow I_2 + 2KOH + O_2$$

Alternativamente, a concentração de O_3 pode ser medido pela variação de volume da mistura gasosa quando o ozônio é decomposto cataliticamente.

$$\underset{\text{(2 volumes)}}{2O_3} \rightarrow \underset{\text{(3 volumes)}}{3O_2} \qquad \Delta G = -163 \text{ kJ mol}^{-1}$$

O O_3 é termodinamicamente instável, decompondo-se a O_2. A reação de decomposição é exotérmica, e é catalisada por diversos materiais. O sólido e o líquido geralmente se decompõem de maneira explosiva. O gás se decompõe lentamente, mesmo quando aquecido moderadamente, *desde que não esteja na presença de catalisadores ou luz UV*. O O_3 é um agente oxidante extremamente forte: só o F_2 apresenta poder oxidante maior. Por isso, o ozônio é muito mais reativo que o oxigênio.

$$3PbS + 4O_3 \rightarrow 3PbSO_4$$
$$2NO_2 + O_3 \rightarrow N_2O_5\ \ O_2$$
$$S + H_2O + O_3 \rightarrow H_2SO_4$$
$$2KOH + 5O_3 \rightarrow 2KO_3 + 5O_2\ \ H_2O$$

O ozoneto de potássio KO_3 é um sólido laranja, que contém o íon paramagnético O_3^-. O O_3 se adiciona a compostos orgânicos insaturados à temperatura ambiente, formando ozonetos. Estes normalmente não são isolados, mas hidrolisados (com clivagem) a aldeídos e cetonas em solução, ou então oxidados ao ar para formar ácidos carboxílicos.

A diferença de energia livre entre os diferentes estados de oxidação do S não é muito grande. O PoO_3 (Po (+VI)) é consideravelmente mais oxidante que os demais elementos do grupo no estado de oxidação (+VI). O selenato, SeO_4^{2-}, e o telurato, TeO_4^{2-}, têm maior poder oxidante que o SO_4^{2-}. As diferenças entre os poderes oxidantes dos elementos do grupo no estado (+IV), ou seja, do poloneto, do telureto, do seleneto e do sulfeto, são ainda menores. Os potenciais redox também indicam o decréscimo da estabilidade do H_2O para o H_2S, deste para o H_2Se, deste para o H_2Te, e deste para o H_2Po: os três últimos são termodinamicamente instáveis.

ESTADOS DE OXIDAÇÃO (+II), (+IV) E (+VI)

O oxigênio nunca apresenta valência superior a dois, pois depois de formar duas ligações covalentes ele atinge a configuração eletrônica de um gás nobre, não mais havendo orbitais de baixa energia disponíveis para formar outras ligações. Contudo, os elementos S, Se, Te e Po possuem

Tabela 15.4 — Propriedades físicas dos elementos

	Raio covalente (Å)	Raio iônico M^{2-} (Å)	1.ª energia de ionização (kJ mol⁻¹)	Eletronegatividade de Pauling	P.F. (°C)	P.E. (°C)
O	0,74	1,40	1.314	3,5	–229	–183
S	1,04	1,84	999	2,5	114	445
Se	1,14	1,98	941	2,4	221	685
Te	1,37	2,21	869	2,1	452	1.087
Po			813	2,0	254	962

orbitais d vazios que podem ser utilizados para formar ligações: esses elementos podem formar quatro ou seis ligações ao desemparelhar seus elétrons.

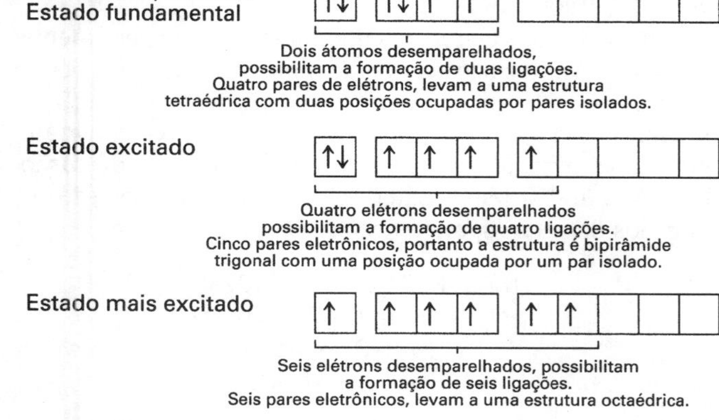

Compostos de S, Se e Te com O são tipicamente tetravalentes. Os compostos com os elementos no estado de oxidação (+IV) apresentam tanto propriedades oxidantes como redutoras. O flúor gera compostos nos quais eles se encontram no estado de oxidação máximo (+VI). Compostos com os elementos no estado (+VI) apresentam propriedades oxidantes. Os estados de oxidação mais elevados se tornam menos estáveis a medida que se desce pelo Grupo. Geralmente esses compostos são voláteis, por serem covalentes.

COMPRIMENTOS DE LIGAÇÃO E LIGAÇÕES $p\pi$–$d\pi$

As ligações entre S e O e entre Se e O são muito mais curtas que o esperado para uma ligação simples. Em alguns casos, elas podem ser consideradas como sendo ligações duplas localizadas. Uma ligação α é formada da maneira convencional. Além disso, forma-se uma ligação π pela interação lateral de um orbital p do oxigênio com um orbital d do enxofre, ou seja, uma interação $p\pi$–$d\pi$. Essa ligação $p\pi$–$d\pi$ é semelhante àquela encontrada em óxidos e oxoácidos de fósforo, e difere da ligação mais comum $p\pi$–$p\pi$ do eteno (Fig. 15.4).

Para que ocorra uma interação efetiva do tipo $p\pi$–$d\pi$, o tamanho dos orbitais d deve ser semelhante ao tamanho dos orbitais p. Assim, o enxofre forma ligações π mais forte que os elementos mais pesados do Grupo. Ao longo de um período da Tabela Periódica, a carga nuclear aumenta, à medida que mais elétrons s e p são adicionados. Como esses

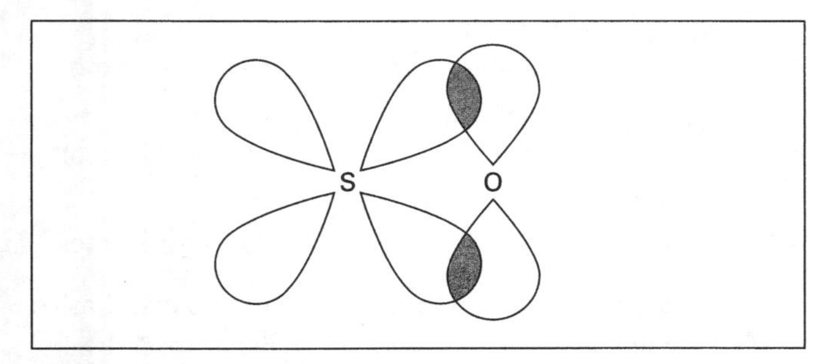

Figura 15.4 — A interação $p\pi$–$d\pi$

elétrons s e p blindam apenas parcialmente a carga do núcleo, o tamanho dos átomos e portanto dos orbitais d decresce do Si para o P, deste para o S e deste para o Cl. A diminuição do tamanho dos orbitais $3d$ nessa série leva à formação de ligações $p\pi$–$d\pi$ progressivamente mais fortes. Assim, nos silicatos praticamente não há formação de ligações $p\pi$–$d\pi$. As unidades SiO_4 se polimerizam formando uma enorme variedade de estruturas com ligações σ Si–O–Si. Nos fosfatos, a ligação π é mais forte, mas ainda um grande número de fosfatos poliméricos são formados. A ligação π é ainda mais forte e se torna dominante nos oxoácidos de enxofre. Por isso, ocorre apenas um pequeno grau de polimerização, sendo conhecidos alguns poucos compostos poliméricos com ligações S–O–S. Nos oxoânions de cloro, as ligações $p\pi$–$d\pi$ são tão fortes que não ocorre polimerização.

Nos casos em que há mais de uma ligação π na molécula, é mais explicar tais ligações em termos de orbitais moleculares deslocalizados envolvendo diversos átomos.

DIFERENÇAS ENTRE O OXIGÊNIO E OS DEMAIS ELEMENTOS

O oxigênio difere dos demais elementos do Grupo por ser mais eletronegativo e portanto mais iônico em seus compostos.

As ligações de hidrogênio são muito importantes nos compostos contendo O, mas só recentemente se comprovou a existência de ligações de hidrogênio fracas em compostos de S.

A ausência de estados de oxidação mais elevados e a limitação a um número de coordenação 4 são uma conseqüência da limitação do número de elétrons no segundo nível a oito. Os demais elementos podem expandir seu número de coordenação para 6, utilizando seus orbitais d.

O oxigênio pode utilizar orbitais $p\pi$ para formar ligações duplas fortes. Os demais elementos do Grupo também podem formar ligações duplas, mas estas se tornam mais fracas à medida que aumenta o número atômico.

PROPRIEDADES GERAIS DOS ÓXIDOS

Praticamente todos os elementos reagem com o oxigênio formando óxidos. Há diversos critérios que podem ser utilizados para classificar os óxidos, em função de sua estrutura ou de suas propriedades químicas. Consideremos inicialmente a classificação de acordo com a sua estrutura geométrica. De acordo com esse critério, os óxidos são classificados em normais, peróxidos ou subóxidos.

Óxidos normais

Nesses casos o número de oxidação de M pode ser deduzido utilizando a fórmula empírica M_xO_y, considerando o número de oxidação do oxigênio como sendo (–II). Esses óxidos, por exemplo H_2O, MgO e Al_2O_3, contêm apenas ligações M–O.

Peróxidos

Os peróxidos contêm uma quantidade de oxigênio maior que aquele esperado a partir do número de oxidação de M.

Alguns deles são iônicos e contêm o íon peróxido O_2^{2-}, por exemplo os peróxidos dos metais dos Grupos 1 e 2 (Na_2O_2 e BaO_2). Outros são covalentes e suas estruturas contêm o grupo -O-O-, por exemplo o H_2O_2 (H-O-O-H), o ácido peroxomonossulfúrico e o ácido peroxodissulfúrico.

$$2H^+ \left[O{-}\overset{\displaystyle O}{\underset{\displaystyle O}{\overset{\|}{\underset{\|}{S}}}}{-}O{-}O \right]^{2-} \qquad 2H^+ \left[O{-}\overset{\displaystyle O}{\underset{\displaystyle O}{\overset{\|}{\underset{\|}{S}}}}{-}O{-}O{-}\overset{\displaystyle O}{\underset{\displaystyle O}{\overset{\|}{\underset{\|}{S}}}}{-}O \right]^{2-}$$

ácido peroxomonossulfúrico — ácido peroxodissulfúrico

Os peroxo-compostos são agentes oxidantes fortes e são hidrolisados pela água a H_2O_2.

$$H_2SO_5 + H_2O \rightarrow H_2SO_4 + H_2O_2$$

Os superóxidos, por exemplo KO_2, contêm ainda mais oxigênio que os peróxidos (vide Capítulo 9).

Subóxidos

Esses compostos contêm uma quantidade de oxigênio menor que o previsto a partir do número de oxidação de M. Além das ligações M–O, eles possuem ligações M–M, como por exemplo o O = C = C = C = O.

Um segundo critério de classificação dos óxidos se baseia nas suas propriedades ácido-base. Assim, os óxidos podem ser ácidos, básicos, anfóteros ou neutros, dependendo dos produtos formados quando reagem com água.

Óxidos básicos

Os óxidos metálicos são geralmente básicos. A maioria dos óxidos metálicos são iônicos e contêm o íon O^{2-}. Os óxidos dos metais mais eletropositivos, ou seja, dos Grupos 1 e 2 e dos lantanídeos, são caracteristicamente básicos. A formação de um óxido iônico requer uma grande quantidade de energia, pois a molécula de O_2 precisa ser dissociada e a energia requerida para formar O^{2-} (afinidade eletrônica) também é grande. Assim, os óxidos iônicos são formados por compostos em que a elevada energia reticular compensa esse grande consumo de energia. Por isso, geralmente possuem elevados pontos de fusão (Na_2O 1.275 °C, MgO 2.800 °C, La_2O_3 2.315 °C). Quando reagem com água, o íon O^{2-} é convertido em OH^-.

$$Na_2O + H_2O \rightarrow 2NaOH$$

Contudo, muitos óxidos de metais com fórmulas M_2O_3 e MO_2, mesmo sendo iônicos, não reagem com a água. Dentre eles podem ser citados o Tl_2O_3, Bi_2O_3 e ThO_2. Mas, esses óxidos reagem com ácidos formando sais, sendo portanto básicos. Quando um metal pode existir em mais de um estado de oxidação, formando mais de um óxido, por exemplo CrO, Cr_2O_3 e CrO_3, PbO e PbO_2 e Sb_4O_6 e Sb_4O_{10}, aquele com o estado de oxidação mais baixo é o mais iônico e mais básico. Por exemplo, CrO é básico, Cr_2O_3 é anfótero e CrO_3 é ácido.

Óxidos anfóteros

Muitos metais formam óxidos anfóteros, ou seja, que reagem tanto com ácidos fortes como com bases fortes. Os exemplos incluem BeO, Al_2O_3, Ga_2O_3, SnO, PbO e ZnO.

$$Al_2O_3 + 6HCl \rightarrow 2Al^{3+} + 6Cl^- + 3H_2O$$
$$Al_2O_3 + 2OH^- + 3H_2O \rightarrow 2[Al(OH)_4]^-$$
$$PbO + 2HNO_3 \rightarrow Pb^{2+} + 2NO_3^- + H_2O$$
$$PbO + OH^- \rightarrow [PbO \cdot OH]^-$$

Óxidos ácidos

Os óxidos dos elementos não-metálicos são geralmente covalentes. Muitos ocorrem como moléculas discretas (CO_2, NO, SO_2, Cl_2O) e apresentam baixos pontos de fusão e ebulição, embora alguns como B_2O_3 e SiO_2 formem "moléculas gigantes" infinitas e tenham pontos de fusão elevados . Todos têm caráter ácido e muitos deles são os anidridos dos correspondentes ácidos.

$$B_2O_3 + 3H_2O \rightarrow 2H_3BO_3$$
$$N_2O_5 + H_2O \rightarrow 2HNO_3$$
$$P_4O_{10} + 6H_2O \rightarrow 4H_3PO_4$$
$$SO_3 + H_2O \rightarrow H_2SO_4$$

Alguns deles que não reagem com água, tal como o SiO_2, reagem com NaOH, evidenciando assim suas características ácidas. Nos casos em que o elemento pode existir em mais de um estado de oxidação, por exemplo N_2O_3 e N_2O_5 e SO_2 e SO_3, aquele no qual o elemento se encontra no estado de oxidação mais elevado é o mais ácido.

$$N_2O_3 + H_2O \rightarrow 2HNO_2$$
$$N_2O_5 + H_2O \rightarrow 2HNO_3$$

O N_2O_3 contém N(+III) e o N_2O_5 contém N(+V). O HNO_3 é um ácido mais forte que o HNO_2. Esse comportamento pode ser racionalizado da seguinte maneira: quanto maior o estado de oxidação do átomo central, mais ele atrairá os elétrons para si, enfraquecendo as ligações O–H e facilitando a liberação de íons H^+.

Óxidos neutros

Alguns poucos óxidos covalentes não apresentam características nem básicas nem ácidas (N_2O, NO, CO).

Reações entre os óxidos

Mais importante que a reação de um óxido com água, são suas reações e a sua relação com outros óxidos. Se os óxidos forem dispostos numa série que vai do mais básico ao mais ácido, observa-se que quanto mais afastados estiverem dois óxidos nessa série, mais estável será o composto formado quando esses óxidos reagirem entre si. Essa constatação pode ser analisada quantitativamente, considerando as variações de energia livre padrão.

$$\begin{array}{lcccl} & Na_2O_{(s)} + & H_2O_{(l)} \rightarrow & 2NaOH_{(s)} & \\ \Delta G^o & -376 & -234 & 2(-376) & \Delta G = -142 \text{ kJ mol}^{-1} \end{array}$$

$$\begin{array}{lcccl} & CaO_{(s)} + & H_2O_{(l)} \rightarrow & Ca(OH)_{2(s)} & \\ \Delta G^o & -602 & -234 & -895 & \Delta G = -59 \text{ kJ mol}^{-1} \end{array}$$

$$\begin{array}{lcccl} & Al_2O_{3(s)} + & 3H_2O_{(l)} \rightarrow & 2Al(OH)_{3(s)} & \\ \Delta G^o & -1572 & 3(-234) & 2(-1138) & \Delta G = -2 \text{ kJ mol}^{-1} \end{array}$$

Dos valores de ΔG, deduz-se que o Na_2O é o mais básico e o Al_2O_3 o menos básico desses óxidos. Realmente, o Na_2O é fortemente básico e o Al_2O_3 é anfótero. Pode-se inferir comparando-se os valores das energias livres dos hidróxidos que, quimicamente, o NaOH é o mais reativo e o $Al(OH)_3$ é o mais estável. Isso também é verdadeiro nas seguintes reações:

	$CaO_{(s)}$	+ $CO_{2(g)}$	→ $CaCO_{3(s)}$	
ΔG^o	−602	−393	−1129	$\Delta G = -134$ kJ mol^{-1}
	$CaO_{(s)}$	+ $N_2O_{5(g)}$	→ $Ca(NO_3)_{2(s)}$	
ΔG^o	−602	+134	−740	$\Delta G = -272$ kJ mol^{-1}
	$CaO_{(s)}$	+ $SO_{3(g)}$	→ $CaSO_{4(s)}$	
ΔG^o	−602	−368	−1317	$\Delta G = -347$ kJ mol^{-1}

De acordo com os valores de ΔG, o SO_3 é o óxido mais ácido, seguido pelo N_2O_5, e o CO_2 é o ácido mais fraco. Considerando os valores das energias livres dos sais formados, verifica-se que o $Ca(NO_3)_2$ é o menos estável e mais reativo, enquanto que o $CaSO_4$ é o mais estável e menos reativo.

A ordem de acidez de alguns óxidos é mostrado abaixo:

K_2O, CaO, MgO, CuO, H_2O, SiO_2, CO_2, N_2O_5, SO_3

←——————————→

mais básico mais ácido

É possível prever se uma reação é possível ou não. Por exemplo, se CaO for adicionado a uma mistura de H_2O e SO_3 (H_2SO_4), formar-se-á o composto mais estável $CaO \cdot SO_3$ ($CaSO_4$), ou seja;

$$H_2SO_4 + CaO \rightarrow CaSO_4 + H_2O$$

mas $$CuSO_4 + CO_2 \rightarrow \text{não reage}$$

Os valores das energias livres e a acidez estão relacionados. A termodinâmica nos permite prever se uma reação é possível em termos de energia. Essa aplicação dos valores de ΔG não se limita aos óxidos, mas se aplica a todas as reações. Todavia, a termodinâmica não nos permite prever a velocidade de uma dada reação. Por exemplo, a reação abaixo é termodinamicamente possível:

$$CaO + SiO_2 \rightarrow CaSiO_3$$

Mas, é muito lenta a temperaturas normais, embora seja mais rápida nas altas temperaturas de um alto-forno.

Na Química Inorgânica é importante lembrar quais são os compostos que reagem entre si, saber comparar as diferentes estabilidades dos hidróxidos, silicatos, carbonatos, nitratos, sulfatos, etc. A utilização de uma série como aquela dada acima minimiza esse esforço de memorização.

Tabelas bastante extensas de dados de energias livres podem ser encontradas nos livros de Bard, A.J., Parsons, R., e Jordan, J.; e em Latimer, W.M., apresentados nas Leituras Complementares.

ÓXIDOS DE ENXOFRE, SELÊNIO, TELÚRIO E POLÔNIO

Dióxido MO_2

O SO_2 é produzido industrialmente em grande escala:

1) Por combustão do enxofre ao ar.
2) Por combustão de H_2S ao ar.
3) Por calcinação de vários minérios do grupo dos sulfetos, na presença de ar, em altos-fornos (principalmente FeS_2, e em menores quantidades CuS e ZnS).

Tabela 15.5 — Os óxidos

Elemento	MO_2	MO_3	Outros óxidos
S	SO_2	SO_3	S_2O (S_2O_2) (SO) (S—O—O) (SO_4) S_6O, S_7O, S_8O, S_9O, $S_{10}O$
Se	SeO_2	SeO_3	
Te	TeO_2	TeO_3	TeO
Po	PoO_2		PoO

4) Grandes quantidades são produzidos como subproduto na queima do carvão, e em menores quantidades na queima de combustíveis fósseis, óleo combustível e gás. Isso indubitavelmente prejudica o meio ambiente.

O SO_2 é um gás incolor (P.E. −10 °C, P.F. −75,5 °C), com um cheiro asfixiante, muito solúvel em água (39 cm^{-3} do gás se dissolvem em 1 cm^{-3} de água). O SO_2 em solução se encontra quase que inteiramente na forma de várias espécies hidratadas, como por exemplo $SO_2.6H_2O$. A solução contém somente uma pequena quantidade de ácido sulfuroso $H_2SO_3 \cdot SO_2$ em concentrações superiores a 5 ppm são tóxicos para o homem, mas as plantas são bem mais sensíveis.

No laboratório, o SO_2 pode ser detectado:

1) Pelo seu cheiro.
2) Por tornar verde um papel de filtro umedecido com solução ácida de dicromato de potássio, devido à formação de íons Cr^{3+}.

$$K_2Cr_2O_7 + 3SO_2 + H_2SO_4 \rightarrow Cr_2(SO_4)_3 + K_2SO_4 + H_2O$$

3) Por tornar azul um papel com iodato e amido (formação de e I_2 na presença de amido)

$$2KIO_3 + 5SO_2 + 4H_2O \rightarrow I_2 + 2KHSO_4 + 3H_2SO_4$$

Métodos quantitativos de determinação de SO_2 na atmosfera encontram-se bastante desenvolvidos, por causa das preocupações ambientais relacionadas à "chuva ácida". Dentre eles temos a:

1) Oxidação a H_2SO_4, seguida da determinação quantitativa de H_2SO_4 por titulação convencional ou condutimétrica.

$$SO_2 + H_2O_2 \rightarrow H_2SO_4$$

1) Reação com $K_2[HgCl_4]$, com formação de um complexo de mercúrio que reage com o corante para-rosanilina, que posteriormente é determinado colorimetricamente.

$$K_2[HgCl_4] + 2SO_2 + 2H_2O \rightarrow K_2[Hg(SO_3)_2] + 4HCl$$

3) Medida do espectro do S_2 formado na combustão do SO_2 numa chama de hidrogênio, num fotômetro de chama (vide também a discussão sobre oxigênio singlete).

A maior parte do SO_2 produzido é oxidado a SO_3 no processo de contato, e usado na fabricação de H_2SO_4. Quantidades menores de SO_2 são usados na obtenção de sulfitos SO_3^{2-} (utilizado em alvejantes) e na preservação de alimentos e vinhos.

$$2SO_{2(g)} + O_{2(g)} \rightleftharpoons 2SO_{3(g)} \quad \Delta H = -98 \text{ kJ mol}^{-1}$$

A reação direta é exotérmica, sendo favorecida a baixas temperaturas. Como há um decréscimo no número de mol de gás, o processo é favorecido por pressões elevadas. Na prática, a reação é realizada a pressão atmosférica. A formação de SO_3 é favorecida pela presença de um excesso de O_2 e pela remoção de SO_3 da mistura. Um catalisador é utilizado para se obter um fator de conversão razoável, num tempo razoável. No processo de contato eram utilizados catalisadores de tela de platina ou amianto platinizado. A platina é um excelente catalisador, que pode ser utilizado mesmo a temperaturas moderadamente baixas. Contudo, trata-se de um material muito caro e susceptível ao envenenamento, principalmente por metais como o As. Atualmente um catalisador de V_2O_5 ativado com K_2O, num suporte de terras diatomáceas ou sílica, é utilizado. Esse catalisador é muito mais barato e resistente ao envenenamento. É inativo abaixo de 400 °C e se decompõe a temperaturas entre 600 e 650 °C. Poeira pode obstruir a superfície do catalisador e prejudica sua eficiência. Para impedir isso, os gases são passados através de um precipitador eletrostático. O catalisador pode durar mais de 20 anos. A maioria das instalações industriais são constituídas por conversores em quatro estágios. Os gases são passados sucessivamente por quatro leitos de catalisador, sendo resfriados entre a passagem por um e outro leito. O SO_3 é removido após a passagem dos gases por três leitos e novamente após sua passagem pelo quarto leito.

O SO_2 é usado para obter outros produtos:

$$2SO_2 + Na_2CO_3 + H_2O \rightarrow \underset{\text{hidrogenossulfito de sódio (bissulfito de sódio)}}{2NaHSO_3} + CO_2$$

$$2NaHSO_3 + Na_2CO_3 \rightarrow \underset{\text{sulfito de sódio}}{2Na_2SO_3} + H_2O + CO_2$$

$$Na_2SO_3 + S \xrightarrow{\text{calor}} \underset{\text{tiossulfato de sódio}}{Na_2S_2O_3}$$

O SO_2 também tem sido usado como um solvente não-aquoso. Uma grande variedade de compostos covalentes, tanto inorgânicos como orgânicos, são solúveis em SO_2 líquido, sendo um meio de reação conveniente. Acreditou-se no passado que o SO_2 sofresse uma reação de auto-ionização, possibilitando a ocorrência de reações "ácido-base". Porém, atualmente sabe-se que essa hipótese era incorreta.

$$2SO_2 \rightleftharpoons SO^{2+} + SO_3^{2-}$$

O gás SO_2 forma moléculas discretas em forma de V, e essa estrutura é mantida no estado sólido (Fig. 15.5). O ângulo de ligação é de 119°30'. A ligação no SO_2 foi descrita no Capítulo 4.

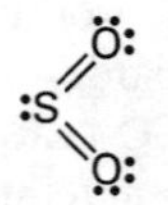

***Figura 15.5** — A estrutura do SO_2*

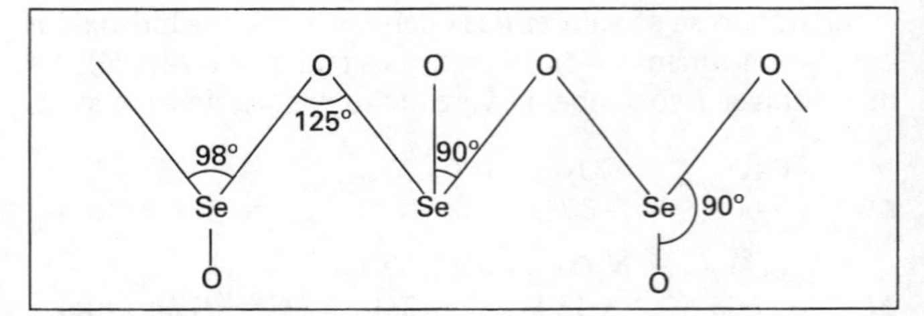

***Figura 15.6** — A estrutura do SeO_2*

Os dióxidos SeO_2, TeO_2 e PoO_2 são obtidos pela combustão do elemento ao ar. O SeO_2 é um sólido à temperatura ambiente. O gás apresenta a mesma estrutura do SO_2, mas o sólido é formado por cadeias infinitas não-planares (Fig. 15.6). O TeO_2 e o PoO_2 cristalizam segundo duas formas iônicas.

Os dióxidos também reagem com a água diferentemente. O SO_2 é muito solúvel, mas forma essencialmente SO_2 hidratado, e quantidades mínimas de ácido sulfuroso, H_2SO_3 (dissolvendo-se o SO_2 em soluções alcalinas obtém-se os sulfitos - sais do H_2SO_3). O H_2SO_3 puro não pode ser isolado. SeO_2 reage com água formando o ácido selenioso, H_2SeO_3, que pode ser obtido num estado cristalino. O TeO_2 é quase insolúvel em água, mas se dissolve em álcalis para formar teluritos. Também se dissolve em ácidos para formar sais básicos: isso ilustra o caráter anfótero do TeO_2. Observa-se assim o aumento do caráter básico ao se percorrer um grupo de cima para baixo. O SeO_2 é usado para oxidar aldeídos e cetonas.

$$R-CH_2-CO-R + SeO_2 \rightarrow R-CO-CO-R + Se + H_2O$$

Trióxidos MO_3

O único trióxido importante é o SO_3. É fabricado em larga escala pelo processo de contato, no qual SO_2 reage com O_2 na presença de um catalisador (Pt ou V_2O_5) (vide tópico sobre o SO_2). Geralmente o SO_3 não é isolado, mas convertido diretamente em H_2SO_4. O SO_3 reage vigorosamente com a água, liberando uma grande quantidade de calor e formando H_2SO_4. No procedimento industrial não é possível simplesmente reagir o SO_3 com água, pois ele reage com vapor de água, provocando a formação de uma névoa densa de gotículas de H_2SO_4, difícil de condensar, que passa pelo absorvente e escapa para a atmosfera. Para impedir isso, verificou-se que é conveniente dissolver o SO_3 em H_2SO_4 98-99%, em torres empacotadas com material cerâmico, para se obter ácido sulfúrico fumegante (ou "oleum"). Este é constituído essencialmente por ácido pirossulfúrico, $H_2S_2O_7$. A concentração de H_2SO_4 é mantida constante pela adição de água.

$$H_2S_2O_7 + H_2O \rightarrow 2H_2SO_4$$

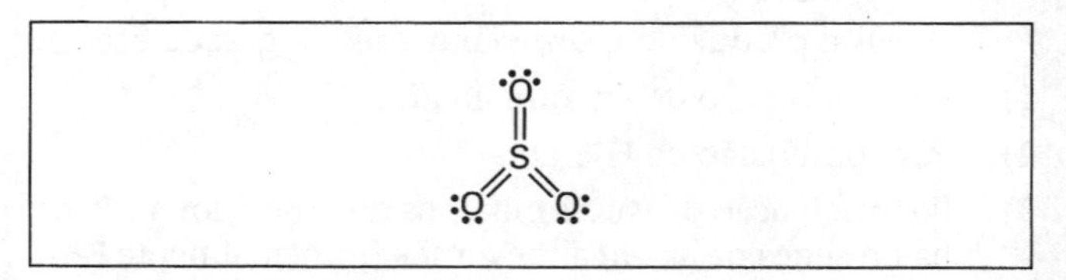

***Figura 15.7** — A estrutura do gás SO_3*

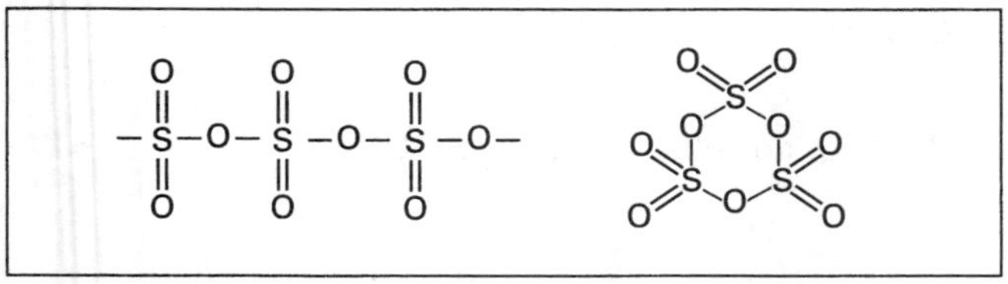

Figura 15.8 — Estruturas de cadeias SO_3 e do trímero cíclico do SO_3

A molécula de SO_3 na fase gasosa apresenta uma estrutura trigonal planar (Fig. 15.7). Tal estrutura pode ser descrita como sendo devido à formação de três ligações σ e três ligações π deslocalizadas (vide Capítulo 4) entre S e O.

À temperatura ambiente, o SO_3 é um sólido que pode ser obtido em três formas cristalinas distintas. O γ-SO_3 é semelhante ao gelo e é um trímero cíclico $(SO_3)_3$, com P.F. = 16,8 °C. Se o SO_3 for armazenado por longo tempo, ou se pequenas quantidades de água estiverem presentes, forma-se o β-SO_3 ou então o α-SO_3. Ambos se assemelham ao amianto e são constituídos por feixes de agulhas sedosas. O β-SO_3 (P.F. 32,5 °C) é constituído por cadeias helicoidais infinitas de tetraedros $[SO_4]$ compartilhando dois vértices. Essa estrutura se assemelha àquela de uma cadeia de fosfatos. O α-SO_3 (P.F. 62,2 °C) é a forma mais estável, e é constituída por cadeias com ligações cruzadas, formando camadas (Fig. 15.8).

O SO_3 é um poderoso agente oxidante, especialmente quando quente. Oxida HBr a Br_2 e P a P_4O_{10}.

Na indústria, o SO_3 é importante na fabricação de H_2SO_4, e também na sulfonação alquil-benzenos de cadeia longa. Os sais de sódio desses alquil-benzeno-sulfonatos são agentes tensoativos aniônicos, e são os ingredientes ativos dos detergentes.

O SO_3 é empregado na obtenção do ácido sulfâmico, NH_2SO_3H.

$$\underset{\text{uréia}}{NH_2 \cdot CO \cdot NH_2} + SO_3 + H_2SO_4 \rightarrow \underset{\text{ácido sulfâmico}}{2NH_2SO_3H} + CO_2$$

O ácido sulfâmico é o único ácido forte que é sólido à temperatura ambiente. É utilizado na limpeza das instalações de usinas de refino de açúcar e de cervejarias, de evaporadores de dessalinização, e para destruir o excesso de nitritos presentes após o tingimento com diazocorantes.

O SeO_3 é obtido pela ação de uma descarga elétrica silenciosa sobre Se e O_2 gasosos. O TeO_3 é obtido a partir do aquecimento forte do ácido telúrico, H_6TeO_6. Os dois trióxidos são anidridos de ácidos.

$$SeO_3 + H_2O \rightarrow H_2SeO_4 \quad \text{ácido selênico}$$
$$TeO_3 + 3H_2O \rightarrow H_6TeO_6 \quad \text{ácido telúrico}$$

Outros óxidos

O S_2O é formado quando S e SO_2 são submetidos a uma descarga elétrica silenciosa. É muito reativo, atacando metais e KOH, e sofre polimerização. Pode subsistir por alguns dias a baixas pressões. É de interesse espectroscópico, por causa de sua semelhança estrutural com o O_2. Até recentemente era formulado incorretamente como SO.

Uma série de óxidos que vai de S_6O a $S_{10}O$ foi obtida dissolvendo-se as formas cíclicas de S_6, S_7, S_8, S_9 e S_{10} em CS_2 ou CH_2Cl_2, e oxidando-os com ácido trifluoroperoxoacético, a temperaturas entre −10 e −30 °C.

$$\text{ciclo-}S_8 + CF_3C(O\text{-}O)OH \rightarrow S_8O + CF_3COOH$$

Todos esses compostos são amarelo alaranjados e conservam o anel de átomos de S de partida, mas um de seus átomos de S forma uma dupla ligação com um átomo de oxigênio. O TeO e o PoO são obtidos pela decomposição térmica dos respectivos sulfitos.

$$TeSO_3 \rightarrow TeO + SO_2$$

Detergentes

O protótipo do detergente é o sabão. O sabão é excelente para limpeza e é 100% biodegradável (isto é, é completamente decomposto por bactérias nas estações de tratamento de esgotos e rios). Um composto típico é o $C_{17}H_{35}COO^-Na^+$. O sabão apresenta duas desvantagens:

1) Forma um precipitado insolúvel quando se usa água "dura" contendo íons Ca^{2+} ou Mg^{2+}.
2) Não pode ser usado em escala industrial em soluções ácidas, pois precipita o ácido graxo de origem.

$$RCOO^- + H_3O^+ \rightleftharpoons RCOOH + H_2O$$

Os detergentes são agentes tensoativos. São constituídos por moléculas contendo uma parte orgânica não-polar, e um grupo polar. Se uma substância apolar for colocado num solvente iônico contendo um detergente, as moléculas do detergente se orientarão de modo que a parte apolar das moléculas esteja em contato com a substância apolar e o grupo polar aponte em direção ao solvente. Assim, as partículas de sujeira passam a ser rodeadas pelas moléculas de detergente, formando micelas, efetivamente "dissolvendo" a sujeira. Os primeiros detergentes e introduzidos na década de 1950, eram alqui-benzeno-sulfonatos com cadeias ramificadas (ABS = alkylbenzene sulphonates), denominados "detergentes duros". Uma estrutura típica é apresentada a seguir:

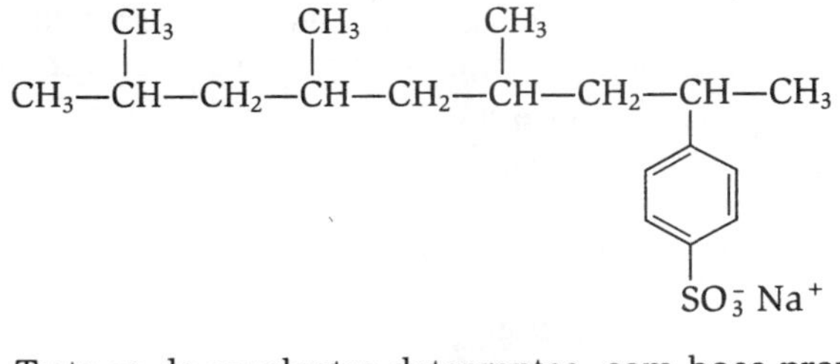

$$CH_3\text{—}CH(CH_3)\text{—}CH_2\text{—}CH(CH_3)\text{—}CH_2\text{—}CH(CH_3)\text{—}CH_2\text{—}CH(C_6H_4SO_3^-\,Na^+)\text{—}CH_3$$

Trata-se de excelentes detergentes, com boas propriedades tensoativas e de limpeza. O problema é a permanência desses detergentes nas águas residuais, pois passam praticamente inalterados pelos esgotos e estações de tratamento de efluentes. As bactérias existentes nessas estações promovem a decomposição dos detritos e dos detergentes. Contudo, esse tipo de detergente só é 50 a 60% biodegradável. As bactérias não conseguem decompor o anel benzênico, e degradam com dificuldade e lentamente compos-tos com cadeias ramificadas. Assim, grande parte dos detergentes é despejada nos rios, onde provocam a formação de espumas, especialmente se a água contiver proteínas.

Os detergentes "suaves" também contêm um grupo apolar e um grupo polar na molécula, mas trata-se agora de alquil-benzeno-sulfonatos "lineares" (LAS = linear alkylbenzene sulphonates), com uma cadeia alifática não-ramificada. Esses detergentes são 90% biodegradáveis. A cadeia alifática normal é completamente decomposta, mas não o anel aromático. Portanto, os detergentes "suaves" poluem bem menos que os detergentes "duros".

Sulfonando-se álcoois com cadeias normais longas, como o álcool laurílico (obtido do óleo de coco ou de sebo), o produto será um excelente detergente, que será rápida e completamente biodegradado. Os álcoois de cadeia C_{14} podem ser obtidos pelo processo de Ziegler-Natta (vide "Compostos organometálicos", no Capítulo 12,), e são úteis na fabricação de detergentes biodegradáveis.

À primeira vista, o uso de detergentes biodegradáveis parece ser altamente desejável. Contudo, o seu emprego pode provocar outros problemas. As bactérias responsáveis por sua decomposição se multiplicam rapidamente, alimentando-se com esses detergentes. Com isso, eles podem consumir todo o oxigênio dissolvido na água, matando as demais formas de vida aquática, como peixes e plantas. Em condições anaeróbias extremas, os íons SO_4^{2-} podem ser reduzidos a H_2S, provocando o aparecimento de um odor desagradável.

OXOÁCIDOS DE ENXOFRE

Os oxoácidos de enxofre são mais numerosos e mais importantes que os de Se e Te. Muitos dos oxoácidos de enxofre não existem na forma de ácidos livres, mas seus ânions e sais são conhecidos. Os ácidos com terminação -oso contêm enxofre no estado de oxidação (+IV), e formam sais cujos nomes terminam em -ito. Os ácidos terminando em -ico contêm enxofre no estado de oxidação (+IV) e formam sais cujos nomes terminam em -ato.

Como discutido anteriormente nos itens comprimentos de ligação e ligações $p\pi$–$d\pi$, os oxoânions de S possuem ligações π fortes e apresentam apenas uma pequena tendência de se polimerizarem, quando comparados com os fosfatos e silicatos. Para dar ênfase às semelhanças estruturais, os ácidos foram agrupados em quatro séries:

1) série do ácido sulfuroso
2) série do ácido sulfúrico
3) série do ácido tiônico
4) série dos peroxoácidos

1. *Série do ácido sulfuroso*

H_2SO_3 ácido sulfuroso	(HO)₂S=O	S(+IV)
$H_2S_2O_5$ ácido di- ou pirossulfuroso	HO—S(=O)(=O)—S(=O)—OH	S(+V), S(+III)
$H_2S_2O_4$ ácido ditionoso	HO—S(=O)—S(=O)—OH	S(+III)

2. *Série do ácido sulfúrico*

H_2SO_4 ácido sulfúrico	HO—S(=O)(=O)—OH	S(+IV)
$H_2S_2O_3$ ácido tiossulfúrico	HO—S(=S)(=O)—OH	S(+VI), S(–II)
$H_2S_2O_7$ ácido di- ou pirossulfúrico	HO—S(=O)(=O)—O—S(=O)(=O)—OH	S(+VI)

3. *Série do ácido tiônico*

$H_2S_2O_6$ ácido ditiônico	HO—S(=O)(=O)—S(=O)(=O)—OH	S(+V)
$H_2S_nO_6$ ácido politiônico (n = 1–12)	HO—S(=O)(=O)—(S)n—S(=O)(=O)—OH	S(+V), S(0)

4. *Série dos peroxoácidos*

H_2SO_5 ácido peroxomonossulfúrico	HO—S(=O)(=O)—O—OH	S(+VI)
$H_2S_2O_8$ ácido peroxodissulfúrico	HO—S(=O)(=O)—O—O—S(=O)(=O)—OH	S(+VI)

Série dos ácidos sulfurosos

Embora o SO_2 seja muito solúvel em água, a maior parte está presente como SO_2 hidratado ($SO_2.H_2O$). O ácido sulfuroso, H_2SO_3, pode existir em solução em pequeníssimas quantidades ou até inexistir, embora a solução seja ácida. Seus sais, os sulfitos SO_3^{2-}, formam sólidos cristalinos estáveis. Muitos sulfitos são insolúveis ou muito pouco solúveis em água, como o $CaSO_3$, $BaSO_3$ ou Ag_2SO_3. Contudo, os sulfitos dos metais do Grupo 1 e de amônio são solúveis em água, e em soluções diluídas a espécie predominante é o íon hidrogenossulfito (bissulfito), HSO_3^-. Cristais de hidrogenossulfitos somente foram obtidos com alguns íons metálicos grandes, como por exemplo $RbHSO_3$ e $CsHSO_3$. A maioria das tentativas de se isolar hidrogenossulfitos leva a uma reação de desidratação com a formação de dissulfitos $S_2O_5^{2-}$:

$$2NaHSO_3(aq) \rightleftharpoons Na_2S_2O_5 + H_2O$$

O Na_2SO_3 é um produto químico de importância industrial, e a sua produção mundial é superior a 1 milhão de toneladas/ano. É obtido passando-se SO_2 através de uma solução aquosa de Na_2CO_3, o que forma $NaHSO_3$ aquoso. Em seguida, essa solução é tratada com uma nova quantidade de Na_2CO_3.

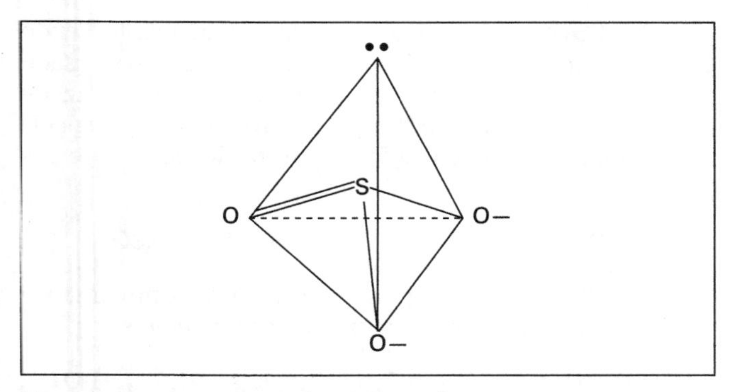

Figura 15.9 — Estrutura do íon sulfito SO_3^{2-} ·

$$Na_2CO_3 + 2SO_2 + H_2O \rightarrow 2NaHSO_3 + CO_2$$
$$2NaHSO_3 + Na_2CO_3 \rightarrow 2Na_2SO_3 + H_2O + CO_2$$

O principal uso do Na_2SO_3 é como alvejante de polpa de madeira na indústria de papel e celulose. Uma parte é usado no tratamento da água de caldeiras (ele remove o O_2, reduzindo a corrosão das caldeiras e das tubulações). Uma pequena quantidade é utilizado nos reveladores fotográficos.

Sulfitos e hidrogenossulfitos liberam SO_2, quando tratados com ácidos diluídos:

$$Na_2SO_3 + 2HCl \rightarrow 2NaCl + SO_2 + H_2O$$

Tanto os sulfitos como os hidrogenossulfitos contêm S no estado de oxidação (+IV) e são agentes redutores moderadamente fortes. Os sulfitos são determinados pela sua reação com I_2, e a posterior titulação do excesso de I_2 com tiossulfato de sódio.

$$NaHSO_3 + I_2 + H_2O \rightarrow NaHSO_4 + 2HI$$
$$2Na_2S_2O_3 + I_2 \rightarrow Na_2S_4O_6 + 2Na^+ + 2I^-$$

O íon sulfito pode ser encontrado em cristais e apresenta estrutura piramidal, isto é, um tetraedro com um dos vértices ocupados por um par isolado de elétrons (Fig. 15.9). Os ângulos da ligação O-S-O estão ligeiramente distorcidos (106 °) por causa da presença do par isolado, e os comprimentos das ligações são iguais a 1,51 Å. A ligação π é deslocalizada e a ordem das ligações S-O é 1,33.

Configuração eletrônica do atomo de enxofre — estado excitado

3s	3p			3d				
↑↓	↑	↑	↑	↑				

Três elétrons desemparelhados formam ligações σ e um forma ligações π com três átomos de oxigênio. Quatro pares eletrônicos, levam a uma estrutura tetraédrica com um vértice ocupado por um par isolado.

Dissulfitos são obtidos pelo aquecimento de hidrogenossulfitos sólidos, ou o tratamento de soluções de sulfitos com SO_2. Esses compostos contêm uma ligação S-S.

$$2RbHSO_3 \xrightarrow{\text{calor}} Rb_2S_2O_5 + H_2O$$
$$Na_2SO_3(aq) + SO_2 \rightarrow Na_2S_2O_5$$

O $Na_2S_2O_5$ é chamado de dissulfito de sódio, mas já foi denominado "pirossulfito de sódio" ou "metabissulfito de sódio". O ácido livre $H_2S_2O_5$ não é conhecido. A adição de ácidos a dissulfitos leva à formação de SO_2.

$$Na_2S_2O_5 + HCl \rightarrow NaHSO_3 + NaCl + SO_2$$

A oxidação dos sulfitos forma sulfatos. E a reação dos sulfitos com enxofre forma tiossulfatos.

$$SO_3^{2-} + H_2O_2 \rightarrow SO_4^{2-} + H_2O$$
$$SO_3^{2-} + S \rightarrow S_2O_3^{2-} \text{ (tiossulfato)}$$

A redução de uma solução de sulfito contendo SO_2 com Zn em pó, ou por processo eletrolítico, fornece ditionitos. Estes contêm S no estado de oxidação (+III).

$$2HSO_3^- + SO_2 \xrightarrow{Zn} \underset{\text{ditionito}}{S_2O_4^{2-}} + SO_3^{2-} + H_2O$$

$$2Na^+ \left[\begin{matrix} & O & O & \\ & \| & \| & \\ O- & S- & S- & O \end{matrix} \right]^{2-}$$

ditionito de sódio

O íon ditionito apresenta uma conformação eclipsada, com uma ligação S-S muito longa (2,39 Å) e ligações S-O de 1,51 Å. O ditionito de sódio, $Na_2S_2O_4$, precipita quando NaCl é adicionado a mistura. O ácido correspondente, $H_2S_2O_4$, não existe. O $Na_2S_2O_4$ é um poderoso agente redutor que apresenta várias aplicações industriais, como o alvejamento de polpa de papel e a fabricação de corantes. É usado no tratamento de água, pois reduz íons de metais pesados (Pb^{2+}, Cu^+, Bi^{3+}) aos respectivos metais. Soluções de $Na_2S_2O_4$ contendo NaOH são utilizadas para absorver oxigênio na análise de gases. Também é usado como conservante de alimentos e de sucos de frutas.

Série do ácido sulfúrico

O ácido sulfúrico H_2SO_4 é o ácido mais importante usado na indústria química. A produção mundial foi de 146 milhões de toneladas em 1992. Os principais produtores, em milhões de toneladas/ano, são: EUA 42%; China 14%, Marrocos 7% e Japão 6%. O processo industrial mais importante de fabricação do ácido sulfúrico é de longe o processo de contato, no qual o SO_2 é oxidado a SO_3 pelo ar, na superfície de um catalisador. Uma tela de platina ou amianto platinizado foram usados como catalisadores nesse processo, mas foram substituídos pelo pentóxido de vanádio, que é um pouco menos eficiente mas muito mais barato e menos susceptível ao "envenenamento". O SO_3 poderia ser diretamente misturado com água, mas a reação é violenta e produz uma densa "névoa" do ácido, difícil de condensar. Ao invés disso, o SO_3 é absorvido em H_2SO_4 98%, formando assim ácido pirossulfúrico $H_2S_2O_7$, também conhecido como "ácido sulfúrico fumegante" ou "oleum" (forma-se também uma pequena quantidade de ácido trissulfúrico, $H_2S_3O_{10}$). A solução pode ser comercializada concentrada na forma de oleum, ou após diluição com água para formar o ácido sulfúrico concentrado a 98% (uma solução 18 M).

$$H_2S_2O_7 + H_2O \rightarrow 2H_2SO_4$$
$$H_2S_3O_{10} + 2H_2O \rightarrow 3H_2SO_4$$

O processo mais antigo das câmaras de chumbo está totalmente obsoleto. Esse processo usava NO_2 como catalisador homogêneo, para oxidar o SO_2 na presença de água. O NO formado era então reagido com o O_2 do ar para regenerar o NO_2.

$$NO_2 + SO_2 + H_2O \rightarrow H_2SO_4 + NO$$
$$2NO + O_2 \rightarrow 2NO_2$$

O processo das câmaras de chumbo tinha a desvantagem de produzir H_2SO_4 no máximo a 78 %, e menos puro que o obtido pelo processo de contato.

Os dados comparativos mostrando as principais aplicações do H_2SO_4 nos EUA e no Reino Unido são mostrados na Tabela 15.6. O principal emprego é na conversão de fosfato de cálcio em superfosfato, usado como fertilizante. Ácidos graxos são sulfonados na fabricação de detergentes. O TiO_2 é o pigmento branco mais usado atualmente, e grandes quantidades de H_2SO_4 são utilizados na purificação do mineral ilmenita ($FeTiO_3$). É usado na remoção de óxidos e imperfeições da superfície de metais. O H_2SO_4 é usado como catalisador na fabricação de combustíveis de alta octanagem, por meio da alquilação de hidrocarbonetos insaturados. O H_2SO_4 tem uma importante aplicação eletroquímica, pois é o eletrólito das baterias de chumbo.

O ácido sulfúrico puro funde a 10,5 °C, formando um líquido viscoso. Apresenta fortes ligações de hidrogênio, e na ausência de água não reage com metais para produzir H_2. Muitos metais reduzem o H_2SO_4 (S + VI) a SO_2 (S + IV), especialmente a quente. Quando o H_2SO_4 puro é aquecido, há liberação de pequenas quantidades de SO_3, até ocorrer a formação de uma mistura azeotrópica de 98,3 % de H_2SO_4 e 1,7% de água. Essa mistura tem P.E. = 338 °C. O H_2SO_4 puro é usado como solvente não-aquoso e como agente sulfonante.

H_2SO_4 anidro e H_2SO_4 concentrado se misturam com água em todas as proporções, liberando uma grande quantidade de calor (880 kJ mol^{-1}). Quando a água é misturada com o ácido concentrado, o calor liberado provoca a ebulição das gotas e o violento derramamento do ácido. *A maneira segura de se diluir ácidos concentrados é misturando cuidadosamente o ácido na água, sob agitação.*

O H_2SO_4 concentrado é um oxidante relativamente forte. Assim, quando NaBr é dissolvido em H_2SO_4 concentrado ocorre a formação de HBr, mas parte dos íons Br^- são oxidados a Br_2. O cobre não reage com ácidos, porque está situado abaixo do H na série eletroquímica. Contudo, diversos metais "nobres" como o Cu se dissolvem em H_2SO_4 concentrado devido a suas propriedades oxidantes. As propriedades oxidantes do SO_4^{2-} convertem Cu em Cu^{2+}.

Tabela 15.6 — Usos do ácido sulfúrico nos EUA e na Grã-Bretanha

	EUA	Grã-Bretanha
Fertilizantes	65%	32%
Fabricação de produtos químicos	5%	16%
Tintas / pigmentos	2%	15%
Detergentes	2%	11%
Fibras / películas de celulose	2%	9%
Limpeza de metais	5%	2,5%
Refino de petróleo	5%	1%

O H_2SO_4 concentrado absorve água avidamente, sendo um agente dessecante eficiente para gases. É às vezes usado em dessecadores como agente dessecante. É capaz de desidratar HNO_3 formando o íon nitrônio NO_2^+, espécie muito importante em reações de nitração de compostos orgânicos.

$$HNO_3 + 2H_2SO_4 \rightarrow NO_2^+ + H_3O^+ + 2HSO_4^-$$

O H_2SO_4 também pode ser usado como agente desidratante, por exemplo na preparação de éteres.

$$2C_2H_5OH + H_2SO_4 \rightarrow C_2H_5 \cdot O \cdot C_2H_5 + H_2SO_4 \cdot H_2O$$

Ele pode desidratar alguns compostos orgânicos de forma tão eficiente que provoca a sua carbonização. Papel e tecido são completamente destruídos .

Em soluções aquosas diluídas, o H_2SO_4 atua como um ácido forte. O primeiro próton se dissocia prontamente, formando o íon hidrogenossulfato, HSO_4^-. O segundo próton se dissocia com menor facilidade, formando o íon sulfato, SO_4^{2-}. Por causa disso, as soluções dos hidrogenossulfatos são ácidas.

O íon SO_4^{2-} é tetraédrico. O comprimento de todas as ligações são iguais a 1,49 Å e são relativamente curtas. A ordem das ligações S–O é de aproximadamente 1,5. A melhor maneira de explicar as ligações é considerando a formação de quatro ligações σ entre o átomo de S e os átomos de O, e duas ligações π deslocalizadas sobre o átomo de S e os quatro átomos de O.

O ácido tiossulfúrico, $H_2S_2O_3$, não pode ser obtido adicionando-se um ácido a um tiossulfato, porque o ácido livre se decompõe em solução aquosa formando uma mistura de S, H_2S, H_2S_n, SO_2 e H_2SO_4. Ele pode ser obtido na ausência de água (por exemplo em éter), a baixas temperaturas (–78 °C).

$$H_2S + SO_3 \xrightarrow{\text{éter}} H_2S_2O_3 \cdot (Et_2O)_n$$

Já os seus sais, denominados tiossulfatos, são estáveis e bastante numerosos. Os tiossulfatos podem ser obtidos aquecendo-se a ebulição soluções alcalinas ou neutras de sulfitos com S, ou então oxidando-se polissulfetos com ar.

$$Na_2SO_3 + S \xrightarrow{\text{água fervente}} Na_2S_2O_3$$
$$2Na_2S_3 + 3O_2 \xrightarrow{\text{aquecimento em ar}} 2Na_2S_2O_3 + 2S$$

O íon tiossulfato é estruturalmente semelhante ao íon sulfato (Fig. 15.10).

O tiossulfato de sódio hidratado, $Na_2S_2O_3.5H_2O$, é conhecido comercialmente como "hypo", e forma grandes cristais incolores hexagonais, de P.F. = 48 °C. É muito solúvel em água e suas soluções são usadas para titular o iodo em análise volumétrica. O iodo rapidamente oxida o íon tiossulfato, $S_2O_3^{2-}$, ao íon tetrationato, $S_4O_6^{2-}$, sendo o I_2 reduzido a íons I^-.

$$2Na_2S_2O_3 + I_2 \rightarrow \underset{\text{tetrationato de sódio}}{Na_2S_4O_6} + 2NaI$$

O $Na_2S_2O_3$ é utilizado no alvejamento industrial para eliminar o Cl_2 remanescente nos tecidos, depois destes terem sido submetidos a um tratamento com uma solução de

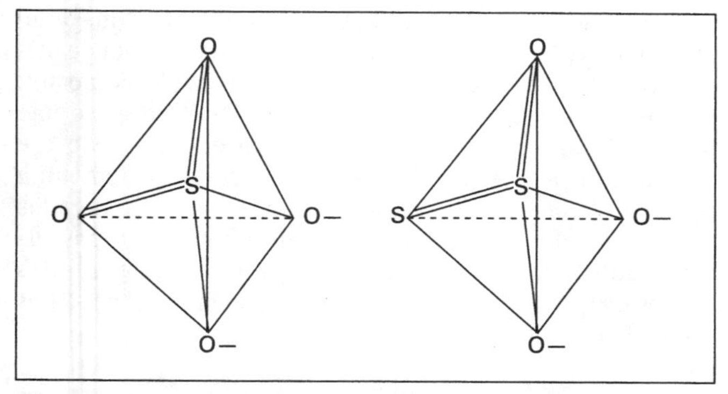

Figura 15.10 — *Estrutura dos íons sulfato e tiossulfato*

hipoclorito. O $Na_2S_2O_3$ também é usado para remover o gosto desagradável da água potável fortemente clorada. Como o Cl_2 é um agente oxidante mais forte que o I_2, o sulfito é oxidado gerando o íon hidrogenossulfato ao invés do tetrationato.

$$Na_2S_2O_3 + 4Cl_2 + 5H_2O \rightarrow 2NaHSO_4 + 8HCl$$

O "hypo" é usado em fotografia no processo de "fixação" dos negativos. As emulsões fotográficas são constituídas por $AgNO_3$, AgCl e AgBr. Nas partes do filme expostas à luz os sais de prata sofrem decomposição a Ag, formando uma imagem negativa. O efeito é acentuado pela solução do "revelador". Depois de serem revelados, o filme é mergulhado numa solução de $Na_2S_2O_3$. Este forma um complexo solúvel com os sais de prata, removendo-os das partes não expostas da emulsão fotográfica. Quando nada mais restar da emulsão fotográfica, o filme pode ser expostos à luz com segurança.

$$Na_2S_2O_3 + AgBr \rightarrow Ag_2S_2O_3 \xrightarrow{+2Na_2S_2O_3} Na_5[Ag(S_2O_3)_3]$$

Os pirossulfatos podem ser obtidos aquecendo-se fortemente os hidrogenossulfatos, ou então dissolvendo-se SO_3 em H_2SO_4. Nesse caso, pequenas quantidades de ácido trissulfúrico, $H_2S_3O_{10}$, também é formado, mas ácidos polissulfúricos superiores não são conhecidos .

$$2NaHSO_4 \rightarrow Na_2S_2O_7 + H_2O$$
$$H_2SO_4 + SO_3 \rightarrow H_2S_2O_7$$
$$H_2SO_4 + 2SO_3 \rightarrow H_2S_3O_{10}$$

Série dos ácidos tiônicos

O ácido ditiônico $H_2S_2O_6$ só é conhecido em solução. O ácido é dibásico, sendo conhecidos os seus sais, denominados ditionatos, por exemplo $Na_2S_2O_6$. A série dos seus sais ácidos não é conhecida. O ácido e seus sais contêm S no estado de oxidação (+V). Os ditionatos podem ser obtidos pela oxidação dos respectivos sulfitos, mas em escala industrial são obtidos pela oxidação de uma solução aquosa fria de SO_2 com MnO_2 ou Fe_2O_3.

$$2MnO_2 + 3SO_2 \rightarrow Mn^{II}S_2O_6 + MnSO_4$$

A maioria dos ditionatos são muito solúveis em água. O ditionato pode ser isolado como BaS_2O_6 e convertidos em outros sais por reações de dupla troca. Os ditionatos são estáveis frente a agentes oxidantes fracos, mas são oxidados a sulfatos por oxidantes fortes como o $KMnO_4$ ou os halogênios. Analogamente, agentes redutores fracos não têm efeito sobre os ditionatos, mas são reduzidos a ditionitos e sulfitos por redutores fortes.

$$2Na_2S_2O_6 + 2Na/Hg \rightarrow Na_2S_2O_4 + 2Na_2SO_3 + Hg$$

$$HO-\overset{\overset{O}{\|}}{\underset{\underset{O}{\|}}{S}}-\overset{\overset{O}{\|}}{\underset{\underset{O}{\|}}{S}}-OH$$

ácido ditiônico

O íon ditionato possui uma estrutura semelhante a do etano, mas os dois grupos SO_3 assumem uma conformação quase eclipsada. O comprimento da ligação S–S é de 2,15 Å e o das ligações S–O é de 1,43 Å – ambas as ligações são relativamente curtas. Os ângulos das ligações S–S–O se aproximam daqueles do tetraedro (103°).

Vários politionatos são conhecidos desde os trabalhos pioneiros de Wackenroder sobre o efeito do H_2S sobre soluções aquosas de SO_2. Íons tais como o tritionato $S_3O_6^{2-}$, tetrationato $S_4O_6^{2-}$, pentationato $S_5O_6^{2-}$ e hexationato $S_6O_6^{2-}$ têm sua nomenclatura baseada no número total de átomos de enxofre presentes. Só recentemente foi possível preparar os ácidos correspondentes.

$$HO-\overset{\overset{O}{\|}}{\underset{\underset{O}{\|}}{S}}-(S)_n-\overset{\overset{O}{\|}}{\underset{\underset{O}{\|}}{S}}-OH$$

ácidos politiônicos

Série dos peroxoácidos

O nome peroxo indica que o composto contém uma ligação –O–O–. Dois peroxoácidos de enxofre são conhecidos: o ácido peroxomonossulfúrico H_2SO_5, e o ácido peroxodissulfúrico $H_2S_2O_8$. Não são conhecidos os peroxoácidos de Se e de Te. O $H_2S_2O_8$ é um sólido incolor, de P.F. 65 °C. É obtido pela eletrólise de sulfatos utilizando uma elevada densidade de corrente. É solúvel em água, constituindo-se num poderoso e útil agente oxidante. Ele oxida Mn^{2+} a permanganato e Cr^{3+} a cromato. Seus sais mais importantes são o $(NH_4)_2S_2O_8$ e o $K_2S_2O_8$. O $(NH_4)_2S_2O_8$ é empregado para iniciar a reação de polimerização do acetato de vinila (fabricação de raiom sintético), e do tetrafluoreteno (fabricação de politetrafluoreteno, Teflon). O $K_2S_2O_8$ é o agente iniciador da reação de polimerização do cloreto de vinila a PVC e de copolímeros estireno-butadieno, utilizados como elastômeros .

A hidrólise do ácido peroxodissulfúrico fornece o ácido peroxomonossulfúrico H_2SO_5, também conhecido como ácido de Caro.

$$HO-\overset{\overset{O}{\|}}{\underset{\underset{O}{\|}}{S}}-O-O-\overset{\overset{O}{\|}}{\underset{\underset{O}{\|}}{S}}-OH \rightarrow HO-\overset{\overset{O}{\|}}{\underset{\underset{O}{\|}}{S}}-O-OH + HO-\overset{\overset{O}{\|}}{\underset{\underset{O}{\|}}{S}}-OH$$

O H_2SO_5 também pode ser produzido a partir do ácido clorossulfúrico:

$$(HO)(Cl)SO_2 + H_2O_2 \rightarrow (HO)(HOO)SO_2 + HCl$$

Ele forma cristais incolores de P.F. 45 °C, mas deve ser manuseado com cuidado, pois é explosivo.

OXOÁCIDOS DE SELÊNIO E TELÚRIO

O selênio forma dois oxoácidos: o ácido selenioso, H_2SeO_3, e o ácido selênico, H_2SeO_4. O ácido selenioso se forma quando SeO_2 é dissolvido em água. É possível isolar o ácido no estado sólido e duas séries de sais podem ser isoladas: os selenitos normais SeO_3^{2-} e os ácidos $HSeO_3^{-}$. Quando o ácido selenioso é refluxado com H_2O_2 é convertido em ácido selênico. Pirosselenatos, $Se_2O_7^{2-}$, podem ser obtidos, aquecendo-se os selenatos, mas o ácido livre não é conhecido.

O H_2SeO_4 é tão forte quanto o H_2SO_4, e os selenatos são isomorfos com os sulfatos. Tanto o H_2SeO_4 como o H_2SeO_3 são agentes oxidantes moderadamente fortes.

O TeO_2 é quase insolúvel em água, de modo que ainda não foi possível caracterizar o ácido teluroso. O dióxido reage com bases fortes e forma teluritos, teluritos ácidos e diversos politeluritos. O ácido telúrico, H_6TeO_6, é bem diferente dos ácidos sulfúrico e selênico, formando moléculas octaédricas de $Te(OH)_6$ no estado sólido. É um agente oxidante razoavelmente forte, mas um ácido dibásico fraco e forma duas séries de sais. Podem ser citados como exemplos o $NaTeO(OH)_5$ e o $Li_2TeO_2(OH)_4$. O ácido pode ser preparado pela ação de agentes oxidantes fortes, como $KMnO_4$, sobre Te ou TeO_2.

OXO-HALETOS

Compostos de tionila

Somente o S e o Se formam oxo-haletos denominados haletos de tionila e de selenila. Dentre eles são conhecidos os seguintes:

SOF_2 $SOCl_2$ $SOBr_2$
$SeOF_2$ $SeOCl_2$ $SeOBr_2$

O cloreto de tionila, $SOCl_2$, é um líquido fumegante incolor, de P.E. = 78 °C. Geralmente é preparado como segue:

$$PCl_5 + SO_2 \rightarrow SOCl_2 + POCl_3$$

A maioria dos compostos de tionila é facilmente hidrolisada pela água, mas o SOF_2 reage lentamente.

$$SOCl_2 + H_2O \rightarrow SO_2 + 2HCl$$

O $SOCl_2$ é usado pelos químicos orgânicos para converter ácidos carboxílicos em cloretos de acila, além de ser usado na obtenção de cloretos metálicos anidros.

$$SOCl_2 + 2R\text{–}COOH \rightarrow 2R\text{–}COCl + SO_2 + H_2O$$

O brometo de tionila é preparado a partir do cloreto e HBr, e o fluoreto de tionila é obtido reagindo-se o cloreto com SbF_3.

Esses oxo-haletos possuem estrutura tetraédrica, com um dos vértices ocupado por um par isolado de elétrons.

Compostos de sulfurila

Os seguintes haletos de sulfurila são conhecidos:

SO_2F_2 SO_2Cl_2 SO_2FCl SO_2FBr
SeO_2F_2

O cloreto de sulfurila, SO_2Cl_2, é um líquido fumegante incolor, de P.E. = 69 °C, preparado pela reação direta de SO_2 e Cl_2, na presença de um catalisador. É usado como um agente de cloração. O fluoreto de sulfurila é um gás e não reage com água, mas o cloreto fumega em ar úmido e é hidrolisado pela água. Os haletos de sulfurila têm uma estrutura tetraédrica distorcida. Eles podem ser considerados como sendo derivados do H_2SO_4, onde ambos os grupos OH foram substituídos por halogênios. Caso somente um dos grupos OH seja substituído por um halogênio, obtém-se os ácidos halossulfúricos:

FSO_3H $ClSO_3H$ $BrSO_3H$

O ácido fluorossulfúrico forma muitos sais. Todavia, o ácido clorossulfúrico não forma sais e é usado como agente de cloração em química orgânica.

HIDRETOS

Todos os elementos desse grupo formam hidretos covalentes, ou seja, água H_2O, sulfeto de hidrogênio H_2S, seleneto de hidrogênio H_2Se, telureto de hidrogênio H_2Te, e poloneto de hidrogênio H_2Po. A água é líquida à temperatura ambiente, mas todos os demais são gases incolores tóxicos, de cheiro desagradável. Todos podem ser obtidos a partir dos elementos, exceto o H_2Te. Entretanto, é mais fácil preparar o H_2S, H_2Se e H_2Te a partir da reação de ácidos minerais com os sulfetos, selenetos e teluretos de metais, ou então pela sua reação de hidrólise:

$$FeS + H_2SO_4 \rightarrow H_2S + FeSO_4$$
$$FeSe + 2HCl \rightarrow H_2Se + FeCl_2$$
$$Al_2Se_3 + 6H_2O \rightarrow 3H_2Se + 2Al(OH)_3$$
$$Al_2Te_3 + 6H_2O \rightarrow 3H_2Te + 2Al(OH)_3$$

O H_2Te também pode ser obtido pela eletrólise de uma solução diluída esfriada de H_2SO_4 com um cátodo de Te. O H_2Po só foi obtido em pequenas quantidades, a partir de uma mistura de Mg, Po e ácido diluído.

H_2S, H_2Se e H_2Te são todos solúveis em água e queimam ao ar com uma chama azul.

$$2H_2S + 3O_2 \rightarrow 2H_2O + 2SO_2$$

O H_2S é cerca de duas vezes mais solúvel em água que o CO_2: um volume de água absorve 4,6 volumes de H_2S a 0 °C e 2,6 volumes a 20 °C. Uma solução saturada de H_2S é utilizado como reagente de laboratório. Porém, não pode ser conservado por muito tempo, pois é lentamente oxidado pelo ar formando depósitos de enxofre. O H_2S é um ácido dibásico muito fraco. A maioria dos sulfetos metálicos pode ser considerada como sendo sais do H_2S. Como é um ácido dibásico, forma duas séries de sais: os hidrogenossulfetos, por exemplo NaHS, e os sulfetos normais, por exemplo Na_2S.

$$H_2S + NaOH \rightarrow NaHS + H_2O$$
$$H_2S + NaHS \rightarrow Na_2S + H_2O$$

Os sulfetos dos metais alcalinos são todos solúveis em água e sofrem hidrólise acentuada (uma solução 1 M está cerca de 90% hidrolisada), sendo portanto bastante alcalinos.

$$Na_2S + H_2O \rightarrow NaHS + NaOH$$

A maior parte dos sulfetos dos metais pesados são insolúveis em água e por isso não sofrem hidrólise. Se uma solução diluída de amônia for saturada com H_2S, obtém-se o hidrogenossulfeto de amônio NH_4HS, e não o sulfeto de amônio $(NH_4)_2S$. Este só é estável a baixas temperaturas, na ausência de água. As soluções de NH_4HS são incolores e são usadas como reagente de laboratório misturadas com uma quantidade equimolar de NH_3 . Geralmente utiliza-se o "sulfeto amarelo de amônio" como reagente de laboratório, por exemplo, para precipitar sulfetos de metais em análise qualitativa. O "sulfeto amarelo de amônio" é na realidade uma mistura de polissulfetos de amônio, obtido dissolvendo-se enxofre numa solução incolor de NH_4HS/NH_3.

Água

A água é a substância química mais abundante: os oceanos cobrem praticamente 71% da superfície da Terra. Portanto, não há necessidade de se preparar água. Contudo, a água do mar contém muitos sais dissolvidos, de modo que menos de 3% da água existente na Terra é água doce. A maior parte dessa água se encontra na forma de gelo nas regiões polares. A obtenção de água pura potável ou para uso em laboratório, é uma atividade industrial importante. O organismo humano é mais tolerante a algumas das impurezas que os processos industriais. A Comunidade Econômica Européia estabeleceu limites para o conteúdo de impurezas na água potável (vide Tab. 15.7).

Na indústria e no laboratório necessita-se de água extremamente pura. O único meio de se remover todos os solutos sólidos é por meio da destilação. Esse processo é dispendioso, pois a água possui elevado ponto de ebulição e um elevado calor latente de evaporação. Durante a destilação, a água tende a dissolver quantidades apreciáveis de CO_2 da atmosfera, o que a torna ácida. Uma alternativa mais barata é a desionização da água . Isso é feito passando-se a água por duas colunas de troca iônica, uma após a outra (como alternativa pode-se usar um "leito misto", isto é, uma única coluna contendo os trocadores catiônico e aniônico). As resinas de troca iônica são sólidos poliméricos insolúveis contendo um grupo reativo. São fabricadas na forma de pequenas esferas, permeáveis à água. A primeira coluna contém uma resina na forma de ácido sulfônico, isto é, uma resina orgânica contendo grupos $-SO_3H$. Ela remove todos os íons metálicos da solução, substituindo-os por H^+:

$$\text{resina-}SO_3H + Na^+ \rightarrow \text{resina-}SO_3Na + H^+$$
$$2\text{resina-}SO_3H + Ca^{2+} \rightarrow (\text{resina-}SO_3)_2Ca + 2H^+$$

A segunda coluna contém uma resina com grupos básicos $-NR_4{}^+OH^-$, que remove os íons negativos substituindo-os por OH^-:

$$\text{resina-}N(CH_3)_4^+OH^- + Cl^- \rightarrow \text{resina-}N(CH_3)_4^+Cl^- + OH^-$$

A água produzida dessa maneira geralmente contém silicatos solúveis e CO_2. Quando todos os sítios reativos da resina tiverem sido usados, esta pode ser regenerada, tratando a primeira com H_2SO_4 diluído e a segunda com uma solução de Na_2CO_3.

A água potável é geralmente bem menos pura. Na realidade a água sem nenhum sal dissolvido não tem um sabor muito agradável. A Organização Mundial de Saúde recomenda um máximo de 0,5 gramas de sólidos dissolvidos por litro, embora o limite máximo permitido seja o triplo desse valor. Se a fonte de água doce contiver sedimentos, aguarda-se a precipitação dos mesmos. Pequenas partículas em suspensão e partículas coloidais que dão cor à água, são removidas tratando-se com $Al(OH)_3$ ou $Fe(OH)_3$. Eles provocam a coagulação do material em suspensão, clareando a água (o agente coagulante mais empregado é o alúmen). Caso seja necessário, a "dureza" da água é removida por troca iônica ou misturando-se águas de diferentes origens. A água é então clorada ou tratada com ozônio para matar as bactérias. Estas estão presentes por causa da contaminação dos reservatórios pelas águas provenientes dos campos e dos esgotos não tratados ou parcialmente tratados. O tratamento inadequado da água potável é a principal causa das enterites. Em alguns países subdesenvolvidos, até metade das crianças menores de cinco anos morrem de enterites ou de outras doenças provocadas pela água indevidamente tratada.

Tabela 15.7 — Limites para contaminantes da água potável admitidos na Comunidade Econômica Européia

	(µg/litro^{-1})	Fonte contaminante e possíveis problemas por ele provocados
Al	200	Adição de $Al_2(SO_4)_3$ no processo de tratamento da água. O Al pode estar relacionado ao mal de Alzheimer (demência senil)
Pb	50	Tubulações de água feitas de chumbo. O Pb pode danificar o cérebro de crianças
NO_3^-	50	Nitratos utilizados como fertilizantes chegam ao sistema de abastecimento de água. Os nitratos afetam o nível de O_2 no sangue de bebês causando a síndrome da "doença azul". Nitratos podem estar relacionados ao câncer de estômago
Trihalometanos	100	O cloro é usado como bactericida no tratamento de água. Excesso de cloração pode provocar formação de clorofórmio em reação com compostos orgânicos. Possível causa de câncer do intestino e da bexiga.
Pesticidas	0,1	Para pesticidas considerados isoladamente
	0,5	Para o conjunto de pesticidas. O DDT é agora proibido em muitos países. Seus efeitos prejudiciais decorrem do acúmulo e modificações biológicas na cadeia alimentar; luz UV converte DDT em bifenilos policlorados (PCB's) que são tóxicas.

A água do mar tem um elevado teor de sais. O processo de produção de água potável ou de água para irrigação a partir da água do mar é denominado "dessalinização". Esse processo requer uma grande quantidade de energia e é,

Tabela 15.8 — Algumas propriedades de H_2O, H_2S, H_2Se e H_2Te

	Entalpias de formação ($kJ\ mol^{-1}$)	Ângulo de ligação	Ponto de ebulição (°C)
H_2O	–242	H–O–H = 104°28'	100
H_2S	–20	H–S–H = 92°	–60
H_2Se	+81	H–Se–H = 91°	–42
H_2Te	+154		–2,3

portanto, onerosa. Por isso é um alternativa que somente é utilizada quando a falta de água doce é severa, e está se tornando cada vez mais importante em regiões áridas, como o Golfo Pérsico. Para tal estão sendo utilizados os processos de destilação, troca-iônica, eletrodiálise, osmose reversa e congelamento.

Exceto pela água, todos os demais hidretos são tóxicos e têm cheiro desagradável. A estabilidade dos hidretos decresce da H_2O para o H_2S, para o H_2Se e para o H_2Te (isso pode ser inferido pela diminuição das entalpias de formação — vide Tab. 15.8). Os hidretos se tornam cada vez menos estáveis porque os orbitais que participam das ligações se tornam cada vez maiores e mais difusos: a interação com o orbital 1*s* do hidrogênio se torna menos efetiva.

O ângulo da ligação H–O–H na água é de 104°28', em concordância com a Teoria da Repulsão dos Pares Eletrônicos de Valência, ou seja um pouco menor que o valor previsto para uma estrutura tetraédrica, por causa da presença dos pares isolados de elétrons. Assim, os orbitais usados pelo O para formar as ligações são praticamente orbitais híbridos sp^3. Nos hidretos H_2S, H_2Se e H_2Te, os ângulos se aproximam de 90°. Isso significa que Se e Te usam orbitais *p* quase puros para formar as ligações com o hidrogênio.

Numa série de compostos semelhantes, os pontos de ebulição geralmente aumentam à medida que os átomos se tornam maiores e mais pesados. Se os pontos de ebulição aumentam, a volatilidade decresce. Essa tendência pode ser observada na seqüência H_2S, H_2Se, H_2Te e H_2Po, mas a água tem um comportamento diferenciado.

A água apresenta uma volatilidade anormalmente baixa, porque as moléculas estão associadas umas as outras através de ligações de hidrogênio, tanto no estado sólido como no líquido. A estrutura da água líquida não é bem conhecida, mas provavelmente consiste de duas ou três moléculas interligadas por ligações de hidrogênio. Já a estrutura do gelo hexagonal comum é conhecida. A altas pressões outras estruturas mais densamente empacotadas são formadas. No total, são conhecidas nove estruturas diferentes do gelo. Os estudos por difração de raios X geralmente não revelam a posição dos átomos de hidrogênio. Nesses casos, a posição dos H é determinada por difração de nêutrons em óxido de deutério, D_2O, sólido. A estrutura é semelhante à da wurtzita ZnS (vide Capítulo 3), com átomos de O ocupando tanto as posições do Zn^{2+} como as do S^{2-}. Os átomos de H se situam acima da linha que liga dois átomos de O, formando um ângulo O–H–O de 104°28'. A energia de uma ligação de hidrogênio é de cerca de 20 $kJ\ mol^{-1}$. Essa associação é responsável pelos pontos de fusão e ebulição anormalmente elevados da água.

A formação das ligações de hidrogênio é a principal responsável pela baixa solubilidade de compostos covalentes em água. Quando duas substâncias são misturadas, há um aumento de entropia, já que a desordem aumenta. Assim, o processo de mistura é sempre favorecido. Contudo, no caso da água, dissolver alguma substância significa romper as ligações de hidrogênio. Assim, a substância não se dissolverá, a não ser que a energia de interação de suas moléculas com a água seja maior que a energia necessária para romper as ligações de hidrogênio entre as moléculas de água. Substâncias covalentes interagem fracamente com a água, sendo assim insolúveis. As substâncias iônicas são hidratadas e as polares podem participar das ligações de hidrogênio, sendo por isso solúveis.

A água possui a propriedade singular de formar um sólido menos denso que o líquido. Por causa disso, os lagos e os mares congelam de cima para baixo. O gelo na superfície dificulta o esfriamento da água das camadas mais profundas. Assim, mesmo no Pólo Norte há água sob a calota de gelo. Se isso não ocorresse, os mares próximos aos pólos congelariam completamente e as calotas polares seriam mais extensas. A água adquire sua densidade máxima a 4 °C. Na fusão, a rede de ligações de hidrogênio no sólido se rompe parcialmente. O gelo tem uma estrutura mais "aberta" que a água, com grandes cavidades. Na fusão parcial, algumas moléculas "livres" de água ocupam algumas dessas cavidades, aumentando a densidade. Até 4 °C esse efeito compensa a expansão térmica, mas acima dessa temperatura a expansão passa a ser o efeito dominante e a densidade diminui.

A existência de uma forma incomum de água denominada "poliágua" foi relatada e extensivamente estudada no período de 1966 a 1973. Segundos esses relatos a "poliágua" teria o ponto de fusão de –40 °C e a densidade incrivelmente elevada de 1,4 $g\ cm^{-3}$. Ela se formava quando a água era obtida em tubos capilares de vidro ou de quartzo. No início, esses estudos provocaram fascinação, pois se supunha que a "poliágua" era constituída por um grande número de moléculas de água polimerizadas. Atualmente é notório que se tratava de uma mistura coloidal de silicatos e de íons Na^+, K^+, Ca^{2+}, BO_3^{3-}, NO_3^-, SO_4^{2-} e Cl^-, que foram extraídos do vidro!

Outros hidretos

Os hidretos se dissociam em grau variável, formando íons H^+. Todos são ácidos muito fracos, mas há um aumento no caráter ácido da água para o H_2Te. A grande diferença de eletronegatividades, juntamente com as regras de Fajans (quanto maior o íon negativo, maior será a tendência à covalência) sugerem que o H_2Te gasoso deve ser o mais covalente. A força do ácido em solução será discutido mais detalhadamente no Capítulo 16, para o caso dos ácidos halogenídricos. Ela depende da entalpia de formação da molécula, da energia de ionização, da afinidade eletrônica e das entalpias de hidratação. Nos compostos H_2O, H_2S, H_2Se e H_2Te o fator mais importante é a entalpia de formação, cujos valores são –120, –10, +43 e +77 $kJ\ mol^{-1}$, repectivamente. A estabilidade diminui na série (os dois

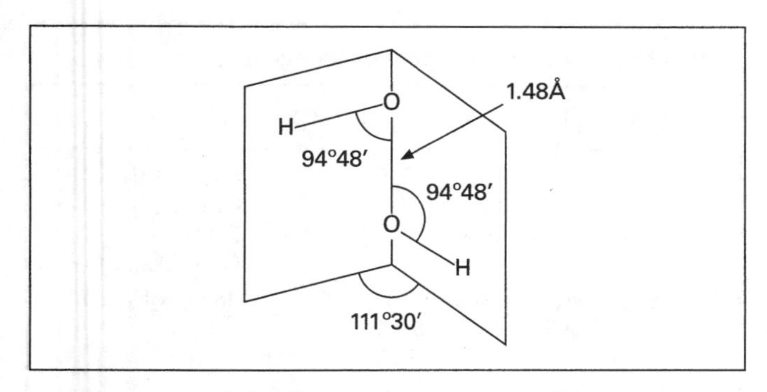

Figura 15.11 — Estrutura do H_2O_2 na fase gasosa

últimos são de fato termodinamicamente instáveis), o que explica a maior dissociação do H_2Te:

$$H_2Te_{(hidratado)} + H_2O \rightleftharpoons H_3O^+ + HTe^-_{(hidratado)}$$

Quanto mais ácido for o átomo de hidrogênio dos hidretos, tanto mais estáveis serão os sais formados a partir dos mesmos, isto é, os óxidos , sulfetos, selenetos e teluretos.

Peróxidos e polissulfetos

O oxigênio, e em maior grau o enxofre, diferem dos demais elementos do Grupo por sua capacidade de formarem cadeias de polióxidos e de polissulfetos, menos estáveis que os sais normais. Derivados constituídos de cadeias não-ramificadas de polissulfanos contendo até 8 átomos de enxofre já foram obtidos.

H_2O_2	H-O-O-H	H_2S_2	H-S-S-H
		H_2S_3	H-S-S-S-H
		H_2S_4	H-S-S-S-S-H

O H_2O_2 e o H_2S_2 possuem estruturas semelhantes, em diedros. As dimensões da molécula de H_2O_2 gasoso são mostradas na Fig. 15.11. O H_2O_2 é a menor molécula conhecida que apresenta restrições à livre rotação, no caso, em torno da ligação O-O. Provavelmente isso se deve à repulsão entre os grupos OH. A mesma estrutura é mantida no líquido e no sólido, mas os comprimentos e os ângulos das ligações mudam um pouco, devido a formação das ligações de hidrogênio.

H_2O_2 e H_2S_2 podem ser preparados pela adição de um ácido a um peróxido ou a um perssulfeto.

$$BaO_2 + H_2SO_4 \rightarrow H_2O_2 + BaSO_4$$
$$Na_2S_2 + H_2SO_4 \rightarrow H_2S_2 \text{ (também } H_2S_3) + Na_2SO_4$$

Na maioria de suas reações, o H_2O_2 atua como um forte agente oxidante. Em soluções ácidas essas reações são geralmente lentas, mas em solução básica são rápidas. O H_2O_2 oxida Fe^{2+} a Fe^{3+}, $[Fe^{II}(CN)_6]^{4-}$ (ferrocianeto) a $[Fe^{III}(CN)_6]^{3-}$ (ferricianeto), NH_2OH a HNO_3 e SO_3^{2-} a SO_4^{2-}. Peróxidos iônicos, tais como Na_2O_2, geram H_2O_2 quando tratados com água ou ácidos diluídos. Na_2O_2 reage com CO_2 gasoso.

$$2Na_2O_2 + 2CO_2 \rightarrow 2Na_2CO_3 + O_2$$

O aquecimento de Na_2O_2 com diversos compostos orgânicos leva à oxidação dos mesmos a carbonatos. A fusão de Na_2O_2 com sais de Fe^{2+} forma o ferrato de sódio, $Na_2[FeO_4]$, que contém Fe(+VI).

O H_2O_2 é oxidado na presença de agentes oxidantes mais fortes , isto é, o H_2O_2 passa a atuar como redutor. Nesses casos sempre há liberação de O_2.

$$2KMnO_4 + 5H_2O_2 + 3H_2SO_4 \rightarrow 2MnSO_4 + K_2SO_4 + 5O_2 + 8H_2O$$
$$KIO_4 + H_2O_2 \rightarrow KIO_3 + O_2 + H_2O$$
$$2Ce(SO_4)_2 + H_2O_2 \rightarrow Ce_2(SO_4)_3 + 2H_2SO_4 + O_2$$

O H_2S_2 não tem caráter oxidante. O H_2O_2 é razoavelmente estável e se decompõe lentamente, na ausência de catalisadores. O H_2S_2 é menos estável, e sua decomposição é catalisada por íons hidroxila.

$$H_2O_2 \rightarrow H_2O + {}^1/{}_2O_2$$
$$H_2O_2 \rightarrow H_2S + S$$

Polisselenetos e politeluretos de hidrogênio ainda não foram obtidos, mas alguns de seus sais são conhecidos.

Peróxido de hidrogênio

O H_2O_2 puro é um líquido incolor bastante semelhante à água. Forma mais ligações de hidrogênio que a água, tendo assim um ponto de ebulição mais elevado (P.E. = 152 °C, P.F. = –0,4 °C). É mais denso que a água (densidade = 1,4 g cm^{-3}). Embora tenha uma elevada constante dielétrica, tem pouca serventia como solvente ionizante, porque é decomposto pela maioria dos íons metálicos e oxida muitos compostos.

O H_2O_2 é um produto químico de importância industrial, tendo sido produzidas 1.018.200 t em 1991. É usado em grande escala como agente alvejante suave para tecidos, papel e polpa de madeira. Encontra diversas aplicações relacionadas com os aspectos ambientais. Por exemplo, é utilizado para oxigenar águas de esgotos e oxidar cianetos e sulfetos. É um importante combustível de foguetes. Também é utilizado na fabricação de outros produtos químicos, principalmente peroxoborato de sódio, $Na_2[B_2(O_2)_2(OH)_4] \cdot 6H_2O$ (produção anual 700.000 t/ano), que é usado como avivador em sabões em pó (vide Capítulo 12). Peróxidos orgânicos são usados como iniciadores de reações de polimerização por adição (PVC e resinas de poliuretanos e epoxi), e na obtenção de clorito de sódio, $NaClO_2$, usado como alvejante. Pequenas quantidades de H_2O_2 são usadas para descolorir cabelos, penas, graxas e gorduras. É usado como agente oxidante no laboratório e como antisséptico para ferimentos. É útil para neutralizar o cloro, e nessa reação o H_2O_2 se comporta como um agente redutor.

$$H_2O_2 + Cl_2 \rightarrow 2HCl + O_2$$

O H_2O_2 é instável e sua velocidade de decomposição (desproporcionamento) depende da temperatura e da concentração. Ela pode se tornar violenta, principalmente em soluções concentradas, pois muitas impurezas catalisam essa reação. Dentre eles temos os íons metálicos como Fe^{2+}, Fe^{3+}, Cu^{2+} e Ni^{2+}, superfícies metálicas como de Pt ou de Ag, MnO_2, carvão ou bases — mesmo as pequenas quantidades lixiviadas do vidro.

$$2H_2O_2 \rightarrow 2H_2O + O_2$$

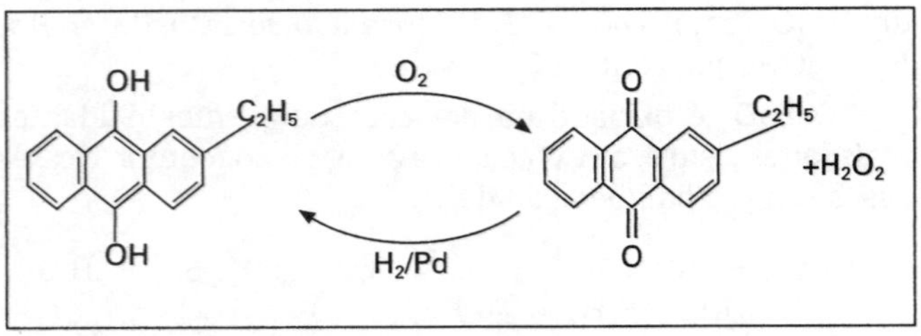

Figura 15.12 — Obtenção de H_2O_2

Antigamente o H_2O_2 era obtido por eletrólise do H_2SO_4 ou $(NH_4)_2SO_4$, utilizando uma elevada densidade de corrente, para formar peroxossulfatos, que eram então hidrolisados.

$$2SO_4^{2-} \xrightarrow{\text{eletrólise}} S_2O_8^{2-} + 2e$$

$$\underset{\substack{\text{ácido}\\\text{peroxodissulfúrico}}}{H_2S_2O_8} + H_2O \rightarrow \underset{\substack{\text{ácido}\\\text{peroxomonossulfúrico}}}{H_2SO_5} + H_2SO_4$$

$$H_2SO_5 + H_2O \rightarrow H_2SO_4 + H_2O_2$$

Atualmente, o H_2O_2 é produzido em escala industrial por meio de um processo cíclico (Fig. 15.12). O 2-etil-antraquinol é oxidado pelo ar à correspondente quinona e H_2O_2. A antraquinona é reduzida novamente a antraquinol com hidrogênio a temperaturas moderadas, usando platina, paládio ou níquel de Raney como catalisador. O ciclo é então repetido. A reação é efetuada numa mistura de solventes orgânicos (éster/hidrocarboneto ou octanol/metilnaftaleno). O solvente deve:

1) dissolver o quinol e a quinona
2) ser resistente à oxidação
3) ser imiscível com a água.

O H_2O_2 é extraído com água na forma de uma solução a 1%. Em seguida, é concentrada por destilação a pressão reduzida e comercializada como uma solução a 30% (em peso), que tem um pH em torno de 4,0 (soluções a 85% também são produzidas). Soluções de H_2O_2 são armazenadas em recipientes de plástico ou de vidro revestidos com uma camada de cera. Geralmente, catalisadores negativos como uréia ou estanato de sódio, são adicionados como estabilizantes. Suas soluções se conservam por períodos relativamente longos, mas devem ser manuseados com cuidado, pois podem explodir na presença de pequenas quantidades de material orgânico ou de poeira.

HALETOS

Os compostos formados com os halogênios estão listados na Tab. 15.9. Como o F é mais eletronegativo que o O, seus compostos binários são fluoretos de oxigênio, ao passo que os compostos análogos formados com o cloro são óxidos de cloro. Assim, alguns desses compostos, incluindo os óxidos de iodo, serão descritos no Capítulo 16, no tópico "Óxidos de halogênios".

Nos compostos com o flúor os elementos S, Se e Te alcançam a valência máxima de seis. SF_6, SeF_6 e TeF_6 são gases incolores, com estrutura octaédrica (como previsto pela Teoria VSEPR) e são obtidos pela combinação direta dos elementos. Seus baixos pontos de ebulição são um indicativo do elevado grau de covalência de suas ligações.

Tabela 15.9 — Compostos com os halogênios

	MX_6	MX_4	MX_2	M_2X_2	M_2X	outros
O			OF_2 Cl_2O Br_2O	O_2F_2	 ClO_2 BrO_2	O_3F_2, O_4F_2 Cl_2O_6, Cl_2O_7 BrO_3 I_2O_4, I_4O_9, I_2O_5
S	SF_6	SF_4 SCl_4	SF_2 SCl_2	S_2F_2 S_2CL_2 S_2Br_2		SSF_2, S_2F_4, S_2F_{10}
Se	SeF_6	SeF_4 $SeCl_4$ $SeBr_4$		 Se_2Cl_2 Se_2Br_2		
Te	TeF_6	TeF_4 $TeCl_4$ $TeBr_4$ TeI_4	 $TeCl_2$ $TeBr_2$ TeI_2			
Po		$PoCl_4$ $PoBr_4$ PoI_4	$PoCl_2$ $PoBr_2$ (PoI_2)			

Os compostos representados entre paênteses são instáveis

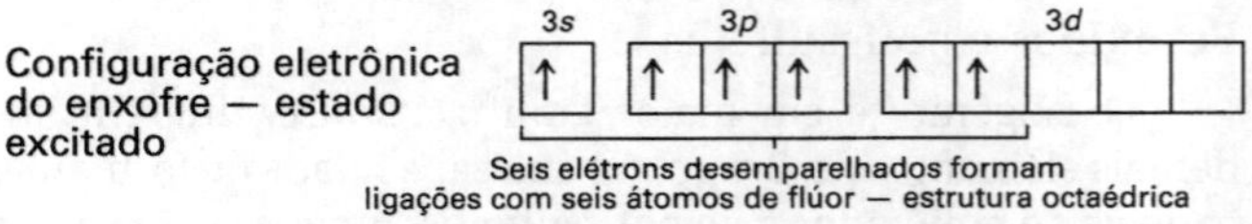

Configuração eletrônica do enxofre — estado excitado: 3s ↑ | 3p ↑ ↑ ↑ | 3d ↑ ↑

Seis elétrons desemparelhados formam ligações com seis átomos de flúor — estrutura octaédrica

O SF_6 é um gás incolor, inodoro, não-inflamável, insolúvel em água e extremamente inerte. É usado como um dielétrico gasoso (isolante) em transformadores de alta tensão elétrica e em equipamentos de distribuição de eletricidade. O SeF_6 é um pouco mais reativo e o TeF_6 é hidrolisado pela água. Provavelmente isso se deve ao maior tamanho do Te, que possibilita o aumento do número de coordenação necessário na primeira etapa da reação de hidrólise.

$$TeF_6 + 6H_2O \rightarrow 6HF + H_6TeO_6$$

Números de coordenação maiores que 6 não são comuns, mas o TeF_6 pode se ligar a íons F^- formando o $[TeF_7]^-$ e o $[TeF_8]^{2-}$.

Muitos tetra-haletos são conhecidos. É difícil preparar os tetrafluoretos pela combinação direta dos elementos, mesmo utilizando F_2 diluído, pois eles prontamente reagem com F_2 formando os hexafluoretos. O SF_4 é gasoso, o SeF_4 é líquido e o TeF_4 é sólido. Eles foram preparados como se segue:

$$S + F_2 \text{ (diluído em } N_2) \rightarrow SF_4 \text{ e } SF_6$$

$$3SCl_2 + 4NaF \rightarrow SF_4 + S_2Cl_2 + 4NaCl$$

$$S + 4CoF_3 \rightarrow SF_4 + 4CoF_2$$

$$SeCl_4 + 4AgF \rightarrow SeF_4 + 4AgCl$$

$$TeO_2 + 2SeF_4 \rightarrow TeF_4 + 2SeOF_2$$

O SF_4 é altamente reativo, mas é mais estável que os fluoretos inferiores. Em contraste com os hexafluoretos, que são relativamente estáveis, os tetrahaletos são muito sensíveis à água:

$$SF_4 + 2H_2O \rightarrow SO_2 + 4HF$$

O SF_4 é um poderoso agente de fluoração.

$$3SF_4 + 4BCl_3 \rightarrow 4BF_3 + 3Cl_2 + 3SCl_2$$
$$5SF_4 + I_2O_5 \rightarrow 2IF_5 + 5OSF_2$$

Ele é útil como agente de fluoração seletivo, de compostos orgânicos, por exemplo:

$$R\text{-}COOH \rightarrow R\text{-}CF_3$$
$$R_2C{=}O \rightarrow R_2CF_2$$
$$R\text{-}CHO \rightarrow R\text{-}CHF_2$$
$$R\text{-}OH \rightarrow RF$$

S, Se, Te e Po formam tetracloretos por reação direta com o cloro. O SCl_4 é um líquido bastante instável, mas os demais tetracloretos são sólidos. A estrutura do $TeCl_4$ é uma bipirâmide trigonal com um vértice equatorial ocupado por um par isolado de elétrons (Fig. 15.13). É provável que os demais tetra-haletos sejam semelhantes.

Configuração eletrônica de telúrio — estado excitado: 5s ↑↓ | 5p ↑ ↑ ↑ | 5d ↑

Quatro elétrons desemparelhados formam ligações com quatro átomos de cloro; cinco pares eletrônicos levam a uma bipirâmide trigonal, com um vértice ocupado por um par isolado

O $TeCl_4$ reage com ácido clorídrico formando o íon complexo $[TeCl_6]^{2-}$, que é isomorfo com $[SiF_6]^{2-}$ e $[SnCl_6]^{2-}$.

$$TeCl_4 + 2HCl \rightarrow H_2[TeCl_6]$$

O Po também forma haletos complexos do tipo $(NH_4)_2[PoX_6]$, $Cs[PoX_6]$ e $Cs_2[PoX_6]$, onde X pode ser Cl, Br ou I.

Os tetrabrometos de Se, Te e Po também são conhecidos, mas o $SeBr_4$ é instável e se hidrolisa facilmente.

$$2SeBr_4 \rightarrow Se_2Br_2 + 3Br_2$$
$$SeBr_4 + 4H_2O \rightarrow \underset{\text{instável}}{[Se(OH)_4]} + 4HBr$$
$$\downarrow$$
$$H_2SeO_3 + H_2O$$

O Te e o Po são os únicos elementos do Grupo 16 que formam tetraiodetos.

O di-haleto mais bem estudado é o SCl_2. É um líquido vermelho de odor desagradável (P.F. = –122 °C, P.E. = 59 °C). O aquecimento de S e Cl_2 fornece o S_2Cl_2, mas saturando-se este composto com cloro obtém-se o SCl_2. A reação de SCl_2 com polissulfetos de hidrogênio, a baixas temperaturas, fornece uma série de diclorossulfanos.

$$H_2S_2 + 2SCl_2 \rightarrow S_4Cl_2 + 2HCl$$
$$H_2S_n + 2SCl_2 \rightarrow S_{(n+2)}Cl_2 + 2HCl$$

O SCl_2 tem importância industrial, pois facilmente se adiciona às duplas ligações de alcenos. Foi usado para fabricar o notório "gás mostarda", um gás de combate usado pela primeira vez na I Guerra Mundial e mais recentemente na guerra Irã-Iraque (1988).

$$SCl_2 + 2CH_2{=}CH_2 \rightarrow \underset{\text{sulfeto de bis(2-cloroetila) ou gás mostarda}}{S(CH_2CH_2Cl)_2}$$

O "gás mostarda" não é um gás, mas um líquido volátil (P.F. = 13 °C, P.E. = 215 °C). Ele é espalhado como uma névoa

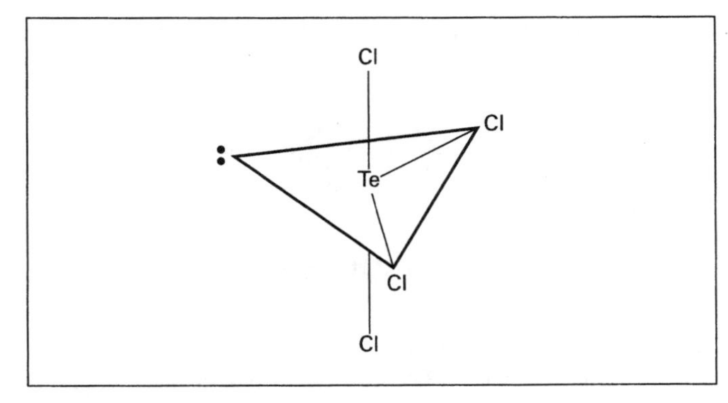

Figura 15.13 — A estrutura do $TeCl_4$

que permanece próximo ao solo, sendo arrastado pelas brisas até as linhas inimigas. Causa severas queimaduras na pele e a morte. Em contato com células vivas, ele é convertido no divinil-derivados $(CH_2CH)_2S$, que reage com as proteínas das células, destruindo-as.

Os di-haletos são moléculas angulares baseadas no tetraedro, com dois vértices ocupados por pares isolados de elétrons. Esses pares de elétrons distorcem o ângulo tetraédrico de 109°28' para 103° no SCl_2, 101,5° no F_2O e 98° no $TeBr_2$.

Estrutura eletrônica do átomo de enxofre — estado fundamental: 3s ↑↓ | 3p ↑↓ ↑ ↑

Dois elétrons desemparelhados podem formar ligações com dois átomos de cloro; quatro pares eletrônicos levam a uma estrutura tetraédrica, com dois pares isolados

Dímeros de mono-haletos , tais como S_2F_2, S_2Cl_2, Se_2Cl_2 e Se_2Br_2 são obtidos pela combinação direta do S ou Se com os respectivos halogênios. Esses mono-haletos são lentamente hidrolisados e tendem a sofrer reação de despropor-cionamento.

$$2S_2F_2 + 2H_2O \rightarrow 4HF + SO_2 + 3S$$

$$\overset{+\mathbf{II}}{2SeCl_2} + \rightarrow \overset{+\mathbf{IV}}{SeCl_4} + \overset{\mathbf{0}}{Se}$$

O S_2Cl_2 é um líquido amarelo tóxico (P.F. = –76 °C, P.E. = 138 °C), com um cheiro repugnante. É utilizado na vulcanização da borracha e no preparo de cloridrinas. A utilização de S_2Cl_2 na obtenção de compostos cíclicos, com 7 a 20 átomos de enxofre foi descrita anteriormente.

$$H_2S_8 + S_2Cl_2 \rightarrow S_{10} + 2HCl$$

Pode ainda ser usado na preparação de diclorossulfanos.

$$H_2S_n + 2S_2Cl_2 \rightarrow S_{(n+4)}Cl_2 + 2HCl$$

A estrutura do S_2Cl_2 e dos demais monohaletos é semelhante à do H_2O_2, com um ângulo de ligação de 104°, devido à distorção provocada por dois pares isolados de elétrons .

O S_2F_2 é um composto instável formado através da ação de agentes de fluoração brandos como AgF sobre S (a reação direta entre S e F_2 gera SF_6; e mesmo quando F_2 está diluído com N_2 ocorre formação de SF_4). O S_2F_2 pode ser obtido na forma de dois isômeros diferentes: F–S–S–F (análogo ao Cl–S–S–Cl e H–O–O–H) e o fluoreto de tionila, $S{=}SF_2$.

O compostos S_2F_{10} possui uma estrutura incomum, na qual dois octaedros se encontram interligados.

F F F F
F—S——S—F
F F F F

COMPOSTOS DE ENXOFRE COM NITROGÊNIO

Existe um grande número de compostos cíclicos e em cadeia contendo S e N. Os elementos N e S se relacionam diagonalmente na Tabela Periódica, e tem densidades eletrônicas semelhantes. Suas eletronegatividades também são semelhantes (N = 3,0; S = 2,5), sendo esperado a formação de ligações covalentes. Os compostos formados possuem estruturas incomuns, que não podem ser explicadas pelas teorias de ligação clássicas. As tentativas no sentido de se determinar os estados de oxidação levam a erros ou são de pouca utilidade. O mais conhecido desses compostos é o tetranitreto de tetraenxofre, S_4N_4. Ele é o reagente de partida para a preparação de muitos outros compostos com ligações S–N. O S_4N_4 pode ser obtido como se segue:

$$6SCl_2 + 16NH_3 \rightarrow S_4N_4 + 2S + 14NH_4Cl$$

$$6S_2Cl_2 + 16NH_3 \xrightarrow{CCl_4} S_4N_4 + 8S + 12NH_4Cl$$

$$6S_2Cl_2 + 4NH_4Cl \rightarrow S_4N_4 + 8S + 16HCl$$

O S_4N_4 é um sólido de P.F. = 178 °C. Trata-se de um composto *termocrômico*, isto é, ele muda de cor em função da temperatura. À temperatura do nitrogênio líquido ele é quase incolor, mas à temperatura ambiente é amarelo alaranjado, e a 100 °C é vermelho. É estável ao ar, mas pode detonar por percussão, na moagem ou aquecimento repentino. É um anel heterocíclico em forma de "berço", sendo estruturalmente diferente do anel S_8, que tem forma de coroa. O comprimento médio da ligação S–N é de 1,62 Å, segundo a estrutura (Fig. 15.14) determinada por difração raios X. Como a soma dos raios covalentes do S e do N é igual a 1,78 Å, as ligações S–N parecem ter algum caráter de ligação dupla. O fato de todas as ligações terem o mesmo comprimento sugere que essas ligações duplas estão deslocalizadas. As distâncias S–S no topo e no fundo do "berço" são de 2,58 Å. A distância S–S de van der Waals (átomos não ligados) é igual a 3,30 Å e o comprimento das ligações S–S simples é igual a 2,08 Å. Isso indica que as ligações S–S são fracas, mas suficientemente fortes para que o S_4N_4 tenha uma estrutura de "gaiola".

São conhecidos compostos cíclicos com os mais

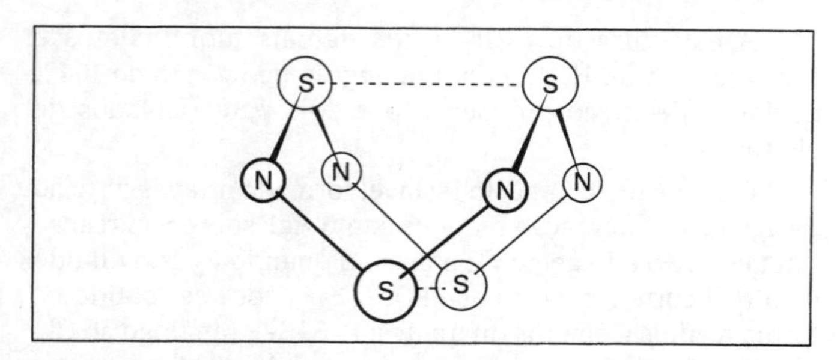

Figura 15.14 — A estrutura do N_4S_4

diferentes tamanhos de anel, como por exemplo o ciclo-S_2N_2, ciclo-S_4N_2, ciclo-S_4N_3Cl e ciclo-$S_3N_3Cl_3$. Além disso, os compostos bicíclicos $S_{11}N_2$, $S_{15}N_2$, $S_{16}N_2$, $S_{17}N_2$ e $S_{19}N_2$ também são conhecidos. Os últimos quatro compostos podem ser considerados como sendo dois anéis heterocíclicos S_7N, com os átomos de N interligados por uma cadeia de 1 a 5 átomos de S.

O S_4N_4 é hidrolisado muito lentamente pela água, mas reage rapidamente com NaOH morno, com a quebra do anel:

$$S_4N_4 + 6NaOH + 3H_2O \rightarrow Na_2S_2O_3 + 2Na_2SO_3 + 4NH_3$$

$S_4N_4F_4$ é obtido ao se reagir S_4N_4 com Ag_2F, em CCl_4. Esse composto é constituído por um anel S–N de 8 membros, com os átomos de F ligados aos de S. O composto resulta da quebra das ligações S–S do anel. Analogamente, a formação de adutos tais como $S_4N_4 \cdot BF_3$ ou $S_4N_4 \cdot SbF_5$ (nos quais o grupo adicional se liga ao N) leva à quebra das ligações S–S e ao aumento da distância média S–N de 1,62 Å para 1,68 Å. Provavelmente, isso se deve a diminuição da densidade eletrônica π provocada pela ligação do BF_3 e do SbF_5, dois receptores de elétrons.

A redução do S_4N_4 com $SnCl_2$ em MeOH leva à formação da tetraimida de tetraenxofre, $S_4(NH)_4$. Diversas imidas podem ser obtidas pela reação de S_4N_4 com S, ou de S_2Cl_2 com NH_3. Essas imidas são estruturalmente semelhantes aos ciclos S_8, onde um ou mais átomos de S foram substituídos por grupos imida NH, como no S_7NH, no $S_6(NH)_2$, $S_5(NH)_3$ e $S_4(NH)_4$.

Se o S_4N_4 for vaporizado a pressão reduzida e passado através de "lã de prata", ocorre a formação de S_2N_2.

$$S_4N_4 + 4Ag \rightarrow S_2N_2 + 2Ag_2S + N_2$$

O S_2N_2 é um sólido cristalino insolúvel em água, mas solúvel em muitos solventes orgânicos. Explode por percussão ou aquecimento. A estrutura é cíclica e os quatro átomos se dispõem no espaço de modo a praticamente gerar uma estrutura quadrado planar.

A reação mais importante do S_2N_2 é a lenta polimerização do sólido ou do vapor para formar politiazila $(SN)_x$. Este é um sólido cor de bronze e brilhante, de aspecto metálico. Conduz a corrente elétrica e a condutividade aumenta à medida que diminui a temperatura, como nos metais. E, torna-se um supercondutor a 0,26 K. Os estudos de difração de raios X indicam que o anel S_2N_2 de quatro membros se abriu e formou longas cadeias poliméricas. Os átomos se dispõem em zigue-zague e a cadeia é quase plana. A condutividade ao longo da cadeia é maior que em outras direções. Logo, esse polímero se comporta como um metal unidimensional. A resistividade à temperatura ambiente é bastante elevada (cerca de 1×10^9 microohm cm ao longo da cadeia), mas este valor diminui para cerca de 1×10^6 microohm cm a 4K (vide a resistividade de outros elementos, no Apêndice J).

DERIVADOS ORGÂNICOS

O oxigênio forma muitos derivados orgânicos do tipo R_2O, denominados éteres. Compostos análogos de S, Se e Te, podem ser preparados utilizando-se reagentes de Grignard

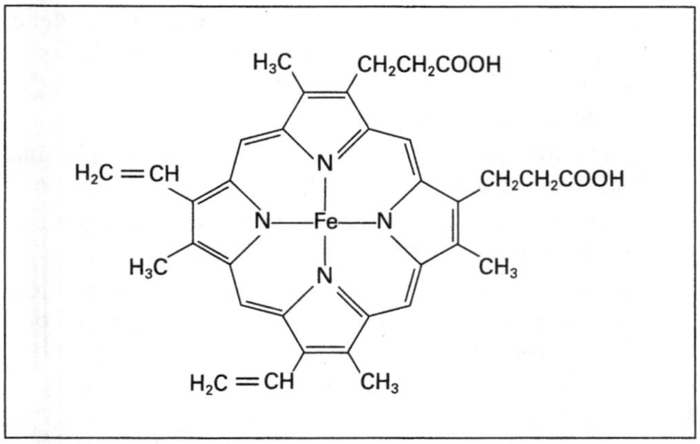

Figura 15.15 — A estrutura do heme

ou reagentes organo-lítio:

$$SCl_2 + 2LiR \xrightarrow{\text{éter}} R_2S + 2LiCl$$
$$SCl_4 + 4RMgCl \rightarrow R_4S + 4MgCl_2$$

Sulfetos de dialquila, R_2S, têm uma estrutura semelhante à da água (tetraédrica com dois vértices ocupados por pares isolados), sendo que a presença dos pares isolados transformam esse tipo de compostos em ligantes úteis.

A hemoglobina é o pigmento vermelho do sangue da maioria dos animais. Ela é vermelha na presença e azul na ausência de oxigênio. A hemoglobina é essencial para absorver o oxigênio molecular nos pulmões, formando-se a oxihemoglobina. A oxihemoglobina libera o oxigênio nas partes do organismo que dele necessitam, regenerando a hemoglobina (reduzida). A hemoglobina tem uma massa molecular de cerca de 65.000. Ela é constituída por quatro grupos heme, ou seja, anéis heterocíclicos porfirínicos planares contendo ferro e uma proteína globular (Fig. 15.15, e vide "Química Bioinorgânica do ferro", no Capítulo 24). A hemoglobina reage com O_2 e forma oxihemoglobina. Nesse complexo o eixo O–O da molécula de O_2 está paralelo ao plano do anel porfirínico, sendo as duas distâncias $Fe\cdots O$ iguais. Supõe-se que o oxigênio molecular se liga ao ferro por meio de ligações π.

Alguns poucos complexos de metais de transição também podem formar complexos com ligações π com o oxigênio molecular.

$$L_4Pt + O_2 \rightarrow L_2PtO_2 \qquad (L = P(C_6H_5)_3)$$

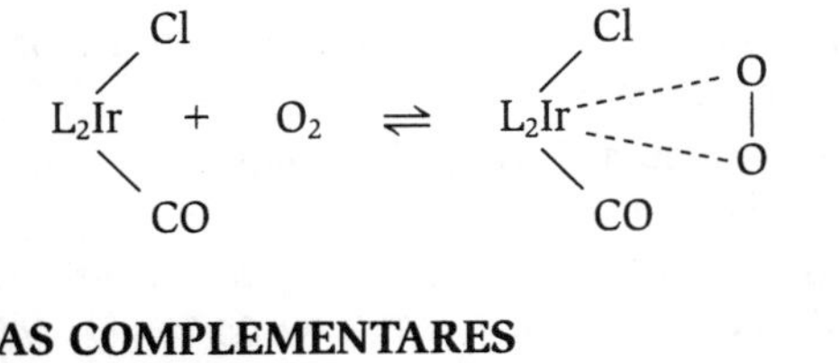

$$L_2Ir(Cl)(CO) + O_2 \rightleftharpoons L_2Ir(Cl)(CO)(O_2)$$

LEITURAS COMPLEMENTARES

- Bagnall, K.W. (1973), *Comprehensive Inorganic Chemistry*, Vol. 11 (Cap. 24: Selênio, telúrio e polônio), Pergamon Press, Oxford.
- Bailey, P.S. (1978), *Ozonation in Organic Chemistry*, Academic Press, New York.
- Bard, A.J., Parsons, R. e Jordan, J. (1985), *Standard Potentials In Aqueous Solution* (Monographs in Electroanalytical Chemistry and Electrochemistry Series, Vol. 6), Marcel Dekker. (Contratado pela IUPAC para atualizar os valores no livro de Latimer).
- Bevan, D.J.M. (1973), *Comprehensive Inorganic Chemistry*, Vol. 3, (Cap. 49: Composto não estequiométricos), Pergamon Press, Oxford. (Uma boa introdução aos compostos não estequiométricos)
- Bland, W.J. (1984), Sulphuric acid - modern manufacture and uses, *Education in Chemistry*, **21**, 7-10.
- Campbell, I.M. (1977), *Energy and the Atmosphere*, Wiley, London. (Chuva ácida, etc.)
- Clive, D.L.J. (1978), *Modern Organo-Selenium Chemistry*, Pergamon Press, New York.
- Cocks, A. e Kallend, T. (1988), The chemistry of atmospheric pollution, *Chemistry in Britain*, **24**, 884-885.
- Cooper, W.C. (1972), *Tellurium*, Van Nostrand-Reinhold, New York.
- Donovan, R.J. (1978), Chemistry and pollution of the stratosphere, *Education in Chemistry*, **15**, 110-113.
- Dotto, L. e Schiff, H. (1978), *The Ozone War*, Doubleday, New York.
- Emeléus, H.J. e Sharpe, A.G. (1973), *Modern Aspects of Inorganic Chemistry*, 4ª ed. (Cap 12: Peróxidos e peroxo-ácidos), Routledge and Kegan Paul, London.
- Fogg, P.G.T. e Young, C.L. (eds) (1988), *Hydrogen Sulfide, Deuterium Sulfide and Hydrogen Selenide*, Pergarnon.
- Greenwood, G. e Hill, H.O.A. (1982), Oxygen and life, *Chemistry in Britain*, **18**, 194.
- Govindgee, R. (1977), Photosynthesis, *McGraw Hill Encyclopedia of Science and Technology*, 4th ed., Vol. 10. (Artigo introdutório)
- Heal, H. G. (1980), *The Inorganic Heterocyclic Chemistry of Sulphur, Nitrogen and Phosphorus*, Academic Press, London.
- Heicklen, J. (1976), *Atmospheric Chemistry*, Academic Press, New York. (Chuva ácida, etc.)
- Holloway, J.H. e Laycock, D. (1983), Preparations and reactions of inorganic main-group oxide fluorides, *Adv. Inorg. Chem. Radiochem.*, **27**, 157-195.
- Horvath, M., Bilitzky, L. e Huttner, J. (1985), *Ozone* (Topics in Inorganic and General Chemistry Series No. 20), Elsevier.
- Hynes, H.B.N. (1973), *The Biology of Polluted Waters*, Liverpool University Press (Um bom livro texto sobre poluição aquática)
- Lagowski, J. (ed.) (1967), *The Chemistry of Non-aqueous Solvents*, Vol. III (Cap. por Burow, D.F., Dióxido de enxofre líquido), Academic Press, New York.
- Latimer, W.M. (1959), *The Oxidation States of the Elements and Their Potentials in Aqueous Solution*, 2.ª ed., Prentice Hall (Antigo, mas até recentemente foi a principal referência sobre potenciais redox).
- Murphy, J.S. e Orr, J.R. (1975), *Ozone Chemistry and Technology*, Franklin Institite Press, Philadelphia.
- Nickless, G. (ed.) (1968), *Inorganic Sulfur Chemistry*, Elsevier, Amsterdam.
- Ochiai, E.I. (1975) Bioinorganic chemistry of oxygen, *J. Inorg. Nuclear Chem.*, **37**, 1503-1509.
- Ogryzlo, E.A. (1965), Why liquid oxygen is blue, *J. Chem. Ed.*, **42**, 647-648.

- *Oxygen in the Metal and Gaseous Fuel Industries* (1978), Special Publication Nº 32, Royal Society for Chemistry, London. (Anais da primeira conferência BOC Priestley)
- *Oxygen and Life* (1981), Special Publication No. 39, Royal Society for Chemistry, London. (Anais da segunda conferência BOC Priestley).
- Patai , S. (ed.) (1983), *The Chemistry of Peroxides*, John Wiley Chichester.
- P hillips, A. (1977), The modern sulphuric acid process, *Chemistry in Britain*, **13**, 471.
- Roesky, H.W. (1979), Cyclic sulphur-nitrogen compounds, *Adv. Inorg. Chem. Radiochem.*, **22**, 240-302.
- Roy, A.B. e Trudinger, P.A. (1970), *The Biochemistry of Inorganic Compounds of Sulphur*, Cambridge University Press, Cambridge.
- Schaap A.P. (ed.) (1976), *Singlet Molecular Oxygen*. Wiley, New York.
- Schmidt, M. e Siebert, W. (1973), *Comprehensive Inorganic Chemistry*, Vol. II (Cap. 23: Oxoácidos do enxofre), Pergamon Press, Oxford.
- Thompson, R. (ed.) (1976), *The Modern Inorganic Chemicals Industry* (Cap. por Grant, W.J. e Redfearn, S.L., Gases Industriais; cap. por Arden, T.V., Purificação de água e reciclagem; cap. por Crampton, C.A. et alli., Produção, propriedades e aplicações do peróxido de hidrogênio e dos peróxidos inorgânicos; cap. por Phillips, A., O processo moderno de produção do ácido sulfúrico), Special publication No. 31, The Chemical Society, London.
- Thrush, B.A. (1977), The chemistry of the stratosphere and its pollution, *Endeavour*, **1**, 3-6.
- Vaska, L. (1976), Dioxygen-metal complexes: towards a unified view, *Acc. Chem. Res.*, **9** , 175- 1 83.
- Waddington, T.C. (ed.) (1965), *Non Aqueous Solvents* (Cap. 4 por Gillespie, R.J. e Robinson, E.A., Ácido sulfúrico; cap. 6 por Waddington, T.C., Dióxido de enxofre líquido), Nelson.
- Wsserman, H.H. e Murray, R.W. (eds) (1979), *Singlet Oxygen*, Academic Press, New York.
- West J. R. (1975), *New Use of Sulfur*, ACS Advances in Chemistry series, No. 146, American Chemical Society.
- Zure, P.S. (1987), The Antarctic ozone hole, *Chem. Eng. News*, 7 agosto, 7-13; 2 novembro, 22-26.

PROBLEMAS

1. Escreva as equações químicas das reações de obtenção de oxigênio a partir de: a) H_2O; b) H_2O_2; c) Na_2O_2; d) $NaNO_3$; e) $KClO_3$; f) HgO.
2. Como o oxigênio é produzido em escala industrial, e quais são suas principais aplicações?
3. Compare os óxidos de Na e Ca com os de S e N. Compare seus pontos de fusão, a natureza da ligação, e suas reações com água, ácidos e bases.
4. De que maneira e com base em que critérios podem ser classificados os óxidos?
5. Utilize a Teoria de Orbitais Moleculares para descrever as ligações em cada um dos seguintes compostos, informando em cada caso as ordens de ligação e suas propriedades magnéticas (paramagnético ou diamagnético): a) O_2; b) íon superóxido, O_2^-; c) íon peróxido, O_2^{2-}.
6. Explique os seguintes fatos:

   a) O oxigênio líquido é atraído pelos pólos de um ímã, mas o nitrogênio líquido não.

   b) O íon $N{-}O^+$ tem uma ligação mais curta que o NO, embora este último tenha um elétron a mais.
7. Como pode ser preparado o ozônio, no laboratório? Qual é a sua estrutura e quais são suas principais aplicações? Há uma camada de ozônio na atmosfera superior: qual a sua importância para o homem?
8. Escreva as equações das reações entre O_2 e: a) Li; b) Na; c) K; d) C; e) CH_4; f) N_2; g) S; h) Cl_2; i) PbS; j) CuS.
9. Por que o oxigênio forma moléculas de O_2 enquanto o enxofre forma moléculas S_8?
10. Descreva um método de preparação do peróxido de hidrogênio. Mostre sua estrutura na fase gasosa. Escreva as equações balanceadas para as reações do H_2O_2 com:

    a) uma solução ácida de $KMnO_4$

    b) HI aquoso

    c) uma solução ácida de hexacianoferrato(II) de potássio.
11. Quais são as principais fontes de enxofre? Quais são as duas formas alotrópicas mais comuns ?
12. Descreva o processo Frasch de extração do enxofre.
13. Descreva as transformações que ocorrem quando se aquece o enxofre.
14. Explique as diferenças nos ângulos de ligação e nos pontos de ebulição do H_2O e do H_2S.
15. Explique a formação das ligações π no O_2, O_3, SO_3 e SO_4^{2-}.
16. Descreva o processo industrial de fabricação do ácido sulfúrico. Enumere suas principais aplicações.
17. Descreva os métodos de preparação, propriedades e estruturas do SO_2, SO_3, H_2SO_5 e $H_2S_2O_8$.
18. a) Descreva as diferenças estruturais entre o SO_3 gasoso e sólido.

    b) Que reação ocorre entre SO_3 e H_2SO_4? Mostre a estrutura do produto.

    c) Descreva o efeito do calor sobre o $NaHSO_3$.

    d) Compare as estruturas dos íons SO_4^{2-} e $S_2O_3^{2-}$.

    e) Qual é a reação que ocorre entre o $Na_2S_2O_3$ e o I_2?

    f) Por que o ácido sulfuroso e os sulfitos são redutores?
19. Compare e assinale as diferenças entre os ácidos sulfúrico, selênico e telúrico.
20. Como se obtém $Na_2S_2O_3$? Explique sua utilização em fotografia e na análise volumétrica.
21. Quais são os principais fluoretos de enxofre? Como são obtidos, quais são suas estruturas e para que são usados?
22. Explique porque o SF_6 é inerte mas o TeF_6 reage com a água.
23. Apresente motivos que justifiquem a existência do SF_6 mas não do OF_6.

Grupo 17 OS HALOGÊNIOS

INTRODUÇÃO

O nome "halogênio" vem do grego e significa "formador de sal". Todos os elementos desse Grupo reagem diretamente com os metais formando sais, e também são muito reativos frente a não-metais. O flúor é o elemento mais reativo conhecido.

Todos esses elementos possuem sete elétrons no nível eletrônico mais externo. A configuração s^2p^5 indica que eles tem um elétron *p* a menos que o gás nobre mais próximo. Assim, os átomos desses elementos completam seu octeto ganhando um elétron (isto é, através da formação dos íons X^- e de ligações iônicas), ou então compartilhando um elétron com outro átomo (ou seja, formando uma ligação covalente). Seus compostos com metais são iônicos, enquanto que os compostos com os não-metais são covalentes.

Os halogênios apresentam semelhanças muito grandes dentro do Grupo. O flúor (o primeiro elemento do grupo) difere em diversos aspectos dos demais elementos do grupo. O primeiro elemento de cada um dos grupos dos elementos representativos difere significativamente dos demais pertencentes aos respectivos grupos. Os motivos dessas diferenças são:

1) O primeiro elemento é menor que os demais, e segura mais firmemente seus elétrons.
2) Não possui orbitais *d* de baixa energia que possam ser utilizados para formar ligações.

As propriedades do cloro e do bromo são mais semelhantes entre si que as dos outros pares de elementos, pois têm tamanhos similares. O raio iônico do Cl^- é 38% maior que o do F^-, mas o raio iônico do Br^- é apenas 6,5% maior que o do Cl^-. Essa diferença relativamente pequena no tamanho se deve aos dez elétrons $3d$ do Br^-, que proporcionam uma blindagem pouco eficiente da carga nuclear. Por causa disso, as eletronegatividades desses elementos também são muito semelhantes. Assim sendo, há poucas diferenças nas polaridades das ligações formadas pelo Cl e pelo Br com outros elementos.

Os estados de oxidação (+I) e (–I) são de longe os mais comuns, e depende se o halogênio é o elemento mais eletronegativo ou não. Todos os elementos, exceto o flúor, podem existir em estados de oxidação mais elevados. A ausência de orbitais *d* de baixa energia no segundo nível impede que o flúor forme mais de uma ligação covalente normal.

O flúor é um agente oxidante extremamente forte. Essa propriedade combinada com seu pequeno tamanho, faz com que os elementos aos quais ele está ligado alcancem seus estados de oxidação mais elevados . Os exemplos incluem IF_7, PtF_6, SF_6 e muitos hexafluoretos, BiF_5, SF_5, TbF_4, AgF_2 e $K[Ag^{III}F_4]$.

Todos os halogênios existem como moléculas diatômicas e são coloridos. O F_2 gasoso é amarelo claro, o gás Cl_2 é amarelo esverdeado, o Br_2 gasoso e líquido são castanho avermelhado escuros e o I_2 gasoso é violeta. As cores decorrem da absorção de luz quando um elétron do estado fundamental é promovido para um estado de maior energia. Nos elementos mais pesados, os níveis de energia envolvidos estão mais próximos, de modo que a energia de excitação se torna cada vez menor, e o comprimento de onda se torna maior.

O I_2 sólido cristaliza na forma de escamas pretas e apresenta um ligeiro brilho metálico. Embora a estrutura determinada por difração de raios X indique a presença de moléculas de I_2 discretas, a cor é remanescente de

Tabela 16.1 — Configurações eletrônicas e estados de oxidação

Elemento	Símbolo	Configuração eletrônica		Estados de oxidação*
Flúor	F	[He]	$2s^2 2p^5$	**–I**
Cloro	Cl	[Ne]	$3s^2 3p^5$	**–I** +I +III +IV +V +VI +VII
Bromo	Br	[Ar]	$3d^{10} 4s^2 4p^5$	**–I** +I +III +IV +V +VI
Iodo	I	[Kr]	$4d^{10} 5s^2 5p^5$	**–I** +I +III +V +VII
Astatínio	At	[Xe]	$4f^{14} 5d^{10} 6s^2 6p^5$	

* Os estados de oxidação mais importantes (geralmente os mais abundantes e estáveis) são mostrados em negrito. Outros estados bem caracterizados, mas menos importantes, são mostrados em tipo normal.

compostos de transferência de carga, e suas propriedades são diferentes daquelas dos outros sólidos moleculares. O sólido conduz eletricidade em pequeno grau e a condutividade aumenta com o aumento da temperatura. Esse comportamento é semelhante ao de um semicondutor intrínseco, e diferente daquele dos metais. Contudo, o I_2 líquido conduz muito pouco. Esse fato é atribuído à sua autoionização:

$$3I_2 \rightleftharpoons I_3^+ + I_3^-$$

Todos os isótopos estáveis dos halogênios possuem um "spin" nuclear diferente de zero. Essa propriedade é aproveitada na espectroscopia de ressonância magnética nuclear. Os deslocamentos químicos são medidos convenientemente, usando o isótopo ^{19}F.

Diversos produtos químicos halogenados são de interesse econômico e são produzidos em grande escala. Entre eles estão o Cl_2 (35,3 milhões de toneladas em 1994), o HCl anidro e o ácido clorídrico (12,3 milhões de toneladas em 1991), o HF anidro e o ácido fluorídrico (1,5 milhão de toneladas em 1994), Br_2 (370.000 toneladas em 1993) e ClO_2 (200.000 toneladas/ano).

OCORRÊNCIA E ABUNDÂNCIA

Todos os halogênios são muito reativos e não ocorrem no estado livre. Contudo, todos são encontrados na forma de compostos na crosta terrestre, exceto o astato (este é radioativo e tem meia-vida curta). O flúor é o décimo-terceiro elemento mais abundante em peso na crosta terrestre, e o cloro é o vigésimo. Esses dois elementos são razoavelmente abundantes, mas o bromo e o iodo são relativamente raros.

A principal fonte de flúor é o mineral CaF_2, conhecido como fluorita (o nome alternativo fluorita se deve à fluorescência do mineral, isto é, ele emite luz quando aquecido). A produção mundial foi de 3,6 milhões de toneladas em 1992. Os principais produtores são a China 42%; México, Mongólia e ex-União Soviética 8% cada, e África do Sul 7%. Outro mineral bastante conhecido contendo flúor é a fluorapatita, $[3(Ca(PO_4)_2.CaF_2]$. Ele é essencialmente utilizado como matéria-prima para a obtenção de fósforo. Não é utilizado para produzir HF e F_2, porque o mineral contém quantidades apreciáveis de SiO_2. Assim, o HF produzido reage com SiO_2 formando ácido fluorossilícico, $H_2[SiF_6]$. Uma pequena quantidade de $H_2[SiF_6]$ é sintetizada dessa maneira e é usada na fluoretação da água potável, no lugar do NaF . O mineral criolita, $Na_3[AlF_6]$, é muito raro. É encontrado somente na Groenlândia e é usado na obtenção eletrolítica do alumínio.

O composto mais abundante de cloro é o NaCl, do qual provém praticamente todo o Cl_2 e HCl produzidos. O consumo mundial de NaCl foi de 183,5 milhões de toneladas em 1992. Uma parte do NaCl é minerado como sal-gema, e a outra parte é obtida pela evaporação da água do mar ao sol. Os cloretos e brometos são lixiviados do solo pela ação das chuvas e são arrastados para o mar. A água do mar contém em média cerca de 15.000 ppm (1,5%) de NaCl. Todavia, a água de alguns lagos interiores contém quantidades bem maiores (o Mar Morto contém 8% e o Grande Lago Salgado/Utah, EUA, contém 23%). Os leitos secos de alguns lagos e mares contêm grandes depósitos de NaCl, misturados com quantidades menores de $CaCl_2$, KCl e $MgCl_2$. Em contraste, a quantidade de fluoretos na água do mar é muito baixa (1,2 ppm). Isso ocorre porque a água do mar contém uma grande concentração de Ca^{2+}, e o CaF_2 é insolúvel.

Tabela 16.2 — Abundância dos elementos na crosta terrestre, em peso

Elemento	ppm	abundância relativa
F	544	13º
Cl	126	20º
Br	2,5	47º
I	0,46	62º

Os brometos ocorrem na água do mar. Os iodetos só ocorrem na água do mar em pequenas concentrações, mas são absorvidos e concentrados pelas algas. Antigamente, o iodo era extraído de algas, mas atualmente há fontes mais convenientes. Algumas salmouras naturais contém elevadas concentrações de I^-. O iodato de sódio, $NaIO_3$, e o periodato de sódio, $NaIO_4$, ocorrem como impurezas nos depósitos de $NaNO_3$ (salitre) do Chile.

OBTENÇÃO E APLICAÇÕES DOS ELEMENTOS

Flúor

O flúor é extremamente reativo, dificultando enormemente a preparação e o manuseio do elemento. O flúor foi obtido pela primeira vez por Moissan, em 1886. Posteriormente, ele recebeu o Prêmio Nobel de Química (de 1906) por essas pesquisas. O flúor é obtido tratando-se CaF_2 com H_2SO_4 concentrado. Desta forma obtém-se uma solução aquosa de HF, que é posteriormente destilado para se obter HF anidro líquido. Finalmente, F_2 e H_2 são obtidos pela eletrólise de uma solução esfriada de KHF_2 em HF anidro (Fig. 16.1).

$$CaF_2 + H_2SO_4 \rightarrow CaSO_4 + 2HF$$
$$KF + HF \rightarrow K[HF_2]$$
$$HF + K[HF_2] \xrightarrow{\text{eletrólise}} H_2 + F_2$$

Há muitas dificuldades no processo de obtenção do flúor:

1) O HF é corrosivo e ataca o vidro. Também provoca queimaduras muito dolorosas, quando em contato com a pele. Essas queimaduras são provocadas em parte pela desidratação do tecido, e em parte pelo caráter ácido do HF. Os ferimentos se recuperam com dificuldade, porque os íons F^- removem o Ca^{2+} dos tecidos.
2) O HF gasoso também é muito tóxico (3 ppm), mais que o HCN (10 ppm).
3) O HF anidro só se ioniza parcialmente, sendo assim um mau condutor de eletricidade. Por isso, uma mistura de KF e HF é utilizado para aumentar a condutividade

e facilitar a eletrólise. Moissan utilizou uma mistura de KF e HF na razão molar de 1:13. Nessa proporção, a pressão de vapor de HF é elevada , acarretando problemas devido à sua toxicidade e propriedades corrosivas, mesmo quando a mistura é resfriada a −24 °C. Os métodos modernos utilizam geradores de flúor de temperatura média. Esses geradores usam uma mistura de KF:HF na proporção molar de 1:2, que tem uma pressão de vapor de HF muito menor. Essa mistura funde a cerca de 72 °C, uma condição mais fácil de se manter. Observe que o KF e o HF reagem para formar o sal $K^+[F\text{-}H\text{-}F]^-$.

4) A água deve ser rigorosamente excluída ou o flúor produzido irá oxidá-la a oxigênio.
5) O hidrogênio liberado no cátodo deve ser separado do flúor produzido no ânodo, com a ajuda de um diafragma. Caso contrário reagirão de modo explosivo.
6) O flúor é extremamente reativo. Por exemplo, inflama-se quando em contato com pequenas quantidades de graxa ou silício cristalino. O vidro e a maioria dos metais são atacados. É difícil encontrar materiais adequados para se construir os reatores. Moissan utilizou um tubo de platina em U, já que este metal é muito inerte (mas muito caro). Atualmente, o cobre ou o metal-monel (uma liga de Cu/Ni) são utilizados, por causa de seu menor custo. Uma película protetora de fluoreto se forma na superfície do metal, diminuindo a velocidade da reação com o flúor.
7) Os cátodos são feitos de aço e os ânodos de carbono, e teflon é utilizado como isolante elétrico. Não devem ser usados ânodos de grafita, pois esta reage com o flúor formando derivados de grafita, CF. Neste caso, os átomos de flúor invadem progressivamente os espaços interlamelares da grafita, afastando-as e dobrando-as. Esse processo vai diminuindo gradativamente a condutividade da grafita e a tensão elétrica necessária aumenta. Nesse caso há liberação de maior quantidade de calor e eventualmente pode ocorrer uma explosão. Para evitar isso, o eletrodo é feito com carbono desgrafitizado, compactando-se coque pulverizado impregnado com cobre.

Cilindros de F_2 podem atualmente ser encontrados no comércio. Contudo, para muitas de suas finalidades, o F_2 é convertido em ClF_3 (P.E. 12 °C), que embora muito reativo é menos desagradável e de transporte mais fácil.

$$3F_2 + Cl_2 \xrightarrow{200-300^\circ C} 2ClF_3$$

A produção de flúor só se tornou importante com o início da fabricação de fluoretos inorgânicos, tais como AlF_3 e $Na_3[AlF_6]$ sintético. Ambos são usados na obtenção do alumínio. O mineral natural criolita só é encontrado na Groenlândia e já está praticamente esgotada.

Na década de 1940, descobriu-se que os isótopos de urânio poderiam ser separados por difusão do gás UF_6. Isso foi importante na obtenção do urânio enriquecido necessário para a produção da primeira bomba atômica. O método da difusão gasosa ainda é utilizado no enriquecimento do urânio a ser usado como combustível em reatores nucleares. A indústria nuclear consome cerca de 75% do flúor produzido. O UF_6 é obtido como se segue:

$$U \text{ ou } UO_2 + HF \rightarrow UF_4$$
$$UF_4 + F_2 \rightarrow UF_6$$
$$UF_4 + ClF_3 \rightarrow UF_6$$

Os fluorocarbonetos são um grupo de compostos muito importantes e úteis, derivados dos hidrocarbonetos substituindo-se H por F. O tetrafluorometano, CF_4, é o fluorocarboneto correspondente ao metano. Os compostos totalmente fluorados, C_nF_{2n+2}, são denominados compostos perfluorados. Assim, o CF_4 é o perfluorometano. Os compostos perfluorados apresentam pontos de ebulição muito baixos em relação a seu peso molecular: isso se deve a atuação de forças intermoleculares muito fracas. Os fluorocarbonetos são extremamente inertes. Ao contrário do metano, o CF_4 pode ser aquecido ao ar sem que entre em combustão. Os fluorocarbonetos não são atacados por HNO_3 ou H_2SO_4 concentrados, nem por agentes oxidantes fortes como $KMnO_4$ ou O_3, e também por agentes redutores fortes como $Li[AlH_4]$ ou C a 1.000 °C. São atacados por Na fundido. Quando pirolisados a temperaturas muito elevadas, são rompidas as ligações C–C, mas não as ligações C–F. O tetrafluoroeteno, $F_2C=CF_2$ (P.E. −76,6 °C), pode ser obtido como se segue:

$$2CHClF_2 \xrightarrow{500-1000^\circ C} CF_2=CF_2 + 2HCl$$

Os fluoroalcenos desse tipo podem ser polimerizados, ou por processos térmicos, ou utilizando radicais livres como iniciadores. Dependendo do grau de polimerização, isto é, do peso molecular médio, os produtos obtidos podem ser óleos, graxas, ou sólidos constituídos por moléculas de elevado peso molecular, denominados politetrafluoroeteno. É semelhante à reação de polimerização do eteno (ou etileno), com a formação de polietileno (politeno). O politetrafluoroeteno é conhecido comercialmente como PTFE ou Teflon. Trata-se de um sólido plástico muito inerte, e útil por ser totalmente resistente ao ataque químico e por ser um isolante elétrico. Embora caro, é utilizado no laboratório. Também, é usado como revestimento em utensílios de cozinha não aderentes.

Os freons são clorofluorocarbonetos mistos. Compostos tais como $CClF_3$, CCl_2F_2 e CCl_3F são importantes como fluidos

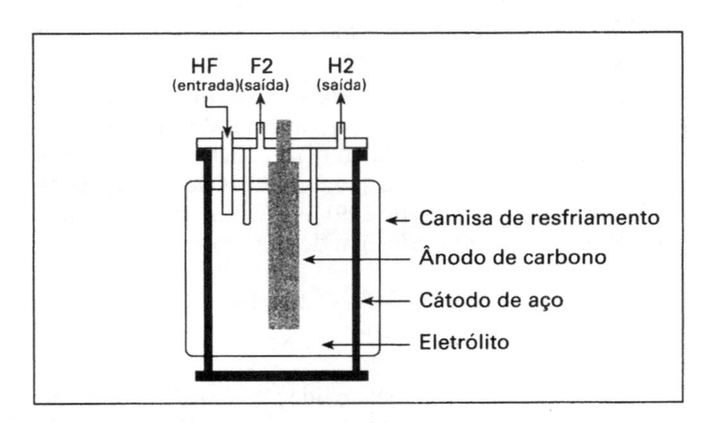

***Figura 16.1** — Cela de obtenção de flúor*

refrigerantes não-tóxicos e como propelentes de aerossóis. Também são muito inertes e serão discutidos mais adiante. O $CF_3CHBrCl$ é o anestésico conhecido como fluotano.

Além disso, o F_2 é usado na fabricação do SF_6, um gás muito inerte usado como dielétrico (isolante) em equipamentos de alta tensão. O F_2 é usado ainda na obtenção de outros agentes de fluoração, como ClF_3, BrF_3, IF_5 e SbF_5. O uso de F_2 como agente oxidante em motores de foguetes foi abandonado. O HF anidro tem muitas aplicações.

Pequenas quantidades de íons fluoreto, F^-, na água potável (cerca de 1 ppm) reduzem significativamente a incidência de cáries nos dentes. Os íons F^- tornam mais duro o esmalte dos dentes, pois reagem com a hidroxiapatita, $[3(Ca_3(PO_4)_2) \cdot Ca(OH)_2]$, formadora do esmalte na superfície dos dentes transformando-o em fluorapatita, $[3(Ca_3(PO_4)_2) \cdot CaF_2]$, muito mais dura. Contudo, concentrações de F^- superiores a 2 ppm provocam descoloração e surgimento de manchas nos dentes, e em concentrações ainda maiores é prejudicial à saúde. Em lugares onde a água contém quantidades insuficientes de íons F^- naturais, adiciona-se NaF e $H_2[SiF_6]$ à água potável. O NaF também é usado nos cremes dentais fluoretados (o creme dental fluoretado antigo continha SnF_2 e $Sn_2P_2O_7$).

Cloro

O cloro foi preparado pela primeira vez por Scheele, pela oxidação do HCl com MnO_2. Esse foi um dos métodos de preparação de cloro no laboratório, mas atualmente o cloro é comercializado em cilindros e pode ser facilmente encontrado.

$$H_2SO_4 + NaCl \rightarrow HCl + NaHSO_4$$
$$4HCl + MnO_2 \rightarrow MnCl_2 + 2H_2O + Cl_2$$

O gás preparado usando MnO_2 deve ser purificado. Inicialmente o HCl é removido borbulhando-se em água e, em seguida, o gás é desidratado borbulhando-se em H_2SO_4 concentrado. Caso seja necessário, a umidade pode ser ainda mais reduzida passando o gás cloro assim obtido sobre CaO e P_4O_{10}.

O cloro é produzido industrialmente em grandes quantidades, por dois métodos principais (cerca de 35,3 milhões de toneladas foram produzidos em 1994):

1) Pela eletrólise de soluções aquosas de NaCl, no processo de fabricação do NaOH.
2) Na eletrólise do NaCl fundido, no processo de fabricação do sódio (vide Capítulo 10).

Antes de 1960 o cloro era um subproduto desses processos. Desde então houve um grande aumento na demanda de cloro, principalmente na indústria de polímeros como o cloreto de polivinila (14,9 milhões de toneladas de PVC foram fabricados em 1991). Atualmente, o cloro é considerado o produto principal desses processos.

$$2NaCl + 2H_2O \xrightarrow{\text{eletrólise}} 2NaOH + Cl_2 + H_2$$
$$2NaCl \xrightarrow{\text{eletrólise}} 2Na + Cl_2$$

O cloro já foi obtido pela oxidação do HCl com ar, no processo Deacon. Esse processo se tornou obsoleto (vide Capítulo 10). Contudo, um processo Deacon modificado ainda é usado em pequenas proporções. Ele utiliza o HCl obtido como subproduto da pirólise do 1,2-dicloroetano, no processo de obtenção do cloreto de vinila, e um catalisador mais eficiente ($CuCl_2$ com óxido de "didímio" como promotor; "didímio" significa "gêmeos" e é o nome da mistura de praseodímio e neodímio). Esse catalisador torna-se ativo a uma temperatura um pouco menor que o do processo original.

$$CH_2Cl\text{-}CH_2Cl \xrightarrow{400-450°C} CH_2{=}CHCl + HCl$$

O gás cloro é tóxico e foi usado como gás de combate na I Guerra Mundial. O gás é detectado pelo olfato humano a uma concentrações de 3 ppm, e a 15 ppm provoca irritação na garganta e lacrimejamento. Concentrações maiores provocam tosse, danos nos pulmões e a morte.

A produção mundial de cloro é de cerca de 35,3 milhões de toneladas por ano (ex-União Soviética 43%, EUA 24%, Alemanha Ocidental 7%, Canadá e França 3% cada um, Japão e Inglaterra 2% cada um). Cerca de dois terços da produção é usado na fabricação de compostos organoclorados, um quinto como alvejante, e o restante na fabricação de vários compostos inorgânicos. O 1,2-dicloroetano e o monômero do cloreto de vinila são os dois compostos orgânicos clorados mais importantes. Ambos são utilizados na indústria de plásticos. O cloro também é usado na fabricação de:

solventes organoclorados, como cloreto de metila e cloreto de etila
percloro e dicloroeteno
mono, di e triclorobenzeno
hexaclorobenzeno
o inseticida DDT
fenóis clorados
hormônios de crescimento de vegetais (o ácido 2,4-diclorofenoxiacético e o ácido 2,4,6-triclorofenoxiacético são usados como herbicidas seletivos).

Grandes quantidades de cloro são empregados no alvejamento de tecidos, madeira, polpa e papel. O cloro é extensivamente empregado na purificação da água potável, por causa de sua capacidade de matar bactérias. Também encontra emprego na produção de uma grande variedade de produtos químicos inorgânicos, tais como:

alvejantes
hipoclorito de sódio, NaOCl
dióxido de cloro, ClO_2
clorato de sódio, $NaClO_3$
diversos cloretos de metais e de não-metais.

Bromo

O bromo é obtido a partir da água do mar e de lagos salgados. A água do mar contém cerca de 65 ppm de Br^-. Assim, 15 toneladas de água do mar contém cerca de 1 kg de bromo. O bromo é extraído da água do mar, mas é mais econômico utilizar salmouras naturais mais concentradas, como a do Mar Morto, ou salmouras de fontes em Arkansas e Michigan, nos EUA, e no Japão, que contém de 2.000 a 5.000 ppm de Br^-. Inicialmente o pH é ajustado para cerca de 3,5 com H_2SO_4. A seguir, Cl_2 gasoso é borbulhado na solução para oxidar o Br^- a Br_2. Esse é um exemplo de deslocamento de um elemento por outro situado mais acima na série eletroquímica.

$$Cl_2 + 2Br^- \rightarrow 2Cl^- + Br_2$$

O bromo é removido com o auxílio de um fluxo de ar, pois é muito volátil, e borbulhado numa solução de Na_2CO_3. O Br_2 é absorvido por essa solução, pois reage formando uma mistura de NaBr e $NaBrO_3$. Finalmente, a solução é acidificada e destilada para se obter o bromo puro.

$$3Br_2 + 3Na_2CO_3 \rightarrow 5NaBr + NaBrO_3 + 3CO_2$$
$$5NaBr + NaBrO_3 + 3H_2SO_4 \rightarrow 5HBr + HBrO_3 + 3Na_2SO_4$$
$$5HBr + HBrO_3 \rightarrow 3Br_2 + 3H_2O$$

A produção mundial de bromo foi de 370.000 toneladas em 1993 (EUA 45%, Israel 36%, Reino Unido 8% e Japão 4%). Em 1955, cerca de 90% do bromo produzido foi utilizado na fabricação de 1,2-dibromoetano, $CH_2Br\text{–}CH_2Br$, mas atualmente o consumo para essa finalidade é inferior a 50%. O 1,2-dibromoetano é adicionado à gasolina para remover o chumbo. O tetraetilchumbo é adicionado à gasolina para aumentar o índice de octanas, mas provoca a formação de depósitos de chumbo na combustão. O 1,2-dibromoetano é adicionado para impedir a formação de depósitos de chumbo nas velas de ignição e no motor. O chumbo é eliminado com os gases de escape, principalmente na forma de PbClBr. O uso de $PbEt_4$ como aditivo antidetonante da gasolina diminuiu consideravelmente. A tendência é diminuir ainda mais em função das preocupações ambientais, devido à toxicidade do chumbo e à conseqüente legislação restritiva em relação ao seu uso. Por isso, a produção do 1,2-dibromoetano também diminuiu.

Cerca de 20% do bromo produzido é empregado na obtenção de derivados orgânicos, tais como brometo de metila, brometo de etila e dibromocloropropano. Esses compostos são usados na agricultura: o MeBr é um nematicida e um pesticida utilizado no controle de insetos e fungos. Os outros dois são usados como pesticidas.

Cerca de 10% encontram emprego na fabricação de retardantes de chamas. Compostos bromados podem ser adicionados ao processo de polimerização, na fabricação de fibras acrílicas e de poliéster. É mais comum tornar os tecidos "resistentes" à chama, tratando-os com tris(dibromopropil)fosfato, $(Br_2C_3H_5O)_3PO$. Isso pode ser feito tanto durante a fiação com após a manufatura.

Outras aplicações incluem a fabricação de emulsões fotográficas e de produtos farmacêuticos. O AgBr é sensível à luz e é usado em filmes fotográficos e, também, em filtros bactericidas para água potável e na fabricação de corantes. O KBr é usado como sedativo e como anti-convulsivo no tratamento da epilepsia.

Iodo

Há dois métodos industriais diferentes de obtenção do iodo. O método usado depende da matéria-prima, ou seja, o salitre do Chile ou uma salmoura natural (por exemplo das fontes de Oklahoma e Michigan, nos EUA, ou do Japão).

O salitre do Chile é constituído essencialmente por $NaNO_3$, mas contém pequenas quantidades de iodato de sódio, $NaIO_3$, e periodato de sódio, $NaIO_4$. O $NaNO_3$ puro é obtido dissolvendo-se o salitre em água e recristalizando-o. Os resíduos de iodato se acumulam e se concentram na água-mãe. Eventualmente, esse concentrado é dividido em duas partes. Uma parte é reduzida com $NaHSO_3$ para formar I^-. Este é misturado com a parte não tratada para formar o I_2, que é filtrado e purificado por sublimação.

$$2IO_3^- + 6HSO_3^- \rightarrow 2I^- + 6SO_4^{2-} + 6H^+$$
$$5I^- + IO_3^- + 6H^+ \rightarrow 3I_2 + 3H_2O$$

A água do mar contém apenas 0,05 ppm de I^-, uma quantidade muito baixa para permitir uma exploração economicamente viável. A salmoura natural, que pode conter de 50 a 100 ppm, é tratada com Cl_2, para oxidar os íons I^- a I_2. Este é removido por um fluxo de ar, de modo semelhante ao bromo. Ou, após a oxidação com Cl_2, a solução pode ser passada através de uma resina de troca-iônica. O I_2 fica adsorvido na coluna na forma de íons triiodeto, I_3^-, que é removido da resina com uma solução alcalina.

A produção mundial de I_2 foi de 17.500 toneladas em 1992 (Japão 42%, Chile 35%, Estados Unidos 11% e União Soviética 9%). Não há uma aplicação predominante para o iodo . Cerca da metade é usado na obtenção de uma variedade de compostos orgânicos, incluindo o iodofórmio, CHI_3 (usado como antisséptico), e o iodeto de metila, CH_3I. O AgI é usado em filmes fotográficos e para semear nuvens para provocar a precipitação de chuvas artificiais. Pequenas quantidades de iodo são necessárias na dieta humana, por isso adiciona-se cerca de 10 ppm de NaI ao sal de cozinha. O KI é adicionado à ração de animais (mamíferos e aves). A glândula tireóide produz um hormônio de crescimento chamado tiroxina, que contém iodo. A deficiência de iodo provoca o bócio. O iodo é usado em pequenas quantidades como antisséptico: a tintura de iodo é uma solução aquosa de iodo em KI ("lugol") e o "iodo francês" é uma solução alcóolica de iodo. No laboratório, os iodetos e os iodatos são usados em análise volumétrica e na preparação do reagente de Nessler, $K_2[HgI_4]$, usado para detectar amônia.

Astato

O astato não ocorre na natureza, mas foram obtidos artificialmente mais de vinte isótopos. Todos são radioativos. Os isótopos mais estáveis são o ^{210}At (meia-vida de 8,3 horas) e o ^{211}At (meia-vida de 7,5 horas). O último foi obtido pela primeira vez em 1940, numa reação nuclear em que um alvo de bismuto foi bombardeado com partículas α de alta energia.

$$^{209}_{83}Bi + ^{4}_{2}He \longrightarrow ^{211}_{85}At + 2^{1}_{0}n$$

Métodos baseados em traçadores radioativos foram utilizados para estudar a química do ^{211}At, usando quantidades extremamente pequenas do elemento, ou seja, cerca de 10^{-14} mol. Esse isótopo sofre decaimento por captura eletrônica e por emissão de partículas α (vide no Capítulo 31, "Modos de decaimento"). O astato parece ser muito semelhante ao iodo.

Tabela 16.3 — Raios iônicos e covalentes

	Raio covalente (Å)	Raio iônico X^- (Å)
F	0,72	1,33
Cl	0,99	1,84
Br	1,14	1,96
I	1,33	2,20

ENERGIA DE IONIZAÇÃO

As energias de ionização dos halogênios mostram a tendência usual de diminuírem, à medida que os átomos aumentam de tamanho. Os valores são muito elevados, de modo que a tendência dos átomos perderem elétrons para formar íons positivos é pequena.

A energia de ionização para o F é consideravelmente maior que a dos demais elementos do grupo, por causa de seu pequeno tamanho. O F sempre se apresenta no estado de oxidação (-I), exceto no F_2. Ele forma compostos adquirindo um elétron e formando o íon F^-, ou compartilhando um elétron para formar uma ligação covalente.

O hidrogênio tem uma energia de ionização de 1.311 kJ mol^{-1} e forma íons H^+. A princípio, pode parecer surpreendente o fato dos halogênios Cl, Br e I não formarem íons simples X^+, apesar de terem energias de ionização menores que do H. A energia de ionização é a energia necessária para remover um elétron de um átomo isolado, formando um íon. Geralmente temos um sólido cristalino ou uma solução, de modo que precisamos considerar também as energias reticulares e de hidratação. Como o H^+ é muito pequeno, cristais contendo esse íon tem uma elevada energia reticular e sua energia de hidratação em solução também é muito grande (1.090 kJ mol^{-1}). Os íons negativos também possuem uma energia de hidratação. Assim, os íons H^+ são formados, porque a energia reticular ou a energia de hidratação é maior que a energia de ionização. Por outro lado, os íons X^+ seriam grandes e portanto teriam baixas energias reticulares e de hidratação. Como a energia de ionização seria maior que a energia de hidratação ou a energia reticular, esses íons normalmente não se formam. Contudo, são conhecidos alguns poucos compostos em que o íon I^+ é estabilizado por meio da formação de complexos com bases de Lewis, por exemplo $[I(piridina)_2]^+NO_3^-$. Esses compostos serão discutidos mais adiante no item "Propriedades básicas dos halogênios".

Tabela 16.4 — Energias de ionização, de hidratação e afinidade eletrônica

	Primeira energia de ionização (kJ mol^{-1})	Afinidade eletrônica (kJ mol^{-1})	Energia hidratação X^- (kJ mol^{-1})
F	1.681	–333	–515
Cl	1.256	–349	–370
Br	1.143	–325	–339
I	1.009	–296	–274
At	—	–270	—

Tabela 16.5 — Eletronegatividade e potencial de eletrodo

	Eletronegatividade de Pauling	Potencial de eletrodo padrão E° (volt)
F	4,0	+2,87
Cl	3,0	+1,40
Br	2,8	+1,09
I	2,5	+0,62
At	2,2	+0,3

As afinidades eletrônicas de todos os halogênios são negativas. Isso implica que há liberação de energia quando um átomo de halogênio recebe um elétron e $X \rightarrow X^-$. Portanto, todos os halogênios formam íons haleto.

TIPOS DE LIGAÇÃO FORMADOS E ESTADOS DE OXIDAÇÃO

A maioria dos compostos formados pelos halogênio com os metais são iônicos. Contudo, haletos covalentes são formados em alguns poucos casos em que o íon metálico é muito pequeno e tem carga elevada (as estruturas do $BeCl_2$ e do $AlCl_3$ são atípicas — vide Capítulos 11 e 12).

Todos os halogênios são muito eletronegativos (vide Tab. 16.5). Quando eles reagem com os metais, a diferença de eletronegatividades entre eles é grande: logo, as ligações são iônicas. Os íons haletos são facilmente formados. Isso pode ser inferido pelos elevados valores das afinidades eletrônicas (vide Tab. 16.4). Observe que há liberação de energia quando um átomo de halogênio gasoso recebe um elétron; isso também pode ser relacionado com o elevado valor positivo do potencial padrão de eletrodo para a reação $X_2/2X^-$ (Tab. 16.5). Os potenciais de eletrodo padrão podem ser convertidos numa escala de energia, usando a relação $\Delta G^\circ = -nFE^\circ$, onde n é o número de elétrons (no caso, 2) e F a constante de Faraday (96.486 kJ mol^{-1}). Os valores de E° decrescem de cima para baixo no Grupo, e a energia liberada na formação dos íons haleto também decresce nesse sentido. Muitos iodetos são parcialmente covalentes. Por exemplo, CdI_2 é um composto com estrutura lamelar e todos os iodetos têm pontos de fusão inferiores aos dos respectivos fluoretos.

Quando dois átomos de halogênio formam uma molécula, eles o fazem por meio de uma ligação covalente. A maior parte dos compostos de halogênios com não-metais também são covalentes. O flúor é sempre univalente e sempre tem número de oxidação (–I), pois é o elementos mais eletronegativo. No caso do Cl, Br e I, uma covalência igual a um é o caso mais comum. O estado de oxidação pode ser (–I) ou (+I), dependendo de qual dos átomos da molécula tem maior eletronegatividade.

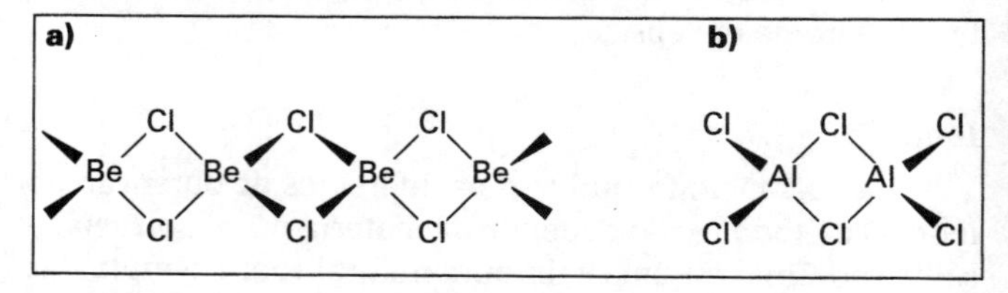

Figura 16.2 — Estrutura do a) $BeCl_2$ e do b) $AlCl_3$

Cl, Br e I podem ter valências mais elevadas, quando seus números de oxidação são (+III), (+V) e (+VII). Esses estados de valências superiores levam a formação de ligações covalentes, que evidentemente decorrem da promoção de elétrons de orbitais preenchidos *p* e *s* para níveis *d* vazios. Assim, os elétrons desemparelhados formam três, cinco e sete ligações covalentes. Há numerosos exemplos de compostos interhalogenados e de óxidos de halogênios em que esse elemento se encontra num desses estados de valência superiores.

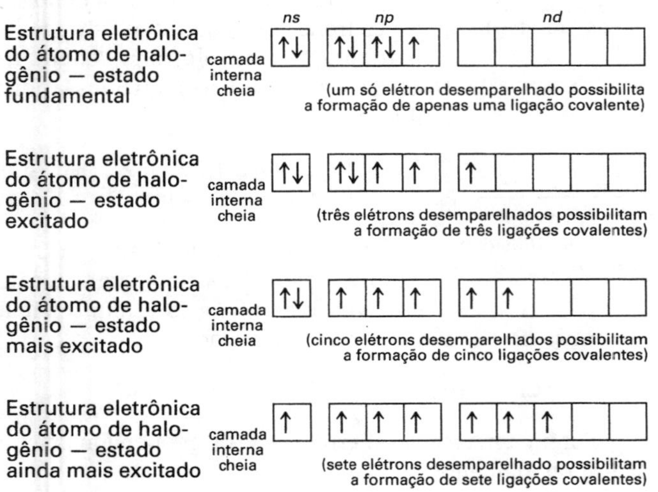

Os estados de oxidação (+IV) e (+VI) ocorrem nos óxidos ClO_2, BrO_2, Cl_2O_6 e BrO_3.

PONTOS DE FUSÃO E DE PONTOS DE EBULIÇÃO

Os pontos de fusão e de ebulição desses elementos crescem com o aumento do número atômico. À temperatura ambiente, o flúor e o cloro são gases, o bromo é líquido e o iodo é um sólido. Em locais de clima temperado, somente dois elementos são líquidos à temperatura ambiente, o bromo e o mercúrio (em locais de clima muito quente, o césio e o tálio também são líquidos). O I_2 sólido sublima sem se liqüefazer, à pressão atmosférica.

ENERGIA DE LIGAÇÃO NA MOLÉCULA X_2

Todos esses elementos formam moléculas diatômicas. Espera-se um decréscimo da energia de ligação nas moléculas X_2, à medida que aumenta o tamanho dos átomos, já que esse aumento provoca uma diminuição na eficiência das interações entre seus orbitais. Cl_2, Br_2 e I_2 seguem a tendência esperada (Tab. 16.7), mas a energia de ligação do F_2 desvia-se desse comportamento.

Tabela 16.6 — Pontos de fusão e pontos de ebulição

	Pontos de fusão (°C)	Pontos de ebulição (°C)
F_2	−219	−188
Cl_2	−101	−34
Br_2	−7	60
I_2	114	185

Tabela 16.7 — Energias de ligação e comprimentos de ligação de X_2

	Energias de ligação (energia livre de dissociação) ($kJ\ mol^{-1}$)	Comprimento da ligação em X_2 (Å)
F	126	1,43
Cl	210	1,99
Br	158	2,28
I	118	2,66

A energia de ligação do F_2 é anormalmente baixa (126 $kJ\ mol^{-1}$), sendo um dos principais motivos de sua grande reatividade (outros elementos do primeiro período da tabela periódica também têm energias de ligação inferiores as dos elementos seguintes nos respectivos grupos. Por exemplo, no Grupo 15, a ligação N–N na hidrazina é mais fraca que a ligação P–P e, no Grupo 16, a ligação O–O dos peróxidos é mais fraca que a ligação S–S). Duas explicações diferentes foram aventadas para explicar essa baixa energia de ligação:

1) Mulliken sugeriu que no Cl_2, Br_2 e I_2 existe um certo grau de *hibridização pd*, fazendo com que as ligações tenham um *certo caráter de ligação múltipla*. Com isso as ligações nesses elementos ficariam mais fortes que a ligação no F_2, no qual não há orbitais *d* disponíveis.
2) Coulson sugeriu que haveria uma repulsão internuclear apreciável, visto que os átomos de flúor são pequenos e a distância F–F também é pequena (1,48 Å). As intensas repulsões elétron-elétron dos pares isolados nos dois átomos de flúor enfraqueceriam a ligação.

Parece desnecessário recorrer às ligações múltiplas para explicar esses fatos, de modo que a explicação mais simples de Coulson é amplamente aceita.

PODER OXIDANTE

A afinidade eletrônica é a medida da tendência dos átomos de receber elétrons. Ela é máxima no cloro (vide Tab. 16.4). A oxidação implica na remoção de elétrons, de modo que um agente oxidante recebe elétrons. Portanto, os halogênios atuam como agentes oxidantes. A força de um agente oxidante (isto é, seu potencial redox) depende de diversos fatores energéticos, que podem ser convenientemente representados num ciclo de energia do tipo Born-Haber (Fig. 16.3).

O potencial de oxidação é a variação de energia entre o elemento no seu estado padrão e na forma de seus íons hidratados. No caso do iodo, isso corresponde à diferença de energia entre $1/2I_2$(sólido) e I^-(hidratado). O potencial de oxidação é igual à soma das energias fornecidas como entalpias de fusão, de vaporização e dissociação, menos a energia liberada como afinidade eletrônica e entalpia de hidratação.

Utilizando um ciclo semelhante, pode-se calcular o potencial de oxidação do bromo, ou seja para a transformação de $1/2Br_2$(líquido) em Br^-(hidratado) (observe que como o bromo é líquido em seu estado padrão, e o termo correspondente à energia livre de fusão deve ser omitido. Analoga-

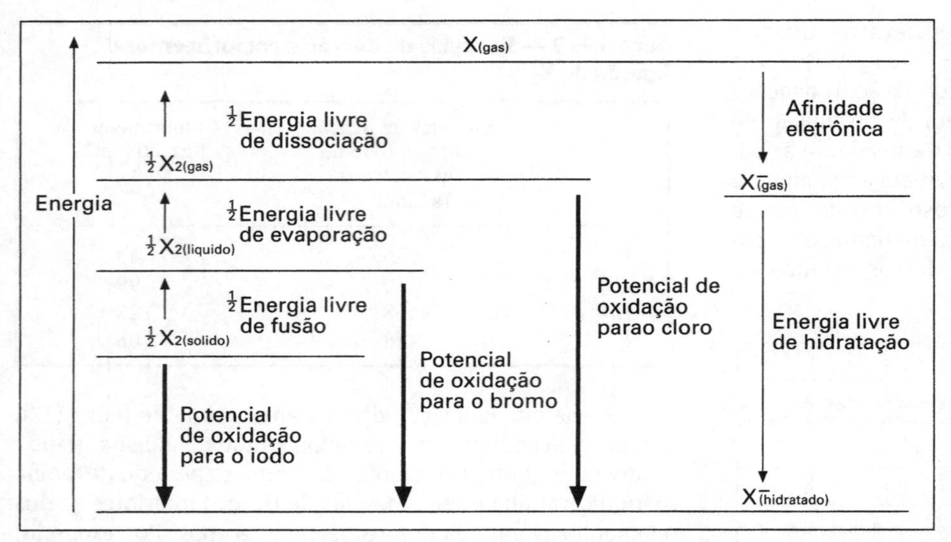

Figura 16.3 — Ciclo de energia mostrando os potenciais de oxidação dos halogênios. (Utilizou-se aqui o potencial de oxidação em vez do potencial de redução para enfatizar que os halogênios são fortes agentes oxidantes. Lembre que $\Delta G^\circ = -nFE$)

mente, as entalpias de fusão e de vaporização devem ser omitidas no cálculo do potencial de oxidação do cloro e do flúor, dado que ambos são gases.

Embora o cloro tenha a maior afinidade eletrônica, e os átomos de cloro aceitem elétrons mais facilmente, ele não é o agente oxidante mais forte (vide Tab. 16.8). Isso ocorre, pois quando todos os termos do ciclo de energia são somados o flúor tem o menor valor de ΔH^o. Visto que a diferença entre ΔG^o e ΔH^o não é significativo, o flúor aceita elétrons mais prontamente que o cloro e é o agente oxidante mais forte. Há duas razões principais para esse fato:

1) O F_2 tem baixa entalpia de dissociação (conseqüência da ligação F–F fraca)
2) O F_2 tem uma elevada energia livre de hidratação (decorrente do menor tamanho dos íons F^-).

O flúor é um agente oxidante muito forte, e substituirá o Cl^- tanto em solução como nos compostos sólidos. Analogamente, o gás cloro deslocará o Br^- de suas soluções (esta é a base do método industrial de obtenção do bromo a partir da água do mar). Em geral, qualquer halogênio de menor número atômico oxidará íons haleto de maior número atômico.

Tabela 16.8 — Valores de entalpia (ΔH^o) para $1/2\ X_2 \rightarrow X$(hidratado) (todos os valores em kJ mol^{-1})

	$^1/_2$ entalpia de fusão	$^1/_2$ entalpia de evaporação	$^1/_2$ entalpia de dissociação	Afinidade eletrônica	Entalpia de hidratação	Total de ΔH^o
F_2	—	—	+159/2	−333	−513	−836
Cl_2	—	—	+243/2	−349	−370	−597,5
Br_2	—	+30/2	+193/2	−325	−339	−552,5
I_2	+15/2	+42/2	+151/2	−296	−274	−466

REAÇÃO COM ÁGUA

Todos os halogênios são solúveis em água, mas o grau em que reagem com a mesma e o mecanismo da reação variam. O flúor é um agente oxidante tão forte que oxida a água a oxigênio. A reação é espontânea e fortemente exotérmica (a variação de energia livre é grande e negativa). A oxidação pode ser considerada como sendo a remoção de elétrons, de modo que um agente oxidante recebe elétrons. Logo, os átomos de flúor são reduzidos a íons fluoreto.

$$F_2 + 3H_2O \rightarrow 2H_3O^+ + 2F^- + {}^1/_2O_2$$
$$\Delta G^o = -795 \text{ kJ mol}^{-1}$$

Uma reação semelhante entre o cloro e a água é termodinamicamente possível, mas a reação é muito lenta, por causa da elevada energia de ativação.

$$Cl_2 + 3H_2O \rightarrow 2H_3O^+ + 2Cl^- + {}^1/_2O_2$$

Porém, uma reação alternativa de desproporcionamento ocorre rapidamente:

$$\underset{(0)}{Cl_2} + H_2O \rightarrow \underset{(-I)}{HCl} + \underset{(+I)}{HOCl}$$

Estado de oxidação do cloro (0) (−I) (+I)

Uma reação de desproporcionamento análoga ocorre com o bromo e o iodo, mas em pequeníssima extensão. Assim, uma solução aquosa saturada de Cl_2, a 25 °C, contém cerca de dois terços de X_2 hidratado e um terço de OCl^-. Soluções de Br_2 e de I_2 contêm somente uma quantidade muito pequena de OBr^- e uma quantidade desprezível de OI^-, respectivamente.

O iodo é um agente oxidante ainda mais fraco. A variação da energia livre é positiva, indicando que é necessário fornecer energia para que o iodo oxide a água.

$$I_2 + H_2O \rightarrow 2H^+ + 2I^- + {}^1/_2O_2 \qquad \Delta G^o = +105 \text{ kJ mol}^{-1}$$

Assim, o valor de ΔG^o da reação inversa será igual a -105 kJ mol^{-1}, de modo que essa reação deveria ocorrer espontaneamente. Esse é efetivamente o caso. O oxigênio da atmosfera oxida os íons iodeto a iodo. No ponto de equivalência de uma titulação de iodo com tiossulfato de sódio, o iodo inicialmente presente terá sido totalmente convertido em íons iodeto. Logo, a cor azul do indicador de

Tabela 16.9 — Concentrações em soluções aquosas saturadas a 25°C

	Solubilidade (mol l^{-1})	Concentração $X_{2(hidratado)}$ (mol l^{-1})	Concentração HOX (mol l^{-1})
Cl_2	0,091	0,061	0,030
Br_2	0,21	0,21	$1{,}1\times10^{-3}$
I_2	0,0013	0,0013	$6{,}4\times10^{-6}$

amido na presença do iodo desaparece e a solução se torna incolor.

$$I_2 + 2S_2O_3^{2-} \rightarrow 2I^- + S_4O_6^{2-}$$

Se o frasco em que foi feita a titulação for deixado em repouso por dois ou três minutos, o indicador se torna novamente azul . Isso ocorre porque o oxigênio do ar reoxidou o I^- a I_2, que reage com o amido regenerando a cor azul.

$$2I^- + {}^1/_2O_2 + 2H^+ \rightarrow I_2 + H_2O$$

Considera-se como sendo o final da titulação o ponto em que a cor desaparece e *a solução permanece incolor durante meio minuto.*

REATIVIDADE DOS ELEMENTOS

O flúor é o mais reativo de todos os elementos da tabela periódica. Ele reage com todos os outros elementos, exceto os gases nobres mais leves He, Ne e Ar. Reage com o xenônio em condições brandas, formando fluoretos de xenônio (vide Capítulo 17). Suas reações com a maioria dos elementos são vigorosas e muitas vezes explosivas. Alguns metais como Cu, Ni, Fe e Al, numa forma maciça, ficam recobertos por uma camada protetora de fluoreto. Contudo, se esses metais forem pulverizados (aumento da superfície de contato), ou se a mistura reacional for aquecida, então a reação será vigorosa. A reatividade dos demais halogênios diminui na ordem Cl > Br > I. O cloro e o bromo reagem com a maioria dos elementos, embora menos vigorosamente que o flúor. O iodo é menos reativo e não se combina com elementos tais como S e Se. Geralmente, o flúor e o cloro oxidam os elementos para estados de oxidação mais elevados que o bromo e o iodo, provocando a obtenção de compostos nos quais esses elementos se encontram nos seus estados de oxidação mais elevados, como por exemplo no PBr_3 e PCl_5, e no S_2Br_2, SCl_2 e SF_6.

A grande reatividade do flúor é atribuída a dois fatores:

1) À pequena energia de dissociação da ligação F–F (energia de ativação da reação é baixa).
2) À formação de ligações muito fortes.

Ambos os fatores são decorrentes do pequeno tamanho do átomo de flúor. As ligações F–F são fracas, por causa da repulsão entre os pares de elétrons isolados nos dois átomos. Formam-se ligações fortes, por causa do elevado número de coordenação e da elevada energia reticular.

São mostradas na Tab. 16.10 as energias de algumas ligação. Essas energias podem ser utilizadas para explicar porque os halogênios formam ligações muitos fortes. Muitas delas são inclusive mais fortes que a ligação C–C, que é considerada uma ligação muito forte (a energia da ligação C–C é igual a 347 kJ mol^{-1}).

Tabela 16.10 — Algumas energias de ligação de compostos dos halogênios (todos os valores em kJ mol^{-1})

	HX	BX_3	AlX_3	CX_4	NX_3	X_2
F	566	645	582	439	272	159
Cl	431	444	427	347	201	243
Br	366	368	360	276	243	193
I	299	272	285	238	*	151

* Instável e explosivo

Tabela 16.11 — Algumas reações dos halogênios

Reação	Comentários
$2F_2 + 2H_2O \rightarrow 4H^+ + 4F^- + O_2$	Reação enérgica com o F
$2I_2 + 2H_2O \leftarrow 4H^+ + 4I^- + O_2$	I reage no sentido inverso
$X_2 + H_2O \rightarrow H^+ + X^- + HOX$	Cl > Br > I (não com o F)
$X_2 + H_2 \rightarrow 2HX$	Todos os halogênios
$nX_2 + 2M \rightarrow 2MX_n$	A maioria dos metais formam haletos Com F a reação é a mais enérgica
$X_2 + CO \rightarrow COX_2$	Cl e Br formam haletos de carbonila
$3X_2 + 2P \rightarrow 2PX_3$	Todos os halogênios formam trihaletos As, Sb e Bi também formam trihaletos
$5X_2 + 2P \rightarrow 2PX_5$	F, Cl e Br formam pentahaletos AsF_5, SbF_5, BiF_5, $SbCl_5$
$X_2 + 2S \rightarrow S_2X_2$	Cl e Br
$2Cl_2 + S \rightarrow SCl_4$	Somente o Cl
$3F_2 + S \rightarrow SF_6$	Somente o F
$X_2 + H_2S \rightarrow 2HX + S$	Todos os halogênios oxidam S^{2-} a S
$X_2 + SO_2 \rightarrow SO_2X_2$	F e Cl
$3X_2 + 8NH_3 \rightarrow N_2 + 6NH_4X$	F, Cl e Br
$X_2 + X'_2 \rightarrow 2XX'$	Compostos interhalogenados
$X_2 + XX' \rightarrow X'X_3$	Formam compostos interhalogenados superiores

HALETOS DE HIDROGÊNIO HX

É comum referir-se aos compostos HX anidros como haletos de hidrogênio, e a suas soluções aquosas como ácidos halogenídricos.

Todos os halogênios reagem com o hidrogênio formando hidretos, HX, embora esse não seja o método usual de obtenção dos mesmos, exceto no caso do HCl. A reatividade frente ao hidrogênio decresce de cima para baixo dentro do grupo. Hidrogênio e flúor reagem violentamente. A reação com cloro é lenta no escuro, mas rápida à luz e explosiva quando exposta a radiação solar. A reação com o iodo é lenta à temperatura ambiente.

HF

O método industrial de obtenção do HF é pelo aquecimento de CaF_2 com H_2SO_4. A reação é endotérmica: daí a necessidade de aquecimento. É importante a remoção de todas as impurezas de SiO_2 do CaF_2, pois essas impurezas podem consumir grande parte do HF produzido.

$$CaF_2 + H_2SO_4 \rightarrow CaSO_4 + 2HF$$
$$SiO_2 + 4HF \rightarrow SiF_4 + 2H_2O$$
$$SiF_4 + 2HF_{(aq)} \rightarrow H_2[SiF_6]$$

O HF é purificado por sucessivas lavagens, esfriamento e destilação fracionada, resultando num produto final de 99,95% de pureza. A produção mundial de HF é de cerca de 1,5 milhão de toneladas por ano em 1994, sendo que mais de 80.000 t/ano são produzidos no Reino Unido.

O HF gasoso é muito tóxico e só deveria ser manuseado em capelas com boa exaustão. As soluções de HF são denominadas ácido fluorídrico, e são muito corrosivas. O ácido fluorídrico é normalmente utilizado em equipamentos de cobre ou metal-monel, pois reage com o vidro formando o íon hexafluorossilicato, $[SiF_6]^{2-}$.

$$SiO_2 + 6HF \rightarrow [SiF_6]^{2-} + 2H^+ + 2H_2O$$

Surpreendentemente, a velocidade de corrosão é menor quando a concentração do ácido é superior a 80%. As principais aplicações do HF são as seguintes:

1) Dois terços da produção são utilizados na obtenção de clorofluorocarbonetos (freons), também conhecidos como CFC's. São utilizados como fluidos refrigerantes e propelentes de aerossóis. O uso dos CFCs está sendo abandonado, por causa do dano que provocam na camada de ozônio, da atmosfera superior (vide Capítulo 13, "Tetrahaletos").

$$CCl_4 + 2HF \xrightarrow[+SbCl_5]{\text{condições anidras}} \underset{\text{freon}}{CCl_2F_2} + 2HCl$$

2) Cerca de 14% são usados na produção de AlF_3 e criolita sintética, empregados na extração eletrolítica do alumínio (vide Capítulo 3).
3) Cerca de 2% são empregados no processamento do urânio (obtenção dos intermediários UF_4 e UF_6).
4) Cerca de 4% da produção é utilizada na forma anidra, como catalisador de reações de alquilação na indústria petroquímica, na obtenção de alquilbenzenos de cadeia longa. Estes são a seguir convertidos em alquilbenzenossulfonatos e usados como detergentes.
5) O HF aquoso é usado no tratamento do aço (cerca de 4%), para gravar o vidro, fabricar herbicidas e diversos fluoretos, inclusive o BF_3.

$$B_2O_3 + 6HF \xrightarrow{H_2SO_4 \text{ conc.}} 2BF_3 + 3H_2SO_4 \cdot H_2O$$
$$Al_2O_3 + 6HF \rightarrow 2AlF_3 + 3H_2O$$

HCl

O HCl é produzido industrialmente em grande escala. A produção mundial foi de 12,3 milhões de toneladas em 1991 (EUA 24%, China 21%, Alemanha e Japão 7% cada um, França e Itália 5% cada e Bélgica 3%). Há diversos métodos de obtenção:

1) Antigamente o HCl era obtido exclusivamente pelo método "salt cake". Nesse método, o sal-gema (NaCl) é tratado com H_2SO_4 concentrado. A reação é endotérmica e realizada em duas etapas, a diferentes temperaturas. A primeira dessas reações era efetuada a cerca de 150 °C. O NaCl sólido reage com o H_2SO_4, e fica recoberto com uma camada de $NaHSO_4$ insolúvel. Isso impede a continuação da reação e deu origem ao nome "salt cake".

Na segunda etapa, a mistura era aquecida a cerca de 550 °C, quando ocorria nova reação com H_2SO_4 e a formação de Na_2SO_4. Esse subproduto era vendido principalmente para a indústria de papel (é utilizado no processo Kraft).

$$NaCl + H_2SO_4 \xrightarrow{150°C} HCl_{(g)} + NaHSO_4$$
$$NaCl + NaHSO_4 \xrightarrow{550°C} HCl_{(g)} + Na_2SO_4$$

2) Grandes quantidades de HCl impuro são obtidos como subproduto na indústria química orgânica pesada. Por exemplo, ocorre formação de HCl na conversão de 1,2-dicloroetano, $CH_2Cl\text{–}CH_2Cl$, em cloreto de vinila, $CH_2{=}CHCl$, e na fabricação de derivados clorados do etano e de fluorocarbonetos clorados. Atualmente essas são as maiores fontes de HCl.
3) HCl de alta pureza é obtido pela combinação direta dos elementos. Uma mistura gasosa de H_2 e Cl_2 é explosiva. Contudo, a reação transcorre de modo controlado se a mistura dos gases for "queimado" numa câmara de combustão especial. O processo é fortemente exotérmico.
4) No laboratório, o HCl pode ser obtido de maneira conveniente tratando-se NH_4Cl com H_2SO_4 concentrado. O NH_4Cl é mais caro que o NaCl (usado no processo "salt cake"). Contudo, prefere-se o NH_4Cl, porque o NH_4HSO_4 é solúvel e a reação não é interrompida na primeira etapa.

$$2NH_4Cl + H_2SO_4 \rightarrow 2HCl + (NH_4)_2SO_4$$

O gás cloreto de hidrogênio é muito solúvel em água. Soluções aquosas de HCl são comercializadas como *ácido clorídrico*. Uma solução saturada a 20 °C contém 42% de HCl em peso e o ácido "concentrado" normalmente contém cerca de 38% de HCl em peso (solução aproximadamente 12 M). O ácido clorídrico puro é incolor, mas soluções de grau técnico costumam ser amareladas, por causa da contaminação com Fe(III). É utilizado principalmente na limpeza de metais, isto é, na remoção de camadas de óxidos de sua superfície. Também é usado na obtenção de cloretos de metais, de corantes e na indústria do açúcar.

O HCl gasoso é convenientemente preparado no laboratório, a partir de HCl e H_2SO_4 concentrados.

HBr e HI

O HBr e o HI são obtidos por meio da reação de ácido fosfórico concentrado, H_3PO_4, com brometos e iodetos de metais, num processo semelhante ao do "salt cake" para o HCl. Observa-se que é necessário utilizar um ácido não oxidante, como o ácido fosfórico. O H_2SO_4 concentrado é um agente oxidante forte e oxidaria o HBr a Br_2 e o HI a I_2.

$$H_3PO_4 + NaI \rightarrow HI + NaH_2PO_4$$

A preparação de laboratório convencional, baseia-se na redução do bromo ou do iodo com fósforo vermelho em água. Obtém-se HBr pela adição de bromo a uma mistura de fósforo vermelho e água. No caso do HI, adiciona-se água a uma mistura de fósforo e iodo.

Tabela 16.12 — Algumas propriedades de compostos HX

	Ponto de fusão (°C)	Ponto de ebulição (°C)	Densidade (g cm^{-3})	Valores pK_a	Composição da mistura azeotrópica (% em peso)
HF	−83,1	19,9	0,99	3,2	35,37
HCl	−114,2	−85,0	1,19	−7	20,24
HBr	−86,9	−66,7	2,16	−9	47,00
HI	−50,8	−35,4	2,80	−10	57,00

$$H_3PO_4 + NaBr \rightarrow HBr + NaH_2PO_4$$

$$\underset{\text{vermelho}}{2P} + 3Br_2 \rightarrow 2PBr_3 \xrightarrow{+6H_2O} 6HBr + 2H_3PO_3$$

$$\underset{\text{vermelho}}{2P} + 3I_2 \rightarrow 2PI_3 \xrightarrow{+6H_2O} 6HI + 2H_3PO_3$$

O HF é um líquido nas proximidades da temperatura ambiente (P.E. 19,9 °C), e o HCl, HBr e HI são gases. Os pontos de ebulição aumentam regularmente do HCl para o HBr e deste para o HI, mas o valor para o HF está completamente deslocado dessa correlação.

A temperatura de ebulição, inesperadamente elevado do HF, decorre das ligações de hidrogênio que se formam entre o átomo de F de uma molécula e o átomo de H de outra molécula. Isso interliga as moléculas de modo a formar uma cadeia $(HF)_n$ em zigue-zague, tanto no líquido como no sólido. No estado gasoso também ocorre a formação de ligações de hidrogênio: o gás é constituído por uma mistura de polímeros cíclicos $(HF)_6$, de dímeros $(HF)_2$ e do HF monomérico. O HCl, o HBr e o HI não formam ligações de hidrogênio no estado gasoso e líquido, embora o HCl e o HBr formem ligações de hidrogênio fracas no estado sólido.

As ligações de hidrogênio são geralmente fracas (5–35 kJ mol^{-1}) quando comparadas com ligações covalentes normais (C–C 347 kJ mol^{-1}), mas seu efeito é muito significativo. Os elementos mais eletronegativos flúor e oxigênio (e em menor grau o cloro) formam as ligações de hidrogênio mais fortes (a energia da ligação de hidrogênio F–H···F é igual a 29 kJ mol^{-1} no $HF_{(g)}$).

No estado gasoso os hidretos são essencialmente covalentes, mas se dissociam em meio aquoso. Não há formação de íons H^+, já que o próton é transferido do HCl para o H_2O, com a formação de $[H_3O]^+$. O HCl, HBr e HI se dissociam quase completamente e conseqüentemente são ácidos fortes. O HF só se dissocia parcialmente e é um ácido fraco.

$$HCl + H_2O \rightarrow [H_3O]^+ + Cl^-$$

As soluções aquosas formam misturas azeotrópicas com pontos de ebulição máximos, por causa do desvio negativo

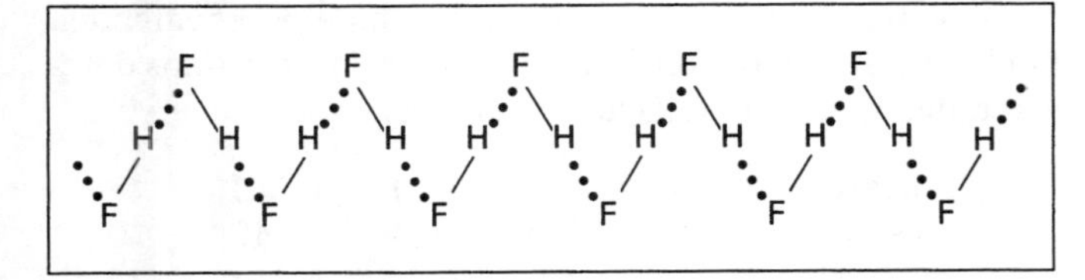

Figura 16.4 — Cadeia ligada por pontes de hidrogênio no HF sólido

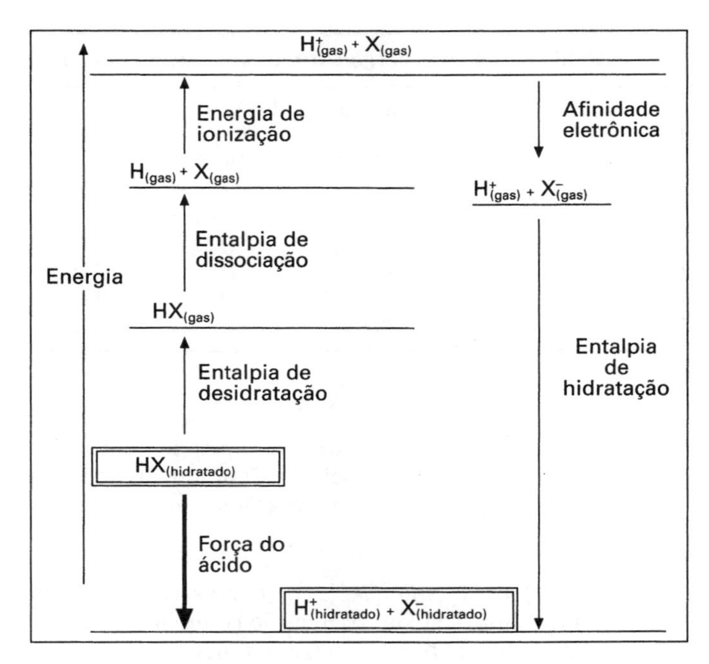

Figura 16.5 — Ciclo de energias mostrando as forças dos ácidos halogenídricos

em relação à lei de Raoult. Misturas azeotrópicas são às vezes usadas como solução padrão em análise volumétrica, porque o azeótropo sempre tem a mesma composição.

Embora o HCl, o HBr e o HI se dissociem completamente em água, o grau de ionização é muito menor em solventes menos ionizantes, como o ácido acético anidro. Assim, o HCl dissocia-se menos que o HI em ácido acético glacial. Logo, em ácido acético o HI é o ácido mais forte, seguido pelo HBr e HCl, sendo o HF o mais fraco.

É a princípio paradoxal que o HF seja o ácido mais fraco em água, já que o HF apresenta a maior diferença de eletronegatividade dentre os hidretos de halogênio e portanto deva ter o maior caráter iônico. Contudo, a força ácida é a tendência que tem as moléculas hidratadas de formarem íons hidrogênio:

$$HX_{(hidratado)} \rightarrow H^+{}_{(hidratado)} + X^-{}_{(hidratado)}$$

Isso pode ser representado em etapas: dissociação, ionização e hidratação, num ciclo de energias.

A força ácida é dada pela soma dos termos energéticos no ciclo mostrado na Fig. 16.5.

força ácida = entalpia de desidratação
+ entalpia de dissociação
+ energia de ionização do H^+
+ afinidade eletrônica do X^-
+ entalpia de hidratação do H^+ e X^-

Os fatores que fazem com que o HF seja o ácido halogenídrico mais fraco em solução aquosa tornam-se evidentes ao examinarmos mais detalhadamente os vários termos do ciclo termodinâmico. A constante de dissociação K da reação

$$HX_{(hidratado)} \rightleftharpoons H^+{}_{(hidratado)} + X^-{}_{(hidratado)}$$

é dada pela equação:

Tabela 16.13 — Ciclo de energias (todos os valores em kJ mol^{-1})

	Entalpia de desidratação	Entalpia de dissociação	Energia de ionização $H \rightarrow H^+$	Afinidade eletrônica de X	Entalpia de hidratação		ΔH total	$T\Delta S$	$\Delta G = (\Delta H - T\Delta S)$
					H^+	X^-			
HF	48	574	1.311	–338	–1.091	–513	–18	51	–69
HCl	18	428	1.311	–355	–1.091	–370	–68	68	–124
HBr	21	363	1.311	–331	–1.091	–339	–75	59	–134
HI	23	295	1.311	–302	–1.091	–394	–167	62	–229

$$\Delta G^o = -RT\ln K$$

(onde ΔG^o é a energia livre padrão de Gibbs, R a constante dos gases e T a temperatura absoluta). Contudo, ΔG depende da variação de entalpia ΔH e da variação de entropia, ΔS.

$$\Delta G = \Delta H - T\Delta S$$

As variações de entalpia (ΔH), das várias etapas do ciclo termodinâmico da Fig. 16.5, estão compiladas na Tab. 16.13. Os valores de ΔH para os diversos ácidos halogenídricos são todos negativos, indicando que há liberação de energia nesse processo, sendo, portanto, a conversão termodinamicamente possível. Contudo, o valor para o HF é menor quando comparado com os valores para HCl, HBr e HI. Assim, a hidratação do HF ocorre com liberação de uma pequena quantidade de energia em meio aquoso, enquanto que os demais ácidos liberam uma quantidade considerável de calor.

O valor baixo do ΔH global no caso do HF resulta de diversos fatores:

1) As entalpias de dissociação indicam que as ligações H–F são muito mais fortes que as ligações H–Cl, H–Br e H–I. A energia de dissociação do HF é quase o dobro daquela do HI (a força da ligação HF também se reflete no pequeno comprimento dessa ligação: 1,0 Å comparado com 1,7 Å da ligação no HI).
2) A entalpia de desidratação para a etapa $HX_{(hidratado)} \rightarrow HX_{(gás)}$ é muito maior para o HF que para os demais ácidos da série. Isso se deve às fortes ligações de hidrogênio que ocorrem nas soluções aquosas de HF.
3) O valor inesperadamente baixo da afinidade eletrônica do F^- também contribui. Assim, embora a entalpia de hidratação do F^- seja muito grande, não é suficiente para compensar esses outros termos.

Se desconsiderarmos o termo TΔS, os valores de ΔH podem ser convertidos nos correspondentes valores de ΔG. A partir deles é possível se estimar as constantes de dissociação: HF, $K = 10^{-3}$; HCl, $K = 10^8$; HBr, $K = 10^{10}$; e HI, $K = 10^{11}$.

As constantes de dissociação indicam claramente que o HF dissocia-se muito pouco em água, sendo portanto um ácido fraco. Por outro lado, os outros três ácidos estão quase que totalmente dissociados, sendo portanto, ácidos fortes.

O HF líquido foi usado como solvente não-aquoso. Ele sofre auto-ionização

$$2HF \rightleftharpoons [H_2F]^+ + F^-$$

Reações ácido-base ocorrem nesse solvente. Contudo, o próprio solvente apresenta uma forte tendência de doar prótons. Assim, quando ácidos inorgânicos típicos como HNO_3, H_2SO_4 e HCl, são dissolvidos no HF, eles são forçados a receber prótons do mesmo. Portanto, os ácidos inorgânicos em questão na realidade se comportam como bases *nesse solvente*. A grande capacidade de doar prótons exibida pelo HF implica que poucas substâncias podem atuar como ácidos nesse solvente. O ácido perclórico é uma exceção e se comporta como ácido. Os únicos compostos diferentes de $HClO_4$ que se comportam como ácidos em HF são receptores de fluoretos, como SbF_5, NbF_5, AsF_5 e BF_3. Muitos compostos reagem com HF, limitando sua utilidade como solvente. O HF é um meio útil para preparar fluorocomplexos, tais como $[SbF_6]^-$ e fluoretos.

HALETOS

Haletos iônicos

A maioria dos haletos iônicos contém o íon metálico nos estados de oxidação (+I), (+II) ou (+III). Isso inclui os haletos do Grupo 1, do Grupo 2 (exceto o Be), os lantanídeos, e *alguns* dos metais de transição. A maioria dos haletos iônicos é solúvel em água, formando íons haleto e metálicos hidratados. Alguns poucos desses haletos são insolúveis: LiF, CaF_2, SrF_2, BaF_2 e os cloretos, brometos e iodetos de Ag(+I), Cu(+I), Hg(+I), e Pb(+II). Geralmente a solubilidade aumenta do F^- para o I^- (desde que sejam iônicos), pois a energia reticular diminui à medida que o raio iônico aumenta.

Haletos moleculares (covalentes)

No caso de metais com valência variável, geralmente o estado de oxidação mais alto é encontrado com os fluoretos. Por exemplo: o ósmio forma OsF_6 com F, mas somente $OsCl_4$, $OsBr_4$ e OsI_4 com os demais halogênios. Os elementos em estados de oxidação elevados geralmente formam compostos covalentes. Num metal com estados de oxidação variáveis, aqueles mais elevados serão covalentes e os mais baixos serão iônicos. Por exemplo, o UF_6 é covalente e gasoso, enquanto que o UF_4 é um sólido iônico. Analogamente, o $PbCl_4$ é covalente e o $PbCl_2$ é iônico. A maioria dos elementos mais eletronegativos também forma haletos covalentes, também conhecidos como haletos moleculares. Muitos deles são rapidamente hidrolisados pela água:

$$BCl_3 + 3H_2O \rightarrow H_3BO_3 + 3H^+ + 3Cl^-$$
$$SiCl_4 + 4H_2O \rightarrow Si(OH)_4 + 4H^+ + 4Cl^-$$
$$PCl_3 + 3H_2O \rightarrow H_3PO_3 + 3H^+ + 3Cl^-$$
$$PCl_5 + 4H_2O \rightarrow H_3PO_4 + 5H^+ + 5Cl^-$$

Às vezes, quando o elemento alcança seu grau de covalência máxima, os haletos não reagem com a água. Por exemplo, o CCl_4 e o SF_6 são estáveis. Isso se deve a fatores cinéticos e não a fatores termodinâmicos, e o CCl_4 é hidrolisado por vapor superaquecido a fosgênio, $COCl_2$. Os haletos moleculares geralmente são gases ou líquidos voláteis. Isso decorre da presença de fortes ligações intramoleculares, mas somente de ligações intermoleculares fracas do tipo van der Waals. Diversos fluoretos exibem ligações múltiplas quando o átomo central dispõe de orbitais vazios adequados. Esse fato contribui para a grande energia e pequeno comprimento de muitas das ligações do flúor (B–F, C–F, N–F e P–F).

Halogênios em ponte

Às vezes os haletos se ligam simultaneamente a dois átomos (é menos comum encontrar haletos se ligando simultaneamente a três átomos). Por exemplo, o $AlCl_3$ forma um dímero, enquanto que o BeF_2 e o $BeCl_2$ formam cadeias infinitas. As ligações contendo halogênios em ponte podem ser representadas como sendo constituídas por uma ligação covalente normal e uma coordenativa, onde um par de elétrons isolados do mesmo é doado para formar uma segunda ligação. As duas ligações são idênticas. A ponte pode ser descrita usando a teoria de orbitais moleculares como sendo uma ligação tricentrada com quatro elétrons. As ligações com cloro ou bromo em ponte são tipicamente angulares, mas aquelas formadas pelo flúor podem ser angulares ou lineares. Diversos pentafluoretos, tais como NbF_5 e TaF_5, formam tetrâmeros cíclicos com pontes lineares.

Obtenção de haletos anidros

Há diversos métodos gerais para a preparação de haletos anidros.

Reação direta entre os elementos.

A maioria dos metais reage vigorosamente com o F_2, formando os fluoretos desses elementos nos seus estados de oxidação mais elevados. Alguns não-metais, como P e S explodem. Geralmente, são necessárias temperaturas elevadas para se obter os cloretos, brometos e iodetos.

$$2Fe + 3F_2 \rightarrow 2FeF_3$$
$$Fe + Br_2 \rightarrow FeBr_2$$
$$Fe + I_2 \rightarrow FeI_2$$

As reações são facilitadas em solventes como o tetrahidrofurano, embora na maioria dos casos os produtos sejam solvatados.

Reação de óxidos com carbono e halogênios

Supõe-se que o óxido seja inicialmente reduzido pelo carbono ao metal e que, em seguida, este reaja com o halogênio.

$$TiO_2 + C + 2Cl_2 \rightarrow TiCl_4 + CO_2$$

Reação do metal com HX anidro

Muitos metais reagem com HF, HCl, HBr ou HI gasosos.

$$2Al + 6HCl \rightarrow 2AlCl_3 + 3H_2$$
$$Cr + 2HF \rightarrow CrF_2 + H_2$$
$$Fe + 2HCl \rightarrow FeCl_2 + H_2$$

Reações de óxidos com compostos halogenados

Freqüentemente obtém-se os haletos correspondentes quando se aquece compostos halogenados, tais como NH_4Cl, CCl_4, ClF_3, BrF_3, S_2Cl_2 ou $SOCl_2$, com o óxido de um metal.

$$Sc_2O_3 + 6NH_4Cl \xrightarrow{300^\circ C} 2ScCl_3 + 6NH_3 + 3H_2O$$
$$2BeO + CCl_4 \xrightarrow{800^\circ C} 2BeCl_2 + CO_2$$
$$3UO_2 + 4BrF_3 \rightarrow 3UF_4 + 3BrO_2 + {}^1/_2Br_2$$
$$3NiO + 2ClF_3 \rightarrow 3NiF_2 + Cl_2 + 1{}^1/_2O_2$$

Troca de halogênios

Muitos haletos reagem ou com os halogênios ou com um excesso de outros haletos, substituindo um átomo de halogênio por outro. Assim, diversos fluoretos metálicos, como AgF_2, ZnF_2, CoF_3, AsF_3, SbF_3 e SbF_5 podem ser usados para obter fluoretos, assim como o HF.

$$PCl_3 + SbF_3 \rightarrow PF_3 + SbCl_3$$
$$CoCl_2 + 2HF \rightarrow CoF_2 + 2HCl$$

Cloretos podem ser convertidos a iodetos pelo tratamento com KI, em acetona. Analogamente, o KBr pode ser usado no caso dos brometos.

$$TiCl_4 + 4KI \rightarrow TiI_4 + 4KCl$$

Desidratação de haletos

Haletos hidratados podem ser preparados por diversos métodos, tais como pela reação de carbonatos, óxidos ou metais com o ácido halogenídrico apropriado. A evaporação das soluções obtidas leva aos haletos hidratados. Alguns deles podem ser desidratados por simples aquecimento, ou por aquecimento a vácuo, mas freqüentemente esses procedimentos geram os oxohaletos. Os cloretos podem ser desidratados refluxando-se o sal hidratado em cloreto de tionila. Outros haletos podem ser desidratados por tratamento com 2,2-dimetoxipropano.

$$VCl_3 \cdot 6H_2O + 6SOCl_2 \rightarrow VCl_3 + 12HCl + 6SO_2$$
$$CrF_3 \cdot 6H_2O + 6CH_3C(OCH_3)_2CH_3 \rightarrow CrF_3 + 12CH_3OH + 6(CH_3)_2CO$$

ÓXIDOS DE HALOGÊNIO

As diferenças encontradas nos compostos dos halogênios com o oxigênio provavelmente são maiores que em qualquer outra classe de compostos. As diferenças entre o F e os demais halogênios se devem às razões usuais (pequeno tamanho, ausência de orbitais *d* e elevada eletronegatividade). Além disso, o oxigênio é menos eletronegativo que o flúor, mas mais eletronegativo que o Cl, Br e I. Logo, os compostos binários de F e O são fluoretos de oxigênio e não óxidos de flúor. Os demais halogênios são menos eletronegativos que o oxigênio e formam óxidos. A diferença de eletronegatividade entre os halogênios e o oxigênio é pequena e as ligações são essencialmente covalentes. Surpreendentemente, I_2O_4 e I_4O_9 são estáveis e iônicos.

A maioria dos óxidos dos halogênios é instável, e tende

Tabela 16.14 — Compostos dos halogênios com oxigênio (e seus estados de oxidação)

Estados de oxidação	(–I) (+I)	(+IV)	(+V)	(+VI)	(+VIII)	outros
Fluoretos	OF_2(–I)					O_4F_2
	O_2F_2(–I)					
Óxidos	Cl_2O(+I)	ClO_2		Cl_2O_6	Cl_2O_7	$ClClO_4$
				ClO_3		
	Br_2O(+I)	BrO_2				
			I_2O_5			I_4O_9 I_2O_4

a explodir quando submetidos ao choque, e, às vezes, por exposição à luz. Os óxidos de iodo são os mais estáveis, seguidos pelos óxidos de cloro. Todavia, todos os óxidos de bromo se decompõem abaixo da temperatura ambiente. Os compostos com os halogênios nos estados de oxidação mais elevados são mais estáveis que aqueles com os halogênios nos estados de oxidação mais baixos. Dos compostos mostrados na Tab. 16.14, os mais importantes são ClO_2, Cl_2O, I_2O_5 e OF_2.

OF_2, difluoreto de oxigênio

O OF_2 é um gás amarelo pálido, que se forma quando F_2 é borbulhado numa solução diluída de NaOH (2%).

É ainda um agente oxidante forte, tendo sido usado como combustível de foguete. Reage vigorosamente com metais, S e P e os halogênios, formando fluoretos e óxidos. Dissolve-se em água, formando uma solução neutra, não sendo pois um anidrido de ácido. Reage com NaOH gerando íons fluoreto e oxigênio.

$$2F_2 + 2NaOH \rightarrow 2NaF + H_2O + OF_2$$

O_2F_2, difluoreto de dioxigênio

O O_2F_2 é um sólido laranja amarelado instável, e é um poderoso agente oxidante e de fluoração. É obtido pela passagem de uma descarga elétrica por uma mistura de F_2 e O_2 a pressões muito baixas, à temperatura do ar líquido. Decompõe-se a –95 °C. Sua estrutura é similar ao do H_2O_2, mas a distância O–O é muito mais curta (1,22 Å) que no H_2O_2 (1,48 Å). Os comprimentos das ligações O–F são equivalentes (1,58 Å) e maiores que no OF_2. O O_4F_2 é obtido de maneira semelhante e aparentemente contém uma cadeia de quatro átomos de oxigênio. Os compostos O_5F_2 e O_6F_2 já foram citados na literatura.

Cl_2O, monóxido de dicloro

O Cl_2O é um gás amarelo castanho, comercialmente importante. É preparado no laboratório e na indústria pelo aquecimento de óxido de mercúrio recém precipitado (amarelo) com o gás halogênio diluído em ar seco.

$$2Cl_2 + 2HgO \xrightarrow{300^\circ C} HgCl_2 \cdot HgO + Cl_2O$$

O Cl_2O explode na presença de agentes redutores, ou de NH_3, ou por aquecimento.

$$3Cl_2O + 10NH_3 \rightarrow 6NH_4Cl + 2N_2 + 3H_2O$$

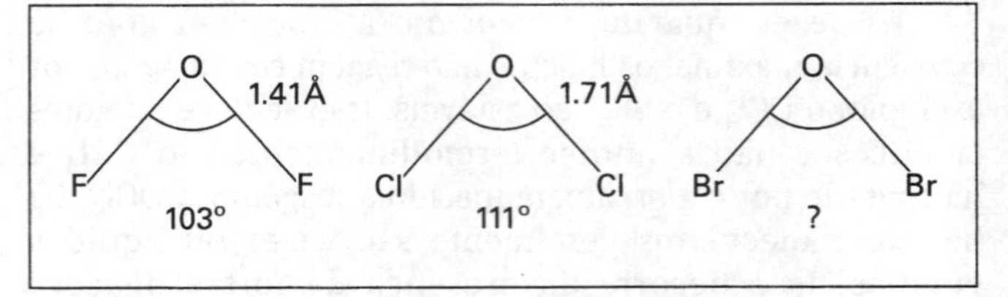

Figura 16.6 — Ângulos de ligação no F_2O, Cl_2O e Br_2O

O gás Cl_2O é muito solúvel em água (144 g de Cl_2O se dissolvem em 100 g de H_2O a –9 °C), formando o ácido hipocloroso, de acordo com o equilíbrio abaixo:

$$Cl_2O + H_2O \rightleftharpoons 2HOCl$$

O Cl_2O se dissolve numa solução de NaOH, formando hipoclorito de sódio.

$$Cl_2O + 2NaOH \rightarrow 2NaOCl + H_2O$$

A maior parte do Cl_2O produzido é utilizado na fabricação de hipocloritos. O NaOCl é comercializado em solução aquosa. O $Ca(OCl)_2$ é um sólido. Uma forma impura contendo $Ca(OH)_2$ e $CaCl_2$ é comercializada como "pó alvejante". Este também pode ser obtido passando-se Cl_2 através de $Ca(OH)_2$. São usados no branqueamento de polpa de madeira e de tecidos, e como desinfetantes. Uma certa quantidade de Cl_2O é usada na fabricação de solventes clorados.

As estruturas do OF_2, Cl_2O e Br_2O são derivadas do tetraedro, com duas posições ocupadas por pares de elétrons isolados.

Configuração eletrônica do átomo de oxigênio no estado fundamental

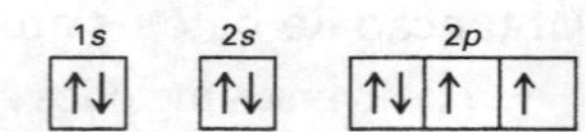

Configuração eletrônica do átomo de oxigênio após compartilhar dois elétrons, formando ligações com dois átomos de halogênio

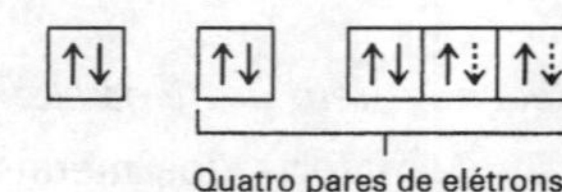

Quatro pares de elétrons estrutura tetraédrica com dois vértices ocupados por pares isolados

A repulsão entre os pares isolados de elétrons diminui o ângulo da ligação no F_2O de 109°28', no tetraedro, para 103° (Fig. 16.6). No Cl_2O (e provavelmente no Br_2O) o ângulo da ligação aumenta por causa do impedimento estérico provocado pelos átomos de halogênio mais volumosos.

ClO_2, dióxido de cloro

O ClO_2 é um gás amarelo que se condensa formando um líquido vermelho escuro, de ponto de ebulição igual a 11 °C. Apesar de sua elevada reatividade (ou talvez por causa disso) o ClO_2 é comercialmente importante, sendo o mais importante desses óxidos. O ClO_2 é um poderoso agente oxidante e de cloração. Grandes quantidades são utilizadas no branqueamento de papel e de celulose, e na purificação de água potável. É 30 vezes mais eficiente que o cloro no branqueamento de farinha de trigo (para a preparação de pães brancos).

O ClO_2 líquido explode acima de –40 °C. O gás detona facilmente quando concentrado acima de 50 mm Hg de pressão parcial. Ele explode quando misturado com agentes redutores. Por isso, é sintetizado "in situ", e usado diluído com ar ou CO_2. O método de obtenção mais segura no laboratório baseia-se na reação do clorato de sódio com ácido oxálico, pois o gás é gerado diluído em CO_2.

$$2NaClO_3 + 2(COOH)_2 \xrightarrow{H_2O,\ 90°C} 2ClO_2 + 2CO_2 + (COONa)_2 + 2H_2O$$

O gás é obtido industrialmente a partir do $NaClO_3$. É difícil obter dados fidedignos sobre sua produção, pois por questões de segurança o ClO_2 é produzido no local em que é utilizado, e sempre é diluído com CO_2 (por questões de segurança). Cerca de 200.000 toneladas são produzidos por ano; metade nos EUA. O produto puro pode ser obtido utilizando-se SO_2. O emprego de HCl provoca sua contaminação com Cl_2, mas isso pode não ser importante ou até mesmo ser útil para alvejar e esterilizar.

$$2NaClO_3 + SO_2 + H_2SO_4 \xrightarrow{\text{traços de NaCl}} 2ClO_2 + 2NaHSO_4$$
$$2HClO_3 + 2HCl \rightarrow 2ClO_2 + Cl_2 + 2H_2O$$

O ClO_2 se dissolve em água liberando calor e gerando uma solução verde escura. Esta se decompõe muito lentamente na ausência de luz, mas rapidamente quando irradiada.

$$ClO_2 \rightarrow ClO + O$$
$$2ClO + H_2O \rightarrow HCl + HClO_3$$

O composto também é empregado na fabricação de clorito de sódio, $NaClO_2$, que também é usado como alvejante de tecidos e de papel.

$$2ClO_2 + 2NaOH + H_2O_2 \rightarrow 2NaClO_2 + O_2 + 2H_2O$$

Algumas outras reações são:

$$2ClO_2 + 2NaOH \rightarrow NaClO_2 + NaClO_3 + H_2O$$
$$2ClO_2 + 2O_3 \rightarrow Cl_2O_6 + 2O_2$$

A molécula de ClO_2 é paramagnética e contém um número ímpar de elétrons. Moléculas com número ímpar de elétrons são geralmente muito reativas, e o ClO_2 é um exemplo típico. Geralmente, as moléculas com número ímpar de elétrons se dimerizam de modo a emparelhar seus elétrons, mas isso não ocorre com o ClO_2. Supõe-se que esse comportamento se deva ao fato do elétron desemparelhado estar deslocalizado. A molécula é angular, com um ângulo O–Cl–O de 118°. O comprimento de ambas as ligações é igual a 1,47 Å, mais curtas que ligações simples.

Perclorato de cloro, $Cl \cdot ClO_4$

Esse composto pode ser obtido pela seguinte reação, a −45 °C.

$$CsClO_4 + ClOSO_2F \rightarrow Cs(SO_3)F + ClOClO_3$$

Ele é menos estável que o ClO_2, e se decompõe em O_2, Cl_2 e Cl_2O_6, à temperatura ambiente.

Cl_2O_6, hexóxido de dicloro

O Cl_2O_6 é um líquido vermelho escuro, que congela a −180 °C, formando um sólido amarelo. O Cl_2O_6 está em equilíbrio com o monômero ClO_3, e é obtido a partir de ClO_2 e O_3. Não se conhece a estrutura nem do líquido nem do sólido. Ambos são diamagnéticos e não devem ter elétrons desemparelhados. As possíveis estruturas do Cl_2O_6 são mostradas na Fig. 16.7.

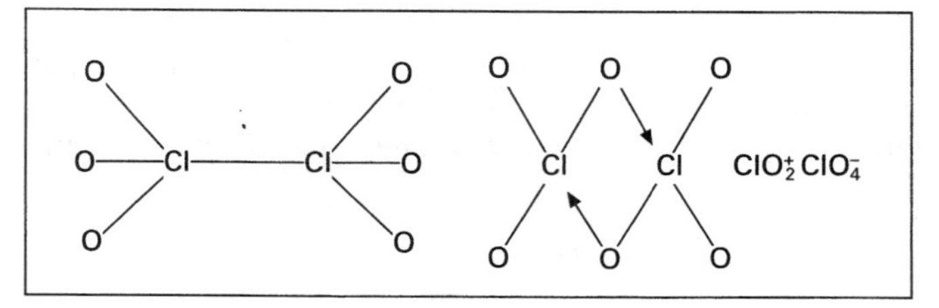

Figura 16.7 — Estruturas possíveis para o Cl_2O_6

O Cl_2O_6 é um agente oxidante forte e explode quando em contato com graxa. A hidrólise do Cl_2O_6 com água ou álcalis forma cloratos e percloratos. A reação com HF anidro é reversível.

$$Cl_2O_6 + 2NaOH \rightarrow \underset{\text{clorato}}{NaClO_3} + \underset{\text{perclorato}}{NaClO_4} + H_2O$$
$$Cl_2O_6 + H_2O \rightarrow HClO_3 + HClO_4$$
$$HOClO_2 + HOClO_3$$
$$Cl_2O_6 + HF \rightleftharpoons FClO_2 + HClO_4$$
$$Cl_2O_6 + N_2O_4 \rightarrow ClO_2 + [NO_2]^+[ClO_4]^-$$

Cl_2O_7, heptóxido de dicloro

O Cl_2O_7 é um líquido oleoso incolor. É moderadamente estável e é o único óxido de cloro formado numa reação exotérmica, sendo contudo sensível ao choque. É obtido pela desidratação cuidadosa do ácido perclórico com pentóxido de fósforo, ou H_3PO_4, a −10 °C, seguido de sua destilação a −35 °C, à pressão de 1 mm/Hg. Sua estrutura é $O_3Cl–O–ClO_3$, com um ângulo de ligação de 118°36' no oxigênio central. É menos reativo que os óxidos inferiores e não provoca a ignição de materiais orgânicos. Reage com a água, formando ácido perclórico.

$$2HClO_4 \underset{H_2O}{\overset{P_4O_{10}}{\rightleftharpoons}} Cl_2O_7$$

Óxidos de bromo

Os óxidos de bromo são muito menos conhecidos e importantes que os de cloro. O Br_2O é um líquido castanho escuro, preparado pela reação de Br_2 gasoso com HgO (o Cl_2O é obtido da mesma maneira), ou então pela decomposição cuidadosa do BrO_2. Não forma HOBr em quantidades apreciáveis pela reação com a água, mas forma OBr^- quando reage com NaOH. É um agente oxidante forte e oxida I_2 a I_2O_5.

O dióxido de bromo, BrO_2, é um sólido amarelo pálido. Pode ser preparado pela passagem de uma descarga elétrica sobre uma mistura de Br_2 e O_2 gasosos, a baixas temperaturas e pressões, ou pela reação de bromo com ozônio, a −78 °C.

$$Br_2 + 2O_3 \rightarrow 2BrO_2 + O_2$$

O composto só é estável abaixo de −40 °C. É estruturalmente semelhante ao ClO_2, mas é muito menos importante que este. BrO_2 se hidrolisa em soluções alcalinas, gerando brometo e bromato.

$$6BrO_2 + 6NaOH \rightarrow NaBr + 5NaBrO_3 + 3H_2O$$

Reage com F_2, formando $FBrO_2$.

Óxidos de iodo

Os óxidos do iodo são muito mais estáveis que os dos outros halogênios. O I_2O_5 (pentóxido de iodo) forma cristais brancos higroscópicos. É obtido pelo aquecimento do ácido iódico, HIO_3, a 170 °C.

$$2HIO_3 \rightarrow I_2O_5 + H_2O$$

É muito solúvel em água, sendo o anidrido do ácido iódico. Por ser higroscópico, o I_2O_5 comercial geralmente se encontra hidratado, na forma de $I_2O_5 \cdot HIO_3$. O I_2O_5 se decompõe a I_2 e O_2 quando aquecido a 300 °C. Também é um agente oxidante, sendo utilizado na detecção e quantificação de monóxido de carbono. À temperatura ambiente, o CO é oxidado quantitativamente a CO_2, enquanto o I_2O_5 é reduzido a I_2. Este pode ser titulado com tiossulfato de sódio.

$$I_2O_5 + 5CO \rightarrow 5CO_2 + I_2$$

Essa reação é útil na análise quantitativa de CO em gases, tais como os gases de escape dos motores de combustão interna ou de altos-fornos. O I_2O_5 também oxida o H_2S a SO_2 e o NO a NO_2. Forma IF_5 quando reage com agentes de fluoração, tais como F_2, BrF_3, ou SF_4.

$$2I_2O_5 + 10F_2 \rightarrow 4IF_5 + 5O_2$$

A estrutura do I_2O_5 é mostrada na Fig. 16.8. O sólido forma um retículo tridimensional, com fortes interações intermoleculares I...O, ligando as moléculas entre si.

Os óxidos I_2O_4 e I_4O_9 são moderadamente estáveis, embora menos estáveis que o I_2O_5. O I_2O_9 é um sólido amarelo higroscópico, que pode ser obtido como se segue:

$$2I_2 + 3O_3 \rightarrow I_4O_9$$

$$HIO_3 \xrightarrow{P_2O_5 \text{ ou } H_3PO_4\ (-H_2O)} I_4O_9$$

Quando aquecido acima de 75 °C, decompõe-se gerando I_2O_5.

$$4I_4O_9 \rightarrow 6I_2O_5 + 2I_2 + 3O_2$$

A desidratação do HIO_3 com H_2SO_4 concentrado fornece o I_2O_4. Este se decompõe, formando I_2O_5 e I_2 quando aquecido acima de 135 °C.

$$5I_2O_4 \rightarrow 4I_2O_5 + I_2$$

As estruturas desses óxidos não são conhecidas, mas provavelmente o I_2O_4 é na realidade $IO^+ \cdot IO_3^-$ e o I_4O_9 é $I^{3+} \cdot (IO_3^-)_3$.

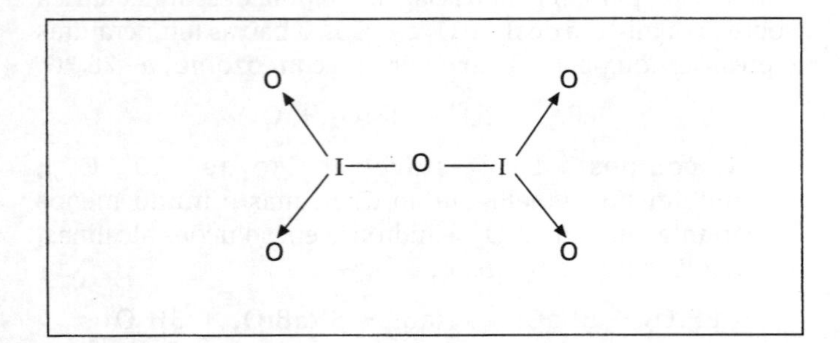

Figura 16.8 — A estrutura do I_2O_5

Potenciais de redução padrão (volt)

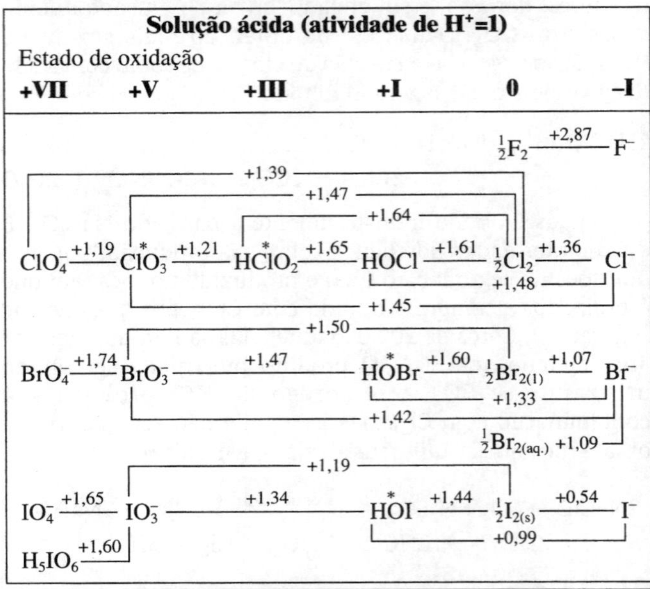

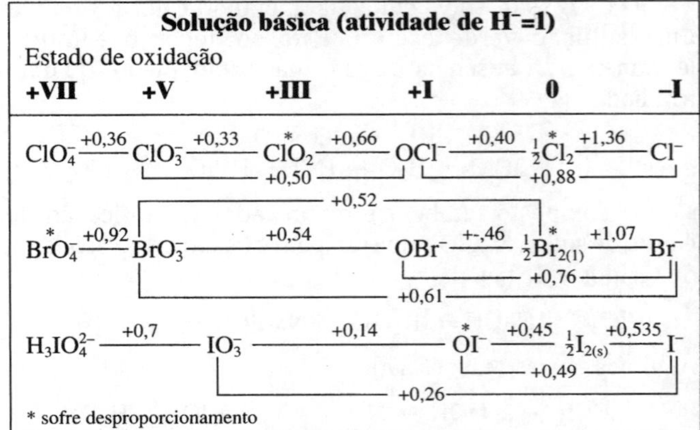

OXOÁCIDOS

Quatro séries de oxoácidos (Tab. 16.15) são conhecidos. As estruturas dos íons formados são mostrados na Fig. 16.9. Todas essas estruturas são baseadas no tetraedro. Os orbitais híbridos sp^3 formam ligações fracas, pois há uma diferença relativamente grande entre as energias dos níveis s e *p*. Os íons são estabilizados pelas ligações fortes $p\pi$–$d\pi$ formadas entre os orbitais 2*p* preenchidos do oxigênio e os orbitais *d* vazios dos átomos de halogênio. Mesmo assim, vários oxoácidos são conhecidos somente em solução ou como sais.

O flúor não possui orbitais *d* e não pode formar ligações $p\pi$–$d\pi$. Por isso, acreditou-se por muito tempo que o flúor não pudesse formar oxoácidos. Atualmente, sabe-se que o

Tabela 16.15 — Os oxoácidos

	HOX	HXO_2	HXO_3	HXO_4
Estados de oxidação	(+I)	(+III)	(+V)	(+VII)
	HOF HOCl HOBr HOI	 $HClO_2$	 $HClO_3$ $HBrO_3$ HIO_3	 $HClO_4$ $HBrO_4$ HIO_4

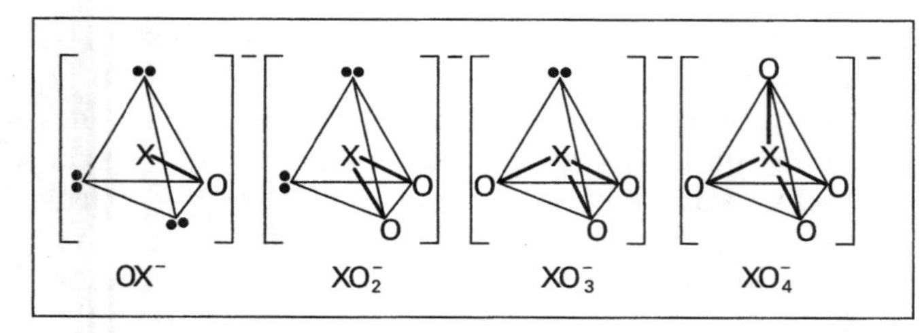

Figura 16.9 — *Estruturas dos oxoácidos*

HOF pode ser obtido em condições especiais, mas é muito instável. Nenhum outro oxoácido de F é conhecido.

Ácidos hipohalosos, HOX

Todos os ácidos hipohalosos possíveis, ou seja HOF, HOCl, HOBr e HOI, são conhecidos, e neles o halogênio se encontra no estado de oxidação (+I).

O HOF é um gás incolor instável. Foi obtido pela primeira vez em 1968, usando a técnica de isolamento em matriz: F_2 e H_2O foram encapsulados numa matriz inerte de nitrogênio sólido (isto exige temperaturas muito baixas). Em seguida, os gases foram submetidos à fotólise para se obter o HOF. Como essa molécula foi formada dentro da matriz de nitrogênio sólido, ela não pode sofrer colisões e reagir com outras moléculas, tais como H_2O, F_2 ou O_2. Mais recentemente, o HOF foi obtido pela passagem de F_2 sobre gelo a 0 °C, recebendo o produto num dedo frio.

$$F_2 + H_2O \xrightleftharpoons{-40°C} HOF + HF$$

O HOF é instável e se decompõe em HF e O_2. É um agente oxidante forte e rapidamente oxida H_2O a H_2O_2. O grupo –OF ocorre no $F_3C–OF$, $O_2N–OF$, $F_5S–OF$ e $O_3Cl–OF$, e todos eles são agentes oxidantes fortes. O HOF deve ser um ácido mais forte que o HOCl.

HOCl, HOBr e HOI não são muito estáveis e são conhecidos somente em solução aquosa. São ácidos muito fracos, mas são bons agentes oxidantes, principalmente quando em meio ácido. Podem ser preparados agitando o halogênio com HgO recém preparado em água. Por exemplo:

$$2HgO + H_2O + 2Cl_2 \rightarrow HgO \cdot HgCl_2 + 2HOCl$$

O ácido hipocloroso é o mais estável. O hipoclorito de sódio, NaOCl, é um composto bem conhecido, usado em grande escala no alvejamento de tecidos de algodão e como alvejante doméstico. Também é usado como agente desinfetante e esterilizante. O NaOCl é obtido industrialmente pela eletrólise de uma solução esfriada de NaCl, sob vigorosa agitação. Na eletrólise, há liberação de hidrogênio no cátodo. Isso aumenta a concentração de íons OH^- na solução. A agitação mistura o Cl_2 formado no ânodo com o OH^-, possibilitando a reação entre eles.

$$\text{no ânodo}\begin{cases} 2Cl^- \rightarrow Cl_2 \\ Cl_2 + 2OH^- \rightarrow OCl^- + Cl^- + H_2O \end{cases}$$

$$\text{no cátodo } 2H^+ \rightarrow H_2$$

Todos os halogênios, Cl_2, Br_2 e I_2, se dissolvem em água, formando moléculas hidratadas de X_2 e os íons X^- e OX^-, em diversas proporções.

$$H_2O + X_2 \rightarrow X_2\ (\text{hidratado}) \rightarrow HX + HOX$$

Numa solução saturada de cloro, cerca de dois terços das moléculas se encontram na forma de moléculas hidratadas e o restante na forma dos ácidos clorídrico e hipocloroso. Quantidades muito menores de HOBr e uma quantidade desprezível de HOI são formados no caso do Br_2 e do I_2, respectivamente.

A reação dos halogênios com NaOH a princípio pode ser usada para preparar o hipohalito:

$$X_2 + 2NaOH \rightarrow NaX + NaOX + H_2O$$

Contudo, o íon hipohalito tende a sofrer reação de desproporcionamento, principalmente em meio básico. A velocidade dessa reação aumenta com o aumento da temperatura. Assim, quando o Cl_2 reage com NaOH, à temperatura ambiente ou a temperaturas inferiores, obtém-se uma solução razoavelmente pura de NaCl e NaOCl. Contudo, se a solução estiver quente (80 °C), o hipoclorito de sódio rapidamente se desproporciona, formando clorato de sódio com um bom rendimento.

$$\overset{(+I)}{3OCl^-} \xrightarrow{\text{quente}} \overset{(-I)}{2X^-} + \overset{(+V)}{XO_3^-}$$

Os hipobromitos só podem ser obtidos a 0 °C: a temperaturas acima de 50 °C, ocorre a formação quantitativa de BrO_3^-.

$$Br_2 + 2OH^- \xrightarrow{0°C} Br^- + OBr^- + H_2O$$
$$3Br_2 + 6OH^- \xrightarrow{>50°C} 5Br^- + BrO_3^- + 3H_2O$$

Os hipoioditos se desproporcionam rapidamente a qualquer temperatura, de modo que IO_3^- é produzido quantitativamente.

Portanto, todos os hipohalitos tendem a se desproporcionar. Pode-se inferir analisando-se os potenciais de redução do OBr^- e OI^- que eles são instáveis em relação a reação de desproporcionamento, dado que seus potenciais de redução não diminuem progressivamente do estado de oxidação (+V) para (+I) para (0). Contudo, os potenciais de redução padrão sugerem que o OCl^- deverá ser estável nas condições padrão.

$$\text{estados de oxidação} \quad \overset{(+III)}{HClO_2} \xrightarrow{+1{,}65\ V} \overset{(+I)}{HOCl} \xrightarrow{1{,}61\ V} \overset{(+V)}{{}^1/_2Cl_2}$$

Os valores +1,65 volt e +1,61 volt são praticamente iguais. Esses são os potenciais padrão, ou seja medidos nas condições padrão. Variações na temperatura e nas concentrações modificam suficientemente os potenciais para permitir a ocorrência da reação de desproporcionamento.

$$\text{estados de oxidação} \quad \underset{\text{hipoclorito}}{\overset{(+I)}{3OCl^-}} \rightarrow \underset{\text{cloreto}}{\overset{(-I)}{2Cl^-}} + \underset{\text{clorato}}{\overset{(+V)}{ClO_3^-}}$$

Ácidos halosos, HXO_2

O único ácido haloso conhecido é o ácido cloroso, $HClO_2$, que só existe em solução. É um ácido fraco, mas é mais forte que o HOCl. O átomo de cloro se encontra no estado de oxidação (+III). O $HClO_2$ é obtido pela reação de clorito de bário com H_2SO_4, após a remoção do $BaSO_4$ por filtração.

$$Ba(ClO_2)_2 + H_2SO_4 \rightarrow 2HClO_2 + BaSO_4$$

Os sais do $HClO_2$ são denominados cloritos. O clorito de sódio pode ser preparado a partir de ClO_2 e hidróxido de sódio ou de ClO_2 e peróxido de sódio.

$$2ClO_2 + 2NaOH \rightarrow \underset{\text{clorito}}{NaClO_2} + \underset{\text{clorato}}{NaClO_3} + H_2O$$

$$2ClO_2 + Na_2O_2 \rightarrow 2NaClO_2 + O_2$$

Os cloritos são utilizados como alvejantes. Eles são estáveis em meio alcalino, mesmo à temperatura de ebulição, mas em meio ácido sofrem reação de desproporcionamento, principalmente quando aquecidos.

$$\text{estados de oxidação} \quad \underset{(+III)}{5HClO_2} \rightarrow \underset{(+IV)}{4ClO_2} + \underset{(-I)}{NaCl}$$

Ácidos hálicos, HXO_3

Os três ácidos hálicos conhecidos são: $HClO_3$, $HBrO_3$ e HIO_3. O halogênio se encontra no estado de oxidação (+V). $HClO_3$ e $HBrO_3$ não são muito estáveis, mas podem ser obtidos em solução e como sais. $HClO_3$ e $HBrO_3$ explodem, caso se tente evaporá-los à secura. A reação principal é:

$$4HClO_3 \rightarrow 4ClO_{2(gás)} + 2H_2O_{(gás)} + O_{2(gás)}$$

Em contraste, o ácido iódico, HIO_3, é razoavelmente estável, e pode ser obtido na forma de um sólido branco. Todos os ácidos hálicos são agentes oxidantes fortes e ácidos fortes.

O HIO_3 pode ser obtido oxidando-se I_2 com HNO_3 concentrado ou O_3. O $HClO_3$ e o $HBrO_3$ são obtidos tratando-se os halatos de bário com H_2SO_4 e removendo-se o $BaSO_4$ por filtração.

$$Ba(ClO_3)_2 + H_2SO_4 \rightarrow 2HClO_3 + BaSO_4$$

Os cloratos podem ser obtidos de duas maneiras:

1) Borbulhando Cl_2 numa solução de NaOH quente.
2) Eletrolisando soluções quentes de cloretos, sob vigorosa agitação.

Somente um sexto do cloro é convertido em ClO_3^- nessa reação, o que parece ser um processo pouco eficiente. Contudo, o NaCl gerado é novamente eletrolisado, portanto não havendo perdas.

$$6NaOH + 3Cl_2 \xrightarrow{80°C} NaClO_3 + 5NaCl + 3H_2O$$
$$2Cl^- + 2H_2O \xrightarrow{\text{eletrólise}} Cl_2 + H_2 + 2OH^-$$
$$6NaOH + 3Cl_2 \rightarrow NaClO_3 + 5NaCl + 3H_2O$$

Os cloratos e bromatos se decompõem quando aquecidos, mas o mecanismo da reação de decomposição é complicado e ainda não foi inteiramente esclarecido. O $KClO_3$ pode decompor-se de duas maneiras diferentes, dependendo da temperatura.

1) O aquecimento de $KClO_3$ a 400–500 °C se constitui na conhecida experiência para obtenção de oxigênio no laboratório. Também se formam pequenas quantidades de Cl_2 ou ClO_2 (embora isso raramente seja mencionado). A decomposição ocorre a 150 °C na presença de um catalisador como o MnO_2 ou vidro em pó, que fornece uma grande superfície onde o O_2 pode ser formado .

$$2KClO_3 \rightarrow 2KCl + 3O_2$$

Quando o $Zn(ClO_3)_2$ é aquecido, este se decompõe em O_2 e Cl_2.

$$2Zn(ClO_3)_2 \rightarrow 2ZnO + 2Cl_2 + 5O_2$$

2) Na ausência de catalisador, especialmente a temperaturas menores, o $KClO_3$ tende a se desproporcionar formando perclorato e cloreto.

$$4KClO_3 \rightarrow 3KClO_4 + KCl$$

Os cloratos são muito mais solúveis que os bromatos e os iodatos. Os iodatos de Ce^{4+}, Zr^{4+}, Hf^{4+} e Th^{4+} podem ser precipitados a partir de HNO_3 6M, o que se constitui num método de separação útil para esses metais.

Os cloratos são empregados na fabricação de fogos de artifício e de fósforos de segurança. O clorato de sódio é largamente usado como um potente herbicida. Seus efeitos permanecem por algum tempo e impedem o crescimento de ervas daninhas pelo período de uma safra. Cloratos, bromatos e iodatos sólidos devem ser manuseados com cuidado. Os cloratos podem explodir na moagem, com o aquecimento ou em contato com substâncias facilmente oxidáveis, como os materiais orgânicos e o enxofre. Essas substâncias são muito perigosas no estado sólido, mas são muito mais seguras quando em solução. O clorato de sódio sólido tem sido usado pelos terroristas na confecção de bombas. O sólido deve ser cuidadosamente triturado até se obter um pó fino (um processo perigoso), e misturado com algo que ele possa oxidar, por exemplo açúcar. O procedimento de mistura é extremamente perigoso. Tais bombas não são confiáveis e são muito perigosas.

Ácidos perhálicos, HXO_4

Os ácidos perclórico e periódico, bem como seus sais, são bem conhecidos. Os perbromatos eram desconhecidos até 1968 e ainda são pouco comuns.

O consumo mundial de percloratos é de cerca de 30.000 t/ano. O $NaClO_4$ é obtido pela eletrólise de uma solução aquosa de $NaClO_3$, usando ânodos de platina polida num recipiente de aço, que atua como cátodo. O eletrodo de platina apresenta uma elevada sobretensão em relação ao oxigênio, minimizando assim a eletrólise da água.

$$NaClO_3 + H_2O \xrightarrow{\text{eletrólise}} NaClO_4 + H_2$$

Todos os demais percloratos e o próprio ácido perclórico são obtidos a partir do $NaClO_4$.

1) O NH_4ClO_4 é um sólido branco, que já foi usado como explosivo em mineração . É agora usado nos foguetes da nave espacial Challenger. O NH_4ClO_4 oxida o

combustível (Al em pó). Cada lançamento da nave consome cerca de 700 toneladas de NH_4ClO_4, o que corresponde à metade da demanda de percloratos . NH_4ClO_4 pode absorver uma quantidade suficiente de amônia para liqüefazê-lo.

2) São utilizados anualmente cerca de 500 toneladas de $HClO_4$, principalmente na obtenção de outros percloratos. O $HClO_4$ é um líquido incolor, que pode ser obtido pela reação de NH_4ClO_4 com ácido nítrico diluído, ou de $NaClO_4$ com ácido clorídrico concentrado.

$$NH_4ClO_4 + HNO_3 \rightarrow HClO_4 + NH_4NO_3$$

Em princípio, os percloratos poderiam ser obtidos pela reação de desproporcionamento dos cloratos, mas essa reação é lenta e de pouca utilidade.

$$4ClO_3^- \rightarrow 3ClO_4^- + Cl^-$$

O $HClO_4$ pode ser encontrado comercialmente como uma solução a 70%, que praticamente corresponde a composição esperada para o dihidrato, $HClO_4 \cdot 2H_2O$. É o único oxoácido de cloro que pode ser isolado na forma anidra. É obtido pela desidratação do $HClO_4.2H_2O$ com ácido sulfúrico fumegante, seguido da remoção do $HClO_4$ por destilação a vácuo.

$$HClO_4 \cdot 2H_2O + 2H_2S_2O_7 \rightarrow HClO_4 + 2H_2SO_4$$

O $HClO_4$ é um dos ácidos mais fortes que se conhece. Na forma anidra é um poderoso agente oxidante, que explode quando em contato com material orgânico (madeira, papel, tecido, graxa, borracha e outros produtos químicos), e às vezes até espontaneamente. Uma solução concentrada a frio (solução aquosa a 70%) é um agente oxidante bem mais fraco. Soluções concentradas a quente tem sido utilizadas no processo de "carbonização por via úmida", no qual todos os materiais orgânicos são oxidados a CO_2, permanecendo para análise apenas os constituintes inorgânicos. Álcoois não devem estar presentes, pois os ésteres de perclorato são explosivos. Freqüentemente, uma mistura de $HClO_4$ e HNO_3 é utilizada nesse processo de "carbonização" , pois o HNO_3 oxida os álcoois e elimina esse perigo.

3) O perclorato de magnésio, $MgClO_4$, é usado como eletrólito nas "pilhas secas". Ele é muito higroscópico, sendo um agente dessecante muito eficiente conhecido como "anidrona".

4) O $KClO_4$ é usado em fogos de artifício e avisos luminosos. Os fogos que explodem emitindo um intenso brilho são preparados com $KClO_4$, Al e S, e aqueles que brilham contêm $KClO_4$ e Mg. Uma cor vermelha pode ser obtida adicionando-se $SrCO_3$ ou Li_2CO_3, enquanto o $CuCO_3$ confere uma cor azul. O processo de fabricação de fogos de artifício é muito perigoso — não corra esse risco!

Virtualmente todos os percloratos de metais, exceto dos íons maiores do Grupo 1, como K^+, Rb^+ e Cs^+, são solúveis em água. A pequena solubilidade do $KClO_4$ é aproveitada em química analítica para identificar o potássio (caso uma solução de $NaClO_4$ seja adicionada a uma solução contendo íons K^+, precipita o $KClO_4$). O íon ClO_4^- apresenta apenas uma fraca tendência de formar complexos com íons metálicos. Por isso, os percloratos são freqüentemente usados como íons inertes no estudo de íons metálicos em solução aquosa. Contudo, na ausência de outros ligantes, o ClO_4^- pode atuar como um ligante unidentado ou bidentado. O íon perclorato é tetraédrico.

Durante muito tempo as tentativas no sentido de se obter perbromatos foram infrutíferas. Por isso, supunha-se que eles não pudessem existir, até que pequeníssimas quantidades foram obtidas como resultado do decaimento beta do $^{83}SeO_4^{2-}$. Na realidade, os perbromatos podem ser obtidos a partir dos bromatos pela ação de agentes oxidantes muito fortes como F_2 ou XeF_2, ou por eletrólise de suas soluções aquosas.

$$KBrO_3 + F_2 + 2KOH \rightarrow KBrO_4 + 2KF + H_2O \quad \text{(rende 20\%)}$$
$$RbBrO_3 + XeF_2 + H_2O \rightarrow RbBrO_4 + 2HF + Xe \quad \text{(rende 10\%)}$$
$$LiBrO_3 \xrightarrow{\text{oxidação eletrolítica}} LiBrO_4 \quad \text{(rende 1\%)}$$

Os perbromatos sólidos são estáveis. O $KBrO_4$ é estável até temperaturas de cerca de 275 °C e é isomórfico com o $KClO_4$. O $HBrO_4$ é estável em solução até uma concentração de cerca de 6 M, mas o ácido concentrado é um agente oxidante forte. Em soluções diluídas os perbromatos são oxidantes lentos, e não oxidam o íon Cl^-.

Os periodatos podem ser obtidos oxidando-se I_2 ou I^- em solução aquosa. Industrialmente são obtidos pela oxidação de iodatos com Cl_2 ou eletroliticamente, em meio alcalino.

$$IO_3^- + 6OH^- + Cl_2 \rightarrow IO_6^{5-} + 3H_2O + 2Cl^-$$
$$IO_3^- + 6OH^- \xrightarrow{-2\text{ elétrons}} IO_6^{5-} + 3H_2O$$

A forma comum do ácido periódico é $HIO_4 \cdot 2H_2O$, ou H_5IO_6. Este é denominado ácido paraperiódico, e pode ser encontrado na forma de cristais brancos que fundem e se decompõem a 128,5 °C. Por aquecimento a 100 °C, à pressão reduzida, ocorre a saída de água e a formação do ácido periódico, HIO_4. Quando submetido a um aquecimento forte, ele eventualmente se decompõe, liberando O_2 e formando I_2O_5.

$$\underset{\text{ácido paraperiódico}}{2H_5IO_6} \xrightarrow[-4H_2O]{100°C} \underset{\text{ácido periódico}}{2HIO_4} \xrightarrow{200°C} \underset{\text{pentóxido de iodo}}{I_2O_5} + O_2 + H_2O$$

Os periodatos podem ser encontrados em duas formas: a tetraédrica, IO_4^-, e a octaédrica, $(OH)_5IO$. Em soluções aquosas à temperatura ambiente, o íon predominante é o IO_4^-. A estrutura dos periodatos é muito mais complicada do que isso pode sugerir. Existe toda uma série de isopoliácidos com unidades octaédricas (baseadas em um átomo de I e seis de O) ligadas entre si, compartilhando átomos de O em dois vértices (isto é, compartilhando uma aresta do octaedro), ou compartilhando três vértices (ou seja, uma face do octaedro).

Do ponto de vista químico, os periodatos são importantes como agentes oxidantes: por exemplo oxidam Mn^{2+} a MnO_4^-. São também usados para oxidar compostos orgânicos. Soluções de ácido periódico são utilizadas na determinação da estrutura de compostos orgânicos, por métodos de degradação. O HIO_4 é um conhecido agente de clivagem de glicóis, uma vez que provoca a clivagem (oxidação) de 1,2-glicóis em aldeídos.

$$IO_4^- + R\text{—}\underset{\displaystyle OH}{\underset{|}{CH}}\text{—}\underset{\displaystyle OH}{\underset{|}{CH}}\text{—}R \rightarrow R\text{—}CHO + R\text{—}CHO + IO_3^- + H_2O$$

Força dos oxoácidos

O $HClO_4$ é um ácido extremamente forte, enquanto que o HOCl é um ácido muito fraco. A dissociação de um oxoácido envolve dois termos de energia:

1) A ruptura da ligação O–H, gerando o íon H^+ e o ânion.
2) A hidratação desses dois íons.

O íon ClO_4^- é maior que o íon OCl^-, de modo que a energia de hidratação de ClO_4^- é menor que a do íon OCl^-. Isso sugere que o HOCl deveria se dissociar mais facilmente que o $HClO_4$. Mas, sabemos que o inverso corresponde à verdade, e o motivo deve ser a maior energia necessária para romper a ligação O–H.

O oxigênio é mais eletronegativo que o cloro. Na série de oxoácidos HOCl, $HClO_2$, $HClO_3$ e $HClO_4$, um número crescente de átomos de oxigênio estão ligados ao átomo de cloro. Quanto mais átomos de oxigênio estiverem ligados, maior será a tendência dos elétrons da ligação O–H serem atraídos para longe da mesma e mais fraca será essa ligação. Assim, o $HClO_4$ requer a menor quantidade de energia para romper a ligação O–H e formar íons H^+. Por isso, o $HClO_4$ é o mais forte desses ácidos.

Em geral, para qualquer série de oxoácidos, o ácido com o maior número de átomos de oxigênio (isto é, com o maior número de oxidação) é o que mais se dissocia. A força ácida decresce na ordem $HClO_4 > HClO_3 > HClO_2 >$ HClO. Exatamente da mesma maneira, o H_2SO_4 é um ácido mais forte que o H_2SO_3, e o HNO_3 é um ácido mais forte que o HNO_2.

COMPOSTOS INTERHALOGENADOS

Os halogênios reagem entre si formando compostos interhalogenados, que são classificados em quatro tipos: AX, AX_3, AX_5 e AX_7.

Tabela 16.16 — Compostos interhalogenados e seus estados físicos a 25°C

AX	AX_3	AX_5	AX_7
ClF(g) incolor			
BrF(g) castanho-pálido	ClF_3(g) incolor		
BrCl(g) vermelho-castanho	BrF_3(1) amarelo-pálido	ClF_5(g) incolor	
ICl(s) vermelho-rubi	$(ICl_3)_2$(s) amarelo-brilhante	BrF_5(1) inbcolor	IF_7(g) incolor
IBr(s) preto	(IF_3)(s) (instável) amarelo	IF_5(1) incolor	
(IF)* (instável)			

* sofre rápido desproporcionamento em If_5 e I_2

Todos podem ser preparados pela reação direta entre os halogênios, ou pela reação de um halogênio sobre um composto interhalogenado inferior. O produto formado depende das condições da reação.

Em nenhum caso foi observado mais de dois halogênios diferentes numa mesma molécula. As ligações são essencialmente covalentes, por causa das pequenas diferenças de eletronegatividade. Os pontos de fusão e de ebulição aumentam à medida que cresce a diferença de eletronegatividade entre os halogênios que os constituem.

$$Cl_2 + F_2 \text{ (volumes iguais)} \xrightarrow{200°C} 2ClF$$
$$Cl_2 + 3F_2 \text{ (excesso de } F_2) \xrightarrow{300°C} 2ClF_3$$
$$I_2 + Cl_2 \text{ líquido (equimolar)} \rightarrow 2ICl$$
$$I_2 + 3Cl_2 \text{ líquido (excesso de } Cl_2) \rightarrow (ICl_3)_2$$
$$Br_2 + 3F_2 \text{ (diluído com nitrogênio)} \rightarrow 2BrF_3$$
$$Br_2 + 5F_2 \text{ (excesso de } F_2) \rightarrow 2BrF_5$$
$$I_{2(s)} + 5F_2 \xrightarrow{20°C} 2IF_5$$
$$I_{2(g)} + 7F_2 \xrightarrow{250-300°C} 2IF_7$$

Compostos do tipo AX e AX_3 são formados por elementos em que as diferenças de eletronegatividade não são muito grandes. Os compostos com as valências maiores, AX_5 e AX_7, são formados pelos átomos maiores como o Br e o I, ligados a átomos pequenos como o F. Isso ocorre, pois é possível arranjar um número maior de átomos pequenos em torno de um átomo grande.

Geralmente, os compostos interhalogenados são mais reativos que os halogênios (exceto o F_2). Isso se deve ao fato da ligação A–X nos compostos interhalogenados ser mais fraca que a ligação X–X nos halogênios. As reações dos compostos interhalogenados são semelhantes as dos respectivos halogênios. A reação de hidrólise fornece íons haleto e oxohaleto. Note que o íon oxohaleto provém sempre do átomo mais pesado.

$$ICl + H_2O \rightarrow HCl + HOI \text{ (ácido hiporodoso)}$$
$$BrF_5 + 3H_2O \rightarrow 5HF + HBrO_3 \text{ (ácido brômico)}$$

Os compostos interhalogenados de flúor podem ser utilizados para fluorar muitos óxidos de metais, haletos de metais e metais.

$$3UO_2 + 4BrF_3 \rightarrow 3UF_4 + 2Br_2 + 3O_2$$
$$UF_4 + ClF_3 \rightarrow UF_6 + ClF$$

Compostos AX

Todos os seis compostos podem ser obtidos pela reação controlada entre os elementos. O ClF é muito reativo. ICl e IBr são os mais estáveis e podem ser obtidos no estado puro, à temperatura ambiente. Esses compostos apresentam propriedades intermediárias entre as dos halogênios que os constituem.

O ClF pode ser usado na fluoração de muitos metais e não-metais:

$$6ClF + 2Al \rightarrow 2AlF_3 + 3Cl_2$$
$$6ClF + U \rightarrow UF_6 + 3Cl_2$$
$$6ClF + S \rightarrow SF_6 + 3Cl_2$$

Ele pode simultaneamente clorar e fluorar um outro composto, oxidando-o ou adicionando-se a uma dupla ligação.

$$ClF + SF_4 \rightarrow SF_5Cl$$
$$ClF + CO \rightarrow COFCl$$
$$ClF + SO_2 \rightarrow ClSO_2F$$

O monocloreto de iodo, ICl, é um composto bem conhecido. Ele é usado como o reagente de Wij, na determinação do número de iodo de gorduras e óleos. O número de iodo é uma medida do número de duplas ligações, isto é, do grau de insaturação de uma gordura. O ICl se adiciona às duplas ligações da gordura. A solução de ICl é de cor marron. Mas, quando é adicionada a uma solução de gordura insaturada essa cor desaparece, até que todas as duplas ligações tenham reagido. O número de iodo é simplesmente o volume (em ml) de uma solução padrão de ICl que reage com uma determinada massa de gordura.

$$-CH{=}CH- + ICl \rightarrow -\underset{\displaystyle I}{\underset{|}{C}H}-\underset{\displaystyle Cl}{\underset{|}{C}H}-$$

Quando o ICl reage com compostos orgânicos, freqüentemente provoca a inserção de iodo, embora também possa ocorrer a inserção de cloro, dependendo das condições.

ácido salicílico —+ vapor de ICl→ cloração
ácido salicílico —+ ICl em nitrobenzeno→ iodação

Supõe-se que a espécie ativa é o I^+, já que o iodo se insere às posições com as maiores densidades eletrônicas. Tanto o ICl como o IBr estão parcialmente ionizados no estado fundido. Medidas de condutividade indicam que essa proporção é de cerca de 1%, no caso do ICl. Em vez de serem formados os íons simples I^+ e Cl^-, formam-se os íons solvatados.

$$3ICl \rightleftharpoons [I_2Cl]^+ + [ICl_2]^-$$

Tanto o ICl como o IBr podem ser usados como solventes ionizantes não-aquosos.

Os compostos interhalogenados também formam compostos de adição com haletos de metais alcalinos. Esses compostos são iônicos e denominados polihaletos.

$$NaBr + ICl \rightarrow Na^+[BrICl]^-$$
$$KI + ICl \rightarrow K^+[I_2Cl]^-$$

Compostos AX_3

Os compostos ClF_3, BrF_3, IF_3 e $(ICl_3)_2$ podem ser obtidos pela combinação direta dos elementos, em condições cuidadosamente controladas. O ClF_3 é um líquido (P.E. 11,8 °C) comercialmente disponível, sendo obtido pela reação direta entre os elementos:

$$Cl_2 + 3F_2 \xrightarrow{200-300^\circ C} 2ClF_3$$

ou

$$ClF + F_2 \rightarrow ClF_3$$

O ClF_3 reage com excesso de Cl_2, formando ClF. O BrF_3 se comporta de maneira semelhante.

$$ClF_3 + Cl_2 \rightarrow 3ClF$$

O IF_3 só é estável abaixo de −30 °C, e tende a formar o composto mais estável IF_5. Também pode ser preparado usando XeF_2 para fluorar o I_2.

$$3XeF_2 + I_2 \rightarrow 2IF_3 + 3Xe$$

O I_2Cl_6 pode ser obtido facilmente, adicionando-se I_2 sólido ao Cl_2 líquido. Mas dissocia-se quando aquecido à temperatura ambiente:

$$I_2Cl_6 \rightarrow 2ICl + 2Cl_2$$

Tanto o ClF_3 como o BrF_3 são conhecidos como líquidos covalentes. O ClF_3 é um dos compostos mais reativos que se conhece e reage violentamente. Inflama-se espontaneamente quando em contato com madeira e materiais estruturais, inclusive amianto. Foi usado em bombas incendiárias durante a II Guerra Mundial. Apesar dos riscos inerentes ao composto, a produção em tempos de paz alcança centenas de toneladas por ano, sendo comercializado em cilindros de aço. É usado principalmente na indústria nuclear, na obtenção de UF_6 gasoso, utilizado no processo de fabricação de combustível nuclear enriquecido com ^{235}U. Também é empregado no processo de separação dos produtos de fissão das barras de combustível nuclear esgotadas. O Pu e a maior parte dos produtos de fissão formam tetrafluoretos não voláteis como o PuF_4, enquanto que o urânio forma o UF_6 volátil.

$$2ClF_3 + U \rightarrow UF_6 + Cl_2$$
$$4ClF_3 + 3Pu \rightarrow 3PuF_4 + 2Cl_2$$

O ClF_3 reage explosivamente com água, graxa de vedação e muitos compostos orgânicos, inclusive algodão e papel. Trata-se de um poderoso agente de fluoração para compostos inorgânicos.

$$4ClF_3 + 6MgO \rightarrow 6MgF_2 + 2Cl_2 + 3O_2$$
$$4ClF_3 + 2Al_2O_3 \rightarrow 4AlF_3 + 2Cl_2 + 3O_2$$
$$2ClF_3 + 2AgCl \rightarrow 2AgF_2 + Cl_2 + 2ClF$$
$$2ClF_3 + 2NH_3 \rightarrow 6HF + Cl_2 + N_2$$
$$ClF_3 + BF_3 \rightarrow [ClF_2]^+[BF_4]^-$$
$$ClF_3 + SbF_5 \rightarrow [ClF_2]^+[SbF_6]^-$$
$$ClF_3 + PtF_5 \rightarrow [ClF_2]^+[PtF_6]^-$$

O ClF_3 pode ser usado para fluorar compostos orgânicos, quando diluído com nitrogênio para moderar a reação. O ClF_3 tem sido usado como comburente de foguetes de curto alcance, em reação com a hidrazina. Isso é tecnicamente mais fácil que usar O_2 ou F_2 líquidos, já que os reagentes podem ser armazenados sem refrigeração e sofrem ignição espontânea ao serem misturados.

$$4ClF_3 + 3N_2H_4 \rightarrow 12HF + 3N_2 + 2Cl_2$$

O trifluoreto de bromo, BrF_3, é um líquido vermelho, que pode ser obtido a partir dos elementos a temperaturas próximas da temperatura ambiente. Várias toneladas desse produto são fabricados anualmente. Reage menos violentamente que o ClF_3, mas de maneira semelhante. A ordem de reatividade dos compostos interhalogenados é a seguinte:

$$ClF_3 > BrF_5 > IF_7 > ClF > BrF_3 > IF_5 > BrF > IF_3 > IF$$

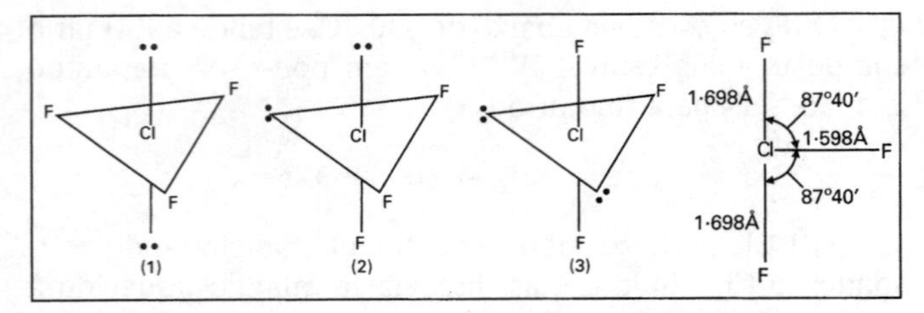

Figura 16.10 — As estruturas possíveis para o trifluoreto de cloro ClF_3

Como o ClF_3, o BrF_3 também é utilizado no processamento e reprocessamento de compostos na indústria nuclear, para se obter o UF_6. Também é usado na obtenção de muitos outros fluoretos. Forma oxigênio quantitativamente a partir de muitos óxidos (B_2O_3, SiO_2, As_2O_5, I_2O_5, CuO, TiO_2), e também de oxossais, tais como carbonatos e fosfatos. A medida da quantidade de O_2 produzido é usado como método de análise.

$$4BrF_3 + 3SiO_2 \rightarrow 3SiF_4 + 2Br_2 + 3O_2$$
$$4BrF_3 + 3TiO_2 \rightarrow 3TiF_4 + 2Br_2 + 3O_2$$

Todos os compostos interhalogenados são solventes não-aquosos ionizantes em potencial. Dentre eles, o BrF_3 é aquele que tem sido mais empregado como solvente. Isso se deve a três motivos:

1) É um líquido numa faixa adequada de temperaturas (P.F. 8,8 °C, P.E. 126 °C).
2) É um agente de fluoração eficiente mas não muito reativo.
3) Sofre autoionização numa proporção considerável, muito mais que o ClF_3.

$$2BrF_3 \rightleftharpoons [BrF_2]^+ + [BrF_4]^-$$

Assim, substâncias que formam íons $[BrF_2]^+$ são ácidos e substâncias que formam íons $[BrF_4]^-$ são bases nesse solvente.

A estrutura dos compostos interhalogenados AX_3 é de interesse. No ClF_3, o átomo central é o Cl (Fig. 16.10).

Configuração eletrônica do átomo de cloro estado excitado

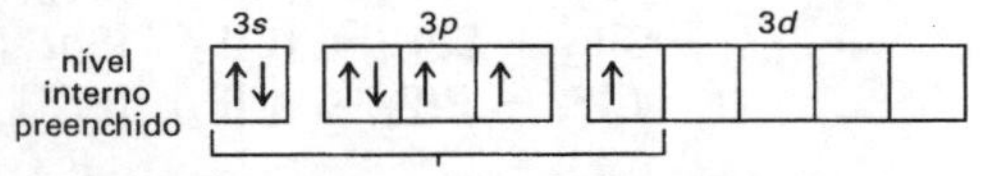

Três átomos desemparelhados formam ligações com três átomos de flúor. Há mais dois pares isolados, totalizando cinco pares de elétrons. Logo, a estrutura é bipirâmide trigonal com dois vértices ocupados por pares de elétrons isolados.

A maneira de se prever qual das três estruturas possíveis será formada foi descrita no Capítulo 4.

O estudo estrutural do ClF_3 utilizando espectroscopia de microondas indica que a molécula tem forma de T, com ângulos de ligação de 87°40'. Esse valor se aproxima de 90°, sendo similar à estrutura (3). A discrepância em relação ao ângulo de 90° se deve à repulsão entre os pares de elétrons isolados. Observe que duas das ligações têm o mesmo comprimento, mas diferem do comprimento da terceira ligação. Isso é esperado, pois a bipirâmide trigonal não é uma estrutura regular. As ligações equatoriais (aquelas do triângulo) são diferentes das apicais (que apontam para cima e para baixo). A estrutura do ClF_3 cristalino obtido por difração de raios X é coerente com uma molécula com forma de um T, com ângulos de ligação de 87°0' e comprimentos de ligação de 1,716 Å e 1,621 Å. A estrutura do BrF_3 (por espectroscopia de microondas) também tem forma de T, com ângulos de ligação de 86°12' e comprimentos de ligação de 1,810 Å e 1,721 Å.

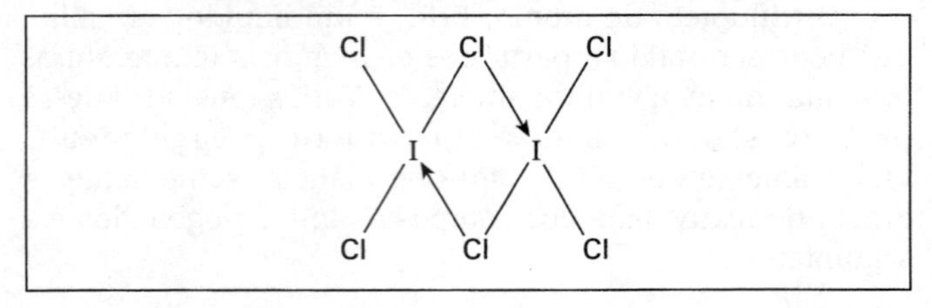

Figura 16.11 — A estrutura do I_2Cl_6

O ICl_3 não existe, mas seu dímero, I_2Cl_6, possui estrutura planar (Fig. 16.11) e é um sólido amarelo brilhante. As ligações I–Cl terminais são ligações simples normais de 2,38 Å e 2,39 Å de comprimento. As ligações I–Cl em "ponte" são consideravelmente mais longas (2,68 Å e 2,72 Å). Isso sugere a ocorrência de ligações deslocalizadas em vez de ligações coordenadas simples entre o Cl e o I. O líquido apresenta uma condutividade elétrica apreciável, devido a ocorrência da reação de autoionização:

$$I_2Cl_6 \rightleftharpoons [ICl_2]^+ + [ICl_4]^-$$

Ele tem sido menos estudado como solvente ionizante que os demais análogos, pois o gás se decompõe em ICl e Cl_2.

Compostos AX_5

Três compostos desse tipo são conhecidos: ClF_5, BrF_5 e IF_5. O ClF_5 e o BrF_5 reagem vigorosamente, mas a reatividade do ClF_3 é maior (vide a ordem de reatividade apresentada anteriormente). O IF_5 é um pouco menos reativo e, ao contrário dos outros derivados, pode ser manuseado em equipamentos de vidro. Sua produção anual corresponde a várias centenas de toneladas. Eles podem ser usados para fluorar muitos compostos; reagem explosivamente com água, atacam os silicatos e formam polihaletos.

$$ClF_5 + 2H_2O \rightarrow FClO_2 + 4HF$$
$$BrF_5 + 3H_2O \rightarrow HBrO_3 + 5HF$$
$$2BrF_5 + SiO_2 \rightarrow SiF_4 + 2BrF_3 + O_2$$
$$BrF_5 + CsF \rightarrow Cs^+[BrF_6]^-$$
$$IF_5 + KI \rightarrow K^+[IF_6]^-$$

O IF_5 líquido se autoioniza e portanto conduz a eletricidade.

$$2IF_5 \rightleftharpoons IF_4^+ + IF_6^-$$

Todos os compostos AX_5 tem estruturas baseadas numa pirâmide de base quadrada, isto é, um octaedro com um dos vértices desocupado. O átomo central se situa ligeiramente abaixo do plano. A estrutura poderá ser entendida examinando o IF_5. O átomo central da molécula é o I (Fig. 16.12).

Configuração eletrônica do átomo de iodo estado excitado

	5s	5p			5d				
camada interna preenchido	↑↓	↑	↑	↑	↑	↑			

Há cinco elétrons desemparelhados formando ligações com cinco átomos de flúor e um par isolado. Totalizando seis pares de elétrons. A estrutura é octraédrica com um vértice ocupado por um par isolado (ou seja, uma pirâmide de base quadrada).

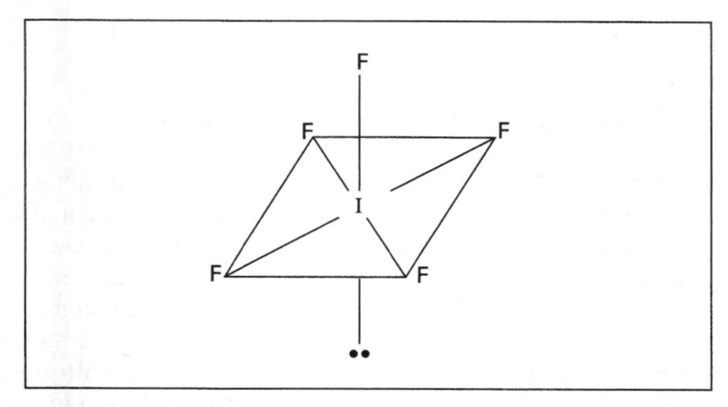

Figura 16.12 — A estrutura do IF_5

Surpreendentemente o IF_5 reage com haletos de xenônio formando os adutos $XeF_2 \cdot 2IF_5$ e $XeF_4 \cdot IF_5$.

Compostos AX_7

O IF_7 é obtido pela combinação direta dos elementos a 250–300 °C.; ou aquecendo-se IF_5 com F_2; ou tratando-se iodetos com F_2.

$$KI + 4F_2 \rightarrow IF_7 + KF$$
$$PdI_2 + 8F_2 \rightarrow 2IF_7 + PdF_2$$

O IF_7 é um poderoso agente de fluoração e reage com a maioria dos elementos. Também reage com água, SiO_2 e CsF.

$$IF_7 + H_2O \rightarrow IOF_5 + 2HF$$
$$2IF_7 + SiO_2 \rightarrow 2IOF_5 + SiF_4$$
$$IF_7 + CsF \rightarrow Cs^+[IF_8]^-$$

A estrutura do IF_7 é incomum — uma bipirâmide pentagonal (Fig. 16.13). Trata-se provavelmente do único exemplo de um elemento que não seja de transição que faz uso de três orbitais *d* para formar ligações.

Configuração eletrônica do átomo de iodo estado excitado

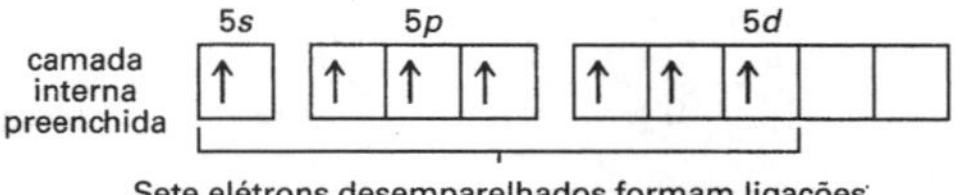

Sete elétrons desemparelhados formam ligações com sete átomos de flúor: sete pares de elétrons formam uma bipirâmide pentagonal.

POLI-HALETOS

Os íons haleto muitas vezes reagem com moléculas de halogênios ou de compostos inter-halogenados, formando íons poli-haleto. O iodo é apenas ligeiramente solúvel em água (0,34 g L^{-1}), mas sua solubilidade é muito aumentada na presença de íons iodeto na solução. O aumento da solubilidade se deve à formação de um poli-haleto, no caso do íon triiodeto, I_3^-. Essa espécie é estável tanto em solução aquosa como em cristais iônicos.

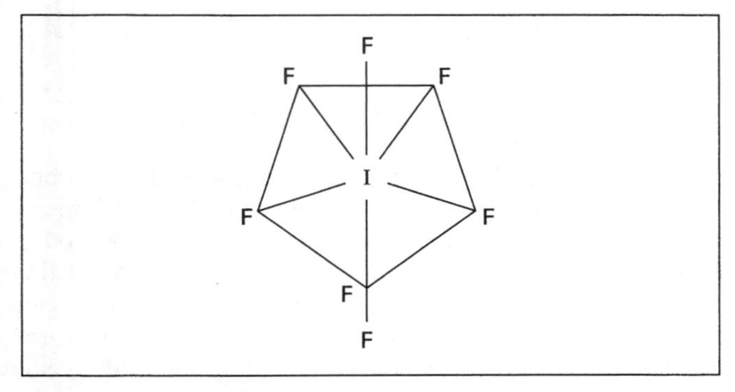

Figura 16.13 — A estrutura do IF_7

$$I_2 + I^- \rightarrow I_3^-$$

As distâncias I–I no $[Me_4N]^+[I_3]^-$ são iguais a 2,92 Å. Supondo-se que o comprimento de 2,66 Å no I_2 seja correspondente a uma ligação simples normal, pode-se afirmar que as ligações no I_3^- são muito fracas, mas a teoria VSEPR não oferece nenhuma explicação para esse fato. A teoria de orbitais moleculares é mais útil. Supondo-se que as ligações no I_3^- sejam decorrentes da interação dos orbitais $5p_z$ semipreenchidos de dois átomos de I e um orbital $5p_z$ preenchido de um I^-, conclui-se que três orbitais atômicos estão envolvidos. Logo, três orbitais moleculares devem ser formados: um ligante, um antiligante e um não-ligante. Porém, existem 4 elétrons, de modo que 2 deles devem ocupar o orbital ligante e 2 o não ligante. Conseqüentemente há apenas um par de elétrons ligantes deslocalizado sobre duas ligações, ou seja, a ordem de cada ligação é 0,5, e explica as ligações muito longas mencionadas acima.

Também foram preparados íons mais complexos como o pentaiodeto I_5^-, o heptaiodeto I_7^- e o nonaiodeto I_9^-. Compostos cristalinos contendo os íons poliiodeto maiores geralmente contêm como cátions íons metálicos grandes como o Cs^+, ou cátions complexos grandes como o R_4N^+. Isso porque um ânion grande com um cátion grande levam a um elevado número de coordenação, e conseqüentemente a uma elevada energia reticular. Poli-haletos como $KI_3.H_2O$, RbI_3, NH_4I_5, $[(C_2H_5)_4N]I_7$ e $RbI_9.2C_6H_6$ podem ser obtidos pela adição direta de I_2 a I^-, na presença ou ausência de um solvente.

O íon Br_3^- é muito menos estável e menos comum que o I_3^-. Alguns poucos compostos instáveis de Cl_3^- são conhecidos, sendo que esse íon somente se forma em soluções concentradas. Nenhum composto contendo o íon F_3^- é conhecido.

Muitos poli-haletos contendo dois ou três halogênios diferentes são conhecidos, como por exemplo $K[ICl_2]$, $K[ICl_4]$, Cs[IBrF] e K[IBrCl]. Esses compostos são obtidos reagindo-se haletos de metais com compostos inter-halogenados.

$$ICl + KCl \rightarrow K^+[ICl_2]^-$$
$$ICl_3 + KCl \rightarrow K^+[ICl_4]^-$$
$$IF_5 + CsF \rightarrow Cs^+[IF_6]^-$$
$$ICl + KBr \rightarrow K^+[BrICl]^-$$
$$2ClF + AsF_5 \rightarrow [FCl_2]^+[AsF_6]^-$$

Os poli-haletos são compostos tipicamente iônicos (são cristalinos, estáveis, solúveis em água e conduzem a eletricidade quando em solução), embora tendam a se decompor quando aquecidos. Os produtos da decomposição (ou seja, qual dos halogênios permanecerá ligado ao metal) são determinados pela energia reticular dos produtos. A energia reticular dos haletos dos metais alcalinos é máxima para os íons haletos menores. Assim, o menor halogênio é aquele que permanecerá ligado ao metal.

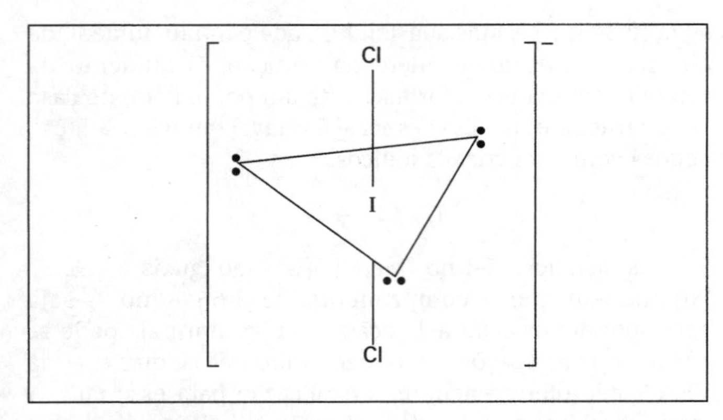

Figura 16.14 — A estrutura do íon $[ICl_2]^-$

$$Cs[I_3] \xrightarrow{\text{calor}} CsI + I_2$$
$$Rb[ICl_2] \xrightarrow{\text{calor}} RbCl + ICl$$

As estruturas dos poli-haletos também são conhecidas. Os trihaletos $K[I_3]$, $K[ICl_2]$ e $Cs[IBrF]$ contêm íons tri-haletos lineares. Isso pode ser explicado considerando-se os orbitais empregados. Vide, por exemplo, o $[ICl_2]^-$, na Fig. 16.14.

5s 5p 5d

Configuração eletrônica do átomo de iodo estado fundamental — camada interna preenchida — ↑↓ | ↑↓ ↑↓ ↑ | (5d vazio)

Estrutura do iodo depois de formar uma ligação covalente e uma ligação coordenada no $[ICl_2]^-$ — ↑↓ | ↑↓ ↑↓ ↑↓ | ↑↓

Cinco pares de elétrons — bipirâmide trigonal com três vértices ocupados por pares de elétrons isolados

Analogamente, as estruturas dos íons penta-haleto $[ICl_4]^-$ e $[BrF_4]^-$ são quadrado planares (vide Fig. 16.15).

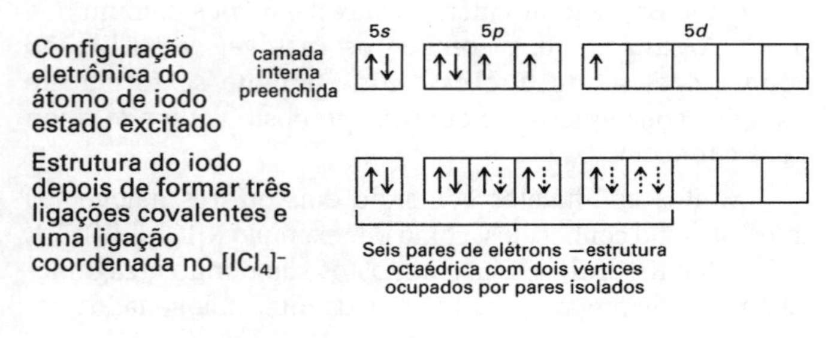

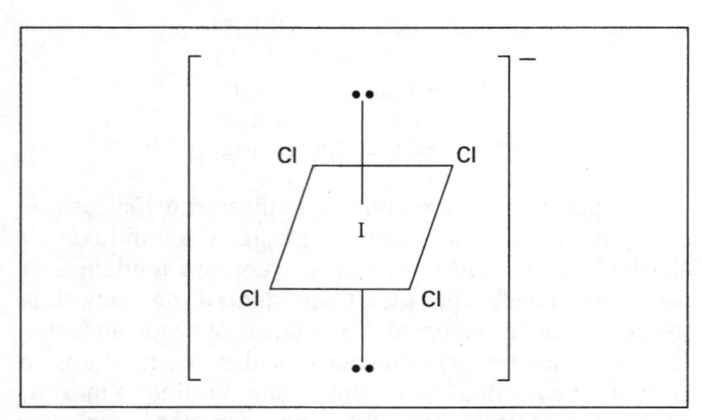

Figura 16.15 — A estrutura do íon $[ICl_4]^-$ (a estrutura do íon $[I_5]^-$ é diferente

PROPRIEDADES BÁSICAS DOS HALOGÊNIOS

Geralmente, os elementos se tornam mais básicos ou metálicos ao se descer por um grupo dos elementos representativos. Assim, nos Grupos 14, 15 e 16, os primeiros elementos C, N, e O são não-metais, mas os membros mais pesados Sn, Pb, Bi e Po são metais. As propriedades metálicas decrescem ao longo de um período, da esquerda para a direita. Pouco se sabe sobre o astato, embora suponha-se que forme cátions com maior facilidade que os demais elementos desse Grupo. Logo, a tendência de aumento do caráter metálico é menos evidente no Grupo 17. Contudo, a crescente estabilidade dos íons positivos indica uma tendência crescente do caráter básico ou metálico. Deve-se frisar que o iodo não é um metal.

O flúor é o elemento mais eletronegativo e não apresenta propriedades básicas (isto é, não apresenta nenhuma tendência de formar íons positivos).

O iodo se dissolve em ácido sulfúrico fumegante e outros solventes fortemente oxidantes, formando soluções azul brilhante paramagnéticas. Durante muito tempo acreditou-se que essas soluções continham o íon I^+, mas sabe-se atualmente que elas contêm o cátion $[I_2]^+$ (os elementos do Grupo 16, S, Se e Te comportam-se de maneira análoga. Por exemplo, O enxofre dissolve-se formando soluções paramagnéticas de cor azul contendo diversos cátions $[S_n]^{2+}$, tais como $[S_4]^{2+}$, $[S_8]^{2+}$ e $[S_{19}]^{2+}$). O $[Br_2]^+$ também é formado em ácido sulfúrico fumegante. Esse íon é vermelho brilhante e paramagnético. O $[Cl_2]^+$ foi observado espectroscopicamente em tubos de descarga, a baixa pressão. Foram preparados diversos compostos cristalinos contendo $[I_2]^+$ ou $[Br_2]^+$.

$$2I_2 + 5SbF_5 \xrightarrow{SO_2 \text{ solvente}} 2[I_2]^+[Sb_2F_{11}]^- + SbF_3$$
$$2I_2 + S_2O_6F_2 \xrightarrow{HSO_3F} 2[I_2]^+[SO_3F]^- \xrightarrow{-80°C} [I_4]^{2+}2[SO_3F]^-$$
$$Br_2 + SbF_5 \xrightarrow{BrF_5} [Br_2]^+[Sb_3F_{16}]^-$$

O comprimento da ligação no cátion $[Br_2]^+$ de 2,15 Å, é menor que no Br_2 (2,27 Å). No cátion a ligação é mais forte que no elemento, sugerindo que um elétron foi removido de um orbital antiligante. Analogamente, a ligação no $[I_2]^+$ é mais forte que no I_2.

Muitos outros compostos contendo cátions, tais como $[Cl_3]^+$, $[Br_3]^+$, $[I_3]^+$, $[Br_5]^+$, $[I_5]^+$, foram preparados.

$$Cl_2 + ClF_3 + AsF_5 \rightarrow [Cl_3]^+[AsF_6]^- + F_2$$
$$Br_2 + BrF_3 + AsF_5 \rightarrow [Br_3]^+[AsF_6]^- + F_2$$
$$I_2 + ICl + AlCl_3 \rightarrow [I_3]^+[AlCl_4]^-$$
$$2I_2 + ICl + AlCl_3 \rightarrow [I_5]^+[AlCl_4]^-$$

As estruturas de diversos compostos contendo os cátions halogenados $[Br_3]^+$ e $[I_3]^+$ foram determinados por difração de raios X ou espectroscopia Raman. Esses íons são todos dobrados, em contraste com o íon triiodeto, $[I_3]^-$, que é linear. As estruturas dos demais íons não são conhecidas com exatidão. O composto I_7SO_3F já foi descrito (como um máximo num diagrama de fases). Trata-se de um sólido preto, mas não se sabe se ele contém o íon $[I_7]^+$.

Bromo catiônico também pode ser encontrado em outros complexos, tais como $Br(piridina)_2NO_3$ e BrF_3. Eles se dissociam de acordo com os equilíbrios abaixo:

$$Br(piridina)_2NO_3 \rightleftharpoons [Br(piridina)_2]^+ + NO_3^-$$
$$2BrF_3 \rightleftharpoons [BrF_2]^+ + [BrF_4]^-$$

Complexos contendo iodo positivo são mais numerosos. Tanto o ICl como o IBr conduzem a eletricidade quando no estado fundido. A eletrólise do ICl gera I_2 e Cl_2 nos dois eletrodos. Isso é consistente com a seguinte reação de dissociação:

$$3ICl \rightleftharpoons [I_2Cl]^+ + [ICl_2]^-$$

O ICN fundido se comporta de maneira semelhante ao ICl.

$$3ICN \rightleftharpoons [I_2CN]^+ + [I(CN)_2]^- \text{ no estado fundido}$$

Contudo, a eletrólise do ICl dissolvido em piridina leva à produção de I_2 somente no cátodo. Isso sugere um tipo mais simples de dissociação:

$$2ICl \xrightleftharpoons{\text{Piridina}} [I(piridina)_2]^+ + [ICl_2]^-$$

A adição de $AlCl_3$ ao ICl fundido aumenta em muito a sua condutividade. Esse fato pode ser explicado através da formação dos íons complexos:

$$AlCl_3 + 2ICl \rightarrow [I_2Cl]^+ + [AlCl_4]^-$$

O ICl se comporta como um agente eletrofílico de iodação. Converte acetanilida em 4-iodo-acetanilida e ácido salicílico em ácido 3,5-diiodo(salicílico). Os sítios atacados apresentam elevadas densidades eletrônicas, por isso o iodo deve se encontrar na forma de um cátion.

Se uma solução de iodo em um solvente inerte for passado através de uma coluna de troca catiônica , parte do iodo ficará retido na coluna.

$$H^+resina^- + I_2 \rightarrow I^+resina^- + HI$$

O íon positivo retido pode ser eluído com KI, para se determinar a quantidade de I^+, ou então pode reagir com diversos reagentes.

$$I^+resina^- + KI \rightarrow I_2 + K^+resina^-$$
$$I^+resina^- + H_2SO_4 \text{ anidro} \rightarrow I_2SO_4 + H^+resina^-$$
$$I^+resina^- + HNO_3 \text{ alcoólico} \rightarrow INO_3 + H^+resina^-$$

O I^+ reage com OH^- em soluções aquosas.

$$I^+ + OH^- \rightarrow HOI$$
$$2HOI + OI^- \rightarrow IO_3^- + 2I^- + 2H^+$$

Por causa disso, o I^+ só existe em meio aquoso se ele for estabilizado por coordenação a uma outra molécula. Um grande número de compostos contendo I^+ estabilizado na forma de um íon complexo é conhecido. Muitos complexos de piridina são conhecidos, por exemplo $[I(piridina)_2]NO_3$, $[I(piridina)_2]ClO_4$, [I(piridina)]acetato e [I(piridina)] benzoato.

O ICl_3 fundido apresenta elevada condutividade ($8{,}4 \times 10^{-3}$ ohm^{-1} cm^{-1}). Quando o ICl_3 é submetido à eletrólise, são gerados I_2 e Cl_2 em ambos os eletrodos. Esse fato sugere a seguinte reação de dissociação:

$$2ICl_3 \rightleftharpoons [ICl_2]^+ + [ICl_4]^-$$

O tratamento de I_2 com HNO_3 fumegante e anidrido acético fornece o composto iônico $I(acetato)_3$. Se uma solução saturada de $I(acetato)_3$ em anidrido acético for eletrolisada usando eletrodos de prata, formar-se-á um equivalente de AgI no cátodo para cada três faradays de eletricidade. Isso sugere uma reação de dissociação que fornece I^{3+}:

$$I(acetato)_3 \rightleftharpoons I^{3+} + 3(acetato^-)$$

Não existe nenhuma evidência estrutural indicando a presença de I^{3+}. Outros compostos iônicos que podem conter o cátion I^{3+} são o fosfato de iodo, IPO_4, e o fluorossulfonato de iodo, $I(SO_3F)_3$.

PSEUDO-HALOGÊNIOS E PSEUDO-HALETOS

Alguns poucos íons dessa classe são conhecidos. São constituídos por dois ou mais átomos, dos quais pelo menos um é o N, e apresentam propriedades semelhantes as dos íons haleto. Por isso, são denominados pseudo-haletos. Os pseudo-haletos são monovalentes e formam sais que se assemelham aos haletos. Por exemplo, os sais de sódio são solúveis em água, mas os sais de prata são insolúveis. Os derivados de hidrogênio são ácidos como os ácidos halogenídricos, HX. Alguns dos íons pseudo-haleto se combinam para formar dímeros análogos as moléculas dos halogênios, X_2. Podem ser citados o cianogênio, $(CN)_2$, o tiocianogênio, $(SCN)_2$, e o selenogênio, $(SeCN)_2$.

O pseudo-haleto mais conhecido é o cianeto, CN^-. Este se assemelha ao Cl^-, Br^- e I^- nos seguintes aspectos:

1) forma um ácido, HCN.
2) Pode ser oxidado para formar cianogênio, $(CN)_2$.
3) Forma sais insolúveis com Ag^+, Pb^{2+} e Hg^+.
4) Os compostos "inter-pseudo-halogenados", ClCN, BrCN e ICN, podem ser formados.
5) O AgCN é insolúvel em água mas solúvel em amônia, tal como o AgCl.
6) Forma um grande número de complexos semelhantes aos halo-complexos, por exemplo, $[Cu(CN)_4]^{2-}$ e $[CuCl_4]^{2-}$, $[Co(CN)_6]^{3-}$ e $[CuCl_6]^{3-}$.

Tabela 16.17 — Os pseudo-halogênios mais importantes

Ânion	Ácido	Dímero
CN^- íon cianeto	HCN cianeto de hidrogênio	$(CN)_2$ cianogênio
SCN^- íon tiocianato	HSCN ácido tiociânico	$(SCN)_2$ tiocianogênio
$SeCN^-$ íon selenocianato		$(SeCN)_2$ selenocianogênio
OCN^- íon cianato	HOCN ácido ciânico	
NCN^{2-} íon cianamida	H_2NCN cianamida	
ONC^- íon fulminato	HONC ácido fulmínico	
N_3^-	HN_3 azoteto de hidrogênio	

LEITURAS COMPLEMENTARES

- Banks, R.E. (ed.) (1982) *Preparation, Properties and Industrial Applications of Organofluorine Compounds*, Ellis Horwood, Chichester.
- Banks, R.E., Sharp, D.W.A. e Tatlow, J.C. (1987) *Fluorine the First 100 Years (1886-1986)*, Elsevier.
- Brown, D. (1968) *Halides of the Transition Elements*, Vol. I (Haletos dos lantanídeos e actinídeos), Wiley, London e New York.
- Brown, I. (1987) Astatine: organonuclear chemistry and biomedical applications, *Adv. Inorg. Chem.*, **31**, 43-88.
- Canterford, J.H. e Cotton, R. (1968) *Halides of the Second and Third Row Transition Elements*, Wiley, London.
- Canterford, J.H. e Cotton, R. (1969) *Halides of the First Row Transition Elements*, Wiley , London.
- Colton, R. e Canterford, J.H. (1968) *Halides of the Second and Third Row Transition Elements*, Wiley, London.
- Colton, R. e Canterford, . J.H. (1969) *Halides of the First Row Transition Elements*, Wiley, London.
- Donovan, R.J. (1978) Chemistry and pollution of the stratosphere, *Education in Chemistry*, **15**, 110-113.
- Downs, A.J. e Adams, C.J. (1973) *Comprehensive Inorganic Chemistry*, Vol. II (Capítulo sobre cloro, bromo, iodo e astato), Pergamon Press, Oxford.
- Downs, A.J. e Adams, C.J. (1975) *The Chemistry of Chlorine, Bromine, Iodine and Astatine*, Pergamon, New York.
- Fogg , P.G.T. e Gerrard , W. (eds) (1989) *Hydrogen Halides in Non-aqueous Solvents*, Pergamon.
- Gillespie, R.J. e Morton, M.J. (1971) Halogen and interhalogen cations, *Q. Rev. Chem. Soc.*, **25**, 553.
- Golub, A.M., Kohler, H. e Skopenko, V.V. (eds) (1986) *Chemistry of Pseudo-halides* (Topics in Inorganic and General Chemistry Series No. 21), Elsevier, Oxford.
- Gutman, V. (ed.) (1967) *Halogen Chemistry*, 3 Volumes, Academic Press, London, (Vol. 1: Halogênios, compostos interhalogenados, polihaletos e haletos de gases nobres; Vol. II: Haletos de não-metais; Vol. 3: Complexos), (Antigo, mas abrangente)
- Lagowski, J. (ed.) (1978) *The Chemistry of Non-aqueous Solvents*, Vol. II (Cap. 1 por Klanberg, F., HCI, HBr e HI líquidos; Cap. 2 por Kilpatrick, M. e Jones, J.G., Fluoreto de hidrogênio anidro como solvente; Cap. 3 por Martin, D.M., Rousson, R. e Weulersse, J.M., Compostos interhalogenados), Academic Press, New York.
- Langley R.H. e Welch, L. (1983) Fluorine (Chemical of the month), *J. Chem. Ed.*, **60**, 759-761.
- O'Donnell, T.A. (1973) *Comprehensive Inorganic Chemistry*, Vol. II (Cap. 25: Flúor) Pergamon Press, Oxford.
- Price, D., Iddon, B. e Wakefield, B.J. (eds) (1988) *Bromine Compounds*, Elsevier.
- Sconce, J.S. (1962) *Chlorine: Its Manufacture, Properties and Uses*, Reinhold, New York.
- Shamir, J, (1979) Polyhalogen cations, *Structure and Bonding*, **37**, 141-210.
- Tatlow, J.C. et ali. (eds), *Advances in Fluorine Chemistry*, Butterworths, London. (Série)
- Thompson, R. (ed.) (1986) *The Modern Inorganic Chemicals Industry* (Cap. por Fielding H. e Lee, B.E., Fluoreto de hidrogênio, fluoretos inorgânicos e flúor; Cap. por Purcell, R.W., A indústria de cloro e álcalis; Cap. por Campbell, A., Cloro e clorinação; Cap. por McDonald, R.B. e Merriman, W.R., Bromo e a indústria química do bromo), Publicação especial No. 31, The Chemical Society, London, (reeditado em 1986).
- Thrush, B.A. (1977) The chemistry of the stratosphere and its pollution, *Endeavour*, **1**, 3-6.
- Waddington, T.C. (ed.) (1969) *Nonaqueous Solvent Systems* (Cap. 2 por Hyman, H.H. e Katz, J.J., Fluoreto de hidrogênio líquido; Cap. 3 por Peach, M.E. e Waddington, T.C, Haletos de hidrogênio superiores como solventes ionizantes), Nelson.

PROBLEMAS

1. Descreva o método de obtenção do flúor, os equipamentos utilizados e as precauções necessárias para o bom andamento do processo. O flúor elementar é muito empregado em reações químicas?
2. Por que não é possível obter F_2 por eletrólise de NaF aquoso, ou HF aquoso ou anidro?
3. Quais são os agentes de fluoração comumente usados no lugar do F_2? Escreva equações químicas que ilustrem o seu uso.
4. Quais são as principais aplicações do flúor?
5. Escreva equações balanceadas que mostrem as reações entre HF e a) SiO_2, b) CaO, c) KF, d) CCl_4, e) U, f) grafita.
6. Quais são as principais fontes de cloro, bromo e iodo? Onde ocorrem e como os elementos podem ser obtidos a partir dos sais correspondentes?
7. Quais são as principais aplicações do Cl_2?
8. Escreva as equações que mostrem como os ácidos halogenídricos HF, HCl, HBr e HI podem ser preparados em solução aquosa. Por que o HF é um ácido fraco quando comparado com o HI, em meio aquoso?
9. O $HCl_{(g)}$ pode ser preparado a partir do NaCl e H_2SO_4. O $HBr_{(g)}$ e o $HI_{(g)}$ não podem ser obtidos de maneira semelhante a partir do NaBr e do NaI, respectivamente? Explique esse fato.
10. Escreva as equações químicas das reações entre Cl_2 e: a) H_2, b) CO, c) P, d) S, e) SO_2, f) $Br^-_{(aq)}$, g) NaOH.
11. Explique o que acontece quando uma solução aquosa de $AgNO_3$ é adicionada as soluções de NaF, NaCl, NaBr e NaI. Que mudança será observada (se houver alguma), caso amônia seja adicionada a cada uma dessas misturas?
12. a) Desenhe as estruturas do OF_2, Cl_2O, O_2F_2 e I_2O_5.

    b) Explique porque OF_2 é uma molécula angular e porque esse ângulo difere daquele encontrado no Cl_2O.

    c) Por que as ligações O–F do O_2F_2 são mais longas que as do OF_2, enquanto que as ligações O–O do O_2F_2 são mais curtas que aquelas do H_2O_2?
13. Descreva o método de preparação e o uso analítico do I_2O_5.
14. a) Cite quatro tipos diferentes de oxoácidos dos halogênios e apresente a fórmula de um ácido ou de um sal derivado de cada um deles.

b) Descreva os métodos de obtenção e uma aplicação dos compostos a seguir: NaOCl, $NaClO_2$, $NaClO_3$, HIO_4.

15. O iodo é quase insolúvel em água, mas se dissolve prontamente numa solução aquosa de KI. Explique o motivo desse comportamento.
16. a) Explique a estrutura do íon I_3^-[14].

    b) Explique porque o CsI_3 sólido é estável, mas o NaI_3 sólido não é.
17. a) Apresente as fórmula de 11 compostos interhalogenados.

    b) Desenhe as estruturas das seguintes moléculas e íons, indicando as posições dos pares de elétrons isolados: ClF, BrF_3, IF_5, IF_7, I_3^-, ICl_4^- e I_5^-
18. Enumere as diferenças entre a química do flúor em relação a dos demais halogênios, justificando-as.

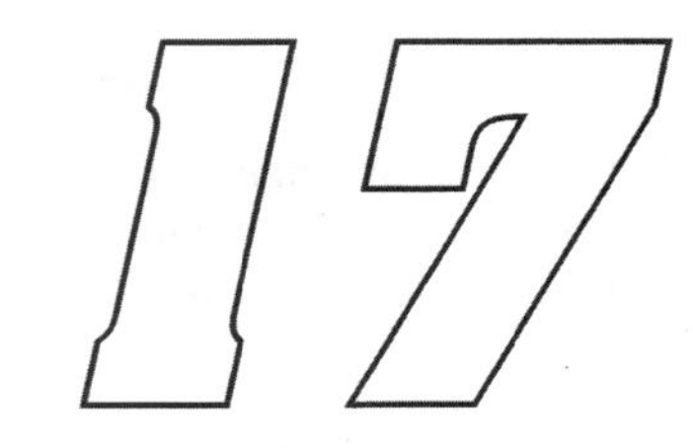

Grupo 18
OS GASES NOBRES

NOME DO GRUPO E CONFIGURAÇÕES ELETRÔNICAS

Os elementos do Grupo 18 têm sido denominados "gases inertes" e "gases raros". Ambos são inadequados, já que a descoberta dos fluoretos de xenônio, em 1962, mostrou que o xenônio não é inerte. Além disso, o argônio constitui 0,9% em volume da atmosfera terrestre (vide Tab. 14.3). O nome "gases nobres" dá a entender que eles tendem a ser não reativos, analogamente aos metais nobres que dificilmente reagem, e se constituem nos metais menos reativos.

O hélio possui dois elétrons, que completam a camada $1s^2$. Os demais gases nobres possuem um octeto completo de elétrons, ns^2np^6, na camada mais externa. Essa configuração eletrônica é muito estável e está relacionada com a baixa reatividade química desses elementos. Esses átomos apresentam uma afinidade eletrônica igual a zero (ou ligeiramente negativa), e energias de ionização muito elevadas — maiores que as de qualquer outro elemento. Em condições normais, os átomos dos gases nobres apresentam pouca tendência de perder ou receber elétrons. Por isso apresentam uma pequena tendência de formar ligações e ocorrem na forma de átomos isolados.

OCORRÊNCIA E OBTENÇÃO DOS ELEMENTOS

Todos os gases nobres, ou seja He, Ne, Ar, Kr e Xe, ocorrem na atmosfera. Uma mistura de gases nobres foi obtida pela primeira vez por Cavendish, em 1784. Cavendish removeu o N_2 do ar, adicionando um excesso de O_2 e combinando os gases com o auxílio de descargas elétricas. O NO_2 formado foi absorvido por uma solução de NaOH. O excesso de O_2 foi removido pela sua reação (combustão) com S, seguido da absorção do SO_2 formado numa solução de NaOH. Dessa forma, foi obtido um pequeno volume de um gás não-reativo.

O argônio é relativamente abundante e pode ser obtido por destilação fracionada do ar líquido (vide "Nitrogênio", no Capítulo 14). O argônio constitui 0,93% em volume do ar (isto é 9.300 ppm). Origina-se principalmente da reação de captura de elétrons (decaimento β+) pelo potássio:

$$^{40}_{19}K + ^{0}_{-1}e \longrightarrow ^{40}_{18}Ar$$

A produção mundial de argônio é superior a 700.000 toneladas/ano.

Os demais gases nobres são muito menos abundantes. A abundância do He na atmosfera é de apenas 5 ppm em volume e sua obtenção a partir do ar seria muito dispendiosa. Uma fonte mais barata são os depósitos de gases naturais: depois de liquefazer os hidrocarbonetos, sobra um resíduo de He. O He foi produzido por decaimento radiativo e ficou retido nesses depósitos subterrâneos. A fonte mais rica são os gases naturais do sudoeste dos EUA, que contêm de 0,5 a 0,8 % de hélio, e satisfaz a maior parte da demanda mundial de hélio. Outros depósitos de gases naturais, contendo quantidades apreciáveis de He, foram encontrados na Argélia, Polônia, ex-URSS e Canadá. A produção mundial foi de 18.800 toneladas em 1993.

Todos os gases nobres não-radiativos são produzidos em escala industrial, pela destilação fracionada do ar líquido. Esse processo fornece grandes quantidades de nitrogênio e oxigênio, e somente uma pequena quantidade de gases nobres (o oxigênio é empregado principalmente na indústria siderúrgica). O argônio é o gás nobre produzido em maior quantidade e o mais barato.

O radônio (Rn) é radiativo, e é formado no decaimento radiativo de minerais de rádio e de tório. Uma fonte conveniente é o isótopo ^{226}Ra: 100 g de rádio fornece cerca de 2 ml de radônio por dia:

Tabela 17.1 — Configurações eletrônicas

Elemento	Símbolo		Configuração eletrônica
Hélio	He		$1s^2$
Neônio	Ne	[He]	$2s^2\,2p^6$
Argônio	Ar	[Ne]	$3s^2\,3p^6$
Criptônio	Kr	[Ar]	$3d^{10}\,4s^2\,4p^6$
Xenônio	Xe	[Kr]	$4d^{10}\,5s^2\,5p^6$
Radônio	Rn	[Xe]	$4f^{14}\,5d^{10}\,6s^2\,6p^6$

$$^{226}_{88}Ra \longrightarrow ^{222}_{86}Rn + ^{4}_{2}He$$

O isótopo mais estável do radônio, o ^{222}Rn, é um emissor α e seu tempo de meia-vida é de somente 3,8 dias. Por isso, apenas estudos utilizando traçadores de radiação foram possíveis.

APLICAÇÕES DOS ELEMENTOS

O principal uso do argônio é para a obtenção de atmosferas inertes em processos metalúrgicos. Isso inclui a solda de aço inoxidável, titânio, magnésio e alumínio, e a produção de titânio (processo Kroll e IMI). Quantidades menores são usadas no crescimento de cristais de silício e de germânio para transistores, em lâmpadas elétricas incandescentes e fluorescentes, válvulas de raios catódicos e contadores de radiação do tipo Geiger-Müller.

O hélio tem o ponto de ebulição mais baixo que qualquer outro líquido conhecido, sendo usado em crioscopia para se obter temperaturas extremamente baixas, necessárias para a operação de lasers e dispositivos baseados em materiais supercondutores. É empregado como gás de refrigeração em um dos tipos de reatores nucleares refrigerados a gás, e como gás de arraste em cromatografia gás-líquido. É ainda usado em balões meteorológicos e dirigíveis. Embora o H_2 seja mais barato, mais facilmente encontrado e tenha uma densidade menor, prefere-se o He, pois o H_2 é altamente inflamável. Assim, por motivo de segurança, o He é utilizado preferencialmente ao H_2 em dirigíveis. O He é menos denso que o ar. Um metro cúbico de He, à pressão atmosférica, pode levantar até 1 kg. O hélio é utilizado preferencialmente ao nitrogênio para diluir o oxigênio dos cilindros de ar dos mergulhadores. Isso porque o nitrogênio é bastante solúvel no sangue e uma súbita variação de pressão poderia provocar a formação de bolhas de N_2 no sangue. Esse acidente doloroso (ou fatal) é conhecido como "síndrome de descompressão" ou "mal das profundezas". O hélio é muito menos solúvel e o risco de ocorrer esse acidente é bem menor.

Pequenas quantidades de Ne são utilizados nas lâmpadas de neônio dos anúncios luminosos, onde são responsáveis pela familiar coloração laranja avermelhada. Outros gases também são usados de modo a se obter lâmpadas de diferentes cores.

PROPRIEDADES FÍSICAS

Todos esses elementos são gases monoatômicos, incolores e inodoros. A entalpia de vaporização é uma medida das forças que mantêm unidos os átomos. Tais valores são muito baixos porque as únicas forças entre os átomos são as forças de van der Waals, muito fracas. A entalpia de vaporização aumenta de cima para baixo, à medida que aumenta a polarizabilidade dos átomos.

Devido às pequeníssimas forças interatômicas, os pontos de fusão e de ebulição também são muito baixos. A temperatura de ebulição do He é a mais baixa de todos os elementos: somente quatro graus acima do zero absoluto.

Os raios atômicos desses elementos são todos muito pequenos e aumentam quando se desce pelo grupo. Deve-se notar que esses raios são raios atômicos, ou seja de átomos não ligados, e devem ser comparados com os raios de van der Waals de outros elementos na forma de átomos e não com os raios covalentes (raios dos elementos na forma combinada).

Tabela 17.2 — Propriedades físicas dos gases nobres

	Primeira energia de ionização ($kJ\ mol^{-1}$)	Entalpia de vaporização ($kJ\ mol^{-1}$)	Ponto de fusão (°C)	Ponto de ebulição (°C)	Raio atômico (Å)	Abundância na atmosfera (% em volume)
He	2.372	0,08		−269,0	1,20	$5{,}2\times10^{-4}$
Ne	2.080	1,7	−248,6	−246,0	1,60	$1{,}5\times10^{-3}$
Ar	1.521	6,5	−189,0	−189,4	1,91	0,93
Kr	1.351	9,1	−157,2	−153,6	2,00	$1{,}1\times10^{-4}$
Xe	1.170	12,7	−108,1	−111,1	2,20	$8{,}7\times10^{-6}$
Rn	1.037	18,1	−71	−62		

Todos os gases nobres são capazes de se difundir através do vidro, da borracha, de materiais plásticos e de alguns metais. Por causa disso, seu manuseio no laboratório é difícil, principalmente porque frascos de Dewar de vidro não podem ser usados em experimentos a baixas temperaturas.

PROPRIEDADES ESPECIAIS DO HÉLIO

O hélio é um elemento singular. Ele apresenta o ponto de ebulição mais baixo de todas as substâncias conhecidas. Todos os demais elementos se solidificam quando esfriados suficientemente, mas no caso do hélio obtém-se o líquido. O hélio forma o sólido somente a altas pressões (cerca de 25 atmosferas). Duas fases líquidas diferentes podem ser obtidas. O hélio I é um líquido normal, mas o hélio II é um superfluído. Um superfluído é um estado muito incomum da matéria. Normalmente as moléculas podem se mover livremente num gás, mas de forma mais restrita no estado líquido. No sólido, os átomos apenas podem vibrar em torno de certas posições. À medida que a temperatura diminui, a quantidade de movimento térmico dos átomos diminui e os gases se tornam líquidos; e eventualmente se tornam sólidos. Quando a temperatura do hélio é abaixada até 4,2 K, ele se liquefaz a hélio I. Surpreendentemente o líquido continua num estado de ebulição vigoroso. A 2,2 K, repentinamente cessa a ebulição do líquido (o que no caso de materiais convencionais corresponde à formação do sólido) e se forma o hélio II. Ele continua sendo um líquido, pois as forças intermoleculares não são suficientemente fortes para formar um sólido, mas o movimento térmico dos átomos praticamente cessou. O hélio I é um líquido normal, mas quando se transforma no hélio II, na temperatura do ponto λ, muitas de suas propriedades físicas mudam abruptamente. O calor específico varia de um fator de 10. A condutividade térmica aumenta por um fator de 10^6 e se torna 800 vezes maior que a do cobre, tornando-se um supercondutor (isto é, tem resistência elétrica nula). A viscosidade se aproxima de zero, ou seja, torna-se igual a 1/100 da viscosidade do hidrogênio gasoso. Abaixo da temperaturas do ponto λ, o hélio se espalha por toda a superfície. Assim, *o líquido pode fluir para cima, subindo pelas paredes do recipiente*, transpondo suas bordas até que o nível em ambos os lados sejam iguais. A tensão superficial e a compressibilidade também são anômalas.

PROPRIEDADES QUÍMICAS DOS GASES NOBRES

Os gases nobres foram isolados e descobertos graças à sua falta de reatividade química. Durante muito tempo supôs-se que eram quimicamente inertes. Antes de 1962, a única evidência a favor da formação de compostos dos gases nobres era a formação de alguns íons moleculares em tubos de descarga de gases rarefeitos em alguns compostos do tipo clatratos.

Íons moleculares formados no estado excitado

Diversos íons moleculares, tais como He_2^+, HeH^+, HeH^{2+} e Ar_2^+ são formados em condições de alta energia, em tubos de descarga de gases rarefeitos. Eles subsistem momentaneamente e podem ser detectados por métodos espectroscópicos. Moléculas neutras como o He_2 são instáveis.

Clatratos

Os clatratos formados pelos gases nobres são bem conhecidos. Os compostos químicos normais possuem ligações iônicas ou covalentes. Contudo, nos clatratos, átomos ou moléculas de tamanho adequado estão presos nas cavidades existentes no retículo cristalino de outros compostos. *Embora os gases estejam retidos, eles não formam ligações.*

Se uma solução aquosa de hidroquinona (1,4-dihidroxibenzeno) for cristalizada sob 10 a 40 atmosferas de Ar, Kr ou Xe, esses gases nobres ficam retidos em cavidades de cerca de 4 Å de diâmetro existentes na estrutura da hidroquinona. Quando o clatrato é dissolvido, a estrutura cristalina mantida pelas ligações de hidrogênio se desfaz e o gás nobre escapa. Outras moléculas pequenas como O_2, SO_2, H_2S, MeCN e CH_3OH também formam clatratos parecidos com os do Ar, Kr e Xe. Os gases nobres menores He e Ne não formam clatratos, porque os átomos são pequenos o suficiente para escaparem das cavidades. A composição desses clatratos corresponde a 3 hidroquinona:1 molécula encapsulada, mas geralmente nem todas as cavidades são ocupadas.

Analogamente, Ar, Kr e Xe podem ser retidos em cavidades durante o processo de congelamento da água sob elevadas pressões desses gases. Os compostos obtidos também são clatratos, embora sejam comumente denominados "hidratos dos gases nobres". Suas fórmulas são aproximadamente $6H_2O$: 1 átomo do gás. He e Ne não são retidos por serem muito pequenos. Os gases nobres mais pesados também podem ser retidos nas cavidades de zeólitas sintéticas, tendo sido obtidas amostras contendo até 20% em peso de argônio. Os clatratos se constituem num meio conveniente de armazenar isótopos radiativos de Kr e de Xe, produzidos em reatores nucleares.

QUÍMICA DO XENÔNIO

O primeiro composto verdadeiro de um gás nobre foi obtido em 1962. Bartlett e Lohman já haviam usado o hexafluoreto de platina, um poderoso agente oxidante, para oxidar o oxigênio molecular.

$$PtF_6 + O_2 \rightarrow O_2^+[PtF_6]^-$$

Tabela 17.3 — Estruturas de alguns compostos de xenônio

Fórmula	Nome	Estado de oxidação	P.F. (°C)	Estrutura
XeF_2	difluoreto de xenônio	(+II)	129	linear (RnF_2 e $XeCl_2$ são semelhantes
XeF_4	tetrafluoreto de xenônio	(+IV)	117	quadrado-planar ($XeCl_4$ é semelhante)
XeF_6	hexafluoreto de xenônio	(+VI)	49,6	octaedro distorcido
XeO_3	trióxido de xenônio	(+VI)	explode	piramidal (tetaédrica com um vértice desocupado)
XeO_2F_2		(+VI)	30,8	bipirâmide trigonal (com um vértice desocupado)
$XeOF_4$		(+VI)	–46	pirâmide quadrada (octaédrica com uma posição desocupada)
XeO_4	tetróxido de xenônio	(+VIII)	–35,9	tetaédrica
XeO_3F_2		(+VIII)	–54,1	bipirâmide trigonal
$Ba_2[XeO_6]^{4-}$	perxenato de bário	(+VIII)	dec.>300	octaédrica

A primeira energia de ionização para a semi-reação $O_2 \rightarrow O_2^+$ é igual a 1.165 kJ mol^{-1}, ou seja praticamente o mesmo da semi-reação $Xe \rightarrow Xe^+$ que é igual a 1.170 kJ mol^{-1}. Assim, foi previsto que o PtF_6 deve reagir com o xenônio. Foi demonstrado experimentalmente que quando os vapores vermelho escuros de PtF_6 eram misturados com um volume idêntico de Xe, esses gases se combinavam imediatamente à temperatura ambiente, formando um sólido amarelo. Eles propuseram (incorretamente) que o composto obtido era hexafluoroplatinato(V) de xenônio, $Xe^+[PtF_6]^-$. Verificou-se posteriormente que a reação é bem mais complicada, e o produto formado é na realidade o $[XeF]^+[Pt_2F_{11}]^-$.

$$Xe[PtF_6] + PtF_6 \xrightarrow{25°C} [XeF]^+[PtF_6]^- + PtF_5$$
$$\xrightarrow{60°C} [XeF]^+[Pt_2F_{11}]^-$$

Pouco depois descobriu-se que o Xe e o F_2 reagem a 400 °C, gerando XeF_4, um sólido incolor volátil. Este apresenta o mesmo número de elétrons de valência e é isoestrutural com o íon polihaleto $[ICl_4]^-$. Após essas descobertas, houve uma rápida expansão da química dos gases nobres, em particular do xenônio.

As energias de ionização do He, Ne e Ar são muito maiores que do Xe, sendo demasiadamente elevadas para permitir a formação de compostos semelhantes aos do xenônio. A energia de ionização do Kr é um pouco menor que a do Xe, e o Kr forma KrF_2. A energia de ionização do Rn é menor que a do Xe, de modo que o Rn deve formar compostos semelhantes aos formados pelo Xe. O Rn é radiativo, não possui isótopos estáveis e todos eles são de meia-vida curta. Isso limitou as pesquisas sobre a química do radônio, sendo conhecidos somente o RnF_2 e alguns complexos.

O Xe reage diretamente apenas com o F_2. Contudo, compostos com oxigênio podem ser obtidos a partir dos fluoretos. Há algumas evidências a favor da existência do $XeCl_2$ e $XeCl_4$, e conhece-se um composto com uma ligação Xe–N. Pode-se notar que o xenônio possui uma química relativamente extensa. Na Tab. 17.3 estão listados os principais compostos de xenônio.

O xenônio reage diretamente com flúor, quando os gases são aquecidos a 400 °C, num recipiente fechado de níquel. Os produtos obtidos são definidos pela proporção relativa de F_2 e Xe.

$$Xe + F_2 \rightarrow \begin{cases} 2:1 \text{ mistura} \rightarrow XeF_2 \\ 1:5 \text{ mistura} \rightarrow XeF_4 \\ 1:20 \text{ mistura} \rightarrow XeF_6 \end{cases}$$

Os compostos XeF_2, XeF_4 e XeF_6 são sólidos brancos. Sublimam à temperatura ambiente e podem ser armazenados indefinidamente em recipientes de níquel ou de metal monel. Os fluoretos inferiores podem ser convertidos nos fluoretos superiores por aquecimento com F_2 sob pressão. Todos esses fluoretos são oxidantes extremamente fortes e também são agentes de fluoração. Reagem quantitativamente com hidrogênio como segue:

$$XeF_2 + H_2 \rightarrow 2HF + Xe$$
$$XeF_4 + 2H_2 \rightarrow 4HF + Xe$$
$$XeF_6 + 3H_2 \rightarrow 6HF + Xe$$

Oxidam Cl^- a Cl_2, I^- a I_2 e cério(III) a cério(IV):

$$XeF_2 + 2HCl \rightarrow 2HF + Xe + Cl_2$$
$$XeF_4 + 4KI \rightarrow 4KF + Xe + 2I_2$$
$$SO_4^{2-} + XeF_2 + Ce_2^{III}(SO_4)_3 \rightarrow 2Ce^{IV}(SO_4)_2 + Xe + F_2$$

Podem ser utilizados na fluoração de outros compostos:

$$XeF_4 + 2SF_4 \rightarrow Xe + 2SF_6$$
$$XeF_4 + Pt \rightarrow Xe + PtF_4$$

Atualmente, o XeF_2 é um produto comercial e está sendo largamente utilizado em síntese orgânica. Ele pode oxidar e fluorar os heteroátomos em compostos organometálicos, mas não reage com os grupos alquila ou arila.

$$CH_3I + XeF_2 \rightarrow CH_3IF_2 + Xe$$
$$C_6H_5I + XeF_2 \rightarrow C_6H_5IF_2 + Xe$$
$$(C_6H_5)_2S + XeF_2 \rightarrow (C_6H_5)_2SF_2 + Xe$$

A reatividade do XeF_2 aumenta consideravelmente caso seja misturado com HF anidro, provavelmente devido a formação de XeF^+.

$$Pt + 3XeF_2/HF \rightarrow PtF_6 + 3Xe$$
$$S_8 + 24XeF_2/HF \rightarrow 8SF_6 + 24Xe$$
$$CrFe + XeF_2/HF \rightarrow CrF_3 + Xe \rightarrow CrF_4 + Xe$$
$$MoO_3 + 3XeF_2/HF \rightarrow MoF_6 + 3Xe + 1^1/_2O_2$$
$$Mo(CO)_6 + 3XeF_2/HF \rightarrow MoF_6 + 3Xe + 6CO$$

Os fluoretos reagem diferentemente com a água. O XeF_2 é solúvel em água, mas lentamente hidrolisa-se. Em meio alcalino essa reação é mais rápida.

$$2XeF_2 + 2H_2O \rightarrow 2Xe + 4HF + O_2$$

O XeF_4 reage violentamente com a água formando trióxido de xenônio, XeO_3.

$$3XeF_4 + 6H_2O \rightarrow 2Xe + XeO_3 + 12HF + 1^1/_2O_2$$

O XeF_6 também reage violentamente com a água. A hidrólise lenta desse fluoreto, devido à umidade existente na atmosfera, forma o sólido altamente explosivo XeO_3.

$$XeF_6 + 3H_2O \rightarrow XeO_3 + 6HF$$

Quando o XeF_6 reage com quantidades limitadas de água ocorre uma hidrólise parcial, com a formação do oxofluoreto de xenônio, $XeOF_4$, um líquido incolor. O mesmo produto se forma quando o XeF_6 reage com a sílica ou o vidro.

$$XeF_6 + H_2O \rightarrow XeOF_4 + 2HF$$
$$2XeF_6 + SiO_2 \rightarrow 2XeOF_4 + SiF_4$$

O XeO_3 é um sólido branco higroscópico e explosivo, que reage com XeF_6 e $XeOF_4$.

$$XeO_3 + 2XeF_6 \rightarrow 3XeOF_4$$
$$XeO_3 + XeOF_4 \rightarrow 2XeO_2F_2$$

O XeO_3 é solúvel em água, mas não se dissocia. Contudo, em soluções alcalinas, com pH superiores a 10,5, forma-se o íon xenato, $[HXeO_4]^-$.

$$XeO_3 + NaOH \rightarrow \underset{\text{xenato de sódio}}{Na^+[HXeO_4]^-}$$

Os xenatos contêm Xe(+VI), que lentamente se desproporcionam em solução formando perxenato (que contém Xe(+VIII)) e Xe.

$$2[HXeO_4]^- + 2OH^- \rightarrow \underset{\text{íon perxenato}}{[XeO_6]^{4-}} + Xe + O_2 + 2H_2O$$

Diversos perxenatos de metais dos Grupos 1 e 2 foram isolados; sendo as estruturas cristalinas do $Na_4XeO_6 \cdot 6H_2O$ e do $Na_4XeO_6 \cdot 8H_2O$ determinadas por cristalografia de raios X. A solubilidade do perxenato de sódio em NaOH 0,5 M é de apenas 0,2 grama por litro. Logo, a reação de precipitação do perxenato de sódio poderia ser empregada como método gravimétrico de determinação de sódio. Os perxenatos são agentes oxidantes extremamente poderosos, que oxidam HCl a Cl_2, H_2O a O_2 e Mn^{2+} a MnO_4^-. Reage com H_2SO_4 concentrado formando tetróxido de xenônio, XeO_4, que é volátil e explosivo.

Fluorocomplexos de xenônio

O XeF_2 atua como doador de fluoreto e forma complexos com pentafluoretos covalentes, como PF_5, AsF_5, SbF_5, e os fluoretos de metais de transição NbF_5, TaF_5, RuF_5, OsF_5, RhF_5, IrF_5 e PtF_5. Supõe-se que esses complexos tenham a estrutura

$$XeF_2 \cdot MF_5 \qquad [XeF]^+[MF_6]^-$$
$$XeF_2 \cdot 2MF_5 \qquad [XeF]^+[M_2F_{11}]^-$$
$$2XeF_2 \cdot MF_5 \qquad [Xe_2F_3]^+[MF_6]^-$$

As estruturas de alguns dos complexos de XeF_2, no estado sólido, são conhecidas. No complexo $XeF_2 \cdot 2SbF_5$ (Fig. 17.1) as duas distâncias Xe–F são muito diferentes (1,84 Å e 2,35 Å). Isso sugere a formulação $[XeF]^+[Sb_2F_{11}]^-$. Contudo, a distância Xe–F de 2,35 Å é muito menor que a distância de van der Waals (não-ligante) de 3,50 Å. Isso sugere a existência

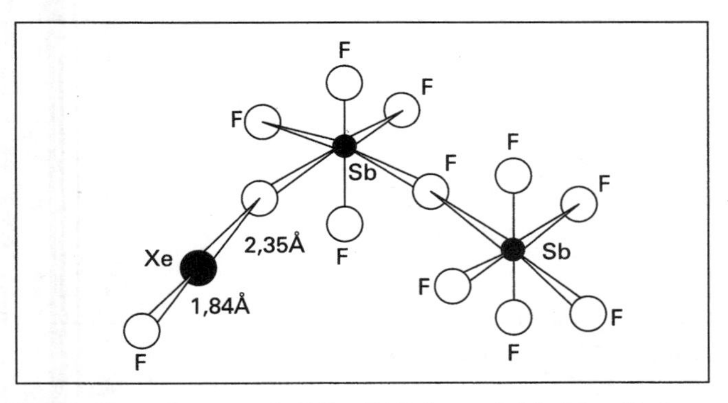

Figura 17.1 — Estrutura do $XeF_2 \cdot 2SbF_5$ (segundo Mackay e Mackay, Introduction to Modern Inorganic Chemistry, 4.ª de., Blackie, 1989)

de um átomo de flúor em ponte entre o Xe e o Sb. Na realidade, a estrutura é intermediária entre aquela esperada para uma estrutura iônica e aquela prevista para uma estrutura totalmente covalente com átomos de flúor em ponte.

O XeF_4 forma apenas alguns poucos complexos, por exemplo com PF_5, AsF_5 e SbF_5. O XeF_6 também pode atuar como um doador de fluoretos, formando complexos tais como:

$$XeF_6 \cdot BF_3$$
$$XeF_6 \cdot GeF_4$$
$$XeF_6 \cdot 2GeF_4$$
$$XeF_6 \cdot 4SnF_4$$
$$XeF_6 \cdot AsF_5$$
$$XeF_6 \cdot SbF_5$$

O XeF_6 também pode atuar como receptor de fluoreto, reagindo com RbF e CsF segundo a reação abaixo:

$$XeF_6 + RbF \rightarrow Rb^+[XeF_7]^-$$

O íon $[XeF_7]^-$ decompõe-se quando aquecido,

$$2Cs^+[XeF_7]^- \xrightarrow{50°C} XeF_6 + Cs_2[XeF_8]$$

ESTRUTURA E LIGAÇÃO NOS COMPOSTOS DE XENÔNIO

As estruturas dos haletos, óxidos e oxo-íons mais comuns do xenônio são mostradas na Tab. 17.4. A natureza das ligações, bem como dos orbitais utilizados para formar as ligações nesses compostos, são de grande interesse e têm sido motivo de consideráveis controvérsias.

XeF_2

O XeF_2 é uma molécula linear com distâncias Xe–F de 2,00 Å. As ligações podem ser explicadas de maneira bastante simples, promovendo-se um elétron de um nível $5p$ do xenônio para o nível $5d$. Os dois elétrons desemparelhados formam ligações com os átomos de flúor. Os cinco pares de elétrons apontam para os vértices de uma bipirâmide trigonal. Três desses pares são pares de elétrons isolados e ocupam as posições equatoriais. Dois deles são pares ligantes que ocupam as posições apicais. Assim, a molécula é linear (Fig. 17.2).

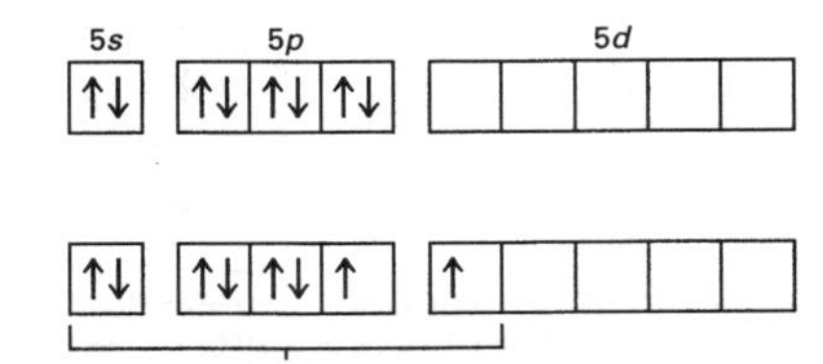

Isso explica a estrutura observada, mas existe uma objeção: os orbitais $5d$ do xenônio parecem ser grandes demais para que haja um recobrimento efetivo entre os orbitais. O máximo da função de distribuição radial do elétron $5d$ ocorre a uma distância de 4,9 Å do núcleo. Foi mencionado no Capítulo 4, na seção "O grau de participação dos elétrons d nas ligações moleculares", que átomos muito eletronegativos como o flúor provocam uma grande contração nos orbitais d. Se essa contração for suficientemente grande, a explicação por meio das ligações de valência será adequada.

Uma segunda objeção se refere à combinação dos orbitais no mesmo átomo (hibridização sp^3d). Essa combinação será efetiva somente se os orbitais envolvidos tiverem energias semelhantes. Os orbitais $5d$ do Xe parecem ter uma energia elevada demais para contribuir numa hibridização desse tipo (a diferença de energia entre os orbitais $5p$ e $5d$ é de cerca de 960 kJ mol^{-1}).

A explicação por meio da teoria de orbitais moleculares, envolvendo ligações tricentradas, é mais aceitável. As configurações eletrônicas de valência dos átomos são

	5s	5p (p_x p_y p_z)		2s	2p (p_x p_y p_z)
Xe	↑↓	↑↓ ↑↓ ↑↓	F	↑↓	↑↓ ↑↓ ↑

Considere que a ligação envolva o orbital $5p_z$ do Xe e os orbitais $2p_z$ dos dois átomos de flúor. Para que se forme uma ligação, é necessário a interação de orbitais de mesma simetria. Esses três orbitais atômicos se combinam para formar três orbitais moleculares: um ligante, um não-ligante e um antiligante. Isso está ilustrado de uma maneira simples na Fig. 17.3. Os três orbitais atômicos de partida contêm quatro elétrons (dois no orbital $5p_z$ do Xe e um em cada um dos orbitais $2p_z$ do F). Esses elétrons ocuparão os orbitais moleculares de energia mais baixa. A ordem de energia é:

$$\text{OM ligante} < \text{OM não-ligante} < \text{OM antiligante}$$

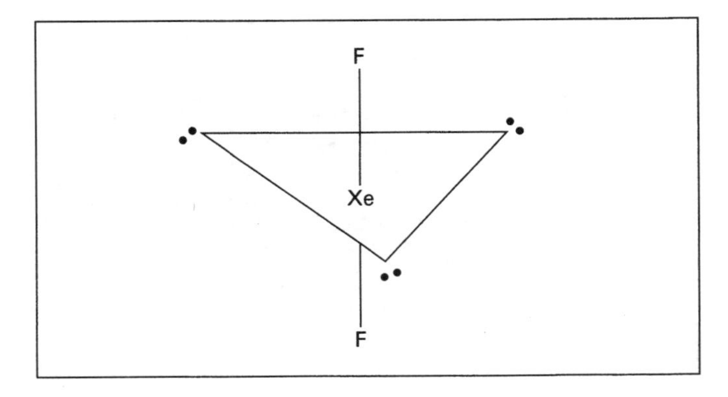

Figura 17.2 — A molécula de XeF_2

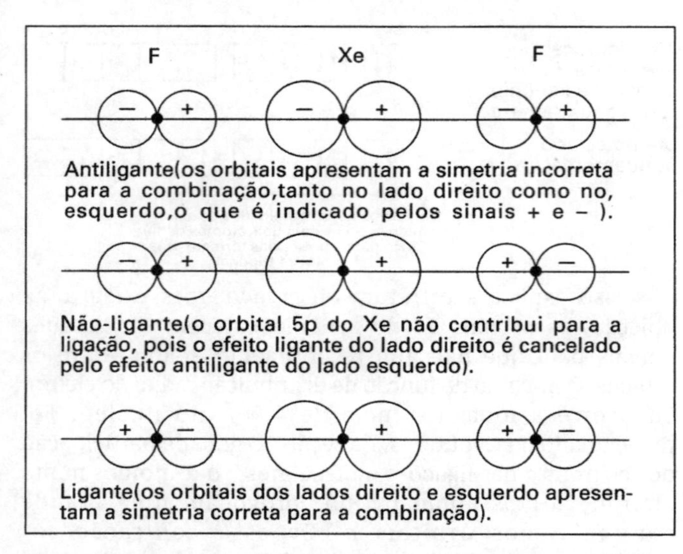

Figura 17.3 — Combinações possíveis de orbitais atômicos no XeF_2

Assim, dois elétrons ocupam o orbital molecular ligante, sendo esse par de elétrons o responsável pela ligação entre os três átomos. Os dois elétrons remanescentes ocuparão o orbital molecular não-ligante. Esses elétrons estão localizados principalmente nos átomos de F, conferindo certo caráter iônico à ligação. A ligação pode ser descrita como uma ligação tricentrada com quatro elétrons. A disposição linear dos três átomos leva ao recobrimento mais eficiente dos orbitais, em concordância com a estrutura observada. Essas ligações deveriam ser comparadas com as ligações tricêntricas com dois elétrons do B_2H_6 (vide Capítulo 12).

XeF_4

A estrutura do XeF_4 é quadrado planar, com distâncias de ligação de 1,95 Å. A teoria das ligações de valência explica essa estrutura por meio da promoção de dois elétrons, como se segue:

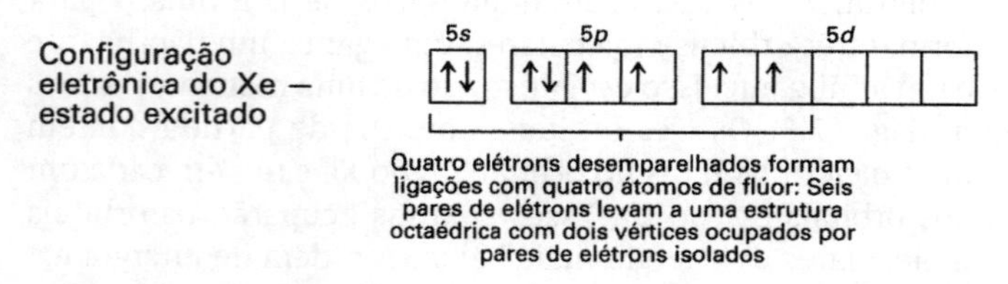

Os mesmos problemas levantados no caso do XeF_2 são válidas, ou seja, o tamanho dos orbitais 5*d* do Xe parece ser

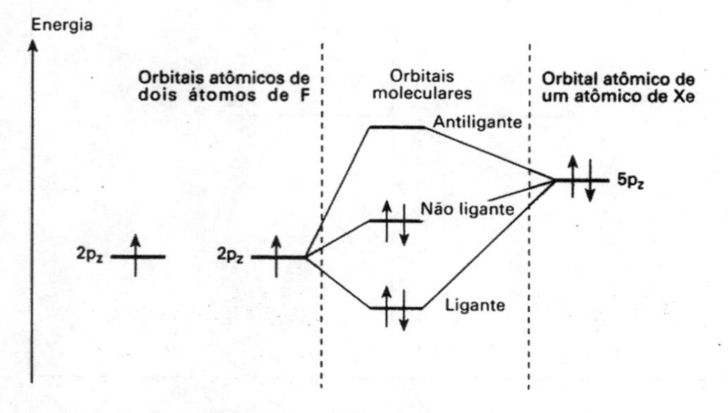

Figura 17.4 — Os orbitais moleculares no XeF_2

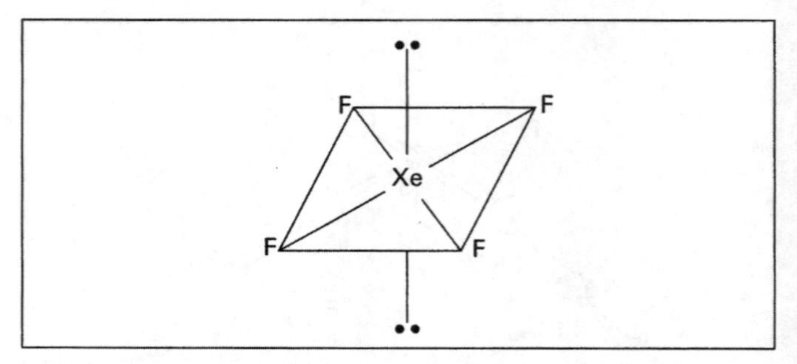

Figura 17.5 — A molécula de XeF_4

inadequado para permitir uma interação efetiva e as energias dos orbitais envolvidos parecem ser demasiadamente diferentes para haver uma hibridização efetiva. A explicação da estrutura do XeF_4 utilizando a teoria de orbitais moleculares é semelhante à daquela para o XeF_2. O átomo de Xe se liga a quatro átomos de F. O orbital $5p_x$ do Xe forma um OM tricêntrico com os orbitais 2*p* de dois átomos de F, exatamente como no XeF_2. O orbital $5p_y$ forma outro OM tricêntrico envolvendo mais dois átomos de F. Os dois orbitais moleculares tricêntricos são ortogonais um em relação ao outro, dando origem a uma molécula quadrada planar.

XeF_6

A estrutura do XeF_6 é a de um octaedro distorcido. As ligações no XeF_6 provocaram uma considerável controvérsia, ainda não totalmente esclarecida. A estrutura pode ser explicada em função da teoria das ligações de valência por meio da promoção de três elétrons do Xe:

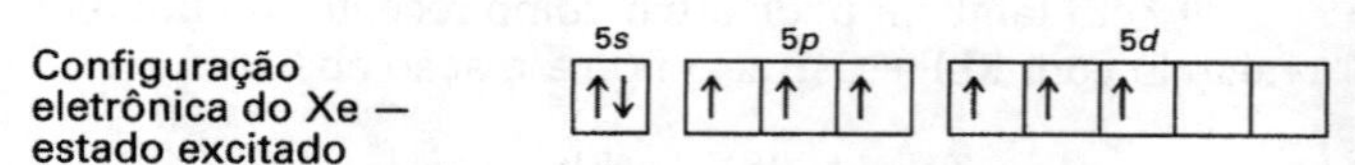

Os seis elétrons desemparelhados formam ligações com átomos de flúor. O arranjo de sete orbitais no espaço pode levar a um octaedro com uma face "piramidal" ou a uma bipirâmide pentagonal (como no IF_7). Um octaedro "piramidal" possui um par isolado de elétrons apontado para o centro de uma das faces do octaedro. Como há seis ligações e um par isolado, um octaedro "piramidal" levaria a um octaedro distorcido. A teoria dos orbitais moleculares falha no caso do XeF_6, pois três orbitais moleculares tricentrados situados ortogonalmente uns em relação aos outros, levaria a uma estrutura octaédrica regular.

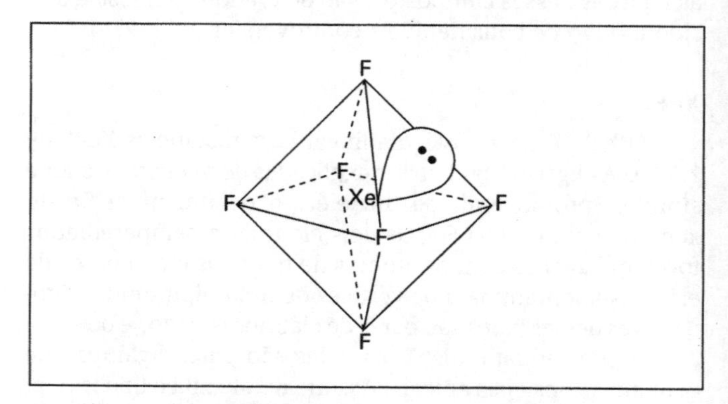

Figura 17.6 — Um octaedro "piramidal"

Tabela 17.4 — Explicações possíveis para estruturas de compostos de gases nobres

Fórmula	Estrutura	Número de pares de elétrons	Números de pares isolados	Explicação para a estrutura (Teoria da Repulsão dos Pares Eletrônicos de Valência)
XeF_2	linear	5	3	cinco pares de elétrons formam uma bipirâmide trigonal com três pares isolados nas posições equatoriais
XeF_4	quadrado planar	6	2	seis pares de elétrons formam um octaedro com duas posições ocupadas por pares isolados
XeF_6	octaédrica distorcida	7	1	bipirâmide pentagonal, ou octaedro com um par isolado sobre uma das faces
XeO_3	piramidal	7	1	três ligações π, os quatro pares eletrônicos restantes formam um tetraedro com um vértice ocupado por um par isolado
XeO_2F_2	bipirâmide trigonal	7	1	duas ligações π, os cinco pares eletrônicos remanescentes formam uma bipirâmide trigonal com uma posição equatorial ocupada por uma par isolado
$XeOF_4$	piramidal quadrada	7	1	uma ligação π, os seis pares eletrônicos remanescentes formam um octaedro com um vértice ocupado por um par isolado
XeO_4	tetraédrica	8	0	quatro ligações π, os quatro pares eletrônicos remanescentes formam um tetraedro
XeO_3F_2	bipirâmide trigonal	8	0	três ligações π, e os cinco pares eletrônicos remanescentes formam um bipirâmide trigonal
$Ba_2[XeO_6]^{4-}$	octaédrica	8	0	duas ligações π, e os seis pares eletrônicos remanescentes formam um octaedro

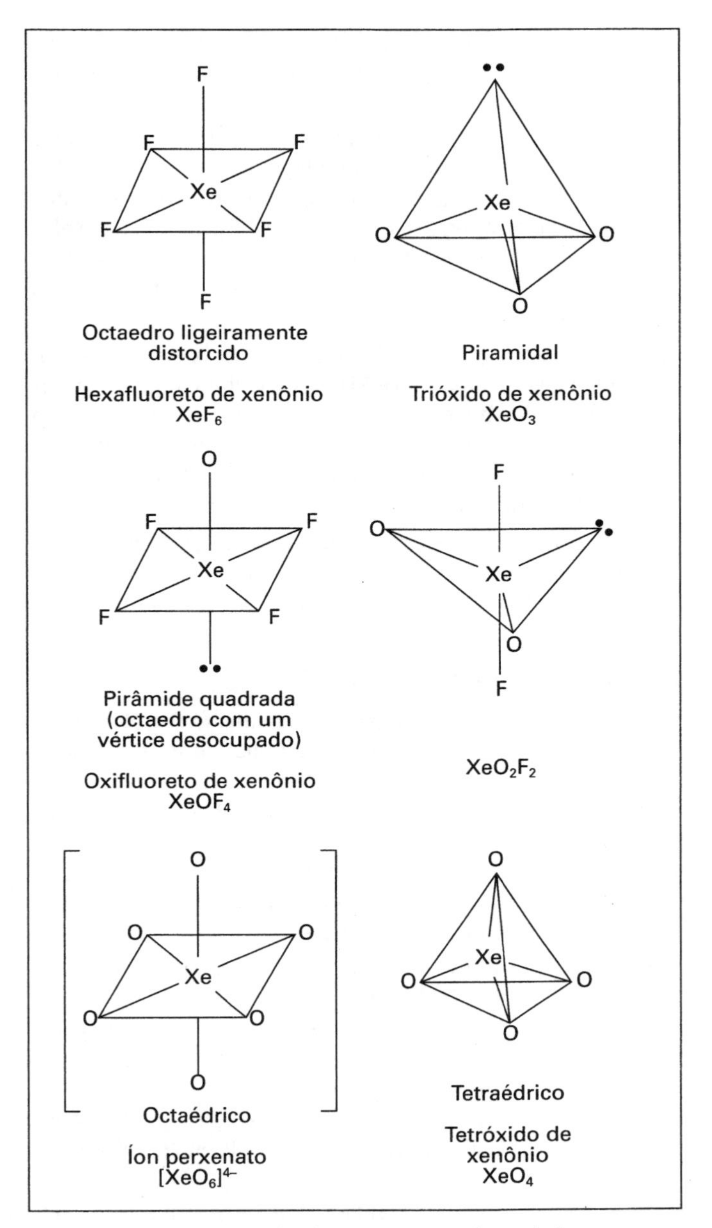

Figura 17.7 — Estruturas de alguns compostos de xenônio

O espectro vibracional do XeF_6 gasoso sugere uma molécula de simetria C_{3v}, isto é, um octaedro distorcido com um par de elétrons isolados situado no centro de uma das oito faces triangulares. Na realidade, a posição do par isolado muda rápida e continuamente, de uma face para outra. O hexafluoreto de xenônio forma o tetrâmero, Xe_4F_{24}, em vários solventes não aquosos. O hexafluoreto de xenônio sólido é polimórfico. Ele contém tetrâmeros constituídos por quatro íons piramidais de base quadrada XeF_5^+ ligados a dois outros íons semelhantes por meio de dois F^- em ponte. As distâncias XeF são de 1,84 Å nas pirâmides de base quadrada e 2,23 e 2,60 Å nos grupos com fluoreto em ponte.

As estruturas dos compostos de Xe contendo oxigênio podem ser previstas corretamente pela teoria das ligações de valência (os elétrons das ligações π (duplas ligações) devem ser subtraídos do cálculo do número de pares de elétrons que determinam a geometria da molécula).

OBSERVAÇÕES FINAIS

Durante muitos anos os gases nobres foram tidos como sendo completamente inertes, pois supunha-se que o octeto de elétrons era o único arranjo estável. A regra do octeto teve um papel importante para se entender porque os átomos reagem, quantas ligações formarão, e a disposição dos elementos na tabela periódica. A descoberta dos compostos dos gases nobres mostrou que embora o "octeto" seja uma estrutura eletrônica muito estável, ele pode ser rompido, e que há outros arranjos eletrônicos estáveis.

Duas conclusões importantes podem ser tiradas:

1) Somente os gases nobres mais pesados (Kr, Xe e Rn) formam esses compostos. Esse fato está relacionado à menor energia de ionização dos mesmos.
2) Compostos são formados somente com ligantes eletronegativos.

A descoberta dos compostos de gases nobres levou a uma torrente de trabalhos experimentais visando a síntese de novos compostos. Houve também muitos trabalhos teóricos procurando explicar a estrutura e as ligações existentes nesses compostos, por exemplo cálculos em grandes computadores sobre o grau de participação dos orbitais *d* nas ligações formadas pelos elementos dos blocos *s* e *p*. As conclusões desses estudos podem ser resumidas como se segue:

1) Orbitais *d* parecem estar envolvidos de maneira significativa na formação de ligações σ, em compostos com elevado número de coordenação com elementos de alta eletronegatividade, como PF_5, SF_6, IF_5 e XeF_6, (esses compostos podem ser descritos sem a necessidade do uso de orbitais *d* se for considerado a formação de ligações tricêntricas).
2) Em compostos com elementos de baixa eletronegatividade, tais como H_2S e PH_3, a contribuição dos orbitais *d* é muito baixa (1-2%). Mesmo assim melhora consideravelmente a concordância entre os valores calculados e observados para os momentos dipolares e os níveis de energia.
3) Os orbitais *d* contribuem de maneira significativa na formação de ligações π, por exemplo ligações $p\pi$-$d\pi$ nos fosfatos e oxoácidos do enxofre, bem como no PF_3.

LEITURAS COMPLEMENTARES

- Bartlett, N. (1962) Xenon hexafluoroplatinate (V), $Xe^+[PtF]^-$, *Proc. Chem. Soc.*, 218. (Artigo original sobre o primeiro composto verdadeiro de gás nobre).
- Bartlett, N. (1971) *The Chemistry of the Noble Gases*, Elsevier, Amsterdam.
- Bartlett, N. e Sladky, F.E. (1973) *Comprehensive Inorganic Chemistry*, Vol. I (Cap. 6: A química do criptônio, xenônio e radônio), Pergamon Press, Oxford.
- Berecz, E. e Balla-Ach, S.M. (1984) *Gas Hydrates* (Studies in Inorganic Chemistry, Vol. 4), Elsevier, Oxford.
- Cockett, A.H. e Smith, K.C. (1973) *Comprehensive Inorganic Chemistry*, Vol. I (Cap. 5: Os gases monoatômicos: produção e propriedades físicas), Pergamon Press, Oxford.
- Hawkins, D.T., Falconer, W.E. e Bartlett, N. (1978) *Noble Gas Compounds*, Plenum Press, London. (Contém referências de 1962 a 1976)
- Holloway, J.H. (1987) Twenty-five years of noble gas chemistry, *Chemistry in Britain*, **23**, 658-672.
- Holloway, J.H. e Laycock, D. (1983) Preparations and reactions of inorganic main-group oxide fluorides, *Adv. Inorg. Chem. Radiochem.*, **27**, 157-195.
- Huston, J.L. (1982) Chemical and physical properties of some xenon compounds, *Inorg. Chem.*, **21**, 685-688.
- Moody, G.J. (1974) A decade of xenon chemistry, *J. Chem. Ed.*, **51**, 628.
- Selig, H. e Holloway, J.H. (1984) *Topics in Current Chemistry*, Cationic and anionic complexes of the noble gases, (ed. by Bosche, F.L.), Springer Verlag, **124**, 33.
- Seppelt, K. and Lentz, D. (1982) Novel developments in noble gas chemistry, *Progr. Inorg. Chem.*, **29**, 167-202.
- Thompson, R. (ed.) (1986) *The Modern Inorganic Chemicals Industry*, (Cap. por Grant W.J. e Redfearn, S.L., Gases industriais), Publicação Especial No. 31, The Chemical Society, London. (reeditado em 1986).
- Wilks, J. e Betts, D.S. (1987) *An Introduction to Liquid Helium*, 2ª ed., Clarendon, Oxford.

PROBLEMAS

1. De onde provém o hélio presente na Terra e em sua atmosfera? Como o He é obtido em escala industrial, e quais são suas aplicações? Qual é a temperatura de ebulição do He em °C e em K?
2. Qual é a quantidade relativa de argônio presente na atmosfera terrestre? Como ele é obtido industrialmente e para que é usado?
3. Explique por que se usa argônio no processo Kroll de extração do titânio, no processo de soldagem e nos bulbos das lâmpadas elétricas?
4. Como Bartlett interpretou a reação entre Xe e PtF_6, e como esta reação é interpretada atualmente?
5. a) Esquematize as estruturas do XeF_2, XeF_4 e XeF_6. b) Como esses compostos podem ser preparados a partir do Xe? c) Escreva as equações balanceadas das reações desses três compostos com a água.
6. Como podem ser preparados os compostos XeO_3, $XeOF_4$ e Ba_2XeO_6, e quais são suas estruturas?
7. "De certo modo a descoberta dos compostos dos gases nobres criou mais problemas que soluções". Discuta essa afirmação focalizando principalmente a questão da estabilidade dos níveis eletrônicos preenchidos e a participação de orbitais *d* nas ligações formadas pelos elementos dos blocos *s* e *p*.
8. Sugira motivos que expliquem por que os únicos compostos binários dos gases nobres são fluoretos e óxidos de Kr, Xe e Rn.

PARTE 4

OS ELEMENTOS DO BLOCO *d*

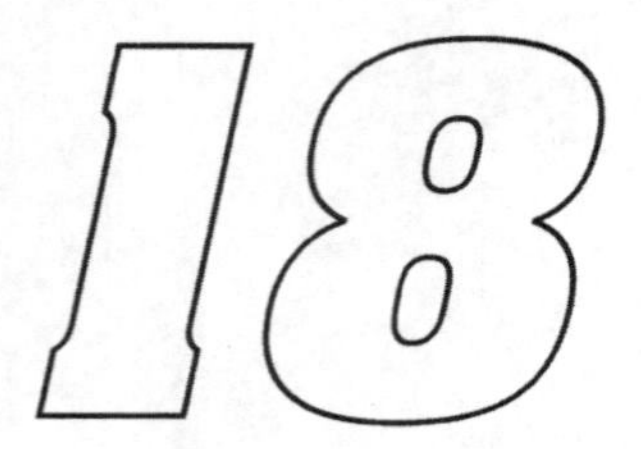

INTRODUÇÃO AOS ELEMENTOS DE TRANSIÇÃO

INTRODUÇÃO

Três séries de elementos são formados pelo preenchimento dos níveis eletrônicos 3*d*, 4*d* e 5*d*. Em conjunto eles constituem os elementos do bloco *d* e são comumente denominados "elementos de transição", pois estão entre os elementos do bloco *s* e do bloco *p*. Suas propriedades são intermediárias, constituindo uma transição entre os elementos metálicos altamente reativos do bloco *s*, que geralmente formam compostos iônicos, e os elementos do bloco *p*, que geralmente formam compostos covalentes. Nos blocos *s* e *p*, os elétrons vão sendo adicionados ao nível eletrônico mais externo do átomo. Já no bloco *d*, os elétrons vão sendo adicionados ao penúltimo nível, expandindo-o de 8 para 18 elétrons. Assim, os elementos de transição são caracterizados pelo fato de possuírem um nível *d* parcialmente preenchido. Os elementos do grupo 12 (grupo do zinco) tem configuração d^{10} e, devido ao fato do nível *d* estar preenchido, os compostos desses elementos apresentam propriedades diferentes dos demais. Os elementos de transição constituem três séries completas de dez elementos, e uma quarta série incompleta. Essa quarta série incompleta será discutida juntamente com os elementos do bloco *f*.

CARÁTER METÁLICO

O penúltimo nível eletrônico foi expandido nos elementos do bloco *d*. Assim, eles possuem muitas propriedades físicas e químicas em comum. Por exemplo, todos os elementos de transição são metais. São, portanto, bons condutores de eletricidade e de calor, apresentam brilho metálico e são duros, resistentes e dúcteis. Também, formam ligas com outros metais.

Tabela 18.1 — Os elementos de transição

Grupos									
3	4	5	6	7	8	9	10	11	12
Sc Escândio	Ti Titânio	V Vanádio	Cr Crômio	Mn Manganês	Fe Ferro	Co Cobalto	Ni Níquel	Cu Cobre	Zu Zinco
Y Ítrio	Zr Zircônio	Nb Nióbio	Mo Molibdênio	Te Tecnécio	Ru Rutênio	Rh Ródio	Pd Paládio	Ag Prata	Cd Cádmio
La Lantânio	Hf Háfnio	Ta Tântalo	W Tungstênio	Re Rênio	Os Ósmio	Ir Irídio	Pt Platina	Au Ouro	Hg Mercúrio
Ac Actínio									

ESTADO DE OXIDAÇÃO VARIÁVEL

Um dos aspectos mais marcantes dos elementos de transição é o fato deles poderem existir em diversos estados de oxidação. Além disso, os estados de oxidação variam de uma em uma unidade, por exemplo Fe^{3+} e Fe^{2+}, Cu^{2+} e Cu^{+}.

Os estados de oxidação apresentados pelos elementos de transição podem ser relacionados às suas estruturas eletrônicas. Cálcio, o elemento do bloco *s* que precede o primeiro elemento da primeira série de transição, tem a configuração eletrônica:

$$\text{Ca} \quad 1s^2 2s^2 2p^6 3s^2 3p^6 4s^2$$

Logo, os dez elementos de transição que se seguem ao cálcio devem ter de um a dez elétrons *d* adicionados, de maneira regular, a essa configuração eletrônica: $3d^1$, $3d^2$, $3d^3$, ...$3d^{10}$. Isso é verdade, exceto para Cr e Cu. Nesses dois casos, um dos elétrons *s* vai para o nível *d*, por causa da maior estabilidade dos orbitais *d* exatamente semipreenchidos ou totalmente preenchidos (vide Tab. 18.2).

Assim, o Sc pode ter um número de oxidação de (+II), se ambos os elétrons *s* forem utilizados na ligação, ou (+III) se os dois elétrons *s* e o elétron *d* estiverem envolvidos nas ligações. O Ti apresenta número de oxidação (+II) quando os dois elétrons *s* estiverem participando da ligação, (+III) quando dois elétrons *s* e um elétron *d* forem usados e (+IV) quando os dois elétrons *s* e os dois elétrons *d* forem usados nas ligações. Analoga-mente, o V pode ser encontrado nos estados de oxidação (+II), (+III), (+IV) e (+V). No caso do Cr, se o elétron *s* isolado for utilizado

Tabela 18.2 — Estados de oxidação

	Sc	Ti	V	Cr	Mn	Fe	Co	Ni	Cu	Zn
Estrutura eletrônica	d^1s^2	d^2s^2	d^3s^2	~~d^4s^2~~ d^5s^1	d^5s^2	d^6s^2	d^7s^2	d^8s^2	~~d^9s^2~~ $d^{10}s^1$	$d^{10}s^2$
Estados de oxidação				I					I	
	II	II	II	II	II	II	II	II	II	II
	III	III	III	III	III	III	III	III	III	
		IV	IV	IV	IV	IV	IV	IV		
			IV	V	V	V	V			
				VI	VI	VI				
					VII					

na ligação, o número de oxidação será (+I). Assim, é possível obter o Cr nos estados de oxidação (+II), (+III), (+IV), (+V) e (+VI) dependendo do número de elétrons d utilizados para formar as ligações. O Mn pode ser encontrado nos estados de oxidação (+II), (+III), (+IV), (+V), (+VI) e (+VII). Nesses cinco primeiros elementos de transição, a correlação entre a estrutura eletrônica e os estados de oxidação mínimo e máximo dos mesmos em compostos simples é perfeita. No estado de oxidação mais elevado desses cinco elementos, todos os elétrons s e d estão sendo utilizados nas ligações. Assim, suas propriedades dependem apenas do tamanho e da valência, e conseqüentemente apresentam certas semelhanças com os elementos dos grupos representativos em estados de oxidação semelhantes. Por exemplo, SO_4^{2-} (grupo 16) e CrO_4^{2-} (grupo 6) são isoestruturais, assim como o $SiCl_4$ (grupo 14) e o $TiCl_4$ (grupo 4).

Após a configuração d^5, isto é, nos últimos cinco elementos da primeira série, diminui a tendência de todos os elétrons d participarem das ligações. Por exemplo, o número de oxidação máximo do Fe é (+VI). Contudo, o segundo e o terceiro elementos do Grupo do Ferro atingem o estado de oxidação (+VIII) no RuO_4 e OsO_4. Essa diferença de comportamento entre o Fe e os elementos Ru e Os é atribuída ao aumento de tamanho.

Esses fatos podem ser convenientemente memorizados, pois os estados de oxidação desses elementos formam uma "pirâmide" regular, como mostrado na Tab. 18.2. Somente o Sc(+II) e o Co(+V) são casos duvidosos. O número de oxidação de todos eles no estado elementar é igual a zero. Além disso, vários desses elementos podem ser encontrados no estado de oxidação zero ou outros estados de oxidação inferiores em complexos. Baixos estados de oxidação ocorrem principalmente no caso de complexos com ligantes que formam ligações π, como o monóxido de carbono e a bipiridina.

Pirâmides de estados de oxidação similares podem ser construídas para os elementos da segunda e terceira séries de elementos de transição. As principais diferenças são as seguintes:

1) No Grupo 8 (grupo do ferro) os elementos da segunda e terceira séries podem alcançar o estado de oxidação máximo de (+VIII), comparado com (+VI) do ferro.
2) As estruturas eletrônicas dos átomos da segunda e terceira séries nem sempre acompanham o mesmo padrão dos elementos da primeira série. As estruturas eletrônicas dos elementos do Grupo 10 (grupo do níquel) são:

Ni	$3d^8$	$4s^2$
Pd	$4d^{10}$	$5s^0$
Pt	$5d^9$	$6s^1$

Dado que um nível completo de elétrons é um arranjo estável, é importante conhecer onde isso ocorre.

Os níveis d estão completos no cobre, no paládio e no ouro, em suas respectivas séries.

Ni			Cu	$3d^{10}$	$4s^1$	Zn	$3d^{10}$	$4s^2$
Pd	$4d^{10}$	$5s^0$	Ag			Cd	$3d^{10}$	$4s^2$
Pt			Au	$5d^{10}$	$6s^1$	Hg	$3d^{10}$	$4s^2$

Embora os átomos de Pd e dos metais Cu, Ag e Au, apresentem uma configuração d^{10} no estado fundamental, eles se comportam como se fossem elementos de transição típicos. Isso ocorre porque nos seus estados de oxidação mais comuns, a configuração do Cu(II) é d^9, e do Pd(II) e do Au(III) é d^8, isto é, eles apresentam um nível d parcialmente preenchido. Já no caso do zinco, cádmio e mercúrio, os íons Zn^{2+}, Cd^{2+} e Hg^{2+} apresentam a configuração d^{10}. Por isso, esses elementos não possuem as propriedades características dos elementos de transição.

Estabilidade dos elementos nos diversos estados de oxidação

Os compostos são considerados estáveis quando subsistem à temperatura ambiente, não são oxidados pelo ar, não são hidrolisados por vapor d'água e não sofrem reação de desproporcionamento ou decomposição a temperaturas normais. Em cada um dos grupos (3 a 12) de metais de transição, há uma diferença na estabilidade dos elementos nos diferentes estados de oxidação possíveis. Em geral, os elementos da segunda e da terceira séries de transição exibem números de coordenação maiores; e os compostos com esses metais em estados de oxidação mais elevados são mais estáveis que os correspondentes compostos com elementos da primeira série no mesmo estado de oxidação. Isso pode ser observado na Tab. 18.3, onde estão listados os óxidos e haletos conhecidos dos elementos da primeira, segunda e terceira séries de elementos de transição. Os elementos nos estados de oxidação estáveis formam óxidos, fluoretos, cloretos, brometos e iodetos. Os elementos nos estados de oxidação fortemente redutores provavelmente não formam fluoretos e/ou óxidos, mas podem perfeitamente formar compostos com os haletos mais pesados. Por outro lado, os elementos, em estados de oxidação fortemente oxidantes, formam óxidos e fluoretos, mas não formam iodetos.

COMPLEXOS

Os elementos de transição exibem uma tendência inigualada de formar compostos de coordenação com bases

Tabela 18.3 — a) Óxidos e haletos dos elementos da primeira série de transição

		Sc	Ti	V	Cr	Mn	Fe	Co	Ni	Cu	Zn
+II	O		TiO	VO^{m}	CrO	**MnO**	FeO	**CoO**	**NiO**	**CuO**	**ZnO**
	F			VF_2	**CrF_2**	**MnF_2**	FeF_2	**CoF_2**	**NiF_2**	**CuF_2**	**ZnF_2**
	Cl		$TiCl_2$	VCl_2	$CrCl_2$	**$MnCl_2$**	**$FeCl_2$**	**$CoCl_2$**	**$NiCl_2$**	$CuCl_2$	**$ZnCl_2$**
	Br		$TiBr_2$	VBr_2	$CrBr_2$	**$MnBr_2$**	**$FeBr_2$**	**$CoBr_2$**	**$NiBr_2$**	$CuBr_2$	**$ZnBr_2$**
	I		TiI_2	VI_2	CrI_2	**MnI_2**	**FeI_2**	**CoI_2**	**NiI_2**		**ZnI_2**
+III	O	**Sc_2O_3**	Ti_2O_3	V_2O_3	**Cr_2O_3**	Mn_2O_3	**Fe_2O_3**	$(Co_2O_3)^{h}$	$(Ni_2O_3)^{h}$		
	F	**ScF_3**	TiF_3	VF_3	CrF_3	MnF_3	**FeF_3**	CoF_3			
	Cl	**$ScCl_3$**	$TiCl_3$	**VCl_3**	**$CrCl_3$**		$FeCl_3$				
	Br	**$ScBr_3$**	$TiBr_3$	**VBr_3**	**$CrBr_3$**		$FeBr_3$				
	I	**ScI_3**	TiI_3	**VI_3**	**CrI_3**						
+IV	O		**TiO_2**	VO_2	CrO_2	MnO_2		$(CoO_2)^{h}$	NiO_2^{h}		
	F		**TiF_4**	**VF_4**	CrF_4	MnF_4					
	Cl		**$TiCl_4$**	VCl_4	$CrCl_4^{g}$						
	Br		**$TiBr_4$**	VBr_4	$CrBr_4^{g}$						
	I		**TiI_4**		CrI_4						
+V	O			**V_2O_5**							
	F			VF_5	CrF_5						
	Cl										
	Br										
	I										
+VI	O				CrO_3						
	F				(CrF_6)						
	Cl										
	Br										
	I										
+VII	O					Mn_2O_7					
	F										
	Cl										
	Br										
	I										
outros compostos						Mn_3O_4	**FeO_4**	Co_3O_4		Cu_2O **$CuCl$** **$CuBr$** **CuI**	

b) Óxidos e haletos dos elementos da segunda série de transição

		Y	Zr	Nb	Mo	Tc	Ru	Rh	Pd	Ag	Cd
+II	O			NbO				RhO	**PdO**	AgO^{x}	CdO
	F								**PdF_2**	AgF_2	CdF_2
	Cl		$ZrCl_2$		$[Mo_6Cl_8]Cl_4^{c}$				**$PdCl_2$**		$CdCl_2$
	Br		$ZrBr_2$?		$[Mo_6Br_8]Br_4^{c}$				**$PdBr_2$**		$CdBr_2$
	I		ZrI_2?		$[Mo_6I_8]_4^{c}$				**PdI_2**		CdI_2
+III	O	Y_2O_3					$Ru_2O_3^{h}$	**Rh_2O_3**	$(Pd_2O_3)^{h}$?	(Ag_2O_3)	
	F	YF_3		$(NbF_3)^{c}$	MoF_3		**RuF_3**	**RhF_3**	**$Pd[PdF_6]$**		
	Cl	YCl_3	$ZrCl_3$	$NbCl_3^{c}$	$MoCl_3^{m}$		**$RuCl_3$**	**$RhCl_3$**			
	Br	YBr_3	$ZrBr_3$	$NbBr_3^{c}$	$MoBr_3$		**$RuBr_3$**	**$RhBr_3$**			
	I	YI_3	ZrI_3	NbI_3^{c}	MoI_3		**RuI_3**	**RhI_3**			
+IV	O		**ZrO_2**	NbO_2	MoO_2^{m}	TcO_2^{m}	**RuO_2**	RhO_2	$(PdO_2)^{h}$		
	F		**ZrF_4**	NbF_4	MoF_4		RuF_4	RhF_4	PdF_4		
	Cl		**$ZrCl_4$**	$NbCl_4^{m}$	$MoCl_4^{m}$	$TcCl_4$	$RuCl_4$				
	Br		**$ZrBr_4$**	$NbBr_4^{m}$	$MoBr_4$						
	I		**ZrI_4**	NbI_4^{m}	MoI_4?						
+V	O			**Nb_2O_5**	Mo_2O_5						
	F			**NbF_5**	MoF_5	TcF_5	**RuF_5**	(RhF_5)			
	Cl			**$NbCl_5$**	$MoCl_5$						
	Br			**$NbBr_5$**							
	I			**NbI_5**							
+VI	O				**MoO_3**	TcO_3	$(RuO_3)^{h}$				
	F				**MoF_6**	**TcF_6**	RuF_6	RhF_6			
	Cl				$(MoCl_6)$	$(TcCl_6)$?					
	Br										
	I										
+VII	O					Tc_2O_7					
	F										
	Cl										
	Br										
	I										
outros compostos				$Nb_6F_{14}^{c}$ $Nb_6I_{14}^{c}$			RuO_4			**Ag_2O** **AgF** **$AgCl$** **$AgBr$** **AgI**	

Tabela 18.3 — c) Óxidos e haletos dos elementos da terceira série de transição

		La	Hf	Ta	W	Re	Os	Ir	Pt	Au	Hg
+II	O			(TaO)					$(PtO)^{h}$		HgO
	F										HgF_2
	Cl		$HfCl_2$?		$W_6Cl_{12}^{c}$	$(ReCl_2)$		$(IrCl_2)$?	$\mathbf{PtCl_2}$		$HgCl_2$
	Br		$HfBr_2$?		$W_6Br_{12}^{c}$	$(ReBr_2)$			$\mathbf{PtBr_2}$		$HgBr_2$
	I				$W_6I_{12}^{c}$	(ReI_2)			$\mathbf{PtI_2}$		HgI_2
+III	O	La_2O_3				$Re_2O_3^{h}$		$Ir_2O_3^{h}$	$(Pt_2O_3)^{h}$?	Au_2O_3	
	F	LaF_3		$(TaF_3)^{c}$				IrF_3		AuF_3	
	Cl	$LaCl_3$	$HfCl_3$	$TaCl_3^{c}$	$W_6Cl_{18}^{c}$	$Re_3Cl_9^{c}$		$\mathbf{IrCl_3}$	$PtCl_3$?	$AuCl_3$	
	Br	$LaBr_3$	$HfBr_3$	$TaBr_3^{c}$	$W_6Br_{18}^{c}$	$Re_3Br_9^{c}$		$\mathbf{IrBr_3}$	$PrBr_3$?	$AuBr_3$	
	I	LaI_3	HfI_3		$W_6I_{18}^{c}$	$Re_3I_9^{c}$		$\mathbf{IrI_3}$	PtI_3?		
+IV	O		$\mathbf{HfO_2}$	TaO_2	WO_2^{m}	ReO_2^{m}	$\mathbf{OsO_2}$	$\mathbf{IrO_2}$	$\mathbf{PtO_2}$		
	F		$\mathbf{HfF_2}$		WF_4	ReF_4	$\mathbf{OsF_4}$	$\mathbf{IrF_4}$	$\mathbf{PtF_4}$		
	Cl		$\mathbf{HfCl_2}$	$TaCl_4^{m}$	WCl_4	$\mathbf{ReCl_4^{m}}$	$\mathbf{OsCl_4}$	$(IrCl_4)$	$\mathbf{PtCl_4}$		
	Br		$\mathbf{HfBr_2}$	$TaBr_4^{m}$	WBr_4	$\mathbf{ReBr_4}$	$OsBr_4$		$\mathbf{PtBr_4}$		
	I		$\mathbf{HfI_2}$	TaI_4^{m}	Wi_4?	$\mathbf{ReI_4}$	OsI_4		$\mathbf{PtI_4}$		
+V	O			$\mathbf{Ta_2O_5}$	(W_2O_5)	(Re_2O_5)					
	F			$\mathbf{TaF_5}$	WF_5^{d}	ReF_5	OsF_5	(IrF_5)	$(PtF_5)_4$		
	Cl			$\mathbf{TaCl_5}$	WCl_5	$ReCl_5$	$OsCl_5$				
	Br			$\mathbf{TaBr_5}$	WBr_5	$ReBr_5$					
	I			$\mathbf{TaI_5}$							
+VI	O				$\mathbf{WO_3}$	ReO_3	$(OsO_3)^{h}$	(IrO_3)	$(PtO_3)^{h}$		
	F				$\mathbf{WF_6}$	ReF_6	$\mathbf{OsF_6}$	IrF_6	PtF_6		
	Cl				WCl_6	$(ReCl_6)$?					
	Br				WBr_6						
	I										
+VII	O					$\mathbf{Re_2O_7}$					
	F					$\mathbf{ReF_7}$	(OsF_7)				
	Cl										
	Br										
	I										
outros compostos							$\mathbf{OsO_4}$		Pt_3O_4	Au_2O	$Hg_2F_2^{m}$
							$OsCl_{3,5}$			$AuCl$	$Hg_2Cl_2^{m}$
										AuI	$Hg_2Br_2^{m}$
											$Hg_2I_2^{m}$

Na Tab. 18.3 os compostos mais estáveis estão indicados em negrito, compostos instáveis estão entre parênteses; *h* indica óxidos hidratados, *g* indica que o composto só ocorre na fase gasosa, *m* indica ligações metal-metal, *c* indica compostos tipo "cluster", *x* indica um óxido misto e *d* indica que ocorre desproporcionamento.

de Lewis, isto é, com grupos capazes de doar um par de elétrons. Esses grupos são denominados ligantes. Um ligante pode ser uma molécula neutra como o NH_3, ou íons tais como Cl^- ou CN^-. O cobalto forma mais complexos que qualquer outro elemento, e forma mais compostos que qualquer outro elemento, exceto o carbono.

$$Co^{3+} + 6NH_3 \rightarrow [Co(NH_3)_6]^{3+}$$
$$Fe^{2+} + 6CN^- \rightarrow [Fe(CN)_6]^{4-}$$

Essa capacidade de formar complexos contrasta muito com o fato dos elementos dos blocos *s* e *p* formarem apenas alguns poucos complexos. Os elementos de transição têm elevada tendência de formar complexos, pois formam íons pequenos de carga elevada, com orbitais vazios de baixa energia capazes de receber pares isolados de elétrons doados por outros grupos ou ligantes. Complexos em que o metal está no estado de oxidação (+III) são geralmente mais estáveis que aqueles onde o metal está no estado (+II).

Alguns íons metálicos formam os complexos mais estáveis com ligantes tendo átomos de N, O ou F doadores. Nesse grupo estão os elementos dos grupos 1 e 2, a primeira metade dos metais da primeira série de transição, os lantanídios e os actinídios, e os elementos do bloco *p*, exceto os mais pesados. Esses metais são denominados "receptores da classe a" e correspondem aos ácidos "duros" (vide Ácidos e Bases, no Capítulo 8). Já os metais Rh, Ir, Pd, Pt, Ag, Au e Hg formam os complexos mais estáveis com os elementos mais pesados dos Grupos 15, 16 e 17. Esses metais são denominados "receptores da classe b", e correspondem aos ácidos "moles". Os demais metais de transição, e os elementos mais pesados do bloco *p*, formam complexos com os dois tipos de doadores e são assim de natureza "intermediária". Esses elementos estão assinalados por (a/b) na Tab. 18.4.

A natureza dos compostos de coordenação e a importante teoria do campo cristalino já foram discutidas no Cap. 7.

TAMANHO DOS ÁTOMOS E ÍONS

Os raios covalentes dos elementos de transição (Tab. 18.5) decrescem da esquerda para a direita ao longo de uma série de transição, até próximo ao final, onde se observa um pequeno aumento de tamanho. Da esquerda para a direita, prótons e um número correspondente de elétrons são adicionados ao núcleo e à eletrosfera para gerar os elementos sucessivos da tabela periódica. Os elétrons blindam de forma incompleta a carga nuclear (elétrons *d* blindam menos eficientemente que elétrons *p*, e estes menos eficientemente que elétrons *s*). Por causa dessa blindagem ineficiente, a carga nuclear efetiva aumenta e atrai mais fortemente todos os elétrons, provocando a contração no tamanho.

Os átomos dos elementos de transição são menores que dos elementos dos Grupos 1 e 2 do mesmo período. Em parte isso decorre da contração de tamanho normal observada ao longo de um período, como discutido acima;

Tabela 18.4 — Receptores de classe *a* e de classe *b*

Li (a)	Be (a)											B (a)	C (a)	N (a)	O
Na (a)	Mg (a)											Al (a)	Si (a)	P (a)	S (a)
K (a)	Ca (a)	Sc (a)	Ti (a)	V (a)	Cr (a)	Mn (a)	Fe (a/b)	Co (a/b)	Ni (a/b)	Cu (a/b)	Zn (a)	Ga (a)	Ge (a)	As (a)	Se (a)
Rb (a)	Sr (a)	Y (a)	Zr (a)	Nb (a)	Mo (a)	Tc (a/b)	Ru (a/b)	Rh (b)	Pd (b)	Ag (b)	Cd (a/b)	In (a)	Sn (a)	Sb (a)	Te (a)
Cs (a)	Ba (a)	La (a)	Hf (a)	Ta (a)	W (a)	Re (a/b)	Os (a/b)	Ir (b)	Pt (b)	Au (b)	Hg (b)	Tl (a/b)	Pb (a/b)	Bi (a/b)	Po (a/b)
Fr (a)	Ra (a)	Ac (a)													
			Ce (a)	Pr (a)	Nd (a)	Pm (a)	Sm (a)	Eu (a)	Gd (a)	Tb (a)	Dy (a)	Ho (a)	Er (a)	Tm (a)	Yb (a)
			Th (a)	Pa (a)	U (a)	Np (a)	Pu (a)	Am (a)	Cm (a)	Bk (a)	Cf (a)	Es (a)	Fm (a)	Md (a)	Mo (a)

Tabela 18.5 — Raios covalentes dos elementos de transição (Å)

K 1,57	Ca 1,74	Sc 1,44	Ti 1,32	V 1,22	Cr 1,17	Mn 1,17	Fe 1,17	Co 1,16	Ni 1,15	Cu 1,17	Zn 1,25
Rb 2,16	Sr 1,91	Y 1,62	Zr 1,45	Nb 1,34	Mo 1,29	Tc –	Ru 1,24	Rh 1,25	Pd 1,28	Ag 1,34	Cd 1,41
Cs 2,35	Ba 1,98	La * 1,69	Hf 1,44	Ta 1,34	W 1,30	Re 1,28	Os 1,26	Ir 1,26	Pt 1,29	Au 1,34	Hg 1,44

* os 14 elementos lantanídios

e em parte porque os elétrons extras são acomodados no penúltimo nível *d* e não no nível mais externo do átomo.

Os elementos de transição são classificados em grupos verticais de três elementos (tríades), às vezes de quatro elementos, que possuem configurações eletrônicas semelhante. Ao se descer por um dos grupos representativos de elementos, ou seja dos blocos *s* e *p*, o tamanho dos átomos aumenta por causa da presença de camadas adicionais de elétrons. Os elementos do primeiro grupo do bloco *d* exibem o esperado aumento de tamanho do Sc →Y →La. Contudo, nos grupos subseqüentes (grupos 3-12) há um aumento de raio de 0,1 →0,2 Å entre o primeiro e o segundo membro, mas praticamente não há nenhum aumento entre o segundo e o terceiro elemento. Essa tendência é observada tanto nos raios covalentes (Tab. 18.5) como nos raios iônicos (Tab. 18.6). Entre o lantânio e o háfnio estão os 14 elementos da série dos lantanídeos, nos quais o antepenúltimo nível de elétrons 4*f* é preenchido.

Há um decréscimo gradual de tamanho nos 14 elementos da série dos lantanídeos, do cério ao lutécio. Esse fenômeno é conhecido como contração lantanídica e será discutida no capítulo 29. A contração lantanídica anula quase que exatamente o aumento normal de tamanho que deveria ocorrer ao se descer por um grupo de elementos de transição. O raio covalente do Hf e o raio iônico do Hf^{4+} são na realidade menores que os correspondentes valores para o Zr. Os raios covalente e iônico do Nb são iguais aos do Ta. Assim, os elementos da segunda e terceira séries de transição possuem raios semelhantes. Conseqüentemente, exibem energias reticulares, de solvatação e de ionização semelhantes. Por isso, as diferenças observadas nas propriedades dos elementos da primeira série e da segunda séries de transição são muito maiores que as observadas entre os elementos da segunda e da terceira séries. Os efeitos da contração lantanídica são menos pronunciadas na parte direita do bloco *d*. Contudo, o efeito ainda se manifesta, embora em menor grau, nos elementos do bloco *p*, que sucedem os elementos do bloco *d* da tabela periódica.

Tabela 18.6 — O efeito da contração lantanídica sobre os raios iônicos

Ca^{2+}	1,00	Sc^{3+}	0,745	Ti^{4+}	0,605	V^{3+}	0,64
Sr^{2+}	1,18	Y^{3+}	0,90	Zr^{4+}	0,72	Nb^{3+}	0,72
Ba^{2+}	1,35	La^{3+} *	1,032	Hf^{4+}	0,71	Ta^{3+}	0,72

* os 14 lantanídios

DENSIDADE

Os volumes atômicos dos elementos de transição são baixos, quando comparados com os elementos dos Grupos 1 e 2 vizinhos. Isso decorre da ineficiente blindagem da carga nuclear aumentada, que assim atrai todos os elétrons mais fortemente. Além disso, os elétrons adicionados ocupam orbitais internos. Conseqüentemente, as densidades dos elementos de transição são elevadas. Praticamente todos têm uma densidade superior a 5 g cm^{-3} (as únicas exceções são o Sc, 3,0 g cm^{-3}, e o Y e o Ti, 4,5 g cm^{-3}). As densidades dos demais elementos da segunda série de transição são elevadas, e as dos elementos da terceira série são ainda maiores (vide Apêndice D). Os dois elementos mais densos são o ósmio (22,57 g cm^{-3}) e o irídio (22,61 g cm^{-3}). Para se ter uma idéia do que isso significa na prática, basta lembrar que uma bola de ósmio ou irídio de 30 cm de diâmetro pesaria 320 kg, ou seja, quase um terço de uma tonelada.

PONTOS DE FUSÃO E DE EBULIÇÃO

Os pontos de fusão e de ebulição dos elementos de transição geralmente são muito elevados (vide Apêndices B e C). Geralmente os elementos de transição fundem a temperaturas superiores a 1.000 °C. Dez desses elementos fundem acima de 2.000 °C, e três acima de 3.000 °C (Ta 3.000 °C, W 3.410 °C e Re 3.180 °C). Contudo, há algumas exceções. Os pontos de fusão do La e do Ag são um pouco menores que 1.000 °C (920 °C e 961 °C, respectivamente). Outras exceções dignas de menção são o Zn (420 °C), o Cd (321 °C) e o Hg, que é um líquido à temperatura ambiente e funde a −38 °C. Esses três últimos se comportam de modo atípico porque os subníveis *d* estão completos, e esses elétrons não participam da ligação metálica. Esses elevados pontos de fusão contrastam marcadamente com as baixas temperaturas de fusão dos metais do bloco *s* Li (181 °C) e Cs (29 °C).

REATIVIDADE DOS METAIS

Muitos desses metais são suficientemente eletropositivos para reagirem com ácidos inorgânicos, liberando H_2. Alguns poucos apresentam baixos potenciais de eletrodo padrão e são inertes ou "nobres". A inércia é favorecida por elevadas entalpias de sublimação, altas energias de ionização e baixas entalpias de solvatação (vide "ciclo de Born-Haber", no Capítulo 6). Os elevados pontos de fusão implicam em elevados calores de sublimação. Os átomos menores possuem energias de ionização maiores, mas isso é compensado pelas elevadas energias de solvatação desses íons pequenos. A tendência a um caráter "nobre" é mais pronunciada nos metais do grupo da platina (Ru, Rh, Pd, Os, Ir, Pt) e no ouro.

ENERGIAS DE IONIZAÇÃO

A facilidade com que um elétron pode ser removido do átomo de um metal de transição (isto é, sua energia de ionização) é intermediária entre aquelas dos blocos *s* e *p*. A primeira energia de ionização varia num amplo intervalo de valores, de 541 kJ mol^{-1} para o lantânio até 1.007 kJ mol^{-1} para o mercúrio, comparáveis com as do lítio e do carbono, respectivamente. Isso sugere que os elementos de transição são menos eletropositivos que os metais dos Grupos 1 e 2, podendo formar ligações iônicas ou covalentes, dependendo das condições. Geralmente, os estados de oxidação mais baixos são iônicos e os mais elevados são covalentes. Os elementos da primeira série de transição formam um número maior de compostos iônicos que os elementos da segunda e da terceira séries.

COR

Muitos compostos iônicos e covalentes dos elementos de transição são coloridos. Em contraste, os compostos dos elementos dos blocos *s* e *p* são invariavelmente brancos. Quando a luz atravessa um certo material, ela perde aqueles comprimentos de onda que são absorvidos. Se a absorção ocorrer na região visível do espectro, a luz transmitida tem a cor complementar da cor que foi absorvida. A absorção na região do visível e UV do espectro é causada por variações na energia eletrônica. Por isso os espectros são freqüentemente denominados espectros eletrônicos (essas variações são acompanhadas por variações muito menores nas energias vibracionais e rotacionais). É sempre possível promover um elétron de um nível energético para outro. Contudo, os saltos de energia geralmente são tão grandes que a absorção ocorre na região do UV. Circunstâncias especiais podem tornar possíveis saltos menores na energia eletrônica, que aparecem como uma absorção na região do visível.

Polarização

NaCl, NaBr e NaI são todos compostos iônicos incolores. O AgCl também é incolor. Logo, os íons Cl^-, Br^- e I^- e os íons metálicos Na^+ e Ag^+ são tipicamente incolores. Contudo, AgBr é amarelo pálido e AgI é amarelo. A cor decorre da polarização dos haletos pelo íon Ag^+. Isso significa que ele distorce a nuvem eletrônica, aumentando a contribuição covalente na ligação. A polarizabilidade dos íons aumenta com o tamanho: assim, o I^- é o mais polarizado e o mais colorido. Pela mesma razão Ag_2CO_3 e Ag_3PO_4 são amarelos; e Ag_2O e Ag_2S são pretos.

Camada d ou f parcialmente preenchida

A cor pode ter uma causa inteiramente diferente em íons com camadas *d* ou *f* incompletas. Essa origem da cor é muito importante na maioria dos íons dos metais de transição.

Num íon gasoso livre isolado, os cinco orbitais *d* são degenerados, isto é, eles são idênticos em termos de energia. Nas situações reais, o íon está rodeado por moléculas de solvente se estiver em solução, por outros ligantes se fizer parte de um complexo, ou por outros íons se fizer parte de um retículo cristalino. Os grupos vizinhos alteram a energia de alguns orbitais *d* mais que de outros. Assim, os orbitais *d* não serão mais degenerados, e na situação mais simples formam dois grupos de orbitais com energias diferentes. Portanto, em íons de metais de transição com um nível *d* parcialmente preenchido, é possível promover elétrons de um nível *d* para outro nível *d* de maior energia. Isso corresponde a uma diferença de energia relativamente pequena, e a absorção ocorre na região do visível. A cor de um complexo de metal de transição depende da magnitude da diferença de energia entre os dois níveis *d*. Isso, por sua vez, depende da natureza do ligante e do tipo de complexo formado. Por exemplo, o complexo octaédrico $[Ni(NH_3)_6]^{2+}$ é azul, $[Ni(H_2O_6)]^{2+}$ é verde e o $[Ni(NO_2)_6]^{4-}$ é castanho avermelhado. A cor varia em função do ligante coordenado. A cor também depende do número de ligantes e da geometria do complexo formado.

A origem da cor nos lantanídios e nos actinídios é muito semelhante, e decorrem de transições $f \rightarrow f$. No caso dos lantanídeos, os orbitais 4*f* situam-se bem no interior do átomo e são muito bem protegidos pelos elétrons 5*s* e 5*p*. Os elétrons *f* praticamente não são afetados pela formação de complexos: portanto a cor permanece praticamente constante para um dado íon, qualquer que seja o ligante. As bandas de absorção também são muito estreitas.

Alguns dos compostos dos metais de transição são

brancos, por exemplo o $ZnSO_4$ e o TiO_2. Nesses compostos não é possível promover os elétrons de um nível *d* para outro. O Zn^{2+} possui configuração d^{10} e o nível *d* está completo. O Ti^{4+} tem configuração d^0 e o nível *d* está vazio. Todos os íons da série Sc(+III), Ti(+IV), V(+V), Cr(+VI) e Mn(+VII), possuem um nível *d* vazio. Logo, não há nenhuma possibilidade de ocorrer transições *d–d* e os íons em questão deveriam ser incolores. Contudo, à medida que o número de oxidação aumenta, os íons se tornam cada vez mais covalentes. Assim, em vez de formarem íons simples com carga elevada eles formam os oxo-íons: TiO^{2+}, $VO_2{}^+$, $VO_4{}^{3-}$, $CrO_4{}^{2-}$ e $MnO_4{}^-$. O $VO_2{}^+$ é amarelo pálido, mas o $CrO_4{}^{2-}$ é amarelo intenso e o $MnO_4{}^-$ apresenta uma intensa coloração púrpura em solução, embora o sólido seja quase preto. Nesses casos, as cores decorrem de transições de transferência de carga. No $MnO_4{}^-$ um elétron é transferido momentaneamente do O para o metal, convertendo O^{2-} em O^- e diminuindo o estado de oxidação do metal de Mn(VII) para Mn(VI). A transferência de carga ocorre mais efetivamente quando os níveis energéticos dos dois átomos são razoavelmente próximos. A transição de transferência de carga sempre dá origem a cores intensas, visto que as restrições da regra de Laporte não se aplicam às transições entre átomos.

Os elementos dos blocos *s* e *p* não possuem um nível *d* parcialmente preenchido e não podem ter transições *d–d*. A energia necessária para promover um elétron *s* ou *p* para um nível energético mais elevado é muito maior e corresponde à absorção de luz ultravioleta. Por isso, seus compostos não são coloridos.

PROPRIEDADES MAGNÉTICAS

Quando uma substância é colocada num campo magnético de intensidade *H*, a intensidade do campo magnético dentro da substância poderá ser maior ou menor que *H*.

Se o campo dentro da substância for maior que *H*, a substância é paramagnética. É mais fácil para as linhas de força magnéticas percorrerem um material paramagnético que o vácuo. Assim, os materiais paramagnéticos atraem as linhas de força e se tiver liberdade para mover-se, um material paramagnético se deslocará de uma região de campo mais fraco para uma região de campo mais forte. O paramagnetismo decorre da presença de spins de elétrons desemparelhados no átomo.

Se o campo dentro da substância for menor que *H*, a substância é diamagnética. Substâncias diamagnéticas tendem a repelir as linhas de força. É mais difícil para as linhas de força magnéticas atravessarem um material diamagnético que o vácuo, e esses materiais tendem a se deslocar de uma região de campo magnético mais forte para uma região de campo mais fraco. Em compostos diamagnéticos todos os spins eletrônicos estão emparelhados. O efeito paramagnético é muito maior que o efeito diamagnético.

Deve-se frisar que Fe, Co e Ni são materiais ferromagnéticos. O ferromagnetismo pode ser considerado um caso particular de paramagnetismo no qual os momentos magnéticos de átomos individuais se alinham e apontam todos para uma mesma direção. A susceptibilidade magnética aumenta muito quando isso ocorre, quando comparada com a situação em que os momentos magnéticos não estão acoplados. O alinhamento ocorre quando os materiais são magnetizados, sendo que Fe, Co e Ni podem gerar ímãs permanentes. Propriedades ferromagnéticas foram observadas em diversos metais de transição e seus compostos. Também é possível se ter propriedades antiferromagnéticas, por meio do emparelhamento dos momentos magnéticos de átomos adjacentes em sentidos opostos. Isso leva a um momento magnético inferior ao esperado para um conjunto de íons independentes. O antiferromagnetismo ocorre em diversos sais simples de Fe^{3+}, Mn^{2+} e Gd^{3+}. Como o ferromagnetismo e o antiferromagnetismo dependem da orientação, eles desaparecem em solução.

Muitos compostos dos elementos de transição são paramagnéticos, pois contêm níveis eletrônicos parcialmente preenchidos. O número de elétrons desemparelhados pode ser calculado medindo-se o momento magnético. A magnetoquímica dos elementos de transição fornece subsídios para se saber se os elétrons *d* estão ou não emparelhados. Essas medidas são de grande importância para se distinguir se um dado complexo octaédrico é de *spin alto* ou de *spin baixo*.

Há dois métodos comumente utilizados para se medir a susceptibilidade magnética: os métodos de Faraday e de Gouy. O método de Faraday é útil para se fazer medidas com monocristais muito pequenos, mas existem dificuldades de ordem prática pois as forças envolvidas são muito pequenas. O método de Gouy é mais freqüentemente utilizado. Nesse método a amostra pode estar na forma de um longo bastão do material, ou em solução, ou o material pulverizado pode estar empacotado dentro de um tubo de vidro. Uma das extremidades da amostra é colocada num campo magnético uniforme e a outra num campo muito fraco ou nulo. As forças envolvidas são muito maiores e podem ser medidas com o auxílio de uma balança analítica modificada.

A susceptibilidade por volume $\rightarrow\chi_l$ de um composto pode ser medido utilizando uma balança magnética (balança de Gouy). χ_l é uma grandeza adimensional, mas pode ser convertida facilmente na susceptibilidade molar, χ_M, cuja unidade é $m^3\ mol^{-1}$. O momento magnético, μ, do composto pode ser calculado a partir desse valor, desde que as pequenas contribuições diamagnéticas sejam ignoradas:

$$\mu^2 = \frac{3kT\chi_M}{N^o\mu_o}$$

onde k é a constante de Boltzman ($1{,}3805 \times 10^{-23}$ J K^{-1}),
μ_o é a permeabilidade do vácuo ($4\pi \times 10^{-7}$ H m^{-1}) e
T é a temperatura absoluta e N^o o número de Avogradro.

Assim, a unidade de μ no sistema SI é J T^{-1}, e

$$\mu = \sqrt{(3k)/(N^o\mu_o)} \cdot \sqrt{\chi_M T}$$

É conveniente exprimir o momento magnético μ em função do magneton de Bohr, μ_B

$$\mu_B = \frac{eh}{4\pi m_e} = 9{,}273 \times 10^{-24}\,JT^{-1}$$

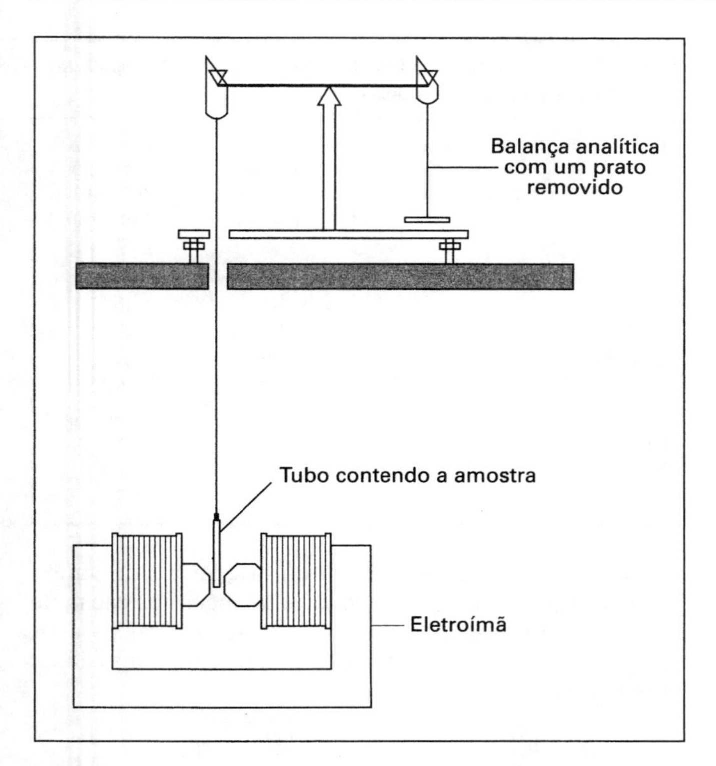

Figura 18.1 — Diagrama de uma balança megnética de Gouy

onde e é a carga do elétron, h a constante de Planck e m_e a massa do elétron.

Assim, o momento magnético em magnetons de Bohr é dado por:

$$\frac{\mu}{\mu_B} = \text{constante} \cdot \sqrt{\chi_M \cdot T} \qquad (18.1)$$

onde

$$\text{constante} = \sqrt{(3k)/(N^o\mu_o)} / \mu_B = 797{,}5 \text{ m}^{3/2} \text{ mol}^{-1/2} \text{ K}^{1/2}.$$

O momento magnético μ de um metal de transição pode fornecer informações importantes sobre o número de elétrons desemparelhados presentes no átomo e os orbitais que eles ocupam. Além disso, pode conter informações sobre a estrutura da molécula ou do complexo. Se o momento magnético for devido exclusivamente ao spin dos elétrons desemparelhados, μ_s, então temos que

$$\mu_S = \sqrt{4S(S+1)} \cdot \mu_B$$

onde S é o número quântico de spin total. Essa expressão fornece o momento magnético em unidade SI, ou seja, J T^{-1}, sendo o momento magnético em magnetons de Bohr dado por $\sqrt{(4S(S+1)}$. Essa equação está relacionada ao número de elétrons desemparelhados, n, pela expressão:

$$\mu_S = \sqrt{n(n+2)} \cdot \mu_B$$

O objetivo do experimento é determinar a susceptibilidade por volume, χ, determinando-se a massa da amostra dentro e fora do campo magnético. A partir desse dado pode se calcular a susceptibilidade molar, χ_M, o momento magnético, μ, o número quântico de spin total, S, e eventualmente n, o número de elétrons responsáveis pelo paramagnetismo.

Medidas de momento magnético

Vejamos como os valores de μ são obtidos. Inicialmente, χ_M deve ser determinado experimentalmente. Um tubo da amostra, que deve ter pequeno diâmetro e um fundo chato, é enchido com a amostra até a marca de calibração. A amostra pode ser um sólido finamente dividido ou uma solução. A área da seção transversal do tubo é a. O peso do tubo com a amostra é determinado pelo procedimento usual. Em seguida o peso aparente é determinado, pesando-se o tubo com a amostra na presença de um campo magnético forte, de intensidade H. Uma diferença de peso é observada. Se g for a aceleração da gravidade, então a força F que atua sobre a amostra é dada por:

$$F = \Delta m \cdot g \qquad (18.2)$$

Se χ_1 for a susceptibilidade por volume da amostra e χ_2 a susceptibilidade por volume do ar, temos que

$$F = {}^1/_2(\chi_1 - \chi_2) \cdot a \cdot \mu_o \cdot H^2 \qquad (18.3)$$

Combinando as equações (18.2) e (18.3) temos que

$$\Delta m \cdot g = {}^1/_2(\chi_1 - \chi_2) \cdot a \cdot \mu_o \cdot H^2$$

logo

$$\chi_1 = \chi_2 + \frac{2\Delta m \cdot g}{a \cdot \mu_o \cdot H^2}$$

Queremos calcular, χ_1, a susceptibilidade por volume da amostra. A susceptibilidade por volume do ar, χ_2, é conhecida ($0{,}364 \times 10^{-12}$), mas a intensidade do campo H e a área da seção transversal a não são conhecidas. Por isso, efetuamos a mesma experiência acima descrita com um padrão, cuja susceptibilidade magnética é conhecida com exatidão. Isso nos permite calibrar o aparelho, ou seja, calcular o valor da constante $a \cdot H^2$. O complexo tetratiocianocobaltatato(II) de mercúrio(II), $Hg[Co(NCS)_4]$, é freqüentemente utilizado como padrão sólido ($\chi_M = 206{,}6 \times 10^{-12}$ m^3 mol^{-1} a 293 K). Após calibrar o aparelho, o mesmo tubo preenchido com a amostra desconhecida até a mesma marca e o mesmo campo magnético devem ser utilizados para se medir a diferença de peso do composto desconhecido. Pode-se obter assim a susceptibilidade por volume, χ_1, desse composto. Esse valor pode ser facilmente convertido na susceptibilidade molar, χ_M, do composto, com a ajuda da equação:

$$\chi_M = \frac{\chi_1 \cdot M}{D} = \frac{M}{D}\left[\frac{2\Delta m \cdot g}{a \cdot \mu_o \cdot H^2}\right]$$

onde M é a massa molecular do composto e D sua densidade.

Materiais diamagnéticos não possuem elétrons desemparelhados, tendo momento magnético $\mu = 0$. O campo magnético externo induz um pequeno momento magnético que se opõe ao campo externo. Logo, os materiais diamagnéticos repelem as linhas de força e observa-se um pequeno decréscimo no peso. Em contraste, o paramagnetismo decorre da presença de um ou mais elétrons desemparelhados no composto. Os materiais paramagnéticos atraem as linhas de força e sofrem um aumento no peso, pois a amostra é puxada para baixo, ou seja para o espaço entre os pólos da balança magnética (vide Fig. 18.1). Para

Tabela 18.7 — Algumas correções diamagnéticas (contantes de Pascal) (todos os valores devem ser multiplicados por 10^{-12}. As unidades são $m^3\ mol^{-1}$)

NH_4^+	−167	OH^-	−151	H	−36	C=C	+30
Li^+	−12	O^{2-}	−151	C	−75	C≡N	+105
Na^+	−85	F^-	−114	C (aromático)	−79	C=O	+81
K^+	−187	Cl^-	−294	N	−70	N=N	+23
Rb^+	−269	Br^-	−435	N (aromático)	−59	N=O	+22
Cs^+	−422	I^-	−636	P(+V)	−331	C≡C	+10
Mg^{2+}	−63	CO_3^{2-}	−370	O éter/ROH	−58	C=N	+10
Ca^{2+}	−131	NO_2^-	−126	O_2 (em COOH)	−42		
Cr^{2+}	−188	NO_3^-	−326	S	−189		
Cr^{3+}	−138	SO_3^{2-}	−478	F	−79		
Mn^{2+}	−176	SO_4^{2-}	−503	Cl	−253		
Mn^{3+}	−126	BF_4^-	−490	Br	−395		
Fe^{2+}	−161	CN^-	−163	I	−561		
Fe^{3+}	−126	CNO^-	−264	acetato	−402		
Co^{2+}	−161	CNS^-	−390	oxalato	−427		
Co^{3+}	−126	ClO_3^-	−380	etilenodiamina	−578		
Ni^{2+}	−161	ClO_4^-	−402	NH_3	−226		
Cu^{2+}	−161	H_2O	−163	dipiridina	−1.319		
Zn^{2+}	−189			PPh_3	−2.098		

um complexo de um metal de transição, a variação de peso medida com a balança de Gouy é a soma dos efeitos do íon metálico paramagnético e dos ligantes e íons diamagnéticos presentes. Assim, o valor de χ_M obtido a partir dessa variação de peso é o magnetismo total, ou seja a soma $\chi_{paramagnético} + \chi_{diamagnético}$. Dado que desejamos determinar o paramagnetismo do íon metálico, devemos introduzir uma correção para compensar o diamagnetismo. A maneira mais simples de se calcular o valor da correção diamagnética, $\chi_{diamagnético}$, é somando-se as correções diamagnéticas (denominadas constantes de Pascal) dos átomos e íons da molécula, e as contribuições devido as ligações múltiplas. Esses dados são conhecidos (Tab. 18.7).

$$\chi_{diamagnético} = \Sigma\chi_{(correção\ dos\ átomos)} + \Sigma\chi_{(ligações\ múltiplas)}$$

Assim, pode-se calcular o valor de $\chi_{paramagnético}$ como se segue:

$$\chi_{paramagnético} = \chi_{medido} - \chi_{diamagnético}$$

Finalmente o valor de $\chi_{paramagnético}$ pode ser convertido no momento magnético do íon metálico em magnetons de Bohr, usando a equação 18.1:

$$\frac{\mu}{\mu_B} = 797,5\sqrt{\chi_M \cdot T}$$

Tabela 18.8 — Momentos magnéticos de spin para diferentes números de elétrons desemparelhados

Número *n* de elétrons desemparelhados	Momento magnético (magnetons) μ_s	Número quântico total de spin *S*
1	1,73	1/2
2	2,83	2/2 = 1
3	3,87	3/2
4	4,90	4/2 = 2
5	5,92	5/2

Tabela 18.9 — Momentos magnéticos de alguns complexos da primeira série de transição

Íon	Número de elétrons desemparelhados	Momento magnético experimental (magnetons)	Momento magnético de spin calculado μ_s (magnetons)
Ti^{3+}	1	1,7–1,8	1,73
V^{3+}	2	2,8–3,1	2,83
Cr^{3+}	3	3,7–3,9	3,87
Cr^{2+}, Mn^{3+}	4	4,8–4,9	4,90
Mn^{2+}, Fe^{3+}	5	5,7–6,0	5,92
Fe^{2+}	4	5,0–5,6	4,90
Co^{2+}	3	4,3–5,2	3,87
Ni^{2+}	2	2,9–3,9	2,83
Cu^{2+}	1	1,9–2,1	1,73

O elétron desemparelhado dá origem a um campo magnético por causa de seu spin, e também por causa de seu momento angular orbital. A equação geral para os momentos magnéticos dos íons dos metais de transição da primeira série é:

$$\mu(S + L) = \sqrt{4S(S+1) + L(L+1)} \cdot \mu_B$$

onde *S* é a soma dos números quânticos de spin e *L* é a resultante dos momentos angulares orbitais de todos os elétrons da molécula (vide no Capítulo 32, "Acoplamento dos momentos angulares orbitais e de spin"). Para um elétron, o número quântico de spin pode ser igual a +1/2 ou −1/2; portanto, $S = m_s.n$, onde *n* é o número de elétrons desemparelhados.

Em muitos compostos dos elementos da primeira série de transição, a contribuição orbital é "anulada" pelos campos elétricos dos átomos vizinhos. Numa aproximação razoável, as contribuições orbitais podem ser ignoradas e o momento magnético observado pode ser considerado como sendo exclusivamente decorrente dos spins dos elétrons desemparelhados. Esse momento magnético de "spin-only", μ_s, pode ser escrito como:

$$\mu_S = \sqrt{4S(S+1)} \cdot \mu_B$$

O momento magnético μ (medido em magnetons de Bohr, BM) está relacionado ao número de "spins" desemparelhados, pela equação:

$$\mu_S = \sqrt{n(n+2)} \cdot \mu_B$$

Os resultados de momentos magnéticos de "spin-only" estão mostrados na Tab. 18.8. Os resultados obtidos usando a equação dos momentos magnéticos de spin-only estão em boa concordância com os fatos experimentais, no caso de muitos complexos de *spin alto* de metais da primeira série de transição, como mostrado na Tab. 18.9.

Um exemplo

A metodologia descrita acima é melhor explicada por um exemplo. Medidas magnéticas de uma amostra de $CuSO_4 \cdot 5H_2O$, a 293 K, usando uma balança de Gouy, levaram a um valor de $\chi_1 = 1,70 \times 10^{-4}$. A massa molecular é igual a

250,18g, ou seja, a massa molar M é igual a 0,250 kg mol^{-1}. A densidade D é igual a 2,29 g cm^{-3} = 2,29 × 10^3 kg m^{-3}. O valor de χ_M (sem a correção para compensar os efeitos diamagnéticos) é:

$$\chi_M = \frac{1,70 \times 10^{-4} \times 0,250 \text{ kg mol}^{-1}}{2,29 \times 10^3 \text{ kg m}^{-3}} = 1,858 \times 10^{-8} \text{ mol}^{-1} \text{ m}^3$$

A correção diamagnética pode ser obtida somando-se as contribuições de cada um dos íons e das moléculas constituintes, utilizando os dados da Tab. 18.7:

Cu^{2+}		-161×10^{-12}
SO_4^{2-}		-503×10^{-12}
$5H_2O$	$5 \times (-163 \times 10^{-12}) =$	-815×10^{-12}
	$\chi_{diamagnético}$	-1479×10^{-12}
	ou	-0.148×10^{-8}

O valor corrigido de χ_M é, portanto:

$$(1,856 + 0,148) \times 10^{-8} \text{ mol}^{-1} \text{ m}^3 = 2,004 \times 10^{-8} \text{ mol}^{-1} \text{ m}^3$$

Utilizando a equação (18.1), podemos calcular o momento magnético verdadeiro do composto, em magnetons de Bohr:

$$\frac{\mu}{\mu_B} = 795,5\sqrt{2,004 \times 10^{-8}} \times 293$$
$$= 1,93 \text{ manetons Bohr}$$

Supondo-se que a expressão para o momento magnético de spin-only seja válida

$$\mu = \sqrt{n(n+2)} \cdot \mu_B$$

Se $n = 1$

$$\mu = \sqrt{1(1+2)} \cdot \mu_B = 1,73\text{MB}$$

Portanto, o Cu^{2+} no $CuSO_4.5H_2O$ possui um elétron desemparelhado.

A concordância no caso dos complexos dos metais da primeira série de transição, apresentados na Tab. 18.9, geralmente é satisfatória. Mas, em alguns casos, por exemplo Co^{2+}, o valor observado de μ é maior que o calculado pela fórmula do momento magnético de spin-only. Isso sugere que há uma contribuição magnética orbital significativa. Para haver um momento angular orbital diferente de zero, deve ser possível transformar um orbital em outro orbital equivalente (degenerado) por rotação. É possível transformar os orbitais t_{2g} (d_{xy}, d_{xz} e d_{yz}) um nos outros por meio de uma rotação de 90°. Não é possível transformar os orbitais e_g da mesma maneira (por exemplo, o orbital d_{x2-y2} no orbital d_{z2}), dado que eles têm formas diferentes. Se os orbitais t_{2g} estiverem todos ocupados com um elétron, então não será possível transformar o orbital d_{xy} no orbital d_{xz} ou no orbital d_{yz}, pois estes já contêm um elétron com o mesmo spin. De modo semelhante não será possível transformar os orbitais t_{2g} se todos eles tiverem dois elétrons. Desse modo, com exceção das configurações $(t_{2g})^3$ e $(t_{2g})^6$, todas as demais configurações apresentam contribuições orbitais ao momento magnético. Logo, em complexos octaédricos as seguintes configurações apresentam contribuição orbital diferente de zero:

$$(t_{2g})^1(e_g)^0 \qquad (t_{2g})^2(e_g)^0 \qquad (t_{2g})^4(e_g)^2 \qquad (t_{2g})^5(e_g)^2$$

O Co^{2+} tem configuração $(t_{2g})^5(e_g)^2$: portanto o valor elevado de μ se deve à contribuição orbital. Analogamente existe uma contribuição no caso de complexos tetraédricos com as seguintes configurações:

$$(e)_2(t_2)^1 \qquad (e)^2(t_2)^2 \qquad (e)^4(t_2)^4 \qquad (e)^4(t_2)^5$$

Nos elementos da segunda e terceira séries de transição, e particularmente nos lantanídeos (onde os elétrons desemparelhados ocupam orbitais $4f$), o movimento orbital não é impedido ou suprimido. Por isso, as contribuições orbitais, L, devem ser incluídas nos cálculos. Em alguns casos ocorre o acoplamento entre as contribuições de spin, S, e orbital, L (acoplamento spin-órbita, ou acoplamento de Russel-Saunders), dando origem a um novo número quântico, J. Nesse caso é necessário usar uma expressão mais complicada, que será descrita no capítulo 29. Assim, temos que:

$$\mu = g\sqrt{J(J+1)} \cdot \mu_B$$

onde

$$g = 1 + \frac{S(S+1) - L(L+1) + J(J+1)}{2J(J+1)}$$

Rearranjando, temos que

$$g = 1\tfrac{1}{2} + \frac{S(S+1) - L(L+1)}{2J(J+1)}$$

Usando essa equação, a concordância entre os momentos magnéticos observado e calculado para os lantanídios trivalentes é bastante satisfatória. Veja maiores detalhes no capítulo 29. O acoplamento spin-órbita dá origem à estrutura fina dos espectros de absorção, pois desdobra os níveis degenerados de menor energia gerando vários níveis de energia diferentes. Esses níveis podem ser populados termicamente, dando origem a um momento magnético dependente da temperatura.

Pierre Curie verificou que a susceptibilidade magnética, χ_M, medida para materiais paramagnéticos varia com a temperatura. Ele estabeleceu a lei de Curie, que estabelece que a susceptibilidade paramagnética, χ_M, varia inversamente em função da temperatura absoluta, ou seja

$$\chi_M = \frac{C}{T}$$

onde C é a constante característica da substância em questão, denominada constante de Curie. Assim, o campo magnético tende a alinhar os momentos dos átomos e íons paramagnéticos, e a agitação térmica tende a torná-los aleatoriamente orientados. Aplicando-se um tratamento estatístico:

$$\chi_M = \frac{\mu_o(N^o\mu^2)/(3k)}{T}$$

O momento magnético, em magnetons de Bohr, é dado por:

$$\frac{\mu}{\mu_B} = \sqrt{(3k/N^o)/\mu_B} \cdot \sqrt{\chi_M \cdot T}$$

logo

$$\frac{\mu}{\mu_B} = 797,5 \cdot \sqrt{\chi_M \cdot T}$$

A lei de Curie é obedecida com grande exatidão por alguns sistemas, como o $[FeF_6]^{3-}$. Contudo, muitos materiais paramagnéticos se desviam um pouco desse comportamento ideal, e obedecem à lei de Curie-Weiss:

$$\chi_M = \frac{C}{T+\theta} \quad \text{e} \quad \mu = 797,5 \cdot \sqrt{\chi_M \cdot (T+\theta)} \cdot \mu_B$$

(θ é a constante de Weiss; um valor empírico).

PROPRIEDADES CATALÍTICAS

Muitos metais de transição e seus compostos apresentam propriedades catalíticas. Algumas das mais importantes estão listadas abaixo:

$TiCl_3$	Usado como catalisador de Ziegler-Natta na fabricação de polietileno.
V_2O_5	Converte SO_2 em SO_3 no processo de fabricação de H_2SO_4.
MnO_2	Usado como catalisador na reação decomposição de $KClO_3$ a O_2.
Fe	O ferro ativado é usado no processo Haber-Bosch de fabricação de NH_3.
$FeCl_3$	Usado na fabricação de CCl_4 a partir de CS_2 e Cl_2.
$FeSO_4$ e H_2O_2	Usados como reagentes de Fenton para oxidar álcoois a aldeídos.
$PdCl_2$	Processo Wacker para conversão de $C_2H_4 + H_2O + PdCl_2$ a $CH_3CHO + 2HCl + Pd$.
Pd	Usado em reações de hidrogenação (por exemplo, de fenol a ciclohexanona).
Pt/PtO	Catalisador de Adams, usado em reduções.
Pt	Foi usado na conversão SO_2 a SO_3 no processo de contato de fabricação de H_2SO_4.
Pt	Encontra uso crescente em conversores de três estágios para gases de escape de automóveis.
Pt/Rh	Foi usado no Processo Ostwald de fabricação do HNO_3, para oxidar NH_3 a NO.
Cu	É usado no processo direto de fabricação de $(CH_3)_2SiCl_2$, empregado na fabricação de silicones.
Cu/V	Oxidação de misturas ciclohexanol/ciclohexanona a ácido adípico, usado na fabricação de náilon.
$CuCl_2$	Processo Deacon de fabricação de Cl_2 a partir de HCl.
Ni	Níquel de Raney, usado em vários processos de redução (por exemplo, fabricação de hexametilenodiamina, redução da antraquinona a antraquinol na fabricação de H_2O_2).
Complexos de Ni	Síntese de Reppe (polimerização de alcinos, por exemplo na obtenção de benzeno ou ciclooctatetraeno).

Em alguns casos, os metais de transição podem formar compostos intermediários instáveis, devido à sua valência variável. Em outros casos o metal de transição fornece uma superfície adequada para que uma dada reação ocorra.

Tabela 18.10 — Metaloenzimas e metaloproteínas (estas últimas entre parênteses)

Metal	Enzima/metaloproteína	Função biológica
Mo	Xantina-oxidase	Metabolismo das purinas
	Nitrato-redutase	Utilização dos nitratos
Mn^{II}	Arginase	Formação de uréia
	Fosfotranferase	Adição ou remoção de PO_4^{3-}
Fe^{II} ou Fe^{III}	Aldeído-oxidase	Oxidação de aldeídos
	Catalase	Decomposição de H_2O_2
	Peroxidase	Decomposição de H_2O_2
	Citocromos	Tranferência de elétrons
	Ferrodoxima	Fotossíntese
	(Hemoglobina)	Transporte de O_2 nos animais superiores
	Desidrogenase succínica	Oxidação aeróbica de carboidratos
Fe e Mo	Nitrogenase	Fixação de nitrogênio
Co	Glutamato mutase	Metabolismo de aminoácidos
	Ribonucleotídeo-redutase	Biossíntese do DNA
Cu^{I} e Cu^{II}	Amino-oxidases	Oxidação de aminas
	Ascorbato-oxidase	Oxidação de ácido ascórbico
	Citocromo-oxidase	Principal oxidase terminal
	Galactose-oxidase	Oxidação da galactose
	Lisina-oxidase	Elasticidade das paredes da aorta
	Dopamina-hidroxilase	Produção de noradrenalina necessária para gerar impulsos nervosos no cérebro
	Tirosinase	Pigmentação da pele
	Ceruloplasmina	Utilização do Fe
	(Hemocianina)	Transporte de O_2 em invertebrados
	Plastocianina	Fotossíntese
Zn^{II}	Álcool-desidrogenase	Metabolismo do álcool
	Fosfatase alcalina	Liberação de PO_4^{3-}
	Anidrase carbônica	Regulação do pH e formação de CO_2
	Carboxipeptidase	Digestão de proteínas

Enzimas são catalisadores que aumentam as velocidades de reações específicas. Elas são proteínas e são produzidas pelas células de organismos vivos, a partir de aminoácidos. Elas atuam em condições amenas e freqüentemente levam a rendimentos de 100%, aumentando a velocidade de uma reação de 10^6 a 10^{12} vezes. Algumas enzimas requerem a presença de íons metálicos como *co-fatores* e por isso são denominadas *metaloenzimas*. Muitas (mas não todas) metaloenzimas contêm um metal de transição. Algumas das metaloenzimas e suas respectivas funções estão listadas na Tab. 18.10.

NÃO-ESTEQUIOMETRIA

Uma outra característica dos elementos de transição é a possibilidade de formação de compostos não-estequiométricos. Trata-se de compostos de estrutura e composição indefinidas. Por exemplo, o composto óxido de ferro(II), FeO, deve ser escrito com uma barra sobre a fórmula

Tabela 18.11 — Abundância dos elementos de transição na crosta terrestre, em ppm de massa

Sc	Ti	V	Cr	Mn	Fe	Co	Ni	Cu	Zn
25	6320	136	122	1060	60000	29	99	68	76
Y	Zr	Nb	Mo	Tc	Ru	Rh	Pd	Ag	Cd
31	162	20	1,2	-	0,0001	0,0001	0,015	0,08	0,16
La	Hf	Ta	W	Re	Os	Ir	Pt	Au	Hg
35	2,8	1,7	1,2	0,0007	0,005	0,001	0,01	0,004	0,08

$\overline{FeO}$, para indicar que a proporção de átomos de Fe e de O não é exatamente 1:1. Os resultados de análises realizadas indicaram que a fórmula desse composto varia de $Fe_{0,94}O$ a $Fe_{0,84}O$. Vanádio e selênio formam uma série de compostos cujas composições variam de $VSe_{0,98}$ a VSe_2. A esses compostos são atribuídas as fórmulas:

$$\overline{VSe} \quad (VSe_{0,98} \rightarrow VSe_{1,2})$$
$$\overline{V_2Se_3} \quad (VSe_{1,2} \rightarrow VSe_{1,6})$$
$$\overline{V_2Se_4} \quad (VSe_{1,2} \rightarrow VSe_2)$$

A não-estequiometria é observada particularmente em compostos dos metais de transição com elementos do Grupo 16 (O, S, Se, Te). Essa tendência se deve principalmente à valência variável dos elementos de transição. Por exemplo, o cobre é precipitado de uma solução contendo Cu^{2+} pela passagem de H_2S. O sulfeto é completamente insolúvel, mas não é usado como um método gravimétrico de determinação de cobre, pois o precipitado é uma mistura de CuS e Cu_2S. Às vezes, a não-estequiometria é provocada por defeitos na estrutura dos sólidos.

ABUNDÂNCIA

Três dos metais de transição são muito abundantes na crosta terrestre. Fe é o quarto elemento mais abundante em peso, Ti o nono e o Mn o décimo-segundo. Os elementos da primeira série de transição geralmente seguem a regra de Harkins, ou seja, elementos com números atômicos pares são geralmente mais abundantes que seus vizinhos com números atômicos ímpares. O manganês é uma exceção. Os elementos da segunda e terceira séries são muito menos abundantes que os da primeira série. O Tc não existe na natureza. Dos últimos seis elementos da segunda e terceira séries (Tc, Ru, Rh, Pd, Ag, Cd, Re, Os, Ir, Pt, Au, Hg) nenhum ocorre em concentrações superiores a 0,16 partes por milhão (ppm) na crosta terrestre.

DIFERENÇAS ENTRE A PRIMEIRA SÉRIE E AS OUTRAS DUAS SÉRIES DE TRANSIÇÃO

Ligação metal-metal e formação de "clusters"

Ligações metal-metal (M–M) ocorrem não apenas nos metais mas também em alguns dos seus compostos. Os elementos da primeira série de transição raramente formam compostos contendo ligações M–M. Isso ocorre somente no caso de alguns poucos carbonil-derivados, como por exemplo $Mn_2(CO)_{10}$, $Fe_2(CO)_9$, $Co_2(CO)_8$, $Fe_3(CO)_{12}$ e $Co_4(CO)_{12}$, e em carboxilato-complexos como o acetato de cromo(II), $Cr_2(CH_3COO)_4(H_2O)_2$, e no dimetilglioximatoníquel(II) sólido.

Os elementos da segunda e terceira séries formam, muito mais freqüentemente, compostos com ligações M–M :

1) Eles formam carbonil-complexos com ligações M–M, semelhantes aos formados pelos elementos da primeira série, tais como $Ru_3(CO)_{12}$, $Os_3(CO)_{12}$, $Rh_4(CO)_{12}$, $Ir_4(CO)_{12}$. Também formam um tipo de carbonil-complexo não observado no caso dos elementos da primeira série como o $Rh_6(CO)_{16}$.
2) Os metais Mo, Ru e Rh formam complexos binucleares com carboxilatos, como o $Mo_2(CH_3COO)_4(H_2O)_2$, que é similar ao acetato de cromo(II).
3) Os complexos $[Re_2Cl_8]^{2-}$ e $[Mo_2Cl_9]^{3-}$ também possuem ligações M–M.
4) Os haletos inferiores de diversos elementos são constituídos de aglomerados de três ou seis átomos de metal ligados entre si, formando compostos denominados "clusters" (agregados). Esses elementos são:

Nb	Mo	
Ta	W	Re

$[Nb_6Cl_{12}]^{2+}$ e $[Ta_6Cl_{12}]^{2+}$ apresentam estruturas pouco comuns. Ambos contêm seis átomos do metal dispostos nos vértices de um octaedro, com doze átomos de halogênio em ponte entre os vértices. Há fortes ligações M–M entre os átomos do metal no octaedro. Os assim chamados "dihaletos" de Mo e W são na realidade Mo_6Cl_{12} e W_6Br_{12}, que contêm o íon $[M_6X_8]^{4+}$. Este também apresenta uma estrutura notável. Seis átomos do metal se encontram nos vértices de um octaedro formando um "cluster", enquanto oito átomos de halogênio, localizados acima de cada uma das oito faces do octaedro, se ligam a três átomos do metal. O $ReCl_3$ é na verdade o trímero Re_3Cl_9. Este é constituído por um triângulo de três átomos de Re com três átomos de halogênio em ponte entre os três vértices, e seis halogênios em ponte com outras unidades Re_3Cl_9.

Estabilidade dos estados de oxidação

Os estados de oxidação (+II) e (+III) são importantes para todos os elementos da primeira série de transição. Íons simples M^{2+} e M^{3+} são comumente formados pelos elementos da primeira série, mas são menos importantes no caso dos elementos da segunda e terceira séries, que formam alguns poucos compostos iônicos. Analogamente, os elementos da primeira série formam um grande número de complexos extremamente estáveis, tais como $[Cr^{III}Cl_6]^{3-}$ e $[Co^{III}(NH_3)_6]^{3+}$. Não se conhecem complexos equivalentes de Mo, W, Rh ou Ir.

No caso dos elementos da segunda e terceira séries, os estados de oxidação mais elevados são mais importantes e muito mais estáveis que na primeira série de elementos de transição. Por exemplo, o íon cromato, $[CrO_4]^{2-}$, é um forte agente oxidante, mas o molibdato, $[MoO_4]^{2-}$, e o tungstato, $[WO_4]^{2-}$, são estáveis. Analogamente, o íon permanganato, $[MnO_4]^-$, é um forte agente oxidante, mas os íons pertecnato, $[TcO_4]^-$, e perrenato, $[ReO_4]^-$, são estáveis.

Em alguns compostos, os elementos se encontram em

estados de oxidação elevados, não observados no caso de elementos da primeira série, como por exemplo nos compostos WCl_6, ReF_7, RuO_4, OsO_4 e PtF_6.

Complexos

O número de coordenação 6 é comum entre os elementos de transição, gerando compostos com estrutura octaédrica. O número de coordenação 4 é muito menos comum, formando complexos tetraédricos e quadrado-planares. Números de coordenação 7 e 8 são raros no caso dos elementos da primeira série de transição, mas são muito mais comuns nos primeiros membros da segunda e terceira séries. Assim, no $Na_3[ZrF_7]$ o íon $[ZrF_7]^{3-}$ é uma bipirâmide pentagonal, e no $(NH_4)_3[ZrF_7]$ é um prisma trigonal com uma face piramidada. No $Cu_2[ZrF_8]$, o Zr está no centro de um antiprisma quadrado.

Tamanho

Os elementos da segunda série são todos maiores que os da primeira série. Contudo, devido a contração lantanídica, os raios dos elementos da terceira série são quase iguais aos dos da segunda série.

Magnetismo

Quando os elementos de transição formam complexos octaédricos, os níveis *d* são desdobrados nos subníveis t_{2g} e e_g. Considere um elemento da primeira série. Se os ligantes forem de campo forte, a diferença de energia entre esses dois subníveis será grande. Assim, os elétrons que ocupam o nível *d* irão preencher o subnível t_{2g}, mesmo que os elétrons tenham de ser emparelhados. Caso isso ocorra, o complexo é denominado de *spin baixo* ou de *spins emparelhados*. Por outro lado, se o campo dos ligantes for fraco, o desdobramento do nível *d* será pequeno e o emparelhamento de spins só ocorrerá quando cada um dos subníveis t_{2g} e e_g contiver um elétron. Tais complexos são denominados de *spin alto*. Assim, no caso de um elemento da primeira série de transição, a intensidade do campo do ligante determina se o complexo formado será de spin baixo ou de spin alto.

Os elementos da segunda e terceira séries de transição tendem a formar complexos de spin baixo, isto é, é energeticamente mais favorável emparelhar os elétrons nos subníveis *d* de menor energia que ocupar os subníveis mais altos, qualquer que seja o ligante.

Resultados razoavelmente concordantes são obtidos quando se usa a equação do momento magnético de spin-only para relacionar o momento magnético de complexos da primeira série de transição com o número de elétrons desemparelhados. Porém, no caso de complexos da segunda e terceira séries, a contribuição do momento magnético orbital passa a ser significativa, além de haver um acoplamento spin-órbita considerável. Nesse caso, a aproximação de spin-only não é mais válida, e equações mais complicadas devem ser utilizadas. Assim, a interpretação simplificada dos momentos magnéticos, apenas em função do número de elétrons desemparelhados, não pode ser estendida dos complexos dos elementos da primeira série para os da segunda e terceira séries. Além disso, os compostos dos elementos da segunda e terceira séries apresentam propriedades paramagnéticas dependentes da temperatura. Isso é explicado pelo acoplamento spin-órbita, que remove a degenerescência do nível de menor energia, do estado fundamental.

Abundância

Os dez elementos da primeira série de transição são razoavelmente abundantes e constituem 6,79% da crosta terrestre. Os demais elementos de transição são quase todos muitos raros. Embora a abundância do Zr seja de 162 ppm, do La de 31 ppm, do Y de 31 ppm e do Nb de 20 ppm, todos os 20 elementos da segunda e terceira séries de elementos de transição perfazem apenas 0,025 % da crosta terrestre. O Tc não ocorre na natureza.

LEITURAS COMPLEMENTARES

- Bevan, D.J.M. (1973) *Comprehensive Inorganic Chemistry*, Vol. 3 (Cap. 49: Compostos não estequiométricos), Pergamon Press, Oxford. (Boa introdução aos compostos não estequiométricos)
- Brown, D. (1968) *Halides of the Transition Elements*, Vol. I (Haletos de lantanídeos e actinídeos), Wiley, London e New York.
- Canterford, J.H. e Cotton, R. (1968) *Halides of the Second and Third Row Transition Elements*, Wiley, London.
- Canterford, J.H. e Cotton, R. (1969) *Halides of the First Row Transition Elements*, Wiley, London.
- Corbett, J.D. (1981) Extended metal-metal bonding in halides of the early Transition Metals, *Acc. Chem. Res.* **14**, 239.
- Cotton, F.A. (1983) Multiple metal-metal bonds, *J. Chem. Ed.*, **60**, 713-720.
- Crangle, J. (1977) *The Magnetic Properties of Solids*, Arnold, London.
- *Diatomic metals and metallic clusters* (1980) (Conferência do Simpósio Faraday do Royal Society of Chemistry, Nº 14), Royal Society of Chemistry, London.
- Earnshaw, A. (1968) *Introduction to Magnetochemistry*, Academic Press, London.
- Emeléus, H.J. e Sharpe, A.G. (1973) *Modern Aspects of Inorganic Chemistry*, 4th ed. (Caps. 14 e 15: Complexos de metais de transição; Cap. 16: Propriedades magnéticas), Routledge and Kega Paul, London.
- Figgis. B.N. e Lewis, J. (1960) The magnetochemistry of complex compounds, Cap. 6 do livro *Modern Inorganic Chemistry* (ed.: Lewis, J. e Wilkins, R.G.), Interscience, New York e Wiley, London, 1960. (Boa revisão sobre medidas de momento magnético).
- Greenwood, N.N. (1968) *Ionic Crystals, Lattice Defects and Non-Stoichiometry*, Butterworths, London.
- Griffith, W.P. (1973) *Comprehensive Inorganic Chemistry*, Vol. 4 (Cap. 46: Carbonilas, cianetos, isocianetos e nitrosilas), Pergamon Press, Oxford.
- Johnson, B.F.G. (1976) The structures of simple binary carbonyls, *JCS Chem. Comm.*, 211-213.
- Johnson, B.F.G. (ed.) (1980) *Transition Metal Clusters*, John Wiley, Chichester.
- Lewis, J. (1988) Metal clusters revisited, *Chemistry in Britain*, **24**, 795-800.

- Lewis , J. e Green, M.L. (eds) (1983) *Metal Clusters in Chemistry* (Anais da Royal Society Discussion Meeting, Maio 1982), The Society, London.
- Lever A.B.P. (1984) *Inorganic Electronic Spectroscopy*, Elsevier, Amsterdam. (Atual e completo, além de ser uma boa fonte de dados espectrais)
- Moore, P. (1982) Colour in transition metal chemistry, *Education in Chemistry*, **19**, 10-11, 14.
- Muetterties, E.L. (1971) *Transition Metal Hydrides*, Marcel Dekker, New York.
- Muetterties, E.L. e Wright, C.M. (1967) High coordination numbers, *Q. Rev. Chem. Soc.*, **21**, 109.
- Nyholm, R.S. (1953) Magnetism and inorganic chemistry, *Q. Rev. Chem. Soc.*, **7**, 377.
- Nyholm, R.S. e Tobe, M.L. (1963) The stabilization of oxidation states of the transition metals, *Adv. Inorg. Radiochem.*, **5**, 1.
- Shriver, D.H.; Kaesz,, H.D. e Adams, R.D. (eds) (1990) *Chemistry of Metal Cluster Complexes*, VCH, New York.
- Sharpe, A.G. (1976) *Chemistry of Cyano Complexes of the Transition Metals*, Academic Press, London, 1976.

PROBLEMAS

1. Como você definiria um elemento de transição? Cite as propriedades associadas a esses elementos.
2. Como as seguintes propriedades variam nos elementos de transição:

   a) caráter iônico

   b) propriedades básicas

   c) estabilidade dos diferentes estados de oxidação

   d) capacidade de formar complexos.
3. Dê exemplos ou justifique as seguintes propriedades química dos metais de transição:

   a) o óxido com o metal no estado de oxidação mais baixo é básico, enquanto que o óxido com o metal no seu estado de oxidação máximo é geralmente ácido.

   b) um metal de transição geralmente se encontra num estado de oxidação maior nos fluoretos, em comparação aos iodetos.

   c) os haletos se tornam mais covalentes e susceptíveis à hidrólise, à medida que aumenta o estado de oxidação do metal.
4. Explique sucintamente:

   a) A regra do número atômico efetivo

   b) Que tipo de ligantes estabilizam estados de oxidação baixos

   c) As ligações π (retrodoação) nas carbonilas metálicas.
5. Descreva os métodos que possibilitam a obtenção de amostras extremamente puras dos metais de transição.
6. Quais dos íons M^{2+} e M^{3+} dos elementos da primeira série de transição são estáveis em solução, quais são oxidantes e quais são redutores?
7. Explique porque certos ligantes, como o F^-, estabilizam os metais em seus estados de oxidação mais elevados, enquanto que outros, como o CO ou bipiridina, estabilizam os elementos nos seus estados de oxidação mais baixos.
8. Apresente os motivos pelos quais os carbonil e ciano complexos dos metais de transição Cr, Mn, Fe, Co e Ni são mais estáveis e comuns que complexos semelhantes com elementos do bloco *s* ou com os primeiros elementos dessa série de transição.
9. Por que os elementos da segunda e terceira séries de transição se assemelham muito mais entre si do que os elementos da primeira série de transição?
10. O que se entende por paramagnetismo e diamagnetismo? Faça uma previsão sobre o momento magnético de complexos octaédricos de Fe^{2+} com ligantes de campo forte e de campo fraco.

O GRUPO DO ESCÂNDIO

INTRODUÇÃO

Esses quatro elementos são às vezes agrupados com os 14 lantanídios, e denominados coletivamente de "terras raras". Essa denominação é incorreta, pois os elementos do grupo do escândio são elementos do bloco *d* e os lantanídios são elementos do bloco *f*. Além disso, os elementos do grupo do escândio não são tão raros, exceto pelo actínio que é radiativo. As propriedades do Sc, Y, La e Ac, variam de modo bastante regular e se assemelham às variações observadas nos elementos dos Grupos 1 e 2. Há poucos usos industriais importantes desses elementos ou de seus compostos, exceto pelo "mischmetal", utilizado na indústria metalúrgica.

OCORRÊNCIA, SEPARAÇÃO, OBTENÇÃO E APLICAÇÕES

O Sc é o trigésimo-primeiro elemento mais abundante, em peso, da crosta terrestre. O elemento encontra-se muito espalhado, sendo encontrado na forma do mineral raro thortveitita, $Sc_2[Si_2O_7]$. O escândio é obtido como subproduto do processo de extração do urânio. O escândio e seus compostos têm pouquíssimas aplicações.

O Y e o La são, respectivamente, o vigésimo-nono e o vigésimo-oitavo elementos mais abundantes. São encontrados associados aos lantanídios na bastnaesita, $M^{III}CO_3F$, na monazita, $M^{III}PO_4$, e em outros minerais. É extremamente difícil separar cada um dos elementos. Esse processo será discutido com algum detalhe no capítulo 29. Também é difícil extrair os metais de seus compostos. Os metais são eletropositivos e reagem com a água. Seus óxidos são muito estáveis, o que impede o uso do processo de aluminotermia (entalpia de formação do Al_2O_3 1.675 kJ mol^{-1}, entalpia de formação do La_2O_3 1.884 kJ mol^{-1}). Esses metais podem ser obtidos por redução de seus cloretos ou fluoretos com cálcio a 1.000 °C, numa atmosfera de argônio.

Tabela 19.1 — Configuração eletrônicas e estados de oxidação

Elemento	Símbolo	Configuração eletrônica	Estado de oxidação
Escândio	Sc	[Ar] $3d^1\,4s^2$	III
Ítrio	Y	[Kr] $4d^1\,5s^2$	III
Lantânio	La	[Xe] $5d^1\,6s^2$	III
Actínio	Ac	[Rn] $6d^1\,7s^2$	III

Tabela 19.2 — Abundância dos elementos na crosta terrestre, em peso

Elemento	ppm	Abundância relativa
Sc	25	31.º
Y	31	29.º
LA	35	28.º
AC	traços	

Pequenas quantidades de Y são empregadas na fabricação das substância fosforescentes (fósforos) usadas em tubos de TV. Uma certa quantidade encontra emprego na fabricação de granadas sintéticas, usadas em radares e como pedras preciosas. Em contraste, cerca de 5.000 toneladas de La são produzidos anualmente, a maior parte como mischmetal. O mischmetal é uma mistura de La e de metais da série dos lantanídeos (50% Ce, 40% La, 7% Fe, 3% outros metais). É usado em grandes quantidades para melhorar a resistência e a trabalhabilidade do aço, e também em ligas de Mg. Pequenas quantidades são usadas como "pedras de isqueiro". O La_2O_3 é usado em vidros ópticos, como por exemplo nas lentes de Crookes, que protegem contra a radiação ultravioleta.

Pequenas quantidades de Ac estão sempre associados com o U e o Th, pois é um dos produtos da série de decaimentos radiativos tanto do tório como do urânio (vide capítulo 31).

$$^{232}_{90}Th \xrightarrow{\alpha} {}^{228}_{88}Ra \xrightarrow{\beta} {}^{228}_{89}Ac$$

$$^{235}_{92}U \xrightarrow{\alpha} {}^{231}_{90}Th \xrightarrow{\beta} {}^{231}_{91}Pa \xrightarrow{\alpha} {}^{227}_{89}Ac \xrightarrow{\beta} {}^{227}_{90}Th$$

O Ac pode ser obtido pelo bombardeamento do Ra com nêutrons, num reator nuclear:

$$^{226}_{88}Ra + {}^{1}_{0}n \longrightarrow {}^{227}_{88}Ra \xrightarrow{\beta} {}^{227}_{89}Ac$$

Na melhor das hipóteses, esse método produz quantidades da ordem de miligramas. A separação dos outros elementos é efetuada por um método de troca iônica. $^{228}_{89}Ac$ e $^{227}_{89}Ac$ são seus únicos isótopos naturais, sendo ambos fortemente radiativos. A meia-vida do $^{228}_{89}Ac$ e do $^{227}_{89}Ac$ é 6 horas e 21,8 anos, respectivamente. Assim, todo o actínio existente no período da formação da Terra já se desintegrou há muito tempo. Assim, o actínio encontrado atualmente deve ter sido formado recentemente, como produto do decaimento radiativo de algum outro elemento. Isso explica porque o Ac natural é tão raro. A elevada radiatividade do Ac limitou o estudo de suas propriedades químicas.

ESTADO DE OXIDAÇÃO

Esses elementos sempre são encontrados no estado de oxidação (+III), na forma de íons M^{3+}. A formação do íon M^{3+} requer a remoção de dois elétrons *s* e de um elétron *d*. Logo, esses íons apresentam configuração d^0, tornando impossível a ocorrência de transições *d-d*. Conseqüentemente, os íons e seus compostos são incolores e diamagnéticos. A soma das três primeiras energias de ionização do escândio é um pouco menor que a correspondente soma para o alumínio. Por isso, as propriedades do escândio são semelhantes, em alguns aspectos, as do alumínio.

TAMANHO

Os raios covalentes e iônicos desses elementos aumentam regularmente de cima para baixo dentro do Grupo, como no bloco *s*. Nos grupos dos elementos de transição, mostrados na Tab. 19.3, os elementos da segunda e terceira séries são quase idênticos em tamanho, por causa da contração lantanídica. Contudo, esse fenômeno ocorre somente após o La.

PROPRIEDADES QUÍMICAS

Os metais desse grupo têm potenciais padrão de eletrodo moderadamente elevados. São bastante reativos, e a reatividade cresce com o aumento do tamanho. Eles perdem o brilho quando expostos ao ar e queimam na presença de oxigênio, formando M_2O_3. Porém, quando exposto ao ar, uma camada protetora de óxido é formada sobre a superfície do Y, tornando-o não-reativo.

$$2La + 3O_2 \rightarrow 2La_2O_3$$

Os metais reagem lentamente com água fria, e mais rapidamente com água quente, liberando hidrogênio e formando o óxido básico ou o hidróxido correspondente.

$$2La + 6H_2O \rightarrow 2La(OH)_3 + 3H_2$$
$$La(OH)_3 \rightarrow \underset{\text{óxido básico}}{LaO(OH)} + H_2O$$

O $Sc(OH)_3$ parece não ser um composto definido, mas o óxido básico, $ScO(OH)$, é bem conhecido e anfótero como o $Al(OH)_3$. Como o escândio é anfótero, ele se dissolve em NaOH liberando H_2.

$$Sc + 3NaOH + 3H_2O \rightarrow Na_3[Sc(OH)_6] + 1^1/_2H_2$$

O caráter básico dos óxidos e hidróxidos aumenta quando se desce pelo grupo, de modo que o $Y(OH)_3$ e o $La(OH)_3$ são básicos. Os óxidos e hidróxidos formam sais quando reagem com ácidos. O $Y(OH)_3$ e o $La(OH)_3$ reagem com dióxido de carbono, CO_2:

$$2Y(OH)_3 + 3CO_2 \rightarrow Y_2(CO_3)_3 + 3H_2O$$

O $La(OH)_3$ é uma base suficientemente forte para deslocar o NH_3 de sais de amônio. Como os óxidos (e hidróxidos) são anfóteros ou bases fracas, seus oxossais podem ser decompostos a óxidos por aquecimento. Esse comportamento é análogo ao observado nos elementos do Grupo 2, mas a decomposição é mais fácil, isto é, ocorre em temperaturas menores:

$$2Y(OH)_3 \xrightarrow{\text{calor}} Y_2O_3 + 3H_2O$$
$$Y_2(CO_3)_3 \rightarrow Y_2O_3 + 3CO_2$$
$$2Y(NO_3)_3 \rightarrow Y_2O_3 + 6NO_2 + 1^1/_2O_2$$
$$Y_2(SO_4)_3 \rightarrow Y_2O_3 + 3SO_2 + 1^1/_2O_2$$

Os metais reagem com os halogênios, formando trihaletos, MX_3. Eles lembram os haletos de Ca. Os fluoretos são insolúveis (como o CaF_2), e os demais haletos são deliqüescentes e muito solúveis (como o $CaCl_2$). Se os cloretos forem preparados em solução, eles cristalizam na forma de sais hidratados, mas o aquecimento dos mesmos não leva aos haletos anidros. Com o aquecimento, o $ScCl_3(H_2O)_7$ se decompõe ao óxido, ao passo que os demais formam oxo-haletos.

$$2ScCl_3 \cdot (H_2O)_7 \xrightarrow{\text{calor}} Sc_2O_3 + 6HCl + 4H_2O$$
$$YCl_3 \cdot (H_2O)_7 \rightarrow YOCl + 2HCl + 6H_2O$$
$$LaCl_3 \cdot (H_2O)_7 \rightarrow LaOCl + 2HCl + 6H_2O$$

Cloretos anidros podem ser preparados tratando os óxidos com NH_4Cl:

$$Sc_2O_3 + 6NH_4Cl \xrightarrow{300°C} 2ScCl_3 + 6NH_3 + 3H_2O$$

O $ScCl_3$ anidro difere do $AlCl_3$ pois é um monômero, enquanto que o cloreto de alumínio é um dímero, $(AlCl_3)_2$. Além disso, o $ScCl_3$ não possui atividade como catalisador para reações de Friedel-Crafts.

Os sais geralmente se assemelham aos sais de cálcio, sendo os fluoretos, carbonatos, fosfatos e oxalatos insolúveis.

Todos esses elementos reagem com hidrogênio, mediante aquecimento a 300 °C, com formação de compostos altamente condutores de fórmula MH_2. Esses compostos não

Tabela 19.3 — Algumas propriedades físicas

Elemento	Raio covalente (Å)	Raio iônico M^{3+} (Å)	Energias de ionização (kJ mol⁻¹) 1.º	2.º	3.º	Potencial eletrodo padrão E^0 (V)	P.F. (°C)	Eletronegatividade de Pauling
Sc	1,44	0,745	631	1,235	2,393	−2,08	1.539	1,3
Y	1,62	0,900	616	1,187	1,968	−2,37	1.530	1,2
La	1,69	1,032	541	1.100	1.852	−2,52	920	1,1
Ac		1,120				−2,60	817	1,1

contêm o íon M^{2+}, mas provavelmente são constituídos por M^{3+} e $2H^-$, e um elétron ocupa a banda de condução. Todos, exceto o Sc, podem absorver mais H_2. Mas, nesse caso perdem seu caráter condutor, formando compostos não exatamente estequiométricos, mas que se aproximam da composição MH_3. A composição exata depende da temperatura e da pressão de hidrogênio. Esses hidretos são iônicos, ou seja, contêm o íon hidreto, H^-, e reagem com água liberando hidrogênio.

O escândio forma um carbeto, ScC_2, quando o óxido é aquecido com carbono, num forno elétrico. O carbeto reage com água, liberando acetileno (etino).

$$Sc_2O_3 + C \xrightarrow{1000°C} 2ScC_2 \xrightarrow{H_2O} C_2H_2 + ScO \cdot OH$$

Supunha-se antigamente que o carbeto continha Sc(+II), ou seja, que fosse constituído pelos íons Sc^{2+} e $(C{\equiv}C)^{2-}$. Medidas magnéticas sugerem que ele contêm íons Sc^{3+} e C_2^{2-}, e que tenha elétrons deslocalizados numa banda de condução, provocando o aparecimento de um certo grau de condutividade metálica.

COMPLEXOS

Apesar da carga +3, os íons metálicos desse grupo não apresentam uma tendência muito forte de formar complexos. Isso se explica pelo tamanho relativamente grande desses íons. O Sc^{3+} é o menor íon do grupo e forma complexos mais facilmente que os demais elementos. Dentre eles podem ser citados o $[Sc(OH)_6]^{3-}$ e $[ScF_6]^{3-}$, ambos com número de coordenação 6 e estrutura octaédrica.

$$ScF_3 + 3NH_4F \rightarrow 3NH_4^+ + [ScF_6]^{3-}$$

De longe o átomo doador mais importante em complexos é o O, principalmente quando os ligantes são agentes quelantes. Assim, complexos são formados com agentes complexantes fortes tais como ácido oxálico, ácido cítrico, acetil-acetona e EDTA. Os complexos dos metais maiores, Y e La, freqüentemente têm números de coordenação maiores que 6, sendo o número de coordenação 8 o mais comum. Assim, o [Sc(acetilacetonato)$_3$] tem número de coordenação 6 e é octaédrico. Já o [Y(acetilacetonato)$_3$(H_2O)] tem número de coordenação 7 e sua estrutura é trigonal prismática com uma face "piramidada". No [La(acetilacetonato)$_3$(H_2O)$_2$] o número de coordenação é 8 e sua estrutura é um antiprisma quadrado distorcido. No [La(EDTA)(H_2O)$_4$]·3H_2O o EDTA forma quatro ligações usando seus átomos de O e duas utilizando os átomos de N. Além disso, as quatro moléculas de água estão ligadas ao La por meio dos átomos de O. Assim, o número de coordenação total desse composto é 10. Os íons NO_3^- e SO_4^{2-} também atuam como ligantes bidentados e formam complexos com elevado número de coordenação. No $[Sc(NO_3)_5]^{2-}$, quatro grupos NO_3^- estão ligados bidentadamente e um está ligado monodentadamente, gerando um composto com número de coordenação igual a 9. No $[Y(NO_3)_5]^{2-}$, todos os cinco íons NO_3^- estão ligados bidentadamente, e o número de coordenação é 10. No $La_2(SO_4)_3 \cdot 9H_2O$ metade dos átomos de La tem número de coordenação 12.

Os sais de lantânio tem sido usados como marcadores biológicos. O La^{3+} parece substituir o Ca^{2+} no processo de condução de impulsos nervosos ao longo dos axônios das células nervosas, e também no estabelecimento de estruturas de membranas celulares. O La^{3+} é facilmente detectado por ressonância paramagnética de spin (EPR). A semelhança na atividade biológica pode decorrer do fato deles serem de tamanhos semelhantes (La^{3+} = 1,032 Å e Ca^{2+} = 1,00 Å).

LEITURAS COMPLEMENTARES

- Callow, R.J. (1967) *The Industrial Chemistry of the Lanthanons, Yttrium, Thorium and Uranium*, Pergamon Press, New York.
- Horovitz, C.T. (ed.) (1975) *Scandium: Its Occurrence, Chemistry, Physics, Metallurgy, Biology and Technology*, Academic Press, London.
- Melson, G.A. and Stotz , R.W. (1971) The coordination chemistry of scandium, *Coordination Chem. Rev.*, **7**, 133.
- Vickery, R.C. (1973) *Conprehensive Inorganic Chemistry*, Vol. 3 (Cap. 31: Escândio, Ítrio e Lantânio), Pergamon Press, Oxford.

Grupo 14
O GRUPO DO TITÂNIO

INTRODUÇÃO

O titânio é um elemento de importância industrial. Grandes quantidades de TiO_2 são usadas como pigmento e como "carga", e o metal titânio é importante por causa de sua resistência mecânica, baixa densidade e resistência à corrosão. O $TiCl_3$ é um importante catalisador de Ziegler-Natta, utilizado na fabricação de polietileno e de outros polímeros. O zircônio é usado para fabricar os revestimentos das barras de combustível de reatores nucleares resfriados a água. O háfnio é usado para fabricar barras de controle para certos reatores.

OCORRÊNCIA E ABUNDÂNCIA

O Ti é o nono elemento mais abundante, em peso, na crosta terrestre. Os principais minérios são a ilmenita, $FeTiO_3$, e o rutilo, TiO_2. Em 1992, a produção mundial foi de 7,8 milhões de toneladas de ilmenita e de 471.000 toneladas de rutilo, totalizando 4,3 milhões de toneladas em conteúdo de TiO_2. Os principais produtores são o Canadá, 27%, Austrália 24% e Noruega 9%. O zircônio é o décimo oitavo elemento mais abundante na crosta terrestre, sendo encontrado principalmente como zirconita, $ZrSiO_4$, e pequenas quantidades de baddeleyita, ZrO_2. A produção mundial de minerais de zircônio foi de 808.000 toneladas em 1992. O háfnio é muito semelhante em tamanho e propriedades ao zircônio, por causa da contração lantanídica. Por isso, o Hf é encontrado, na proporção de 1 a 2%, em minérios de Zr. A separação do Zr do Hf é particularmente difícil — inclusive mais difícil que a separação dos lantanídios.

Tabela 20.1 — Configurações eletrônicas e estados de oxidação

Elemento	Símbolo	Configuração eletrônica		Estados de oxidação*				
Titânio	Ti	[Ar]	$3d^2 4s^2$	(–I)	(0)	(II)	III	**IV**
Zircônio	Zr	[Kr]	$4d^2 5s^2$			(II)	(III)	**IV**
Háfnio	Hf	[Xe]	$4f^{14} 5d^2 6s^2$			(II)	(III)	**IV**

* Os estados de oxidação mais importantes (geralmente os mais abundantes e estáveis) são mostrados em negrito. Outros estados bem caracterizados, mas menos importantes, são mostrados em tipo normal. Estados de oxidação instáveis, ou de existência duvidosa, são dados entre perênteses.

Tabela 20.2 — Abundância dos elementos na crosta terrestre, em peso

Elemento	ppm	Ordem de abundância relativa
Ti	6.320	9º
Zr	162	18º
Hf	2,8	45º

OBTENÇÃO E USOS

O titânio tem sido chamado de o "metal maravilha" por causa de suas propriedades singulares e úteis. Ele é muito duro, tem elevado ponto de fusão (1.667 °C), é mais forte e muito mais leve que o aço (densidades: Ti = 4,4 g cm^{-3}, Fe = 7,87 g cm^{-3}). Contudo, mesmo quantidades muito pequenas de impurezas não-metálicas, como H, C, N ou O, tornam o titânio e os dois outros metais, Zr e Hf, quebradiços. O Ti tem melhor resistência à corrosão que o aço inoxidável. É um melhor condutor de calor e de eletricidade que os metais do grupo do Sc (Grupo 3). O Ti metálico e as ligas de Ti com Al são utilizadas em grande escala na indústria aeronáutica, em turbinas e motores a jato, e na estrutura das aeronaves. Aviões supersônicos, como o Concorde, podem usar o Al como revestimento estrutural (ponto de fusão 660 °C), mas sua velocidade fica limitada a Mach 2,2 (2,2 vezes a velocidade do som). Quando aviões supersônicos que operam a três vezes a velocidade do som forem fabricados, é provável que eles sejam fabricados com Ti (ponto de fusão 1.667 °C). O Ti também é empregado em equipamentos navais e em instalações para a indústria química. Pequenas quantidades de Ti são adicionadas ao aço, para formar ligas mais duras e resistentes. A produção mundial de Ti metálico é de cerca de 50.000 toneladas/ano.

É difícil de se obter o metal a partir de seus minérios, devido a seu elevado ponto de fusão e elevada reatividade

Tabela 20.3 — Algumas propriedades físicas

Elemento	Raio covalente (Å)	Raio iônico M^{4+} (Å)	Ponto de fusão (°C)	Ponto de ebulição (°C)	Densidade ($g\ cm^{-3}$)	Eletronegatividade de Pauling
Ti	1,32	0,605	1,667	3.285	4,50	1,5
Zr	1,45	0,720	1.857	4.200	6,51	1,4
Hf	1,44	0,710	2.222	4.450	13,28	1,3

com o ar, oxigênio, nitrogênio e hidrogênio, a temperaturas elevadas. O óxido não pode ser reduzido com C ou CO, pois forma carbetos. Como o TiO_2 é muito estável, a primeira etapa consiste em sua conversão a $TiCl_4$, por meio de seu aquecimento com C e Cl_2, a 900 °C.

$$TiO_2 + 2C + 2Cl_2 \rightarrow TiCl_4 + 2CO$$
$$2FeTiO_3 + 6C + 7Cl_2 \rightarrow 2TiCl_4 + 6CO + 2FeCl_3$$

O $TiCl_4$ é um líquido (ponto de ebulição 137 °C) e é removido do $FeCl_3$ e demais impurezas por destilação. Em seguida, utiliza-se um dos seguintes métodos para a obtenção do metal.

Processo Kroll

Inicialmente, Wilhelm Kroll produziu Ti reduzindo $TiCl_4$ com Ca num forno elétrico. Mais tarde, passou-se a usar o magnésio, e a Imperial Metal Industries (IMI) chegou a usar o Na. Nas condições de elevadas temperaturas empregadas nesses processos, o Ti é altamente reativo e reage prontamente com ar ou N_2. Por isso, é necessário efetuar a reação em atmosfera de argônio.

$$TiCl_4 + 2Mg \xrightarrow{1000\text{-}1150\,°C} Ti + 2MgCl_2$$

O $MgCl_2$ formado pode ser removido com água, ou melhor com HCl diluído, pois este também dissolve o excesso de Mg. Alternativamente, o $MgCl_2$ pode ser removido por destilação à vácuo. Após um desses processos, resta titânio metálico numa forma esponjosa e não de um sólido compacto. O Ti é convertido num bloco compacto por fusão num arco elétrico, sob alto vácuo ou atmosfera de argônio. O processo IMI é quase idêntico. O $TiCl_4$ é reduzido com Na numa atmosfera de argônio, e o NaCl é removido com água. O Ti é obtido na forma de pequenos grânulos. É possível fabricar peças metálicas a partir desses grânulos, usando técnicas de metalurgia de pó, seguida de sinterização em atmosfera inerte. As elevadas despesas com combustível, a necessidade de se empregar atmosfera de argônio, os altos custos do Mg ou Na, e a necessidade de um segundo aquecimento, encarecem o titânio. O elevado preço impede seu uso de forma mais generalizada. O zircônio também é produzido pelo processo Kroll.

O método de van Arkel - de Boer

Esse processo permite a obtenção de pequenas quantidades de metal muito puro. O Ti ou Zr impuro são aquecidos com I_2, num reator sob vácuo, formando TiI_4 ou ZrI_4. Estes são voláteis e se separam das impurezas. À pressão atmosférica, o TiI_4 funde a 150 °C e entra em ebulição a 377 °C; o ZrI_4 funde a 499 °C e entra em ebulição a 600 °C. A pressão reduzida, contudo, os pontos de ebulição são mais baixos. O MI_4 gasoso é, então, decomposto sobre um filamento de tungstênio aquecido à incandescência. Porém, à medida que mais e mais metal vai se depositando sobre o filamento, este conduz melhor a eletricidade. Assim, é necessário passar uma corrente (intensidade) cada vez maior para manter o filamento incandescente.

$$Ti_{(impuro)} + 2I_2 \xrightarrow{50\text{-}250\,°C} TiI_4 \xrightarrow[\text{filamento de tungstênio}]{1400\,°C} Ti + 2I_2$$

O Zr é produzido em escala bem menor que o Ti. O Zr é ainda mais resistente à corrosão que o Ti, sendo usado em equipamentos de indústrias químicas. Seu uso mais importante é na fabricação do revestimento para o combustível UO_2, de reatores nucleares resfriados a água. Sua resistência à corrosão, elevado ponto de fusão (1.857 °C) e baixa absorção de nêutrons, são propriedades que o tornam muito adequado para tal aplicação (dos elementos metálicos, somente o Be e o Mg apresentam uma seção transversal de absorção de nêutrons menor que o Zr; mas são inadequados como material do revestimento protetor, pois o Be é quebradiço e o Mg facilmente sofre corrosão). O Hf sempre ocorre junto com o Zr. Suas propriedades químicas são quase idênticas, e para a maioria dos seus usos não há necessidade de separar os dois elementos. Contudo, o Hf absorve fortemente os nêutrons, e o Zr usado para fins nucleares deve ser isento de Hf.

A semelhança de tamanho dos íons torna essa separação extremamente difícil. O mesmo problema se observa na separação dos elementos lantanídios (ver capítulo 29). O Zr e o Hf podem ser separados por extração com solvente de seus nitratos em fosfato de tri-n-butila, ou dos tiocianatos em metil-isobutil-cetona. Como alternativa, os elementos podem ser separados por troca iônica de uma solução alcoólica dos tetracloretos em colunas de sílica-gel. Eluindo a coluna com uma mistura de álcool/HCl, o Zr é removido antes.

O Zr também é usado na fabricação de ligas com aço, e uma liga Zr/Nb é um importante supercondutor. A absorção muito grande de nêutrons térmicos por parte do Hf encontra um uso prático. O Hf é usado em barras de controle para regular o nível de nêutrons livres nos reatores nucleares usados em submarinos.

ESTADOS DE OXIDAÇÃO

O estado de oxidação (+IV) é o mais comum e estável para todos esses elementos. Compostos anidros como $TiCl_4$ são covalentes, e suas moléculas são tetraédricas no estado gasoso. A maioria dos tetra-haletos mantém essa mesma estrutura, também, no estado sólido. O TiF_4 apresenta a maior diferença de eletronegatividade e é o composto desse tipo com a maior probabilidade de ser iônico. Trata-se de um pó branco volátil, que sublima a 284 °C —um comportamento que não é típico de compostos iônicos. Sua estrutura cristalina é polimérica contendo átomos de F em ponte, onde cada Ti é rodeado octaedricamente por seis átomos de F.

No estado de oxidação (+ IV) esses elementos apresentam configuração d^0, sem elétrons desemparelhados: assim, seus compostos são tipicamente brancos ou incolores, e diamagnéticos.

Íons Ti^{4+} não existem em solução, pois formam-se oxoíons. O íon titanila, TiO^{2+} é encontrado em solução, mas em sais cristalinos ele geralmente se encontra polimerizado.

O íon no estado de oxidação (+ III) é redutor, tal que Ti^{3+} é um redutor mais forte que Sn^{2+}. São razoavelmente estáveis, tanto no estado sólido como em solução. Como os íons M^{3+} apresentam configuração d^1, possuem um elétron desemparelhado e são paramagnéticos. Os momentos magnéticos de seus compostos se aproximam do momento magnético de spin-only de 1,73 magnetons de Bohr. Devido a presença de apenas um elétron *d*, só há uma transição eletrônica *d–d* possível: portanto, só existe uma banda de absorção no espectro visível, e quase todos os seus compostos têm uma cor púrpura avermelhada pálida.

O íon no estado de oxidação (+ II) é muito instável. É um redutor forte capaz de reduzir a água. Apenas alguns poucos compostos contendo esse íon são conhecidos, e somente no estado sólido. Os íons nos estados (0), (–I), e (–II) são encontrados nos complexos com bipiridina $[Ti^0(bipy)_3]$, $Li[Ti^{-I}(bipy)_3]$.3,5(tetra-hidrofurano) e $Li_2[Ti^{-II}(bipy)_3]$.5(tetra-hidrofurano). Os íons nos estados de oxidação mais baixos tendem a sofrer reações de desproporcionamento:

$$2Ti^{III}Cl_3 \xrightarrow{calor} Ti^{IV}Cl_4 + Ti^{II}Cl_2$$
$$2Ti^{II}Cl_2 \rightarrow Ti^{IV}Cl_4 + Ti^0$$

TAMANHO

Os raios covalentes e iônicos aumentam regularmente do Ti ao Zr, mas o Zr e o Hf têm tamanho quase idêntico. O Hf não segue a tendência de aumento de tamanho esperado, pois entre o La e o Hf ocorre o preenchimento do nível 4*f*, nos 14 elementos da série dos lantanídios. Há uma pequena diminuição de tamanho de um lantanídeo para o seguinte. O decréscimo global de tamanho ao longo dos 14 elementos lantanídios é denominado *contração lantanídica* (vide capítulo 29). O decréscimo de tamanho causado pela contração lantanídica cancela o esperado aumento de tamanho do Zr para o Hf. Como o tamanho dos átomos de Hf e La e suas estruturas eletrônicas de valência são semelhantes, suas propriedades químicas são quase idênticas. Assim, a separação desses dois elementos é muito difícil, como visto no item "Obtenção e Usos".

REATIVIDADE E PASSIVAÇÃO

Os metais maciços são poucos reativos ou passivos, a temperaturas baixas e moderadas. Isso se deve a uma fina película de óxido que se forma sobre sua superfície, dificultando um posterior ataque. Esse comportamento é observado principalmente no Ti (lembre-se, contudo, que os metais finamente divididos são pirofóricos). À temperatura ambiente, os metais não reagem nem com ácidos nem com álcalis. Todavia, o Ti se dissolve lentamente em HCl concentrado e a quente, formando Ti^{3+} e H_2. O Ti é oxidado por HNO_3 a quente, gerando o óxido hidratado $TiO_2 \cdot (H_2O)_n$.

Potenciais padrão de redução (volt)

Solução ácida				
Estado de oxidação				
+IV	**+III**	**+II**	**+I**	**0**

$$TiO^{2+} \xrightarrow{+0,10} Ti^{3+} \xrightarrow{-0,37} Ti^{2+} \xrightarrow{-1,63} Ti$$

O Zr se dissolve em H_2SO_4 concentrado a quente e em água-régia. O melhor solvente para todos esses metais é o HF, porque formam hexafluoro complexos.

$$Ti + 6HF \rightarrow H_2[TiF_6] + 2H_2$$

A cerca de 450 °C os três metais começam a reagir com muitas substâncias. A temperaturas superiores a 600 °C se tornam altamente reativos. Nessas condições formam óxidos MO_2, haletos MX_4, nitretos intersticiais MN e carbetos intersticiais MC, por combinação direta. Da mesma forma que os elementos do grupo do escândio, os metais pulverizados absorvem H_2. A quantidade absorvida depende da temperatura e da pressão, sendo MH_2 a composição limite desses compostos intersticiais. Esses hidretos intersticiais são estáveis ao ar e não reagem com água. Esse comportamento difere daquele encontrado nos hidretos iônicos do grupo do escândio e dos elementos do bloco *s*.

O ESTADO (+ IV)

Óxidos

A produção mundial de TiO_2 foi de 4,1 milhões de toneladas em 1992. Mais da metade foi empregada como pigmento branco em tintas, e como agente opacificante de tintas coloridas. O TiO_2 substitui os pigmentos brancos usados anteriormente, como o "branco de chumbo" ($2PbCO_3.Pb(OH)_2$), $BaSO_4$ e $CaSO_4$, pois apresenta três vantagens sobre o composto de Pb: maior grau de cobertura, não é tóxico e não escurece quando em contato com H_2S. Outras importantes aplicações do TiO_2 são no branqueamento de papel e como "carga" para plásticos e borrachas. Uma pequena quantidade é empregada para alvejar e remover o brilho do náilon.

O TiO_2 natural é invariavelmente colorido pela presença de impurezas. Há dois processos industriais de obtenção de TiO_2 puro: o "processo do sulfato", mais antigo, e o "processo do cloreto", mais recente. No processo do cloreto, rutilo (TiO_2) é aquecido com Cl_2 e coque a 900 °C, para formar $TiCl_4$. Este é volátil, podendo assim ser separado das impurezas. O $TiCl_4$ é, então, aquecido com O_2 a cerca de 1.200 °C, para gerar TiO_2 puro e Cl_2. O cloro é reciclado e reutilizado.

$$TiO_2 + 2C + 2Cl_2 \rightarrow TiCl_4 + 2CO$$
$$TiCl_4 + O_2 \rightarrow TiO_2 + 2Cl_2$$

No "processo do sulfato", a ilmenita $FeTiO_3$ é digerida com H_2SO_4 concentrado: $Fe^{II}SO_4$, $Fe^{III}{}_2(SO_4)_3$ e sulfato de titanila, $TiO \cdot (SO_4)$ são obtidos na forma de uma "pasta de sulfato". Esta é lavada com água, removendo-se todo o material insolúvel. Íons Fe^{III} presentes na solução são reduzidos a Fe^{II} usando raspas de ferro e o $FeSO_4$ é cristalizado por evaporação a vácuo e abaixamento de temperatura. A solução

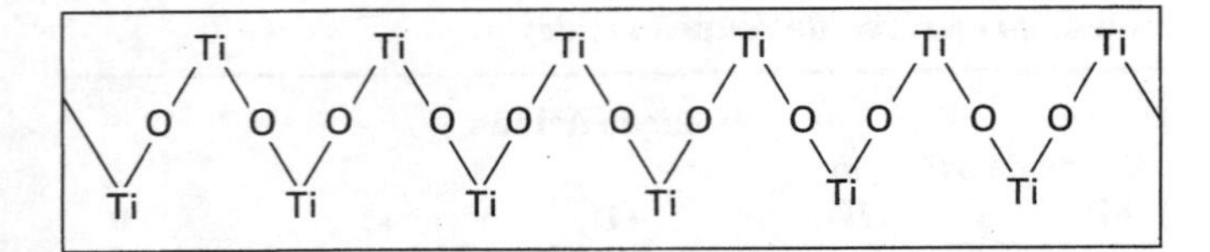

Figura 20.1 — Uma cadeia polimérica de $(TiO)_n^{2+}$

de $TiO(SO_4)$ é hidrolisada, então, levando-a à ebulição, sendo posteriormente semeada com cristais de rutilo ou anatásio.

As estruturas cristalinas dos óxidos sugerem que são iônicos. Contudo, a soma das quatro primeiras energias de ionização é tão elevada (8.800 kJ mol^{-1} para o Ti^{4+}) que isso parece ser improvável. O TiO_2 ocorre em três formas cristalinas diferentes: rutilo, anatásio e brookita. O rutilo é a forma mais comum: cada átomo de Ti é rodeado octaedricamente por seis átomos de O (vide no capítulo 3, "Compostos iônicos do tipo AX_2'). As outras duas formas apresentam estruturas octaédricas distorcidas. Os óxidos são insolúveis em água. Íons M^{4+} não podem ser encontrados em solução, pois íons MO^{2+} são formados, dando origem a sais básicos como o sulfato de titanila, $TiO \cdot SO_4$. Tanto o íon TiO^{2+} como o $[Ti(OH)_2]^{2+}$ podem estar presentes em solução, mas no estado sólido eles se polimerizam, gerando cadeias $(MO)_n^{2+}$, onde os átomos de oxigênio estão ligados em ponte. A estrutura de raios X do $TiO(SO_4)$ mostra que cada Ti é rodeado octaedricamente por seis átomos de O: dois átomos de O da cadeia, três átomos de O de três grupos SO_4^{2-} e um átomo de uma molécula de água.

Analogamente, íons zirconila, ZrO^{2+}, são encontrados em solução, mas nos sólidos formam espécies poliméricas. O nitrato de zirconila, $ZrO(NO_3)_2$, forma uma estrutura em cadeia contendo átomos de oxigênio em ponte, semelhante a do $TiO(SO_4)$. O $ZrO(NO_3)_2$ é solúvel em água e HNO_3 diluído, sendo usado para remover fosfato em análise qualitativa. Se o fosfato não for removido, irá interferir na análise sistemática dos metais. Os fosfatos de Ti, Zr e Hf são todos insolúveis.

TiO_2, ZrO_2 e HfO_2 são sólidos brancos muito estáveis, não são voláteis e tornam-se refratários quando aquecidos a altas temperaturas. Nesse caso, o ZrO_2 se torna muito duro, além de ter um elevado ponto de fusão (2.700 °C) e ser resistente aos ataques químicos. Por isso é usado na manufatura de cadinhos para altas temperaturas e no revestimento de fornos. Atualmente, pode ser encontrado comercialmente fibras de ZrO_2, similares às fibras de Al_2O_3 descritas no capítulo 12. Se os sólidos tiverem sido preparados a seco ou se tiverem sido aquecidos, não reagem com ácidos. Se tiverem sido preparados em solução, por exemplo pela hidrólise de $TiCl_4$, o óxido se dissolve em HCl, HF e H_2SO_4, formando os complexos $[TiCl_6]^{2-}$, $[TiF_6]^{2-}$ ou $[Ti(SO_4)_3]^{2-}$.

As propriedades básicas dos óxidos são intensificadas com o aumento do número atômico: TiO_2 é anfótero, enquanto ZrO_2 e HfO_2 são básicos. TiO_2 se dissolve tanto em ácidos como em bases, formando titanatos e compostos de titanila:

$$\underset{\text{sulfato de titanila}}{TiO(SO_4)} \xleftarrow{H_2SO_4\ \text{conc.}} TiO_2 \cdot (H_2O)_n \xrightarrow{NaOH\ \text{conc.}} Na_2TiO_3 \cdot (H_2O)_n$$

O $Ti(OH)_4$ não é conhecido, pois desidrata-se formando o óxido hidratado.

Óxidos mistos

Se os óxidos TiO_2, ZrO_2 e HfO_2 forem fundidos (a temperaturas de 1.000–2.500 °C) com quantidades adequadas de óxidos de outros metais, haverá a formação de titanatos, zirconatos e hafnatos. São óxidos mistos, que geralmente não contêm íons discretos. Por exemplo, titanato de sódio anidro, Na_2TiO_3 pode ser obtido por meio da fusão de TiO_2 com Na_2O, Na_2CO_3 ou NaOH. A redução de Na_2TiO_3 com H_2, a altas temperaturas, leva a formação de "bronzes de titânio", que são materiais não-estequiométricos de fórmula $Na_{0,2-0,25}TiO_2$. Esses materiais apresentam elevada condutividade elétrica, tem um aspecto metálico, cor preto azulado e são análogos aos bronzes de tungstênio. O titanato de cálcio ocorre na natureza como perovsquita, $CaTiO_3$, e ilmenita (titanato de ferro), $Fe^{II}TiO_3$, e são as principais fontes de titânio.

A estrutura da ilmenita consiste num retículo hexagonal de empacotamento denso de átomos de O, onde os átomos de Ti ocupam um terço dos interstícios octaédricos, e os átomos de ferro (ou de outro metal) ocupam mais um terço desses interstícios. Essa estrutura é formada quando o outro metal tem tamanho semelhante ao do Ti. A estrutura é análoga a do coríndon, Al_2O_3, mas este possui dois íons Al^{3+} em vez de um íon Ti^{4+} e um Fe^{2+}.

Quando os dois metais possuem tamanhos muito diferentes, o composto cristaliza com a *estrutura da perovsquita* (Fig. 20.2). Trata-se de um arranjo cúbico de empacotamento compacto de átomos de O e de Ca (de modo que o Ca apresenta número de coordenação 12), onde o Ti ocupa um quarto dos interstícios octaédricos. Os interstícios ocupados são aqueles completamente rodeados por átomos de O, mantendo assim o Ca e o Ti tão afastados quanto possível um do outro.

O $BaTiO_3$ apresenta a estrutura da perovsquita. O íon Ba^{2+} é grande demais para se acomodar no retículo de óxido de empacotamento compacto sem expandi-lo. Isso faz com que aumente o tamanho dos interstícios octaédricos onde o Ti se encontra, e este tenha um espaço livre disponível para que possa se deslocar de um lado para outro. Num campo elétrico, os átomos de Ti são impelidos para um dos lados do interstício, polarizando o material e tornando o cristal fortemente ferroelétrico. Ele é também um material piezoelétrico (pressão gera uma diferença de potencial e vice-

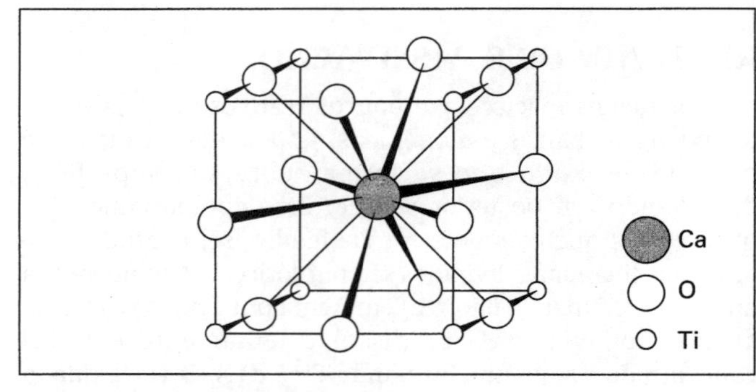

Figura 20.2 — A estrutura da perovsquita

versa). Isso torna-o útil como transdutor de agulhas de toca-discos e de microfones, como dielétrico de capacitores cerâmicos, e outras aplicações em dispositivos eletrônicos.

Outros titanatos tem a fórmula $M^{II}{}_2TiO_4$, onde M pode ser Mg, Mn, Fe, Co ou Zn. O Mg_2TiO_4 tem uma *estrutura de espinélio* (como o $MgAl_2O_4$). Os íons óxido formam um arranjo cúbico de empacotamento compacto, onde os íons Mg ocupam a metade dos interstícios octaédricos e os íons titânio um oitavo dos interstícios tetraédricos. Assim, esses compostos contêm íons discretos $[TiO_4]^{4-}$.

Peróxidos

Uma propriedade marcante das soluções de Ti(+IV) é o aparecimento de uma cor amarela alaranjada intensa quando se adiciona H_2O_2. Essa reação pode ser usada para a determinação colorimétrica de Ti(IV) ou de H_2O_2. Supõe-se que essa cor seja decorrente da formação de um peroxo-complexo. Abaixo de pH 1, a espécie predominante é $[Ti(O_2)\cdot(OH)\cdot(H_2O)_n]^+$, na qual o ligante peroxo se coordena bidentadamente.

Haletos

O haleto mais importante é o $TiCl_4$, obtido industrialmente passando-se Cl_2 sobre TiO_2 e C aquecidos. Os outros haletos MX_4 podem ser preparados de modo semelhante. Para evitar o manuseio de F_2, os fluoretos são preparados reagindo-se HF anidro com $TiCl_4$.

$$TiCl_4 + 4HF \rightarrow TiF_4 + 4HCl$$

Os iodetos também podem ser preparados pelo aquecimento do halogênio com o metal. Os iodetos são importantes no processo van Arkel–de Boer, utilizado para purificar esses metais.

O $TiCl_4$ é um líquido incolor fumegante, covalente e diamagnético. O $ZrCl_4$ é um sólido branco. No estado gasoso, todos os haletos são tetraédricos, mas no sólido formam cadeias de octaedros MX_6, em zigue-zague. Todos os haletos reagem vigorosamente com água formando TiO_2, e fumegam em ar úmido. Caso a hidrólise seja efetuada com solução aquosa de HCl, o oxocloreto $TiOCl_2$ é obtido.

$$TiCl_4 + 2H_2O \rightarrow TiO_2\cdot(H_2O)_n + 4HCl$$
$$TiCl_4 + H_2O \xrightarrow{HCl} TiOCl_2 + 2HCl$$

Os fluoretos são mais estáveis que os demais haletos.

Os tetra-haletos atuam como ácidos de Lewis (receptores de pares eletrônicos) em relação a um grande número de doadores, formando um grande número de compostos octaédricos.

$$TiF_4 \xrightarrow{\text{HF conc.}} [TiF_6]^{2-} \quad \text{(estável)}$$
$$TiCl_4 \xrightarrow{\text{HCl conc.}} [TiCl_6]^{2-} \quad \text{(muito instável)}$$

Podem ser incluídos nesse rol de ligantes fosfinas R_3P, arsinas R_3As, doadores oxigenados R_2O, e doadores nitrogenados como piridina, amônia e trimetilamina. Os complexos formados têm a fórmula $[TiX_4\cdot L_2]$ e são octaédricos. Na maioria dos casos os ligantes adicionados se situam em posição *cis* um em relação ao outro.

Outros números de coordenação também são encontrados em complexos. São conhecidos alguns poucos complexos pentacoordenados e raros, tais como $Et_4N[Ti^{IV}Cl_5]^-$ e $[TiCl_4\cdot AsH_3]$. Também são conhecidos alguns complexos heptacoordenados: $Na_3[ZrF_7]$ e $Na_3[HfF_7]$. Estes têm estrutura bipirâmide pentagonal, como o IF_7. Contudo, a estrutura do $(NH_4)_3[ZrF_7]$ é a de um prisma trigonal com uma face "piramidal": o Zr se situa no centro de um prisma trigonal com seis átomos de F nos vértices e um sétimo acima e no centro de uma das faces. Outro composto incomum é o $Ti(NO_3)_4$. Os grupos NO_3^- atuam como ligantes bidentados, isto é, dois átomos de O de cada grupo NO_3^- se ligam ao Ti. Logo, o número de coordenação do Ti é igual a 8, e sua estrutura é a de um dodecaedro quase regular conhecido como bisdiesfenóide. O $Na_4[ZrF_8]$ e o $Na_4[HfF_8]$ também têm estrutura bisdiesfenóide. Contudo, no $[Cu(H_2O)_6]_2{}^{2+}[ZrF_8]^{4-}$ o Zr tem número de coordenação 8, mas sua estrutura é a de um antiprisma quadrado (pode ser imaginado como um cubo no qual a face superior sofreu uma rotação de 45°). As estruturas dos complexos hepta e octacoordenados são mostrados na Fig. 20.3.

O ESTADO (+III)

Todos os compostos com os elementos no estado de oxidação (+III) são coloridos e paramagnéticos, pois o íon tem configuração d^1. O Ti(III) é muito mais básico que o Ti(IV), de modo que a adição de álcali a uma solução de Ti^{3+} provoca sua precipitação na forma de $Ti_2O_3\cdot(H_2O)_n$, um sólido púrpura, insolúvel em excesso de álcali.

Os haletos TiX_3 podem ser facilmente obtidos por redução do TiX_4 correspondente. Assim, o $TiCl_3$ anidro pode ser obtido como um pó violeta por redução de $TiCl_4$ com H_2, a 600 °C. O $TiCl_3$ é importante como um catalisador de Ziegler-Natta (vide adiante). A redução de soluções aquosas

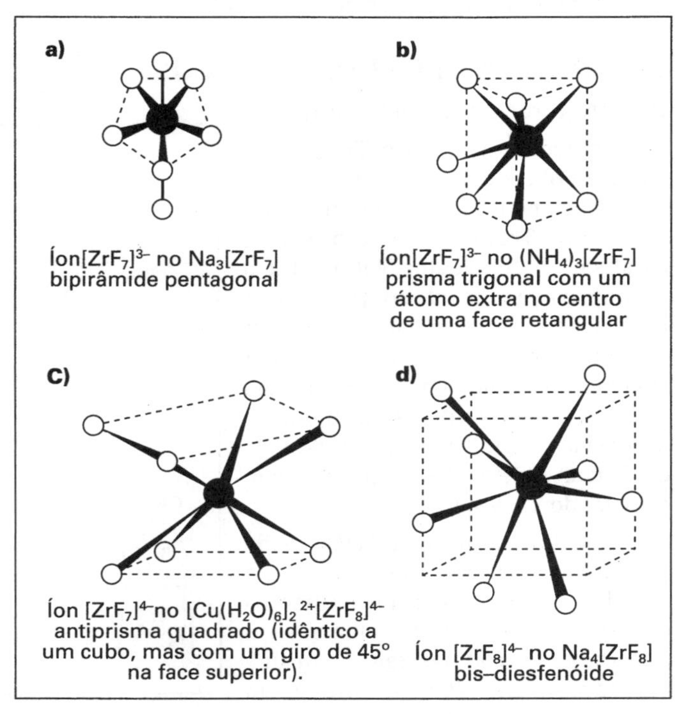

***Figura 20.3** — Estruturas de alguns complexos com fluoreto*

contendo Ti(+ IV) com Zn fornece o íon hidratado púrpura $[Ti(H_2O)_6]^{3+}$. Este é um poderoso agente redutor, inclusive mais forte que o Sn^{2+}. Ele é oxidado diretamente pelo ar, e deve ser armazenado ao abrigo da luz solar direta. Soluções aquosas de $Ti^{III}Cl_3$ são constituídas por duas espécies hidratadas diferentes, com cores distintas. Em um dos complexos o Ti^{III} está ligado a seis moléculas de H_2O ($[Ti(H_2O)_6]^{3+}Cl_3^-$), enquanto que no outro está coordenado a cinco moléculas de H_2O e um Cl^- ($[TiCl(H_2O)_5]^{2+}Cl_2^-$). O desdobramento dos níveis *d* pelo campo cristalino, nesses dois ambientes, são diferentes. Logo, a quantidade de energia necessária para promover o elétron *d* também é diferente nos dois casos, e por isso eles apresentam cores distintas.

O Ti^{3+} é usado em análise volumétrica para a determinação de íons Fe^{3+} e também de nitrocompostos orgânicos. Na titulação do ferro, o ponto de equivalência pode ser detectado com tiocianato de amônio ou com azul de metileno. O primeiro faz com que a solução permaneça vermelha enquanto íons Fe^{3+} estiverem presentes, enquanto que o segundo é reduzido e descora quando houver um pequeno excesso de Ti^{3+}.

$$TiCl_4 \xrightarrow{650^\circ C} TiCl_3 \text{ (violeta)} \qquad Ti \xrightarrow{HCl \text{ quente}} TiCl_3$$

$$TiCl_3 \xrightarrow{H_2O} \begin{cases} [Ti(H_2O)_6]^{3+}Cl_3^- \text{ (violeta)} \\ [Ti(H_2O)_5Cl]^{2+}Cl_2^- \text{ (verde)} \end{cases} \xrightarrow[\text{c/ aquecimento}]{\text{desproporciona}} \begin{cases} TiCl_4 \\ \text{e} \\ TiCl_2 \end{cases}$$

$$FeCl_3 + TiCl_3 + H_2O \rightarrow FeCl_2 + TiO \cdot Cl_2 + 2HCl$$

$$RNO_2 + 6Ti^{3+} + 4H_2O \rightarrow R \cdot NH_2 + 6TiO^{2+} + 6H^+$$

Uma grande variedade de complexos de Ti^{III} pode ser obtida, por exemplo $[Ti^{III}F_6]^{3-}$, $[Ti^{III}Cl_6]^{3-}$, $[Ti^{III}Cl_5 \cdot H_2O]^{2-}$, $[TiBr_3(\text{bipiridina})_2]$ e $[TiBr_2(\text{bipiridina})_2]^+[TiBr_4(\text{bipiridina})]^-$.

O Zr(III) e o Hf(III) são instáveis em água e só são encontrados em compostos no estado sólido.

COMPOSTOS ORGANOMETÁLICOS

Catalisadores de Ziegler–Natta

Soluções de $AlEt_3$ e $TiCl_4$, num hidrocarboneto como solvente, reagem exotermicamente formando um sólido castanho. Trata-se do importante catalisador de Ziegler-Natta para a polimerização de eteno (etileno) a polietileno. Ziegler e Natta receberam o Prêmio Nobel de Química de 1963 por essa pesquisa (vide também o capítulo 12). Atividade catalítica semelhante foi observada para misturas de alquil-Li, Be ou Al com haletos dos grupos 4, 5 e 6, ou seja, do Ti, V e Cr.

O catalisador $AlCl_3/TiCl_4$ é de grande importância industrial. Ele possibilita a produção de polímeros estéreo-regulares (isto é, polímeros em que todas as cadeias tem a mesma orientação). Eles são mais fortes e tem pontos de fusão mais altos que os polímeros atáticos ou aleatórios. Praticamente qualquer alceno pode ser polimerizado.

Foram realizadas muitas pesquisas para se determinar como esse catalisador atua. A espécie ativa contém Ti^{III}, e o $AlEt_3$ pode reduzir $TiCl_4$ a $TiCl_3$ *in situ*, ou então, $TiCl_3$ pode ser diretamente adicionado à mistura reacional. Então, um dos átomos de Cl é substituído por um grupo etil gerando a espécie ativa. Um mecanismo de polimerização possível supõe a coordenação de outra molécula de eteno pela dupla ligação a um sítio desocupado de um átomo de Ti na superfície do catalisador. Ocorre então uma reação de migração do carbono, e o eteno é inserido entre o Ti e o C da ligação Ti–Et. Esse processo aumenta a cadeia carbônica de dois para quatro átomos, deixando novamente um sítio desocupado no átomo de Ti. À medida que o processo descrito acima se repete a cadeia carbônica aumenta de tamanho. Uma reação semelhante ocorre com outros alcenos, como o propeno ou propileno, $CH_3–CH = CH_2$. Quando essa molécula se coordena ao Ti pela dupla ligação, o grupo CH_3 sempre vai estar apontado para uma direção oposta ao da superfície, simplesmente porque a reação se processa numa superfície. Assim, quando a molécula migra e é inserida na ligação Ti–C ela sempre terá a mesma orientação. Esse fenômeno é conhecido como *inserção do alceno em cis*, o que explica porque os polímeros obtidos são estéreo-regulares.

A polimerização do eteno era efetuada no passado em condições de altas temperaturas e pressões. Com o catalisador de Ziegler-Natta, a polimerização pode ser efetuada em condições relativamente brandas, que vão da temperatura ambiente a 93 °C, e da pressão atmosférica a 100 atmosferas. Eventualmente, o produto é hidrolisado com água ou com álcool e o catalisador é removido. O polímero obtido é o polietileno de alta densidade (densidade = 0,95 – 0,97 g cm^{-3} e P.F. = 135 °C). É constituído por cadeias lineares, com pouquíssimas ramificações e peso molecular de 20.000 a 30.000. Essa forma de polietileno é relativamente dura e rígida. Outra forma de polietileno, denominado polietileno de baixa densidade, é mole e tem densidade e ponto de

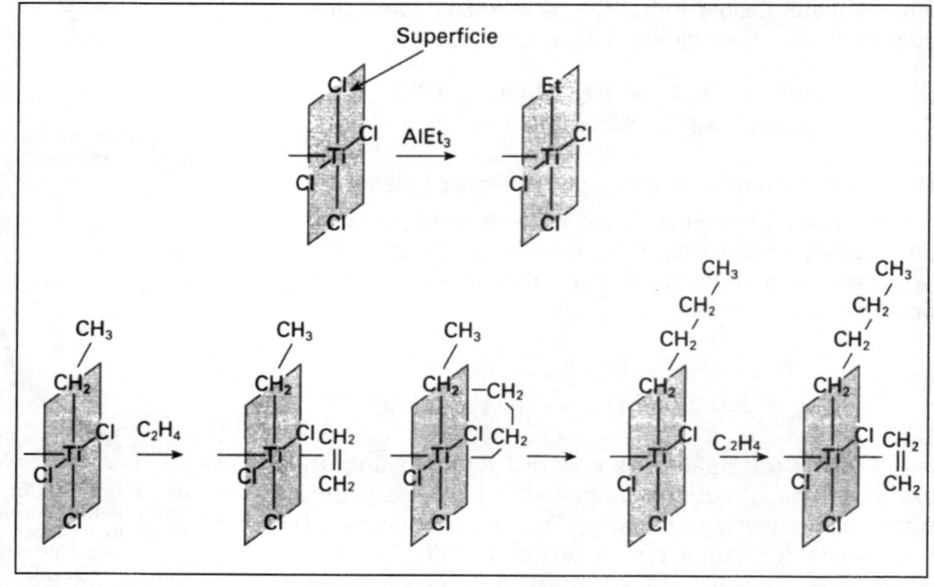

Figura 20.4 — Sugestão para a polimerização com um catalisador de Ziegler-Natta

fusão menores (0,91 - 0,94 g cm^{-3} e P.F. ≅ 115 °C). São obtidos pela polimerização radicalar do eteno, iniciada por um promotor, sob condições muito mais drásticas (190 - 210 °C e 1.500 atmosferas de pressão), e são constituídos por cadeias bem mais ramificadas. A produção de todas as formas de polietileno e de polipropileno foi, respectivamente, de 24,6 e 12 milhões de toneladas, em 1991.

Outros compostos

Não são conhecidos complexos carbonílicos estáveis dos elementos do grupo 4. O $Ti(CO)_6$ foi obtido empregando-se a técnica de isolamento em matriz, por meio da condensação de vapores de Ti e CO numa matriz sólida de um gás inerte, a baixíssimas temperaturas. O composto foi estudado espectroscopicamente. A ausência de compostos carbonílicos, provavelmente, se deve à falta de elétrons *d* para formar ligações de retrodoação.

Já os ciclopentadienil-derivados são bem mais estáveis e mais estudados. Na descrição de compostos organometálicos, é conveniente descrever a "hapticidade" η de um grupo, como sendo o número de átomos de C coordenados ao metal. Diversos complexos de bis(ciclopentadienila) estáveis, tais como $[Ti(\eta^5\text{-}C_5H_5)_2(CO)_2]$, $[Ti(\eta^5\text{-}C_5H_5)_2(NR_2)_2]$, e $[Ti(\eta^5\text{-}C_5H_5)_2(SCN)_2]$, são conhecidos. Suas estruturas são aproximadamente tetraédricas, mas os ligantes ciclopentadienila são penta-hápticas, isto é, cinco átomos de carbono de cada anel se ligam ao Ti. A redução desses compostos leva a formação de $[Ti(C_5H_5)_2X]$ ou $[Ti(C_5H_5)_2]$. Este último lembra o ferroceno, $[Fe(C_5H_5)_2]$, mas o composto de Ti é dimérico e, portanto, diferente.

Tetraciclopentadienil-derivados, como o $[Ti(C_5H_5)_4]$, podem ser obtidos reagindo-se $TiCl_4$ e NaC_5H_5. Esse composto é melhor descrito pela fórmula $[Ti(\eta^5\text{-}C_5H_5)_2(\eta^1\text{-}C_5H_5)_2]$, onde dois anéis ciclopentadienila estão ligados por cinco átomos de C (ligações π) e dois anéis estão ligados por um átomo de C (ligações σ). Estudos de ressonância magnética nuclear desse tetraciclopentadienil-derivado sugerem que nos anéis η^1 o C ligado ao Ti muda continuamente, e que os anéis η^5 e η^1 também alternam suas posições. O Hf forma um composto idêntico, mas surpreendentemente o Zr forma um análogo com três anéis η^5 e somente um anel η^1.

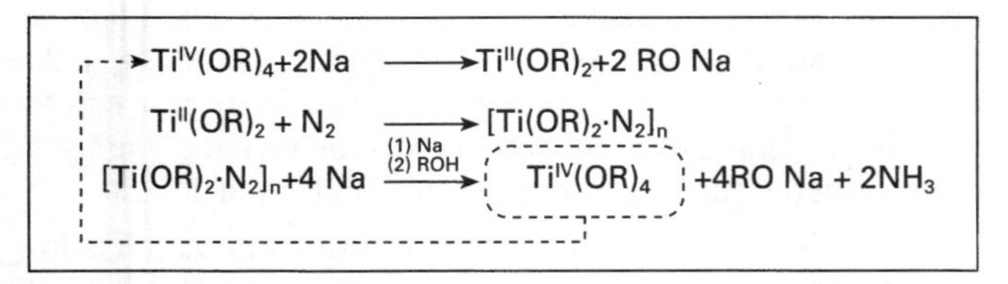

Figura 20.5 — Ciclo para a fixação do nitrogênio

Somente alguns poucos alquil- e aril-derivados são conhecidos, mas geralmente são instáveis frente ao ar e a água. $C_6H_5Ti(C_3H_7O)_3$, CH_3TiCl_3 e $Ti(CH_2Ph)_4$ são estáveis a 10 °C, e o $Ti(CH_3)_4$ é estável abaixo de −20 °C. A maioria dos compostos com um grupo alquil ligado ao Ti atua como catalisador da polimerização de alcenos.

Alguns compostos organometálicos de Ti^{II} são capazes de fixar gás N_2 e formar NH_3. Um exemplo é o $(C_{10}H_{10}Ti)_2$. Esse ciclo que descreve o processo de fixação pode ser semelhante ao processo de fixação de nitrogênio observado na natureza (complexos de dinitrogênio serão discutidos no tópico sobre complexos de rutênio(II), no capítulo 24).

LEITURAS COMPLEMENTARES

- Allen, A.D. (1973) Complexes of dinitrogen, *Chem Rev.*, **73**, 11.
- Boor, J. (1979) *Ziegler-Natta Catalysts and Polymerizations*, Academic Press, New York.
- Canterford, J.H. e Cotton, R. (1968) *Halides of the Second and Third Row Transition Elements*, Wiley, London.
- Canterford, J.H. e Cotton, R. (1969) *Halides of the First Row Transition Elements*, Wiley, London.
- Corbett, J.D. (1981) Extended metal-metal bonding in halides of the early transition metals, *Acc. Chem. Res.*, **14**, 239.
- Davis, K.A. (1982) Titanium dioxide (Chemical of the month), *J. Chem. Ed.*, **59**, 158-159.
- Jones, D.J. (1988) The story of titanium, *Chemistry in Britain*, **24**, 1135-1138.
- Kepert, D.L. (1972) *The Early Transition Metals* (Cap. 2), Academic Press, London.
- Kettle, S. F A. (1969) *Coordination Compounds*, Nelson, London. (Espectro do Ti^{3+})
- Shriver , D.H.; Kaesz, H.D. e Adams, R.D. (eds) (1990) *Chemistry of Metal Cluster Complexes*, VCH, New York.
- Sinn, H. e Kaminsky, W. (1980) Ziegler-Natta Catalysts, *Adv. Organometallic Chem.*, **18**, 99-143. (Um bom artigo de revisão)
- Thompson, R. (ed.) (1986) The Modern Inorganic Chemistry Industry, (Cap. por Darby, R.S. e Leighton, J., Pigmentos de dióxido de titânio), Publicação especial No. 31, The Chemical Society, London.

Grupo 5
O GRUPO DO VANÁDIO

INTRODUÇÃO

O vanádio é importante industrialmente como componente da liga ferro-vanádio, usado na fabricação de aço especiais. O V_2O_5 é um composto bem conhecido, utilizado como catalisador; sendo o metal V, também empregado como catalisador. Os vanadatos apresentam uma extensa química em solução. O nióbio e o tântalo são usados apenas em pequenas quantidades. Contudo, há um grande interesse teórico pelos "clusters", que eles formam quando em estados de oxidação baixos.

Tabela 21.2 — Abundância dos elementos na crosta terrestre, em peso

Elemento	ppm	Ordem de abundância relativa
V	136	19º
Nb	20	32º
Ta	1,7	53º

ABUNDÂNCIA, OBTENÇÃO E USOS

V, Nb e Ta possuem números atômicos ímpares e são menos abundantes que seus elementos vizinhos. Mesmo assim, o V é o décimo-nono elemento mais abundante, em peso, da crosta terrestre, e é o quinto elemento de transição mais abundante. Contudo, encontra-se muito disseminado, havendo apenas alguns poucos depósitos concentrados. A maior parte é obtida como subproduto de outros processos. Ocorre em minérios de chumbo como a vanadinita, $PbCl_2 \cdot 3Pb_3(VO_4)_2$, em minérios de urânio como carnotita, $K_2(UO_2)_2(VO_4)_2 \cdot 3H_2O$, e em alguns petróleos da Venezuela e do Canadá. Os resíduos de vanadato são aquecidos com Na_2CO_3 ou com NaCl a 800 °C. O vanadato de sódio, $NaVO_3$, formado é então extraído com água. Em seguida, a solução é acidificada com H_2SO_4 para precipitar o polivanadato de sódio, um sólido de coloração vermelha; que por aquecimento a 700 °C fornece o V_2O_5 (este é preto, possivelmente por causa da presença de impurezas: geralmente o V_2O_5 é vermelho ou laranja). Mais de 75% do V_2O_5 são convertidos numa liga de ferro e vanádio, conhecida como "ferrovanádio". Ela contém cerca de 50% de ferro e é obtida aquecendo-se V_2O_5 com ferro ou com óxido de ferro, na presença de um agente redutor como C, Al ou ferro-silício. O ferrovanádio é usado industrialmente na preparação de ligas de aço para molas e ferramentas de corte rápido. O metal vanádio raramente é usado puro. Ele é difícil de ser preparado, porque ele reage com O_2, N_2 e C, nas elevadas temperaturas necessárias no processamento metalúrgico. O vanádio puro pode ser obtido pela redução de VCl_5 com H ou Mg, pela redução de V_2O_5 com Ca, ou pela eletrólise de um haleto complexo fundido. A produção mundial de vanádio, em ligas e como metal puro, foi de 28.400 toneladas em 1992.

O V_2O_5 é extremamente importante como catalisador na conversão de SO_2 a SO_3, no Processo de Contato utilizado na fabricação do H_2SO_4. Ele substituiu a platina como catalisador, por ser mais barato e menos susceptível ao envenenamento por impurezas como o arsênio. O vanádio é um importante catalisador em reações de oxidação, como a transformação de naftaleno em ácido ftálico e de tolueno em benzaldeído. Uma liga Cu/V é usada como catalisador na oxidação de misturas ciclohexanol/ciclohexanona a ácido adípico (o ácido adípico é empregado na fabricação do náilon-66). O vanádio também é usado como catalisador na reação de redução (hidrogenação) de alcenos e hidrocarbonetos aromáticos.

Tabela 21.1 — Configurações eletrônicas e estados de oxidação

Elemento	Símbolo	Configuração eletrônica		Estados de oxidação*						
Vanádio	V	[Ar]	$3d^3 4s^2$	(–I)	(0)	(I)	(II)	III	**IV**	V
Nióbio	Nb	[Kr]	$4d^3 5s^3$	(–I)	(0)	(I)	(II)	III	(IV)	**V**
Tântalo	Ta	[Xe]	$4f^{14} 5d^3 6s^2$	(–I)	**(0)**	(I)	(II)	III	(IV)	**V**

* Os estados de oxidação mais importantes (geralmente os mais abundantes e estáveis) são mostrados em negrito. Outros estados bem caracterizados, mas menos importantes, são mostrados em tipo normal. Estados de oxidação instáveis, ou de existência duvidosa, são dados entre perênteses.

O nióbio e o tântalo ocorrem juntos. O mineral mais importante é a piroclorita, $CaNaNb_2O_6F$. Quantidades bem menores de columbita, $(Fe,Mn)Nb_2O_6$, e de tantalita, $(Fe,Mn)Ta_2O_6$, também são mineradas. Todavia, 60% do tântalo é recuperado da escória resultante do processo de extração do Sn. Os minérios são dissolvidos ou por fusão com álcalis ou em ácido. Antigamente, a separação de Nb do Ta era efetuada tratando-se a mistura com uma solução de HF. Nessas condições, o Nb forma o composto solúvel, $K_2[NbOF_5]$ enquanto o Ta forma o composto insolúvel $K_2[TaF_7]$. Atualmente, a separação é efetuada por extração com solvente a partir de uma solução diluida de HF, utilizando metilisobutilcetona. Os metais são obtidos por redução dos pentóxidos com Na, ou então por eletrólise dos fluoro-complexos fundidos, como o $K_2[NbF_7]$. Em 1992, a produção mundial de Nb e Ta foi, respectivamente, de 15.200 e 600 toneladas.

O Nb é utilizado em vários tipos de aço inoxidável e na liga Nb/aço usada para encapsular os elementos combustíveis de alguns reatores nucleares. Uma liga Nb/Zr é um supercondutor a baixas temperaturas e está sendo empregada para preparar os fios de poderosos eletroímãs. O Ta é usado na fabricação de capacitores na indústria eletrônica. Como ele não é rejeitado pelo organismo humano, é usado na manufatura de próteses para o tratamento de fraturas, tais como chapas, pinos, parafusos e fios. O carbeto de tântalo, TaC, é o sólido com um dos mais elevados pontos de fusão que se conhece (cerca de 3.800 °C).

ESTADOS DE OXIDAÇÃO

O estado de oxidação máximo para os elementos desse Grupo é (+V). Os três elementos apresentam todos os estados de oxidação possíveis, de (−I) a (+V). O íon vanádio é um redutor nos estados (+II) e (+III), é estável no estado (+IV) e ligeiramente oxidante no estado (+V). O estado (+V) é de longe o mais estável e o melhor estudado no caso do Nb e do Ta, embora os íons em estados de oxidação inferiores sejam conhecidos.

O V(+V) é reduzido a V^{2+} e o Nb(+V) é reduzido a Nb^{3+} por Zn, em meio ácido, mas o Ta(+V) não é reduzido. Isso demonstra a estabilidade crescente do estado de oxidação (+V) ao se descer pelo Grupo. Ao mesmo tempo, os estados de oxidação inferiores se tornam cada vez menos estáveis. *Essa tendência é oposta àquela observada nos elementos dos grupos representativos.*

TAMANHO

Os átomos são menores que os do grupo do titânio, devido à blindagem ineficiente do núcleo pelos elétrons *d*. Os raios covalentes e iônicos do Nb e do Ta são idênticos por causa da contração lantanídica (Tab. 21.3). Por conseguinte, esses dois elementos têm propriedades muito semelhantes, ocorrem juntos e sua separação é muito difícil.

PROPRIEDADES GERAIS

V, Nb e Ta são metais de cor prateada, com elevados pontos de fusão. V tem o ponto de fusão mais alto dentre os elementos da primeira série de metais de transição. Isso está associado à participação máxima de elétrons *d* na ligação metálica. Os pontos de fusão do Nb e do Ta são elevados, mas os pontos de fusão máximos para os elementos da segunda e terceira séries de transição ocorrem no grupo seguinte (Grupo 6), com os elementos Mo e W.

Os metais V, Nb e Ta puros são moderadamente moles e dúcteis, mas quantidades traço de impurezas os tornam duros e quebradiços. São extremamente resistentes à corrosão, devido à formação de uma película superficial de óxido. À temperatura ambiente, eles não reagem com o ar, água ou ácidos, exceto o HF, com o qual formam complexos. V também se dissolve em ácidos oxidantes, tais como H_2SO_4 concentrado a quente, HNO_3 e água-régia. V não reage com álcalis, indicando que é tipicamente básico, mas o Nb e o Ta se dissolvem em álcali fundido.

Os três metais reagem com muitos não-metais à altas temperaturas. Os produtos freqüentemente são compostos intersticiais, não-estequiométricos.

V forma diversos cátions diferentes, mas o Nb e o Ta praticamente não formam nenhum. Assim, embora o Nb e o Ta sejam metais, seus compostos no estado (+V) geralmente são covalentes, voláteis e facilmente hidrolisados — propriedades associadas aos não-metais.

A tendência de formar compostos iônicos simples diminui, à medida que o estado de oxidação aumenta. Embora os íons V^{2+} e V^{3+} sejam redutores, eles são encontrados nessas formas tanto no estado sólido como em solução (como íons hexaidratados). Eles possuem uma extensa química em meio aquoso. O estado de oxidação (+IV) é dominado pelo íon VO^{2+}. Este é muito estável e pode ser encontrado numa grande variedade de compostos, tanto sólidos como em solução (como íon hidratado). Alguns compostos covalentes com o metal no estado (+IV), como o VCl_4, também são conhecidos. O íon (+V) pode ser covalente, como no VF_5, ou pode formar os íons hidratados VO_2^+ e VO_4^{3-}. A química do Nb e do Ta se restringem essencialmente ao estado de oxidação (+V).

As propriedades básicas dos óxidos M_2O_5 aumentam de cima para baixo dentro do Grupo. V_2O_5 é anfótero, embora seja preponderantemente ácido. Dissolve-se um pouco em água, formando uma solução ácida, de cor amarela pálida. Dissolve-se prontamente em NaOH formando uma solução incolor, que contém diversos íons vanadato. O íon formado depende do pH: em valores intermediários de pH coexistem diversos isopolivanadatos e em pH elevado forma-se o ortovanadato, VO_4^{3-}. A química dos polivanadatos em solução aquosa é bastante complicada. O V_2O_5 também se dissolve um pouco em H_2SO_4 concentrado, formando o íon amarelo pálido VO_2^+. Nb_2O_5 e Ta_2O_5 são relativamente pouco

Tabela 21.3 — Algumas propriedades físicas

	Raio covalente (Å)	Raio iônico M^{2+} (Å)	Raio iônico M^{3+} (Å)	Ponto de fusão (°C)	Ponto de ebulição (°C)	Densidade ($g\ cm^{-3}$)	Eletronegatividade de Pauling
V	1,22	0,79	0,640	1.915	3.350	6,11	1,6
Nb	1,34	–	0,720	2.468	4.758	8,57	1,6
Ta	1,34	–	0,720	2.980	5.534	16,65	1,5

reativos, embora sejam anfóteros, com caráter ácido muito fraco. Os niobatos e tantalatos só se formam por fusão com NaOH. São decompostos por ácidos fracos ou por CO_2, e exibem apenas algumas das propriedades dos isopolivanadatos.

Enquanto os íons V^{2+}e V^{3+} são bem conhecidos, os íons Nb(II), Ta(II), Nb(III) e Ta(III) não são iônicos, mas formam "clusters" do tipo M_6X_{12}, nos quais existem vários átomos do metal estão ligados entre si.

COR

A cor dos compostos dos metais de transição normalmente se deve às transições eletrônicas *d–d*. Pode decorrer também de defeitos no sólido (vide Capítulo 3) e de transições de transferência de carga (as transições de transferência de carga foram discutidos usando o SnI_4 como exemplo, no Capítulo 13). Os íons em estados de oxidação inferiores a (+V) são coloridos, pois possuem um nível eletrônico *d* preenchido de forma incompleta, que possibita a ocorrência de transições *d–d*. O íon vanádio possui configuração d^0, no estado de oxidação (+V), e seus compostos devem ser incolores. NbF_5, TaF_5 e $TaCl_5$ são brancos, mas o V_2O_5 é vermelho ou laranja, o $NbCl_5$ é amarelo, o $NbBr_5$ é laranja e o NbI_5 é cor de bronze. Tais cores se devem à ocorrência de transições de transferência de carga.

COMPOSTOS COM NITROGÊNIO, CARBONO E HIDROGÊNIO

Esses metais reagem com N_2 formando nitretos intersticiais MN, e com carbono formando duas séries de carbetos, MC e MC_2, a temperaturas elevadas. Carbetos como NbC e TaC são intersticiais, refratários e muito duros, como TiC e HfC no grupo anterior. O TaC exibe o mais elevado ponto de fusão de todos os compostos conhecidos, ou seja, cerca de 3.800 °C. Por outro lado, carbetos como VC_2 são iônicos e reagem com água, liberando acetileno.

Todos os três elementos reagem com H_2 mediante aquecimento, formando hidretos não-estequiométricos. A quantidade de hidrogênio absorvido depende da temperatura e da pressão. Nesse caso, como ocorria no grupo do titânio, o retículo metálico se expande, à medida que o hidrogênio ocupa as posições intersticiais. Assim, a densidade do hidreto é menor que a do metal. É difícil precisar se são compostos verdadeiros ou soluções sólidas, pois os conteúdos máximos de hidrogênio são $VH_{0,71}$, $NbH_{0,86}$ e $TaH_{0,76}$.

HALETOS

Quando V é aquecido com os halogênios, formam-se haletos com o elemento em diferentes estados de oxidação: VF_5, VCl_4, VBr_3 e VI_3. Nb e Ta reagem com todos os halogênios formando penta-haletos MX_5, quando aquecidos. Na Tab. 21.4 são mostrados os diferentes tipos de haletos conhecidos. Todos são covalentes, voláteis e são hidrolisados pela água.

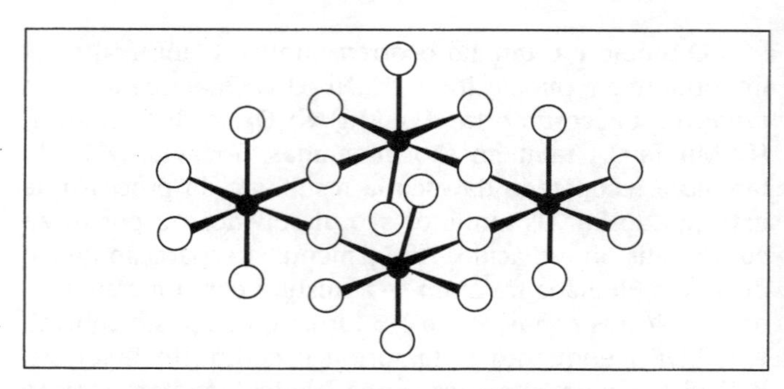

Figura 21.1 — Estrutura tetrâmera do NbF_5 e do TaF_5

Haletos dos elementos no estado de oxidação (+V)

V forma apenas o pentafluoreto, mas o Nb e o Ta formam toda a série de haletos. Estes podem ser obtidos pela reação direta dos elementos, ou através de reações como:

$$M_2O_5 + F_2 \rightarrow MF_5 \qquad NbCl_5 \text{ ou } TaCl_5 + F_2 \rightarrow MF_5$$

$$2VF_4 \xrightarrow[\text{desproporciona}]{600\,°C} VF_5VF_3 \qquad NbCl_5 \text{ ou } TaCl_5 + HF \rightarrow MF_5$$

VF_5 é um líquido incolor, mas os demais pentahaletos são sólidos, com diversas estruturas cristalinas. Os fluoretos são constituídos por unidades octaédricas MF_6 com dois átomos de flúor em posições *cis* em cada octaedro, atuando como átomos ponte (ligação V–F–V) para ligar outros octaedros. Dessa maneira, o VF_5 forma longas cadeias de octaedros, mas o NbF_5 e o TaF_5 formam tetrâmeros cíclicos com quatro octaedros ligados entre si de maneira análoga (Fig. 21.1). Essa estrutura também é encontrada em outros penta-haletos, por exemplo, MoF_5, RuF_5 e OsF_5. $NbCl_5$ e $TaCl_5$ sólidos são dímeros nos quais dois octaedros estão ligados entre si, por meio do compartilhamento de uma aresta (Fig. 21.2).

Todos os penta-haletos podem ser sublimados numa atmosfera do halogênio correspondente. No vapor, provavelmente, se encontram na forma de moléculas discretas com estrutura bipirâmide trigonal.

Todos os pentafluoretos do grupo reagem com íons F^-

Tabela 21.4 — Haletos

Estados de oxidação							
+(II)		(+III)		(+IV)		(+V)	
VF_2	azul	VF_3	amarelo esverd.	$\mathbf{VF_4}$	verde	VF_5	incolor (líq)
VCl_2	verde pálido	$\mathbf{VCl_3}$	verm. violeta	VCl_4	marrom averm.	—	
VBr_2	laranja-marrom	$\mathbf{VBr_3}$	marrom	VBR_4	vermelho	—	
VI_2	verm. violeta	$\mathbf{VI_3}$	preto-morrom	—		—	
—		(NbF_3)	*azul	NbF_4	preto	$\mathbf{NbF_5}$	branco
—		$NbCl_3$	preto	$NbCl_4$	violeta	$\mathbf{NbCl_5}$	amarelo
—		$NbBr_3$	marrom	$NbBr_4$	marrom	$\mathbf{NbBr_5}$	laranja
—		NbI_3		NbI_4	cinza	$\mathbf{NbI_5}$	bronze
—		(TaF_3)	*azul	—		$\mathbf{TaF_5}$	branco
—		$TaCl_3$	preto	$TaCl_4$	preto	$\mathbf{TaCl_5}$	branco
—		$TaBr_3$		$TaBr_4$	azul	$\mathbf{TaBr_5}$	amarelo
—		—		TaI_4		$\mathbf{TaI_5}$	preto

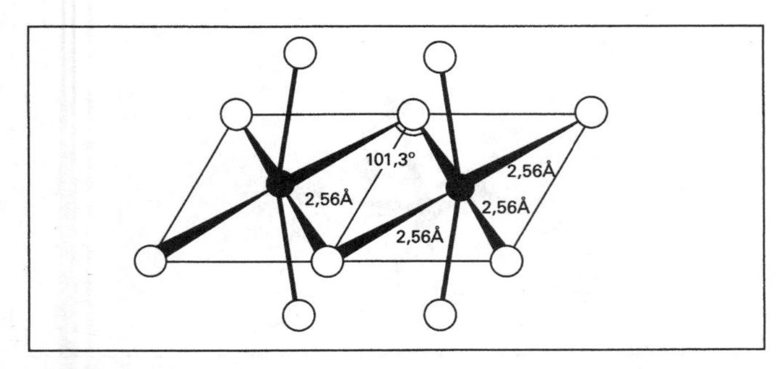

Figura 21.2 — Estrutura dímera do $NbCl_5$

formando complexos octaédricos $[MF_6]^-$. Como ocorria no grupo do titânio, os elementos mais pesados podem formar complexos com um número de coordenação mais elevado. Assim, complexos $[NbOF_5]^{2-}$, $[NbF_7]^{2-}$ e $[TaF_7]^{2-}$ podem ser formados na presença de elevadas concentrações de F^-. As espécies hepta-coordenadas possuem estruturas similares, ou seja, prismas trigonais com uma das faces retangulares piramidada, ou seja, com um átomo adicional acima de seu centro (vide Fig. 20.3b). Se a concentração de F^- for ainda maior, o Ta forma o $[TaF_8]^{3-}$ enquanto o Nb forma $[NbOF_6]^{3-}$. O primeiro é um antiprisma quadrado (Fig.20.3c), enquanto o segundo é um octaedro com um átomo extra em uma de suas faces. Essa característica do Ta de não formar oxo-haletos tem sido usada para separar Nb de Ta.

O aquecimento de MF_5 e MCl_5 com doadores de O tais como éter dimetílico, $(CH_3)_2O$, ou dimetilssulfóxido, $(CH_3)_2SO$, leva à formação dos oxocloretos $MOCl_3$, por abstração de oxigênio. Oxo-haletos podem ser obtidos aquecendo-se os penta-haletos correspondentes ao ar. $VOCl_3$ também pode ser obtido aquecendo-se V_2O_5 com Cl_2 (ou às vezes com C e Cl_2). Os oxo-haletos são todos facilmente hidrolisados pela água ao pentóxido hidratado. Os oxo-haletos têm estrutura tetraédrica.

Os penta-haletos reagem com N_2O_4 formando nitratos solvatados, como $NbO_2 \cdot (NO_3) \cdot 0{,}67MeCN$, e nitratos anidros, como $NbO(NO_3)_3$.

Nos haletos dos elementos no estado (+V), os metais têm configuração d^0 e não exibem transições *d–d*. Os fluoretos são brancos, mas os demais haletos são coloridos, devido às transições de transferência de carga.

Haletos dos elementos no estado de oxidação (+IV)

Todos os tetra-haletos, exceto o TaF_4, são conhecidos e podem ser preparados com se segue:

$$V + 2Cl_2 \rightarrow VCl_4 \quad NbX_5 \text{ ou } TaX_5 \xrightarrow{\text{reduz com } H_2,\ \text{Al, Nb ou Ta}} MX_4$$

$$V + 4HF \rightarrow VF_4 + 2H_2$$

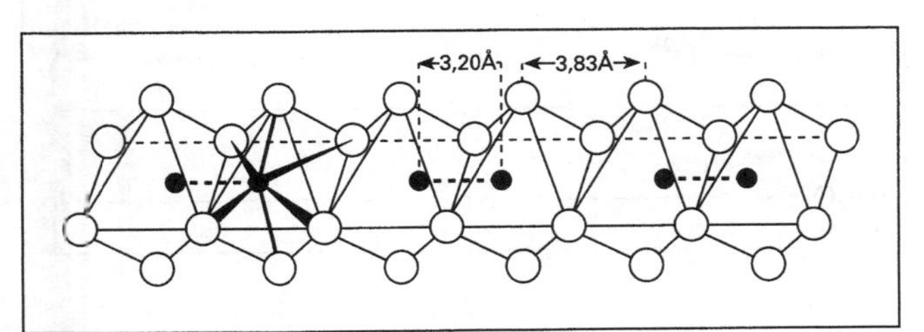

Figura 21.3 — Estrutura polímera do NbI_4, com ligações metal-metal

VCl_4 é tetraédrico no estado gasoso. Por causa da configuração d^1 do V(+IV), esse composto deveria ser menos estável e sua estrutura deveria ser distorcida. No estado líquido encontra-se na forma de dímeros. O NbF_4 é um sólido preto, não-volátil, paramagnético, constituído por cadeias de octaedros regulares, interligados pelas arestas. Os tetracloretos, tetrabrometos e tetraiodetos de Nb e Ta são sólidos castanho-escuro diamagnéticos, sugerindo a ocorrência de forte interação metal–metal. O NbI_4 é constituido por cadeias de octaedros ligados pelas arestas. Os átomos de Nb estão deslocados do centro do octaedro NbI_6 e ocorrem aos pares. Isso possibilita a formação de ligações Nb–Nb fracas de 3,20 Å e o emparelhamento dos spins eletrônicos anteriormente desemparelhados (Fig. 21.3). O $NbCl_4$ possui estrutura semelhante, com ligações M–M de 3,06 Å.

Os tetra-haletos tendem ao desproporcionamento:

$$2VCl_4 \xrightarrow{\text{temperatura ambiente}} 2VCl_3 + Cl_2 \quad \text{(não existe } VCl_5\text{)}$$

$$2VF_4 \xrightarrow{600\ ^\circ C} VF_3 + VF_5$$

$$2TaCl_4 \xrightarrow{400\ ^\circ C} TaCl_3 + TaCl_5$$

Eles também são hidrolisados pela água:

$$VCl_4 \xrightarrow{H_2O} VOCl_2 + 2HCl$$

$$4Ta^{IV}Cl_4 \xrightarrow{5H_2O} Ta^{V}{}_2O_5 + 2Ta^{III}Cl_3 + 10HCl$$

Haletos dos elementos no estado de oxidação (+III)

Todos os tri-haletos, exceto o TaI_3, são conhecidos. Eles são agentes redutores, possuem configuração d^2, e têm coloração marrom ou preta. Os compostos VX_3 são todos poliméricos e o V encontra-se num ambiente octaédrico. VCl_3 e VBr_3 podem ser obtidos diretamente a partir dos elementos, e o VF_3 é obtido pela reação de VCl_3 com HF. O VF_3 pode ser cristalizado em água na forma de $[VF_3.(H_2O)_3]$, mas os demais haletos são instáveis, levando à formação de $[V(H_2O)_6]^{3+}$ e três íons X^-. O VCl_3 forma complexos tais como $VCl_3 \cdot (NMe_3)_2$, com estrutura bipirâmide trigonal. O VI_3 se desproporciona segundo a reação:

$$2VI_3 \rightarrow VI_2 + VI_4$$

Espectros

O íon V^{3+} apresenta configuração d^2. Os dois elétrons *d* ocupam dois dos orbitais t_{2g}, isto é, dois dos orbitais d_{xy}, d_{xz} e d_{yz}. O estado fundamental é triplamente degenerado e o termo espectroscópico correspondente é $^3T_{1g}(F)$. À primeira vista, a excitação desses elétrons ao nível e_g parece levar ao aparecimento de duas transições *d–d* no espectro eletrônico. Contudo, em condições adequadas, são observadas três bandas. Se um dos elétrons for promovido do nível t_{2g} ao nível e_g, o arranjo mais estável (isto é, de menor energia) será aquele em que os elétrons ocupam orbitais os mais afastados possíveis, ou seja, ortogonais um ao outro. Assim, se um dos elétrons ocupar o orbital d_{xy}, a estrutura eletrônica mais estável será aquela em que o outro elétron ocupa o orbital d_{z^2} e não o orbital $d_{x^2-y^2}$. Há três modos diferentes, de mesma energia, de dispor esses dois elétrons em orbitais perpendiculares um ao outro:

$$(d_{xy})^1(d_{x^2-y^2})^1 \quad (d_{xz})^1(d_{z^2-y^2})^1 \quad \text{e} \quad (d_{yz})^1(d_{z^2-y^2})^1$$

Esse é o estado $^3T_{2g}$. Existe um outro estado triplamente degenerado, de energia um pouco maior e representado por $^3T_{2g}$, no qual os orbitais ocupados se situam a 45° um do outro:

$$(d_{xy})^1(d_{x^2-y^2})^1 \quad (d_{xz})^1(d_{z^2})^1 \quad \text{e} \quad (d_{yz})^1(d_{z^2})^1$$

Se ambos os elétrons forem promovidos ao nível e_g e supondo que eles permaneçam desemparelhados, o único arranjo possível será:

$$(d_{x^2-y^2})^1(d_{z^2})^1$$

Esse estado é o $^3A_{2g}$. Portanto, há três transições possíveis do estado fundamental para estados excitados de mesma multiplicidade:

$$^3T_{1g}(F) \rightarrow {}^3T_{2g}$$
$$^3T_{1g}(F) \rightarrow {}^3T_{1g}(P) \text{ e}$$
$$^3T_{1g}(F) \rightarrow {}^3A_{2g}$$

São possíveis, portanto, três transições (vide capítulo 32, principalmente a Fig. 32.16). Na realidade, são observadas apenas duas bandas no espectro do $[V(H_2O)_6]^{3+}$, em torno de 17.000 cm^{-1} e 24.000 cm^{-3}. A terceira banda, atribuida à transição para o estado $^3A_{2g}$, não é observada experimentalmente. Isso decorre do fato dessa transição envolver dois elétrons e ser muito menos provável de ocorrer que as outras duas, sendo portanto de baixa intensidade. Além disso, ela tem energia próxima e é encoberta por uma banda de transferência de carga muito intensa, na região do UV. Todas as três bandas podem ser observadas quando o V^{3+} é incorporado num retículo de Al_2O_3.

A discussão acima demonstra que para explicar os espectros de absorção de um dado composto de metal de transição, não basta considerar o desdobramento de campo cristalino, Δ_o, pois as repulsões intereletrônicas também desempenham um papel importante. Os termos de repulsão são descritos pelos parâmetros B e C de Racah (vide capítulo 32).

Haletos de Nb e Ta

Os trihaletos de Nb e Ta são tipicamente não-estequiométricos. No $NbCl_3$, os íons Nb(+ III) ocupam os interstícios octaédricos num arranjo hexagonal distorcido, de empacotamento compacto, de íons Cl^-. Assim, os íons nióbio de três sítios octaédricos adjacentes estão suficientemente próximos para se ligarem, formando um "cluster" metálico. Clusters (agregados) são compostos nos quais três ou mais átomos de metais estão unidos por ligações multicentradas.

Haletos dos elementos no estado de oxidação (+ II)

Todos os dihaletos de vanádio são conhecidos. Os compostos VX_2 são obtidos pela redução dos trihaletos com Zn/ácido, em solução aquosa. O VF_2 cristaliza segundo a estrutura do rutilo, TiO_2, enquanto os demais tem a estrutura em camadas do CdI_2. Eles são solúveis em água e suas soluções são de cor violeta, devido à presença do íon $[V(H_2O)_6]^{2+}$. A adição de NaOH provoca a precipitação de $V(OH)_2$, e a adição de H_2SO_4 e etanol provoca a precipitação de cristais violetas de $VSO_4.6H_2O$. Esses compostos são fortemente redutores e higroscópicos. Suas soluções são rapidamente oxidadas pelo ar $[V(H_2O)_6]^{3+}$. Por isso, freqüentemente são usadas para remover o O_2 presente nos gases nobres como impureza. Também, são capazes de reduzir H_2O a H_2. O Nb e o Ta se comportam de modo muito diferente. A redução dos penta-haletos NbX_5 e TaX_5 com sódio ou alumínio, a altas temperaturas, leva à formação de uma série de haletos inferiores, tais como M_6Cl_{14}, M_6I_{14}, Nb_6F_{15}, Ta_6Cl_{15}, Ta_6Br_{15} e Ta_6Br_{17}. Todos têm estruturas baseadas na unidade $[M_6X_{12}]^{n+}$. Por exemplo, se Nb_6Cl_{14} for dissolvido em água e álcool e tratado com solução de $AgNO_3$, apenas dois dos íons cloreto serão precipitados como AgCl. Isso indica a presença de íons $[Nb_6Cl_{12}]^{2+}$ e de dois íons Cl^-. Essa estrutura foi confirmada por cristalografia de raios X (Fig. 21.4). Os átomos de Nb estão ligados entre si formando um cluster octaédrico, com seis átomos do metal. Os átomos de cloro estão situados acima de cada aresta do octaedro e estão ligados a dois átomos de Nb. Portanto, os halogênios formam ligações em ponte sobre as doze arestas do octaedro. A estrutura é mantida tanto pelas ligações multicêntricas envolvendo os seis átomos do metal, como pelos átomos de halogênio em ponte.

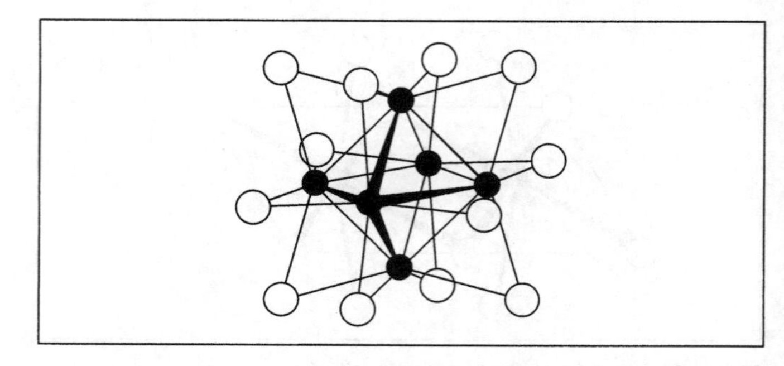

Figura 21.4 — Estrutura do íon $[Nb_6Cl_{12}]^{2+}$, mostrando o agregado octaédrico de átomos metálicos interligados, e as 12 pontes de átomos de cloro

Atualmente, compostos do tipo cluster estão atraindo cada vez mais a atenção dos pesquisadores. Se um desses "clusters" estiver ligado a quatro outros por meio de pontes de halogênio, a composição será $[M_6X_{12}]$ (o cluster) + 1/2 X_4 (átomos de halogênio em ponte), ou seja, M_6X_{14} ou $MX_{2,3}$.

Potenciais padrão de redução (volt)

Solução ácida

Estado de oxidação

+V		IV		III		+II		+I		0
$V(OH)_4^+$	+1,0	VO^{2+}	+0,34	V^{3+}	−0,26	V^{2+}	−1,18			V
$V(OH)_4^+$				−0,26						V
Nb_2O_5		0,05		Nb^{3+}		−1,10				Nb
Nb_2O_5				−0,64						Nb
Ta_2O_5				−0,75						Ta

Estruturas desse tipo são lamelares e diamagnéticas, por causa das ligações metal–metal. Por outro lado, um cluster pode se ligar a seis outros através de pontes de halogênio, formando uma estrutura tridimensional de fórmula $[M_6X_{12}]$ + 1/2 X_6, isto é, M_6X_{15} ou $MX_{2,5}$. Esses compostos são paramagnéticos e têm um momento magnético correspondente a um elétron desemparelhado. Clusters desse tipo são formados principalmente pelo Nb e o Ta em estados de oxidação baixos. Muitos desses clusters são solúveis em água e seu núcleo permanece intacto durante as reações. Por exemplo, os clusters podem ser oxidados:

$$[M_6X_{12}]^{2+} \rightarrow [M_6X_{12}]^{3+} \rightarrow [M_6X_{12}]^{4+}$$

O Nb_6I_{11} exibe uma estrutura muito pouco comum, onde seis átomos de Nb formam um cluster octaédrico análogo ao descrito acima, mas os oito átomos de iodo se situam acima das oito faces do octaedro. Cada um desses átomos de I liga-se aos três átomos adjacentes do metal das faces triangulares do octaedro. Os demais átomos de iodo estão ligados aos seis vértices do octaedro constituído pelos átomos de Nb. Eles atuam como átomos pontes em relação a outros octaedros. A fórmula do composto é, portanto, $[Nb_6I_8]$ + 1/2 I_6 , ou seja, Nb_6I_{11}.

ÓXIDOS

Todos os metais desse grupo reagem com o oxigênio gerando pentóxidos, M_2O_5, a elevadas temperaturas. O V_2O_5 é vermelho ou laranja, dependendo do grau de subdivisão, mas os demais pentóxidos são brancos. VO_2 também pode ser formado durante tal reação. V_2O_5 puro pode ser obtido acidificando-se uma solução de metavanadato de amônio, ou simplesmente aquecendo esse composto:

$$2NH_4VO_3 + H_2SO_4 \rightarrow V_2O_{5(\text{hidratado})} + (NH_4)_2SO_4 + H_2O$$
$$2NH_4VO_3 \xrightarrow{\text{calor}} V_2O_5 + 2NH_3 + H_2O$$

Os principais óxidos conhecidos são mostrados na Tab. 21.5. Os óxidos inferiores geralmente apresentam composições que variam numa ampla faixa.

Óxidos dos elementos no estado de oxidação (+ V)

Todos os óxidos M_2O_5 podem ser obtidos aquecendo-se o metal em atmosfera de oxigênio. Contudo, o melhor método de preparação do V_2O_5 é baseado na decomposição térmica do metavanadato de amônio, NH_4VO_3. O Nb_2O_5 e o Ta_2O_5 são geralmente obtidos por meio do aquecimento ao ar de outros compostos de Nb e Ta. Nos pentóxidos, os metais têm configuração d^0 e devem ser incolores. Nb_2O_5 e Ta_2O_5 são brancos, mas o V_2O_5 é laranja ou vermelho, por causa das transições de transferência de carga.

Tabela 21.5 — Óxidos

Estados de oxidação			
(+II)	(+III)	(+IV)	(+V)
VO	V_2O_3	VO_2	**V_2O_5**
Nbo	—	NbO_2	**Nb_2O_5**
(TaO)	—	TaO_2	**Ta_2O_5**

Os óxidos dos estados de oxidação mais estáveis estão representados em negrito

O V_2O_5 é anfótero, mas predominantemente ácido. Íons ortovanadato, VO_4^{3-}, incolores são formados quando esse óxido é dissolvido em soluções concentradas de NaOH. Num pH um pouco menor, ocorrem reações de polimerização e a formação de toda uma série de isopoliácidos denominados polivanadatos, que serão descritos adiante. O V_2O_5 se dissolve em ácidos fortes, eventualmente formando o íon amarelo pálido dioxovanádio(V), VO_2^+. Esse íon é angular. Algumas reações do V_2O_5 são mostradas abaixo:

$$V_2O_5 + NaOH \rightarrow \text{vários vanadatos}$$
$$V_2O_5 + H_2O_2 \rightarrow \text{peroxovanadatos (vermelhos)}$$
$$V_2O_5 + 3Cl_2 \rightarrow 2VOCl_3 + 1^1/_2O_2$$
$$V_2O_5 + SO_2 \rightarrow 2VO_2 + SO_3$$
$$3V_2O_5 + 5H_2 \rightarrow 2VO_2 + 2V_2O_3 + 5H_2O$$

Nb_2O_5 e Ta_2O_5 são melhor caracterizados como sendo inertes em vez de anfóteros, embora reajam com HF e com NaOH fundido formando niobatos e tantalatos.

A estrutura do V_2O_5 é incomum, sendo constituido por bipirâmides trigonais distorcidas de unidades VO_5, compartilhando arestas com outras unidades, para formar cadeias duplas em zigue-zague. Seu uso como catalisador no Processo de Contato foi mencionado anteriormente. Tal atividade catalítica pode estar associada à sua propriedade de ligar e liberar oxigênio reversivelmente, quando aquecido.

Óxidos dos elementos no estado de oxidação (+ IV)

VO_2 pode ser obtido pela redução do V_2O_5 com agentes redutores moderados, como Fe^{2+}, SO_2 ou ácido oxálico. O íon V(+ IV) tem configuração d^1 e o óxido é azul escuro. É um óxido anfótero, mas seu caráter básico é mais pronunciado que o caráter ácido. Em meio ácido, forma soluções azuis contendo o íon oxovanádio(IV), VO^{2+}, também conhecido como íon vanadila. Um grande número de compostos de vanadila são conhecidos: sulfato de vanadila, $VOSO_4$, e haletos de vanadila, VOX_2. Vários complexos de vanadila também são conhecidos: $[VOX_4]^{2-}$, onde X é um halogênio, $[VO(\text{oxalato})_2]^{2-}$, $[VO(\text{bipiridina})_2Cl]^+$, $[VO(NCS)_4]^{2-}$ e $[VO(\text{acetilacetona})_2]$.

A estrutura desses complexos é similar à octaédrica, mas com um dos vértices desocupado (Fig. 21.5). A sexta posição pode ser facilmente ocupada por um sexto ligante, por exemplo piridina, C_5H_5N, no $[VO(\text{acetilacetona})_2(\text{piridina})]$. Nesses compostos a ligação V–O tem comprimento

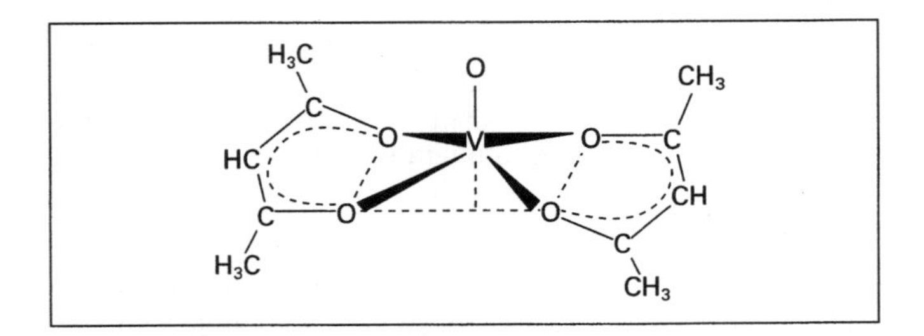

Figura 21.5 — Estrutura da vanadil-acetilacetonato, $[VO(\text{acetilacetonato})_2]$

de ligação de 1,56–1,59 Å, ou seja, mais curta que uma ligação simples. Assim, essa ligação é representada como V = O. A ligação π se forma pela interação de um orbital *p* preenchido do O com um orbital *d* vazio do V, analogamente às ligações P = O nos óxidos e oxoácidos de fósforo.

Óxidos dos elementos no estado de oxidação (+ III)

O óxido $\overline{V_2O_3}$ é não-estequiométrico ($VO_{1,35-1,5}$) e contém íons simples dispostos numa estrutura do tipo do coríndon, Al_2O_3. Pode ser obtido pela redução do V_2O_5 com carbono ou hidrogênio, a altas temperaturas, ou pela redução eletrolítica de um vanadato. O óxido é completamente básico e se dissolve em ácidos formando íons hidratados $[V(H_2O)_6]^{3+}$, de cor verde ou azul. Tais soluções são fortemente redutoras. A adição de NaOH provoca a precipitação de $V(OH)_3$ hidratado, mas este não apresenta nenhuma tendência de se dissolver num excesso dessa base. O íon (+ III) tem configuração d^2, sendo o óxido preto e o íon hidratado azul. Um número considerável de complexos octaédricos, tais como $[V(H_2O)_6]^{3+}$, $[VF_6]^{3-}$, $[V(CN)_6]^{3-}$ e $[V(oxalato)_3]^{3-}$, são conhecidos. O vanádio também forma $[V^{III}_2(acetato)_6]$, um triacetato complexo dimérico que possui uma estrutura pouco comum. Quatro dos seis grupos acetato atuam como ligantes pontes, ligando dois átomos de V por meio dos átomos de O. Os dois grupos acetato remanescente atuam como ligantes monodentados e se coordenam a cada um dos átomos de V. Essa estrutura é análoga ao do acetato de cromo(II), $[Cr_2(acetato)_4(H_2O)_2]$, e do acetato de cobre, $[Cu_2(acetato)_4(H_2O)_2]$ (vide Fig.22.2). Ambos são diméricos e possuem quatro grupos acetatos pontes, mas os dois grupos acetato terminais no composto de vanádio são substituídos por duas moléculas de água. Em solução aquosa, o $[V(H_2O)_6]^{3+}$ hidrolisa-se parcialmente a $V(OH)^+$ e VO^+.

Óxidos dos elementos no estado de oxidação (+ II)

O óxido $\overline{VO}$ é não-estequiométrico e tem composição $VO_{0,94-1,12}$. O sólido é iônico e tem estrutura do tipo do NaCl, mas defeituosa. A configuração do íon (+ II) é d^3, e o óxido tem coloração cinza-escuro e brilho metálico. Ele é obtido pela redução do V_2O_5 com hidrogênio, a 1.700 °C. Apresenta uma condutividade elétrica relativamente alta, provavelmente devido à presença de ligações metal–metal na sua estrutura. O óxido é completamente básico e solúvel em água. A adição de NaOH a essa solução provoca a precipitação de $V(OH)_2$. O VO se dissolve em ácidos formando uma solução violeta de íons $[V(H_2O)_6]^{2+}$. Essas soluções são fortemente redutoras e são facilmente oxidadas, tanto pelo ar como pela água. Assim, a solução violeta rapidamente se torna verde, devido à sua oxidação a $[V(H_2O)_6]^{3+}$. Alguns poucos complexos octaédricos desse íon são conhecidos, como o $K_4[V(CN)_6]\cdot 7H_2O$ e o $[V(etilenodiamina)_3]Cl_2$. O complexo $K_4[V(CN)_7]\cdot 2H_2O$, cuja estrutura é bipirâmide pentagonal, também é conhecido.

VANADATOS

Embora o V_2O_5 seja anfótero, ele é predominantemente ácido. Dissolve-se em NaOH concentrado, formando soluções incolores contendo íons ortovanadato, VO_4^{3-}, tetraédricos. Ao se adicionar gradualmente um ácido e abaixar o pH, ele é protonado e se polimeriza, formando um grande número de isopoliácidos diferentes em solução. Os oxoíons se polimerizam formando dímeros, trímeros e pentâmeros. E, quando a solução se tornar ácida, ocorrerá a precipitação do óxido hidratado, $V_2O_5(H_2O)_n$. Caso a concentração do ácido seja aumentada progressivamente, este se dissolve formando diversos íons complexos, até, finalmente, formar o íon dioxovanádio, VO_2^+. Diversos sólidos foram cristalizados a partir de soluções de diferentes pH's, mas estes não têm necessariamente a mesma estrutura, e é improvável que tenham o mesmo grau de hidratação das espécies em solução. O esquema abaixo pode ser utilizado para explicar as observações experimentais, embora o grau de hidratação das diferentes espécies envolvidas seja desconhecido.

$$\underset{\text{incolor}}{[VO_4]^{3-}} \xrightarrow{\text{pH 12}} \underset{\text{incolor}}{[VO_3\cdot OH]^{2-}} \xrightarrow{\text{pH 10}}$$

$$\underset{\text{incolor}}{[V_2O_6\cdot OH]^{3-}} \xrightarrow{\text{pH 9}} \underset{\text{laranja}}{[V_3O_9]^{3-}} \xrightarrow{\text{pH 7}}$$

$$\underset{\text{vermelho}}{{}^*[V_5O_{14}]^{3-}} \xrightarrow{\text{pH 6,5}} \underset{\text{precipitado marrom}}{{}^*V_2O_5\cdot(H_2O)_n} \xrightarrow{\text{pH 2,2}}$$

$$[V_{10}O_{28}]^{6-} \xrightarrow{\text{pH <1}} \underset{\text{amarelo pálido}}{[VO_2]^+}$$

(*foram incluídas porque sólidos com essa composição foram precipitados)

O Nb_2O_5 e o Ta_2O_5 são brancos e quimicamente inertes. Dificilmente são atacados por ácidos, exceto o HF, com o qual forma fluoro-complexos. Se os pentóxidos forem fundidos com NaOH, niobatos e tantalatos são formados. Os óxidos hidratados precipitam em pH 7 e 10, respectivamente, e o único isopoli-íon conhecido em solução é o $[M_6O_{19}]^{8-}$.

Os fosfatos, silicatos e boratos apresentam uma acentuada tendência de se polimerizarem, formando um número muito grande de isopoliácidos. Analogamente, no bloco *d*, os molibdatos e tungstatos também tendem a se polimerizar formando um grande número de isopoliácidos. Essa tendência é menos acentuada no $(TiO^{2+})_n$ e no $CrO_4^{2-} \rightarrow Cr_2O_7^{2-}$.

Os íons vanadato também formam complexos com os íons de outros ácidos. Nesse caso, como há mais de um tipo de ácido se condensando, os produtos são denominados heteropoliácidos. Eles sempre contêm íons vanadato, molibdato ou tungstato e um ou mais íons ácidos (tais como fosfato, arsenato ou silicato) de cerca de 40 elementos. A relação entre o número de diferentes tipos de unidades ácidas é geralmente de 12:1 ou 6:1, formando os 12-poliácidos e os 6-poliácidos. Contudo, outras proporções também foram encontradas. O estudo dos heteropoliácidos é muito difícil, pois:

1) O peso molecular é elevado, freqüentemente superior a 3.000.
2) O conteúdo de água é variável.
3) Os íons mudam em função do pH.
4) As espécies presentes em solução são provavelmente diferentes das espécies que cristalizam.

COMPOSTOS DOS ELEMENTOS EM ESTADOS DE OXIDAÇÃO INFERIORES

Apenas alguns poucos compostos são conhecidos. O íon no estado (-I) ocorre nos complexos $[M(CO)_6]^-$ dos três elementos, e no complexo de bipiridina, $Li[V(bipiridina)_3] \cdot$ éter. O elemento no estado de valência zero é encontrado no $[V(CO)_6]$, mas este não é muito estável. Como o V tem número atômico ímpar, conclui-se que o $[V(CO)_6]$ tem um elétron desemparelhado, ou seja, um nível eletrônico incompleto. Outros compostos carbonílicos de metais da primeira série de transição com um elétron desemparelhado se dimerizam, formando uma ligação M–M e, assim, emparelhando os elétrons. O $V(CO)_6$ foge à regra, pois permanece na forma monomérica. Outro exemplo de composto com V(0) é o complexo $[V(bipiridina)_3]$. O complexo $[V(bipiridina)_3]^+$ contém V no estado (+I).

COMPOSTOS ORGANOMETÁLICOS

Os elementos desse grupo não formam muitos compostos com ligações σ M–C. Os principais exemplos são $V(CO)_6$, que embora seja pirofórico e não muito estável, pode ser preparado em quantidades muito maiores que o $Ti(CO)_6$. Um composto digno de nota é o hexakis(dinitrogênio)vanádio(0), $[V(N_2)_6]$, que se supõe ser isoeletrônico e isoestrutural ao complexo carbonil correspondente.

V forma bis(ciclopentadienil) complexos, tais como $[V(\eta^5\text{–}C_5H_5)_2Cl_2]$, $[V(\eta^5\text{–}C_5H_5)_2Cl]$ e $[V(\eta^5\text{–}C_5H_5)_2]$. O último é um composto sanduíche simples e é conhecido como vanadoceno. Este se assemelha ao ferroceno, descrito no próximo capítulo, e difere do correspondente composto de titânio. A hapticidade η^5 indica que os cinco átomos de carbono de cada anel estão "ligados" ao V. O vanadoceno é um sólido violeta paramagnético, muito sensível ao ar. Nb e Ta também formam ciclopentadienil complexos, tais como $[Nb(\eta^5\text{–}C_5H_5)_2(\eta^1\text{–}C_5H_5)_2]$, no qual dois dos anéis ciclopentadienila se ligam com hapticidade η^5 e dois com η^1. Também são conhecidos os complexos $[Nb(\eta^5\text{–}C_5H_5)_2Cl_2]$ e $[Nb(\eta^5\text{–}C_5H_5)_2Cl_3]$.

LEITURAS COMPLEMENTARES

- Brown, D. (1973) *Comprehensive Inorganic Chemistry*, Vol. 3 (Cap. 35: Nióbio e tântalo), Pergamon Press, Oxford.
- Clark, R.J.H. (1973) *Comprehensive Inorganic Chemistry*, Vol. 3 (Cap. 34: Vanádio), Pergamon Press, Oxford.
- Canterford, J.H. e Cotton, R. (1968) *Halides of the Second and Third Row Transition Elements*, Wiley, London.
- Canterford, J.H. e Cotton, R. (1969) *Halides of the First Row Transition Elements*, Wiley, London.
- Corbett, J.D. (1981) Extended metal-metal bonding in halides of the early trannsition metals, *Acc. Chem. Res.*, **14**, 239.
- Cotton, F.A. (1975) Compounds with multiple metal to metal bonds, *Chem. Soc. Rev.* **27**, 27-53.
- *Diatomic metals and metallic clusters* (1980) (Conferência do Faraday Symposia of the Royal Society of Chemistry, No. 14), Royal Society of Chemistry, London.
- Emeléus, H. J. e Sharpe, A.G. (1973) *Modern Aspects of Inorganic Chemistry*, 4.ª ed. (Cap. 14 e 15: Complexos de metais de transição: Cap 20: Carbonilas) Routledge and Kegan Paul, London.
- Fairbrother, F. (1967) *The Chemistry of Niobium and Tantalum*, Elsevier, Amsterdam.
- Hagenmuller, P. (1973) *Comprehensive Inorganic Chemistry*, Vol. 4 (Cap. 50:
- Bronzes de vanádio e tungstênio), Pergamon Press, Oxford.
- Hunt C.B. (1977) Metallocenes - the first 25 years, *Education in Chemistry*, **14**, 116-113.
- Johnson, B.F.G. (ed.) (1980) *Transition Metal Clusters*, John Wiley, Chichester.
- Kepert D.L. (1972) *The Early Transition Metals* (Cap. 3: V, Nb, Ta), Academic Press, London .
- Kepert, D.L. (1973) *Comprehensive Inorganic Chemistry*, Vol. 4 (Cap. 51: Isopoliânions e heteropoliânions), Pergamon Press, Oxford.
- Lewis, J. e Green, M.L. (eds) (1983) *Metal Clusters in Chemistry* (Anais do Royal Society Discussion Meeting, maio de 1982), The Society, London.
- Muetterties, E.L. (1971) *Transition Metal Hydrides*, Marcel Dekker, New York.
- Ophard, C.E. e Stupgia, S. (1984) Synthesis and spectra of vanadium complexes, *J. Chem. Ed.*, **61**, 1102-1103.
- Pope, M.T. (1983) *Heteropoly and Isopoly-Oxo-Metalates*, Springer-Verlag. (Boa revisão sobre poliácidos).
- Shriver, D.H., Kaesz, H.D. e Adams, R.D. (eds) (1990) *Chemistry of Metal Cluster Complexes*, VCH, New York, 1990.

Grupo 6
O GRUPO DO CRÔMIO

INTRODUÇÃO

O metal crômio é produzido em larga escala e extensivamente empregado em ligas com ferro e com metais não-ferrosos, e em revestimentos obtidos por eletrodeposição. Os metais molibdênio e tungstênio são obtidos em quantidades apreciáveis. O dicromato de sódio também é usado em grandes quantidades. Tanto CrO_3 como Cr_2O_3 são usados para fins industriais.

Os íons tungstato e molibdato formam extensas séries de iso- e heteropoliácidos. O acetato de crômio(II) tem uma estrutura pouco comum, contendo uma ligação quádrupla. Os haletos inferiores MoX_2 e WX_2 formam interessantes compostos do tipo cluster, constituídos por unidades octaédricos $[M_6X_8]^{4+}$. O Mo é importante na fixação do nitrogênio.

ABUNDÂNCIA, OBTENÇÃO E USOS

O crômio é o vigésimo-primeiro elemento mais abundante na crosta terrestre, em peso. Ele é quase tão abundante quanto o cloro. O molibdênio e o tungstênio são bastante raros (Tabela 22.2).

O único minério de crômio de importância comercial é a cromita, $FeCr_2O_4$. Ela é o análogo de crômio da magnetita, Fe_3O_4, que é melhor representada pela fórmula $Fe^{II}Fe^{III}{}_2O_4$. Sua estrutura é a do espinélio, onde os átomos de O estão dispostos num retículo cúbico de empacotamento compacto, com Fe^{II} ocupando um oitavo dos interstícios tetraédricos disponíveis e Cr^{III} ocupando um quarto dos interstícios octaédricos. A cromita apresenta um leve brilho e um aspecto semelhante ao do piche, mas com tons castanhos. Ela pode ter alguma propriedade magnética. A produção mundial de cromita foi de 11,4 milhões de toneladas em 1992, o que corresponde a um conteúdo de Cr igual a 3,3 milhões de toneladas. Os principais produtores de cromita são a antiga URSS 32%, África do Sul 30%, Turquia e Índia 9% cada, e Albânia e Zimbabue 5% cada. Pequenas quantidades de crocoíta, $PbCrO_4$, e de óxido de crômio, Cr_2O_3, também são minerados.

Tabela 22.1 — Configurações eletrônicas e estados de oxidação

Elemento	Símbolo	Configuração eletrônica		Estados de oxidação*
Cromo	Cr	[Ar]	$3d^5 4s^1$	(–II) (–I) 0 (I) **II** **III** (IV) (V) **VI**
Molibdênio	Mo	[Kr]	$4d^5 5s^1$	(–II) (–I) 0 I (II) III IV V **VI**
Tungstênio	W	[Xe]	$4f^{14} 5d^4 6s^2$	(–II) (–I) 0 I (II) III IV V **VI**

* Os estados de oxidação mais importantes (geralmente os mais abundantes e estáveis) são mostrados em negrito. Outros estados bem caracterizados, mas menos importantes, são mostrados em tipo normal. Estados de oxidação instáveis, ou de existência duvidosa, são dados entre perênteses.

O crômio é obtido em duas formas: ferrocrômio e Cr metálico puro, dependendo do uso a que se destina. O ferrocrômio é uma liga de Fe, Cr e C, obtido pela redução da cromita com C. Em 1991, foram produzidos 3,1 milhões de toneladas de ferrocrômio, o qual foi empregado na preparação de diversas ligas de ferro, inclusive o aço inoxidável e o aço-crômio, muito duro.

$$FeCr_2O_4 + 4C \xrightarrow{\text{forno elétrico}} \underbrace{(Fe + 2Cr)}_{\text{ferrocrômio}} + 4CO$$

Diversas etapas são necessárias para a obtenção de crômio puro. Inicialmente a cromita é fundida com NaOH, ao ar. Nesse processo o Cr é oxidado a cromato de sódio.

$$2FeCr^{III}{}_2O_4 + 8NaOH + 3^1/_2O_2 \xrightarrow{1100°C} 4Na_2[Cr^{VI}O_4] + Fe_2O_3 + 4H_2O$$

O Fe_2O_3 é insolúvel, mas o cromato de sódio é solúvel. Assim, o $Na_2[CrO_4]$ é extraído com água e acidificado para obter dicromato de sódio. Este é menos solúvel e pode ser precipitado. O dicromato de sódio é aquecido com C e reduzido a Cr_2O_3.

$$Na_2[Cr_2O_7] + 2C \rightarrow Cr_2O_3 + Na_2CO_3 + CO$$

Finalmente, o Cr_2O_3 é reduzido com Al ou Si para produzir o metal.

$$Cr_2O_3 + 2Al \rightarrow 2Cr + Al_2O_3$$

Como o metal é quebradiço, raramente é usado puro, sendo empregado na obtenção de ligas não-ferrosas. Ou alternativamente, Cr_2O_3 é dissolvido em H_2SO_4 e depositado eletroliticamente sobre a superfície de um metal. Essa película de Cr protege o metal contra a corrosão e lhe comunica um aspecto brilhante.

O molibdênio ocorre como o mineral molibdenita, MoS_2. Em 1992, a produção mundial do minério foi de 129.000 toneladas, em conteúdo de molibdênio. Os principais produtores são EUA 38% e China 29%. Uma certa quantidade de MoS_2 também é obtida como subproduto de minérios de cobre. MoS_2 é convertido a MoO_3 por aquecimento na presença de ar. Este pode ser diretamente adicionado ao aço, ou então é aquecido com Fe e Al para formar ferromolibdênio, que é então adicionado ao aço. Quase 90% do molibdênio é empregado na fabricação de aço para ferramentas de corte ou de aço inoxidável. O molibdênio puro é obtido dissolvendo-se MoO_3 em NH_4OH diluído, de modo a precipitar molibdato de amônio, dimolibdato ou paramolibdato. Este é então reduzido ao metal com hidrogênio. Mo metálico é usado como catalisador na indústria petroquímica.

O tungstênio ocorre na forma de tungstatos, sendo os minérios mais importantes a wolframita, $FeWO_4.MnWO_4$, e a scheelita, $CaWO_4$. Em 1992, a produção mundial de minério de tungstênio foi de 39.000 toneladas, em conteúdo do metal. Os principais produtores são a China 65% e a ex-URSS 17%. Diversos processos são utilizados para extrair o W da wolframita e da scheelita. A wolframita é fundida com Na_2CO_3, formando tungstato de sódio. Este é separado e acidificado para formar o "ácido túngstico", que é o óxido hidratado. A scheelita é acidificada com HCl de modo a precipitar o "ácido túngstico", e dissolver os demais compostos. O "ácido túngstico" é, então, aquecido de modo a se obter o óxido anidro, que é posteriormente reduzido ao metal por aquecimento com hidrogênio, a 850 °C.

Pós de Mo e de W são obtidos por esse método. Seus pontos de fusão são muito altos, de modo que a fusão dos mesmos para se obter os metais maciços seria muito dispendiosa. Em vez disso, os objetos desses metais são obtidos sinterizando-se (aquecendo, mas sem fundir) o pó compactado na forma desejada, sob uma atmosfera de hidrogênio. Tanto o Mo como o W formam ligas com o aço, dando origem a materiais extremamente duros, utilizadas na fabricação de aços para ferramentas de corte e máquinas operatrizes. O aço para ferramentas de corte conserva o fio, mesmo quando aquecido ao rubro. Cerca da metade do W produzido é usado na obtenção de carbeto de tungstênio, WC, um material extremamente duro (dureza 10 na escala de Mohs) que pode ser usado para cortar vidro. WC é usado na fabricação de brocas. O metal W é empregado na fabricação dos filamentos de lâmpadas elétricas incandescentes. O dissulfeto de molibdênio, MoS_2, é um material lamelar com excelente poder lubrificante, quando misturado a óleos minerais ou mesmo quando puro.

Tabela 22.2 — Abundância dos elementos na crosta terrestre, em peso

Elemento	ppm	Ordem de abundância relativa
Cr	122	21º
Mo	1,2	56º
W	1,2	56º

ESTADOS DE OXIDAÇÃO

A configuração eletrônica do Cr e do Mo no estado fundamental é d^5s^1, com orbitais semipreenchidos estáveis, enquanto que o W apresenta a configuração eletrônica d^4s^2.

Analisando a configuração eletrônica do Cr e do Mo pressupõe-se que formem compostos onde o metal se encontra nos estados de oxidação entre (+I) e (+VI), e o W nos estados (+II) a (+VI), inclusive. Esses metais podem ser encontrados nesses estados de oxidação, além de formarem compostos nos quais o metal se encontra em alguns estados de oxidação inferiores, como no caso de complexos com bipiridina e carbonila.

No caso do Cr, os íons nos estados (+II), (+III) e (+VI) são os mais importantes. O Cr(+II) é redutor, o Cr(+III) é o mais estável e importante e o Cr(+VI) é fortemente oxidante. O estado mais estável do Mo e do W é o (+VI), embora existam muitos compostos de Mo(+V) e W(+V) estáveis em água. Enquanto o Cr(+VI) é fortemente oxidante, Mo(+VI) e W(+VI) são estáveis. Analogamente, Cr(+III) é estável, mas Mo(+III) e W(+III) são fortemente redutores. Isso corresponde à tendência normal, ou seja, ao se descer por um grupo da tabela periódica os íons nos estados de oxidação mais altos se tornam mais estáveis e os estados inferiores se tornam menos estáveis. Uma lista dos óxidos e haletos conhecidos é mostrado na Tab. 22.3.

PROPRIEDADES GERAIS

Os metais desse grupo são duros e apresentam pontos de fusão muito elevados e baixa volatilidade (Tab. 22.4). O ponto de fusão do W é inferior apenas ao do carbono.

Cr é inerte ou passivo, a baixas temperaturas, por ser

Tabela 22.3 — Óxidos e haletos

Estados de oxidação				
(+II)	(+III)	(+IV)	(+V)	(+VI)
—	$\mathbf{Cr_2O_3}$	CrO_2	—	CrO_3
—	—	MoO_2	Mo_2O_5	$\mathbf{MoO_3}$
—	—	WO_2	(W_2O_5)	$\mathbf{WO_3}$
$\mathbf{CrF_2}$	CrF_3	CrF_4	CrF_5	(CrF_6)
$CrCl_2$	$\mathbf{CrCl_3}$	$CrCl_4$	—	—
$CrBr_2$	$\mathbf{CrBr_3}$	$CrBr_4$	—	—
CrI_2	$\mathbf{CrI_3}$	CrI_4	—	—
—	MoF_3	MoF_4	MoF_5	MoF_6
$MoCl_2$	$MoCl_3$	$MoCl_4$	$MoCl_5$	$(MoCl_6)$
$MoBr_2$	$MoBr_3$	$MoBr_4$	—	—
MoI_2	MoI_3	MoI_4?	—	—
—	—	WF_4	$\mathbf{WF_5}$	$\mathbf{WF_6}$
WCl_2	WCl_3	WCl_4	WCl_5	WCl_6
WBr_2	WBr_3	WBr_4	WBr_5	WBr_6
WI_2	WI_3	WI_4?	—	—

Tabela 22.4 — Algumas propriedades físicas

	Raio covalente (A)	Raio iônico M^{2+} (Å)	Raio iônico M^{3+} (Å)	Ponto de fusão (°C)	Ponto de ebulição (°C)	Densidade ($g\ cm^{-3}$)	Eletronegatividade de Pauling
Cr	1,17	0,80[a] 0,73[b]	0,615	1.900	2.690	7,14	1,6
Mo	1,29	-	0,690	2.620	4.650	10,28	1,8
W	1,30	-	—	3.380	5.500	19,30	1,7

a = spin de valor alto *b* = spin de raio baixo

revestido por uma camada superficial de óxido, assemelhando-se ao Ti e ao V dos grupos anteriores. Por isso, o Cr é muito usado como material a ser eletrodepositado sobre ferro e outros metais para evitar a corrosão. O Cr se dissolve em HCl e H_2SO_4, mas é passivado por HNO_3 ou água-régia. Mo e W são relativamente inertes e são pouco atacados por soluções aquosas de ácidos ou álcalis. Mo começa a reagir com HNO_3, mas logo se torna passivo. Tanto Mo como W se dissolvem em misturas de HNO_3 e HF, bem como em Na_2O_2 e na mistura KNO_3/NaOH em fusão. Cr reage com HCl gasoso formando $CrCl_2$ anidro e H_2.

Os três metais não reagem com O_2 a temperaturas normais (a não ser a reação para formar o filme superficial de óxido). Contudo, Cr é oxidado a α-Cr_2O_3, um sólido verde com a estrutura do coríndon, a elevadas temperaturas. Em contraste, Mo e W formam o óxido MO_3. Analogamente, o aquecimento de Cr com halogênios leva à formação de haletos trivalentes, CrX_3. Em contraste, Mo e W formam MCl_6 quando aquecidos em atmosfera de Cl_2, enquanto os fluoretos MF_6 podem ser obtidos mesmo à temperatura ambiente.

Potenciais de redução padrão (volt)

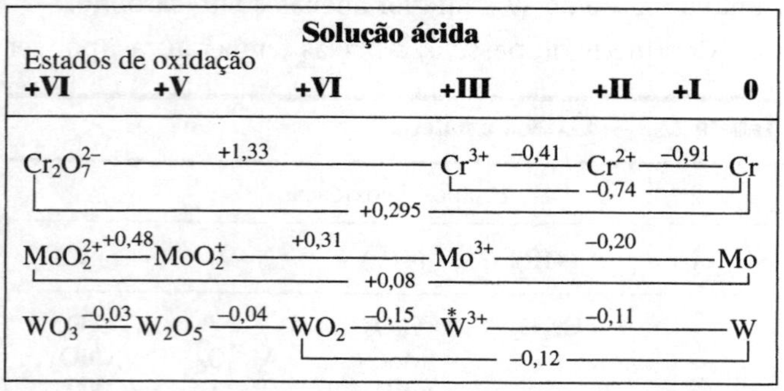

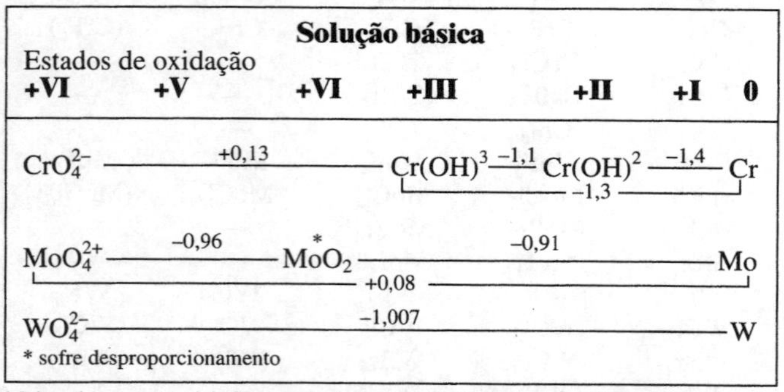

Solução ácida

Estados de oxidação: +VI, +V, +VI, +III, +II, +I, 0

$Cr_2O_7^{2-}$ —(+1,33)— Cr^{3+} —(−0,41)— Cr^{2+} —(−0,91)— Cr

Cr^{3+} —(−0,74)— Cr

$Cr_2O_7^{2-}$ —(+0,295)— Cr

MoO_2^{2+} —(+0,48)— MoO_2^{+} —(+0,31)— Mo^{3+} —(−0,20)— Mo

MoO_2^{2+} —(+0,08)— Mo

WO_3 —(−0,03)— W_2O_5 —(−0,04)— WO_2 —(−0,15)— W^{3+}* —(−0,11)— W

WO_2 —(−0,12)— W

Solução básica

Estados de oxidação: +VI, +V, +VI, +III, +II, +I, 0

CrO_4^{2-} —(+0,13)— $Cr(OH)^3$ —(−1,1)— $Cr(OH)^2$ —(−1,4)— Cr

$Cr(OH)^3$ —(−1,3)— Cr

MoO_4^{2+} —(−0,96)— MoO_2* —(−0,91)— Mo

MoO_4^{2+} —(+0,08)— Mo

WO_4^{2-} —(−1,007)— W

* sofre desproporcionamento

Muitos desses potenciais foram calculados a partir de dados termodinâmicos, e a existência de espécies tais como Mo^{3+}, W^{3+} e W_2O_5 é discutível.

$$4Cr + 3O_2 \rightarrow 2Cr_2O_3$$
$$2Mo + 3O_2 \rightarrow 2MoO_3$$
$$2Cr + 3Cl_2 \rightarrow 2CrCl_3$$
$$Mo + 3Cl_2 \rightarrow MoCl_6$$

Como resultado da contração lantanídica, os tamanhos e as propriedades do Mo e W são muito semelhantes. Porém, a diferença entre esses dois elementos é maior que a observada entre Zr e Hf, no Grupo 4, ou entre Nb e Ta, no Grupo 5. Assim, Mo e W podem ser facilmente separados no esquema tradicional utilizado na análise qualitativa de metais: $WO_3(H_2O)_n$ precipita juntamente com os cloretos insolúveis do Grupo 1 e os molibdatos são reduzidos pelo H_2S no Grupo 2, ocorrendo a precipitação de MoS_2 e S.

COMPOSTOS DOS ELEMENTOS NO ESTADO DE OXIDAÇÃO (+VI)

Um número restrito de compostos de Cr(+VI) é conhecido. Eles são agentes oxidantes muito fortes e compreendem os cromatos, $[CrO_4]^{2-}$, os dicromatos, $[Cr_2O_7]^{2-}$, trióxido de crômio, CrO_3, oxo-haletos, CrO_3X^- e CrO_2X_2 (X = F, Cl, Br ou I), $CrOX_4$ (X = F ou Cl), e CrF_6.

Cromato e dicromato

O cromato de sódio, Na_2CrO_4, é um sólido amarelo, que a rigor deveria ser chamado de cromato(VI) de sódio. O método de preparação, ou seja, a fusão da cromita com NaOH e oxidação com o oxigênio do ar, já foi descrita no item "Abundância, Obtenção e Usos". Ele também pode ser obtido pela fusão com Na_2CO_3:

$$4FeCr_2O_4 + 8Na_2CO_3 + 7O_2 \rightarrow 8Na_2CrO_4 + 2Fe_2O_3 + 8CO_2$$

É um composto muito solúvel em água e um forte agente oxidante. O dicromato de sódio, $Na_2Cr_2O_7$, é um sólido cor laranja, obtido pela acidificação de uma solução de cromato. O dicromato é menos solúvel em água, sendo largamente usado como agente oxidante. Em análise volumétrica (titulações), é preferível usar $K_2Cr_2O_7$ no lugar de $Na_2Cr_2O_7$, pois o composto de sódio é higroscópico enquanto o de K não é. Assim, $K_2Cr_2O_7$ pode ser usado como padrão primário.

$$^1/_2Cr_2O_7^{2-} + 7H^+ + 3e \rightleftharpoons Cr^{3+} + 3^1/_2H_2O \quad E^\circ = 1{,}33\ V$$

Peroxo-compostos

Uma reação complicada ocorre quando peróxido de hidrogênio é adicionado a uma solução ácida de dicromato (ou outra espécie qualquer contendo Cr(+VI)). Os produtos dependem do pH e da concentração de Cr.

$$Cr_2O_7^{2-} + 2H^+ + 4H_2O \rightarrow 2CrO(O_2)_2 + 5H_2O$$

Inicialmente, o peroxo-composto azul-violeta intenso $CrO(O_2)_2$ é formado, mas é rapidamente hidrolisado a Cr^{3+} e oxigênio, em meio aquoso. O peroxo-composto pode ser extraído com éter. Nesse meio pode reagir com piridina, formando o aduto piridina·$CrO(O_2)_2$ (Fig. 22.1a). Sua estrutura é aproximadamente uma pirâmide pentagonal: o Cr se situa no centro do pentágono formado por quatro átomos de O e pelo átomo de N da piridina, enquanto um O se encontra numa das posições apicais.

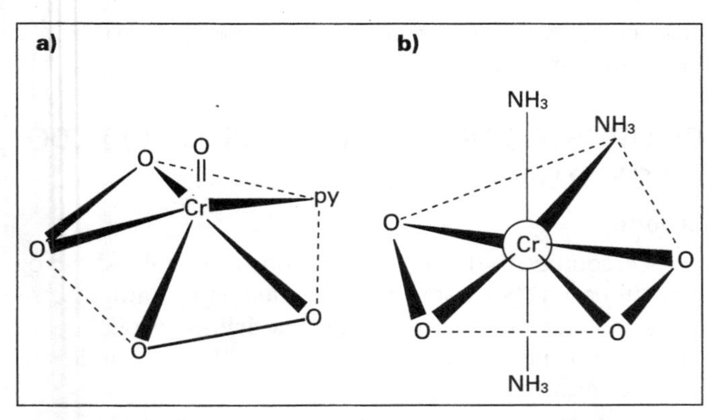

Figura 22.1 — *Estruturas de: a) piridina,* $CrO(O_2)_2$*; b)* $(NH_3)_3CrO_4$ *(bipirâmide pentagonal)*

Em soluções menos ácidas, $K_2Cr_2O_7$ e H_2O_2 reagem formando sais diamagnéticos de coloração violeta. Supõe-se que contenham o íon $[CrO(O_2)_2(OH)]^-$, mas suas estruturas não são conhecidas, pois seus compostos são explosivos. Em soluções alcalinas contendo 30% de H_2O_2, forma-se o composto vermelho-castanho K_3CrO_8, um tetraperoxo complexo constituído por unidades $[Cr(O_2)_4]^{3-}$, contendo Cr(+ V). Em solução amoniacal, o composto vermelho-castanho escuro $(NH_3)_3CrO_4$, contendo Cr(+ IV) (Fig.22.1b), é formado.

Trióxido de crômio (ácido crômico)

CrO_3 é um sólido alaranjado brilhante, conhecido como "ácido crômico". Geralmente, é preparado adicionando-se H_2SO_4 concentrado a uma solução saturada de dicromato de sódio.

$$Na_2Cr_2O_7 + H_2SO_4 \rightarrow 2CrO_3 + Na_2SO_4 + H_2O$$

A cor se deve a transições de transferência de carga (não a transições *d–d*, pois o Cr(+ VI) apresenta configuração d^0). CrO_3 é tóxico e corrosivo. Sua estrutura cristalina consiste de cadeias de unidades tetraédricas ligadas pelos vértices. CrO_3 se dissolve prontamente em água, gerando um ácido forte, que também é um agente oxidante forte. É um óxido ácido e se dissolve em soluções de NaOH, formando o íon cromato, CrO_4^{2-}. Mediante aquecimento acima de 250 °C, ele perde oxigênio em etapas, até eventualmente levar à formação de Cr_2O_3, um sólido verde.

$$2CrO_3 \rightarrow 2CrO_2 + O_2$$
$$2CrO_2 \rightarrow Cr_2O_3 + {}^1/_2O_2$$

CrO_3 reage com F_2, a pressões atmosféricas, formando os oxofluoretos CrO_2F_2 e $CrOF_4$, mas CrF_6 é formado a 170 °C e 25 atmosferas.

$$CrO_3 + F_2 \xrightarrow{150°C} CrO_2F_2 + {}^1/_2O_2$$
$$CrO_3 + 2F_2 \xrightarrow{220°C} CrOF_4 + O_2$$
$$CrO_3 + 3F_2 \xrightarrow{170°C,\ 25\ atmosferas} CrF_6\ \text{(sólido amarelo)} + {}^3/_2O_2$$

CrO_3 é largamente usado na preparação de soluções para cromação. Pode ser usado como oxidante em química orgânica quando dissolvido em ácido acético, embora as reações possam ser explosivas. Soluções de ácido crômico são usadas na limpeza de vidrarias de laboratório.

MoO_3 e WO_3

Os óxidos ácidos MoO_3 e WO_3 são formados quando se aquece os correspondentes metais ao ar. Eles não são atacados por ácidos, exceto HF, mas se dissolvem em NaOH formando os íons MoO_4^{2-} e WO_4^{2-}. MoO_3 e WO_3 diferem do CrO_3 em diversos aspectos:

1) Eles praticamente não apresentam propriedades oxidantes.
2) São insolúveis em água.
3) Seus pontos de fusão são muito mais elevados (CrO_3 P.F. = 197 °C, MoO_3 P.F. = 795 °C e WO_3 P.F. = 1.473 °C).
4) Suas cores e estruturas são diferentes. MoO_3 é branco, como esperado para um íon de configuração d^0, mas torna-se amarelo quando aquecido, devido ao aparecimento de defeitos no retículo do sólido. WO_3 é amarelo-limão, e tem uma estrutura semelhante ao do trióxido de rênio, ReO_3, mas um pouco distorcida. É constituído por um retículo tridimensional onde unidades octaédricas WO_6 compartilham todos os seus vértices (vide Fig. 23.5a).

Óxidos mistos

Diversos óxidos mistos podem ser obtidos pela fusão de MoO_3 ou WO_3 com óxidos do Grupo 1 ou 2. São constituídos por cadeias ou anéis formados por unidades octaédricas MoO_6 ou WO_6. WO_3 úmido se torna levemente azul quando exposto à luz UV. A redução parcial de suspensões aquosas de MoO_3 e WO_3 ou de soluções ácidas de molibdatos e tungstatos também levam à formação de uma coloração azul. Supõe-se que esses "óxidos azuis" contenham Mo ou W nos estados de oxidação (+ IV) e (+ V), além de alguns grupos OH^- no lugar de O^{2-} para equilibrar as cargas.

Oxo-haletos

Oxo-haletos do tipo MO_2Cl_2 podem ser formados dissolvendo-se o trióxido em ácidos fortes, ou em alguns casos pela ação de ácidos fortes sobre sais como os dicromatos, ou ainda pela adição direta dos halogênios ao dióxido.

$$CrO_3 + 2HCl \xrightarrow{H_2SO_4\ conc.} CrO_2Cl_2 + H_2O$$
$$K_2Cr_2O_7 + 6HCl \xrightarrow{H_2SO_4\ conc.} 2CrO_2Cl_2 + 2KCl + 3H_2O$$

O cloreto de cromila, CrO_2Cl_2, é um líquido de coloração vermelha intensa. É obtido na análise qualitativa para confirmar a presença de íons cloreto. A amostra sólida em que se suspeita a presença do íon cloreto é misturado com $K_2Cr_2O_7$ sólido e H_2SO_4 concentrado, e aquecido suavemente. São desprendidos vapores vermelhos intensos de CrO_2Cl_2, que se forem recolhidos numa solução aquosa de NaOH, conferem a esta uma cor amarela, por causa da formação de Na_2CrO_4.

Cloretos de cromila e molibdenila são cloretos ácidos covalentes, e são facilmente decompostos pela água. O cloreto de tungstenila se hidrolisa com menor facilidade.

Haletos

CrF_6 é um sólido amarelo obtido pelo aquecimento dos elementos sob pressão, num recipiente fechado, seguido de um resfriamento rápido. O produto é instável e se decompõe a CrF_5 e F_2. Em contraste, MoF_6 e WF_6 são muito estáveis. Ambos possuem baixos pontos de fusão (MoF_6 17,4 °C, WF_6 1,9 °C), são voláteis e facilmente hidrolisados. São diamagnéticos e incolores, como esperado para um complexo contendo um íon de configuração d^0. Contudo, $MoCl_6$ e WCl_6 são pretos e o WBr_6 é azul escuro. WCl_6 é obtido aquecendo-se o metal na presença de Cl_2. Reage com água, formando o ácido túngstico. WCl_6 é solúvel em EtOH, éter e CCl_4, e é usado como reagente de partida na síntese de outros compostos.

COMPOSTOS DOS ELEMENTOS NO ESTADO DE OXIDAÇÃO (+V)

Existem alguns poucos compostos de Cr(+V). Todos eles são instáveis e se decompõem a compostos de Cr(+III) e Cr(+VI). Um exemplo é o K_3CrO_8, um composto vermelho castanho formado na reação de $NaCrO_4$ e H_2O_2, em meio alcalino (vide acima), o qual contém a espécie tetraperoxo, $[Cr(O_2)_4]^{3-}$. Outro exemplo é o CrF_5, que é obtido pelo aquecimento dos elementos a 500 °C, ou então aquecendo-se CrO_3 com F_2. É um sólido vermelho, constituído por octaedros de CrF_6 interligados para formar um polímero *cis*.

MoF_5 é constituído por quatro octaedros interligados formando um anel, analogamente ao NbF_5 e TaF_5 (vide Fig. 21.1). O aquecimento de Mo e Cl_2 fornece Mo_2Cl_{10}, um composto solúvel em benzeno e outros solventes orgânicos. Suas soluções contêm o monômero $MoCl_5$, mas o sólido é constituído pelo dímero Mo_2Cl_{10}. Mo_2Cl_{10} é usado como reagente de partida na obtenção de outros compostos de Mo. É rapidamente hidrolisado pela água, e consegue abstrair O de solventes oxigenados, formando oxocloretos. Mo_2Cl_{10} é um composto paramagnético ($\mu = 1,6$ MB), indicando que possui um elétron desemparelhado. Logo, pode-se inferir que ele não deve possui nenhuma ligação metal-metal.

COMPOSTOS DOS ELEMENTOS NO ESTADO DE OXIDAÇÃO (+IV)

Compostos de Cr(+IV) também são raros. CrF_4 é obtido mediante o aquecimento dos elementos a 350 °C. $MoCl_4$ pode ser obtido em duas formas poliméricas: uma semelhante ao do $NbCl_4$ (vide Fig. 21.3), constituído por cadeias de octaedros com os átomos metálicos deslocados do centro dos octaedros aos pares, formando ligações metal-metal; e outra forma que não contém ligações metal-metal.

CrO_2 é obtido por redução hidrotérmica de CrO_3, e tem a estrutura do rutilo (TiO_2). O óxido é preto e apresenta alguma condutividade metálica. Também é ferromagnético, sendo muito usado na fabricação de fitas magnéticas de alta qualidade. MoO_2 e WO_2 são preparados por meio da redução do trióxido correspondente com hidrogênio. Têm cor castanho-violeta e são solúveis em ácidos não-oxidantes, mas se dissolvem em HNO_3 concentrado, formando MoO_3 ou WO_3. Os dióxidos possuem um brilho semelhante ao do cobre e suas estruturas são análogas ao do rutilo, mas distorcidas, com fortes ligações metal-metal. O oxo-haleto $CrOF_2$ também é conhecido.

COMPOSTOS DOS ELEMENTOS NO ESTADO DE OXIDAÇÃO (+III)

Crômio

Os compostos de Cr^{3+} (ou compostos crômicos) são os mais importantes e estáveis desse elemento. Embora esse íon seja muito estável em soluções ácidas, é facilmente oxidado a espécies contendo o íon Cr(+VI) quando em soluções alcalinas.

Cr_2O_3 é um sólido verde usado como pigmento. O método mais conveniente de preparação é por meio do aquecimento de dicromato de amônio, $(NH_4)_2Cr_2O_7$, no assim chamado "experimento do vulcão", usado em alguns fogos de artifício (uma vez iniciada a reação, quantidade suficiente de calor é produzido para que ela continue ocorrendo. Partículas verdes de Cr_2O_3 são lançados ao ar pelo grande volume de N_2 e vapor d'água formados na reação, e se depositam como a poeira expelida por um vulcão). Cr_2O_3 também é produzido na combustão do metal ao ar, ou pelo aquecimento de CrO_3. Possui a estrutura do coríndon, Al_2O_3.

$$(NH_4)_2Cr_2O_7 \rightarrow Cr_2O_3 + N_2 + 4H_2O$$
$$4Cr + 3O_2 \rightarrow 2Cr_2O_3$$
$$4CrO_3 \rightarrow 2Cr_2O_3 + 3O_2$$

A adição de NaOH a soluções de Cr^{3+} *não* precipita o hidróxido, mas o óxido hidratado.

$$Cr^{3+} + 3OH^- \rightarrow Cr(OH)_3 \rightarrow Cr_2O_3(H_2O)_n$$

Quando aquecido fortemente, o óxido se torna inerte frente a ácidos e bases, mas em caso contrário é anfótero, formando $[Cr(H_2O)_6]^{3+}$ em meio ácido e "cromito" em meio alcalino concentrado. A espécie presente nas soluções de "cromito" é provavelmente $[Cr^{III}(OH)_6]^{3-}$ ou $[Cr^{III}(OH)_5(H_2O)]^{2-}$. Cr_2O_3 é importante do ponto de vista econômico, sendo obtido em uma das etapas do processo de extração do crômio. É usado como pigmento em tintas, borracha e cimento, e como catalisador numa grande variedade de reações, inclusive na obtenção de polietileno e de butadieno.

Todos os haletos anidros, CrX_3, são conhecidos. $CrCl_3$ é um sólido magenta-violeta que forma escamas ou flocos, devido à sua estrutura lamelar. Os íons cloreto formam um arranjo cúbico de empacotamento denso. Para manter a estequiometria, um terço dos interstícios octaédricos devem estar ocupado por íons Cr^{3+}. Na realidade dois terços dos interstícios presentes numa camada são ocupados, e nenhum na camada seguinte. Conseqüentemente, algumas das camadas de cloreto são mantidas interligadas apenas por forças de van der Waals fracas. Em solução aquosa, os haletos formam o íon hidratado de cor violeta $[Cr(H_2O)_6]^{3+}$, bem como complexos com os halogênios, tais como $[Cr(H_2O)_5Cl]^{2+}$, $[Cr(H_2O)_4Cl_2]^+$ e $[Cr(H_2O)_3Cl_3]$. O hexaaqua complexo também ocorre em muitos compostos cristalinos, como no $[Cr(H_2O)_6]Cl_3$ e nos alúmens. Estes são sais duplos. Por exemplo, o alúmen de crômio, $K_2SO_4.Cr_2(SO_4)_3.24H_2O$, que cristaliza a partir de soluções mistas de $Cr_2(SO_4)_3$ e K_2SO_4. Sua estrutura pode ser melhor compreendida quando sua fórmula é escrita como $[K(H_2O)_6][Cr^{III}(H_2O)_6][SO_4]_2$. Os alúmens se dissociam completamente em íons simples, quando em solução.

O íon hexaaqua é ácido e pode dimerizar por meio da formação de duas ligações hidroxo em ponte

$$2[Cr(H_2O)_6] \rightleftharpoons 2H^+ + [Cr(H_2O)_5OH]^{2+} \rightleftharpoons$$

$$\rightleftharpoons \left[(H_2O)_4Cr \begin{array}{c} H \\ O \\ / \quad \backslash \\ \\ \backslash \quad / \\ O \\ H \end{array} Cr(H_2O)_4 \right]^{4+} + 2H_2O$$

Os íons Cr^{3+} formam inúmero e variados complexos. Têm usualmente coordenação seis e estruturas octaédricas, e são muito estáveis, tanto no estado sólido como em soluções aquosas. A estabilidade se deve à elevada energia de estabilização de campo cristalino decorrente da configuração d^3. Os momentos magnéticos desses complexos são próximos a 3,87 MB, ou seja, o momento magnético de spin-only esperado para íons com três elétrons desemparelhados. Podem ser citados o hexaaqua e o cloro complexo, $[Cr(H_2O)_6]^{3+}$ e $[Cr(H_2O)_5Cl]^{2+}$, mencionados acima. Os amin- e oxalato complexos apresentam muitas formas diferentes de isomeria. Por exemplo, no caso dos amin complexos:

$[Cr(NH_3)_6]^{3+}$	somente uma forma
$[Cr(NH_3)_5Cl]^{2+}$	somente uma forma
$[Cr(NH_3)_4Cl_2]^+$	isômeros *cis* e *trans*
$[Cr(NH_3)_3Cl_3]$	isômeros *mer* e *fac*

e nos complexos com oxalato:

$[Cr(oxalato)_3]^{3-}$	isômeros *d* e *l*

Os diferentes tipos de isomeria foram descritos detalhadamente no Capítulo 7 (vide Fig. 7.3). Também, são conhecidos muitos complexos com cianeto e tiocianato. O sal de Reinecke, $NH_4[Cr(NH_3)_2(NCS)_4] \cdot H_2O$, é muitas vezes usado para precipitar íons positivos grandes. Isso se deve ao fato dos cristais formados por ânions e cátions de tamanhos semelhantes possuírem um elevado número de coordenação, e assim uma elevada energia reticular.

O íon Cr(+ III) forma um acetato básico bastante incomum, $[Cr_3O(CH_3COO)_6L_3]^+$ (onde L é água ou algum outro ligante). Sua estrutura consiste de um triângulo de três átomos de Cr com um átomo de O no centro. Os seis grupos acetato atuam como ligantes pontes entre os átomos de Cr — dois grupos acetato estão ligados ao longo de cada aresta do triângulo. Cada átomo de Cr é circundado octaedricamente por seis átomos: 4 átomos de O de quatro grupos acetato, o O central e o L na sexta posição. L pode ser água ou outro ligante. Cr^{3+} tem configuração d^3 e deveria apresentar um momento magnético igual a 3,87 MB. O momento magnético do complexo, à temperatura ambiente, é de apenas 2 MB. Acredita-se que o menor valor se deva ao emparelhamento parcial dos elétrons *d* dos três átomos do metal, devido à formação de ligações $d\pi$–$p\pi$ com o O central. Esse tipo de complexo é formado pelos íons trivalentes de Cr, Mn, Fe, Ru, Rh e Ir (o emparelhamento parcial de spins e um momento magnético menor do que o esperado também são encontrados em outros complexos, tais como $[(NH_3)_5Cr\text{–}OH\text{–}Cr(NH_3)_5]^{5+}$ e $[(NH_3)_5Cr\text{–}O\text{–}Cr(NH_3)_5]^{4-}$, nos quais o momento magnético depende da temperatura. O momento magnético é igual a cerca de 1,3 MB à temperatura ambiente, mas tende a zero a baixas temperaturas (−200 °C).

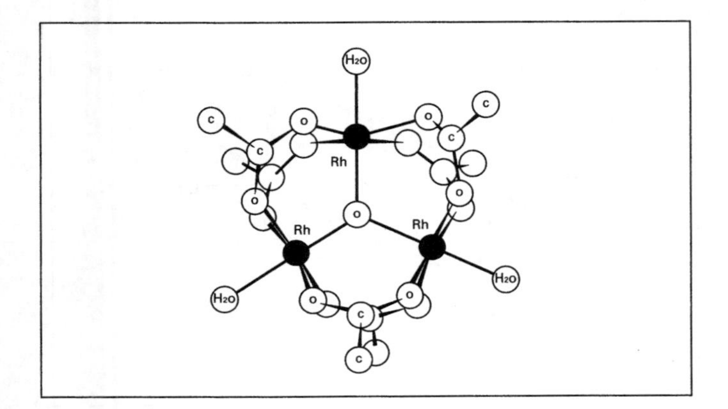

Figura 22.2 — *Estrutura do* $[Cr_3O(CH_3COO)_6(H_2O)_3]^+$

Espectros

A configuração eletrônica do íon Cr(+ III) é d^3. No estado fundamental esses elétrons ocupam os orbitais t_{2g}, ou seja, a configuração é $(t_{2g})^3$. Os dois orbitais e_g estão vazios, podendo haver a promoção de elétrons para os mesmos. A situação é análoga àquela da configuração d^2 no V^{3+}, descrito no capítulo 21. Os espectros eletrônicos de complexos de Cr(+ III) exibem três bandas de absorção. No estado fundamental, cada um dos orbitais d_{xy}, d_{xz} e d_{yz} contém um elétron, levando ao estado não-degenerado $^4A_{2g}(F)$. O primeiro estado excitado corresponde à promoção de um desses elétrons para um dos orbitais e_g, ou seja $(t_{2g})^2(e_g)^1$. Essa configuração leva aos termos $^4T_{2g}(F)$ e $^4T_{1g}(F)$. O segundo estado excitado corresponde à promoção de dois elétrons, ou seja $(t_{2g})^1(e_g)^2$. Este leva a um único quarteto triplamente degenerado, cujo termo espectroscópico é $^4T_{1g}(P)$. Assim, as transições possíveis são $^4A_{2g}(F) \rightarrow {}^4T_{2g}(F)$, $^4A_{2g}(F) \rightarrow {}^4T_{1g}(F)$ e $^4A_{2g}(F) \rightarrow {}^4T_{1g}(P)$. No íon hexaaquo $[Cr(H_2O)_6]^{3+}$ observam-se bandas em 17.400 cm^{-1} e 24.700 cm^{-1}, além de um "ombro" na banda de transferência de carga em 37.800 cm^{-1} (vide também capítulo 32).

Molibdênio e tungstênio

Os óxidos de Mo(+ III) e W(+ III) não foram observados, mas todos os haletos, exceto o WF_3 (Tab. 22.3),

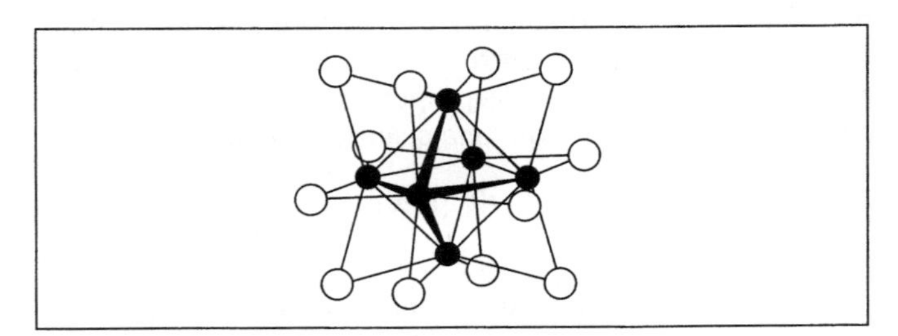

Figura 22.3 — *Estrutura do cluster* $[W_6Cl_{12}]^{6+}$

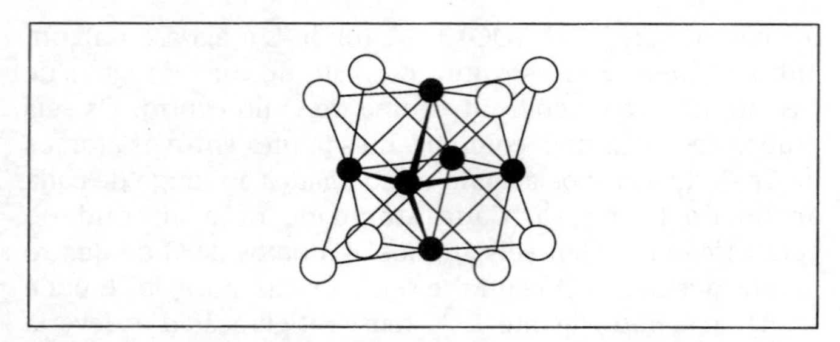

Figura 22.4 — Estrutura do cluster $[W_6Br_8]^{6+}$

são conhecidos. Esses compostos não contêm íons simples. Compostos de Mo(+ III) são razoavelmente estáveis, mas se oxidam lentamente ao ar e se hidrolisam lentamente em água. Em solução, formam complexos octaédricos com íons haleto.

$$MoCl_3 + 3Cl^- \rightarrow [MoCl_6]^{3-}$$

São conhecidas duas formas sólidas de $MoCl_3$. Uma delas é constituída por uma estrutura cúbica de empacotamento compacto de íons cloreto, enquanto a outra é baseada num arranjo hexagonal de empacotamento compacto. Em ambas as formas, os átomos de Mo estão deslocados dos centros de octaedros adjacentes, formando ligações metal-metal de comprimento 2,76 Å. Em contraste, os compostos de W(+ III) são instáveis. WCl_3 é na realidade o cluster $[W_6Cl_{12}]^{6+}$, estruturalmente semelhante ao $[Nb_6Cl_{12}]^{2+}$ (vide Fig. 22.3). W_6Br_{18} também é um cluster, mas sua estrutura contém unidades $[W_6Br_8]^{6+}$ análogas a do $[Mo_6Br_8]^{4+}$ (Fig. 22.4).

COMPOSTOS DOS ELEMENTOS NO ESTADO DE OXIDAÇÃO (+ II)

Os compostos de Cr(+ II) (ou crômiosos) são bem conhecidos, são iônicos e contêm o íon Cr^{2+}. Soluções contendo o íon $[Cr(H_2O)_6]^{2+}$, de coloração azul celeste, podem ser obtidos reduzindo-se eletroliticamente soluções contendo Cr^{3+}, ou então reduzindo-se as mesmas com amálgama de zinco. Também, podem ser obtidos a partir de Cr metálico e ácidos. É um dos agentes redutores mais fortes conhecidos, em solução aquosa.

$$Cr^{3+} + e \rightarrow Cr^{2+} \qquad E^o = -0{,}41 \text{ V}$$

Se a solução for ácida, Cr^{2+} lentamente reduz a água a H_2. Compostos de Cr(+ II) são oxidados a compostos de Cr^{3+} pelo ar. O íon Cr^{2+} é usado para remover os últimos vestígios de oxigênio do nitrogênio, além de outras aplicações como agente redutor. O íon Cr(+ II) pode ser estabilizado pela formação de compostos de coordenação, tais como $[Cr(NH_3)_6]^{2+}$ ou $[Cr(bipiridina)_3]^{2+}$. Embora o Cr^{2+} seja estável frente a reação de desproporcionamento, o complexo com bipiridina desproporciona segundo a reação:

$$2[Cr(bipiridina)_3]^{2+} \rightarrow [Cr(bipiridina)_3]^{+} + [Cr(bipiridina)_3]^{3+}$$

Sais hidratados, tais como $CrSO_4 \cdot 7H_2O$, $Cr(ClO_4)_2 \cdot 6H_2O$ e $CrCl_2 \cdot 4H_2O$, podem ser isolados mas não desidratados, pois se decompõem com o aquecimento.

Haletos de Cr(+ II) anidros podem ser obtidos ou reduzindo-se os tri-haletos com hidrogênio a 500 °C, ou reagindo o metal com HF, HCl, HBr ou HI a 600 °C. Os dihaletos são facilmente oxidados ao estado (+ III), pelo ar, a não ser que sejam protegidos por uma atmosfera inerte, como de N_2. O mais importante desses haletos é o $CrCl_2$, que se dissolve em água formando o íon azul celeste $[Cr(H_2O)_6]^{2+}$.

O crômio forma muitos complexos, principalmente com ligantes N doadores e com grupos quelantes. São facilmente oxidados, principalmente quando úmidos. Quase todos os complexos são octaédricos, sendo conhecidos tanto complexos de spin alto como de spin baixo. Os complexos de spin alto tem configuração eletrônica $(t_{2g})^3(e_g)^1$. O preenchimento assimétrico dos orbitais e_g provoca uma distorção de Jahn-Teller semelhante à encontrada nos complexos de Cu^{2+}.

O acetato de crômio(II) diidratado, $Cr_2(CH_3COO)_4 \cdot 2H_2O$ é um dos compostos mais estáveis de Cr(II). Pode ser facilmente preparado, adicionando-se acetato de sódio a uma solução de Cr^{2+}, sob uma atmosfera de N_2. O acetato de crômio(II) hidratado precipita na forma de um sólido vermelho. É um bom reagente de partida para a síntese de outros sais de Cr(+ II). É um dímero com estrutura pouco usual com grupos acetato em ponte (Fig. 22.5). Cada íon Cr^{2+} se encontra num ambiente octaédrico distorcido, constituído por quatro átomos de O de quatro grupos acetato em ponte (cada íon Cr^{2+} está ligado a um dos átomos de O do grupo carboxilato), um O de uma molécula de H_2O, e o outro íon Cr^{2+}. A pequena distância de 2,36 Å entre os dois átomos de Cr é uma evidência da existência de uma ligação metal-metal forte. O íon Cr^{2+} tem uma configuração d^4 e quatro elétrons desemparelhados, mas o acetato de crômio(II) é diamagnético. Isso implica que todos os quatro elétrons desemparelhados participam da ligação M–M.

Supondo-se que os ligantes se coordenem utilizando o orbital s, três orbitais p e o orbital $d_{x^2-y^2}$, o orbital d_{z^2} pode formar uma ligação σ com outro Cr^{2+}. Além disso, os orbitais d_{xz} e d_{yz} podem formar ligações π entre os átomos de Cr, e o orbital d_{xy} uma ligação δ. Ligações quádruplas desse tipo são encontrados em outros complexos de metais de transição pesados, como Mo, W, Tc e Re, por exemplo no

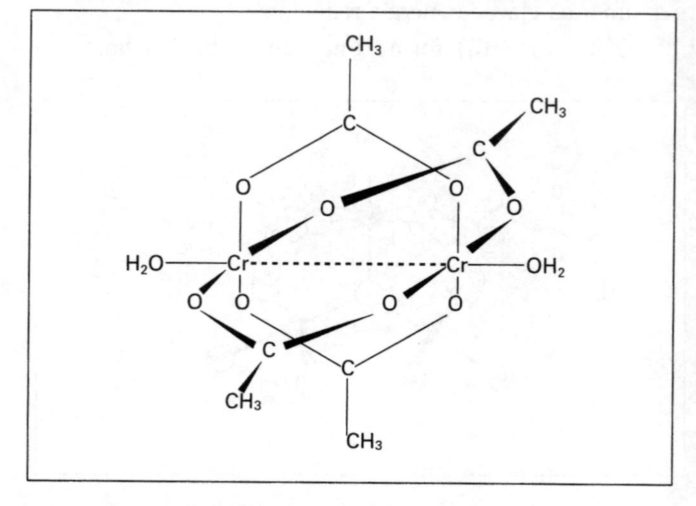

Figura 22.5 — Estrutura do $Cr_2(CH_3COO)_4 \cdot 2H_2O$

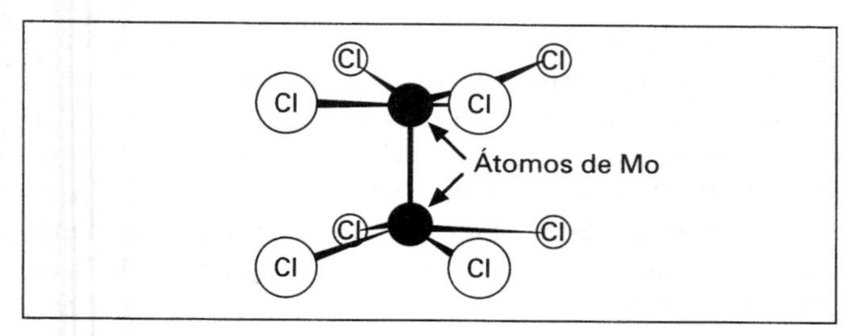

Figura 22.6 — Estrutura do $[Mo_2Cl_8]^{4-}$ e do $[Re_2Cl_8]^{2-}$

$[Mo_2(CH_3COO)_4]$ (note que não há ligantes H_2O axiais), $[Mo_2Cl_8]^{4-}$, $[W_2Cl_4(PR_3)_4]$, $[W_2(CH_3)_8]^{4-}$, $[W_2(C_8H_8)_3]$, $(Re_2Cl_8]^{2-}$ e $[Re_2Br_8]^{2-}$. As ligações quádruplas já foram consideradas como sendo anomalias, mas elas são mais freqüentes do que se poderia imaginar. Supõe-se que uma vez formada uma ligação múltipla M–M, o metal pode ser facilmente reduzido, formando uma ligação de ordem superior.

Mo e W não formam difluoretos, mas os outros seis haletos dos elementos no estado (+II) são conhecidos. Geralmente, são preparados por redução ou decomposição térmica de haletos superiores. Não são encontrados na forma de íons simples, mas na forma de clusters. $MoBr_2$ é na realidade $[Mo_6Br_8]Br_4 \cdot 2H_2O$, e todos os seis "dihaletos" apresentam a mesma estrutura, baseada num agregado $[M_6X_8]^{4+}$, com mais quatro íons haleto e duas moléculas de H_2O atuando como ligantes. Os seis átomos de metal da unidade $[M_6X_8]^{4+}$ se encontram nos vértices de um octaedro. Há fortes ligações M–M, e oito átomos de halogênio pontes que os interligam ocupando as oito faces triangulares do octaedro (Fig. 22.7). Assim, cada halogênio está ligado a três átomos do metal, sendo que cada um deles possui uma posição de coordenação desocupada. Assim, os átomos do metal na unidade $[M_6X_8]^{4+}$ podem se ligar aos quatro íons X^- remanescentes e duas moléculas de H_2O, ou qualquer outro doador adequado de elétrons, formando mais seis ligações coordenadas nos vértices do octaedro. Os seis ligantes nos vértices são lábeis e podem ser facilmente substituídos. Por exemplo, a adição de Cl^- leva à formação do cluster $[Mo_6Cl_{14}]^{2-}$. Por outro lado, os halogênios em ponte são substituídos muito lentamente. O baixo estado de oxidação do metal nesses clusters poderia sugerir que eles são facilmente oxidáveis. Porém, Mo_6Cl_8 só pode ser oxidado a $[Mo_6Cl_{12}]^{3+}$ (estado de oxidação formal de 2,5), enquanto $[W_6Cl_8]^{4+}$ é oxidado a $[W_6Cl_{12}]^{6+}$ (Fig. 21.4).

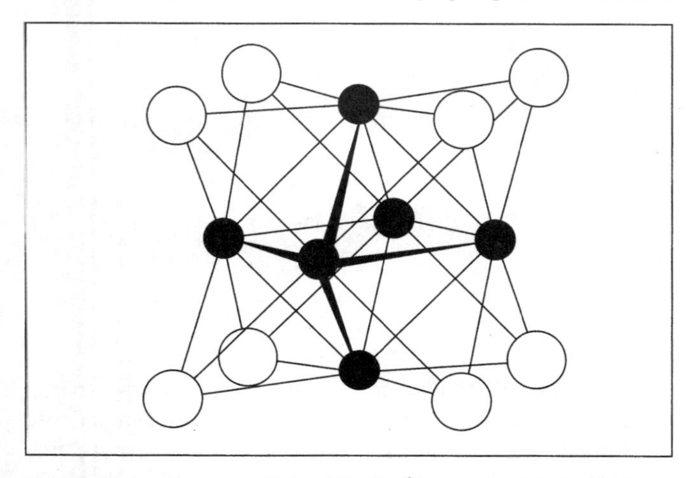

Figura 22.7 — Estrutura do íon $[Mo_6Br_8]^{4+}$, mostrando o agregado octaédrico M_6

As ligações nesses compostos não foram bem esclarecidas. Os compostos em questão são diamagnéticos; portanto, o Mo deve utilizar os seis elétrons externos d^5s^1 e o W os seis elétrons d^4s^2, para formar as ligações. Como há seis átomos de M, haverá 36 elétrons de valência. É provável que oito dos elétrons sejam utilizados para formar as ligações com os átomos de Cl sobre as faces, e quatro elétrons sejam transferidos para formar quatro íons X^-. Logo, restam 24 elétrons para formar ligações M–M ao longo das 12 arestas do octaedro M_6.

COMPOSTOS DOS ELEMENTOS NO ESTADO DE OXIDAÇÃO (+I)

Apesar do íon no estado de oxidação (+I) ter configuração d^5s^1, ele é raramente observado. Há dúvidas sobre a existência do íon Cr^+, exceto quando estabilizado num complexo. Por exemplo, o perclorato de tris(bipiridina)crômio(I), $[Cr(bipiridina)_3]^+ClO_4^-$, é conhecido. Mo e W formam compostos do tipo sanduíche, como $(C_6H_6)_2Mo^+$ e $C_5H_5MoC_6H_6$, onde o metal se encontra no estado (+I).

COMPOSTOS DOS ELEMENTOS NOS ESTADOS DE OXIDAÇÃO ZERO, (–I) E (–II)

O estado de oxidação zero pode ser encontrado em complexos carbonílicos, tais como $M(CO)_6$. Nesses compostos, os elétrons ligantes σ são doados pelo CO ao metal, mas ocorre a formação de ligações de retrodoação $d\pi$–$p\pi$ forte envolvendo os orbitais preenchidos do metal. Os três metais desse grupo formam complexos carbonílicos octaédricos desse tipo. São estáveis e podem ser sublimados à pressão reduzida, além de serem solúveis em solventes orgânicos. O complexo com bipiridina $[Cr(bipiridina)_3]$ também é octaédrico.

Em 1955, E.O. Fischer preparou o complexo (dibenzeno)crômio, $[Cr(\eta^6\text{-}C_6H_6)_2]$, que forma cristais castanho escuros. Sua estrutura é análoga à do ferroceno, embora ele seja muito mais sensível ao ar que o ferroceno. Nesse complexo, o Cr tem um número de coordenação igual a 12 e foi preparado como se segue:

$$3CrCl_3 + 2Al + AlCl_3 + 6C_6H_6 \rightarrow 3[Cr(\eta^6\text{-}C_6H_6)_2]^+ + 3[AlCl_4]^-$$

$$2[Cr(\eta^6\text{-}C_6H_6)_2]^+ + Na_2S_2O_4 + 4OH^- \rightarrow 2[Cr(\eta^6\text{-}C_6H_6)_2] + 2Na_2SO_3 + 2H_2O$$

Pode ser obtido também através de uma reação de Grignard:

$$CrCl_3 + 2C_6H_5MgBr \rightarrow [Cr(\eta^6\text{-}C_6H_6)_2]^+Cl^- + MgBr_2 + MgCl_2$$

Por suas pesquisas sobre esse e outros compostos organometálicos, Fischer recebeu o Prêmio Nobel de Química de 1973, juntamente com G. Wilkinson, que paralelamente realizou pesquisas sobre complexos com o ligante ciclopentadienila.

Os compostos $\eta^5\text{-}C_5H_5$ incluem complexos contendo somente um anel ciclopentadienil (complexos análogos podem ser formados com o anel benzênico). Por exemplo, complexos tricarbonil(benzeno) de Cr, Mo e W, como $[Cr(\eta^6\text{-}C_6H_6)(CO)_3]$, são sólidos amarelos, onde o metal apresenta número de coordenação igual a 9. Os complexos de benzeno são mais reativos e termicamente menos estáveis que os correspondentes complexos $\eta^5\text{-}C_5H_5$.

Os estados de oxidação mais baixos ocorrem em complexos carbonílicos tais como $[M_2(CO)_{10}]^{2-}$ e $[M(CO)_5]^{2-}$, onde o metal encontra-se, respectivamente, nos estados de oxidação (–I) e (–II).

CROMATOS, MOLIBDATOS E TUNGSTATOS

Os óxidos CrO_3, MoO_3 e WO_3 são fortemente ácidos, e se dissolvem em solução aquosa de NaOH formando os íons tetraédricos discretos cromato, CrO_4^{2-}, molibdato, MoO_4^{2-}, e tungstato, WO_4^{2-}.

$$CrO_3 + 2NaOH \rightarrow 2Na^+ + CrO_4^{2-} + H_2O$$

Os íons cromato, molibdato e tungstato podem ser encontrados tanto em solução como em sólidos. Os cromatos são agentes oxidantes fortes, mas os molibdatos e tungstatos são oxidantes muito fracos. Os molibdatos e tungstatos podem ser reduzidos para formarem os óxidos azuis.

A adição de ácido à soluções de cromato CrO_4^{2-} leva à formação do íon $HCrO_4^-$ e do íon dicromato, $Cr_2O_7^{2-}$ (laranja avermelhado), nos quais duas unidades tetraédricas se ligam compartilhando o átomo de oxigênio de um dos vértices (Fig. 22.8). $HCrO_4^-$ e $Cr_2O_7^{2-}$ existem em equilíbrio numa grande faixa de pH, que vai de 2 a 6.

CrO_3 pode ser precipitado de soluções muito ácidas (pH inferior a 1).

$$\underset{\text{amarelo}}{CrO_4^{2-}} \rightleftharpoons \underset{\text{laranja}}{Cr_2O_7^{2-}} \rightleftharpoons CrO_3$$

O composto de crômio mais importante é o $Na_2Cr_2O_7$, que é obtido numa das etapas de extração do crômio. Além da quantidade de dicromato produzida no processo de obtenção do crômio, em 1991, foram utilizadas 369.300 toneladas no curtimento de couros (obtenção dos chamados couros "crômio"), na "anodização" do alumínio e como agente oxidante. Há algumas evidências sobre a ocorrência de um maior grau de polimerização, levando a uma série mais restrita de policromatos. Até o momento, foram isolados e identificados o tricromato, $Cr_3O_{10}^{2-}$, e o tetracromato, $Cr_4O_{13}^{2-}$.

Quando soluções de molibdato e de tungstato são acidificadas, ocorrem reações de condensação e a formação de uma extensa série de polimolibdatos e de politungstatos. Abaixo de pH 1, ocorre a precipitação dos óxidos hidratados. $MoO_3 \cdot 2H_2O$ é amarelo e $WO_3 \cdot 2H_2O$ é branco. A formação de poliácidos é uma característica marcante da química do Mo e do W. Outros elementos de transição, como V, Nb, Ta e U, também tendem a formar poliácidos, mas em menor grau. Os poliânions contém unidades octaédricas MoO_6 ou WO_6, que se ligam uns aos outros de várias maneiras, compartilhando vértices e arestas, mas nunca faces. Os poliácidos de Mo e W são classificados em dois tipos principais:

1. Isopoliácidos: os ânions que se condensam são todos do mesmo tipo — por exemplo, todos são grupos MoO_6 ou WO_6.
2. Heteropoliácidos: dois ou mais tipos diferentes de ânions se condensam — por exemplo, grupos molibdato ou tungstato com grupos fosfato, silicato ou borato.

Os isopoliácidos de Mo e de W ainda não são inteiramente compreendidos. Seu estudo é muito difícil, porque o grau de hidratação e de protonação das espécies em solução não são conhecidos. O fato de um sólido poder ser cristalizado a partir de uma solução não implica, necessariamente, que tal íon tenha a mesma estrutura ou mesmo que esteja presente em solução. O primeiro passo no processo de formação de um poliácido, à medida que o pH é diminuído, deve ser o aumento do número de coordenação do Mo e do W de 4 para 6, mediante adição de moléculas de água. As relações entre as espécies estáveis, identificadas até o momento, são as seguintes:

$$\underset{\text{molibdato normal}}{[MoO_4]^{4-}} \xrightarrow{\text{pH 6}} \underset{\text{paramolibdato}}{[Mo_7O_{24}]^{6-}} \xrightarrow{\text{pH 1,5–2,9}}$$

$$\underset{\text{octamolibdato}}{[Mo_8O_{26}]^{4-}} \xrightarrow{\text{pH <1}} \underset{\text{óxido hidratado}}{MoO_3 \cdot 2H_2O}$$

As estruturas dos íons paramolibdato e octamolibdato foram confirmadas por estudos de cristalografia de raios X de seus sais cristalinos (Fig. 22.9).

Os conhecimentos atuais sobre a química dos tungstatos estão sumarizados abaixo:

$$\underset{\text{tungstato normal}}{[WO_2]^{2-}} \underset{OH^-}{\overset{\text{pH6–7 rápido}}{\rightleftharpoons}} \underset{\text{paratungstato A}}{[HW_6O_{21}]^{5-}} \overset{\text{lento}}{\rightleftharpoons} [W_{12}O_{41}]^{10-} \text{ ou } \underset{\text{paratungstato B}}{[W_{12}O_{36}(OH)_{10}]^{10-}}$$

$$\underset{\text{paratungstato A}}{[HW_6O_{21}]^{5-}} \xrightarrow{\text{pH = 3,3}} \underset{\psi\text{-metatungstato}}{[H_3W_6O_{21}]^{3-}} \xrightarrow{\text{pH < 1}} WO_3 \cdot 2H_2O$$

$$\underset{\text{paratungstato B}}{[W_{12}O_{36}(OH)_{10}]^{10-}} \xrightarrow{H^+} \underset{\text{metatungstato}}{[H_2W_{12}O_{40}]^{6-}}$$

Se uma solução de molibdato ou de tungstato for acidificada na presença de fosfato, silicato ou íons metálicos, formam-se hetero-poliíons. O segundo ânion fornece um centro em torno do qual se condensam os octaedros de MoO_6 ou WO_6, compartilhando átomos de oxigênio com outros

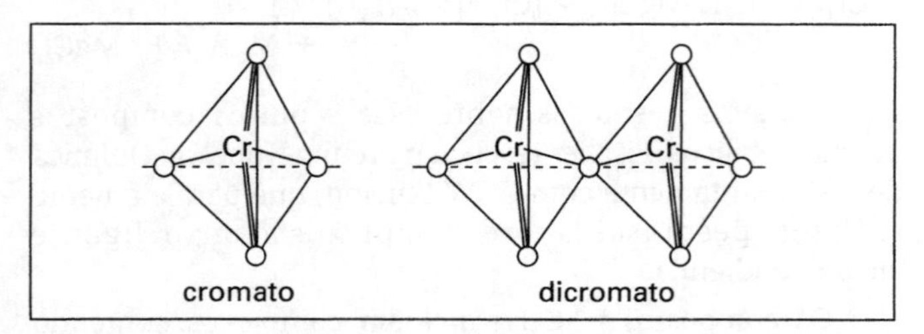

Figura 22.8 — Estrutura dos íons cromato e dicromato

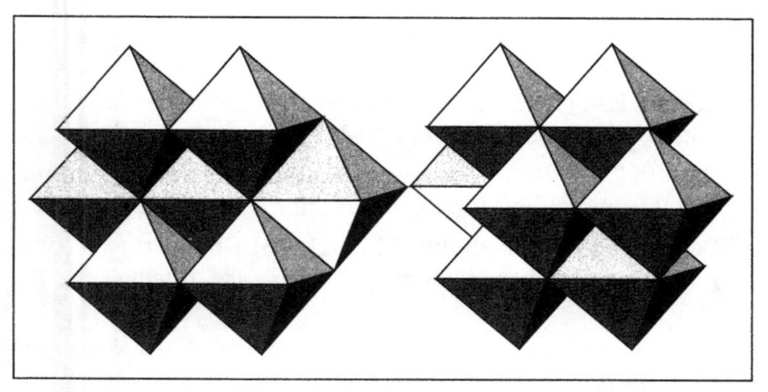

Figura 22.9 — Alguns íons molibdato (de Emeléus, H>J. e Sharpe, A.G., Modern Aspects of inorganic Chemistry, 4.ª edição, Routledge and Kegan Paul, 1973)

octaedros e com o grupo central. Freqüentemente, os grupos centrais são oxoânions tais como PO_4^{3-}, SiO_4^{4-} e BO_4^{3-}, mas outros elementos como Al, Ge, Sn, As, Sb, Se, Te, I e muitos dos elementos de transição podem servir como segundo grupo. A relação entre o número de unidades octaédricas MoO_6 e WO_6 e P, Si, B ou outro átomo central é usualmente de 12:1, 9:1 ou 6:1, embora possam ocorrer em outras proporções com menor freqüência. Um exemplo bem conhecido de formação de heteropoliácidos é o teste para fosfatos. Uma solução de fosfato é aquecida com molibdato de amônio e ácido nítrico, formando-se um precipitado amarelo de fosfomolibdato de amônio, $(NH_4)_3[PO_4 \cdot Mo_{12}O_{36}]$.

As estruturas de diversos heteropoliácidos já foram determinadas. Nos 12-heteropoliácidos, por exemplo no ácido 12-fosfotungstico, 12 unidades octaédricas WO_6 envolvem um PO_4 tetraédrico. Esse íon pode ser considerado como sendo formado por quatro grupos de três unidades WO_6 (Fig. 22.10).

Os 6-heteropoliácidos abrigam átomos centrais maiores, com número de coordenação 6. A disposição das seis unidades MoO_6, como mostrado na Fig. 22.11, cria uma cavidade central suficientemente grande para acomodar a unidade octaédrica do heteroátomo, como por exemplo no $K_6[TeMo_6O_{24}]$.

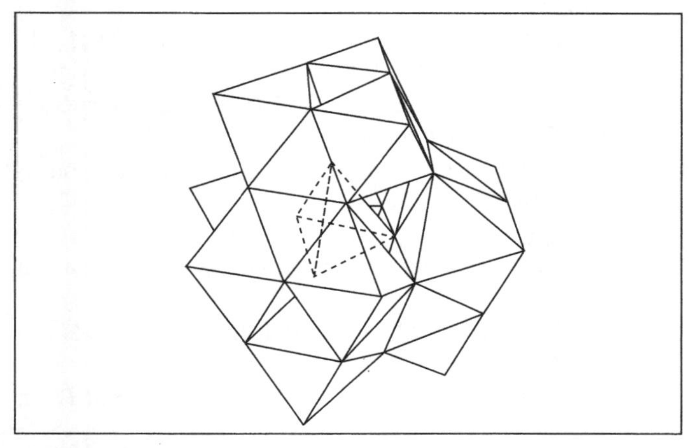

Figura 22.10 — Um 12-poliácido, por exemplo $H_3[PO_4 \cdot W_{12}O_{36}]$ (de Emeléus, HJ e Sharpe, A.G., Modern Aspects of inorganic Chemistrym 4.ª edição, Routledge and Kegan Paul, 1973

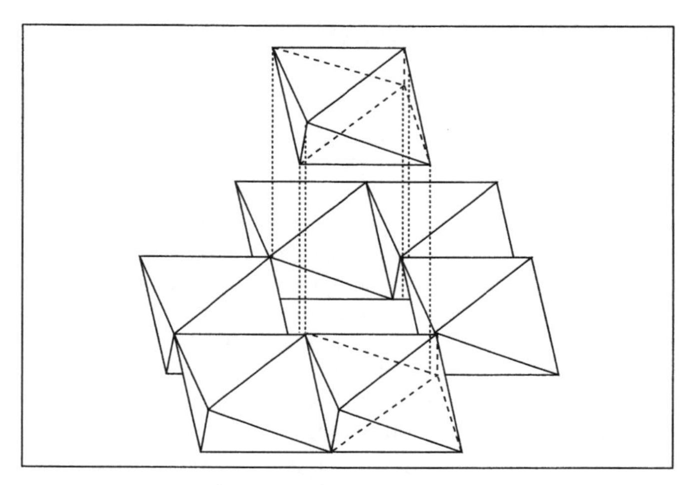

Figura 22.11 — Um 6-poliácido, por exemplo $K_6[TeMo_6O_{24}]$ (de Emeléus, H>J> e Sharpe, A.G., Modern Aspects of inorganic Chemistry, 4.ª edição, Routledge and Paul, 1973)

BRONZES DE TUNGSTÊNIO

Os bronzes de tungstênio foram obtidos inicialmente mediante o forte aquecimento de tungstato de sódio, Na_2WO_4, com WO_3 e H_2. Atualmente são obtidos por aquecimento do Na_2WO_4 com W metálico, onde são formados bronzes de tungstênio azuis, vermelhos, amarelos e púrpuras. São sólidos semimetálicos, brilhantes e condutores de eletricidade. São muito inertes, tanto ao ataque de ácidos como de bases fortes. São utilizados na obtenção de tintas "metálicas" e de "bronzes".

Bronzes de tungstênio são compostos não-estequiométricos de fórmula M_xWO_3, onde M pode ser Na, K, um metal do grupo 2 ou um lantanídeo, e onde x é sempre inferior a um. Os íons de Na^+ ou de outros metais ocupam posições intersticiais. A cor depende da proporção de M presente. No caso dos bronzes de sódio observa-se que: $x \sim 0{,}9$, amarelo ou dourado; $x \sim 0{,}7$ laranja; $x \sim 0{,}5$ vermelho; $x \sim 0{,}3$ preto azulado. A quantidade variável de Na^+ produz um retículo com defeitos, onde alguns dos sítios que deveriam estar ocupados por metais alcalinos permanecem vazios. Pode-se supor que para cada Na^+ removido do $NaWO_3$, um tungstênio passa de W(+V) para W(+VI). As propriedades dos bronzes de tungstênio são melhor explicados, supondo-se que todos os átomos de tungstênio estão no estado de oxidação (+VI). Os elétrons de valência dos metais alcalinos têm liberdade para se moverem através do retículo, levando à condução metálica. A condutividade diminui com o aumento da temperatura, como nos metais. Sua estrutura é constituída por unidades octaédricas WO_6 interligadas pelo compartilhamento de todos os seus vértices com outros octaedros. Nas Leituras Complementares podem ser encontrados mais detalhes sobre os bronzes de tungstênio.

O molibdênio também forma bronzes semelhantes aos do W, mas é necessário uma pressão elevada para obtê-los; e os compostos de Mo são menos estáveis. Isso pode ser devido à menor estabilidade do Mo(+V) comparado com o W(+V), ou por causa das diferenças em suas estruturas: é constituído por unidades octaédricas MoO_6 interligados tanto pelos vértices como pelas arestas. O lítio também forma bronzes, mas estes não conduzem a eletricidade.

IMPORTÂNCIA BIOLÓGICA

Quantidades traço de Cr e de Mo são necessários na dieta dos mamíferos. O Cr(+ III) e a insulina estão ambos envolvidos na manutenção do nível adequado de glicose no sangue. Em casos de deficiência de Cr, a velocidade de remoção da glicose do sangue é a metade da velocidade normal. Alguns casos de diabetes podem decorrer de problemas no metabolismo do Cr. Porém, o aspecto médico mais preocupante dos sais de Cr é o caráter cancerígeno dos mesmos, quando ingeridos ou em contato com a pele, em quantidades relativamente grandes. Compostos de Cr(VI), como os cromatos e dicromatos, são particularmente perigosos. Assim, devem ser tomadas precauções nas titulações com $K_2Cr_2O_7$ ou $KCrO_4$.

Mo está presente nas enzimas de bactérias fixadoras de nitrogênio (a quantidade de nitrogênio fixada biologicamente é calculada em 175 milhões de toneladas por ano; enquanto a quantidade de NH_3 obtido pelo processo Haber-Bosch e a destilação do carvão foi de 110 milhões de toneladas). A bactéria fixadora de nitrogênio mais importante é a *Rhizobium*, que contém a metaloenzima nitrogenase.

A nitrogenase é constituída por duas proteínas, molibdoferredoxina e azoferredoxina. A molibdoferredoxina é marrom, sensível ao ar, contém 2 átomos de Mo, 24–36 átomos de ferro e 24–36 átomos de S, associados a uma proteína, e sua massa molecular é de aproximadamente 225.000. A azoferredoxina é amarela, sensível ao ar, e é um derivado da ferredoxina, $Fe_4S_4(SR)_4$, com massa molecular na faixa de 50.000 a 70.000. O mecanismo exato do processo de fixação do nitrogênio ainda não é conhecido. Supõe-se que o N_2 se liga ao Mo da molibdoferredoxina (não se sabe se lateralmente ou pelas extremidades). Se o Mo estiver num estado de oxidação suficientemente baixo, provavelmente poderá se ligar ao orbital antiligante do N_2. Então, o Fe na azoferredoxina é reduzido pela ferredoxina livre, $Fe_4S_4(SR)_4$. Um elétron é transferido da azoferredoxina reduzida para a molibdoferredoxina, possivelmente com a participação do Fe; e finalmente, o elétron é transferido do Mo para o N_2. Ocorre, então, a adição de prótons e mais elétrons ao N_2, até eventualmente ocorrer a formação de NH_3. O adenosinatrifosfato, ATP, é necessário para fornecer a energia requerida no processo. A nitrogenase não é específica para a reação $N_2 \rightarrow NH_3$, mas também reduz alcinos a alcenos, bem como os cianetos.

LEITURAS COMPLEMENTARES

- Abel, E.W. e Stone, F.G. (1969, 1970) The chemistry of transition metal carbonyls, *Q. Rev. Chem. Soc.*, Parte I – Considerações estruturais, **23**, 325; Parte II – Síntese e reatividade, **24**, 498.
- Bevan, D.J.M. (1973) *Comprehensive Inorganic Chemistry*, Vol. 4 (Cap. 49: Compostos não-estequiométricos), Pergamon Press, Oxford.
- Burgmayer, S.J.N. e Stiefel, E.I. (1985) Molybdenum enzymes, *J. Chem. Ed.*, **62**, 943-953.
- Canterford, J.H. e Cotton, R. (1968) *Halides of the Second and Third Row Transition Elements*, Wiley, London.
- Canterford, J.H. e Cotton, R. (1969) *Halides of the First Row Transition Elements*, Wiley, London.
- Corbett, J.D. (1981) Extended metal-metal bonding in halides of the early transition metals, *Acc. Chem. Res.*, **14**, 239.
- Cotton, F.A. (1975) Compounds with multiple metal to metal bonds, *Chem. Soc. Rev.*, **4**, 27-53.
- Cotton, F.A. (1978) Discovering and understanding multiple metal to metal bonds, *Acc. Chem. Res.*, **11**, 225-232.
- Cotton, F. A. e Chisholm, M.H. (1978) Chemistry of compounds containing metal-metal bonds, *Acc. Chem. Res.*, **11**, 356-362.
- Coughlin, M. (ed.) (1980) *Molybdenum and Molybdenum-containing Enzymes*, Pergamon Press, Oxford.
- *Diatomic metals and metallic clusters* (Conferência do Faraday Symposia of the Royal Society of Chemistry, No. 14), Royal Society of Chemistry, London.
- Dilworth, J.R. e Lappert, M.F. (eds) (1983) *Some Recent Developments in the Chemistry of Chromium, Molybdenum and Tungsten*, Royal Society of Chemistry, Dalton Division. (Anais da conferência na University de Sussex)
- Emeléus, H. J. e Sharpe, A.G. (1973) *Modern Aspecis of Inorganic Chemistry*, 4ª ed. (Cap. 14 e 15: Complexos de metais de transição; Cap. 20: Carbonilas) Routledge and Kegan Paul, London.
- Greenwood, N.N. (1968) *Ionic Crystals, Lattice Defects and Non-Stoichiometry*, Butterworths, London. (Defeitos estruturais)
- Hagenmuller, P. (1973) *Comprehensive Inorgani Chemistry* Vol. 4 (Cap.50: Bronzes de tungstênio e de vanádio), Pergamon Press Oxford.
- Hudson, M. (1982) Tungsten: its sources, extraction and uses, *Chemistry in Britain*, **18**, 438-442.
- Hunt, C.B. (1977) Metallocenes - the first 25 years, *Education in Chemistry*, **14**, 110-113.
- Johnson, B.F.G. (ed.) (1980) *Transition Metal Clusters*, John Wiley, Chichester.
- Kepert, D.L. (1972) *The Early Transition Metals* (Cap. 4: Cr, Mo, W), Academic Press, London.
- Kepert, D.L. (1973) *Comprehensive Inorganic Chemistry*, Vol. 4 (Cap. 51: Isopoliânions e heteropoliânions), Pergamon Press, Oxford.
- Lewis, J. e Green, M.L. (eds) (1983) *Metal Clusters in Chemistry* (Anais da Royal Society Discussion Meeting, maio de 1982), The Society, London.
- Mitchell, P.C.H. (ed.) (1974) Chemistry and uses of molybdenum, *J. Less Common Metals*, **36**, 3 - 11.
- Pope, M.T. (1983) *Heteropoly and Isopoly Oxo Metalates*, Springer-Verlag. (Boa revisão sobre poliácidos)
- Richards R.L. (1979) Nitrogen fixation, *Education in Chemistry*, **16**, 66-69.
- Rollinson, C.L. (1973) *Comprehensive Inorganic Chemistry*, Vol. 3 (Cap. 36: Crômio, molibdênio e tungstênio), Pergamon Press, Oxford.
- Shriver, D.H., Kaesz, H.D. e Adams, R.D. (eds) (1990) *Chemistry of Metal Cluster Complexes*, VCH, New York.
- Templeton, J.L. (1979) Metal-metal bonds of order four, *Progr. Inorg. Chem.*, **26**, 211-300 .
- Toth, L.E. (1971) *Transition Metal Carbides and Nitrides*, Academic Press, London.

Grupo 7
O GRUPO DO MANGANÊS

INTRODUÇÃO

O manganês é produzido em quantidades muito grandes, e a maior parte encontra emprego na indústria do aço. Também são produzidas grandes quantidades de MnO_2, usado principalmente em "pilhas secas" e na indústria de cerâmica. $KMnO_4$ é um importante agente oxidante. Mn(+III) forma um acetato básico com uma estrutura pouco comum. O manganês tem importância biológica e é necessário na fotossíntese. Os elementos tecnécio e rênio raramente são encontrados. Eles diferem do manganês por terem uma química de cátions pobre, por seus estados de oxidação elevados serem muito mais estáveis, e por formarem agregados e compostos com ligações metal-metal nos estados de oxidação (+II), (+III) e (+IV).

ABUNDÂNCIA, OBTENÇÃO E USOS

O manganês é o décimo-segundo elemento mais abundante, em peso, na crosta terrestre, sendo extraído predominantemente como o minério pirolusita, MnO_2. É um material secundário que se originou da lixiviação do Mn de rochas ígneas, por águas alcalinas, e sua deposição como MnO_2. A produção mundial de minérios de manganês foi de 22,7 milhões de toneladas em 1992 (cerca de 9 milhões de toneladas em conteúdo de Mn). Os principais produtores são a ex-URSS 31%, China 25%, Brasil e África do Sul 11% cada um, Gabão 7%, Índia 6% e Austrália 5%. Atualmente, o Mn puro é obtido por eletrólise de soluções aquosas de $MnSO_4$ (antigamente o Mn era obtido por redução do MnO_2 ou Mn_3O_4 com Al, numa reação termita, mas a reação com MnO_2 era particularmente violenta). O metal puro tem poucas aplicações. 95% dos minérios de manganês produzidos são utilizados na indústria siderúrgica, para a produção de ligas. A mais importante delas é o ferro-manganês, que contém 80% de Mn. A produção mundial de ferro-manganês foi de 3,4 milhões de toneladas em 1991. O ferro-manganês é obtido pela redução de uma mistura apropriada de Fe_2O_3 e MnO_2 com carvão coque, num alto-forno, ou num forno de arco elétrico. Certa quantidade de calcário também é adicionada para remover as impurezas de silicato como escória de silicato de cálcio. Dentre as ligas com um conteúdo menor de Mn estão o ferro sílico-manganês (aproximadamente 65% Mn, 20% Si, 15% Fe), e o ferro "spiegel" ou de fundição especular, que é semelhante ao ferro fundido e contém de 5 a 25 % de Mn. O Mn é um aditivo importante na fabricação do aço. Atua como removedor de oxigênio e de enxofre, impedindo assim a formação de bolhas e torna-o menos quebradiço. A liga de aço obtida é muito dura (o aço Hadfield contém cerca de 13% de Mn e 1,25% de C. É muito resistente ao desgaste e ao choque, sendo utilizado em escavadeiras e britadeiras). Quantidades menores de Mn também são empregadas em ligas de metais não-ferrosos. Por exemplo, a "manganina" é uma liga contendo 84% de Cu, 12% de Mn e 4% de Ni. É largamente usada em instrumentos elétricos, porque sua resistência elétrica praticamente não varia com a temperatura.

O tecnécio não ocorre na natureza, tendo sido o primeiro elemento a ser obtido artificialmente. Todos os seus isótopos são radioativos, e só recentemente suas propriedades químicas foram estudadas. O ^{99}Tc é um dos produtos de fissão do urânio. É um emissor beta com uma meia-vida de $2,1\times10^5$ anos. É obtido em quantidades da ordem de quilogramas a partir de barras esgotadas de combustível de reatores de usinas termonucleares. Essas barras podem conter até 6% de Tc, mas devem ser armazenadas por vários anos, para permitir o decaimento radioativo das espécies de meia-vida curta. O Tc pode

Tabela 23.1 — Configurações eletrônicas e estados de oxidação

Elemento	Símbolo	Configuração eletrônica			Estados de oxidação*
Manganês	Mn	[Ar]	$3d^5 4s^2$	(−I)	0 (I) **II** (III) IV (V) (VI) VII
Tecnécio	Tc	[Kr]	$4d^5 5s^2$		0 (II) (III) **IV** (V) VI **VII**
Rênio	Re	[Xe]	$4f^{14} 5d^5 6s^2$		0 (I) (II) **III** **IV** (V) VI **VII**

* Os estados de oxidação mais importantes (geralmente os mais abundantes e estáveis) são mostrados em negrito. Outros estados bem caracterizados, mas menos importantes, são mostrados em tipo normal. Estados de oxidação instáveis, ou de existência duvidosa, são dados entre parênteses.

Tabela 23.2 — Abundância dos elementos na crosta terrestre, em peso

Elemento	ppm	Ordem de abundância relativa
Mn	1.060	12º
Tc	0	—
Re	0,0007	76º

ser extraído por oxidação a Tc_2O_7, que é volátil. Alternadamente, podem ser separadas em soluções por métodos de troca iônica e extração com solvente. O íon pertecnato, TcO_4^-, é formado quando Tc_2O_7 é dissolvido em água. Este pode ser cristalizado como pertecnato de amônio ou potássio. O pertecnato de amônio, NH_4TcO_4, pode ser reduzido com H_2 ao metal. O Tc metálico não tem utilidade prática. ^{97}Tc e ^{98}Tc podem ser obtidos pelo bombardeamento de Mo com nêutrons. Pequenas quantidades de compostos de tecnécio são às vezes injetadas em pacientes, para realizar exames radiográficos do fígado e de outros órgãos.

O rênio é um elemento muito raro e ocorre em pequenas quantidades em minérios de sulfeto de molibdênio. É recuperado da poeira resultante da calcinação desses minérios, na forma de Re_2O_7. Este é dissolvido em NaOH, formando uma solução contendo íons perrenato, ReO_4^-. Esta é concentrada e o rênio é precipitado como perrenato de potássio, $KReO_4$, por meio da adição de KCl. O metal Re é obtido pela redução de $KReO_4$ ou NH_4ReO_4 com hidrogênio. A produção mundial foi de apenas 32 toneladas em 1992, sendo a maior parte usada na fabricação de ligas Pt–Re. Estas são utilizadas como catalisadores na obtenção de combustíveis com baixo teor ou isentos de chumbo. Pequenas quantidades encontram emprego como catalisadores para reações de hidrogenação e desidrogenação. Por causa de seu ponto de fusão muito elevado (3.180 °C, vide Tab. 23.4) é usado em pares termoelétricos, espirais de fornos elétricos e filamentos de espectrômetros de massa.

ESTADOS DE OXIDAÇÃO

A configuração eletrônica dos elementos desse grupo é d^5s^2. O maior estado de oxidação possível é (+VII), quando todos os elétrons são utilizados para formar ligações. O Mn é o elemento que exibe a maior faixa de estados de oxidação, indo de (–III) a (+VII). O estado (+II) é o mais estável e mais comum, sendo o íon Mn^{2+} encontrado em sólidos, em solução e em complexos. Contudo, em meio alcalino, o íon Mn^{2+} é facilmente oxidado a MnO_2. O íon no estado de oxidação (+IV) é encontrado no principal minério de manganês, a pirolusita, MnO_2. O elemento no estado (+VII) é encontrado no $KMnO_4$, um dos agentes oxidantes mais fortes em solução, inclusive mais forte que o Cr(+VI) do grupo anterior. Mn(+III) e Mn(+VI) tendem a se desproporcionar. Os estados de oxidação inferiores são observados em carbonil-complexos e em carbonil-complexos substituídos.

Em contraste com o forte caráter oxidante do Mn(+VII), o estado (+VII) é o mais comum e mais estável no caso do Tc e do Re. Tc(+VII) e Re(+VII) são oxidantes muito fracos.

Tabela 23.3 — Óxidos e haletos

Estados de oxidação						
(+II)	(+III)	(+IV)	(+V)	(+VI)	(+VII)	Outros
MnO	Mn_2O_3	MnO_2	—	—	Mn_2O_7	Mn_3O_4
—	—	TcO_2	—	TcO_3	**Tc_2O_7**	
—	Re_2O_3^h	ReO_2	(Re_2O_5)	ReO_3	**Re_2O_7**	
MnF_2	MnF_3	MnF_4	—	—	—	
$MnCl_2$	—	—	—	—	—	
$MnBr_2$	—	—	—	—	—	
MnI_2	—	—	—	—	—	
—	—	—	TcF_5	**TcF_6**	—	
—	—	$TcCl_4$	—	($TcCl_6$?)	—	
—	—	—	—	—	—	
—	—	—	—	—	—	
—	—	ReF_4	ReF_5	ReF_6	**ReF_7**	
($ReCl_2$)	$ReCl_3$	**$ReCl_4$**	$ReCl_5$	($ReCl_6$?)	—	
($ReBr_2$)	$ReBr_3$	**$ReBr_4$**	$ReBr_5$	—	—	
(ReI_2)	ReI_3	**ReI_4**	—	—	—	

Os estados de oxidação mais importantes são mostrados em negrito e os instáveis, em parênteses. h= óxido hidratado

Compostos no estado de oxidação (+VI) tendem a se desproporcionar e não são muito conhecidos. Por outro lado, muitos compostos de Tc e Re nos estados (+V) e (+IV) são conhecidos. Re(+III) também é estável e seus haletos formam "clusters" com ligações metal-metal. Compostos de rênio com o metal no estado (+II) ou inferiores são fortemente redutores e raros.

Assim, descendo pelo grupo, há um aumento de estabilidade das espécies nos estado de oxidação mais elevado e um decréscimo na estabilidade dos estados inferiores. A estabilidade relativa dos elementos nos vários estados de oxidação é mostrada na Tab. 23.3. A tendência dos íons se desproporcionarem podem ser inferidas analisando-se seus potenciais de redução.

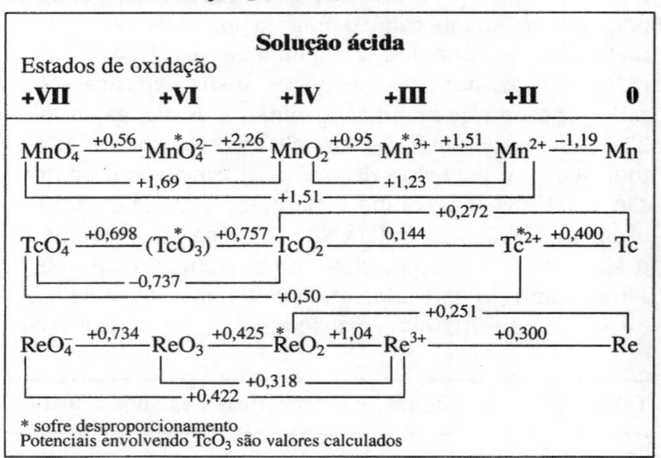

PROPRIEDADES GERAIS

O Mn é mais reativo que seus vizinhos na tabela periódica. Reage lentamente com H_2O, liberando H_2, e se dissolve prontamente em ácidos diluídos. O metal finamente dividido é pirofórico quando exposto ao ar, mas o metal maciço não reage a não ser quando aquecido. Se fortemente

Tabela 23.4 — Algumas propriedades físicas

	Raio covalente (Å)	Raio iônico M^{2+} (Å)	Raio iônico M^{3+} (Å)	Ponto de fusão (°C)	Ponto de ebulição (°C)	Densidade ($g\ cm^{-3}$)	Eletronegatividade de Pauling
Mn	1,22	0,67[a]	0,645[a] 0,58[b]	1.244	2.060	7,43	1,5
Tc	1,34	–	—	2.200	4.567	11,50	1,9
Re	1,34	–	—	3.180	5.650	21,00	1,9

a = spin alto b = spin baixo

aquecido, o metal maciço reage com muitos não-metais, como O_2, N_2, Cl_2 e F_2, formando Mn_3O_4, Mn_3N_2, $MnCl_2$ e uma mistura de MnF_2 e MnF_3. O ponto de fusão do metal é bem menor que dos elementos mais leves da primeira série de transição, Ti, V e Cr. Curiosamente, o metal pode ser encontrado em quatro formas diferentes (α ou cúbico de corpo centrado, cúbico compacto, β e χ). A forma α é estável à temperatura ambiente e tem uma estrutura cúbica de corpo centrado (vide Capítulo 5).

Os metais Tc e Re são menos reativos que o Mn. Eles não reagem com H_2O, nem com ácidos não-oxidantes. Assim, não se dissolvem em HCl ou HF, mas reagem com ácidos oxidantes como HNO_3 e H_2SO_4 concentrados, formando, respectivamente, os ácidos pertecnécico, $HTcO_4$, e perrênico, $HReO_4$ (não se trata da reação típica entre ácido e metal, com formação de sal e liberação de H_2. Por exemplo, no HNO_3 concentrado, o íon NO_3^- é um oxidante mais forte que H_3O^+, e há liberação de NO_2). Tc e Re reagem de modo semelhante com H_2O_2 e água de bromo. Os metais maciços perdem o brilho (oxidam-se) lentamente em ar úmido, mas os metais pulverizados são mais reativos. O aquecimento desses elementos com O_2 leva à formação de Tc_2O_7 e Re_2O_7, que possuem pontos de fusão baixos (119,5 °C e 300 °C, respectivamente) e são voláteis. O aquecimento com F_2 leva à formação de TcF_5 e TcF_6, e ReF_6 e ReF_7.

Muitos compostos iônicos de Mn (por exemplo compostos com os íons Mn^{2+}, Mn^{3+}, MnO_4^{2-} e MnO_4^-), são conhecidos. Em contraste, a química do Tc e do Re, em meio aquoso, é dominada pelos oxoíons TcO_4^- e ReO_4^-. Os elementos Tc e Re possuem uma tendência acentuada de formarem ligações metal-metal, quando em estados de oxidação baixos, ou seja, (+II), (+III) e (+IV).

Em pequeníssimas quantidades, o manganês é essencial para o crescimento de plantas e animais, sendo por isso, adicionado sob a forma de $MnSO_4$, em fertilizantes.

Tabela 23.5 — Algumas reações do manganês e do rênio

Reagente	Mn	Re
N_2	Forma-se Mn_3N_2 a 1.200°C	Não reage
C	Mn_3C	Não reage
H_2O	$Mn^{2+} + H_2$	Não reage
ácido diluído	$Mn^{2+} + H_2$	Não reage
ácido concentrado	$Mn^{2+} + H_2$	Dissolução lenta
halogênios	MnX_2 e MnF_3	ReF_6, $ReCl_5$, $ReBr_3$
S	MnS	ReS_2
O_2	Mn_3O_4	Re_2O_7

O caráter básico de qualquer elemento muda em função de seu estado de oxidação. As espécies em estados de oxidação mais baixos são mais básicos, enquanto que as espécies em estados de oxidação mais elevados são mais ácidos. MnO e Mn_2O_3 são óxidos básicos e iônicos. MnO_2 é anfótero, mas íons Mn^{4+} simples não podem ser encontrados. Mn(+V) é raro. Os compostos de Mn(+VI) são representados pelos manganatos, como $Na_2[MnO_4]$. Este pode ser considerado um sal do óxido ácido instável MnO_3, que não existe no estado livre. O íon Mn(+VII) ocorre no Mn_2O_7, que é um óxido fortemente ácido. O ácido correspondente, o ácido permangânico, $HMNO_4$, é um ácido muito forte.

Quase todos os compostos de manganês são coloridos. O íon Mn^{2+} é rosa pálido e o MnO_2 é preto, por causa das transições *d–d*. O íon no estado de oxidação (+VII) tem configuração d^0 e seus compostos deveriam ser incolores. Todavia, enquanto os perrenatos (ReO_4^-, contendo Re(+VII)) são incolores, os permanganatos (MnO_4^-, contendo Mn(+VII)) são intensamente coloridos. A cor púrpura escura decorre de transições de transferência de carga.

O manganês se assemelha ao ferro em suas propriedades físicas e químicas. O metal é mais duro e mais quebradiço que o ferro, mas funde a uma temperatura inferior (Mn = 1.244 °C, Fe = 1.535 °C). Geralmente, os três metais Mn, Tc e Re são obtidos na forma de um pó acinzentado, mas na forma maciça eles se parecem com a platina. O rênio metálico tem o segundo ponto de fusão mais alto de todos os metais (W = 3.380 °C, Re = 3.180 °C).

O manganês é bastante eletropositivo e se dissolve em ácidos não-oxidantes diluídos, a frio. À temperatura ambiente, não é muito reativo frente a não-metais, mas reage mais rapidamente quando aquecido.

O Mn é muito mais reativo que o Re. Um comportamento semelhante é observado em grupos adjacentes: Cr é mais reativo que W, e Fe é mais reativo que Os. Essa tendência de decréscimo no caráter eletropositivo é o oposto da tendência normal observada nos grupos representativos da tabela periódica. Além disso, o Re tende a alcançar estados de oxidação mais elevado que o Mn quando reagem com o mesmo elemento. A Tab. 23.5 apresenta uma comparação entre algumas das reações do Mn e do Re.

Os elementos do grupo 7 possuem sete elétrons de valência, mas a semelhança com os elementos do Grupo 17, os halogênios, é mínima, exceto nos estado de oxidação mais elevado. Por exemplo, Mn_2O_7 e Cl_2O_7 podem ser comparados; MnO_4^- e ClO_4^- são isomorfos e têm solubilidades semelhantes; e IO_4^- e ReO_4^- são muito similares. Há semelhanças mais nítidas entre o Mn e seus vizinhos Cr e Fe. Os cromatos, CrO_4^{2-}, manganatos, MnO_4^{2-}, e ferratos, FeO_4^{2-}, são semelhantes entre si. As solubilidades dos óxidos inferiores também são semelhantes, o que explica o fato do ferro e do manganês serem encontrados associados.

COMPOSTOS DOS ELEMENTOS EM ESTADOS DE OXIDAÇÃO INFERIORES

O elemento no estado de oxidação (–I) pode ser encontrado no composto carbonílico aniônico, $[Mn(CO)_5]^-$. As carbonilas, $[Mn_2(CO)_{10}]$ e $[Re_2(CO)_{10}]$, e o complexo

$K_6[Mn(CN)_6] \cdot 2NH_3$, que é instável e fortemente redutor, contêm o elemento na valência zero.

Mn(+I) e Re(+I) são obtidos com dificuldade e são fortemente redutores.

$$K_3[Mn^{III}(CN)_6] \xrightarrow{\text{K em amônia líquida}} K_5[Mn^{I}(CN)_6]$$
$$[Re_2(CO)_{10}] \xrightarrow{\text{Cl}_2\text{ sob pressão}} 2[Re^{I}(CO)_5Cl]$$

O cianocomplexo $Na_5[Mn^{I}(CN)_6]$ pode ser obtido dissolvendo-se Mn em pó numa solução aquosa de NaCN, na ausência total de ar.

COMPOSTOS DOS ELEMENTOS NO ESTADO DE OXIDAÇÃO (+II)

Sais de Mn(+II) (sais manganosos) podem ser preparados facilmente a partir de MnO_2.

$$MnO_2 + 4HCl \rightarrow MnCl_2 + Cl_2 + 2H_2O$$
$$2MnO_2 + 2H_2SO_4 \rightarrow 2MnSO_4 + O_2 + 2H_2O$$

A maioria dos sais manganosos se dissolve em água, formando o íon Mn^{2+} hidratado, mas $Mn_3(PO_4)_2$ e $MnCO_3$ são pouco solúveis. Os íons $[Mn(H_2O)_6]^{2+}$ apresentam coloração rosa. Também se formam quando o metal é dissolvido em ácido, ou quando seus compostos, em estados de oxidação superiores, são reduzidos. Pequenas quantidades de $MnSO_4$ são adicionadas a fertilizantes, pois Mn é um elemento essencial (micronutriente) para as plantas. A adição de NaOH ou NH_4OH a uma solução de íons Mn^{2+} forma um precipitado gelatinoso rosa pálido de $Mn(OH)_2$, que se torna marrom escuro à medida que se oxida a MnO_2. Pode-se inferir a partir de uma rápida inspeção dos potenciais padrão de eletrodo, que essa reação não pode ocorrer em meio ácido, mas deve ocorrer facilmente em meio alcalino.

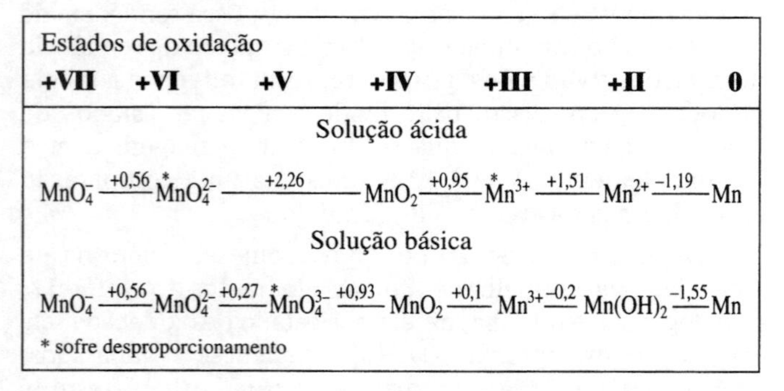

Estados de oxidação

+VII +VI +V +IV +III +II 0

Solução ácida

$$MnO_4^- \xrightarrow{+0,56} \overset{*}{Mn}O_4^{2-} \xrightarrow{+2,26} MnO_2 \xrightarrow{+0,95} \overset{*}{Mn}{}^{3+} \xrightarrow{+1,51} Mn^{2+} \xrightarrow{-1,19} Mn$$

Solução básica

$$MnO_4^- \xrightarrow{+0,56} MnO_4^{2-} \xrightarrow{+0,27} \overset{*}{Mn}O_4^{3-} \xrightarrow{+0,93} MnO_2 \xrightarrow{+0,1} Mn^{3+} \xrightarrow{-0,2} Mn(OH)_2 \xrightarrow{-1,55} Mn$$

* sofre desproporcionamento

O íon Mn^{2+} possui configuração eletrônica $3d^5$, que corresponde a um nível *d* semipreenchido. Assim, ele é mais estável que outros íons divalentes de metais de transição, sendo mais difícil de oxidar que os íons Cr^{2+} ou Fe^{2+}. A maioria dos complexos de Mn(+II) é octaédrica, de spin alto com cinco elétrons desemparelhados (Fig. 23.1). Esse arranjo de elétrons leva a uma energia de estabilização de campo cristalino igual a zero (vide Capítulo 7). Portanto, complexos tais como $[Mn(NH_3)_6]^{2+}$ e $[MnCl_6]^{4-}$ não são estáveis, exceto em solução. Complexos com ligantes quelantes são mais estáveis, e $[Mn(\text{etilenodiamina})_3]^{2+}$, $[Mn(\text{oxalato})_3]^{4-}$ e $[Mn(\text{edta})]^{4-}$ podem ser isolados como sólidos.

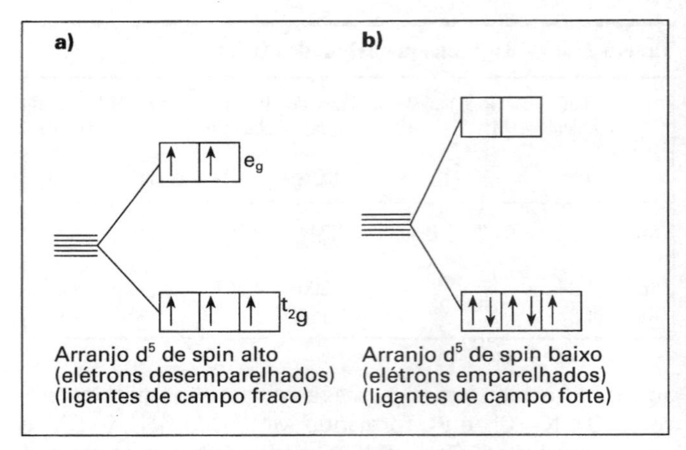

***Figura 23.1** — Arranjos de spin-alto e spin-baixo num campo cristalino octaédrico*

Todos esses complexos têm cores muito pouco intensas, pois as transições *d–d*, em complexos d^5 de spin alto, requerem não somente a promoção de um elétron de um nível t_{2g} para um nível e_g, mas também a inversão de seu spin. A regra de seleção de spins estabelece que durante uma transição eletrônica o spin do elétron deve permanecer inalterado. A regra não é rigorosamente obedecida, mas a probabilidade de uma transição com mudança de spin ocorrer é baixa. Assim, tais transições são denominadas *transições proibidas por spin*. Em conseqüência da baixíssima probabilidade de ocorrer uma transição desse tipo, a intensidade da cor é de apenas um centésimo daquela observada na maioria dos compostos que exibem *transições permitidas por spin* (deve-se lembrar ainda que todas as transições *d–d* são proibidas pela regra de Laporte, que estabelece que durante uma transição eletrônica a variação do número quântico secundário *l* deve ser igual a ± 1. Logo, transições $s \rightarrow p$ e $p \rightarrow d$ são permitidas, mas as transições $d \rightarrow d$ são proibidas. Essa regra de seleção é menos restritiva, já que pode ser relaxada pelo abaixamento de simetria, pela combinação de orbitais, ou pelo movimento térmico dos ligantes. Esses aspectos serão discutidos no Capítulo 32). No Capítulo 7, foram apresentados os detalhes sobre o desdobramento dos orbitais *d* pelo campo cristalino.

Ligantes de campo forte podem forçar o emparelhamento dos elétrons, formando complexos de *spin baixo*. O único complexo de Mn comum, de spin baixo, é o $[Mn(CN)_6]^{4-}$, que possui apenas um elétron desemparelhado (Fig. 23.1). $K_4[Mn(CN)_6] \cdot 3H_2O$ é azul e tem a mesma estrutura do $K_4[Fe(CN)_6]$. Analogamente, os complexos $[Mn(CNR)_6]^{2+}$ e $[Mn(CN)_5 \cdot (NO)]^{3-}$ também apresentam uma configuração no qual os elétrons apresentam spins emparelhados ou configuração de spin baixo, com apenas um elétron desemparelhado. A configuração de spin baixo é um pouco mais estável que a configuração de spin alto. No primeiro caso, a energia de estabilização do campo cristalino é cinco vezes Δ_o, pois cinco elétrons estão ocupando os orbitais t_{2g}. Ela é parcialmente cancelada pela energia necessária para o emparelhamento de dois pares de elétrons. Os complexos de spin baixo são menos reativos. Todavia, podem ser facilmente oxidados, pois a remoção de um elétron diminui em uma unidade a energia necessária para o emparelhamento dos elétrons, fazendo com que a energia de estabilização do campo cristalino decresça muito pouco.

Esses complexos também podem ser facilmente reduzidos, já que a adição de um elétron preenche completamente (simetricamente) os orbitais.

$$[Mn^{I}(CN)_6]^{5-} \xleftarrow{\text{Zn, redução}} [Mn^{II}(CN)_6]^{4-} \xrightarrow{\text{ar, oxidação}} [Mn^{III}(CN)_6]^{3-}$$

Em complexos d^5 de spin baixo, as transições eletrônicas *d–d* são *permitidas por spin* e os compostos tendem a ser fortemente coloridos.

Também são conhecidos alguns poucos exemplos de complexos quadrado-planares, como a ftalocianina de Mn e o $MnSO_4 \cdot 5H_2O$, que contém unidades $[Mn(H_2O)_4]^{2+}$ quadrado-planares. Os complexos com haletos $[MnCl_4]^{2-}$, $[MnBr_4]^{2-}$ e $[MnI_4]^{2-}$ são tetraédricos e verde amarelados. Em solução, duas moléculas de água ou dois íons haleto são adicionados, formando complexos octaédricos, de coloração rosa. Esses octaedros podem se polimerizar através da formações de ligações em que íons haleto atuam como ligantes pontes.

Re(+ II) não é iônico e somente é encontrado em alguns poucos complexos, tais como $[Re(piridina)_2Cl_2]$. Este composto foi resolvido nos isômeros *cis* e *trans*, provando assim que sua estrutura é quadrado-planar e não tetraédrica.

COMPOSTOS DOS ELEMENTOS NO ESTADO DE OXIDAÇÃO (+ III)

Mn_3O_4 é um sólido preto e é o óxido mais estável a altas temperaturas. É formado quando qualquer óxido ou hidróxido de manganês é aquecido a 1.000 °C. Contém tanto Mn(+ II) como Mn(+ III), isto é, sua fórmula é na verdade $(Mn^{II}Mn^{III}{}_2O_4)$, e tem a estrutura do espinélio. Os átomos de O formam uma estrutura de empacotamento compacto, onde íons Mn(+ III) ocupam os interstícios octaédricos e íons Mn(+ II) ocupam os interstícios tetraédricos.

O íon mangânico hidratado, $[Mn(H_2O)_6]^{3+}$, pode ser obtido em solução por eletrólise, pela oxidação de Mn^{2+} com peroxodissulfato de potássio, $K_2S_2O_8$, ou pela redução de MnO_4^-. Não pode ser obtido em concentrações elevadas, em parte porque a água reduz Mn^{3+} ao íon mais estável Mn^{2+} (cuja estabilidade é aumentada por causa da configuração d^5). Mn^{3+} se desproporciona em meio ácido (vide os potenciais padrão de redução). Um número reduzido de sais de Mn^{3+}, por exemplo, MnF_3, $Mn_2(SO_4)_3$, e o óxido Mn_2O_3, são conhecidos. Esses compostos sofrem desproporcionamento em meio ácido e hidrólise em água:

$$2Mn^{3+} + 2H_2O \xrightarrow{\text{ácido}} Mn^{2+} + Mn^{IV}O_2 + 4H^+$$
$$Mn^{3+} + 2H_2O \rightarrow MnO \cdot OH + 3H^+$$

Os complexos de Mn(+ III) são estáveis em meio aquoso. A maioria deles é octaédrica e de spin alto, com momentos magnéticos próximos ao valor esperado de 4,90 MB, considerando-se a aproximação de "spin only", para quatro elétrons desemparelhados. Podem ser citados o $[Mn(H_2O)_6]^{3+}$, que ocorre em alúmens como o $Cs^{I}Mn^{III}(SO_4)_2 \cdot 12H_2O$, e o complexo com acetilacetona $[Mn(acac)_3]$, cuja estrutura cristalina é um octaedro um pouco distorcido. O teorema de Jahn-Teller prevê uma pequena distorção da estrutura ideal, pois a estrutura eletrônica do íon metálico é $(t_{2g})^3(e_g)^1$, e o nível e_g não está preenchido simetricamente. A distorção é semelhante à encontrada em complexos de Cr^{2+} e de Cu^{2+}. O complexo com oxalato, $[Mn^{III}(oxalato)_3]^{3-}$, pode formar-se durante as titulações de oxalato com permanganato. Isso provocaria erros na determinação analítica, que se baseia na redução de MnO_4^- a Mn^{2+}. Por isso, as titulações são efetuadas a 60 °C, para decompor o complexo com o oxalato, que é termicamente instável.

O complexo $K_3[Mn^{III}(CN)_6]$ é formado quando se borbulha ar numa solução contendo Mn^{2+} e KCN. Como o CN^- atua como um ligante de campo forte, provoca o emparelhamento dos elétrons, e o complexo é de spin baixo, cuja configuração eletrônica é $(t_{2g})^4(e_g)^0$. O nível e_g está simetricamente preenchido e o complexo tem estrutura octaédrica regular, como esperado.

Quando o Mn^{2+} é oxidado com $KMnO_4$, em ácido acético glacial, forma-se um acetato básico de manganês bastante incomum. É um sólido castanho avermelhado intenso, de fórmula $[Mn_3O(CH_3COO)_6{}^+ [CH_3 \cdot COO]^-$, usado industrialmente na oxidação de tolueno $C_6H_5 \cdot CH_3$ a fenol, C_6H_5OH. Também é capaz de oxidar alcenos a lactonas, além de ser usado como matéria-prima para a obtenção de muitos compostos de Mn(+ III). Sua estrutura é pouco comum e consiste de um triângulo com três átomos de Mn nos vértices e um átomo de O no centro. Os seis grupos acetato atuam como pontes entre os átomos de Mn — dois grupos ao longo de cada aresta do triângulo. Assim, cada átomo de Mn está ligado a quatro grupos acetato e ao O central, sendo a sexta posição do octaedro ocupada por uma molécula de água ou de outro ligante, levando ao composto $[Mn_3O(CH_3COO)_6L_3]^+$. Esse tipo de complexo com carboxilatos é formado pelos íons trivalentes de Cr, Mn, Fe, Ru, Rh e Ir. A mesma reação descrita acima em ácido sulfúrico leva a formação de uma solução vermelha intensa. Supõe-se que ela contenha um íon complexo análogo, com grupos sulfato, SO_4^{2-}, atuando como ligantes pontes. Essa solução é tão fortemente oxidante quanto o $KMnO_4$ e já foi usada como um agente oxidante alternativo.

Complexos de Mn(+ III) e Mn(+ IV) participam do processo de formação de O_2 durante a fotossíntese.

O íon Tc(+ III) é instável, mas $Re_2O_3 \cdot (H_2O)_n$ e os haletos mais pesados são conhecidos. Os haletos são na realidade trímeros: $(ReCl_3)_3$ e $(ReBr_3)_3$ são sólidos vermelho escuros, e $(ReI_3)_3$ é preto. Sua estrutura consiste de um cluster, no

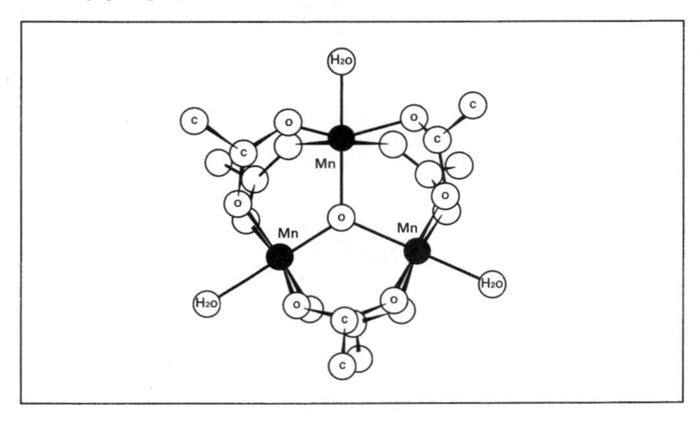

***Figura 23.2** — Estrutura do $[Mn_3O(CH_3COO)_6(H_2O)_3]^+$*

qual três átomos de Re formam um triângulo equilátero (formalmente, com ligações duplas entre os mesmos). Três átomos de halogênio atuam como ligantes pontes ao longo das arestas do triângulo. Os seis átomos de halogênio restantes estão coordenados aos átomos de Re (dois para cada átomo). Uma unidade isolada de Re_3X_9 é mostrada na Fig. 23.3a. Porém, ainda há uma posição de coordenação não ocupada em cada átomo de Re, assinalada por L. No sólido, essa posição é preenchida por íons haleto ponte, que ligam as unidades Re_3X_9 entre si, formando um polímero (Fig. 23.3b). O trímero é muito estável, com distâncias Re–Re de 2,48 Å. Essa estrutura é mantida mesmo na fase gasosa, a 600 °C. Essa estrutura é a base da estrutura de muitos complexos de Re(+III), nos quais grupos L adicionais estão ligados à unidade Re_3X_9 (Fig. 23.3c).

A explicação mais simples para as duplas ligações entre os átomos de Re é a presença, em cada átomo de Re, de nove orbitais atômicos disponíveis para formar ligações (cinco orbitais *d*, um orbital *s* e três orbitais *p*): O metal é

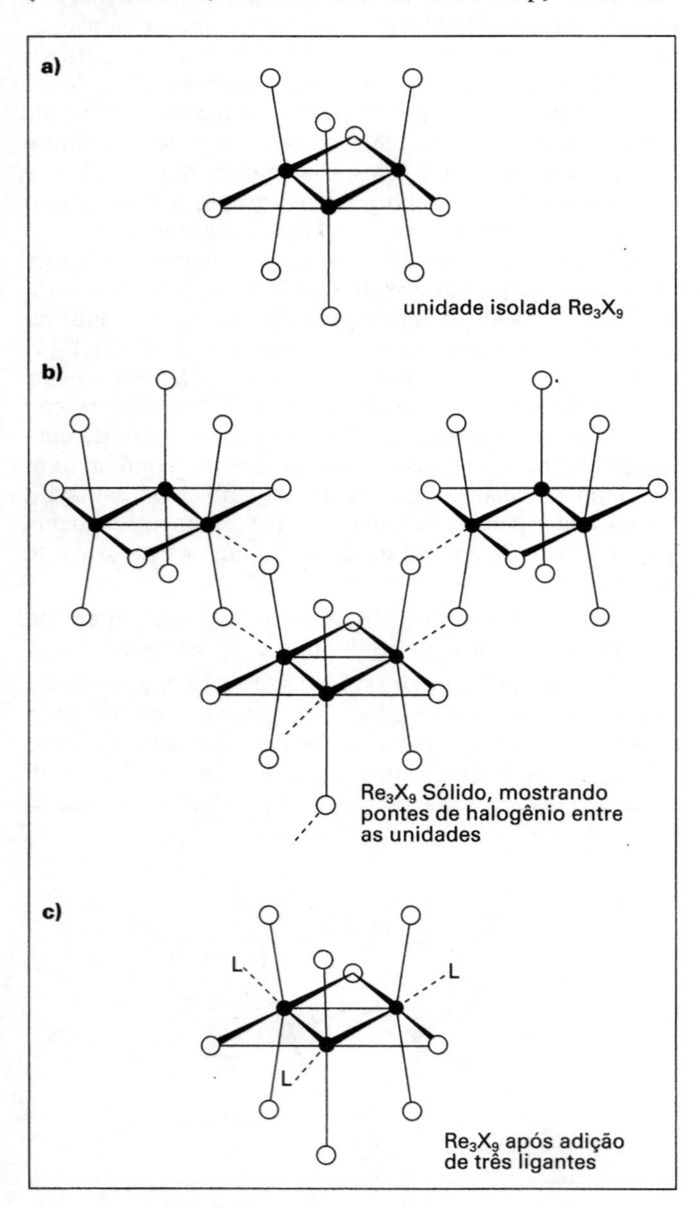

***Figura 23.3** — Várias estruturas para o Re_3X_9*

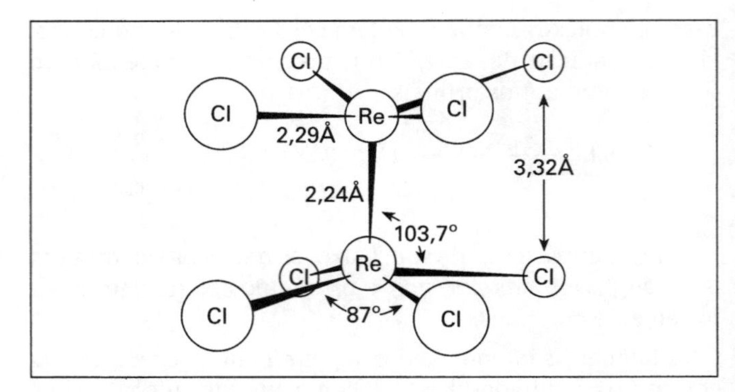

***Figura 23.4** — A estrutura do íon $[Re_2Cl_8]^{2-}$*

rodeado por cinco ligantes, restando quatro orbitais para formar tais ligações. Supondo-se que esses orbitais não utilizados sejam orbitais *d* puros ou tenham caráter predominantemente *d*, existirão no total doze orbitais atômicos para formar as ligações Re–Re. Se eles estiverem deslocalizados sobre os três átomos, haverá seis OMs ligantes e seis OMs antiligantes. O íon Re(+III) tem configuração d^4. Logo, os 12 elétrons podem ocupar os seis OMs ligantes, o que corresponde a três ligações duplas entre os três átomos de Re no cluster. Como todos os elétrons estão emparelhados, esses compostos devem ser diamagnéticos. Esse fato foi comprovado experimentalmente.

Se Re_3Cl_9 ou Re_3Br_9 forem dissolvidos em HCl ou HBr concentrados, pode haver a adição de um, dois ou três íons haletos à unidade isolada Re_3X_9. Assim, complexos tais como $K^+[Re_3Br_{10}]^-$, $K^+{}_2[Re_3Br_{11}]^{2-}$ e $K^+{}_3[Re_3Br_{12}]^{3-}$, podem ser obtidos a partir dessas soluções. Também é possível obter o cluster $[Re_3X_9 \cdot 3H_2O]$. Os ligantes adicionais L são mais lábeis, isto é, mais reativos que os haletos em ponte.

Um tipo completamente diferente de complexo com haletos é formado quando os perrenatos são reduzidos com H_2 ou hipofosfito de sódio, NaH_2PO_2, em solução ácida. Nesse caso, são obtidas as unidades diméricas $[Re_2Cl_8]^{2-}$ ou $[Re_2Br_8]^{2-}$, que são isoestruturais ao $[Mo_2Cl_8]^{4-}$. Elas são constituídas por duas unidades ReX_4, aproximadamente quadrado-planares, unidas por uma ligação Re–Re de 2,24 Å de comprimento (Fig. 23.4).

A ligação metal-metal é muito curta e interpretada como sendo uma ligação quádrupla. Se a ligação Re–Re estiver sobre o eixo *z*, a unidade quadrado planar ReX_4 utiliza os orbitais *s*, p_x, p_y e $d_{x^2-y^2}$ para formar as ligações σ com os ligantes X. A ligação s entre os dois átomos de Re será formada pelos orbitais p_z e d_{z^2}, que se situam ao longo desse eixo. Na conformação eclipsada, os orbitais d_{xz} e d_{yz} nos dois átomos de Re interagem lateralmente, formando duas ligações π. Finalmente, os orbitais d_{xy} situados nos dois planos ReX_4 se combinam, dando origem a uma ligação δ.

COMPOSTOS DOS ELEMENTOS NO ESTADO DE OXIDAÇÃO (+IV)

São conhecidos pouquíssimos compostos de Mn(+IV). Contudo, o MnO_2 é o óxido mais importante desse grupo, tendo inclusive importância comercial. Não é o óxido estável, já que é um agente oxidante, e se decompõe a Mn_3O_4, mediante aquecimento a 530 °C. MnO_2 ocorre na natureza como o mineral preto pirolusita. Tem a estrutura do rutilo, a qual é adotada por muitos outros óxidos de fórmula MO_2. O composto pode ser obtido como se segue:

1) Por aquecimento de Mn em atmosfera de O_2.
2) Oxidando-se Mn^{2+}, por exemplo, aquecendo-se $Mn(NO_3)_2 \cdot 6H_2O$ ao ar.
3) MnO_2 muito puro pode ser obtido pela oxidação eletrolítica de $Mn^{II}SO_4$.
4) No laboratório, ocorre precipitação de MnO_2 quando se efetua titulações com permanganato em meio alcalino.

$$MnO_4^- + 2H_2O + 3e \rightarrow MnO_2 + 4OH^- \qquad E^o = 1{,}23\ V$$

MnO_2 hidratado apresenta uma pequena capacidade de troca-iônica, e quando desidratado perde uma parte dos átomos de oxigênio na forma de O_2, formando um produto não-estequiométrico.

MnO_2 não reage com a maioria dos ácidos, a não ser quando aquecido. Dissolve-se em HCl concentrado, mas não forma íons Mn^{4+} em solução. Em vez disso, oxida Cl^- a Cl_2, reduzindo-se a Mn^{2+}. Esta foi a reação utilizada por Scheele quando descobriu o cloro.

$$MnO_2 + 4H^+ + 4Cl^- \rightarrow Mn^{2+} + 2Cl^- + Cl_2 + 2H_2O$$

Esse foi o método industrial de obtenção de cloro, antes da eletricidade tornar-se comercialmente disponível. Desde então, a eletrólise passou a ser o método preferencialmente utilizado. A reação acima ainda é usada para se obter Cl_2 em laboratório, caso o gás cloro comprimido em cilindros não seja disponível. De um modo semelhante, MnO_2 oxida H_2SO_4 concentrado e quente, liberando O_2.

$$2MnO_2 + 2H_2SO_4 \rightarrow 2MnSO_4 + O_2 + 2H_2O$$

A fusão de MnO_2 com NaOH leva à formação de manganato(VI) de sódio, $Na_2[MnO_4]$, o qual é um composto verde escuro e oxidante.

MnF_4 é um composto azul e instável, formado na reação direta de Mn com F_2. É o haleto de maior número de oxidação formado pelo Mn. Também são conhecidos alguns poucos complexos de Mn(+IV), como $K_2[MnF_6]$, $K_2[MnCl_6]$, $K_2[Mn(CN)_6]$ e $K_2[Mn(IO_3)_6]$. Esse é o número de oxidação máximo do Mn em complexos.

Mais de meio milhão de toneladas/ano de MnO_2 são utilizados na produção de "pilhas secas" (células de Leclanché). O MnO_2 utilizado com essa finalidade deve ser muito puro, sendo preparado eletroliticamente (vide acima). Grandes quantidades de MnO_2 também são usados como pigmento vermelho ou marrom, na indústria de cerâmicas; e na fabricação de vidros vermelhos ou púrpuras. Além disso, MnO_2 é empregado na fabricação de permanganato de potássio:

$$MnO_2 + 2KNO_2 \xrightarrow{NaOH} K_2MnO_4 + 2NO$$

$$K_2MnO_4 + H_2O \xrightarrow{\text{oxidação eletrolítica}} KMnO_4 + KOH + {}^1/_2H_2$$

MnO_2 também é usado como agente oxidante na química orgânica, para oxidar álcoois e outros compostos:

$$\underset{\text{tolueno}}{C_6H_5 \cdot CH_3} + 2MnO_2 + 2H_2SO_4 \rightarrow \underset{\text{benzaldeído}}{C_6H_5 \cdot CHO} + 2MnSO_4 + 3H_2O$$

$$\underset{\text{anilina}}{2C_6H_5 \cdot NH_2} + 4MnO_2 + 5H_2SO_4 \rightarrow \underset{\text{benzoquinona}}{O{=}C_6H_4{=}O} + (NH_4)_2SO_4 + 4MnSO_4 + 4H_2O$$

MnO_2 é usado como catalisador na preparação de oxigênio pela decomposição térmica de $KClO_3$. O aquecimento de $KClO_3$ puro a 400–500 °C provoca a sua decomposição a O_2 e KCl. Na presença de MnO_2, a reação de decomposição ocorre a 150 °C, mas o oxigênio vem contaminado com Cl_2 ou ClO_2.

$$2KClO_3 \rightarrow 2KCl + 3O_2$$

O estado (+IV) é o segundo mais estável do Tc e do Re. Os óxidos TcO_2 e ReO_2 são, respectivamente, preto e marrom, e podem ser obtidos por diversos métodos:

1) Queima dos metais com um suprimento limitado de oxigênio.
2) Aquecimento dos heptóxidos, M_2O_7, com os respectivos metais, M.
3) Decomposição térmica dos sais de amônio, NH_4MO_4.
4) Os óxidos hidratados podem ser obtidos convenientemente pela redução de soluções de TcO_4^- ou ReO_4^- com Zn/HCl. Os óxidos podem ser desidratados por aquecimento.

TcO_2 é insolúvel em álcalis, mas ReO_2 reage com álcalis fundido formando renitos, ReO_3^{2-}. Os dois óxidos possuem a estrutura do rutilo, mas distorcida. Os átomos do metal, de octaedros adjacentes, estão deslocados de seus centros, permitindo a ocorrência de uma interação metal–metal considerável, como nos óxidos MoO_2 e WO_2.

Os sulfetos TcS_2 e ReS_2 também são conhecidos. Os sulfetos de rênio são catalisadores eficientes de reações de hidrogenação, tendo a vantagem de não serem "envenenados" por compostos de enxofre, como a platina.

$TcCl_4$ sólido é constituído por unidades octaédricas $TcCl_6$ interligadas, formando uma cadeia em zigue-zague semelhante ao do $ZrCl_4$. É um composto paramagnético, no qual não se observa a formação de ligações metal–metal. Todos os quatro haletos de rênio, ReX_4, são conhecidos. O $ReCl_4$ pode ser preparado como se segue:

$$2ReCl_5 + SbCl_3 \rightarrow 2ReCl_4 + SbCl_5$$

Ele é meta-estável e reativo, e tem uma estrutura baseada no empacotamento cúbico compacto de átomos de cloro. Os átomos de Re ocupam um quarto dos interstícios octaédricos, mas ocorrem aos pares em interstícios adjacentes, formando ligações metal–metal com distâncias Re–Re de 2,73 Å.

O rênio forma muitos complexos. Por exemplo, $[ReCl_6]^{2-}$ é octaédrico e é obtido pela redução de $KReO_4$ em HCl:

$$ReO_4^- \text{ ou } TcO_4^- \xrightarrow{\text{HCl conc., +KI}} [M^{IV}Cl_6]^{2-}$$

$[ReCl_6]^{2-}$ sofre hidrólise em água:

$$[ReCl_6]^{2-} + H_2O \rightarrow ReO_2 \cdot (H_2O)_n$$

Os demais complexos com haletos ($[MF_6]^{2-}$, $[MBr_6]^{2-}$ e $[MI_6]^{2-}$), são obtidos a partir do hexacloreto e um ácido halogenídrico apropriado. $[ReF_6]^{2-}$ é estável em água. Os ciano complexos podem ser obtidos pela reação de $[MI_6]^{2-}$ com KCN. O tecnécio forma $[Tc^{IV}(CN)_6]^{2-}$. O rênio é oxidado pelo CN^- e forma $[Re^{V}(CN)_8]^{3-}$. Nesse complexo o rênio se encontra no estado de oxidação (+V) e tem um número de coordenação igual a 8. Provavelmente, esse complexo tem estrutura dodecaédrica.

COMPOSTOS DOS ELEMENTOS NO ESTADO DE OXIDAÇÃO (+V)

O manganês no estado de oxidação (+V) é pouco conhecido, exceto como o íon hipomanganato, MnO_4^{3-}. Este pode ser obtido na forma de um sal azul brilhante, K_3MnO_4, pela redução de uma solução aquosa de $KMnO_4$ com um excesso de sulfito de sódio. Não é um composto estável e tende a desproporcionar. O tecnécio dificilmente é oxidado ao estado (+V); e compostos de Re(+V) são facilmente hidrolisados por água, e ao mesmo tempo se desproporcionam.

$$3Re^{V}Cl_5 + 8H_2O \rightarrow HRe^{VII}O_4 + Re^{IV}O_2(H_2O)_n$$

$ReCl_5$ é um dímero, com estrutura semelhante a do $(NbCl_5)_2$ (Fig. 21.2), no qual dois octaedros estão interligados por uma aresta. A distância Re–Re é de 3,74 Å, não havendo, portanto, formação de ligação metal–metal. O óxido Re_2O_5 também é conhecido.

COMPOSTOS DOS ELEMENTOS NO ESTADO DE OXIDAÇÃO (+VI)

Os únicos compostos de Mn(+VI) são os manganatos: compostos verde escuros que contêm o íon MnO_4^{2-}. São formados nas reações de oxidação do MnO_2 em KOH fundido com ar, KNO_3, PbO_2, $NaBiO_3$ ou outros agentes oxidantes. Também podem ser obtidos tratando-se uma solução de $KMnO_4$ com uma base:

$$4MnO_4^- + 4OH^- \rightarrow 4MnO_4^{2-} + O_2 + H_2O$$

MnO_4^{2-} é um oxidante bastante forte e só é estável em soluções fortemente alcalinas. Em soluções diluídas, água ou soluções ácidas ele se desproporciona:

$$\underset{\text{(manganato)}}{3Mn^{VI}O_4^{2-}} + 4H^+ \rightarrow \underset{\text{(permanganato)}}{2Mn^{VII}O_4^-} + Mn^{IV}O_2 + 2H_2O$$

Rênio no estado de oxidação (+VI) é encontrado no óxido vermelho ReO_3, mas a existência do TcO_3 é incerta. A estrutura do ReO_3 é mostrada na Fig. 23.5a. Essa mesma estrutura é adotada por outros óxidos, como o WO_3. Cada átomo do metal é circundado octaedricamente por átomos de oxigênio. Sua estrutura se assemelha à estrutura da perovsquita, para compostos ABO_3. Esta possui um cátion grande no centro do cubo, como mostrado na Fig. 23.5b.

Os haletos TcF_6, ReF_6 e $ReCl_6$ são conhecidos. Os fluoretos podem ser obtidos a partir dos elementos. Por sua vez, os cloretos são obtidos tratando-se o fluoreto correspondente com BCl_3. A configuração eletrônica dos metais é d^1, sendo os fluoretos amarelos e os cloretos verde escuros. O momento magnético é menor que o valor calculado utilizando a aproximação de spin-only, por causa do forte acoplamento spin-órbita. Os pontos de fusão desses compostos são baixos, variando de 18 °C até 33 °C. Todos reagem com água.

$$3ReF_6 + 10H_2O \rightarrow 2HRe^{VII}O_4 + Re^{IV}O_2 + 18HF$$

COMPOSTOS DOS ELEMENTOS NO ESTADO DE OXIDAÇÃO (+VII)

O manganês no estado de oxidação (+VII) não é comum, embora seja bem familiar no íon permanganato, MnO_4^-. O permanganato de potássio é muito usado como agente oxidante, tanto na química analítica como para sínteses. As titulações são efetuadas normalmente em meio ácido, sendo o íon MnO_4^- reduzido a Mn^{2+}, numa reação envolvendo a transferência de cinco elétrons.

$$MnO_4^- + 8H^+ + 5e \rightarrow Mn^{2+} + 4H_2O \qquad E° = 1{,}51\ V$$

Em meio alcalino, ocorre a formação de $Mn^{IV}O_2$, com a transferência de três elétrons.

$$MnO_4^- + 2H_2O + 3e \rightarrow MnO_2 + 4OH^- \qquad E° = 1{,}23\ V$$

Assim, a reação que ocorre e sua estequiometria depende do pH. A cor púrpura intensa do MnO_4^- é, geralmente, usado para indicar o final da titulação.

Soluções de permanganato são intrinsecamente instáveis em meio ácido, decompondo-se lentamente com o tempo. Essa reação é catalisada pela luz solar, de modo que as soluções de $KMnO_4$ devem ser armazenadas em frascos escuros. Além disso, devem ser padronizados com freqüência.

$$4MnO_4^- + 4H^+ \rightarrow 4MnO_2 + 3O_2 + 2H_2O$$

Se uma pequena quantidade de $KMnO_4$ for adicionada a H_2SO_4 concentrado, forma-se uma solução verde contendo íons MnO_3^+.

$$KMnO_4 + 3H_2SO_4 \rightarrow K^+ + MnO_3^+ + 3HSO_4^- + H_3O^+$$

Caso quantidades maiores de $KMnO_4$ sejam adicionadas,

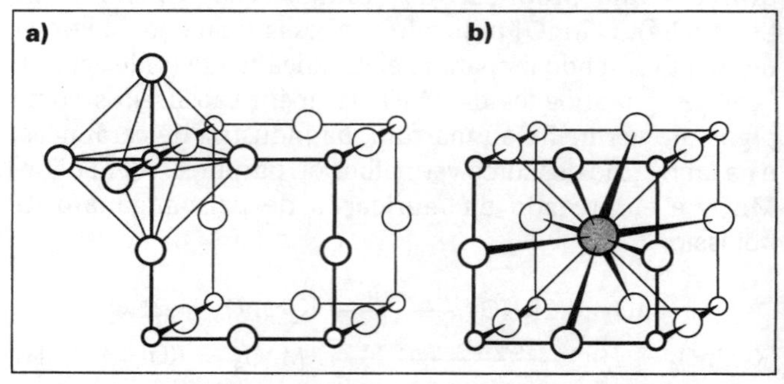

Figura 23.5 — Estruturas de a) trióxido de rênio ReO_3 e b) perovsquita ABO_3, por exemplo $CaTiO_3$ (segundo A.F. Wells, Structural Inorganic Chemistry, Oxford, Clarendon Press, 1950)

pode-se formar Mn_2O_7, um óleo explosivo (não faça esse experimento!).

Em grande escala, $KMnO_4$ é fabricado como segue:

$$MnO_2 \xrightarrow[\text{oxida com ar ou } KNO_3]{KOH} \underset{\text{manganato}}{MnO_4^{2-}} \xrightarrow[\text{em solução alcalina}]{\text{oxidação eletrolítica}} \underset{\text{permanganato}}{MnO_4^-}$$

O permanganato também pode ser obtido tratando-se uma solução de um sal de Mn^{2+} com agentes oxidantes muito fortes, como PbO_2 ou bismutato de sódio, $NaBiO_3$. A presença de manganês pode ser confirmada qualitativamente, tratando-se a solução problema com bismutato de sódio. Caso esse elemento esteja presente, ocorrerá a formação de MnO_4^-, que pode ser identificado pela sua cor púrpura. Os permanganatos também podem ser obtidos pela acidificação de soluções de manganatos, que se desproporcionam a MnO_4^- e MnO_2, mas os rendimentos não são bons.

O íon permanganato tem uma cor púrpura intensa, mas Mn(+VII) tem configuração d^0. Assim, a cor decorre de transições de transferência de carga e *não* de transições *d–d*.

$KMnO_4$ é usado como agente oxidante em muitas sínteses orgânicas, incluindo a fabricação de sacarina, ácido ascórbico (vitamina C) e ácido nicotínico (niacina). Também é usado no tratamento de água potável (oxida e portanto mata as bactérias, mas não deixa um gosto desagradável como o Cl_2).

Em contraste com a escassez de compostos de Mn(+VII), vários compostos de Tc(+VII) e Re(+VII) são conhecidos. Podem ser citados os heptóxidos M_2O_7, os heptassulfetos M_2S_7, os íons MO_4^-, os oxo-haletos, o hidreto complexo MH_9^{2-} e ReF_7. Esses compostos são apenas pouco oxidantes e relativamente estáveis.

Os óxidos Tc_2O_7 e Re_2O_7 são formados quando os metais são aquecidos ao ar ou em atmosfera de oxigênio. Ambos são sólidos amarelos estáveis. Tc_2O_7 funde a 120 °C e Re_2O_7 a 220 °C; diferentemente do Mn_2O_7, que é um óleo explosivo. Tc_2O_7 é mais oxidante que Re_2O_7.

Os dois óxidos se dissolvem em água, formando soluções incolores de ácido pertecnécico, $HTcO_4$, e ácido perrênico, $HReO_4$. Existe uma segunda forma de ácido perrênico, H_3ReO_5 (compare com o ácido periódico HIO_4 e H_3IO_5). Os perácidos são ácidos fortes, isto é, dissociam-se completamente quando em solução aquosa. As solubilidades dos perrenatos se assemelham as dos percloratos. Os íons MnO_4^-, TcO_4^- e ReO_4^- são todos tetraédricos. O íon MnO_4^- é um poderoso agente oxidante. TcO_4^- e ReO_4^- são agentes oxidantes moderados. A diferença de comportamento pode ser ilustrada pela reação dos mesmos com H_2S. $KMnO_4$ oxida H_2S a S reduzindo-se a Mn^{2+}, enquanto que a adição de $KTcO_4$ e $KReO_4$ provocam a precipitação dos sulfetos Tc_2S_7 e Re_2S_7.

Enquanto MnO_4^- é instável em meio alcalino, TcO_4^- e ReO_4^- são estáveis.

$KMnO_4$ é um sólido púrpura muito escuro. O íon MnO_4^- tem intensa coloração púrpura por causa das transições de transferência de carga. Já os íons TcO_4^- e ReO_4^- são incolores, pois a banda de transferência de carga ocorre na região do UV, de maior energia. Contudo, soluções de $HReO_4$ se tornam amarelo esverdeadas quando concentradas, e $HTcO_4$ foi isolado como um sólido vermelho. Essas cores surgem porque o íon ReO_4^- tetraédrico se torna menos simétrico quando se forma o ácido não-dissociado $HO–ReO_3$. O espectro Raman dessas soluções concentradas apresenta linhas atribuídas ao ácido.

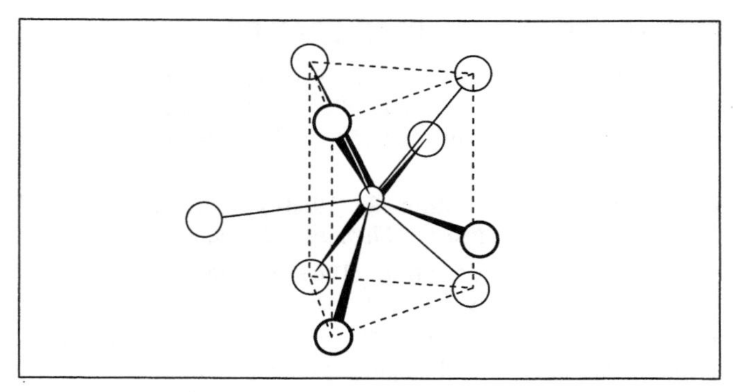

Figura 23.6 — Estrutura do íon enea(hibrido)rênio(VII), $[ReH_9]^{2-}$

Os elementos desse grupo não formam hidretos binários. Contudo, quando o pertecnecato de potássio, $KTcO_4$, ou o perrenato de potássio, $KReO_4$, são tratados com potássio em etilenodiamina ou em solução etanólica, formam-se os hidrido complexos, $K_2[TcH_9]$ e $K_2[ReH_9]$. A estrutura é um prisma trigonal tri-piramidado, isto é, um prisma trigonal com um grupo adicional acima de cada uma de suas faces retangulares (Fig. 23.6). Surpreendentemente, o espectro de ressonância magnética de prótons desse íon apresenta uma único linha (um singlete). Isso sugere que os átomos de H são equivalentes, ou seja, que os átomos de H da molécula trocam rapidamente suas posições.

ReF_7 é formado quando Re é aquecido na presença de flúor; e TcF_6 é formado no caso do Tc. ReF_7 e IF_7 são os únicos heptahaletos conhecidos, e ambos têm estrutura bipirâmide pentagonal. Diversos oxo-haletos, como ReO_3Cl, TcO_3F e TcO_3Cl, podem ser obtidos tratando-se os óxidos com o halogênio apropriado. Os oxofluoretos de rênio, tais como $ReOF_5$, ReO_2F_3 e ReO_3F, também podem ser obtidos pela reação de ReF_7 com oxigênio ou água. Todos os oxo-haletos são sólidos de baixo ponto de fusão ou líquidos, amarelo pálidos ou incolores.

IMPORTÂNCIA BIOLÓGICA

O íon Mn^{II} é importante tanto em enzimas de animais como de plantas. A enzima arginase é produzida no fígado dos mamíferos. Essa enzima é importante porque, no ciclo ornitina-arginina-citrulina (descoberto por Hans Krebs, que também descobriu o ciclo do ácido tricarboxílico) converte os produtos nitrogenados dos processos metabólicos em uréia. A uréia é transportada pelo sangue até aos rins, e excretada na urina.

O manganês é um micronutriente essencial (elemento essencial, mas em pequeníssimas quantidades) para o crescimento das plantas. Sais de manganês são adicionados aos fertilizantes utilizados em locais onde há deficiência desse elemento no solo. O Mn é um elemento essencial para a atividade de um grupo de enzimas denominadas fosfotransferases.

LEITURAS COMPLEMENTARES

- Abel, E.W. e Stone, F.G. (1969, 1970) The chemistry of transition metal carbonyls, *Q. Rev. Chem. Soc.*, Parte I – Considerações Estruturais, **23**, 325; Parte II – Síntese e reatividade, **24**, 498.
- Canterford, J.H. e Cotton, R. (1968) *Halides of the Second and Third Row Transition Elements*, Wiley, London.
- Canterford, J.H. e Cotton, R. (1969) *Halides of the First Row Transition Elements*, Wiley, London.
- Clarke, M.J. e Fackler, P.H. (1982) The chemistry of technetium: toward improved diognostic agents, *Structure and Bonding*, **50**, 57-78.
- Corbett, J.D. (1981) Extended metal-metal bonding in halides of the early transition metals, *Acc. Chem. Res.*, **14**, 239.
- Cotton, F.A. (1983) Multiple metal-metal bonds, *J. Chem. Ed.*, **60**, 713-720.
- Cotton, F.A. (1975) Compounds with multiple metal to metal bonds, *Chem. Soc. Rev.*, **4**, 27-53.
- Cotton, F.A. (1978) Discovering and understanding multiple metal to metal bonds, *Acc. Chem. Res.*, **11**, 225-232.
- Cotton F.A. e Chisholm, M.H. (1978) Chemistry of compounds containing metal-metal bonds, *Acc. Chem. Res.*, **11**, 356-362.
- *Diatomic metals and metallic clusters* (Conferência do Faraday Symposia of the Royal Society of Chemistry, n.º 14), Royal Society of Chemistry, London.
- Emeléus, H.J. e Sharpe, A.G. (1973) *Modern Aspects of Inorganic Chemistry*, 4.ª ed. (Cap. 14 e 15: Complexos de metais de transição; Cap. 20: Carbonilas), Routledge and Kegan Paul, London.
- Griffith, W.P. (1973) *Comprehensive Inorganic Chemistry*, Vol. 4 (Cap. 46: Carbonilas, cianetos, isocianetos e nitrosilas), Pergamon Press, Oxford.
- Johnson, B.F.G. (ed.) (1980) *Transition Metal Clusters*, John Wiley, Chichester.
- Kemmitt, R. D. W. (1973) *Comprehensive Inorganic Chemistry*, Vol. 3 (Cap. 37: Manganês), Pergamon Press, Oxford.
- Levason, W. e McAuliffe, C.A. (1972) Higher oxidation state chemistry of manganese, *Coordination Chem. Rev.*, **7**, 353-384.
- Lewis, J. e Green, M.L. (eds) (1983) *Metal Clusters in Chemistry* (Anais do Royal Society Discussion Meeting, de maio de 1982), The Society, London.
- Peacock R.D. (1973) *Comprehensive Inorganic Chemistry*, Vol. 3 (Cap. 38: Tecnécio; Cap. 39: Rênio), Pergamon Press, Oxford.
- Pinkerton, T.C. et alli. (1985) Bioinorganic activity of technetium radiopharmaceuticals, *J. Chem. Ed.*, **62**, 965-973.
- Rard, J.A. (1985) Inorganic aspects of ruthenium chemistry, *Chem. Rev.*, **81**, 1.
- Rouschias, G. (1974) Recent advances in the chemistry of rhenium, *Chem. Rev.*, **74**, 531-566.
- Shriver D.H., Kaesz, H.D. e Adams, R.D. (eds) (1990) *Chemistry of Metal Cluster Complexes*, VCH, New York.
- Templeton, J.L. (1979) Metal-metal bonds of order four, *Prog. Inorg. Chem.*, **26**, 211-300.

Grupo 8
O GRUPO DO FERRO

GRUPO DO FERRO, DO COBALTO E DO NÍQUEL

Ferro	Fe	Cobalto	Co	Níquel	Ni
Rutênio	Ru	Ródio	Rh	Paládio	Pd
Ósmio	Os	Irídio	Ir	Platina	Pt

O Grupo 8 da Tabela Periódica clássica de Mendeleev, é constituído pelos nove elementos acima. Atualmente (e neste livro), são considerados como três grupos verticais (grupos 8, 9 e 10), ou *tríades*, do mesmo modo que os demais elementos de transição:

Grupo 8	Grupo 9	Grupo 10
Fe Ru Os	Co Rh Ir	Ni Pd Pt

Contudo, as semelhanças horizontais entre esses elementos são maiores que em qualquer outro conjunto de elementos da tabela periódica, exceto os lantanídeos. Devido à contração lantanídica, os elementos da segunda e terceira séries de transição são muito semelhantes entre si. Por isso, as semelhanças horizontais eram às vezes enfatizadas, ao se classificar esses nove elementos em dois grupos horizontais: os três metais ferrosos Fe, Co e Ni; e os seis metais do grupo da platina: Ru, Rh, Pd, Os, Ir e Pt.

Fe	Co	Ni
Ru Os	Rh Ir	Pd Pt

Tabela 24.1 — Configurações eletrônicas e estados de oxidação

Elemento	Símbolo	Configuração eletrônica		Estados de oxidação*
Ferro	Fe	[Ar]	$3d^6\,4s^2$	0 **II** **III** (IV) (V) (VI)
Rutênio	Ru	[Kr]	$4d^7\,5s^1$	0 II **III** IV (V) VI (VII) VIII
Ósmio	Os	[Xe]	$4f^{14}\,5d^6\,6s^2$	0 (I) (II) (III) **IV** (V) VI (VII) VIII

* Os estados de oxidação mais importantes (geralmente os mais abundantes e estáveis) são mostrados em negrito. Outros estados bem caracterizados, mas menos importantes, são mostrados em tipo normal. Estados de oxidação instáveis, ou de existência duvidosa, são dados entre parênteses.

INTRODUÇÃO AO GRUPO DO FERRO

O ferro é o metal mais utilizado dentre todos os metais, e a fabricação do aço é de extrema importância em todo o mundo. Para as plantas e os animais, o ferro é o elemento mais importante dentre os metais de transição. Sua importância biológica reside na variedades de funções que seus compostos desempenham, por exemplo, no transporte de elétrons em plantas e animais (citocromos e ferredoxinas), no transporte de oxigênio no sangue de mamíferos (hemoglobina), no armazenamento de oxigênio (mioglobina), no armazenamento e absorção de ferro (ferritina e transferrina) e como componente da nitrogenase (a enzima fixadora de nitrogênio das bactérias). O ferro forma diversos complexos de estruturas pouco comuns, como o ferroceno.

ABUNDÂNCIA, OBTENÇÃO E USOS

O ferro é o quarto elemento mais abundante da crosta terrestre, sendo sua quantidade menor apenas que do O, do Si e do Al. Ele constitui 62.000 ppm ou 6,2% em peso da crosta terrestre, onde ele é o segundo metal mais abundante (vide Apêndice A). Além disso, o níquel e o ferro constituem a maior parte do núcleo da terra.

Os principais minérios de ferro são a hematita, Fe_2O_3, a magnetita, Fe_3O_4, a limonita, FeO(OH) e a siderita, $FeCO_3$ (pequenas quantidades de piritas, FeS_2, também são encontradas. A pirita tem cor amarela metálica e é conhecida como "ouro dos tolos", porque muitas vezes é confundida com esse metal). A produção mundial de minérios de ferro foi de 959 milhões de toneladas, em 1992. Os principais produtores foram: China 22%, ex-URSS 18%, Brasil 16%, Austrália 12%, Estados Unidos e Índia 6% cada. Essa quantidade de minério forneceu 497 milhões de toneladas de ferro gusa em 1992.

O rutênio e o ósmio são muito raros. São encontrados no estado metálico associados aos metais do grupo da platina e os metais moeda (Cu, Ag e Au).

Tabela 24.2 — Abundância dos elementos na crosta terrestre, em peso

Elemento	ppm	Ordem de abundância relativa
Fe	62.000	4º
Ru	0,0001	77º
Os	0,005	72º

As principais fontes desses metais são os minérios de NiS/CuS extraídos na África do Sul, Canadá (Sudbury/Ontario), e ex-URSS (nas areias dos rios das montanhas Urais), onde são encontrados em quantidades traço. A produção mundial dos seis metais do grupo da platina foi no total de apenas 281 toneladas, em 1992. Os principais produtores foram: África do Sul 45%, ex-URSS 44%, Canadá 4%, Estados Unidos 2% e Japão 0,8%.

OBTENÇÃO DO FERRO

A obtenção do ferro exerceu um papel considerável no desenvolvimento da civilização moderna. A Idade do Ferro começou quando o homem aprendeu a utilizar o carvão formado na combustão da madeira para extrair o ferro de seus minérios, e a usar o metal para fabricar ferramentas e implementos. A Revolução Industrial começou em 1773, em Coalbrookdale em Shropshire, Inglaterra, quando Abraham Derby desenvolveu um processo de obtenção de ferro que utilizava coque no lugar de carvão vegetal. É muito mais barato e fácil de se obter coque a partir de carvão mineral que obter carvão vegetal pela combustão incompleta da madeira. Além disso, a maior resistência mecânica do coque tornou possível insuflar ar através de uma mistura de coque e minério de ferro num alto-forno, possibilitando a obtenção de ferro metálico em grande escala. Esses dois fatores aumentaram a disponibilidade de ferro e reduziram em muito o seu preço. Assim, pela primeira vez tornou-se possível a construção de pontes, navios, caldeiras e trilhos usando ferro. A quantidade em que se produz o ferro e o aço e suas múltiplas aplicações justificam um exame detalhado das condições e reações envolvidas no seu processo de extração.

O alto-forno

O ferro é obtido a partir de seus óxidos num alto-forno, um forno quase cilíndrico revestido com tijolos refratários. É operado continuamente, utilizando o princípio da contra-corrente. Pelo topo ele é alimentado com minério de ferro, um agente redutor (o coque) e substâncias formadoras de escória (carbonato de cálcio). A quantidade de $CaCO_3$ varia em função da quantidade de silicatos presentes nos minérios. O ar é insuflado pela base do alto-forno. O coque entra em combustão produzindo calor e CO. A temperatura do forno é de cerca de 2.000 °C no ponto de entrada do ar, mas é de cerca de 1.500 °C no fundo e de apenas 200 °C no topo. O óxido de ferro é reduzido a ferro, principalmente pelo CO (embora talvez ocorra alguma redução provocada pelo C). O ferro fundido dissolve de 3 a 4% de C do coque, formando ferro-gusa. O ponto de fusão do ferro puro é 1.535 °C. As impurezas presentes no ferro-gusa baixam o ponto de fusão do ferro, possivelmente até 1.015 °C (à temperatura eutética), caso 4,3% de C esteja presente. O ferro fundido é coletado pela base do alto-forno.

A elevada temperatura do forno decompõe o $CaCO_3$ a CaO, que então reage com todos os silicatos presentes como impurezas (tais como areia e argila), formando silicato de cálcio ou escória. Este também se encontra no estado fundido e escoa para o fundo. A escória flutua sobre o ferro fundido, protegendo-o assim da oxidação. A escória fundida e o ferro fundido são retirados periodicamente através de aberturas independentes na base do alto-forno. O ferro fundido é derramado em moldes feitos de areia, onde ele se solidifica em lingotes denominados "porquinhos". O ferro-gusa ou ferro fundido é duro, mas é muito quebradiço.

Uma pequena quantidade do ferro-gusa é novamente fundida e colocado em moldes para a produção de peças metálicas. Mas, por serem muito quebradiças, praticamente não podem ser trabalhadas num torno, embora possam ser trabalhadas por abrasão numa máquina retificadora. O ferro-gusa contém até 4,3% de carbono e possivelmente outras impurezas como Si, P, S e Mn. Os elementos não-metálicos devem ser removidos para deixar o ferro menos quebradiço. Todas as ligas Fe/C contendo menos de 2% de C são chamadas de aço. O aço é dúctil e pode ser trefilado ou moldado em diversas formas. A dureza e a resistência aumentam com o aumento do conteúdo de carbono. As formas mais comuns de aço são o aço doce (um aço de baixo conteúdo de carbono) e o aço duro (um aço de elevado conteúdo de carbono).

A origem das impurezas no ferro-gusa pode ser assim explicada: o C provém do coque usado no alto-forno. Si, P e S são formados pela redução de silicatos, fosfatos ou sulfatos presentes no minério, provocada pelo coque, ou então do S presente no coque. Pequenas quantidades de Mn são

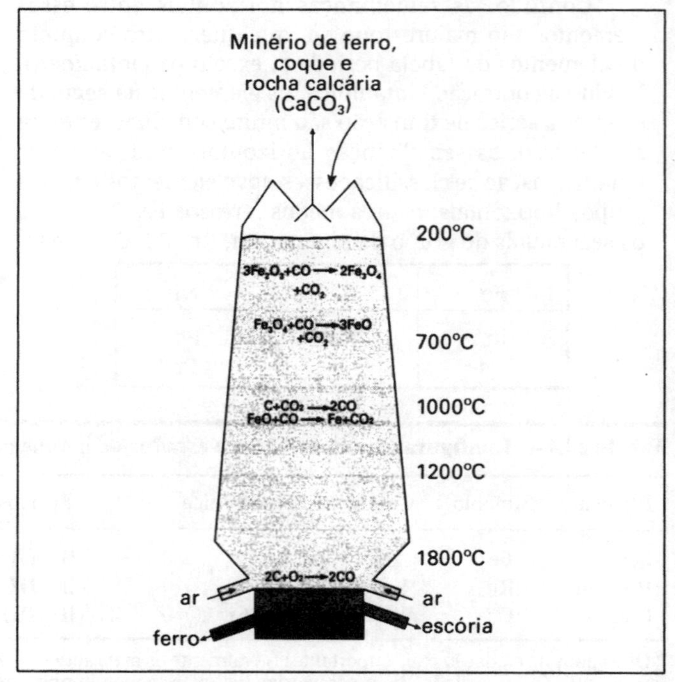

Figura 24.1 — Diagrama de um alto-forno

Tabela 24.3 — Impurezas típicas que podem estar presentes em ferro-gusa e aço doce

Impureza	Ferro-gusa (%)	Aço doce (%)
C	3 — 4,3	0,15
Si	1 — 2	0,03
P	0,05 — 2	0,05
S	0,05 — 1	0,05
Mn	0,5 — 2	0,50

freqüentemente encontradas nos minérios de ferro. Na maioria dos casos, porém, a presença de Mn é vantajosa e não prejudicial, pois, na realidade, pequenas quantidades de Mn melhoram as propriedades físicas do metal. Composições típicas de ferro-gusa e de ferro doce são mostradas na Tab. 24.3.

A escória é usada como material de construção, por exemplo na fabricação de cimento ou de blocos pré-fabricados.

Reações envolvidas

As reações globais envolvidas no processo de obtenção do ferro a partir de seus óxidos são:

$$3C + Fe_2O_3 \rightarrow 4Fe + 3CO_2$$
$$CaCO_3 + SiO_2 \rightarrow CaSiO_3 + CO_2$$

Tais reações ocorrem em diversas etapas, a diferentes temperaturas. Como o ar passa através do forno em poucos segundos, as reações individuais não atingem o equilíbrio.

400 °C — $3Fe_2O_3 + CO \rightarrow 2Fe_3O_4 + CO_2$

$Fe_3O_4 + CO \rightarrow 3FeO + CO_2$

500–600 °C — $2CO \rightarrow C + CO_2$

O C se deposita como fuligem e reduz o FeO a Fe, mas também reage com o revestimento refratário dos fornos, o que é prejudicial.

800 °C — $FeO + CO \rightarrow Fe + CO_2$

900 °C — $CaCO_3 \rightarrow CaO + CO_2$

1000 °C — $FeO + CO \rightarrow Fe + CO_2$

$CO_2 + C \rightarrow 2CO$

(Essas duas reações parecem corresponder, em conjunto, a $FeO + C \rightarrow Fe + CO$)

1800 °C — $CaO + SiO_2 \rightarrow CaSiO_3$

$FeS + CaO + C \rightarrow Fe + CaS + CO$

$MnO + C \rightarrow Mn_{(em\ Fe)} + CO$

$SiO_2 + 2C \rightarrow Si_{(em\ Fe)} + 2CO$

Um alto-forno moderno pode ter até 40 m de altura e 15 m de diâmetro na base, podendo produzir 10.000 toneladas de ferro-gusa por dia.

FABRICAÇÃO DO AÇO

O aço é obtido pela remoção da maior parte do C e de outras impurezas presentes no ferro-gusa. O processo envolve a fusão e posterior oxidação do C, Si, Mn e P presentes no ferro-gusa, de modo que tais impurezas possam ser eliminadas como gases ou como escória.

"Pudlagem"

Inicialmente o aço era obtido pelo processo de "pudlagem", que envolve a mistura de ferro-gusa fundido com hematita, Fe_3O_4, e a queima de todo o C e outras impurezas, de modo a se obter um "ferro purificado". Esse ferro não contém carbono, sendo razoavelmente mole e extremamente maleável. Pode ser convertido em aço, adicionando-se a quantidade necessária de C e de outros metais necessários para a obtenção de um dado tipo de aço, mas atualmente esse processo está totalmente obsoleto.

Processo Bessemer e Thomas

Em 1855, H. Bessemer (um francês residente na Inglaterra) patenteou o processo que leva o seu nome, e que utiliza o conversor de Bessemer, ou seja, um grande forno em forma de pêra, revestido internamente com sílica. O forno pode ser inclinado, e, quando nessa posição, é carregado com ferro-gusa fundido. Em seguida, é colocado novamente na posição vertical e um jato de ar comprimido é injetado através de orifícios na base do conversor, através da massa fundida. Nesse processo, o Si e o Mn presentes no ferro-gusa são transformados em SiO_2 (posteriormente, em silicato de ferro) e escória de óxido de manganês. Essas reações liberam uma grande quantidade de calor, que leva a uma oxidação mais efetiva de C a CO ou CO_2. O andamento da reação pode ser acompanhado queimando os gases residuais e observando a cor ou o espectro da chama obtida. Quando o teor de C estiver suficientemente baixo, o conversor é inclinado e o ferro em estado de fusão é vertido em moldes de ferro. Dessa forma são obtidos lingotes de aço, que podem ser laminados ou forjados. O processo demora normalmente cerca de 20 minutos para produzir um lingote de aço de 6 toneladas.

Os minérios de ferro normalmente contêm Si ou P como impurezas, que são oxidados a SiO_2 e P_4O_{10}. Um teor de fósforo superior a 0,05 % leva a um aço de baixa resistência à tração e bastante quebradiço. O processo Bessemer não remove o fósforo. Assim, pode ser utilizado para a preparação de "ferro purificado" ou aço satisfatórios somente a partir de ferro-gusa com baixo ou nenhum teor de fósforo. Além disso, o fósforo danifica o revestimento interno do conversor, e este só pode ser substituído desativando temporariamente o conversor.

$$P_4O_{10} + 6Fe + 3O_2 \rightarrow 2Fe_3(PO_4)_2$$
$$Fe_3(PO_4)_2 + 2Fe_3C + 3Fe \rightleftharpoons 2Fe_3P + 6FeO + 2CO$$
$$FeO + \underset{\text{(revestimento do forno)}}{SiO_2} \rightarrow FeSiO_3$$

Em alguns países, minérios de ferro ricos em fósforo são usados como matéria-prima na fabricação do aço. Nesse caso o "processo Bessemer básico" (também conhecido como processo Thomas e Gilchrist, patenteado por S.G. Thomas em 1879) substitui o processo Bessemer normal. Há duas diferenças em relação ao processo Bessemer normal:

1) O conversor de Thomas é revestido com um material básico, tal como dolomita ou calcário calcinados

(fortemente aquecidos). Esse material é mais resistente à reação com a escória de fosfato de ferro, fazendo com que a vida útil desse revestimento aumente.

2) Calcário, $CaCO_3$, ou cal, CaO, são adicionados como formadores de escória. Esses compostos são básicos e reagem com o P_4O_{10}, formando uma "escória básica" de $Ca_3(PO_4)_2$, que remove o P do aço. A *escória básica* é um sub-produto valioso que, após ser pulverizado, é comercializado como fertilizante do grupo dos fosfatos.

Assim, o conversor de Bessemer com seu revestimento de silicato era empregado para minérios de ferro contendo silicatos como impurezas, e o conversor de Thomas com revestimento de calcário ou dolomita era utilizado para minérios de ferro com elevado teor de P. Uma pequena quantidade de Mn era adicionado ao metal fundido para remover S e O. Na Inglaterra, o processo Bessemer reduziu o preço do aço por um fator de 5. Foi adotado por Andrew Carnegie nos EUA, onde o preço diminuiu por um fator de 10. Esses processos dominaram a produção mundial de aço até a I Guerra Mundial e foi usado na Inglaterra até a década de 1960.

Processo Siemens aberto

Esse processo foi inventado por Sir William Siemens, logo após o desenvolvimento do processo Bessemer. O forno requer um aquecimento externo, por combustão de gás ou óleo ao ar. Ferro-gusa fundido era colocado no núcleo raso do conversor, onde as impurezas eram oxidadas pelo ar. O revestimento do conversor era de caráter ácido ou básico, conforme a natureza das impurezas presentes no ferro-gusa. Em muitos lugares esse processo substituiu o processo Bessemer. Todavia, o processo Siemens aberto é lento e são necessárias cerca de 10 horas para a conversão de 350 toneladas. Por esse motivo, foi substituído na maioria dos lugares pelo processo básico de oxigênio.

Processo Siemens do arco voltaico

Siemens também patenteou um forno elétrico a arco voltaico, em 1879. O calor é fornecido ou por um arco voltaico logo acima do metal, ou então pela passagem de uma corrente elétrica através do metal. Esse processo ainda é usado para a fabricação de ligas à base de aço e de outros aços de alta qualidade. O aço inoxidável típico contém de 12 a 15% de Ni, mas o aço para cutelaria pode conter até 20% de Cr e 10% de Ni. Aço rápido, para ferramentas de corte como tornos, pode conter 18% de W e 5% de Cr. Ligas com 0,4 a 1,6% de Mn fornecem um aço com grande resistência à tração. O aço Hadfield, que é muito resistente e usado em britadeiras e escavadeiras, contém cerca de 13% de Mn e 1,25% de C. O aço para molas contém 2,5% de Si.

Processo básico de oxigênio

Atualmente, o principal processo para a fabricação de aço é o moderno *Processo Básico de Oxigênio* (BOP = basic oxygen process). Esse processo foi desenvolvido na Áustria em 1952, a partir dos Processos Kaldo e LD. Um dos problemas com os processos Bessemer e Thomas é a dissolução de pequenas quantidades de nitrogênio no metal fundido. Concentrações de nitrogênio superiores a 0,01% tornam o aço quebradiço, e a "nitretação" de sua superfície torna o processo de soldagem mais difícil. A solução é usar O_2 puro ao invés de ar no processo de oxidação das impurezas do ferro-gusa. Caso O_2 fosse injetado pela base do conversor de maneira análoga à introdução do jato de ar no processo Bessemer, o fundo do conversor iria fundir. Tanto o processo Kaldo como LD usam O_2 puro. No processo LD, fortes correntes de convecção são utilizadas para tornar a reação efetiva, enquanto que no processo Kaldo o conversor se encontra em constante movimento de rotação para garantir a mistura e a efetiva reação. No processo BOP, o forno é carregado inicialmente com ferro-gusa fundido e cal. Então, O_2 puro em grande velocidade é injetado pela superfície do metal fundido, através de bocais retráteis resfriados a água. O O_2 penetra na massa fundida e rapidamente oxida as impurezas. O calor liberado na oxidação das impurezas mantém o conteúdo do conversor em estado de fusão, apesar do aumento do ponto de fusão que ocorre à medida que as impurezas são removidas. Não há necessidade de se fornecer calor. Finalmente, o forno é inclinado para que o aço em estado de fusão seja derramado em moldes, formando objetos de aço fundido, ou em lingotes para posterior laminação. As vantagens de se usar O_2 ao invés de ar são:

1) A conversão é mais rápida, possibilitando um aumento da produção diária.
2) Podem ser manuseadas quantidades maiores de aço de cada vez (uma carga de 300 toneladas pode ser convertida em apenas 40 minutos pelo processo BOP; enquanto que pelo processo Bessemer, 6 toneladas podem ser convertidos em 20 minutos).
3) O produto obtido é mais puro e sua superfície é isenta de nitretos.

Tabela 24.4 — Composição de vários tipos de aço

% de C	Tipo de aço
0,15 — 0,3	aço doce
0,3 — 0,6	aço médio
0,6 — 0,8	aço-carbono (aço duro)
0,8 — 1,4	aço-ferramenta

Diagrama de fases

O diagrama de fases ferro–carbono é muito complicado e foi descrito no item "Ligas intersticiais e compostos correlatos" no Capítulo 5. Ligas de aço contendo pequenas quantidades de V, Cr, Mo, W, ou Mn têm propriedades especiais e são destinados a finalidades específicas.

Dados sobre a produção e usos

A produção mundial de lingotes e peças fundidas de aço foi de 717 milhões de toneladas em 1992. Os maiores produtores de aço foram: ex-URSS 16%, Japão 14%, EUA 12% e China 11%. O principal uso do aço é na forma de aço-doce para a construção naval, na fabricação de carrocerias de carros e vigas para a construção civil. O aço-doce é maleável e pode ser moldado ou trabalhado. Pode ainda ser temperado, por aquecimento ao rubro e rápido resfriamento por imersão em água ou óleo. São produzidas por ano, 14 milhões de toneladas de folhas-de-flandres, isto é folhas de aço-doce revestidas, por eletrodeposição, com uma fina película de estanho. Elas são usadas em embalagens de alimentos e de outros materiais. Diversas ligas de ferro são produzidas em grandes quantidades: ferro-silício, 3,5 milhões de toneladas/ano, ferro-cromo 3,1 milhões de toneladas/ano, ferro-manganês 3,4 milhões de toneladas/ano e ferro-níquel 569.000 toneladas/ano.

O "ferro promovido" é usado como catalisador no Processo Haber-Bosch de fabricação de NH_3.

OBTENÇÃO DO RUTÊNIO E ÓSMIO

O Ru e o Os são obtidos a partir do depósito anódico que se acumula no refino eletrolítico de Ni. Esse depósito contém uma mistura dos metais do grupo da platina, juntamente com Ag e Au. Caso esse material seja tratado com água-régia, os elementos Pd, Pt, Ag e Au se dissolvem, restando um resíduo que contém Ru, Os, Rh e Ir. Após um processo de separação complicado, Ru e Os são obtidos na forma de pó. Estes são transformados nos metais maciços usando técnicas de metalurgia de pó. Esses elementos são escassos e caros. Ru é usado em ligas com Pd e Pt, e Os também é usado para obter ligas duras. Todos os metais do grupo da platina apresentam propriedades catalíticas específicas.

ESTADOS DE OXIDAÇÃO

Nos grupos de metais de transição anteriormente estudados (grupos 3 a 7), o número de oxidação máximo de um dado elemento era alcançado quando todos os elétrons dos níveis *d* e *s* fossem usados para formar ligações. Caso essa tendência seja mantida, o número de oxidação máximo dos elementos do grupo 8 deveria ser (+VIII). Contudo, essa tendência não se mantém na segunda metade do bloco *d*, e o estado de oxidação máximo do ferro é (+VI). Compostos de ferro nesse estado são raros e de pouca importância.

Os principais estados de oxidação do Fe são (+II) e (+III). O Fe(+II) é a espécie mais estável, e existe em solução aquosa. O Fe(+III) é ligeiramente oxidante, mas as estabilidades dos íons Fe(+II) e Fe(+III) são mais semelhantes que as estabilidades dos elementos dos grupos anteriores nos mesmos estados de oxidação. Num contraste marcante, os elementos Ru e Os formam os compostos RuO_4 e OsO_4, nos quais os elementos se encontram no estado de oxidação (+VIII). Os estados mais estáveis desses elementos são o Ru(+III) e o Os(+IV), embora Ru(+V), Os(+VI) e Os(+VII) também sejam razoavelmente estáveis. Observa-se assim a tendência usual de que, descendo-se por um grupo, os elementos nos estados de oxidação mais elevados se tornam mais estáveis. A estabilidade dos compostos nos vários estados de oxidação é mostrada pela gama de óxidos e haletos conhecidos (vide Tab. 24.5).

Tabela 24.5 — Óxidos e haletos

Estados de oxidação							
(+II)	(+III)	(+IV)	(+V)	(+VI)	(+VII)	(+VIII)	Outros
FeO	Fe_2O_3	—	—	—	—	—	**Fe_3O_4**
—	Ru_2O3^h	**RuO_2**	—	$(RuO_3)^h$	—	RuO_4	
—	—	**OsO_2**	—	$(OsO_3)^h$	—	**OsO_4**	
FeF_2	**FeF_3**	—	—	—	—	—	
$FeCl_2$	$FeCl_3$	—	—	—	—	—	
$FeBr_2$	$FeBr_3$	—	—	—	—	—	
FeI_2	—	—	—	—	—	—	
—	**RuF_3**	RuF_4	**RuF_5**	(RuF_6)	—	—	
—	**$RuCl_3$**	$RuCl_4$	—	—	—	—	
—	**$RuBr_3$**	—	—	—	—	—	
—	**RuI_3**	—	—	—	—	—	
—	—	**OsF_4**	OsF_5	**OsF_6**	(OsF_7)	—	
—	—	**$OsCl_4$**	$OsCl_5$	—	—	—	$OsCl_{3,5}$
—	—	$OsBr_4$	—	—	—	—	
—	—	OsI_4	—	—	—	—	

Os compostos com os estados de oxidação mais estáveis estão representados em negrito, os instáveis entre parênteses. h = óxido hidratado

PROPRIEDADES GERAIS

O ferro puro tem cor prateada, não é muito duro, e é bastante reativo (vide Tab. 24.6). O metal finamente dividido é pirofórico. O ar seco tem pouco efeito sobre o ferro maciço, mas o ar úmido facilmente oxida o metal ao óxido férrico hidratado (ferrugem). Este é constituído por camadas não-aderentes que se soltam, expondo mais metal para posterior reação. O ferro se dissolve em ácidos não-oxidantes diluídos a frio, formando Fe^{2+} e liberando hidrogênio. Se o ácido estiver morno e houver presença de ar, uma certa quantidade de íons Fe^{3+} será formada ao lado de íons Fe^{2+}. Ácidos oxidantes geram apenas Fe^{3+}. Agentes oxidantes fortes, tais como HNO_3 concentrado ou $K_2Cr_2O_7$, tornam o metal passivo, por causa da formação de uma camada protetora de óxido. Se essa camada for removida, o metal torna-se novamente vulnerável ao ataque químico. O Fe é levemente anfótero. Não reage na presença de NaOH diluído, mas é atacado por NaOH concentrado.

Em contraste, Ru e Os são metais nobres e muito resistentes ao ataque por ácidos. Contudo, Os é oxidado a OsO_4 por água-régia.

Tabela 24.6 — Algumas reações do Fe, Ru e Os

Reagente	Fe	Ru	Os
O_2	Fe_3O_4 a 500°C Fe_2O_3 a temperaturas maiores	RuO_2 a 500°C	OsO_4 a 200°C
S	FeS FeS_2 com excesso	RuS_2	OsS_2
F_2	FeF_3	RuF_5	OsF_6
Cl_2	$FeCl_3$	$RuCl_3$	$OsCl_4$
H_2O	Enferruja lentamente Fe_3O_4 formado quando aquecido ao rubro	Não reage	Não reage
HCl diluído	$Fe^{2+} + H_2$	Não reage	Não reage
HNO_3 diluído	$Fe^{3+} + H_2$	Não reage	Não reage
Água-régia	Passivo	Não reage	OsO_4

O enferrujamento do ferro é um caso particular de corrosão, sendo de grande interesse prático. O processo é muito complexo, mas uma explicação simplificada é a seguinte: a) os átomos de Fe são convertidos em íons Fe^{2+} e elétrons; b) esses elétrons se movem para um metal mais nobre, que pode estar presente como impureza no ferro ou estar em contato com ele; c) os elétrons reduzem os íons H^+ presentes na água, formando hidrogênio, que reage com o oxigênio atmosférico originando água.

$$Fe \rightarrow Fe^{2+} + 2e$$
$$2H^+ + 2e \rightarrow 2H \xrightarrow{\frac{1}{2}O_2} H_2O$$

O ferro se torna positivo e constitui o ânodo, enquanto o metal mais nobre serve como cátodo, isto é, pequenas células eletroquímicas são formadas sobre a superfície do metal. Subseqüentemente, os íons Fe^{2+} são oxidados a Fe(+III), formando FeO(OH), Fe_2O_3 ou Fe_3O_4. Como o óxido não forma uma película protetora aderente, o metal continua sendo corroído.

Para prevenir a corrosão, O_2, H_2O e as impurezas devem ser excluídas. Na prática, o ferro recebe um revestimento protetor para impedir o acesso de água. Usa-se em larga escala a eletrodeposição de uma fina camada de Sn sobre o ferro, tendo sido produzidas, em 1991, 14 milhões de toneladas de folhas-de-flandres. Outros procedimentos incluem: mergulhar o ferro "quente" em zinco fundido, a galvanização (eletrodeposição de Zn), a sherardização, e a pintura com vermelho de chumbo (zarcão). Outro tratamento eficiente é a conversão da camada mais externa dos objetos de ferro em fosfato de ferro. Isso pode ser efetuado por tratamento com ácido fosfórico ou soluções ácidas de $Mn(H_2PO_4)_2$ ou $Zn(H_2PO_4)_2$, nos processos conhecidos como parkerização e bonderização. Alternativamente, pode-se utilizar um metal como ânodo de sacrifício, que torna o ferro o cátodo na célula eletrolítica. Ru e Os são nobres e não reagem com a água.

O efeito da contração lantanídica é menos pronunciado nessa parte da Tabela Periódica. Logo, as semelhanças entre a segunda e a terceira séries de elementos não são tão acentuadas como aquelas encontradas nos grupos de transição anteriores (Tab. 24.7). As acentuadas similaridades horizontais nos metais ferrosos e nos metais do grupo da platina se devem em grande parte à semelhança de tamanhos dos seus átomos e íons (por exemplo, Fe^{2+} 0,61 Å (spin baixo), Co^{2+} 0,65 Å (spin baixo) e Ni^{2+} 0,69 Å). Como o ósmio é apenas um pouco maior que o rutênio, espera-se que tenha uma densidade maior. E, realmente, o Os é um dos elementos mais densos conhecidos (densidade 22,57 g cm^{-3}), sendo superado por uma pequena margem apenas pelo Ir (densidade 22,61 g cm^{-3}) (vide Apêndice D).

Tabela 24.7 — Algumas propriedades físicas

	Raio covalente (Å)	Raio iônico (Å) M^{2+}	M^{3+}	Ponto de fusão (°C)	Ponto de ebulição (°C)	Densidade ($g\ cm^{-3}$)	Eletronegatividade de Pauling
Fe	1,17	$0,78^a$ $0,61^b$	$0,645^a$ $0,55^b$	1.535	2.750	7,87	1,8
Ru	1,24	–	0,68	2.282	(4.050)	12,41	2,2
Os	1,26	–	—	3.045	(5.025)	22,57	2,2

a = spin de valor alto *b* = spin de raio baixo

COMPOSTOS DOS ELEMENTOS EM ESTADOS DE OXIDAÇÃO BAIXOS

O elemento no estado (–II) é raro, mas ocorre nos íons complexos $[Fe(CO)_4]^{2-}$ e $[Ru(CO)_4]^{2-}$. O elemento no estado zero ocorre nos complexos carbonílicos, que podem ser mononucleares (por exemplo, $[Fe(CO)_5]$, $[Ru(CO)_5]$ e $[Os(CO)_5]$), dinucleares (por exemplo, $[Fe_2(CO)_9]$ e $[Os_2(CO)_9]$), ou trinucleares (como $[Fe_3(CO)_{12}]$, $[Ru_3(CO)_{12}]$ e $[Os_3(CO)_{12}]$). (Figura 24.2).

$[Fe(CO)_5]$, $[Ru(CO)_5]$ e $[Os(CO)_5]$ são líquidos à temperatura ambiente. As outras espécies carbonil são sólidos voláteis. $[Fe(CO)_5]$ é comercialmente disponível. As carbonil di- e trinucleares contêm ligações M–M. $[Fe_2(CO)_9]$ possui três CO's em ponte ligando os dois átomos metálicos, mas no $[Os_2(CO)_9]$, provavelmente, existe apenas uma molécula de CO em ponte. $[Fe_3(CO)_{12}]$ possui dois CO's ligados em ponte entre dois átomos de Fe, enquanto que $[Os_3(CO)_{12}]$ não possui nenhuma molécula de CO ligados em ponte. $[Fe_2Ru(CO)_{12}]$ possui a mesma estrutura do $[Fe_3(CO)_{12}]$, mas $[FeRu_2(CO)_{12}]$ tem a mesma estrutura do $[Os_3(CO)_{12}]$.

$[Fe(CO)_5]$ é facilmente oxidado, e no estado gasoso forma uma mistura explosiva com o ar. Essas carbonilas reagem com soluções alcalinas ou com água, formando ânions carbonilato:

$$Fe(CO)_5 + 3NaOH \rightarrow Na[HFe(CO)_4] + Na_2CO_3 + H_2O$$

Elas sofrem reações de substituição na presença de outros ligantes, como PF_3, PCl_3, PPh_3, $AsPh_3$, e moléculas orgânicas insaturadas, como o benzeno. Nas carbonilas polinucleares a ligação metal–metal e a estrutura do cluster são freqüentemente mantidos.

$$Fe(CO)_5 + PF_3 \rightarrow (PF)_3Fe(CO)_4 + CO$$
$$Fe_2(CO)_9 + 6PPh_3 \rightarrow Fe_2(CO)_3(PPh_3)_6 + 6CO$$

Esses compostos carbonílicos são usados como catalisadores em várias reações:

$$\underset{\text{etino}}{2HC{\equiv}CH} + 3CO + H_2O \xrightarrow{Fe(CO)_5} \underset{\text{hidroquinona}}{HO{-}C_6H_4{-}OH} + CO_2$$

$$\underset{\text{nitrobenzeno}}{C_6H_5NO_2} + 2CO + H_2 \xrightarrow{Ru_3(CO)_{12}} \underset{\text{anilina}}{C_6H_5NH_2} + 2CO_2$$

Compostos de nitrosila são formados na reação de NO com carbonilas binucleares:

$$Fe_2(CO)_9 + 4NO \rightarrow 2Fe(CO)_2(NO)_2 + 5CO$$

Um derivado pouco comum, $[Ru_6C(CO)_{17}]$, é constituído por um cluster octaédrico distorcido de seis átomos de Ru com um átomo de C no centro (estrutura semelhante é encontrado nos carbetos metálicos intersticiais), mas quatro dos átomos de Ru possuem três grupos CO terminais, enquanto os dois Ru remanescentes tem dois COs terminais e um ligado em ponte.

O complexo $[Fe(H_2O)_5NO]^{2+}$ é formado no "teste do anel" para a detecção de nitratos. A cor marrom se deve à transição de transferência de carga. Formalmente, esse complexo contém Fe(+I) e NO^+. Seu momento magnético é de aproximadamente 3,9 MB, confirmando a presença de três elétrons desemparelhados.

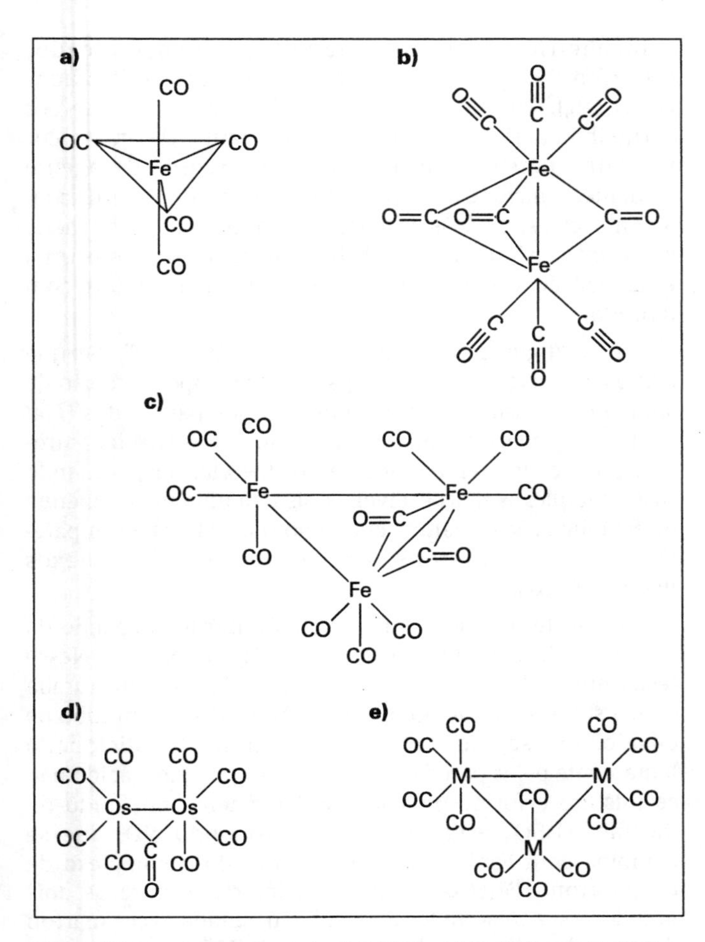

Figura 24.2 — *As estruturas de a) $Fe(CO)_5$, b) $Fe_2(CO)_9$, c) $Fe_3(CO)_{12}$, d) estrutura sugerida para o $Os_2(CO)_9$ e e) $Ru_3(CO)_{12}$*

COMPOSTOS DOS ELEMENTOS NO ESTADO DE OXIDAÇÃO (+ II)

O estado de oxidação (+ II) é um dos mais importantes do ferro, e seus sais são geralmente denominados *sais ferrosos*. São compostos cristalinos bem conhecidos. A maioria é verde pálida e contém o íon $[Fe(H_2O)_6]^{2+}$, por exemplo $FeSO_4 \cdot 7H_2O$, $FeCl_2 \cdot 6H_2O$ e $Fe(ClO_4)_2 \cdot 6H_2O$. O íon $[Fe(H_2O)_6]^{2+}$ é estável em meio aquoso. Os compostos ferrosos são facilmente oxidados, e difíceis de serem obtidos puros. Contudo, o sal duplo $FeSO_4 \cdot (NH_4)_2SO_4 \cdot 6H_2O$ é usado como um composto padrão em análise volumétrica, para titulações com agentes oxidantes tais como dicromato, permanganato e soluções de cério(IV). $FeSO_4$ e H_2O_2 são usados para gerar radicais hidroxila (a mistura é conhecida como reagente de Fenton), por exemplo, é capaz de oxidar álcoois a aldeídos.

Óxidos

$\overline{FeO}$ é um óxido não-estequiométrico, deficiente em metal, cuja composição típica é $Fe_{0,95}O$. Pode ser obtido na forma de um pó preto, aquecendo-se fortemente oxalato de ferro(+ II), $Fe^{II}(COO)_2$, sob vácuo, e, então, resfriando bruscamente para evitar seu desproporcionamento.

$$Fe(C_2O_4) \rightarrow FeO + CO_2 + CO$$
$$2Fe^{II}O \rightarrow Fe_3O_4 + Fe^0$$
$$(Fe^{II}Fe^{III}{}_2O_4)$$

O $\overline{FeO}$ se dissolve em ácidos e é totalmente básico. Tem um retículo cristalino semelhante ao do cloreto de sódio, onde íons O^{2-} formam um arranjo cúbico de empacotamento compacto e os íons Fe^{2+} ocupam todos (ou quase todos) os interstícios octaédricos. $Fe(OH)_2$ pode ser precipitado como um sólido branco, a partir de soluções de Fe(+ II), mas rapidamente absorve O_2 do ar e se torna verde escuro e, a seguir, castanho. Isso porque é inicialmente oxidado a uma mistura de $Fe(OH)_2$ e $Fe(OH)_3$, e depois, a $Fe_2O_3 \cdot (H_2O)_n$ hidratado. O $Fe(OH)_2$ se dissolve em ácidos. Também se dissolve em soluções concentradas de NaOH, formando o complexo verde azulado $Na_4[Fe(OH)_6]$, que pode ser cristalizado.

Haletos

O ferro se dissolve nos ácidos halogenídricos, na ausência de ar. A partir dessas soluções, pode-se obter os di-haletos hidratados $FeF_2 \cdot 8H_2O$ (branco), $FeCl_2 \cdot 4H_2O$ (verde pálido) e $FeBr_2 \cdot 4H_2O$ (verde pálido). O cloreto ferroso hidratado contém a unidade octaédrica $[FeCl_2 \cdot 4H_2O]$, na qual dois átomos de cloro ocupam posições *trans*.

FeF_2 e $FeCl_2$ anidros são obtidos aquecendo-se o metal com HF ou HCl gasosos, visto que na reação direta dos elementos ($Fe + Cl_2$ ou F_2, respectivamente), sob aquecimento, são gerados os haletos $FeCl_3$ e FeF_3. Em contraste, $FeBr_2$ e FeI_2 são obtidos aquecendo-se os elementos. Os haletos de Fe(+ II) anidros reagem com NH_3 gasoso, formando sais contendo o íon complexo octaédrico $[Fe(NH_3)_6]^{2+}$. $Fe(OH)_2$ é gerado quando esse complexo é dissolvido em água.

Complexos

Os íons Fe^{2+} formam muitos complexos. O mais importante é a hemoglobina (o pigmento vermelho do sangue), que será discutido mais adiante no item "Química Bioinorgânica do Ferro". A maioria de seus complexos são octaédricos, embora sejam formados alguns haletos complexos tetraédricos $FeX_4{}^{2-}$.

O mais conhecido desses complexos é o íon hexacianoferrato(II) ou ferrocianeto, $[Fe^{II}(CN)_6]^{4-}$. O hexacianoferrato(II) de potássio, $K_4[Fe(CN)_6]^{4-}$, é um sólido de cor amarela clara e pode ser obtido pela reação de CN^- com um sal ferroso em solução. Ele é usado para testar a presença de íons ferro em solução. Íons Fe^{2+} reagem formando um precipitado branco, $K_2Fe^{II}[Fe^{II}(CN)_6]$, mas os íons Fe^{3+} formam um precipitado azul escuro, $KFe^{III}[Fe^{II}(CN)_6]$, conhecido como azul da Prússia. Uma intensa coloração azul também é produzida quando Fe^{2+} reage com íons hexacianoferrato(III) (ferricianeto), $[Fe^{III}(CN)_6]^{3-}$, devido à formação do azul de Turnbull $KFe^{II}[Fe^{III}(CN)_6]$. Ambos foram usados como pigmentos de tintas para pintura e escrever. Estudos recentes de espectroscopia de raios X, infravermelho e Mössbauer mostraram que o azul de Turnbull é idêntico ao azul da Prússia. A intensa coloração decorre de transições envolvendo a transferência de elétrons entre Fe(+ II) e Fe(+ III). Comparando-se os potenciais padrão de redução verifica-se que é mais fácil oxidar $[Fe^{II}(CN)_6]^{4-}$ a $[Fe^{III}(CN)_6]^{3-}$ do que oxidar $[Fe^{II}(H_2O)_6]^{2+}$ a $[Fe^{III}(H_2O)_6]^{3+}$, em solução aquosa.

$$[Fe^{III}(H_2O)_6]^{3+} + e \rightarrow [Fe^{II}(H_2O)_6]^{2+} \qquad E^o = +0{,}77\ V$$
$$[Fe^{III}(CN)_6]^{3-} + e \rightarrow [Fe^{II}(CN)_6]^{4-} \qquad E^o = +0{,}36\ V$$

Isso significa que o íon Fe(+ III) forma um complexo mais estável com CN^- que o Fe(+ II). Isso é surpreendente, visto que o íon CN^- forma ligações π recebendo elétrons dos íons metálicos. Como o Fe(+ II) tem mais elétrons que o Fe(+ III), conclui-se que Fe(+ II) forma ligações π mais fortes que Fe(+ III). Os comprimentos das ligações Fe–C no $[Fe^{III}(CN)_6]^{3-}$ e no $[Fe^{II}(CN)_6]^{4-}$, de 1,95 Å e 1,92 Å, respectivamente, confirmam essa hipótese, mas não concordam com os valores de E^o observados. Analisando-se os dados termodinâmicos, verifica-se que o ΔH^o de oxidação do $[Fe^{II}(CN)_6]^{4-}$ é mais positivo que do $[Fe^{II}(H_2O)_6]^{2+}$. Mas, a principal causa da falha da previsão anterior sobre os valores relativos de E^o é a elevada entropia de hidratação negativa, resultante da elevada carga do ferrocianeto. Isso mostra que o solvente tem um papel muito importante, e que o comportamento dos compostos no estado sólido e em solução tendem a ser diferentes.

A análise gravimétrica de Cu^{2+} pode ser realizada, precipitando-se o íons como o complexo castanho avermelhado $Cu^{II}_2[Fe(CN)_6]$.

Os grupos cianeto no $K_4[Fe(CN)_6]$ são cineticamente inertes, e não podem ser removidos ou substituídos com facilidade. Embora se diga que esse sal não é tóxico, convém tomar cuidado, pois ele libera HCN quando tratado com ácidos diluídos. É possível obter produtos monossubstituídos, trocando um CN^- por H_2O, CO, NO_2^- ou NO^+. O mais importante deles é o (nitrosil)pentacianoferrato(II) de sódio, $Na_2[Fe(CN)_5(NO)] \cdot 2H_2O$, também conhecido como nitroprussiato de sódio. Esse complexo possui NO^+ como ligante, e se forma na reação de um ferrocianeto com HNO_3 a 30% ou com um nitrito, e cristaliza na forma de um sólido castanho avermelhado.

$$[Fe(CN)_6]^{4-} + NO_3^- + 4H^+ \rightarrow [Fe(CN)_5(NO)]^{2-} + NH_4^+ + CO_2$$
$$Na_4[Fe(CN)_6] + NO_2^- + H_2O \rightarrow Na_2[Fe(CN)_5(NO)] + 2NaOH + CN^-$$

O nitroprussiato de sódio reage com íons sulfeto originando um complexo de cor púrpura, $[Fe(CN)_5(NOS)]^{4-}$. Essa reação é usada como teste qualitativo de elevada sensibilidade para sulfetos.

$$2[Fe(CN)_5(NO)]^{2-} + S^{2-} \rightarrow 2[Fe(CN)_5(NOS)]^{4-}$$

Outros complexos estáveis de Fe^{2+} são formados com ligantes bidentados, como etilenodiamina, 2,2'-bipiridina e 1,10-fenantrolina (Fig. 24.3, conhecido como *orto*-fenantrolina na literatura mais antiga). O complexo vermelho brilhante $[Fe(phen)_3]^{2+}$ é usado na determinação colorimétrica de ferro e, também, como indicador ("ferroína") em titulações redox: é mais fácil oxidar $[Fe(H_2O)_6]^{2+}$ a $[Fe(H_2O)_6]^{3+}$ que $[Fe(phen)_3]^{2+}$ (de cor vermelha) a $[Fe(phen)_3]^{3+}$ (de cor azul). Assim, a cor vermelha persiste até que haja um excesso de agente oxidante. A maior estabilidade do complexo de ferro(II) com fenantrolina se deve às ligações entre os orbitais $d\pi$ do metal e os orbitais π^* antiligantes de baixa energia do ligante. Uma estabilização semelhante ocorre também no complexo com bipiridina.

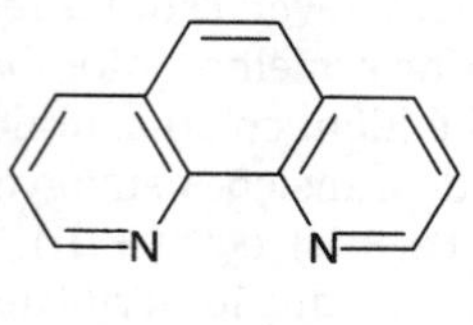

Figura 24.3 — *a 1,10-fenantrolina*

A configuração eletrônica do íon Fe^{2+} é d^6, tal que complexos octaédricos com ligantes de campo fraco são de spin alto e possuem quatro elétrons desemparelhados (Fig. 24.4a). Ligantes de campo forte, como CN^- e 1,10-fenantrolina provocam o emparelhamento dos elétrons, tornando esses complexos mais estáveis, pois têm uma maior energia de estabilização de campo cristalino (Fig. 24.4b). O emparelhamento dos elétrons também torna os complexos diamagnéticos.

O "teste do anel" para nitratos e nitritos depende da formação do complexo marrom $[Fe(H_2O)_5 \cdot NO]^{2+}$. Nesse teste, uma solução recém preparada de $FeSO_4$ é misturada com a solução contendo os íons NO_2^- e NO_3^-, num tubo de ensaio. Em seguida, H_2SO_4 concentrado é adicionado lentamente pelas paredes do tubo, de modo que o ácido não se misture e forme uma fase independente no fundo do mesmo. H_2SO_4 reage com NO_3^- formando NO, que se combina com Fe^{2+} lentamente, formando o complexo de cor marrom $[Fe(H_2O)_5 \cdot NO]^{2+}$ na interface entre os dois líquidos. Se a mistura for aquecida ou agitada, a cor marron do anel desaparece e há liberação de NO, restando uma solução amarela de $Fe^{III}_2(SO_4)_3$. Caso nitritos estejam presentes na amostra, ocorre o aparecimento da cor marrom mesmo antes da adição de H_2SO_4.

Além desses complexos octaédricos, os haletos mais pesados formam complexos cristalinos do tipo $[Fe^{II}X_4]^{2-}$. São complexos tetraédricos que só se cristalizam na presença de cátions grandes, pois a presença de um ânion grande e de um cátion grande leva a uma alta energia reticular.

Há alguns poucos compostos simples de Ru(+ II) e de Os(+ II), embora se conheça o $[Ru^{II}(H_2O)_6]^{2+}$. Exceto na presença de ânions não complexantes, como BF_4^- e ClO_4^-, o íon no estado de oxidação (+ II) persiste na forma de aqua-complexos. Vários complexos são formados com ligantes retrodoadores como CO e fosfinas, PR_3. Outros complexos são formados com CN^-, Cl^-, NH_3 e aminas. Todos são

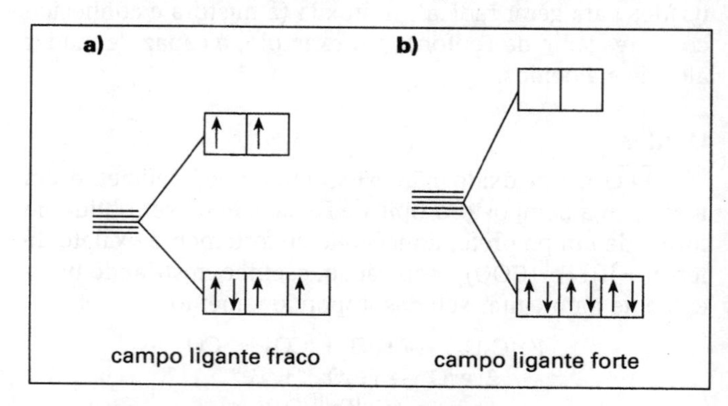

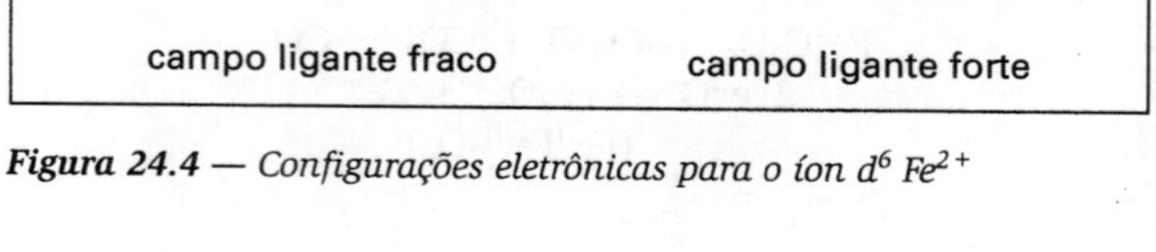

Figura 24.4 — *Configurações eletrônicas para o íon d^6 Fe^{2+}*

octaédricos. Esses complexos são formados quando soluções contendo M(+ III) ou M(+ IV) são reduzidos na presença do ligante. O íon metálico tem configuração d^6, e seus complexos são todos diamagnéticos, ou seja, os elétrons se encontram emparelhados, indicando a existência de uma grande energia de estabilização de campo cristalino.

O rutênio forma $[Ru_2(CH_3COO)_4(H_2O)_2]$, um complexo binuclear contendo quatro grupos carboxilatos, semelhante ao acetato de crômio, e uma ligação M–M. Mo e Rh formam complexos semelhantes.

O rutênio também forma uma interessante série de complexos do tipo $[Ru^{II}(NO)L_5]$, onde o ligante L pode ser: Cl^-, NH_3, H_2O, NO_3^-, OH^-, CN^-, etc. O NO se liga fortemente ao metal por meio de ligações σ e π, de modo que a ligação Ru–NO resiste a uma grande variedade de reações de substituição e de óxido-redução. Estudos de difração de raios X sugerem que em alguns complexos a ligação Ru–N–O é linear, enquanto que em outros é angular.

Ru—N—O   Ru—N
                        \
                         O

Complexos análogos de ósmio também são conhecidos, embora tenham sido menos estudados.

Complexos de carbonila com Fe, Ru e Os são conhecidos há muito tempo. CO e N_2 são isoeletrônicos, e durante muito tempo especulou-se que seria possível formar ligações M–NN, análogas às ligações M–CO. O primeiro exemplo de um complexo de dinitrogênio, $[Ru(NH_3)_5(N_2)]Cl_2$, foi publicado em 1965. Esse complexo pode ser obtido reduzindo-se uma solução aquosa de $RuCl_3$ com sulfato de hidrazina ou, então, tratando-se $[Ru^{III}(NH_3)_5(H_2O)]^{3+}$ com NaN_3. A reação em que H_2O é diretamente substituído por N_2, é de grande interesse, pois ela pode ser semelhante a uma das etapas do processo de fixação do nitrogênio pelas bactérias.

$$[Ru(NH_3)_5H_2O]^{2+} + N_2 \rightarrow [Ru(NH_3)_5 \cdot N_2]^{2+}$$

Ligantes N_2 terminais apresentam uma intensa banda no infravermelho, na faixa de 1.930 a 2.230 cm^{-1}, enquanto o gás N_2 apresenta uma banda em 2.331 cm^{-1}. Essa banda no infravermelho pode ser utilizada para verificar se houve formação de um complexo de dinitrogênio. A diminuição da energia da vibração sugere que houve formação de ligação π entre Ru e N_2, diminuindo a ordem da ligação N–N. Assim, o N_2 atua como um ligante receptor de elétrons. N_2 é um doador σ mais fraco e um receptor π mais fraco que o CO, e por isso os complexos de dinitrogênio não são muito estáveis. Complexos de outros metais, tais com Mo, Fe e Co, também podem ligar N_2 à pressão atmosférica, particularmente com ligantes de fosfinas terciárias:

$$FeCl_2 + N_2 + 3PEtPh_2 \xrightarrow{NaBH_4} FeH_2(N_2)(PEtPh_2)_3$$

N_2 também pode atuar como ligante ponte:

$$[Ru(NH_3)_5 \cdot N_2]^{2+} + [Ru(NH_3)_5 \cdot H_2O]^{2+} \rightarrow [(NH_3)_5 \cdot Ru\text{–}N\text{–}N\text{–}Ru \cdot (NH_3)_5]^{4+}$$

O comprimento da ligação N–N no complexo binuclear é de 1,24 Å, apenas um pouco maior que a distância entre os átomos no N_2 gasoso, que é de 1,098 Å. O interesse por complexos que podem coordenar dinitrogênio se deve à possibilidade de utilizá-los para realizar a fixação do nitrogênio (vide também o Capítulo 20). Já foram obtidos complexos de dinitrogênio com todos os metais dos grupos 7, 8 e 9 (grupos do Mn, Fe e Co), além do Mo e do Ni. Geralmente, esses complexos contêm o metal num estado de oxidação baixo e fosfina ou hidreto como ligantes, como nos complexos $[(R_3P)_2Ni \cdot (N_2) \cdot Ni(PR_3)_2]$ e $[(R_3P)_3 \cdot Fe \cdot (N_2) \cdot (H_2)]$. Como a molécula de N_2 é simétrica e tem um momento dipolar igual a zero, a ligação σ do N ao metal será muito fraca (daí a pequena variação no comprimento da ligação N–N), e a principal interação é a ligação de retrodoação do metal com os orbitais π antiligante do nitrogênio.

COMPOSTOS DOS ELEMENTOS NO ESTADO DE OXIDAÇÃO (+ III)

O estado de oxidação (+ III) é muito importante na química do ferro, sendo os sais férricos obtidos pela oxidação dos correspondentes sais de Fe(+ II). Soluções de sais férricos são freqüentemente castanho amareladas, mas a cor se deve à presença de óxido de ferro coloidal, ou FeO(OH). Fe(+ III) forma sais cristalinos com todos os ânions comuns, exceto o I^-, e muitos deles podem ser isolados tanto na forma hidratada como anidra. Esses sais podem ter várias cores: $FeCl_3 \cdot 6H_2O$, $FeF_3 \cdot 4^1/_2H_2O$ e $Fe_2(SO_4)_3 \cdot 9H_2O$ são amarelos; $FeBr_3 \cdot 6H_2O$ e FeF_3 são verdes; $Fe(NO_3)_3 \cdot 6H_2O$ é incolor; e $Fe(NO_3)_3 \cdot 9H_2O$ é púrpura pálido. Muitos sais contêm o íon $[Fe(H_2O)_6]^{3+}$. O mais comum é o $Fe_2(SO_4)_3$, que pode ser encontrado na forma de seis hidratos diferentes, e é largamente usado como coagulante para clarificar água potável e também no tratamento de efluentes e águas industriais. Os alúmens são sais duplos que contêm o íon $[Fe(H_2O)_6]^{3+}$ e cristalizam facilmente. Os exemplos mais conhecidos são o alúmen de ferro e amônio $(NH_4)[Fe^{III}(H_2O)_6][SO_4]_2 \cdot 6H_2O$ e o alúmen de ferro e potássio $[K(H_2O)_6][Fe^{III}(H_2O)_6][SO_4]_2$. Esses alúmens são usados como mordentes na indústria da tinturaria, como os alúmens de crômio.

Óxidos e óxidos hidratados

Não há evidências quanto à existência do $Fe(OH)_3$. A hidrólise de $FeCl_3$ não forma o hidróxido, mas fornece um precipitado gelatinoso castanho avermelhado do óxido hidratado, $Fe_2O_3(H_2O)_n$. Pelo menos parte desse precipitado é constituída por FeO(OH). Quando o óxido hidratado é aquecido a 200 °C obtém-se o α-Fe_2O_3, de cor vermelho-castanha. Sua estrutura é constituída por um retículo de íons O^{2-}, num arranjo hexagonal de empacotamento compacto, com íons Fe^{3+} ocupando dois terços dos interstícios octaédricos. Contudo, a oxidação de Fe_3O_4 leva à formação de γ-Fe_2O_3, que tem um arranjo cúbico de empacotamento compacto de íons O^{2-}, com íons Fe^{3+} distribuídos aleatoriamente, tanto nos interstícios octaédricos como nos tetraédricos.

Fe_3O_4 é um sólido preto formado no aquecimento de Fe_2O_3 a 1.400 °C. O Fe_3O_4 é um óxido misto de fórmula $Fe^{II}Fe^{III}{}_2O_4$ e tem a estrutura do espinélio invertida. Os íons O^{2-} formam um retículo cúbico de empacotamento compacto, com os íons maiores, Fe^{2+}, ocupando um quarto dos interstícios octaédricos. Por outro lado, metade dos íons Fe^{3+} ocupam interstícios octaédricos; a outra metade, os interstícios tetraédricos.

Os óxidos $\overline{Fe_2O_3}$ e $\overline{Fe_3O_4}$, tal como o $\overline{FeO}$, tendem a ser não-estequiométricos. Essa tendência à não-estequiometria se deve à semelhança de suas estruturas. As formas de empacotamento cúbico compacto diferem somente na disposição dos íons Fe^{2+} e Fe^{3+} nos interstícios octaédricos e tetraédricos.

As propriedades básicas diminuem com o aumento do número de oxidação. O $Fe^{III}{}_2O_3$ é essencialmente básico. O sólido resultante do tratamento térmico é difícil de ser dissolvido em meio ácido. Todavia, a forma hidratada recém-preparada se dissolve em ácidos, formando o íon violeta pálido $[Fe(H_2O)_6]^{3+}$, e em NaOH concentrado, formando $[Fe(OH)_6]^{3-}$. Esse comportamento evidencia que o óxido tem um certo caráter anfótero. A fusão com LiOH, NaOH ou Na_2CO_3 leva à formação de $LiFeO_2$ ou $NaFeO_2$.

$$Fe_2O_3 + Na_2CO_3 \rightarrow 2NaFeO_2 + CO_2$$

Esses compostos já foram denominados "ferritos", mas é mais correto classificá-los como óxidos mistos, pois o $LiFeO_2$ tem a estrutura do NaCl, e Li^+ e Fe^{3+} tem aproximadamente o mesmo tamanho. A carga média sobre os íons metálicos é +2, que compensa a carga –2 dos íons óxidos. Os ferritos se hidrolisam em água, formando NaOH. Essa reação já foi empregada no processo Lowig, hoje obsoleto, de fabricação de soda cáustica.

$$\begin{aligned} &Fe_2O_3 + Na_2CO_3 \rightarrow 2NaFeO_2 + CO_2 \\ &2NaFeO_2 + H_2O \rightarrow 2NaOH + Fe_2O_3 \end{aligned}$$

Quando Cl_2 é borbulhado numa solução alcalina de óxido de ferro(III) hidratado, forma-se uma solução vermelho-púrpura contendo o íon ferrato, $Fe^{VI}O_4{}^{2-}$. Os ferratos também podem ser obtidos pela oxidação de Fe(+III) com NaOCl, ou eletroliticamente. Eles contêm Fe(+VI) e são agentes oxidantes mais fortes que o $KMnO_4$.

Haletos

Os haletos FeF_3, $FeCl_3$ e $FeBr_3$ podem ser obtidos pela reação direta entre o metal e o halogênio correspondente. O iodeto não pode ser obtido no estado puro, pois o Fe^{3+} oxida o I^-. Em solução, essa oxidação é completa, mas no estado sólido um pouco de FeI_3 pode persistir na presença de FeI_2. Os compostos de Fe(+III) são menos ionizados que os de Fe(+II). FeF_3 é um sólido branco pouco solúvel em água, mas a solução aquosa não dá teste positivo para os íons Fe^{3+} ou F^-. Ele se combina com fluoretos de metais alcalinos formando complexos, por exemplo, $Na_3[FeF_6]$. A configuração do íon Fe^{3+} é d^5. Como o F^- é um ligante de campo fraco, cada um dos orbitais *d* estará parcialmente ocupado, gerando um complexo octaédrico de spin alto (Fig. 24.5a). Em decorrência do pequeno tamanho do íon Fe^{3+}, seus complexos são geralmente mais estáveis que os de Fe(+II).

Qualquer transição eletrônica *d–d* é proibida pela regra de seleção de Laporte (esta estabelece que Δl, a variação no número quântico secundário para uma transição, deve ser

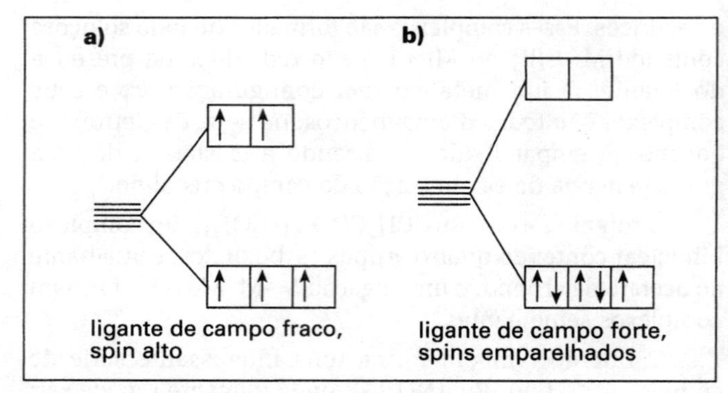

***Figura 24.5** — O arranjo eletrônico d^5 para o íon Fe^{3+}*

igual a ± 1, mas $\Delta l = 0$ no caso de uma transição *d–d*,). No $[FeF_6]^{3-}$, as transições eletrônicas também são proibidas por spin, pois a promoção de um elétron deve ser acompanhada pela inversão de seu spin. A probabilidade disso ocorrer é muito pequena, fazendo com que esses compostos sejam muito pouco coloridos ou incolores. Um efeito semelhante é observado nos compostos de Mn^{2+} (vide Capítulo 32).

Em contraste com o FeF_3, o $FeCl_3$ sólido é quase preto. Esse composto sublima a cerca de 300 °C, formando um gás constituído de dímeros. O $FeBr_3$ é castanho avermelhado. As cores nesses compostos se devem às transições de transferência de carga. Os sólidos possuem estruturas lamelares (em camadas), constituídos por íons haletos num arranjo de empacotamento compacto, onde o íon Fe^{3+} ocupa dois terços dos interstícios octaédricos em uma camada e nenhum na camada seguinte. O $FeCl_3$ se dissolve tanto em éter como em água, gerando espécies monoméricas solvatadas (Fig. 24.6). Geralmente, o cloreto de ferro(III) é obtido na forma de fragmentos amarelo-castanhos de seu hidrato $FeCl_3 \cdot 6H_2O$. Este é muito solúvel em água, sendo usado como agente oxidante e como mordente em tinturaria. $FeCl_3$ é também usado na fabricação de CCl_4.

$$CS_2 + 3Cl_2 \xrightarrow{FeCl_3 \text{ como catalisador, } 30°C} CCl_4 + S_2Cl_2$$
$$CS_2 + 2S_2Cl_2 \xrightarrow{FeCl_3 \text{ como catalisador, } 60°C} CCl_4 + 6S$$

A estrutura do $FeCl_3 \cdot 6H_2O$ é pouco comum. Consiste normalmente de *trans*-$[Fe(H_2O)_4Cl_2]Cl \cdot 2H_2O$, embora em HCl concentrado haja formação de íons tetraédricos $[FeCl_4]^-$.

Complexos

O Fe^{3+} forma de preferência complexos com ligantes que se coordenam através de átomos de O, e não de N. Complexos com NH_3 são instáveis em água. Complexos com ligantes quelantes contendo átomos de N coordenantes (como bipiridina ou 1,10-fenantrolina) são formados, mas são menos estáveis que os correspondentes complexos de Fe(+II). Esses ligantes provocam o emparelhamento dos elétrons.

O complexo mais comum é o íon hidratado $[Fe(H_2O)_6]^{3+}$. Tem cor púrpura clara em soluções fortemente ácidas, mas tende a se hidrolisar em pH 2–3, formando soluções amarelas.

$$[Fe(H_2O)_6]^{3+} \rightleftharpoons [Fe(H_2O)_5 \cdot OH]^{2+} + H^+$$

Na faixa de pH entre 4 e 5, o hidroxocomplexo se dimeriza, levando à formação de um sólido castanho. A polimerização de íons hidratados é muito comum, especialmente se tiverem carga elevada.

$$2[Fe(H_2O)_5 \cdot OH]^{2+} \rightarrow \left[(H_2O)_4 \cdot Fe \begin{matrix} H \\ O \\ \\ O \\ H \end{matrix} Fe \cdot (H_2O)_4 \right]^{4+}$$

Quando o pH é superior a 5, forma-se um precipitado vermelho castanho do óxido hidratado.

Outros complexos com ligantes doadores de O incluem aqueles com íons fosfato (como $[Fe(PO_4)_3]^{6-}$ e $[Fe(HPO_4)_3]^{3-}$, que são incolores), e com íons oxalato (como o complexo verde escuro $[Fe(oxalato)_3]^{3-}$). Manchas de ferrugem em tecidos podem ser removidas tratando-os com ácido oxálico, de modo a formar o íon $[Fe(oxalato)_3]^{3-}$, solúvel em água. Mas, esse tratamento também pode remover os corantes dos tecidos. $[Fe(acetilacetona)_3]$ e o íon $[Fe(CN)_6]^{3-}$ são vermelhos enquanto que $[Fe(phen)_3]^{3+}$ é azul. Os dois últimos podem ser obtidos oxidando-se os correspondentes complexos de Fe(+II) com $KMnO_4$ ou por eletrólise.

Um dos melhores testes de identificação do íon Fe(+III) é sua reação com íons SCN^-. A cor vermelho sangue é resultante da mistura de $[Fe(SCN)(H_2O)_5]^{2+}$, $[Fe(SCN)_3]$ e $[Fe(SCN)_4]^-$. A cor pode ser utilizada para a determinação quantitativa de ferro(III). Essa coloração desaparece quando F^- é adicionado em excesso, pois nesse caso $[FeF_6]^{3-}$ é formado.

A configuração eletrônica do íon Fe^{3+} é d^5. Assim, complexos com ligantes de campo fraco terão uma configuração de spin-alto, com cinco elétrons desemparelhados. Logo, as transições *d–d* serão proibidas por spin e as bandas de absorção serão muito fracas. O Mn^{2+} também tem uma configuração d^5 e apresenta transições eletrônicas muito pouco intensas. Contudo, o íon Fe^{3+} tem uma carga a mais e polariza mais fortemente os ligantes, levando a intensas transições de transferência de carga, que estão ausentes nos complexos de Mn^{2+}. O único complexo que realmente possui somente bandas *d–d* fracas é o $[Fe(H_2O)_6]^{3+}$. As espécies hidrolisadas apresentam transições de transferência de carga que encobrem as transições *d–d*. Ligantes de campo forte, tais como CN^-, SCN^- e oxalato formam complexos em que os elétrons do Fe^{3+} se encontram emparelhados (Fig. 24.5b). Estes deveriam ter cores razoavelmente intensas devido às transições *d–d*, mas são também encobertas pelas transições de transferência de carga.

Fe(+III) e Ru(+III) formam acetatos básicos do tipo $[Fe_3O(CH_3COO)_6L_3]^+$, cuja estrutura consiste de um triângulo com os três átomos de Fe nos seus vértices e um átomo de O no centro (Fig. 24.7). Os seis grupos acetato atuam como ligantes pontes entre os átomos de ferro, dois ao longo de cada aresta do triângulo. Assim, cada átomo de Fe está ligado a quatro grupos acetato e ao O central, e a sexta posição do octaedro é ocupada por uma molécula de água ou outro ligante. Esse tipo de complexo com carboxilato é formado pelos íons trivalentes de Cr, Mn, Fe, Ru, Rh e Ir.

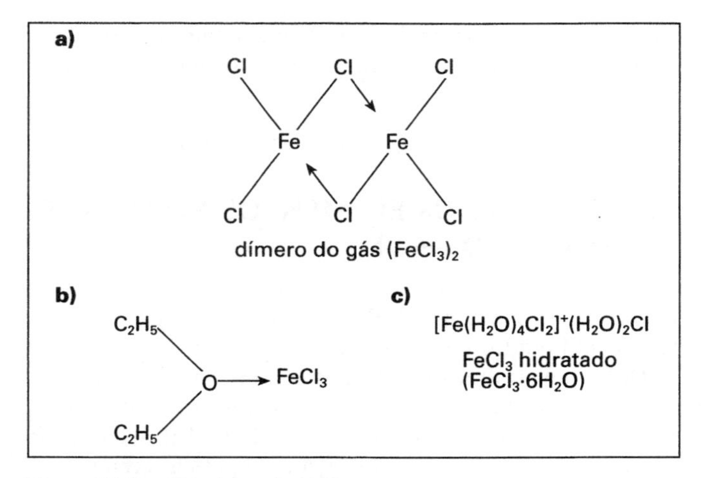

Figura 24.6 — Estruturas do $FeCl_3$

Rutênio e ósmio

Os complexos de Ru(+III) são mais numerosos que os de Os. Os dois elementos formam complexos do tipo $[M^{III}(NH_3)_6]^{3+}$, e o Ru forma uma série de complexos mistos com haletos e amônia. Quando RuO_4 é adicionado a HCl concentrado e a mistura é evaporada, forma-se um sólido vermelho escuro cuja composição é $RuCl_3.3H_2O$. Este se dissolve prontamente em água e é o reagente de partida para a síntese de muitos compostos. Apesar de sua formulação, parece que o sólido contém não apenas compostos de Ru^{III}, mas também algumas espécies polinucleares de Ru^{IV}. Compostos de Ru(+III) com cloro catalisam a hidratação de alcinos. Ru(+III) forma um acetato básico semelhante ao $[Fe_3O(CH_3COO)_6L_3]^+$ descrito acima.

COMPOSTOS DOS ELEMENTOS NO ESTADO DE OXIDAÇÃO (+IV)

A reação de combustão de Ru ou Os metálico ao ar fornece RuO_2 (um sólido azul escuro tendendo ao preto) e OsO_2 (um sólido cor de cobre). Ambos possuem a estrutura do rutilo (TiO_2). Os forma um tetrafluoreto e um tetracloreto estáveis.

COMPOSTOS DOS ELEMENTOS NO ESTADO DE OXIDAÇÃO (+V)

O elemento no estado de oxidação (+V) é instável, sendo encontrado apenas nos pentafluoretos. Estes são

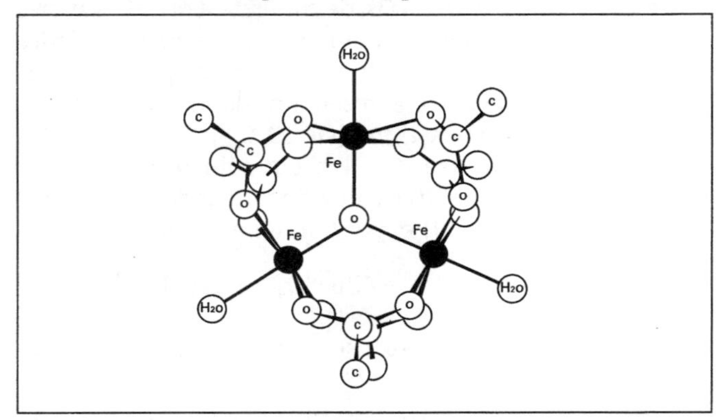

Figura 24.7 — Estrutura do $[Fe_3O(CH_3COO)_6(H_2O)_3]^+$

tetrâmeros com átomos de F em ponte, como no NbF_5 e no TaF_5 (vide Fig. 21.1). Complexos com o fluoreto também são conhecidos.

$$RuCl_3 + KCl + F_2 \rightarrow K[Ru^{V}F_6]$$

COMPOSTOS DOS ELEMENTOS NO ESTADO DE OXIDAÇÃO (+VI)

Os ferratos, $Fe^{VI}O_4^{2-}$, podem ser obtidos passando-se uma corrente de Cl_2 através de uma solução alcalina de óxido férrico hidratado, por meio da oxidação de Fe(+III) com NaOCl, ou eletroliticamente. Eles contêm Fe(+VI), têm cor púrpura e são agentes oxidantes mais fortes que o $KMnO_4$. A estabilidade dos elementos no estado (+VI) decresce ao longo da Tabela Periódica, da esquerda para a direita:

$$CrO_4^{2-} > MnO_4^{2-} > FeO_4^{2-} \gg CoO_4^{2-}$$

Os ferratos só são estáveis em soluções fortemente alcalinas, e se decompõem em água ou em ácidos, liberando oxigênio.

$$2[Fe^{VI}O_4]^{2-} + 5H_2O \rightarrow Fe^{3+} + 1^1/_2O_2 + 10(OH)^-$$

Ferratos de sódio e de potássio são muito solúveis, mas o $BaFeO_4$ precipita. O íon ferrato é tetraédrico como o íon cromato, CrO_4^{2-}.

RuF_6 é o complexo de Ru com um haleto, no qual o metal se encontra no estado de oxidação mais alto. É obtido aquecendo-se os elementos e esfriando rapidamente os produtos. O RuF_6 é instável, ao contrário do OsF_6 que é estável.

COMPOSTOS DOS ELEMENTOS NO ESTADO DE OXIDAÇÃO (+VIII)

RuO_4 e OsO_4 são sólidos amarelos voláteis, com pontos de fusão de 25 °C e 40 °C, respectivamente. OsO_4 é obtido reagindo-se o metal finamente dividido numa atmosfera de O_2, ou tratando-se com HNO_3 concentrado. RuO_4 é menos estável e é obtido pela oxidação do metal com permanganato ou bromato, em H_2SO_4. Os dois óxidos são tetraédricos, tóxicos, têm um odor semelhante ao do ozônio e são fortemente oxidantes. Ambos são apenas pouco solúveis em água, mas muito solúveis em CCl_4. Soluções aquosas de OsO_4 são usadas como corantes biológicos, porque a matéria orgânica o reduz a OsO_2 ou Os, de cor preta. Por isso, vapores de OsO_4 são prejudiciais aos olhos. OsO_4 é usado na Química Orgânica, pois reage com duplas ligações formando *cis*-glicóis. Os tetróxidos não apresentam propriedades básicas e o HCl reduz OsO_4 a *trans*-$[Os^{VI}O_2Cl_4]^{2-}$, $[Os^{IV}Cl_6]^{2-}$ e $[Os^{IV}{}_2OCl_{10}]^{2-}$. RuO_4 se dissolve em soluções de NaOH, liberando O_2. O Ru(+VIII) é reduzido formando inicialmente o íon perrutenato(+VII) e, por fim, o íon rutenato(+VI):

$$4Ru^{VIII}O_4 + 4OH^- \rightarrow \underset{\text{perrutenato}}{4Ru^{VII}O_4^-} + 2H_2O + O_2$$

$$4Ru^{VII}O_4^- + 4OH^- \rightarrow \underset{\text{rutenato}}{4Ru^{VI}O_4^{2-}} + 2H_2O + O_2$$

O íon rutenato contém Ru(+VI) e é análogo ao íon ferrato, FeO_4^{2-}. OsO_4 é mais estável e não é reduzido pelo NaOH. Em vez disso, grupos OH^- se ligam ao metal formando o íon octaédrico *trans*-osmato(VIII).

$$Os^{VIII}O_4 + 2OH^- \rightarrow \underset{\text{perosmato ou osmato(VIII)}}{[Os^{VIII}O_4 \cdot (OH)_2]^{2-}}$$

O íon osmato(VIII) reage com NH_3 formando $[OsO_3N]^-$, um nitrido complexo pouco comum, e é reduzido por EtOH levando à formação de *trans*-$[Os^{VI}O_2(OH)_4]^{2-}$.

A QUÍMICA BIOINORGÂNICA DO FERRO

Pequenas quantidades de ferro são essenciais tanto para animais como para vegetais. Contudo, como ocorre com o Cu e o Se, é tóxico em quantidades maiores. Do ponto de vista biológico, o ferro é o elemento de transição mais importante. O ferro está envolvido em diversos processos diferentes:

1) Transporte de oxigênio no sangue de mamíferos, aves e peixes (hemoglobina).
2) Armazenamento de O_2 no tecido muscular (mioglobina).
3) Transporte de elétrons em plantas, animais e bactérias (citocromos), e também em plantas e bactérias (ferredoxinas).
4) Armazenamento e remoção de ferro em animais (ferritina e transferrina).
5) Componente da nitrogenase (enzima das bactérias fixadoras de N_2).
6) Presente em diversas outras enzimas: aldeído-oxidase (oxidação de aldeídos), catalase e peroxidase (decomposição de H_2O_2), e dehidrogenase succínica (oxidação aeróbica de carboidratos).

Hemoglobina

O corpo humano contém cerca de 4 gramas de ferro, mas cerca de 70% é encontrado na hemoglobina, o pigmento vermelho dos eritrócitos (células vermelhas do sangue). A maior parte do Fe remanescente é armazenada na ferritina. A função da hemoglobina é ligar o oxigênio nos pulmões. As artérias transportam o sangue àquelas partes do organismo onde o oxigênio é necessário, por exemplo, os músculos. Ali, o oxigênio é transferido para uma molécula de mioglobina e armazenado até haver necessidade de oxigênio para liberar a energia das moléculas de glicose. Quando o O_2 é removido da hemoglobina, é substituído por uma molécula de água. Em seguida, a parte protéica da hemoglobina absorve H^+. Indiretamente, isso ajuda a remover o CO_2 dos tecidos, já que o CO_2 é convertido em HCO_3^- e H^+. O sangue remove os íons HCO_3^- mais solúveis e a hemoglobina reduzida remove o H^+. O sangue retorna ao coração através das veias. Dali é bombeado aos pulmões, onde os íons HCO_3^- são reconvertidos a CO_2, que é expelido com o ar exalado dos pulmões. O sangue é novamente oxigenado e o ciclo é repetido.

Um dos fatores importantes na atividade da hemoglobina como transportador de oxigênio é a reversibilidade da reação de oxigenação. Se houvesse a formação de um complexo muito estável, então muita energia seria liberada nos pulmões e restaria menos energia a ser liberada pelo oxigênio nos músculos. A forma oxigenada da hemoglobina é denominada *oxi-hemoglobina*, e a forma reduzida é conhecida como *desoxi-hemoglobina*. Essa transferência de oxigênio é digna de nota, pois envolve somente Fe(+II) e *não* Fe(+III). Outros ligantes, como CO, CN^- e PF_3 podem ocupar o sítio do O_2. A coordenação destes também é reversível, porém, muito mais forte. A coordenação é irreversível no caso do CN^-. Esses ligantes diminuem ou impedem o transporte de oxigênio e podem levar à morte. Contudo, o CN^- também interfere com o sistema enzimático dos citocromos, sendo essa a causa principal de sua extrema toxicidade.

A hemoglobina tem uma massa molecular de cerca de 65.000, e é constituída por quatro subunidades. Cada subunidade contém um complexo porfirínico do tipo heme (Fig. 24.8), que contém Fe^{2+} ligado a quatro átomos de N e uma proteína globular conhecida como globina. A proteína globular se liga ao Fe^{2+} do grupo heme através do átomo de N existente num resíduo de histidina da proteína. A sexta posição do Fe^{2+} é ocupada por uma molécula de oxigênio ou de água.

Na oxi-hemoglobina, o Fe^{2+} se encontra num estado de spin baixo e é diamagnético. Ele tem o tamanho exato para se encaixar no centro do anel porfirínico. A porfirina é plana e rígida. Na desoxi-hemoglobina, o Fe^{2+} está num estado de spin alto e é paramagnético. O tamanho do íon Fe^{2+} aumenta 28% quando ele passa do estado de spin baixo para o de spin alto, ou seja seu raio passa de 0,61 Å para 0,78 Å (vide Tab. 24.7). Logo, na desoxi-hemoglobina o Fe^{2+} é grande demais para se acomodar na cavidade da porfirina e se situa de 0,7 a 0,8 Å acima do plano do anel, distorcendo assim as ligações em torno do Fe. Portanto, a coordenação do O_2 altera a configuração eletrônica do Fe^{2+} e também distorce a forma do complexo. A proteína globular parece ser essencial, dado que na sua ausência ocorre a oxidação irreversível do Fe(+II) a Fe(+III).

A hemoglobina é constituída por quatro subunidades, e quando uma delas se liga a uma molécula de O_2, o íon Fe^{2+} diminui de tamanho e se desloca para o plano do anel. Com isso, ele desloca a molécula de histidina ao qual está ligado e provoca alterações conformacionais na cadeia da globina. Como essa cadeia interage por meio de ligações de hidrogênio com as outras três unidades, elas também têm suas conformações alteradas. Esse fenômeno provoca o

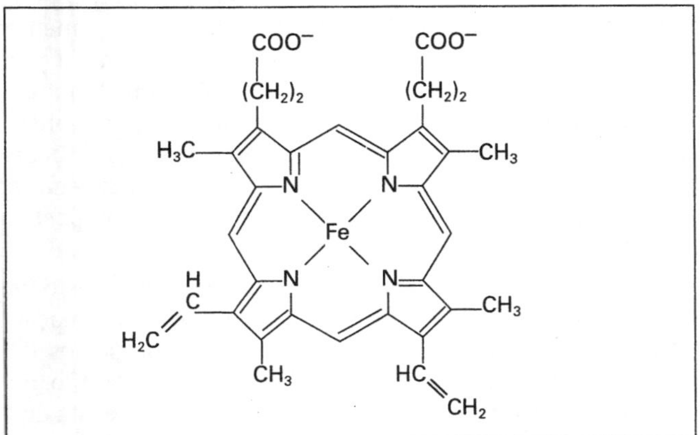

Figura 24.8 — A estrutura da heme b

aumento da afinidade dessas subunidades pelo O_2 e é conhecido como *efeito cooperativo*. Analogamente, quando o sangue chega aos músculos e libera uma molécula de O_2, as demais moléculas são liberadas mais facilmente, como conseqüência do efeito cooperativo no sentido inverso. A afinidade da hemoglobina pelo O_2 diminui à medida que o pH diminui. Mas como o sangue é bem tamponado, esse fato tem apenas um efeito discreto sobre a sua capacidade transportadora de O_2.

CO_2 é o produto final do metabolismo da glicose que libera energia, havendo o acúmulo de quantidades apreciáveis do mesmo nos músculos. Ele é removido dos tecidos e convertido nos íons solúveis HCO_3^-.

$$CO_2 + H_2O \rightarrow H^+ + HCO_3^-$$

Esse processo é facilitado pelos grupos amino terminais da desoxi-hemoglobina, que recebe os prótons produzidos e atua como agente tamponante. O processo inverso ocorre nos pulmões.

O anel porfirínico é conjugado e plano. A cor vermelha característica se deve a transições de transferência de carga entre orbitais π estáveis e orbitais π^* de energia relativamente baixas no anel e no Fe.

Mioglobina

O grupo heme também é biologicamente importante na mioglobina, que é usada para armazenar oxigênio nos músculos. A mioglobina é semelhante a uma das subunidades da hemoglobina. Contém somente um átomo de Fe, tem uma massa molecular de aproximadamente 17.000 e liga O_2 mais fortemente que a hemoglobina.

Citocromos

Existem muitos citocromos, que diferem muito pouco entre si. De um modo geral são classificados em citocromo *a*, citocromo *b* e citocromo *c*. Em todos os citocromos, o grupo prostético se restringe ao grupo heme e possui uma massa molecular de aproximadamente 12.400. Como na hemoglobina, o ferro está ligado a quatro átomos de N do anel porfirínico, sendo a quinta posição ocupada por um átomo de N da proteína ao qual está associado. A grande diferença está na sexta posição, que geralmente está ocupada por um átomo de S de um aminoácido como a metionina, que constitui a proteína.

Os citocromos estão envolvidos no processo de liberação de energia, por meio da oxidação da glicose pelo O_2 molecular, nas organelas denominadas mitocôndrias existentes no interior das células vivas. Os citocromos são oxidados reversivelmente (logo, atuam como transportadores de elétrons). O Fe está no estado de spin baixo, e se interconverte reversivelmente entre os estados (+II) e (+III). Os citocromos *a*, *b* e *c* têm potenciais de redução ligeiramente

Tabela 24.8 — Potenciais de redução E°

Citocromo b	0,04 V
Citocromo c	0,26 V
Citocromo a	0,28 V

diferentes uns dos outros, e as reações envolvem todos os três, na seqüência *b*, *c*, *a*. Desse modo, a energia que seria proveniente da reação de oxidação da glicose é liberada gradativamente. Ela é armazenada na forma de adenosinatrifosfato, ATP, e usada quando requerida pela célula.

Ferritina

Nos animais, inclusive no homem, o ferro dos alimentos é absorvido na forma de Fe(+ II), no sistema digestivo. As necessidades diárias de ferro são muito pequenas (o homem requer 1 mg por dia), pois o Fe que existe no organismo é reciclado. Todo ferro absorvido pelo organismo reage imediatamente para formar transferrina. O corpo humano contém cerca de 4 gramas de Fe, sendo que cerca de 3 gramas se encontram na forma de hemoglobina e 1 grama na forma de ferritina. A ferritina é encontrada no baço, no fígado e na medula óssea. Quando uma célula vermelha do sangue envelhece, após cerca de 16 semanas, a hemoglobina é decomposta e o ferro é recuperado pela transferrina, uma proteína que não contém grupo heme. Trata-se de uma cadeia polipeptídica simples de massa molecular entre 76.000 a 80.000, que contém dois átomos de Fe. Essa proteína transporta o Fe para a medula óssea, onde ela é convertida em ferritina (é marrom e solúvel em água). A ferritina contém cerca de 23% de ferro. Trata-se de uma camada aproximadamente esférica de proteína denominada apoferritina, com aproximadamente 120 Å de diâmetro, que engloba uma micela de hidróxido, óxido e fosfato de ferro(+ III). A micela é um agregado de partículas cuja superfície é eletricamente carregada. Cada uma dessas micelas contém de 2.000 a 5.000 átomos de Fe.

Catalases e peroxidases

As catalases são enzimas que promovem o desproporcionamento do H_2O_2. Elas também catalisam as reações de oxidação de outros substratos pelo H_2O_2. A molécula de catalase contém quatro complexos de heme *b* com Fe(+ III), e tem uma massa molecular de aproximadamente 240.000.

$$2H_2O_2 \rightarrow 2H_2O + O_2$$

As peroxidases também catalisam a reação de decomposição do H_2O_2, mas elas estão associadas a uma coenzima AH_2, que é oxidada na reação.

$$H_2O_2 + AH_2 \rightarrow 2H_2O + A$$

Ferredoxinas

As ferredoxinas, um grupo de ferro-proteínas que não contém o grupo heme, são responsáveis pelo transporte de elétrons em plantas e bactérias. Elas têm a mesma função dos citocromos nos animais, mas as ferredoxinas têm massas moleculares muito menores (6.000 a 12.000), e podem conter um, dois, quatro ou oito átomos de Fe. A mais simples é a rubedoxina, que contém somente um átomo de Fe. Este está ligado a quatro átomos de S de resíduos de cisteína presentes na cadeia protéica, podendo ser representada por Fe(S-cisteína)$_4$. Os quatro átomos de S formam uma estrutura aproximadamente tetraédrica em torno do íon ferro.

As demais ferredoxinas contêm íons ferro ligados a sulfetos inorgânicos e átomos de S de resíduos de cisteína, por exemplo, $Fe_2(S_2)$(S-cisteína)$_4$. Como elas contêm íons sulfeto inorgânicos, H_2S é liberado quando são tratadas com ácidos diluídos.

Algumas ferredoxinas de bactérias formam clusters. O mais simples é o Fe_4S_4(S-cisteína)$_4$. Esse cluster pode ser imaginado como um cubo com dois átomos de Fe situados em vértices diagonalmente opostos da face superior, mais dois átomos de Fe ocupando os outros vértices diagonalmente opostos da face inferior. Os átomos de S ocupam os quatro vértices remanescentes. Além disso, cada átomo de Fe está ligado a um átomo de S de uma molécula de cisteína.

Hemeritrina

Apesar do nome, a hemeritrina é uma ferro-proteína que não contém grupo heme. Ela é responsável pelo transporte de oxigênio em alguns animais marinhos. Sua massa molecular é de aproximadamente 108.000, e é constituída por oito subunidades. Outros animais marinhos têm em seus músculos mio-hemeritrina, que corresponde a apenas uma dessas subunidades. Essas moléculas são os análogos da hemoglobina e da mioglobina nos animais superiores. Entretanto, a desoxi-hemeritrina contém dois átomos de Fe^{II} de spin alto, e a oxi-hemeritrina contém dois átomos de Fe^{III}, ligados a uma molécula de oxigênio na forma de O_2^{2-}.

COMPLEXOS COM CICLOPENTADIENILA E ANÁLOGOS

O interesse pela química organometálica teve início em 1951, quando G. Wilkinson e colaboradores relataram a obtenção de um incrível composto de ferro com um derivado de hidrocarboneto, chamado di-π-ciclopentadienilferro. Surpreendentemente, dois grupos de pesquisadores trabalhando independentemente prepararam o mesmo composto quase que simultaneamente.

$$2C_5H_5MgBr + FeCl_2 \rightarrow Fe(C_5H_5)_2 + MgBr_2 + MgCl_2$$

Esse composto é atualmente conhecido como ferroceno e sua fórmula é $(\pi\text{-}C_5H_5)_2Fe$. É diamagnético, estável ao ar e forma cristais de cor laranja. O ferroceno é solúvel em solventes orgânicos (álcool, éter e benzeno) e insolúvel em água, soluções de NaOH e HCl concentrado. É termicamente estável até cerca de 500 °C. A estrutura determinada por difração de raios X mostra que o composto é do tipo "sanduíche", no qual o átomo do metal se situa entre dois anéis planos e paralelos de ciclopentadienila. Com isso ficou evidente que ligantes orgânicos podem usar seu sistema π para se ligar a metais, dando início ao estudo de compostos contendo ligações carbono–metal.

Por questões de simetria dos grupos espaciais, os dois anéis ciclopentadienila do ferroceno devem ter conformação estrela. Em contraste, nos correspondentes compostos de Ru e Os, o rutenoceno e o osmoceno, os anéis estão na conformação eclipsada (Fig. 24.9). A conformação exata dos anéis ciclopentadienila no ferroceno não pode ser determinada de maneira simples, pois a barreira rotacional

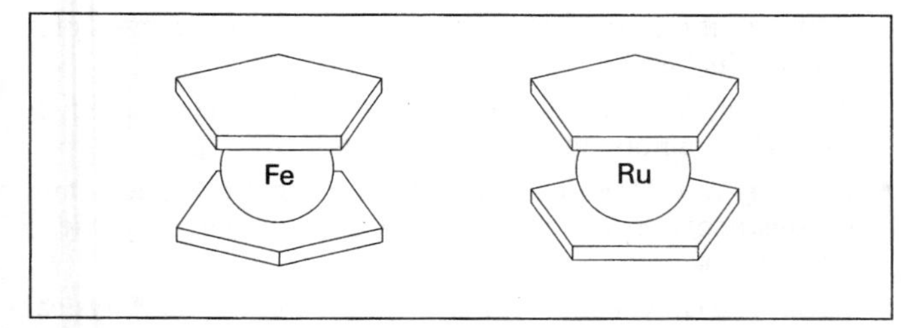

Figura 24.9 — Ferroceno e rutenoceno

dos anéis é de apenas cerca de 4 kJ mol^{-1}. Contudo, a estrutura obtida por difração de elétrons do gás sugere um arranjo eclipsado. É possível que a energia reticular favoreça a conformação estrela. Estudos mais recentes de difração de raios X e de nêutrons no composto sólido sugerem um arranjo desordenado de moléculas em ambas as conformações: ângulo de 9° entre os anéis em vez de 0°, numa conformação quase eclipsada, e 36° para a conformação estrela.

Como todos os cinco átomos de C do anel são equidistantes do Fe, o anel tem uma hapticidade η igual a 5, ou seja, η^5-C_5H_5. Todos os elementos da primeira série de transição formam compostos análogos, mas são muito menos estáveis que o ferroceno.

A distância perpendicular entre os anéis é de 3,25 Å comparado com 3,35 Å no grafite. Todas as ligações C–C têm o mesmo comprimento de 1,39± 0,06 Å, ou seja, exatamente o mesmo comprimento da ligação C–C no benzeno. A ordem da ligação também é semelhante. Os anéis do ciclopentadieno não sofrem reações típicas de dienos, como a reação de Diels-Alder ou a hidrogenação catalítica, mas exibem caráter aromático. Assim, o ferroceno sofre reações de acilação de Friedel-Crafts. Por exemplo, a seguinte reação ocorre com uma quantidade equimolar de cloreto de acetila:

$$(\eta^5\text{-}C_5H_5)_2Fe + CH_3COCl \rightarrow (\eta^5\text{-}C_5H_4\cdot CO\cdot CH_3)(\eta^5\text{-}C_5H_5)Fe + HCl$$

Com excesso de cloreto de acetila, ocorre a dissubstituição (outros compostos de ciclopentadiena se decompõem). Isso sugere que o ligante é, na realidade, $C_5H_5^-$.

$$2C_5H_6 + 2Et_2NH + FeCl_2 \rightarrow Fe(C_5H_5)_2 + 2Et_2NH_2Cl$$

O método geral de obtenção de complexos de ciclopentadienila utiliza ciclopentadieno em solução de tetra-hidrofurano:

$$C_5H_6 + Na \rightarrow Na^+ + C_5H_5^- + {}^1/_2H_2$$
$$2C_5H_5^- + FeCl_2 \rightarrow (\eta^5\text{-}C_5H_5)_2Fe + 2Cl^- \quad \text{(ferroceno)}$$
$$2C_5H_5^- + NiCl_2 \rightarrow (\eta^5\text{-}C_5H_5)_2Ni + 2Cl^- \quad \text{(niqueloceno)}$$

Outro método de preparação utiliza C_5H_5Tl, que é estável e insolúvel em água:

$$C_5H_6 + TlOH \xrightarrow{H_2O} C_5H_5Tl + H_2O$$
$$2C_5H_5Tl + FeCl_2 \xrightarrow{THF} (\eta^5\text{-}C_5H_5)_2Fe + 2TlCl$$

Outro método preparativo conveniente usa uma base forte para remover um próton do C_5H_6:

$$2C_5H_6 + FeCl_2 + 2Et_2NH \rightarrow Fe(C_5H_5)_2 + 2Et_2NH_2Cl$$

Tabela 24.9 — Alguns compostos sanduíches di-η^5-ciclopentadienila

$[(\eta^5\text{-}C_5H_5)_2V^{II}]$	Vanadoceno	Sólido violeta escuro; sensível ao ar
$[(\eta^5\text{-}C_5H_5)_2Cr^{II}]$	Cromoceno	Cristais escarlates, ponto de fusão 173°C; muito sensível ao ar
$[(\eta^5\text{-}C_5H_5)_2Fe^{II}]$	Ferroceno	Cristais laranjas, ponto de fusão 174°C; estável >500°C
$[(\eta^5\text{-}C_5H_5)_2Co^{III}]^+$	Cobalticênio	Sais amarelos, estável em água, estável até cerca de 400°C
$[(\eta^5\text{-}C_5H_5)_2Ni^{II}]$	Niqueloceno	Sólido verde claro, ponto de fusão 173°C; oxida no ar a $[(\eta^5\text{-}C_5H_5)_2Ni]^+$

Atualmente, um grande número de complexos de η^5-C_5H_5 é conhecido.

Já se sabe que outros compostos cíclicos, como C_6H_6, C_8H_8, C_3Ph_3, C_4H_4 e C_7H_7, também formam complexos análogos do tipo "sanduíche". Podem ser citados $[Cr(\eta^6\text{-}C_6H_6)_2]$ e $[U(\eta^8\text{-}C_8H_8)_2]$.

Alguns compostos de ciclopentadienila possuem dois anéis em ângulo, e não formando um "sanduíche". Por exemplo, $[(\eta^5\text{-}C_5H_5)_2TiCl_2]$, $[Ti(\eta^5\text{-}C_5H_5)_2(CO)_2]$, $[Ti(\eta^5\text{-}C_5H_5)_2](NR_2)_2]$, $[Ti(\eta^5\text{-}C_5H_5)_2(SCN)_2]$ e $[V(\eta^5\text{-}C_5H_5)_2Cl_2]$ possuem estruturas aproximadamente tetraédricas. Contudo, as moléculas de ciclopentadieno são penta-hápticas, com cinco átomos de C de cada anel ligados ao Ti. A redução desses compostos leva à formação de $[Ti(C_5H_5)_2\cdot X]$ ou $[Ti(C_5H_5)_2]_2$. Note que esse último composto é um dímero, logo, difere estruturalmente do ferroceno.

$Ti(C_5H_5)_4$ tem uma estrutura pouco comum, pois dois dos anéis ciclopentadienil são penta-hápticos (ligações π) e dois são mono-hápticos (ligações σ), ou seja, $[Ti(\eta^5\text{-}C_5H_5)_2(\eta^1\text{-}C_5H_5)_2]$. Um comportamento semelhante é observado nos compostos $[Nb(\eta^5\text{-}C_5H_5)_2(\eta^1\text{-}C_5H_5)_2]$, $[Nb(\eta^5\text{-}C_5H_5)_2(\eta^1\text{-}C_5H_5)_2Cl_2]$ e $[Nb(\eta^5\text{-}C_5H_5)_2(\eta^1\text{-}C_5H_5)_2Cl_3]$.

Outros compostos possuem apenas um anel, por exemplo $[Cr(\eta^5\text{-}C_5H_5)_2(CO)_3]$, $[Mn(\eta^5\text{-}C_5H_5)(CO)_3]$, $[Cr(\eta^6\text{-}C_6H_6)(CO)_3]$, $[Mo(\eta^7\text{-}C_7H_7)(CO)_3]^+$ e $[Fe(\eta^4\text{-}C_4H_4)(CO)_3]$.

O ferroceno é às vezes considerado como sendo um composto formado pelos íons Fe^{2+} e dois $C_5H_5^-$. As ligações nesses complexos aromáticos do tipo sanduíche são melhor interpretadas como sendo ligações π, envolvendo a sobreposição lateral dos orbitais d_{xz} e d_{yz} do Fe com o orbital aromático deslocalizado $p\pi$ dos anéis ciclopentadienil. A ligação é muito complicada para ser descrita em detalhes nesse livro.

Os compostos do tipo "sanduíche" foram descobertos e estudados independentemente por E.O. Fischer, em Munique, e G. Wilkinson no Imperial College de Londres. Os dois pesquisadores receberam por esses trabalhos o Prêmio Nobel de Química de 1973.

LEITURAS COMPLEMENTARES

- Abel, E.W. e Stone, F.G. (1969, 1970) The chemistry of transition metal carbonyls, *Q. Rev. Chem. Soc.*, Parte I – Considerações estruturais, **23**, 325; Parte II – Síntese e reatividade, **24**, 498.
- Allen, A.D. (1973) Complexes of dinitrogen, *Chem Rev.*, **73**, 11.
- Canterford, J.H. e Cotton, R. (1968) *Halides of the Second and Third Row Transition Elements*, Wiley, London.
- Canterford, J.H. e Cotton, R. (1969) *Halides of the First Row Transition Elements*, Wiley, London.
- Corbett, J.D. (1981) Extended metal-metal bonding in halides of the early transition metals, *Acc. Chem. Res.*, **14**, 239.
- *Diatomic metals and metallic clusters*, (1980) (Conferência do Faraday Symposia of the Royal Society of Chemistry, Nº 14), Royal Society of Chemistry, London.
- Emeléus, H.J. e Sharpe, A.G. (1973) *Modern Aspects of Inorganic Chemistry*, 4.ª ed. (Cap. 14 e 15: Complexos de metais de transição; Cap. 20: Carbonilas), Routledge and Kegan Paul, London.
- Griffith, W.P. (1968) Organometallic nitrosyls, *Adv. Organometallic Chem.*, **7**, 211.
- Griffith, W. P. (1973) *Comprehensive Inorganic Chemistry*, Vol. 4 (Cap. 46: Carbonilas, cianetos, isocianetos e nitrosilas), Pergamon Press, Oxford.
- Hunt,C.B..(1977) Metallocenes - the first 25 years, *Education in Chemistry*, **14**, 110-113.
- Johnson, B.F.G. e McCleverty, J.A. (1966) Nitric oxide compounds of transition metals, *Progr. Inorg. Chem.*, **7**, 277.
- Johnson, B.F.G. (1976) The structures of simple binary carbonyls, *JCS Chem. Commun.*, 211-213.
- Johnson, B.F.G. (ed.) (1980) *Transition Metal Clusters*, John Wiley, Chichester.
- Kauffman, G.B. (1983) The discovery of ferrocene, the first sandwich compound, *J. Chem. Ed.*, **60**, 185-186.
- Levason W. e McAuliffe, C.A. (1974) Higher oxidation state chemistry of iron, cobalt and nickel, *Coordination Chem. Rev.*, **12**, 151-184.
- Lever, P. e Gray, H.B. (eds) (1989) *Iron Porphyrins* (Physical Bioinorganic Chemi try Series), V.C.H. Publishers.
- Lewis , J. e Green, M.L. (eds) (1983) Metal Clusters in Chemistry (Anais do Royal Society Discussion Meeting, de maio de 1982), The Society, London.
- Nicholls, D. (1973) *Comprehensive Inorganic Chemistry*, Vol. 3 (Cap. 40: Ferro),
- Perutz, M. (1970) Stereochemistry of cooperative effects in haemoglobin, *Nature*, **228**, 726-739.
- Seddon, E.A. e Seddon, K.R. (1984) *Chemistry of Ruthenium* (Topics in Inorganic Chemistry Series, Vol. 19), Elsevier.
- Suslick, K.S. e Reinert, T.J. (1985) The synthetic analogs Of 0_2-Binding heme proteins, *J. Chem. Ed.*, **62**, 974-982.
- Toth, L.E. (1971) *Transition Metal Carbides and Nitrides*, Academic Press.
- Williams, R.V. (1969) Carbon determination in modern steel making, *Chemistry in Britain*, **5**, 213-216.
- Wilkinson, G., Rosenblum, M., Whiting, M.C. e Woodward, R.B. (1952) The structure of iron bis-cyclopentadienyl, *J. Am. Chem. Soc.*, **74**, 2125-2126. (primeiro artigo sobre compostos metálicos do tipo sanduíche).

Grupo 9
O GRUPO DO COBALTO

OCORRÊNCIA, OBTENÇÃO E APLICAÇÕES

Esses elementos têm número atômico ímpar e são pouco abundantes na crosta terrestre. O cobalto ocorre na proporção de cerca de 23 ppm em peso, enquanto o ródio e o irídio são extremamente raros.

Existem muitos minérios contendo cobalto. Os minérios economicamente importantes são a cobaltita, CoAsS, a esmaltita, $CoAs_2$, e a linneíta, Co_3S_4. Estão sempre associados com minérios de Ni, freqüentemente com minérios de Cu e às vezes com minérios de Pb. Co é obtido como subproduto dos processos de extração dos outros metais. Em 1992, a produção mundial de minérios de Co foi de 30.100 toneladas de conteúdo em metal. Os principais produtores foram: Zaire 22%, Canadá 17%, Zâmbia e ex-URSS 15% cada e Austrália 9%.

O minério é calcinado para ser convertido numa mistura de óxidos denominado "speisses". As_4O_{10} e SO_2 são liberados como gases e são subprodutos valiosos. O sólido é, então, tratado com H_2SO_4 de modo a dissolver os óxidos de Fe (freqüentemente presente como impureza), de Co e de Ni, podendo assim ser separado do Cu ou Pb. Em seguida, cal é adicionado à solução para precipitar o íon Fe(+ III) como o óxido hidratado, $Fe_2O_3 \cdot (H_2O)_n$. A seguir NaOCl é adicionado de modo a precipitar o $Co(OH)_3$. O hidróxido é calcinado e convertido em Co_3O_4, que é posteriormente reduzido a Co metálico por aquecimento com H_2 ou carvão.

O cobalto forma importantes ligas de alta temperatura com o aço, e cerca de um terço do metal produzido é usado para esse fim. Essas ligas são usadas na confecção de turbinas a jato e na obtenção de aços rápidos usados na fabricação de ferramentas de corte. Altas velocidades podem ser utilizadas nas operações de corte, pois as ferramentas conservam sua dureza e fio mesmo quando aquecidas ao rubro. É possível se obter ligas excepcionalmente duras como a estelita (50% de Co, 27% de Cr, 12% de W, 5% de Fe e 2,5% de C), e o metal vídia (carbeto de tunsgstênio com 10% de Co), que podem substituir o diamante em brocas para escavar rochas.

Tabela 25.2 — Abundância dos elementos na crosta terrestre, em peso

Elemento	ppm	Ordem de abundância relativa
Co	30	29º
Rh	0,0001	77º
Ir	0,001	74º

Um terço do cobalto obtido é empregado na fabricação de pigmentos para as indústrias de cerâmica, vidro e tintas. Historicamente, o óxido de cobalto tem sido usado como pigmento azul na indústria de cerâmica, além de ser usado na fabricação de vidro azul. Atualmente, é muito usado para mascarar a cor amarela do Fe e obter a cor branca.

O cobalto metálico é ferromagnético (isto é, pode ser magnetizado de modo permanente) como o Fe e o Ni. Um quinto da produção de Co se destina à obtenção de ligas magnéticas, como o "Alnico" (que contém Al, Ni e Co). É possível preparar poderosos ímãs permanentes, 20 a 30 vezes mais fortes que os ímãs de Fe, utilizando essa liga.

Pequenas quantidades de sais de Co dos ácidos graxos do óleo de linhaça e do ácido naftênico são usados como "secantes", para acelerar a secagem de tintas a óleo.

O elemento Co é um constituinte essencial do solo fértil e está presente em algumas enzimas e na Vitamina B_{12}.

Tabela 25.1 — Configurações eletrônicas e estados de oxidação

Elemento	Símbolo	Configuração eletrônica	Estados de oxidação*
Cobalto	Co	[Ar] $3d^7 4s^2$	(–I) 0 (I) **II** **III** (IV)
Ródio	Rh	[Kr] $4d^8 5s^1$	(–I) 0 (I) II **III** IV (VI)
Irídio	Ir	[Xe] $4f^{14} 5d^9$	(–I) 0 (I) (II) **III** **IV** (V) (VI)

* Os estados de oxidação mais importantes (geralmente os mais abundantes e estáveis) são mostrados em negrito. Outros estados bem caracterizados, mas menos importantes, são mostrados em tipo normal. Estados de oxidação instáveis, ou de existência duvidosa, são dados entre parênteses.

O isótopo artificial ^{60}Co é radioativo, e sofre decaimento β (meia-vida de 5,2 anos). Ao mesmo tempo, ele libera grande quantidade de radiação γ de alta energia, que é usada no tratamento radioterápico de tumores cancerígenos. O ^{60}Co é preparado irradiando-se com nêutrons o único isótopo natural do cobalto, o ^{59}Co, num reator nuclear.

$$^{60}_{27}Co \longrightarrow {}^{60}_{28}Ni + {}^{2}_{-1}e + \nu + \gamma$$

Quantidades traço de ródio e de irídio são encontrados no estado metálico, associados com os metais do grupo da platina e os metais moeda nos minérios NiS/CuS extraídos na África do Sul, Canadá (Sudbury, Ontario) e na ex-URSS (nas areias dos rios dos Montes Urais). A produção mundial dos seis metais do grupo da platina foi de apenas 281 toneladas em 1992. Os principais produtores foram: África do Sul 54%, ex-URSS 37 % e Canadá 4%. Rh e Ir são obtidos a partir do lodo anódico que se deposita no processo de refino eletrolítico do Ni. Esse lodo contém uma mistura dos metais do grupo da platina, além de Ag e Au. Os elementos Pd, Pt, Ag e Au se dissolvem em água-régia e o resíduo contém Ru, Os, Rh e Ir. Depois de um processo de separação complicado, Rh e Ir são obtidos na forma de pó. Seus pontos de fusão são muito elevados, de modo que técnicas de metalurgia de pó (o pó é moldado nas formas desejadas, e depois sinterizado, isto é, aquecido em hidrogênio até coalescer, sem contudo fundir) são utilizadas para fabricar componentes metálicos. Esses elementos são tão raros quanto caros, e têm um número limitado de aplicações especializadas.

Todos os metais do grupo da platina apresentam propriedades catalíticas específicas. Uma liga Pt/Rh era usada antigamente no processo Ostwald (de fabricação de HNO_3) para oxidar NH_3 a NO. O ródio é um catalisador importante no controle dos gases de escape de veículos automotores. Complexos de Rh com fosfina são usados como catalisadores em reações de hidrogenação. O Ir (como o Os no grupo anterior) é utilizado na preparação de ligas muito duras, usadas na confecção de eixos para certos instrumentos. Uma liga Pt/Ir é usada como eletrodo das velas de ignição de longa vida útil. Elas são muito caras, mas têm importantes usos militares, como em helicópteros. Uma grande quantidade dessa liga foi usada pelos EUA durante a Guerra do Vietnã.

ESTADOS DE OXIDAÇÃO

A tendência de não utilizar todos os elétrons do nível mais externo nas ligações químicas no estado de oxidação máximo do elemento, observada nos elementos da segunda metade do bloco *d*, é mantida. Um possível relato sobre a ocorrência de Co(+V) não foi confirmado, e mesmo o Co(+IV) é instável. O estado de oxidação máximo do Rh e do Ir é (+VI). Os estados de oxidação (+II) e (+III) são de longe os mais importantes para o cobalto. Também se verifica a tendência, observada na primeira série de transição, do elemento no estado (+II) ser mais estável que no estado (+III). O íon Co^{2+} e o íon hidratado $[Co(H_2O)_6]^{2+}$ podem ser encontrados em muitos compostos simples, sendo o íon hidratado estável em água. Em contraste, os compostos mais simples contendo Co(+III) são oxidantes e relativamente instáveis. Contudo, os complexos de Co(+III) são estáveis e muito numerosos.

Tabela 25.3 — Óxidos e haletos

Estados de oxidação					
(+II)	(+III)	(+IV)	(+V)	(+VI)	Outros
CoO	$(Co_2O_3)^h$	$(CoO_2)^h$	—	—	Co_3O_4
RhO	**Rh_2O_3**	RhO_2	—	—	
—	Ir_2O_3	**IrO_2**	—	(IrO_3)	
CoF_2	CoF_3	—	—	—	
$CoCl_2$	—	—	—	—	
$CoBr_2$	—	—	—	—	
CoI_2	—	—	—	—	
—	**RhF_3**	RhF_4	(RhF_5)	RhF_6	
—	**$RhCl_3$**	—	—	—	
—	**$RhBr_3$**	—	—	—	
—	**RhI_3**	—	—	—	
—	IrF_3	**IrF_4**	(IrF_5)	IrF_6	
$(IrCl_2?)$	**$IrCl_3$**	—	—	—	
—	**$IrBr_3$**	—	—	—	
—	**IrI_3**	—	—	—	

Os compostos com os estados de oxidação mais estáveis estão representados em negrito; os instáveis entre parênteses. h = óxido hidratado

Os estados mais estáveis para os demais elementos do grupo são Rh(+III), Ir(+III) e Ir(+IV). Compostos iônicos simples desses elementos são pouco comuns. Os óxidos e os haletos conhecidos desses elementos são mostrados na Tab. 25.3.

PROPRIEDADES GERAIS

O Co se assemelha ao Fe e é muito resistente. É mais duro e apresenta maior resistência à tração que o aço. O Co tem aspecto branco azulado brilhante. É ferromagnético como o Fe, mas quando aquecido acima de 1.000 °C converte-se numa forma não-magnética.

Tabela 25.4 — Algumas propriedades físicas

	Raio covalente (Å)	Raio iônico M^{2+} (Å)	M^{3+}	Ponto de fusão (°C)	Ponto de ebulição (°C)	Densidade ($g\ cm^{-3}$)	Eletronegatividade de Pauling
Co	1,16	0,745[a] 0,65[b]	0,61[a] 0,545[b]	1.495	3.100	8,90	1,8
Rh	1,25	-	0,665	1.960	3.760	12,39	2,2
Ir	1,26	-	0,68	2.443	(4.550)	22,61	2,2

a = valor de spin alto; b = valor de spin baixo

Tabela 25.5 — Algumas reações do Co, Rh e Ir

Reagente	Co	Rh	Ir
O_2	Co_3O_4	Rh_2O_3 a 600°C	IrO_2 a 1000°C
F_2	CoF_2 e CoF_3	RhF_3 a 600°C	IrF_6
Cl_2	$CoCl_2$	$RhCl_3$ a 400°C	$IrCl_3$ a 600°C
H_2O	Não reage	Não reage	Não reage
HCl ou HNO_3 diluídos	$[Co(H_2O)_6]^{2+} + H_2$	Não reage	Não reage
HNO_3 conc.	Passivo	Não reage	Não reage

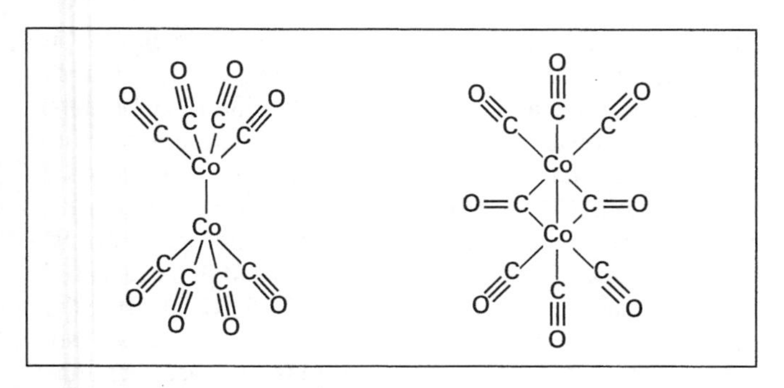

Figura 25.1 — *Duas formas isômeras de $Co_2(CO)_8$, ambas com ligações metal-metal*

O Co é relativamente inerte e não reage com H_2O, H_2 ou N_2, mas reage com vapor d'água formando CoO. É oxidado quando aquecido ao ar e queima emitindo luz branca, formando Co_3O_4. Co se dissolve lentamente em ácidos diluídos, mas como o ferro, torna-se passivo quando tratado com HNO_3 concentrado. Co reage facilmente com os halogênios, e, a temperaturas elevadas, também reage com S, C, P, Sb e Sn.

Rh e Ir também são metais duros. Como acontece com os demais metais do grupo da platina, são muito mais "nobres" e inertes. Ir é o mais denso de todos os elementos (d = 22,61 g cm^{-3}). Rh e Ir são resistentes a ácidos, mas reagem com O_2 e halogênios a altas temperaturas (Tab. 25.5). Os três elementos formam um grande número de compostos de coordenação.

COMPOSTOS DOS ELEMENTOS NOS ESTADOS DE OXIDAÇÃO INFERIORES

Os elementos nos estados de oxidação (–I) e (0) ocorrem em alguns poucos compostos com ligantes π receptores, tais como CO, PF_3, NO e CN^-. O elemento no estado (–I) é encontrado nos complexos tetraédricos $[Co(CO)_4]^-$, $[Rh(CO)_4]^-$, $[Co(CO)_3NO]$ e $K[Ir(PF_3)_4]$. O elemento no estado de oxidação zero ocorre no $Co_2(CO)_8$, embora haja algumas dúvidas sobre a existência do correspondente composto de Ru (Fig. 25.1). Outros compostos contendo o metal de valência zero são $K_4[Co(CN)_4]$ e $[Co(PMe_3)_4]$

Os complexos $Co_4(CO)_{12}$, $Rh_4(CO)_{12}$ e $Ir_4(CO)_{12}$ possuem ligações M–M e contêm um cluster constituído por quatro átomos do metal. Os grupos CO podem ser apicais (terminais) ou estarem ligados em ponte. Há pequenas diferenças entre os compostos dos diferentes metais. Os compostos de Co e Rh possuem três moléculas de CO em ponte, mas o composto de Ir não apresenta nenhuma (Fig. 25.2).

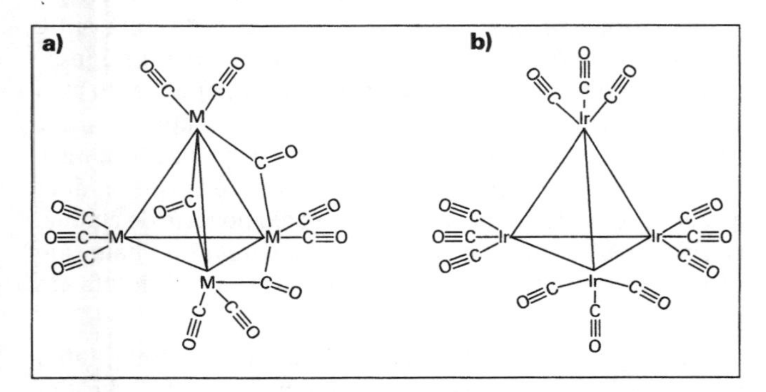

Figura 25.2 — *As estruturas de a) $Co_4(CO)_{12}$ e $Rh_4(CO)_{12}$ e b) $Ir_4(CO)_{12}$*

Os complexos $Na_3[Co_6(CO)_{14}]$, $Co_6(CO)_{16}$ e $Rh_6(CO)_{16}$, apresentam estruturas pouco comuns. São constituídos por um cluster octaédrico com seis átomos do metal e uma molécula de CO atuando como ponte entre três átomos do metal em cada face triangular do octaedro. Os grupos CO remanescentes são grupos terminais normais.

COMPOSTOS DOS ELEMENTOS NO ESTADO DE OXIDAÇÃO (+I)

O íon Co(+I) pode ser encontrado em muitos complexos com ligantes π receptores. Compostos de Co(+I) foram mais bem estudados que qualquer outro elemento de transição da primeira série nesse estado de oxidação, exceto o Cu. Esses compostos são geralmente obtidos pela redução do $CoCl_2$ com Zn ou N_2H_4, na presença do ligante desejado. Geralmente, os complexos formados têm estrutura bipirâmide trigonal ou, então, tetraédrica.

O íon $[Co^{-I}(CO)_4]^-$ reage com isonitrilas orgânicas, R–NC, formando $[Co^{I}(CNR)_5]^+$, que tem estrutura bipirâmide trigonal. Um complexo de dinitrogênio pode ser formado por combinação direta com N_2 gasoso, à pressão atmosférica:

$$Co(acac)_3 + N_2 + 3Ph_3P \rightarrow [Co^{I}(H)(N_2)(PPh_3)_3]$$

O ligante (acac) é a acetilacetona. O complexo $[Co^{I}(H)(N_2)(PPh_3)_3]$ também tem estrutura bipirâmide trigonal (Fig. 25.3) e o comprimento de ligação N≡N é igual a 1,11 Å, um pouco maior que o comprimento da ligação no N_2 gasoso, de 1,098 Å. Como o comprimento da ligação N≡N permaneceu praticamente inalterado, pode-se inferir que a ligação σ entre o N e o Co é muito fraca. Assim, a ligação N–Co é essencialmente uma ligação π ("back-bonding") do Co para o N, similar àquela existente no $[Ru(NH_3)_5N_2]^{2+}$ (os complexos de dinitrogênio foram discutidos no Capítulo 24 no item "Complexos dos elementos no estado de oxidação +II").

Acredita-se que a forma reduzida da vitamina B_{12} contenha Co(+I).

Conhece-se uma química razoavelmente extensa de complexos de Rh(+I) e de Ir(+I), com ligantes π receptores,

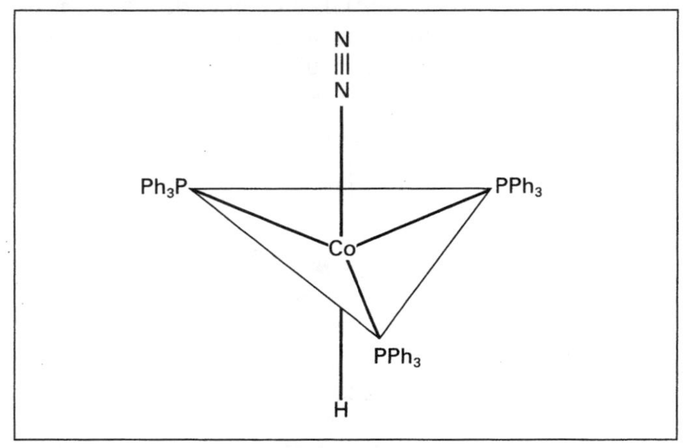

Figura 25.3 — *A estrutura de $[Co^{I} \cdot H(N_2)(PPh_3)_3]$*

tais como CO, fosfinas PR_3 e alcenos. Normalmente eles têm estrutura quadrada-planar, como no *trans*-$[IrCl(CO)(PPh_3)_2]$ (conhecido como "composto de Vaska") e $[RhCl(PPh)_3]$ (catalisador de Wilkinson), ou estrutura bipirâmide trigonal como no $[RhH(CO)(PPh_3)_3]$. Os compostos quadrado-planares contendo o metal no estado (+I) são susceptíveis a um tipo pouco comum de reação denominada *adição oxidativa*. Nessa reação, uma molécula neutra é adicionada ao complexo (+I), formando um complexo octaédrico com o elemento no estado (+III).

$$[Ir^{I}(Cl)(CO)(PPh_3)_2] + HCl \rightarrow [Ir^{III}(Cl)_2(CO)(PPh_3)_2H]$$

Reações semelhantes ocorrem com H_2, H_2S, CH_3I e Cl–HgCl. Uma reação diferente ocorre quando outras moléculas, tais como O_2, SO_2, CS_2, RNCS, RNCO e RC≡CR, são adicionadas aos compostos quadrado planares (+I) (todas as moléculas adicionadas contêm ligações múltiplas). Nesse caso, a molécula adicionada atua como um ligante bidentado, formando assim uma estrutura cíclica (Fig. 25.4).

O composto de Vaska é amarelo, mas rapidamente absorve O_2 e adquire coloração laranja. O oxigênio pode ser removido utilizando um fluxo de N_2. Essa reação de oxigenação reversível foi estudada como um modelo da capacidade transportadora de oxigênio da hemoglobina (vide Capítulo 24). Reações de adição oxidativa foram observadas em complexos nos quais o átomo central é Rh^{I}, Ir^{I}, Ni^{0}, Pd^{0}, Pt^{0}, Pd^{II} e Pt^{II} e tem configuração d^8 ou d^{10}. Para isso, o metal deve ter elétrons ***d*** não-ligantes, bem como dois sítios de coordenação vazios.

O catalisador de Wilkinson, $[RhCl(PPh_3)_3]$ é vermelho-violeta, tem estrutura quadrado planar e é obtido refluxando-se $RhCl_3 \cdot 3H_2O$ com trifenilfosfina. É muito eficiente na reação de hidrogenação seletiva de moléculas orgânicas, *à pressão e temperatura ambiente*. Duplas ligações terminais (1-alcenos) são hidrogenadas, mas duplas ligações em outras posições da cadeia não são afetadas. Essa reação é importante na indústria farmacêutica.

O catalisador de Wilkinson e vários compostos de Co, como o carbonil(hidreto), $HCo^{I}(CO)_4$, têm sido usados como catalisadores no processo OXO. Nesse processo, CO e H_2 são adicionados a um alceno, dando origem a um aldeído, à 150 °C e 200 atmosferas. O processo OXO é de considerável importância industrial, pois os aldeídos obtidos podem ser convertidos em álcoois. Cerca de 3 milhões de toneladas de álcoois C_6– C_9 são produzidos anualmente dessa maneira. Trata-se de misturas de moléculas de cadeia normal ou

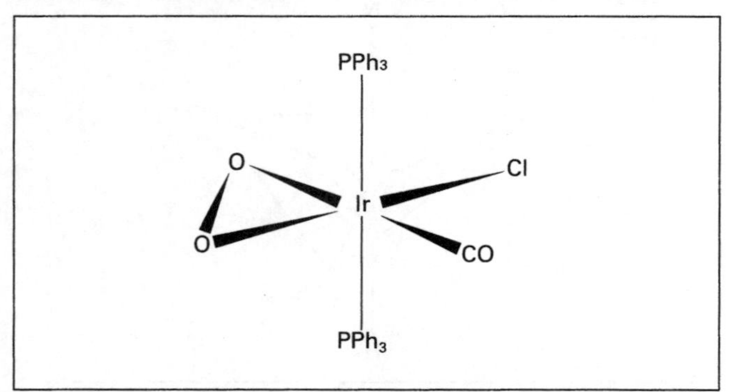

***Figura 25.4** — O complexo $[Ir^{III}Cl(CO)(O_2)(PPh_3)_2]$*

ramificada, dependendo da posição da dupla ligação no hidrocarboneto de partida. Os álcoois de cadeia normal são usados na obtenção de cloreto de polivinila (PVC) e detergentes. Tentativas de aumentar o rendimento dos produtos de cadeia normal foram feitas, utilizando-se complexos de cobalto com CO e trifenilfosfinas. O complexo *trans*-$[Rh(CO)(H)(PPh_3)_3]$ também tem sido empregado no processo OXO, sendo um importante catalisador na reação de hidrogenação de alcenos. É eficiente à 25 °C e 1 atmosfera de pressão e, por motivos estereoquímicos, catalisa especificamente a hidrogenação de duplas ligações terminais, não afetando as duplas ligações em outros pontos da cadeia.

$$RCH{=}CH_2 + HCo(CO)_4 \rightarrow RCH_2CH_2Co(CO)_4$$
$$RCH_2CH_2Co(CO)_4 + CO \rightarrow RCH_2CH_2CO \cdot Co(CO)_4$$
$$RCH_2CH_2CO \cdot Co(CO)_4 + H_2 \rightarrow RCH_2CH_2CHO + HCo(CO)_4$$

O ácido acético pode ser obtido sinteticamente a partir de metanol, sendo essa reação catalisada por complexos tais como $[RhCl(CO)(PPh_3)_2]$ ou $[RhCl(CO)_2]_2$, na presença de CH_3I, I_2 ou HI como ativadores.

$$CH_3OH + CO \rightarrow CH_3COOH$$

COMPOSTOS DOS ELEMENTOS NO ESTADO DE OXIDAÇÃO (+II)

O estado de oxidação (+II) é o mais importante para compostos simples de Co (embora o estado +III seja o mais importante em complexos). Rh(+II) e Ir(+II) tem apenas importância secundária.

Uma grande variedade de compostos de Co(+II) é conhecida, inclusive CoO, $Co(OH)_2$, CoS e sais dos ácidos comuns, como $CoCl_2$, $CoBr_2$, $CoSO_4$, $Co(NO_3)_2$ e $CoCO_3$. Todos os sais hidratados são róseos ou vermelhos, e contêm o íon hexahidratado $[Co(H_2O)_6]^{2+}$. A maioria dos compostos de Co(+II) são solúveis em água, exceto o carbonato.

Se NaOH for adicionado a uma solução contendo Co^{2+}, obtém-se inicialmente $Co(OH)_2$ como um precipitado azul. Este vai se tornando rosa pálido com o passar do tempo. O hidróxido é tipicamente básico, mas tem algum caráter anfótero, visto que se dissolve em soluções concentradas de NaOH formando uma solução azul, contendo o íon $[Co(OH)_4]^{2-}$. $Co(OH)_2$ é lentamente oxidado ao ar a $Co^{III}O(OH)$, de coloração marrom.

CoO é verde-oliva e é formado quando $Co(OH)_2$ ou muitos sais de Co(+II), como $CoCO_3$, são aquecidos na ausência de ar. Caso CoO seja fundido junto com SiO_2 e K_2CO_3, forma-se um vidro azul de silicato de potássio e cobalto(II). Após ser triturado e transformado em pó, esse vidro é denominado esmalte, e é usado como pigmento azul para vidros, esmaltes e vitrificações de cerâmicas. Esse "esmalte" já era conhecido pelos antigos egípcios e romanos. No laboratório, o "vidro de cobalto" é usado para examinar a chama do potássio na presença de sódio no teste de chama. O vidro azul absorve a intensa cor amarela da chama do sódio, permitindo a visualização da chama violeta do potássio.

$CoCl_2$ é usado para indicar a presença de água, tanto no "papel de cloreto de cobalto" como na forma de indicador adicionado ao agente dessecante "sílica-gel". $CoCl_2$ hidratado,

$CoCl_2 \cdot 6H_2O$, tem coloração rosa e é constituído por íons octaédricos $[Co(H_2O)_6]^{2+}$. Se o composto for parcialmente desidratado por aquecimento, o íon tetraédrico de cor azul, $[Co(H_2O)_4]^{2+}$, é formado. A adição de água produz a reação inversa. Assim, quando o indicador na sílica-gel tiver coloração azul, o agente dessecante está ativo, mas deve ser substituído quando a coloração for rosa.

$$\underset{\text{rosa}}{[Co(H_2O)_6]^{2+}} \rightleftharpoons \underset{\text{azul}}{[Co(H_2O)_4]^{2+}} + 2H_2O$$

O íon octaédrico hidratado reage com excesso de Cl^- de modo análogo, formando o íon tetraédrico de cor azul $[CoCl_4]^{2-}$.

$$\underset{\text{rosa}}{[Co(H_2O)_6]^{2+}} + 4Cl^- \rightleftharpoons \underset{\text{azul}}{[Co(Cl)_4]^{2-}} + 6H_2O$$

O íon Co(+ II) tem configuração d^7. $[Co(H_2O)_6]^{2+}$ bem como a maioria dos complexos octaédricos de Co(+ II) são de spin alto. Os complexos tetraédricos também são comuns e apresentam cores mais intensas que os complexos octaédricos. Isso ocorre porque o tetraedro não tem um centro de simetria e atende facilmente à regra de seleção de Laporte (que exige $\Delta l = 1$). Em contraste, os complexos octaédricos dependem de vibrações assimétricas dos ligantes para eliminar o centro de simetria. Os momentos magnéticos, tanto dos complexos octaédricos como dos tetraédricos, são maiores que os previstos pela equação do momento magnético de spin-only, ou seja, $\mu = 3{,}87$ MB. No caso dos complexos octaédricos, isso se deve à existência de uma contribuição orbital, já que no arranjo $(t_{2g})^5(e_g)^2$ é possível transformar um orbital t_{2g} no outro. Em complexos tetraédricos a configuração eletrônica é $(e_g)^4$ $(t_{2g})^3$ e a transformação de orbitais t_2 não é possível, sendo a contribuição orbital igual a zero. Contudo, nesse caso, ocorre o acoplamento de spin-órbita. Isso explica o valor de μ maior que o esperado (vide "Medida dos Momentos Magnéticos", no Capítulo 18).

A dissolução de $CoCO_3$ em ácido acético leva à formação do acetato de cobalto(II), $Co(CH_3COO)_2 \cdot 4H_2O$. Este pode ser obtido na forma de cristais vermelhos, muito solúveis em água, e usados como agente secante para vernizes e lacas.

Sais anidros de Co não podem ser obtidos por aquecimento dos sais hidratados, pois estes se decompõem ao óxido. Por isso, métodos de preparação em condições anidras são utilizados. CoF_2 anidro (rosa) é obtido pela reação de HF com $CoCl_2$. $CoCl_2$ anidro (azul) e $CoBr_2$ anidro (verde) são obtidos aquecendo-se os elementos correspondentes. CoI_2 anidro (preto azulado) é obtido aquecendo-se o metal com HI. Todos têm estruturas cristalinas nas quais o íon Co^{2-} se encontra octaedricamente coordenado.

O íon Co(+ II) forma vários complexos, mas estes são menos estáveis que os correspondentes complexos de Co(+ III). Os complexos de Co(+ II) podem ser tetraédricos ou octaédricos. Como a diferença de estabilidade entre as duas formas é pequena, elas podem coexistir em equilíbrio. Geralmente, os ligantes monodentados volumosos Cl^-, Br^-, I^-, OH^- e SCN^-, formam complexos tetraédricos. O íon Co(+ II) forma mais complexos tetraédricos que qualquer outro íon de metal de transição. Isso está associado à pequena perda de energia de estabilização de campo cristalino de 0,27 Δ_0, por um íon d^7, num campo ligante fraco (vide Tab. 7.15).

O complexo azul $Hg[Co(NCS)_4]$ é interessante. O íon Co^{2+} está coordenado tetraedricamente por átomos de N, e o Hg^{2+} está coordenado tetraedricamente por átomos de S, dando origem a um sólido polimérico. Esse composto é freqüentemente usado para calibrar balanças magnéticas, nas medidas de momento magnético.

A maioria dos complexos de Co(+ II) é de spin alto, mas o ligante CN^- produz complexos de spin baixo. Se uma solução de um sal de Co^{2+} for tratada com excesso de CN^-, forma-se o complexo verde, $[Co(CN)_5]^{3-}$. Este pode ser isolado na forma do sal de bário e é um bom catalisador para a hidrogenação de alcenos. O complexo é paramagnético, com um elétron desemparelhado, e tem a forma de uma pirâmide de base quadrada. Pode formar o dímero $[Co_2(CN)_{10}]^{6-}$ de cor púrpura. Esse é diamagnético e sua estrutura $(CN)_5Co{-}Co(CN)_5$ é semelhante a do complexo carbonílico $Mn_2(CO)_{10}$. É interessante notar que $[Co^{II}(CN)_5]^{3-}$ é formado em detrimento do complexo octaédrico $[Co^{II}(CN)_6]^{4-}$. Um complexo octaédrico de spin baixo teria a configuração $(t_{2g})^6(e_g)^1$. Como o nível e_g não estaria simetricamente preenchido, o complexo sofreria uma distorção de Jahn-Teller. O ligante CN^- é um receptor π forte, isto é, recebe elétrons do metal nas ligações de retrodoação. Isso aumenta o desdobramento do campo cristalino Δ_0, tornando o orbital e_g muito energético e fortemente "antiligante". Se houvesse a formação de um complexo octaédrico, esses orbitais e_g de alta energia deveriam conter um elétron. Por isso, os complexos octaédricos seriam muito instáveis (num contraste acentuado, Co(+ III) tem configuração $(t_{2g})^6(e_g)^0$ e o complexo octaédrico $[Co^{III}(CN)_6]^{3-}$ é extremamente estável).

O complexo $[Co^{II}(CN)_5]^{3-}$ é oxidado pelo ar, formando o peroxo-complexo de cor castanha $K_6[(CN)_5Co^{III}{-}O{-}O{-}Co^{III}(CN)_5]$, que será discutido juntamente com os complexos de Co(+ III).

É menos comum a formação de complexos de Co(+ II) quadrado planares com ligantes bidentados, como dimetilglioxima, e com ligantes tetradentados como as porfirinas. Medidas de momento magnético podem ser usadas para distinguir os complexos tetraédricos dos quadrado planares. Os complexos tetraédricos possuem três elétrons desemparelhados, enquanto que os complexos quadrado-planares tem somente um.

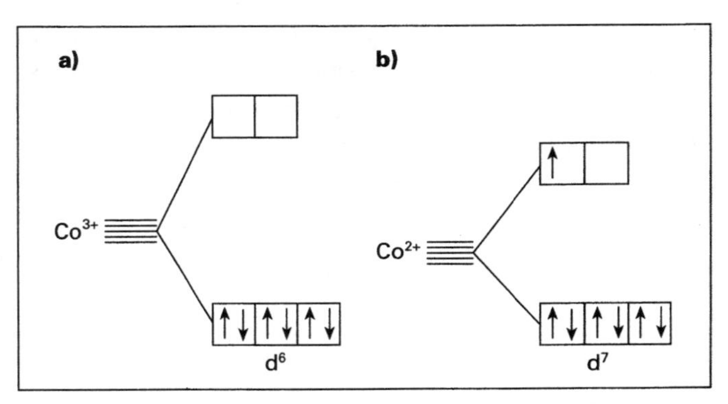

Figura 25.5 — Configurações eletrônicas para íons d^6 *e* d^7 *num campo octaédrico forte*

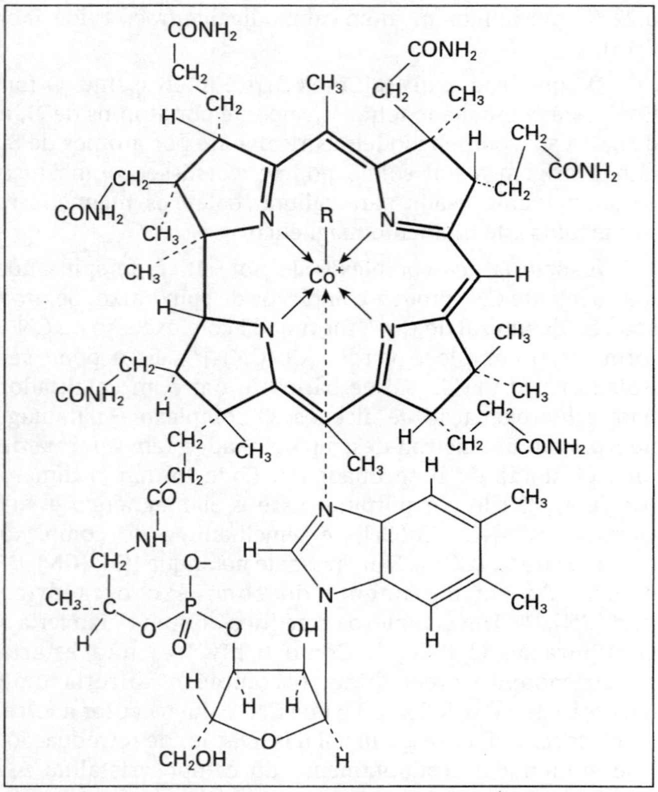

Figura 25.6 — A vitamina B_{12}. O sistema cíclico da corrina está representado por linhas mais grossas

Os íons Co^{2+} são muito estáveis e dificilmente são oxidados. Os íons Co^{3+} são menos estáveis e são reduzidos pela água. Por outro lado, muitos complexos de Co(+II) são facilmente oxidados a complexos de Co(+III), sendo estes últimos muito estáveis.

$$[Co^{II}(NH_3)_6]^{2+} \xrightarrow{\text{borbulhamento de ar}} [Co^{III}(NH_3)_6]^{3+}$$

Isso acontece porque a energia de estabilização do campo cristalino do Co(+III), com uma configuração d^6, é maior que a do Co(+II), que tem configuração d^7 (Fig. 25.5).

Certos complexos porfirínicos de Co(+II) são estruturalmente semelhantes à hemoglobina (Fig. 25.6).

O complexo da Fig. 25.7 é uma base de Schiff e é capaz de ligar reversivelmente o oxigênio, numa solução de piridina, à temperatura ambiente. Embora os complexos de Co não estejam envolvidos no metabolismo do oxigênio nos animais, esses complexos são úteis como modelos para se estudar as ligações metal-oxigênio em sistemas biológicos.

Co e Rh formam complexos semelhantes ao ferroceno. O cobaltoceno $[Co^{II}(\eta^5\text{-}C_5H_5)_2]$ é obtido pela reação de ciclopentadieneto de sódio, NaC_5H_5, com $CoCl_2$ anidro, em tetrahidrofurano. É um composto púrpura escuro, sensível ao ar. É facilmente oxidado (isto é, perde elétrons) a $[Co^{III}(\eta^5\text{-}C_5H_5)_2]^+$, um complexo amarelo, muito estável. Este último não é oxidado nem por HNO_3 concentrado, mas, como no caso do ferroceno, os anéis podem ser atacados por reagentes nucleofílicos. O rodoceno, $[Rh^{II}(\eta^5\text{-}C_5H_5)_2]$, é bem menos estável e tende a dimerizar.

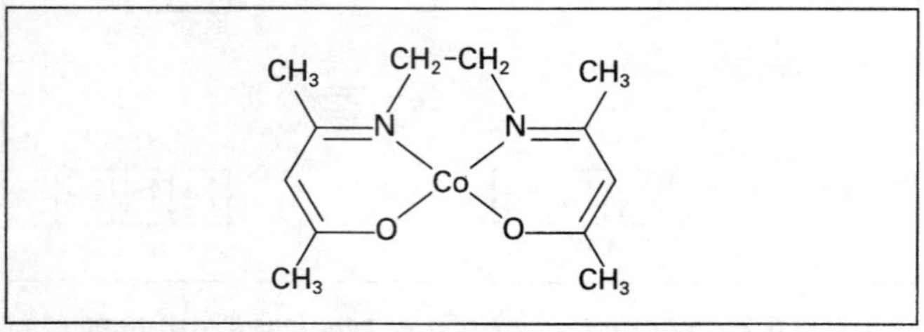

Figura 25.7 — Um complexo de Co(+II) com doadores N e O

O ródio(+II) e o irídio(+II) formam poucos compostos. A existência do RhO é incerta e $IrCl_2$ é um polímero. Parece não existir complexos desses íons análogos aos de Co(+II). Contudo, se $RhCl_3 \cdot 3H_2O$ for aquecido com uma solução de acetato de sódio em metanol, obtém-se o diacetato dimérico de fórmula $(HOH_3C) \cdot Rh \cdot (RCOO)_4 \cdot Rh \cdot (CH_3OH)$. Os quatro grupos carboxilato se ligam em ponte entre os dois átomos de Rh, levando a uma estrutura semelhante a do acetato de cromo(II) (Fig. 22.2). Ela apresenta uma ligação M–M de 2,39 Å, atribuída a uma ligação quádrupla M–M. Alguns complexos com fosfinas são conhecidos.

COMPOSTOS DOS ELEMENTOS NO ESTADO DE OXIDAÇÃO (+III)

O estado de oxidação (+III) é o mais comum para os três metais do grupo, particularmente em complexos. O íon Co(+III) ocorre em poucos compostos simples, tais como $Co_2(SO_4)_3 \cdot 18H_2O$, $NH_4Co(SO_4)_2 \cdot 12H_2O$ e $KCo(SO_4)_2 \cdot 12H_2O$. São compostos azuis, fortemente oxidantes, contendo o íon hexahidratado $[Co(H_2O)_6]^{3+}$. Co_2O_3 não é conhecido no estado puro, mas somente como um óxido hidratado capaz de oxidar a água. CoF_3 é um sólido castanho claro, obtido pela reação de CoF_2 e F_2. Ele é rapidamente hidrolisado pela água. É comumente usado como um forte agente de fluoração por ser de manuseio mais fácil e menos reativo que F_2. $Co^{III}(NO_3)_3$ anidro pode ser preparado a partir de CoF_3, num solvente não-aquoso como N_2O_4 ou N_2O_5, a baixas temperaturas. Possui uma estrutura pouco comum, com o Co no centro de um octaedro de átomos de O de três grupos NO_3^- ligados bidentadamente. A química do Co(+III) é dominada pela química de seus compostos de coordenação.

O óxido Co_3O_4 é preto e formado pelo aquecimento do metal ao ar, a 500 °C. Tem uma estrutura de espinélio, como o Fe_3O_4. Esses dois compostos são mais corretamente representados como $Fe^{II}Fe^{III}{}_2O_4$ e $Co^{II}Co^{III}{}_2O_4$. Nessas estruturas os átomos de O se encontram praticamente num arranjo de empacotamento compacto. Os íons Co(+II) de spin alto, mais volumosos, ocupam metade dos interstícios octaédricos, e os íons Co(+III), menores e de spin baixo, ocupam um oitavo dos interstícios tetraédricos.

Os complexos de Co(+III) podem ser facilmente obtidos, contrastando com a dificuldade encontrada no preparo de compostos simples de Co^{3+}. O íon Co(+III) forma mais complexos que qualquer outro elemento.

Encontram-se listados abaixo alguns complexos comuns de Co^{3+} e suas respectivas cores. Como se vê, o cobalto pode formar complexos neutros, catiônicos e aniônicos.

$[Co(NH_3)_6]^{3+}$	amarelo
$[Co(NH_3)_5 \cdot (H_2O)]^{3+}$	rosa
$[Co(NH_3)_5Cl]^{2+}$	púrpura

$[Co(NH_3)_4(CO_3)]^+$	púrpura
$[Co(NH_3)_3(NO_2)_3]$	amarelo
$[Co(CN)_6]^{3-}$	violeta
$[Co(NO_2)_6]^{3-}$	laranja

Praticamente todos os complexos de Co(+ III) possuem seis ligantes dispostos num arranjo octaédrico. O metal tem configuração d^6 e a maioria dos ligantes é suficientemente forte para provocar o emparelhamento dos elétrons, levando à configuração eletrônica $(t_{2g})^6(e_g)^0$. Essa configuração leva a uma energia de estabilização de campo cristalino muito grande. Os complexos desse tipo são diamagnéticos. A única exceção é o $[CoF_6]^{3-}$, que é um complexo de spin alto e, portanto, paramagnético. Complexos com ligantes doadores de N (amônia e aminas) são os mais comuns.

Esses complexos podem ser preparados pela oxidação de uma solução de Co^{2+}, com ar ou H_2O_2, na presença dos ligantes apropriados, e de um catalisador como o carvão ativado. Também é possível substituir os ligantes de um complexo já formado. Os complexos em questão são muito estáveis, e as reações de troca (substituição) de ligantes ocorrem lentamente. Por esse motivo, os complexos de Co(+ III) foram extensivamente estudados por Werner e outros pesquisadores, desde a década de 1890. Muito do que sabemos sobre estereoquímica, isomeria e propriedades gerais de complexos octaédricos são resultados desses estudos.

O íon Co^{3+} tem afinidade por doadores de N, tais como NH_3, etilenodiamina, aminas, edta e o íon nitrito, NO_2^-. O cobaltinitrito de sódio, $Na_3[Co(NO_2)_6]$, é um sólido laranja usado em análise qualitativa e quantitativa, para precipitar o íon K^+ na forma de $K_3[Co(NO_2)_6]$. O íon complexo $[Co(CN)_6]^{3-}$ é extremamente estável, não sendo decomposto nem mesmo por álcalis. Os ligantes CN^- se ligam firmemente através de ligações π e a energia de estabilização de campo cristalino é muito grande. Supõe-se que o complexo não seja tóxico.

Uma solução aquosa contendo $[Co^{II}(CN)_5]^{3-}$ e KCN pode ser oxidada pelo ar, com a formação do complexo castanho $K_6[(CN)_5Co^{III}–O–O–Co^{III}(CN)_5]$. O comprimento da ligação peroxo O–O é de 1,45 Å, sendo comparável ao do H_2O_2 (1,48 Å). Esse complexo pode ser oxidado novamente pelo ar ou por Br_2 (é mais eficiente), para formar o complexo vermelho $K_5[(CN)_5Co–O–O–Co(CN)_5]$. Este poderia conter Co^{III} e Co^{IV}, mas a estrutura obtida por difração de raios X mostra uma ligação O–O de 1,26 Å, muito mais curta que antes. Isso sugere que um elétron antiligante do íon $O–O^{2-}$ foi removido, transformando-o num superóxido, que tem ordem de ligação 1,5 (vide capítulo 4). Se a temperatura das soluções dos peroxo- e superoxo-complexos for elevada à ebulição, ocorre a formação do complexo amarelo $K_3[Co(CN)_6]$.

Vários isômeros diferentes podem ser encontrados em complexos com ligantes bidentados, como etilenodiamina (en), acetilacetona (acac) ou íons oxalato:

$$4Co^{2+} + 12en + 4H^+ + O_2 \rightarrow 4[Co^{III}(en)_3]^{3+} + 2H_2O$$

O tris(etilenodiamina)cobalto(III) de potássio contém o íon complexo $[Co^{III}(en)_3]^{3+}$, que é opticamente ativo, e pode ser encontrado nas formas *d* e *l* (vide "Isomeria", no Capítulo 7). Uma reação semelhante, na presença de HCl, fornece o sal verde intenso, *trans*-$[Co^{III}(en)_2Cl_2]^{2+}$. Se uma solução neutra do complexo for cuidadosamente evaporada, obtem-se o isômero *cis*, de cor púrpura. Ambos os isômeros sofrem reações de substituição quando aquecidos em água, formando inicialmente $[Co(en)_2Cl(H_2O)]^{2+}$ e depois $[Co(en)_2(H_2O)_2]^{3+}$. Reações de substituição similares também ocorrem com outros ligantes como o NCS^-, com a formação de $[Co(en)_2(NCS)_2]^+$.

Complexos com doadores de O são geralmente menos estáveis, mas aqueles com ligantes quelantes, como $[Co(acetilacetona)_3]$ e $[Co(oxalato)_3]^{3-}$, são estáveis e opticamente ativos.

Complexos com haletos são raros e o $[CoF_6]^{3-}$ é o único complexo com seis haletos conhecido. É um complexo azul, como o $[CoF_3(H_2O)_3]$, e ambos são complexos paramagnéticos, de spin alto, com um momento magnético de cerca de 5,8 MB.

A vitamina B_{12} é um importante complexo de cobalto. Ela foi isolada do fígado, depois de se descobrir que a ingestão de grandes quantidades de fígado cru constitui um tratamento eficiente para a anemia perniciosa. Atualmente, injeções de vitamina B_{12} são usadas no tratamento (o que é mais agradável que comer fígado cru!). A vitamina B_{12} é uma coenzima, e serve como um grupo prostético que está firmemente ligado a diversas enzimas, no corpo. O seu papel no organismo ainda não foi compreendido plenamente. Dorothy Crowfoot Hodgkin recebeu o Prêmio Nobel de Química de 1964 pelas suas pesquisas com cristalografia de raios X, que levaram dentre outras coisas, a elucidação da estrutura dessa coenzima. O complexo um íon Co(+ III) no centro do anel de uma corrina (Fig. 25.6). A estrutura é semelhante a do íon Fe^{2+} no anel porfirínico da hemoglobina, exceto pelo fato da corrina ser menos conjugada e os anéis A e D estarem ligados diretamente. O íon Co(+ III) está ligado a quatro átomos de N do anel. A quinta posição é ocupada por um átomo de N de uma cadeia lateral (α-5,6-dimetilbenzimidazol) que está ligada ao anel da corrina. A sexta posição do octaedro é o sítio ativo e está ocupado por um grupo CN^- na cianocobalamina. O CN^- é introduzido durante o processo de separação da coenzima, e não está presente na forma ativa da coenzima, presente nos tecidos vivos. Essa posição é ocupada por um OH^- na hidroxicobalamina, por água ou por um grupo orgânico como CH_3 (na metilcobalamina) ou por adenosina. Isso mostra que é possível a formação de uma ligação σmetal–carbono. As cobalaminas podem ser reduzidas de Co^{III} a Co^{II} e Co^I, em soluções neutras ou alcalinas, tanto no laboratório como *in vivo* (no organismo vivo). O complexo de Co^I é fortemente redutor e pentacoordenado, isto é, o sítio normalmente ocupado por CN^- ou OH^- está vazio.

A metilcobalamina é importante no metabolismo de certas bactérias produtoras de metano. Essas bactérias também podem transferir um grupo metila, CH_3, para alguns poucos metais, como Pt^{II}, Au^I e Hg^{II}. Este último se constitui num considerável problema ecológico, pois essas bactérias podem converter Hg elementar ou sais inorgânicos de Hg no metilmercúrio, CH_3Hg^+, ou dimetilmercúrio, $(CH_3)_2Hg$, altamente tóxicos, no fundo dos lagos.

O cobalto também tem importância biológica em algumas enzimas. A mutase glutâmica participa do metabolismo dos aminoácidos, e a ribonucleotídeo redutase participa da biossíntese do DNA. Quantidades traço de cobalto são essenciais na dieta de animais. Rebanhos de ovelhas na Austrália, Nova Zelândia e Grã-Bretanha apresentavam uma doença provocada pela deficiência de cobalto no solo de suas pastagens. Esse problema pode ser solucionado tratando-se periodicamente o solo, ou forçando os animais a deglutir uma pastilha de cobalto. Este permanece no rúmen e lentamente é dissolvido, tornando o elemento disponível para o animal (às vezes os animais também são levados a engolir um parafuso metálico. Este também permanece no rúmen e sua finalidade é remover qualquer revestimento que se forme sobre a pastilha de cobalto. A pastilha é recuperada e reaproveitada quando os animais são abatidos). Grandes quantidades de cobalto parecem ser prejudiciais à saúde. Pequenas quantidades de cobalto (1 a 1,5 ppm) são adicionados à cerveja para melhorar a formação de espuma. Essa prática tem sido associada com uma maior taxa de ataques cardíacos, entre os consumidores de grandes quantidades de cerveja que apresentam um quadro de deficiência alimentar de proteínas ou de tiamina.

Todos os haletos RhX_3 e IrX_3 (+III) são conhecidos. RhF_3 é preparado por fluoração do $RhCl_3$, IrF_3 por redução do IrF_6 com Ir, e os demais por reação direta entre os elementos. Todos são insolúveis em água, inertes e, provavelmente, são sólidos lamelares. O óxido, Rh_2O_3, é obtido pela queima do metal ao ar. Ir_2O_3 só é obtido com dificuldade, na forma do óxido hidratado, adicionando um álcali a uma solução de contendo íons Ir^{III}, em atmosfera inerte, pois esse óxido facilmente se oxida a $Ir^{IV}O_2$. Ao contrário das propriedades oxidantes do $[Co^{III}(H_2O)_6]^{3+}$, o $[Rh^{III}(H_2O)_6]^{3+}$ é um íon amarelo estável.

Um número considerável de complexos de Rh(+III) e Ir(+III) são conhecidos. Analogamente aos complexos de Co(+III), eles são tipicamente octaédricos, estáveis, de spin baixo e diamagnéticos. Podem ser citados os complexos $[RhCl_6]^{3-}$, $Rh(H_2O)_6]^{3+}$ e $[Rh(NH_3)_6]^{3+}$. Os complexos com cloreto são obtidos aquecendo-se Rh ou Ir finamente divididos com cloro e um cloreto de um metal do Grupo 1.

$$2Rh + 6NaCl + 3Cl_2 \rightarrow 2Na_3[RhCl_6]$$

O complexo $Na_3[RhCl_6] \cdot 12H_2O$ é vermelho, sendo o composto de ródio mais conhecido. $[Rh(H_2O)_6]^{3+}$ é obtido, após aquecimento daquele composto em água até a ebulição, mas $Rh_2O_3 \cdot H_2O$ é obtido caso esse procedimento seja realizado com solução de NaOH. O íon hidratado amarelo é reconvertido no cloro complexo pela adição de HCl. Se $Rh_2O_3 \cdot H_2O$ for tratado com uma quantidade limitada de HCl, forma-se o complexo $[RhCl_3(H_2O)_3]$, mas com excesso de ácido forma-se o $[RhCl_6]^{3-}$. O composto $[RhCl_3 \cdot (H_2O)_3]$ é octaédrico, e deveria ser encontrado na forma de dois isômeros diferentes: *fac* e *mer* (vide Fig. 7.3).

Apenas um pequeno número de complexos não octaédricos, por exemplo $[RhBr_5]^{2-}$ e $[RhBr_7]^{4-}$, são conhecidos. Ligações metal-metal foram encontrados em alguns poucos complexos:

$[(R_3As)_3Rh^{III}(HgCl)]^+Cl^-$	contém ligação Rh–Hg
$[Ir_2Cl_6(SnCl_3)_4]^{4-}$	contém ligações Ir–Sn

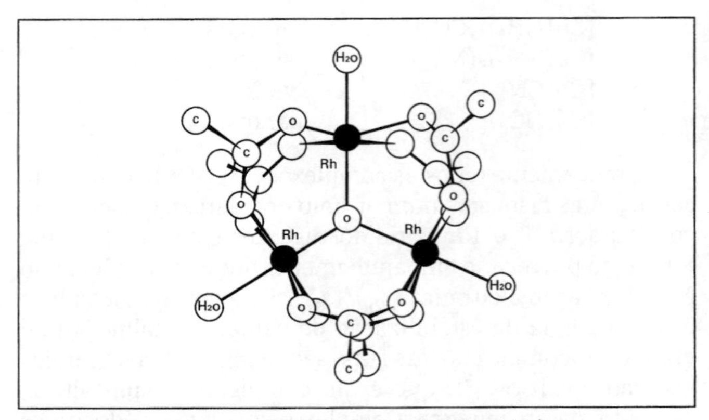

Figura 25.8 — Estrutura do $[Rh_3O(CH_3COO)_6(H_2O)_3]^+$

Os íons Rh(+III) e Ir(+III) formam acetatos básicos do tipo $[Rh_3O(CH_3COO)_6L_3]^+$, com estruturas bastante incomuns. Os átomos de Rh formam um triângulo com um átomo de O no centro. Os seis grupos acetato atuam como ligantes pontes entre os átomos de Rh — dois grupos acetato ao longo de cada aresta do triângulo. Assim, cada átomo de Rh está ligado a quatro grupos acetato e ao O central, sendo a sexta posição do octaedro ocupada por uma molécula de água ou de outro ligante. O momento magnético é pequeno por causa do emparelhamento parcial dos elétrons *d* dos três átomos metálicos, devido à formação de ligações $d\pi$–$p\pi$ envolvendo o oxigênio central. Esse tipo de carboxilato complexo também é formado pelos íons trivalentes de Cr, Mn, Fe, Ru, Rh e Ir.

Diversos complexos com hidreto também são conhecidos: $[Rh(R_3P)_3 \cdot (H) \cdot Cl_2]^{2+}$, $[Ir(R_3P)_3 \cdot H \cdot Cl_2]^{2+}$, $[Ir(R_3P)_3 \cdot (H)_2Cl]^{4+}$ e $[Ir(R_3P)_3 \cdot H \cdot {}_3]^{6+}$. A redução dos complexos de Rh(+III) e Ir(+III) leva à obtenção do metal, ao passo que a redução dos compostos de Co(+III) fornece Co(+II).

COMPOSTOS DOS ELEMENTOS NO ESTADO DE OXIDAÇÃO (+IV)

O estado de oxidação (+IV), normalmente, é o mais elevado do Co. A oxidação de soluções alcalinas de Co^{2+} leva à formação de um produto não muito bem conhecido, que supostamente é constituído por CoO_2 hidratado, mas já foi relatada a presença do complexo $Ba_2Co^{IV}O_4$.

O complexo castanho $[(NH_3)_5Co^{III}$–O–O–$Co^{III}(NH_3)_5]^{4+}$ pode ser obtido, caso o catalisador de carvão ativado seja excluído do método de preparação do $[Co(NH_3)_6]^{3+}$, por meio da oxidação do Co^{2+} pelo ar. O sólido ou suas soluções em NH_4OH concentrado são estáveis, mas pode ser oxidado a um peroxo complexo verde, formalmente contendo Co(+IV), por agentes oxidantes fortes como o persulfato, $(S_2O_8)^{2-}$.

$$[(NH_3)_5Co^{III}\text{–O–O–}Co^{III}(NH_3)_5]^{4+} \xrightarrow{\text{oxidação}} [(NH_3)_5Co^{III}\text{–O–O–}Co^{IV}(NH_3)_5]^{5+}$$

O momento magnético desse complexo verde é da ordem de 1,7 magnétons-Bohr, de acordo com a presença de Co(+III) (configuração d^6 de spin baixo, diamagnético) e Co(+IV) (configuração d^5 de spin baixo, um elétron desemparelhado). Contudo, a ressonância eletrônica de spin indica que os dois átomos de Co são idênticos. Assim, o elétron desemparelhado deve ser capaz de se mover ao longo da ponte peroxo e permanecer nos dois átomos do metal por tempos iguais.

São conhecidos diversos outros complexos binucleares, que utilizam $[-O-O-]^{2-}$, OH^-, NH_2^-, ou NH^{2-} como ligantes pontes:

$[(NH_3)_5Co—NH_2—Co(NH_3)_5]^{5+}$ (azul)

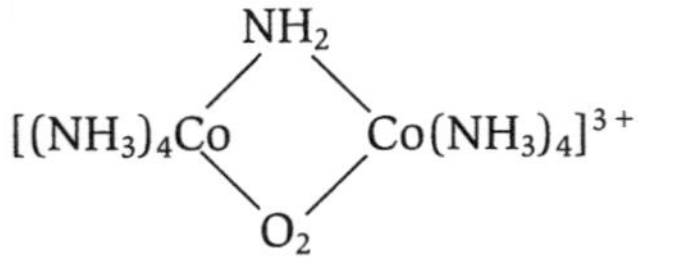

$[(NH_3)_4Co(\mu-NH_2)(\mu-O_2)Co(NH_3)_4]^{3+}$ (marrom)

$[(NH_3)_4Co(\mu-OH)_2Co(NH_3)_4]^{4+}$ (vermelho)

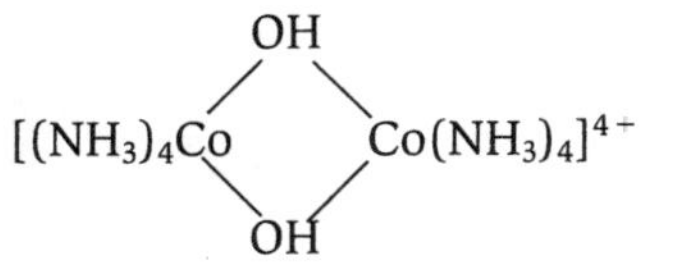

O estado (+IV) é um dos estados de oxidação mais estáveis do Ir, mas Rh(+IV) é instável e forma poucos compostos. Ambos formam tetrafluoretos. RhF_4 pode ser obtido a partir de $RhCl_3$ e BrF_3. $IrCl_4$ não é muito estável. IrO_2 é obtido na queima do metal ao ar, mas RhO_2 só pode ser obtido pela oxidação enérgica de Rh(+III), em solução alcalina, por exemplo, com bismutato de sódio. O ródio forma apenas poucos complexos, como $K_2[RhF_6]$ e $K_2[RhCl_6]$, mas estes reagem com água, gerando O_2 e eventualmente RhO_2. O irídio forma vários complexos com haletos e água, tais como $[IrCl_6]^{2-}$, $[IrCl_3(H_2O)_3]^+$, $[IrCl_4(H_2O)_2]$ e $[IrCl_5 \cdot (H_2O)]^-$. O complexo com oxalato, $[Ir(oxalato)_3]^{2-}$, pode ser resolvido nos isômeros ópticos *d* e *l*.

COMPOSTOS DOS ELEMENTOS NOS ESTADOS DE OXIDAÇÃO (+V) E (+VI)

Compostos de Co(+V) não podem ser obtidos, em condições normais. Rh(+V) e Ir(+V) são encontrados nos pentafluoretos $(RhF_5)_4$ e $(IrF_5)_4$. São compostos muito reativos e são facilmente hidrolisados. São constituídos por unidades tetraméricas com pontes M–F–M, semelhantes às que ocorrem nos análogos de Nb, Ta, Mo, Ru e Os (Fig. 21.1). Os únicos complexos conhecidos são $Cs[RhF_6]$ e $Cs[IrF_6]$.

Rh(+VI) e Ir(+VI) somente ocorrem no RhF_6 e IrF_6, que são obtidos pela reação direta entre os elementos. Nenhum deles é estável, embora o complexo do metal mais pesado, IrF_6, seja mais estável que RhF_6.

LEITURAS COMPLEMENTARES

- Abel, E.W. e Stone, F.G. (1969, 1970) The chemistry of transition metal carbonyls, *Q. Rev. Chem. Soc.*, Parte I - Considerações estruturais, **23**, 325; Parte II - Síntese e reatividade, **24**, 498.
- Allen, A.D. (1973) Complexes of dinitrogen, *Chem Rev.*, **73**, 11.
- Canterford, J . H. e Cotton, R. (1968) *Halides of the Second and Third Row Transition Elements*, Wiley, London.
- Canterford, J.H. e Cotton, R. (1969) *Halides of the First Row Transition Elements*, Wiley, London.
- *Diatomic metals and metallic clusters* (1980) (Conferência do Faraday Symposia da Royal Society of Chemistry, Nº 14), Royal Society of Chemistry, London.
- Emeléus, H.J. e Sharpe, A.G. (1973) *Modern Aspects of Inorganic Chemistry*, 4ª ed. (Cap. 14 e 15: Complexos de metais de transição; Cap. 20: Carbonilas), Routledge and Kegan Paul, London.
- Golding, B.T. (1983) Cobalt and vitamin B_{12}, *Education in Chemistry*, **20**, 204-207.
- Griffith, W. P. (1973) *Comprehensive Inorganic Chemistry*, Vol. 4 (Cap. 46: Carbonilas, cianetos, isocianetos e nitrosilas), Pergamon Press, Oxford.
- Johnson, B.F.G. (1976) The structures of simple binary carbonyls, *JCS Chem. Commun.*, 211-213.
- Johnson, B.F.G. (ed.) (1980) *Transition Metal Clusters*, John Wiley, Chichester.
- Levason , W . e McAuliffe, C.A. (1974) Higher oxidation state chemistry of iron, cobalt and nickel, *Coordination Chem. Rev.*, **12**, 151-184.
- Lewis, J. e Green, M.L. (eds) (1983) *Metal Clusters in Chemistry* (Anais do Royal Society Discussion Meeting, maio de 1982), The Society, London.
- Nicholls, D. (1973) *Comprehensive Inorganic Chemistry*, Vol. 3 (Cap. 41: Cobalto), Pergamon Press, Oxford.
- Phipps, D.A. (1976) *Metals and Metabolism*, Oxford University Press, Oxford.

Grupo 10
O GRUPO DO NÍQUEL

INTRODUÇÃO

O níquel é moderadamente abundante e produzido em grandes quantidades. É utilizado para a preparação de várias ligas, tanto ferrosas como não-ferrosas. Nos compostos simples é predominantemente iônico e divalente. Também é encontrado na forma de Ni(+II) na maioria de seus complexos, que geralmente são quadrado planares ou octaédricos. Paládio e platina são metais raros e caros. São metais nobres e não muito reativos, mas um pouco mais reativos que os demais metais do grupo da platina. Ambos são usados como catalisadores. Os elementos são mais comumente encontrados na forma de Pd(+II), Pt(+II) e Pt(+IV). Eles não formam compostos iônicos simples.

Tabela 26.2 — Abundância dos elementos na crosta terrestre, em peso

Elemento	ppm	Ordem de abundância relativa
Ni	99	22º
Pd	0,015	69º
Pt	0,01	70º

OCORRÊNCIA, OBTENÇÃO E USOS

Níquel

O níquel é o vigésimo-segundo elemento mais abundante em peso na crosta terrestre. Os minérios de níquel de importância comercial são: sulfetos, que geralmente estão misturados com sulfetos de Fe ou Cu, e depósitos aluviais de silicatos e óxidos/hidróxidos. O minério mais importante é a pentlandita, $(Fe,Ni)_9S_8$, que sempre apresenta uma proporção de Fe:Ni de 1:1. Geralmente, ocorre associado com uma forma de FeS denominada pirrotita — ambos têm cor de bronze e são encontrados na ex-URSS, Canadá e África do Sul. Diversos outros minérios do grupo dos sulfetos e dos arsenetos, tais como millerita, NiS, nicolita, NiAs, e a pirita arsenical de níquel, NiAsS, já foram importantes, mas atualmente são pouco usados. Depósitos aluviais importantes incluem a garnierita, um silicato de magnésio e níquel, de composição variável, $(Mg,Ni)_6\,Si_4O_{10}(OH)_8$, e a limonita niquelífera, $(Fe,Ni)O(OH)(H_2O)_n$. Os minérios extraídos em 1992 continham cerca de 850.000 toneladas de níquel. Os principais produtores de minérios foram: Canadá 23%, ex-URSS 21% e Nova Caledônia 12%.

A obtenção do níquel a partir de seus minérios é dificultada pela presença de outros metais. Minérios do grupo dos sulfetos são hoje a principal fonte de níquel. O minério é concentrado por flotação e por métodos magnéticos, e a seguir aquecido com SiO_2. FeS se decompõe a FeO, que reage com SiO_2 formando a escória de $FeSiO_3$, que pode ser facilmente removida. A mistura de sulfetos é esfriada lentamente, de modo a gerar uma camada prateada superior de Cu_2S e uma camada preta inferior de Ni_2S_3, que pode ser separada mecanicamente (também se forma uma pequena quantidade de uma liga de Cu/Ni. Ela dissolve todos os metais do grupo da platina eventualmente presentes, sendo usada como fonte desses elementos raros e caros). Ni_2S_3 é, então, aquecido com ar e convertido em NiO. Este último pode ser utilizado diretamente na manufatura do aço, ou pode ser reduzido ao metal pelo carbono, num forno. O metal é fundido, transformado em placas, e purificado por eletrólise, numa solução aquosa de $NiSO_4$.

O processo Mond é um método alternativo para produzir Ni de elevada pureza. Esse método foi patenteado por L. Mond e utilizado no sul do País de

Tabela 26.1 — Configurações eletrônicas e estados de oxidação

Elemento	Símbolo	Configuração eletrônica		Estados de oxidação*							
Níquel	Ni	[Ar]	$3d^8\,4s^2$	–I	0	(I)	**II**	(III)	(IV)		
Paládio	Pd	[Kr]	$4d^{10}$		0	(I)?	**II**		IV		
Platina	Pt	[Xe]	$4f^{14}\,5d^9\,6s^1$		0	(I)	**II**	(III)?	**IV**	(V)	(VI)

* Os estados de oxidação mais importantes (geralmente os mais abundantes e estáveis) são mostrados em negrito. Outros estados bem caracterizados, mas menos importantes, são mostrados em tipo normal. Estados de oxidação instáveis, ou de existência duvidosa, são dados entre parênteses.

Gales de 1899 até 1970. NiO e "gás d'água" (H_2 e CO) são aquecidos à 50 °C, à pressão atmosférica. O H_2 reduz NiO a Ni, que por sua vez reage com CO formando o complexo volátil (tetracarbonil)níquel, $Ni(CO)_4$ (este é muito tóxico e inflamável). Todas as impurezas permanecem no estado sólido. Quando o gás é aquecido a 230 °C, se decompõe formando o metal Ni puro e CO, que é reciclado. Uma fábrica recém construída no Canadá utiliza CO e metal impuro, mas opera a 150 °C e 20 atmosferas de pressão, na etapa de obtenção do $Ni(CO)_4$.

$$Ni + 4CO \xrightarrow{50°C} Ni(CO)_4 \xrightarrow{230°C} Ni + 4CO$$

(processo Mond)

Minérios de níquel do grupo dos silicatos, como a garnierita, são misturados com gesso ($CaSO_4$) e fundidos na presença de coque. Os silicatos formam uma escória de $CaSiO_3$, e o níquel forma uma mistura de sulfetos, que é tratado pelo método descrito acima.

A maior parte da produção de níquel é utilizada na fabricação de ligas ferrosas e não-ferrosas. O níquel melhora a resistência mecânica e química do aço. Em 1991, foram produzidas 569.000 toneladas de liga ferro-níquel. O aço inoxidável pode conter de 12 a 15% de Ni, e o aço para cutelaria contém 20% de Cr e 10% de Ni. Ímãs permanentes muito fortes são fabricadas com a liga de aço "alnico". O metal-monel é muito resistente à corrosão e é usado em equipamentos que entram em contato com F_2 e outros fluoretos corrosivos. Essa liga contém 68% de Ni, 32% de Cu, além de pequenas quantidades de Fe e Mn. Diversas ligas não-ferrosas são importantes. As ligas da série "nimônica" (75% de Ni, com Cr, Co, Al e Ti) são usadas em turbinas e motores a jato, onde resistem a elevadas tensões e temperaturas. As aplicações de outras ligas, como o "hastelloy C", se deve à sua elevada resistência à corrosão. O "nicromo" contém 60% de Ni e 40% de Cr e é usado na fabricação das resistências de aquecedores elétricos. O cupro-níquel (80% de Cu e 20% de Ni) é usado na fabricação de moedas de "prata". A liga conhecida como "prata alemã" contém aproximadamente 60% de Cu, 20% de Ni e 20% de Zn. Ela é usada na fabricação de imitações de artigos de prata, podendo ser eletrodepositada sobre outros metais. Seu nome ("prata alemã") confunde, pois essa liga não contém prata. Geralmente, o aço recebe um revestimento de níquel, por eletrodeposição, antes da cromação. O níquel também é utilizado em acumuladores de Ni/Fe, que têm a vantagem de poderem ser carregados rapidamente, sem provocar danos às placas da bateria. Pequenas quantidades de níquel finamente dividido (Ni Raney) são empregadas em muitos processos de redução. Pode ser citado como exemplo a fabricação de hexametilenodiamina, a obtenção de H_2 a partir de NH_3 e a redução de antraquinona a antraquinol no processo de fabricação de H_2O_2.

Paládio e platina

Pd e Pt são elementos raros, embora sejam bem mais abundantes que os demais metais do grupo da platina (Ru, Os, Rh e Ir). Em 1992, a produção mundial de todos os seis metais do grupo da platina foi de apenas 281 toneladas, cerca de 100 toneladas dos quais era platina. Embora o Pd seja um pouco mais abundante que a Pt, a produção de Pt é maior que a de Pd. Os principais produtores foram: África do Sul 54%, ex-URSS 37% e Canadá 4%. As jazidas sul-africanas contêm mais Pt que Pd, mas nas jazidas da ex-URSS é o contrário.

Os metais do grupo da platina ocorrem em pequenas quantidades, associados aos minérios de Cu e Ni, do grupo dos sulfetos. São obtidos na forma concentrada no lodo anódico, resultante dos processos de refino eletrolítico dos principais metais do minério. Os metais do grupo da platina também são obtidos a partir da liga Cu/Ni, produzida na separação da mistura de Cu_2S e Ni_2S_3 no processo de extração do níquel descrito acima. A separação dos metais do grupo da platina é um processo complexo, mas nas últimas etapas os complexos $(NH_4)_2[PtCl_6]$ e $[Pd(NH_3)_2Cl_2]$ são submetidos a um tratamento térmico para se obter os respectivos metais. Os metais são obtidos na forma de pó ou sólidos esponjosos, que são convertidos nos objetos sólidos por sinterização.

Aproximadamente um terço da produção de Pt é usado na manufatura de jóias, um terço na indústria automobilística e um terço em aplicações industriais e financeiras. Pt tem sido usada em joalheria desde centenas de anos antes de Cristo. Os primeiros foram os egípcios e os povos primitivos do Peru e do Equador. Hoje em dia, ela é freqüêntemente usada na montagem de anéis de diamantes e outras jóias. Assemelha-se à prata e já foi denominada "ouro branco". Atualmente, esse termo é usado para designar uma liga de Pd/Au, o que cria certa confusão.

Uma aplicação recente e crescente da Pt é na confecção dos "conversores catalíticos de três vias". Esses "catalisadores" são usados nos carros modernos para reduzir a poluição provocada pelos gases de escape. Os catalisadores exigem o uso de gasolina isenta de chumbo. O principal componente do catalisador é um peça de cerâmica constituída por pequenos tubos (colméia), revestido com Pt, Pd e Rh. Os gases de escape do motor passam através da colméia a cerca de 300 °C. Durante o trajeto, os metais nobres convertem os hidrocarbonetos remanescentes, o CO e os óxidos de nitrogênio nos compostos inofensivos CO_2 e N_2 (gasolina contendo $Pb(Et)_4$ *não* pode ser utilizada, pois o chumbo envenena o "catalisador").

Tanto Rh como Pt são extensivamente empregados na química como catalisadores. $PdCl_2$ é usado no Processo Wacker de conversão de C_2H_4 (eteno) a CH_3CHO (etanal). Pd é usado em reações de hidrogenação, como a de fenol a ciclohexanona, e também em reações de desidrogenação. A platina é muito importante como catalisador na indústria petroquímica, na "reforma" de hidrocarbonetos. Pt/PtO é o catalisador de Adams para reduções. Pt já foi usado como catalisador no Processo de Contato, de fabricação de H_2SO_4 (para converter SO_2 em SO_3). Atualmente, V_2O_5 é usado como catalisador, porque é mais barato e menos susceptível ao envenenamento. No passado, uma liga Pt/Rh foi usada na oxidação de NH_3 a NO, no processo Ostwald de fabricação de HNO_3.

No laboratório, cadinhos de platina são às vezes utilizados. Pt também é empregado em equipamentos para o manuseio de HF. Pt pode ser soldada ao vidro de sódio, para fazer conexões elétricas com esse material. Isso é importante na fabricação de eletrodos, válvulas termoiônicas, etc. O vidro de sódio e a platina tem quase o mesmo coeficiente de expansão, e ele não quebra ao esfriar.

ESTADOS DE OXIDAÇÃO

O elemento Ni pode ser encontrados nos estados de oxidação de (–I) a (+IV), mas sua química é dominada pelo Ni(+II). Os íons $[Ni(H_2O)_6]^{2+}$ são verdes e estáveis em solução e em muitos compostos simples. O Ni(+II) também forma muitos complexos, que geralmente são quadrado-planares ou octaédricos. Os elementos nos estados de oxidação mais elevados são instáveis.

Para o Pd, o estado de oxidação (+II) é o mais importante, ocorrendo nos íons hidratados $[Pd(H_2O)_4]^{2+}$ e em complexos. O elemento Pt não forma íons hidratados. Tanto Pt(+II) como Pt(+IV) são importantes, mas não formam compostos iônicos simples. Os complexos com Pt(+II) são quadrado-planares e os complexos com Pt(+IV) são octaédricos.

Os três elementos, no estado de valência zero, formam complexos com ligantes receptores π, como o CO. O estado de oxidação máximo (+VI) só é observado no PtF_6, e Pt(+V) ocorre no $[PtF_6]^-$. O estado de oxidação mais alto conhecido do Ni e do Pd é (+IV), no NiF_4 e no PdF_4. O composto PdF_3 não contém Pd^{III}, mas é na realidade $Pd^{2+}[Pd^{IV}F_6]^{2-}$. Os óxidos e haletos conhecidos são mostrados na Tab. 26.3.

PROPRIEDADES GERAIS

Ni é um metal branco prateado, enquanto Pd e Pt são cinza esbranquiçados. Os três elementos são inertes na forma maciça, não perdem o brilho e não reagem com o ar ou com a água, à temperatura ambiente.

O níquel é muitas vezes eletrodepositado sobre outros metais mais reativos, para formar uma película protetora. Contudo, ele perde o brilho quando aquecido ao ar. O níquel de Raney é uma forma finamente dividida de Ni, usado como catalisador. É facilmente oxidado pelo ar e pirofórico. Níquel aquecido ao rubro reage com vapor d'água.

Tabela 26.3 — Óxidos e haletos

Estados de oxidação					
(+II)	(+III)	(+IV)	(+V)	(+VI)	Outros
NiO	$(Ni_2O_3)^h$	$NiO_2{}^h$	—	—	
PdO	—	$(PdO_2)^h$	—	—	
$(PtO)^h$	$(Pt_2O_3)^h$	**PtO_2**	—	$(PtO_3)^h$	Pt_3O_4
NiF_2	—	—	—	—	
$NiCl_2$	—	—	—	—	
$NiBr_2$	—	—	—	—	
NiI_2	—	—	—	—	
PdF_2	**$Pd[PdF_6]$**	PdF_4	—	—	
$PdCl_2$	—	—	—	—	
$PdBr_2$	—	—	—	—	
PdI_2	—	—	—	—	
—	—	**PtF_4**	$(PtF_5)_4$	PtF_6	
$PtCl_2$	$PtCl_3$?	**$PtCl_4$**	—	—	
$PtBr_2$	$PtBr_3$?	**$PtBr_4$**	—	—	
PtI_2	PtI_3?	**PtI_4**	—	—	

Os compostos com os estados de oxidação mais estáveis estão representados em negrito; os instáveis entre parênteses. h = óxido hidratado

Tabela 26.4 — Algumas propriedades físicas

	Raio covalente (Å)	Raio iônico M^{2+}	Raio iônico M^{3+} (Å)	Ponto de fusão (°C)	Ponto de ebulição (°C)	Densidade ($g\ cm^{-3}$)	Eletronegatividade de Pauling
Ni	1,15	0,69	0,60[a] 0,56[b]	1.455	2.920	8,91	1,8
Pd	1,28	0,86	0,76	1.552	2.940	11,99	2,2
Pt	1,29	0,80	—	1.769	4.170	21,41	2,2

a = valor de spin alto; b = valor de spin baixo

O níquel se dissolve rapidamente em ácidos diluídos, originando o íon hidratado $[Ni(H_2O)_6]^{2+}$ e H_2. Como Fe e o Co, torna-se passivo quanto tratado com HNO_3 concentrado e água-régia. Pd e Pt são mais "nobres" (menos reativos) que Ni, mas são mais reativos que os demais elementos do grupo da platina. Pd se dissolve lentamente em HCl concentrado, na presença de O_2 ou Cl_2; e com relativa rapidez em HNO_3 concentrado, formando $[Pd^{IV}(NO_3)_2(OH)_2]$. Pt é mais resistente frente a ácidos, mas se dissolve em água-régia, formando ácido cloroplatínico, $H_2[PtCl_6]$ (vide Tab. 26.5).

O níquel não reage com soluções alcalinas e por isso é empregado nos equipamentos destinados à fabricação de NaOH. Pd e Pt reagem rapidamente com óxidos e peróxidos fundidos de metais alcalinos, por exemplo Na_2O e Na_2O_2.

Ni reage com os halogênios mediante aquecimento. Reage apenas lentamente com flúor. Por isso, o níquel e ligas como o metal-monel são empregados nos equipamentos para o manuseio de F_2 e de fluoretos corrosivos. Ni também reage com S, P, Si e B, quando aquecido. Pd aquecido ao rubro reage com F_2, Cl_2 e O_2. Pt é menos reativa, mas reage com F_2 quando aquecida ao rubro. A elevadas temperaturas e pressões, também reage com O_2.

Os três metais absorvem H_2 gasoso. A quantidade de gás absorvida depende do estado físico do metal. Mas, Pd é capaz de absorver grandes volumes de H_2, mais que qualquer outro metal. Quando Pd aquecido ao rubro é esfriado na presença de H_2, ele pode absorver um volume desse gás 935

Tabela 26.5 — Algumas reações do Ni, Pd e Pt

Reagente	Ni	Pd	Pt
O_2	NiO	PdO quando aquecido ao rubro	PtO a alta temperatura e pressão
F_2	NiF_2	$Pd^{II}[Pd^{IV}F_6]$ a 500°C	PtF_4 quando aquecido ao rubro
Cl_2	$NiCl_2$	$PdCl_2$	$PtCl_2$
H_2O	Não reage	Não reage	Não reage
HCl ou HNO_3 diluídos	$Ni^{2+} + H_2$	Dissolve-se muito lentamente	Não reage
HNO_3 conc.	Passivo	Dissolução	Não reage
Água régia	Passivo	Dissolução	$H_2[PtCl_6]$

vezes maior que seu próprio volume. O hidrogênio é móvel e se difunde através do retículo cristalino do metal. A condutividade do metal diminui à medida que H_2 é absorvido. O gás hidrogênio absorvido pode ser novamente liberado mediante aquecimento. Outros gases, inclusive He, não são absorvidos, e esse processo é utilizado para purificar H_2.

Pt(+ II) e Pt(+ IV) formam um número extremamente grande de complexos (Co e Pt são os elementos que formam o maior número de complexos).

COMPOSTOS DOS ELEMENTOS NOS ESTADOS DE OXIDAÇÃO (–I), (0) E (+ I)

O íon Ni(–I) é encontrado no ânion complexo $[Ni_2(CO)_6]^{2-}$.

Os três metais podem ser encontrados no estado de valência zero. $[Ni^0(CO)_4]$ é obtido quando Ni é aquecido na presença de CO. Sua formação e subseqüente pirólise eram importantes no Processo Mond de purificação do níquel. Embora o processo original tenha se tornado obsoleto na década de 1970, um processo modificado ainda é usado no Canadá. $[Ni(CO)_4]$ é provavelmente o complexo de CO mais conhecido, mas sua estabilidade é bem menor que a dos complexos carbonílicos dos metais de transição dos grupos anteriores. A molécula de $[Ni(CO)_4]$ é tetraédrica, o composto é volátil, muito tóxico, facilmente oxidável e inflamável. Também são conhecidos o derivado de fosfina, $[Ni^0(PF_3)_4]$, e compostos mistos, como $[Ni(CO)_2(PF_3)_2]$. A redução de $[Ni^{II}(CN)_4]^{2-}$ com potássio, em amônia líquida, forma $K_4[Ni^0(CN)_4]$, enquanto que a redução com sulfato de hidrazina em meio aquoso leva à formação de $K_4[Ni^I{}_2(CN)_6]$. Pd e Pt não formam complexos carbonílicos simples como $[Ni(CO)_4]$, mas formam complexos com fosfina, tais como $[Pt^0(PPh_3)_4]$ e $[Pt^0(PPh_3)_3]$:

$$2K_2[Pt^{II}Cl_4] + N_2H_4 + 8PPh_3 \xrightarrow{EtOH} 2[Pt^0(PPh_3)_4] + 4KCl + 4HCl + N_2$$

Os complexos $[Pd^0(CO)(PPH_3)_3]$ e $[Pt^0(CO)_2(PPh_3)_2]$ também são conhecidos. O ligante CO é um doador σ fraco, mas um receptor π forte. Comparado com o CO, o PPh_3 é um doador σ mais forte e um receptor π mais fraco. O fato de complexos simples de Pd e Pt com CO serem desconhecidos sugere que esses metais possuem menor tendência a formar ligações π que o Ni. A coordenação de ligantes doadores σ como os haletos inverte a situação. Assim, $[Pt^{II}(CO)_2Cl_2]$ é estável, $[Pd^{II}(CO)_2Cl_2]$ não é muito estável, e o análogo de níquel é desconhecido. $[Ni(CO)_4]$ é reduzido pelo sódio, em amônia líquida, formando o carbonil-hidreto $[\{Ni(CO)_3H\}_2] \cdot 4(NH_3)$. Ele é um composto dimérico vermelho. A redução também pode levar à formação de clusters como $[Ni_5(CO)_{12}]^{2-}$ e $[Ni_6(CO)_{12}]^{2-}$. Uma série de clusters como $[Pt_3(CO)_6]_n{}^{2-}$ são formados pela redução de $[PtCl_6]^{2-}$ em solução alcalina, sob atmosfera de CO. Até o momento, compostos análogos de Pd não foram obtidos.

COMPOSTOS DOS ELEMENTOS NO ESTADO DE OXIDAÇÃO (+ II)

O estado de oxidação (+ II) é o muito importante para os três elementos. Uma grande variedade de compostos simples de Ni^{2+} é conhecido. Nessa classe podem ser incluídos todos os haletos, óxidos, sulfetos, selenetos e teluretos; os sais de todos os ácidos comuns e mesmo de alguns menos estáveis, como o $NiCO_3$, e sais de íons oxidantes, como o $Ni(ClO_4)_2$. O íon hidratado $[Ni(H_2O)_6]^{2+}$ dá origem à cor verde característica de muitos sais hidratados de níquel. Muitos sais anidros de Ni são amarelos. Sais duplos são formados com metais alcalinos e $NH_4{}^+$, por exemplo $NiSO_4(NH_4)_2SO_4 \cdot 6H_2O$. Esses sais são isomorfos aos correspondentes sais de Fe^{2+}, Co^{2+} e de Mg^{2+}.

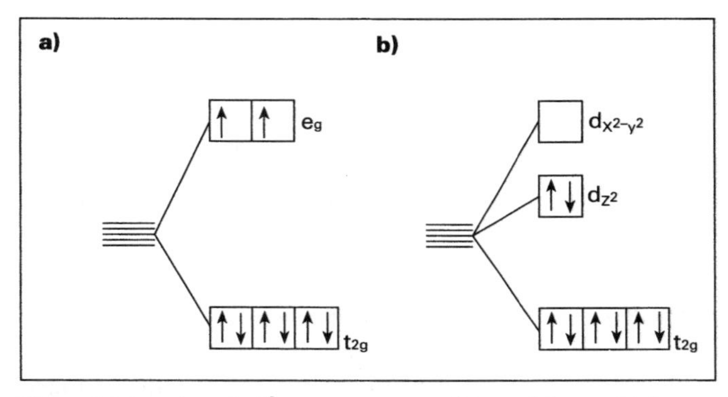

Figura 26.1 — *Arranjo* d^8 *em campos octaédricos a) fraco e b) forte*

Embora a química do Ni seja relativamente simples pela predominância do elemento no estado de oxidação (+ II), A química do Ni(+ II) em complexos é bem mais complicada. Geralmente, seus complexos são octaédricos e quadrado planares, mas também são conhecidos alguns complexos com estruturas tetraédricas, bipirâmides trigonais e pirâmides de base quadrada. Os complexos de Pd(+ II) e Pt(+ II) são todos quadrado planares.

Os complexos formados com amônia $[Ni(NH_3)_6]^{2+}$, $[Ni(H_2O)_4(NH_3)_2]^{2+}$, e o complexo com etilenodiamina, $[Ni(etilenodiamina)_3]^{2+}$, são todos octaédricos. Esses complexos octaédricos geralmente são azuis e paramagnéticos, já que os íons d^8 apresentam dois elétrons desemparelhados (Fig. 26.1a). Em complexos com ligantes de campo forte, como CN^-, os elétrons são forçados a se emparelharem, gerando complexos quadrado planares diamagnéticos, como $[Ni(CN)_4]^{2-}$ (Fig. 26.1b).

O complexo vermelho que precipita na reação entre Ni^{2+} e dimetilglioxima, a partir de uma solução levemente amoniacal, também é quadrado-planar. Contudo, no estado sólido, as moléculas quadrado-planares estão empilhadas umas sobre as outras, ocorrendo uma interação Ni–Ni. A distância Ni–Ni é de 3,25 Å. Esse foi um dos primeiros exemplos conhecidos de ligação metal-metal, de modo que no sólido o Ni deveria ser considerado como tendo coordenação octaédrica, ao invés de quadrado-planar. A formação desse complexo é usada tanto para a detecção como para a determinação quantitativa de níquel. A molécula de dimetilglioxima perde um próton e forma um complexo estável. O complexo é estabilizado pela formação de dois anéis quelatos de cinco membros, e também pela formação de ligações de hidrogênio intramoleculares, indicadas na Fig. 26.2 por linhas pontilhadas.

Os complexos quadrado-planares são geralmente vermelhos, marrons ou amarelos. Os fatores que levam à formação de complexos quadrado-planares foram discutidos com maiores detalhes no Capítulo 7.

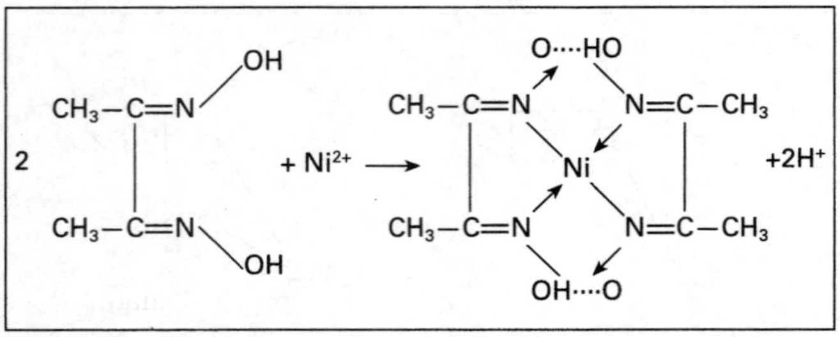

Figura 26.2 — O complexo entre níquel e dimetilglioxima

Diversos complexos tetraédricos de Ni(+II) são conhecidos. Geralmente, eles contêm haletos como ligantes, bem como fosfina, fosfinóxido ou arsina. Podem ser citados como exemplos $[Ph_4As]_2^+[NiCl_4]^{2-}$, $[(Ph_3P)_2NiCl_2]$ e $[(Ph_3AsO)_2NiBr_2]$. Esses complexos têm uma intensa coloração azul característica e podem ser facilmente distinguidos dos complexos quadrado-planares pela cor e pelo fato de serem paramagnéticos (Fig. 26.3).

Quando cianeto de níquel é cristalizado de uma mistura contendo amônia e benzeno, o cianeto de (amin)benzenoníquel é formado. As moléculas de benzeno não estão ligadas ao metal, mas estão retidas no retículo do cristal. Tais compostos são denominados clatratos, e outras moléculas de tamanho semelhante podem ser aprisionados de maneira parecida.

Os íons Pd(+II) e Pt(+II) formam óxidos, haletos, nitratos e sulfatos. Os sólidos anidros geralmente não são iônicos. PdO pode ser obtido na forma anidra, mas PtO só é conhecido como um óxido hidratado instável. Todos os dihaletos MX_2, exceto o PtF_2, são conhecidos. Ao contrário dos demais haletos, o PdF_2 é iônico. O íon Pd^{2+} tem configuração d^8 e é paramagnético. O complexo $[Pd(H_2O)_4]^{2+}$ é formado em solução aquosa e é diamagnético. Como nesse complexo todos os elétrons estão emparelhados, supõe-se que tenha uma estrutura quadrado-planar. Todos os complexos de Pd(+II) e Pt(+II) são diamagnéticos. O íon paramagnético $[PdCl_4]^{2-}$é formado em ácido clorídrico. Todos os demais dihaletos são moleculares ou poliméricos, e diamagnéticos. $PdCl_2$ e $PtCl_2$ podem ser obtidos a partir dos elementos, e ambos podem ser obtido nas formas α e β, dependendo das condições experimentais utilizadas. Os complexos na forma formas α são os mais comuns.

$$Pd + Cl_2 \xrightarrow{>550^\circ C} \alpha\text{-}(PdCl_2)_n \xrightarrow{\text{lento}} \beta\text{-}(PdCl_2)$$

$$Pd + Cl_2 \xrightarrow{<550^\circ C} \beta\text{-}(PdCl_2)$$

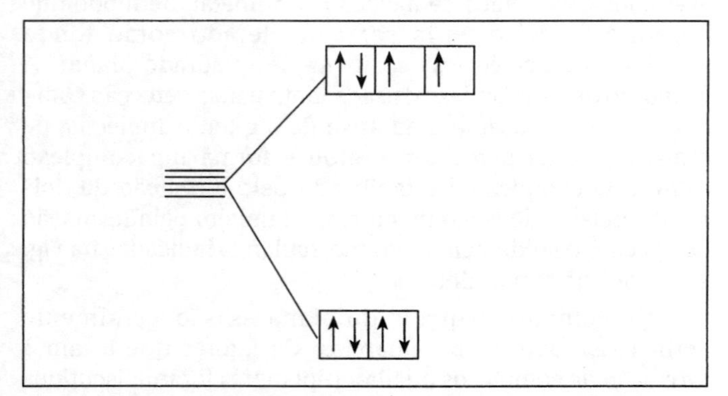

Figura 26.3 — Arranjo d^8 num campo tetraédrico

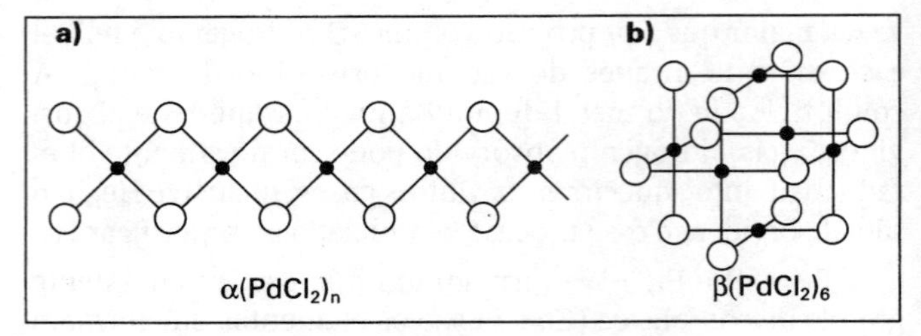

Figura 26.4 — As estruturas de α-$PdCl_2$ e de β-$PdCl_2$

α-$PdCl_2$ é um sólido vermelho escuro, enquanto que α-$PtCl_2$ é verde oliva. O primeiro exibe uma estrutura em cadeia, plana e polimérica (Fig. 26.4a), na qual os átomos de Pd estão num arranjo quadrado-planar. É higroscópico e solúvel em água. A estrutura do α-$PtCl_2$ não é conhecida, se dissolve em HCl formando íons $[PtCl_4]^{2-}$, mas é insolúvel em água.

As formas β do $PdCl_2$ e do $PtCl_2$ têm uma estrutura molecular bastante rara, baseada em unidades Pd_6Cl_{12} ou Pt_6Cl_{12}, respectivamente. Sua estrutura pode ser descrita considerando-se que o metal se encontra num ambiente quadrado-planar, ligado a quatro átomos de Cl, mas seis dessas unidades estão interligadas por pontes de halogênio (Fig. 26.4b). É uma estrutura muito similar a do cluster $[Nb_6Cl_{12}]^{2+}$, mostrado na Fig. 21.4. Nesse composto, os seis átomos de Nb formavam um agregado octaédrico com átomos de halogênio em ponte, nas doze arestas. β-$PdCl_2$ é solúvel em benzeno e retém sua estrutura. Apesar da semelhança estrutural, o β-$PdCl_2$ parece ser covalente e estabilizado, principalmente, pelos átomos de halogênio em ponte, e não pelas ligações metal-metal, como no $[Nb_6Cl_{12}]^{2+}$.

Uma reação importante ocorre entre $PdCl_2$ e alcenos, formando, por exemplo com o eteno, complexos como $[Pd(C_2H_4)Cl_3]^-$, $[Pd(C_2H_4)_2Cl_2]_2$ e $[Pd(C_2H_4)_2Cl_2]$.

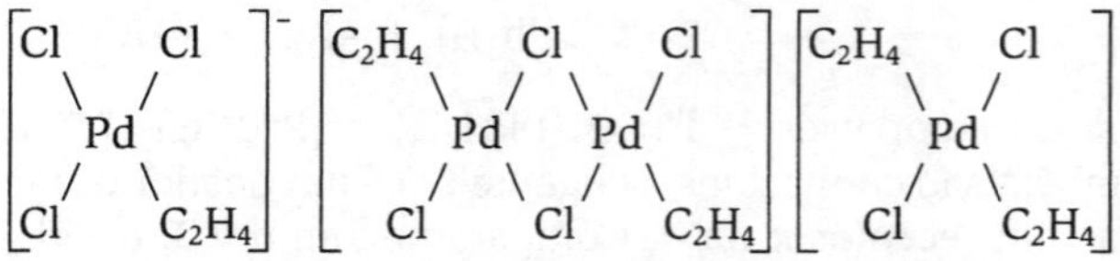

$[PdCl_3(C_2H_4)]^-$ $[Pd_2Cl_4(C_2H_4)_2]$ $[PdCl_2(C_2H_4)_2]$

São conhecidos compostos análogos de Pt, como o sal de Zeise, $K[Pt(C_2H_4)Cl_3] \cdot H_2O$, que forma cristais amarelos e é conhecido desde 1825. A estrutura desses complexos com alcenos é pouco comum. No sal de Zeise, o íon $[Pt(C_2H_4)Cl_3]^-$ é essencialmente quadrado planar, com três vértices ocupados por átomos de cloro e $H_2C=CH_2$ no vértice remanescente. Contudo, a molécula de $H_2C=CH_2$ é perpendicular ao plano formado pelo $PtCl_3$, e os dois átomos de C estão quase equidistantes do átomo de Pt (as distâncias Pt–

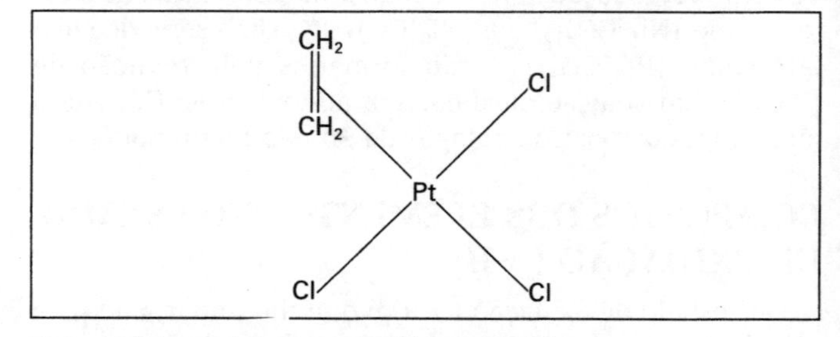

Figura 26.5 — Sal de Zeise: $[Pt(\eta^2\text{-}C_2H_4)(Cl)_3]^-$

C são de 2,128 Å e 2,135 Å). A distância C = C no complexo é de 1,375 Å, enquanto que a distância C = C no eteno é de 1,337 Å e a distância C–C no etano é de 1,54 Å. Nota-se que a ligação C = C no complexo se tornou um pouco mais longa. A dupla ligação ocupa um sítio de coordenação e não um átomo de C isolado, de modo que o C_2H_4 atua como um ligante diháptico. Assim, o complexo deveria ser representado como $K[Pt(\eta^2\text{-}C_2H_4)Cl_3] \cdot H_2O$.

A ligação formada nesses complexos com alcenos não era perfeitamente entendida até 1951, quando Dewar sugeriu que a ligação π doa elétrons para um orbital σ vazio do metal, em vez de se ligar a apenas um dos átomo de C da dupla ligação. Essa idéia foi ampliada por Chatt, em 1953. Assim, atualmente supõe-se que a ligação pode ser subdividida em duas partes:

1) Uma ligação dativa, na qual o par de elétrons do orbital π preenchido do eteno se combina com um orbital híbrido vazio do metal, formando uma ligação σ.
2) Ocorre também uma interação π entre um orbital *d* preenchido do metal e um orbital antiligante vazio do eteno. Essa ligação π é uma ligação de retrodoação. A maioria dos elementos de transição forma complexos com alcenos. As exceções são alguns dos primeiros elementos, pois os orbitais *d* não estão suficientemente preenchidos para permitir a ocorrência de interações de retrodoação. A extensão desse tipo de interação varia de um complexo para outro, mas pode ser avaliado pelo comprimento da ligação C = C.

Além do interesse teórico no estudo das ligações nesses complexos, alguns deles são importantes em diversos processos industriais. Complexos formados pela adição de eteno a $PdCl_2$ são decompostos pela água, formando etanal (acetaldeído):

$$C_2H_4 + PdCl_2 + H_2O \rightarrow CH_3CHO + Pd + 2HCl$$

Essa reação é a base do Processo Wacker de fabricação de acetaldeído. Pd é reconvertido em $PdCl_2$ "in situ" pelo $CuCl_2$:

$$Pd + 2CuCl_2 \rightarrow PdCl_2 + 2CuCl_2$$

A solução contém HCl, e o $CuCl_2$ é regenerado pela passagem de um fluxo de O_2:

$$2CuCl + 2HCl + {}^1/_2O_2 \rightarrow 2CuCl_2 + H_2O$$

Logo, a reação global é:

$$H_2C{=}CH_2 + {}^1/_2O_2 \rightarrow CH_3CHO$$

Esse procedimento pode ser utilizado industrialmente, porque a reação entre Pd e $CuCl_2$ é quantitativa, e o catalisador pode ser reciclado. Pequenas quantidades de Pd devem ser adicionadas periodicamente para compensar eventuais perdas.

Caso propeno seja usado no lugar de eteno, o produto da reação é a acetona. Essa reação também tem importância industrial. Se a reação for efetuada em ácido acético, o eteno é convertido em acetato de vinila. Embora esse não seja um processo industrial por causa dos problemas de corrosão e dificuldades na recuperação do catalisador, ele levou ao estudo do acetato de paládio(II), $[Pd(CH_3COO)_2]_3$. Este tem uma estrutura pouco usual, contendo um triângulo de três átomos de Pd, unidos por seis grupos acetato atuando como ligantes ponte.

$PdCl_2$ catalisa a reação entre $H_2C{=}CH_2$, CO e H_2O:

$$CH_2{=}CH_2 + CO + H_2 \rightarrow CH_3CH_2COOH$$

No sal de Magnus, $[Pt(NH_3)_4]^{2+}[PtCl_4]^{2-}$, de cor verde, os ânions e cátions quadrado planares estão empilhados uns sobre os outros. Essa estrutura também ocorre em outros complexos, como $[Pd(NH_3)_4]^{2+}[Pd(SCN)_4]^{2-}$ e $[Cu(NH_3)_4]^{2+}[PtCl_4]^{2-}$. Os átomos metálicos de unidades adjacentes podem interagir uns com os outros, formando ligações metal–metal fracas. Uma evidência disso é a cor do complexo: se o ânion e o cátion contém Pt(+II) eles deveriam ser individualmente incolores, amarelo pálido ou vermelho claro, mas quando empilhados apresentam coloração verde iridescente. Exibem também uma maior condutividade elétrica. O complexo $[Pt(\text{etilenodiamina})Cl_2]$ tem estrutura semelhante (Fig. 26.6).

$K_2[Pt(CN)_4] \cdot 3H_2O$ é um complexo bem conhecido, incolor e estável. No cristal, as unidades quadrado planares $[Pt(CN)_4]^{2-}$ estão empilhadas umas sobre as outras, mas o sólido não conduz a eletricidade. Contudo, a partir desse complexo podem ser obtidos diversos outros compostos, que conduzem a corrente elétrica em uma dimensão e são dicróicos (materiais dicróicos são materiais que apresentam um índice de refração diferente em função da direção, de modo que quando são observados de direções diferentes exibem cores diferentes). Se esse composto for oxidado, será possível obter compostos cor de bronze, deficientes em cátions, como $K_2[Pt(CN)_4]Br_{0,3} \cdot 3H_2O$ e $K_2[Pt(CN)_4]Cl_{0,3} \cdot 3H_2O$. Os orbitais $d_z{}^2$ preenchidos dos átomos de Pt interagem formando uma banda deslocalizada ao longo da cadeia de átomos de Pt. No $K_2[Pt(CN)_4] \cdot 3H_2O$ essa banda está preenchida; logo, esse material não conduz eletricidade. No $K_2[Pt(CN)_4]Br_{0,3} \cdot 3H_2O$, o bromo atua como receptor de elétrons, removendo em média 0,3 elétron de cada unidade $[Pt(CN)_4]^{2-}$. Assim, a banda $d_z{}^2$ está preenchida com cinco sextos de sua capacidade, e o sólido conduz a eletricidade por um mecanismo de condução metálica em uma dimensão (Fig. 26.7). No $K_2[Pt(CN)_4] \cdot 3H_2O$ a distância Pt–Pt é de 3,48 Å, mas a forte interação dos orbitais $d_z{}^2$ no $K_2[Pt(CN)_4]Br_{0,3} \cdot 3H_2O$ diminui a distância Pt–Pt para 2,8–3,0 Å.

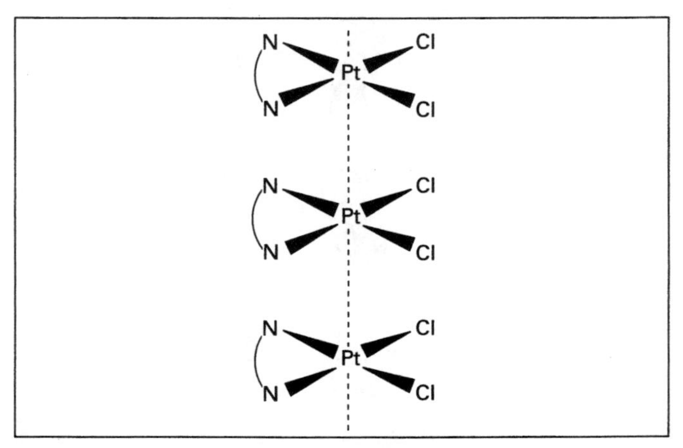

Figura 26.6 *— "Pilhas" de moléculas quadrado-planares de [Pt(etilenodiamina)Cl₂]*

Uma aplicação muito importante de compostos de Pt(+ II) em medicina é o uso do isômero *cis* do $[Pt(NH_3)_2Cl_2]$, como uma droga anti-cancerígena, no tratamento de diversos tipos de tumores malígnos. O isômero *trans* é inativo. O isômero *cis* é conhecido como "cis-platina" e é muito tóxico. Quando injetado na corrente sangüínea, os grupos Cl mais reativos se dissociam e o metal se liga a um átomo de N da guanosina (parte da molécula de DNA). A molécula de "cis-platina" pode ligar-se a dois resíduos diferentes de guanosina. Ao se ligar dessa maneira, ela interrompe o processo de reprodução normal do DNA. As células que estão prontas para a divisão celular são atacadas pela "cis-platina". Os tumores geralmente crescem, mas as células da medula óssea (que produz os glóbulos vermelhos e brancos do sangue) e as células dos testículos (que produzem o esperma) também estão se reproduzindo rapidamente e são atacadas pela droga. Resultados dramáticos já foram obtidos, sendo que um grande número de pacientes foram completamente curados. Contudo, a aplicação desse medicamento deve satisfazer um equilíbrio delicado: deve-se administrar quantidade suficiente do medicamento para eliminar o tumor, mas não para inviabilizar a formação de um número suficiente de glóbulos brancos, suficientes para defender o organismo do ataque de bactérias e vírus.

COMPOSTOS DOS ELEMENTOS NO ESTADO DE OXIDAÇÃO (+ III)

Esse estado não é importante para a química de nenhum dos três elementos do grupo. Poucos compostos de Ni(+ III)

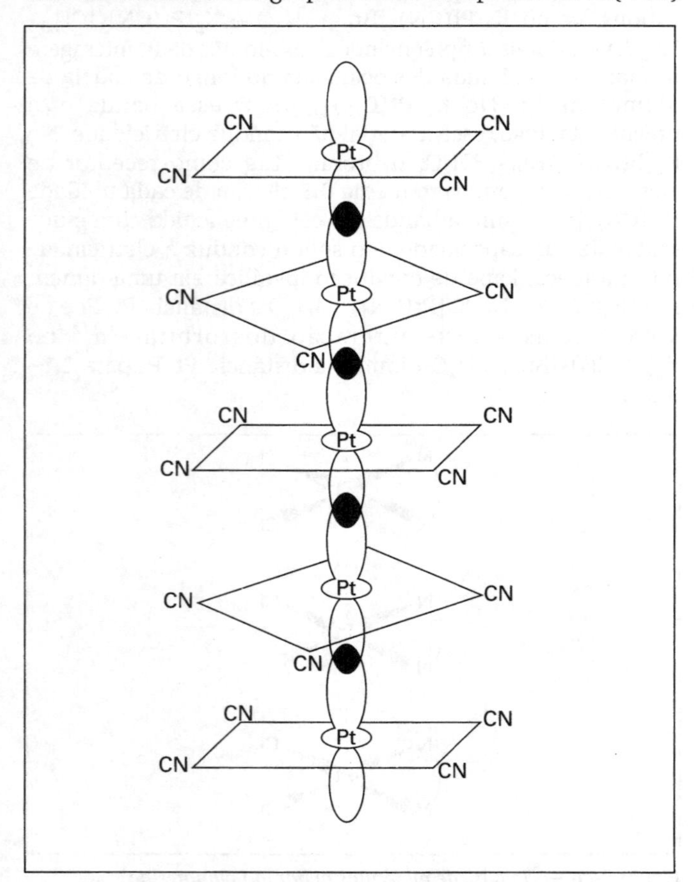

Figura 26.7 — *A estrutura do* $K_2[Pt(CN)_4]Br_{0,3} \cdot 3H_2O$

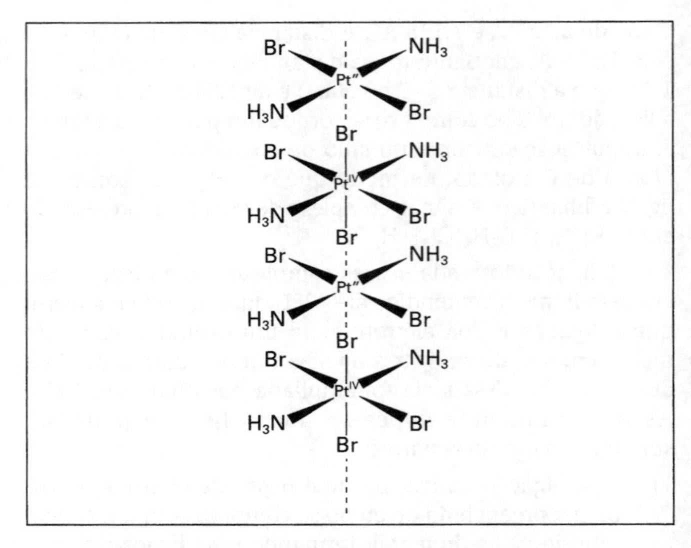

Figura 26.8 — *A estrutura do* $[Pt(NH_3)_2Br_3]$

são conhecidos. A oxidação de $Ni(OH)_2$ com Br_2, em meio alcalino, leva à formação de $Ni_2O_3 \cdot 2H_2O$, um sólido preto. Este se decompõe a NiO no processo de desidratação. Se Ni for fundido com NaOH, mantendo-se um fluxo de oxigênio através do material fundido, obtém-se niquelato(III) de sódio, $Na[Ni^{III}O_2]$. O elemento no estado de oxidação (+ III) pode ser estabilizado em complexos. $K_3[NiF_6]$ pode ser preparado por fluoração de $NiCl_2$ e KCl, a altas temperaturas e pressões. Trata-se de um sólido violeta, fortemente oxidante, que reage com H_2O liberando O_2. A sua estrutura é octaédrica, mas um pouco alongada, em decorrência da distorção provocada pelo efeito Jahn-Teller, pois a configuração eletrônica do metal é $t_{2g}^6 e_g^1$ e os orbitais estão assimetricamente preenchidos. O complexo $[Ni^{III}(\text{etilenodiamina})_2Cl_2]Cl$ também é octaédrico. A estrutura do complexo $[Ni^{III}(PEt_3)Br_3]$ é bipirâmide trigonal.

Compostos de Pd(+ III) são muito raros e há dúvidas sobre a existência de compostos de Pt(+ III). Óxidos hidratados podem ter sido obtidos. Os complexos $Na^+[PdF_4]^-$ e $NaK_2[PdF_6]$ foram descritos na literatura. O íon $[PdF_6]^{3-}$ apresenta duas ligações longas e quatro ligações curtas, como esperado para um complexo octaédrico de spin baixo e configuração eletrônica d^7. Um sólido estável, que por muito tempo foi tido como sendo PF_3, pode ser obtido por meio do aquecimento de Pd e F_2. Todavia, estudos posteriores mostraram que se trata do composto de valência mista $Pd^{2+}[Pd^{IV}F_6]^{2-}$, contendo Pd(+ II) e Pd(+ IV). Complexos que aparentemente contêm Pt(+ III), tais como [Pt(etilenodiamina)Br_3] e $[Pt(NH_3)_2Br_3]$, na realidade, são constituídos por cadeias de unidades quadrado-planares de Pt(+ II) alternadas com unidades octaédricas de Pt(+ IV) (Fig. 26.8).

COMPOSTOS DOS ELEMENTOS NO ESTADO DE OXIDAÇÃO (+ IV)

O íon Ni(+ IV) é raro. O óxido hidratado pode ser obtido reagindo Ni^{2+} com um oxidante forte, num álcali fundido. O produto obtido é capaz de oxidar Mn^{2+} a MnO_4^- e decompor a água. O complexo vermelho $K_2[Ni^{IV}F_6]$ é obtido pela fluoração de $NiCl_2$ na presença de KCl. É um oxidante forte que reage com a água liberando O_2.

PdO_2 só é conhecido na forma hidratada. Em contraste, PtO_2 é o óxido mais estável da Pt e pode ser obtido tanto na forma anidra como hidratada. O óxido anidro é insolúvel, mas o óxido hidratado se dissolve em ácidos e álcalis.

PdF_4 é o único haleto de Pd conhecido, mas todos os quatro haletos PtX_4 da platina são conhecidos. A reação direta de Pd com F_2 leva à formação de PdF_3 (na realidade $Pd^{II}[Pd^{IV}F_6]$) e PdF_4, ao passo que a reação análoga com Pt forma PtF_4, PtF_5 e PtF_6. O $PtCl_4$ é obtido pela reação direta entre os elementos, ou então pelo tratamento térmico de $H_2[PtCl_6]$.

$$Pt \xrightarrow{\text{água régia}} H_2[PtCl_6] \xrightarrow{\text{calor}} PtCl_4 + 2HCl$$

Pd(+IV) é encontrado em alguns poucos complexos octaédricos do tipo $[PdX_6]^{2-}$, onde X = F, Cl ou Br, e no $[PdX_4(NH_3)_2]$. Esses complexos são geralmente reativos. $[PdF_6]^{2-}$ se hidrolisa rapidamente em água, enquanto que os demais complexos com haletos são decompostos por água quente, gerando $[Pd^{II}X_4]^{2-}$ e o halogênio correspondente.

Em contraste, Pt(+IV) é encontrado em inúmeros complexos octaédricos muito estáveis, tais como $[Pt(NH_3)_6]^{4+}$, $[Pt(NH_3)_5Cl]^{3+}$, $[Pt(NH_3)_4Cl_2]^{2+}$... até $[PtCl_6]^{2-}$. São conhecidas outras séries de complexos análogos, com ligantes como F^-, Cl^-, Br^-, I^-, OH^-, acetilacetona, NO_2^-, SCN^-, $SeCN^-$ e CN^-. Alguns desses complexos foram estudados por Werner, nos primeiros estudos sobre compostos de coordenação (vide Capítulo 7).

O composto de Pt comercialmente mais comum é o ácido cloroplatínico. Ele se forma quando Pt esponjoso é dissolvido em água-régia, ou em HCl saturado com Cl_2. Formam-se cristais vermelhos de fórmula $H_2[PtCl_6] \cdot 2H_2O$. Os sais de sódio ou potássio desse ácido são freqüentemente usados como matéria-prima para a fabricação de outros compostos de Pt(+IV). O amianto platinizado é usado como catalisador. É obtido impregnando-se o amianto com uma solução de ácido cloroplatínico, seguido do aquecimento forte do material obtido para decompor o complexo ao metal Pt. Com isso, uma pequena quantidade de Pt é espalhada por uma superfície muito grande.

A "platina platinizada" ou "negro de platina" é freqüentemente usada como eletrodo para medidas de condutividade. Ela é preparada pela eletrólise de uma solução contendo o íon hexacloroplatinato, $[PtCl_6]^{2-}$.

A platina forma derivados alquilados quando reage com um reagente de Grignard, o que não é muito comum:

$$4PtCl_4 + 12CH_3MgI \rightarrow [(CH_3)_3PtI]_4 + 8MgCl_2 + 4MgI_2$$

Há relatos sobre o complexo $[(CH_3)_4Pt]_4$, mas estes eram incorretos, e o composto formado é na realidade o $[(CH_3)_3Pt(OH)]_4$. O sólido é constituído por unidades tetraméricas nas quais a Pt está hexacoordenada. A ligação Pt–C é muito estável. Esses compostos organometálicos são solúveis em solventes orgânicos.

COMPOSTOS DOS ELEMENTOS NOS ESTADOS DE OXIDAÇÃO (+V) E (+VI)

Somente Pt forma alguns poucos compostos nos quais o elemento se encontra nesses estados de oxidação. O elemento no estado (+V) é encontrado no PtF_5, que é um tetrâmero e tem uma estrutura similar a de muitos pentafluoretos de metais de transição (Fig. 21.1). O íon $[PtF_6]^-$ também contém Pt(+V) e foi preparado pela primeira vez por meio da reação entre PtF_6 e O_2, na qual foi obtido o composto $O_2^+[PtF_6]^-$. Uma reação semelhante entre Xe e PtF_6 foi utilizada por Bartlett, em 1962. Este levou à formação de $Xe^+[PtF_6]^-$, o primeiro composto de um gás nobre a ser sintetizado (verificou-se posteriormente que o composto era na realidade $[XeF]^+[Pt_2F_{11}]^-$). Os únicos exemplos conhecidos de compostos dos elementos desse grupo no estado (+VI) são PtO_3 e PtF_6.

COMPARAÇÕES HORIZONTAIS NOS GRUPOS DO FERRO, COBALTO E NÍQUEL

Os metais ferrosos Fe, Co e Ni exibem similaridades horizontais e diferem dos metais do grupo da platina por serem muito mais reativos. Nos metais ferrosos, a reatividade decresce do ferro para o cobalto, e deste para o níquel. Embora os estados de oxidação máximos sejam Fe(+VI), Co(+IV) e Ni(+IV), estes elementos raramente excedem o estado de oxidação (+III). A tendência de formar íons trivalentes decresce ao longo do período. Assim, Fe^{3+} é o estado usual do ferro, mas Co^{3+} é um forte agente oxidante, a não ser quando complexado; e o Ni é divalente em todos os seus compostos simples. Os elementos, nos estados de valência mais baixos, formam íons simples e são relativamente abundantes.

Os metais do grupo da platina (Ru, Rh, Pd, Os, Ir, e Pt) são muito mais "nobres" que os metais ferrosos, e praticamente não reagem com ácidos. A reatividade desses metais aumenta na seqüência Ru < Rh < Pd, e na seqüência Os < Ir < Pt, ou seja, apresenta uma tendência oposta àquela observada no grupo dos metais ferrosos. Os halogênios reagem com os metais somente a elevadas temperaturas, e geram compostos onde os metais estão nos seus estados de oxidação mais elevados, como OsF_6, IrF_6 e PtF_6. Os elementos nos estados de oxidação mais baixos são instáveis, exceto em complexos. Somente alguns poucos íons simples são conhecidos. Por causa da contração lantanídica, os raios da segunda e terceira séries de elementos de transição são muito semelhantes e seus volumes atômicos são quase iguais. Conseqüentemente, as densidades do Os, Ir, e Pt são praticamente o dobro das densidades do Ru, Rh e Pd. Todos os seis elementos são raros.

Tanto os metais ferrosos como os metais do grupo da platina são elementos de transição típicos, e se caracterizam por:

1) formarem compostos coloridos
2) terem valência variável
3) terem propriedades catalíticas
4) formarem compostos de coordenação

As diferenças entre os dois grupos são:

1) tendência de aumento da estabilidade dos elementos nos estados de oxidação superiores
2) desaparecimento de formas iônicas simples
3) caráter "nobre" crescente

Essas são as tendências normalmente esperadas num grupo vertical.

LEITURAS COMPLEMENTARES

- Abel, E. (1989) The Mond connection, *Chemistry in Britain*, **25**, 1014-1016. (História do tetracarbonilníquel(0))
- Abel, E.W. e Stone, F.G. (1969, 1970) The chemistry of transition metal carbonyls, *Q. Rev. Chem. Soc.*, Parte I – Considerações estruturais, **23**, 325; Parte II – Síntese e reatividade, **24**, 498.
- Canterford, J.H. e Cotton, R. (1968) *Halides of the Second and Third Row Transition Elements*, Wiley, London.
- Canterford, J.H. e Cotton, R. (1969) *Halides of the First Row Transition Elements*, Wiley, London.
- Emeléus H.J. e Sharpe, A.G. (1973) *Modem Aspects of Inorganic Chemistry*, 4ª ed. (Cap. 14 e 15: Complexos de metais de transição; Cap. 20: Carbonilas), Routledge and Kegan Paul, London.
- Hartley, F. R. (1973) *The Chemistry of Platinum and Palladium*, Applied Science Publishers, London.
- Hunt, C. (1984) Platinum drugs in cancer chemotherapy, *Education in Chemistry*, **21**, 111-115, 171.
- Levason, W. e McAuliffe, C.A. (1974) Higher oxidation state chemistry of iron, cobalt and nickel, *Coordination Chem. Rev.*, **12**, 151-184.
- Nicholls, D. (1973) *Comprehensive Inorganic Chemistry*, Vol. 3 (Cap. 42: Níquel), Pergamon Press, Oxford.
- Shaw, B.L. e Tucker, N.I. (1973) *Comprehensive Inorganic Chemistry*, Vol. 4 (Cap. 53: Compostos organometálicos de metais de transição e aspectos relativos a catálise homogênea), Pergamon Press, Oxford.
- Wiltshaw, E. (1979) Cisplatin in the treatment of cancer, *Platinum Metals Rev.*, **23**, 90-98.

Grupo 11
O GRUPO DO COBRE

INTRODUÇÃO

Todos os elementos do grupo 11 tem um elétron *s* externo, além de um nível *d* completo. Apresentam mais diferenças que semelhanças em suas propriedades. Os três metais possuem a mesma estrutura cristalina (cúbica de empacotamento compacto). Conduzem particularmente bem a eletricidade e o calor, e tendem a ser pouco reativos. Os únicos íons simples que podem ser encontrados em solução (além dos íons complexos) são: Cu^{2+} e Ag^{+}. O estado de oxidação mais estável varia com o elemento: Cu(+II), Ag(+I) e Au(+III). O cobre é obtido em larga escala, tendo sido utilizadas 11 milhões de toneladas em 1992, principalmente como metal puro e em ligas. O cobre é biologicamente importante, sendo encontrado em diversas enzimas do grupo das oxidases, nos transportadores de oxigênio em certos invertebrados e no sistema fotossintético. Há um grande interesse em torno de diversos óxidos mistos de cobre, que possuem propriedades supercondutoras.

Tabela 27.1 — Configurações eletrônicas e estados de oxidação

Elemento	Símbolo	Configuração eletrônica		Estados de oxidação*			
Cobre	Cu	[Ar]	$3d^{10}4s^1$	I	**II**	(III)	
Prata	Ag	[Kr]	$4d^{10}5s^1$	**I**	II	(III)	
Ouro	Au	[Xe]	$4f^{14}5d^{10}6s^1$	I		**III**	V

* Os estados de oxidação mais importantes (geralmente os mais abundantes e estáveis) são mostrados em negrito. Outros estados bem caracterizados, mas menos importantes, são mostrados em tipo normal. Estados de oxidação instáveis, ou de existência duvidosa, são dados entre parênteses.

ABUNDÂNCIA, OBTENÇÃO E APLICAÇÕES DOS ELEMENTOS

O cobre é moderadamente abundante, sendo o vigésimo-quinto elemento mais abundante, em peso, na crosta terrestre. Ocorre na proporção de 68 ppm em peso. Prata e ouro são bastante raros (Tab. 27.2).

Tabela 27.2 — Abundância dos elementos na crosta terrestre, em peso

Elemento	ppm	Ordem de abundância relativa
Cu	68	25º
Ag	0,08	66º
Au	0,004	73º

Cobre

Pepitas de cobre naturais (isto é, pedaços de metal) eram antigamente encontradas, mas essa fonte está agora praticamente esgotada. O minério mais comum é a calcopirita, $CuFeS_2$. Ela tem brilho metálico e aparência semelhante à da pirita, FeS_2 (o "ouro dos tolos"), mas com uma coloração mais próxima da do cobre. Também podem ser citados o Cu_2S (calcocita; cinza escura), o carbonato básico de cobre $CuCO_3 \cdot Cu(OH)_2$ (malaquita, verde), óxido cuproso Cu_2O (cuprita, vermelho-rubi) e o Cu_5FeS_4 ou bornita (mistura de cores iridescentes azul, vermelho, castanho e púrpura, como nas penas do pavão). A turquesa $CuAl_6(PO_4)_4(OH)_8 \cdot 4H_2O$ é uma pedra semipreciosa, apreciada por sua coloração azul e listras delicadas.

Os minérios do grupo dos sulfetos são muitas vezes pobres, e podem conter apenas 0,4-1% de Cu. Os minérios são moídos e concentrados por flotação a espuma, formando um concentrado com até 15% de Cu. Ele é a seguir calcinado ao ar.

$$2CuFeS_2 \xrightarrow[1.400-1.450^\circ C]{O_2} Cu_2S + Fe_2O_3 + 3SO_2$$

Areia é adicionada para remover o ferro, como escória de silicato de ferro, $Fe_2(SiO_3)_3$, que flutua na superfície. Ar é passado através da mistura líquida de Cu_2S, contendo um pouco de FeS e sílica; provocando sua oxidação parcial:

$$2FeS + 3O_2 \rightarrow 2FeO + 2SO_2$$
$$FeO + SiO_2 \rightarrow Fe_2(SiO_3)_3$$
$$Cu_2S + O_2 \rightarrow Cu_2O + SO_2$$

Após algum tempo, o fornecimento de ar é interrompido. Nessa etapa ocorre a auto-redução do óxido e do sulfeto, formando um cobre com 98 a 99% de pureza.

$$Cu_2S + 2Cu_2O \rightarrow 6Cu + SO_2$$

Em seguida, é fundido em blocos (cobre cementado) e refinado por eletrólise: os eletrodos são de Cu e a solução (eletrólito) contém H_2SO_4 diluído e $CuSO_4$.

Não é economicamente viável tratar minérios muito pobres em cobre, da maneira descrita. Assim, esses minérios são extraídos e deixados ao relento para sofrerem a ação do intemperismo. O CuS se oxida lentamente a $CuSO_4$, que é lixiviado com água ou H_2SO_4 diluído. O cobre é deslocado da solução de sulfato de cobre resultante, adicionando-se à mesma raspas de ferro.

$$Fe + Cu^{2+} \rightarrow Fe^{2+} + Cu$$

A produção mundial de cobre minerado foi de 9,3 milhões de toneladas em 1992. Os principais produtores de cobre foram: Chile 21%, Estados Unidos 19%, ex-URSS 9%, Canadá 8% e Zâmbia 5%. Além disso, foram reciclados cerca de 1,7 milhões de toneladas do metal, levando a uma produção total de 11 milhões de toneladas.

O metal é utilizado na indústria elétrica, por causa da sua elevada condutividade, e em tubulações de água, por causa de sua inércia química. Existem mais de 1.000 ligas diferentes de cobre. Podem ser citados o bronze (Cu/Zn, com 20-50% de Zn), a liga conhecida como "prata alemã" (55-65% de Cu, 10-18% de Ni e 17-27% de Zn), o "bronze de fósforo" (Cu com 1,25-10% de Sn e 0,35% de P) e várias ligas usadas na fabricação de moedas. O sulfato de cobre é produzido em quantidades apreciáveis (123.956 toneladas em 1991). Diversos compostos de cobre são utilizados na agricultura. Por exemplo, a "mistura de Bordeaux" é o hidróxido de cobre, obtido a partir de $CuSO_4$ e $Ca(OH)_2$. É um importante fungicida pulverizado nas plantações para protegê-la contra certos fungos, por exemplo, aqueles que atacam as folhas da batata (responsável pela grande fome na Irlanda em 1845-46) e também contra fungos da videira. Carbonato básico de cobre, acetato de cobre e oxocloreto de cobre também têm sido utilizados para esse fim. O "verde de Paris" é um inseticida obtido a partir de acetato básico de cobre, óxido arsenioso e ácido acético.

Existe um enorme interesse pelos óxidos mistos de cobre do tipo $La_{(2-x)}Ba_xCuO_{(4-y)}$, pois eles apresentam propriedades supercondutoras, a temperaturas inferiores a 50 K. G. Bednorz e A. Müller receberam o Prêmio Nobel de Física de 1987, por suas pesquisas com esses compostos. Outros materiais que se tornam supercondutores a temperaturas mais elevadas (até 125 K), são baseados no $YBa_2Cu_3O_{7-x}$. Esses compostos foram descritos no Capítulo 5, no tópico "Supercondutividade".

Prata

A prata é encontrada na forma de minérios do grupo dos sulfetos, como Ag_2S (argentita), como cloreto AgCl (cloroarginita) ou como prata nativa. Três processos de extração estão sendo utilizados:

1) Atualmente, a maior parte é obtida como subproduto do Cu, Pb ou Zn. Pode ser obtida da lama anódica formada no refino eletrolítico de Cu e de Zn.
2) Zinco é usado para extrair a prata do chumbo em estado de fusão, por extração com solvente, no processo Parke.
3) Ouro e prata podem ser extraídos de seus minérios na forma de ciano complexos solúveis.

A produção mundial de prata foi de 13.818 toneladas em 1992. Os principais produtores foram: México, 17%, Estados Unidos 13%, Peru 11%, Canadá e Austrália 9% cada, ex-URSS e Chile 7% cada. A principais aplicações da prata são: em emulsões fotográficas (AgCl e AgBr), em joalheria e ornamentos de prata, em baterias e na fabricação de espelhos.

Ouro

Historicamente, o ouro tem sido encontrado na forma nativa, como pepitas. Achados dessa natureza desencadearam as "corridas do ouro", por exemplo nos EUA. Contudo, o ouro ocorre sobretudo na forma de pequenos grãos de metal disseminados em veios de quartzo. Muitas dessas rochas foram erodidas pelo intemperismo. Assim, o ouro e a areia foram arrastadas pelos cursos d'água e se acumularam como sedimentos no leitos dos rios. Os grãos de ouro podem ser separados da areia com o auxílio da bateia, ou seja, agitando a mistura com água, em movimentos circulares. O ouro é muito denso (19,3 g cm^{-3}) e sedimenta rapidamente, mas a sílica, com uma densidade de 2,5 g cm^{-3}, precipita mais lentamente e é desprezada com a água. Esse procedimento é hoje pouco usado, pois os depósitos de ouro estão quase esgotados.

Atualmente, as rochas contendo pequenas quantidades de ouro são moídas e o ouro é extraído com mercúrio ou cianeto de sódio. A água e a rocha moída são passadas sobre mercúrio, que dissolve o ouro formando uma amálgama. O ouro é recuperado, aquecendo-se a amálgama num sistema de destilação. O mercúrio é volátil e se separa do ouro, sendo novamente condensado e reutilizado. No Brasil, esse procedimento tem sido utilizado com água dos rios e areia aurífera. Em conseqüência, consideráveis trechos de rios da Bacia Amazônica foram contaminadas com mercúrio, provocando problemas ambientais. No "processo do cianeto", as rochas trituradas são tratadas com solução 0,1-0,2% de NaCN e aeradas.

$$4Au + 8NaCN + 2H_2O + O_2 \rightarrow 4Na[Au(CN)_2] + 4NaOH$$

O complexo cianoaurato de sódio é solúvel em água e pode ser separado da rocha. O ouro é precipitado dessa solução adicionando-se Zn em pó. A produção mundial de ouro foi de 2.134 toneladas em 1992. Os principais produtores foram: África do Sul, 29%, Estados Unidos 14%, Austrália 11%, ex-URSS 10%, Canadá 7% e China 6%. É usado principalmente como um (ouro em barras) padrão monetário internacional e em joalheria. O ouro empregado em joalheria é geralmente uma liga com Cu e Ag. Essas ligas preservam a cor dourada, mas são mais duras. A quantidade de ouro presente nas ligas é expressa em *quilates*. O ouro puro tem 24 quilates. As ligas geralmente têm 9, 18 ou 22 quilates, ou seja, contém 9/24, 18/24 e 22/24 de ouro puro, respectivamente. Pequenas quantidades de ouro são utilizadas para fabricar contatos elétricos resistentes à corrosão, por exemplo em placas de computadores. Uma fina película de 10^{-11} m de espessura é as vezes depositada sobre os vidros das janelas de edifícios de luxo. Essa fina película metálica reflete o calor indesejado do sol no verão, mantendo fresco o ambiente no interior do prédio. No inverno, essa película evita a perda de calor.

ESTADOS DE OXIDAÇÃO

Os elementos Cu, Ag e Au podem ser encontrados nos estados de oxidação (+ I), (+ II) e (+ III). Contudo, os únicos íons hidratados simples estáveis em solução aquosa são os íons Cu^{2+} e Ag^{+}. Os íons monovalentes Cu^{+} e Au^{+} se desproporcionam em água e, por isso, só podem existir na forma de compostos insolúveis ou complexos. Cu(+ III), Ag(+ III) e Ag(+ II) são oxidantes tão fortes que conseguem oxidar a água. Assim, só ocorrem quando estabilizados na forma de complexos ou como compostos insolúveis. Os óxidos e haletos formados por esses elementos são mostrados na Tab. 27.3.

PROPRIEDADES GERAIS

Os metais do grupo 11 (Cu, Ag e Au) apresentam as maiores condutividades elétricas e térmicas conhecidas. São os mais maleáveis e mais dúcteis dos metais estruturais. Essas propriedades estão associadas à sua estrutura de empacotamento cúbico compacto. Quando uma força suficientemente grande é aplicada, um plano pode ser forçado a se deslocar sobre outro. A estrutura é muito simples, de modo que mesmo quando ocorre esse deslizamento, a estrutura cúbica regular de empacotamento compacto é preservada.

Os átomos de Cu, Ag e Au (Tab. 27.1) têm um elétron *s* no seu orbital mais externo. Esse é a mesma configuração eletrônica de valência encontrada nos metais do Grupo 1. Apesar disso, há poucas semelhanças com eles, além da

Tabela 27.3 — Óxidos e haletos

Estados de oxidação					
(+I)	(+II)	(+III)	(+IV)	(+V)	Outros
Cu_2O	**CuO**	—	—	—	
Ag_2O	AgO	(Ag_2O_3?)	—	—	
Au_2O	—	Au_2O_3	—	—	
—	**CuF_2**	—	—	—	
CuCl	$CuCl_2$	—	—	—	
CuBr	$CuBr_2$	—	—	—	
CuI	—	—	—	—	
AgF	AgF_2	—	—	—	Ag_2F
AgCl	—	—	—	—	
AgBr	—	—	—	—	
AgI	—	—	—	—	
—	—	**AuF_3**	—	(AuF_5)	
AuCl	—	$AuCl_3$	—	—	
—	—	$AuBr_3$	—	—	
AuI	—	—	—	—	

Os compostos com os estados de oxidação mais estáveis estão representados em negrito; os instáveis entre parênteses.

Potencial de redução padrão (volt)

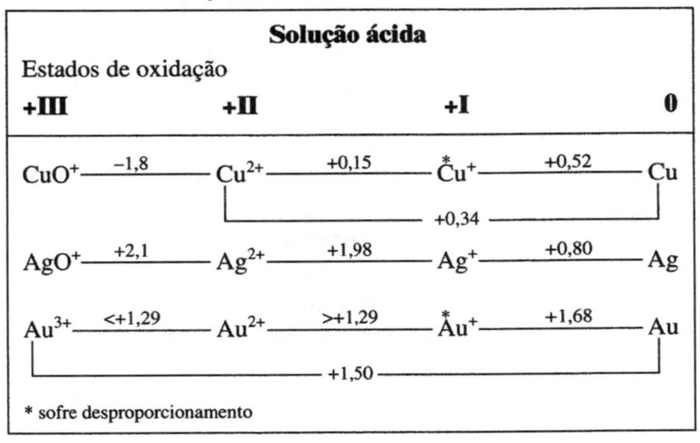

estequiometria formal dos compostos do elemento no estado de oxidação (+ I) e da elevada condutividade elétrica exibida pelos dois grupos de metais.

Os elementos do grupo 11 diferem dos do Grupo 1 por terem um penúltimo nível contendo 10 elétrons *d*. A fraca blindagem propiciada pelos elétrons *d* faz com que o tamanho dos átomos dos elementos do Grupo do Cu seja bem menor. Em conseqüência, os metais do grupo do Cu são mais densos e duros. Suas energias de ionização são maiores (Tab. 27.4), e seus compostos são mais covalentes.

No grupo do Cu, os elétrons *d* participam da ligação metálica. Portanto, os pontos de fusão e as entalpias de sublimação são muito maiores que dos metais do Grupo 1.

As maiores entalpias de sublimação e maiores energias de ionização são responsáveis pela baixa reatividade do Cu, da Ag e do Au, isto é, pelo seu caráter "nobre". Os metais do grupo 1 têm potenciais padrão de redução (valores de E^{o}) muito negativos, e se situam no topo da série eletroquímica. Por isso, são os metais mais reativos da Tabela Periódica. Em contraste, os metais do Grupo do Cu possuem valores positivos de E^{o} e se situam abaixo do hidrogênio na série eletroquímica. Portanto, não reagem com a água nem reagem com ácidos liberando H_2. O caráter nobre aumenta do Cu para a Ag, e deste para o Au, ao passo que no Grupo 1 a reatividade aumenta de cima para baixo. A inércia do Au lembra a dos metais do grupo da platina. Cu não reage com ácidos não-oxidantes, mas reage com HNO_3 e H_2SO_4 concentrados.

$$3Cu + \underset{\text{diluído}}{8HNO_3} \rightarrow 2NO + 3Cu(NO_3)_2 + 4H_2O$$

$$Cu + \underset{\text{concentrado}}{4HNO_3} \rightarrow 2NO_2 + Cu(NO_3)_2 + 2H_2O$$

Tabela 27.4 — Algumas propriedades físicas

	Raio covalente (Å)	Raio iônico M^+ (Å)	Raio iônico M^{2+} (Å)	Raio iônico M^{3+} (Å)	Ponto de fusão (°C)	Ponto de ebulição (°C)	Densidade (g cm^{-3})	Eletronegatividade de Pauling
Cu	1,17	0,77	0,73	0,54[b]	1.083	2.570	8,95	1,9
Ag	1,34	1,15	0,94	0,75	961	2.155	10,49	1,9
Au	1,34	1,37	—	0,85	1.064	2.808	19,32	2,4

b = valor de spin baixo

Contudo, Cu é muito lentamente oxidado superficialmente quando exposto ao ar úmido, formando um revestimento verde de azinhavre. O azinhavre é carbonato básico de cobre, $CuCO_3 \cdot Cu(OH)_2$, e é responsável pela coloração esverdeada dos telhados recobertos com chapas de cobre e das estátuas de cobre.

Ag se dissolve em HNO_3 concentrado e em H_2SO_4 concentrado, à quente. Au não é atacado por nenhum ácido, exceto a água-régia (uma mistura 3:1 de HCl e HNO_3 concentrados). O HNO_3 atua como um agente oxidante e os íons cloreto como agentes complexantes.

Cu reage com oxigênio, mas Ag e Au são inertes.

$$Cu + O_2 \xrightarrow[\text{ao rubro}]{\text{aquecimento}} CuO \xrightarrow[\text{mais elevadas}]{\text{temperaturas}} Cu_2O + O_2$$

Cu e Ag metálicos reagem com H_2S e com S, mas o Au não reage. Objetos de prata lentamente perdem o brilho quando expostos ao ar (ou seja, objetos polidos de prata gradualmente escurecem). Isso se deve a presença de pequenas quantidades de H_2S no ar, que reagem com Ag formando Ag_2S, que é preto.

$$2Ag + H_2S \rightarrow \underset{\text{preto}}{Ag_2S} + H_2$$

Analogamente, a passagem de H_2S por soluções contendo Cu^{2+} ou Ag^+ formam precipitados pretos de CuS e Ag_2S. Os três metais do grupo reagem com os halogênios. Compostos simples de Au se decompõem rapidamente gerando o metal, os de Ag podem ser reduzidos com razoável facilidade, e os de Cu menos facilmente.

Para o metal poder reagir, um átomo dever ser inicialmente removido do retículo cristalino e ser ionizado. Uma elevada entalpia de sublimação e uma alta energia de ionização diminuem a reatividade, embora isso possa ser parcialmente compensado pela energia liberada na reação de hidratação dos íons. Comparando Cu com K, verifica-se que o Cu possui um ponto de fusão muito maior (e, portanto, uma maior energia de sublimação). Por causa da maior carga nuclear do Cu, os elétrons estão mais firmemente ligados (logo, a energia de ionização será maior). A energia de hidratação não é suficiente para compensar essas "demandas" elevadas de energia. Por isso, o potássio é muito mais reativo que o cobre.

Os óxidos e hidróxidos dos metais do Grupo 1 são fortemente básicos e solúveis em água. Em contraste, os óxidos de cobre são insolúveis e fracamente básicos. Todos os compostos dos metais do Grupo 1 contêm íons simples, monovalentes e incolores; e só formam complexos com agentes complexantes muito fortes. Por outro lado, os metais do grupo do cobre tem valência variável. Os estados de oxidação mais comuns são Cu(+II), Ag(+I) e Au(+III), e as propriedades químicas dos três elementos diferem muito uns dos outros. Os elementos apresentam forte tendência de formarem compostos de coordenação e seus compostos são geralmente coloridos.

O cobre é importante em diversos catalisadores. Cu é usado no processo direto de fabricação de alquilclorossilanos como $(CH_3)_2SiCl_2$, usado na preparação de silicones. Cu e V catalisam a oxidação de misturas ciclohexanol/ciclohexanona a ácido adípico, que é empregado na fabricação de náilon-66. $CuCl_2$ era usado como catalisador no processo Deacon de obtenção de Cl_2, a partir de HCl.

COMPOSTOS DOS ELEMENTOS NO ESTADO DE OXIDAÇÃO (+I)

Os elementos no estado de oxidação (+I) têm configuração d^{10}. Por isso, a maioria de seus compostos simples e seus complexos são diamagnéticos e incolores. Há poucos compostos coloridos: por exemplo, Cu_2O é amarelo ou vermelho, Cu_2CO_3 é amarelo e CuI é marrom. Nesses casos a cor se deve às transições de transferência de carga, e não às transições *d–d*.

Seria de se esperar que os elementos no estado (+I) fossem mais estável e mais comuns, por causa da estabilidade resultante da configuração d^{10}, com um nível completamente preenchido. Surpreendentemente esse não é o caso. Embora Ag^+ seja estável tanto no estado sólido como em solução, Cu^+ e Au^+ se desproporcionam em água.

$$2Cu^+ \rightleftharpoons Cu^{2+} + Cu \qquad K = \frac{[Cu^{2+}]}{[Cu^+]^2} = 1,6 \times 10^6$$

$$3Au^+ \rightleftharpoons Au^{3+} + 2Au \qquad K = \frac{[Au^{3+}]}{[Au^+]^3} = 1 \times 10^{10}$$

A constante de equilíbrio da reação de desproporcionamento de Cu^+ em solução é elevada, mostrando que o equilíbrio está bastante deslocado para a direita. Assim, a concentração de Cu^+ em solução é muito baixa. Um íon Cu^+ persiste em solução aquosa durante uma fração de tempo inferior a um segundo. Por motivos semelhantes, o íon Au^+ virtualmente inexiste em solução aquosa. Os únicos compostos de Cu^+ e Au^+ estáveis em meio aquoso são insolúveis ou estão na forma de complexos. CuCl, CuCN e CuSCN, podem ser citados como exemplos de compostos insolúveis de Cu(+I). O tiocianato de cobre(+I), CuSCN, é usado para a determinação gravimétrica do cobre.

$$2Cu^{2+} + SO_3^{2-} + 2SCN^- + H_2O \rightarrow 2Cu^ISCN + H_2SO_4$$

O íon Cu^{2+} é reduzido a óxido cuproso, Cu_2O, por agente redutores moderados. Essa é a base do teste de Fehling para açúcares redutores (monossacarídeos, como a glicose). Quantidades iguais de duas soluções diferentes, chamadas de Fehling A e Fehling B, são misturadas imediatamente antes de se adicionar o açúcar e aquecer a mistura. A solução de Fehling tem coloração azul intensa, mas na presença de um agente redutor forma-se um precipitado amarelo ou vermelho de Cu_2O (a solução de Fehling A é uma solução de tartarato de cobre(II), obtido reagindo-se $CuSO_4$ com o sal de Rochelle (tartarato de sódio e potássio). A solução de Fehling B é uma solução aquosa de NaOH).

Cu_2O é um óxido básico e reage com os ácidos halogenídricos HCl, HBr e HI, formando os haletos insolúveis CuCl, CuBr e CuI. CuF é desconhecido. CuCl e CuBr são geralmente obtidos refluxando-se uma solução ácida de $CuCl_2$ ou $CuBr_2$ com excesso de Cu. Dessa forma obtém-se uma solução contendo os íons complexos lineares $[CuCl_2]^-$ e $[CuBr_2]^-$. A diluição dessas soluções provoca a precipitação, respectivamente, de CuCl (branca) e CuBr (amarelo).

A adição de KI a uma solução contendo Cu^{2+} provoca a redução do Cu^{2+} a iodeto cuproso, CuI, com concomitante oxidação de I^- a I_2. Essa reação é usada na determinação volumétrica de Cu^{2+} em solução. Adiciona-se um excesso de KI a uma solução acidificada de Cu^{2+}, e o I_2 produzido é titulado com tiossulfato de sódio.

$$2Cu^{2+} + 4I^- \rightarrow 2CuI + I_2$$
$$2Na_2S_2O_3 + I_2 \rightarrow Na_2S_2O_6 + 2NaI$$

Os haletos cuprosos são parcialmente covalentes e têm a estrutura da blenda, com íons Cu^+ coordenados tetraedricamente. CuCl e CuBr são poliméricos no vapor, sendo constituídos principalmente por subunidades contendo um anel de seis membros.

Os haletos cuprosos são insolúveis em água. Contudo, eles se dissolvem em soluções contendo um excesso de íons haleto, devido à formação de íons complexos solúveis tais como $[CuCl_2]^-$, $[CuCl_3]^{2-}$ e $[CuCl_4]^{3-}$. Esses e outros complexos de Cu^I são tetraédricos no estado sólido (no $KCuCl_2$ e no K_2CuCl_3 eles formam cadeias, contendo Cu coordenado tetraedricamente por Cl. Essas subunidades tetraédricas estão interligadas por haletos em ponte).

Os haletos cuprosos também se dissolvem em HCl e HNO_3 concentrados e em soluções aquosas de amônia. Soluções de CuCl em HCl concentrado e de CuCl em NH_4OH são importantes, pois absorvem monóxido de carbono. Três aspectos merecem destaque:

1) Uma solução de CuCl em NH_4OH é freqüentemente usada para medir a quantidade de CO presente em amostras de gases, simplesmente medindo-se a variação de volume da amostra.
2) Embora os metais desse grupo não formem compostos carbonílicos neutros, observa-se a formação de um carbonil-haleto, [Cu(CO)Cl], instável quando CO é borbulhado através de uma solução de CuCl. Tanto Cu como Au formam carbonil-haletos, [M(CO)Cl], quando o haleto é aquecido na presença de CO.
3) Diversos complexos com alcenos e alcinos podem ser obtidos de maneira semelhante, borbulhando-se o hidrocarboneto através de uma solução de Cu^I ou de Ag^I. Complexos com alcenos também podem ser obtidos passando-se o hidrocarboneto sobre o haleto aquecido. A fórmula desses complexos é [MRX], onde R é um hidrocarboneto insaturado e X um halogênio. Esses complexos são muitos reativos e freqüentemente poliméricos. As ligações M–C não são simétricas, sugerindo a formação de uma ligação σ ao invés de uma ligação π. Au^I não forma esse tipo de complexos com tanta facilidade: reage somente com alcenos de elevado peso molecular.

Os complexos com cianeto são bem conhecidos e empregados na extração de Ag e Au, na forma de complexos solúveis. Os metais são obtidos a partir do complexo por redução com zinco.

$$4Au + 8CN^- + 2H_2O + O_2 \rightarrow 4[Au^I(CN)_2]^- + 4OH^-$$

Complexos bicoordenados, como $[Au(CN)_2]^-$, são lineares. Contudo, no $K[Cu^I(CN)_2]$ sólido o Cu está ligado a três CN^-, num arranjo trigonal planar. Dois grupos CN^- estão ligados da maneira convencional pelo C, mas o terceiro CN^- atua como ligante-ponte entre dois átomos de Cu.

O cianeto podem reagir com íons metálicos de duas maneiras:

1) Como um agente redutor
2) Como um agente complexante.

Assim, a adição de KCN a uma solução de $CuSO_4$ provoca, inicialmente, a redução e precipitação de cianeto cuproso. Este reage com excesso de CN^-, formando o complexo tetracoordenado solúvel, $[Cu(CN)_4]^{3-}$, de estrutura tetraédrica.

$$2Cu^{2+} + 4CN^- \rightarrow 2Cu^+CN^- + \underset{\text{cianogênio}}{(CN)_2}$$

$$CuCN + 3CN^- \rightarrow [Cu(CN)_4]^{3-}$$

Cu(+I) forma diversos complexos poliméricos diferentes, constituídos por clusters contendo quatro átomos de Cu nos vértices de um tetraedro, mas sem envolver ligações metal-metal. Os complexos com fosfina e arsina, $Cu_4I_4(PR_3)_4$ e $Cu_4I_4(AsR_3)_4$, são exemplos de tais clusters. Os quatro ligantes fosfina ou arsina se ligam aos quatro vértices do tetraedro, e os quatro átomos de I se situam acima das quatro faces do tetraedro. Assim, cada I está ligado a três átomos de Cu (forma três ligações). No $[Cu_4(SPh)_6]^{2-}$ os átomos de Cu formam um tetraedro e os seis átomos de S formam ligações em ponte, nas seis arestas do tetraedro.

O estado de oxidação (+I) é o mais importante da prata, sendo conhecidos muitos compostos iônicos simples contendo esse íon. Praticamente, todos os sais de Ag^I são insolúveis em água, exceto $AgNO_3$, AgF e $AgClO_4$, que são solúveis. Os sais são geralmente anidros, exceto pelo $AgF \cdot 4H_2O$. O íon Ag^+ forma o dihidrato $[Ag(H_2O)_2]^+$ em solução. Geralmente, Ag^I forma complexos dicoordenados em vez de tetracoordenados, como o Cu^I.

$AgNO_3$ é um de seus sais mais importantes. Ag_2O é tipicamente básico, dissolvendo-se em ácidos. Ag_2O úmido absorve dióxido de carbono, formando Ag_2CO_3. Dado que Ag_2O também se dissolve em NaOH, deve apresentar também um certo caráter ácido.

Os haletos de prata são utilizados em fotografia (vide adiante). AgF é solúvel em água, mas os demais haletos de prata são insolúveis. Na análise qualitativa, a presença de íons Cl^-, Br^- e I^- em soluções aquosas é verificada adicionando-se uma solução de $AgNO_3$ e HNO_3 diluído. Um precipitado branco (AgCl) indica a presença de cloreto, um precipitado amarelo claro (AgBr) indica a presença de brometo, e um precipitado amarelo (AgI) indica a presença de iodeto. A presença desses íons haleto pode ser confirmada pela solubilidade dos haletos de prata em hidróxido de amônio. AgCl é solúvel em NH_4OH diluído. AgBr se dissolve em NH_4OH 0,880 M, e AgI é insolúvel, mesmo em solução de amônia concentrada. AgCl e AgBr se dissolvem devido à formação do complexo linear $[H_3N \rightarrow Ag \leftarrow NH_3]^+$.

Alguns poucos compostos de prata com ânions incolores são coloridos. Por exemplo, AgI, Ag_2CO_3 e Ag_3PO_4 são amarelos e Ag_2S é preto. Isso ocorre porque o íon Ag^+ é pequeno e altamente polarizante, e o ânion, por exemplo I^-, é grande e altamente polarizável. Isso aumenta o caráter covalente das ligações.

Ag^+ forma uma variedade de complexos. A maioria dos ligantes simples levam à formação de complexos dicoordenados lineares, por exemplo $[Ag(NH_3)_2]^+$, $[Ag(CN)_2]^-$ e $[Ag(S_2O_3)_2]^{3-}$. Ligantes bidentados levam à formação de complexos polinucleares. Os complexos de Cu^+ e Ag^+ com haletos têm comportamento atípico, pois a ordem de estabilidade é I > Br > Cl > F, enquanto que para a maioria dos metais a ordem é inversa. Ligantes capazes de formar ligações π, como os derivados da fosfina, podem formar complexos tanto dicoordenados como tetracoordenados.

Au(+I) é menos estável, mas seu óxido, Au_2O, é conhecido. Os haletos AuCl e AuBr podem ser obtidos aquecendo-se suavemente o correspondente haleto AuX_3. AuI precipita quando I^- é adicionado a AuI_3. Esses compostos de Au(+I) sofrem desproporcionamento em água, formando Au metálico e Au(+III).

O íon Au(+I) também pode ser encontrado em complexos lineares, tais como $[NC{\rightarrow}Au{\leftarrow}CN]^-$, $[Cl{\rightarrow}Au{\leftarrow}Cl]^-$, $[R_3P{\rightarrow}Au{\leftarrow}Cl]$ e $[R_3P{\rightarrow}Au{\leftarrow}CH_3]$. O cianocomplexo é solúvel em água e é formado no processo de extração de ouro com cianeto, no qual Au é dissolvido numa solução aquosa contendo CN^-, na presença de ar ou H_2O_2. O complexo R_3PAuCl é obtido reagindo-se Au_2Cl_6 com R_3P, em solução etérea. O cloreto pode ser substituído por outros ligantes, como I, SCN ou Me. A redução do R_3PAuCl com um redutor forte, como $NaBH_4$, leva à formação do cluster $Au_{11}C_{13}(R_3P)_7$, cuja estrutura está relacionada com a de um icosaedro incompleto. Há um átomo de Au no centro e dez átomos de Au em dez dos 12 vértices do icosaedro.

Compostos de Au(+I) são usados em medicamentos para o tratamento da artrite reumática. Supõe-se que o princípio ativo desses medicamentos sejam complexos lineares do tipo $RS{\rightarrow}Au{\leftarrow}SR$ ou $R_3P{\rightarrow}Au{\leftarrow}PR_3$. A solubilidade desses composto em lipídios pode ser controlada variando-se o grupo R. Isso afeta a facilidade com que a droga se distribui pelo corpo.

Há algumas evidências mostrando que o ouro pode formar o íon aureto, Au^-, que tem a configuração eletrônica $d^{10}s^2$, uma configuração estável. O composto CsAu não tem brilho metálico e o sólido não conduz a eletricidade como um metal. Ele é iônico, Cs^+Au^-, e não uma liga. A presença do íon Au^- foi confirmada, em solução de amônia líquida. É um íon grande e foi isolado no estado sólido com diversos cátions grandes.

Fotografia

Os haletos de prata são de grande importância na fotografia. Um filme fotográfico é constituído por uma emulsão fotossensível de finas partículas (grãos) de sais de prata em gelatina, aplicada numa tira transparente de celulóide ou numa placa de vidro. O tamanho dos grãos é muito importante para os fotógrafos, pois afeta a qualidade das fotografias. AgBr é utilizado principalmente como material fotossensível. AgI é usado em emulsões "rápidas" (isto é, aquelas que são usadas em situações de baixa luminosidade, ou para fotografar objetos em movimento, como carros de corrida, onde o de tempo de exposição é muito curto). AgCl também pode estar presente nas emulsões.

O filme é colocado numa câmera e exposto à luz proveniente do objeto a ser fotografado, e focalizado pela lente para produzir uma imagem nítida. A luz dá início a uma reação fotoquímica pela excitação de um íon haleto, que perde um elétron. O elétron se move pela banda de condução até a superfície dos grãos, onde reduz um íon Ag^+ a prata metálica. Nos primórdios da fotografia, os tempos de exposição eram longos, às vezes de 10 ou 20 minutos, de modo a produzir uma quantidade de prata suficiente para gerar o "negativo". Esse termo é um alusão ao fato das partes mais luminosas do objeto se tornarem escuras após a revelação do filme. Atualmente, os tempos de exposição são muito curtos, até a ordem de um milésimo de segundo. Nesse tempo muito curto, somente poucos átomos de prata (talvez 10 a 50) são produzidos em cada grão exposto à luz. As partes do filme expostas às partes mais luminosas do objeto contêm muitos grãos com prata metálica. As partes do filme expostas às partes mais escuras do objeto contêm poucos grãos com prata, enquanto que as partes não expostas não têm nenhum átomo de prata metálica. Assim, um filme contém uma imagem latente do objeto. Contudo, o número de átomos de prata formado é tão pequeno que a imagem não é visível.

A seguir o filme é colocado numa solução reveladora. Trata-se de um solução de um agente redutor moderado, geralmente contendo hidroquinona. Sua finalidade é reduzir mais haleto de prata a prata metálica. Ag se deposita principalmente onde já existem átomos de prata. Assim, o processo de revelação intensifica a imagem latente do filme, tornando-a visível. A revelação deve ser realizada em condições adequadas, para se obter uma imagem com o contraste desejado. Os fatores importantes são a concentração do revelador, o pH, a temperatura e o tempo durante o qual o filme é mantido na solução reveladora.

Se o filme fosse exposto à luz solar nessa etapa, as partes não expostas também escureceriam e a imagem seria destruída. Para impedir isso, todo haleto de prata remanescente (que permaneceu inalterado) é removido do filme com o auxílio de uma solução fixadora. Antigamente usava-se uma solução de amônia concentrada para remover o AgBr remanescente. Embora a remoção fosse eficiente, o odor de amônia no espaço confinado da câmara escura era desagradável e perigoso para o fotógrafo. Atualmente, uma solução de tiossulfato de sódio é usado como fixador, pois forma um complexo solúvel com a prata, dissolvendo o haleto.

$$AgBr + 2Na_2S_2O_3 \rightarrow Na_3[Ag(S_2O_3)_2] + NaBr$$

Depois da fixação, o filme pode ser exposto à luz, sem riscos à imagem. As partes escurecidas pela prata representam as partes mais luminosas do objeto. Obtém-se, assim, o "negativo" da fotografia. Para se obter o positivo, isto é, a imagem real com seus contrastes de claros e escuros nos locais adequados, deve-se tirar uma cópia do negativo. Um feixe de luz é passado através do negativo, que se encontra sobre um pedaço de papel ou filme recoberto com a emulsão de AgBr. Este é, então, revelado e fixado utilizando o mesmo procedimento anteriormente descrito.

COMPOSTOS DOS ELEMENTOS NO ESTADO DE OXIDAÇÃO (+II)

(+II) é o estado de oxidação mais estável e importante

do cobre. O íon cúprico, Cu^{2+}, tem configuração eletrônica d^9 e, portanto, tem um elétron desemparelhado. Seus compostos são geralmente coloridos, devido às transições *d–d*, e paramagnéticos. $CuSO_4 \cdot 5H_2O$ e muitos sais hidratados de Cu(II) são azuis.

Mediante aquecimento intenso, os oxo-sais, como $Cu(NO_3)_2$, se decompõem a CuO, que é preto. Cu_2O é formado quando esse oxoSsal é aquecido a temperaturas muito elevadas (acima de 800 °C). A adição de NaOH a uma solução contendo Cu^{2+} leva à formação de um precipitado do hidróxido, azul. O íon hidratado, $[Cu(H_2O)_6]^{2+}$, é formado quando o hidróxido ou o carbonato é dissolvido num ácido, ou quando $CuSO_4$ ou $Cu(NO_3)_2$ é dissolvido em água. Esse íon apresenta a cor azul característica dos sais de cobre, que tem uma estrutura octaédrica distorcida: duas ligações em *trans* são mais longas e quatro ligações são mais curtas (Fig. 27.1). Essa distorção tetragonal é uma conseqüência da configuração d^9. O ambiente octaédrico em torno do íon provoca o desdobramento dos orbitais *d* do Cu em níveis de menor energia, t_{2g}, e maior energia, e_g, devido ao efeito do campo cristalino. Os nove elétrons *d* se distribuem da seguinte maneira: $(t_{2g})^6(e_g)^3$. Os três elétrons e_g ocupam os orbitais $d_{x^2-y^2}$ e d_{z^2}: dois num orbital e o terceiro no outro. Como o preenchimento do nível e_g não é simétrico, ocorre a distorção de Jahn-Teller. Este quebra a degenerescência dos orbitais e_g e t_{2g} (isto é, os dois orbitais e_g passam a não ter a mesma energia; o mesmo ocorrendo com os três orbitais t_{2g}). Assim, o complexo será distorcido. O orbital $d_{x^2-y^2}$ está sob a influência dos quatro ligantes que se aproximam ao longo das direções $+x$, $-x$, $+y$ e $-y$. O orbital d_{z^2} está sob a influência de apenas dois ligantes, que se aproximam segundo as direções $+z$ e $-z$. Assim, a energia do orbital $d_{x^2-y^2}$ aumenta mais que a do orbital d_{z^2}. Por isso, os três elétrons do nível t_{2g} passam a se distribuir como se segue: $(d_{z^2})^2(d_{x^2-y^2})^1$. Como o orbital d_{z^2} contêm dois elétrons, os ligantes que se aproximam segundo as direções $+z$ e $-z$ são impedidos de se aproximarem do cobre tanto quanto os ligantes que se aproximam ao longo das direções $+x$, $-x$, $+y$ e $-y$ (vide Capítulo 7).

Esse arranjo octaédrico distorcido é comum em compostos de cobre. Por exemplo, os haletos CuX_2 têm a estru-tura do rutilo (TiO_2) distorcida, onde o metal tem número de coordenação igual a 6. Os comprimentos das ligações nos haletos $Cu^{II}X_2$ são:

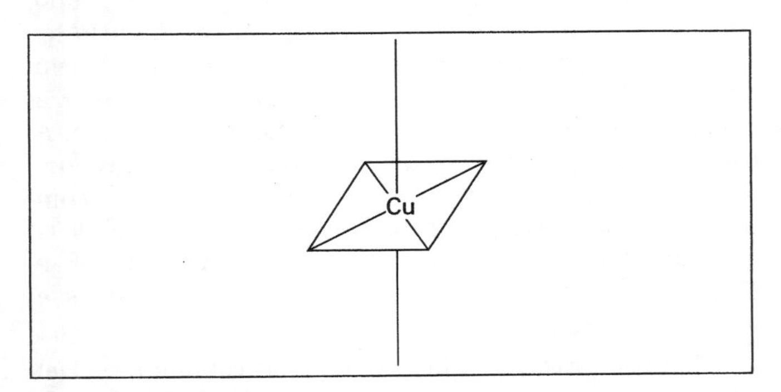

***Figura 27.1** — Octaedro tetraedricamente distorcido, com quatro ligações curtas num arranjo quadrado planar, e duas ligações mais longas em trans.*

CuF_2	4 ligações de 1,93 Å e 2 ligações de 2,27 Å
$CuCl_2$	4 ligações de 2,30 Å e 2 ligações de 2,95 Å
$CuBr_2$	4 ligações de 2,40 Å e 2 ligações de 3,18 Å

Considerações semelhantes às utilizadas para explicar a distorção de complexos octaédricos de Cu^{2+}, também se aplicam a complexos octaédricos de qualquer outro íon metálico no qual os orbitais e_g não estejam simetricamente preenchidos, ou seja, quando estes orbitais contiverem um ou três elétrons. Distorções desse tipo são encontradas no:

	Co^{2+} e Ni^{3+}	de spin baixo	$(t_{2g})^6(e_g)^1$
e	Cr^{2+} e Mn^{3+}	de spin alto	$(t_{2g})^3(e_g)^1$

Soluções aquosas de Cu^{2+} formam muitos complexos com amônia e aminas, como por exemplo $[Cu(H_2O)_5NH_3]^{2+}$, $[Cu(H_2O)_4(NH_3)_2]^{2+}$, $[Cu(H_2O)_3(NH_3)_3]^{2+}$ e $[Cu(H_2O)_2(NH_3)_4]^{2+}$. É difícil adicionar o quinto e o sexto grupo NH_3, mas é possível obter $[Cu(NH_3)_6]^{2+}$ usando amônia líquida como solvente. Esse comportamento pode ser explicado pelo efeito Jahn-Teller, que distorce o complexo octaédrico tornando a quinta e a sexta ligações mais longas e fracas. Analogamente, os complexos $[Cu(en)(H_2O)_4]^{2+}$ e $[Cu(en)_2(H_2O)_2]^{2+}$, com o ligante bidentado etilenodiamina (en), formam-se com facilidade; mas um grande excesso do ligante é necessário para formar o complexo $[Cu(en)_3]^{2+}$.

Os complexos com haletos podem ser encontradas em duas formas estereoquimicamente diferentes. No complexo $(NH_4)_2[CuCl_4]$, o íon $[CuCl_4]^{2-}$ é quadrado-planar, mas no complexo $Cs_2[CuCl_4]$ e $Cs_2[CuBr_4]$, os íons $[CuX_4]^{2-}$ têm uma estrutura tetraédrica ligeiramente distorcida (comprimida). O íon tetraédrico $[CuCl_4]^{2-}$ tem coloração laranja, mas o íon $[CuCl_4]^{2-}$ é amarelo

A maioria dos complexos e compostos de Cu(+II) apresenta uma estrutura octaédrica distorcida, e são azuis ou verdes. O íon metálico tem a configuração eletrônica d^9, restando apenas um orbital para o qual um elétron pode ser promovido. Logo, os espectros deveriam ser semelhantes aos do caso d^1 (por exemplo, Ti^{3+}), com uma única banda de absorção larga. Isso realmente ocorre, e esses compostos absorvem na região de 11.000 a 16.000 cm^{-1}. Contudo, os complexos de Cu(+II) são apreciavelmente distorcidos (efeito Jahn-Teller), provocando o aparecimento de mais de uma banda de absorção. Essas bandas se sobrepõem tornando a banda assimétrica. Não é possível atribuir cada banda de modo inequívoco. Os sais anidros CuF_2 e $CuSO_4$ são brancos, o que de certa forma é surpreendente.

Por muito tempo não se conseguiu obter nitratos anidros dos metais de transição, pois o aquecimento dos mesmos simplesmente provoca a sua decomposição. A água é um ligante mais forte que o nitrato, de modo que um nitrato hidratado obtido em solução aquosa tende a perder o nitrato com mais facilidade que a água, durante o aquecimento. O recurso que resta é preparar os nitratos anidros na ausência de água, em vez de se tentar remover a água dos sais hidratados. Muitos nitratos anidros foram preparados recentemente usando solventes não-aquosos, como N_2O_4 líquido.

Nitrato de cobre(II) anidro pode ser preparado dissolvendo-se Cu metálico numa solução de N_2O_4 em acetato de etila. A reação é vigorosa e $Cu(NO_3)_2 \cdot N_2O_4$ pode ser cristalizado da solução resultante. O produto é, na realidade,

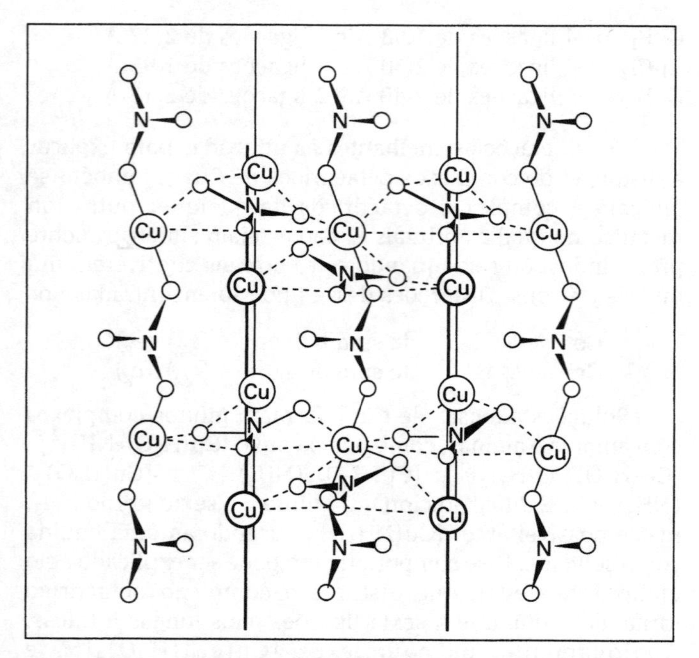

Figura 27.2 — A estrutura cristalina de uma das formas do $Cu(NO_3)_2$, anidro (S.C. Wallwork, Proc. Chem. Soc. (London), ***34****, 1959.*

$NO^+[Cu(NO_3)_3]^-$. Este se decompõe a 90 °C, gerando N_2O_4, que se desprende, e $Cu(NO_3)_2$ anidro, de cor azul. $Cu(NO_3)_2$ anidro pode ser sublimado a 150–200 °C e tem uma estrutura cristalina pouco comum. Há duas formas cristalinas diferentes. A estrutura de uma das duas formas sólidas é constituída por cadeias infinitas de Cu e de grupos NO_3^-. Cada Cu forma duas ligações curtas Cu–O (1,9 Å) e está coordenado a seis outros átomos de O de outras cadeias, por meio de ligações mais longas (2,5 Å). Portanto, o Cu está octacoordenado (Fig. 27.2). No estado de vapor, o $Cu(NO_3)_2$ é monomérico.

O acetato de cobre(II) é de fato o dímero hidratado, $Cu_2(CH_3COO)_4 \cdot 2H_2O$. Sua estrutura (Fig. 27.3) é semelhante a dos complexos de Cr^{II}, Mo^{II}, Rh^{II} e Ru^{II} com carboxilatos, mas há uma diferença importante: os dois átomos de Cu estão em ambientes quase octaédricos. Os quatro grupos acetato atuam como ligantes-ponte entre os dois átomos de Cu, e seus átomos de O ocupam quatro posições (num arranjo quadrado-planar) em torno de cada átomo de Cu. A quinta posição é ocupada pelo oxigênio da molécula de água. A sexta das posições do octaedro é ocupada pelo outro átomo de Cu. A estrutura descrita até o momento é idêntica a do acetato cromoso. A diferença está na distância Cu–Cu de 2,64 Å, consideravelmente mais longa que a distância de 2,55 Å encontrada no cobre metálico. Assim, o cobre *não* forma uma ligação M–M, ao passo que Cr e os demais metais

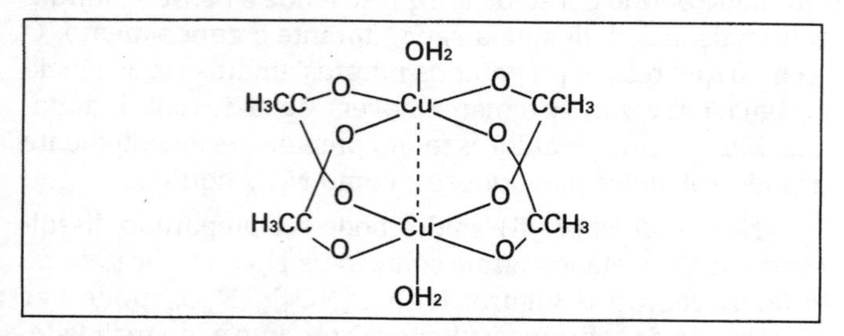

Figura 27.3 *— A estrutura do $(Cu(CH_3 \cdot COO)_2 \cdot H_2O)_2$*

que formam complexos análogos formam ligações M–M. Os íons Cu^{II} têm configuração d^9 e um elétron desemparelhado. Se os dois íons Cu formassem uma ligação metal-metal, esses elétrons estariam emparelhados e o complexo seria diamagnético. Se não formarem uma ligação, o complexo será paramagnético. Contudo, a 25 °C, o momento magnético medido é de 1,4 MB por átomo de Cu, menor que o momento magnético de spin-only de 1,73 MB. Isso sugere a existência de uma interação ou acoplamento fraco entre os elétrons desemparelhados nos dois átomos de Cu, nesse complexo. Supõe-se que essa interação se deva à sobreposição lateral dos orbitais $3d_{x^2-y^2}$ do cobre, formando uma ligação δ.

A prata no estado (+II) ocorre no fluoreto AgF_2. Trata-se de um sólido marrom, obtido aquecendo-se Ag em atmosfera de F_2. AgF_2 é um agente oxidante forte e um bom agente de fluoração, como o CoF_3, mas termicamente instável:

$$AgF_2 \xrightarrow{\text{calor}} AgF + {}^1/{}_2F_2$$

O íon Ag^{II} é mais estável em complexos, como $[Ag(piridina)_4]^{2+}$, $[Ag(bipiridina)_2]^{2+}$ e $[Ag(\textit{orto}\text{-fenantrolina})_2]^{2+}$, que formam sais estáveis com ânions não-redutores, como NO_3^- e ClO_4^-. São geralmente preparados pela oxidação de uma solução contendo Ag^+ e o ligante com persulfato de potássio. Aqueles complexos são quadrado planares e paramagnéticos.

O óxido preto AgO é obtido pela ação de um oxidante forte sobre Ag_2O, em solução alcalina. O íon Ag^{II} tem configuração d^9 e deve ser paramagnético. Porém, AgO é diamagnético, pois é na realidade o óxido misto $Ag^IAg^{III}O_2$, e não contém íons Ag(+II).

O íon Au(+II) é encontrado no $[Au(B_9C_2H_{11})_2]^{2-}$ e, provavelmente, forma complexos com o ligante ditioleno (figura abaixo). Exceto nesses casos, só é formado como um intermediário de vida curta.

COMPOSTOS DOS ELEMENTOS NO ESTADO DE OXIDAÇÃO (+III)

Cu e a Ag raramente são encontrados no estado de oxidação (+III). Em solução alcalina, o Cu^{2+} pode ser oxidado a $KCu^{III}O_2$, e $K_3[Cu^{III}F_6]$ pode ser obtido pela fluoração de uma mistura fundida de $KCl/CuCl_2$. $K_7Cu^{III}(IO_6)_2 \cdot 7H_2O$ é obtido pela reação com ácido periódico (H_5IO_6), um oxidante forte. $M^+[Ag^{III}F_4]^-$ é formado quando uma mistura de um haleto de metal alcalino e haleto de prata fundida é fluorada. E a oxidação eletrolítica de Ag^+ pode formar Ag_2O_3 impuro. A oxidação de Ag_2O com persulfato de sódio, em meio alcalino, forma o óxido misto $Ag^IAg^{III}O_2$. A reação de Ag^+ com persulfato, na presença dos íons periodato ou telurato, leva à formação de compostos como $K_6H[Ag^{III}(IO_6)_2]$ e $Na_6H_3[Ag^{III}(TeO_6)_2]$. Esses compostos são instáveis e fortemente oxidantes.

Em contraste, Au(+III) é o íon mais comum e estável do ouro. Poucos compostos simples de Au(+III) são conhecidos, mas aparentemente não contêm íons Au^{3+}. A configuração do Au^{III} é d^8 (como da Pt^{II}) e forma complexos quadrado-planares, como a Pt. Esses complexos se decompõem facilmente ao metal, quando aquecidos.

$$[Au^{III}Cl_4]^- + OH^- \rightarrow Au(OH)_3 \xrightarrow{\text{desidratação}} Au_2O_3$$
$$\xrightarrow{150^\circ C} Au + Au_2O + O_2$$

Todos os haletos AuX_3 são conhecidos. $AuCl_3$ é obtido a partir dos elementos, ou então dissolvendo-se o metal em água-régia e removendo o solvente.

$$Au + HNO_3 + HCl \rightarrow H_3O^+[AuCl_4]^- \cdot 3H_2O \rightarrow AuCl_3$$

$AuBr_3$ é obtido a partir dos elementos e AuI_3 é obtido a partir do brometo. AuF_3 só pode ser obtido utilizando um forte agente de fluoração:

$$Au + BrF_3 \rightarrow AuF_3$$

O fluoreto é constituído por unidades quadrado planares AuF_4 ligados em cadeia, por meio de pontes de fluoreto em *cis*. O cloreto e o brometo formam dímeros, como mostrado abaixo.

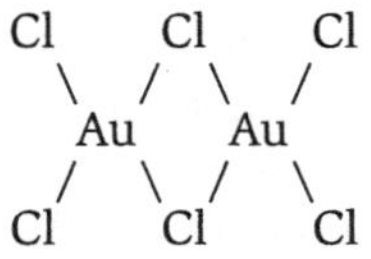

```
Cl    Cl    Cl
  \  /  \  /
   Au    Au
  /  \  /  \
Cl    Cl    Cl
```

O "ouro líquido", usado para pintar molduras, vidros e cerâmica decorativa, é um complexo cloro de Au^{III}, dissolvido num solvente orgânico. O complexo, é provavelmente, polimérico e um composto do tipo cluster. Quando o "ouro líquido" é aquecido, ele se decompõe, formando uma fina película de ouro metálico.

O óxido de ouro hidratado é anfótero. Dissolve-se em solução alcalina, formando sais como o aurato de sódio, $NaAuO_2 \cdot H_2O$, e em ácidos fortes, formando compostos como $H[AuCl_4]$, $H[Au(NO_3)_4]$ e $H[Au(SO_4)_2]$. Complexos catiônicos de Au(+III), como $[Au(NH_3)_4](NO_3)_3$ (quadrado-planar), também são conhecidos. Os complexos são geralmente quadrado-planares e mais estáveis que os compostos simples. Os complexos dialquílicos R_2AuX, onde $X = Cl^-, Br^-, CN^-, SO_3^{2-}$, são compostos organometálicos estáveis, com ligações Au–C fortes. Os haletos são diméricos e os cianetos são tetraméricos.

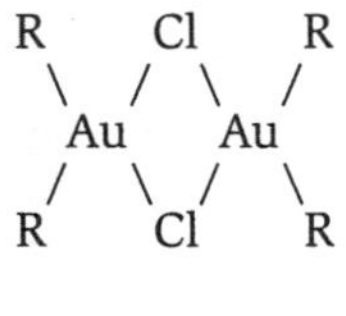

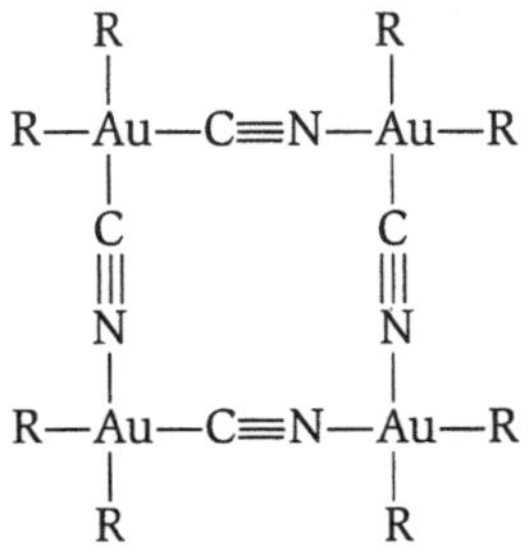

```
                       R               R
                       |               |
                    R—Au—C≡N—Au—R
R    Cl    R           |               |
 \  /  \  /            C               C
  Au    Au             |||             |||
 /  \  /  \            N               N
R    Cl    R           |               |
                    R—Au—C≡N—Au—R
                       |               |
                       R               R
```

COMPOSTOS DOS ELEMENTOS NO ESTADO DE OXIDAÇÃO (+V)

O único composto conhecido contendo um elemento desse grupo no estado de oxidação (+V), é o AuF_5. Ele é obtido na forma de um sólido polimérico, diamagnético e vermelho escuro quando O_2AuF_6 é aquecido e o produto é condensado num "dedo "frio". O composto é instável e se decompõe a AuF_3 e F_2, acima de 60 °C.

$$Au + 3F_2 + O_2 \xrightarrow[\text{pressão elevada}]{370^\circ C} O_2AuF_6 \rightarrow AuF_5 + {}^1/_2F_2 + O_2$$

IMPORTÂNCIA BIOLÓGICA DO COBRE

O cobre é um elemento essencial à vida e uma pessoa adulta tem no organismo cerca de 100 mg de Cu. É o terceiro elemento de transição em quantidade, sendo superado apenas pelo Fe (4 g) e pelo Zn (2 g). Embora em pequenas quantidades o cobre seja um elemento essencial, em quantidades maiores é tóxico. Cerca de 4 a 5 mg de Cu são necessárias na dieta diária. Em animais, a deficiência desse metal resulta na incapacidade de aproveitar o ferro armazenado no fígado, e o animal passa a sofrer de anemia. O Cu está ligado nas proteínas do organismo, como metaloproteínas, ou como enzimas. Entre os exemplos estão várias oxidases e "proteínas azuis" como:

1) Amino oxidases (responsáveis pela oxidação de aminas)
2) Ascorbato oxidases (oxidação do ácido ascórbico)
3) Citocromo oxidase (atua juntamente com grupos heme na etapa final de oxidação)
4) Galactose oxidase (oxidação de um grupo –OH a –CHO no monossacarídio galactose).

O cobre também é importante na:

1) Lisina oxidase, que controla a elasticidade das paredes da aorta.
2) Dopamina hidroxilase, que atua sobre as funções cerebrais.
3) Tirosinase, que influencia a pigmentação da pele.
4) Ceruloplasmina, que atua no metabolismo do Fe.

A Doença de Wilson é uma deficiência hereditária de ceruloplasmina, que provoca acúmulo de Cu no fígado, rins e cérebro. Essa doença é tratada administrando ao doente um agente quelante como o EDTA. O cobre é excretado na forma de um complexo. Contudo, muitos outros metais essenciais envolvidos em outros sistemas enzimáticos, também formam complexos com o EDTA e são excretados. Logo, esse tratamento interfere em muitos sistemas enzimáticos. Por isso, todos esses elementos devem ser suplementados na dieta e o tratamento deve ser cuidadosamente monitorado.

A hemocianina é uma proteína contendo cobre, que atua como transportador de oxigênio em muitos animais invertebrados. Apesar de seu nome, trata-se de uma proteína que não contém grupos heme. Seu peso molecular é de aproximadamente 1 milhão e contém dois íons Cu^{II}. A molécula é diamagnética devido ao forte acoplamento antiferromagnético entre os íons cobre(II), de configuração d^9. A hemocianina é encontrada no sangue de caracóis, caranguejos, lagostas, polvos e escorpiões. A hemocianina na forma oxigenada é azul (em contraste com o sangue humano) e tem uma molécula de oxigênio ligada aos dois átomos de Cu. A hemocianina desoxigenada contém Cu^I e também é azul.

São conhecidas diversas "proteínas azuis" contendo Cu. Elas atuam como transportadores de elétrons, ao mudar seu estado de oxidação de Cu^{2+} a Cu^{+} e vice-versa. Sua cor é muito mais intensa do que seria de se esperar, caso as transições *d–d* fossem as únicas envolvidas na absorção de luz visível. Supõe-se que a cor seja decorrente das transições de transferência de carga entre Cu e S. Entre os exemplos estão a plastocianina e a azurina. A plastocianina ocorre nos cloroplastos das plantas verdes, tem um peso molecular de cerca de 10.500 e contém um átomo de Cu. É um transportador de elétrons importante na fotossíntese. A azurina é encontrada em bactérias. Contém um átomo de Cu por molécula e é estruturalmente semelhante à plastocianina, mas seu peso molecular é da ordem de 16.000.

LEITURAS COMPLEMENTARES

- Ainscough, E.W. e Brodie, A.M. (1985) Gold chemistry and its medical applications, *Education in Chemistry*, **22**, 6-8.
- Beinert, H. (1977) Structure and function of copper proteins, *Coordination Chem. Rev.*, **23**, 119-129.
- Canterford, J.H. e Cotton, R. (1968) *Halides of the Second and Third Row Transition Elements*, Wiley, London.
- Canterford, J.H. e Cotton, R. (1969) *Halides of the First Row Transition Elements*, Wiley, London.
- Dirkse, T.P. (ed.) (1986) *Copper, Silver, Gold, Zinc, Cadmium, Mercury Oxides and Hydroxides*, Pergamon, Oxford.
- Gerloch, M. (1981) The sense of Jahn-Teller distortions in octahedral copper(II) and other transition metal complexes, *Inorg. Chem.*, **20**, 638-640.
- Gernscheim, H. (1977) The history of photography, *Endeavour*, **1**, 18-22.
- Hathaway, B.J. e Billing, D.E. (1970) The electronic properties and stereochemistry of mono-nuclear complexes of the copper(II) ion, *Coordination Chem. Rev.*, **5**, 143.
- Jardine, F.H. (1975) Copper(I) complexes, *Adv. Inorg. Chem. Radiochem.*, **17**,115.
- Johnson, B.G.F. e Davis, R. (1973) *Comprehensive Inorganic Chemistry*, Vol. 3 (Cap. 29: Ouro), Pergamon Press, Oxford.
- Karlin, K.D. e Gultneh, Y. (1985) Bioinorganic chemical modelling of dioxygen-activation copper proteins, *J. Chem. Ed.*, **62**, 983-987.
- Karlin, K.D. e Zubieta, J. (eds) (1986) *Biological and Inorganic Copper Chemistry*, Vol. 1, Adenine Press.
- Knutton, S. (1986) Copper - the enduring metal, *Education in Chemistry*, **23**, 135-137.
- Massey, A.G. (1973) *Comprehensive Inorganic Chemistry*, Vol. 3 (Cap. 27: Cobre), Pergamon Press, Oxford.
- Siegl, H. (ed.) (1981) *Metal Ion in Biological Systems*, Vol. 13 (Proteinas de cobre), Marcel Dekker, New York.
- Sorenson, R.J. (1989) Copper complexes as 'radiation recovery' agents, *Chemistry in Britain*, **25**, 169-170, 172.
- Thompson, N.R. (1973) *Comprehensive Inorganic Chemistry*, Vol. 3 (Cap. 28: Prata), Pergamon Press, Oxford.
- Valentine, J.S. e de Freitas, D.M. (1985) Copper-zinc dismutase, *J. Chem. Ed.*, **62**, 990-996.
- West E.G. (1969) Developments in copper smelting, *Chemistry in Britain*, **5**, 199-202.

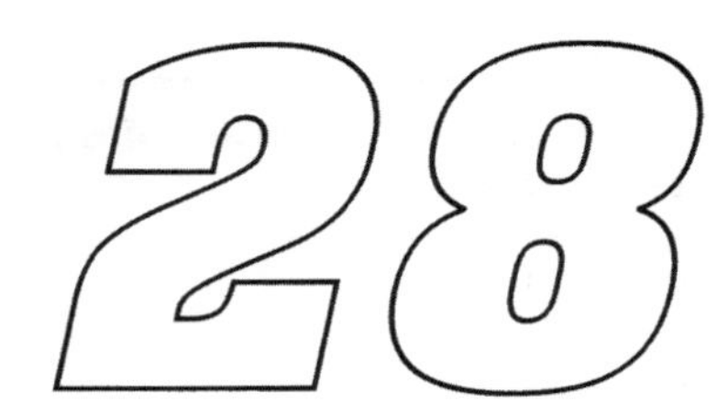

Grupo 12
O GRUPO DO ZINCO

INTRODUÇÃO

Todos os elementos apresentam uma configuração eletrônica $d^{10}s^2$, formando geralmente íons M^{2+}. Contudo, muitos de seus compostos são covalentes em proporção elevada.

Os compostos de Hg(+ II) são mais covalentes, e seus complexos são mais estáveis que os correspondentes compostos de Zn e Cd. Como esses íons têm uma camada *d* completa, eles não se comportam como se fossem metais de transição típicos. Embora os íons sejam divalentes, eles têm poucas semelhanças com os elementos do Grupo 2. Assim, o Zn mostra algumas semelhanças com o Mg. Porém, é mais denso e menos reativo, por ter um raio menor e uma carga nuclear maior. O Zn também tem uma maior tendência de formar compostos covalentes. De modo geral, Zn e Cd possuem propriedades semelhantes, mas as propriedades do Hg diferem significativamente daqueles do Zn e do Cd. Em vários aspectos, o Hg é um elemento singular. À temperatura ambiente, é um líquido, é pouco reativo (nobre) e, forma compostos "univalentes" de mercúrio(I). O mercúrio é o único elemento do grupo que possui um estado de oxidação (+ I) bem definido. O aumento de estabilidade para os menores estados de oxidação nos elementos mais pesados do grupo é mais típico nos elementos do bloco *p* que nos metais de transição.

Zn é produzido em grande escala. Em 1992, foram produzidas 7,3 milhões de toneladas do metal. Foi usado principalmente como proteção contra a corrosão, na fabricação de ligas e em fundição. ZnO também é um produto comercialmente importante.

Tabela 28.1 — Configurações eletrônicas e estados de oxidação

Elemento	Símbolo	Configuração eletrônica		Estados de oxidação*	
Zinco	Zn	[Ar]	$3d^{10}\,4s^2$		**II**
Cádmio	Cd	[Kr]	$4d^{10}\,5s^2$		**II**
Mercúrio	Hg	[Xe]	$4f^{14}\,5d^{10}\,6s^2$	I	**II**

* Os estados de oxidação mais importantes (geralmente os mais abundantes e estáveis) são mostrados em negrito. Outros estados bem caracterizados, mas menos importantes, são mostrados em tipo normal.

O zinco exerce um papel importante em diversas enzimas. Do ponto de vista biológico, é o segundo elemento de transição mais importante.

ABUNDÂNCIA E OCORRÊNCIA

O zinco ocorre na crosta terrestre na proporção de 132 ppm, em peso. É o vigésimo-quarto elemento mais abundante. A produção mundial de Zn foi de 7,3 milhões de toneladas, em 1992. Os principais produtores foram: Canadá 19%, Austrália 14%, China 10% e ex-URSS, Peru e Estados Unidos 8% cada. A produção de cádmio foi de 20.700 toneladas e a de mercúrio de 3.200 toneladas, em 1992. Cd e Hg são bastante raros. Apesar disso, esses elementos nos são bastante familiares, porque sua extração e purificação são simples.

Quando a Terra foi formada, o zinco foi depositado na forma de sulfetos. ZnS é explorado comercialmente, sendo conhecido como esfarelita nos Estados Unidos e como blenda na Europa. Sua estrutura se assemelha à do diamante, sendo a metade dos sítios ocupados por S e a outra metade pelo Zn ou outro metal. A esfarelita quase sempre contém ferro, e sua fórmula poderia ser representada como (ZnFe)S. Isso comumente ocorre também com a galena, PbS. O intemperismo hidrotermal dos sulfetos levou à formação de depósitos de carbonatos e de silicatos. $ZnCO_3$ é outro minério importante. É denominado smithsonita nos Estados Unidos (uma homenagem a James Smithson, o fundador da Smithsonian Institution, em Washington), e calamina na Europa. A hemimorfita, $Zn_4(OH)_2(Si_2O_7)\cdot H_2O$, é menos importante do ponto de vista econômico, mas é um exemplo interessante de pirossilicato. Em 1988, os principais produtores de minérios foram: Canadá 19%, ex-União Soviética 13,5%, Austrália 11% e China e Peru 7% cada. Minérios de cádmio são muito raros. Pequenas quantidades de Cd acompanham os minérios de zinco, e o cádmio é extraído dos mesmos. Hg é obtido do cinábrio, HgS, um mineral relativamente raro, encontrado sobretudo na ex-URSS, Espanha, México e Argélia.

Tabela 28.2 — Abundância dos elementos na crosta terrestre, em peso

Elemento	ppm	Ordem de abundância relativa
Zn	76	24º
Cd	0,16	65º
Hg	0,08	66º

OBTENÇÃO E USOS

Obtenção do zinco

Os minérios de zinco (principalmente ZnS) são concentrados por flotação e aquecidos ao ar, para formarem ZnO e SO_2 (SO_2 é usado na fabricação de H_2SO_4). Zn metálico é obtido a partir do óxido por dois processos diferentes:

1) ZnO pode ser reduzido pelo monóxido de carbono a 1.200 °C, num forno de fusão. A reação é reversível, sendo necessária utilização de temperaturas elevadas para deslocar o equilíbrio para a direita. Nessa temperatura, o zinco se encontra no estado gasoso. Se a mistura de Zn e CO_2 fosse simplesmente removida do forno e esfriada, ocorreria a reoxidação de parte do zinco, e o pó de Zn obtido conteria grandes quantidades de ZnO.

$$ZnO + CO \rightleftharpoons Zn + CO_2$$

Os fornos modernos minimizam a reoxidação de duas maneiras:

a) usando excesso de carbono, de modo a converter o CO_2 formado em CO.

b) resfriando bruscamente os gases que saem do forno, de modo que não haja tempo suficiente para o sistema atingir o equilíbrio. Esse resfriamento rápido é conseguido aspergindo-se o gás quente com gotículas de chumbo fundido. Assim, pode ser obtido Zn com 99% de pureza. O cádmio eventualmente presente pode ser separado por destilação.

2) Alternativamente, ZnS pode ser aquecido ao ar, a uma temperatura menor, de modo a formar ZnO e $ZnSO_4$. Estes são dissolvidos em H_2SO_4 e a solução é tratada com Zn em pó para precipitar o Cd. A seguir, Zn puro pode ser obtido pela eletrólise da solução de $ZnSO_4$, mas o processo eletrolítico é caro.

Obtenção do cádmio

O cádmio é encontrado em quantidades traço (2 a 3 partes por mil) na maioria dos minérios de zinco, sendo extraído dos mesmos. O minério é tratado de modo a formar uma solução de $ZnSO_4$, contendo uma pequena quantidade de $CdSO_4$. Então, o metal Cd é precipitado adicionando-se um metal mais eletropositivo (isto é, situado acima do Cd na série eletroquímica), que o desloca da solução. Quando Zn em pó é adicionado à solução de $ZnSO_4/CdSO_4$, o Zn é oxidado e se dissolve, enquanto Cd metálico é precipitado. Zn está situado acima do Cd na série eletroquímica, e os elementos situados na parte superior deslocam os elementos situados abaixo deles na série.

$$Zn_{(sólido)} + Cd^{2+}_{(solução)} \rightarrow Zn^{2+}_{(solução)} + Cd_{(sólido)} \quad E^{o} = 0{,}36\ V$$

O concentrado de Cd assim obtido é dissolvido em H_2SO_4 e purificado por eletrólise. Zn também é recuperado da solução de $ZnSO_4$ por eletrólise.

Obtenção do mercúrio

Hg também é raro. É extraído na forma do minério cinábrio, vermelho-vivo, de fórmula HgS (podem conter gotículas de Hg), principalmente na ex-URSS, Espanha, México e Argélia. O minério é triturado e HgS é separado dos outros minerais e concentrado por sedimentação, pois tem uma densidade muito alta (8,1 g cm^{-3}). Se o minério for pobre em Hg, é aquecido ao ar. O vapor de Hg formado é condensado, e o SO_2 é usado na fabricação de H_2SO_4.

$$HgS + O_2 \xrightarrow{600^{\circ}C} Hg + SO_2$$

Minérios mais ricos em mercúrio são aquecidos com raspas de ferro, ou com cal:

$$HgS + Fe \rightarrow Hg + FeS$$
$$4HgS + 4CaO \rightarrow 4Hg + CaSO_4 + 3CaS$$

Hg obtido dessa maneira pode conter pequenas quantidades de outros metais dissolvidos no mesmo, principalmente Pb, Zn e Cd. Hg muito puro pode ser obtido passando-se ar através do metal aquecido a 250 °C. Nessa condição, os demais metais presentes são convertidos em óxidos, que flutuam na superfície e podem ser facilmente removidos por:

1) remoção mecânica da superfície.
2) tratamento com HNO_3 diluído, que dissolve os óxidos.
3) destilação, o Hg pode ser separado dos demais metais e seus óxidos. Os pontos de ebulição são: Pb 1.751 °C; Zn 908 °C; Cd 765 °C e Hg 357 °C.

Usos do zinco

O zinco é usado em grandes quantidades para revestir objetos de ferro e evitar a corrosão. Uma fina película de zinco pode ser aplicada por eletrólise (galvanização). Camadas mais espessas podem ser aplicadas mergulhando-se o objeto em zinco fundido. Este último procedimento é chamado erroneamente de "galvanização a quente". Alternativamente, o objeto pode ser revestido com Zn em pó e aquecido (sherardização), ou pulverizado com Zn fundido. Grandes quantidades de zinco são utilizadas na fabricação de ligas. A liga mais comum é o bronze, (uma liga de Cu/Zn, com 20 a 50% de Zn). O zinco é o metal mais usado na fundição de peças metálicas. O zinco também é usado como o eletrodos negativos nas pilhas secas (células de Leclanché, células de mercúrio, e células alcalinas de manganês). ZnO pode ser usado como pigmento branco em tintas. É particularmente brilhante, pois absorve luz ultravioleta e a reemite como luz branca.

Usos do cádmio

A maior parte do Cd produzido é empregada para proteger o aço da corrosão: formação de películas de Cd por eletrodeposição. Cd é um ótimo absorvedor de nêutrons, sendo usado na confecção das barras de controle para reatores nucleares. Também é usado em baterias de Ni/Cd, empregadas em locomotivas a diesel e nas pilhas recarregáveis de Ni/Cd, usadas em rádios e outros equipamentos eletrônicos. CdS é um pigmento amarelo e importante, mas caro; é usado em tintas.

Usos do mercúrio

O mercúrio é usado em grandes quantidades principalmente em células eletrolíticas, destinadas à fabricação de NaOH e Cl_2. A indústria elétrica utiliza o Hg em lâmpadas de vapor de mercúrio (para a iluminação pública), em retificadores e interruptores. Historicamente, Hg foi usado na extração de metais preciosos (particularmente a prata e o ouro), na forma de amálgamas. O acetato de fenil(mercúrio) e outros compostos organomercúricos têm propriedades fungicidas e germicidas, e às vezes são usados no tratamento de sementes. O cloreto de mercúrio(I), $[Hg_2]Cl_2$ é usado no tratamento da potra, uma doença que ocorre em plantas da família da couve (brássica). HgO tem sido usado em tintas que evitam o crescimento de microorganismos nos cascos de navios e outras embarcações. $HgCl_2$ é o reagente de partida para a fabricação de compostos organomercúricos. Todos os compostos de mercúrio são tóxicos. Mas, os organo-mercúricos são particularmente perigosos, pois seus efeitos ecológicos são de longo prazo. Entre os usos do mercúrio em pequena escala estão a fabricação de termômetros, barômetros e manômetros, a preparação de amálgamas, de fulminato de mercúrio (usado como detonador) e em alguns medicamentos.

ESTADOS DE OXIDAÇÃO

Todos os elementos desse grupo apresentam dois elétrons *s* externos, além de uma camada *d* completa. Os compostos divalentes característicos do Grupo são constituídos pelo elemento no estado de oxidação (+II), formado pela remoção dos elétrons *s*.

Compostos de Hg(+I) também são importantes. O íon monovalente Hg^+ não existe, pois os compostos de mercúrio(I) se dimerizam. Assim, o cloreto de mercúrio(I), Hg_2Cl_2, contém o íon $[Hg\text{-}Hg]^{2+}$, onde os dois íons Hg^+ (configuração $6s^1$) se ligam utilizando seus elétrons *s*. Os compostos de mercúrio(I) são, pois, diamagnéticos. As espécies instáveis Zn_2^{2+} e Cd_2^{2+} foram detectadas em misturas fundidas como $Cd/CdCl_2$ ou $Cd/CdCl_2/AlCl_3$. O composto amarelo $[Cd_2][AlCl_4]_2$ foi isolado de tais misturas, mas desproporciona-se instantaneamente em água.

$$[Cd_2]^{2+} \rightarrow Cd^{2+} + Cd$$

A tendência normal é o enfraquecimento dessas ligações à medida que se desce pelo grupo, já que os orbitais envolvidos se tornam maiores e mais difusos, tornando o recobrimento entre os mesmos menos efetivo. Contudo, nesse grupo observa-se a tendência inversa: a ligação Hg–

Tabela 28.3 — Algumas propriedades físicas

	Raio covalente (Å)	Raio iônico M^{2+} (Å)	Ponto de fusão (°C)	Ponto de ebulição (°C)	Densidade ($g\ cm^{-3}$)	Eletronegatividade de Pauling
Zn	1,25	0,740	420	907	7,14	1,6
Cd	1,41	0,95	321	765	8,65	1,7
Hg	1,44	1,02	−39	357	13,534	1,9

Hg é muito mais forte que a ligação Cd–Cd. Isso ocorre devido ao fato da primeira energia de ionização do Hg ser muito elevada em relação à do Cd (Tab. 28.4). Por isso, o Hg compartilha elétrons com maior facilidade que o Cd.

Os elementos em estados de oxidação superiores a (+II) não são conhecidos, pois a remoção de mais de dois elétrons destruiria a simetria de uma camada *d* completamente preenchida.

TAMANHO

Os raios iônicos dos íons M^{2+} do grupo 12 são apreciavelmente menores que os dos correspondentes elementos do Grupo 2. Isso ocorre porque o Zn, Cd e Hg possuem 10 elétrons *d*, que blindam ineficientemente a carga nuclear. A diferença de tamanho explica as diferenças de comportamento e de propriedades observadas entre os elementos dos dois grupos.

Ca^{2+} = 1,00 Å	Zn^{2+} = 0,74 Å
Sr^{2+} = 1,18 Å	Cd^{2+} = 0,95Å
Ba^{2+} = 1,35 Å	Hg^{2+} = 1,02 Å

Por causa da contração lantanídica, o tamanho dos elementos da segunda e da terceira séries de transição é praticamente o mesmo. Nos pares de elementos de transição anteriores, Zr/Hf e Nb/Ta, os tamanhos eram muito próximos. O efeito da contração lantanídica ainda pode ser observado no par Cd/Hg, mas em grau bem menor. O íon Hg^{2+} é maior que o íon Cd^{2+}, mas o aumento de tamanho é menor que o observado entre Zn^{2+} e Cd^{2+}. Esse fato é evidenciado quimicamente, pelas diferenças de comportamento entre Cd e Hg.

ENERGIAS DE IONIZAÇÃO

A primeira energia de ionização dos elementos do Grupo 12 (Tab. 28.4) é consideravelmente maior que a dos correspondentes elementos do Grupo 2. Isso se deve ao menor tamanho dos átomos e à fraca blindagem propiciada pelos 10 elétrons que preenchem os orbitais *d*. O preenchimento do nível 4*f* aumenta ainda mais a atração dos elétrons de valência pelo núcleo no Hg, fazendo com que sua primeira energia de ionização seja a maior que a de qualquer outro metal. As segundas energias de ionização são elevadas, mas os íons M^{2+} dos três elementos do grupo são conhecidos, pois as energias de solvatação ou as energias reticulares são suficientemente elevadas para compensar as energias de ionização. O mercúrio tende a formar compostos covalentes. A terceira energia de ionização é tão elevada que não existem compostos com os elementos no estado de oxidação (+III).

Tabela 28.4 — Energias de promoção e de ionização

	Energias de promoção $s^2 \rightarrow s^1p^1$ (kJ mol^{-1})	Energias de ionização (kJ mol^{-1})		
		1º	2º	3º
Zn	433	906	1.733	3.831
Cd	408	876	1.631	3.616
Hg	524	1.007	1.810	3.302

PROPRIEDADES GERAIS

Zn, Cd e Hg exibem algumas poucas propriedades associadas aos elementos de transição típicos. O motivo para tanto é a presença de um nível *d* completo, não disponível para a formação de ligações.

1) Zn e Cd não têm valência variável.
2) Têm configuração eletrônica d^{10}, não sendo possível a ocorrência de transições *d–d*. Por isso, muitos dos compostos desses elementos são brancos. Contudo, alguns compostos de Hg(+II) e um número menor de compostos de Cd(+II) são intensamente coloridos, por causa da presença de transições de transferência de carga dos ligantes para o metal (os metais deste grupo são menores e têm um maior poder polarizante que os metais do Grupo 2. Isso aumenta o grau de covalência das ligações e também possibilita a ocorrência de transições de transferência de carga).
3) Os metais são relativamente moles quando comparados com os demais metais de transição, provavelmente porque os elétrons *d* não participam das ligações.
4) Os pontos de fusão e de ebulição são muito baixos. Isso explica porque esses elementos são mais reativos que os metais do grupo do cobre, embora as energias de ionização dos elementos dos dois grupos sugiram o contrário (o caráter "nobre" é favorecido por elevados calores de sublimação, elevadas energias de ionização e baixos calores de hidratação).

O mercúrio é o único metal que é líquido à temperatura ambiente. Isso pode ser explicado pela energia de ionização muito grande, que dificulta a participação dos elétrons na formação das ligações metálicas. O líquido tem uma pressão de vapor apreciável, à temperatura ambiente. Por isso, superfícies expostas de mercúrio devem sempre ser cobertas (por exemplo, com tolueno), para impedir sua evaporação e, conseqüentemente, o risco de intoxicação. O mercúrio gasoso tem um comportamento incomum, pois é constituído por espécies monoatômicas, como os gases nobres.

As semelhanças entre os elementos do Grupo 2, com uma configuração eletrônica de valência s^2, e os elementos

Potenciais padrão de redução (volt)

Solução ácida

Estados de oxidação

+II		+I	0	+II		+I	0	+II		+I		0
Zn^{2+}	$\xrightarrow{-0,76}$		Zn	Cd^{2+}	$\xrightarrow{0,40}$		Cd	Hg^{2+}	$\xrightarrow{+0,91}$	Hg_2^{2+}	$\xrightarrow{+0,79}$	Hg

$Hg^{2+} \xrightarrow{+0,85} Hg$

do grupo do zinco, com configuração de valência $d^{10}s^2$, são pequenas. Os elementos dos dois grupos formam íons divalentes. Os sulfatos hidratados são isomorfos e os sais duplos como $K_2SO_4 \cdot HgSO_4 \cdot 6H_2O$ são análogos ao $K_2SO_4 \cdot MgSO_4 \cdot 6H_2O$. Contudo, os elementos do grupo do zinco são mais "nobres", mais covalentes, têm maior tendência a formar complexos e são menos básicos.

A reatividade dos metais decresce na seguinte ordem: Zn > Cd > Hg. Essa tendência pode ser observada nos seus potenciais de redução padrão. Zn e Cd são metais eletropositivos, mas Hg tem um potencial positivo e, portanto, é relativamente nobre. A grande diferença entre as propriedades do Cd e do Hg pode ser parcialmente explicada pelo fato do Hg ter a maior energia de ionização dentre os metais, e pela maior energia de solvatação do íon Cd^{2+}.

$$Zn^{2+} + 2e \rightarrow Zn \qquad E^o = -0,76\ V$$
$$Cd^{2+} + 2e \rightarrow Cd \qquad E^o = -0,40\ V$$
mas
$$Hg^{2+} + 2e \rightarrow Hg \qquad E^o = +0,85\ V$$

Zn e Cd são sólidos prateados que rapidamente perdem o brilho quando expostos ao ar úmido. Hg é um líquido prateado, que não se torna escuro com a mesma facilidade. Zn e Cd se dissolvem em ácidos não-oxidantes diluídos liberando H_2, mas Hg não reage. Os três metais reagem com ácidos oxidantes, como HNO_3 e H_2SO_4 concentrados, formando sais e liberando uma mistura de óxidos de nitrogênio e de SO_2, respectivamente. Nessas condições, Hg forma sais de mercúrio(II), mas reage lentamente com HNO_3 diluído formando o sal de mercúrio(I), $Hg_2(NO_3)_2$.

Zn é o único elemento do grupo com algumas propriedades anfóteras: solubiliza-se em álcalis formando zincatos como $Na_2[Zn(OH)_4]$, $Na[Zn(OH)_3 \cdot (H_2O)]$ ou $Na[Zn(OH)_3 \cdot (H_2O)_3]$, de modo semelhante aos aluminatos.

Os três metais formam óxidos MO, sulfetos MS e haletos MX_2, pela reação sob aquecimento dos elementos envolvidos. HgO se decompõe a altas temperaturas, e esta reação tem sido utilizada como método de preparação de O_2.

$$Hg + O_2 \xrightarrow{350°C} HgO \xrightarrow{400°C} Hg + O_2$$

Os três elementos formam sulfetos insolúveis. Na análise qualitativa, CdS (amarelo) e HgS (preto) são precipitados, borbulhando-se H_2S nas soluções previamente acidificadas. ZnS (branco) é mais solúvel, e só pode ser precipitado pelo H_2S de soluções alcalinas. $ZnCl_2$ e $CdCl_2$ são iônicos, mas $HgCl_2$ é covalente. A energia necessária para promover um elétron *s* para um orbital *p* antes de formar duas ligações covalentes, decresce do Zn para o Cd; mas surpreendentemente, aumenta do Cd para o Hg. Zn e Cd reagem com P formando fosfetos, mas Hg não reage.

Todos os três metais formam ligas com diversos outros metais. Cu e Zn formam diversas ligas chamadas de bronzes, que podem conter de 20% a 50% de Zn. Os bronzes são comercialmente importantes. Ligas de Hg com outros metais são denominadas amálgamas. A amálgama de sódio é formada na célula de cátodo de mercúrio, no processo de fabricação de NaOH. Amálgamas de zinco e de sódio são usadas no laboratório como fortes agentes redutores. A maioria dos elementos da primeira série de transição não formam amálgamas, exceto Mn, Cu e Zn. Os elementos de transição mais pesados formam amálgamas com facilidade.

Num grupo vertical do bloco *d*, os elementos da segunda e terceira séries tem tamanho e propriedades químicas semelhantes, mas diferem consideravelmente dos elementos da primeira série. Em contraste, nesse grupo, Zn e Cd são muito semelhantes mas diferem consideravelmente do Hg.

ÓXIDOS

O único óxido comercialmente importante é o ZnO. Seu principal uso está na indústria da borracha, pois diminui o tempo necessário para a ocorrência da vulcanização. ZnO também é usado como pigmento branco em tintas. É muito menos usado para essa finalidade que o TiO_2, pois este tem um maior índice de refração e, portanto, um maior poder de cobertura. ZnO é também a matéria-prima para a obtenção de outros compostos de Zn, tais como estearato de zinco e palmitato de zinco. Esses dois compostos são detergentes ("sabões") e são utilizados para estabilizar plásticos e como agentes secantes de tintas. A produção mundial de ZnO foi de 366.500 toneladas em 1991.

As propriedades básicas aumentam de cima para baixo dentro do grupo. ZnO é anfótero e se dissolve em ácidos, formando sais, e em álcalis, formando zincatos tais como $[Zn(OH)_4]^{2-}$ e $[Zn(OH)_3 \cdot (H_2O)]^-$. A adição de álcalis a uma solução aquosa de Zn^{2+} leva inicialmente à formação de um precipitado branco gelatinoso de $Zn(OH)_2$, que se dissolve num excesso de álcali formando zincatos. CdO é essencialmente básico, mas em soluções muito concentradas de base, $Na_2[Cd(OH)_4]$ é formado. $Zn(OH)_2$ e $Cd(OH)_2$ se dissolvem em excesso de amônia, formando complexos amina. HgO é totalmente básico.

Os três óxidos são formados pela combinação direta dos elementos, ou então na decomposição térmica dos nitratos correspondentes. ZnO e CdO sublimam, sugerindo que são significativamente covalentes. HgO não sublima, mas se decompõe quando aquecido.

$$2HgO \xrightarrow{\text{aquec. superior a 400°C}} 2Hg + O_2$$

Logo, a estabilidade térmica dos óxidos decresce na seqüência Zn > Cd > Hg.

ZnO é branco quando frio, mas se torna amarelo quando aquecido. Depois de esfriar, volta a ser branco. CdO pode ser amarelo, verde ou marrom à temperatura ambiente, dependendo do tratamento térmico ao qual foi submetido. Contudo, é branco na temperatura do ar líquido. Esses compostos divalentes possuem uma camada *d* completa, e a cor não é devida a transições *d–d*. A cor se deve aos defeitos existentes na estrutura do sólido (ZnO perde O quando aquecido). O número de defeitos aumenta com o aumento da temperatura, e deve tender a zero, no zero absoluto (vide Capítulo 3). HgO pode ser encontrado nas formas amarela e vermelha.

A adição de uma base às soluções dos sais dos elementos do grupo leva à precipitação de $Zn(OH)_2$, $Cd(OH)_2$ e HgO (amarelo), e não $Hg(OH)_2$. A forma amarela do HgO tem a mesma estrutura cristalina que a forma vermelha mais comum, que se forma quando os elementos ($Hg + O_2$) ou o nitrato $Hg(NO_3)_2$ são aquecidos. A diferença de cor se deve à diferença no tamanho das partículas.

Quando $Zn(OH)_2$ e $Cd(OH)_2$ são tratados com H_2O_2, dão origem a peróxidos de composição variável.

DI-HALETOS

Todos os 12 di-haletos MX_2 são conhecidos. Os fluoretos têm pontos de fusão consideravelmente maiores que os dos demais haletos, pois são compostos iônicos. Os pontos de fusão dos cloretos, brometos e iodetos são relativamente baixos, sugerindo que são compostos parcialmente covalentes.

ZnF_2, CdF_2 e HgF_2 são sólidos brancos, são consideravelmente mais iônicos e têm pontos de fusão mais elevados que os demais haletos. Não são muito solúveis em água. Em parte, isso se deve à grande energia reticular e, também, ao fato de não formarem complexos com íons haleto em solução.

ZnF_2 tem a estrutura do rutilo (TiO_2), na qual o íon Zn^{2+} está rodeado octaedricamente por seis íons F^-. Os íons Cd^{2+} e Hg^{2+} são maiores e estão octacoordenados, numa estrutura análoga à da fluorita (CaF_2).

As estruturas do $ZnCl_2$, $ZnBr_2$ e ZnI_2 podem ser consideradas como sendo constituídas por arranjos de empacotamento compacto de íons haleto, com os íons Zn^{2+} ocupando um quarto dos interstícios tetraédricos. Por outro lado, os compostos CdX_2 são constituídos por arranjos de empacotamento compacto de íons haleto, com os íons Cd^{2+} ocupando metade dos interstícios octaédricos. O grau de polarização é considerável, e esses retículos cristalinos não são completamente regulares, como se espera no caso de compostos iônicos. $CdCl_2$ e CdI_2 formam estruturas lamelares um pouco diferentes, nas quais os íons Cd^{2+} ocupam todos os interstícios octaédricos em uma camada e nenhum na camada seguinte. Isso sugere que esses compostos são parcialmente covalentes (vide Capítulo 3). Em contraste, os compostos $HgCl_2$, $HgBr_2$ e HgI_2 são covalentes e possuem baixos pontos de fusão. $HgCl_2$ sólido é constituído por moléculas lineares Cl–Hg–Cl, com ligações Hg–Cl de 2,25 Å. Há pouca interação entre os átomos de Hg e Cl, a não ser entre o átomo de Hg e os dois átomos de Cl que formam as moléculas (demais distâncias interatômicas = 3,34 Å). $HgBr_2$ e HgI_2 formam sólidos lamelares.

Os haletos são todos brancos, exceto pelo $CdBr_2$, que é amarelo pálido, e pelo HgI_2, que pode ser encontrado nas formas vermelha e amarela. A cor se deve a transições de transferência de carga.

Os cloretos, brometos e iodetos de Zn e de Cd são higroscópicos e muito solúveis em água. As solubilidades são:

$ZnCl_2$ 432 g em 100 g de água a 25 °C
$CdCl_2$ 140 g em 100 g de água a 20 °C

Tabela 28.5 — Di-haletos e seus pontos de fusão

ZnF_2	872°C	CdF_2	1.049°C	HgF_2	645°C*
$ZnCl_2$	283°C	$CdCl_2$	568°C	$HgCl_2$	276°C
$ZnBr_2$	394°C	$CdBr_2$	567°C	$HgBr_2$	236°C
ZnI_2	446°C	CdI_2	387°C	HgI_2	259°C

* Decompõe

A grande solubilidade se deve em parte à baixa energia reticular (também responsável pelos baixos pontos de fusão). Outro motivo para a elevada solubilidade decorre do fato dos íons formarem vários complexos, tais como $[Zn(H_2O)_6]^{2+}$, $ZnCl_{2(hidratado)}$, $ZnCl^{+}_{(hidratado)}$ e $[ZnCl_4(H_2O)_2]^{2-}$, em solução. As soluções de sais de Zn^{2+} e de Cd^{2+} são ácidas, por causa da hidrólise:

$$H_2O + [Zn(H_2O)_6]^{2+} \rightarrow [Zn(H_2O)_5OH]^{+} + H_3O^{+}$$

Soluções concentradas de $ZnCl_2$ são corrosivas, e dissolvem papel. $ZnCl_2$ tem importância econômica e é usado no tratamento de tecidos. $ZnCl_2$ também é usado como fundente em solda. É também conhecido como "sal de solda" (killed salts), pois é capaz de dissolver óxidos metálicos, fazendo com que a solda se ligue a uma superfície limpa do metal.

Os sais de Zn são geralmente hidratados. Os sais de Cd são menos hidratados: os haletos não se ionizam completamente quando são dissolvidos e podem sofrer uma reação de auto-complexação. Assim, CdI_2 pode gerar uma mistura de Cd^{2+} hidratado, CdI^{+}, $[CdI_3]^{-3}$ e $[CdI_4]^{2-}$ em solução: a proporção entre essas espécies depende da concentração. Sais de mercúrio(II) são geralmente anidros e não se ionizam apreciavelmente quando dissolvidos em água. $HgCl_2$ é conhecido como *sublimado corrosivo*, sendo obtido pelo aqueci-mento de $HgSO_4$ com NaCl e usado como antisséptico desde a Idade Média. É um composto muito tóxico. Contudo, o calomelano, Hg_2Cl_2, é usado em medicina como um poderoso laxante.

COMPLEXOS

Os íons Zn^{2+} e Cd^{2+} formam complexos com ligantes doadores de O, com ligantes doadores de N e S, e também com haletos. Hg(+II) forma complexos com ligantes doadores de N, P e S, mas menos facilmente com doadores de O. A estabilidade dos complexos com Hg(+II) é muito maior que a dos complexos dos outros dois elementos. Isso não corresponde à regra, pois normalmente os íons menores formam complexos com maior facilidade. Não são conhecidos complexos com ligantes formadores de ligações π, como CO, NO ou alcenos. Contudo, Zn e Cd formam complexos com CN^-, por exemplo, $[Zn(CN)_4]^{2-}$. Os complexos de Zn são geralmente incolores, mas complexos de Hg (e em menor extensão de Cd) são freqüentemente coloridos, por causa das transições de transferência de carga. São conhecidos complexos desses elementos com números de coordenação de 2 a 8. Como possuem configuração d^{10}, a energia de estabi-lização de campo cristalino é igual a zero.

Os complexos de Zn^{II} e Cd^{II} são geralmente tetracoordenados e tetraédricos. São conhecidos muitos complexos tetraédricos, como $[MCl_4]^{2-}$, $[M(H_2O)_4]^{2+}$, $[M(NH_3)_4]^{2+}$, $[M(NH_3)_2Cl_2]$, $[Zn(CN)_4]^{2-}$, $[Zn(piridina)_2Cl_2]$ e $[Cd(piridina)_2Cl_2]$. No $[Zn(SCN)_4]^{2+}$ o ligante está ligado pelo N, mas no $[Cd(SCN)_4]^{2+}$ a ligação ocorre pelo S.

Zn e Cd formam diversos complexos octaédricos hexacoordenados, como $[M(H_2O)_6]^{2+}$, $[M(NH_3)_6]^{2+}$, $[M(etilenodiamina)_3]^{2+}$ e $[Cd(\textit{orto}\text{-fenantrolina})_3]^{2+}$. Os complexos octaédricos de Zn não são muito estáveis, mas Cd forma complexos octaédricos com maior facilidade. Estes são mais estáveis que os de Zn, porque o Cd é maior.

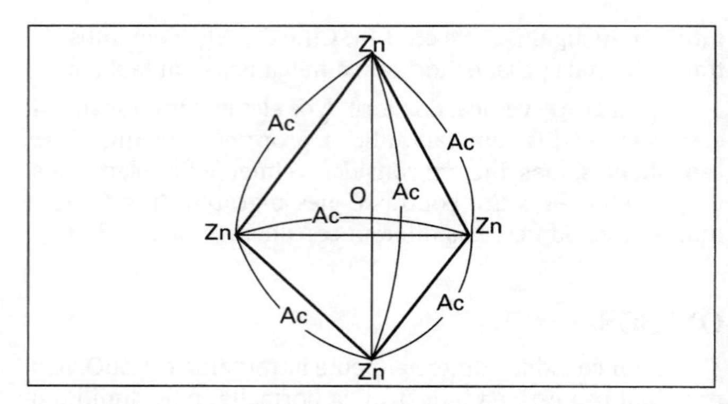

Figura 28.1 — A estrutura do acetato básico de zinco, $(CH_3COO)_6 \cdot Zn_4O$

Geralmente, os complexos de Hg^{II} são octaédricos, mas são apreciavelmente distorcidos, com duas ligações mais curtas e quatro ligações mais longas. No caso extremo, essa distorção leva à formação de complexos com apenas duas ligações, ou seja, bicoordenado. Podem ser citados como exemplos os complexos $Hg(CN)_2$, $Hg(SCN)_2$ e $[Hg(NH_3)_2]Cl_2$. Este último contém o íon linear $[H_3N{-}Hg{-}NH_3]^{2+}$. O íon Hg^{II} também forma alguns complexos tetraédricos, como $[Hg(SCN)_4]^{2-}$ e $K_2[HgI_4]$. Este é o reagente de Nessler usado na detecção e determinação quantitativa de amônio em solução. O reagente de Nessler reage com amônia em concentrações tão baixas quanto 1 ppm, provocando o aparecimento de uma coloração amarela ou de um precipitado marrom. Esse teste é usado na análise de água potável. A presença de íons NH_4^+ em água nessa concentração não é em si prejudicial, mas pode indicar a presença de contaminantes orgânicos. Cloreto de mercúrio(II) se encontra em solução essencialmente como $HgCl_2$, mas $[HgCl_4]^{2-}$ pode ser formado caso haja um excesso de Cl^-. Nos complexos de Hg, dois ligantes estão ligados mais fortemente que os demais, e alguns aminocomplexos, podem liberar amônia do sólido.

$$[Hg(NH_3)_4](NO_3)_2 \rightarrow [Hg(NH_3)_2](NO_3)_2 + 2NH_3$$

Zn e Cd raramente formam complexos bicoordenados.

Complexos tricoordenados são raros, sendo um dos exemplos o complexo $[HgI_3]^-$. Complexos pentacoordenados também não são comuns, mas têm-se exemplos como $[CdCl_5]^{3-}$ e $[Zn(terpiridina)Cl_2]$, cuja estrutura é bipirâmide trigonal. Há poucos exemplos de complexos com número de coordenação 7 e 8. Exemplos de complexos octacoordenados são $[Zn(NO_3)_4]^{2-}$ e $[Hg(NO_3)_4]^{2-}$. Esses complexos possuem ligantes bidentados doadores de O com ângulo de coordenação pequeno, tal como o NO_3^-, no qual dois de seus átomos de O ocupam posições de coordenação.

O zinco forma o acetato básico de zinco $(CH_3COO)_6Zn_4O$, um complexo muito semelhante ao acetato básico de berílio, tanto no que se refere à estrutura como às propriedades (vide Fig. 28.1). O complexo de zinco hidrolisa-se mais facilmente que o de berílio, dado que o zinco pode aumentar seu número de coordenação até 6.

COMPOSTOS DE MERCÚRIO(+I)

Somente alguns poucos compostos de Hg(+I) são conhecidos. Eles não contém Hg^+, mas o íon $(Hg{-}Hg)^{2+}$.

Os dois átomos de Hg estão ligados por meio dos orbitais 6*s*. O mercúrio é um elemento singular por formar íons metálicos dinucleares estáveis. Dentre os metais, os dois únicos outros metais que formam íons dinucleares são $(Zn\text{–}Zn)^{2+}$ e $(Cd\text{–}Cd)^{2+}$. Mas, esses íons são instáveis e tais espécies só foram detectadas espectroscopicamente em misturas fundidas de $Zn/ZnCl_2$ e $Cd/CdCl_2$.

Os compostos de mercúrio (I) podem ser obtidos reduzindo-se os sais de mercúrio(II) com o metal. Alternativamente, o nitrato de mercúrio(I) pode ser obtido dissolvendo-se Hg em HNO_3 diluído. Hg_2CO_3 é, então, precipitado pela adição de $NaHCO_3$, e outros sais podem ser obtidos a partir deste composto, por exemplo, reagindo-se com HCl, HF, H_2SO_4, etc.

Os quatro haletos de mercúrio(I) são conhecidos. $[Hg_2]F_2$ é hidrolisado pela água e, a seguir, se desproporciona.

$$[Hg_2]F_2 + 2H_2O \rightarrow 2HF + \underset{\text{instável}}{[Hg_2](OH)_2}$$

$$[Hg_2](OH)_2 \xrightarrow{\text{desproporcionamento}} Hg^{II}O + Hg^0 + H_2O$$

$[Hg_2]Cl_2$, $[Hg_2]Br_2$ e $[Hg_2]I_2$ são insolúveis em água. O nitrato $[Hg_2](NO_3)_2 \cdot 2H_2O$ é solúvel em água e a solução contém o íon linear $[H_2O\text{–}Hg\text{–}Hg\text{–}OH_2]^{2+}$. $Hg_2(ClO_4)_2 \cdot 4H_2O$ também é solúvel. Nenhum óxido, hidróxido ou sulfeto é conhecido.

Os potenciais de redução padrão são tão próximos que agentes oxidantes como HNO_3 concentrado oxidam Hg a Hg^{2+} e não a Hg(I) (caso o oxidante esteja presente em excesso).

$$Hg^{2+} \rightarrow Hg \qquad E^o = +0{,}85\ V$$

e

$$[Hg_2]^{2+} \rightarrow Hg \qquad E^o = +0{,}79\ V$$

Pode-se inferir, analisando-se um diagrama de potenciais de redução, que o íon $[Hg_2]^{2+}$ é estável por uma pequena margem frente à reação de desproporcionamento, nas condições padrão,

$$Hg^{2+} + Hg \rightleftharpoons Hg_2^{\,2+} \qquad E^o = +0{,}13\ V$$

A constante de equilíbrio *K* da reação pode ser calculada a partir do potencial E^o:

$$E^o = \frac{RT}{nF}\ln K$$

$$K = \frac{\text{concentração de }(Hg_2)^{2+}}{\text{concentração de }Hg^{2+}} \approx 170$$

Assim, soluções de compostos mercúrio(I) contêm um íon Hg^{2+} para cada 170 íons $[Hg_2]^{2+}$. O equilíbrio é delicado. Se for adicionado à solução um reagente que remova íons Hg^{2+} da mistura (formando um composto insolúvel, ou então um complexo), o equilíbrio será deslocado para a esquerda. Nessas condições os íons $(Hg_2)^{2+}$ se desproporcionarão completamente em Hg^{2+} e Hg. Por exemplo, a adição de OH^- ou S^{2-} forma um precipitado contendo HgO e Hg, ou HgS e Hg. A causa da inexistência de diversos compostos de mercúrio(I), como o hidróxido, o sulfeto e o cianeto, se deve à precipitação dos respectivos compostos de Hg^{2+}, deslocando o equilíbrio da reação de desproporcionamento acima completamente para a esquerda. Por outro lado, é possível obter compostos de mercúrio(I) aquecendo-se compostos de mercúrio(II), com pelo menos 50% de excesso de Hg.

$$HgCl_2 + Hg \rightarrow]Hg_2]Cl_2$$

Na análise qualitativa, a presença de Hg_2Cl_2 em solução é confirmada pela formação de um precipitado preto, mediante adição de NH_4OH. O resíduo preto pode ser $Hg(NH_3)_2Cl_2$, $HgNH_2Cl$ ou $Hg_2NCl \cdot H_2O$, ou então uma mistura dos três compostos com Hg.

Existem poucos complexos de mercúrio(I), por causa do grande tamanho do íon binuclear, e porque a maioria dos ligantes provoca o deslocamento da reação de desproporcionamento, discutido acima.

Um aspecto único do mercúrio no estado (+I) é o fato dele ser constituído por dois átomos metálicos ligados diretamente entre si, sendo sua estrutura $[Hg\text{–}Hg]^{2+}$. Há diversas evidências experimentais a favor dessa estrutura.

Difração de raios X

A estrutura cristalina de diversos compostos de mercúrio(I) foi determinada por difração de raios X. Considere por exemplo o composto Hg^ICl. Se ele fosse constituído por Hg^+ e Cl^-, sua estrutura teria íons Hg^+ alternados com íons Cl^-. Contudo, em vez desse arranjo, foi observado o arranjo linear Cl–Hg–Hg–Cl. Os demais compostos de Hg^I também apresentam pares Hg–Hg em vez de íons discretos Hg^+. O comprimento da ligação Hg–Hg varia dependendo do composto: $[Hg_2]F_2$, 2,51 Å; $[Hg_2]Cl_2$, 2,53 Å; $[Hg_2]Br_2$, 2,49 Å; $[Hg_2]I_2$, 2,69 Å; $[Hg_2](NO_3)_2 \cdot 2H_2O$, 2,54 Å; $[Hg_2]SO_4$, 2,50 Å. Todos são menores que a distância de 3,00 Å no mercúrio sólido.

Constantes de equilíbrio

As constantes de equilíbrio podem ser medidas, e fornecem evidências sobre as espécies presentes. Os compostos mercúrio(I) podem ser obtidos a partir dos correspondentes compostos de mercúrio(II) e mercúrio metálico. Se a reação for:

$$Hg(NO_3)_2 + Hg \rightarrow 2HgNO_3$$
$$Hg^{2+} + Hg \rightarrow 2Hg^+$$

teremos, pela lei da ação das massas

$$\frac{[Hg^+]^2}{[Hg^{2+}]} = \text{constante}$$

Os experimentos mostraram que isso não é verdadeiro. Se, porém, tivermos:

$$Hg^{2+} + Hg \rightarrow (Hg_2)^{2+} \qquad \text{então} \quad \frac{[Hg_2]^{2+}}{[Hg^{2+}]} = \text{constante}$$

Isso foi verificado experimentalmente, comprovando-se assim que os íons mercúrio(I) são $Hg_2^{\,2+}$, ou seja, $(Hg\text{–}Hg)^{2+}$.

Células de concentração

A análise das medidas da força eletromotriz de uma célula de concentração de nitrato mercuroso indicou que o íon mercúrio(I) possui duas cargas positivas. O potencial E^0 da célula abaixo foi medido, encontrando-se o valor 0,029 V, a 25 °C.

Hg	nitrato de mercúrio(I) 0,005 M em HNO_3 M/10 (1)	nitrato de mercúrio(I) 0,05 M em HNO_3 M/10 (2)	Hg

$$E = \frac{2,303RT}{nF} \log \frac{c_2}{c_1}$$

Substituindo-se os valores numéricos nesta equação:

$$0,029 = \frac{0,059}{n} \log \frac{0,05}{0,005}$$

Logo, $n = 2,0$

O número de cargas no íon positivo, n, pode ser calculado, pois R a constante dos gases, T a temperatura absoluta, F o faraday e c_1 e c_2 as concentrações das soluções, são valores conhecidos. O valor calculado de n foi 2, confirmando a estrutura $(Hg_2)^{2+}$.

Espectros Raman

O espectro Raman do nitrato de mercúrio(I) contém as linhas características do grupo NO_3^-. Linhas semelhantes aparecem nos espectros de muitos outros nitratos. Porém, o espectro do nitrato de mercúrio apresenta uma linha adicional em 171,7 cm^{-1}, que é atribuída à ligação Hg–Hg. Estiramentos homonucleares de espécies diatômicas são ativos no espectro Raman, mas inativos no espectro infravermelho. Esse foi o primeiro exemplo do uso do espectro Raman na identificação de uma nova espécie.

Propriedades magnéticas

Todos os compostos de mercúrio(I) são diamagnéticos, tanto no estado sólido como em solução. O íon Hg^+ deveria ter um elétron desemparelhado e ser paramagnético, mas no $[Hg–Hg]^{2+}$ todos os elétrons estão emparelhados e essa espécie deve ser diamagnética.

Medidas crioscópicas

O abaixamento do ponto de congelamento de um líquido depende do número de partículas dissolvidas no líquido. No caso do nitrato de mercúrio(I), os valores obtidos são coerentes com a ionização do composto nos íons Hg_2^{2+} e dois NO_3^-, ao invés dos íons Hg^+ e NO_3^-.

POLICÁTIONS

Os compostos $Hg_3(AlCl_4)_2$ e $Hg_4(AsF_6)_2$ contêm cátions, respectivamente, com três e quatro átomos de mercúrio ligados, formando cadeias quase lineares. Esses compostos podem ser obtidos por reações do tipo:

$$2Hg + HgCl_2 + 2AlCl_3 \rightarrow Hg_3(AlCl_4)_2$$
$$3Hg + 3AsF_5 \rightarrow Hg_3(AsF_6)_2 + AsF_3$$
$$4Hg + 3AsF_5 \rightarrow Hg_4(AsF_6)_2 + AsF_3$$

Os comprimentos de ligação nos cátions, estimados a partir de suas estruturas cristalinas, são:

$$\left[Hg \xrightarrow{2,55\ \text{Å}} Hg \xrightarrow{2,55\ \text{Å}} Hg\right]^{2+} \left[Hg \xrightarrow{2,57\ \text{Å}} Hg \xrightarrow{2,70\ \text{Å}} Hg \xrightarrow{2,57\ \text{Å}} Hg\right]^{2+}$$

Embora não sejam idênticos, os comprimentos de ligação estão na faixa de comprimentos encontrados na maioria dos compostos de mercúrio(I). A natureza da ligação nesses íons é de interesse. No íon Hg_2^{2+}, os dois átomos de Hg estão ligados pelos orbitais 6*s*. Essa estratégia não pode ser estendida para três ou quatro átomos. Por outro lado, se o íon mercúrio(I) fosse constituído por um íon Hg^{2+} e um átomo de Hg coordenado a ele, ou seja, $Hg^{2+}\leftarrow Hg$, não haveria problemas em se estender essa ligação ao trímero $Hg \rightarrow Hg^{2+} \leftarrow Hg$. Mas mesmo assim, é difícil de se imaginar a formação de um tetrâmero linear. A resposta pode estar numa ligação multicentrada. É possível se obter $[Hg_{2,85}(AsF_6)]_n$, um sólido incomum, em SO_2 líquido:

$$6n(Hg) + 3n(AsF_5) \rightarrow [Hg_{2,85}(AsF_6)]_n + n(AsF_3)$$

Sua estrutura cristalina é constituída por cadeias de átomos de Hg nas direções x e y. Esse composto conduz a eletricidade quase tão bem quanto o mercúrio e torna-se um supercondutor, a baixas temperaturas.

COMPOSTOS ORGANOMETÁLICOS

O primeiro composto organometálico obtido foi o sal de Zeise, $K[Pt(\eta^2C_2H_4)Cl_3]H_2O$, em 1825, mas permaneceu como uma curiosidade química. Os primeiros compostos organometálicos úteis (encontrou emprego em síntese orgânica) foram preparados por Sir Edward Frankland, em 1849. Esses compostos eram de dois tipos:

1) Compostos de dialquilzinco, ZnR_2; e

2) Haletos de alquilzinco, RZnX.

Foram originalmente obtidos pela reação:

$$EtI + Zn \xrightarrow{\text{atmosfera inerte, } N_2} EtZnI \xrightarrow{\text{calor}} Et_2Zn + ZnI_2$$

A reação dá melhores resultados com iodetos de alquila ou arila, mas é mais econômico usar RBr e uma liga Zn/Cu. CO_2 pode ser usado para gerar uma atmosfera inerte. Os produtos ZnR_2 são líquidos covalentes ou, então, sólidos de baixos pontos de fusão. Os haletos de alquilzinco aparentemente têm a estrutura:

```
R         X
 \       /
  Zn—Zn
 /       \
R         X
```

Eles foram usados em sínteses orgânicas antes da descoberta dos reagentes de Grignard, RMgX. Geralmente, os reagentes de Grignard são de síntese e manipulação mais convenientes.

Os compostos orgânicos de Zn e de Cd (e também de Li e de Mg) se decompõem rapidamente ao entrar em contato com a água ou o ar. Os compostos de alquilzinco e alquilcádmio podem ser convenientemente preparados a partir dos reagentes de Grignard ou compostos de (alquil)lítio, ou, então, a partir de compostos de alquilmercúrio.

$$CdCl_2 + 2RMgCl \rightarrow CdR_2 + 2MgCl_2$$
$$ZnCl_2 + 2RLi \rightarrow ZnR_2 + 2LiCl$$
$$Zn + HgR_2 \rightarrow ZnR_2 + Hg$$

Compostos do tipo do de Grignard podem ser obtidos como se segue:

$$CdR_2 + CdI_2 \rightarrow 2RCdI$$

R_2Zn e R_2Cd reagem de maneira semelhante aos reagentes de Grignard e aos compostos de (alquil)lítio, mas são menos reativos e não reagem com CO_2. A menor reatividade desses compostos permite realizar reações de alquilação seletivas:

$$R_2Zn + EtOH \rightarrow RZnOEt + RH$$

O uso mais importante dos compostos organocádmicos é na obtenção de cetonas. O método explora a menor reatividade dos compostos de alquilcádmio, já que os reagentes de Grignard reagiriam com as cetonas obtidas.

$$R_2Cd + 2CH_3COCl \rightarrow 2\ (R)(CH_3)CO + CdCl_2$$

Um grande número de compostos organomercúricos, do tipo R_2Hg e RHgX monoméricos, são conhecidos. Eles são muito mais estáveis ao ar e à água que os compostos de zinco. São obtidos facilmente reagindo-se $HgCl_2$ com reagentes de Grignard, em tetra-hidrofurano, ou pela reação de HgX_2 com um hidrocarboneto:

$$HgCl_2 + RMgBr \rightarrow RHgCl + {}^1/_2MgCl_2 + {}^1/_2MgBr_2$$
$$RHgCl + RMgBr \rightarrow R_2Hg + {}^1/_2MgCl_2 + {}^1/_2MgBr_2$$
$$HgX_2 + RH \rightarrow RHgX + HX$$

Compostos de arilmercúrio podem ser preparados a partir de acetato de mercúrio(II):

$$C_6H_6 + (CH_3COO)_2Hg \rightarrow \underset{\text{acetato de fenilmercúrio}}{C_6H_5 \cdot HgOOC \cdot CH_3}$$

Compostos organomercúricos são importantes na preparação de compostos organometálicos dos Grupos 1 e 2, além dos compostos organometálicos de Al, Ga, Sn, Pb, Sb, Bi, Se, Te, Zn e Cd.

$$R_2Hg + 2Na \rightarrow 2RNa + Hg$$

Compostos do tipo R_2Hg são líquidos covalentes ou sólidos de baixo ponto de fusão e são extremamente tóxicos. Os compostos do tipo RHgX são sólidos e, também, são extremamente tóxicos. Muitos compostos do tipo RHgX, como EtHgCl, PhHgCl e $PhHgOOC > CH_3$, assim como $Hg(Me)_2$, foram extensivamente usados no tratamento de sementes, e como pesticidas e fungicidas.

Sais de mercúrio(II) se adicionam às duplas ligações de alcenos.

$$HgCl_2 + \rangle C{=}C\langle \rightarrow Cl{-}\rangle C{-}C\langle{-}HgCl$$

Sais de mercúrio(II) também atuam como catalisadores da reação de hidratação de alcinos (acetilenos). A produção de etanal (acetaldeído) a partir de acetileno é economicamente importante.

$$CH{\equiv}CH \xrightarrow{H_2O} CH_2{=}CHOH \xrightarrow{H_2O} CH_3{-}CHO$$

IMPORTÂNCIA BIOLÓGICA DO ZINCO

O zinco exerce um importante papel nos sistemas enzimáticos de animais e de plantas. O organismo de uma pessoa adulta contém cerca de 2 g de Zn. Trata-se do segundo elemento de transição mais abundante, perdendo apenas para o Fe (~ 4 g). Existem cerca de 20 enzimas contendo Zn. Algumas das mais conhecidas são:

1) Anidrase carbônica, está presente nas células vermelhas do sangue e participa do processo de respiração. Ela acelera a absorção de CO_2 pelas células vermelhas do sangue, nos músculos e outros tecidos e, também, acelera a reação inversa, ou seja, a liberação de CO_2 nos pulmões. Ao mesmo tempo regula o pH.

$$CO_2 + OH^- \rightleftharpoons HCO_3^-$$

2) Carboxipeptidase, presente no suco pancreático. Está envolvida no processo de digestão de proteínas pelos animais e, também, participa do metabolismo de proteínas em plantas e animais. A enzima catalisa a hidrólise da ligação peptídica (amídica) terminal, na extremidade que contém a carboxila. A enzima é seletiva. Ela só atua quando o grupo R do aminoácido terminal for aromático ou uma cadeia alifática ramificada, e tenha a configuração *L*.

$$-CH(R'')-C(=O)-NH-CH(R')-C(=O)-NH-CH(R)-C(=O)-OH + H_2O \rightarrow$$
$$-CH(R'')-C(=O)-NH-CH(R')-C(=O)-OH + NH_2-CH(R)-C(=O)-OH$$

3) Fosfatase alcalina (liberação de energia).
4) Desidrogenases e aldolases (metabolismo de glicídios).
5) Álcool desidrogenase (metabolismo do álcool).

TOXICIDADE DO CÁDMIO E DO MERCÚRIO

É estranho que o zinco seja um elemento essencial à vida, enquanto que os outros dois elementos desse grupo, Cd e Hg, são extremamente tóxicos. Os maiores riscos de intoxicação com cádmio ocorrem nas proximidades de fundições de zinco, pois o Cd escapa como poeira junto com os gases produzidos. A fabricação de baterias de Ni/Cd causaram problemas na Suécia e no Japão. Também, há uma certa preocupação em relação ao conteúdo de Cd na fumaça do cigarro. Quando ingerido, o cádmio se acumula nos rins, provocando seu mau funcionamento. Além disso, pode substituir o Zn em algumas enzimas, inativando-as.

O vapor de mercúrio é tóxico e, se inalado, pode provocar vertigens, tremores, danos aos pulmões e ao cérebro. No laboratório, o mercúrio deve ser recoberto com óleo ou tolueno e derramamentos acidentais desse metal devem ser tratados com enxofre, de modo a formar HgS.

Compostos inorgânicos tais como $HgCl_2$, Hg_2Cl_2 e HgO, também, são tóxicos quando ingeridos. O mercúrio é um veneno cumulativo (como Cd, Sn, Pb e Sb). Como esses metais não têm função biológica, não existe nenhum mecanismo para eliminá-los do organismo. O íon Hg^{II} inibe enzimas, particularmente aquelas contendo grupos tióis, –SH.

Esses compostos inorgânicos de mercúrio foram empregados para controlar o crescimento de bolores em fábricas de polpa de madeira e de papel. São ainda usados em tintas protetoras contra o apodrecimento, como fungicidas para o tratamento de sementes e de plantas, e no controle de uma doença conhecida como potra (*plasmodiophora brassicae*), que ocorre em couves. Mais recentemente, compostos organomercúricos, tais como dimetilmercúrio, $Hg(Me)_2$, e MeHgX, foram usados para prevenir o ataque de fungos em sementes. Compostos alquilmercúricos, como o dimetilmercúrio, são muito mais tóxicos que os compostos inorgânicos de mercúrio. Os compostos de arilmercúrio são ainda mais perigosos. Eles podem provocar paralisia, perda de visão, surdez, loucura e morte, devido aos danos provados ao cérebro.

Foram registrados diversos incidentes alarmantes envolvendo intoxicação com mercúrio:

1) No início do século, sais de mercúrio eram empregados na indústria de chapéus de feltro. A poeira afetava o sistema nervoso central dos operários, provocando tremores musculares, conhecidos na literatura inglesa como "tremores de chapeleiro" ("hatter's shakes"). Isso levou à expressão "mad as a hatter", que significa algo como "doido varrido", ou literalmente, "doido como um chapeleiro".
2) Em 1952, 52 pessoas morreram em Minamata (Japão), como conseqüência da ingestão de peixe contaminado com mercúrio. O Hg provinha dos efluentes de uma fábrica que usava sais de Hg^{II} como catalisadores na fabricação de etanal (acetaldeído) a partir de acetileno. O $HgCl_2$ era convertido no composto organomercúrico, MeHgSMe, por bactérias anaeróbias existentes no lodo do leito da baía. Esse composto era concentrado na cadeia alimentar. Inicialmente era absorvido pelo plâncton, que serve de alimento para os peixes e outros animais marinhos, utilizados na alimentação dos habitantes do local. Em 1960 e novamente em 1965, foi registrado um aumento repentino no número de casos de intoxicação por mercúrio no Japão, causados por consumo de crustáceos contaminados.
3) Em duas ocasiões, (no Iraque, em 1956 e em 1960) sementes de milho tratados com compostos organo-mercúricos, (para impedir o crescimento de fungos), foram consumidas, em vez de serem utilizadas para fins agrícolas. Isso provocou muitas mortes. Também ocorreram problemas com resíduos de sais de mercúrio usados como fungicidas em indústrias de papel, na Suécia.

Os problemas provocados pela contaminação por mercúrio são agora melhor compreendidos. Embora os sais inorgânicos de mercúrio sejam tóxicos, sua toxicidade é muito menor que a de compostos alquil ou arilmercúricos. Contudo, é necessário impedir a contaminação ambiental com compostos inorgânicos de mercúrio, como Hg^{2+} e Hg_2^{2+}, pois podem ser metilados por bactérias presentes nos rios, lagos e mares. Algas, moluscos e peixes podem concentrar as pequenas quantidades presentes no meio, por um fator de 2 a 10 vezes. Esses podem servir de alimento para outros organismos, onde ocorre um novo processo de concentração. $HgMe_2$ e $Hg{-}Me^+$ são ambos muito estáveis e persistem por um longo tempo por terem ligações Hg–C fortes. Atualmente, consideráveis precauções estão sendo tomadas para impedir a descarga de compostos de mercúrio com os efluentes industriais. Os principais problemas são causados pelas fábricas de acetaldeído e de cloreto de vinila monomérico, que utilizam compostos de mercúrio como catalisadores, e da indústria de cloro-álcalis, em que NaOH e Cl_2 ainda são obtidos pelo processo eletrolítico utilizando cátodos de mercúrio.

4) O problema mais recente decorre do uso cada vez mais disseminado de mercúrio na extração de ouro, sobretudo no Brasil. A areia e a água dos rios são passados sobre mercúrio para que o ouro eventualmente presente se dissolva no mesmo, formando uma amálgama. O mercúrio perdido nesse procedimento contaminou consideráveis trechos de rios da bacia amazônica.

LEITURAS COMPLEMENTARES

- Bertini, I., Luchinat, C. e Monnanni, R. (1985) Zinc enzymes, *J. Chem. Ed.*, **62**, 924-927.
- Bryce-Smith, D. (1989) Zinc deficiency - the neglected factor, *Chemistry in Britain*, **25**, 783-786.
- Coates, G.E. e Wade, K. (1967) *Organometallic Compounds*, 3ª ed., Vol. 1, Zinco, Cádmio e Mercúrio, Methuen, London.
- Dirkse, T.P. (ed.) (1986) Copper, Silver, Gold, Zinc, Cadmium, Mercury Oxides and Hydroxides, Pergamon, Oxford.
- Friberg, L.T. e Vostal, J.J. (1972) *Mercury in the Environment*, CRC Press, Cleveland.
- Glocking, F. e Craig, P.J. (1988) *The Biological Alkylation of Heavy Elements*, Publicação especial Nº 66, Royal Society of Chemistry, London. (Compostos alquil- e aril-mercúricos no meio ambiente)
- McAuliffe, C. A. (ed.) (1977) *The Chemistry of Mercury*, Macmillan, New York.
- Ochiai, Ei-I. (1988) Uniqueness of zinc as a bioelement, *J. Chem. Ed.*, **65**, 943-946.
- Prince, R.H. (1979) Some aspects of the biochemistry of zinc, *Adv. Inorg. Chem. Radiochem.*, **22**, 349-440.
- Richards, A.W. (1969) Zinc extraction metallurgy in the UK, *Chemistry in Britain*, **5**,203-206.
- Roberts, H.L. (1968) The chemistry of mercury, *Adv. Inorg. Chem. Radiochem.*, **11**, 309.
- Valentine, J.S. e de Freitas, D.M. (1985) Copper-zinc dismutase *J. Chem. Ed.* **62**, 990-996.

PROBLEMAS (REFERENTES AOS CAPÍTULOS 19 A 28)

1. Explique por que La_2O_3 não é reduzido pelo Al.
2. Explique por que TiO_2 é branco, enquanto que $TiCl_3$ é violeta.
3. Desenhe a estrutura do rutilo. Quais são os números de coordenação dos íons e qual é a relação entre os raios do cátion e do ânion?
4. Descreva o processo de obtenção do Ti metálico e explique por que ele foi denominado "o metal maravilha".
5. Descreva as aplicações dos compostos de titânio em tintas, na polimerização do eteno e na fixação do nitrogênio gasoso.

6. Explique por que as propriedades físicas e químicas dos compostos de Zr e Hf são muito mais semelhantes que as propriedades dos correspondentes compostos de Ti e de Zr.
7. Descreva o que acontece quando se diminui gradualmente o pH de uma solução contendo íons $[VO_4]^{3-}$.
8. Quando vanadato de amônio é aquecido com uma solução de ácido oxálico, ocorre a formação de um composto (Z). Uma amostra de (Z) foi titulada com $KMnO_4$ em meio ácida, a quente. A solução resultante foi reduzida com SO_2, sendo o excesso removido por ebulição. Esta foi novamente titulada com $KMnO_4$.

   A relação entre os volumes da solução de $KMnO_4$ usados nas duas titulações foi de 5:1. Que conclusões podem ser tiradas a respeito da natureza do composto (Z)? Nota: $KMnO_4$ oxida o vanádio em todos os estados de oxidação a vanádio(+V). SO_2 reduz vanádio(+V) a vanádio(+IV).
9. Escreva as equações que descrevem as reações de CrO, Cr_2O_3 e CrO_3 com soluções aquosas de ácidos e de bases.
10. Descreva as estruturas do acetato de cromo(II) e do acetato de cobre(II), e faça comentários sobre os aspecto incomum que você constatar nas mesmas.
11. Como é possível remover todo oxigênio presente no nitrogênio como impureza?
12. O manganês foi descrito como sendo "o mais versátil dos elementos". Explique essa afirmação, e mostre as semelhanças e diferenças entre o comportamento químico do manganês e do rênio.
13. Explique por que $[Mn(HO)_6]^{2+}$ é rosa pálido, MnO_2 é preto, e MnO_4^- tem uma coloração púrpura intensa.
14. Explique por que uma solução verde de manganato(VI) de potássio, K_2MnO_4, se torna púrpura e ocorre a precipitação de um sólido castanho, quando dióxido de carbono é borbulhado através da mesma.
15. Desenhe a estrutura cristalina do ReO_3 e compare-a com a estrutura da perovsquita.
16. Explique por que metais como o ferro são corroídos e como isso poderia ser prevenido.
17. Descreva como se obtém o ferro metálico a partir de seus minérios, e como o ferro gusa é transformado em aço.
18. Descreva o que é: ferro fundido, ferro forjado, aço doce, aço carbono e aço inoxidável.
19. Prever a configuração eletrônica do metal, com base no desdobramento do campo cristalino e da natureza dos ligantes, nos seguintes complexos: a) $[Fe(H_2O)_6]^{2+}$; b) $[Fe(CN)_6]^{4-}$; e c) $[Fe(CN)_6]^{3-}$. Quantos elétrons desemparelhados existem em cada um desses complexos? Quais são os momentos magnéticos de spin-only?
20. Pentacarbonil(ferro), $Fe(^{13}CO)_5$, tem uma estrutura bipirâmide trigonal, mas um único pico é observado no espectro de RMN de ^{13}C, mesmo quando a amostra é mantida a baixas temperaturas. Dois picos são esperados para um composto com estrutura bipirâmide trigonal (o núcleo de ^{13}C tem um spin nuclear igual a 1/2 e seu comportamento é semelhante ao do próton, na espectroscopia RMN). Interprete o espectro obtido.
21. Compare e assinale as diferenças entre as estruturas dos grupos prostéticos da hemoglobina, da Vitamina B_{12} e da clorofila.
22. Descreva as principais características relacionadas com a ligação da molécula de O_2 com a mioglobina.
23. Faça um comentário crítico sobre as diversas maneiras segundo as quais os nove elementos dos grupos do ferro, do cobalto e do níquel foram agrupados, para fins de comparação de suas propriedades.
24. Desenhe esquematicamente e denomine os possíveis isômeros dos complexos: a) $[Co(en)_3]^{3+}$, b) $[Co(en)_2(SCN)_2]^+$.
25. Os resultados da análise elementar de um complexo monomérico de cobalto são fornecidos abaixo

	Co	NH_3	Cl^-	SO_4^{2-}
%	21,24	24,77	12,81	34,65

   O composto é diamagnético e não contém outros grupos ou elementos, exceto eventualmente a água.

   Determine a fórmula empírica do composto, desenhe as estruturas de todos os isômeros possíveis, e sugira métodos que permitam distinguí-los.
26. Dê exemplos de clusters de íons de metais de transição.
27. Esquematize as estruturas de seis complexos carbonílicos diferentes.
28. Discuta a origem dos complexos quadrado-planares formados pelo Ni(II), e explique quais são as outras estruturas possíveis para esses complexos.
29. Explique por que os metais "nobres" são pouco reativos.
30. Dê exemplos de compostos que contenham ligações metal-metal.
31. Compare o comportamento químico dos elementos cobre, ouro e prata.
32. Quais são as configurações eletrônicas do Zn, Cd e Hg metálicos, e de seus íons divalentes? Discuta suas posições na tabela periódica. Você acha que esses elementos deveriam se comportar como se fossem autênticos elementos de transição?
33. Desenhe a estrutura da blenda de zinco. Quais são os números de coordenação dos íons, e qual é a relação entre os raios do cátion e do ânion?
34. Explique como o metal Zn é usado no método de obtenção do Cd.
35. Explique por que um precipitado branco é formado quando uma solução de sulfato de zinco é adicionada a uma solução aquosa de amônia, mas não há precipitação quando a mesma solução de sulfato de zinco é adicionada a uma solução aquosa de amônia contendo cloreto de amônio.
36. Quais são aplicações do cádmio, como é obtido, e quais são os problemas causados pela intoxicação por cádmio em fundições de zinco?
37. Enumere as principais formas de contaminação do meio ambiente com resíduos de mercúrio. Faça uma discussão sobre a toxicidade dos compostos inorgânicos e orgânicos de mercúrio.
38. Faça uma revisão sobre reações de desproporcionamento. Por que o íon mercúrio(I) é representado como Hg_2^{2+}, enquanto o íon cobre(I) é representado como Cu^+?
39. Que evidências experimentais sugerem que a estrutura do íon mercúrio(I) é Hg_2^{2+} e não Hg^+?
40. Quando o mercúrio é oxidado com uma quantidade limitada de agente oxidante (isto é, quando há excesso de Hg) são formados compostos de Hg^I. Todavia, na presença de um excesso do agente oxidante são formados compostos de Hg^{II}. Explique esse fato.

PARTE 5

OS ELEMENTOS DO BLOCO *f*

A SÉRIE DOS LANTANÍDIOS

INTRODUÇÃO

Os catorze elementos do bloco *f* são conhecidos como lantanídios e se caracterizam pelo preenchimento gradativo do antepenúltimo nível energético, 4*f*. As propriedades de um elemento são extremamente semelhantes aos dos demais, de modo que eles foram considerados como sendo um único elemento até 1907. Já foram chamados de "terras raras", mas essa denominação não é adequada, pois muitos deles não são particularmente raros. Além disso, o termo não é muito preciso, pois as terras raras incluíam, além dos 14 elementos da série dos lantanídios, o La, ou o grupo formado pelo Sc, Y e La, que são elementos do bloco *d*. Às vezes, Th (um actinídio) e Zr (outro elemento do bloco *d*) também eram incorporados.

Os elétrons 4*f* do antepenúltimo nível são muito bem isolados do ambiente químico no qual se encontra o átomo, pelos elétrons 5*s* e 5*p*. Conseqüentemente, os elétrons 4*f* não participam das ligações. Eles não são removidos para dar origem a íons, nem participam de modo significativo na energia de estabilização do campo cristalino, em complexos. A energia de estabilização do campo cristalino é muito importante no caso dos elementos do bloco *d*. O desdobramento dos orbitais *f* num campo octaédrico Δ_0, é de somente cerca de 1 kJ mol^{-1}. O fato dos orbitais *f* estarem preenchidos ou vazios, influenciam muito pouco as propriedades químicas desses elementos. Contudo, seus espectros eletrônicos e suas propriedades magnéticas são dependentes da configuração eletrônica.

CONFIGURAÇÃO ELETRÔNICA

As configurações eletrônicas dos metais lantanídios são mostrados na Tab. 29.1. O lantânio (o elemento do bloco *d* que precede a série lantanídica) tem a estrutura eletrônica: [xenônio] $5d^1 6s^2$. Poderia se esperar que os 14 elementos, do cério ao lutécio, fossem obtidos pela adição sucessiva de 1, 2, 3..., 14 elétrons ao nível 4*f*. Contudo, exceto no caso do Ce, Gd e Lu, o deslocamento do elétron 5*d* para o nível 4*f* é energeticamente mais favorável. Gd mantém o arranjo $5d^1$, porque isso deixa o subnível 4*f* semipreenchido, o que é energeticamente mais favorável. Lu mantém o arranjo $5d^1$, porque o nível 4*f* já está totalmente preenchido. Os lantanídios se caracterizam pela química dos elementos no estado de oxidação (+III). Seus compostos são tipicamente iônicos e trivalentes. As configurações eletrônicas dos íons são: Ce^{3+} f^1; Pr^{3+} f^2; Nd^{3+} f^3,... Lu^{3+} f^{14}.

Tabela 29.1 — Configurações eletrônicas e estados de oxidação dos lantanídios

Elemento	Símbolo	Configuração eletrônica do átomo			Configuração eletrônica de M^{3+}	Estados de oxidação*		
Lantânio	La	[Xe]	$5d^1$	$6s^2$	[Xe]		**+III**	
Cério	Ce	[Xe] $4f^1$	$5d^1$	$6s^2$	[Xe] $4f^1$		**+III**	+IV
Praseodímio	Pr	[Xe] $4f^3$		$6s^2$	[Xe] $4f^2$		**+III**	(+IV)
Neodímio	Nd	[Xe] $4f^4$		$6s^2$	[Xe] $4f^3$	(+II)	**+III**	
Promécio	Pm	[Xe] $4f^5$		$6s^2$	[Xe] $4f^4$	(+II)	**+III**	
Samário	Sm	[Xe] $4f^6$		$6s^2$	[Xe] $4f^5$	(+II)	**+III**	
Európio	Eu	[Xe] $4f^7$		$6s^2$	[Xe] $4f^6$	+II	**+III**	
Gadolínio	Gd	[Xe] $4f^7$	$5d^1$	$6s^2$	[Xe] $4f^7$		**+III**	
Térbio	Tb	[Xe] $4f^9$		$6s^2$	[Xe] $4f^8$		**+III**	(+IV)
Disprósio	Dy	[Xe] $4f^{10}$		$6s^2$	[Xe] $4f^9$		**+III**	(+IV)
Hólmio	Ho	[Xe] $4f^{11}$		$6s^2$	[Xe] $4f^{10}$		**+III**	
Érbio	Er	[Xe] $4f^{12}$		$6s^2$	[Xe] $4f^{11}$		**+III**	
Túlio	Tm	[Xe] $4f^{13}$		$6s^2$	[Xe] $4f^{12}$	(+II)	**+III**	
Itérbio	Yb	[Xe] $4f^{14}$		$6s^2$	[Xe] $4f^{13}$	+II	**+III**	
Lutécio	Lu	[Xe] $4f^{14}$	$5d^1$	$6s^2$	[Xe] $4f^{14}$		**+III**	

* Os estados de oxidação mais importantes (geralmente os mais abundantes e estáveis) são mostrados em negrito. Outros estados bem caracterizados, mas menos importantes, vêm representados em tipo normal. Estados de oxidação instáveis ou de existência duvidosa estão representados em parênteses.

Tabela 29.2 — Energias de ionização e potenciais de redução

Elemento	Símbolo	Soma das três primeiras energias de ionização (kJ mol^{-1})	$E°$ Ln^{3+} ǀ Ln (volt)	Raio de Ln^{3+} (Å)
Lantânio	La	3.493	–2,52	1,032
Cério	Ce	3.512	–2,48	1,020
Praseodímio	Pr	3.623	–2,46	0,990
Neodímio	Nd	3.705	–2,43	0,983
Promécio	Pm	—	–2,42	0,970
Samário	Sm	3.898	–2,41	0,958
Európio	Eu	4.033	–2,41	0,947
Gadolínio	Gd	3.744	–2,40	0,938
Térbio	Tb	3.792	–2,39	0,923
Disprósio	Dy	3.898	–2,35	0,912
Hólmio	Ho	3.937	–2,32	0,901
Érbio	Er	3.908	–2,30	0,890
Túlio	Tm	4.038	–2,28	0,880
Itérbio	Yb	4.197	–2,27	0,868
Lutécio	Lu	3.898	–2,26	0,861

Os raios iônicos correspondem ao número de coordenação seis

ESTADOS DE OXIDAÇÃO

A soma das três primeiras energias de ionização desses elementos são mostradas na Tab. 29.2. Os valores são baixos. Por isso, os elementos no estado de oxidação (+III) têm caráter iônico e o íon Ln^{3+} domina a química desses elementos. Os íons Ln^{2+} e Ln^{4+}, que também ocorrem, são sempre menos estáveis que o Ln^{3+} (neste capítulo o símbolo Ln será usado para designar qualquer um dos lantanídios). Como nos demais casos, os elementos nos estados de oxidação mais altos ocorrem nos fluoretos e nos óxidos, e os estados de oxidação mais baixos ocorrem nos demais haletos, principalmente os brometos e os iodetos. Os elementos nos estados de oxidação (+II) e (+IV) são formados quando:

1) resulta numa configuração de gás nobre, por exemplo Ce^{4+} (f^0)
2) resulta numa configuração com um nível f semipreenchido, por exemplo, Eu^{2+} e Tb^{4+} (f^7)
3) resulta numa configuração com um nível f completamente preenchido, por exemplo Yb^{2+} (f^{14}).

Além disso, os estados de oxidação (+II) e (+IV) são encontrados nos elementos cujas configurações eletrônicas se aproximam daquelas acima citadas. Assim, Sm^{2+} e Tm^{2+} têm configurações f^6 e f^{13}, e Pr^{4+} e Nd^{4+} têm configurações f^1 e f^2. Os elementos no estado (+III), porém, são sempre os mais comuns e os mais estáveis. Os únicos elementos nos estados (+IV) e (+II), que têm uma química em solução aquosa, são os íons Ce^{4+}, Sm^{2+}, Eu^{2+} e Yb^{2+}.

Os elementos lantanídios se assemelham muito mais uns aos outros do que os elementos de uma série horizontal de elementos de transição. Isso se deve ao fato dos lantanídios terem, praticamente, apenas um estado de oxidação estável (+III). Assim, nessa série de elementos é possível comparar os efeitos de pequenas variações de tamanho e de carga nuclear sobre o comportamento químico.

ABUNDÂNCIA E NÚMERO DE ISÓTOPOS

Os lantanídios não são elementos particularmente raros. O cério é quase tão abundante quanto o cobre. Exceto pelo promécio, que não ocorre na natureza, todos os lantanídios são mais abundantes que o iodo.

A abundância dos elementos e o número de isótopos naturais varia regularmente (Tab. 29.3). Elementos com um números atômico par (isto é, com um número par de prótons no núcleo) são mais abundantes que seus vizinhos com números atômicos ímpares (*regra de Harkins*). Os elementos com números atômicos pares também possuem um maior número de isótopos estáveis. Os elementos com números atômicos ímpares nunca possuem mais de dois isótopos estáveis. A estabilidade de um nuclídio é dependente tanto do número de prótons como do número de nêutrons existentes no núcleo (Tab. 29.4).

O elemento 61, o promécio, não ocorre na natureza. Foi obtido e estudado pela primeira vez em 1946, em Oak Ridge, no Tennessee, EUA. Sua ausência na natureza pode ser explicada pela regra de Mattauch. Esta estabelece que se dois elementos consecutivos tiverem isótopos de mesma massa, um desses isótopos será instável. Como os elementos 60 e 62 têm sete isótopos cada um, não resta ao promécio, elemento 61, muitas possibilidades de isótopos com massas atômicas estáveis (Tab. 29.5).

De acordo com a regra de Mattauch, se o promécio tivesse um isótopo estável, este deveria ter uma massa

Tabela 29.3 — Abundância dos elementos na crosta terrestre, em peso, e número de isótopos naturais

Número atômico	Elemento	Abundância na crostra terrestre (ppm)	Ordem de abundância realtiva	Isótopos de ocorrência natural
58	Ce	66	26.°	4
59	Pr	9,1	37.°	1
60	Nd	40	27.°	7
61	Pm	0		0
62	Sm	7	40.°	7
63	Eu	2,1	49.°	2
64	Gd	6,1	41.°	7
65	Tb	1,2	56.°	1
66	Dy	4,5	42.°	7
67	Ho	1,3	55.°	1
68	Er	3,5	43.°	6
69	Tm	0,5	61.°	1
70	Yb	3,1	44.°	7
71	Lu	0,8	59.°	2

Tabela 29.4 — Número de núcleos estáveis com número par ou ímpar de nêutrons e número atômico par e ímpar

Número atômico	Número de nêutrons	Núcleos estáveis
Par	Par	164
Par	Ímpar	55
Ímpar	Par	50
Ímpar	ímpar	4

Tabela 29.5

Elemento 60	142,	143,	144,	145,	146		148,		150		
Elemento 62			144,			147,	148,	149,	150,	152,	154

atômica situado fora do intervalo de 142 a 150. Os únicos isótopos de promécio obtidos até hoje são radioativos.

OBTENÇÃO E USOS

Em 1992, a produção mundial de minerais das terras raras foi de 80.000 toneladas, totalizando 47.900 toneladas em conteúdo de óxidos de lantanídios, Ln_2O_3. Os principais produtores desses minerais foram: Estados Unidos 27%, China 20%, Austrália 8% e Índia 6%.

1) A areia monazítica é o mineral mais importante e mais disseminado, respondendo por 78% das terras raras produzidas. Antes de 1960, a areia monazítica era a única fonte de lantanídios. Trata-se de uma mistura contendo principalmente fosfato de lantânio e fosfatos trivalentes dos lantanídios mais leves (Ce, Pr e Nd). Além disso, contém quantidades menores de ítrio e dos lantanídios mais pesados, além de fosfato de tório. O Th é fracamente radioativo e por isso quantidades traço de Ra, seu produto de decaimento, também estão presentes. Este é muito mais radioativo.
2) A bastnaesita é um fluorocarbonato misto, $M^{III}CO_3F$, onde M é o La ou os lantanídios. Grandes quantidades desse mineral são extraídas nos EUA, respondendo por 22% da quantidade total da produção de lantanídios. A bastnaesita só é encontrada nos Estados Unidos e em Madagascar.
3) Pequenas quantidades de um outro mineral, a xenotima, também são extraídas.

A monazita é tratada com H_2SO_4 concentrado e quente. Th, La e os lantanídios se dissolvem formando sulfatos e se separam da parte insolúvel do mineral. Th é precipitado como ThO_2 por neutralização parcial com NH_4OH. Na_2SO_4 é usado para precipitar ("salting out") o La e os lantanídios leves na forma de sulfatos, deixando os lantanídios mais pesados em solução. Os lantanídios leves são oxidados com $Ca(OCl)_2$. O íon Ce^{3+} é oxidado a Ce^{4+}, e precipitado e separado como $Ce(IO_3)_4$. O íon La^{3+} pode ser separado por extração por solvente, com fosfato de tri-n-butila. Caso necessário, os elementos podem ser obtidos individualmente, por cromatografia de troca iônica. O tratamento da bastnaesita é um pouco mais simples, pois ela não contém Th.

Uma vez parcial ou completamente separados, os metais podem ser obtidos como se segue:

1) Por eletrólise do $LnCl_3$ fundido, na presença de NaCl ou $CaCl_2$ para abaixar o ponto de fusão.
2) La e os metais mais leves Ce e Eu podem ser obtidos por redução de $LnCl_3$ anidro com Ca, a 1.000–1.100 °C, em atmosfera de argônio. Os elementos mais pesados têm pontos de fusão mais altos e requerem uma temperatura de 1.400 °C. Mas, nessa temperatura, $CaCl_2$ estaria em ebulição. Por isso, LnF_3 é usado no lugar do $LnCl_3$, e em alguns casos Ca é substituído por Li.

São produzidos anualmente cerca de 5.000 toneladas de lantânio e 13.000 toneladas dos lantanídios. Os metais têm poucas aplicações no estado puro. Porém, a mistura de La e de lantanídios, denominada "mischmetal" (50% de Ce, 40% La, 7% Fe, 3% de outros metais), é adicionada ao aço para aumentar sua resistência e trabalhabilidade. É ainda usado em ligas de magnésio. Pequenas quantidades de mischmetal são usados como "pedras de isqueiro". La_2O_3 é utilizado nas lentes de Crookes, que protegem contra a radiação ultravioleta, absorvendo-a. CeO_2 é utilizado para polir vidro e como revestimento nos fornos "auto-limpantes". $Ce^{IV}(SO_4)_2$ é usado como agente oxidante em análise volumétrica. As camisas das lâmpadas a gás são tratadas com uma mistura de 1% de CeO_2 e 99% de ThO_2, para aumentar a quantidade de luz emitida pela chama do gás. Outros óxidos de lantanídios são empregados como material fosforescente ("fósforos") em tubos de aparelhos de TV a cores. O "óxido de didímio" (uma mistura de óxidos de praseodímio e de neodímio) é usado juntamente com $CuCl_2$ como catalisador no novo processo Deacon de obtenção de Cl_2 a partir de HCl. Nd_2O_3 dissolvido em $SeOCl_2$ é usado como laser líquido (o oxicloreto de selênio é utilizado como solvente, porque não contém átomos leves que poderiam converter a energia fornecida em calor). Elementos lantanídios estão presentes nos *supercondutores quentes*, tais como $La_{(2-x)}Ba_xCuO_{(4-y)}$ e $YBa_2Cu_3O_{(7-x)}$, e outros (Sm, Eu, Nb, Dy e Yb) já foram usados no lugar do La e do Y. Esses supercondutores foram descritos no final do Capítulo 5.

SEPARAÇÃO DOS ELEMENTOS LANTANÍDIOS

As propriedades dos íons metálicos são determinadas pelo seu tamanho e sua carga. Todos os lantanídios são geralmente trivalentes e possuem tamanhos quase idênticos. Logo, suas propriedades químicas também são muito similares. A separação de um elemento lantanídio dos demais é uma tarefa extremamente difícil, quase tão difícil como separar os isótopos de um elemento. Os métodos clássicos de separação exploram as pequenas diferenças nas propriedades básicas, na estabilidade ou na solubilidade de seus compostos. Esses métodos são resumidos abaixo. Recentemente, contudo, os únicos métodos utilizados tem sido a cromatografia de troca iônica e a variação de valência.

Precipitação

Se uma quantidade limitada de um agente precipitante for adicionado à mistura, o composto com a menor solubilidade será precipitado preferencialmente e em maior quantidade. Suponha que íons hidroxila sejam adicionados a uma solução contendo uma mistura de $Ln(NO_3)_3$. Nesse caso, a base mais fraca $Lu(OH)_3$ será precipitada primeiro, e a base mais forte $La(OH)_3$ será precipitada por último. O precipitado contém maior quantidade dos elementos mais pesados da série, ou seja, aqueles que se encontram mais à direita. Assim, a solução conterá uma maior quantidade dos elementos mais leves da série. O precipitado pode ser separado por filtração. Só se consegue uma separação parcial. Contudo, o precipitado pode ser redissolvido em HNO_3 e o processo repetido para aumentar o grau de pureza do produto.

Reação térmica

Se uma mistura de $Ln(NO_3)_3$ for aquecida até a fusão, poderá se alcançar uma temperatura na qual o nitrato menos básico se decompõe ao óxido. Em seguida, a mistura é tratada com água: somente os nitratos se dissolvem e podem ser separados dos óxidos insolúveis por filtração. Os óxidos são dissolvidos em HNO_3 e o processo repetido tantas vezes quanto necessários.

Cristalização fracionada

Esse método pode ser utilizado para separar sais de lantanídios. A solubilidade decresce do La ao Lu. Portanto, os sais dos elementos próximos da extremidade direita da série cristalizam primeiro. Foram utilizados para tanto, os nitratos, sulfatos, bromatos, percloratos e oxalatos, bem como sais duplos, como $Ln(NO_3)_3 \cdot 3Mg(NO_3)_2 \cdot 24H_2O$, já que estes podem ser facilmente cristalizados. Esse procedimento deve ser repetido várias vezes para se chegar a um bom grau de separação. Solventes não-aquosos, como éter dietílico, têm sido usados para separar $Nd(NO_3)_3$ e $Pr(NO_3)_3$.

Formação de complexos

A mistura de íons lantanídios é tratada com um agente complexante como o EDTA (ácido etilenodiamina(tetraacético)). Todos formam complexos, mas aqueles mais à direita na série, como o íon Lu^{3+}, formam os complexos mais estáveis, já que seus íons são menores. Os oxalatos dos lantanídios são insolúveis. Contudo, a adição de oxalato a essa solução não leva à formação de precipitado, pois todos os íons Ln^{3+} foram complexados pelo EDTA.

Se um ácido for adicionado à solução, o complexo menos estável será dissociado. Esse procedimento libera os íons dos elementos como Ce^{3+}, Pr^{3+}, Nd^{3+}, que se encontram mais à esquerda na série dos lantanídios, que, então, precipitam na forma de oxalatos. Estes podem ser removidos por filtração, mas a separação não é completa. Assim, os oxalatos precisam ser redissolvidos e o procedimento acima repetido várias vezes.

Extração por solvente

Os íons Ln^{3+} mais pesados são mais solúveis em fosfato de tri-n-butila que os íons mais leves. Contudo, suas solubilidades em solventes iônicos e em água seguem uma tendência inversa. A relação entre os coeficientes de partição do $La(NO_3)_3$ e do $Gd(NO_3)_3$ entre uma solução dos íons metálicos em HNO_3 concentrado e em fosfato de tri-n-butila, é de apenas 1:1,06. Essa diferença é muito pequena, mas um grande número de partições pode ser efetuado automaticamente, num aparelho que usa o método de fluxo contínuo em contra-corrente. Isso é menos tedioso que efetuar 10.000 ou 20.000 recristalizações. Alguns quilogramas de Gd, de 95% de pureza, foram obtidos por esse método. Essa técnica foi originalmente desenvolvida nos primórdios das pesquisas nucleares, para separar e identificar os lantanídios produzidos na fissão do urânio.

```
HOOC—CH2                    CH2—COOH
        \                  /
         N—CH2—CH2—N
        /                  \
HOOC—CH2                    CH2—COOH
```

Figura 29.1 — *EDTA*

Variação de valência

Alguns poucos lantanídios podem formar íons nos estados de oxidação (+IV) e (+II). As propriedades desses íons são bem diferentes das do Ln^{3+}, permitindo uma separação razoavelmente fácil desses elementos.

O cério pode ser separado com relativa facilidade das misturas de lantanídios, pois é o único que forma um íon Ln^{4+} estável em solução aquosa. Ce^{4+} é obtido pela oxidação de uma solução contendo a mistura de íons Ln^{3+} com NaOCl, em meio alcalino. Por ter uma carga maior, o íon Ce^{4+} é muito menor e menos básico que o Ce^{3+} ou qualquer outro íon Ln^{3+}. Por isso, pode ser separado por precipitação cuidadosamente controlada de CeO_2 ou de $Ce(IO_3)_4$, deixando os íons trivalentes em solução.

Alternativamente, Ce^{4+} pode ser extraído da mistura de íons Ln^{3+} pelo método de extração por solvente com fosfato de tri-n-butila, a partir de uma solução de HNO_3. Desse modo, é possível obter Ce com 99% de pureza, numa única etapa, a partir de uma mistura contendo 40% do elemento.

Analogamente, as propriedades do Eu^{2+} são muito diferentes das dos íons Ln^{3+}. O sulfato de európio, $Eu^{2+}SO_4^{2-}$, se assemelha aos sulfatos do Grupo 2, e é insolúvel em água. Os sulfatos de Ln^{3+} são solúveis. Eu^{2+} pode ser obtido pela redução eletroquímica de uma solução de íons Ln^{3+}, usando um cátodo de mercúrio ou com amálgama de zinco. Se esse processo for realizado na presença de H_2SO_4 ocorrerá a precipitação de $EuSO_4$, que poderá ser separado por filtração (Sm^{2+} e Yb^{2+} também podem ser gerados no processo, mas são lentamente oxidados pela água).

A variação de valência continua sendo um método útil para a purificação de Ce e de Eu, apesar do recente advento da técnica de cromatografia de troca iônica.

Cromatografia de troca iônica

Este é o método geral mais importante, mais rápido e mais eficiente para a separação e purificação dos lantanídios. Uma solução de íons dos lantanídios é passado por uma coluna de resina de troca iônica sintética, como por exemplo o "Dowex-50". Trata-se de um poliestireno sulfonado, que contém grupos $-SO_3H$. Os íons Ln^{3+} são retidos pela resina, onde substituem o hidrogênio ácido dos grupos $-SO_3H$.

$$Ln^{3+}_{(aq)} + 3H(resina)_{(s)} \rightleftharpoons Ln(resina)_{3(s)} + 3H^{+}_{(aq)}$$

Os íons H^+ liberados são arrastados pelo eluente e saem da coluna. A seguir, os íons metálicos são eluídos, isto é, lixiviados da coluna de maneira seletiva. O eluente contém um agente complexante, por exemplo, pode ser uma solução tamponada de ácido cítrico/citrato de amônio, ou uma solução diluída de $(NH_4)_3(H \cdot EDTA)$, a pH = 8. No caso do citrato, estabelece-se o seguinte equilíbrio:

$$Ln(resina)_3 + 3H^+ + (citrato)^{3-} \rightleftharpoons 3H(resina) + Ln(citrato)$$

À medida que a solução de citrato desce pela coluna, os íons Ln^{3+} formam complexos com o citrato e são removidos da resina. Um pouco mais abaixo na coluna, os íons Ln^{3+} voltam a se ligar à resina. Ou seja, à medida que a solução de citrato percorre a coluna, os íons metálicos se ligam ora à resina, ora ao citrato. Esse processo ocorre inúmeras vezes, à medida que o íon metálico desce gradativamente pela coluna. Eventualmente, será recolhido na parte inferior da coluna, na forma do complexo com citrato. Os íons lantanídios menores, como o Lu^{3+}, formam complexos mais estáveis com o citrato que os íons maiores, como o La^{3+}. Assim, os íons menores e mais pesados permanecem mais tempo na solução (e menos tempo na coluna) e são, portanto, os primeiros a serem eluídos da coluna. Os diferentes íons metálicos presentes se separam em bandas que percorrem a coluna. O progresso dessas bandas pode ser acompanhado espectroscopicamente por fluorescência. A solução que sai da coluna é coletada em recipientes separados por um coletor automático de frações. Dessa maneira, é possível separar cada um dos elementos. Os metais podem ser precipitados na forma de seus oxalatos insolúveis e, a seguir, calcinados para formarem os óxidos correspondentes.

O processo cromatográfico é equivalente à realização de muitas separações ou recristalizações, mas a separação é efetuada numa mesma coluna. Caso uma coluna de troca-iônica suficientemente longa seja utilizada, os elementos podem ser obtidos com pureza de 99,9%, numa única passagem.

PROPRIEDADES QUÍMICAS DOS COMPOSTOS DOS ELEMENTOS NO ESTADO DE OXIDAÇÃO (+III)

Todos esses metais são moles e de coloração branca prateada. São eletropositivos e muito reativos. Os elementos mais pesados do grupo são menos reativos que os mais leves, porque formam uma camada protetora de óxido na superfície. As propriedades químicas dos elementos do grupo, se restringem praticamente às propriedades dos seus compostos trivalentes.

A soma das três primeiras energias de ionização varia ao longo da série, com mínimos no La^{3+}, Gd^{3+} e Lu^{3+}, associados a uma camada *f* vazia, semipreenchida e completamente preenchida. Os máximos ocorrem no Eu^{3+} e Yb^{3+}, e estão associados à quebra da configuração de camada semipreenchida ou preenchida, respectivamente.

Os potenciais de redução padrão são todos elevados (vide os valores de $E°$ na Tab. 29.2), e variam de forma regular no pequeno intervalo de −2,48 a −2,26 volts, dependendo do tamanhos dos íons.

Todos os lantanídios são muito mais reativos que o Al ($E°$ = −1,66 volt), e são um pouco mais reativos que o Mg ($E°$ = −2,37 volts). Assim, reagem lentamente com água fria, mas mais rapidamente com água quente.

$$2Ln + 6H_2O \rightarrow 2Ln(OH)_3 + 3H_2$$

Os hidróxidos $Ln(OH)_3$ formam precipitados gelatinosos, mediante adição de NH_4OH às soluções aquosas. Esses hidróxidos são iônicos e básicos. São menos básicos que $Ca(OH)_2$, mas mais básicos que $Al(OH)_3$, que é anfótero. Todos os metais, óxidos e hidróxidos se dissolvem em ácidos diluídos, formando sais. Os hidróxidos $Ln(OH)_3$ são suficientemente básicos para absorverem CO_2 do ar e formarem carbonatos. A basicidade diminui à medida que decresce o raio iônico, do Ce ao Lu. Assim, $Ce(OH)_3$ é o hidróxido mais básico e $Lu(OH)_3$ é o menos básico. A basicidade deste último composto é intermediária entre a dos hidróxidos de escândio e de ítrio. A diminuição das propriedades básicas é ilustrada pela solubilização dos hidróxidos dos elementos mais pesados em NaOH concentrado, a quente, formando complexos.

$$Yb(OH)_3 + 3NaOH \rightarrow 3Na^+ + [Yb(OH)_6]^{3-}$$
$$Lu(OH)_3 + 3NaOH \rightarrow 3Na^+ + [Lu(OH)_6]^{3-}$$

Os metais perdem rapidamente o brilho quando expostos ao ar. Quando são aquecidos na presença de O_2 formam os óxidos Ln_2O_3. Yb e Lu formam um filme protetor de óxido, que impede que o restante do metal reaja, a não ser quando aquecido a 1.000 °C. A única exceção é o Ce, que forma $Ce^{IV}O_2$ ao invés de Ce_2O_3. Os óxidos são iônicos e básicos. A força básica diminui à medida que os íons se tornam menores.

Os metais do grupo reagem com H_2, mas geralmente é necessário aquecê-los a uma temperatura de 300 − 400 °C para dar início à reação. Dessa forma, podem ser obtidos sólidos de fórmula LnH_2. Eu e Yb têm tendência de formarem compostos bivalentes; de modo que EuH_2 e YbH_2 são hidretos salinos contendo o íon M^{2+} e dois íons H^-. Os demais formam hidretos LnH_2, pretos, metálicos e condutores. Esses compostos seriam melhor descritos como sendo constituídos por Ln^{3+}, $2H^-$ e um elétron ocupando uma banda de condução. Além disso, Yb forma um composto não-estequiométrico, cuja composição se aproxima de $YbH_{2,5}$. Esses hidretos são surpreendentemente estáveis termicamente; às vezes, até cerca de 900 °C. São decompostos pela água e reagem com oxigênio.

$$CeH_2 + 2H_2O \rightarrow CeO_2 + 2H_2$$

Quando aquecidos sob pressão, todos esses "dihidretos", com exceção do EuH_2, absorvem H e formam hidretos salinos LnH_3, constituídos por Ln^{3+} e três H^-. Eles não possuem um elétron deslocalizado e não são condutores metálicos.

Os haletos anidros MX_3 podem ser obtidos aquecendo-se o metal com o halogênio, ou então aquecendo-se o óxido com o haleto de amônio apropriado.

$$Ln_2O_3 + 6NH_4Cl \xrightarrow{300°C} 2LnCl_3 + 6NH_3 + 3H_2O$$

Os fluoretos são muito insolúveis, e podem ser precipitados de soluções de Ln^{3+} mediante adição de Na^+F^- ou de HF. Essa reação é usada como teste para os lantanídios, em análise qualitativa. Contudo, os íons lantanídios menores podem formar complexos solúveis, $[LnF(H_2O)_n]^{2+}$, na presença de um excesso de F^-. Os cloretos são deliqüescentes e solúveis, e cristalizam com seis ou sete moléculas de água de cristalização. Ao invés de perderem água e formarem os haletos anidros, oxo-haletos são formado quando os haletos hidratados são aquecidos.

$$LnCl_3 \cdot 6H_2O \xrightarrow{calor} LnOCl + 5H_2O + 2HCl$$

CeO_2 é obtido ao se aquecer $CeX_3 \cdot (H_2O)_n$. Os brometos e os iodetos se comportam de modo análogo aos cloretos.

A temperaturas elevadas, os lantanídios reagem com B formando LnB_4 e LnB_6.

A fusão dos metais com C, num arco voltáico sob atmosfera inerte, leva à formação dos carbetos LnC_2 e $Ln_4(C_2)_3$. Esses carbetos também podem ser obtidos reduzindo-se Ln_2O_3 com C, num forno elétrico. LnC_2 é mais reativo que CaC_2. Reagem com água, formando etino (acetileno) e, também, uma certa quantidade de hidrogênio, C_2H_4 e C_2H_6. Também são condutores metálicos. Esses compostos não contêm o íon Ln(+II), sendo melhor descritos como acetiletos, ou seja, compostos constituídos por Ln^{3+} e C_2^{2-}, e um elétron numa banda de condução.

$$2LnCl_2 + 6H_2O \rightarrow 2Ln(OH)_3 + 2C_2H_2 + H_2$$
$$C_2H_2 + H_2 \rightarrow C_2H_4 \xrightarrow{+H_2} C_2H_6$$

A temperaturas elevadas, os metais lantanídios também reagem com N, P, As, Sb e Bi formando compostos do tipo LnN, etc. Este é hidrolisado por água, de modo semelhante ao AlN:

$$LnN + 3H_2O \rightarrow Ln(OH)_3 + NH_3$$

Uma grande variedade de oxossais são conhecidos, dentre os quais podem ser citados os nitratos, carbonatos, sulfatos, fosfatos, bem como sais de íons fortemente oxidantes, como os percloratos.

COMPOSTOS DOS ELEMENTOS NO ESTADO DE OXIDAÇÃO (+IV)

O único lantanídio no estado (+IV), que persiste em solução e tem uma química em solução aquosa é o íon Ce^{4+}. É raro encontrar íons com carga 4+ em solução. A carga elevada do íon leva a uma intensa hidratação. Assim, exceto em soluções fortemente ácidas, o íon Ce^{4+} se hidrolisa formando espécies poliméricas e H^+. Soluções de Ce(+IV) são largamente usadas como oxidante em análise volumétrica, no lugar de $KMnO_4$ e $K_2Cr_2O_7$. Na análise clássica, as buretas devem ser lavadas com ácido, pois caso água seja utilizada, corre-se o risco de haver certo grau de hidrólise. Soluções aquosas de Ce(IV) podem ser preparadas oxidando-se uma solução de Ce^{3+} com um agente oxidante muito forte, tal como o peroxodissulfato de amônio, $(NH_4)_2S_2O_8$. O íon Ce(+IV) também é usado em síntese orgânica, por exemplo, a oxidação do carbono alfa de álcoois, aldeídos e cetonas. Os compostos mais comuns são CeO_2 (branco quando puro) e $CeO_2 \cdot (H_2O)_n$ (um precipitado gelatinoso amarelo). CeO_2 pode ser obtido aquecendo-se o metal, $Ce(OH)_3$ou $Ce^{III}{}_2$(oxalato)$_3$, ao ar. CeO_2 tem uma estrutura do tipo da fluorita. É insolúvel em ácidos e álcalis, mas dissolve-se quando reduzido a Ce^{3+}.

$$Ce + O_2 \rightarrow CeO_2$$
$$2Ce(OH)_3 + {}^1/_2O_2 \rightarrow 2CeO_2 + 3H_2O$$
$$Ce_2(C_2O_4)_3 + 2O_2 \rightarrow 2CeO_2 + 6CO_2$$

O sulfato cérico, $Ce(SO_4)_2$, é um composto bem conhecido, amarelo como K_2CrO_4. CeF_4 é obtido a partir da reação entre CeF_3 e F_2. É um composto branco, que rapidamente se hidrolisa em água. Tem uma estrutura cristalina tridimensional, com o metal no centro de um antiprisma quadrado. Muitos de seus complexos são estáveis, como o "nitrato de amônio e cério(IV)", $(NH_4)_2[Ce(NO_3)_6]$. Sua estrutura cristalina é pouco comum, envolvendo a coordenação bidentada dos grupos NO_3^-. O número de coordenação do átomo de Ce é 12, e a forma é a de um icosaedro. O complexo com essa estrutura é estável, mesmo em solução. Dois dos grupos NO_3^- podem ser substituídos pelo ligante derivado da fosfina Ph_3PO, formando o complexo neutro decacoordenado, $[Ce^{IV}(NO_3)_4(Ph_3PO)_2]$.

Os compostos dos demais elementos nesse estado de oxidação, por exemplo os compostos de Pr(IV), Nd(IV), Tb(IV) e Dy(IV), não são estáveis em solução aquosa. Eles somente podem ser obtidos como sólidos, ou na forma de fluoretos, ou de óxidos (podem ser não-estequiométricos) ou alguns poucos fluorocomplexos como PrO_2, PrF_4, $Na_2[PrF_6]$, TbO_2, TbF_4, DyF_4 e $Cs_3[DyF_7]$.

COMPOSTOS DOS ELEMENTOS NO ESTADO DE OXIDAÇÃO (+II)

Os únicos dos elementos que no estado (+II) apresentam uma química em solução aquosa são Sm^{2+}, Eu^{2+} e Yb^{2+}.

O lantanídio bivalente mais estável é o Eu^{2+}. É estável em água, mas suas soluções são fortemente redutoras. $Eu^{II}SO_4$ pode ser preparado pela eletrólise de soluções de $Eu^{III}{}_2(SO_4)_3$, quando ocorre a precipitação do sulfato bivalente. $Eu^{II}Cl_2$ sólido pode ser obtido reduzindo-se $Eu^{III}Cl_3$ com H_2.

$$2EuCl_3 + H_2 \rightarrow 2EuCl_2 + 2HCl$$

Soluções aquosas de Eu^{3+} podem ser reduzidas com Mg, Zn, amálgama de zinco ou eletroliticamente, para se obter soluções de Eu^{2+}. EuH_2 é um composto iônico, semelhante ao CaH_2. O íon Eu(+II) se assemelha ao Ca em diversos aspectos:

1) O sulfato e o carbonato são insolúveis em água.
2) O dicloreto é insolúvel em HCl concentrado.
3) O metal é solúvel em NH_3 líquida.

A maior diferença entre Ca e Eu está nas suas propriedades magnéticas. O di-haleto EuX_2 tem um momento magnético de 7,9 MB, que corresponde à presença de sete elétrons desemparelhados, enquanto que os compostos de Ca são diamagnéticos.

O par Eu^{3+}/Eu^{2+} tem um potencial de redução de –0,41 volt. Esse valor é quase igual ao do par Cr^{3+}/Cr^{2+}, e provavelmente são os agentes redutores mais fortes que não reduzem a água.

Yb^{2+} e Sm^{2+} podem ser preparados por redução eletrolítica das soluções aquosas de seus íons trivalentes. Contudo, os íons Ln^{2+} são facilmente oxidados pelo ar. Ambos formam hidróxidos, carbonatos, haletos, sulfatos e fosfatos.

Os íons Nd(+II), Pm(+II), Sm(+II) e Gd(+II) somente

são encontrados nos di-haletos $LnCl_2$ e LnI_2 sólidos. Esses dihaletos podem ser preparados reduzindo-se o tri-haleto com hidrogênio, com o metal correspondente, ou com amálgama de sódio. Os di-haletos como LaI_2 e NdI_2 tendem a ser não-estequiométricos. São condutores metálicos e podem ser considerados como sendo constituídos por La^{3+} + $2I^-$ + elétron (na banda de condução).

A partir de uma comparação detalhada das terceiras energias de ionização pode-se inferir que subníveis semipreenchidos ou completamente preenchidos são mais estáveis. Pode-se inferir também que pode haver uma estabilidade adicional associada um nível preenchido em três quartos de sua capacidade.

SOLUBILIDADE

Os sais dos lantanídios geralmente contêm água de cristalização. A solubilidade depende da pequena diferença entre a energia reticular e a energia de solvatação, e não há uma tendência clara dentro do grupo. A solubilidade de muitos de seus sais segue os padrões observados para os elementos do Grupo 2. Assim, os cloretos e os nitratos são solúveis em água, enquanto que os oxalatos, os carbonatos e os fluoretos são quase insolúveis. Em contraste com os elementos do Grupo 2, os sulfatos dos lantanídios são solúveis. Muitos dos elementos da série dos lantanídios formam sais duplos com os correspondentes sais dos elementos do Grupo 1 ou amônia, como $Na_2SO_4Ln_2(SO_4)_3 \cdot 8H_2O$. Como esses sais duplos podem ser facilmente cristalizados, eles têm sido usados para separar os elementos lantanídios uns dos outros.

COR E ESPECTROS

Muitos íons trivalentes dos lantanídios são coloridos, tanto no estado sólido como em solução aquosa. Parece que a cor depende do número de elétrons *f* desemparelhados. Elementos com (n) elétrons *f* freqüentemente têm uma cor semelhante a dos elementos com ($14 - n$) elétrons *f* (vide Tab. 29.6). Contudo, os elementos em outros estados de oxidação (ou seja, II e IV) nem sempre possuem colorações semelhantes a das espécies isoeletrônicas no estado (3+) (Tab. 29.7).

A cor decorre da absorção de luz visível, de um determinado comprimento de onda. A energia da luz absorvida corresponde à energia necessária para promover um elétron do estado fundamental para um estado de maior energia. No caso dos compostos dos elementos lantanídios, o acoplamento spin-órbita é mais importante que a energia de estabilização de campo cristalino. Por outro lado, este fator é o mais importante no caso dos metais de transição. Todos os íons lantanídios, exceto um, têm bandas de absorção na região do visível ou do ultravioleta próximo do espectro. A exceção é o Lu^{3+}, que tem um nível *f* completamente preenchido. As cores observadas se devem a transições *f*–*f*. Rigorosamente, tais transições são proibidas pela regra de seleção de Laporte, pois a variação no número quântico secundário é igual a zero. Assim, as cores observadas são pouco intensas, pois as transições eletrônicas dependem da relaxação dessa regra. Os orbitais *f* são orbitais internos e se situam numa região mais interna do átomo. Assim, estão bem protegidos das influências da vizinhança, tais como a natureza e o número de ligantes que formam os complexos, e as vibrações dos ligantes. Portanto, a posição da banda de absorção (isto é, a cor) não varia em função do tipo de ligantes coordenados. A vibração dos ligantes modifica bastante a energia do campo cristalino. Contudo, o efeito sobre os níveis *f* é pequeno, provocando o desdobramento dos diferentes estados espectroscópicos em apenas cerca de 100 cm^{-1}. Por isso, as bandas de absorção são geralmente muito finas, e os lantanídios são usados na calibração do comprimento de onda de instrumentos. O número quântico secundário de um elétron *f* é $l = 3$, de modo que m_l pode ter os valores 3, 2, 1, 0, −1, −2 e −3. Assim, muitas transições são geralmente possíveis.

Tabela 29.6 — Cor dos íon Ln^{3+}

	Número de elétrons 4*f*	Cor		Número de elétrons 4*f*	Cor
La^{3+}	0	Incolor	Lu^{3+}	14	Incolor
Ce^{3+}	1	Incolor	Yb^{3+}	13	Incolor
Pr^{3+}	2	Verde	Tm^{3+}	12	Verde pálido
Nd^{3+}	3	Lilás	Er^{3+}	11	Rosa
Pm^{3+}	4	Rosa	Ho^{3+}	10	Amarelo pálido
Sm^{3+}	5	Amarelo	Dy^{3+}	9	Amarelo
Eu^{3+}	6	Rosa pálido	Tb^{3+}	8	Rosa pálido
Gd^{3+}	7	Incolor	Gd^{3+}	7	Incolor

Tabela 29.7 — Cor dos íons Ln^{4+}, Ln^{2+} e dos correspondentes íons Ln^{3+} isoeletrônicos

		Configuração eletrônica	M^{3+} isoeletrônico
Ce^{4+}	Laranja avermelhado	$4f^0$	La^{3+} Incolor
Sm^{2+}	Vermelho vivo	$4f^6$	Eu^{3+} Rosa pálido
Eu^{2+}	Amarelo esverdeado pálido	$4f^7$	Gd^{3+} Incolor
Yb^{2+}	Amarelo	$4f^{14}$	Lu^{3+} Incolor

O comportamento espectroscópico descrito acima difere acentuadamente daquele observado em compostos de elementos de transição. Nesse caso, as bandas de absorção decorrem das transições *d*–*d* e mudam de posição de ligante para ligante. Além disso, as bandas são bastante largas devido à vibração dos ligantes.

Transições do nível 4*f* para o nível 5*d* também são possíveis. Tais transições dão origem a bandas largas, cujas posições são influenciadas pela natureza dos ligantes.

Os espectros de absorção dos íons lantanídios são úteis tanto para a determinação qualitativa como para a análise quantitativa desses elementos. Eles são às vezes usados como traçadores biológicos para acompanhar o caminho percorrido pelos medicamentos no homem e nos animais. Essa aplicação se deve ao fato dos lantanídios poderem ser facilmente localizados no organismo, por meio de técnicas espectroscópicas, pois suas bandas são muito finas e muito características.

Ce^{3+} e Yb^{3+} são incolores, pois não absorvem na região do visível. Contudo, exibem bandas de absorção excepcionalmente intensas na região do ultravioleta, atribuídas a transições do nível $4f$ para o $5d$. A absortividade molar é muito elevada pois $\Delta l = 1$ e a transição é permitida, sendo, portanto, mais intensa que as transições f–f proibidas. Além disso, a promoção de elétrons nesses íons pode ser mais fácil que em outros íons. A configuração eletrônica do Ce^{3+} é f^1, e a do Yb^{3+} é f^8. Logo, a remoção de um elétron leva às configurações particularmente estáveis com subnível f vazio ou semipreenchido. As bandas de absorção devido a transições f–d são largas, ao contrário das transições f–f.

Também são possíveis transições de transferência de carga, devido à transferência de um elétron do ligante para o metal. Essa transição é mais provável quando o metal estiver num estado de oxidação elevado, ou quando o ligante tiver propriedades redutoras. A transição de transferência de carga geralmente é responsável por cores muito intensas. A cor amarela forte das soluções de Ce^{4+} é decorrente de uma transição de transferência de carga ao invés de transições f–f. A coloração vermelho-sangue do Sm^{2+} também é devida a uma transição de transferência de carga.

PROPRIEDADES MAGNÉTICAS

Os íons La^{3+} e Ce^{4+} têm uma configuração f^0, e Lu^{3+} uma configuração f^{14}. Esses íons não apresentam elétrons desemparelhados e são diamagnéticos. Todos os demais estados f apresentam elétrons desemparelhados e são, portanto, paramagnéticos.

O momento magnético de elementos de transição pode ser calculado pela equação:

$$\mu_{(S+L)} = \sqrt{4S(S+1) + L(L+1)}$$

Onde, $\mu_{(S+L)}$ é o momento magnético em magnétons-Bohr, calculado considerando-se tanto a contribuição do momento magnético de spin como do momento magnético orbital. S é o número quântico de spin total, e L é o número quântico de momento angular orbital total. Para os elementos da primeira série de transição, a contribuição orbital é geralmente suprimida pela interação com os campos elétricos dos ligantes. Assim, numa primeira aproximação, o momento magnético pode ser calculado usando a fórmula simplificada, do momento magnético de spin-only (μ_S é o momento magnético de spin, em magnétons-Bohr. S é o número quântico de spin total, e n o número de elétrons desemparelhados).

$$\mu_S = \sqrt{4S(S+1)}$$
$$\mu_S = \sqrt{n(n+2)}$$

Essa relação simples pode ser utilizada no caso do La^{3+} (f^0), e de dois outros lantanídios, Gd^{3+} (f^7) e Lu^{3+} (f^{14}).

La^{3+} e Lu^{3+} não possuem elétrons desemparelhados, e $n = 0$, com o que $\mu_S = \sqrt{0(0+2)} = 0$.

O íon Gd^{3+} tem sete elétrons desemparelhados, $n = 7$, e

$$\mu_S = \sqrt{7(7+2)} = \sqrt{63} = 7{,}9 \text{ MB}$$

Os demais íons do grupo dos lantanídios não obedecem essa relação simples. Os elétrons $4f$ são bem protegidos dos campos externos pelos elétrons $5s$ e $5p$ mais externos. Assim, o efeito magnético causado pelo movimento do elétron em seu orbital não é cancelado. Por isso, o momento magnético deve ser calculado considerando-se tanto o momento magnético dos spins dos elétrons desemparelhados, como aquele decorrente do movimento orbital. Isso também ocorre no caso dos elementos da segunda e terceira séries de transição. Contudo, as propriedades magnéticas dos lantanídios são fundamentalmente diferentes daquelas dos elementos de transição. Nos lantanídios, a contribuição dos spins, S, e a contribuição orbital, L, se acoplam, dando origem a um novo número quântico, J.

$J = L - S$ quando o subnível está preenchido menos que a metade

e $J = L + S$ quando o subnível está preenchido mais que a metade.

O momento magnético μ é calculado em magnétons-Bohr (MB), por meio da expressão:

$$\mu_S = g\sqrt{J(J+1)}$$

onde

$$g = 1\tfrac{1}{2} + \frac{S(S+1) - L(L+1)}{2J(J+1)}$$

Os momentos magnéticos calculados para os lantanídios, utilizando tanto a fórmula simplificada do momento magnético de spin-only, como a fórmula que considera o acoplamento dos momentos magnéticos de spin e orbital são mostrados na Fig. 29.2. Observa-se uma excelente concordância entre os valores calculados pela última equação e os valores experimentais, medidos a 300 K, para a maioria dos elementos. O desvio dos valores experimentais é representado pelos pequenos traços verticais (barras de erros).

A concordância deixa a desejar no caso do Eu^{3+}, e não é muito boa no caso do Sm^{3+}. Isso ocorre porque no Eu^{3+} a constante de acoplamento spin-órbita é de apenas cerca de 300 cm^{-1}. Isso significa que a diferença de energia entre o estado fundamental e o estado seguinte é pequena. Por isso,

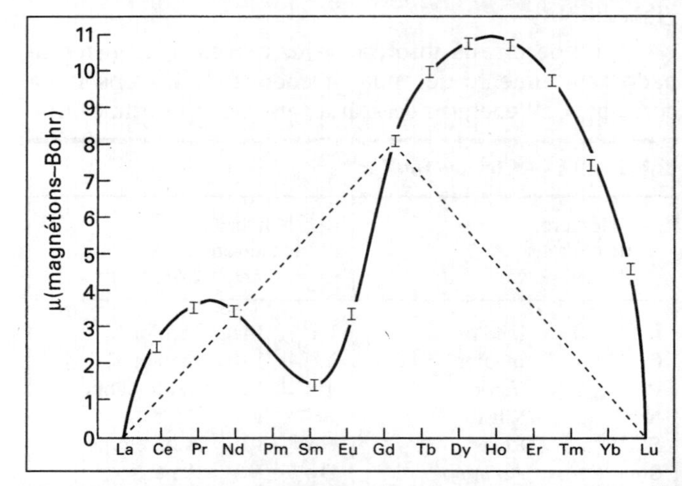

Figura 29.2 — *Momentos paramagnéticos dos íons lantanídios, Ln^{3+}, à 300 K. Os valores dos momentos magnéticos de spin estão representados pela linha tracejada e os de spin mais o de orbital como linha cheia*

Tabela 29.8 — Momentos magnéticos do íon La^{3+} e dos íons lantanídios

Elemento	Símbolo	Configuração eletrônica do íon M^{3+}	Momento calculado (magnetons)	magnético medido (magnetons)
Lantânio	La	[Xe] $4f^0$	0	0
Cério	Ce	[Xe] $4f^1$	2,54	2,3–2,5
Praseodímio	Pr	[Xe] $4f^2$	3,58	3,4–3,6
Neodímio	Nd	[Xe] $4f^3$	3,62	3,5–3,6
Promécio	Pm	[Xe] $4f^4$	2,68	2,7
Samário	Sm	[Xe] $4f^5$	0,84	1,5–1,6
Európio	Eu	[Xe] $4f^6$	0	3,4–3,6
Gadolínio	Gd	[Xe] $4f^7$	7,94	7,8–8,0
Térbio	Tb	[Xe] $4f^8$	9,72	9,4–9,6
Disprósio	Dy	[Xe] $4f^9$	10,63	10,4–10,5
Hólmio	Ho	[Xe] $4f^{10}$	10,60	10,3–10,5
Érbio	Er	[Xe] $4f^{11}$	9,57	9,4–9,6
Túlio	Tm	[Xe] $4f^{12}$	7,63	7,1–7,4
Itérbio	Yb	[Xe] $4f^{13}$	4,5	4,4–4,9
Lutécio	Lu	[Xe] $4f^{14}$	0	0

a energia térmica é suficiente para promover alguns elétrons e, assim, povoar parcialmente o estado energético superior. Logo, as propriedades magnéticas não são determinadas somente pela configuração do íon no estado fundamental. Esse efeito pode ser minimizado ou suprimido medindo o momento magnético numa temperatura baixa, pois assim impede-se a passagem dos elétrons para os níveis de energia maior. Como esperado, a baixas temperaturas, o momento magnético do Eu^{3+} tende a zero (o método de medida do momento magnético foi descrito no Capítulo 17).

A forma pouco comum da curva dos momentos magnéticos em função da configuração eletrônica, se deve à terceira regra de Hund: as contribuições dos momentos orbital e de spin atuam em sentidos opostos ($J = L - S$), se o número de elétrons for menor que a metade do número máximo de elétrons no nível *f*; mas eles atuam no mesmo sentido ($J = L + S$) se o número de elétrons for maior que a metade do número máximo de elétrons que podem ser acomodados nesse nível.

CONTRAÇÃO LANTANÍDICA

Os raios covalentes e iônicos geralmente aumentam de cima para baixo dentro de um Grupo, devido à presença de níveis adicionais de elétrons preenchidos. Num período da Tabela Periódica, os raios covalentes e iônicos decrescem da esquerda para a direita. Isso ocorre porque os elétrons que vão sendo acrescidos blindam ineficientemente a carga nuclear adicional. Assim, todos os elétrons são mais atraídos e se aproximam do núcleo. O efeito de blindagem dos elétrons diminui na seqüência $s > p > d > f$. A contração de tamanho de um elemento para outro é relativamente pequena. Contudo, o efeito resultante da adição de 14 elétrons e de 14 prótons no núcleo, do Ce ao Lu, leva a uma redução de cerca de 0,2 Å. Esse fenômeno é conhecido como contração lantanídica.

Tabela 29.9 — Raios iônicos dos íons Sc^{3+}, Y^{3+}, La^{3+} e Ln^{3+} (em Å)

Sc														
0,745														
Y														
0,900														
La	Ce	Pr	Nd	Pm	Sm	Eu	Gd	Tb	Dy	Ho	Er	Tm	Yb	Lu
1,032	1,02	0,99	0,983	0,97	0,958	0,947	0,938	0,923	0,912	0,901	0,890	0,880	0,868	0,861

A dureza, os pontos de fusão e os pontos de ebulição dos elementos aumentam do Ce ao Lu. Isso decorre do aumento da atração entre os átomos à medida que seus tamanhos diminuem.

As propriedades de um íon dependem de seu tamanho e de sua carga. O tamanho dos íons lantanídios Ln^{3+} varia muito pouco de um elemento para o seguinte (Tab. 29.9), e sua carga é a mesma. Por isso, suas propriedades químicas são muito semelhantes. Lu^{3+} é o menor dos íons e, conseqüentemente, o mais fortemente hidratado.

Embora os lantanídios não formem muitos complexos, aqueles formados pelo Lu^{3+} são os mais estáveis, devido ao seu menor tamanho. Por outro lado, La^{3+} e Ce^{3+} são os maiores íons, de modo que estes formam os hidróxidos mais básicos ($La(OH)_3$ e $Ce(OH)_3$) dentre os lantanídios.

A contração lantanídica faz com que os raios dos últimos quatro elementos da série sejam menores que o raio do ítrio, na série de transição que antecede a série dos lantanídios. Como o tamanho dos íons lantanídios mais pesados, particularmente Dy^{3+} e Ho^{3+}, são muito similares ao do Y^{3+}, suas propriedades químicas também são muito semelhantes. Conseqüentemente, a separação desses elementos é muito difícil.

Os raios iônicos dependem do estado de oxidação em que se encontra o elemento. Por isso, somente os raios dos íons de mesma carga são comparados na Tab. 29.9. Contudo, uma tendência similar é observada quando se comparam os raios covalentes (Tab. 29.10).

Por causa da diminuição do tamanho dos elementos ao longo da série dos lantanídios, os elementos que a sucedem, na terceira série de transição, são consideravelmente menores que o esperado. A tendência normal de aumento de tamanho, Sc→Y→La, não é mais observada após a série dos lantanídios. Assim, pares de elementos como Zr/Hf, Nb/Ta e Mo/W têm tamanhos quase iguais. A grande semelhança entre as propriedades dos elementos nesses pares torna muito difícil a separação dos mesmos por meio de processos químicos. O tamanho dos elementos da terceira série de transição é muito semelhantes aos dos correspondentes elementos da segunda série de transição (vide Tab. 29.10).

Tabela 29.10 — Raios covalentes dos elementos de transição em (Å)

Sc 1,44		Ti 1,32	V 1,22	Cr 1,17	Mn 1,17	Fe 1,17	Co 1,16	Ni 1,15
Y 1,62		Zr 1,45	Nb 1,34	Mo 1,29	Tc —	Ru 1,24	Rh 1,25	Pd 1,28
La 1,69	*	Hf 1,44	Ta 1,34	W 1,30	Re 1,28	Os 1,26	Ir 1,26	Pt 1,29

* os 14 elementos lantanídios

Assim, os elementos correspondentes da segunda e terceira séries de transição são mais parecidos entre si que os correspondentes elementos da primeira e segunda séries de transição.

COMPLEXOS

Os íons Ln^{3+} têm uma carga elevada, que favorece a formação de complexos. Contudo, os íons são relativamente grandes (1,03 Å - 0,86 Å) quando comparados com os íons de elementos de transição (Cr^{3+} = 0,615 Å, Fe^{3+} = 0,55 Å (spin baixo)), e conseqüentemente não tendem a formar complexos com facilidade. Em solução aquosa, não formam complexos com aminas, pois a água é um ligante mais forte que as aminas. Todavia, complexos com aminas podem ser obtidos em solventes não-aquosos. Apenas alguns poucos complexos estáveis são obtidos com CO, CN^- e grupos organometálicos, em contraste acentuado com os metais de transição. Isso ocorre devido ao fato dos orbitais 4*f* estarem protegidos, "no interior" do átomo. Conseqüentemente, não podem ser utilizados para formar ligações π (retrodoação), como os orbitais *d* dos elementos de transição. Os complexos mais comuns e estáveis são aqueles formados com agentes quelantes doadores de oxigênio, tais como ácido cítrico, ácido oxálico, $EDTA^{4-}$ e acetilacetona. Esses complexos apresentam números de coordenação elevados e variáveis e, freqüentemente, moléculas de água ou de outro solvente também estão coordenados ao metal central. Complexos de Eu^{3+} e Pr^{3+} com β-dicetonas, dissolvidos em solventes orgânicos, são usados em espectroscopia de ressonância magnética nuclear, como reagentes de deslocamento.

Complexos com números de coordenação inferiores a seis são raros, e somente ocorrem com ligantes volumosos, como $(2,6\text{-dimetil-fenila})^-$ e $[N(SiMe_3)_2]^-$. Em contraste com os metais de transição, complexos hexacoordenados são raros. Os números de coordenação mais comuns são 7, 8 e 9, resultando numa grande variedade estereoquímica. Complexos com números de coordenação 10 e 12 são formados pelos lantanídios maiores (mais leves) com agentes quelantes pequenos como NO_3^- e SO_4^{2-} (vide Tab. 29.11).

Complexos com ligantes monodentados, doadores de oxigênio, são muito menos estáveis que os quelatos e tendem a dissociar, em solução aquosa. Provavelmente, não formam complexos com ligantes doadores de nitrogênio, exceto com etilenodiamina e NCS^-, mas estes se decompõem em água. Fluorocomplexos do tipo $LnF^{2+}_{(aq)}$ são formados principalmente pelos íons menores, mas clorocomplexos não podem ser obtidos em meio aquoso ou em HCl. Essa é uma importante distinção entre os elementos das séries dos lantanídios e dos actinídios.

O íon Ce^{4+} é menor e tem uma carga maior. Assim, o complexo $[Ce(NO_3)_6]^{2-}$, com número de coordenação 12, é formado no solvente não aquoso N_2O_4. Cada NO_3^- utiliza dois átomos de oxigênio para se coordenar ao metal.

Os lantanídios não formam complexos com ligantes receptores π, pois os orbitais *f* não estão disponíveis para formar tais ligações.

É difícil explicar as ligações que ocorrem em complexos com elevado número de coordenação. Mesmo que um orbital *s*, três orbitais *p* e os seis orbitais *d* da camada de valência sejam utilizados para formar as ligações, deveríamos ter no máximo um número de coordenação igual a 9. Os números de coordenação maiores (10 e 12) representam um problema. Nesse caso, os orbitais *f* podem estar participando das ligações, ou a ordem das ligações deve ser menor que um.

Tabela 29.11 — Alguns complexos dos lantanídios

Número de coordenação	Complexo	Estrutura
4	$[Lu(2,6\text{-dimetilfenil})_4]^-$	Tetraédrico
6	$[Ce^{IV}Cl_6]^{2-}$	Octaédrico
6	$[Er(NCS)_6]$	Octaédrico
7	$[Y(\text{acetilacetona})_3(H_2O)]$	Prisma trigonal monopiramidado
8	$[La(\text{acetilacetona})_3(H_2O)_2]$	Antiprisma quadrado
8	$[Ce^{IV}(\text{acetilacetona})_4]$	Antiprisma quadrado
8	$[Eu(\text{acetilacetona})_3(\text{fenantronila})]$	Antiprisma quadrado
8	$[Ho(\text{tropolonato})_4]^-$	Dodecaédrico
9	$[Nd(H_2O)_9]^{3+}$	Prisma trigonal tripiramidado
10	$[Ce^{IV}(NO_3)_4(Ph_3PO)_2]$	Estrutura mais complexa (cada NO_3^- é bidentado)
12	$[Ce^{IV}(NO_3)_6]^{2-}$	Icosaédrico (cada NO_3^- é bidentado

Existem alguns poucos compostos organo-lantanídicos. Alquil- e aril- derivados podem ser obtidos utilizando reagentes organo-líticos, em éter:

$$LnCl_3 + 3LiR \rightarrow LnR_3 + 3LiCl$$
$$LnR_3 + LiR \rightarrow Li[LnR_4] \text{ e } [LnMe_6]^{3-}$$

Os complexos com ciclopentadienila $[Ln(C_5H_5)_3]$, $Ln(C_5H_5)_2Cl]$ e $[Ln(C_5H_5)Cl_2]$ são conhecidos, mas reagem com o ar e a água.

LEITURAS COMPLEMENTARES

- Bagnall, K.W. (ed.) (1975) MTP *International Review of Science*, Inorganic Chemistry (Series 2), Vol. 7, Lantanídios e actinídios, Butterworths, London.
- Bevan, D.J.M. (1973) *Comprehensive Inorganic Chemistry*, Vol. 3 (Cap 49: Compostos não-estequiométricos), Pergamon Press, Oxford.
- Brown, D. (1968) *Halides of the Transition Elements*, Vol. I (Haletos dos lantanídios e actinídios), Wiley, London and New York.
- Bunzli, J.G. e Wessner, D. (1984) Rare earth complexes with neutral macrocyclic ligands, *Coordination Chem. Rev.*, **60**, 191.
- Burgess, J. (1988) *Ions in Solution*, Ellis Horwood, Chichester.
- Callow, R.J. (1967) The Industrial Chemistry of the Lanthanons, Yttrium, Thorium and Uranium, Pergamon Press, New York.
- Cotton, S.A. e Hart, F.A. (1975) *The Heavy Transition Metals*, Macmillan, London. (Vide cap. 10)
- Emeléus, H. J. e Sharpe, A.G. (1973) *Moderm Aspects of In-*

organic Chemistry, 4.ª ed. (Cap. 22: Elementos de transição interna 1, os lantanídios), Routledge and Kegan Paul, London.

- Evans, W.J. (1985) Organolanthanide chemistry, *Adv. Organometallic Chem.*, **24**, 131-173.
- Evans W.J. (1987) Organolanthanide chemistry, *Polyhedron*, **6**, 803-835.
- Greenwood, N.N. (1968) *Ionic Crystals, Lattice Defects and Non-Stoichiometry* (Cap. 6), Butterworths, London.
- Gschneidner, K.A. Jr, e LeRoy, K.A. (eds) (1988) *Handbook on the Physics and Chemistry of the Rare Earths*, North Holland, Amsterdam.
- Johnson D.A. (1977) *Adv. Inorg. Chem. Radiochem.*, **20**, 1. (Excelente revisão sobre a química dos lantanídios em estados de oxidação menos comuns)
- Johnson D.A. (1980) Principles of lanthanide chemistry, *J. Chem. Ed.*, **57**, 475-477.
- *Lanthanide and Actinide Chemistry and Spectroscopy* (1980) Simpósio da ACS, Série 131, American Chemical Society, Washington.
- Moller, M., Cerny, P. e Saupe, F. (eds) (1988) *Rare Earth Elements* (Publicação especial da Society for Geology Applied to Mineral Deposits, Vol. 7), Springer Verlag, Berlin.
- Muetterties, E.L. e Wright, C.M. (1967) High coordination numbers, *Q. Rev. Chem. Soc.*, **21**, 109.
- Subbarao, E.C. e Wallace, W.E. (eds) (1980) *Science and Technology of Rare Earth Materials*, Academic Press, New York.
- Yatsimirskii, K.B. e Davidenko, N.K. (1979) Absorption spectra and structure of lanthanide coordination compounds in solution, *Coordination Chem. Rev.*, **27**, 223-273.

PROBLEMAS

1. Ordene os elementos lantanídios na seqüência correta, escrevendo seus símbolos químicos e suas configurações eletrônicas.
2. De que modo os estados de oxidação dos lantanídios estão relacionados com suas configurações eletrônicas?
3. Por que é difícil separar os compostos dos elementos lantanídios uns dos outros? Que métodos foram usados para efetuar tais separações? Quais deles continuam em uso?
4. Explique o que é a contração lantanídica, e quais são suas conseqüências.
5. De que maneira o preenchimento do nível energético $4f$ influencia os demais elementos da Tabela Periódica?
6. Compare os espectros eletrônicos dos íons dos elementos lantanídios e dos metais de transição. Por que os íons dos lantanídios apresentam bandas de absorção finas e suas propriedades magnéticas são pouco influenciadas pela natureza dos ligantes?
7. Compare os números de coordenação e a estereoquímica comumente encontrados nos complexos dos lantanídios com aqueles geralmente encontrados nos complexos dos metais de transição.
8. Determine o número de elétrons desemparelhados, no estado fundamental, dos seguintes íons: La^{3+}, Ce^{4+}, Lu^{3+}, Yb^{2+}, Gd^{3+}, Eu^{2+}, Tb^{4+}.

OS ACTINÍDIOS

CONFIGURAÇÃO ELETRÔNICA E POSIÇÃO NA TABELA PERIÓDICA

Pode-se constatar, por uma rápida análise dos elementos anteriormente estudados, que o frâncio, Fr, e o rádio, Ra, pertencem aos Grupos 1 e 2, respectivamente, e que seus elétrons mais externos devem estar no orbital 7*s*. No elemento seguinte, o actínio, Ac, começa o preenchimento do penúltimo nível *d* (—$6d^1 7s^2$). Este possui propriedades características dos elementos do Grupo do Sc, Y e La. Por analogia com o que acontecia após o La, espera-se que nos 14 elementos que sucedem o actínio, os elétrons ocupem o nível 5*f*, constituindo a segunda série de transição interna. Esses 14 elementos, do número atômico 90, tório, ao número atômico 103, laurêncio, são denominados actinídios. Contudo, as configurações eletrônicas dos actinídios não seguem o padrão simples encontrado nos lantanídios.

Logo após o La, os orbitais 4*f* passam a ter uma energia menor que os orbitais 5*d*. Por isso, nos lantanídios os orbitais 4*f* são preenchidos de maneira regular (desconsiderando-se os pequenos desvios que ocorrem no caso de uma camada semipreenchida). Assim, seria de se esperar que, após o Ac, os orbitais 5*f* se tornem menos energéticos que os orbitais 6*d*. Contudo, a diferença de energia entre os orbitais 5*f* e 6*d* é pequena, nos primeiros quatro actinídios, Th, Pa, U e Np. Logo, nesses elementos e em seus íons, os elétrons podem ocupar os níveis 5*f* ou 6*d*, ou às vezes ambos. Nos actinídios mais pesados, o nível 5*f* passa a ter uma energia consideravelmente menor. Assim, a partir do Pu, o nível 5*f* passa a ser preenchido de maneira regular, e esses elementos são muito semelhantes uns aos outros.

Até 1940, os actinídios conhecidos eram o Th, o Pa e o U. Supunha-se (erroneamente) que esses elementos faziam parte do bloco *d*. Os motivos para tanto eram algumas semelhanças entre as propriedades químicas desses elementos com os grupos de metais de transição Ti, Zr, Hf ...Th? e Cr, Mo, W....U? O aumento do número de estados de oxidação assumidos pelos elementos Ac, Th, Pa e U lembra a pirâmide invertida de estados de oxidação, observada no caso dos elementos do bloco *d* (vide Tab.18.2). O aumento da estabilidade dos elementos nos estados de oxidação mais altos, também, segue a tendência encontrada nos elementos do bloco *d*. Isso contrasta com o fato dos lantanídios formarem, praticamente, apenas o íon no estado de oxidação (+III). O urânio é o elemento natural mais "pesado" (número atômico 92). Como resultado das pesquisas realizadas para o desenvolvimento da bomba atômica, durante a II Guerra Mundial, e das pesquisas posteriores sobre energia nuclear, pelo menos 12 elementos foram obtidos artificialmente. Como esses elementos têm números atômicos superiores ao do $_{92}U$, são também denominados elementos transurânicos.

Tabela 30.1 — Os elementos e seus estados de oxidação

Número	Elemento	Símbolo	Estrutura eletrônica			Estados de oxidação*					
89	Actínio	Ac		$6d^1$	$7s^2$		**III**				
90	Tório	Th		$6d^2$	$7s^2$		III	**IV**			
91	Protactínio	Pa	$5f^2$	$6d^1$	$7s^2$		III	IV	**V**		
92	Urânio	U	$5f^3$	$6d^1$	$7s^2$		III	IV	V	**VI**	
93	Neptúnio	Np	$5f^4$	$6d^1$	$7s^2$		III	IV	**V**	VI	VII
94	Plutônio	Pu	$5f^6$		$7s^2$		III	**IV**	V	VI	VII
95	Amerício	Am	$5f^7$		$7s^2$	II	**III**	IV	V	VI	
96	Cúrio	Cm	$5f^7$	$6d^1$	$7s^2$		**III**	IV			
97	Berquélio	Bk	$5f^9$		$7s^2$		**III**	IV			
98	Califórnio	Cf	$5f^{10}$		$7s^2$	II	**III**				
99	Einstênio	Es	$5f^{11}$		$7s^2$	II	**III**				
100	Férmio	Fm	$5f^{12}$		$7s^2$	II	**III**				
101	Mendelévio	Md	$5f^{13}$		$7s^2$	II	**III**				
102	Nobélio	No	$5f^{14}$		$7s^2$	II	**III**				
103	Laurêncio	Lr	$5f^{14}$	$6d^1$	$7s^2$	**II**	III				
104	Rutherfórdio	Rf	$5f^{14}$	$6d^2$	$7s^2$		**III**				

* Os estados de oxidação mais importantes (geralmente os mais abundantes e mais estáveis) são mostrados em negrito. Outros estados, bem caracterizados mas menos importantes, são mostrados em tipo normal.

Tabela 30.2 — Os elementos lantanídios e actnídios

Elementos de transição	Lantanídios													
La	Ce	Pr	Nd	Pm	Sm	Eu	Gd	Tb	Dy	Ho	Er	Tm	Yb	Lu
Ac	Th	Pa	U	Np	Pu	Am	Cm	Bk	Cf	Es	Fm	Md	No	Lr
	Actinídios													

Contudo, à medida que os elementos transurânicos foram sendo descobertos e estudados, ficou claro que eram elementos do bloco *f*. Algumas das evidências nesse sentido são:

1) as bandas de absorção nos espectros UV-visível são extremamente finas
2) suas propriedades magnéticas
3) a importância crescente do estado de oxidação (+III).

Atualmente, aceita-se a proposição de que os actinídios constituem uma segunda série de elementos de transição interna, que começa no tório e termina no laurêncio.

As séries dos elementos lantanídios e actinídios são mostrados na Tab. 30.2.

Há muitas semelhanças entre os lantanídios e os actinídios posteriores. Cm tem propriedades muito similares ao do Gd, e ambos têm a configuração eletrônica $f^7d^1s^2$. A ordem de eluição de Am, Cm, Bk e Cf, de uma coluna de troca iônica, é idêntica a dos lantanídios Eu, Gd, Tb e Dy. As temperaturas de fusão e as densidades dos elementos actinídios não se encontram dentro da faixa prevista para os elementos do bloco *d* (vide Apêndice B e D).

Os espectros de absorção dos elementos Pa, U, Np, Pu e Cm apresentam bandas extremamente finas, características de transições *f*–*f*. As linhas espectrais dos compostos dos actinídios são cerca de dez vezes mais intensas que as dos lantanídios. Se houver apenas um elétron *f*, haverá apenas uma banda no espectro, e será fácil interpretá-lo. Geralmente, porém, os espectros são muito complicados e muito difíceis de serem interpretados. As propriedades magnéticas dos actinídios, também, são difíceis de serem interpretadas.

O fato de haver ou não elétrons *d* na configuração eletrônica do elemento no estado fundamental, tem pouca importância prática: os dois elétrons *s* e o elétron *d* (se houver) serão removidos para formar o íon no estado de oxidação mais comum, ou seja, (+III). As energias dos orbitais 5*f* e 6*d* são muito próximas. A energia de ligação é maior que a energia necessária para promover a transição $5f \rightarrow 6d$. Os orbitais 7*s* e 7*p* também têm energias comparáveis. Assim, os níveis ocupados podem variar de acordo com a natureza dos ligantes. Também pode variar do sólido em relação ao íon em solução. Geralmente, é impossível dizer quais orbitais estão sendo ocupados.

Os orbitais 5*f* se estendem no espaço além dos orbitais 6*s* e 6*p*, e participam das ligações. Esse fato contrasta com o comportamento dos lantanídios, onde os orbitais 4*f* são incapazes de participar de ligações, pois estão localizados na parte mais interna do átomo, e são totalmente blindados pelos elétrons das camadas mais externas. A participação dos orbitais 5*f* pode explicar a ocorrência dos actinídios mais leves, em estados de oxidação mais elevados. O maior volume dos orbitais 5*f*, em comparação com os orbitais 4*f*, pode ser demonstrada pelas diferenças observadas nos espectros de ressonância paramagnética eletrônica dos íons Nd^{3+} e U^{3+}, diluídos em CaF_2 ou SrF_2. A configuração eletrônica de ambos os íons no estado fundamental é f^3 (termo espectroscópico $^4I_{9/2}$ — vide Capítulo 29). O sinal do U^{3+} apresenta estruturas hiperfinas, devido á interação dos elétrons desemparelhados com os núcleos de flúor, mas isso não ocorre no espectro do Nd^{3+}.

ESTADOS DE OXIDAÇÃO

Os estados de oxidação conhecidos para os actinídios são mostrados na Tab. 30.1.

Os elementos no estado (+II) são bastante raros. O íon Am^{2+} tem configuração f^7 e é o análogo do Eu^{2+} nos lantanídios. Porém, só é encontrado no fluoreto, no estado sólido. Em contraste, Cf^{2+}, Es^{2+}, Fm^{2+}, Md^{2+}, e No^{2+} podem se encontrados na forma de íons em solução. Suas propriedades são semelhantes às dos metais do Grupo 2, particularmente o Ba^{2+}. É o estado de oxidação mais estável do No, e sua configuração é f^{14}.

Todos os actinídios formam o íon no estado de oxidação (+III), como os lantanídios. Contudo, nem sempre este é o estado mais estável, no caso dos actinídios. Esse não é o estado de oxidação mais estável dos quatro primeiro elementos Th, Pa, U e Np. Por exemplo, o íon U^{3+} é facilmente oxidado pelo ar, em solução. Mas, o estado de oxidação (+III) é o mais estável no caso dos actinídios posteriores, do $_{95}Am$ até $_{103}Lw$ (exceto o $_{102}No$). Suas propriedades são muito semelhantes às dos lantanídios.

Os estados de oxidação mais estáveis para os primeiros quatro elementos são Th(+IV), Pa(+V) e U(+VI). Esses estados de oxidação elevados implicam na participação de todos os elétrons mais externos (incluindo os elétrons *f*) nas ligações. Embora Np(+VII) seja conhecido, o elemento nesse estado é um agente oxidante, sendo o estado (+V) o mais estável do Np. O plutônio pode ser encontrado em todos os estados de oxidação de (+III) a (+VII), mas o mais estável é o Pu(+IV). O amerício pode ser encontrado nos estados de oxidação de (+II) a (+VI). Entretanto, para o amerício e para quase todos os elementos restantes, o estado mais estável é o (+III).

Todos os elementos compreendidos entre o $_{90}Th$ e o $_{97}Bk$ podem ser encontrados no estado (+IV), sendo este o estado de oxidação mais importante para Th e Pu. Os íons M^{4+} podem ser obtidos em soluções ácidas, e são precipitados pelos íons F^-, PO_4^{3-} e IO_3^-. Todos esses elementos formam dióxidos MO_2 e fluoretos MF_4 sólidos.

Os elementos do $_{91}Pa$ até $_{95}Am$ formam alguns poucos compostos sólidos, onde os metais estão no estado de oxidação (+V). Este é o estado mais estável do Pa e do Np. Íons M^{5+} livres não ocorrem em solução, mas entre pH 2 e 4, são formados os íons MO_2^+. Esses oxoíons são lineares, $[O–M–O]^+$, e rapidamente se desproporcionam em solução, mas são encontrados em compostos no estado sólido.

$$\overset{(+V)}{2UO_2^+} + 4H^+ \rightarrow \overset{(+IV)}{U^{4+}} + \overset{(+VI)}{UO_2^{2+}} + 2H_2O$$

U, Np, Pu e Am, formam fluoretos MF_6, nos quais o metal se encontra no estado de oxidação (+VI). Os elementos no estado (+VI) são encontrados mais comumente nos íons MO_2^{2+}, lineares, $[O{-}M{-}O]^{2+}$, e estáveis. Podem ser encontrados tanto em solução como em sólidos. A estrutura cristalina do nitrato de uranila, $UO_2(NO_3)_2(H_2O)_2$, é constituída por íons $[O{-}U{-}O]^{2+}$ lineares rodeados por dois grupos NO_3^- e duas moléculas de H_2O. Os grupos NO_3^- estão bidentados, tal que dois átomos de O de cada NO_3^- estão ligados a cada átomo de U. Os átomos de O de duas moléculas de água também estão coordenados ao U, gerando complexos com número de coordenação 8. Analogamente, no acetato de uranila e sódio sólido, $Na[UO_2(CH_3COO)_3]$, os grupos acetato estão bidentados e o U está octacoordenado.

Os elementos nos estados de oxidação inferiores tendem a ter um caráter mais iônico, enquanto nos estados de oxidação mais elevados tendem a ter um caráter mais covalente. Os íons M^{2+}, M^{3+} e M^{4+} foram bem caracterizados. Eles se hidrolisam rapidamente, mas essa reação pode ser suprimida pela adição de ácidos. O ácido perclórico é geralmente o mais adequado, pois tem apenas uma pequena tendência de formar complexos. A hidrólise dos compostos contendo os elementos em estados de oxidação mais elevados leva à formação dos íons: $(+V) \rightarrow MO_2^+$ e $(+VI) \rightarrow MO_2^{2+}$.

OCORRÊNCIA E OBTENÇÃO DOS ELEMENTOS

Todos os elementos posteriores ao $_{82}Pb$, isto é, do $_{83}Bi$ em diante, possuem núcleos instáveis e sofrem decaimento radioativo. Os elementos até o $_{92}U$, inclusive, ocorrem na natureza, e são conhecidos há muito tempo. Mesmo sendo radioativos, Th e U não são raros, constituindo 8,1 ppm e 2,3 ppm da crosta terrestre, respectivamente. A ocorrência do Th e do U na Terra se deve ao fato dos isótopos $^{232}_{90}Th$, $^{235}_{92}U$ e $^{238}_{92}U$ terem meias-vidas suficientemente longas, para garantir sua permanência desde a formação da Terra (o $t_{1/2}$ do $^{238}_{92}U$ é de $4{,}5\times10^9$ anos, e o do $^{235}_{92}U$ é de $7{,}04\times10^8$ anos). Os elementos posteriores ao U possuem meias-vidas mais curtas, e mesmo que tenham sido formados nos primórdios do planeta Terra já desapareceram por completo.

Se os elementos forem apreciavelmente radioativos, devem ser manuseados com cuidado. Os actinídios mais pesados têm meias-vidas muito curtas (freqüentemente de poucos minutos, ou até menos). Por isso, não é possível obtê-los em elevadas concentrações, nem executar outras experiências a não ser experimentos breves, usando-os como traçadores. O estudo de alguns desses elementos é difícil, porque a radiação decompõe a água em radicais H e OH. Esses radicais podem reduzir os elementos em estados de oxidação elevados, tais como Pu(+VI), Pu(+V), Am(+VI), Am(+V) e Am(+IV).

A radioatividade provoca o auto-aquecimento das amostras. Dez gramas de ^{239}Pu produzem 0,02 watt de calor. Essa propriedade não pode ser usada para gerar energia em larga escala, pois esse isótopo é físsil e sofre um processo de fissão nuclear (a massa crítica do ^{239}Pu é de apenas 1 kg, aproximadamente). O calor pode decompor alguns compostos. Impede também a determinação exata da estrutura por difração de raios X, pois os átomos apresentam um grau anormalmente elevado de movimento térmico. O calor gerado dessa forma por alguns actinídios, pode ser aproveitado como fontes de energia compactos e de baixo peso. Por exemplo, esse calor é convertido em eletricidade por uma termopilha, em "marca-passos" cardíacos. Foram usados nas primeiras missões lunares, na missão espacial Apolo e em satélites. Os isótopos $^{238}_{94}Pu$ e $^{242}_{96}Cm$ são usados com essa finalidade. São emissores α, bastando uma blindagem simples, visto que esse tipo de radiação é prontamente absorvido por qualquer tipo de material. também foi usado com essa finalidade, mas ele emite radiação γ além dos raios α, e requer uma blindagem bem mais eficaz.

A areia monazítica contém até cerca de 10% de Th misturado com lantanídios, na forma de fosfatos do tipo $(ThLn)PO_4$. O tório também é encontrado como o minério torita, $ThSiO_4$. O urânio é extraído como o minério pechblenda, UO_2. Quantidades muito pequenas de Ac, Pa, Np e Pu foram detectados nesses minérios. Esses quatro elementos só podem ser obtidos artificialmente. O plutônio pode ser obtido em grandes quantidades por meio do bombardeamento do urânio, em reatores nucleares. A obtenção do plutônio é importante porque é físsil, pode ser usado para fins militares (em armas nucleares) e também como combustível em usinas termelétricas nucleares.

O comportamento químico do Th e do U se assemelha ao dos elementos dos grupos do Ti e do Cr, em diversos aspectos. Os elementos com números atômicos superiores ao do urânio são denominados elementos transurânicos. Todos foram obtidos artificialmente a partir de 1940. Foram obtidos por meio do bombardeamento de elementos adequados com nêutrons, em reatores nucleares. Também podem ser obtidos bombardeando-se uma amostra com partículas α (núcleos de He), ou com núcleos de átomos leves como C, B, N, O ou Ne, num acelerador de partículas. A maioria dos elementos transurânicos foi descoberta (ou melhor obtida) na Universidade da Califórnia.

PREPARAÇÃO DOS ACTINÍDIOS

Os primeiros membros da série são geralmente obtidos por reações (n, γ), seguidas por emissão β. Foram obtidos pela primeira vez em 1940, em Berkeley, bombardeando-se núcleos de U num ciclotron. Atualmente, são extraídos de barras de U combustível esgotadas. Embora a reação principal num reator nuclear seja a fissão do $^{235}_{92}U$ em duas partículas menores, com a liberação de grande quantidade de energia, diversas reações secundárias ocorrem concomitantemente. A barra de U combustível é irradiada com *nêutrons lentos* (de 1 MeV de energia). Um nêutron pode ser capturado por um núcleo, numa reação (n, γ). O nêutron aumenta a massa atômica do núcleo em uma unidade, e parte da energia é liberada como radiação γ. Outros nêutrons podem ser adicionados de forma análoga. A adição de nêutrons aumenta a relação entre o número de nêutrons e de prótons (a relação *n/p*). Eventualmente, o núcleo torna-se instável, por conter nêutrons em demasia. Então, o núcleo sofre um processo de decaimento, convertendo um nêutron em um próton e um elétron (partícula β). Isso diminui a

Tabela 30.3 — Os principais isótopos e suas fontes

Número atômico	Elemento	Principais isótopos	Meia-vida	Método de obtenção ou fonte
89	Actínio	^{227}Ac	21,7 anos	$^{226}_{88}Ra$ natural $\xrightarrow{n\gamma} {}^{227}_{88}Ra \xrightarrow[41\ min]{ß} {}^{227}_{89}Ac$
90	Tório	^{232}Th	$1{,}4\times10^{10}$ anos	Minérios de ocorrência natural
91	Protactínio	^{231}Pa	$3{,}3\times10^{4}$ anos	Natural (0,1 ppm em minérios de U) e a partir de ^{235}U usado como combustível nuclear
92	Urânio	^{235}U	$7{,}1\times10^{8}$ anos	Natural (abundância de 0,7% em minérios de U)
		^{238}U	$4{,}5\times10^{9}$ anos	Natural (abundância de 99,3% em minérios de U)
93	Neptúnio	^{237}Np	$2{,}2\times10^{6}$ anos	Obtido a partir de combustíveis nucleares a base de U $^{235}_{92}U \xrightarrow{n\gamma} {}^{236}_{92}U \xrightarrow{n\gamma} {}^{237}_{92}U \xrightarrow[6,7\ d]{ß} {}^{237}_{93}Np$ $^{238}_{92}U$ (n, 2n) ↗ ($^{237}_{92}U$)
94	Plutônio	^{238}Pu	86,4 anos	Diversos isótopos formam-se em combustíveis nucleares $^{238}_{92}Np \xrightarrow{n\gamma} {}^{238}_{93}Np \xrightarrow[2,1\ d]{ß} {}^{238}_{94}Pu$
		^{239}Pu	$2{,}4\times10^{4}$ anos	$^{238}_{92}U \xrightarrow{n\gamma} {}^{239}_{92}U \xrightarrow[23\ min]{ß} {}^{239}_{93}Np \xrightarrow[2,3\ d]{ß} {}^{239}_{94}Pu$
		^{242}Pu	$3{,}8\times10^{5}$ anos	$^{239}_{94}Pu \xrightarrow{três\ (n\gamma)} {}^{242}_{94}Pu$
		^{244}Pu	$8{,}2\times10^{7}$ anos	$^{239}_{94}Pu \xrightarrow{cinco\ (n\gamma)} {}^{244}_{94}Pu$; ↘ 2 (nγ)
95	Amerício	^{241}Am	433 anos	$^{238}_{92}U \xrightarrow{n\alpha} {}^{241}_{94}Pu \xrightarrow[13,2\ anos]{ß} {}^{241}_{95}Am$
		^{243}Am	$7{,}7\times10^{3}$ anos	$^{239}_{94}Pu \xrightarrow{quatro\ (n\gamma)} {}^{243}_{94}Pu \xrightarrow{ß} {}^{243}_{95}Am$ $^{241}_{95}Am \xrightarrow{(n\gamma)} {}^{242}_{94}Am$ ↙ ß 16,0 h
96	Cúrio	^{242}Cm	162 dias	$^{239}_{94}Pu \xrightarrow{n\alpha} {}^{242}_{96}Cm$
		^{244}Cm	17,6 anos	$^{239}_{94}Pu \xrightarrow{quatro\ (n\gamma)} {}^{243}_{94}Pu \xrightarrow[5,0\ horas]{\beta} {}^{243}_{95}Am \xrightarrow{n\gamma} {}^{244}_{95}Am \xrightarrow[26\ mim]{ß} {}^{244}_{96}Cm$
97	Berquélio	^{249}Bk	314 dias	
98	Califórnio	^{249}Cf	360 anos	
		^{252}Cf	2,6 anos	Bombardeio intenso e prolongado com nêutron do ^{239}Pu em reatores nucleares
99	Einstênio	^{254}Es	250 dias	
100	Férmio	^{253}Fm	4,5 dias	
101	Mendelévio	^{256}Md	1,5 horas	Bombardeio de ^{252}Cf com He^{2+} seguido de ß
102	Nobélio	^{254}No	3 segundos	Bombardeio de ^{246}Cm com C^{6+}
103	Lawrêncio	^{257}Lr	8 segundos	Bombardeio de ^{252}Cf com B^{5+}
104	Rutherfórdio	^{261}Rf	~ 70 segundos	

relação *n/p*, ao mesmo tempo que aumenta o número atômico em uma unidade. Assim, é formado um novo elemento, que se localiza à direita do elemento original na Tabela Periódica (vide Capítulo 31, Estabilidade e relação entre nêutrons e prótons). Quando a barra de combustível é removida do reator, ela é processada, e os novos elementos podem ser recuperados. Como não há muitas aplicações para o Np, geralmente só o Pu é recuperado (o Pu é útil tanto como combustível nuclear como para fins militares).

$$^{235}_{92}U + {}^{1}_{0}n \rightarrow {}^{236}_{92}U + {}^{1}_{0}n \rightarrow {}^{237}_{92}U \xrightarrow[t_{1/2}=6,7\ dias]{ß} {}^{237}_{93}Np$$

$$^{238}_{92}U + {}^{1}_{0}n \rightarrow {}^{239}_{92}U \xrightarrow[t_{1/2}=23,3\ mim.]{ß} {}^{239}_{93}Np \xrightarrow[t_{1/2}=2,3\ dias]{ß} {}^{239}_{94}Pu$$

O rendimento do processo em relação aos elementos mais pesados é controlado por dois fatores:

1) a meia-vida dos diferentes isótopos.
2) e sua capacidade de absorver nêutrons, isto é, sua "seção de choque" de captura de nêutrons.

Isótopos dos elementos posteriores ao Pu podem ser obtidos por uma seqüência de reações (n, γ) num reator nuclear, usando Pu como material de partida.

$$^{239}_{94}U \xrightarrow{(n,\gamma)} {}^{240}_{94}U \xrightarrow{(n,\gamma)} {}^{241}_{94}Pu \xrightarrow[t_{1/2}=13,2\ anos]{ß} {}^{241}_{95}Am$$

A adição gradativa de nêutrons lentos é tediosa. Um método mais rápido consiste em submeter a amostra a um feixe ou densidade muito elevada de nêutrons rápidos, sem permitir que os produtos intermediários sofram decaimento. Isso ocorre durante a explosão de bombas de hidrogênio, na qual os elementos $_{99}Es$ e $_{100}Fm$ também foram formados. Entretanto, esse procedimento não é uma rota de síntese conveniente e praticável. Quando ^{238}U é usado como combustível de reatores nucleares, ele pode capturar um nêutron rápido e, em seguida, emitir dois nêutrons.

$$^{238}_{92}U \xrightarrow{(n,2n)} {}^{237}_{92}U \xrightarrow[t_{1/2}=6,7 \text{ dias}]{ß} {}^{241}_{95}Am$$

Um método alternativo é o bombardeamento de uma amostra com íons pequenos. Tais íons devem ter energia suficientemente elevada para superar as interações coulômbicas entre os íons e os núcleos pesados. Para tal, esses íons são acelerados até atingirem grandes velocidades (elevada energia cinética), num acelerador linear de partículas ou num ciclotron. O íon mais simples usado é a partícula α (isto é, um núcleo de He). Sua captura por um núcleo pesado provoca o aumento do número de massa em quatro unidades e do número atômico em duas unidades.

$$^{244}_{94}Pu + {}^{4}_{2}He \longrightarrow {}^{248}_{96}Cm$$

Muitas vezes a adição do núcleo de hélio desequilibra a relação entre nêutrons e prótons (vide Capítulo 31), de modo que um ou mais nêutrons são subseqüentemente emitidos. As equações que representam as reações nucleares podem ser escritas representando todas as partículas envolvidas na reação, por exemplo

$$^{239}_{94}Pu + {}^{4}_{2}He \longrightarrow {}^{241}_{96}Cm + 2({}^{1}_{0}n)$$

ou de uma maneira simplificada, onde as partículas adicionadas e emitidas na reação são indicadas entre parênteses:

$$^{239}_{94}Pu \xrightarrow{(\alpha,\ 2n)} {}^{241}_{96}Cm$$

$$^{243}_{95}Am \xrightarrow{(\alpha,\ n)} {}^{246}_{97}Bk$$

$$^{242}_{96}Cm \xrightarrow{(\alpha,\ 2n)} {}^{244}_{98}Cf$$

$$^{249}_{98}Cf \xrightarrow{(\alpha,\ 2n)} {}^{251}_{100}Fm$$

$$^{253}_{99}Es \xrightarrow{(\alpha,\ n)} {}^{256}_{101}Md$$

Os elementos mais pesados foram obtidos bombardeando-se a amostra com íons B^{5+}, C^{6+}, N^{7+} ou O^{8+} acelerados.

$$^{238}_{92}U + {}^{14}_{7}N \longrightarrow {}^{249}_{99}Es + 3({}^{1}_{0}n)$$

$$^{238}_{92}U + {}^{16}_{8}O \longrightarrow {}^{250}_{100}Fm + 4({}^{1}_{0}n)$$

$$^{246}_{96}Cm + {}^{12}_{6}C \longrightarrow {}^{254}_{102}No + 4({}^{1}_{0}n)$$

$$^{252}_{98}Cf + {}^{11}_{5}B \longrightarrow {}^{257}_{103}Lr + 6({}^{1}_{0}n)$$

As matérias-primas, as meias-vidas e os números de massa dos isótopos mais acessíveis são mostrados na Tab. 30.3.

Outros isótopos também são conhecidos, e alguns tem meia-vida longa. Por exemplo, ^{247}Bk só pode ser preparado com dificuldade, pelo método de bombardeamento com íons acelerados, num acelerador de partículas, mas tem uma meia-vida de cerca de 7.000 anos.

As quantidades disponíveis desses elementos são mostradas na Tab. 30.4. Os elementos com número atômico superiores a 100 são espécies de vida curta e apenas pequeníssimas quantidades (por exemplo, alguns átomos de férmio) foram preparadas. Os isótopos mais estáveis são: $^{258}_{101}Md$ = 53 dias; $^{225}_{102}No$ = 185 segundos; $^{256}_{103}Lr$ = 45 segundos; $^{261}_{104}Rf$ = aproximadamente 70 segundos.

Tabela 30.4 — Disponibilidade de vários isótopos

Toneladas	Quilogramas	100 gramas	Miligramas	Microgramas
^{232}Th	^{237}Np	^{231}Pa	^{244}Pu	^{257}Fm
^{238}U	^{239}Pu	^{238}Pu	^{249}Bk	
		^{242}Pu	^{242}Cm	
		^{241}Am	^{252}Cf	
		^{243}Am	^{253}Es	
		^{244}Cm	^{254}Es	

PROPRIEDADES GERAIS

Algumas propriedades desses elementos são mostradas na Tab. 30.5. Todos são metais prateados, de pontos de fusão moderadamente elevados, mas consideravelmente inferiores aos dos elementos de transição. O tamanho dos íons decresce regularmente ao longo da série, pois a carga adicional do núcleo é ineficientemente blindada pelos elétrons *f*. Isso provoca uma "contração actinídica", semelhante à contração lantanídica. Pode-se concluir, a partir da comparação dos raios iônicos M^{3+} dos actinídios com os dos lantanídios (Tab. 29.6), que os lantanídios e os actinídios têm tamanhos muito semelhantes. Portanto, suas propriedades químicas também são semelhantes. Contudo, os actinídios são mais densos e têm uma maior tendência de formar complexos.

Os actinídios são metais reativos, como o lantânio e os lantanídios. Reagem com água quente e perdem o brilho quando expostos ao ar, formando um filme de óxido. No caso do tório, forma-se uma camada protetora, mas isso não ocorre com os demais metais dessa série. Os metais reagem facilmente com HCl, mas a reação com outros ácidos é mais lenta do que se espera. Th, U e Pu são passivados pelo HNO_3 concentrado, devido à formação de uma película protetora de óxido. Os metais são básicos e não reagem com NaOH. Mas, reagem com oxigênio, com os halogênios e com o hidrogênio. Os hidretos são não-estequiométricos e têm fórmulas ideais MH_2 ou MH_3.

Geralmente os metais são obtidos por eletrólise dos sais fundidos, ou por redução dos haletos com Ca, a altas temperaturas.

Tabela 30.5 — Algumas propriedades dos actinídios

Elemento	Ponto de fusão (°C)	Ponto de ebulição (°C)	Densidade ($g\ cm^{-3}$)	Raio iônico de M^{3+}(Å)	Raio iônico de M^{4+}(Å)
Ac	817	2.470	–	1,12	–
Th	1.750	4.850	11,8	(1,08)	0,94
Pa	1.552	4.227	15,4	1,04	0,90
U	1.130	3.930	19,1	1,025	0,89
Np	640	5.235	20,5	1,01	0,87
Pu	640	(3.230)	19,9	1,00	0,86
Am	1.170	2.600	13,7	0,975	0,85
Cm	1.340	–	13,5	0,97	0,85
Bk	986	–	14,8	0,96	0,83
Cf	(900)	–	–	0,95	0,82
Es	(860)	–	–	–	–

TÓRIO

O tório não é um elemento raro. Ele constitui 8,1 ppm da crosta terrestre e é o trigésimo-nono elemento mais abundante. Sua principal fonte é a areia monazítica, na qual ele ocorre em quantidades de até 10%, como fosfato, misturado aos fosfatos dos lantanídios. O tório também é encontrado na uranotorita (um silicato misto de Th e U), nos minérios de Sudbury (Canadá). A monazita é tratada com NaOH. Os hidróxidos insolúveis são filtrados e dissolvidos com HCl. Em seguida, o pH é ajustado para 6, de modo a precipitar apenas os hidróxidos de Th(IV), U(IV) e Ce(IV), que são separados dos lantanídios trivalentes por filtração. Os precipitados de hidróxidos são dissolvidos em HCl 6M e extraídos em querosene com fosfato de tributila. Caso necessário, o metal Th pode ser obtido reduzindo-se ThO_2 com Ca, ou $ThCl_4$ com Ca ou Mg. Essas reações devem ser efetuadas em atmosfera de argônio, pois Th metálico é muito reativo quando quente.

O único estado de oxidação estável do Th é o (+IV), sendo o íon Th^{4+} encontrado tanto em solução como em compostos sólidos. $Th(NO_3)_4 \cdot 5H_2O$ é o sal mais conhecido e é muito solúvel em água. Os íons hidratados $[Th(H_2O)_n]^{4+}$ são a espécie presente em soluções diluídas e a adição de NaOH leva à precipitação de $Th(OH)_4$. O óxido ThO_2 pode ser obtido aquecendo-se o nitrato, ou então aquecendo o metal na presença de ar. O óxido é branco e tem o ponto de fusão mais alto dentre todos os óxidos (3.220 °C). É inerte, mas se dissolve em misturas de HNO_3 e HF. Os outros óxidos dos demais actinídios também são refratários.

Os haletos anidros ThX_4 formam-se pela reação entre os elementos. Também, podem ser obtidos pelo aquecimento do óxido com o ácido halogenídrico correspondente, a elevadas temperaturas; ou aquecendo-se o óxido com CCl_4, a 600 °C. Os haletos são brancos e têm elevados pontos de fusão. ThI_4 se decompõe gerando os elementos, mediante aquecimento forte. Essa reação foi usada para purificar o metal, no Processo van Arkel (vide Capítulo 6, "Métodos de Obtenção por Decomposição Térmica"). Os haletos se hidrolisam em ar úmido, formando os oxo-haletos $ThOX_2$. A cor branca dos compostos de Th(IV) se deve à ausência de elétrons *d* e *f*. A carga elevada do íon Th^{4+} favorece a formação de complexos, que freqüentemente tem elevados números de coordenação e estruturas pouco usuais (Tab. 30.6).

Os compostos de Th(III) são raros e somente são encontrados na forma sólido. ThI_3 e ThOF já foram preparados, mas reagem com água formando Th(IV) e liberando hidrogênio. ThI_3 e ThI_2 podem ser obtidos como se segue:

$$2ThI_4 + Th \xrightarrow{\text{calor}} 2ThI_3 + ThI_2$$

ThI_2 é um sólido dourado e um bom condutor de eletricidade. Todos esses compostos dos elementos em estados de oxidação baixos apresentam um certo grau de condutividade metálica. ThI_2 provavelmente pode ser considerado como sendo constituído por Th^{4+}, $2I^-$ e 2 elétrons numa banda de condução. Analogamente, ThI_3 pode ser considerado como sendo constituído por Th^{4+}, $3I^-$ e um elétron numa banda de condução. ThS também já foi sintetizado.

Tabela 30.6 — Alguns números de coordenação elevados

Complexo	Número de coordenação	Forma
$K_4[Th(oxalato)_4] \cdot 4H_2O$	8	Antiprisma quadrado
$(NH_4)_4[ThF_8]$	9	Prisma trigonal com três faces piramidadas (ThF_9), compartilhando duas arestas para formar cadeias infinitas
$Mg[Th(NO_3)_6]$	12	Icosaédrico. Os grupos NO_3^- são bidentados

Anualmente são produzidas cerca de 500 toneladas de compostos de tório. Suas dois principais aplicações industriais são as seguintes:

1) é largamente empregado na fabricação de "camisas" para lâmpadas incandescentes a gás, pois quando dióxido de tório contendo 1% de cério é aquecido numa chama de gás, ele emite uma luz branca brilhante. Esse tipo de lâmpada foi por muito tempo o principal meio de iluminação artificial (atualmente, esse tipo de iluminação foi substituído pelas lâmpadas elétricas incandescentes e fluorescente, exceto em lâmpadas portáteis, por exemplo, para expedições). Mesmo assim, metade da produção de tório é utilizado na fabricação dessas camisas.
2) O tório natural é constituído quase que exclusivamente por ^{232}Th. Esse isótopo não é físsil, mas quando irradiado na parte externa de um reator nuclear transforma-se em ^{233}U.

$$^{232}_{90}th \xrightarrow{n\gamma} {}^{233}_{90}Th \xrightarrow{ß} {}^{233}_{91}Pa \xrightarrow[\text{27 dias}]{ß} {}^{233}_{92}U$$

Esse isótopo do urânio não ocorre naturalmente, e tem uma meia-vida de $1{,}6 \times 10^5$ anos. Esse nuclídeo é físsil. Como o reator produz mais combustível nuclear do que consome, a reação nuclear acima é a base dos "reatores regeneradores".

PROTACTÍNIO

Pequenas quantidades de Pa (cerca de 0,1 ppm de ^{231}Pa) são encontradas no minério de urânio pechblenda, UO_2. Pa é formado como um dos produtos do decaimento radioativo do ^{235}U, na série de decaimento radioativo do actínio (vide Capítulo 31). Ocorre também nas séries de decaimentos naturais do neptúnio e do urânio. É difícil isolar o Pa dos minerais em que ocorre. Normalmente, ele é preparado artificialmente a partir do Th, pela reação dada acima, ou então como ^{231}Pa, a partir do processamento de barras esgotadas de urânio usadas como combustível de reatores nucleares.

A história do estudo do protactínio é um exemplo de cooperação científica raramente encontrada. O comportamento químico desse elementos era praticamente desconhecido até 1960, quando A.G. Maddock e uma equipe do "United Kingdom Atomic Energy Authority" extraíram 130 gramas desse elemento a partir de 50 toneladas de resíduos de extração de urânio. Amostras foram enviadas aos principais laboratórios em todo o mundo. Assim, rapidamente foram obtidas a maioria das informações que se tem sobre as propriedades do elemento.

A química do protactínio é de estudo particularmente difícil, porque seus compostos hidrolisam rapidamente. Além disso, os íons se polimerizam, formando precipitados coloidais em água e na maioria dos ácidos. Esses precipitados ficam adsorvidos nas paredes do recipiente ou sobre outros precipitados. Tais precipitados coloidais não são formados quando Pa é manuseado em soluções contendo fluoreto, pois nesse caso forma fluorocomplexos.

Pa pode ser extraído de soluções de HCl ou HNO_3 com fosfato de tributila. É, então, precipitado como PaF_4 e reduzido ao metal com Ba, a 1.400 °C. Pa foi obtido em quantidades da ordem de 100 gramas. Trata-se de um metal brilhante e maleável, que escurece em contato com o ar.

O elemento no estado de oxidação (+V) é o mais estável. Pa_2O_5, um sólido branco, é obtido por calcinação de compostos de Pa ao ar. Este óxido é fracamente ácido, pois reage com álcalis fundidos. Seu aquecimento numa câmara sob vácuo, ou sua redução com hidrogênio a 1.500 °C, fornece uma fase não-estequiométrica de cor preta, $PaO_{2,3}$, e eventualmente, PaO_2. PaF_5 pode ser obtido pela reação de F_2 com PaF_4, ou de BrF_3 com Pa_2O_5. É reativo, mas pode ser sublimado. $PaCl_5$ e os oxo-haletos $PaOX_3$ e PaO_2X, também são conhecidos. Complexos de Pa(V) com oxalato, citrato, tartarato, sulfato e fosfato já foram obtidos. Também, foram estudados alguns complexos incomuns com fluoreto. No $Rb[PaF_6]$, o átomo de Pa é octacoordenado. O complexo $K_2[PaF_7]$ contém grupos PaF_9, onde o metal tem número de coordenação nove. Eles formam ligações com dois grupos vizinhos por meio de átomos de F em ponte, um de cada lado, constituindo uma cadeia. No $Na_3[PaF_8]$, o íon $[PaF_8]^{3-}$ tem uma estrutura cúbica ligeiramente distorcida. PaO_2 e todos os haletos PaX_4, bem como os oxo-haletos $PaOX_2$, são conhecidos, e contêm o elemento no estado de oxidação (+IV). Esta espécie, ou seja Pa(IV), pode ser obtido por redução de soluções aquosas de Pa(V) com amálgama de zinco ou com Cr^{2+}, mas é facilmente oxidado pelo ar. Os espectros de absorção do $PaCl_4$, em HCl ou $HClO_4$, são semelhantes aos do Ce^{3+} ($4f^1$). Isso sugere que o íon Pa(IV) tem uma configuração $5f^1$ e é um actinídeo. O íon Pa(III) foi detectado por polarografia.

URÂNIO

Antigamente, os minérios de urânio foram empregados como matéria-prima do Ra, que foi usado no tratamento radioterápico do câncer. Pequenas quantidades de U eram usadas (e ainda o são) para a obtenção de vidros amarelo pálidos ou verdes. Esse vidro fluoresce quando exposto à luz ultravioleta. Pequenas quantidades de óxido de urânio são usadas para colorir cerâmicas.

A descoberta da fissão nuclear do urânio por Otto Hahn, em dezembro de 1938, estimulou o estudo detalhado da física nuclear e da química do urânio. A liberação de energia durante a fissão de um núcleo era de tamanha importância que, em 2 de agosto de 1939, Albert Einstein escreveu uma carta ao presidente dos Estados Unidos, Franklin D. Roosevelt, na qual disse: "Os trabalhos recentes de E. Fermi e L. Szilard me levam a crer que o elemento urânio poderá se transformar numa nova e importante fonte de energia num futuro próximo". A História mostrou que ele estava certo.

Enrico Fermi (um físico italiano refugiado que trabalhava na Universidade de Chicago) foi o primeiro cientista a desencadear uma reação em cadeia, usando o processo de fissão nuclear, em 2 de dezembro de 1942. O seu reator era constituído por uma pilha de camadas alternadas de combustível (U e UO_2) e de um moderador (grafita). Tiras de Cd serviam para absorver nêutrons e assim controlar a reação em cadeia. Fermi empregou 400 toneladas de grafita, 50 toneladas de UO_2 e 5 toneladas de U metálico.

Isso levou à criação do "Projeto Manhattan", destinado à fabricação de bombas atômicas, à descoberta dos elementos transurânicos (elementos com número atômico superior ao do urânio) e ao desenvolvimento da energia nuclear. Duas bombas atômicas foram lançadas contra o Japão, em 1945. Atualmente, o urânio tem grande importância comercial como combustível nuclear. Em 1989, haviam 120 usinas nucleares geradoras de eletricidade somente nos EUA, além de mais de 400 outras distribuídas nos demais países.

Ocorrência

Os vanadatos de urânio, como a carnotita, $K_2(UO_2)_2(VO_4)_2 \cdot 3H_2O$ constituem os principais minérios de urânio. A carnotita ocorre como uma crosta distinta de coloração amarela ou amarelo esverdeada, em arenitos e outros agregados moles. U também é minerado como óxidos, sendo os mais importantes a uraninita e a pechblenda. Estes têm coloração castanho-preta, são não-estequiométricos, mas sua estequiometria se aproximam daquela do UO_2. São freqüentemente oxidados; e a gumita é laranja amarelada, marrom ou preta, sendo constituída por uma mistura de minérios de U e de Th que sofreram a ação do intemperismo. Os óxidos estequiométricos UO_2, U_3O_8 e UO_3 são, respectivamente, preto-castanho, verde-preto e laranja amarelado. U é o quadragésimo-oitavo elemento mais abundante na crosta terrestre (2,3 ppm). É mais abundante que alguns dos elementos "mais familiares" como Ag, Hg, Cd e I. Em 1992, a produção mundial de urânio foi de 34.400 toneladas em conteúdo de metal, o que equivale a 40.600 toneladas de U_3O_8. Os principais produtores de minério de urânio foram: ex-União Soviética 32%, Canadá 27%, Nigéria 9%, Austrália e Namíbia 7% cada, França 6%, e Estados Unidos e África do Sul 5% cada.. Metade da produção dos EUA provém da região de Grants, no Novo México.

Obtenção

Os processos de extração são complexos. Os minérios são triturados e concentrados por processos físicos e químicos. O minério pode conter 0,2% de U, de modo que 1 tonelada de minério fornece menos de 2 kg de U_3O_8. Inicialmente o minério é concentrado por flotação, valendo-se da elevada densidade dos compostos de U. A seguir, é calcinado ao ar e extraído com H_2SO_4 (geralmente, na presença de um agente oxidante como MnO_2, para assegurar a conversão a U(+VI)). Este é precipitado como diuranato de sódio, $Na_2U_2O_7$, um sólido amarelo vivo conhecido como "torta amarela". Esta é dissolvida em HNO_3, para formar nitrato de uranila, $UO_2(NO_3)_3 \cdot (H_2O)_n$, que é posteriormente purificado. Esse processo de purificação pode ser realizado precipitando-se UO_3 com amônia, ou, então, extraindo-se o nitrato de uranila com fosfato de tributila (diluído com um hidrocarboneto inerte), a partir da solução aquosa. Finalmente, os produtos purificados são transformados em UF_4, e reduzidos com Ca ou Mg para se obter o metal.

Fissão nuclear

O urânio que ocorre na natureza contém três isótopos: 99,3% de ^{238}U, 0,7% de ^{235}U e quantidades traço de ^{234}U. O isótopo ^{235}U é físsil e se parte em dois núcleos menores (fissão), quando irradiado com nêutrons térmicos (lentos). O processo de fissão libera cerca de um milhão de vezes mais energia que uma reação química. A fissão do núcleo pode dar origem a vários produtos (vide "Reações nucleares induzidas", Capítulo 31), por exemplo:

$$^{235}_{92}U + ^{1}_{0}n \longrightarrow ^{138}_{53}I + ^{95}_{39}Y + 3(^{1}_{0}n) + 2 \times 10^{10} \text{ kJ mol}^{-1}$$

Se um dos nêutrons liberados provocar a fissão de outro núcleo de ^{235}U, terá início uma reação nuclear em cadeia auto-sustentada. Esse processo libera energia a uma velocidade constante. Como a fissão de um núcleo libera três nêutrons, a princípio estes podem provocar a fissão de três outros núcleos de ^{235}U. Isso provocaria a liberação de um número ainda maior de nêutrons, dando início a uma reação em cadeia "ramificada". Esse tipo de reação é incontrolável, pois liberaria energia a uma velocidade cada vez maior, até gerar uma explosão.

É muito difícil iniciar e manter uma reação em cadeia. Os nêutrons liberados pela fissão são "nêutrons rápidos", tendo energias da ordem de 2×10^8 kJ mol^{-1}. Eles tendem a escapar e não são muito efetivos para provocar novas fissões. São muito menos efetivos que os nêutrons "lentos", com cerca de 2 kJ mol^{-1} de energia (são também denominados nêutrons "térmicos", pois sua energia é comparável à energia térmica existente a temperatura ambiente). A probabilidade de se conseguir uma reação em cadeia pode ser aumentada de duas maneiras:

1) Os nêutrons rápidos podem ser desacelerados pela colisão com átomos de hidrogênio, deutério ou carbono. Esses materiais são denominados "moderadores".
2) Uma massa suficientemente grande de $^{235}_{92}U$ pode ser usada, para assegurar que um número suficiente de nêutrons atinja outros núcleos físseis de ^{235}U antes de escapar. Logo, existe uma "massa crítica". O valor dessa massa crítica depende da forma do material e de sua pureza. Uma esfera tem a menor área superficial, o que minimiza a probabilidade de escape dos nêutrons. Barras ou lâminas tem uma superfície muito maior e os nêutrons podem escapar com maior facilidade. A probabilidade dos nêutrons provocarem uma fissão aumenta com o aumento da proporção do isótopo físsil. Assim, o combustível nuclear deve ser "enriquecido".

As barras de controle são utilizadas para evitar que a reação se descontrole. As barras de controle são introduzidas no reator para absorver os nêutrons e desacelerá-lo, ou são levantadas para acelerá-lo. Tais barras de controle podem ser feitas de aço-boro, cádmio ou háfnio.

$$^{11}_{5}B + ^{1}_{0}n \longrightarrow ^{12}_{5}B + \gamma$$

$$^{113}_{48}Cd + ^{1}_{0}n \longrightarrow ^{114}_{48}Cd + \gamma$$

Paradoxalmente, essas reações em cadeia dificilmente podem resultar numa explosão. Para se obter uma explosão, as condições devem ser tais que o fator de propagação de nêutrons seja maior que 1. Isso significa que mais de um nêutron resultante de uma fissão efetivamente provoca a fissão de outros núcleos. Isso é denominado reação em cadeia ramificada. Para se atingir tal condição, o combustível nuclear a ser usado (em bombas) deve ser muito enriquecido, podendo conter até 80% de ^{235}U. É muito difícil se chegar a esse grau elevado de enriquecimento e, geralmente, a energia liberada no processo funde o material radioativo, permitindo que ele se espalhe. Assim, devido ao aumento da área superficial, um maior número de nêutrons pode escapar e a reação em cadeia cessa. Uma reação em cadeia poderá resultar numa explosão somente se o material físsil for impedido de se espalhar, por meio da utilização de alguma forma de contenção. As temperaturas atingidas se assemelham às do Sol, e nenhum tipo de recipiente resistiria a tais temperaturas. A primeira bomba atômica lançada sobre Hiroshima usava ^{235}U como combustível. Duas massas subcríticas de ^{235}U, em parte opostas da bomba, foram juntadas por uma pequena explosão convencional, por um tempo suficientemente longo para provocar uma explosão nuclear.

Num reator nuclear, o fator de propagação de nêutrons é muito próximo de 1. Isso significa que apenas 1 nêutron resultante de cada fissão provoca outra fissão. Assim, a liberação de energia é controlada e pode ser usada para fins pacíficos, como a geração de eletricidade. O excesso de nêutrons pode escapar, ser absorvido pelas barras de controle, ou então pelos núcleos de ^{238}U, que também estão presentes no combustível.

A preparação de combustíveis de U enriquecido, contendo elevadas concentrações de ^{235}U físsil, é difícil. O material enriquecido, usado em reatores nucleares de usinas de geração de energia, geralmente contém de 2 a 4% de ^{235}U. Um combustível mais enriquecido (70% a 80%) é utilizado em bombas e nos motores de submarinos nucleares. Há quatro métodos para se separar os isótopos de U: difusão térmica, difusão gasosa, separação eletromagnética e o uso de uma centrífuga para gases. Atualmente, as separações em grande escala são efetuadas valendo-se das diferentes velocidades de difusão de $^{235}UF_6$ e $^{238}UF_6$ gasosos (vide Capítulo 31). O método da centrífuga de gases está crescendo em importância.

$$UO_2 + HF \rightarrow UF_4 \xrightarrow{F_2} UF_{6(gás)}$$

$$U + 3ClF_3 \xrightarrow{50-90^{\circ}C} UF_6 + 3ClF_3$$

Quando um núcleo de ^{238}U absorve nêutrons, forma-se o elemento mais pesado plutônio, que também é físsil e pode ser usado como combustível nuclear. Como a quantidade de Pu formado pode ser maior que a quantidade de ^{235}U consumida, este tipo de reator é denominado "reator regenerador rápido" ("fast breeder reactor").

Propriedades químicas

O urânio e os três elementos seguintes, Np, Pu e Am, podem ser encontrados nos estados de oxidação (+III), (+IV), (+V) e (+VI). Eles são semelhantes uns aos outros, exceto pelo fato do estado de oxidação mais estável desses elementos decrescer do U(VI) para Np(V) para Pu(IV) para Am(III). Os compostos dos elementos nos estados (+III) e (+IV) são semelhantes aos dos lantanídios. Os íons formados nos estados de oxidação (+III), (+IV), (+V) e (+VI) são, respectivamente, M^{3+}, M^{4+}, MO_2^{+} e MO_2^{2+}. As reações redox entre M^{3+} e M^{4+}, ou entre MO_2^{+} e MO_2^{2+}, são rápidas, pois envolvem apenas a transferência de um elétrons. Já as reações de oxidação de M^{4+} a MO_2^{2+} são lentas, pois envolvem a transferência de elétrons e de átomos de oxigênio.

O urânio é um metal reativo. O metal finamente dividido reage com água em ebulição, formando uma mistura de UH_3 e UO_2. O metal se dissolve em ácidos, e reage com hidrogênio, oxigênio, os halogênios e muitos outros elementos.

Hidretos

O urânio reage com hidrogênio mesmo à temperatura ambiente, embora a reação seja mais rápida a 250 °C, formando UH_3. Este é obtido na forma de um pó preto pirofórico. O hidreto é muito reativo e, freqüentemente, é mais apropriado que o metal puro como material de partida para a preparação de outros compostos:

$$2UH_3 + 4H_2O \rightarrow 2UO_2 + 7H_2$$
$$2UH_3 + 4Cl_2 \rightarrow 2UCl_4 + 3H_2$$
$$2UH_3 + 8HF \rightarrow 2UF_4 + 7H_2$$
$$UH_3 + 3HCl \rightarrow UCl_3 + 3H_2$$

Óxidos

O estudo dos óxidos de urânio é complicado, pois existem diversos estados de oxidação estáveis e, freqüentemente, esses compostos são não-estequiométricos. UO_2 é castanho-preto e ocorre na pechblenda; U_3O_8 é verde escuro, enquanto que UO_3 é laranja amarelado. Algumas reações são mostradas no esquema abaixo:

$$UO_2(NO_3)_2 \cdot 2H_2O \xrightarrow{350°C} UO_3 \xrightarrow{CO\ 350°C} UO_2$$
$$UO_3 \xrightarrow{700°C} U_3O_8$$
$$U + O_2 \xrightarrow{calor} U_3O_8$$

Os três óxidos são básicos e se dissolvem em ácidos. UO_3 se dissolve em HNO_3, formando o íon amarelo uranila, $[O=U=O]^{2+}$, que pode ser cristalizado a partir da solução como nitrato de uranila, $UO_2(NO_3)_2(H_2O)_n$. O número de moléculas de água de cristalização pode ser dois, três ou seis, dependendo se foi utilizado HNO_3 fumegante, concentrado ou diluído, respectivamente. O di-hidrato apresenta uma curiosa estrutura em que o urânio se encontra octacoordenado. Ele é constituído por um íon linear $[O=U=O]^{2+}$ perpendicular a um hexágono formado por seis átomos de oxigênio (quatro provenientes de dois grupos NO_3^- bidentados e dois provenientes de moléculas de água, Fig. 30.1).

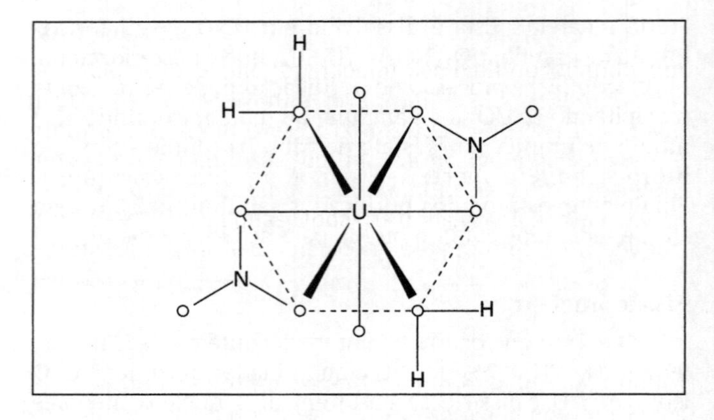

Figura 30.1 — Estrutura do nitrato de uranila di-hidratado, $UO_2(NO_3)_2 \cdot 2H_2O$

Haletos

Os principais haletos de urânio e suas cores são mostrados na Tab. 30.7. Algumas das reações dos fluoretos são mostradas no esquema abaixo:

$$UO_2 \xrightarrow{HF} UF_4 \xrightarrow[HBr\ 65°C]{F_2\ 240°C} UF_5 \xrightarrow{HF} [UF_6]^- \text{ e } [UF_8]^-$$
$$UF_4 \xrightarrow{Al\ 900°C} UF_3$$
$$UF_4 \xrightarrow{F_2\ 400°C} UF_6$$

UF_6 e UCl_6 são complexos octaédricos mas todos os demais haletos são poliméricos, com números de coordenação elevados. Todos os haletos são hidrolisados pela água. Os hexahaletos se dissolvem em ácidos fortes, formando o íon UO_2^{2+}. Em pHs mais elevados, este se hidrolisa e se polimeriza por meio de grupos OH em ponte, formando:

$$-UO_2<^{O(H)}_{O(H)}>UO_2<^{O(H)}_{O(H)}>UO_2-$$

UF_6 pode ser obtido na forma de cristais incolores (P.F. = 64 °C). É um poderoso agente de fluoração, que reage rapidamente com água. UF_5 tende a se desproporcionar em UF_4 e UF_6. Os tetra-haletos são os haletos mais estáveis.

Tabela 30.7 — Os haletos de urânio

Estados de oxidação	Fluoretos	Cloretos	Brometos	Iodetos
+III	UF_3 verde	UCl_3 vermelho	UBr_3 vermelho	UI_3 preto
+IV	UF_4 verde	UCl_4 verde	UBr_4 castanho	UI_4 preto
+V	UF_5 branco azulado	U_2Cl_{10} vermelho-marrom		
+VI	UF_6 branco	UCl_6 preto		
	U_2F_9 preto			
	U_4F_{14} preto			
	U_5F_{22} preto			

NEPTÚNIO, PLUTÔNIO E AMERÍCIO

Com exceção do $^{239}_{94}Pu$, que é muito importante como combustível nuclear e para a fabricação de bombas nucleares, os demais elementos transurânicos possuem pouco uso, a não ser para fins de pesquisa. $^{237}_{93}Np$ e $^{239}_{94}Pu$ podem ser obtidos em quantidades da ordem de quilogramas, e $^{241}_{95}Am$ e $^{243}_{95}Am$ em quantidades da ordem de centenas de gramas, a partir de barras de urânio combustível esgotadas, utilizadas em reatores nucleares. A separação desses elementos é extremamente difícil e perigosa, pois não somente estão misturados com produtos de fissão altamente radioativos, como também são eles próprios físseis. A massa crítica para uma esfera de Pu metálico é de cerca de 10 kg, mas uma solução contendo menos de 1 kg pode ser suficiente. Além disso, o plutônio é extremamente tóxico (uma dose de 10^{-6} g pode ser fatal, e doses menores são cancerígenas). Am pode ser obtido a partir de barras de combustível esgotadas. É produzido pela intensa irradiação de Pu puro com nêutrons, no Oak Ridge National Laboratories, Tennessee, EUA.

O reprocessamento de barras de combustível nuclear é uma importante tecnologia recentemente desenvolvida. O reprocessamento é necessário em reatores regeneradores para extrair os novos elementos resultantes da fissão, que podem ser usados como combustíveis. O reprocessamento também é essencial em reatores térmicos normais, pois alguns dos produtos da fissão absorvem nêutrons. Desse modo, eles poderiam terminar a reação em cadeia antes que todo ^{235}U ou ^{239}Pu fosse usado como combustível. São produzidos mais de 30 elementos diferentes, incluindo Sr, os elementos da segunda série de transição, I, Xe, Cs, Ba, La e os lantanídios (muitos dos isótopos obtidos são radioativos: os mais conhecidos são ^{90}Sr e ^{138}I). As barras contêm grandes quantidades de U e Pu, e pequenas quantidades dos demais elementos transurânicos.

As barras de combustível nuclear removidas de um reator são imersas em água durante 100 dias. Isso as mantém resfriadas, enquanto os isótopos altamente radioativos, de meia-vida curta, como $^{131}_{53}I$ ($t_{1/2}$ = 8 dias), decaem e perdem a maior parte de sua atividade.

No Processo Purex, as barras de combustível são dissolvidas em HNO_3 7 M e extraídas com fosfato de tributila. UO_2^{2+} e Pu(+IV) são extraídos da mesma maneira. Os demais elementos transurânicos (principalmente Np, Am e Cm) junto com outros produtos da fissão (principalmente elementos da segunda série de transição e lantanídios) permanecem na solução aquosa. Pu(+III) é obtido pela redução cuidadosa da solução de UO_2^{2+}/Pu(+IV) com SO_2, NH_2OH ou sulfamato de ferro(II), $Fe(NH_2SO_3)_2$. Este pode ser facilmente separado do UO_2^{2+} e do U^{4+} por extração com solvente. U é precipitado como nitrato de uranila, e Pu como oxalato ou fluoreto. Eventualmente, são transformados em UO_2 e PuO_2.

Np, Pu e Am são metais reativos semelhantes ao U. Eles se dissolvem em ácidos e reagem com hidrogênio, oxigênio, os halogênios, e muitos outros elementos. Esses elementos, nos estados de oxidação (+III)→(+VI), estão presentes em solução como M^{3+}, M^{4+}, MO_2^{+} e MO_2^{2+}. Os elementos no estado (+VI) tornam-se cada vez mais oxidante na ordem U < Np < Pu < Am. O íon AmO_2^{2+} é um oxidante tão forte quanto $KMnO_4$. Os estados de oxidação mais estáveis desses elementos são: Np(+V), Pu(+IV) e Am(+III). Porém, é possível obtê-los no estado de oxidação (+VII), pela reação de NpO_2^{2+} e de PuO_2^{2+} com oxidantes muito fortes como ozônio ou HIO_4, em meio alcalino. Em seguida, podem ser isolados como $Li_5[NpO_6]$ e $Li_5[PuO_6]$. Os compostos dos elementos no estado (+VII) são fortemente oxidantes, e quando são acidificados rapidamente oxidam a água a O_2 e se reduzem ao estado (+VI).

Os óxidos mais importantes são os dióxidos MO_2, mas os óxidos podem ser não-estequiométricos e conter várias soluções sólidas. As estruturas, propriedades e métodos de obtenção dos haletos são semelhantes aos de urânio. Uma lista dos compostos conhecidos é apresentado na Tab. 30.8.

Todos os isótopos do plutônio são importantes como combustíveis nucleares. ^{237}Np é convertido em ^{238}Pu, por irradiação com nêutrons. Este é usado como fonte de energia em satélites. ^{241}Am é uma fonte valiosa de partículas α em laboratório.

OS ELEMENTOS ACTINÍDIOS POSTERIORES

Muito pouco se sabe sobre os actinídios posteriores, cúrio, einstênio, férmio, mendelévio, nobélio e laurêncio. Em parte, isso se deve às pequenas quantidades desses elementos disponíveis para estudo, e em parte à sua instabilidade. Somente o Cm está disponível em quantidades macroscópicas, como mostrado na Tab. 30.4, sendo as informações sobre os demais elementos obtidas essencialmente por estudos com traçadores.

O interesse nesses elementos se concentra essencialmente em mostrar que as propriedades dos elementos da segunda metade da série dos actinídios são muito similares ao dos lantanídios. Apesar das semelhanças, os actinídios podem ser separados dos lantanídios com relativa facilidade, pois os actinídios formam complexos com maior facilidade. Por exemplo, os actinídios formam cloro complexos em HCl concentrado. Logo, se os íons dos elementos das duas séries forem adsorvidos em colunas de troca-iônica, os actinídios podem ser eluídos com HCl concentrado. Os íons actinídios podem ser separados uns dos outros por cromatografia de

Tabela 30.8 — Haletos do neptúnio, plutônio e amerício

Estados de	Neptúnio	Plutônio	Amerício
+III	NpF_3 púrpura-escuro	PuF_3 púrpura	AmF_3 rosa
	$NpCl_3$ branco	$PuCl_3$ verde-esmeralda	$AmCl_3$ rosa
	$NpBr_3$ verde	$PuBr_3$ verde	$AmBr_3$ branco
	NpI_3 castanho	PuI_3 castanho	AmI_3 amarelo
+IV	NpF_4 verde	PuF_4 castanho	AmF_4 cor de canela
	$NpCl_4$ castanho-vermelho		
	$NpBr_4$ castanho-vermelho		
+VI	NpF_6 castanho	PuF_6 castanho-vermelho	

troca iônica, usando soluções de citrato como eluente. A seqüência de eluição dos íons actinídios é muito semelhante àquela observada no caso dos íons lantanídios.

O estado de oxidação (+III) é o mais estável para todos os elementos com números atômicos de 96 a 103, exceto um, ou seja, Cm, Bk, Cf, Es, Fm, Md, (No), Lr. A exceção é o No, que é mais estável no estado (+II), pois tem uma configuração eletrônica f^{14} favorável.

Há evidências sobre a obtenção dos elementos de número atômico 98 a 102, isto é, do califórnio ao nobélio, no estado de oxidação (+II). Todos os elementos nesse estado, exceto o nobélio, são redutores ou fortemente redutores. Os elementos em estados de oxidação mais elevados, como Cm(+IV), foram observados em compostos CmF_4 e $Rb[CmF_6]$ no estado sólido, mas não em solução. Compostos de Bk(+IV) são oxidantes, mas podem ser obtidos tanto em sólidos como em solução. BkO_2 e $Cs_2[BkCl_6]$ já foram isolados. O laurêncio só pode ser obtido no estado (+III) e resiste tanto à oxidação como à redução, novamente ilustrando a estabilidade de uma espécie com a configuração eletrônica f^{14}.

Os três primeiros desses elementos, cúrio, berquélio e califórnio, foram obtidos em quantidades da ordem de miligramas. Seu comportamento químico foi estudado por métodos normais em microescala, tendo-se conseguido isolar alguns de seus compostos. Os elementos restantes foram estudados por métodos de traçadores radioativos, pois só estão disponíveis em quantidades ínfimas. Nessa técnica, as pequeníssimas quantidades desses elementos pesados são precipitados, ou formam complexos, na presença de quantidades maiores de um elemento, que apresenta um comportamento químico semelhante ("carrier"). Assim, o mendelévio é estudado na presença do lantanídeo európio, e monitorado pela sua radioatividade.

Os elementos até o número atômico 100, férmio, decaem radioativamente emitindo, principalmente, partículas α ou β (vide Capítulo 31). Os elementos se tornam cada vez mais instáveis à medida que o número atômico aumenta, de modo que o nobélio tem uma meia-vida de apenas três segundos (Tab. 30.3). Nesses elementos muito pesados, a fissão nuclear espontânea se transforma numa das principais vias de decaimento. Assim, ^{252}Cf pode vir a ser usado como uma valiosa fonte de nêutrons.

NOVOS ELEMENTOS TRANSURÂNICOS

A série dos actinídios se completa com o elemento 103, laurêncio. Recentemente, foi relatada a obtenção dos elementos de números atômicos 104 a 109, que pertencem ao bloco *d*. Atualmente, há dois grandes grupos de pesquisadores que se dedicam à produção de elementos "super-pesados": um na Califórnia, nos EUA e outro em Dubna, nas proximidade de Moscou, na Rússia. Por convenção, o pesquisador que descobrir um novo elemento tem o direito de escolher seu nome. A descoberta do elemento 104 (Unq) foi relatada pela primeira vez por pesquisadores russos, que o denominaram kurchatovium, Ku (homenagem a Igor Kurchatov). Porém, seus trabalhos foram repetidos por cientistas norte-americanos, que obtiveram resultados diferentes e o denominaram rutherfordium, Rf (homenagem a Ernest Rutherford). Esse elemento se assemelha ao háfnio, um elemento do bloco *d*. Os estudos com traçadores, sugerem que $UnqCl_4$ se parece com $HfCl_4$. O elemento 105 (Unp), provisoriamente denominado hahnium, Ha (homenagem a Otto Hahn), parece se assemelhar ao tântalo. $UnpCl_5$ e $UnpBr_5$, também, já foram estudados. O elemento 105, Unp, tem uma meia-vida de apenas 1,5 segundos, e os estudos com o composto $UnpBr_5$ foi efetuado com apenas 18 átomos. Tanto o elemento 104 como o 105 foram obtidos bombardeando-se actinídios com núcleos acelerados de átomos leves. Por exemplo, o elemento 105 foi obtido bombardeando-se o califórnio com núcleos de ^{15}N. Os tempos de meia-vida dos elementos com números atômicos superiores a 100 são muito curtos. Além disso, o processo de fissão espontânea se torna um mecanismo de decaimento radioativo cada vez mais importante à medida que aumenta o número atômico. Tendo em vista tais constatações, parece muito pouco provável que novos elementos, com números atômicos muito maiores que aqueles sintetizados até o presente, possam ser obtidos, de modo a estender ainda mais a Tabela Periódica.

A IUPAC propôs um sistema de nomenclatura para os elementos com $Z > 100$.

1) Os nomes seriam a combinação de raízes, referente aos três dígitos que constituem os números atômicos dos elementos, seguidos do sufixo -io (-ium em inglês). As raízes para os números são:

0	1	2	3	4
nulo	uno	bi ou di	tri	tetra
5	6	7	8	9
penta	hexa	hepta	octa	nona

2) Em certos casos, os nomes são simplificados. Por exemplo, bi + io, tri + io e enn + nila seriam transformados em bio, trio e enila, respectivamente.

3) O símbolo do elemento corresponderia às primeiras letras das três raízes numéricas que constituem seus nomes. A estranha mistura de raízes gregas e latinas foi escolhida para assegurar que os símbolos seriam todos diferentes.

Embora os nomes devam ser escritos como uma palavra única, nos exemplos abaixo, foram inseridos hífens separando cada parte dos nomes, para torná-los mais inteligíveis. Normalmente, os hífens deveriam ser omitidos.

Os isótopos e as meias-vidas dos elementos "super-pesados", conhecidos com grau de certeza razoável até 1989, estão listados na Tab. 30.10.

Elementos contendo um número par de prótons no núcleo (portanto com números atômicos pares) geralmente são mais estáveis que seus vizinhos com números atômicos ímpares (regra de Harkins). Isso significa que eles são mais abundantes, pois a probabilidade deles decaírem é menor. Além disso, núcleos com número par de nêutrons e de prótons tendem a ser mais estáveis. Os núcleos também apresentam uma estrutura em camadas, com diferentes níveis de energia, grosseiramente semelhantes à estrutura eletrônica. Os núcleos com número de nêutrons ou de prótons iguais a 2, 8, 20, 28, 50, 82 ou 126 são mais estáveis que a média. Estes são "números mágicos", que podem ser

Tabela 30.9 — Nomenclatura da IUPAC para os elementos "super-pesados"

N.º atômico	Nome	Símbolo
101	Mendelévio	Md
102	Nobélio	No
103	Laurêncio	Lr
104	Rutherfórdio*	Rf
105	Dúbnio*	Db
106	Seabórgio*	Sg
107	Bóhrio*	Bh
108	Hássio*	Hs
109	Meitnério*	Mt
110	un-un-nilio	Uun
111	un-un-unio	Uuu
112	un-un-bio	Uub
113	un-un-trio	Uut
114	un-un-quadio	Uuq
115	un-un-pentio	Uup
116	un-un-hexio	Uuh
117	un-un-septio	Uus
118	un-un-octio	Uuo
119	un-un-ennio	Uue
120	un-bi-nilio	Ubn
130	un-tri-nilio	Utn
140	un-quad-nilio	Uqn
150	un-pent-nilio	Upn

Para maior clareza dos nomes, foram empregados hífens. No nome oficial eles devem ser omitidos. ***Nota do tradutor**: Nomenclatura da IUPAC introduzida em 1997

explicados pela estrutura em camadas do núcleo. Essa teoria também requer a inclusão dos números 114, 164 e 184 na série de "números mágicos". A estabilidade é particularmente grande se tanto o número de prótons como o de nêutrons do núcleo, coincidirem com os "números mágicos". Assim, $^{208}_{82}Pb$ é muito estável, pois contém 82 prótons e 208–82 = 126 nêutrons. Essa teoria sugere que nuclídeos como $^{278}_{114}Uuq$, $^{298}_{114}Uuq$ e $^{310}_{126}Ubh$ poderiam ser estáveis o suficiente para serem obtidos.

É possível que os isótopos estáveis dos elementos "super-pesados" possam ser obtidos, mas que as técnicas utilizadas até o momento tenham levado apenas à obtenção

Tabela 30.10 — Elementos "super-pesados" e suas meias-vidas

N.º atômico	Nome	Símbolo	Meia-vida	
104	Rutherfórdio	$^{259}_{104}Rf$	3 s	ou 255.257 s
		$^{261}_{104}Rf$	65 s	
105	Dúbnio	$^{258}_{105}Db$	4 s	
		$^{260}_{105}Db$	1,5 s	
		$^{262}_{105}Db$	34 s	
106	Seabórgio	$^{260}_{106}Sg$	180 s	
		$^{263}_{106}Sg$	0,9 s	ou 259.264 s
107	Bóhrio	$^{262}_{107}Bh$	0,12 s	
108	Hássio	$^{265}_{108}Hs$	2×10^{-6} s	ou 263.264 s
109	Meitnério	$^{266}_{109}Mt$	5×10^{-6} s	

de isótopos instáveis. Estão sendo dispendidos consideráveis esforços no sentido de se obter os elementos 114 e 126, que parecem ter estruturas nucleares favoráveis. Os elementos de números atômicos até 105 foram obtidos bombardeando-se actinídios com núcleos leves tais como He, B, C, N e O. Mas, atualmente, estão sendo feitas tentativas para se obter elementos com Z = 105, bombardeando-se núcleos razoavelmente pesados, como $_{82}Pb$ ou $_{83}Bi$, com núcleos de tamanho médio. Isso contraria a tendência vigente de se tentar obter a série de elementos de modo gradual, em pequenas etapas. Os núcleos a sofrerem fusão são selecionados de modo a gerar um núcleo próximo a um "número mágico". O núcleo recém formado decairá, emitindo várias partículas, mas a energia das mesmas deve ser mantida tão baixa quanto possível, para diminuir as chances de ocorrer fissão. As dificuldades práticas envolvidas são enormes. Além disso, é extremamente caro construir aceleradores capazes de imprimir a energia suficiente para o bombardeamento com núcleos de tamanho médio. O elemento 107 foi obtido bombardeando-se $^{209}_{83}Bi$ com $^{54}_{24}Cr$ acelerado.

$$^{209}_{83}Bi + ^{54}_{24}Cr \longrightarrow ^{261}_{107}Uns + 2^{1}_{0}n$$

A preparação do elemento 109 foi anunciado por pesquisadores russos. Alguns poucos átomos do novo elemento, $_{109}Une$, foram obtidos pelo bombardeamento de $^{209}_{83}Bi$ com $^{56}_{26}Fe$ acelerado. Há "ilhas de estabilidade" em torno de Z = 114, que deverá ser semelhante ao chumbo, e em torno de Z = 126. Este último é particularmente interessante, pois deverá pertencer a uma nova série de elementos, com elétrons *g*.

LEITURAS COMPLEMENTARES

- Abelson, P.H. (1989) Products of neutron irradiation, *J. Chem. Ed.*, **66**, 364-366. (Reflexões sobre a fissão nuclear, nessa metade do século.)
- Bagnall, K.W. (ed.) (1975) MTP *International Review of Science*, Inorganic Chemistry (Série 2), Vol. 7, Lantanídios e Actinídios, Butterworths, London.
- Brown, D. (1968) *Halides of the Transition Elements*, Vol. I (Haletos dos lantanídios e actinídios), Wiley, London e New York.
- Cadman, P. (1986) Fuel processing and reprocessing, *Education in Chemistry*, **23**, 47-50.
- Callow , R.J. (1967) The Industrial Chemistry of the Lanthanons, Yttrium, Thorium and Uranium, Pergamon Press, New York.
- Cleveland, J.M. (1970) *The Chemistry of Plutonium*, Gordon and Breach, New York.
- Cordfunke, E.H.P. (1969) *The Chemistry of Uranium*, Elsevier, Amsterdam.
- Edelstein, N.M. (ed.) (1982) *Actinides in Perspective*, Pergamon Press, New York.
- Edelstein, N.M., Navratil, J.D. e Schulz, W.W. (eds) (1985) *Americium and Curium Chemistry and Technology*, Dordrecht, Lancaster, Reidel. (Artigos de um simpósio em Honolulu, em 1984.)
- Emeléus, H.J. e Sharpe, A.G. (1973) *Modern Aspects of Inorganic Chemistry*, 4ª ed. (Cap. 23: Elementos de transição interna, os actinídios), Routledge and Kegan Paul, London.

- Erds, P. e Robinson, J.M. (1983) *The Physics of Actinide Compounds*, Plenum, New York e London.
- Evans, C.H. (1989) The discovery of the rare earth elements, *Chemistry in Britain*, **25**, 880-882.
- Handbook on the Physics and Chemistry of the Actinides, North Holland, Amsterdam e Oxford.
- Herrmann, C. (1979) Superheavy element research, *Nature*, **280**, 543.
- Katz, J.J., Seaborg, G.T. e Morss L.R. (eds) (1986) *The Chemistry of the Actinide Elements*, 2.ª ed., Chapman and Hall, London e New York.
- Kumar, K. (1989) *Superheavy Elements*, Hilger.
- *Lanthanide and Actinide Chemistry and Spectroscopy* (1980) ACS Symposium, série 131, American Chemical Society, Washington.
- Lodhi, M.A.K. (1978) *Superheavy Elements*, Pergamon Press, New York.
- Organessian, Y.T. et al. (1984) Experimental studies on the formation of radioactive decay isotopes with Z = 104-109, *Radiochim. Acta*, **37**, 113-120.
- Seaborg, G.T. (1963) *Man-Made Transuranium Elements*, Prentice Hall, New York.
- Seaborg G.T. (ed.) (1978) *The Transuranium Elements: Products of Modern Alchemy*, Dowden, Hutchinson and Ross, Stroudsburg. (contém os 120 artigos mais importantes sobre a história dos elementos artificiais)
- Seaborg, G.T. (1989) Nuclear fission and transuranium elements, *J. Chem. Ed.*, **66**, 379-384. (Reflexões sobre a fissão nuclear nessa metade de século)
- Sime, R.L. (1986) The discovery of protoactinium, *J. Chem. Ed.*, **63**, 653-657
- Spirlet, J.C., Peterson, J.R. e Asprey, L.B. (1987) Purification of actinide metals, *Adv. Inorg. Chem.*, **31**, 1-41.
- Steinberg, E.P. (1989) Radiochemistry of the fission products, *J. Chem. Ed.*, **66**, 367-372. (Reflexões sobre a fissão nuclear nessa metade de século)
- Taube, M. (1974) *Plutonium: A General Survey*, Verlag Chemie, Weinheim.
- Thompson, R. (ed.) (1986) *The Modern Inorganic Chemicals Industry*, Publicação especial n.º 31, The Chemical Society, London. (Vide capítulo por Findlay, J.R. e colaboradores, "A química inorgânica dos combustíveis nucleares")
- Tominaga, T. e Tachikawa, E. (1981) *Modern Hot-Atom Chemistry and Its Applications* (Inorganic Chemistry Concepts Series), Springer-Verlag, New York.
- Wolke, R.L. (1988) Marie Curie's Doctoral Thesis: Prelude to a Nobel Prize, *J. Chem. Ed.*, **65**, 561-573.

PROBLEMAS

1. Dê o nome dos elementos actinídios, na seqüência correta, e escreva seus correspondentes símbolos químicos.
2. Que isótopos dos actinídios estão disponíveis: a) em quantidades da ordem de toneladas; b) em quantidades da ordem de quilogramas; c) em quantidades da ordem de gramas?
3. Compare e mostre as diferenças entre a pirâmide de estados de oxidação dos elementos da primeira série de transição, e os estados de oxidação dos lantanídios e dos actinídios.
4. Quais são as principais fontes de Th e de U? Como os metais são obtidos?
5. Descreva os métodos que têm sido utilizados para separar os isótopos do urânio. Explique as dificuldades encontradas.
6. Apresente algumas reações típicas e faça uma discussão sobre as estruturas dos íons M^{3+} e M^{4+} dos actinídios.
7. A que elementos devem se assemelhar o rutherfórdio (elemento de número atômico 104) e os elementos de números atômicos 105, 106, 107 e 112?
8. As configurações eletrônicas, bem como a posição dos elementos mais pesados na Tabela Periódica, são objeto de controvérsia. Quais são as possibilidades, e quais são as evidências que suportam cada uma delas?

PARTE 6

OUTROS TÓPICOS

O NÚCLEO DOS ÁTOMOS

ESTRUTURA DO NÚCLEO

Um átomo é constituído por um núcleo com carga positiva, rodeado por uma nuvem de um ou mais elétrons, com carga negativa. As cargas se compensam mutuamente e o átomo é eletricamente neutro. O núcleo é constituído por *prótons*, de carga positiva, e por *nêutrons*, que são eletricamente neutros, ligados entre si por forças muito fortes. Essas forças são de curto alcance e diminuem rapidamente, à medida que aumenta a distância entre as partículas. As partículas que constituem o núcleo são denominados coletivamente *núcleons*.

O raio de um núcleo é incrivelmente pequeno, da ordem de 10^{-15} m. As distâncias nucleares são medidas em fentômetros (1 fm = 10^{-15} m) (a maioria dos átomos tem um raio de 1-2 Å, ou seja, 1-2 × 10^{-10} m. O núcleo do oxigênio, por exemplo, tem um raio de 2,5 fm). Para se ter uma idéia das ínfimas dimensões do núcleo, imagine um núcleo com um diâmetro de 1 cm. Nessa mesma escala, o diâmetro do átomo seria de cerca de 1.000 metros. A maior parte da massa de um átomo está concentrada no núcleo. Conseqüentemente, sua densidade é muito grande, da ordem de $2,4 \times 10^{14}$ g cm^{-3}, ou seja, cerca de 10^{13} vezes maior que a densidade do mais denso dos metais, o irídio (22,61 g cm^{-3}).

O *número atômico Z* de um elemento é igual ao número de prótons existentes no núcleo, que, por sua vez, é igual ao número de elétrons que estão em volta do núcleo. O *número de massa A* é a soma do número de prótons e do número de nêutrons existentes no núcleo.

O modelo da "gota"

Algumas vezes, o núcleo é descrito, como se fosse a "gota de um líquido". Uma pequena gota de um líquido é quase esférica. Essa forma é mantida graças às forças de curto alcance — a atração entre as moléculas vizinhas. As moléculas que se encontram na parte externa da gota só sentem essa força de atração num lado: é o efeito da tensão superficial. Uma gota maior de um líquido se torna alongada e basta uma pequena perturbação para destruí-la.

De maneira análoga, o núcleo é mantido unido por forças de curto alcance (o intercâmbio de mésons π). O "efeito da tensão superficial" assegura a esfericidade dos núcleos pequenos. À medida que a massa do núcleo aumenta, a repulsão entre os prótons aumenta mais rapidamente que as forças de atração. Para minimizar as forças de repulsão, o núcleo se deforma, de modo análogo ao alongamento observado numa grande gota de um líquido.

Esse modelo foi proposto pelo físico dinamarquês Niels Bohr para explicar a ocorrência da fissão nuclear em núcleos pesados. O núcleo do urânio (elemento de número 92), de número de massa 235, $^{235}_{92}U$, é tão deformado que o fornecimento de uma pequena quantidade adicional de energia, por exemplo, a absorção de um nêutron, é suficiente para provocar a fragmentação do mesmo em dois núcleos menores. Esse fenômeno é denominado fissão nuclear, e é acompanhado da liberação de uma grande quantidade de energia. Núcleos com números de massa maiores que o do urânio, são tão deformados que sofrem fissão espontânea. Isso significa que esses núcleos se desintegram (ou seja, se "quebram" espontaneamente), sem necessidade de qualquer perturbação externa.

A densidade de todos os núcleos, exceto os mais leves, é quase constante. Assim, o volume do núcleo é diretamente proporcional ao número de núcleons presentes. Núcleos com números diferentes de núcleons são considerados como sendo gotas de diferentes tamanhos. O intervalo em que as forças de atração entre os núcleons atua é muito pequeno, de 2 a 3 fm. Os núcleons podem se mover dentro do núcleo como se fossem partículas num líquido.

O modelo de camadas

Na nuvem eletrônica que envolve os átomos pode-se distinguir elétrons em diferentes níveis de energia. Os elétrons se distribuem em diferentes camadas e orbitais, que podem ser descritos pelos quatro números quânticos. Supõe-se que os núcleons se arranjem no núcleo de uma maneira definida, em camadas. Estas correspondem aos diferentes níveis de energia possíveis. Quando os núcleons ocupam os níveis energéticos mais baixos, o núcleo se encontra no estado fundamental. Em condições diferentes, os núcleons podem ocupar níveis energéticos diferentes (excitados, de maior energia). Geralmente, a população desses níveis energéticos nucleares de maior energia tem vida tão curta que não pode ser observada. Assim, as propriedades do núcleo dependem somente do número de nêutrons e de prótons, e não dos níveis energéticos que eles ocupam.

Em alguns poucos casos, os estados nucleares excitados têm uma vida mensurável, e quando isso ocorre podem existir isômeros nucleares. Isômeros nucleares são simplesmente núcleos com o mesmo número de prótons e nêutrons, mas cujas energias são diferentes. Nesse caso, as massas dos isômeros não são exatamente iguais, sendo a pequena diferença correspondente à diferença de energia entre eles.

Muitos núcleos são *instáveis*, mesmo quando correspondem ao estado fundamental. Os núcleos instáveis se decompõem emitindo vários tipos de partículas e radiações eletromagnéticas. Esse fenômeno que é conhecido como decaimento radioativo. Mais de 1.500 núcleos instáveis são conhecidos. Caso não seja possível detectar nenhuma decomposição radiativa, o núcleo é dito *estável*.

O modelo da estrutura em camadas é coerente com a periodicidade das propriedades nucleares. Por exemplo, certas combinações de números de nêutrons e de prótons são particularmente estáveis:

1) Elementos com números atômicos pares são mais estáveis e abundantes que os vizinhos com números atômicos ímpares. Essa regra é conhecida como regra de Harkins (essa regra é quase geral, pois o ^{1}H é uma exceção digna de nota).
2) Elementos com números atômicos pares possuem vários isótopos e nunca menos que três isótopos estáveis (5,7 em média). Elementos com números atômicos ímpares freqüentemente possuem apenas um único isótopo estável, e nunca mais que dois.
3) Há uma tendência no sentido de que os números de prótons e de nêutrons existentes no núcleo sejam números pares (Tab. 31.1).

Isso sugere que os núcleons podem ser emparelhados no núcleo, de modo semelhante ao emparelhamento de elétrons nos orbitais atômicos e moleculares. Se dois prótons tiverem spins opostos, os campos magnéticos produzidos por eles se cancelarão mutuamente. A pequena quantidade de energia de ligação nuclear produzida é suficiente para estabilizar o núcleo. Contudo, essa não é a fonte de energia mais importante do núcleo.

Certos núcleos são particularmente estáveis, e esse fato pode ser atribuído a uma configuração de camada preenchida. Núcleos contendo 2, 8, 20, 28, 50, 82 e 126 nêutrons ou prótons são especialmente estáveis e possuem um grande número de isótopos. Os números acima mencionados são chamados de "números mágicos". Os números 114, 164 e 184 também deveriam ser incluídos na série dos números mágicos. Os núcleos serão muito estáveis, se tanto o número de prótons como o de nêutrons forem números mágicos. Por exemplo, $^{208}_{82}Pb$é muito estável e possui 82 prótons e 208 − 82 = 126 nêutrons. A emissão de raios γ pelos núcleos pode ser facilmente explicada pelo modelo de camadas. Isso ocorre quando núcleons em estados excitados decaem para estados de menor energia. A diferença de energia entre os níveis é emitida na forma de raios γ.

Tabela 31.1 — O número de nêutrons e de prótons e núcleos estáveis

Número de prótons P (= Z)	Números de nêutrons N	Número de isótopos estáveis
Par	Par	164
Par	Ímpar	55
Ímpar	Par	50
Ímpar	Ímpar	4

Assim, algumas das propriedades do núcleo sugerem que os núcleons se movimentam livremente dentro do núcleo, enquanto outras propriedades sugerem que os núcleons se arranjam em níveis de energia definidos.

FORÇAS NO INTERIOR DO NÚCLEO

Os prótons têm uma carga positiva. Em qualquer núcleo contendo dois ou mais prótons, haverá repulsão eletrostática entre partículas de mesma carga. Num núcleo estável, as forças de atração devem ser maiores que as forças de repulsão. Num núcleo instável, as forças repulsivas são maiores que as forças de atração, e o núcleo pode sofrer um processo de fissão espontânea. As forças de atração no interior do núcleo não podem ser de natureza eletrostática por dois motivos:

1) Não existem partículas com cargas opostas no interior do núcleo.
2) As forças são de curtíssimo alcance, de 2–3 fm.

Se as partículas intranucleares forem afastadas por uma distância maior que essa, a força de atração desaparece. As forças eletrostáticas diminuem lentamente em função da distância. Essas forças de atração independem da carga, pois são capazes de ligar prótons com prótons, prótons com nêutrons e nêutrons com nêutrons.

Dois átomos podem se ligar compartilhando elétrons, pois a interação de forças leva à formação de uma ligação covalente. Por analogia, duas partículas intranucleares podem se ligar compartilhando uma partícula. A partícula compartilhada é denominada *méson* π. Os mésons podem ter carga positiva, π^+, carga negativa, π^-, ou ser neutra, π^0. O intercâmbio de mésons π^- e π^+ é responsável pela energia de ligação nuclear entre prótons e nêutrons. A transferência de uma carga transforma um nêutron num próton, ou vice-versa. As forças de atração resultantes são indicadas por linhas pontilhadas nos exemplos abaixo.

n → p $\quad \pi^- \rightarrow \quad$ p ⋯ n $\qquad$ p → n $\quad \pi^+ \rightarrow \quad$ n ⋯ p

Entre dois prótons, ou entre dois nêutrons, ocorre o intercâmbio de um méson^0.

p → p $\quad \pi^0 \rightarrow \quad$ p ⋯ p $\qquad$ n → n $\quad \pi^0 \rightarrow \quad$ n ⋯ n

As forças de atração entre p–n, n–n e p–p são provavelmente de intensidades semelhantes. Os diferentes tipos de mésons possuem massas similares. A massa de um méson π^0 é 264 vezes maior que a massa do elétron, e as massas dos mésons π^- e π^+ são 273 vezes maior que a massa do elétron. Todos os mésons são muito instáveis fora do núcleo. No núcleo, existem muitas outras partículas elementares menos comuns. Esse tópico pertence na realidade ao campo da Física de Partículas, e seu estudo está além do escopo do presente livro. O número de partículas carregadas no interior do núcleo permanece constante. Contudo, o contínuo intercâmbio de mésons implica que os prótons e os nêutrons estão se interconvertendo um no outro continuamente. As transformações de nêutrons em prótons e vice-versa são reações de primeira ordem. As velocidades das reações dependem do número relativo de prótons e nêutrons presentes. Num núcleo estável, essas duas reações estão em equilíbrio.

ESTABILIDADE E A RELAÇÃO NÊUTRONS/PRÓTONS

A estabilidade de um núcleo depende do número de prótons e de nêutrons presentes. No caso dos elementos de baixo número atômico (até $Z = 20$, ou seja, Ca) os núcleos mais estáveis são aqueles em que o número de prótons P é igual ao número de nêutrons N. Isso significa que a razão $N/P = 1$. Elementos com números atômicos maiores são mais estáveis se tiverem um pequeno excesso de nêutrons, pois isso aumenta a força de atração e também diminui a repulsão entre os prótons. Assim, a relação N/P aumenta progressivamente até cerca de 1,6, no elemento $Z = 92$ (urânio). Em elementos com números atômicos ainda maiores, os núcleos são tão grandes que sofrem fissão espontânea. Essas tendências são mostradas nos gráficos do número de nêutrons N em função do número de prótons P, e da relação N/P em função do número de prótons dos núcleos estáveis (Fig. 31.1).

TIPOS DE DECAIMENTO

Os núcleos estáveis se situam nas proximidades das curvas mostradas na Fig.31.1. Núcleos com relações N/P muito maiores ou muito menores que o valor correspondente ao núcleo estável, são radioativos. Quando eles decaem, são formados núcleos cujas relações N/P se aproximam da linha de máxima estabilidade.

Se a relação N/P for alta, o isótopo se situa acima da curva. Um núcleo nessas condições irá decair de modo a diminuir o valor da relação N/P e formar um núcleo mais estável. Essa relação pode ser diminuída de duas maneiras:

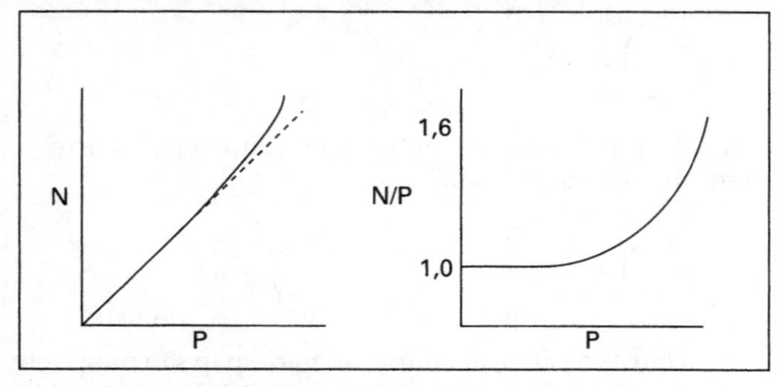

Figura 31.1 — A relação ente nêutrons e prótons

Emissão beta

Radiação β (elétrons) pode ser emitido quando um nêutron é convertido num próton, num elétron e num neutrino. Isso diminui o valor da relação N/P. O neutrino ν é uma partícula curiosa. Tem massa e carga iguais a zero, e foi postulado para garantir o equilíbrio de spins. Um neutrino é emitido em quase todas as transformações nucleares. A transformação de um nêutron num próton pode ser representada como:

$$ {}_0^1n \longrightarrow {}_1^1p + {}_{-1}^{0}e + \nu $$

Os números de massa são representados pelo índice superior e a soma dos mesmos deve ser igual nos dois lados da equação. As cargas nucleares são representadas pelo índice inferior. Estes também devem ser balanceados, ou seja, a soma dos mesmos deve ser igual nos dois lados da equação. Assim, a emissão de um elétron pelo núcleo, da maneira descrita acima, provoca a diminuição da relação N/P. Se o isótopo não estiver muito distante da linha de estabilidade das relações N/P, um processo de decaimento β pode ser suficiente:

$$ {}_6^{14}C \longrightarrow {}_7^{14}N + {}_{-1}^{0}e + \nu $$

$$ {}_{13}^{29}Al \longrightarrow {}_{14}^{29}Si + {}_{-1}^{0}e + \nu $$

Os isótopos que estão mais longe da linha de estabilidade podem sofrer uma série de decaimentos β. Os núcleos resultantes são progressivamente mais estáveis e têm tempos de meia-vida cada vez maiores. Eventualmente, um isótopo estável será formado.

$$ {}_{56}^{141}Ba \xrightarrow[t_{1/2} = 18\ min]{\beta} {}_{57}^{141}La \xrightarrow[t_{1/2} = 3,7\ h]{\beta} {}_{58}^{141}Ce \xrightarrow[t_{1/2} = 28\ dias]{\beta} {}_{59}^{141}Pr $$

No decaimento β o número de massa permanece inalterado, mas a carga nuclear aumenta em uma unidade, ou seja, seu número atômico aumenta em uma unidade. Portanto, ao ocorrer um decaimento β, o elemento se move uma posição para a direita na tabela periódica.

Emissão de nêutrons

Uma maneira óbvia de diminuir a relação N/P seria por meio da emissão de um nêutron pelo núcleo. Essa forma de decaimento é rara e só ocorre com núcleos altamente energéticos. Isso ocorre porque a energia de ligação do nêutron no núcleo é elevada (cerca de 8 MeV). Um dos poucos exemplos é o ${}_{37}^{87}Kr$, que pode decair tanto emitindo um nêutron ou um elétron (decaimento β).

$$ {}_{36}^{87}Kr \longrightarrow {}_{36}^{86}Kr + {}_0^1n $$

$$ {}_{36}^{87}Kr \xrightarrow{\beta} {}_{38}^{87}Sr \xrightarrow{\beta} {}_{37}^{87}Rb $$

Se a relação N/P for muito pequena, o isótopo se situa abaixo da curva de estabilidade máxima. Nesse caso, há três mecanismos possíveis de decaimento.

Emissão de pósitrons

Pósitrons, ou radiação β+ (elétrons positivos), resultam da transformação de um próton num nêutron. O pósitron é emitido pelo núcleo juntamente com um anti-neutrino $\bar{\nu}$.

$$^{1}_{1}p \longrightarrow {}^{1}_{0}n + {}^{0}_{1}e + \bar{\nu}$$

O anti-neutrino foi postulado para balancear os spins. Quando o pósitron é expelido pelo núcleo, ele rapidamente colide com um elétron presente nas vizinhanças. As duas partículas se aniquilam mutuamente e sua energia é emitida na forma de dois fótons de raios γ. Esses fótons são liberados em sentidos opostos (180° um do outro), de modo a não haver momento linear ou angular resultantes. Assim, cada fóton tem exatamente a metade da energia de aniquilação de 1,022 MeV, isto é, cada fóton tem uma energia de 0,511 MeV. Essa energia provém do "núcleo-mãe", ou seja, de partida. Logo, a massa do núcleo-mãe é maior que a massa do núcleo-filho. Esse processo também aumenta a relação N/P. A radiação γ geralmente provém de outros mecanismos, como descrito adiante. Alguns exemplos núcleos que decaem com emissão de pósitrons são os seguintes:

$$^{19}_{10}Ne \longrightarrow {}^{19}_{9}F + {}^{0}_{1}e + \bar{\nu}$$

$$^{11}_{6}C \longrightarrow {}^{11}_{5}B + {}^{0}_{1}e + \bar{\nu}$$

Captura de elétrons K

O núcleo pode capturar um elétron das camadas mais internas da eletrosfera e assim converter um próton num nêutron, com a emissão de um neutrino:

$$^{1}_{1}p + {}^{0}_{-1}e \longrightarrow {}^{1}_{0}n + \nu$$

Esse processo aumenta a relação N/P. Geralmente o núcleo captura um elétron do nível mais interno. Esse nível é a camada K, e o processo é denominado captura de elétron K. Concomitantemente, um elétron de um nível energético mais elevado preenche a lacuna deixada na camada K, ocorrendo a emissão de raios X característica. A captura de elétrons não é um processo comum. Ocorre em núcleos cujas relações N/P são baixas e cujas energias são insuficientes para que haja emissão de pósitrons, isto é, inferior a $2 \times 0{,}51 = 1{,}02$ MeV. Alguns exemplos são:

$$^{7}_{4}Be + {}^{0}_{-1}e \longrightarrow {}^{7}_{3}Li + \nu$$

$$^{40}_{19}K + {}^{0}_{-1}e \longrightarrow {}^{40}_{18}Ar + \nu$$

Quando a diferença de massa entre o núcleo-mãe e o núcleo-filho for superior aos 1,02 MeV requeridos para a emissão de pósitrons, o decaimento ocorre tanto por esse processo quanto pela captura de elétron K.

$$^{48}_{23}V \xrightarrow{\beta'\ (58\%)} {}^{48}_{22}Ti$$

Captura K (42%)

Emissão de prótons

A emissão de prótons é improvável, exceto no caso de núcleos em estados de energia muito elevados, pois a energia necessária para se remover um próton é de cerca de 8 MeV.

RADIAÇÃO GAMA

Imediatamente após uma transformação nuclear, freqüentemente os nêutrons e os prótons ainda não se acomodaram em suas posições mais estáveis. O núcleo-filho assim formado encontra-se, pois, num estado excitado, tendo uma energia maior que a do estado fundamental. Geralmente, os núcleons se rearranjam rapidamente, abaixando a energia do núcleo-filho para o estado fundamental. A quantidade de energia correspondente a essa diferença, que se situa na faixa de 0,1–1 MeV, é emitida como radiação eletromagnética de comprimento de onda muito curto, denominado raios γ.

TEMPO DE MEIA-VIDA

O tempo necessário para que metade dos núcleos radioativos de uma amostra decaiam é denominado período de meia-vida ou tempo de meia-vida. Este é um valor característico para cada isótopo.

No caso de um processo de decaimento radioativo simples, o número de núcleos que se desintegram num certo período de tempo depende somente do número de átomos radioativos presentes. Assim, o tamanho da amostra não influencia o tempo necessário para que ocorra o decaimento radioativo de uma certa parcela da amostra. O decaimento radioativo é, portanto, uma reação de primeira ordem. Se n for o número de núcleos radioativos e t o intervalo de tempo, a velocidade de decaimento (isto é, a variação do número de núcleos radioativos em função do tempo) é dada por:

$$\frac{dn}{dt} = -\lambda n$$

onde λ é a constante de velocidade de decaimento do processo, que indica quão rapidamente a amostra irá decair (a unidade de λ é $tempo^{-1}$). É mais comum se referir à meia-vida que à constante de velocidade de decaimento. As duas grandezas estão relacionadas. Integrando a equação (31.1) entre os limites tempo = 0 e tempo = t, temos que:

$$\frac{n}{n_0} = e^{-\lambda t}$$

onde n_0 é o número inicial de núcleos no tempo 0, e n é o número de núcleos remanescentes após o tempo t. O tempo de meia-vida $t_{1/2}$ é o tempo necessário para que o número de núcleos radioativos diminua à metade do valor inicial, isto é, $n = 1/2\ n_0$. Dado que não é possível se determinar o número de núcleos radioativos presentes num dado momento, o valor de λ não pode se calcular dessa maneira. Contudo, o número de átomos pode se substituir pela atividade no tempo = 0 (A_0) e pela atividade no tempo = t, (A), para um dado número de átomos. A atividade pode ser medida e corresponde ao número de fótons detectados num dado intervalo de tempo, utilizando um contador Geiger ou um cintiloscópio. Assim, torna-se possível calcular o valor de λ:

$$\frac{A}{A_0} = \frac{n}{n_0} = e^{-\lambda t} = \frac{1}{2}$$

Aplicando-se o logaritmo natural nos dois membros da equação, temos que:

$$-\lambda t_{1/2} = \ln(^1/_2)$$

e portanto $$t_{1/2} = -\frac{\ln(\frac{1}{2})}{\lambda} = +\frac{0{,}693}{\lambda}$$

As energias nucleares são da ordem de 10^9 kJ mol^{-1} de núcleons. As energias envolvidas em reações químicas são da ordem de 10–10^2 kJ mol^{-1}. Pode-se inferir por esses valores que a transmutação de um elemento em outro por meios exclusivamente químicos é impossível, pois as energias envolvidas em reações nucleares são infinitamente maiores. Pelo mesmo motivo, uma variação de temperatura praticamente não tem efeito observável sobre a velocidade de decaimento.

A radioatividade de uma amostra é medida tradicionalmente em curies (Ci). Originalmente o curie era definido como o número de desintegrações radiativas em 1 g de $^{226}_{88}Ra$. Atualmente, é definido de maneira mais precisa, como sendo a quantidade de um dado radioisótopo que sofre $3{,}7 \times 10^{10}$ desintegrações por segundo. Assim, um curie de diferentes radioisótopos pode corresponder a números muito diferentes dos respectivos núcleos. A unidade de atividade no Sistema Internacional é o becquerel (Bq). Este é definido como a quantidade de um dado radioisótopo que dá origem a uma desintegração por segundo. Assim, 1 Bq = 27×10^{-12} Ci.

ENERGIA DE LIGAÇÃO NUCLEAR E ESTABILIDADE NUCLEAR

A massa de um átomo de hidrogênio, , é igual à soma da massa de um próton e de um elétron. Em todos os demais átomos, a massa do átomo é menor que a soma das massas dos prótons, nêutrons e elétrons que os constituem. A diferença é conhecida como *defeito de massa* e está relacionada à *energia de ligação nuclear*, que mantém unidos os prótons e os nêutrons no núcleo. A energia de um núcleo estável deve ser menor que das partículas que o constitui, caso contrário ele não se formaria.

Energia e massa estão relacionados pela equação de Einstein $\Delta E = \Delta mc^2$, onde ΔE é a energia liberada, Δm é a perda de massa (o defeito de massa) e c é a velocidade da luz ($2{,}998 \times 10^8$ m s^{-1}). O defeito de massa pode ser calculado e convertido na energia de ligação nuclear. Quanto maior for a perda de massa, maior será a energia de ligação nuclear e, portanto, mais estável será o núcleo.

Massa do ^1_1p = 1,007277 u.m.a.; massa do ^1_0n = 1,008665 u.m.a.
931 é o fator de conversão da unidade de massa atômica (u.m.a.) em MeV.
Massa do núcleo de ^4_2He = 4,0028 u.m.a.
Massa de 2n + 2p = 4,0319 u.m.a.
Defeito de massa = 0,0291 u.m.a.
Energia de ligação nuclear = 0,0291 × 931 = 27,1 MeV ou $2{,}6 \times 10^9$ kJ mol^{-1}

Massa do núcleo de ^6_3Li = 6,0170 u.m.a.
Massa de 3n + 3p = 6,0478 u.m.a.
Perda de massa = 0,0308 u.m.a.
Energia de ligação nuclear = 0,0327 × 931 = 28,7 MeV ou $2{,}8 \times 10^9$ kJ mol^{-1}

Logo, é muito fácil saber se um núcleo é estável frente ao decaimento. Abaixo estão listados alguns processos de decaimento possíveis:

$$^4_2He \longrightarrow {}^1_0n + {}^3_2He \qquad {}^6_3Li \longrightarrow {}^1_0n + {}^5_3Li$$

$$^4_2He \longrightarrow {}^1_0n + {}^1_0n + {}^2_2He \qquad {}^6_3Li \longrightarrow {}^1_1p + {}^5_2He$$

$$^4_2He \longrightarrow {}^1_1p + {}^3_1He \qquad {}^6_3Li \longrightarrow {}^4_2He + {}^2_1H$$

Nas reações acima, a massa do núcleo-mãe é menor que as massas combinadas dos produtos de decaimento. Assim, nenhum desses processos pode ocorrer.

A energia de ligação nuclear total do núcleo aumenta em função do número de núcleons presentes. Para comparar as estabilidades dos núcleos de elementos diferentes, calculamos a energia de ligação nuclear média por núcleon:

$$\text{energia de ligação nuclear por núcleons} = \frac{\text{energia de ligação total}}{\text{número de núcleons}}$$

O gráfico da energia de ligação nuclear por núcleon em função do número atômico dos diferentes elementos, mostra que os núcleons se ligam cada vez mais fortemente até um número de massa em torno de 65. Mas, a energia de ligação nuclear diminui para cada núcleon adicional, à medida que os núcleos se tornam maiores (Fig. 31.2). Para a maioria dos núcleos, a energia de ligação nuclear média por núcleon é de cerca de 8 MeV. Logo, são necessários 8 MeV para remover um próton ou um nêutron de um núcleo.

DECAIMENTO ALFA

À medida que os núcleos se tornam maiores, a força de repulsão entre os prótons aumenta. Conseqüentemente, a energia do núcleo também aumenta, até se atingir uma condição na qual as forças de atração são incapazes de manter os núcleons unidos. Nesse caso, parte do núcleo se "solta" e é emitido na forma de uma partícula α. Uma partícula α é um núcleo de hélio ^4_2He. Trata-se de um fragmento nuclear particularmente estável, pois todos os núcleons se encontram no nível energético mais baixo possível, e tanto o número de nêutrons como o número de prótons correspondem aos números mágicos. Ao mesmo tempo há liberação de energia. No decaimento de $^{238}_{92}U$ há liberação de 4,2 MeV de energia, porque as energias de ligação nuclear médias por núcleon dos núcleos-filhos $^{234}_{90}Th$ e ^4_2He são menores que a do núcleo-mãe $^{238}_{92}U$. Trata-se de uma quantidade enorme de energia (1 MeV = $96{,}48 \times 10^6$ kJ mol^{-1}).

$$^{238}_{92}U \longrightarrow {}^{234}_{90}Th + {}^4_2He + \text{energia}$$

$$^{210}_{84}Po \longrightarrow {}^{206}_{82}Pb + {}^4_2He + \text{energia}$$

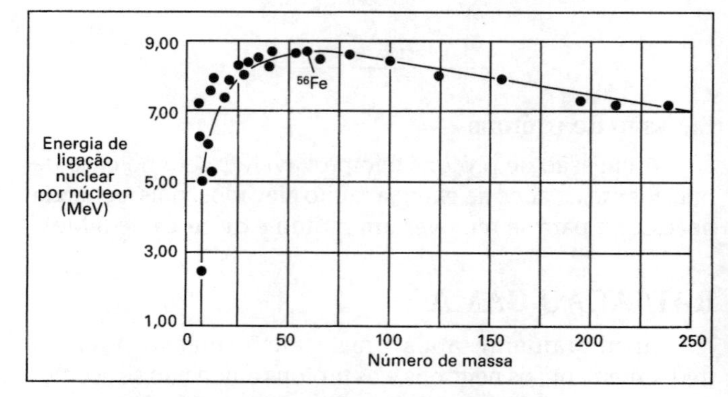

Figura 31.2 — Energia de ligação nuclear por núcleon

As partículas alfa não possuem nuvem eletrônica e têm carga +2. Uma vez emitidas, as partículas α rapidamente removem dois elétrons de quaisquer átomos em sua vizinhança, transformando-se em átomos de He neutros. Quando ocorre um decaimento α, pode-se detectar a formação de He.

A massa do núcleo-mãe deve fornecer tanto a massa da partícula α como a do núcleo-filho, além da pequena quantidade de massa que é convertida em energia. A partir da massa do núcleo, é possível determinar se o decaimento α de um dado radioisótopo é energeticamente possível. O decaimento α natural só é possível nos elementos com número de massa superiores a 209, pois somente esses elementos possuem a energia necessária para tal. Por outro lado, 209 é o maior número possível de núcleons que podem formar um núcleo estável.

Se a emissão de uma partícula α não estabilizar completamente o núcleo, outras partículas α poderão ser emitidas. Contudo, o decaimento α aumenta a relação *N/P*, de modo que freqüentemente é acompanhado por uma emissão β.

Núcleos de número de massa superior a 230 podem sofrer fissão espontânea, formando dois núcleos mais leves. São formados assim dois elementos de números atômicos menores. Elementos de números atômicos baixos apresentam relações *N/P* menores, e alguns nêutrons ficarão sobrando após a fissão. A maior parte desses nêutrons é emitida, mas alguns podem converter-se em prótons e ocorrer uma emissão β. Os nêutrons emitidos podem ser absorvidos (capturados) por outro núcleo. Então, esse núcleo se torna instável e sofre fissão, liberando mais nêutrons. Dessa forma, tem início uma reação em cadeia.

O decaimento α ocorre muito raramente com nuclídeos com Z < 83 (átomos mais leves que o Bi). Contudo, a grande estabilidade das partículas α faz com que alguns poucos átomos muito leves e instáveis, cujas composições nucleares correspondem, ou aproximadamente correspondem a duas ou três partículas α, sofram decaimento. Quando ${}^{8}_{4}Be$ sofre esse tipo de decaimento α, ocorre a liberação de 0,09 MeV.

$$ {}^{8}_{4}Be \longrightarrow 2\left({}^{4}_{2}He\right) + \text{energia} $$

$$ {}^{8}_{3}Li \longrightarrow 2\left({}^{4}_{2}He\right) + {}^{0}_{-1}e + \text{energia} $$

LEIS DO DECAIMENTO RADIOATIVO

1) A emissão de uma partícula α gera um elemento com número de massa quatro unidades menor e número atômico duas unidades menor que o núcleo-mãe. Logo, o elemento formado localiza-se duas posições à esquerda na Tabela Periódica.

2) O número de massa permanece inalterado quando uma partícula β é emitida. Contudo, o número atômico aumenta em uma unidade, e o elemento formado se situa uma posição à direita do elemento original na Tabela Periódica. Isso pode ser observado na seguinte série de transformações:

$$ {}^{223}_{83}Ra \xrightarrow{\alpha} {}^{219}_{86}Rn \xrightarrow{\alpha} {}^{215}_{84}Po \xrightarrow{\alpha} {}^{211}_{82}Pb \xrightarrow{\beta} {}^{211}_{83}Bi \xrightarrow{\alpha} {}^{207}_{81}Tl \xrightarrow{\beta} {}^{207}_{82}Pb $$

SÉRIES DE DECAIMENTOS RADIOATIVOS

Os elementos pesados radioativos podem ser agrupados em quatro séries de decaimentos. Elementos radioativos como tório, urânio e actínio ocorrem na natureza e pertencem às três diferentes séries, que recebem seus nomes. Eles são os núcleos primordiais das respectivas séries e têm os tempos de meia-vida mais longos. Eles decaem segundo uma série de emissões α e β, e dão origem a elementos radioativos sucessivamente mais estáveis, até eventualmente chegar a um isótopo estável. As três séries terminam no elemento chumbo (${}^{206}_{82}Pb$, ${}^{207}_{82}Pb$ e ${}^{208}_{82}Pb$). Após a descoberta dos elementos transurânicos artificiais, foi adicionada a essas três séries, a série do neptúnio, que termina no ${}^{209}_{83}Bi$.

Série do Tório (4*n*)
Série do Neptúnio (4*n* + 1)
Série do Urânio (4*n* + 2)
Série do Actínio (4*n* + 3)

Os números entre parênteses indicam que o isótopo primordial e todos os membros de uma dada série têm números de massa exatamente divisíveis por quatro, ou então divisíveis por quatro mas restando um, dois ou três. Não existem interrelações naturais entre as quatro séries, embora seja possível estabelecer tais relações artificialmente.

Série do Tório (4*n*)

$$ {}^{232}_{90}Th \xrightarrow{\alpha} {}^{228}_{88}Ra \xrightarrow{\beta} {}^{228}_{89}Ac \xrightarrow{\beta} {}^{228}_{90}Th \xrightarrow{\alpha} {}^{224}_{88}Ra \xrightarrow{\alpha} {}^{220}_{86}Rn \xrightarrow{\alpha} {}^{216}_{84}Po $$

$$ {}^{216}_{84}Po \xrightarrow{\beta} {}^{216}_{85}At \xrightarrow{\alpha} {}^{212}_{83}Bi \qquad {}^{216}_{84}Po \xrightarrow{\alpha} {}^{212}_{82}Pb \xrightarrow{\beta} {}^{212}_{83}Bi $$

$$ {}^{212}_{83}Bi \xrightarrow{\beta} {}^{212}_{84}Po \xrightarrow{\alpha} {}^{208}_{82}Pb \qquad {}^{212}_{83}Bi \xrightarrow{\alpha} {}^{208}_{81}Tl \xrightarrow{\beta} {}^{208}_{82}Pb $$

Série do Neptúnio (4*n* + 1)

$$ {}^{241}_{94}Pu \xrightarrow{\beta} {}^{241}_{95}Am \xrightarrow{\alpha} {}^{237}_{93}Np \qquad {}^{237}_{92}U \xrightarrow{\beta} {}^{237}_{93}Np $$

$$ {}^{237}_{93}Np \xrightarrow{\alpha} {}^{222}_{91}Pa \xrightarrow{\beta} {}^{233}_{92}U \xrightarrow{\alpha} {}^{229}_{90}Th \xrightarrow{\alpha} {}^{225}_{88}Ra \xrightarrow{\beta} {}^{225}_{89}Ac \xrightarrow{\alpha} {}^{221}_{87}Fr \xrightarrow{\alpha} {}^{217}_{85}At \xrightarrow{\alpha} {}^{213}_{83}Bi $$

$$ {}^{213}_{83}Bi \xrightarrow{\beta} {}^{213}_{84}Po \xrightarrow{\alpha} {}^{209}_{82}Pb \qquad {}^{213}_{83}Bi \xrightarrow{\alpha} {}^{209}_{81}Tl \xrightarrow{\beta} {}^{209}_{82}Pb \xrightarrow{\beta} {}^{209}_{83}Bi $$

Série do Urânio (4*n* + 2)

$$ {}^{238}_{92}U \xrightarrow{\alpha} {}^{234}_{90}Th \xrightarrow{\beta} {}^{234}_{91}Pa \xrightarrow{\beta} {}^{234}_{92}U \qquad {}^{238}_{93}Np \xrightarrow{\beta} {}^{238}_{94}Pu \xrightarrow{\alpha} {}^{234}_{92}U $$

$$ {}^{234}_{92}U \xrightarrow{\alpha} {}^{230}_{90}Th \xrightarrow{\alpha} {}^{226}_{88}Ra \xrightarrow{\alpha} {}^{222}_{86}Rn \xrightarrow{\alpha} {}^{218}_{84}Po $$

$$ {}^{218}_{84}Po \xrightarrow{\beta} {}^{218}_{85}At \xrightarrow{\alpha} {}^{214}_{83}Bi \qquad {}^{218}_{84}Po \xrightarrow{\alpha} {}^{214}_{82}Pb \xrightarrow{\beta} {}^{214}_{83}Bi $$

$$ {}^{214}_{83}Bi \xrightarrow{\beta} {}^{214}_{84}Po \xrightarrow{\alpha} {}^{210}_{82}Pb \qquad {}^{214}_{83}Bi \xrightarrow{\alpha} {}^{210}_{81}Tl \xrightarrow{\beta} {}^{210}_{82}Pb $$

$$ {}^{210}_{82}Pb \xrightarrow{\beta} {}^{210}_{83}Bi \xrightarrow{\beta} {}^{210}_{84}Po \xrightarrow{\alpha} {}^{206}_{82}Pb $$

Série do Actínio (4*n* + 3)

$$^{239}_{92}\mathrm{U} \xrightarrow{\beta} {}^{239}_{93}\mathrm{Np} \xrightarrow{\beta} {}^{239}_{94}\mathrm{Pu} \xrightarrow{\alpha} {}^{235}_{92}\mathrm{U} \xrightarrow{\alpha} {}^{231}_{90}\mathrm{Th} \xrightarrow{\beta} {}^{231}_{91}\mathrm{Pa} \xrightarrow{\alpha}$$

$$^{227}_{89}\mathrm{Ac} \xrightarrow{\beta} {}^{22}_{90}\mathrm{Th} \xrightarrow{\alpha} {}^{223}_{88}\mathrm{Ra} \qquad {}^{227}_{89}\mathrm{Ac} \xrightarrow{\alpha} {}^{223}_{87}\mathrm{Fr} \xrightarrow{\beta} {}^{223}_{88}\mathrm{Ra}$$

$$^{223}_{88}\mathrm{Ra} \xrightarrow{\alpha} {}^{219}_{86}\mathrm{Rn} \xrightarrow{\alpha} {}^{215}_{84}\mathrm{Po} \xrightarrow{\alpha} {}^{211}_{82}\mathrm{Pb} \xrightarrow{\beta} {}^{211}_{83}\mathrm{Bi}$$

$$^{211}_{83}\mathrm{Bi} \xrightarrow{\beta} {}^{211}_{84}\mathrm{Po} \xrightarrow{\alpha} {}^{207}_{82}\mathrm{Pb} \qquad {}^{211}_{83}\mathrm{Bi} \xrightarrow{\alpha} {}^{207}_{81}\mathrm{Tl} \xrightarrow{\beta} {}^{207}_{82}\mathrm{Pb}$$

Nove dos elementos mais leves são naturalmente radioativos. É possível que, com o aumento da sensibilidade dos detectores, sejam encontrados outros elementos radioativos. Dentre eles, os mais importantes são $^{14}_{6}C$ e $^{40}_{19}K$. O isótopo $^{40}_{19}K$ provavelmente foi formado com o planeta Terra, e existe até os dias atuais em função de seu tempo de meia-vida de $1{,}25 \times 10^9$ anos. Esse isótopo constitui apenas 0,01 % do potássio natural, mas sua presença torna os tecidos vivos bastante radioativo. Esse núcleo pode sofrer decaimento por emissão β ou por captura K.

$$^{40}_{19}\mathrm{K} \xrightarrow{\beta} {}^{40}_{20}\mathrm{Ca}$$

$$^{40}_{19}\mathrm{K} \xrightarrow{\text{captura K}} {}^{40}_{18}\mathrm{Ar}$$

O isótopo $^{14}_{6}C$ tem um tempo de meia-vida de 5.720 anos, de modo que todos os núcleos formados junto com a Terra já sofreram decaimento. O fato desse isótopo ainda ser encontrado indica que ele foi formado em tempos mais recentes. $^{14}_{6}C$ é formado continuamente pela ação dos nêutrons presentes nos raios cósmicos sobre o nitrogênio da atmosfera, segundo a reação nuclear:

$$^{14}_{7}\mathrm{N} + {}^{1}_{0}\mathrm{n} \longrightarrow {}^{14}_{6}\mathrm{C} + {}^{1}_{1}\mathrm{p}$$

Esse nuclídeo é importante na "datação radioisotópica" de materiais arqueológicos (vide "Datação por carbono radioativo", no Capítulo 12).

REAÇÕES NUCLEARES INDUZIDAS

Muitas reações nucleares podem ser induzidas pela irradiação de núcleos com raios γ ou com vários tipos de partículas (elétrons, nêutrons, prótons, partículas α ou o núcleo de outros átomos, como o carbono). Os núcleos de carbono dos quais foram removidos os elétrons são conhecidos como "carbono desnudado" ("stripped carbon"). Essa partícula pode ser capturada pelo núcleo (fusão) ou o núcleo pode sofrer fissão, dependendo das condições de bombardeamento.

Fontes de radiação natural podem ser usadas para induzir reações nucleares, mas isso limita a energia da partícula. Geralmente, as partículas carregadas são aceleradas por um campo elétrico forte, num acelerador linear, ou por campos alternados de atração e de repulsão num ciclotron ou num síncrotron. (Há aceleradores de partículas gigantescos no CERN 'França/Suíça', em Berkeley 'EUA' e na Rússia). Assim, as partículas podem ser aceleradas, de modo a adquirirem energias cinéticas extremamente elevadas, que podem ser usadas para promover a reação nuclear. Energias de tais magnitudes são necessárias para superar a repulsão entre um núcleo-alvo positivo e a partícula positiva usada no bombardeamento. Os nêutrons não têm carga e não são repelidos pelo núcleo, mas justamente a ausência de carga impede que os nêutrons sejam acelerados dessa maneira. Assim, o bombardeamento com nêutrons só pode ser efetuado usando os nêutrons produzidos em reações nucleares.

Algumas transformações nucleares são mostradas abaixo:

$$^{14}_{7}\mathrm{N} + {}^{4}_{2}\mathrm{He} \longrightarrow {}^{17}_{8}\mathrm{O} + {}^{1}_{1}\mathrm{H}$$

$$^{27}_{13}\mathrm{Al} + {}^{4}_{2}\mathrm{He} \longrightarrow {}^{30}_{15}\mathrm{P} + {}^{1}_{0}\mathrm{n}$$

$$^{23}_{11}\mathrm{Na} + {}^{1}_{1}\mathrm{H} \longrightarrow {}^{23}_{12}\mathrm{Mg} + {}^{1}_{0}\mathrm{n}$$

$$^{113}_{48}\mathrm{Cd} + {}^{1}_{0}\mathrm{n} \longrightarrow {}^{114}_{48}\mathrm{Cd} + \text{energia}$$

No primeiro exemplo, o nitrogênio é bombardeado com partículas α, sendo expelido um átomo de hidrogênio. Essa reação é descrita como uma reação (α, p). Uma maneira alternativa de escrever essa reação é:

$$^{14}_{7}\mathrm{N} \xrightarrow{(\alpha,p)} {}^{17}_{8}\mathrm{O}$$

Essa reação foi efetuada pela primeira vez por E. Rutherford, em 1919, tendo sido a primeira transformação nuclear induzida (Rutherford recebeu o Prêmio Nobel de Química de 1908). A segunda reação foi realizada por Frederic Joliot e Irène Joliot-Curie em 1932, sendo esta uma reação (α, n) (eles receberam o Prêmio Nobel de Química de 1935).

$$^{27}_{13}\mathrm{Al} \xrightarrow{(\alpha,n)} {}^{30}_{15}\mathrm{P}$$

De maneira semelhante, o terceiro exemplo é uma reação (p, n). No último exemplo, a energia é emitida na forma de raios γ, sendo esta uma reação (n, γ). Os núcleos obtidos dessa maneira podem ser estáveis, ou podem sofrer decaimento subseqüente. Todos os elementos transurânicos foram obtidos bombardeando-se um núcleo pesado com partículas α, com carbono desnudado C^{6+}, ou com núcleos de outros átomos leves. Assim, foram obtidos núcleos ainda mais pesados.

FISSÃO NUCLEAR

Núcleos muito pesados têm uma energia de ligação nuclear por núcleon menor que os núcleos de massa intermediária. Assim, os núcleos de massa intermediária são mais estáveis que os núcleos pesados. Quando um nêutron lento penetra num átomo físsil como o urânio (que já é distorcido), essa energia adicional provoca a fissão do núcleo em dois fragmentos e a emissão espontânea de dois ou mais nêutrons. Esse fenômeno é denominado fissão. O processo de fissão resulta na liberação de grandes quantidades de energia (cerca de 8×10^9 kJ mol^{-1}). No caso do $^{235}_{92}U$, vários produtos primários de fissão diferentes podem ser formados, dependendo da maneira como o núcleo se fragmentou. Três das reações mais comuns são:

$$^{235}_{92}\mathrm{U} + {}^{1}_{0}\mathrm{n} \longrightarrow {}^{144}_{56}\mathrm{Ba} + {}^{90}_{36}\mathrm{Kr} + 2\left({}^{1}_{0}\mathrm{n}\right)$$

$$^{235}_{92}\mathrm{U} + {}^{1}_{0}\mathrm{n} \longrightarrow {}^{138}_{53}\mathrm{I} + {}^{95}_{39}\mathrm{Y} + 3\left({}^{1}_{0}\mathrm{n}\right)$$

$$^{235}_{92}\mathrm{U} + {}^{1}_{0}\mathrm{n} \longrightarrow {}^{140}_{55}\mathrm{Cs} + {}^{92}_{37}\mathrm{Rb} + 4\left({}^{1}_{0}\mathrm{n}\right)$$

Observe que os núcleos-filhos formados pertencem a

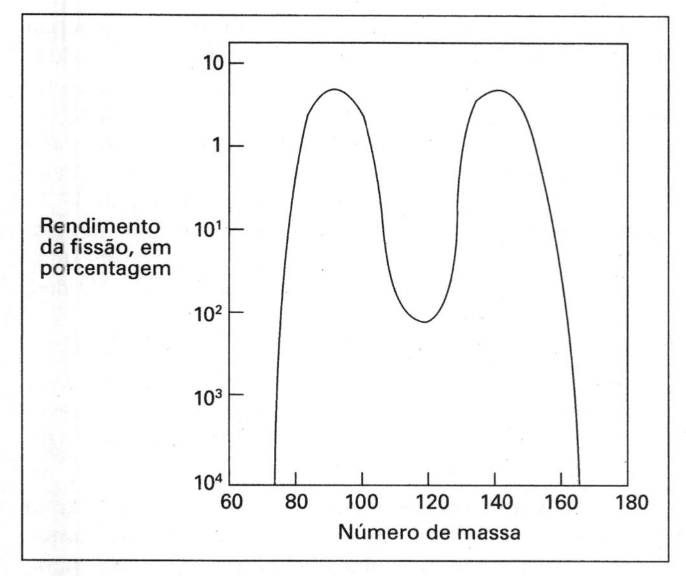

Figura 31.3 — Rendimentos de elementos, em porcentagem, na fissão de $^{235}_{92}U$ com nêutrons lentos

duas classes. O grupo mais pesado tem massas entre 130 a 160, e o grupo mais leve tem massas entre 80 a 110. É raro ocorrer a formação de núcleos-filhos com massas semelhantes na fissão (Fig. 31.3).

A massa total dos produtos da fissão é 0,22 unidade de massa menor que a massa do átomo de urânio e a do nêutron. Isso corresponde a uma liberação de mais de 200 MeV de energia, ou seja, uma energia doze vezes maior que a energia liberada numa reação nuclear normal. A fissão completa de 450 g (1 libra) de urânio libera uma quantidade de energia equivalente à explosão de 8.000 toneladas de TNT.

Os núcleos-filhos formados como produtos primários da fissão têm uma elevada relação *N/P*, e sofrem decaimento por emissão β para diminuir tal relação. Geralmente, diversas etapas de decaimento desse tipo são necessárias até se chegar a um núcleo estável. Assim, cada um dos produtos primários de decaimento está associado a uma série de decaimentos, como por exemplo:

$$^{138}_{53}I \xrightarrow{\beta} {}^{138}_{54}Xe \xrightarrow{\beta} {}^{138}_{55}Cs \xrightarrow{\beta} {}^{138}_{56}Ba \quad \text{(estável)}$$

$$^{95}_{39}Y \xrightarrow{\beta} {}^{95}_{40}Zr \xrightarrow{\beta} {}^{95}_{41}Nb \xrightarrow{\beta} {}^{95}_{42}Mo \quad \text{(estável)}$$

Cerca de 90 séries de decaimentos foram identificadas a partir da fissão do $^{238}_{92}U$, totalizando várias centenas de nuclídeos diferentes.

Reação em cadeia

Uma reação de fissão pode desencadear outra. Os nêutrons produzidos numa fissão poderão:

1) Provocar outra reação de fissão nuclear.
2) Escapar do material físsil.
3) Participar de uma reação que não seja de fissão.

Quando os nêutrons produzidos numa reação de fissão são usados em novas fissões, temos o que se chama de reação em cadeia. Há duas aplicações principais para as reações em cadeia — a construção da bomba atômica e os reatores nucleares destinados à geração de energia elétrica.

Se mais de um nêutron produzido numa fissão provocar outras fissões, teremos uma reação em cadeia ramificada. Nesse caso, ocorre um aumento rápido da quantidade de energia liberada. É o que acontece na bomba atômica. Num reator nuclear, barras de controle são usadas para absorver parte dos nêutrons, de modo que em média apenas um nêutron por fissão provoque outra fissão. Uma reação em cadeia desse tipo se auto-sustenta. A energia é liberada numa velocidade suficientemente baixa para poder ser aproveitada.

Massa crítica

Há uma quantidade mínima de matéria físsil necessária para produzir uma reação em cadeia auto-sustentada. Essa quantidade é chamada de massa crítica. A massa crítica depende de diversos fatores:

1) Da pureza da amostra.
2) Da densidade do material.
3) De sua forma geométrica e de suas vizinhanças.

Todos esses fatores influenciam o fator de propagação de nêutrons. Se a amostra for impura, muitos nêutrons se perderão por colisão com átomos não físseis. Quanto mais denso for o material, maior será a probabilidade de ocorrer colisões entre um nêutron e um outro núcleo. A forma da amostra também é importante, já que os nêutrons tem maior probabilidade de escapar de uma longa barra de material que de uma esfera.

A HISTÓRIA DO DESENVOLVIMENTO DA BOMBA ATÔMICA

A fissão de núcleos pesados foi conseguida pela primeira vez em Berlim, em dezembro de 1939, e Otto Hahn recebeu o Prêmio Nobel de Química por essas pesquisas, em 1944. Surpreendentemente, o primeiro reator alemão (a pilha subcrítica B–III) estava instalado na "Casa dos Vírus" do Kaiser Wilhelm Institute de Biologia, em Dahlem. Naquele tempo os reatores nucleares eram denominados "pilhas atômicas". O reator alemão era constituído por camadas alternadas de urânio metálico e de parafina sobre uma esfera de alumínio, imersa em água. Embora a pilha contivesse 551 kg de urânio, ela era subcrítica, isto é, menos de um nêutron proveniente de cada fissão provocava uma nova fissão. Por isso, uma fonte de nêutrons foi colocada na "chaminé", no centro da esfera, para manter a pilha em funcionamento.

Dois anos mais tarde, Enrico Fermi construiu na Universidade de Chicago, EUA, uma pilha crítica (auto-sustentada) (Fermi era um físico e recebeu o Prêmio Nobel de Física de 1938, pela obtenção de novos elementos radioativos por meio da irradiação com nêutrons. Durante a Segunda Guerra fugiu da Itália fascista para os Estados Unidos). A "pilha" de Chicago era constituída por um enorme bloco de grafita, protegido por concreto de alta densidade, de vários metros de espessura. Canais horizontais no bloco de grafita eram usados para introduzir esferas de urânio suficientes para desencadear a reação em cadeia. Um fluxo de ar era usado para esfriar a pilha e remover a energia produzida. Foram obtidos mil quilowatts de calor. A "pilha" estava instalada nas quadras de "squash". Pilhas maiores foram depois construídas em Clinton, Tennessee, e em Hanford, Washington.

Uma base militar secreta foi construída em Oak Ridge, Tennessee, como parte do "Projeto Manhattan", criado para conduzir as pesquisas que levariam ao desenvolvimento da bomba atômica. O U natural é constituído essencialmente por dois isótopos: 99,3 % de ${}^{238}_{92}U$, que não é físsil, e 0,7 % de ${}^{235}_{92}U$, que é físsil.

Separação dos isótopos

Enormes esforços foram dispendidos na separação dos isótopos, para se obter quantidades suficientes de ${}^{235}U$ físsil, para se construir uma bomba. Quatro foram os métodos empregados:

Difusão térmica

Dois gases de densidades diferentes são colocados num longo tubo vertical, com uma resistência elétrica aquecendo a parte inferior do tubo. O gás mais leve se difunde mais rapidamente em direção ao fio quente, onde é aquecido e sobe, devido à corrente de convecção. Assim, o gás mais leve se acumula no topo do tubo, enquanto o gás mais pesado flui para baixo acompanhando as paredes do tubo.

Separação eletromagnética de UCl_4 num espectrômetro de massa

Inicialmente devem ser produzidos íons, pelo bombardeamento da amostra com elétrons, numa câmara à baixa pressão. Os íons são acelerados por um forte campo elétrico e tendem a atravessar uma câmara de vácuo. Porém, um campo magnético os desvia mais ou menos, de acordo com suas relações carga/massa. Esse método pode fornecer isótopos puros. Embora usado inicialmente para se obter pequenas quantidades do material enriquecido, tem sido usado para se obter quantidades da ordem de quilogramas.

Difusão gasosa de UF_6

UF_6 é um gás acima da temperatura de sublimação de 56° C. Nesse processo de enriquecimento, esse gás é bombeado através de milhares de barreiras filtrantes. ${}^{235}U$ é um pouco menor e consegue atravessar os filtros com um pouco mais de facilidade que o isótopo mais pesado. A velocidade de difusão de um gás é determinada pela lei de difusão de Graham:

$$\text{velocidade de difusão} = K\sqrt{D}$$

onde K é uma constante e D a densidade do gás. A densidade do vapor é igual a massa molecular/2. Portanto, a velocidade de difusão de ${}^{235}UF_6$ é apenas ligeiramente maior que a do ${}^{238}UF_6$, mais exatamente por um fator de $\sqrt{(352/349} = 1{,}0043$. Essa operação é repetida milhares de vezes, bombeando o gás num processo "em cascata". Após cada estágio, a fração mais leve é bombeada para o estágio seguinte, enquanto a fração mais pesada é bombeada para o estágio anterior. As instalações utilizadas por esse método são muito grandes. O edifício K25, em Oak Ridge, abrigava as instalações originais do processo de difusão gasosa e ocupava uma área construída de cerca de 90.000 m^2. Uma segunda instalação foi construída em Hanford, no estado de Washington. O método necessita de uma enorme quantidade de energia elétrica (as instalações de Oak Ridge apresentavam duas vantagens na época da guerra: localizava-se numa área remota e pouco povoada, vantajosas para uma atividade de riscos desconhecidos. Além disso, havia a disponibilidade de energia elétrica barata, proveniente de diversas hidrelétricas construídas no vale do Tennessee na década de 1930, para dar ocupação aos desempregados da época da depressão). O método da difusão gasosa já foi importante, mas atualmente é utilizado apenas num local, nos Estados Unidos.

Uso de centrífuga de gases para separar ${}^{235}UF_6$ de ${}^{238}UF_6$

Posteriormente, este se tornou o método mais usado na Inglaterra e na Holanda. Centrífugas girando a 1.700 revoluções por segundo concentram ${}^{235}UF_6$ no centro e ${}^{238}UF_6$ nas paredes do rotor cilíndrico.

Haviam dificuldades imensas para se conseguir uma quantidade de ${}^{235}U$ suficiente para se construir uma bomba atômica. A massa crítica depende da pureza, e a bomba deveria ser leve o suficiente para ser transportada num avião.

Durante a realização desses trabalhos, um segundo elemento físsil foi descoberto por Glenn Seaborg (em 1940) na Universidade da Califórnia, em Berkeley: o plutônio. Pu é obtido irradiando-se com nêutrons o isótopo relativamente abundante ${}^{238}U$, num reator nuclear.

$${}^{238}_{02}U + {}^{1}_{0}n \longrightarrow {}^{239}_{92}U \xrightarrow[t_{1/2} = 23{,}5 \text{ min}]{ß} {}^{239}_{93}Np \xrightarrow[t_{1/2} = 2{,}3 \text{ dias}]{ß} {}^{239}_{94}Pu$$

Todos os isótopos do Pu são físseis, e por isso o plutônio se tornou importante como combustível nuclear. Os trabalhos com plutônio foram realizados, sobretudo em Hanford.

Fabricando a bomba

Uma terceiro grupo, em Los Alamos (Novo México/EUA), se concentrava principalmente nos problemas de caráter técnico, envolvidos na construção de bombas. Os problemas eram: a) como transportar as massas subcríticas de Pu ou de U num avião, b) como combiná-las para obter a massa crítica, quando a bomba estivesse sobre o alvo e c) como conter o material por um tempo suficientemente longo para permitir a ocorrência da reação nuclear.

No caso da bomba de Pu, foi utilizado um dispositivo de implosão. Diversas massas subcríticas de ${}^{239}Pu$ foram colocadas na superfície de uma esfera e rodeadas com explosivos de alta potência. Assim, quando os explosivos convencionais fossem detonados, as massas subcríticas de Pu seriam impelidas para o centro da esfera, onde formariam uma massa crítica. A força da explosão deveria manter as massas de Pu unidas durante o tempo suficiente para provocar uma explosão nuclear. A primeira bomba atômica a ser fabricada empregava esse princípio, e foi testada numa torre de 30 metros de altura em Trinity, no Novo México, às 5 horas e 29 minutos da manhã (logo antes do amanhecer) do dia 16 de julho de 1945. A bomba funcionava! Fermi calculou a temperatura atingida como sendo quatro vezes superior à temperatura no centro do Sol e a pressão como sendo superior a 100 bilhões de atmosferas. A radioatividade emitida foi um milhão de vezes maior que a de todas as reservas de rádio do mundo. As partes de uma bomba atômica semelhante foram enviadas ao Extremo Oriente, para serem montadas e lançadas sobre o Japão.

Enquanto isso, uma quantidade suficientemente grande de ^{235}U para produzir uma bomba atômica, havia sido laboriosamente coletado. A maneira mais simples de se montar uma bomba era usar um tubo cilíndrico com duas massas subcríticas de ^{235}U , nas suas duas extremidades. A massa crítica poderia ser gerada pela colisão entre as duas massas sub-críticas, numa das extremidades. Isso não tinha sido testado, pois não havia ^{235}U em quantidade suficiente para tal. As partes para a montagem da bomba usando esse princípio foram enviadas para o Extremo Oriente.

A bomba de Pu foi chamada de "Fat Man", e tinha 3,20 m de comprimento e 1,50 m de diâmetro, com uma massa de aproximadamente 4.900 kg. Devido às suas dimensões, modificações tiveram que ser feitas no compartimento de bombas do avião para permitir seu transporte e lançamento. A bomba de U foi chamada de "Little Boy": tinha 3 m de comprimento e somente 68 cm de diâmetro, e pesava cerca de 4.000 kg. Devido ao seu menor diâmetro, coube no compartimento de bombas do avião, e por isso foi usada primeiro.

A bomba de U "Little Boy" foi lançada sobre Hiroshima, em 6 de agosto de 1945. A potência correspondia a de 13.000 toneladas de TNT. 10 km^2 da cidade foram devastados, provocando 70.000 mortes imediatas. Em 9 de agosto de 1945, a bomba de Pu "Fat Man" foi lançada sobre Nagasaki. Sua potência equivalia a 23.000 toneladas de TNT. Uma área de 5 km^2 foi devastada, causando 45.000 mortes imediatas.

USINAS NUCLEARES PARA A PRODUÇÃO DE ENERGIA ELÉTRICA

Uma usina nuclear para a geração de energia elétrica consiste de um reator nuclear, usando U ou Pu como combustível, em que ocorre uma reação em cadeia controlada. O calor liberado pelo reator é usado para produzir vapor, que movimenta uma turbina e gera energia elétrica. Os primeiros reatores nucleares foram construídos com o propósito de se produzir Pu para bombas pela irradiação de U, e, também, para fins experimentais. A primeira usina nuclear comercial foi construída em 1956, em Calder Hall (Cumberland/Inglaterra). Em 1989, haviam mais de 120 usinas nucleares só nos Estados Unidos, e mais de 400 nos demais países. A França produz dois terços de sua demanda de eletricidade a partir das usinas nucleares.

Moderadores

Os nêutrons só podem ser obtidos por reações nucleares e são classificados em três grupos, conforme sua energia cinética:

Tabela 31.2 — Países com sete ou mais usinas nucleares (1989)

Estados Unidos	129	Espanha	18
França	67	Tchecoslováquia	13
União Soviética	61	Suécia	12
Reino Unido	42	Índia	10
Japão	42	Coréia	9
Alemanha Ocidental	28	Alemanha Oriental	7
Canadá	22		

1) Nêutrons lentos, com uma energia inferior a 0,1 eV
2) Nêutrons intermediários, com energias entre 0,1 a 2 MeV
3) Nêutrons rápidos, com energias superiores a 2,0 MeV.

Os nêutrons emitidos por um núcleo, geralmente, têm energias muito elevadas e são chamados "nêutrons rápidos". São tão rápidos que tendem a escapar da reação. Por isso, nêutrons lentos são necessários para provocar a fissão e sustentar uma reação em cadeia.

Num *reator térmico* utiliza-se um moderador para desacelerar alguns dos nêutrons rápidos. Os nêutrons colidem com os núcleos do moderador e perdem parte de sua energia cinética. Os melhores moderadores são átomos leves que não tendem a capturar os nêutrons, como por exemplo $^{2}_{1}H$, $^{4}_{2}He$, $^{9}_{4}Be$ e $^{12}_{6}C$. Dentre eles, o mais usado é o grafite. A água pesada D_2O, que contém $^{2}_{1}H$, também é bastante usada. Às vezes, a água comum H_2O, também pode ser utilizada. Be e He não são usados, pois Be é tóxico e caro, e He não é suficientemente denso, por ser um gás. *Reatores regeneradores rápidos* ("fast breeders") não usam moderadores.

Combustível

Os reatores mais antigos usavam urânio metálico. A maioria dos reatores térmicos atuais usa UO_2, porque este tem ponto de fusão mais elevado e é quimicamente menos reativo. O urânio natural (99,3% de ^{238}U e 0,7% de ^{235}U) poderia ser usado como combustível. Contudo, geralmente o combustível é enriquecido até conter 2% a 3% de ^{235}U, para compensar as perdas de alguns nêutrons absorvidos pelo recipiente metálico da blindagem da barra de combustível ou pelo moderador. O enriquecimento do U diminui a massa crítica e, portanto, o tamanho do reator. Porém, o processo de enriquecimento é muito dispendioso. Um enriquecimento superior a 3% só é efetuado para fins militares — para a fabricação de bombas ou para se construir reatores operando a altas temperaturas mas pequenos, empregados em submarinos. Estes últimos utilizam UC_2 enriquecido a mais de 90% como combustível.

Reatores regeneradores rápidos (fast breeders) utilizam o óxido de plutônio como combustível. Eles não necessitam de moderador, pois os nêutrons rápidos produzidos são utilizados para converter ^{238}U (não-físsil) em Pu (físsil), pelas reações:

$$^{238}_{92}U + ^{1}_{0}n \longrightarrow ^{239}_{92}U + \gamma$$

$$^{238}_{92}U \longrightarrow ^{239}_{92}Np + ^{0}_{-1}e$$

$$^{239}_{93}Np \longrightarrow ^{239}_{94}Pu + ^{0}_{-1}e$$

A quantidade de Pu produzida é maior que a quantidade consumida, sendo esta a origem do nome reator "regenerador". Às vezes, o tório (que não é físsil) é incorporado ao combustível. Quando este é irradiado com nêutrons rápidos, forma-se o isótopo $^{233}_{92}U$, que é fissionável por nêutrons lentos.

$$^{232}_{90}U + ^{1}_{0}n \longrightarrow ^{233}_{90}Th + \gamma$$

$$^{233}_{90}Th \longrightarrow ^{233}_{91}Pa + ^{0}_{-1}e$$

$$^{233}_{91}Pa \longrightarrow ^{233}_{92}U + ^{0}_{-1}e$$

TIPOS DE REATORES EM USO

Reatores térmicos esfriados a gás (todos usam grafite como moderador)

Reatores "Magnox"

Estes utilizam como combustível barras de U metálico, encerradas num recipiente de Mg/Al (magnox). O combustível é natural, isto é, não enriquecido, e CO_2 é usado como gás refrigerante. A maior parte dos reatores ingleses mais antigos é desse tipo. Esses reatores estão agora chegando ao fim de suas vidas úteis.

Reatores avançados esfriados a gás (AGR = Advanced gas cooled reactors)

Estes usam pastilhas de UO_2 enriquecidas a 2% como combustível e CO_2 como gás refrigerante.

Reatores de alta temperatura (HTR = High temperature reactor)

Estes reatores são usados para fins militares, por exemplo, em submarinos. O combustível é UC_2, enriquecido a mais de 90%. Isso possibilita a construção de reatores pequenos. O gás refrigerante é He e as barras de controle são de Cd.

Reatores térmicos esfriados a água (todos usam H_2O ou D_2O como moderador)

Reator canadense a deutério e urânio (CANDU = Canadian deuterium uranium reactor)

Este reator é um projeto canadense que utiliza UO_2 natural (não-enriquecido) como combustível, e água pesada D_2O como moderador e refrigerante.

Reator a água pressurizada (PWR = Pressurized water reactor)

Trata-se de um projeto norte-americano que utiliza pastilhas de UO_2 enriquecidas a 3%, como combustível. A água é usada como moderador e refrigerante. A armação deve resistir à enorme pressão exercida pelo vapor produzido, sendo geralmente construída de aço inoxidável de 25 cm de espessura, revestida por concreto.

Reator de água em ebulição (BWR = Boiling water reactor)

Este é semelhante ao anterior (PWR), mas usa UO_2 enriquecido a 2,2%. Opera a pressões muito mais baixas, de modo que o revestimento do reator não precisa ser tão resistente.

Reator gerador de vapor a água pesada (SGHWR = Steam generating heavy water reactor)

Este reator utiliza pastilhas de UO_2 enriquecidas a 2,3% como combustível, D_2O como moderador e H_2O como refrigerante.

Reatores regeneradores rápidos (estes não usam moderadores)

Estes reatores estão muito menos desenvolvidos que os reatores térmicos. Usam PuO_2como combustível. O processo de enriquecimento não é necessário, pois todos os isótopos de Pu são físseis. Não utilizam moderadores, de modo que os nêutrons existentes no reator são nêutrons rápidos. Alguns reatores empregam Na líquido como refrigerante, enquanto que outros empregam He gasoso, a altas pressões. Se UO_2 esgotado (isto é, UO_2 do qual já foi removido todo ^{235}U físsil) for introduzido num reator desse tipo, o ^{238}U não físsil será convertido em Pu físsil. O nome "reator regenerador" se deve ao fato de ocorrer a produção de uma maior quantidade de material físsil que a consumida no processo. Potencialmente, um reator desse tipo poderia constituir-se numa fonte ilimitada de energia.

Na Grã-Bretanha existem três gerações de reatores nucleares em usinas:

1) Os antigos reatores Magnox (projeto britânico).
2) A segunda geração de reatores avançados esfriados a gás (projeto britânico).
3) Um número reduzido de reatores a água pressurizada (projeto norte-americano). Estes são tidos como sendo os reatores do século 21. Contudo, o alto custo, o tempo necessário para a construção e os aspectos referentes à segurança (principalmente ligada à alta pressão) desses reatores, foram objetos de controvérsias.

FUSÃO NUCLEAR

A fusão nuclear é o processo de liberação de energia a partir da matéria, que ocorre no sol, nas estrelas e na bomba de hidrogênio. Durante a fusão, átomos de elementos leves se combinam para formar elementos mais pesados. A energia de ligação nuclear por núcleon dos elementos leves é menor que dos elementos de massa intermediária. Assim, a fusão de dois núcleos leves forma um núcleo mais estável, com a liberação de uma grande quantidade de energia. Tanto a fissão como a fusão são métodos que liberam grandes quantidades de energia. Na fusão, átomos leves são combinados para formar elementos mais pesados, enquanto que na fissão átomos radioativos pesados são fragmentados em átomos de massa intermediária.

A reação de fusão nuclear mais simples envolve os isótopos de hidrogênio: deutério e trítio. Uma grande quantidade de energia é necessária para vencer a repulsão entre os núcleos de carga positiva e aproximá-los o suficiente (de 1 a 2 fm) para que possam reagir. Uma das maneiras utilizadas para produzir partículas de alta energia é usando um acelerador, mas esse método não pode ser empregado no presente caso. Outra maneira de se obter núcleos de alta energia é levá-los a uma temperatura extremamente alta (por volta de 10^8 K). Se deutério e trítio forem aquecidos a temperaturas superiores a um milhão de graus, forma-se um plasma gasoso (o plasma é o quarto estado da matéria, composto essencialmente por íons gasosos e uma matriz de elétrons livres). Como os átomos tiveram seus elétrons removidos, as colisões se darão entre seus núcleos. Algumas dessas colisões nucleares podem ocorrer com energias suficientemente altas, para que dois núcleos se aproximem, a ponto deles sentirem a forte atração entre eles e ocorra a reação de fusão. A massa perdida nessa reação é convertida em energia, de acordo com a equação de Einstein $E = m \cdot c^2$

$$^{3}_{1}H + ^{2}_{1}H \longrightarrow ^{4}_{2}He + ^{1}_{0}n + \text{energia}$$

Essa reação de fusão tem uma temperatura de ignição relativamente baixa e produz uma enorme quantidade de energia. O deutério ocorre naturalmente, mas o trítio é de obtenção difícil e extremamente caro. O trítio poderia ser obtido num reator de fusão, bombardeando-se um alvo de lítio com nêutrons:

$$^{1}_{0}n + ^{6}_{3}Li \longrightarrow ^{3}_{1}H + ^{4}_{2}He$$

$$^{1}_{0}n + ^{7}_{3}Li \longrightarrow ^{3}_{1}H + ^{4}_{2}He + ^{1}_{0}n$$

Reações semelhantes podem ser efetuadas utilizando apenas deutério, mas requerem uma temperatura de vários milhões de graus. Diversas reações poderiam ocorrer, sendo as mais simples:

$$^{2}_{1}H + ^{2}_{1}H \longrightarrow ^{3}_{1}H + ^{1}_{1}H + 4{,}0\ \text{MeV}$$

$$^{2}_{1}H + ^{2}_{1}H \longrightarrow ^{3}_{2}He + ^{1}_{1}n + 3{,}3\ \text{MeV}$$

A fusão é em princípio uma reação térmica que não difere essencialmente de um fogo comum. Mas esta, em contraste com a fissão, não requer uma massa crítica. E, uma vez iniciada, a extensão da reação depende apenas da quantidade de combustível disponível. Contudo, para que possa ocorrer uma reação de fusão, são necessárias condições físicas extremas:

1) Devem ser alcançadas temperaturas muito altas.
2) É necessária uma suficiente densidade de plasma.
3) O plasma deve ser confinado durante um tempo adequado, para permitir a ocorrência da fusão.

Estes e outros processos de "queima de hidrogênio" ocorrem no centro do sol, e fornecem a enorme quantidade de energia solar irradiada para a Terra e o restante do sistema solar.

Armas termonucleares

Os únicos processos de fusão efetuados com êxito foram os das bombas de hidrogênio e outras armas termonucleares semelhantes. As temperaturas extremamente altas e elevadas densidades de plasma necessárias para a ocorrência da fusão nuclear foram conseguidas com o auxílio de uma pequena bomba de fissão de urânio. Sua explosão aquece uma cobertura de elementos leves a uma temperatura suficientemente alta para dar início às reações de fusão, nas bombas de hidrogênio e de nitrogênio. Tais reações são denominadas reações termonucleares. O primeiro dispositivo termonuclear foi detonado em Eniwetok (Pacífico), em 1952. A energia liberada foi 100 vezes maior que a obtida numa bomba atômica baseada na fissão de U ou de Pu. A fusão completa de 450 g (1 libra) de deutério leva à liberação da mesma quantidade de energia que 26.000 toneladas de TNT.

Reações de fusão controladas

Foram feitas muitas tentativas com o intuito de se construir equipamentos com os quais se pudesse controlar as reações de fusão. Até hoje nenhum foi bem sucedido. O problema reside em como se poderia trabalhar com plasmas a altíssimas temperaturas. Se o plasma entrar em contato com um sólido (por exemplo, um recipiente de aço), o sólido seria vaporizado e a temperatura do plasma cairia rapidamente. Os dois principais métodos de confinamento são o magnético e o inercial. Como o plasma é constituído por partículas carregadas movimentando-se a altas velocidades, ele pode ser desviado por um campo magnético. Assim, o plasma poderia ser confinado no interior de um "frasco magnético" circular (os campos magnéticos extremamente elevados necessários podem ser obtidos utilizando eletroímãs a base de uma liga supercondutora de nióbio/titânio, esfriada com hélio líquido, a cerca de 4 K). O confinamento inercial envolve o colapso rápido do recipiente de combustível, para tornar o combustível suficientemente denso para que a fusão possa ocorrer. Alternativamente, pode ser usada a fusão a laser. Nesse caso, feixes de raios laser pulsados de alta potência são utilizados para aquecer e comprimir pequenas pastilhas do combustível.

É possível que a fusão possa ser conseguida por meio de uma técnica totalmente diferente, sem usar o plasma para atingir as condições de extrema energia. Houve uma grande expectativa quando, em março de 1989, Fleischmann e Pons afirmaram ter conseguido a "fusão a frio", no laboratório da Universidade de Utah, EUA. Eles eletrolisaram água pesada D_2O, enriquecida a 99,5%, tornada condutora pela adição de LiOD (D é o isótopo). Nessas condições, aparentemente houve liberação de calor, que foi atribuída à fusão D–D. Num experimento semelhante, Jones, da Universidade de Brigham Young, julgou ter observado a emissão de nêutrons. Infelizmente eles estavam errados.

Outra técnica interessante que pode ser promissora, é a substituição de um elétron de uma molécula de D_2^+ por um múon de carga negativa e massa 207 vezes maior que a do elétron. Isso deveria diminuir a distância D–D por um fator de 200, facilitando a reação de fusão.

A fusão nuclear traz consigo a promessa de ser no futuro uma importante fonte de energia. O consumo mundial de energia é elevado e as fontes de combustíveis disponíveis são finitas e limitadas. As reservas de petróleo e gás natural poderão estar esgotadas em 50 anos. As reservas de carvão talvez durem mais 200 anos. As reservas de urânio são finitas, de modo que o uso da energia nuclear para geração de eletricidade só adia uma eventual falta de recursos energéticos. Todos esses combustíveis acarretam problemas ambientais. Os combustíveis fósseis (petróleo, gás e carvão) contribuem para o "efeito estufa" e a chuva ácida. É preciso encontrar uma fonte alternativa de energia mais duradoura. A segurança das usinas nucleares é questionável. Problemas ainda maiores ocorrem no armazenamento dos resíduos radioativos. Se a reação de fusão pudesse ser usada como fonte de energia:

1) O combustível (o hidrogênio) seria praticamente ilimitado.
2) Os processos nucleares de fusão são mais seguros que os de fissão.
3) O processo de fusão parece ser bem menos poluente.
4) As dificuldades associadas ao descarte das barras de combustível esgotadas e os subprodutos do processo são bem menores que no caso da fissão.

O programa que visa o estudo da fusão nuclear está em andamento, mas muitos avanços são ainda necessários para que tenha aplicação prática. As condições extremas necessárias para se ter uma fusão controlada, em escala de laboratório, ainda não foram conseguidas. Se for possível construir um reator de fusão, ele seria uma fonte quase ilimitada de energia.

A ORIGEM DOS ELEMENTOS

Como se formou o Universo, como se formaram os diversos elementos e porque os diferentes elementos e seus isótopos ocorrem nas proporções em que são observados na natureza, são interessantes considerações de cunho quase filosófico.

O efeito Doppler fornece uma evidência de que o Universo está se expandindo. A luz proveniente das galáxias mais distâncias tem um comprimento de onda mais longo que o esperado, isto é, mais próximo da extremidade vermelha, pois elas estão de afastando de nós. Há várias teorias sobre a origem do universo.

A "teoria do estado estacionário" sugere que o hidrogênio é criado continuamente para preencher os vazios no espaço criados pela expansão do Universo. Os outros elementos seriam formados a partir do hidrogênio, por meio de reações nucleares.

A "teoria do big bang" é atualmente a mais aceita. Ela pressupõe que toda a matéria do Universo, na forma de partículas elementares, estava reunida num "núcleo" de densidade, temperatura e pressão imensas. Este explodiu (daí o nome da teoria) espalhando a matéria uniformemente pelo espaço, na forma de nêutrons. Então, os nêutrons sofreram decaimento, formando os prótons, os elétrons e os antineutrinos.

$$^{1}_{0}n \longrightarrow {}^{1}_{1}p + {}^{1}_{-1}e + \overline{\nu}$$

Durante o "big bang" e a "bola de fogo" que lhe seguiu, temperaturas de 10^6 a 10^9 K foram alcançadas. Assim, nas primeiras horas deve ter ocorrido diversas reações nucleares:

$$^{1}_{1}H + {}^{1}_{0}n \longrightarrow {}^{2}_{1}H$$

$$^{2}_{1}H + {}^{1}_{1}H \longrightarrow {}^{3}_{2}He$$

$$^{3}_{2}He + {}^{1}_{0}n \longrightarrow {}^{4}_{2}He$$

$$^{4}_{2}He + {}^{1}_{0}n \longrightarrow {}^{5}_{2}He$$

O isótopo $^{5}_{2}He$ tem uma meia-vida de apenas 2×10^{-21} s, de modo que a formação de núcleos mais pesados pela adição sucessiva de nêutrons ou prótons foi interrompida. Com a queda da temperatura, todas essas reações cessaram. Assim, a maior parte do Universo era constituída de H, com uma pequena quantidade de He; e as galáxias devem ter se formado pela condensação desse material.

Qualquer que seja a origem do Universo, é geralmente aceito que os elementos mais pesados são formados pelas reações nucleares nas estrelas. O hidrogênio ainda responde por 88,6% e o He por 11,3% de todos os átomos do Universo. Juntos eles constituem 99,9% dos átomos e mais de 99% da massa do Universo.

O primeiro processo de síntese dos elementos mais pesados nas estrelas é a "queima" do hidrogênio. As estrelas são extremamente densas (10^8 g cm^{-3}) e existe uma enorme força gravitacional. Parte dessa força é convertida em calor, fazendo com que a temperatura se eleve até 10^7 K. Foi mencionado anteriormente (no item "Fusão nuclear") que essa temperatura é suficiente para superar a repulsão entre dois núcleos de H positivamente carregados, de modo que estes núcleos podem sofrer uma reação de fusão nuclear, formando deutério.

Reação	Energia liberada (MeV)
$^{1}_{1}H + {}^{1}_{1}H \longrightarrow {}^{2}_{1}H + \beta^{+} + \nu$	1,44
$^{2}_{1}H + {}^{1}_{1}H \longrightarrow {}^{3}_{2}He + \gamma$	5,49
$^{3}_{2}He + {}^{3}_{2}He \longrightarrow {}^{4}_{2}He + 2({}^{1}_{1}H)$	12,86

$$\text{Soma} \quad 4({}^{1}_{1}H) \longrightarrow {}^{4}_{2}He + 2\beta^{+} + 2\nu + 2\gamma$$

O processo é exotérmico. A pequena quantidade de massa perdida é liberada como energia. Assim, núcleos mais estáveis são formados, mas o processo é lento. A idade do Sol é calculada em 5 bilhões de anos, mas ele ainda tem cerca de 90% do hidrogênio primordial.

À medida que o hidrogênio é consumido, o hélio formado vai se acumulando no núcleo. A temperatura no núcleo da estrela diminui, e a estrela se expande para conservar o calor. A estrela será mais fria que antes e é chamada de *gigante vermelho*. Eventualmente, o núcleo entrará em colapso sob o efeito da pressão, e a temperatura se elevará acima de 10^8 K. Nesse momento os núcleos começam a se fundir.

$$^{4}_{2}He + {}^{4}_{2}He \longrightarrow {}^{8}_{4}Be + \gamma$$

Os núcleos formados dessa maneira se fundem com nova quantidade de He:

$$^{8}_{4}Be + {}^{4}_{2}He \longrightarrow {}^{12}_{6}C + \gamma$$

$$^{12}_{6}C + {}^{4}_{2}He \longrightarrow {}^{16}_{8}O + \gamma$$

$$^{16}_{8}O + {}^{4}_{2}He \longrightarrow {}^{20}_{10}Ne + \gamma$$

Essas reações consomem o hélio do núcleo da estrela e o transformam em C, O e Ne. Quando a maior parte do H e do He tiver sido consumida, as estrelas pequenas se contraem e se tornam mais quentes. Estas são denominadas *anãs brancas*.

Contudo, a contração de estrelas grandes (com 1,4 vezes a massa do Sol, ou mais) leva a temperaturas ainda mais elevadas (6×10^8 K). Nessas condições mais energéticas, passa a ocorrer o "ciclo do carbono-nitrogênio". Este envolve as reações desses elementos com o hidrogênio, desde que um pouco de $^{12}_{6}C$ esteja presente como catalisador:

$$^{12}_{6}C + {}^{1}_{1}H \rightarrow {}^{13}_{7}N + \gamma \qquad {}^{13}_{7}N \xrightarrow{\text{decaimento}} {}^{13}_{6}C + \beta^{+} + \nu$$

$$^{13}_{6}C + {}^{1}_{1}H \rightarrow {}^{14}_{7}N + \gamma$$

$$^{14}_{7}N + {}^{1}_{1}H \rightarrow {}^{15}_{8}O + \gamma \qquad {}^{15}_{8}O \xrightarrow{\text{decaimento}} {}^{15}_{7}N + \beta^{+} + \nu$$

$$^{15}_{7}N + {}^{1}_{1}H \rightarrow {}^{4}_{2}He + {}^{12}_{6}C$$

$$\text{soma} \quad 4({}^{1}_{1}H) \rightarrow {}^{4}_{2}He + 2\beta^{+} + 2\nu + 2\gamma$$

Além disso, os núcleos formados podem sofrer fusão com hélio:

$$^{12}_{6}C + ^{4}_{2}He \longrightarrow ^{16}_{8}O + \gamma$$
$$^{16}_{8}O + ^{4}_{2}He \longrightarrow ^{20}_{10}Ne + \gamma$$
$$^{20}_{10}Ne + ^{4}_{2}He \longrightarrow ^{24}_{12}Mg + \gamma$$

Nessas temperaturas pode ocorrer a "queima" do carbono e do oxigênio:

$$^{12}_{6}C + ^{12}_{6}C \longrightarrow ^{24}_{12}Mg$$
$$\text{ou } ^{22}_{11}Na + ^{1}_{1}H$$
$$\text{ou } ^{20}_{10}Ne + ^{4}_{2}He$$
$$^{16}_{8}O + ^{16}_{8}O \longrightarrow ^{31}_{16}S + ^{1}_{0}n$$
$$^{16}_{8}O + ^{16}_{8}O \longrightarrow ^{28}_{14}Si + ^{4}_{2}He$$
$$^{12}_{6}C + ^{4}_{2}He \longrightarrow ^{16}_{8}O + \gamma$$
$$^{16}_{8}O + ^{4}_{2}He \longrightarrow ^{20}_{10}Ne + \gamma$$

Em alguns casos a estrela pode contrair-se ainda mais e a temperatura pode se elevar até 10^9 K. Nesse ponto, a radiação γ, produzida por muitas dessas transformações nucleares, tem energia suficiente para induzir reações endotérmicas como:

$$^{20}_{10}Ne + \gamma \longrightarrow ^{16}_{8}O + ^{4}_{2}He$$

O He assim formado volta a reagir:

$$^{20}_{10}Ne + ^{4}_{2}He \longrightarrow ^{24}_{12}Mg + \gamma$$
$$^{28}_{14}Si + ^{4}_{2}He \longrightarrow ^{32}_{16}S + \gamma$$
$$^{32}_{16}S + ^{4}_{2}He \longrightarrow ^{36}_{18}Ar + \gamma$$
$$^{40}_{20}Ca + ^{4}_{2}He \longrightarrow ^{44}_{22}Ti + \gamma$$

Essas reações de fusão são exotérmicas até o $^{56}_{26}Fe$. Pode-se observar na Fig. 31.2 que a energia de ligação nuclear por núcleon aumenta do H até o Fe, e volta a diminuir nos elementos mais pesados.

Até aqui a nossa discussão explicou porque H e He constituem uma parcela tão grande do Universo. Os núcleos mais abundantes e estáveis até o elemento de número atômico 20, possuem uma relação de nêutrons para prótons de 1:1, por exemplo: $^{4}_{2}He$, $^{14}_{7}N$, $^{16}_{8}O$, $^{24}_{12}Mg$ e $^{48}_{20}Ca$. A maioria deles (exceto o N) tem um número par de nêutrons e um número par de prótons (número atômico par). Alguns isótopos leves, como $^{19}_{9}F$, $^{23}_{11}Na$ e $^{27}_{13}Al$, são comuns e abundantes, mas não têm uma relação *N/P* de 1:1. Esses elementos têm um número atômico ímpar e, portanto, um número ímpar de prótons, mas têm um número par de nêutrons. Esses núcleos ímpar-par são mais estáveis que os correspondentes núcleos ímpar-ímpar, com uma relação *N/P* de 1:1. Os elementos Li, Be e B são muito pouco abundantes, quando comparados com os seus vizinhos. O fato deles serem encontrados na natureza já é surpreendente, visto que as pequenas quantidades formadas pela "queima" de H e de He são convertidas em elementos mais pesados. As pequenas quantidades encontradas foram formadas provavelmente por *reações de espalação*, em que raios cósmicos colidem com núcleos de C, N ou O, provocando sua fragmentação em núcleos mais leves. Esse processo é também denominado *processo-x*. Diversos elementos, como $^{12}_{6}C$, $^{16}_{8}O$ e $^{20}_{10}Ne$ são mais abundantes que seus vizinhos na tabela periódica, e diferem por um núcleo de $^{4}_{2}He$. Isso é um indicativo de que eles se formaram por meio da fusão de outros núcleos com hélio. O núcleo $^{56}_{26}Fe$ é particularmente abundante, pois possui a mais elevada energia de ligação nuclear por núcleon. É o núcleo mais estável e é um dos produtos das reações de fusão. As abundâncias dos elementos que precedem o Fe (Sc, Ti, V e Cr) também são maiores que o esperado. Isso provavelmente se deve a reações de espalação, onde raios cósmicos de alta velocidade colidem com Fe, formando Sc, Ti, V ou Cr, bem como Li, Be e B (em menor quantidade).

Núcleos mais pesados que $^{56}_{26}Fe$ são endotérmicos e só podem ser obtidos com o fornecimento de energia. Assim, torna-se cada vez mais difícil obter esses elementos por fusão. Os elementos mais pesados são sintetizados nas estrelas por reações de captura de nêutrons. Há dois processos principais, denominados *processo-s* (captura de nêutrons lentos) e *processo-r* (captura de nêutrons rápidos), pelos quais tais reações podem ocorrer.

No processo de captura de nêutrons lentos, os nêutrons são adicionados ao núcleo um a um. A adição de um nêutron aumenta a relação *N/P* e, eventualmente, a adição de um nêutron pode deixar o núcleo instável. Por causa da escala de tempo relativamente longa, o núcleo pode decair, e a proporção *N/P* desfavorável é corrigida por decaimento β. A seguir, o processo acima descrito é repetido e outro nêutron é adicionado.

$$^{56}_{26}Fe + ^{1}_{0}n \rightarrow ^{57}_{26}Fe + ^{1}_{0}n \rightarrow ^{58}_{26}Fe + ^{1}_{0}n \rightarrow ^{59}_{26}Fe \rightarrow ^{59}_{27}Co + ^{0}_{-1}e$$

Os nêutrons são produzidos em gigantes vermelhos e em estrelas de segunda geração, por processos normais em estrelas, tais como:

$$^{13}_{6}C + ^{4}_{2}He \longrightarrow ^{16}_{8}O + ^{1}_{0}n$$
$$\text{ou} \quad ^{16}_{8}O + ^{16}_{8}O \longrightarrow ^{31}_{16}S + ^{1}_{0}n$$

A adição lenta de nêutrons pode produzir núcleos até $^{209}_{83}Bi$. Os elementos com números de massa em torno de 90, 138 e 208, e os isótopos $^{89}_{39}Y$ e $^{99}_{40}Zr$, $^{138}_{56}Ba$ e $^{140}_{58}Ce$, e $^{208}_{82}Pb$ e $^{209}_{83}Bi$, são relativamente abundantes e são encontrados em quantidades muito maiores que as esperadas. Na discussão sobre o número de nêutrons e de prótons no núcleo, no início deste capítulo, foi mencionado que núcleos com 2, 8, 20, 28, 50, 82 e 126 nêutrons ou prótons são particularmente estáveis, e que esses números são denominados "números mágicos". Os três grupos de elementos bastante abundantes se situam em torno dos números de nêutrons "mágicos" 50, 82 e 126. Isso significa que eles apresentam seção transversal de absorção de nêutrons muito baixa, ou seja, a probabilidade desses núcleos capturarem nêutrons é menor e eles se acumulam. O processo-s é responsável pela formação dos isótopos mais leves ou mais ricos em prótons de um elemento.

Uma fonte diferente de nêutrons ocorre imediatamente antes ou durante o período de *supernova* de uma estrela.

Neste, estrelas grandes se tornam extremamente quentes (8×10^9 K), e os núcleos que se encontram no núcleo da estrela se fragmentam em nêutrons, prótons e partículas α, que sofrem uma variedade de reações. O núcleo da estrela se contrai e, eventualmente implode. Isso resulta na explosão da camada externa, cujo material é lançado no espaço. No processo-r, muitos nêutrons são adicionados rapidamente (em poucos segundos) por um núcleo, antes de ocorrer um decaimento β.

$$^{56}_{26}Fe + 13\left(^{1}_{0}n\right) \longrightarrow {}^{69}_{26}Fe$$

$$^{69}_{26}Fe + {}^{69}_{27}Co \longrightarrow {}^{0}_{-1}e$$

Os elementos muito pesados são formados dessa maneira, adicionando-se muitos nêutrons de uma só vez: quantidades traço de $^{254}_{98}Cf$ estão presentes em estrelas, e esse isótopo também é formado durante as explosões nucleares. Analogamente, observou-se a formação de $_{99}Es$ einstênio e $_{100}Fm$ férmio durante as explosões de bombas de hidrogênio. O processo-r forma isótopos ricos em nêutrons. Assim, os isótopos mais leves ricos em nêutrons, como $^{36}_{16}S$, $^{46}_{20}Ca$ e $^{48}_{20}Ca$ podem ter sido formados pelo processo-r. Um processo de captura de prótons pode ocorrer durante um curtíssimo espaço de tempo, numa supernova. Este é denominado processo-p e é possível que vários isótopos, como $^{74}_{34}Se$, $^{113}_{50}Sn$, $^{114}_{50}Sn$ e $^{115}_{50}Sn$ até $^{196}_{80}Hg$, sejam formados dessa maneira.

A ausência do tecnécio e do promécio na Terra pode ser justificada pelos curtos períodos de meia-vida de todos os seus isótopos.

ALGUMAS APLICAÇÕES DOS ISÓTOPOS RADIOATIVOS

As aplicações dos radioisótopos são tão numerosas, que somente alguns exemplos foram aqui abordados.

Medidas de radioatividade são empregadas para se determinar a idade de vários objetos. O isótopo $^{14}_{6}C$ ocorre na natureza e é usado na datação de materiais de origem vegetal e animal. O procedimento foi descrito no Capítulo 12, e implica na determinação do momento a partir da qual a amostra deixou de trocar C com o seu ambiente. Esse isótopo é produzido continuamente pela colisão de nêutrons dos raios cósmicos com o nitrogênio presente na atmosfera. Enquanto a planta ou o animal estiverem vivos, conterão a mesma proporção de $^{14}_{6}C$ que o meio. Quando a planta ou o animal morre, deixa de absorver, e o conteúdo desse isótopo começa a decair gradativamente. De uma maneira semelhante, a datação com hélio radioativo pode ser usada para determinar a idade de certos depósitos minerais. Minerais de urânio sofrem decaimento por emissão de partículas α, assim produzindo o hélio. Um grama de U forma cerca de 10^{-7} g de He por ano. A idade do mineral pode ser calculada se for conhecido seu conteúdo de U e de He. Devem ser feitas algumas correções, pois um pouco de He escapa. Além disso, há a possibilidade de ocorrer a formação de He a partir de outros elementos como o Th, eventualmente presentes no mesmo.

A análise por diluição isotópica poder ser usada para se determinar a solubilidade de materiais pouco solúveis. Por exemplo, uma amostra sólida contendo $^{90}_{38}SrSO_4$ radioativo e $SrSO_4$ normal pode ser preparada e sua atividade por grama medida. Em seguida, a atividade do resíduo de evaporação de um volume conhecido de uma solução saturada pode ser medida. A comparação dessas atividades permite calcular a solubilidade. Analogamente, o isótopo $^{32}_{15}P$ foi usado para se determinar a solubilidade do $MgNH_4PO_4 \cdot 6H_2O$, e o isótopo $^{131}_{53}I$ foi usado para se determinar a solubilidade de PbI_2. Uma técnica semelhante pode ser empregada para se medir as pressões de vapor de substâncias não-voláteis.

A análise de ativação é usada para se determinar a quantidade de um dado elemento presente numa amostra. A amostra a ser analisada e uma amostra contendo uma quantidade conhecida do elemento em questão são colocadas num reator nuclear e bombardeadas (geralmente com nêutrons). Depois de irradiadas por um período de tempo adequado (várias vezes a meia-vida do radioisótopo esperado) as amostras são retiradas do reator, e a radioatividade induzida nas duas amostras pode ser medida. A quantidade do elemento presente na amostra desconhecida é calculada a partir da relação entre as atividades das amostras desconhecida e padrão. Mais de 50 elementos (ou melhor, isótopos) podem ser determinados dessa maneira. O método é o mais usado para se determinar pequeníssimas quantidades de um dado elemento. A vantagem do método é a de preservar a amostra, mas tem a desvantagem de precisar de um reator nuclear. Nem todos os elementos podem ser determinados dessa maneira; por exemplo, não é possível determinar o carbono, porque $^{12}_{6}C$ tem uma seção transversal de absorção de nêutrons muito pequena. Contudo, a determinação de C pelo método de análise por ativação é possível bombardeando-o com deutério, num ciclotron.

Reações de troca isotópica fornecem informações sobre o mecanismo de certas reações. Assim, a troca do $^{1}_{1}H$ por $^{2}_{1}D$ da água pesada D_2O ocorre rapidamente se o H estiver ligado a um N ou O, mas é lenta ou nem ocorre se o H estiver ligado a um C. Isso está relacionado com a mobilidade dos prótons e a maior polaridade das ligações N–H e O–H.

$$D_2O + RO\text{–}H \rightleftharpoons HDO + RO\text{–}D$$

Se $^{15}_{7}NH_4Cl$ marcado for dissolvido em NH_3 líquida e se o solvente for evaporado, a atividade do $^{15}_{7}N$ estará igualmente distribuído entre o NH_4Cl e o NH_3. Como $^{15}_{7}NH_4Cl$ se dissocia em $^{15}_{7}NH_4^+$ e Cl^-, esse resultado é uma evidência de que a auto-ionização do NH_3 líquido ocorre:

$$2NH_3 \rightleftharpoons NH_4{}^+ + NH_2{}^-$$

Analogamente, a não ocorrência de trocas entre o $^{14}_{6}C$ de uma solução contendo CN^- marcado e do complexo $[Fe(CN)_6]^{3-}$ é uma evidência de que os grupos CN^- no complexo não são lábeis. Uma prova de que os dois átomos de enxofre no íon tiossulfato $S_2O_3^{2-}$ não são idênticos, pode ser obtida aquecendo-se $^{35}_{16}S$ marcado com uma solução aquosa de sulfito de sódio, para formar o íon tiossulfato:

$$SO_3^{2-} + {}^{35}_{16}S \longrightarrow {}^{35}_{16}SSO_3^{2-}$$

Se o tiossulfato assim formado for decomposto pelo tratamento com um ácido, toda a radioatividade fica no enxofre e nada é encontrado no SO_2 formado:

$$2H^+ + {}^{35}_{16}SSO_3^{2-} \longrightarrow SO_2 + {}^{35}_{16}S + H_2O$$

O isótopo ${}^{60}_{27}Co$ emite tanto radiação β como radiação γ. É utilizado na radiografia com raios-γ, na detecção de rachaduras e fissuras em peças metálicas como tubulações, peças de aviões e juntas soldadas, por exemplo, nas câmaras de alta pressão dos reatores nucleares. É ainda usado para irradiar tumores malignos do organismo, na radioterapia do câncer.

O nuclídio é usado para localizar tumores no cérebro, e no diagnóstico e tratamento de doenças da glândula tireóide. No primeiro caso, o isótopo é incorporado num corante e injetado no paciente. Este é absorvido preferencialmente por células cancerosas, de modo que a localização do tumor pode ser determinada com exatidão, mapeando-se os locais de maior atividade radioativa no crânio. No caso da tireóide, o paciente consome uma pequena quantidade do isótopo, na forma de NaI. O iodo radioativo se concentra na glândula tireóide, e pode ser medido através da contagem da radiação γ emitida.

Soluções de NaCl marcado, contendo o isótopo ${}^{24}_{11}Na$, são injetadas nas veias, para se descobrir a localização e extensão de coágulos e outros distúrbios circulatórios.

ALGUMAS UNIDADES E DEFINIÇÕES

u.m.a. = unidade de massa atômica = 1/12 da massa do átomo de ${}^{12}C$

Número de massa = número de nêutrons + número de prótons

Massa do átomo de hidrogênio ${}^{1}_{1}H$ = 1,007825 u.m.a.

Massa do próton ${}^{1}_{1}p$ ou ${}^{1}_{1}H$ = 1,007277 u.m.a.

Massa do nêutron ${}^{1}_{0}n$ = 1,008665 u.m.a.

Massa do elétron ${}^{0}_{-1}e$ = 0,00054859 u.m.a.

Massa do átomo de hélio ${}^{4}_{2}He$ = 4,00260 u.m.a.

Massa do núcleo de hélio (partícula α, ${}^{4}_{2}He$) = 4,00150 u.m.a.

MeV = milhão de elétron-volts (1 MeV) = $9{,}648 \times 10^7$ kJ mol^{-1}

1 u.m.a. = 931,4812 MeV = $8{,}982 \times 10^{10}$ kJ mol^{-1}.

LEITURAS COMPLEMENTARES

- Abelson, P.H. (1989) Products of neutron irradiation, *J. Chem. Ed.*, **66**, 364-366.
- Ahrens, L.H. (ed.) (1979) *Origin and Distribution of the Elements*, Pergamon Press, Oxford. (Anais do segundo simpósio da UNESCO.)
- Cadman, P. (1986) Energy from the nucleus, *Education in Chemistry*, **23**, 8-11.
- Choppin, G.R. e Rydberg, J. (1980) *Nuclear Chemistry - Theory and Applications*, Pergamon, Oxford.
- Cunninghame, J. G. (1972) *Chemical Aspects of the Atomic Nucleus*, Monografia para professores, Nº 23, Royal Society for Chemistry, London.
- Fergusson, J.E. (1982) *Inorganic Chemistry and the Earth* (Cap.1, Origens: os elementos químicos e a Terra), Pergamon, Oxford.
- Grabowski, K.F.M. (1986) The early use of radioactive tracers in chemistry, *Education in Chemistry*, **23**, 174-176.
- Nier, A.O. (1989) Some reminiscences of mass spectrometry and the Manhattan Project, *J. Chem. Ed.*, **66**, 385-388. (Reflexões sobre a fissão nuclear nos primeiros 50 anos).
- Peacocke, T.A.H. (1978) *Radiochemistry: Theory and Experiment*, Wykeham Publications, London. (Um bom livro básico)
- Rhodes, R. (1989) The complementarity of the Bomb, *J. Chem. Ed.*, **66**, 376-379. (Reflexões sobre a fissão nuclear nos primeiros 50 anos).
- Seaborg, G.T. (1989) Nuclear fission and transuranium elements, *J. Chem. Ed.*, **66**, 379-384. (Reflexões sobre a fissão nuclear nos primeiros 50 anos).
- Selbin, J. (1973) Stellar nucleosynthesis, *J. Chem. Ed.*, **50**, 306, 380.
- Sime, R.L. (1989) Lise Meitner and the discovery of fission, *J. Chem. Ed.*, **66**, 373-376. (Reflexões sobre a fissão nuclear nos primeiros 50 anos).
- Steinberg, E.P. (1989) Radiochemistry of the fission products, *J. Chem. Ed.*, **66**, 367-372. (Reflexões sobre a fissão nuclear nos primeiros 50 anos).
- Taylor, R.J. (1972) *The Origin of the Chemical Elements*, Wykenham Publications, London. (Uma abordagem relativamente direta)
- Thompson, R. (ed.) (1986) *The Modern Inorganic Chemicals Industry*, Publicação especial Nº 31, The Chemical Society, London. (vide o cap. "A química inorgânica dos combustíveis nucleares", por Findlay, J.R. e colaboradores).
- Vertes, A. e Kiss, I. (1987) *Nuclear Chemistry* (Série sobre Tópicos em Química Geral e Inorgânica: Nº 22), Elsevier.

PROBLEMAS

1) Qual é a natureza das forças de ligação nucleares nos núcleos dos átomos? Como varia a energia de ligação nuclear média por núcleon, à medida que aumenta o número atômico do elemento?
2) Defina os seguintes termos: número atômico, número de massa, isótopo, decaimento α, decaimento β, radiação γ, fissão nuclear e fusão nuclear.
3) De que maneira o modo de decaimento de um determinado núcleo está relacionado com a) a relação entre o número de nêutrons e de prótons; b) o tamanho?
4) Explique os termos número de massa, massa isotópica e energia de ligação nuclear, utilizados na descrição de um isótopo.
5) Esquematize um diagrama que ilustre como a energia de ligação nuclear por núcleo varia em função do número de massa. Discuta a forma da curva obtida.
6) Como a energia de ligação nuclear por núcleon de um dado núcleo atômico poderia ser determinada? Explique o que significa esse valor?
7) Calcule a energia de ligação nuclear por núcleon (em MeV por núcleon) do isótopo ${}^{56}_{26}Fe$, sabendo-se as massas das partículas elementares: ${}^{56}Fe$ 55,93494 u.m.a., nêutron 1,008665 u.m.a., próton 1,00783 u.m.a. e elétron 0,00054859 u.m.a. (Resposta: 8,79 MeV por núcleon).

8) $^{24}_{11}Na$ é um isótopo instável do sódio, com meia-vida de 15 horas. Calcule o valor da constante de decaimento radioativo. Explique como você tentaria prever o modo de decaimento radioativo do mesmo.

9) O que é a lei do deslocamento radioativo? Ilustre a lei dos deslocamentos radioativos usando as quatro séries de decaimentos radioativos.

10) Mostre, por meio de equações, o decaimento α dos seguintes núcleos:

(a) $^{238}_{92}U$, (b) $^{232}_{90}Th$, (c) $^{193}_{83}Bi$, (d) $^{212}_{86}Rn$, (e) $^{215}_{84}Po$

11) Mostre, por meio de equações, o decaimento β dos seguintes núcleos:

(a) $^{27}_{12}Mg$, (b) $^{211}_{82}Pb$, (c) $^{24}_{10}Ne$, (d) $^{60}_{27}Co$, (e) $^{14}_{6}C$

12) Mostre, por meio de equações, o decaimento dos seguintes núcleos por captura de elétrons:

(a) $^{40}_{19}K$, (b) $^{7}_{4}Be$, (c) $^{71}_{32}Ge$, (d) $^{119}_{51}Sb$, (e) $^{75}_{34}Se$

13) Mostre, por meio de equações, o decaimento dos seguintes núcleos por emissão de pósitrons, β^+:

(a) $^{13}_{7}N$, (b) $^{18}_{9}F$, (c) $^{22}_{11}Na$, (d) $^{19}_{11}Ne$, (e) $^{60}_{30}Zn$

14) Escreva uma equação que mostre o que aconteceria se um nuclídeo sofresse uma fissão espontânea, produzindo dois nuclídeos-filhos idênticos e quatro nêutrons. Escreva outra equação supondo que os nuclídios formados difiram em 40 unidades de massa.

15) Nas séries de decaimentos radioativos naturais do urânio, o nuclídeo sofre decaimentos α, β, β, α, α, α, α, β sucessivos. Escreva equações que mostrem os números de massa, os números atômicos e os símbolos dos nuclídios formados nesses decaimentos.

16) Na série de decaimentos radioativos naturais do tório, o nuclídeo sofre decaimentos α, β, β, α, α, α, β sucessivos. Escreva equações que mostrem os números de massa, os números atômicos e os símbolos dos nuclídios formados nesses decaimentos.

17) A seguinte reação corresponde a um dos processos que ocorre durante a fissão

$$^{235}_{92}U \longrightarrow ^{140}_{58}Ce + ^{94}_{40}Zr + ^{1}_{0}n + 6\,^{0}_{-1}e$$

Dados as massas, U 235,0439 u.m.a., Ce 139,9054 u.m.a., Zr 93,9063 u.m.a. e n 1,008665 u.m.a., calcule a quantidade de energia liberada, em MeV, por fissão (Resposta: 205 MeV por fissão).

18) Explique as principais diferenças entre as duas bombas atômicas que foram lançadas sobre o Japão.

19) a) Qual é a diferença entre uma reação em cadeia e uma reação em cadeia ramificada. b) O que é moderador? Dê exemplos. c) Explique o que é a massa crítica de um material físsil, e por que ela varia.

20) Compare os processos de fissão e fusão nuclear como fontes de energia.

21) Calcule a energia liberada, em MeV por fusão, no seguinte processo:

$$^{2}_{1}D + ^{1}_{1}H \longrightarrow ^{1}_{1}H$$

dadas as seguintes massas atômicas: ^{2}D 2,01410 u.m.a., ^{1}H 1,007825 u.m.a., ^{3}He 3,01603 u.m.a. (Resposta: 5,5 MeV por fusão).

22) Explique como podem ser preparados os núcleos mais pesados que o urânio.

23) Enumere algumas aplicações dos isótopos radioativos.

32 ESPECTROS

Os espectros eletrônicos de íons e complexos de metais de transição são observados nas regiões do visível e do ultravioleta. Os espectros de absorção trazem informações sobre o comprimento de onda da luz absorvida, isto é, sobre a energia necessária para promover um elétron de um determinado nível de energia para um nível mais elevado. Por outro lado, os espectros de emissão trazem informações sobre a energia emitida quando um elétron retorna do nível excitado para o estado fundamental. Geralmente, as transições envolvendo os elétrons do nível mais externo são observadas na faixa de números de onda de 100.000 cm^{-1} a 10.000 cm^{-1}, mas a maioria das transições ocorre na faixa de 50.000 a 10.000 cm^{-1} (200 a 1.000 nm). A interpretação dos espectros se constitui numa ferramenta muito útil para se descrever e compreender os níveis de energia de átomos e moléculas.

NÍVEIS DE ENERGIA NUM ÁTOMO

Os níveis de energia num átomo foram descritos no Capítulo 1, em função de quatro números quânticos:

1) O número quântico principal n, que pode ter valores 1, 2, 3, 4..., correspondentes ao primeiro, segundo, terceiro e quarto níveis ou camadas de elétrons em torno do núcleo.
2) O número quântico secundário l que pode ter n valores, ou seja, 0, 1, 2,..., $(n-1)$, e descreve o momento angular orbital ou a forma do orbital. Assim

   $n=1$ $l=0$ orbital s esférico

   $n=2$ $l=0$ orbital s esférico
   $l=1$ orbital p em forma de halteres

   $n=3$ $l=0$ orbital s
   $l=1$ orbital p
   $l=2$ orbital d
3) O número quântico magnético m, que pode assumir os valores de $+l$, $(l-1)$,..., 0,..., $-l$.
4) O número quântico de spin m_s, que pode ser igual a $+1/2$ ou $-1/2$.

A distribuição dos elétrons nos átomos obedece a três regras simples:

1) Geralmente, os elétrons ocupam os orbitais de menor energia.
2) A regra de Hund: se diversos orbitais tiverem a mesma energia, os elétrons tendem a não se emparelharem, enquanto isso puder ser evitado. Assim, no estado fundamental, um átomo contém o maior número possível de elétrons desemparelhados.
3) O princípio de exclusão de Pauli: não pode haver num mesmo átomo dois elétrons com os quatro números quânticos iguais.

Essas regras podem ser ilustradas representando os orbitais como quadrados e elétrons como setas (Fig. 32.1). Os dois elétrons do orbital 1s do He possuem spins opostos. Assim, ↑ significa que $m_s = +1/2$, e ↓ significa que $m_s = -1/2$. O preenchimento dos níveis de energia 1s e 2s é óbvio.

No boro, o quinto elétron ocupa um dos orbitais 2p. Os três orbitais 2p têm valores idênticos de $n = 2$, e de $l = 1$, mas valores diferentes de m (+1, 0 e −1), que identifica os

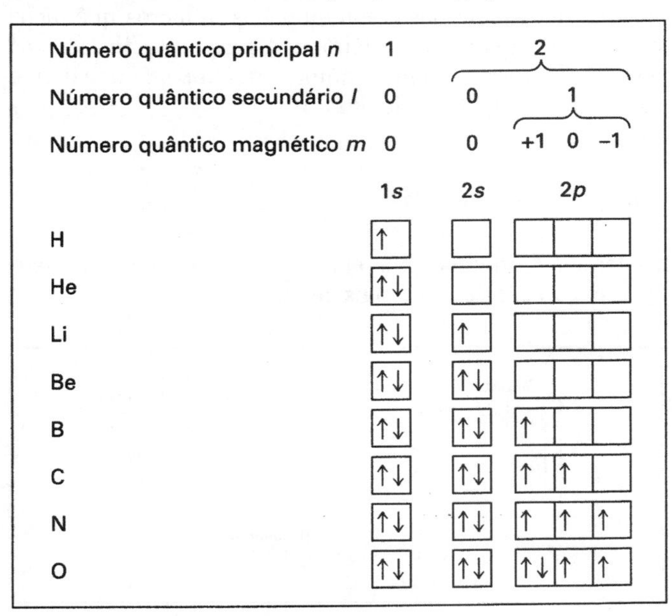

Figura 32.1 — *Arranjos eletrônicos dos elementos*

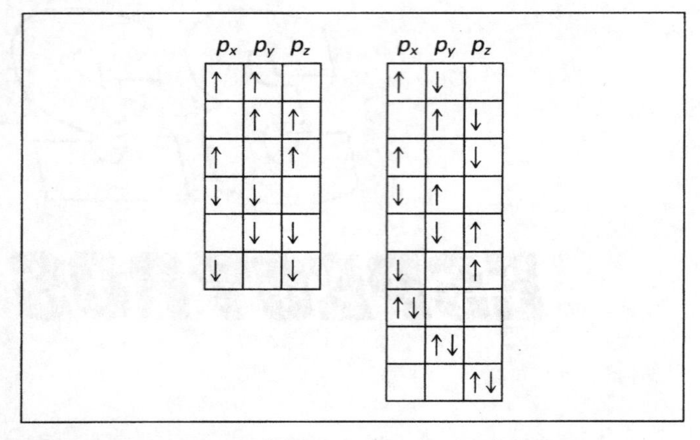

Figura 32.2 — *Arranjos eletrônicos dos microestados para a configuração* p^2

orbitais p_x, p_y e p_z. Supondo-se que cada um desses orbitais possa conter elétrons com dois valores distintos de m_s, haverá no total seis arranjos possíveis para esse elétron. Os três orbitais *p* são degenerados, e não importa em qual desses arranjos ele se encontra. Quando existe um único elétron num nível ou subnível de energia, como 2*p*, 3*p* ou 3*d*, a energia depende apenas de *l*, o número quântico orbital ou secundário.

No caso do carbono, dois elétrons ocupam o nível 2*p* e, portanto, há 15 arranjos eletrônicos possíveis (Fig.32.2). Eles podem ser divididos em três grupos com energias diferentes, denominados estados de energia. Assim, embora os três orbitais *p* sejam degenerados e tenham a mesma energia, os elétrons neles presentes interagem uns com os outros, gerando o estado fundamental (de menor energia) e um ou mais estados excitados para o átomo ou íon. Além da repulsão eletrostática entre os elétrons, eles se influenciam mutualmente, 1) pela interação ou acoplamento dos campos magnéticos produzidos pelos seus momentos de spin, e 2) pelo acoplamento dos campos produzidos pelo movimento orbital dos elétrons (momento angular orbital). Quando um subnível é ocupado por diversos elétrons, os estados de energia dependem das resultantes dos números quânticos orbitais de cada um dos elétrons. A resultante de todos os valores de *l* forma um novo número quântico, *L*, que define os estados energéticos do átomo.

L =	0	1	2	3	4	5	6	7	8	...
estado	*S*	*P*	*D*	*F*	*G*	*H*	*I*	*K*	*L*	...

(A letra *J* é omitida, pois ela é usada para outro número quântico, a ser descrito mais adiante).

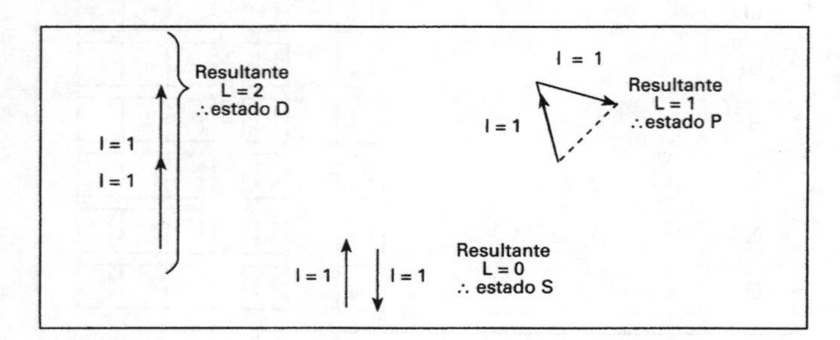

Figura 32.3 — *Resultante dos termos* l *para a configuração* p^2

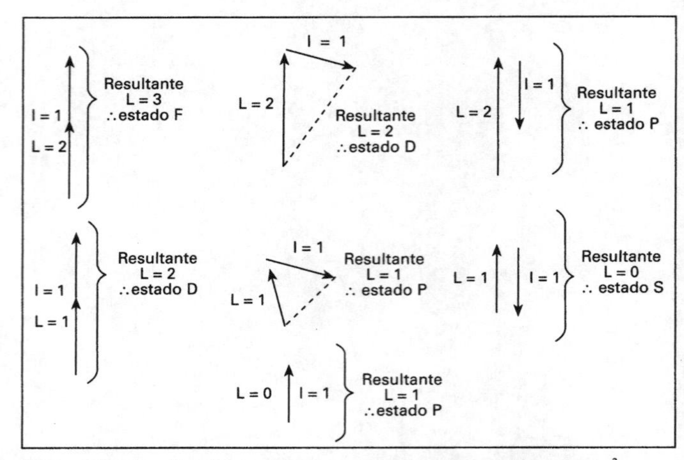

Figura 32.4 — *Resultante de termos* l *para uma configuração* p^3

Acoplamento dos momentos angulares orbitais

Configuração p^2

O momento angular é quantizado em "pacotes" de magnitude $h/2\pi$ (onde *h* é a constante de Planck). Para um elétron *p*, o número quântico secundário ou azimutal $l = 1$, e o momento angular orbital é igual a $1(h/2\pi)$, sendo representado por uma seta de comprimento unitário. As maneiras como os momentos angulares *l* de dois elétrons *p* podem interagir entre si são mostradas esquematicamente, utilizando diagramas vetoriais (Fig. 32.3). Como o momento angular é quantizado, as únicas combinações permitidas são aquelas em que a resultante é um número inteiro de quanta. Logo, existem três estados de energia possíveis, correspondentes aos três termos espectroscópicos: *D*, *P* e *S*. No caso do estado *P*, o ângulo entre os vetores *l* deve ser tal que a resultante seja um número inteiro de quanta, mais especificamente $L = 1$.

Configuração p^3

O acoplamento dos momentos angulares orbitais, *l*, de três elétrons *p* pode ser analisado de maneira análoga, por adição vetorial. Para simplificar, tais acoplamentos podem ser consideradas como sendo resultantes da interação de um terceiro elétron *p* com os estados eletrônicos obtidos para o caso p^2 (Fig. 32.4). A resultante do acoplamento dos momentos angulares orbitais resulta num estado *F*, dois estados *D*, três estados *P* e um estado *S*.

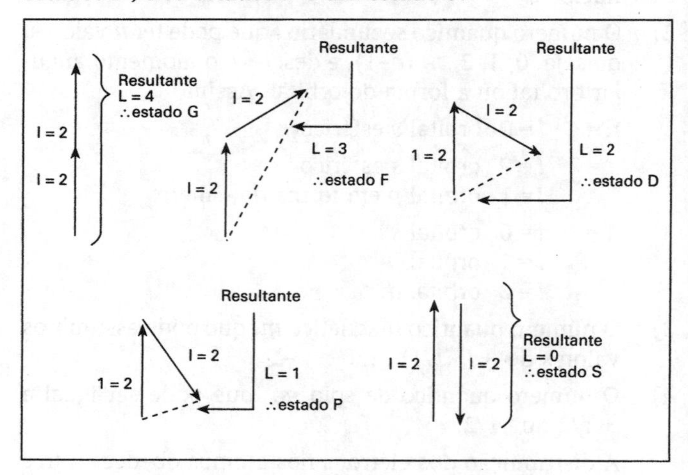

Figura 32.5 — *Resultante de termos* l *para uma configuração* d^2

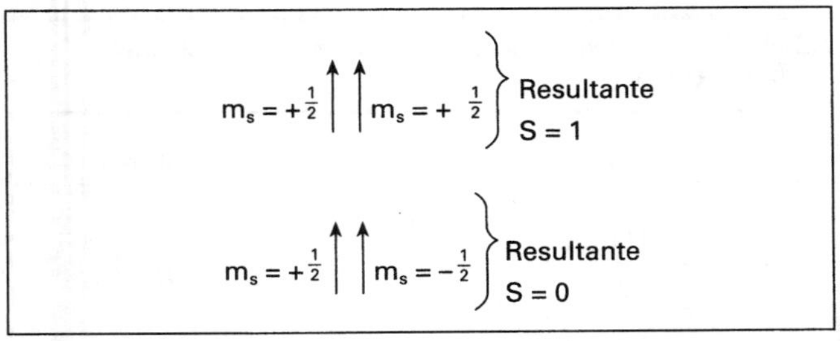

$m_s = +\frac{1}{2}$ ↑ ↑ $m_s = +\frac{1}{2}$ } Resultante $S = 1$

$m_s = +\frac{1}{2}$ ↑ ↑ $m_s = -\frac{1}{2}$ } Resultante $S = 0$

Figura 32.6 — Resultante de termos ms para uma configuração p^2 *ou* d^2

Configuração d^2

O acoplamento dos momentos angulares l de elétrons d segue um esquema semelhante. Porém, nesse caso $l = 2$ e as setas têm o dobro do comprimento (Fig. 32.5).

Acoplamento dos momentos angulares de spin

No caso de um único elétron, o número quântico de spin, m_s, pode assumir os valores $+1/2$ ou $-1/2$. Se dois ou mais elétrons estiverem presentes num subnível, os campos magnéticos dos mesmos interagem uns com os outros, isto é, eles se acoplam gerando um número quântico de spin resultante, S (infelizmente o símbolo S é usado tanto para o número quântico de spin resultante, como para o estado espectroscópico referente a $L = 0$. Mas, na prática, isso raramente provoca confusões).

Caso p^2 *ou* d^2

Usando setas para representar os quanta de energia associados com os valores de m_s de cada elétron, nota-se que o número quântico de spin resultante, S, deve ser igual a 0 ou 1 (Fig. 32.6).

Caso p^3 *ou* d^3

Nesse caso, S será igual a $1^1/_2$ ou $1/2$ (Fig. 32.7).

Acoplamento spin-órbita

Quando diversos elétrons estiverem presentes num subnível, o efeito global dos momentos angulares individuais, l, é dado pelo número quântico de momento angular resultante, L, e o efeito total dos momentos magnéticos de spin individuais, m_s, é dado pelo número quântico de spin resultante, S. Num átomo, os momentos magnéticos L e S podem interagir ou se acoplar, dando origem a um novo número quântico, J. Este é denominado número quântico do momento angular total, e resulta da combinação vetorial de L e S. Esse acoplamento dos momentos magnéticos orbital e de spin resultantes é conhecido como acoplamento de Russell-Saunders ou acoplamento LS.

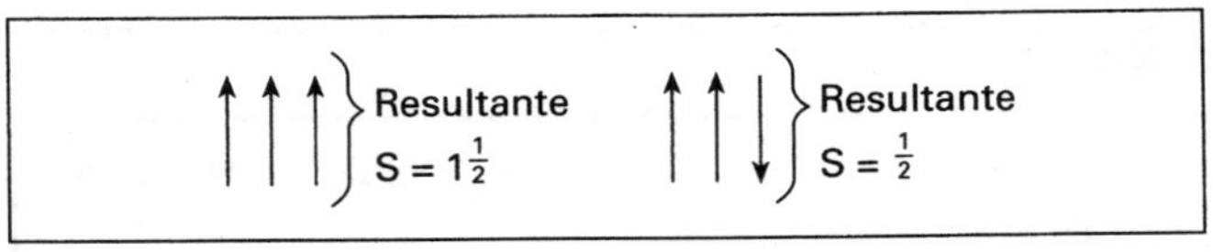

↑ ↑ ↑ } Resultante $S = 1\frac{1}{2}$ ↑ ↑ ↓ } Resultante $S = \frac{1}{2}$

Figura 32.7 — Resultante de termos m, *para uma configuração* p^3 *ou* d^3

Acoplamento spin-órbita: caso p^2

Foi mostrado anteriormente que um átomo com configuração p^2, possui números quânticos orbitais resultantes $L = 2$, 1 e 0, e números quânticos de spin resultantes $S = 1$ e 0. Estes podem se acoplar para dar origem ao número quântico de momento angular total, J (Fig. 32.8).

Cada uma dessas combinações corresponde a um arranjo eletrônico denominado estado espectroscópico, descrito por um termo espectroscópico completo. A letra D indica que o número quântico L é igual a dois, P indica que $L = 1$, e S indica que $L = 0$, como descrito anteriormente. O índice inferior direito indica o valor do número quântico J e o índice superior esquerdo indica a multiplicidade. Este é igual a $2S + 1$ (onde S é o número quântico de spin resultante). A relação entre o número de elétrons desemparelhados, o número quântico de spin resultante S e a multiplicidade, é mostrada na Tab. 32.1.

Assim, o termo $^3D_2$ (lê-se triplete D dois) indica um estado D (ou seja, $L = 2$), multiplicidade igual a três (portanto $S = 1$ e o número de elétrons desemparelhados é igual a dois) e número quântico de momento angular total $J = 2$.

Todos os termos espectroscópicos derivados acima para um átomo com configuração p^2 ocorre para um estado excitado do carbono: $1s^2$, $2s^2$, $2p^1$, $3p^1$. Contudo, no estado fundamental do átomo, $1s^2$, $2s^2$, $2p^2$, o número de estados é limitado pelo princípio de exclusão de Pauli, pois num átomo

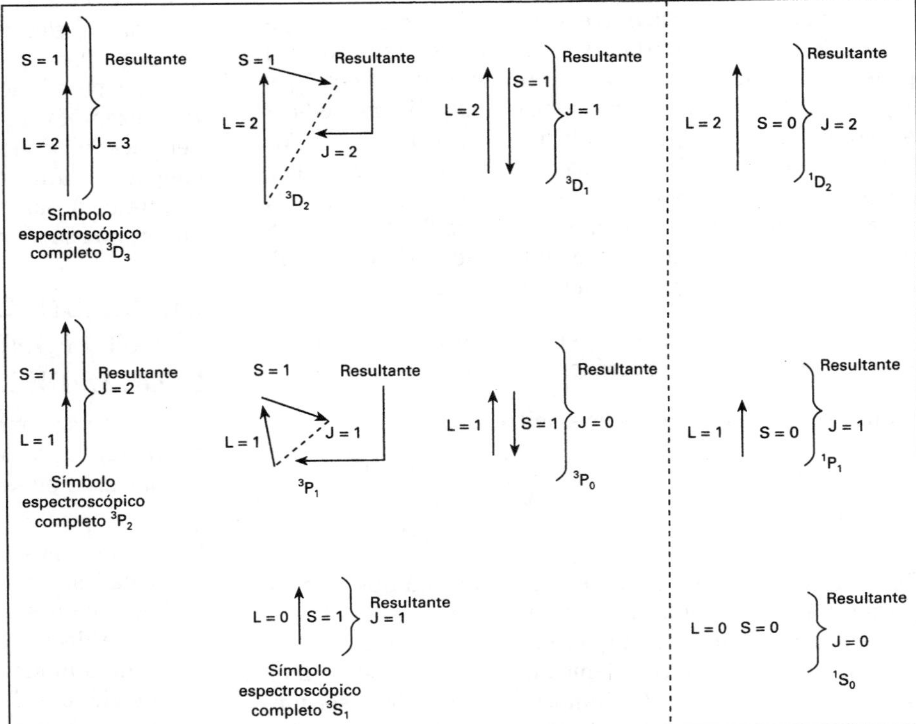

Figura 32.8 — Obtenção dos símbolos para os termos espectroscópicos por combinação dos termos resultantes L *e* S

Tabela 32.1

Elétrons desemparelhados	S	Multiplicidade	Nome do estado
0	0	1	Singlete
1	1/2	2	Dublete
2	1	3	Triplete
3	$1\,{}^1\!/_2$	4	Quarteto
4	2	5	Quinteto

não pode haver dois elétrons com os quatro números quânticos iguais. Na configuração do estado fundamental, os dois elétrons p possuem os mesmos valores de $n = 2$ e $l = 1$, e devem portanto diferir em pelo menos um dos números quânticos restantes, m ou m_s. Essa restrição reduz o número de termos de ^3D, ^3P, ^3S, ^1D, ^1P e ^1S para ^1D, ^3P e ^1S.

Isso pode ser demonstrado enumerando somente aqueles arranjos eletrônicos de m e m_s que não violem o princípio de exclusão de Pauli. Para um elétron p, o número quântico azimutal ou secundário l é igual a 1, e o número quântico magnético m pode assumir os valores $+l \rightarrow 0 \rightarrow -l$, ou, mais especificamente, $m = +1$, 0 e -1. Há quinze combinações possíveis (Tab. 32.2). Os valores de M_S e M_L (os números quânticos de spin total e de momento orbital total na direção z) são obtidos somando-se os valores apropriados de m_s e de m:

$$M_S = \sum m_S$$
$$M_L = \sum m$$

M_L varia de $+L$... 0... $-L$ (totalizando $2L+1$ valores), e
M_S varia de $+S$... 0... $-S$ (totalizando $2S+1$ valores).

Os números quânticos L e S associados a cada configuração eletrônica (e portanto ao termo espectroscópico) podem ser deduzidos a partir dos números quânticos M_L e M_S da Tab. 32.2. Primeiro selecione o valor máximo de M_S e o valor máximo de M_L associado a ele, ou seja $M_S = 1$ e $M_L = 1$ (número 10 na tabela). Essa combinação corresponde a um grupo de termos em que $L = 1$ e $S = 1$. Como $L = 1$, trata-se de um estado P, e como $S = 1$, a multiplicidade $(2S + 1) = 3$. Logo, trata-se de um estado triplete P, ^3P. Empregando as equações acima, temos que:

se $L = 1$, M_L poderá ter os valores $+1$, 0 e -1,
e se $S = 1$, M_S poderá ter os valores $+1$, 0 e -1.

Há nove combinações possíveis de L e de S:

$M_L = +1$ $\quad$ $M_S = +1, 0, -1$
$M_L = 0$ $\quad$ $M_S = +1, 0, -1$
$M_L = -1$ $\quad$ $M_S = +1, 0, -1$

Examinando-se a Tab. 32.2, verifica-se que 13 dos valores permitidos podem ser atribuídos ao estado ^3P.

Das combinações restantes escolhemos aquela de M_S e M_L máximos. Nesse caso temos que $M_S = 0$ e $M_L = 2$ e, portanto, $L = 2$ e $S = 0$. Como $L = 2$ este deve ser um estado D. Como $S = 0$ a multiplicidade $2S + 1$ é igual a 1, e o estado é singlete. Assim, temos um estado singlete D, ^1D.

Tabela 32.2 — Valores permitidos de m e m_s para uma configuração p^s

	$m = +1$	0	-1	M_S	M_L	termo espectroscópico
1	↑↓		↑↓	0	2	^1D
2			↑↓	0	−2	^1D
3		↑↓		0	0	
4	↑		↓	0	0	^3P, ^1D, ^1S
5	↓		↑	0	0	
6	↑	↓		0	1	^3P, ^1D,
7	↓	↑		0	1	
8		↑	↓	0	−1	^3P, ^1D,
9		↓	↑	0	−1	^3P,
10	↑	↑		1	1	^3P,
11	↑		↑	1	0	^3P,
12		↑	↑	1	−1	^3P,
13	↓	↓		−1	1	^3P,
14	↑		↓	−1	0	^3P,
15		↓	↓	−1	−1	^3P,

Se $L = 2$, então M_L pode ser igual a $+2$, $+1$, 0, -1, -2, e como $S = 0$, $M_S = 0$. Isso implica que existem cinco combinações de M_L e M_S. Uma análise da Tab. 32.2 mostra que nove dos valores permitidos foram atribuídos ao termo ^1D.

Os estados ^3P e ^1D correspondem a $9 + 5 = 14$ combinações. Assim, a combinação remanescente, ou seja, com $M_L = 0$ e $M_S = 0$, corresponde a um termo com $L = 0$ e $S = 0$, ou seja, um estado singlete S, ^1S. Assim, todos os 15 arranjos eletrônicos permitidos podem ser atribuídos a estados ^1D, ^3P e ^1S. Nos casos em que dois ou mais dos arranjos permitidos tiverem os mesmos valores de M_L e M_S (por exemplo, os arranjos 3, 4 e 5, na Tab. 32.2), eles pertencerão a mais de um termo. Nesses casos deve-se considerar uma combinação linear das funções, sendo incorreto atribuir qualquer um desses arranjos eletrônicos a um termo espectroscópico em particular.

DETERMINAÇÃO DOS TERMOS DO ESTADO FUNDAMENTAL REGRAS DE HUND

Uma vez conhecidos os termos espectroscópicos, eles podem ser dispostos em ordem crescente de energia. O estado fundamental pode ser identificado pelas regras de Hund:

1) Os termos são ordenados em função de suas multiplicidades, ou seja, em função de seus valores de S. O estado mais estável terá o maior valor de S, e a estabilidade decresce à medida que S diminui. Portanto, o estado fundamental será aquele com o maior número de elétrons desemparelhados, pois isso corresponde à situação de menor repulsão eletrostática.
2) Para um dado valor de S, o estado com o maior valor de L será o mais estável.

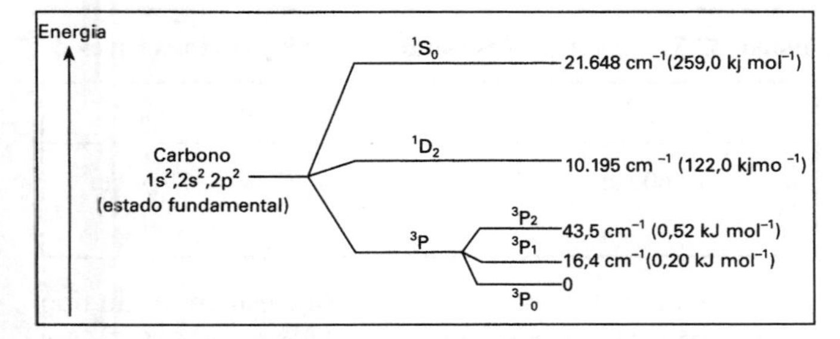

Figura 32.9 — Desdobramento dos termos no estado fundamental do carbono

3) Persistindo ainda a ambigüidade para dados valores de S e L, o estado mais estável corresponderá àquele de menor valor de J, caso o subnível esteja menos que semipreenchido, ou corresponderá ao maior valor de J, caso o subnível esteja mais que semipreenchido.

(As regras de Hund não devem ser empregadas para se determinar a ordem dos termos espectroscópicos de configurações eletrônicas excitadas, como do C na configuração $1s^2$, $2s^2$, $2p^1$, $3p^1$).

Aplicando a primeira dessas regras aos termos decorrentes da configuração p^2 do carbono, verifica-se que o estado ^3P deve ser o estado fundamental, pois nesse caso há apenas um estado triplete, sendo os demais estados singlete, ^1S e ^1D. De acordo com a segunda regra, o estado ^1D, correspondente a $L = 2$, é mais estável que o estado ^1S, no qual $L = 0$. Finalmente, o estado triplete P apresenta três termos, $^3P_2$, $^3P_1$ e $^3P_0$, e de acordo com a terceira regra, $^3P_0 < {}^3P_1 < {}^3P_2$. Os valores experimentais medidos para os termos espectroscópicos do estado fundamental do carbono estão representados na Fig. 32.9. Verifica-se que num átomo leve como o carbono, o desdobramento do termo ^3P, resultante do acoplamento spin-órbita, é bem menor que o desdobramento resultante do acoplamento dos momentos magnéticos orbitais l, gerando os termos ^1S, ^1D e ^3P. No caso dos elementos leves, com números atômicos menores que 30, o desdobramento dos diferentes níveis J é pequeno comparado com o desdobramento dos níveis L (vide Fig. 32.9). Portanto, é possível prever corretamente a seqüência de níveis energéticos ou termos espectroscópicos, para a primeira série de elementos de transição, usando o acoplamento de Russell-Saunders. No caso dos elementos mais pesados, o desdobramento dos níveis J torna-se maior que o desdobramento de L. Assim, o acoplamento de Russell-Saunders não pode mais ser empregado, sendo necessário considerar uma forma alternativa de acoplamento j–j.

DETERMINAÇÃO DOS TERMOS USANDO AS LACUNAS

Quando um subnível tiver mais da metade de sua capacidade preenchida, é mais simples e conveniente determinar os termos espectroscópicos considerando as "lacunas" (isto é, as vacâncias existentes nos diversos orbitais) em vez dos elétrons, que estão presentes num número maior. Os termos espectroscópicos derivados dessa maneira para a configuração eletrônica de menor energia do oxigênio, que tem configuração p^4 e portanto duas "lacunas", são os mesmos que os determinados para o estado fundamental do carbono, que tem configuração p^2, isto é, ^1S, ^1D e ^3P.

Tabela 32.3 — Termos espectroscópicos para as configurações *p* e *d*

Configuração eletrônica	Termo espectroscópico do estado fundamental	Outros termos espectroscópicos
p^1, p^5	^2P	
p^2, p^4	^3P	$^1S, {}^1D$
p^3	^4S	$^2P, {}^2D$
p^6	^1S	
d^1, d^9	^2D	
d^2, d^8	^3F	$^3P, {}^1G, {}^1D, {}^1S$
d^3, d^7	^4F	$^4P, {}^2H, {}^2G, {}^2F, {}^2D, {}^2P$
d^4, d^6	^5D	$^3H, {}^3G, {}^3F, {}^3D, {}^3P, {}^1I, {}^1G, {}^1F, {}^1D, {}^1S$
d^5	^6S	$^4G, {}^4F, {}^4D, {}^4P, {}^2I, {}^2H, {}^2G, {}^2F, {}^2D, {}^2P, {}^2S$
d^{10}	^1S	

Contudo, no oxigênio, mais da metade do subnível está preenchido. Portanto, segundo a terceira regra de Hund, as energias dos estados triplete P do oxigênio crescem na ordem $^3P_2 < {}^3P_1 < {}^3P_0$. Logo, o estado fundamental é $^3P_2$. Analogamente, considerando-se as "lacunas", os termos espectroscópicos obtidos para pares de átomos com configurações p^n e p^{6-n}, bem como d^n e d^{10-n}, serão idênticos (Tab. 32.3).

Determinação do termo espectroscópico de um nível preenchido

Se um subnível eletrônico estiver completamente preenchido, por exemplo nas configurações p^6 ou d^{10}, a determinação dos termos espectroscópicos é bastante simplificada:

	m =	+1	0	1			M_s	M_l
p^6		↑↓	↑↓	↑↓			0	0
	m =	+2	+1	0	−1	−2		
d^{10}		↑↓	↑↓	↑↓	↑↓	↑↓	0	0

Em ambos os casos o número quântico de spin total na direção z, M_S, que equivale à soma de todos os spins eletrônicos individuais m_s, é igual a zero. Portanto, $S = 0$ e a multiplicidade $2S + 1 = 1$. Do mesmo modo, nos casos p^6 e d^{10} o número quântico de momento angular total na direção z é $M_L = \Sigma m = 0$, logo $L = 0$ e o estado é do tipo S. Assim, uma camada completamente preenchida sempre corresponde a um estado singlete S, $^1S_0$.

Determinação dos termos espectroscópicos para a configuração d^2

No caso de elétrons ocupando orbitais d, o número quântico azimutal ou secundário $l = 2$, e o número quântico magnético m terá valores $+l \rightarrow 0 \rightarrow -l$, ou seja, +2, +1, 0, −1, −2. Há 45 maneiras diferentes de se arranjar dois elétrons d, sem violar o princípio de exclusão de Pauli. Os arranjos possíveis são mostrados na Tab. 32.4.

Os termos foram atribuídos usando um procedimento semelhante ao adotado no caso p^2. O maior valor de M_L =

Tabela 32.4 — Valores permitidos de m e m_s para a configuração d^2

	m = +2	+1	0	−1	−2	$\sum m_s = M_s$	$\sum m = M_l$	Termo espectroscópico
1	↑↓					0	4	^1G
2	↑	↑				1	3	^3F
3	↑	↓				0	3	^1G, ^3F
4	↕	↑				0	3	
5	↓	↓				−1	3	^3F
6	↑		↑			1	2	^3F
7	↑		↓			0	2	^1G, ^3F, ^1D
8	↓		↑			0	2	
9		↑↓				0	2	
10	↓		↓			−1	2	^3F
11	↑			↑		1	1	^3F, ^3P
12		↑	↑			1	1	
13	↓			↓		1	1	^3F, ^3P
14		↓	↓			−1	1	
15	↑			↓		0	1	^1G, ^3F, ^1D, ^3P
16	↓			↑		0	1	
17		↑	↓			0	1	
18		↓	↑			0	1	
19	↑				↑	1	0	^3F, ^3P
20		↑		↑		1	0	
21	↑				↓	0	0	^1G, ^3F ^1D ^3P ^1S
22	↓				↑	0	0	
23		↑		↓		0	0	
24		↓		↑		0	0	
25			↑↓			0	0	
26	↓				↓	−1	0	^3F, ^3P
27		↓		↓		−1	0	
28		↑			↓	0	−1	^0G, ^3F, ^1D, ^3P
29		↓			↑	0	−1	
30			↑	↓		0	−1	
31			↓	↑		0	−1	
32		↑			↑	1	−1	^3F, ^3P
33			↑	↑		1	−1	
34		↓			↓	−1	−1	^3F, ^3P
35			↓	↓		−1	−1	
36			↑		↑	1	−2	^3F
37			↑		↓	0	−2	^1G, ^3F, ^1D
38			↓		↑	0	−2	
39				↑↓		0	−2	
40			↓		↓	−1	−2	^3F
41				↑	↑	1	−3	^3F
42				↑	↓	0	−3	^1G, ^3F
43				↓	↑	0	−3	
44				↓	↓	−1	−3	^3F
45					↑↓	0	−4	^1G

Tabela 32.5 — Energia dos estados ^3F e ^3P para íons livres d^2

	Ti^{2+}	V^{3+}	Cr^{4+}
^3p	10.600 cm^{-1}	13.250 cm^{-1}	25.700 cm^{-1}
^3F	0	0	0

4 só pode ser obtido se $L = 4$, isto é, se o estado for do tipo G. Mas, isso será possível somente se $M_S = 0$. Logo, S será igual a zero e o termo será singlete G, ^1G. M_L pode ter os valores $+L,..., 0,..., -L$, ou neste caso em particular, +4, +3, +2, +1, 0, −1, −2, −3 e −4. Como há somente um valor de M_S possível, teremos nove arranjos associados a esse termo espectroscópico.

O valor mais elevado de M_L ainda não considerado é +3, que corresponde a um estado F. Todavia, nesse caso o maior valor de S possível é 1. Logo, M_S pode assumir os valores +1, 0 e −1, e teremos um estado triplete F, ^3F. Como M_L pode ser igual a +3, +2, +1, 0, −1, −2, −3, e como há três valores possíveis de M_S, teremos 21 arranjos associados ao termo ^3F.

Assim, 30 dos 45 arranjos possíveis já foram considerados. Analisando-se os grupos de arranjos com os mesmos valores de M_S e M_L, verifica-se que os 15 arranjos remanescentes correspondem aos mesmos da configuração p^2, isto é, ^1D, ^1S e ^3P. Portanto, os termos espectroscópicos associados à configuração d^2 são ^1G, ^3F, ^1D, ^3P e ^1S. De acordo com as regras de Hund, o estado fundamental será ^3F, e a energia dos diferentes estados varia na seqüência $^3F < {}^3P < {}^1G < {}^1D < {}^1S$.

Os espectros de diversos íons d^2 foram obtidos. Assim, foi verificado experimentalmente que, em todos os caso, a energia do estado ^3P é maior que do estado fundamental ^3F (Tab. 32.5). Os níveis energéticos de íons metálicos livres, em fase gasosa, foram determinados quantitativamente e se encontram disponíveis. O próximo passo é desenvolver uma teoria que permita prever como esses níveis energéticos variam com a aproximação dos ligantes, para formar os complexos.

DETERMINAÇÃO DO NÚMERO DE MICROESTADOS

Cada arranjo diferente de elétrons nos orbitais tem uma energia ligeiramente diferente uma da outra, e são denominados microestados. Eles correspondem a cada um dos arranjos mostrados na Tab. 32.2 para a configuração p^2, ou na Tab. 32.4 para a configuração d^2. O número de microestados pode ser calculado a partir do número de orbitais e do número de elétrons, usando a equação:

$$\binom{n}{r} = \frac{n!}{r!(n-r)!}$$

onde n é o dobro do número de orbitais e r é o número de elétrons (note que $n!$ é n fatorial, e $r!$ é r fatorial). Assim, no caso de um átomo com configuração p^3 há três orbitais e três elétrons. Portanto, $n = 6$ e $r = 3$, tal que:

$$\binom{6}{3} = \frac{6!}{3!(6-3)!} = \frac{6!}{3! \times 3!} = \frac{6 \times 5 \times 4 \times 3 \times 2 \times 1}{3 \times 2 \times 1 \times 3 \times 2 \times 1}$$

$$= 20 \text{ microestados}$$

Tabela 32.6 — O número de microestados para diversas configurações eletrônicas

Configuração eletrônica	Número de microestados	Configuração eletrônica	Número de microestados
p^1	6	d^1	10
p^2	15	d^2	45
p^3	20	d^3	120
p^4	15	d^4	210
p^5	6	d^5	252
p^6	1	d^6	210
		d^7	120
		d^8	45
		d^9	10
		d^{10}	1

De modo semelhante, para um caso onde a configuração do átomo é d^2, há cinco orbitais e dois elétrons, tal que n = 10 e r = 2. Portanto:

$$\binom{10}{2} = \frac{10!}{2!(10-2)!} = \frac{10!}{2! \times 9!} = \frac{10 \times 9 \times 8 \times 7 \times 6 \times 5 \times 4 \times 3 \times 2 \times 1}{2 \times 1 \times 8 \times 7 \times 6 \times 5 \times 4 \times 3 \times 2 \times 1}$$

$$= 45 \text{ microestados}$$

Assim, o número de microestados para todas as configurações eletrônicas, de p^1 - p^6 e d^1 - d^{10}, pode ser determinado da mesma maneira.

ESPECTROS ELETRÔNICOS DE COMPLEXOS DE METAIS DE TRANSIÇÃO

As bandas observadas nos espectros eletrônico são decorrentes da absorção de luz, associada à promoção de elétrons de um nível energético para outro de maior energia. Tais transições eletrônicas são de alta energia, de modo que outras transições envolvendo energias bem menores, como as transições vibracionais e rotacionais, ocorrem simultaneamente. As energias dos níveis vibracionais e rotacionais são muito semelhantes, para que possam ser resolvidas em bandas de absorção distintas, mas provocam um considerável alargamento das bandas de absorção associadas às transições *d–d*. As larguras de banda determinadas experimentalmente normalmente variam na faixa de 1.000 a 3.000 cm^{-1}.

O espectro de uma solução colorida pode ser obtida facilmente com o auxílio de um espectrofotômetro. Um feixe de luz monocromática, obtido utilizando um prisma e uma fenda estreita, é passado através da solução e, depois sua intensidade é medida com uma célula fotoelétrica. Assim, é possível se determinar a quantidade de luz absorvida numa determinada freqüência; ou então pode-se determinar a variação da quantidade relativa de luz absorvida num intervalo de freqüências, e registrar num gráfico a absorbância, A, em função do comprimento de onda ou da freqüência. A absorbância era antigamente denominada densidade óptica. Se I_0 for a intensidade do feixe de luz incidente e I a intensidade do feixe de luz que passou através da solução, então:

$$\log = \left(\frac{I_0}{I}\right) = A$$

A absorptividade molar ε é geralmente calculada a partir da absorbância,

$$\varepsilon = \frac{A}{c \cdot l}$$

onde, c é a concentração da solução em mol l^{-1} e l é a espessura da amostra atravessada pelo feixe de luz, em centímetros (as celas geralmente são de 1 cm).

Nem todas as transições eletrônicas teoricamente possíveis são realmente observadas. Pode-se prever quais transições provavelmente serão observáveis e quais não serão observáveis experimentalmente, utilizando um conjunto de regras conhecido como "regras de seleção". Assim, é possível distinguir entre as "transições permitidas" e as "transições proibidas". A probabilidade das transições permitidas ocorrerem é elevada. As transições proibidas também ocorrem, mas com uma probabilidade muito menor. Conseqüentemente, suas intensidades nos espectros serão muito menores que as das transições permitidas.

A regra de seleção "orbital" de Laporte

As transições que envolvem uma variação do número quântico azimutal ou secundário igual a Δl = ± 1 são " permitidas pela regra de Laporte", e tende a ter uma elevada absorbância. Assim, a transição $s^2 \rightarrow s^1p^1$ no Ca envolve uma variação de l de +1, e a absorptividade molar e é igual a 5.000–10.000 litros por mol por centímetro. Em contraste, as transições *d–d* são "proibidas por Laporte" pois l = 0, mas bandas de absorção bem menos intensas (ε = 5 a 10 mol^{-1} l cm^{-1}) podem ser observadas, devido à existência de mecanismos de relaxação da regra de Laporte. Quando o íon do metal de transição forma um complexo, ele está rodeado por ligantes e, nessa situação, pode ocorrer a mistura dos orbitais d e p em pequeno grau, e as transições deixam de ser transições *d–d* puras. Esse tipo de fenômeno ocorre em complexos que não possuem centro de simetria, por exemplo, complexos tetraédricos, ou complexos octaédricos com substituição assimétrica. Assim, o complexo $[MnBr_4]^{2-}$, que é tetraédrico, ou $[Co(NH_3)_5Cl]^{2+}$, que é octaédrico mas não possui centro de simetria, são ambos bastante coloridos. A mistura dos orbitais p e d não ocorre em complexos octaédricos que têm centro de simetria, como $[Co(NH_3)_6]^{3+}$ ou $[Co(H_2O)_6]^{2+}$. Contudo, as ligações metal—ligante não são estáticas, e podem vibrar de tal modo que os ligantes permaneçam parte do tempo fora de suas posições normais de equilíbrio centro-simétrico. Assim, um pequeno grau de mistura entre os orbitais pode ocorrer, fazendo com que bandas de baixa intensidade possam ser observadas no espectro. As transições permitidas por Laporte são intensas, enquanto que as transições proibidas podem ser fracas, em complexos sem centro de simetria, ou muito fracas, em complexos centro-simétricos (Tab. 32.7).

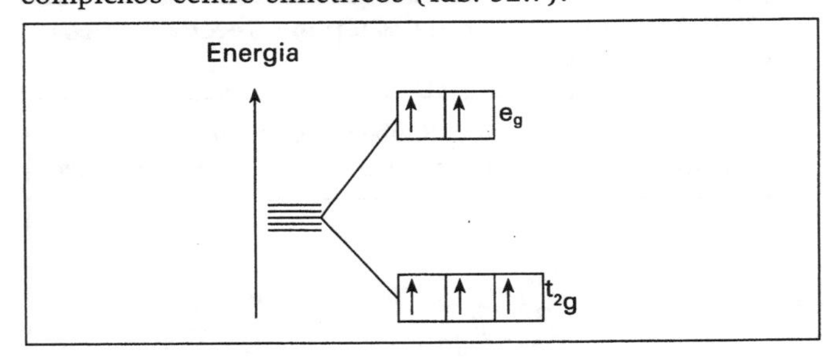

***Figura 32.10** — Íon Mn^{2+} em um campo fraco octaédrico*

Tabela 32.7 — Absorptividades molares para os diversos tipos de transições eletrônicas

Laporte (orbital	Spin	Tipo de transição	ε	Exemplo
Permitida	Permitida	Tranferência de carga	10.000	$[TiCl_6]^{2-}$
Parcialmente permitida, alguma mistura *p–d*	Permitida	*d–d*	500	$[CoBr_4]^{2-}$, $[CoCl_4]^{2-}$
Proibida	Permitida	*d–d*	8–10	$[Ti(H_2O)_6]^{3+}$, $[V(H_2O)_6]^{3+}$
Parcialmente permitida, alguma mistura *p–d*	Proibida	*d–d*	4	$[MnBr_4]^{2-}$
Proibida	Proibida	*d–d*	0,02	$[Mn(H_2O)_6]^{2+}$

Regra de seleção de spin

Durante as transições eletrônicas, o elétron não pode altera o seu spin, ou seja, $\Delta S = 0$. Nesse caso, existem muito menos mecanismos de relaxação que para a regra de Laporte. Assim, no caso do Mn^{2+} em campos octaédricos fracos, como no caso do $[Mn(H_2O)_6]^{2+}$, as transições *d–d* são "proibidas por spin", pois cada um dos orbitais *d* está semipreenchido. Muitos compostos de Mn^{2+} são brancos ou rosa pálidos, mas as absorptividades molares correspondem a apenas um centésimo das observadas nas transições "permitidas por spin" (Tab. 32.7). Como as transições proibidas por spin são muito pouco intensas, a análise dos espectros de complexos de metais de transição pode ser muito simplificada, ignorando-se completamente todas as transições desse tipo e considerando-se apenas os estados excitados que tenham a mesma multiplicidade de spin do estado fundamental. Assim, no caso de um íon de configuração d^2, basta considerar o estado fundamental ^3F e o estado excitado ^3P.

DESDOBRAMENTO DOS NÍVEIS DE ENERGIA ELETRÔNICOS E ESTADOS ESPECTROSCÓPICOS

Um orbital *s* é esfericamente simétrico e não é afetado por um campo octaédrico (ou por qualquer outro). Os orbitais *p* são direcionais e suas energias são influenciadas por um campo octaédrico. Contudo, como todos os três orbitais *p* são igualmente afetados, suas energias permanecem iguais entre si, ou seja, não são desdobrados. Em contraste, o conjunto de orbitais *d* é desdobrado por um campo octaédrico em dois níveis: t_{2g} e e_g. A diferença de energia entre eles pode ser representada por Δ_0 ou 10Dq. O nível t_{2g} é triplamente degenerado e se situa a 4Dq abaixo do baricentro.

Tabela 32.8 — Transformação dos termos espectroscópicos em símbolos de Mulliken

Termo espectroscópico	Símbolos de Molliken Campo octaédrico	Campo tetraédrico
S	A_{1g}	A_1
P	T_{1g}	T_1
D	$E_g + T_{2g}$	$E + T_2$
F	$A_{2g} + T_{1g} + T_{2g}$	$A_2 + T_1 + T_2$
G	$A_{1g} + E_g + T_{1g} + T_{2g}$	$A_1 + E + T_1 + T_2$

O nível e_g é duplamente degenerado e se situa a 6Dq acima do baricentro. No caso de um íon com uma configuração d^1, o estado fundamental é um estado ^2D, e os níveis energéticos t_{2g} e e_g correspondem aos estados espectroscópicos T_{2g} e E_g. Um conjunto de orbitais *f* é desdobrado por um campo octaédrico em três níveis. No caso de um íon com uma configuração f^1, o termo espectroscópico associado ao estado fundamental é ^3F. Este é desdobrado por um campo octaédrico gerando um estado triplamente degenerado (T_{1g}), situado a 6Dq abaixo do baricentro, outro estado triplamente degenerado (T_{2g}) situado a 2Dq acima do baricentro, e um estado não degenerado (A_{2g}), situado a 12Dq acima do baricentro (Fig. 32.11). Veremos mais adiante, que esses estados são equivalentes aqueles obtidos a partir de um íon com uma configuração d^2.

Nos casos em que há apenas um elétron num dado conjunto de orbitais, como s^1, p^1, d^1 e f^1, há uma correspondência direta entre o desdobramento dos níveis de energia eletrônicos e o desdobramento dos estados espectroscópicos no campo cristalino. Assim, num campo octaédrico, os estados *S* e *P* não são desdobrados, estados *D* são desdobrados em dois estados, e estados *F* são desdobrados em três estados.

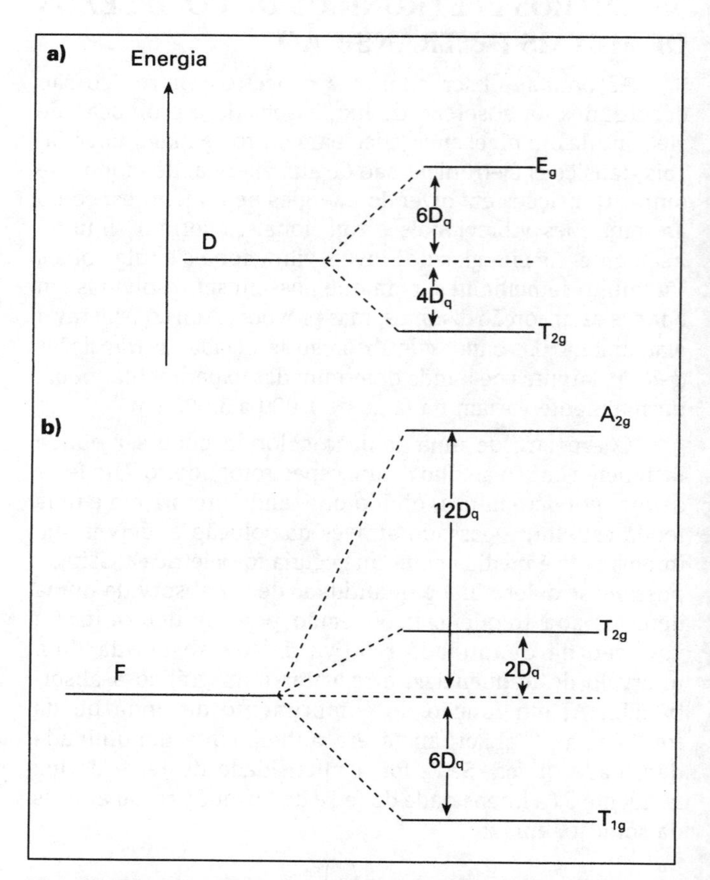

Figura 32.11 — Desdobramento dos termos espectrocópicos provenientes de um a) arranjo eletrônico d^1, *e b) arranjo eletrônico* d^2

ESPECTROS DE ÍONS d^1 E d^9

Nos íons livres em fase gasosa, os orbitais d estão degenerados e não será possível observar bandas de absorção decorrentes de transições d–d. Quando se forma um complexo octaédrico, o campo eletrostático dos ligantes desdobra os orbitais d em dois grupos, t_{2g} e e_g (o desdobramento provocado pelo campo cristalino foi descrito no Capítulo 7). Os exemplos mais simples de complexos d^1 são aqueles formados pelo íon Ti(III), tais como $[TiCl_6]^{3-}$ e $[Ti(H_2O)_6]^{3+}$. O desdobramento dos orbitais d é mostrado na Fig. 32.12a. No estado fundamental, o único elétron d ocupa o nível t_{2g}, de menor energia, e somente uma transição é possível para o nível e_g. Conseqüentemente, o espectro de absorção do $[Ti(H_2O)_6]^{3+}$, mostrado na Fig. 32.12b, apresenta uma única banda, com máximo em 20.300 cm^{-1}. A magnitude do desdobramento, ou seja o valor de Δ_0, depende da natureza dos ligantes. Este está diretamente relacionado com a energia da transição e, logo, com a freqüência do máximo da banda de absorção no espectro. No $[TiCl_6]^{3-}$ o máximo ocorre em 13.000 cm^{-1}, no $[TiF_6]^{3-}$ em 18.900 cm^{-1}, no $[Ti(H_2O)_6]^{3+}$ em 20.300 cm^{-1} e no $[Ti(CN)_6]^{3-}$ em 22.300 cm^{-1}. A intensidade do desdobramento provocado pelos diversos ligantes está relacionado com suas posições na série espectroquímica (vide Capítulo 7). O efeito de um campo ligante octaédrico sobre um íon d^1 é mostrado na Fig. 32.13. O termo ^2D, à esquerda, corresponde ao estado fundamental do íon livre (vide Tab. 32.3). Sob a influência do campo ligante, há um desdobramento desse níveis em dois estados que são descritos pelos símbolos de Mulliken, ^2E_g e $^2T_{2g}$ (esses símbolos são da Teoria de Grupos e serão usados sem tentar explicá-los. Algumas referências úteis estão listadas no final do capítulo). O estado de menor energia T_{2g} corresponde ao estado gerado quando o elétron d ocupa um dos orbitais t_{2g}, e o estado ^2E_g corresponde ao estado em que o elétron ocupa um dos orbitais e_g. A separação entre esses dois estados aumenta à medida que aumenta a força do campo cristalino.

Complexos octaédricos de íons de configuração d^9, como por exemplo $[Cu(H_2O)_6]^{2+}$, podem ser descritos de maneira análoga aos complexos octaédricos do Ti^{3+}, com configuração d^1. No caso d^1 há um único elétron no nível inferior t_{2g}, e no caso d^9 há uma única lacuna no nível e_g superior. No caso do complexo d^1, a transição consiste em promover um elétron do nível t_{2g} para o nível e_g. Já no caso d^9, é mais simples considerar a transição como sendo a transferência da lacuna do nível e_g para o nível t_{2g}. Assim, o diagrama de energias para o caso d^9 é, portanto, o inverso do diagrama para o caso d^1 (Fig. 32.14).

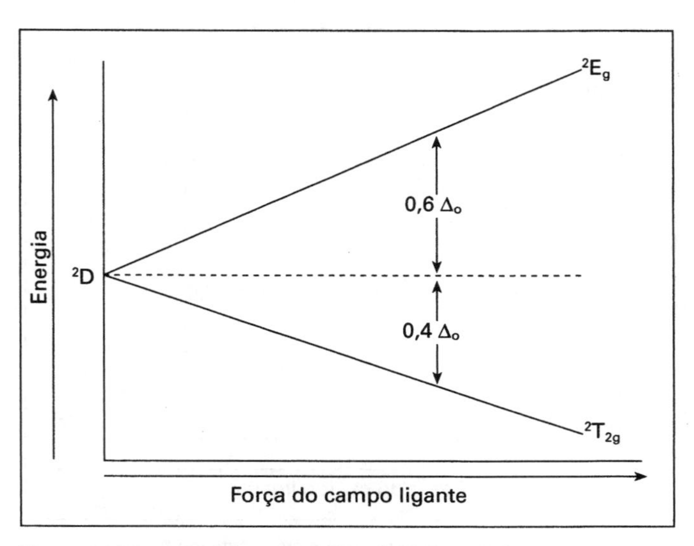

Figura 32.13 — *Desdobramento dos níveis de energia para uma configuração* d[1] *num campo octaédrico*

Se o efeito de um campo ligante tetraédrico for considerado, veremos que os cinco orbitais d degenerados são desdobrados em dois orbitais e_g de menor energia e três orbitais t_{2g} de maior energia (vide Capítulo 7). O diagrama de níveis de energia para complexos d^1 num campo tetraédrico é o inverso do diagrama num campo octaédrico. Logo, o diagrama é semelhante ao do caso d^9 em campo octaédrico (Fig. 32.13), exceto que a intensidade do desdobramento num campo tetraédrico corresponde à 4/9 daquela num campo octaédrico.

De modo análogo, a configuração d^6 de spin alto, num campo octaédrico, (Fig. 32.15a) está relacionada ao caso d^1, em campo octaédrico. Como as transições que envolvem inversão de spin são proibidas e estão associadas à bandas extremamente pouco intensas, a única transição permitida é a transição do elétron emparelhado do nível t_{2g}, que apresenta spin inverso ao dos demais elétrons, para o nível e_g. O diagrama de níveis de energia para complexos octaédricos de configuração d^6 de spin alto é igual ao diagrama para o caso d^1 (Fig. 32.13).

Os complexos octaédricos de spin alto contendo íons d^4 (Fig. 32.15b) podem ser considerados como tendo uma única lacuna no nível superior e_g. Logo, pode-se inferir que seus diagramas de níveis de energia serão análogos aos dos complexos octaédricos de configuração d^9 (Fig. 32.14).

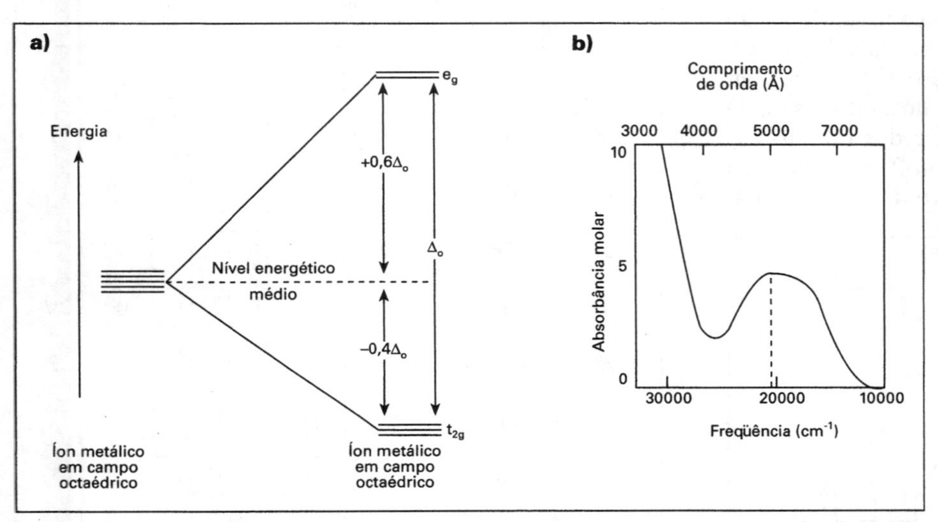

Figura 32.12 — *a) Diagrama de energia dos níveis de energia num campo octaédrico, b) Espectro de absorção no ultravioleta e visível do* $Ti(H_2O)_6^{3+}$

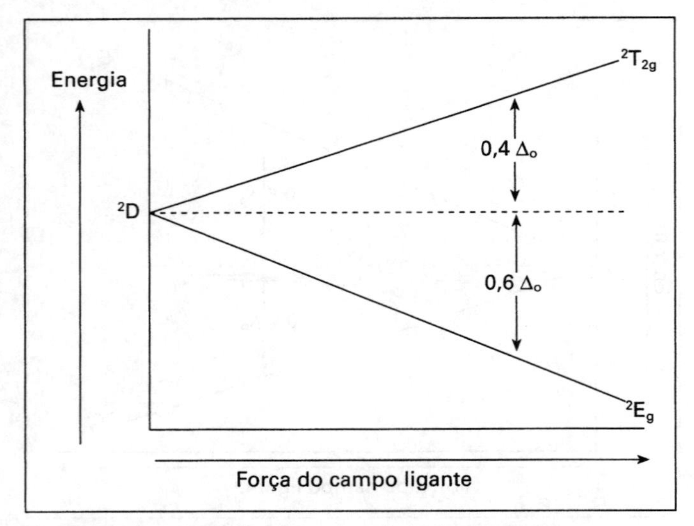

Figura 32.14 — Desdobramento dos níveis de energia para uma configuração d^9 *num campo octaédrico*

Além disso, os complexos d^6 tetraédricos têm apenas um único elétron, que pode ser promovido sem que haja a necessidade de inverteu seu spin. Logo, seus diagramas de energia são semelhantes àqueles dos complexos d^1 tetraédricos, que por sua vez são qualitativamente semelhantes aos diagramas de energia dos complexos d^9 octaédricos. Finalmente, os complexos tetraédricos d^4 e d^9 possuem uma lacuna no nível de maior energia e são qualitativamente semelhantes aos complexos d^1 octaédricos, contendo apenas um elétron.

As Figs. 32.13 e 32.14 podem ser combinadas num único diagrama (Fig. 32.16), conhecido como diagrama de Orgel. Este descreve qualitativamente o efeito da força do campo cristalino sobre a energia das transições eletrônicas em complexos de metais de transição em várias configurações eletrônicas: com um elétron, com um elétron a mais que o nível semipreenchido, com um elétron a menos que o nível completamente preenchido e com um elétron a menos que o nível semipreenchido.

ESPECTROS DE ÍONS d^2 E d^8

No estado fundamental de um íon com configuração eletrônica d^2, os dois elétrons estão em orbitais diferentes. Num campo octaédrico, os orbitais d são desdobrados em três orbitais t_{2g}, de energia mais baixa, e dois orbitais e_g, de energia maior: os elétrons ocuparão dois dos orbitais t_{2g}. Quando um elétron é promovido, $(t_{2g})^2 \rightarrow (e_g)^1(t_{2g})^1$, há duas possibilidades. A promoção de um elétron de um orbital

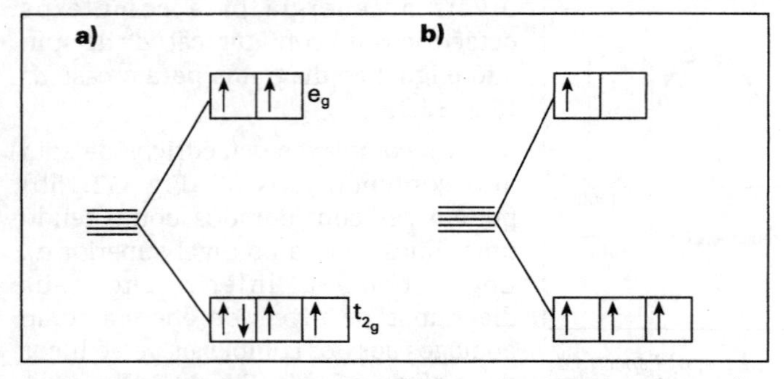

Figura 32.15 — Arranjos octaédricos de spin-alto para a) d^6 *e b)* d^4

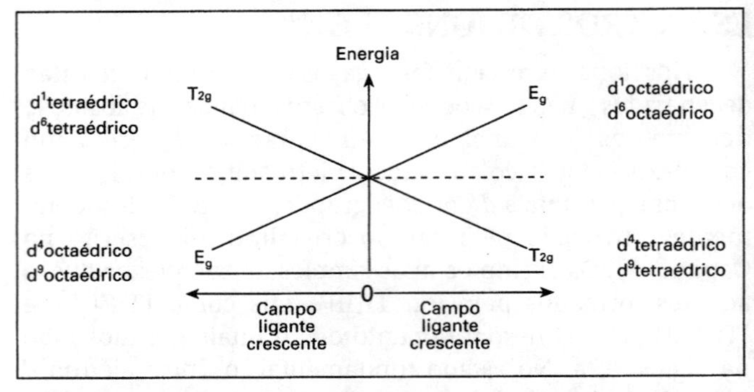

Figura 32.16 — Diagrama de Orgel de níveis de energia combinados para d^1 *(os índices g são omitidos nos casos tetraédricos)*

d_{xy}, d_{xz} ou d_{yz} para o orbital d_{z^2} requer menos energia que a promoção do mesmo elétron para o orbital $d_{x^2-y^2}$. Essa diferença de energia se deve ao arranjo $(d_{xy})^1(d_{z^2})^1$, em que os elétrons se distribuem nas três direções, x, y e z, que reduz a interação elétron–elétron, em relação ao arranjo $(d_{xy})^1(d_{x^2-y^2})^1$, na qual os elétrons estão confinados ao plano xy. Caso os dois elétrons sejam promovidos, teremos outro estado excitado de elevada energia. Assim, considerando-se os elétrons, esperaríamos quatro níveis de energia.

Os termos espectroscópicos para um íon livre, de configuração d^2 (Tabela 32.3) são o estado fundamental ^3F e os estados excitados ^3P, ^1G, ^1D e ^1S. O estado fundamental contém dois elétrons com os spins paralelos, mas nos estados ^1G, ^1D e ^1S os elétrons estão com os spins emparelhados. Portanto, as transições do estado fundamental para esses três estados excitados são proibidas por spin. Portanto, as bandas associadas a elas serão muito pouco intensas e podem ser ignoradas. Assim, os dois únicos estados com a mesma multiplicidade de spin são ^3F e ^3P, e podem participar de transições permitidas por spin. É importante lembrar que os orbitais p não são desdobrados por um campo octaédrico,

Tabela 32.9 — Termo espectrocópico do estado fundamental para as configurações d^1 e d^{10}

Configuração	Exemplo	Termo espec. do estado fundamental	m_l 2	1	0	−1	−2	M_L	S
d^1	Ti^{3+}	^2D	↑					2	1/2
d^2	V^{3+}	^3F	↑	↑				3	1
d^3	Cr^{3+}	^4F	↑	↑	↑			3	1 1/2
d^4	Cr^{2+}	^5D	↑	↑	↑	↑		2	2
d^5	Mn^{2+}	^6S	↑	↑	↑	↑	↑	0	2 1/2
d^6	Fe^{2+}	^5D	↑↓	↑	↑	↑	↑	2	2
d^7	Co^{2+}	^4F	↑↓	↑↓	↑	↑	↑	3	1 1/2
d^8	Ni^{2+}	^3F	↑↓	↑↓	↑↓	↑	↑	3	1
d^9	Cu^{2+}	^2D	↑↓	↑↓	↑↓	↑↓	↑	2	1/2

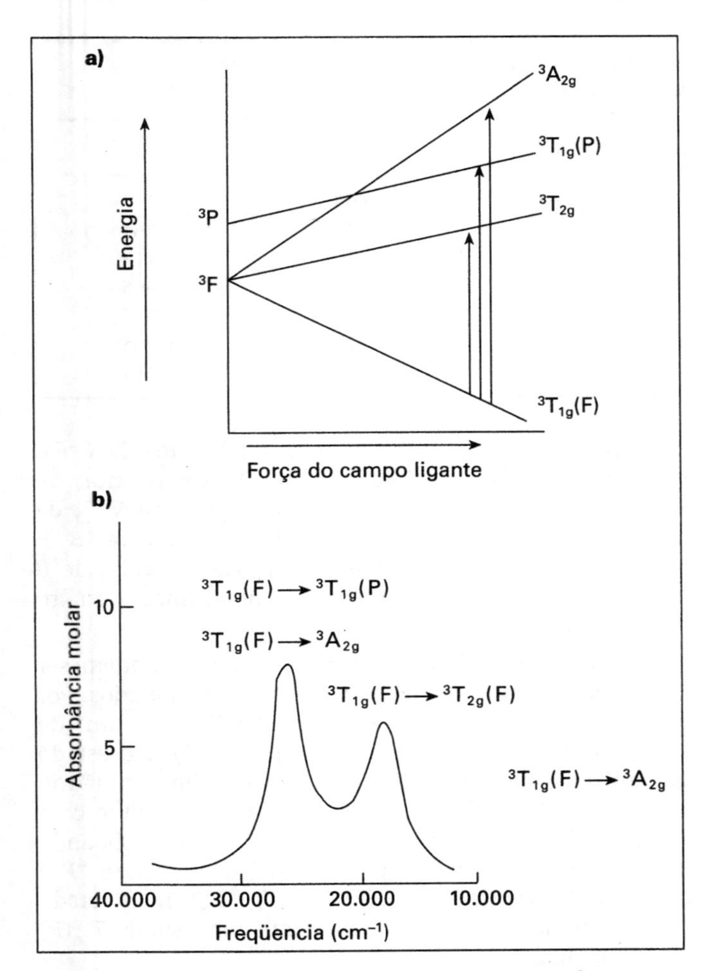

Figura 32.17 — Diagrama de Orgel e espectro para um íon d^2. *a) Diagrama de energia para uma configuração* d^2 *em campo octaédrico (simplificado, incluindo apenas os estados triplete), mostrando três transições possíveis. b) Espectro de abserção ultravioleta visível para o complexo* d^2 $[V(H_2O)_6]^{3+}$

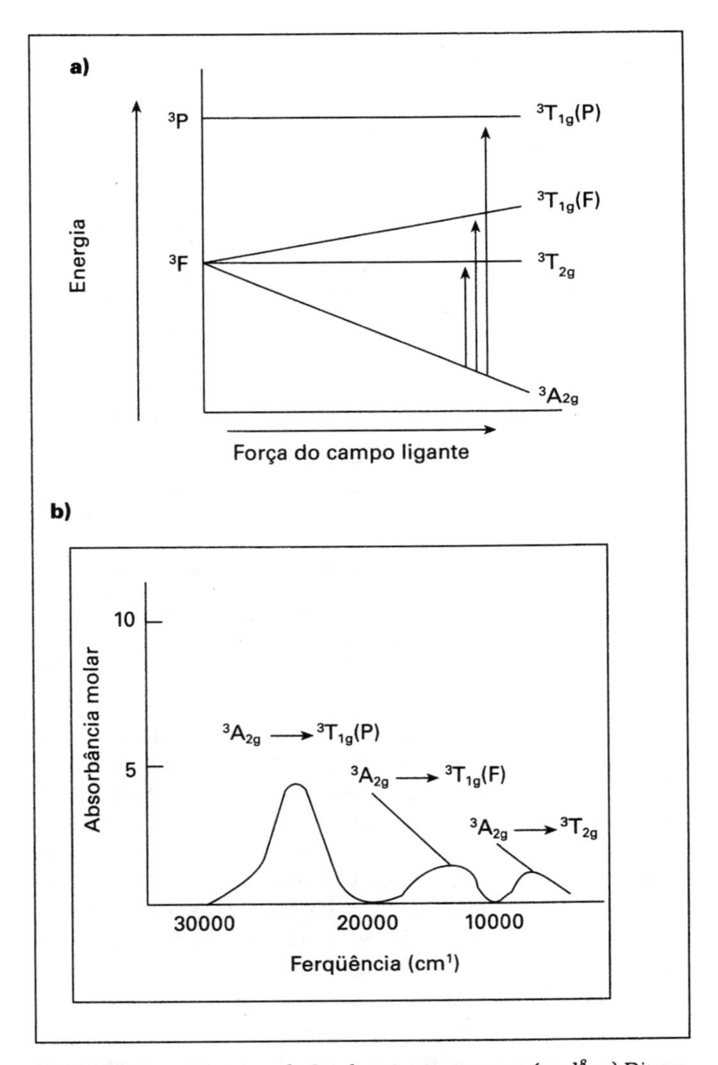

Figura 32.18 — Diagrama de Orgel e espectro para um íon d^8. *a) Diagrama de energia para uma configuração* d^2 *em campo octaédrico (simplificado, incluindo apenas os estados triplete), mostrando três transições permitidas por spin. b) Espectro de absorção ultravioleta visível para o complexo* d^8 $[Ni(H_2O)_6]^{2+}$. *Observe que o pico central apresenta indícios de um desdobramento em dois picos por causa de uma distorção de Jahn-Teller.*

mas que os orbitais f são desdobrados em três níveis. Analogamente, os termos P não são desdobrados (mas são transformados num estado T_{1g}), e os termos F se desdobram em $A_{2g} + T_{1g} + T_{2g}$ (vide Fig. 32.11 e Tab. 32.8), num campo octaédrico. O diagrama de níveis de energia para esses estados é mostrado na Fig. 32.17a.

Assim, são possíveis três transições do estado fundamental $^3T_{1g}(F)$ para os estados $^3T_{2g}$, $^3T_{1g}(P)$ e $^3A_{2g}$, respectivamente. Logo, três bandas deveriam ser observadas no espectro eletrônico (compare com o fato de ser observado uma única transição no caso d^1). O espectro de um íon complexo d^2, como $[V(H_2O)_6]^{3+}$, é mostrado na Fig. 32.17. Somente duas bandas podem ser observadas no espectro, porque a força do campo ligante da água está próxima ao cruzamento entre os níveis $^3T_{1g}(P)$ e $^3A_{2g}$. Portanto, as duas transições envolvendo esses estados não estão resolvidas em bandas separadas. As três bandas poderiam eventualmente ser observadas caso o íon V^{3+} estivesse coordenado a outros ligantes.

Complexos octaédricos de metais como Ni^{2+}, de configuração d^8, podem ser tratados de maneira semelhante. Há duas "lacunas" no nível e_g e, portanto, a promoção de um elétron equivale à transferência de uma lacuna do nível e_g para o t_{2g}. Trata-se do inverso do que ocorre no caso d^2. O estado ^3P não é desdobrado e não é invertido, mas o estado ^3F é desdobrado em três estados, e a ordem dos níveis de energia resultantes é invertida (Fig. 32.18). Assim, o estado fundamental do Ni^{2+} é o estado $^3A_{2g}$. Observe que tanto no caso d^2 como no caso d^8, o estado ^3F é o estado de energia mais baixa.

Três transições permitidas por spin são observadas nos espectros de $[Ni(H_2O)_6]^{2+}$, $[Ni(NH_3)_6]^{2+}$ e $[Ni(\text{etilenodiamina})_3]^{2+}$.

Usando argumentos semelhantes aos empregados ao caso d^1, o diagrama de energia do caso d^2, num campo octaédrico, é semelhante ao dos complexos octaédricos d^7 de spin alto, e complexos tetraédricos d^3 e d^8. O diagrama inverso se aplica aos complexos d^3 e d^8 octaédricos, bem como aos complexos d^2 e d^7 tetraédricos. O índice "g" é omitido no caso de complexos tetraédricos.

Analogamente, Cr(III) tem uma configuração d^3, e o diagrama invertido, do lado esquerdo da Fig. 32.19, pode ser utilizado para complexos octaédricos. A situação é

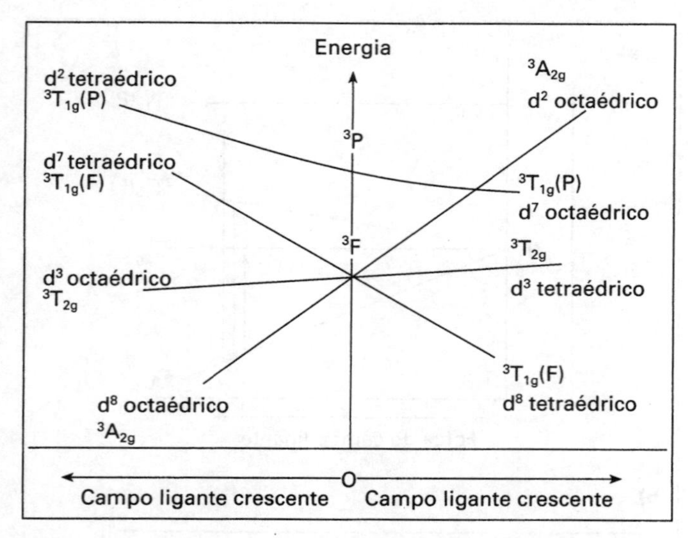

Figura 32.19 *— Diagrama de Orgel de níveis de energia para configurações com dois elétrons e com duas "lacunas" (oberve que o índice g é omitido nos casos tetraédricos. O mesmo diagrama se aplica também aos casos* d^3 *e* d^8*, exceto no que se refere aos termos espectroscópicos m, que* ^4F *e* ^4P*, e com relação à multiplicidade 4 dos termos de Mulliken*

semelhante ao do diagrama para íons de configuração d^2, exceto que as energias dos três estados derivados do termo ^3F estão em ordem inversa. São esperadas três bandas de absorção nos espectros dos complexos de cromo(III), ou seja, do estado fundamental $^3A_{2g}$ para os estados $^3T_{2g}$, $^3T_{1g}(F)$ e $^3T_{1g}(P)$, respectivamente. Complexos de cromo(III) apresentam pelo menos duas bandas de absorção bem definidas, na região do visível. A terceira banda pode ser observada em alguns casos, mas freqüentemente ela é encoberta pela intensa banda de transferência de carga.

O diagrama de Orgel combinado de níveis de energia para íons com dois elétrons ou com duas lacunas, pode ser visto na Fig. 32.19. Observe que há dois estados T_{1g}, um proveniente do estado P e outro do estado F. Os gráficos de energia em função do campo ligante correspondentes aos dois estados são um pouco curvados, pois ambos têm a mesma simetria e interagem entre si. Essa repulsão intereletrônica diminui a energia do estado de menor energia e aumenta a energia do estado de maior energia. O efeito é bem mais acentuado na parte esquerda do diagrama, pois os dois níveis de energia estão muito próximos. Se as linhas fossem retas, elas se cruzariam e, no ponto de intersecção, dois elétrons do mesmo átomo teriam a mesma simetria e a mesma energia. Isso é impossível. Essa proibição é expressa pela "regra do não-cruzamento", que estabelece que estados de mesma simetria não podem se cruzar. A "mistura" ou a repulsão intereletrônica, que provoca a curvatura das retas, é expressa pelos parâmetros de Racah, B e C.

Os parâmetros de Racah podem, a princípio, ser calculados pelas combinações lineares das integrais de troca e integrais coulômbicas, mas são geralmente obtidas empiricamente, a partir dos espectros dos íons. No caso de um íon d^3 como V^{2+}, a diferença de energia entre os estados de mesma multiplicidade, por exemplo entre os estados ^4F e ^4P, é igual a $15B$. Assim, se as três bandas fossem observadas no espectro, B poderia ser determinado facilmente. Em muitos casos, apenas o parâmetro B é suficiente para explicar

Tabela 32.10 — Parâmetros de Racah, B, para os íon de metais de transição, em cm⁻¹

Metal	M^{2+}	M^{3+}
Ti	695	–
V	755	861
Cr	810	918
Mn	860	965
Fe	917	1.015
Co	971	1.065
Ni	1.030	1.115

a posição das bandas no espectro. Os parâmetros B e C são necessários para explicar a energia de termos de multiplicidades diferentes. Por exemplo, no íon V^{2+}, de configuração d^3, a separação entre ^4F e ^2G é igual a $4B + 3C$. Para a maioria dos metais de transição, o valor de B varia de 700 a 1.000 cm^{-1} e C é aproximadamente quatro vezes maior que B.

Os espectros obtidos experimentalmente podem ser comparados com os espectros teoricamente esperados. Por exemplo, considere o espectro do Cr(III), um íon de configuração d^3 (vide também o Capítulo 22). No estado fundamental, os orbitais d_{xy}, d_{xz} e d_{yz} contém um elétron cada um, e dois orbitais e_g estão vazios. O íon livre com configuração d^3 dá origem a dois estados: ^4F e ^4P. Quando ele é colocado num campo octaédrico, o estado ^4F é desdobrado nos estados $^4A_{2g}(F)$, $^4T_{2g}(F)$, $^4T_{1g}(F)$, e o estado ^4P não é desdobrado mas se transforma num estado $^4T_{1g}(P)$ (vide Fig. 32.20).

Nesse caso, são possíveis três transições: $^4A_{2g}(F) \rightarrow {}^4T_{2g}(F)$, $^4A_{2g}(F) \rightarrow {}^4T_{1g}(F)$ e $^4A_{2g} \rightarrow {}^4T_{1g}(P)$. Os parâmetros de Racah do íon Cr^{3+} livre são conhecidos com exatidão: $B = 918\ cm^{-1}$ e $C = 4.133\ cm^{-1}$.

A transição de energia mais baixa concorda perfeitamente com os dados experimentais, mas no caso das duas outras bandas a concordância não é tão boa. Duas correções podem ser feitas para melhorar a concordância:

1) Se ocorrer um certo grau de "mistura" dos termos P e F

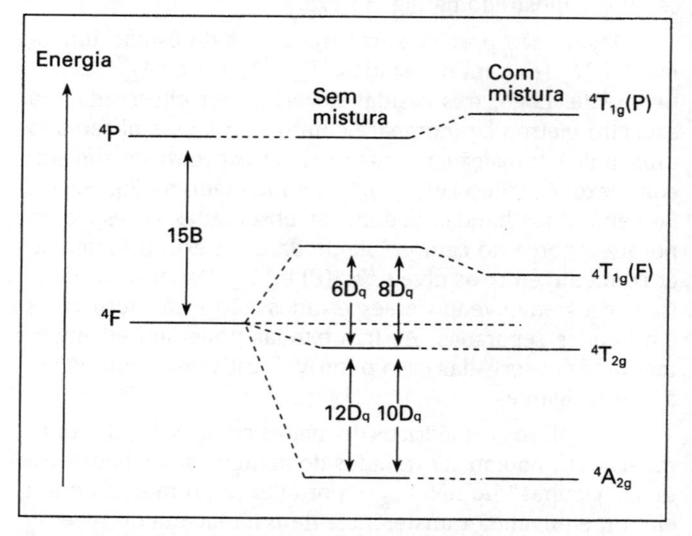

Figura 32.20 *— O desdobramento dos estados* ^4F *e* ^4P *do* Cr^{3+}

Tabela 32.11 — Atribuição do espectro do $[CrF_6]^{3-}$ (em cm⁻)

		Experimental	Previsto	
$^4A_{2g} \rightarrow {}^4T_{1g}(P)$	ν_3	34.400	30.700	$(12D_q + 15B)$
$^4A_{2g} \rightarrow {}_4T_{1g}(F)$	ν_2	22.700	26.800	$(18D_q)$
$^4A_{2g} \rightarrow {}^4T_{2g}$	ν_1	14.900	14.900	$(10D_q)$

(curvatura das linhas no diagrama de Orgel), a energia do estado $^4T_{1g}(P)$ aumenta de um valor x e a energia do estado $^4T_{1g}(F)$ diminui de um valor x.

2) O valor do parâmetro B de Racah é do íon livre. O valor aparente num complexo, B', é sempre menor que o valor no íon livre, pois os elétrons do metal podem ser deslocalizados para orbitais moleculares compreendendo tanto o metal como os ligantes. O uso de valores corrigidos de B' melhora a concordância. O efeito da deslocalização é denominada efeito nefelauxético, sendo a relação nefelauxética β definida como:

$$\beta = \frac{B'}{B}$$

β diminui à medida que o grau de deslocalização aumenta e é sempre menor que um. B' geralmente varia de $0{,}7B$ a $0{,}9B$, e pode ser determinado facilmente se as três transições forem observadas, pois:

$$15B' = \nu_3 + \nu_2 - 3\nu_1$$

O uso dessas duas correções fornece uma correlação muito melhor entre os resultados experimentais e os valores teóricos previstos (Tab. 32.12) (o ajuste fino dos valores dos termos B e C são a base dos cálculos de campo ligante).

Como um segundo exemplo, considere o espectro de cristais de $KCoF_3$. São observadas três bandas de absorção em 7.150 cm^{-1}, 15.200 cm^{-1} e 19.200 cm^{-1}. O composto contém íons Co^{2+} (d^7) circundados octaedricamente por seis íons F^-. Esse caso deveria ser semelhante ao caso d^2, e as transições esperadas são: $\nu_1(^4T_{1g} \rightarrow {}^4T_{2g})$, $\nu_2(^4T_{1g} \rightarrow {}^4A_{2g})$ e $\nu_3(^4T_{1g} \rightarrow {}^4T_{1g}(P))$. O valor de D_q pode ser calculado a partir do valor de ν_1, dado que:

$$\nu_1 = 8Dq$$

Contudo, essa equação não leva em consideração a interação do estado $^4T_{1g}$ com o estado $^4T_{2g}$ (isto é, a curvatura das linhas no diagrama de Orgel). Por isso é melhor calcular D_q a partir da equação:

$$\nu_2 - \nu_1 = 10D_q$$

pois esta não é influenciada pelas interações de configuração.

Tabela 32.12 — Atribuição do espectro do $[CrF_6]^{3-}$ (em cm⁻)

		Experimental	Teóricos corrigidos	
$^4A_{2g} \rightarrow {}^4T_{1g}(P)$	ν_3	34.400	34.800	$(12D_q + 15B' + x)$
$^4A_{2g} \rightarrow {}_4T_{1g}(F)$	ν_2	22.700	22.400	$(18D_q - x)$
$^4A_{2g} \rightarrow {}^4T_{2g}$	ν_1	14.900	14.900	$(10D_q)$

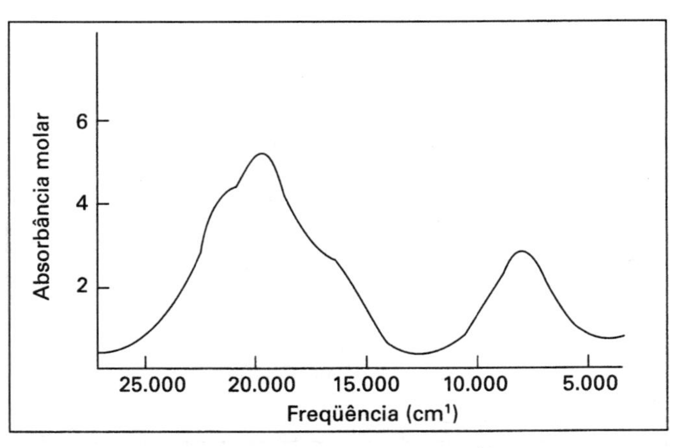

Figura 32.21 — Espectro eletrônico do $[Co(H_2O)_6]^{2+}$

Portanto:

$$15.200 - 7.200 = 10D_q$$

logo $$D_q = 800 \text{ cm}^{-1}$$

O valor do termo que expressa as interações configuracionais, x, pode ser calculado a partir da equação:

$$\nu_1 = 8D_q + x$$

ou a partir de $$\nu_2 = 18D_q + x$$

O parâmetro de Racah, B, para o íon Co^{2+} livre é igual a 971 cm^{-1} (Tab. 32.10), e o valor corrigido, B', pode ser calculado pela equação:

$$\nu_3 = 15B' + 6D_q + 2x$$

A coloração rosa-pálida de muitos complexos de Co(II) é de interesse. O espectro do íon $[Co(H_2O)_6]^{2+}$ é mostrado na Fig. 32.21. Esse espectro é mais difícil de ser interpretado. Uma banda de absorção fraca mas bem resolvida pode ser observado em torno de 8.000 cm^{-1}. Além disso, um envelope constituído por três bandas de absorção sobrepostos, pode ser observado em torno de 20.000 cm^{-1}, com máximos em 16.000, 19.400 e 21.600 cm^{-1}. A banda de menor energia ν_1 em 8.000 cm^{-1} é atribuída à transição $^4T_{1g} \rightarrow {}^4T_{2g}$. Dois dos máximos observados no envelope de bandas correspondem às transições $^4T_{1g} \rightarrow {}^4A_{2g}$ e $^4T_{1g} \rightarrow {}^4T_{1g}(P)$. Como essas transições possuem energias próximas, a força do campo cristalino do complexo está próximo ao correspondente à intersecção dos estados $^4A_{2g}$ e $^4T_{1g}$ no diagrama de energias. Isso implica que a atribuição é tentativa, mas as atribuições abaixo são geralmente aceitas:

$$\nu_2 \quad (^4T_{1g} \rightarrow {}^4A_{2g}) \qquad 16.000 \text{ cm}^{-1}$$

e $$\nu_3 \quad (^4T_{1g} \rightarrow {}^4T_{1g}(P)) \qquad 19.400 \text{ cm}^{-1}$$

A terceira banda é atribuída ou aos efeitos de acoplamento de spins, ou então à uma transição para um estado dublete.

Complexos tetraédricos de Co^{2+}, como $[CoCl_4]^{2-}$, são azul intensas e tem absorptividades molares, ε, de cerca de 600 mol^{-1} L cm^{-1}. Em contraste, os complexos octaédricos são rosa-pálidos e têm absorptividades molares de cerca de 6 mol^{-1} L cm^{-1}. A configuração eletrônica do íon Co^{2+} é d^7. No $[CoCl_4]^{2-}$, a configuração eletrônica do íon Co^{2+} é

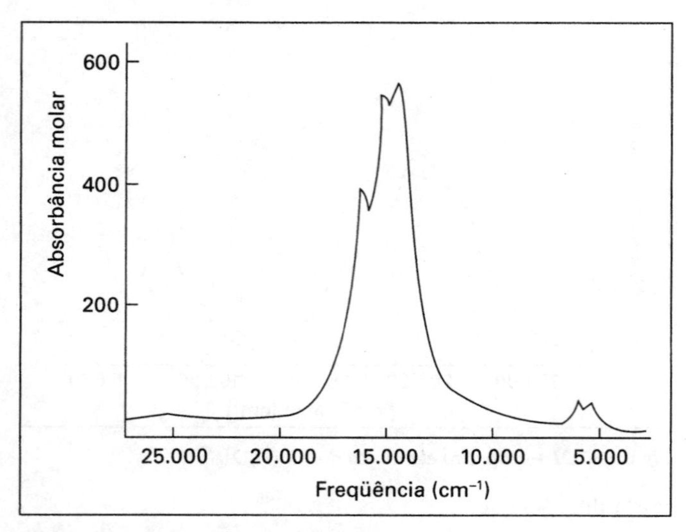

Figura 32.22 — Espectro eletrônico do $[CoCl_4]^{2-}$

$(e_g)^4(t_{2g})^3$. Essa configuração é semelhante ao do íon Cr^{3+} (d^3) octaédrico, pois apenas dois dos elétrons podem ser promovidos. Há três transições possíveis: ${}^4A_2 \rightarrow {}^4T_2(F)$, ${}^4A_2(F) \rightarrow {}^4T_1(F)$ e ${}^4A_2(F) \rightarrow {}^4T_1(P)$, mas apenas uma banda (atribuída à transição ν_1) aparece na região do visível, em 15.000 cm^{-1} (Fig.32.22). Além disso, há duas bandas na região do infravermelho. A primeira, atribuída à transição n_2, aparece em 5.800 cm^{-1}, enquanto que a de menor energia, atribuída à transição ν_3, é esperada em torno de 3.300 cm^{-1}.

${}^4A_2 \rightarrow {}^4T_1(P)$	ν_3	15.000 cm^{-1}; na região visível
${}^4A_2 \rightarrow {}^4T_1(F)$	ν_2	5.800 cm^{-1}; na região visível
${}^4A_2 \rightarrow {}^4T_2$	ν_1	(3.300 cm^{-1}; na região do infravermelho)

ESPECTROS DE ÍONS d^5

A configuração d^5 ocorre no Mn(II) e no Fe(III). Em complexos octaédricos de spin alto, com ligantes fracos, por exemplo $[Mn^{II}F_6]^{4-}$, $[Mn^{II}(H_2O)_6]^{2+}$ e $[Fe^{III}F_6]^{3-}$. Esses complexos possuem cinco elétrons desemparelhados. Qualquer transição eletrônica dentro do nível d só pode ocorrer se estiver acoplado a uma inversão de spin. Assim, como todas as bandas de absorção associadas a transições proibidas por spin, essas também serão muito pouco intensas. Isso explica a cor rosa pálida da maioria dos sais de Mn(II), e a cor violeta pálida do alúmen de Fe(III). O termo para o estado fundamental é ${}^6S$. Nenhum dos 11 estados excitados, mostrados na Tab. 32.3, pode ser alcançado sem que haja a inversão do spin de um elétron. Por isso, a probabilidade de ocorrer uma dessas transições é extremamente baixa. Dos 11 estados excitados, os quatro quartetos ${}^4G$, ${}^4F$, ${}^4D$ e ${}^4P$, envolvem a inversão de apenas um dos spin. Os outros sete estados são estados dubletes. Logo, as transições para os mesmos são duplamente proibidos por spin e muito improváveis de serem observados no espectro. Aqueles quatro estados se desdobram em dez estados, num campo octaédrico. Portanto, até dez bandas de absorção extremamente fracas poderiam ser observadas no espectro. O espectro do $[Mn(H_2O)_6]^{2+}$ é mostrado na Fig. 32.23. Diversos aspectos desse espectro são incomuns:

1) As bandas são extremamente fracas. As absorptividades molares, ε, variam de 0,02 a 0,03 mol^{-1} L cm^{-1}, em comparação com 5 a 10 mol^{-1} L cm^{-1} das transições permitidas por spin.
2) Algumas das bandas são largas e outras são finas. Bandas permitidas por spin são invariavelmente largas.

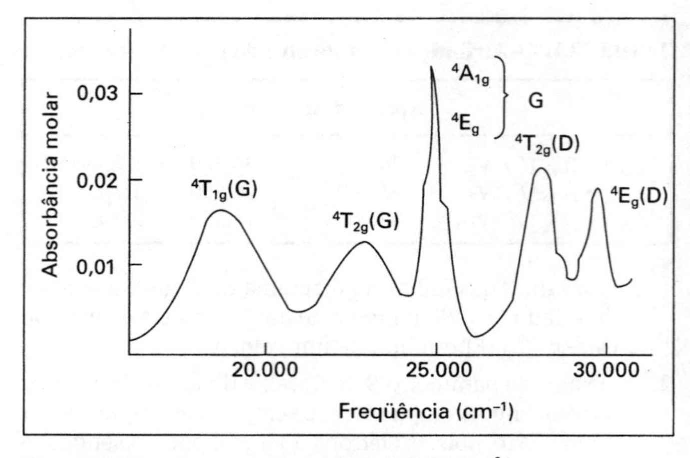

Figura 32.23 — Espectro eletrônico do $[Mn(H_2O)_6]^{2+}$

O diagrama de Orgel de níveis de energia para o Mn^{2+}, num campo octaédrico, é mostrado na Fig. 32.24. Somente os quartetos foram incluídos, pois as transições para os demais estados são duplamente proibidas.

Note que o estado fundamental ${}^6S$ não é desdobrado e se transforma no estado ${}^6A_{1g}$, que se encontra ao longo do eixo das abcissas (horizontal). Observe que os termos ${}^4E_g(G)$, ${}^4A_{1g}$, ${}^4E_g(D)$ e ${}^4A_{2g}(F)$, também são linhas horizontais no diagrama. Logo, suas energias são praticamente independentes do campo cristalino. Os ligantes de um complexo vibram em relação a uma posição média, de modo que a

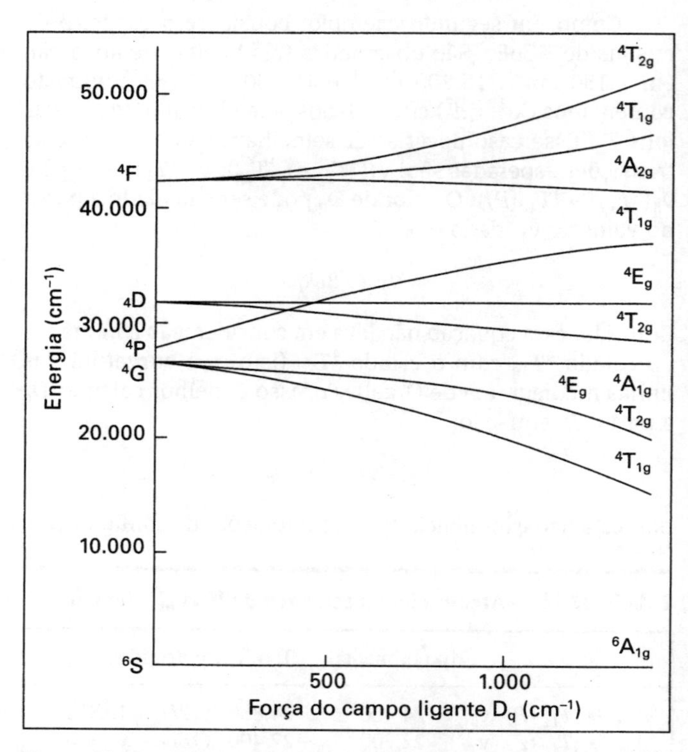

Figura 32.24 — Diagrama de Orgel de níveis de energia para o Mn^{2+} (d^5) octaédrico

intensidade do campo cristalino 10 D_q também oscila em torno de um valor médio. Conseqüentemente, a energia de uma determinada transição também varia em torno de um valor médio, e as bandas de absorção se tornam largas. A largura das bandas está relacionada com a inclinação das linhas no diagrama de Orgel. Como a inclinação da curva correspondente ao termo $^6A_{1g}$ (estado fundamental) é igual a zero, e as inclinações das curvas correspondentes aos estados $^4E_g(G)$, $^4A_{1g}$, $^4E_g(D)$ e $^4A_{2g}(F)$, também se aproximam de zero, as transições do estado fundamental para esses quatro estados dão origem a bandas finas. Pelo mesmo raciocínio, as transições para estados cujas curvas no diagrama de Orgel apresentam inclinações apreciáveis, como $^4T_{1g}(G)$ e $^4T_{2g}(G)$, dão origem a bandas largas.

A atribuição das bandas é dada abaixo:

$^6A_{1g} \rightarrow {}^4T_{1g}$	18.900 cm^{-1}
$^6A_{1g} \rightarrow {}^4T_{2g}(G)$	23.100 cm^{-1}
$^6A_{1g} \rightarrow {}^4E_g$	24.970 cm^{-1}
$^6A_{1g} \rightarrow {}^4A_{1g}$	25.300 cm^{-1}
$^6A_{1g} \rightarrow {}^4T_{2g}(D)$	28.000 cm^{-1}
$^6A_{1g} \rightarrow {}^4E_g(D)$	29.700 cm^{-1}

O mesmo diagrama se aplica a complexos tetraédricos d^5, onde o subescrito "g" é omitido devido à ausência de centro de simetria.

DIAGRAMAS DE TANABE-SUGANO

Os diagramas de Orgel são úteis na interpretação de espectros, mas sofrem de duas limitações sérias:

1) São aplicáveis apenas aos complexos de spin alto (campo fraco).
2) São aplicáveis apenas a transições permitidas por spin, quando o número de bandas observadas for maior ou igual ao número de parâmetros empíricos: o desdobramento do campo cristalino D_q, o parâmetro corrigido de Racah B' e a constante de curvatura x.

Embora seja possível acrescentar estados de spin baixo a um diagrama de Orgel, geralmente, os diagramas de Tanabe-Sugano são utilizados para se interpretar os espectros que incluem tanto complexos de campo fraco como de campo forte. Os diagramas de Tanabe-Sugano são semelhantes aos diagramas de Orgel, pois ambos mostram como os níveis de energia variam em função de D_q. Mas, por outro lado diferem em vários aspectos:

1) O estado fundamental é tomado sempre como a abscissa (eixo horizontal) e se constitui num ponto de referência constante. As energias dos demais estados são registrados de modo que sejam relativos à abcissa.
2) Os termos de baixa multiplicidade de spin, isto é, estados em que as multiplicidades são menores que do estado fundamental, também foram incluídos.
3) Para que os diagramas sejam de aplicação geral e pudesem ser utilizados para diferentes íons metálicos com a mesma configuração eletrônica, e para possibilitar seu uso em complexos com diferentes ligantes (ambos influenciam os valores de D_q e B ou B'), os eixos são dados em unidades de energia/B e D_q/B.

Um diagrama diferente é necessário para cada configu-

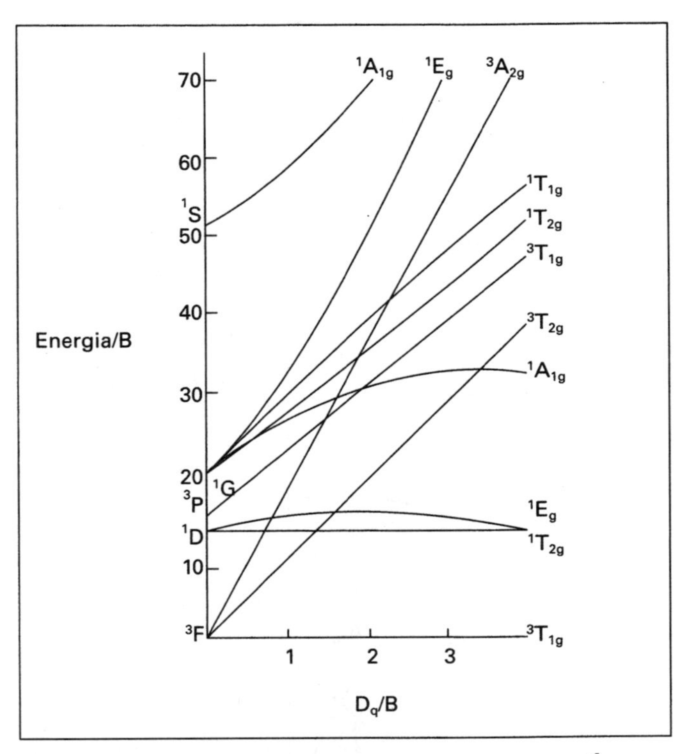

Figura 32.25 — Diagrama de Tanabe-Sugano para um caso d^2, *por exemplo,* V^{3+}

ração eletrônica, mas apenas dois exemplos serão mostrados. O diagrama de Tanabe-Sugano para o caso d^2, como o íon V^{3+}, é mostrado na Fig. 32.25. Observe que, nesse caso, não há nenhuma diferença marcante entre as regiões referentes aos complexos de campo forte e campo fraco.

O diagrama de Tanabe-Sugano para íons d^6, como o Co^{3+}, é mostrado na Fig. 32.26. Essa é uma versão simplificada, onde são mostrados somente os termos singlete e quinteto. Há uma descontinuidade em $10D_q/B = 2$, representada por uma linha vertical. Nesse ponto ocorre o emparelhamento dos spins dos elétrons. À esquerda dessa linha situam-se os complexos de spin alto (de campo ligante fraco), e à direita os complexos de spin baixo (de campo ligante forte). O estado fundamental do íon livre é ^5D. Este é desdobrado, por um campo octaédrico, no estado fundamental $^5T_{2g}$ e no estado excitado ^5E_g. O estado singlete ^1I, do íon livre, é de alta energia. Ele é desdobrado pelo campo octaédrico em cinco estados diferentes, dos quais o estado $^1A_{1g}$ é o mais importante. Esse estado é fortemente estabilizado pelos ligantes e sua energia diminui rapidamente, à medida que aumenta a força do campo ligante. No ponto em que $10D_q/B = 2$, a curva para $^1A_{1g}$ intercepta a curva do estado $^5T_{2g}$ (que é o estado fundamental). Em campos ainda mais fortes o estado $^1A_{1g}$ é o de menor energia, tornando-se o estado fundamental. Como o estado fundamental é tomado como sendo o eixo horizontal, a parte direita do diagrama deve ser redesenhada.

Como o íon fluoreto é um ligante de campo fraco, o complexo $[CoF_6]^{3-}$ é de spin alto. O complexo é azul, e uma única banda é observada no espectro, em 13.000 cm^{-1}. Ela é atribuída à transição $^5T_{2g} \rightarrow {}^5E_g$, indicada por uma seta na parte inferior esquerda do diagrama. O espectro de um complexo de spin baixo, como $[Co(etilenodiamina)_3]^{3+}$,

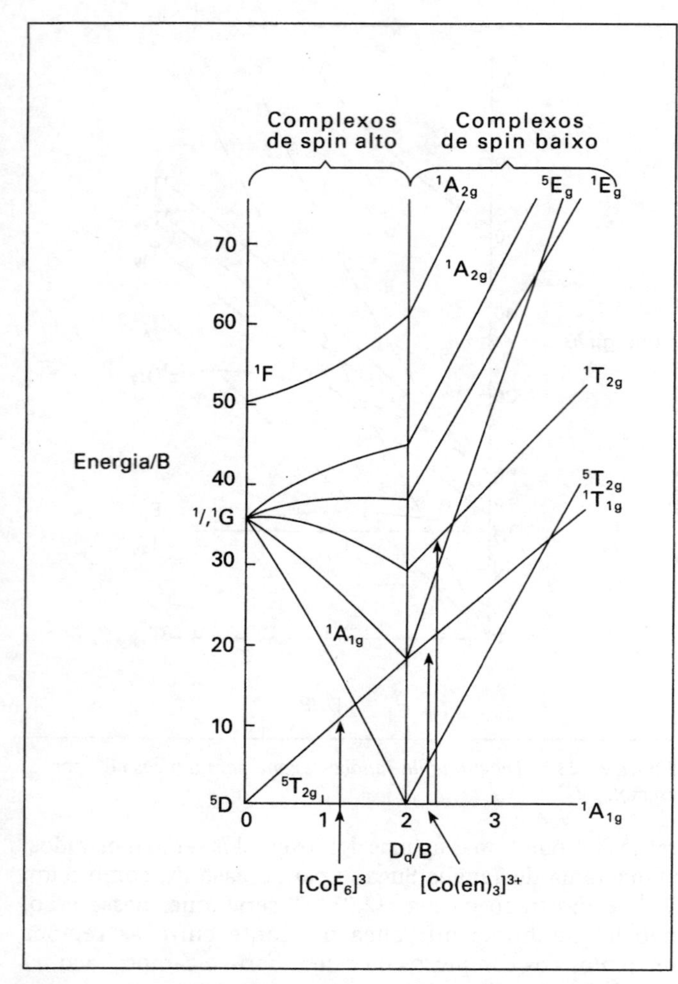

Figura 32.26 — Diagrama de Tanabe-Sugano para um caso d^6*, por exemplo,* Co^{3+}

deveria apresentar as transições $^1A_{1g} \rightarrow {}^1T_{1g}$ e $^1A_{1g} \rightarrow {}^1T_{2g}$ (indicadas por duas setas na parte inferior direita do diagrama).

LEITURAS COMPLEMENTARES

- Emeléus, H.J. e Sharpe, A.G. (1973) *Modern Aspects of Inorganic Chemistry*, 4.ª ed. (Complexos de metais de transição: Cap.17, Espectro eletrônico), Routledge and Kegan Paul, London.
- Figgis, B.N. (1966) *Introduction to Ligand Fields*, John Wiley, London. (Espectros uv de íons de metais de transição: O desdobramento dos termos espectroscópicos é discutido no Cap.7. Apropriado para leitores em nível mais avançado.)
- Gerloch, M. (1986) *Orbitals, Terms and States*, John Wiley, Chichester. (Um livro mais básico.)
- Herzberg, G. (1966) *Molecular Spectra and Molecular Structure*, Vol. III, (Espectro eletrônico e estrutura eletrônica de moléculas poliatômicas), Van Nostrand Reinhold, London.
- Hyde, K.E. (1975) Methods for obtaining Russell-Saunders term symbols from electronic configurations, *J. Chem. Ed.*, **52**, 87-89.
- Jotham, R.W. (1975) Why do energy levels repel one another? *J. Chem. Ed.*, **52**, 377-378.
- Lever, A.B.P. (1964) *Inorganic Electronic Spectroscopy*, Elsevier, Amsterdam. (Atualizado e completo; uma boa fonte de dados espectrais)
- McClure, D.S. e Stephens, P.J. (1971) *Electronic Spectra of Coordination Compounds in Coordination Chemistry* (ed. Martell, A.E.), Van Nostrand Reinhold.
- Nicholls, D. (1974) *Complexes and First Row Transition Elements*, Macmillan, London. (Uma boa explicação sobre a espectroscopia de complexos de metais de transição é dada no Cap.6.)
- Orgel, L.E. (1955) *J. Chem. Phys.*, **23**, 1004. (Artigo original sobre os diagramas de Orgel)
- Richards, W.G. e Scott, P.R. (1976) *Structure and Spectra of Atoms*, John Wiley, London. (Um texto com discussões mais básico, principalmente nos Caps. 3 e 4.)
- Sutton, D. (1968) Electronic Spectra of Transition Metal Complexes, McGraw-Hill, London.
- Tanabe, Y. e Sugano. S. (1954) Semiquantitative energy-level diagrams for octahedral symmetry, *J. Phys. Soc. Japan*, **9**, 753-766. (Artigo original sobre os diagramas de Tanabe-Sugano.)
- Urch, D.S. (1970) *Orbitals and Symmetry*, Penguin, Harmondsworth.
- Vicente, J (1983) A simple method for obtaining Russell-Saunders term symbols. *J. Chem. Ed.*, **60**, 560-561,
- Um método alternativo para atribuir os espectros é por meio da Teoria de Grupos. Este é um método matemático, que alguns podem achar particularmente difícil.
- Atkins, P.W., Child, M.S. e Phillips, C.S.G. (1970) *Tables for Group Theory*, Oxford University Press, London .
- Ballhausen, C.J. (1962) *Introduction to Ligand Field Theory*, McGraw-Hill.
- Cotton, F.A. (1970) *Chemical Applications of Group Theory*, 2.ª ed., Interscience, New York and Wiley, Chichester (Um excelente texto introdutório)
- Davidson, G. (1971) *Introductory Group Theory for Chemists*, Applied Science Publishers Ltd., Barking. (Um excelente texto introdutório e de fácil leitura)

PROBLEMAS

1. As transições eletrônicas do tipo *d–d*, que aparecem nos espectros de complexos octaédricos de metais de transição, deveriam ser proibidas pela regra de seleção de Laporte. Por que essas transições podem ser observadas como bandas moderadamente intensas?
2. Por que as bandas atribuídas a transições *d–d* de complexos tetraédricos, de um dado elemento, são muito mais intensas que as bandas nos correspondentes complexos octaédricos?

Apêndice A

ABUNDÂNCIA DOS ELEMENTOS NA CROSTA TERRESTRE

	Elemento	Símbolo	Abundância*
1	Oxigênio	O	455.000
2	Silício	Si	272.000
3	Alumínio	Al	83.000
4	Ferro	Fe	62.000
5	Cálcio	Ca	46.600
6	Magnésio	Mg	27.640
7	Sódio	Na	22.700
8	Potássio	K	18.400
9	Titânio	Ti	6.320
10	Hidrogênio	H	1.520
11	Fósforo	P	1.120
12	Manganês	Mn	1.060
13	Flúor	F	544
14	Bário	Ba	390
15	Estrôncio	Sr	384
16	Enxofre	S	340
17	Carbono	C	180
18	Zircônio	Zr	162
19	Vanádio	V	136
20	Cloro	Cl	126
21	Crômio	Cr	122
22	Níquel	Ni	99
23	Rubídio	Rb	78
24	Zinco	Zn	76
25	Cobre	Cu	68
26	Cério	Ce	66
27	Neodímio	Nd	40
28	Lantânio	La	35
29	Ítrio	Y	31
30	Cobalto	Co	29
31	Escândio	Sc	25
32	Nióbio	Nb	20
33	Nitrogênio	N	19
34	Gálio	Ga	19
35	Lítio	Li	18
36	Chumbo	Pb	13
37	Praseodímio	Pr	9,1
38	Boro	B	9,0
39	Tório	Th	8,1
40	Samário	Sm	7,0
41	Gadolínio	Gd	6,1
42	Disprósio	Dy	4,5
43	Érbio	Er	3,5
44	Itérbio	Yb	3,1
45	Háfnio	Hf	2,8
46	Césio	Cs	2,6
47	Bromo	Br	2,5
48	Urânio	U	2,3
49	Estanho	Sn	2,1
49	Európio	Eu	2,1
51	Berílio	Be	2,0
52	Arsênio	As	1,8
53	Tântalo	Ta	1,7
54	Germânio	Ge	1,5
55	Hólmio	Ho	1,3
56	Molibdênio	Mo	1,2
56	Tungstênio	W	1,2
56	Térbio	Tb	1,2
59	Lutécio	Lu	0,8
60	Tálio	Tl	0,7
61	Túlio	Tm	0,5
62	Iodo	I	0,46
63	Índio	In	0,24
64	Antimônio	Sb	0,20
65	Cádmio	Cd	0,16
66	Prata	Ag	0,08
66	Mercúrio	Hg	0,08
68	Selênio	Se	0,05
69	Paládio	Pd	0,015
70	Platina	Pt	0,01
71	Bismuto	Bi	0,008
72	Ósmio	Os	0,005
73	Ouro	Au	0,004
74	Irídio	Ir	0,001
74	Telúrio	Te	0,001
76	Rênio	Re	0,0007
77	Rutênio	Ru	0,0001
77	Ródio	Rh	0,0001

* As unidades para a abundância são ppm da crosta terrestre, o que corresponde a g/tonelada. Os valores foram extraídos essencialmente de *Geochemistry*, de W.S. Fyfe, Oxford University Press, 1974, complementados por alguns dados mais recentes.

Apêndice B

PONTOS DE FUSÃO DOS ELEMENTOS

Período \ Grupo	1	2	3	4	5	6	7	8	9	10	11	12	13	14	15	16	17	18
1																	H −253	He −269
2	Li 1.347	Be (2.500)											B 3.650	C	N −195,8	O −183,1	F −188	Ne −246
3	Na 881	Mg 1.105											Al 2.467	Si 3.280	P 281	S 445	Cl −34	Ar −186
4	K 766	Ca 1.494	Sc 2.748	Ti 3.285	V 3.350	Cr 2.960	Mn 2.060	Fe 2.750	Co 3.100	Ni 2.920	Cu 2.570	Zn 907	Ga 2.403	Ge 2.850	As 615_s	Se 685	Br 60	Kr −153,6
5	Rb 688	Sr 1.381	Y 3.264	Zr 4.200	Nb 4.758	Mo 4.650	Tc 4.567	Ru (4.050)	Rh 3.760	Pd 2.940	Ag 2.155	Cd 765	In 2.080	Sn 2.623	Sb 1.487	Te 1.087	I 185	Xe −108,1
6	Cs 705	Ba (1.850)	La 3.420	Hf 4450	Ta 5.534	W 5.500	Re 5.650	Os (5.025)	Ir (4.550)	Pt 4.170	Au 2.808	Hg 357	Tl 1.457	Pb 1.751	Bi 1.564	Po 962	At	Rn −62
7	Fr	Ra (1700)	Ac 2.470															

As temperaturas são dadas em graus Celsius. Círculos grandes indicam valores elevados e círculos pequenos indicam valores baixos; *s* indica sublimação. Dados entre parênteses representam valores aproximados.

<0 • 1–1.500 ● 1.501–3.000 ● >3.000 ●

Apêndice C

PONTOS DE EBULIÇÃO DOS ELEMENTOS

Período \ Grupo	1	2	3	4	5	6	7	8	9	10	11	12	13	14	15	16	17	18
1	H -259																H -259	He —
2	Li 181	Be 1.287											B 2.180	C 4.100	N -210	O -229	F -219	Ne -249
3	Na 98	Mg 649											Al 660	Si 1.420	P 44	S 114	Cl -101	Ar -189
4	K 63	Ca 839	Sc 1.539	Ti 1.667	V 1.915	Cr 1.900	Mn 1.244	Fe 1.535	Co 1.495	Ni 1.452	Cu 1.083	Zn 420	Ga 30	Ge 945	As 816	Se 221	Br -7	Kr -157
5	Rb 39	Sr 768	Y 1.530	Zr 1.857	Nb 2.468	Mo 2.620	Tc 2.200	Ru 2.282	Rh 1.960	Pd 1.552	Ag 961	Cd 321	In 157	Sn 232	Sb 631	Te 452	I 114	Xe -112
6	Cs 28,5	Ba 727	La 920	Hf 2.222	Ta 2.980	W 3.380	Re 3.180	Os 3.045	Ir 2.443	Pt 1.769	Au 1.064	Hg -39	Tl 303	Pb 327	Bi 271	Po 254	At 302^e	Rn -71^e
7	Fr 27^e	Ra (700)	Ac 817															

As temperaturas são dadas em graus Celsius. Círculos grandes indicam valores elevados e círculos pequenos indicam valores baixos; *e* indica valor calculado. Dados entre parênteses representam valores aproximados.

<0 • 1–1.500 ● 1.501–3.000 ● >3.000 ●

Apêndice D

DENSIDADE DOS ELEMENTOS SÓLIDOS E LÍQUIDOS

Período \ Grupo	1	2	3	4	5	6	7	8	9	10	11	12	13	14	15	16	17	18
1	H																H	He
2	Li 0,54	Be 1,85											B 2,35	C 2,26	N	O	F	Ne
3	Na 0,97	Mg 1,74											Al 2,70	Si 2,34	P 1,82	S 2,1	Cl	Ar
4	K 0,86	Ca 1,55	Sc 3,0	Ti 4,50	V 6,11	Cr 7,14	Mn 7,43	Fe 7,87	Co 8,90	Ni 8,91	Cu 8,95	Zn 7,14	Ga 5,90	Ge 5,32	As 5,77	Se 4,19	Br 3,19	Kr
5	Rb 1,53	Sr 2,63	Y 4,5	Zr 6,51	Nb 8,57	Mo 10,28	Tc 11,5	Ru 12,41	Rh 12,39	Pd 11,99	Ag 10,49	Cd 8,65	In 7,31	Sn 7,27	Sb 6,70	Te 6,25	I 4,94	Xe
6	Cs 1,90	Ba 3.62	La 6,17	Hf 13,28	Ta 16,65	W 19,3	Re 21,0	Os 22,57	Ir 22,61	Pt 21,41	Au 19,32	Hg 13,53	Tl 11,85	Pb 11,34	Bi 9,81	Po 9,14	At —	Rn
7	Fr —	Ra 5,5	Ac —															

As densidades são dadas em g cm^{-2} (o que equivale a 10^{-3} kg m^{-3}). O valor para o carbono é o do grafite. Círculos grandes indicam valores elevados e círculos pequenos indicam valores baixos.

<0 • 1–1.500 • 1.501–3.000 ● >3.000 ⬤

Apêndice E

CONFIGURAÇÕES ELETRÔNICAS DOS ELEMENTOS

Z	Elemento	Símbolo	Configuração
1	Hidrogênio	H	$1s^1$
2	Hélio	He	$1s^2$
3	Lítio	Li	[He] $2s^1$
4	Berílio	Be	[He] $2s^2$
5	Boro	B	[He] $2s^2\ 2p^1$
6	Carbono	C	[He] $2s^2\ 2p^2$
7	Nitrogênio	N	[He] $2s^2\ 2p^3$
8	Oxigênio	O	[He] $2s^2\ 2p^4$
9	Flúor	F	[He] $2s^2\ 2p^5$
10	Neônio	Ne	[He] $2s^2\ 2p^6$
11	Sódio	Na	[Ne] $3s^1$
12	Magnésio	Mg	[Ne] $3s^2$
13	Alumínio	Al	[Ne] $3s^2\ 3p^1$
14	Silício	Si	[Ne] $3s^2\ 3p^2$
15	Fósforo	P	[Ne] $3s^2\ 3p^3$
16	Enxofre	S	[Ne] $3s^2\ 3p^4$
17	Cloro	Cl	[Ne] $3s^2\ 3p^5$
18	Argônio	Ar	[Ne] $3s^2\ 3p^6$
19	Potássio	K	[Ar] $4s^1$
20	Cálcio	Ca	[Ar] $4s^2$
21	Escândio	Sc	[Ar] $3d^1\ 4s^2$
22	Titânio	Ti	[Ar] $3d^2\ 4s^2$
23	Vanádio	V	[Ar] $3d^3\ 4s^2$
24	Crômio	Cr	[Ar] $3d^5\ 4s^1$
25	Manganês	Mn	[Ar] $3d^5\ 4s^2$
26	Ferro	Fe	[Ar] $3d^6\ 4s^2$
27	Cobalto	Co	[Ar] $3d^7\ 4s^2$
28	Níquel	Ni	[Ar] $3d^8\ 4s^2$
29	Cobre	Cu	[Ar] $3d^{10}\ 4s^1$
30	Zinco	Zn	[Ar] $3d^{10}\ 4s^2$
31	Gálio	Ga	[Ar] $3d^{10}\ 4s^2\ 4p^1$
32	Germânio	Ge	[Ar] $3d^{10}\ 4s^2\ 4p^2$
33	Arsênio	As	[Ar] $3d^{10}\ 4s^2\ 4p^3$
34	Selênio	Se	[Ar] $3d^{10}\ 4s^2\ 4p^4$
35	Bromo	Br	[Ar] $3d^{10}\ 4s^2\ 4p^5$
36	Criptônio	Kr	[Ar] $3d^{10}\ 4s^2\ 4p^6$
37	Rubídio	Rb	[Kr] $5s^1$
38	Estrôncio	Sr	[Kr] $5s^2$
39	Ítrio	Y	[Kr] $4d^1\ 5s^2$
40	Zircônio	Zr	[Kr] $4d^2\ 5s^2$
41	Nióbio	Nb	[Kr] $4d^4\ 5s^1$
42	Molibdênio	Mo	[Kr] $4d^5\ 5s^1$
43	Tecnécio	Tc	[Kr] $4d^5\ 5s^2$
		Tc	[Kr] $4d^6\ 5s^1$
44	Rutênio	Ru	[Kr] $4d^7\ 5s^1$
45	Ródio	Rh	[Kr] $4d^8\ 5s^1$
46	Paládio	Pd	[Kr] $4d^{10}\ 5s^0$
47	Prata	Ag	[Kr] $4d^{10}\ 5s^1$
48	Cádmio	Cd	[Kr] $4d^{10}\ 5s^2$
49	Índio	In	[Kr] $4d^{10}\ 5s^2\ 5p^1$
50	Estanho	Sn	[Kr] $4d^{10}\ 5s^2\ 5p^2$
51	Antimônio	Sb	[Kr] $4d^{10}\ 5s^2\ 5p^3$
52	Telúrio	Te	[Kr] $4d^{10}\ 5s^2\ 5p^4$

Z	Elemento	Símbolo	Configuração
53	Iodo	I	[Kr] $4d^{10}\ 5s^2\ 5p^5$
54	Xenônio	Xe	[Kr] $4d^{10}\ 5s^2\ 5p^6$
55	Césio	Cs	[Xe] $6s^1$
56	Bário	Ba	[Xe] $6s^2$
57	Lantânio	La	[Xe] $5d^1\ 6s^2$
58	Cério	Ce	[Xe] $4f^1\ 5d^1\ 6s^2$
59	Praseodímio	Pr	[Xe] $4f^3\ 5d^0\ 6s^2$
60	Neodímio	Nd	[Xe] $4f^4\ 5d^0\ 6s^2$
61	Promécio	Pm	[Xe] $4f^5\ 5d^0\ 6s^2$
62	Samário	Sm	[Xe] $4f^6\ 5d^0\ 6s^2$
63	Európio	Eu	[Xe] $4f^7\ 5d^0\ 6s^2$
64	Gadolínio	Gd	[Xe] $4f^7\ 5d^1\ 6s^2$
65	Térbio	Tb	[Xe] $4f^9\ 5d^0\ 6s^2$
66	Disprósio	Dy	[Xe] $4f^{10}\ 5d^0\ 6s^2$
67	Hólmio	Ho	[Xe] $4f^{11}\ 5d^0\ 6s^2$
68	Érbio	Er	[Xe] $4f^{12}\ 5d^0\ 6s^2$
69	Túlio	Tm	[Xe] $4f^{13}\ 5d^0\ 6s^2$
70	Itérbio	Yb	[Xe] $4f^{14}\ 5d^0\ 6s^2$
71	Lutécio	Lu	[Xe] $4f^{14}\ 5d^1\ 6s^2$
72	Háfnio	Hf	[Xe] $4f^{14}\ 5d^2\ 6s^2$
73	Tântalo	Ta	[Xe] $4f^{14}\ 5d^3\ 6s^2$
74	Tungstênio	W	[Xe] $4f^{14}\ 5d^4\ 6s^2$
75	Rênio	Re	[Xe] $4f^{14}\ 5d^5\ 6s^2$
76	Ósmio	Os	[Xe] $4f^{14}\ 5d^6\ 6s^2$
77	Irídio	Ir	[Xe] $4f^{14}\ 5d^7\ 6s^2$
78	Platina	Pt	[Xe] $4f^{14}\ 5d^9\ 6s^1$
79	Ouro	Au	[Xe] $4f^{14}\ 5d^{10}\ 6s^1$
80	Mercúrio	Hg	[Xe] $4f^{14}\ 5d^{10}\ 6s^2$
81	Tálio	Tl	[Xe] $4f^{14}\ 5d^{10}\ 6s^2\ 6p^1$
82	Chumbo	Pb	[Xe] $4f^{14}\ 5d^{10}\ 6s^2\ 6p^2$
83	Bismuto	Bi	[Xe] $4f^{14}\ 5d^{10}\ 6s^2\ 6p^3$
84	Polônio	Po	[Xe] $4f^{14}\ 5d^{10}\ 6s^2\ 6p^4$
85	Astato	At	[Xe] $4f^{14}\ 5d^{10}\ 6s^2\ 6p^5$
86	Radônio	Rn	[Xe] $4f^{14}\ 5d^{10}\ 6s^2\ 6p^6$
87	Frâncio	Fr	[Rn] $7s^1$
88	Rádio	Ra	[Rn] $7s^2$
89	Actínio	Ac	[Rn] $6d^1\ 7s^2$
90	Tório	Th	[Rn] $6d^2\ 7s^2$
91	Protactínio	Pa	[Rn] $5f^2\ 6d^1\ 7s^2$
92	Urânio	U	[Rn] $5f^3\ 6d^1\ 7s^2$
93	Neptúnio	Np	[Rn] $5f^4\ 6d^1\ 7s^2$
94	Plutônio	Pu	[Rn] $5f^6\ 6d^0\ 7s^2$
95	Amerício	Am	[Rn] $5f^7\ 6d^0\ 7s^2$
96	Cúrio	Cm	[Rn] $5f^7\ 6d^1\ 7s^2$
97	Berquélio	Bk	[Rn] $5f^8\ 6d^1\ 7s^2$
		Bk	[Rn] $5f^9\ 6d^0\ 7s^2$
98	Califórnio	Cf	[Rn] $5f^{10}\ 6d^0\ 7s^2$
99	Einstêinio	Es	[Rn] $5f^{11}\ 6d^0\ 7s^2$
100	Férmio	Fm	[Rn] $5f^{12}\ 6d^0\ 7s^2$
101	Mendelévio	Md	[Rn] $5f^{13}\ 6d^0\ 7s^2$
102	Nobélio	No	[Rn] $5f^{14}\ 6d^0\ 7s^2$
103	Laurêncio	Lr	[Rn] $5f^{14}\ 6d^1\ 7s^2$
104	Rutherfórdio	Rf	[Rn] $5f^{14}\ 6d^2\ 7s^2$
105	Dúbnio	Db	[Rn] $5f^{14}\ 6d^3\ 7s^2$

Apêndice F

VALORES MÉDIOS DE ALGUMAS ENERGIAS DE LIGAÇÃO

(em kJ mol^{-1})

	I	Br	Cl	F	S	O	P	N	Si	C	H
H	297	368	431	565	339	464	318	389	293	414	435
C	238	276	330	439	259	351	263	293	289	347	
Si	213	289	360	539	226	368	213[e]	—	176		
N	—	243	201	272	—	201	209[e]	159			
P	213	272	330	489	230[e]	351[e]	213				
O	201	—	205	184	—	138					
S	—	213	251	284	213						
F	—	255	184	159							
Cl	209	217	243								
Br	180	193									
I	151										

[e] Indica valores calculados com o auxílio das diferenças de eletronegatividade

Energias de algumas ligações duplas e triplas (kJ mol^{-1})

C = C	611	C = N	615	C≡C	836	C≡N	891
C = O	740	N = N	418	C≡O	1.071	N≡N	945

Apêndice G

SOLUBILIDADE EM ÁGUA DE COMPOSTOS DOS GRUPOS REPRESENTATIVOS

	F^-	Cl^-	Br^-	I^-	OH^-	NO_3^-	CO_3^{2-}	SO_4^{2-}	HCO_3^-
NH_4^+	vs	37	75	172		192	12	75	
Li^+	0,27[e]	83	177	165	12,8	70	1,33	35	
Na^+	4,0	36	91	179	109	87	21	19,4	9,6
K^-	95	34,7	67	144	112	31,6	112	11,1	22,4
Rb^+	131	91	110	152	177	53	450	48	
Cs^+	370	186	108	79	330	23	vs	179	
Be^{2+}	vs	vs	s	dec	ss	107		39	
Mg^{2+}	0,008	54,2	102	148	0,0009	70	ss	33	
Ca^{2+}	0,0016	74,5	142	209	0,156	129	ss	0,21	
Sr^{2+}	0,012	53,8	100	178	0,80	71	ss	0,013	
Ba^{2+}	0,12	36	104	205	3,9	8,7	ss	0,0024	
Al^{3+}	0,55	70 dec	dec	dec	ss	63		38	
Ga^{3+}	0,002	vs	s	dec	ss			vs	
In^{3+}	0,04	vs	vs	dec	ss				
Tl^+	78,6[b]	0,33	0,05	0,0006	25,9[a]	9,55	4,0[b]	s	
Tl^{3+}	dec	vs	s	s		s		4,87	
Ge^{II}	ss	dec	dec	s					
Ge^{IV}	dec	dec	dec	dec					
Sn^{II}	s	270 dec[b]	s	0,98	ss	dec		33[d]	
Sn^{IV}	vs	dec	dec	dec					
Pb^{II}	0,064	0,99	0,844	0,063	0,016	55	0,0011	ss	
Pb^{IV}		dec							
As^{III}	dec	dec	dec	6,0[d]					
As^{V}									
Sb^{III}	dec	dec	dec	dec		dec		ss	
Sb^{V}		dec							
Bi^{III}	ss	dec	dec	ss	0,00014	dec		dec	

As solubilidades são dadas em gramas de soluto por 100 gramas de água a 20° C, a não ser nos casos especificados de modo diferente. ms = muito solúvel; s = solúvel; ps = pouco solúvel; dec = decomposição; a = a 0° C; b = a 15° C; c = a 18° C; d = a 25° C,

Apêndice H

MASSAS ATÔMICAS (COM BASE NO ISÓTOPO ^{12}C-12,000)

Elemento	Massa atômica
Actínio	(227)
Alumínio	26,982
Amerício	(243)
Antimônio	121,75
Argônio	39,948
Arsênio	74,922
Astato (ou astatínio)	(210)
Bário	137,34
Berílio	9,102
Berquélio	(249)
Bismuto	208,98
Boro	10,811
Bromo	79,909
Cádmio	112,40
Cálcio	40,08
Califórnio	(251)
Carbono	12,01115
Cério	140,12
Césio	132,905
Chumbo	207,19
Cloro	35,453
Cobalto	58,933
Cobre	63,54
Criptônio	83,80
Crômio	51,996
Cúrio	(247)
Disprósio	162,50
Einstêinio	(254)
Enxofre	32,064
Érbio	167,26
Escândio	44,96
Estanho	118,69
Estrôncio	87,62
Európio	151,96
Férmio	(253)
Ferro	55,847
Flúor	18,993
Fósforo	30,9738
Frâncio	(223)
Gadolínio	157,25
Gálio	69,72
Germânio	72,59
Háfnio	178,49
Hélio	4,003
Hidrogênio	1,00797
Hólmio	164,93
Índio	114,82
Iodo	126,904
Irídio	192,2
Itérbio	173,04
Ítrio	88,91

Elemento	Massa atômica
Lantânio	138,91
Laurêncio	(257)
Lítio	6,939
Lutécio	174,97
Magnésio	24,312
Manganês	54,938
Mendelévio	(256)
Mercúrio	200,59
Molibdênio	95,94
Neodímio	144,24
Neônio	20,183
Neptúnio	(237)
Nióbio	92,91
Níquel	58,71
Nitrogênio	14,0067
Nobélio	(254)
Ósmio	190,2
Ouro	196,967
Oxigênio	15,9994
Paládio	106,4
Platina	195,09
Plutônio	(242)
Polônio	(210)
Potássio	39,102
Praseodímio	140,91
Prata	107,870
Promécio	(147)
Protactínio	(231)
Rádio	(226)
Radônio	(222)
Rênio	186,22
Ródio	102,91
Rubídio	85,47
Rutênio	101,07
Samário	150,35
Selênio	78,96
Silício	28,086
Sódio	22,9898
Tálio	204,37
Tântalo	180,95
Tecnécio	(99)
Telúrio	127,60
Térbio	153,92
Titânio	47,90
Tório	232,04
Túlio	168,93
Tungstênio	183,85
Urânio	238,03
Vanádio	50,942
Xenônio	131,30
Zinco	65,37
Zircônio	91,22

Apêndice I

VALORES DE ALGUMAS CONSTANTES FÍSICAS

Constante de Planck, h = $6{,}6262\times10^{-34}$ J s

Massa do elétron, m = $9{,}1091\times10^{-31}$ kg

Carga do elétron, e = $1{,}60210\times10^{-19}$ C

Permissividade do vácuo, ε_o = $8{,}854185\times10^{-12}$ kg^{-1} m^{-3} A^2

Permeabilidade do vácuo, μ_o = $4\pi\times10^{-7}$ kg m s^{-2} A^{-2}

Velocidade da luz no vácuo, c = $2{,}997925\times10^8$ m s^{-1}

Constante de Avogadro, N^o = $6{,}022045\times10^{23}$ mol^{-1}

Constante de Boltzmann, k = $1{,}3805\times10^{-23}$ J K^{-1}

Magnéton–Bohr (magnéton de Bohr), μ_B = $9{,}2732\times10^{-24}$ A m^2 = J T^{-1}

Unidades para o momento magnético e o momento dipolar μ são A m^2 = J T^{-1}

Apêndice J

RESISTIVIDADE ELÉTRICA DOS ELEMENTOS

(na temperatura indicada)

Elemento	Símbolo	Temp. (°C)	Resistividade (microohm cm)
Prata	Ag	20	1,59
Cobre	Cu	20	1,673
Ouro	Au	20	2,35
Alumínio	Al	20	2,655
Cálcio	Ca	20	3,5
Berílio	Be	20	4,0
Sódio	Na	0	4,2
Magnésio	Mg	20	4,46
Ródio	Rh	20	4,51
Molibdênio	Mo	0	5,2
Irídio	Ir	20	5,3
Tungstênio	W	27	5,65
Lantânio	La	25	5,7
Zinco	Zn	20	5,92
Potássio	K	0	6,15
Cobalto	Co	20	6,24
Cádmio	Cd	0	6,83
Níquel	Ni	20	6,84
Rutênio	Ru	0	7,6
Índio	In	20	8,37
Lítio	Li	20	8,55
Ósmio	Os	20	9,5
Ferro	Fe	20	9,71
Platina	Pt	20	10,6
Paládio	Pd	20	10,8
Estanho β	Sn	0	11
Tântalo	Ta	25	12,45
Rubídio	Rb	20	12,5
Nióbio	Nb	0	12,5
Crômio	Cr	0	12,9
Tório	Th	0	13
Tálio	Tl	0	18
Rênio	Re	20	19,3
Césio	Cs	20	20
Chumbo	Pb	20	20,648
Estrôncio	Sr	20	23
Vanádio	V	20	25
Gálio*	Ga	20	27
Itérbio	Yb	25	29
Urânio	U	20	30
Arsênio α	As	20	33,3
Háfnio	Hf	25	35,1
Zircônio	Zr	20	40
Antimônio α	Sb	20	41,7
Titânio	Ti	20	42
Bário	Ba	20	50
Ítrio	Y	25	57
Disprósio	Dy	25	57
Escândio	Sc	22	61
Neodímio	Nd	25	64
Praseodímio	Pr	25	68
Cério	Ce	25	75
Túlio	Tm	25	79
Lutécio	Lu	25	79
Hólmio	Ho	25	87
Samário	Sm	25	88
Európio	Eu	25	90
Mercúrio	Hg	20	95,8
Érbio	Er	25	107
Bismuto α	Bi	20	120
Gadolínio	Gd	25	140,5
Plutônio	Pu	107	141,4
Manganês α	Mn	23	185
Telúrio	Te	25	$4{,}5\times10^{5}$
Germânio	Ge	22	$4{,}7\times10^{7}$
Silício	Si	20	$4{,}8\times10^{7}$
Boro	B	20	$6{,}7\times10^{11}$
Iodo	I	20	$1{,}3\times10^{15}$
Selênio	Se	20	$1{,}2\times10^{16}$
Fósforo #	P	11	1×10^{17}
Carbono	C	20	$\cong1\times10^{20}$
Enxofre	S	20	2×10^{23}

* Resistividade do Ga é 8,2, 17,5 ou 55,3 microohm com, dependendo da direção. # Fósforo branco.

Apêndice L

50 PRODUTOS QUÍMICOS MAIS PRODUZIDOS NOS ESTADOS UNIDOS

(em 1994)

Posição	Produto químico	milhões de toneladas/ano	Posição	Produto químico	milhões de toneladas/ano
1	**Ácido sulfúrico**	**44,6**	26	Óxido de etileno	3,4
2	**Nitrogênio**	**33,8**	27	Tolueno	3,4
3	**Oxigênio**	**24,8**	28	**Ácido clorídrico**	**3,4**
4	Etileno (eteno)	24,3	29	*p*-Xileno	3,1
5	**Cal**	**19,2**	30	Etileno-glicol	2,8
6	**Amônia**	**19,0**	31	Cumeno	2,6
7	Propileno	14,4	32	**Sulfato de amônio**	**2,5**
8	**Hidróxido de sódio**	**12,9**	33	Fenol	2,0
9	**Ácido fosfórico**	**12,6**	34	Ácido acético	1,9
10	**Cloro**	**12,1**	35	Óxido de propileno	1,9
11	**Carbonato de sódio**	**10,3**	36	Butadieno	1,7
12	Dicloroetileno	9,4	37	**Negro de fumo**	**1,7**
13	**Ácido nítrico**	**9,3**	38	**Carbonato de potássio**	**1,6**
14	**Nitrato de amônio**	**8,8**	39	Acrilonitrila	1,5
15	**Uréia**	**8,1**	40	Acetato de vinila	1,5
16	Cloreto de vinila	7,4	41	Acetona	1,4
17	Benzeno	7,3	42	**Dióxido de titânio**	**1,4**
18	Metil(*t*-butil)éter	6,8	43	**Sulfato de alumínio**	**1,2**
19	Etil-benzeno	5,9	44	**Silicato de sódio**	**1,1**
20	Estireno	5,6	45	Ciclohexano	1,1
21	**Dióxido de carbono**	**5,5**	46	Ácido adípico	0,9
22	Metanol	5,4	47	Caprolactama	0,8
23	Xileno	4,5	48	Bisfenol A	0,7
24	Ácido tereftálico	4,3	49	Álcool *n*-butílico	0,7
25	Formaldeído	4,0	50	Álcool isopropílico	0,7

Negrito indica compostos inorgânicos. Os dados foram reproduzidos do *Chemical & Engineering News*, página 39, edição de 26 de junho de 1995. Os dados são atualizados anualmente e publicados em junho/julho sob o título *Facts and Figures*.

Apêndice M

PRODUTOS QUÍMICOS INORGÂNICOS PRODUZIDOS EM LARGA ESCALA

(no mundo)

Produto	10^6 toneladas/ano
Cimento	1.396
Ferro fundido e aço	717
Coque	390
NaCl	183,5
H_2SO_4	145,5
CaO	127,9
NH_3	110
O_2	100
$CaSO_4$	88,2
N_2	60
S	57
Cl_2	35,3
NaOH	38,7
$CO(NH_2)_2$	35
Fosfatos (conteúdo de P_2O_5)	34
Vidro	33,4
Na_2CO_3	31,5
HNO_3	24,7
(Polietileno)	24,6
Sais de potássio (conteúdo de K_2O)	24,5
Al	24,4
Caolim	22,5
(Cloreto de polivinila)	14,9
Giz	14,2
Chapas galvanizadas	14
HCl	12,3
(Polipropileno)	12
Cu	11
$MgCO_3$	10,8
CO_2	10
(Poliestireno)	9,9
Bentonita	9,2
Mn	9,0
Talco	8,4
Sabões	7,4
Zn	7,3
Pb	5,3
CaC_2	4,9
$BaSO_4$	4,9
Negro de fumo	4,5
Na_2SO_4	4,3
Terra de pisoeiro	4,2
TiO_2	4,1
$Al_2(SO_4)_3$	3,7
CaF_2	3,6
Ferro-silício	3,5

Produto	10^6 toneladas/ano
Ferro-manganês	3,4
Cr	3,3
Ferro-crômio	3,1
Amianto	2,8
Silicatos solúveis (conteúdo de SiO_2)	2,6
Explosivos	2,5
$Na_2B_4O_7$	2,2
Terras infusórias	2
HF	1,5
CaNCN	1
P	1
H_2O_2	1
Si	> 1
Na_2SO_3	> 1

Compostos orgânicos aparecem entre parênteses

Produto	Toneladas/ano
NaOCl	950.000
Grafite natural	930.000
Zircônio/badeleíta	918.000
$NaHCO_3$	900.000
Carvão ativo	864.200
Ni	850.000
Ar	700.000
PbO/Pb ("óxido negro")	700.000
Peroxoborato de sódio	700.000
Ferro-níquel	596.000
Vermiculita	500.000
Br_2	370.000
ZnO	366.500
Mg	303.000
SiC	300.000
Silicones	300.000
HCN	300.000
Compostos de estrôncio	283.100
CS_2	280.400
PbO	250.000
PCl_3	250.000
P_4S_{10}	250.000
Mica	214.000
H_3BO_3	211.000
Sn	177.000
$Ca(OCl)_2$	150.000
$PbEt_4$	150.000

Produto	Toneladas/ano
Mo	129.000
$CuSO_4$	123.956
NaCN	120.000
Granadas	106.099
Freons	100.000
Sb	84.000
Na	80.000
$Na_2Cr_2O_7$	69.300
Li_2CO_3	50.000
Ti	50.000
$AlCl_3$	50.000
Lantanídios (conteúdo de Ln_2O_3)	47.900
As_2O_3	47.000
Compostos orgânicos de Sn	40.000
W	39.000
U	34.400
Co	30.100
V	28.400
Cd	20.700
PCl_5	20.000
N_2H_4	20.000
He	18.800
Pb_3O_4	18.000
I_2	17.500
Nb	15.200
Ag	13.818
Sais de lítio (conteúdo de Li)	8.900
La	5.000
Bi	3.600
Hg	3.200
BF_3	3.000
Au	2.134
Se	1.670
Ca	1.000
n-Butil-lítio	1.000
Ta	600
Compostos de Th	500
Boro	300
Metais do grupo da Pt	281
Te	152
In	145
Ge	50
Re	32
Ga	28
Diamantes	19,68
Tl	14,5

Apêndice N

MINERAIS USADOS EM LARGA ESCALA

Mineral	10^6 ton/ano	Usos
Carvão mineral	4.530	Energia, produtos químicos, coque
Petróleo	3.034	Energia, petroquímica
Minérios de ferro	959	Ferro, aço, ferro-ligas
Cloreto de sódio	183,5	Indústria de cloro e álcalis, NaOH, Cl_2, Na_2CO_3 e HCl
Fosfatos minerais	145	Fertilizantes, detergentes, tratamento de águas, fósforo, H_3PO_4
Calcário	127,9	$CaCO_3$, CaO, $Ca(OH)_2$, CaC_2, Ca
Bauxita	108,6	Al, Al_2O_3, $Al(OH)_3$, $Al_2(SO_4)_3$
Gesso	88,2	Usado em moldes e na construção
Enxofre	54,1	Fabricação de ácido sulfúrico
Carbonato de sódio	31,5	Produtos de limpeza
Compostos de K: silvina, silvinita, carnalita	24,5	Fertilizantes, KOH, KO_2, K
Pirolusita	22,7	Ligas de Mn, MnO_2, secantes para tintas
Caolim	22,5	Cerâmicas refratárias, tinta, coberturas, plásticos
Giz	14,2	Material de enchimento
Magnesita	10,8	Mg e seus compostos
Minérios de cobre	9,3	Cu
Bentonita	9,2	Em perfurações, tintas tixotrópicas
Talco	8,4	Cerâmicas, tinta, papel, coberturas, plásticos, cosméticos
Ilmenita e rutilo	8,3	Pigmentos de TiO_2, Ti
Minérios de zinco	7,3	Ligas de Zn, e proteção contra corrosão
Baritas	4,9	Lubrificante de perfurações, compostos de bário, pigmentos, cargas
Terra de pisoeiro	4,2	Absorvente, descorante e desinfetante de óleo mineral e vegetal
Sulfato de sódio	4,3	Papel, vidro, detergentes
Fluorita	3,6	AlF_3, $Na_3[AlF_6]$, HF, F_2, compostos orgânicos fluorados
Cromita	3,2	Cromatos, dicromatos, cerâmica, pigmentos, crômio
Galena	3,1	Baterias de Pb, Pb em lâminas, $PbEt_4$
Amianto	2,8	Cargas, isolante térmico, cimentos, placas para cobertura
SiO_2 (terras infusórias)	2,0	Material inerte de enchimento, sistemas de filtração, abrasivos
Boratos	1,0	Bórax, ácido bórico, perboratos, vitrificações de cerâmicas
Grafite	0,93	Refratários, eletrodos, lubrificantes, lápis, moldes
Zirconita/badeleita	0,87	Zr
Minério de níquel	0,66	Ni e ligas
Nitrato de sódio	0,55	Fertilizantes, explosivos
Vermiculita	0,5	Embalagem, solo artificial
Compostos de bromo (da água do mar)	0,37	Brometos, produtos químicos de uso agrícola
Minérios de cobalto	0,31	Ligas
Mica	0,21	Cimento, tinta, cobertura, isolante elétrico, cargas
Cassiterita	0,18	Sn
Estroncianita	0,17	Compostos de Sr
Molibdenita	0,13	Ligas, MnO_2
Granadas	0,106	Lixas, ornamentos, jóias
Monazita/bastnaesita	0,08	Compostos dos lantanídeos e do tório
Minérios de urânio	0,034	Energia nuclear, armamento nuclear
Compostos de iodo	0,017	Fármacos, fotografia, iodatos, iodetos, iodo, suplemento alimentar animal, catalisadores, tintas
Minerais de Li (espodumênio, lepidolita)	0,009	Estearato de lítio, Li_2CO_3 (produção de Al), LiOH, cerâmica/vidro
Berilo	0,005	Be

Apêndice O

DUREZA DOS MINERAIS ESCALA DE MOHS

Muitas vezes rochas são chamadas de "moles", mesmo quando suas partículas constituintes, consideradas individualmente, sejam bastante duras: elas se unem fracamente em agregados que se desfazem facilmente. A dureza de um mineral é uma propriedade totalmente diferente, e se refere à resistência que a superfície como um todo oferece ao ato de riscar.

Há mais de um século um mineralogista chamado Friedrich Mohs desenvolveu uma escala de dureza que recebeu o seu nome. Ele atribuiu arbitrariamente ao talco (o mineral mais mole conhecido) uma dureza de 1, e ao diamante (o mineral mais duro), uma dureza de 10. A escala é arbitrária e não indica valores "exatos" de dureza. Assim, um mineral com dureza 6 pode riscar os minerais com dureza inferior na escala, mas não se pode concluir que este mineral seja duas vezes mais duro que um mineral de dureza 3. Dois minerais de mesma dureza riscarão um ao outro. Há uma grande diferença entre as durezas 9 e 10 nessa escala.

Objetos comuns, como uma unha, uma moeda, uma lâmina ou uma lima de metal podem ser usados como "instrumentos" para o teste da dureza. São testes convenientes para testar rapidamente a dureza de um mineral em atividades de campo.

Minerais com dureza inferiores a 6,5 podem ser riscados com uma lixa de unha de metal, aqueles com dureza inferior a 5,5 podem ser riscados por uma lâmina de canivete; minerais com dureza abaixo de 3,5 são riscados por uma moeda de cobre, e os com dureza inferior a 2,5 são riscados pela unha e deixam uma marca sobre o papel. Por outro lado, minerais com dureza superior a 5,5 riscarão o vidro.

Tabela 1 — A escala de durezas de Mohs

Escala de Mohs	Mineral
10	Diamante
9	Coríndon
8	Topázio
7	Quartzo
6	Microclínio
5	Apatita
4	Fluorita
3	Calcita
2	Gesso
1	Talco

Tabela 2. "Instrumentos" para testar a dureza

Escala de Mohs	"Instrumento"
6,5	Lixa de unha de aço
5,5	Lâmina de canivete ou caco de vidro
3,5	Moeda de cobre
2,5	Unha

Apêndice P

LIVROS-TEXTOS DE REFERÊNCIA

Além das listas contendo "leituras complementares" apresentadas ao final de cada capítulo, poderão ser obtidas maiores informações sobre os vários assuntos ou abordagens alternativas nos seguintes livros-textos:

Textos avançados e obras de referência

- Bailar, J.C., Eméleus, H.J., Nyholm, R.S. e Trotman-Dickinson, A.F. (eds) *Comprehensive Inorganic Chemistry*, (5 volumes), Pergamon, 1973. (Um conjunto de artigos de revisão sobre os elementos, com alguns tópicos especiais. Um pouco ultrapassado, fornecendo muitos detalhes e referências antigas)
- Cotton, F.A. e Wilkinson, G., *Advanced Inorganic Chemistry*, 5.ª ed., John Wiley, 1988. (Um livro completo, com informações a nível de pesquisa. Ele contém muitas referências atualizadas que levam aos artigos originais)
- Eméleus, H.J., editor geral, *MTP International Review of Science*, (10 volumes), Butterworths, 1975. Os volumes individuais foram editados por Lappert, M.F., Sowerby, D.B., Gutmann, V., Aylett, B.J., Sharp, D.W.A., Mays, M., Bagnall, K.W., Maddock, A.G., Tobe M.L. e Roberts, L.E.J. (Como o livro *Comprehensive Inorganic Chemistry*, ele reúne sistematicamente artigos de revisão sobre os elementos e alguns tópicos especiais. Também, está um pouco ultrapassado, mas traz muitos detalhes e informações, além de muitas referências antigas.)
- Greenwood, N.N. e Earnshaw, A., *Chemistry of the Elements*, Pergamon, 1984. (Um livro avançado e completo para universitários e pós-graduandos. É o melhor de seu tipo, apresentando um excelente tratamento sistemático da química inorgânica, incluindo tanto os aspectos teóricos como práticos, além de muitas referências atualizadas)
- Kirk, R.E. e Othmer, D.F. (eds), *Encyclopedia of Chemical Technology*, 3.ª ed., (26 volumes), Wiley, 1984 (Traz uma compilação dos produtos químicos usados na indústria química, como são obtidos e para que são utilizados)

Outros textos gerais de nível universitário

- Burns, D.T., Carter, A.H. e Townshend, A., *Inorganic Reaction Chemistry: Reactions of the Elements and Their Compounds*, (Ellis Horwood Series in Analytical Chemistry), Halsted Press, 1981.
- Cotton, F.A., Gaus, P.L. e Wilkinson, G., *Basic Inorganic Chemistry*, 2.ª ed., John Wiley, 1986.
- Douglas, B., McDaniel, D.H. e Alexander, J.J., *Concepts and Models of Inorganic Chemistry*, 2.ª ed., John Wiley & Sons, 1983.
- Jolly, W.L., *Principles of Inorganic Chemistry*, McGraw-Hill, 1985.
- Mackay, K. e Mackay, A., *Introduction to Modern Inorganic Chemistry*, 4.ª ed., Prentice Hall, 1989.
- Massey, A.G., *Main Group Chemistry*, Ellis Horwood, 1990.
- Mortimer, C.E., *Chemistry*, 6.ª ed., Wadsworth, 1986.
- Sharpe, A.G., *Inorganic Chemistry*, 2.ª ed., John Wiley, 1987.
- Shriver, D.F., Atkins, P.W. e Langford, C.H., *Inorganic Chemistry*, Oxford University Press, 1990.

Química bioinorgânica

- *Bioinorganic Chemistry*, Journal of Chemical Education, 1986. (ISBN 0-910362-25-4).
- Hay, R.W., Bio-Inorganic Chemistry, (Série Ellis Horwood em Ciências Químicas), Halsted Press, 1984.
- Hughes, M.N., *The Inorganic Chemistry of Biological Processes*, 2ª ed., John Wiley, 1981.

ÍNDICE ALFABÉTICO

GRÁFICA PAYM
Tel. [11] 4392-3344
paym@graficapaym.com.br